Haybatolah Khakzar, Albert Mayer,
Reinold Oetinger, Gerald Kampe,
Roland Friedrich

Entwurf und Simulation von Halbleiterschaltungen mit PSPICE

Entwurf und Simulation von Halbleiterschaltungen mit PSPICE

Physik und Technologie der Mikroelektronik, PSPICE, Transistormodelle, Vierpol- und Signalflußmethode, rechnergestützter Entwurf von Elektronikschaltungen mit PSPICE

Prof. Dr.-Ing. Haybatolah Khakzar

Prof. Dr.-Ing. Albert Mayer
Prof. Dr.-Ing. Reinold Oetinger
Prof. Dr.-Ing. Gerald Kampe
Dipl.-Ing. Roland Friedrich

3., völlig neubearbeitete und erweiterte Auflage

Mit 511 Bildern, 30 Tabellen und 235 Literaturstellen

Kontakt & Studium
Band 321

Herausgeber:
Prof. Dr.-Ing. Wilfried J. Bartz
Technische Akademie Esslingen
Weiterbildungszentrum
DI Elmar Wippler
expert verlag

Die Deutsche Bibliothek – CIP-Einheitsaufnahme

Entwurf und Simulation von Halbleiterschaltungen mit PSPICE : Physik und Technologie der Mikroelektronik, Transistormodelle, Vierpol- und Signalflussmethode, rechnergestützter Entwurf von Elektronikschaltungen mit PSPICE / Haybatolah Khakzar ... – 3., völlig neuberarb. und erw. Aufl. – Renningen-Malmsheim : expert-Verl., 1997
(Kontakt & Studium ; Bd. 321 : EDV)
2. Aufl. u.d.T.: Khakzar, Haybatolah: Entwurf und Simulation von Halbleiterschaltungen mit SPICE
ISBN 3-8169-1262-1
NE: Khakzar, Haybatolah; GT

ISBN 3-8169-1262-1

3., völlig neubearbeitete und erweiterte Auflage 1997
2., durchgesehene Auflage 1992
1. Auflage 1991

Bei der Erstellung des Buches wurde mit großer Sorgfalt vorgegangen; trotzdem können Fehler nicht vollständig ausgeschlossen werden. Verlag und Autoren können für fehlerhafte Angaben und deren Folgen weder eine juristische Verantwortung noch irgendeine Haftung übernehmen. Für Verbesserungsvorschläge und Hinweise auf Fehler sind Verlag und Autoren dankbar.

Herausgeber-Vorwort

Bei der Bewältigung der Zukunftsaufgaben kommt der beruflichen Weiterbildung eine Schlüsselstellung zu. Im Zuge des technischen Fortschritts und der Konkurrenzfähigkeit müssen wir nicht nur ständig neue Erkenntnisse aufnehmen, sondern Anregungen auch schneller als der Wettbewerber zu marktfähigen Produkten entwickeln. Erstausbildung oder Studium genügen nicht mehr – lebenslanges Lernen ist gefordert!

Berufliche und persönliche Weiterbildung ist eine Investition in die Zukunft.

- Sie dient dazu, Fachkenntnisse zu erweitern und auf den neuesten Stand zu bringen
- sie entwickelt die Fähigkeit, wissenschaftliche Ergebnisse in praktische Problemlösungen umzusetzen
- sie fördert die Persönlichkeitsentwicklung und die Teamfähigkeit.

Diese Ziele lassen sich am besten durch die Teilnahme an Lehrgängen und durch das Studium geeigneter Fachbücher erreichen.

Die Fachbuchreihe Kontakt & Studium wird in Zusammenarbeit des expert verlages mit der Technischen Akademie Esslingen herausgegeben.

Mit ca. 500 Themenbänden, verfaßt von über 2.000 Experten, erfüllt sie nicht nur eine lehrgangsbegleitende Funktion. Ihre eigenständige Bedeutung als eines der kompetentesten und umfangreichsten deutschsprachigen technischen Nachschlagewerke für Studium und Praxis wird von den Rezensenten und der großen Leserschaft gleichermaßen bestätigt. Herausgeber und Verlag würden sich über weitere kritisch-konstruktive Anregungen aus dem Leserkreis freuen.

Möge dieser Themenband vielen Interessenten helfen und nützen.

Prof. Dr.-Ing. Wilfried J. Bartz Dipl.-Ing. Elmar Wippler

Vorwort

Das vorliegende Buch ist in vier größere Abschnitte gegliedert.
Der erste Teil enthält Physik und Technologie der Mikroelektronik. In der dritten Auflage haben wir den ersten Abschnitt neu eingeführt. Er trägt zum Verständnis der anderen Abschnitte wesentlich bei. Die Abschnitte zwei, drei und vier wurden auf den letzten Stand gebracht, erweitert und mit vielen PSPICE-Simulationen ergänzt.

Der Zweite führt in das Netzwerkanalyseprogramm PSPICE ein und erläutert dessen Handhabung.
Im dritten Teil werden die implementierten Halbleitermodelle vorgestellt. Dies sind Diodenmodell, modifiziertes Gummel-Poon-Modell für bipolare Transistoren, Sperrschichtmodell, MOS-Feldeffekttransistormodelle (Modell 1, 2, 3 und Berkley BSIM-Modell), Ga As-MESFET- und HEMT-Modell und amorpher Si-Dünnschichttransistor. Mit Hilfe des Parameter-Extraktionssystems IC-CAP lassen sich die für die Simulation benötigten Transistorparameter bestimmen.

Die stetigen Verbesserungen und Erweiterungen des Programms führten dazu, daß PSPICE heute wohl das am weitesten verbreitete Netzwerkanalyseprogramm ist. Deswegen beschreiben wir in dieser Auflage ausführlich PSPICE, mit dem man sowohl Analoge als auch digitale Schaltungen simulieren kann. Außerdem existieren zur Zeit auf dem Markt SPICE 2 G-6, SPICE 3 F-2,. und ISPICE.

Im vierten Teil werden Entwurf und Analyse von Halbleiterschaltungen behandelt. Dabei dienen die Verstärkerberechnungen mit der klassischen Vierpol- und Gegenkopplungstheorie im Kapitel 1 der Vertiefung des Verständnisses auf dem Gebiet der Verstärkertechnik. Einige Beispiele sollen jedoch auch die Unzulänglichkeiten der klassischen Gegenkopplungstheorien herausstellen. Zur Berechnung der komplizierten Schaltungen mit vielen Gegenkopplungsschleifen in Dick- und Dünnschichttechnik sowie der integrierten Schaltungen eignet sich die Signalflußmethode.
Im Kapitel 2 wird gezeigt, wie man Spannungs- und Stromverstärkung, Eingangs- und Ausgangswiderstand mit einem einzigen Signalflußgraphen berechnen kann. Anhand einiger Beispiele soll die Wirksamkeit dieser Methode untermauert werden.

Der Entwurf stabiler gegengekoppelter analoger Schaltungen ist Gegenstand von Kapitel 3.

Kapitel 4 behandelt den Operationsverstärker, der zu den wichtigsten Anwendungen der analogen Schaltungstechnik zählt. In einem Beispiel wird ferner mit der Signalflußmethode ein hüpfender Ball simuliert. Seine Eigenschaft werden in Abhängigkeit von Masse, Elastizität des Balles und Gravitationskraft der Erde auf dem Oszillographen dargestellt.

In Kapitel 5 wird der Entwurf von Breitbrandverstärkern nach dem CHERRY-HOOPER-Prinzip vorgestellt. Als Beispiel dient ein optischer Empfänger in Dünnschichttechnik für Übertragunsraten bis zu 1 Gbit/s. Die SPICE-Simulation eines zweiten optischen Empfängers mit HEMT-Transistoren zeigt eine Grenzfrequenz von 10 Gbit/s (siehe Kapitel 9).

Die Berechnung und Simulation von Oszillatorschaltungen ist Gegenstand vom Kapitel 6.

In Kapitel 7 werden nach einer Einführung in die Transistorrauschmodelle verschiedener Verstärkerkonfigurationen simuliert. Als Grundlage für die Systemkonzipierung wird das Signal-Rausch-Verhältnis bei Trägerfrequenz-, Nachrichtensatelliten- und optischen Nachrichtensystemen bestimmt.

Kapitel 8 befaßt sich mit frequenzabhängigen Übertragungssystemen und den Klirreigenschaften unterschiedlicher Verstärkerkonfigurationen. Zur mathematischen Beschreibung des Klirrens dienen Volterra-Reihen. Das nichtlineare Verhalten eines Breitbandverstärkers wird mit Hilfe des Netzwerkanalyseprogramms SPICE simuliert und anschließend diskutiert.

In dem abschließenden neu eingeführten Kapitel 9 bringen wir Simulationsbeispiele von Halbleiterschaltungen mit SPICE.

An dieser Stelle möchte ich den Studenten der Universität Suttgart und der Fachhochschule für Technik für ihre Beiträge durch SPICE-Simulationen und ihre Hinweise auf die Schreibfehler herzlich danken. Dem expert-verlag möchte ich für die mühsame und sorgfältige Arbeit, die zur Erstellung dieses Buches nötig war herzlich danken. Den Kollegen Mitautoren danke ich für ihre Beiträge in dem ersten, zweiten und dritten Teil dieses Buches.

Stuttgart, November 1996 — Prof. Dr.-Ing. Haybatolah Khakzar

Inhaltsverzeichnis

Teil 1 Physik und Technologie der Mikroelektronik

Haybatolah Khakzar
Roland Friedrich

1 Physikalische Grundlagen der Halbleitertechnik

1.1 Eigenleitung

Die Eigenleitung wird durch die Anzahl freier Ladungsträger pro cm³ angegeben. Tabelle 1.1 zeigt einen Vergleich zwischen Leitern und Halbleitern.

	spezifischer Widerstand $R = \rho * \frac{l}{A} [\Omega \, cm]$	Anzahl freier Ladungsträger $n_i [cm^{-3}]$
Kupfer (Cu)	$1{,}7 * 10^{-6}$	$10^{22} / 10^{23}$
Germanium (Ge) Silizium (Si)	$4 * 10^{2}$ $2 * 10^{5}$	$2{,}4 * 10^{13}$ $1{,}5 * 10^{10}$
Diamant Al_2O_3	$> 10^{15}$ $> 10^{18}$	— —

Tabelle 1.1: Eigenschaften einiger Leiter, Halbleiter und Isolatoren

Tabelle 1.2 zeigt die in der Halbleitertechnik wichtigen Elemente des Periodensystems

Hauptgruppe Valenzelektronen (Wertigkeit)	III 3	IV 4	V 5
Periode Nr.			
2	Bor 5 B	Kohlenstoff 6 C	Stickstoff 7 N
3	Aluminium 13 Al	Silizium 14 Si	Phosphor 15 P
4	Gallium 31 Ga	Germanium 32 Ge	Arsen 33 As
5	Indium 49 In	Zinn 50 Sn	Antimon 51 Sb

14 Si bedeutet, daß Silizium die Ordnungszahl 14 hat, d.h. 2 Elektronen befinden sich in der ersten, 8 in der zweiten und 4 in der dritten Schale.

Tabelle 1.2: Auszug aus dem Periodensystem der Elemente

Man kann die Leitfähigkeit reiner Halbleitermaterialien durch Dotierung mit Fremdatomen wesentlich erhöhen. Dies geschieht mit 5-wertigen Atomen (z.B. Arsen bzw. Antimon) oder mit 3-wertigen Atomen (z.B. Bor bzw. Indium) wie Bild 1.1 zeigt.

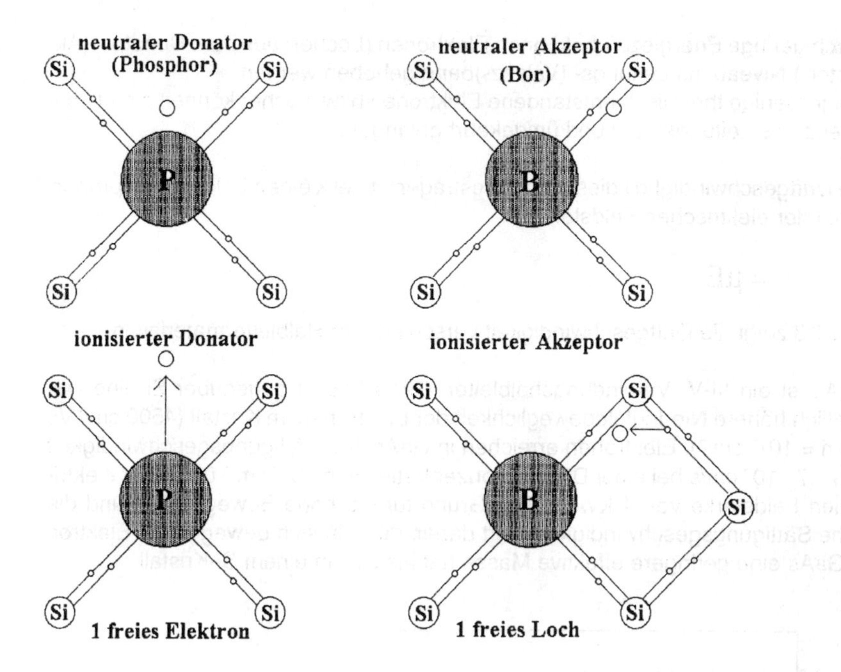

Bild 1.1: Donatoren und Akzeptoren im Siliziumkristall

Bild 1.2 zeigt das Energie-Bändermodell eines dotierten Halbleiters

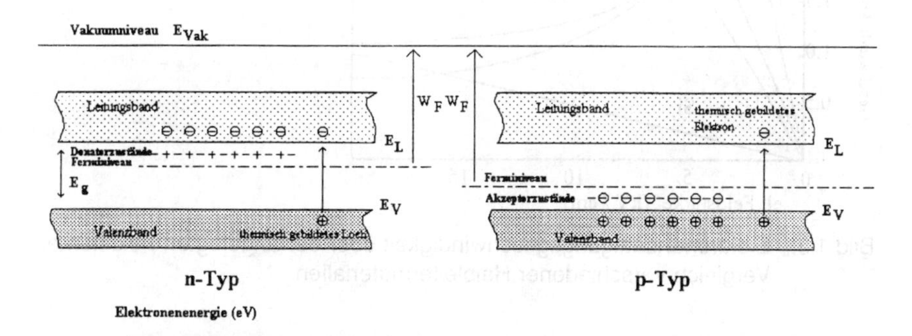

W_F : Fermienergie
E_g : Bandlücke (Energiedifferenz zwischen Valenz- und Leitungsband)
E_D : Energiedifferenz zwischen Leitungsbandkante und Donatorzustand
E_A : Energiedifferenz zwischen Leitungsbandkante und Akzeptorzustand

Bild 1.2: Bändermodell eines dotierten Halbleiters

Durch geringe Energiezufuhr können Elektronen (Löcher) aus dem Donator- (Akzeptor-) Niveau ins Leitungs- (Valenz-)band gehoben werden.
Einige wenige thermisch entstandene Elektronen bzw. Löcher können direkt vom Valenz- ins Leitungsband und umgekehrt gelangen.

Die Driftgeschwindigkeit dieser Ladungsträger ist bei kleinen Feldstärken proportional der elektrischen Feldstärke:

$$v = \mu E$$

Bild 1.3 zeigt die Driftgeschwindigkeit verschiedener Halbleitermaterialien

GaAs ist ein III-V- Verbindungshalbleiter. GaAs besitzt gegenüber Si eine wesentlich höhere Niedrigfeldbeweglichkeit der Elektronen im Kristall (4500 cm^2/Vs bei $n = 10^{17}\ cm^{-3}$). Elektronen erreichen in GaAs ihre Sättigungsgeschwindigkeit von $1{,}7 \cdot 10^7$ cm/s bei einer Donatorkonzentration von $10^{17}\ cm^{-3}$ und einer elektrischen Feldstärke von 4 kV/cm. Der Grund für die hohe Beweglichkeit und die hohe Sättigungsgeschwindigkeit rührt daher, daß ein sich bewegendes Elektron in GaAs eine geringere effektive Masse hat als z.B. in einem Si-Kristall.

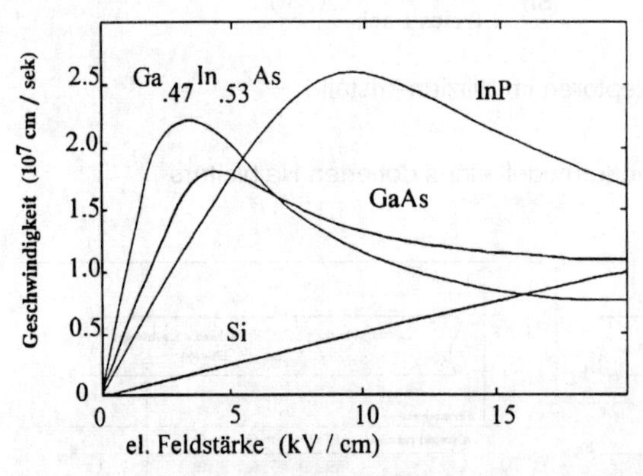

Bild 1.3: Elektronensättigungsgeschwindigkeit über der angelegten Feldstärke, Vergleich verschiedener Halbleitermaterialien

Dadurch läßt sich auch der ausgeprägte Overshoot-Effekt der Elektronengeschwindigkeit in GaAs gemäß Bild 1.4 erklären. Durch die geringe Masse beschleunigt das Elektron weit über die Sättigungsgeschwindigkeit hinaus, bevor es durch die Streuung am Kristallgitter auf die Sättigungsgeschwindigkeit heruntergebremst wird.

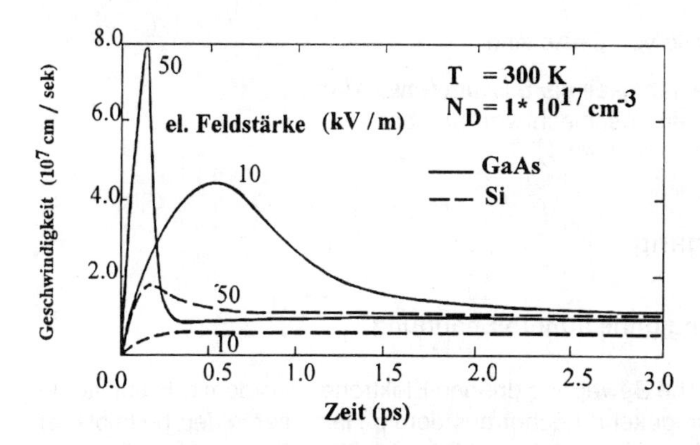

Bild 1.4: Geschwindigkeitsüberhöhung der Elektronen zu Beginn der Beschleunigung. Deutlich ist der in GaAs ausgeprägte overshoot-Effekt zu erkennen. Dieser Effekt wird in der Mikroelektronik bei Kurzkanaltransistoren mit Gatelängen < 1 µm ausgenutzt. Stand der Technik sind heute Gatelängen von 0,1 µm.

Durch die Mischung verschiedener III-V Halbleiter kann der Bandabstand über einen weiten Bereich vom Hersteller bestimmt werden, dies ist bei der Herstellung von heterostrukturierten Bauelementen von Vorteil. Der große Bandabstand (1,4 eV) in GaAs macht die Substrate hochohmig, dadurch können auch HF-Schaltungen, die bis jetzt noch diskret oder in Hybrid-Technologie aufgebaut werden, integriert werden.

Tabelle 1.3 zeigt einige Materialkonstanten von GaAs und Si (6.6), (6.11).

	GaAs	Silizium	Dimension
Bandabstand bei 300K 2K	 1,424 1,512	 1,12 1,17	eV
effektive Masse der Elektronen Löcher	 0,067 0,45	 0,98 0,16	m_0 (freie Elektronenmasse)
Beweglichkeit bei 300K (Maximalwerte) Elektronen Löcher	 8500 400	 1500 450	cm²/Vs
maximale Sättigungs- driftgeschwindigkeit Elektronen	 $2 * 10^7$	 $0,85 * 10^7$	cm/s

Tabelle 1.3: Materialkonstanten von Gallium-Arsenid und Silizium

Die wichtigsten Nachteile von GaAs sind:

- geringere Wärmeleitfähigkeit als Silizium (etwa 1/3)
- spröder Werkstoff, daher schlecht verarbeitbar
- Rohstoffe für GaAs sind teuer

1.2 Der pn - Übergang

1.2.1 Der pn-Übergang ohne äußere Spannung

Aufgrund ihrer thermische Bewegung dringen Elektronen aus dem n-Halbleiter in den p-Halbleiter und umgekehrt Löcher aus dem p-Halbleiter in den n-Halbleiter ein (Bild 1.5). Diesen Vorgang nennt man Diffusion. Die Elektronen und Löcher rekombinieren beiderseits des pn-Überganges, so daß sich dort eine Grenzschicht bildet, in der die Ladungsträgerdichten n_n und n_p etwa der Eigenleitungsdichte n_i entsprechen, daher ist diese Schicht sehr hochohmig. Aus der Grenzschicht sind die Elektronen bzw. Löcher über den pn-Übergang abgewandert, es bleiben auf der n-Seite positive Ionen, auf der p-Seite negative Ionen zurück. Falls der Dotierungsgrad gleich groß ist, bildet sich ein symmetrischer pn-Übergang aus.

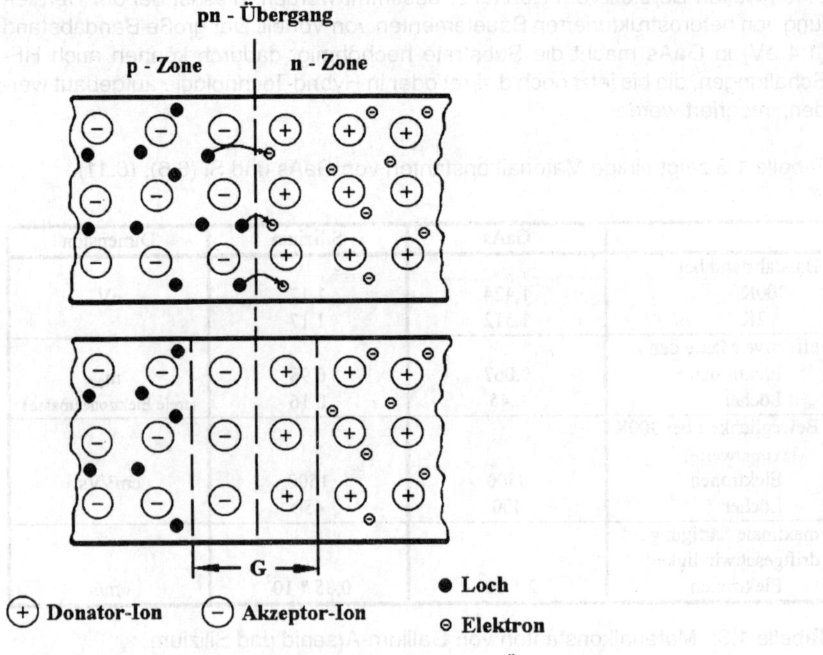

Bild 1.5: Ausbildung der Grenzschicht beim pn-Übergang

Die Ionenladungen überwiegen entsprechend den abnehmenden Ladungsträgerdichten n_n und n_p in der Grenzschicht gegenüber den Ladungen der Leitungselektronen und Löcher. Dadurch bildet sich eine Raumladung aus, die man durch den ortsabhängigen Quotienten aus Ladung und Volumen beschreibt, die Raumladungsdichte (Bild 1.4). Die elektrische Feldstärke zwischen den Raumladungen ist nicht konstant, sondern wächst zum pn-Übergang hin an. Die an der Grenzschicht auftretende Potentialdifferenz wird Diffusionsspannung U_D genannt. Diese Spannung läßt sich nicht zwischen den äußeren Anschlüsse messen, da sie an den Grenzschichten Metall-Halbleiter ebenfalls auftritt, jedoch mit umgekehrter Polarität. Das elektrische Feld in der Grenzschicht wirkt der Diffusion der Majoritätsträger über den pn-Übergang entgegen; es kommt zu einem Gleichgewichtszustand, bei welchem Diffusionswirkung und Feldwirkung gleich groß sind. Die Grenzschicht ist nur einige µm breit, die Feldstärke liegt im Bereich einige kV/cm. Die Diffusionsspannung hängt vom Unterschied der Ladungsträgerdichten beiderseits der Grenzschicht ab. Diese wiederum wird beeinflußt durch den Dotierungsgrad, die Temperatur und die Art des Halbleiters. Bei Germanium beträgt U_D = 0,3..0,4 V; bei Silizium hingegen ist U_D = 0,5..0,6 V.

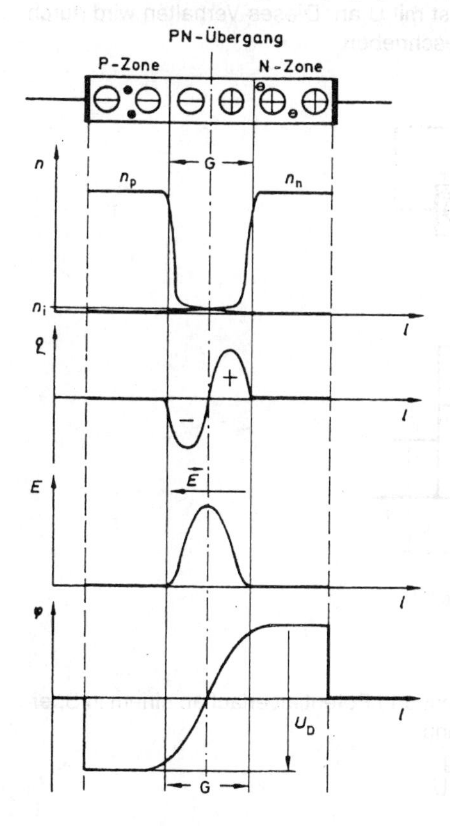

Bild 1.6:
Entstehung der Diffusionsspannung U_D an einer Grenzschicht der Dicke G mit symmetrischer Dotierung

1.2.2 Der pn-Übergang bei angelegter Spannung in Sperrichtung

An den Halbleiterkristall wird nun eine äußere Spannung U angelegt. Der Minuspol der Quelle wird mit der p-Zone verbunden, der Pluspol mit der n-Zone (Bild 1.7). Die von außen angelegte Spannung U hat daher die gleiche Richtung wie die Diffusionsspannung U_D. Hierdurch werden bewegliche Ladungsträger von den Rändern der Grenzschicht abgezogen. Die Raumladungszone verbreitert sich, bis die durch sie erzeugte Potentialdifferenz gleich der Spannung $U + U_D$ ist. Im äußeren Stromkreis fließt nur der sehr geringe Sperrstrom I_S . Er entsteht durch die in der Grenzschicht in geringer Anzahl vorhandenen Minoritätsträger, die im Gegensatz zu den Majoritätsträgern vom elektrischen Feld in der Grenzschicht über den pn-Übergang hinweg bewegt werden. Diesen Effekt nennt man auch Kollektoreffekt. Es fließen also Löcher aus der n-Zone hinüber in die p-Zone und umgekehrt Elektronen aus der p-Zone hinüber in die n-Zone. Bei konstanter Sperrschichttemperatur erreicht der Strom einen Sättigungswert, d. h. er ist dann von der angelegten Spannung U unabhängig. Da sich die Sperrschicht im praktischen Betrieb jedoch erwärmt, nimmt die stark temperaturabhängige Dichte der Minoritätsträger zu und der Sperrstrom wächst mit U an. Dieses Verhalten wird durch die Diodenkennlinie im Sperrbereich beschrieben.

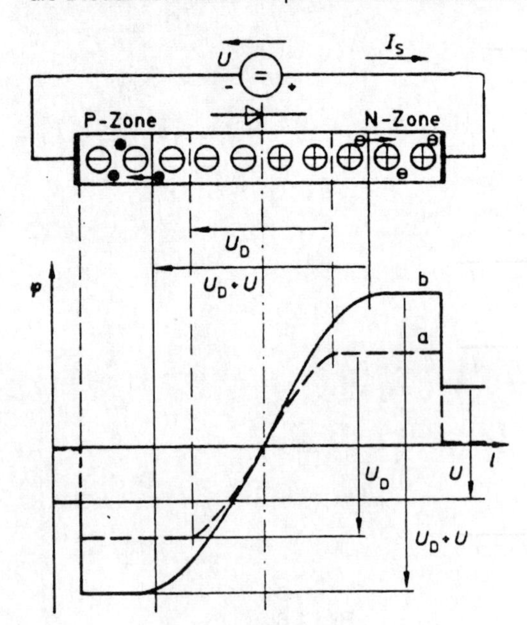

Bild 1.7: Verbreiterung der Grenzschicht und Potentialverlauf an einem in Sperrichtung gepolten pn-Übergang
a) ohne angelegte Spannung
b) mit angelegter Spannung U

1.2.3 Der pn-Übergang bei angelegter Spannung in Durchlaßrichtung

An den Halbleiter wird nun eine Spannung so angelegt, daß der Pluspol der Quelle mit der p-Zone, der Minuspol mit der n-Zone verbunden ist (Bild 1.8). An der Grenzschicht geschieht folgendes:

Die Spannung U liegt in Gegenrichtung zur Diffusionsspannung U_D an. Hierdurch werden frei bewegliche Ladungsträger in die Grenzschicht hineingetrieben, die Raumladung wird teilweise abgebaut und die Grenzschicht wird dünner. Als Folge davon wird auch die Feldstärke zwischen den Raumladungsgebieten und damit die Potentialdifferenz an der Grenzschicht geringer. Bei $U = U_D$ ist die Grenzschicht vollständig abgebaut. Aus der n-Zone werden nun Elektronen, aus der p-Zone Löcher von der angelegten Spannung über den pn-Übergang getrieben und rekombinieren beiderseits des Überganges. Diesen Vorgang nennt man auch Ladungsträgerinjektion. In der p-Zone fließt dabei ein Löcherstrom, in der n-Zone ein Elektronenstrom (Bild 1.9). Nach dem Abbau der Grenzschicht besitzt der Halbleiter nur noch den geringen Bahnwiderstand. Der Stromfuß wird im Wesentlichen durch den äußeren Stromkreiswiderstand R bestimmt. Dieses Verhalten des pn-Überganges wird durch die Diodenkennlinie im Durchlaßbereich beschrieben. Das Abknicken der Kennlinie geschieht bei Si-Dioden entsprechend ihrer höheren Diffusionsspannung bei einem höheren Spannungswert als bei Ge-Dioden. Diesen Spannungswert bezeichnet man als Schwellenspannung.

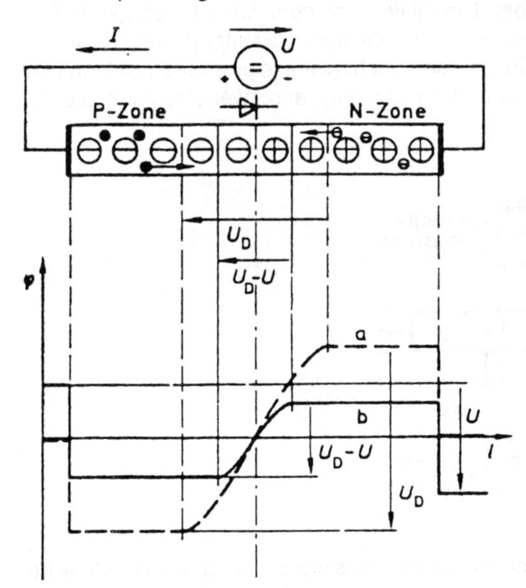

Bild 1.8: Verringerung der Grenzschicht und Potentialverlauf an einem in Durchlaßrichtung gepolten pn-Übergang
a) ohne angelegte Spannung b) mit angelegter Spannung U

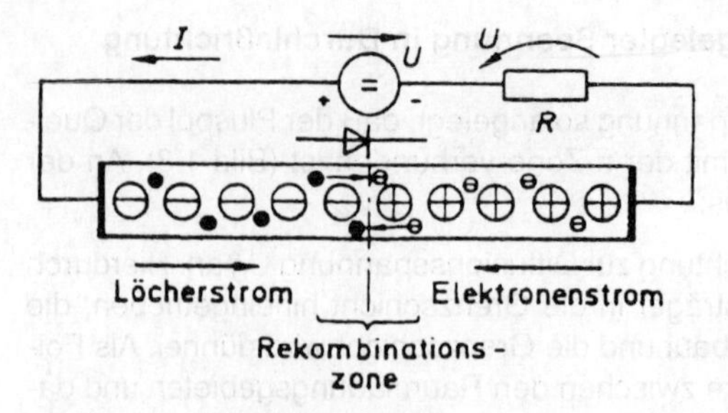

Bild 1.9: In Durchlaßrichtung gepolter pn-Übergang mit abgebauter Grenzschicht

1.3 Der bipolare Transistor

1.3.1 Arten, Aufgaben und Schaltzeichen des Transistors

Mit Hilfe der Dotierung eines Halbleiters in drei Schichten (n-p-n oder p-n-p) läßt sich ein steuerbares Halbleiterbauelement verwirklichen. Da hierbei stets zwei pn-Übergänge in der Hauptstrombahn liegen, nennt man es den bipolaren Transistor. Bild 1.10 zeigt den prinzipiellen Aufbau, den Schichtaufbau und das Schaltzeichen des bipolaren Transistors. Die mittlere, beiden Übergängen gemeinsame, stets sehr dünne Schicht heißt Basis (B), die untere Emitter (E) und die obere Kollektor (C). Da eine extrem dünne Basisschicht (wenige µm) Voraussetzung für die Funktion ist, läßt sich ein Transistor nicht etwa aus zwei einzelnen Dioden aufbauen.

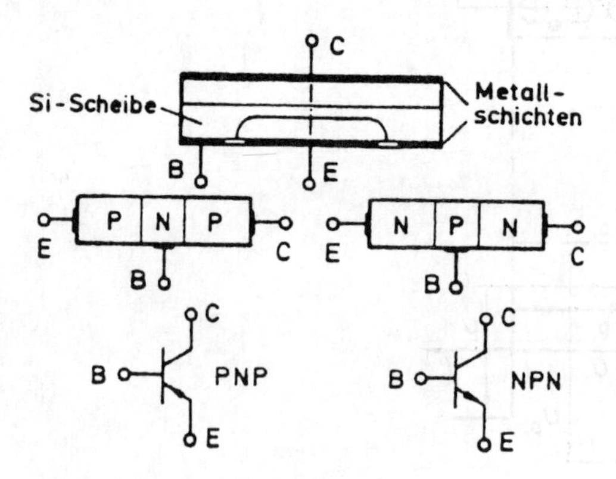

Bild 1.10: Prinzipieller Aufbau eines Flächentransistors; Zuordnung von Schichtfolge und Schaltzeichen

Aufgaben des Transistors:

- soll als Ein/Ausschalter benutzt werden können
- formgetreue Verstärkung elektrischer Signale
- Kopplung zweier elektronischer Stromkreise (B-E und C-E)

1.3.2 Der npn-Transistor mit offener Basis

Zwischen Kollektor (C) und Emitter (E) wird eine ideale Spannungsquelle U angeschlossen, dabei liegt der Pluspol der Quelle am Kollektor (Bild 1.11). Der Basisanschluß bleibt zunächst offen. Die beiden pn-Übergänge bilden gewissermaßen zwei Dioden, eine davon ist in Sperrichtung (C-B), die andere (B-E) in Durchlaßrichtung gepolt.
Hierdurch bildet sich eine breite Raumladungszone zwischen Kollektor und Basis mit einer hohen Potentialdifferenz $U_{ce} \approx U$ aus. Sie ist stark asymmetrisch, hervorgerufen durch eine schwache Dotierung der Basiszone gegenüber der Kollek-

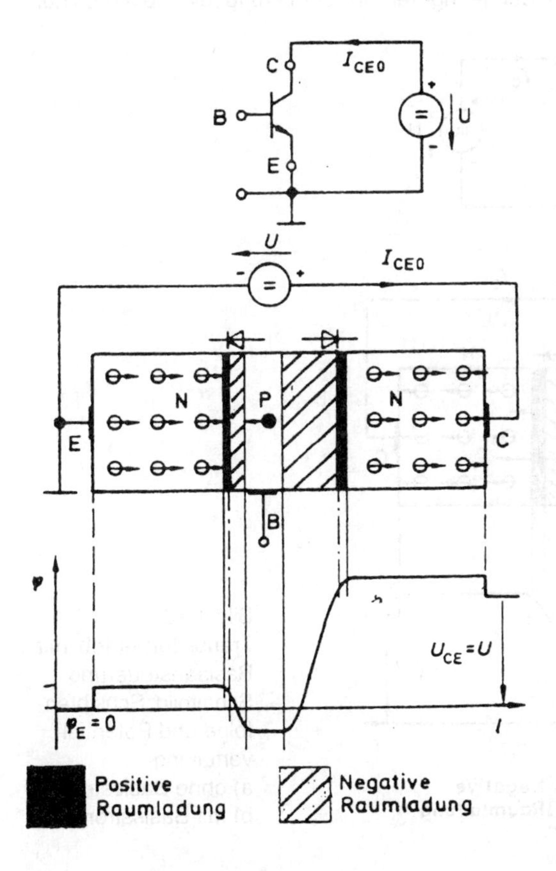

Bild 1.11: Transistorbetrieb mit offenem Basisanschluß; Schaltbild, Schichtenfolge und Potentialverteilung

torzone. Diese Asymmetrie der Ladungsträgerdichten spielt beim Betrieb des Transistors eine große Rolle. Da nahezu die gesamte angelegte Spannung an der hochohmigen Kollektor-Basis-Grenzschicht abfällt, reicht die Spannung an der Basis-Emitterdiode nicht aus, um die Diffusionsspannung aufzuheben und die schmale, ebenfalls asymmetrische Grenzschicht Basis-Emitter abzubauen. Dort findet sich lediglich eine kleine Potentialdifferenz etwa in Höhe der Diffusionsspannung. Es fließt nur der sehr kleine Sperrstrom I_{ce0}, der Transistor sperrt.

1.3.3 Der npn-Transistor mit angesteuerter Basis, Transistoreffekt

Zwischen Emitter und Basis wird nun eine zusätzliche ideale Spannungsquelle U_B angeschlossen (Bild 1.12). Ihr Minuspol liegt am Emitter, der das Bezugspotential 0V erhält (Emitterschaltung). Durch diese Quelle wird die Raumladung in der Basis-Emitter-Grenzschicht abgebaut, die Potentialdifferenz wird verringert. Hierdurch können verstärkt Elektronen aus dem n-leitenden Emittergebiet in das Basisgebiet eindringen. Wegen der geringeren Basisdotierung rekombinieren nur

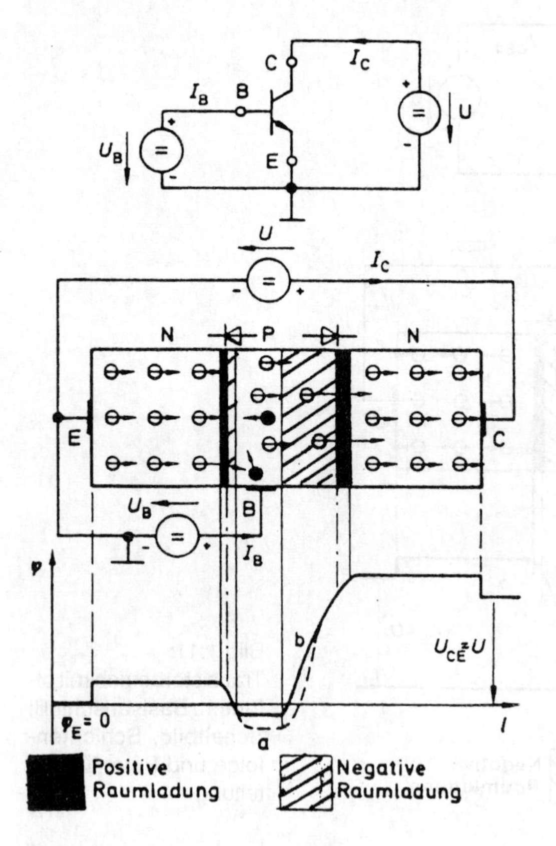

Bild 1.12: Transistorbetrieb mit Basisansteuerung; Schaltbild, Schichtenfolge und Potentialverteilung
a) ohne Basisstrom
b) mit Basisstrom

sehr wenige Elektronen in der p-dotierten Basis, sondern durchlaufen die dünne Basisschicht und geraten in das elektrische Feld der Raumladung an der Kollektor-Basis-Grenzschicht. Durch dieses Feld werden sie vom Kollektor gesammelt und fließen als Kollektorstrom I_C ab. Von der Quelle U_B müssen nur die durch Rekombination in der Basisschicht verlorenen Löcher ersetzt werden. Dadurch fließt ein kleiner Basisstrom $I_B << I_C$, der dem Elektronenstrom durch die Basis und damit I_C proportional ist. Es tritt eine Stromverstärkung auf. Den hier beschriebenen Vorgang, bei dem ein kleiner Basisstrom steuernd auf einen wesentlich größeren Kollektorstrom einwirkt, nennt man Transistoreffekt.

1.3.4 Anforderungen an einen Transistor

Von Transistoren wird erwartet, daß sie

a) Betrieb bis zu hohen Kollektorspannungen ermöglichen und / oder
b) optimalen Steuereffekt und / oder
c) größtmögliche Schnelligkeit beim Schaltvorgang

aufweisen.

a) Betrieb bis zu hohen Kollektorspannungen

Durchbruchserscheinungen am gesperrten Kollektorübergang müssen beim Betrieb des Transistors vermieden werden. Um trotzdem mit hohen Sperrspannungen arbeiten zu können, muß die Raumladungszone breit sein und darf nur wenige Störstellen enthalten. Die eigentliche Kollektorzone sollte demnach schwach dotiert sein, d.h. einen hohen spezifischen Widerstand gegenüber der Basiszone aufweisen.

b) Optimaler Steuereffekt

Die Steuerung des Kollektorstromes erfolgt durch die Minoritätsträger in der Basis. Um deren Anteil am gesamten Emitterstrom so groß wie möglich zu machen, ist der Emitter höher dotiert als die Basis. Dann ist das die Diffusion bestimmende Konzentrationsgefälle der Ladungsträger vom Emitter zur Basis größer als das Gefälle der Majoritätsträger in der Basis zum Emitter hin. Durch asymmetrische Dotierung steigt daher die Emitterergiebigkeit für die gewünschte Trägerart. Optimaler Transistoreffekt setzt ferner voraus, daß die injizierten Minoritätsträger nicht in der Basis rekombinieren, sondern vollständig vom Kollektor eingesammelt werden. Die Basisweite ist demnach klein gegenüber der Diffusionslänge zu halten. Die Kollektorfläche sollte größer als die Emitterfläche sein, damit auch schräg diffundierende Minoritätsträger der Basis den Kollektor erreichen. Schließlich sollte die Basis eine geringe Kristalloberfläche aufweisen, da die Rekombination an einer Kristalloberfläche besonders begünstigt ist.

c) Größtmögliche Schnelligkeit beim Schaltvorgang

Die Schaltgeschwindigkeit eines Transistors läßt sich durch drei Größen technologisch beeinflussen:

- Geometrie
- Schichtenfolge
- Dotierung

- Geometrie:
  In schnellen elektronischen Schaltungen dürfen die Signale beim Durchlaufen einzelner Bauelemente nicht verzögert werden. Für den Transistor bedeutet dies, daß die Ladungsträger die Basiszone schnell durchqueren sollen. Die Basiszone muß deshalb möglichst schmal gemacht werden.

- Schichtenfolge
  Wegen der höheren Beweglichkeit von Elektronen gegenüber Löchern haben schnelle Transistoren meist eine npn-Schichtenfolge.

- Dotierung
  Die Driftgeschwindigkeit von Ladungsträgern in der Basiszone kann durch ein treibendes elektrisches Feld (Driftfeld) unterstützt werden. Es entsteht durch inhomogene Basisdotierung, wenn die Störstellenkonzentration an der Emitterseite der Basiszone höher ist als an der Kollektorseite. Auch sollte die Konzentration beweglicher Majoritätsträger am Emitterübergang höher sein als am Kollektorübergang. Dieses Gefälle versuchen die Majoritätsträger durch Diffusion auszugleichen. Man wird aus diesem Grunde im Kollektorgebiet mehr Majoritätsträger finden als ionisierte Störstellen entgegengesetzten Vorzeichens. Beide Raumladungen bauen ein elektrisches Feld auf, das die vom Emitter injizierten Minoritätsträger zum Kollektorübergang hin beschleunigt, um damit die Diffusionsbewegung zu unterstützen.

1.3.5 Transistorkennlinien

Bei bipolaren Transistoren gibt es drei relevante Stromgrößen I_E, I_C und I_B, sowie drei Spannungsgrößen U_{CE}, U_{BE} und U_{CB}. Wollte man den Zusammenhang jeder Größe zu jeder anderen darstellen, so ergäbe das 15 verschiedene Kennlinienfelder. Man benötigt zur Beschreibung der für das Arbeiten als Verstärker oder Schalter notwendigen Transistoreigenschaften jedoch nur vier Kennlinienfelder. Die im folgenden betrachteten Kennlinienfelder und Kennwerte beziehen sich alle auf die Emitterschaltung, d.h., der Emitter ist der gemeinsame Bezugspunkt für den Eingangs- und Ausgangskreis.

a) Eingangskennlinienfeld

Bei der Emitterschaltung bezeichnet man den Basisstrom I_B und die Basis-Emitterspannung U_{BE} als Eingangsgrößen. Das Eingangskennlinienfeld gibt den Zusammenhang zwischen U_{BE} und I_B an. Es wird daher auch I_B - U_{BE} - Kennlinienfeld genannt.

Der Anstieg der I_B - U_{BE} - Kennlinie in einem bestimmten Kennlinienpunkt ergibt den differentiellen Eingangswiderstand r_{BE} in diesem Kennlinienpunkt.

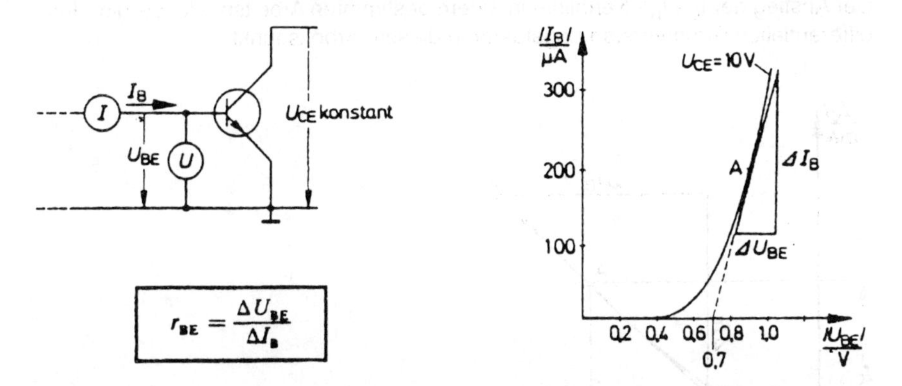

Bild 1.13: Eingangskennlinie mit differentiellem Eingangswiderstand

b) Ausgangskennlinienfeld

Ausgangsgrößen sind der Kollektorstrom I_C und die Kollektor-Emitter-Spannung U_{CE}. Das Ausgangskennlinienfeld wird auch I_C - U_{CE} - Kennlinienfeld genannt. Es gibt den Zusammenhang zwischen Kollektorstrom und Kollektor-Emitter-Spannung bei verschiedenen Basisströmen an. Der Anstieg der I_C - U_{CE} - Kennlinie in einem bestimmten Arbeitspunkt A ergibt den differentiellen Ausgangswiderstand r_{CE} in diesem Arbeitspunkt.

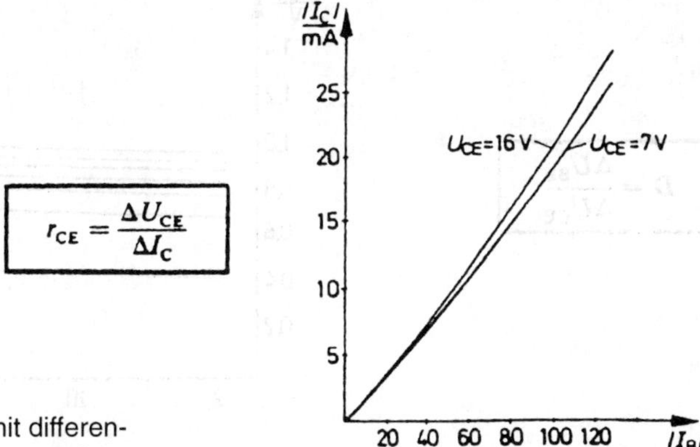

Bild 1.14:
Ausgangskennlinie mit differentiellem Ausgangswiderstand

c) Stromsteuerkennlinienfeld

Das Stromsteuerkennlinienfeld wird auch I_C - I_B - Kennlinienfeld genannt. Es gibt den Zusammenhang zwischen Kollektor- und Basisstrom an.
Die Gleichstromverstärkung B gibt an, wie groß der Kollektorstrom I_C im Verhältnis zum Basisstrom I_B ist.
Der Anstieg der I_C - I_B - Kennlinie in einem bestimmten Arbeitspunkt A ergibt den differentiellen Stromverstärkungsfaktor in diesem Arbeitspunkt.

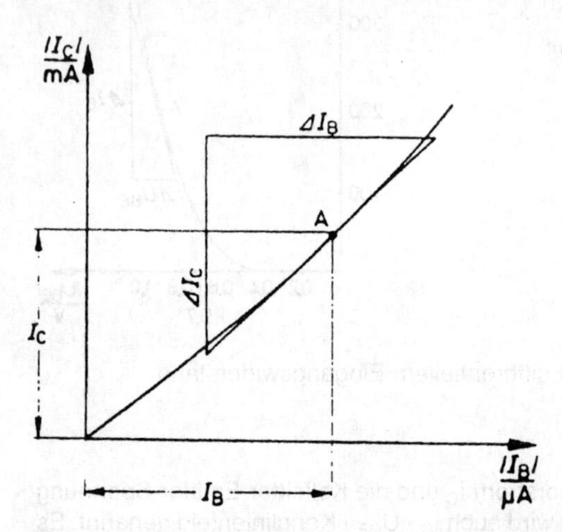

Bild 1.15: Stromverstärkungskennlinie mit Gleichstrom- und differentiellem Verstärkungsfaktor

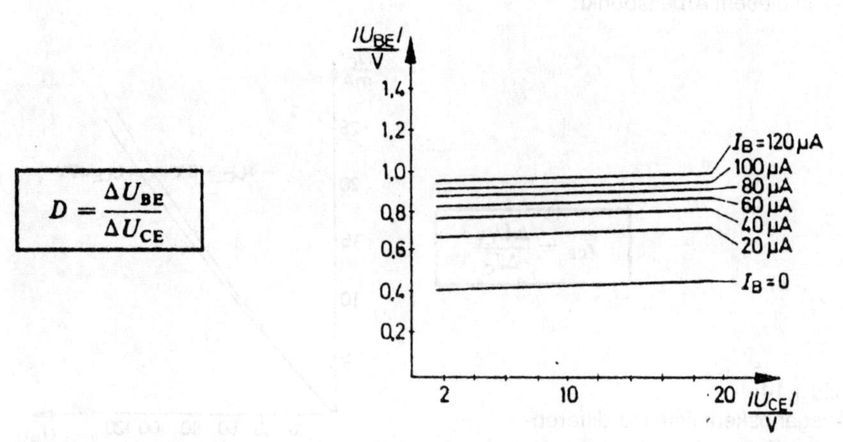

Bild 1.16: Rückwirkungskennlinienfeld mit differentiellem Rückwirkungsfaktor

d) Rückwirkungskennlinienfeld

Der Zusammenhang zwischen U_{BE} und U_{CE} wird durch das Rückwirkungskennlinienfeld angegeben, welches auch U_{BE}- U_{CE}-Kennlinienfeld genannt wird. Der Anstieg der U_{BE}- U_{CE}-Kennlinie in einem bestimmten Arbeitspunkt ergibt den differentiellen Rückwirkungsfaktor D in diesem Arbeitspunkt.

e) Vierquadrantenkennlinienfeld

Die besprochenen vier Kennlinienfelder bilden zusammen ein System. Alle vier Kennlinienfelder werden zum sogenannten Vierquadrantenkennlinienfeld zusammengefaßt. Dabei werden einige Kennlinienfelder gedreht, damit sich die vier Felder zu einem zusammenfügen lassen.

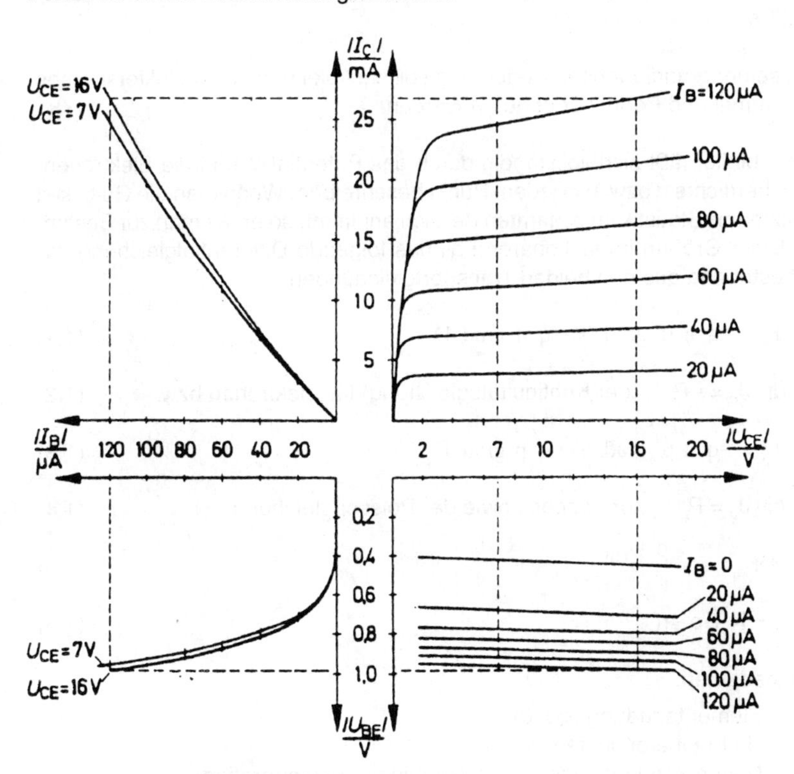

Bild 1.17: Vierquadrantenkennlinienfeld

1.3.6 Das Transistormodell nach Gummel und Poon

Gummel und Poon von den Bell Laboratorien beschrieben 1970 in einem Aufsatz den bipolaren Transistor mit ca. 20 Parametern. Dieses GUMMEL-POON-Modell beschrieb erstmalig wesentliche Eigenschaften des Transistors, die bis dahin in den Transistormodellen Ebers-Moll, Beaufoy-Sparkes, Zawels, Giacoletto und anderen nicht enthalten waren. Das Modell konnte sich mit seinen vielen Parametern erst durchsetzen, als 1975 das Netzwerkanalyseprogramm SPICE, entwickelt an der Universität Berkeley, das Modell in modifizierter Form benutzte und durch Modelle für Si- und GaAs-Feldeffekttransistoren ergänzte. SPICE ist weitverbreitet und rechnet mit ca. 40 Parametern bei bipolaren Transistoren und bei MOS-FET's sowie mit ca 10 bis 15 Parametern bei Sperrschicht-FET's und GaAs-MESFET's.

Wegen seiner grundlegenden Bedeutung soll die Ableitung des Kollektorstromes nach Gummel und Poon hier erläutert werden.

Jeder Halbleiter läßt sich vollständig durch das Potential ψ und die Elektronen- bzw. Löcherdichte n bzw. p in jedem Punkt beschreiben. Wenn man die Gültigkeit der Boltzmann-Statistik im gesamten Bereich annimmt, so erhält man zur Bestimmung dieser Größen im stationären Fall das folgende Differentialgleichungssystem, bestehend aus den beiden Transportgleichungen

$$J_n = -q\ n\ \mu_n \text{grad}\ \Psi + q\ n\ \text{grad}\ D_n \qquad (1.1)$$

mit $\text{div}\, J_n = -R$ (der Kontinuitätsgleichung) für Elektronen bzw. (1.2)

$$J_p = -q\ n\ \mu_p \text{grad}\ \Psi + q\ p\ \text{grad}\ D_p \qquad (1.3)$$

mit $\text{div}\, J_p = R$ für Löcher, sowie der Poissongleichung (1.4)

$$\Delta\Psi = -q\ \frac{\rho}{\varepsilon} \qquad (1.5)$$

mit $\rho = N + p - n$ (1.6)

Hierbei bedeuten:

q	Elementarladung ($q > 0$)
N	Nettodonatordichte = $N_D - N_A$
R	Nettorekombinationsrate (Rekombination - Generation)
μ_n, μ_p	Beweglichkeiten ($\mu_n < 0$, $\mu_p > 0$)
D_n, D_p	Diffusionskonstanten (> 0)
J_n, J_p	Teilchen-Stromdichten (in Richtung des Stromflußes)

Praktisch alle angegebenen Größen sind ortsabhängig. Bei höheren Frequenzen kommen in (1.2) und (1.4) noch zeitabhängige Terme hinzu (Manck [1]):

$$\frac{\partial n}{\partial t} + \operatorname{div} J_n = -R \quad ; \quad \frac{\partial p}{\partial t} + \operatorname{div} J_p = R \qquad (1.7a, b)$$

Die Konzentration der Elektronen n und der Löcher p hängt von der potentiellen Energie der Elektronen im Leitungs- bzw. im Valenzband (E_C bzw. E_V) sowie von der Lage des Ferminiveaus E_F innerhalb des verbotenen Bandes ab. Diese Konzentration kann näherungsweise durch die Boltzmann-Statistik beschrieben werden:

$$n = N_C \exp\left(-\frac{E_C - E_F}{kT}\right) \quad \text{für } E_C - E_F >> kT \qquad (1.8)$$

$$p = N_V \exp\left(-\frac{E_F - E_V}{kT}\right) \quad \text{für } E_F - E_V >> kT \qquad (1.9)$$

mit den stark temperaturabhängigen effektiven Zustandsdichten N_C und N_V. Beweglichkeiten und Diffusionskonstanten sind durch die Einsteinbeziehungen miteinander verknüpft:

$$D_n = \mu_n \frac{kT}{q} \qquad (1.10)$$

$$D_p = \mu_p \frac{kT}{q} \qquad (1.11)$$

Prinzipiell läßt sich dieses Gleichungssystem (1.1) bis (1.11) numerisch direkt und beliebig genau lösen, sofern man die Größen N, R, μ_n und μ_p genügend genau in Abhängigkeit von n, p und ψ modelliert. Dies ist natürlich sehr aufwendig und erfordert viel Speicherplatz und Rechenzeit auf einer numerischen Rechenanlage. Da sich physikalische Größen (wie z.B. die Feldstärke in der Kollektorsperrschicht) sehr abrupt ändern können, muß das Netz der zur Interpolation dienenden Abtastpunkte entsprechend eng sein.

Existierende numerische Analyseprogramme (Manck [1], Duff [2], Gahle [3]) gehen sowieso davon aus, daß der Transistor in Streifengeometrie angelegt ist. Dabei sind die Emitter- und Basisstreifen sehr viel länger als breit, so daß der Transistor parallel zu den Streifen annähernd homogen ist (Bild 1.18). Die Gleichungen (1.1) bis (1.5) können dann zweidimensional berechnet werden.
Trotzdem ist es wünschenswert, ein Modell zu entwickeln, welches die Differentialgleichungen angenähert löst und die hierbei notwendig gewordenen Vernachlässigungen nachträglich berücksichtigt.

Andererseits muß dieses Modell aber auch hinreichend genau sein. Besonders kritisch ist dies bei der Berechnung der Klirrfaktoren in einem Transistorverstärker, da die Klirrprodukte von den zweiten und dritten Ableitungen der nichtlinearen Kennlinie abhängen. Ferner werden schon bei einem Ein-Transistor-Verstär-

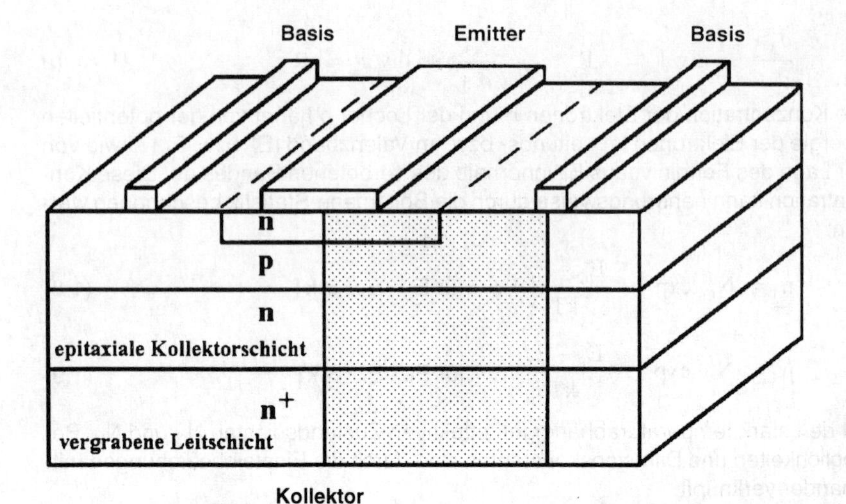

Bild 1.18: Streifentransistor (npn-Typ), schraffiert ist das zweidimensionale Integrationsgebiet numerischer Lösungsprogramme eingezeichnet.

ker verschiedene Klirrprodukte derselben Frequenz einander überlagert, teilweise löschen sie sich gegenseitig aus. Daraus folgt die Forderung, daß bei der Modellierung nichtlinearer Transistorkennlinien mittels empirischer Funktionen diese mindestens bis zur dritten Ableitung mit den Kennlinien übereinstimmen.

1.3.7 Transistor-Geometrie und -Dotierungsprofil

Das in den nachfolgenden Abschnitten beschriebene Transistormodell von Gummel und Poon wurde speziell für die heute übliche Transistortechnologie ausgelegt. Berechnet werden Transistoren mit einer stark dotierten Kollektorschicht (vergrabene Schicht oder "buried layer"), die bei Einzeltransistoren zugleich als Substrat dient; einer aufgedampften, schwach dotierten epitaxialen zweiten Kollektorschicht; einer in diese Schicht hinein diffundierten, mittelstark dotierten Basisschicht und einer wiederum in die Basisschicht eindiffundierten, stark dotierten Emitterschicht (siehe Bild 1.19 und 1.20).

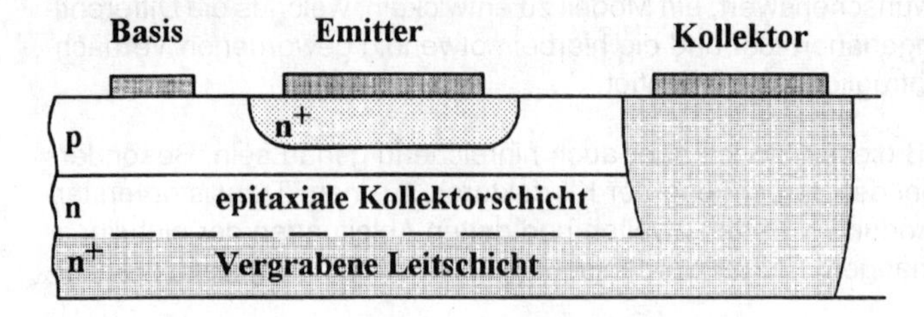

Bild 1.19: Schnitt durch einen doppelt diffundierten bipolaren npn-Transistor

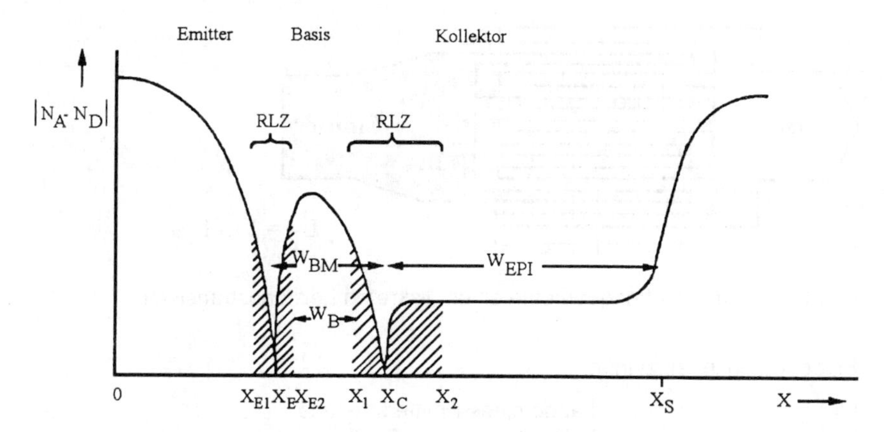

Bild 1.20: Dotierungsprofil eines diskreten, doppelt diffundierten Bipolartransistors ("RLZ" sind die Raumladungszonen bzw. Sperrschichten)

$x = 0$	Kristalloberfäche
$x = X_E$	metallurgische Grenze zwischen Emitter und Basis
$x = X_C$	metallurgische Grenze zwischen Basis und Epitaxialschicht
$x = X_S$	metallurgische Grenze zwischen Epitaxialschicht und vergrabener Leitschicht
$x = X_{E1}$	Emitterseitiges Ende der Emittersperrschicht
$x = X_{E2}$	Basisseitiges Ende der Emittersperrschicht
$x = X_1$	Basisseitiges Ende der Kollektorsperrschicht
$x = X_2$	Kollektorseitiges Ende der Kollektorsperrschicht
$W_B = X_1 - X_{E2}$	Basisweite (abhängig von den Sperrschichtspannungen)
$W_{BM} = X_C - X_E$	metallurgische Basisweite
$W_{EPI} = X_S - X_2$	Weite der Epitaxialschicht

Die Größen X_{E1}, X_{E2}, X_1, X_2, W_B und W_{EPI} hängen von den anliegenden Spannungen ab.

Bei integrierten Bipolartransistoren kommen weitere Dotierungsschritte hinzu, durch welche die vergrabenen Schicht mit der Halbleiteroberfläche verbunden und der Transistor gegenüber anderen Schaltelementen isoliert wird.
Damit der Einfluß des Basisbahnwiderstandes gering gehalten wird, werden Leistungstransistoren heute meistens in Streifengeometrie (Kammgeometrie) aufgebaut. Die in Bild 1.21 definierten geometrischen Größen sollen später verwendet werden.

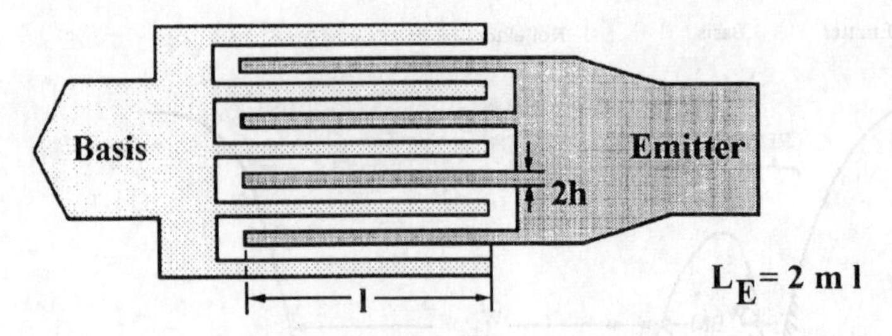

Bild 1.21: Oberflächengeometrie eines diskreten Leistungstransistors

Es bedeuten im einzelnen:

l	Länge eines Emitterstreifens
h	halbe Breite eines Emitterstreifens
m	Anzahl der Emitterstreifen
$L_E = 2*m*l$	Gesamt-Kantenlänge aller Emitterstreifen im aktiven Gebiet (die Stirnflächen der Emitterstreifen werden vernachlässigt)
$A_E = 2*m*l*h = L_E * h$	Emitterfläche

1.3.8 Die ladungsgesteuerte Hauptkomponente des Kollektorstroms

Beim GUMMEL-POON-Modell wird versucht, das Differentialgleichungssystem (1.1) bis (1.5) zu lösen. Dies gelingt, wie bei anderen mathematischen Transistormodellen auch, nur nach weitestgehender Idealisierung des Transistors. Eine Reihe von Effekten, die bei genauer Berechnung des Transistorverhaltens mit einbezogen werden müßten, bleiben zunächst unberücksichtigt. Erst nach Lösung des Differentialgleichungssystems können sie in mehr oder weniger empirischer Weise in das Modell eingebaut werden.
Die erste Näherung besteht darin, den Transistor als eindimensional anzunehmen. Dies bedeutet, daß quer zur Hauptstromrichtung fließende Ströme kein Konzentrationsgefälle oder elektrische Felder hervorrufen. Der hierdurch entstehende Fehler wird erst später durch Modellierung des Emitterrandverdrängungs-Effektes teilweise korrigiert.
Im eindimensionalen Fall reduzieren sich die Gleichungen (1.1) und (1.3) zu:

$$J_p = q\,\mu_p\,E(x)\,p(x) - q\,D_p\,\frac{dp}{dx} \tag{1.12}$$

$$J_n = q\,\mu_n\,E(x)\,n(x) + q\,D_n\,\frac{dn}{dx} \tag{1.13}$$

wenn man Generations- und Rekombinationseffekte vernachlässigt. Im Kollektor spielen Generationsvorgänge nur eine untergeordnete Rolle, wenn nicht die Feld-

stärke so groß wird, daß sich die Ladungsträger durch Stoßionisation vervielfachen (Lawineneffekt).
Die Größen μ_n, μ_p und D_n, D_p werden als konstant angenommen. In der Arbeit von Gummel ([4]) wird angenommen, daß die Beweglichkeiten in folgender Weise von der elektrischen Feldstärke abhängen:

$$\mu_n = \frac{\mu_{n0}}{1 + \frac{\mu_{n0}|E|}{v_S}} \tag{1.14}$$

Für μ_p gilt Entsprechendes. μ_{n0} ist die Beweglichkeit bei kleiner Feldstärke und v_S die Sättigungsgeschwindigkeit der Elektronen bei hoher Feldstärke. Es läßt sich jedoch zeigen, daß der Einfluß von (1.14) auf das Transistorverhalten vernachlässigbar ist, jedenfalls für heutige Transistoren mit einer Basisweite

$$W_B >> 0{,}02\ \mu m$$

D_n und D_p sind, da Basis und Emitter heutzutage in die Kollektor-Epitaxialschicht eindiffundiert werden, stark vom Ort abhängig (siehe Bild 1.20), welches aber nur unvollkommen die um viele Größenordnungen schwankenden Dotierungsdichten wiedergeben kann). Die Dotierung der Basiszone ist prozeßbedingt in der Nähe des Emitters sehr hoch und fällt zum Kollektor hin rasch ab. Dies hat den angenehmen Nebeneffekt, daß die Basis-Minoritätsträger durch das dabei entstehende elektrische Feld in der Basis um einen Faktor η = 1...10 schneller die Basis durchlaufen und somit, wie später gezeigt werden wird, das HF-Verhalten des Transistors verbessert wird (es handelt sich um sogenannte "Drifttransistoren"). Wird die ortsabhängige Dotierung in der Basis genauer berücksichtigt, so wird dies in der Literatur (Duff [2]) meist durch eine Exponential- oder Gauss-Funktion angenähert. In den meisten Fällen kann aber mit dem Modell mit konstant dotierter Basis gerechnet werden, wobei sich höchstens einige Modellparameter verändern, die jedoch sowieso gemessen werden müssen.

Zur Vereinfachung rechnen wir zukünftig nur mit einem npn-Transistor. Näherungsweise gilt dann:

$$J_p = 0 \tag{1.15}$$

Dies kann folgendermaßen begründet werden: Da der Emitter hoch, die Basis mittelmäßig und die epitaxiale Kollektorschicht schwach dotiert ist, kann man annehmen, daß wesentlich mehr Elektronen vom Emitter in die Basis fließen als umgekehrt Löcher aus der Basis in den Emitter. Von der Basis zum Kollektor fließen praktisch überhaupt keine Löcher, da dieser pn-Übergang gesperrt ist.
Aus (1.13) und (1.15) folgt:

$$E(x) = \frac{D_p dp}{\mu_p\, p(x)\, dx} \tag{1.16}$$

und damit in (1.12):

$$J_n = q\,\mu_n \frac{D_p\, n(x)\, dp}{\mu_p\, p(x)\, dx} + q\, D_n \frac{d_n}{dx} \tag{1.17}$$

Mit den Einsteinbeziehungen (1.10) und (1.11) folgt:

$$J_n\, p(x) = q\, D_n \left[n(x) \frac{dp}{dx} + p(x) \frac{dn}{dx} \right] \tag{1.18}$$

Die Multiplikation von (1.18) mit der Majoritätsträgerladung p(x) in der Basis ist ein mathematischer Trick (Getreu [5]), um vor der jetzt folgenden Integration die Produktregel anwenden zu können:

$$J_n\, p(x) = q\, D_n \frac{d}{dx} \left[n(x)\, p(x) \right] \tag{1.19}$$

$$J_n \int_{X_{E1}}^{X_2} p(x)\, dx = q\, D_n \int_{X_{E1}}^{X_2} \frac{d}{dx} \left[n(x)\, p(x) \right] dx$$

$$= q\, D_n \left[n(X_2)\, p(X_2) - n(X_{E2})\, p(X_{E2}) \right] \tag{1.20}$$

Da wir Rekombination in der Basis zunächst vernachlässigt haben, ist J_n in der Basiszone konstant und konnte aus dem Integral (1.20) herausgezogen werden. Die Integrationsgrenzen müssten sich eigentlich über den ganzen Transistor zwischen Kollektor- und Emitterkontakt erstrecken. Wenn man annimmt, daß die Quasi-Ferminiveaus in der neutralen Emitter- und Kollektorregion konstant bleiben, kann man sich darauf beschränken, zwischen den äußeren Sperrschichtgrenzen X_{E1} und X_2 zu integrieren (siehe Bild 1.20).

Die Boltzmann-Näherung liefert:

$$n(X_2)\, p(X_2) = n_i^2 \exp\left(\frac{q\, U_{B'C'}}{kT} \right) \tag{1.21}$$

$$n(X_{E2})\, p(X_{E2}) = n_i^2 \exp\left(\frac{q\, U_{B'E'}}{kT} \right) \tag{1.22}$$

womit (1.20) übergeht in:

$$J_n = \frac{q\, D_n n_i^2 \left[\exp\left(\frac{q\, U_{B'C'}}{kT} \right) - \exp\left(\frac{q\, U_{B'E'}}{kT} \right) \right]}{\int_{X_{E1}}^{X_2} p(x)\, dx} \tag{1.23}$$

Nun nehmen wir an, daß in der Sperrschicht ("Verarmungszone") näherungsweise wirklich keine beweglichen Ladungsträger existieren. Da die Emitter-Basis-Diode in Durchlaßrichtung gepolt ist, dürfte diese Annahme eigentlich nicht gemacht werden. Wir verwenden sie trotzdem und berücksichtigen später die Rekombination in der Sperrschicht (genauere Herleitung siehe im Anhang bei Getreu [5]). Diese Verarmungsnäherung vereinfacht die Berechnung, da wir p(x) jetzt nur zwischen X_C und X_E integrieren müssen. Für den Gesamtstrom

$$I_{CC} = - J_n \, dA_E \tag{1.24}$$

gilt bei einer Emitterfläche A_E:

$$I_{CC} = I_{SS} \left[\exp\left(\frac{q \, U_{B'E'}}{kT} \right) - \exp\left(\frac{q \, U_{B'C'}}{kT} \right) \right] \tag{1.25}$$

mit dem Sperrstrom

$$I_{SS} = \frac{q \, D_n n_i^2 \, A_E}{\int_{X_E}^{X_C} p(x) \, dx} = \frac{q \, D_n n_i^2 \, A_E}{N_B} \tag{1.26}$$

Das Integral N_B wird auch Gummelzahl genannt. Zu bemerken ist, daß

$$Q_B = \int_{X_E}^{X_C} q \, A_E \, p(x) \, dx = q \, A_E \, N_B \tag{1.27}$$

die gesamte in der Basis gespeicherte Ladung an Majoritätsträgern ist. Q_B ist abhängig von $U_{B'C'}$ und $U_{B'E'}$.

Damit kann I_{SS} ersetzt werden durch

$$I_{SS} = I_S \frac{Q_{B0}}{Q_B} = \frac{I_S}{q_B} \tag{1.28}$$

wobei Q_{B0} die Majoritätsträgerladung in der Basis im spannungslosen Zustand $U_{B'C'} = 0$ und $U_{B'E'} = 0$ ist.
Zu einem späteren Zeitpunkt wird Q_{B0} bzw. Q_B oder q_B genauer bestimmt werden. Da sich q_B teilweise stark in Abhängigkeit von $U_{B'C'}$ und $U_{B'E'}$ ändert, wird I_{CC} nach Gleichung (1.25) mehr oder weniger stark von der idealen exponentiellen Spannungsabhängigkeit abweichen.
Wir definieren ferner den Vorwärtsstrom ("forward current")

$$I_F = \frac{I_S}{q_B} \exp\left(\frac{U_{B'E'}}{U_T} - 1 \right) \tag{1.29}$$

und den Rückwärtsstrom ("reverse current")

$$I_R = \frac{I_S}{q_B} \exp\left(\frac{U_{B'C'}}{U_T} - 1\right) \quad (1.30)$$

mit der Temperaturspannung

$$U_T = \frac{kT}{q} \quad (1.31)$$

Somit ist

$$I_{CC} = I_F = I_R \quad (1.32)$$

1.4 Der Transistor in Forschung und Technik

Der Transistor hat in den letzten 50 Jahren wie keine andere Erfindung unsere Welt verändert. Im folgenden werden Aufbau, Eigenschaften sowie Einsatzgebiete von Bipolar-, Sperrschicht-Feldeffekt-, MOS-FET-, GaAs-, HEMT, Bipolarheterostruktur-, Quanteneffekt- sowie Dünnschichttransistor in Forschung und Technik kurz vorgestellt.

1.4.1 Der Bipolartransistor

Das erste in Ge-Halbleitertechnologie realisierte aktive Bauelement war der Bipolartransistor (1948). Die Si-Bipolartechnologie war bis Ende der 70-er Jahre die dominierende Technologie für Integrierte Schaltungen.
Trotz der zunehmenden Bedeutung der MOS (Metall-Oxid-Halbleiter)-Technologie bieten bipolare Transistoren bei einigen Anwendungen entscheidende Vorteile. Diese Vorteile sind die deutlich größere Treiberfähigkeit speziell bei hohen Lasten, sowie die guten Eigenschaften in Analogschaltungen wie geringe Offset-Spannung, große Bandbreite und hohe Steilheit.

Die Grundstruktur der n-p-n- bzw. p-n-p-Transistoren in Planartechnik wurde zunächst durch Eindiffusion, später durch Ionenimplantation von Emitter-, Basis- und teilweise auch Kollektorzonen, auf vom Substrat durch einen pn-Übergang isolierten Epitaxie-Schichten, hergestellt. Die elektrische Isolation der Transistoren untereinander wird durch zusätzliche, platzaufwendige Isolationsgebiete (Isolation durch gesperrte pn-Übergänge) realisiert. Einen deutlichen Platzgewinn bietet die Oxidisolation, bei der ausreichend tiefe, durch lokale Oxidation erzeugte Oxidbereiche die einzelnen Transistoren voneinander trennen. Mit der Herstellung der Emitter durch Ausdiffusion aus Polysilizium konnte eine deutliche Verbesserung des Emitterwirkungsgrads erreicht werden. Zusätzliche Ausdiffusion der Basisanschlüsse aus einer zweiten Polysilizium-Schicht und selbstjustierende Herstellungsprozesse optimieren den elektrischen Anschluß der aktiven Basis

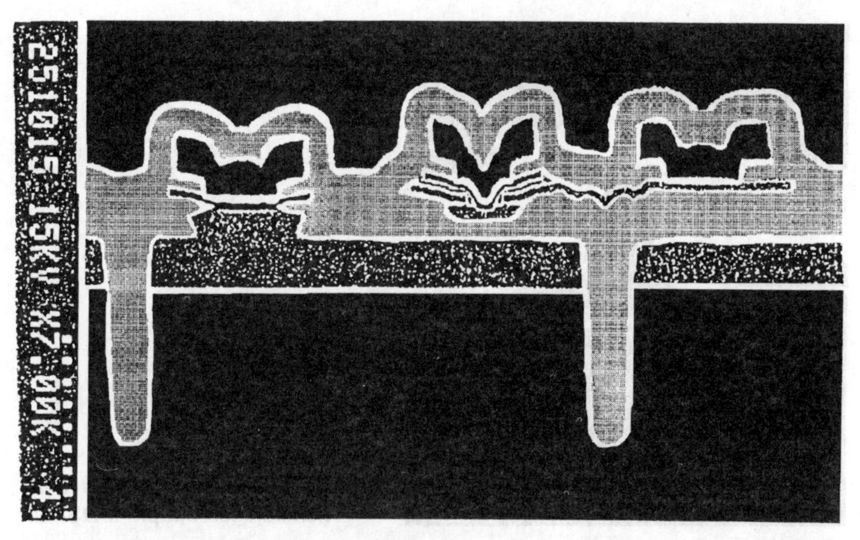

Bild 1.22: Schnitt durch einen selbstjustierten Bipolar-Transistor mit Grabenisolation

und reduzieren die kritischen Kapazitäten. Mit dieser fortschrittlichen Bipolartechnologie werden Grenzfrequenzen von ca. 20 GHz und eine Packungsdichte von theoretisch 10^5 bis 10^6 Transistoren pro cm^2 ermöglicht. Durch Grabenisolation der Bipolartransistoren (Bild 1.22) und durch vollständig selbstjustierende Herstellungsprozesse können die Kapazitäten weiter verringert werden. Durch Einführung von abgeschiedenen Basen und Heterostrukturen mit Si/Si-Ge lassen sich die Basisprofile optimieren; insbesondere läßt sich so die durch Tunnel- und Durchgriff-Effekte begrenzte Leistungsfähigkeit erhöhen [6].

1.4.2 Der MOS-Feldeffekt-Transistor (MOSFET)

MOSFET's besaßen zunächst diffundierte Source/Drain-Gebiete sowie aufgedampfte Metallgates. Wesentliche Verbesserungen konnten durch die Verwendung selbstjustierender Herstellungsprozesse erzielt werden. Dabei werden die Gatestrukturen aus hochtemperaturbeständigem Poly-Silizium als Maske für die anschließende Ionenimplantation und thermische Aktivierung zur Erzeugung der Drain- und Sourcegebiete verwendet (Bild 1.23). Dadurch werden die parasitären Transistorkapazitäten verkleinert, die bei abnehmenden Abmessungen die Schaltgeschwindigkeit begrenzen. Heute dominiert die komplementäre Technologie (CMOS) mit n- und p-Kanal MOSFETs.

Sie wird in allen hochkomplexen und schnellen IC's wie 1-Mbit-, 4-Mbit-, 16-Mbit und 64-Mbit-DRAMs oder 16 / 32 Bit-Mikroprozessoren und Mikro-Controller-Bau-

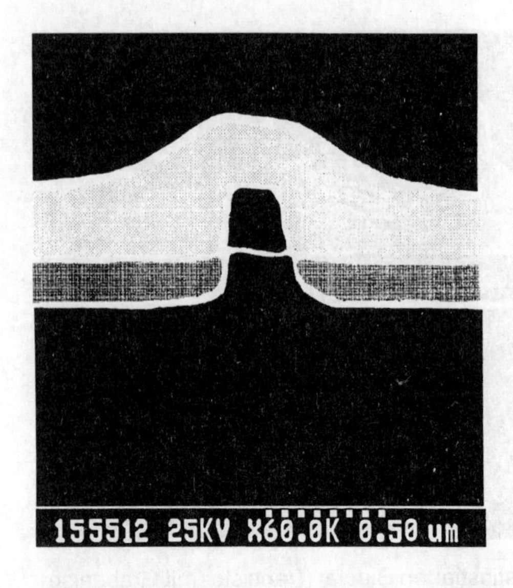

Bild 1.23:
Querschnitt durch einen funktionsfähigen 0,2 µm-MOSFET

steinen eingesetzt. Ein entscheidender Vorteil gegenüber der zunächst eingesetzten NMOS-Technik ist die deutlich niedrigere – weil nur während des Schaltvorgangs auftretende – Verlustleistung. Dies verbessert das Produkt aus Verlustleistung und Schaltzeit und erlaubt höhere Packungsdichten ohne extreme Chiptemperaturen bzw. Kühlkosten. Der vergrößerte Störabstand der CMOS-Technologie macht die Schaltungen unempfindlicher gegenüber Schwankungen der Versorgungsspannung, der Temperatur und der Prozeßparameter. Durch geschickte Prozeßtechniken konnte außerdem der Mehraufwand von CMOS-Prozessen gegenüber den komplexen NMOS-Prozessen minimiert werden. Moderne CMOS-Konzepte benötigen nur noch 10 bis 12 Lithographieschritte inklusive zwei Metallagen und Passivierungsschicht.

1.4.3 BICMOS

Die Kombination der Vorteile von Bipolartransistoren (hohe Treiberfähigkeit, große Steilheit) und von CMOS-Schaltungen (hohe Packungsdichte, geringe Verlustleistung) bietet die BICMOS-Technologie. Wesentliche Voraussetzung für die Integration von Bipolar- und MOS-Komponenten auf einem Chip ist die inzwischen weit fortgeschrittene Kompatibilität der in Bipolar- bzw. MOS-Technologie eingesetzten Prozesse. Dies ermöglicht einen modularen Aufbau der BICMOS-Technologie auf der Basis einer vorhandenen CMOS-Technologie. Der prinzipielle Aufbau der Einzelelemente ändert sich dabei im Vergleich zur reinen Bipolar- oder MOS-Technologie nicht. Ein immer wichtigerer Aspekt wird die Integration von speziell bezüglich ihrer Analogeigenschaften optimierten Bipolartransistoren, da Sub-µm-MOSFETs für Analogfunktionen immer ungeeigneter werden; andererseits der zunehmende Integrationstrend verstärkt die Kombination von Analog- und Digitalfunktionen auf einem Chip verlangt.

1.4.4 Der Sperrschicht-Feldeffekttransistor (Junction Field Effect Transistor JFET)

Bild 1.24 zeigt den typischen Aufbau eines n-Kanal-Sperrschicht-Feldeffekttransistors. Die beiden pn-Übergänge zwischen oberem bzw. unteren Gate und dem n-Kanal sind in Sperrichtung gepolt. Die Ausdehnungen der Sperrschichten können über die Sperrspannungen (z.B. UGS: Gate-Source-Spannung) beeinflußt werden. Auf diese Weise läßt sich der Querschnitt des n-Kanals und somit der Widerstand zwischen den Elektroden Source und Drain durch die Spannung UGS steuern.
Der Drainstrom (ID) steigt für eine feste Steuerspannung nicht beliebig mit dem Drainpotential, da es zu einer Verbreitung der Verarmungszone auf der Seite des Kanals kommt. Ab einer bestimmten Sättigungsspannung UDS, die natürlich von UGS abhängt, wird der Kanal abgeschnürt (engl. pinch off) und der Drainstrom erhöht sich nicht weiter. Die wesentlichen Stärken des Sperrschicht-Feldeffekttransistors sind seine gute Rauscheigenschaften bei tiefen Frequenzen (Funkelrauschen, 1/f-Rauschen). Die Rauschspannung steigt erst bei Frequenzen unterhalb 100 Hz. Deswegen werden z.B. die Eingangsstufen von Verstärkern für Kondensatormikrophone mit Sperrschicht-Feldeffekttransistoren bestückt.

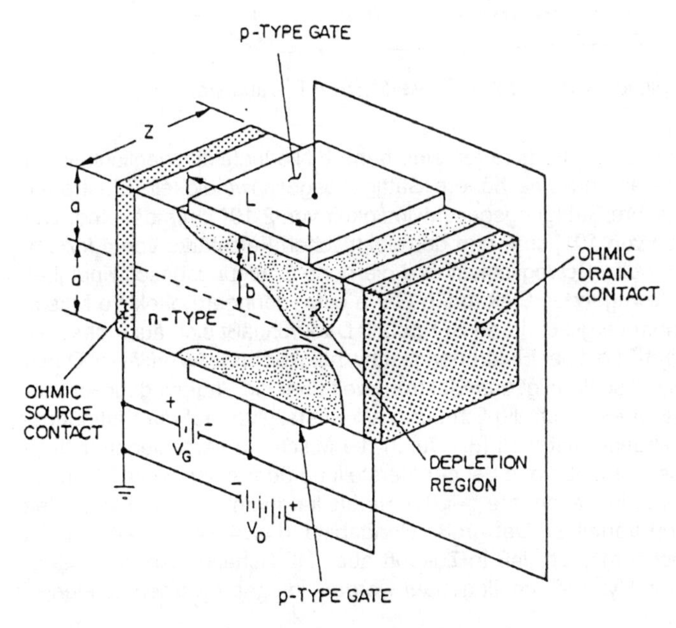

Bild 1.24: Sperrschicht-Feldeffekttransistor

1.4.5 Der GaAs-Transistor

Bild 1.25 zeigt den prinzipiellen Aufbau eines GaAs-MESFET-Transistors [7]. GaAs ist ein III-V Verbindungshalbleiter. Wie Tabelle 1.3 im Abschnitt 1.1 zeigt, besitzt GaAs gegenüber Si einen wesentlich höheren Bandabstand, eine kleine-

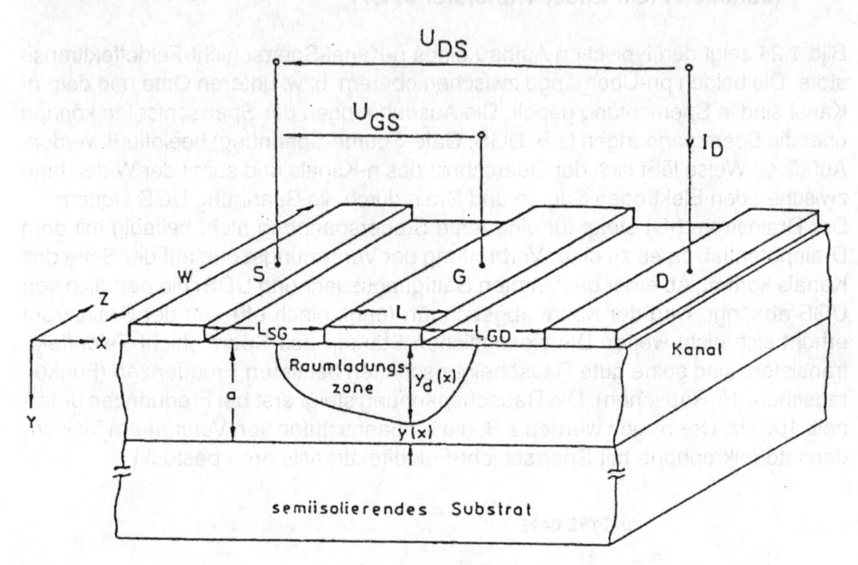

Bild 1.25: Prinzipieller Aufbau eines GaAs-MESFET Transistors

re effektive Masse der Ladungsträger, eine höhere Niedrigfeldbeweglichkeit der Elektronen im Kristall und eine höhere Sättigungsgeschwindigkeit. Elektronen erreichen in GaAs ihre Sättigungsgeschwindigkeit von $2 \cdot 10^7$ cm/s bei einer Donatorkonzentration von 10^{17} cm^{-3} und der elektrischen Feldstärke von 4 kV/cm. Der Grund für die hohe Beweglichkeit und die hohe Sättigungsgeschwindigkeit ist, daß ein sich bewegendes Elektron in GaAs eine geringere effektive Masse hat als z.B. in einem vergleichbaren Si-Kristall. Dadurch läßt sich auch der ausgeprägte Overshoot-Effekt der Elektronengeschwindigkeit in GaAs erklären. Durch die geringe Masse beschleunigt das Elektron weit über die Sättigungsgeschwindigkeit hinaus, bevor es durch die Streuung am Kristallgitter auf die Sättigungsgeschwindigkeit abgebremst wird [8]. Durch die Mischung verschiedener III-V-Halbleiter kann der Bandabstand bei der Herstellung über einen weiten Bereich variiert werden, was insbesondere bei der Herstellung von heterostrukturierten Bauelementen von Vorteil ist. Der große Bandabstand (1,4 eV) in GaAs macht die Substrate hochohmig, so daß in Zukunft auch HF-Schaltungen, die seither noch diskret oder in Hybrid-Technik gebaut werden, integriert werden können.

1.4.6 Der HEMT-Transistor

Um die Grenzfrequenz des GaAs-MESFET noch weiter zu steigern, strebt man noch höhere Ladungsträgergeschwindigkeiten an. Dies läßt sich erreichen, indem die Ladungsträger, die den leitenden Kanal bilden, aus dem dotierten Gebiet in ein undotiertes Gebiet mit erhöhter effektiver Beweglichkeit gedrängt werden. Diese Idee wurde beim HEMT (High Electron Mobility Transistor) umgesetzt. Der schematische Aufbau des HEMT ist in Bild 1.26 dargestellt. Der HEMT wurde 1978 in den Bell Laboratorien in den USA erfunden. Er eröffnet neue Möglichkeiten bei schnellen Digital- und Analogschaltungen. 1984 wurde beispielsweise von AT&T-BELL ein 13 GHz Frequenzteiler vorgestellt, 1985 folgte von der gleichen Firma ein Multiplizierer mit 1,6 ns Verzögerungszeit und ein Ringoszillator mit der Periodendauer von 5,8ps. Durch seinen geringen Rauschfaktor von 1 dB bei 12 GHz wird der HEMT-Transistor erfolgreich bei Fernsehsatellitendirektempfängern eingesetzt. Bei der Konzipierung von deutschen Fernsehsatelliten nach Daten der WARC-Konferenz 1977 wurde die Transponderleistung für einen Fernsehkanal bei einem Rauschfaktor des Fernsehempfängers von 8 dB auf 260 W festgelegt. Nach dem jetzigen Stand der HEMT-Technologie kann die Transponderleistung auf 50 W gesenkt werden. Dadurch werden den Entwicklungsländern mit großen Landflächen eigene Satelliten für Schulungszwecke ermöglicht [9].

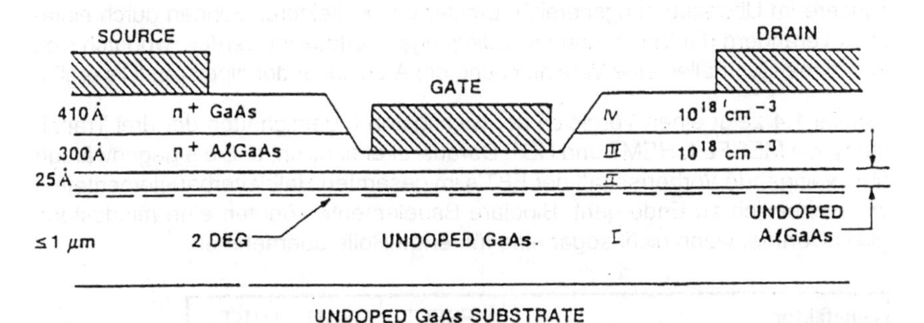

Bild 1.26: Querschnitt durch einen Heterostruktur-Bipolar-HEMT

1.4.7 Bipolare Transistoren in Heterostruktur

Bild 1.27 zeigt den Querschnitt eines Heterostrukturbipolar-Transistors (HBT) [10, 11]. Durch die Verwendung von Halbleiterschichten mit unterschiedlichen Bandabständen ist es möglich, die Bewegung von Elektronen und Löchern im Halbleiter getrennt und unabhängig voneinander zu steuern. Mit diesem zusätzlichen Freiheitsgrad lassen sich die Dotierungskonzentration und die Geometrien optimieren, so daß sich wesentlich höhere Grenzfrequenzen erzielen lassen.

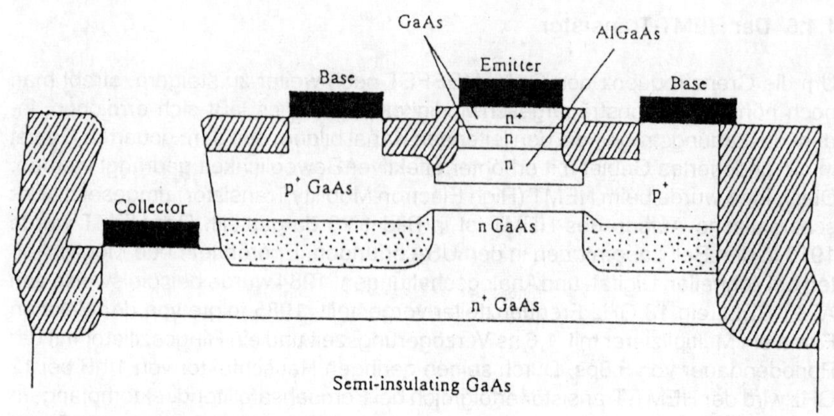

Bild 1.27: Schematischer Querschnitt einer HBT Struktur

Mikrowellentransistoren mit maximalen Schwingfrequenzen über 100 GHz und digitale Schalttransistoren mit Schaltzeiten unter 10 ps können realisiert werden. Transistoren mit Doppelheterostruktur (DH) und jeweils Wide-Gap-Emitter und -Kollektor (Emitter und Kollektor mit großem Bandabstand) bieten weitere Vorteile, insbesondere im Übersteuerungsbereich. Emitter und Kollektoren können durch einfaches Verändern der Vorspannungsbedingungen vertauscht werden, wodurch sich in den meisten Fällen eine Vereinfachung der Architektur der bipolaren IC's ergibt.

Tabelle 1.4 zeigt einen Vergleich der wichtigsten Eigenschaften der drei Transistortypen MESFET, HEMT und HBT. Daraus ist ersichtlich, daß die gegenwärtige überwältigende Vorherrschaft der FET's im gesamten Halbleiterbauelementefeld wahrscheinlich zu Ende geht. Bipolare Bauelemente könnten eine mindestens gleichwertige, wenn nicht sogar eine führende Rolle übernehmen.

Gütefaktor	MESFET	HEMT	HBT
Transitfrequenz f_T	N	M	H
maximale Frequenz f_{max}	M	H	N
Verstärkung · Bandbreite	M	H	H
Verhältnis von Steilheit zum Ausgangsleitwert g_m/g_0	N	M	H
Streuung der Schwellenspannung U_{th}	H	M	N
Leistungsdichte	M	M	H

N : Niedrig; M : Mittel; H : Hoch

Tabelle 1.4: Vergleich der Eigenschaften von MESFET, HEMT und HBT

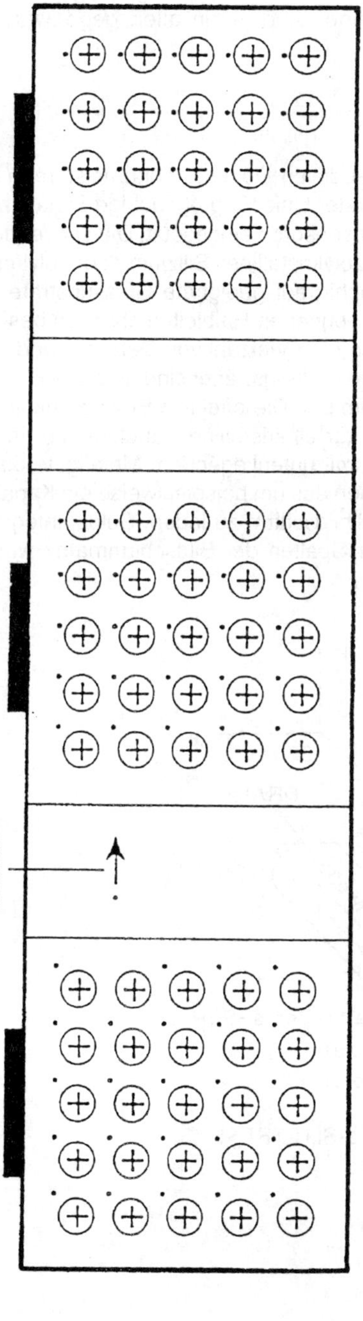

Bild 1.28: Prinzip eines Quantentransistors

1.4.8 Der Quanteneffekt-Transistor

Bild 1.28 zeigt schematisch das Prinzip des Quanteneffekt-Transistors mit dotierten GaAs-Gebieten und nichtdotiertem AlGaAs-Material als Barriere für Elektronen. Diese Energiebarriere resultiert aus den unterschiedlichen Bandabständen von GaAs und AlGaAs. Die Energie der meisten Elektronen würde nicht ausreichen um die Barriere zu überwinden. Ist die Barriere jedoch sehr schmal, können die Elektronen sie untertunneln. Dieser Quanteneffekt läßt sich durch die Wellennatur der Elektronen erklären. Der Quantentheorie zufolge zeigt ein Elektron immer dann Welleneigenschaften, wenn es in Bereichen eingefangen oder von Barrieren umgeben ist, deren Ausmaße seiner Wellenlänge vergleichbar sind. Ein Quantenhalbleiter-Element muß also zumindest in einer seiner Abmessungen der Größenordnung der Elektronenwellenlänge entsprechen. In Galliumarsenid beträgt diese Wellenlänge bei Zimmertemperatur nur 20 Nanometer. Elektronen tunneln beispielsweise durch eine ca. 20 nm dicke AlGaAs-Schicht von einem GaAs-Gebiet in ein anderes. Als erstes Quantenhalbleiter-Element nutzte die Tunneldiode von Leo Esaki diesen Effekt aus [12, 8].

Wenn man Quantenpunkte dicht nebeneinander anordnete, könnten Elektronen mit einer endlichen Wahrscheinlichkeit von einem Punkt zu einem anderen tunneln – also von einem quantisierten Zustand zum nächsten. Damit könnte man die denkbar empfindlichste Schaltkreissteuerung verwirklichen, denn die erlaubten Energiezustände der Elektronen wären sowohl am Ausgangs- als auch am Zielpunkt exakt vorgegeben. Auch hier stellt sich die ungeheuer schwierige Aufgabe, Strukturen herzustellen, die hundertfach kleiner sind als in allen gegenwärtigen Halbleiterelementen.

1.4.9 Dünnschichttransistor

Auf ein ganz anderes Anwendungsgebiet zielen Dünnschichttransistoren (Thin Film Transistor - TFT) ab. Sie werden in erster Linie für großflächige Schaltungen wie Flüssigkristall-Bildschirme oder Zeilensensoren eingesetzt. Die verwendeten Halbleiter sind amorphes Silizium (a-Si), polykristallines Silizium oder polykristallines Cadmium-Selenid, die sich großflächig auf geeignete Glassubstrate aufdampfen lassen. Die auf diese Weise gewonnenen Halbleiterschichten besitzen keine monokristalline Struktur und weisen eine Vielzahl von Defekten und Haftstellen auf. Die Mehrzahl der influenzierten Ladungsträger sind an diese Haftstellen gebunden und tragen nicht zum Strom bei. Die effektive Beweglichkeit liegt daher weit unter vergleichbaren Werten für einkristalline Bauelemente. In Bild 1.29 ist der Aufbau eines typischen TFT mit untenliegendem Metallgate dargestellt. Die geringen Ströme der TFTs reichen aus um beispielsweise die Kapazität eines Bildpunktes in einem Flüssigkristallbildschirm zu laden. Selbst integrierte Ansteuerschaltungen für die Zeilen oder Spalten der Bildschirmmatrix wurden bereits vorgestellt [13].

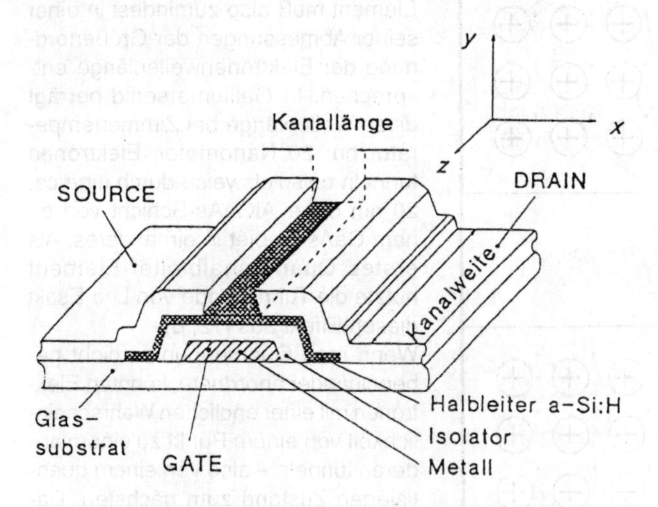

Bild 1.29: Schematischer Aufbau eines a-Si:H-TFT

Jahreszahl	1995	1998	2001	2004	2007	2010	Typ der integrierten Schaltung
kleinste Linienbreite (μm)	0,35	0,25	0,18	0,13	0,10	0,07	
Speicherchips							
Bits / Chip	64M	256M	1G	4G	16G	64G	DRAM's
Kosten / Bit ($*10^{-3}$ Cents)	0,017	0,007	0,003	0,001	0,0005	0,0002	
Logikbausteine (hohe Stückzahlen: Mikroprozessoren)							Mikroprozessoren
Transistoren / cm^2	4M	7M	13M	25M	50M	90M	
Bits / cm^2 (Cache SRAM)	2M	6M	20M	50M	100M	300M	
Kosten / Transistor ($*10^{-3}$ Cents)	1	0,5	0,2	0,1	0,05	0,02	
Logikbausteine (geringe Stückzahlen: ASIC's)							ASIC's
Transistoren / cm^2 (autom. Layouterzeugung)	2M	4M	7M	12M	25M	40M	
Entwicklungskosten / Transistor ($*10^{-3}$ Cents)	0,3	0,1	0,05	0,03	0,02	0,01	
Anzahl der Ein-/Ausgänge							
Pads							
Chip auf Gehäuse	900	1350	2000	2600	3600	4800	Logik, ASIC's
Gehäuseanschlüsse							
Mikroprozessoren	512	512	512	512	800	1024	
ASIC's	750	1100	1700	2200	3000	4000	
Gehäusekosten (Cents/Pin)	1,4	1,3	1,1	1,0	0,9	0,8	ASIC's
Taktfrequenz (MHz)							
Takterzeugung auf dem Chip	300	450	600	800	1000	1100	Mikroprozessoren
Taktübertragungsrate auf die Trägerplatte	150	200	250	300	375	475	Logik
Chipgröße (mm^2)							
DRAM's	190	280	420	640	960	1400	
Mikroprozessoren	250	300	360	430	520	620	
ASIC's	450	660	750	900	1100	1400	
Prozeß-Einzelheiten							
Anzahl der Verdrahtungsebenen	4-5	5	5-6	6	6-7	7-8	Mikroprozessoren
elektrische Defektdichte (Defekte / m^2)	240	160	140	120	100	25	ASIC's
Maskenanzahl	18	20	20	22	22	24	Logik
theoretische Durchlaufzeit (Tage)	9	10	10	11	11	12	Logik
Substratdurchmesser (mm)	200	200	300	300	400	400	DRAM's
Versorgungsspannung (V)							
netzbetriebene Geräte	3,3	2,5	1,8	1,5	1,2	0,9	Mikroprozessoren
batteriebetriebene Geräte	2,5	1,8-2,5	0,9-1,8	0,9	0,9	0,9	ASIC's
max. Verlustleistung							
mit Kühlkörper (W)	80	100	120	140	160	180	Mikroprozessor
ohne Kühlkörper (W / cm^2)	5	7	10	10	10	10	ASIC's
batteriebetriebene Geräte (W)	2,5	2,5	3,0	3,5	4,0	4,5	Logik

ASIC: Application Specific Integrated Circuit, Anwendungsspezifische integrierte Schaltung

DRAM: Dynamic Random Access Memory, dynamischer Speicherbaustein

Tabelle 1.5: SIA - Roadmap

1.5 Technologischer Ausblick

Die vorstehende Tabelle 1.5 soll einen Überblick über die in den kommenden Jahren zu erwartenden technologischen Entwicklungen in der Halbleiterproduktion geben. Sie entstammt der "Roadmap" der amerikanischen "Semiconductor Industry Association" und wurde im Jahre 1994 fertiggestellt (SIA 1995).

ASIC: Application Specific Integrated Circuit, Anwendungsspezifische integrierte Schaltung

DRAM: Dynamic Random Access Memory, dynamischer Speicherbaustein

2 Prozeß-Schritte der Halbleiter-Fertigung

2.1 Herstellen von Silizium-Wafern

Zur Herstellung von Silizium-Wafern dient Sand (SiO_2), der mit ca. 20 % Gewichtsanteil in der Erdkruste auftritt.
Im Lichtbogen-Ofen entsteht aus Sand zunächst Rohsilizium, das in Trichlorsilan umgewandelt wird. Trichlorsilan hat einen Siedepunkt von ca. 32 °C und läßt sich deswegen leicht durch fraktionierte Destillation reinigen. Nach diesem Reinigungsschritt wird hochreines Polysilizium durch Aufbrechen der Trichlorsilan-Moleküle bei hohen Temperaturen erzeugt.
Durch Zufuhr gasförmiger Dotierstoffe zusammen mit Wasserstoffgas, das zum Aufbrechen der chemischen Verbindung eingesetzt wird, ist bereits eine Vordotierung des Ausgangsmaterials möglich (p- bzw. n-dotierte Substrate).

Die Herstellung der Einkristallstäbe erfolgt durch ein Zonenschmelzverfahren aus Polysiliziumstäben, dem sogenannten Czochralsky-Verfahren. Hierbei wird durch eine Heizung mittels Hochfrequenz eine begrenzte Schmelzzone im Stab erzeugt, der Stab wird anschließend langsam durch diese Zone hindurchgezogen. Dabei wird die Schmelzzone entlang des Halbleiter-Stabes geführt. Mit Hilfe eines Keimkristall zu Beginn des Schmelzprozesses erfolgt die Rekristallisation der Siliziumatome als Einkristall mit gleicher Gitterorientierung wie sie der Keimkristall aufweist.

Die Einkristallstäbe werden anschließend mit Hilfe einer Diamantsäge in Scheiben zersägt, poliert und dabei auf die gewünschte Substratdicke gebracht.

Kristallstruktur und Gitterorientierung

Silizium kristallisiert im Diamantgitter, jedes Atom weist dabei vier direkte Nachbarn auf, mit denen es gemeinsame Bindungselektronen hat, wie im folgenden Bild 2.1 dargestellt.

Das im Bild 2.2 eingezeichnete Koordinatenkreuz ermöglicht die Angabe der Kristallorientierung mit Hilfe der Miller-Indizes.

An der Kennzeichnung eines Wafers (siehe Bild 2.3) läßt sich die Orientierung des Einkristallstabes ablesen, der als Ausgangsmaterial für diesen Wafer Verwendung fand. Die Einsatzgebiete sind verschieden: Die <100>-Orientierung wird wegen geringerer Oberflächenzustandsdichten (weniger freie Bindungen an der Abrißkante des Halbleiterkristalls) bevorzugt für MOS-Schaltungen eingesetzt, die <111>-Orientierung findet wegen der besseren vertikalen Strukturierungsfähigkeit bevorzugt für bipolare Schaltungen und Bipolartransistoren Verwendung.

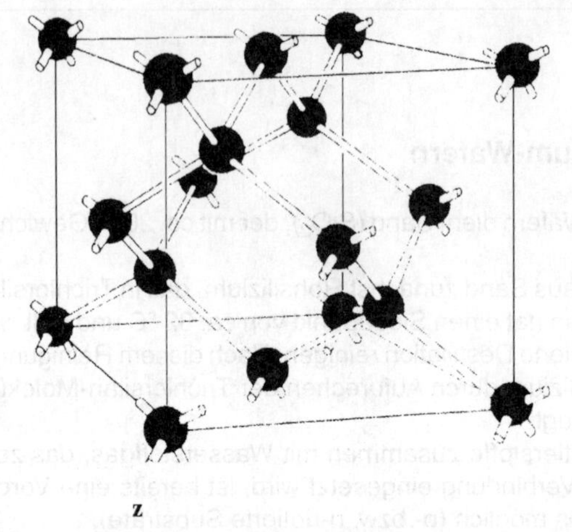

Bild 2.1:
Kristallgitterstruktur des Siliziumgitters (nach H. Salow u.a. 1963 [2.1])

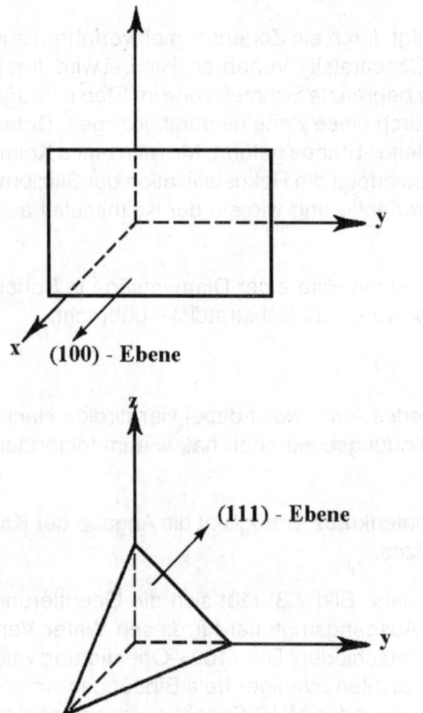

Bild 2.2:
Miller – Indizes einiger wichtiger Ebenen in der Halbleitertechnologie verwendeter Kristallorientierungen (nach M. J. Cooke 1990 [2.2])

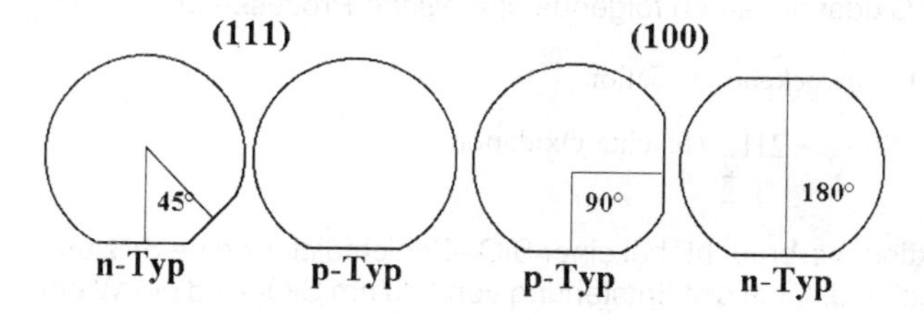

Bild 2.3: Kennzeichnung der Kristallorientierung von Siliziumwafern

2.2 Oxidation

Durch die Verwendung von Silizium gelang in der Halbleitertechnologie ein großer Durchbruch. Hierbei spielt das Siliziumdioxid die maßgebliche Rolle, weil durch dieses Isoliermaterial mit guten elektrischen Eigenschaften, guter Reproduzierbarkeit beim Aufbringen der Schichten und günstigen chemischen und mechanischen Eigenschaften die Prozeßtechnologie deutlich vereinfacht werden konnte. Siliziumdioxidschichten sind chemisch beständig und haben eine Gitterkonstante ähnlich der des Siliziums, daher sind geringe Oberflächenzustandsdichten aufgrund kleiner Gitterversätze erreichbar.

2.2.1 Thermisch gewachsenes Siliziumdioxid

Mit thermisch gewachsenem Siliziumdioxid erreicht man eine Isolator-Qualität wie sie z. B. für das Gateoxid eines MOSFET notwendig ist. Die Isolationsschicht unter dem Gate ist besonders kritisch, da sie stark wechselnden elektrischen Feldstärken ausgesetzt ist (bei 50 nm Oxiddicke und 5 V Betriebsspannung herrscht eine Feldstärke von $E = 10^8$ V/m) und durch Ladungen im Oxid die Einsatzspannung der Transistoren verändert werden kann.

Thermisches Oxid läßt sich auf verschiedene Arten erzeugen: Bei *trockener Oxidation* besitzt die entstehende Oxidschicht sehr gute Eigenschaften, wächst jedoch langsam auf. Bei feuchter Oxidation ist eine schnelle Wachstumsrate zu erzielen, jedoch ist die Oxidqualität nicht besonders gut, so daß für Gateoxidschichten die trockene Oxidation bevorzugt wird. Durch langsame Wachstumsgeschwindigkeiten lassen sich die sehr geringen Gateoxid-Dicken (10...25 nm) moderner MOS-Transistoren besser kontrollieren.

Feuchte Oxidation wird hauptsächlich zur Erzeugung einer Maskierungsschicht vor weiteren Prozess-Schritten (z. B. vor der Fotolithographie) sowie für eine abschließende Passivierungsschicht eingesetzt.

Bei der thermischen Oxidation laufen folgende chemische Prozesse ab:

$$Si + O_2 \Rightarrow SiO_2 \quad \text{(trockene Oxidation)}$$

$$Si + 2H_2O \Rightarrow SiO_2 + 2H_2 \quad \text{(feuchte Oxidation)}$$

Die chemische Reaktion „verbraucht" bei einer SiO_2-Schichtdicke x eine Siliziumschicht von 0,45 x Dicke, d.h. bei der Entstehung von 100 nm SiO_2 wird der Wafer insgesamt nur 55 nm dicker.

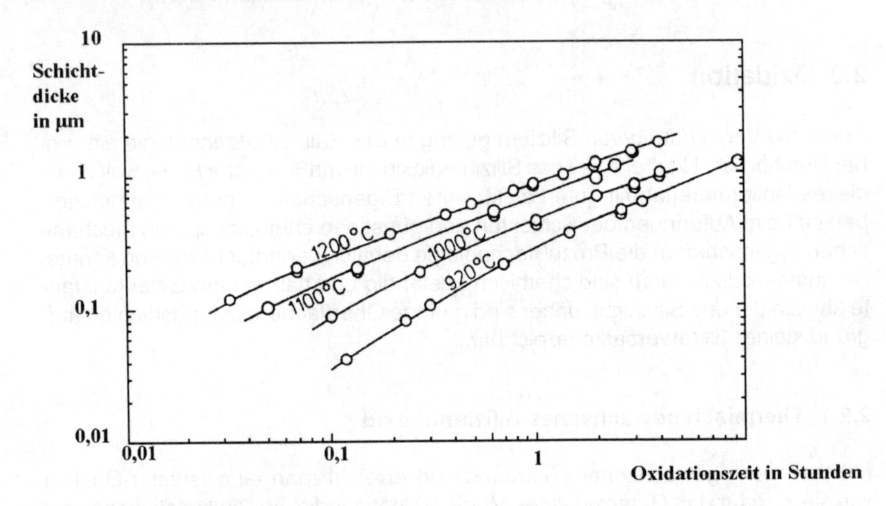

Bild 2.4: Schichtdickenwachstum bei feuchter Oxidation (H_2O, 95 °C) von Silizium in Abhängigkeit von Oxidationszeit und -temperatur (nach H. Beneking 1991 [2.3])

2.2.2 Gesputtertes Siliziumdioxid

Mit Hilfe der Kathodenzerstäubung lassen sich sowohl Oxidschichten als auch Metalle oder Legierungen aufbringen bzw. abtragen. Dabei kann entweder das Material der Kathode auf dem Substrat abgelagert werden oder – wie beim reaktiven Sputtern – die Schicht bildet sich durch Reaktion des Kathodenmaterials mit einer eingeleiteten Gasatmosphäre. Wird ein SiO_2-Target verwendet, so wird direkt SiO_2 abgelagert. Die Wachstumsrate beträgt ca. 15 nm/min, die abgelagerte Schicht ist wegen hoher Grenzflächen-Zustandsdichten als Gate-Isolator jedoch nicht zu verwenden, sie kommt lediglich als Deckoxid zum Einsatz.
Das reaktive Sputtern mit einem Si-Target in einer O_2-Atmosphäre ergibt wesentlich geringere Oberflächenladungen, allerdings muß ein anschließender Temperaturschritt (sogenanntes Annealing) eingesetzt werden. Eine als Gateoxid ver-

wendbare, gesputterte Schicht ergibt sich nur bei sehr geringen Wachstumsraten (bis etwa 5 nm/min) und sorgfältigem Annealingprozeß.

2.3 Epitaxie

Mit Hilfe des Epitaxieverfahrens können Schichten auf einer Unterlage aufgewachsen werden, z.B. auf einem einkristallinen Wafer. Auf der Waferoberfläche lagern sich Atome aus der Prozeßraum-Atmosphäre an. Das Substrat bestimmt das Schichtenwachstum. Entsprechend einem gewählten Prozeßablauf und abhängig von der Substrat-Oberfläche wächst die Schicht amorph, polykristallin oder einkristallin auf.

Polykristalline Schichten bestehen aus unregelmäßig orientierten, kleinen einkristallinen Bezirken (Bruchteile von µm bis einige µm groß), während bei amorphen Schichten solche Bereiche fehlen.

Amorphes Schichtenwachstum tritt auf, wenn den Atomen an der Oberfläche keine Gelegenheit zur Kristallbildung gegeben wird, z. B. bei zu geringer Temperatur, durch ein Überangebot an Atomen, denen keine Zeit zur Kristallisation bleibt, oder wegen einer nicht der Gitterstruktur des Epitaxiematerials angepaßten Substrat-Oberfläche. Amorphe Schichten werden als Schutzschichten bzw. als Getterschicht (=Haftschicht) für eingedrungene Schwermetallionen verwendet (Haftstellen durch nicht abgesättigte Atombindungen ziehen eingedrungene Ionen an und halten sie fest). Aus einkristallinen Schichten entstehen durch Gitterzerstörung bei der Ionenimplantation amorphe Schichten.

Sind die Umgebungsbedingungen günstig, wächst die Epitaxieschicht einkristallin, wenn die Oberfläche eine angepasste Kristallstruktur (Gitterkonstante) besitzt und nicht verunreinigt ist. Bei nicht angepasster Gitterkonstante entsteht eine polykristalline Schicht. Auch die Prozeßtemperatur spielt eine wichtige Rolle. Für Temperaturen typ. < 650 °C ist die aufwachsende Schicht amorph, dagegen erfordert ein- bzw. polykristallines Schichtenwachstum Prozeßtemperaturen über ca. 950 °C.

2.3.1 Flüssigphasen-Epitaxie

Die Löslichkeit eines Halbleiters in einer Metallschmelze ist temperaturabhängig. Diese Tatsache wird bei der Flüssigphasen-Epitaxie (LPE – liquid phase epitaxy) ausgenutzt. Wird eine Metallschmelze auf einem Substrat abgekühlt, tritt eine Kristallisation des Materials auf der Unterlage ein. Für die Herstellung von III-V-Verbindungshalbleitern wird häufig das Flüssigphasen-Epitaxieverfahren eingesetzt. Dabei können die beiden folgenden Probleme auftreten, die jedoch mit Hilfe der Prozeßabläufe beherrschbar sind:

1) Die entstehende Kristallisationswärme muß noch abgeführt werden können, d.h. die Wachstums-Geschwindigkeit darf nicht zu groß werden.

2) Spontane Kristallisation darf innerhalb der Schmelze nicht auftreten.

Die Schicht kann gleich beim Wachstum dotiert werden, indem der Schmelze ein geeigneter Dotierstoff beigemischt wird.

2.3.2 Gasphasen-Epitaxie (CVD)

Die anorganische Gasphasen-Epitaxie (vapour phase epitaxy, VPE oder auch chemical vapour deposition, CVD, genannt) ist ein häufig eingesetztes Verfahren, mit dem auch bei großen Waferdurchmessern noch gleichmäßige Schichtdicken erzeugt werden können. Als Ausgangsmaterial für die Abscheidung wird Silan SiH_4 bei hohen Temperaturen (ca. 1100 °C) verwendet. Silan ist nicht unproblematisch, da es sehr giftig ist und eine hohe Explosionsgefährdung vorliegt.

Die Wafer werden in einer Stickstoff-Atmosphäre in ca. 5 Minuten auf etwa 1100 °C aufgeheizt und zunächst einige Minuten in einer HCl-Gasatmosphäre angeätzt bevor Silan eingeleitet wird. Damit erhält man eine saubere Oberfläche ohne Beschädigungen. Die Schicht kann gleich beim Wachstum dotiert werden, wenn gasförmige Dotierstoffe hinzugefügt werden. Ein geforderte Schichtdicke läßt sich über die Prozeßdauer reproduzierbar herstellen.

2.3.3 Metall-organische Gasphasen-Epitaxie (MOCVD)

Bei der MOCVD (metal-organic CVD) werden die Halbleiterschichten aus metallorganischen Verbindungen abgeschieden. Hierbei wird mit Hilfe hoher Temperaturen oder durch kurzwellige, energiereiche Lichtstrahlung eine metall-organische Verbindung aufgebrochen, die Metallkomponente aus der Verbindung reagiert dabei mit einem Anteil des Trägergases. Auf diese Weise reagiert z.B. Gallium mit Arsenatomen aus Arsin (AsH_3) zu Galliumarsenid (GaAs). Die Kristallbildung kann in einiger Entfernung über der Substratoberfläche erfolgen, wobei allerdings auch die Gefahr der polykristallinen Abscheidung der Atomlagen besteht.

2.3.4 Molekularstrahl-Epitaxie (MBE)

Ein weiteres Verfahren zur Erzeugung von Halbleiterschichten ist das Verfahren der Molekularstrahl-Epitaxie (molecular beam epitaxy, MBE). Hierbei werden beheizte Targets eingesetzt, um einen Strahl thermisch angeregter Atome auf ein Substrat aufzubringen. Bei einem auf genügend hohe Temperatur gebrachten Substrat können gemeinsam auftreffende Atome oder auch einlagig abgeschiedene Atomlagen mit auftreffenden Atomen reagieren und hochwertige Epitaxieschichten bilden. Die Epitaxieschicht wächst sehr langsam auf (z.B. 1 µm/h im Gegensatz zu den übrigen Epitaxie-Verfahren mit ca. 1 µm/min). Damit lassen sich extrem abrupte Übergänge innerhalb von etwa 1 bis 2 Atomlagen erzeugen, wie es z.B. bei der Herstellung von HEMT-Transistoren (high electron mobility transistor) notwendig ist. Diese Transistoren weisen sehr hohe Grenzfrequenzen und sehr geringe Rauschzahlen auf und werden daher bevorzugt in Satelliten-Empfangsanlagen als Vorverstärker eingesetzt.

2.4 Fotolithographie

Zur Strukturübertragung auf den Wafer bedient man sich der Fotolithographie. Hierbei wird elektromagnetische Strahlung aus einer Strahlquelle durch eine Maske hindurch auf den Wafer gestrahlt, welcher zuvor mit einer strahlungsempfindlichen Schicht bedeckt werden muß. Bei einem anderen Verfahren – dem Direktschreibeverfahren – kann auf die Maske verzichtet werden.
Verwendet man eine Maske, wird je nach Abstand dieser Maske von der Waferoberfläche entweder von Kontatkt- bzw. Abstandsbelichtung (proximity printing, Bild 2.5a) oder von Projektionsbelichtung (Bild 2.5b) gesprochen.

Bei der Kontaktbelichtung liegt die Maske direkt auf der fotoempfindlichen Schicht auf, während beim Abstandsbelichtungsverfahren ein Abstand von einigen 10 µm eingehalten wird. Die Lebensdauer der Maske wird gegenüber der beim Kontakt-

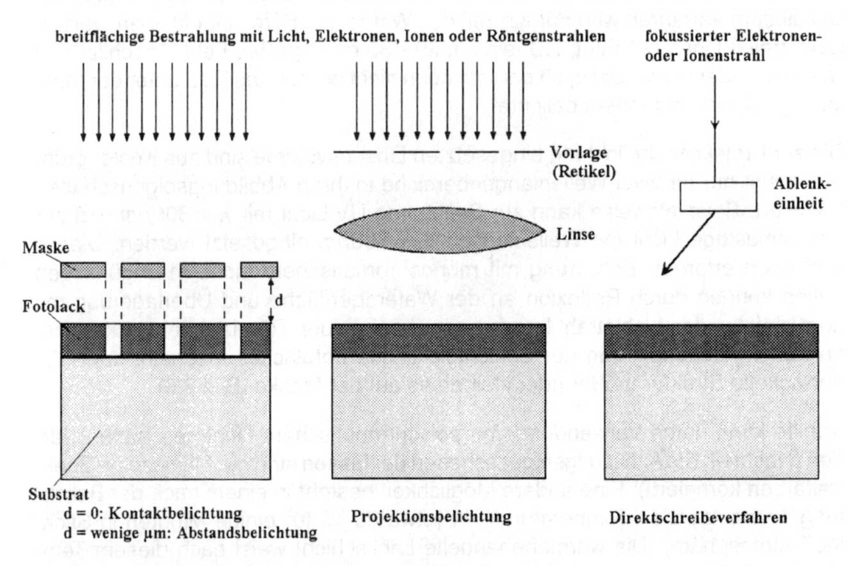

Bild 2.5: Lithographiesysteme

belichtungsverfahren eingesetzten wesentlich erhöht, da weniger Beschädigungen durch Kratzer o.ä. auftreten können.

Bei der Kontakt- und Abstandsbelichtung werden die Strukturen von der Maske im Maßstab 1:1 auf den Wafer übertragen, bei der Projektionsbelichtung wird ein Verkleinerungsmaßstab (üblicherweise 5:1 bzw. 10:1) eingesetzt. Dieses Verfahren ist auch für Strukturen < 3 µm geeignet.
Beim Direktschreibeverfahren (Bild 2.5c) wird der Wafer mittels eines fokussierten Elektronen-, Laser-, Licht- oder Ionenstrahls belichtet. Der Strahl wird über die Waferoberfläche bewegt und kann ein- bzw. ausgeschaltet werden. Bei diesem Verfahren wird keine Maske benötigt.

2.4.1 Optische Lithographie

Bei Strukturen > 1 µm lassen sich optische Lithographieverfahren wirtschaftlich einsetzen. Aufgrund der Maskenschonung wird hauptsächlich Abstands- oder Projektionsbelichtung angewandt. Wegen der Möglichkeit der Nachjustierung von Schritt zu Schritt (geringere Verzerrungen als bei Ganzfeldbelichtung, bessere Deckung der einzelnen Maskenschritte) werden auch sogenannte „step and repeat"-Verfahren vorteilhaft eingesetzt, allerdings ist dabei der Durchsatz an Wafern auf etwa die Hälfte gegenüber der Ganzfeldbelichtung reduziert. Bei Waferdurchmessern von 8 Zoll bzw. 200 mm, die heutzutage bevorzugt eingesetzt werden, müssen solche „Waferstepper" verwendet werden, da die Linsensysteme nicht für so große Durchmesser verzerrungsfrei abbildend hergestellt werden können. Bei diesem Verfahren wird nur ein Teil des Wafers mit Hilfe einer kleinen, verzerrungsfreien Linse belichtet, z.B. ein ca. 20 · 30 mm² großes Feld. Anschließend wird der Wafer verschoben, so daß ein noch nicht belichtetes Feld unter der Maske liegt. Dann wird erneut belichtet.

Die zur Projektionsbelichtung eingesetzten Linsensysteme sind aus Kostengründen meist nur für zwei Wellenlängenbereiche in ihren Abbildungseigenschaften korrigiert. Beispielsweise kann zur Belichtung UV-Licht mit $\lambda \approx 300 nm$ und zur Maskenjustage Licht mit Wellenlängen $\lambda > 500 nm$ eingesetzt werden. Dieses Verfahren erfordert Belichtung mit monochromatischem Licht. In ungünstigen Fällen können durch Reflexion an der Waferoberfläche und Überlagerung mit dem einfallenden Lichtstrahl Interferenzmuster an den Rändern der Lackschicht entstehen. Abhängig von der Schichtdicke des Fotolackes erscheint dann die entwickelte Struktur größer oder kleiner als auf der Maske (Bild 2.6).

Abhilfe kann durch Verwendung von polychromatischem Licht geschaffen werden (Nachteil: Die Abbildungseigenschaften der Linsen sind nur für einzelne Spektralfarben korrigiert!). Eine andere Möglichkeit besteht in einem nach der Belichtung anzusetzenden Temperaturschritt (etwa 80 °C für einige Minuten in Stickstoff-Atmosphäre). Die wärmebehandelte Lackschicht weist nach diesem Temperaturschritt deutlich bessere Kanten ohne störende Interferenzen auf.

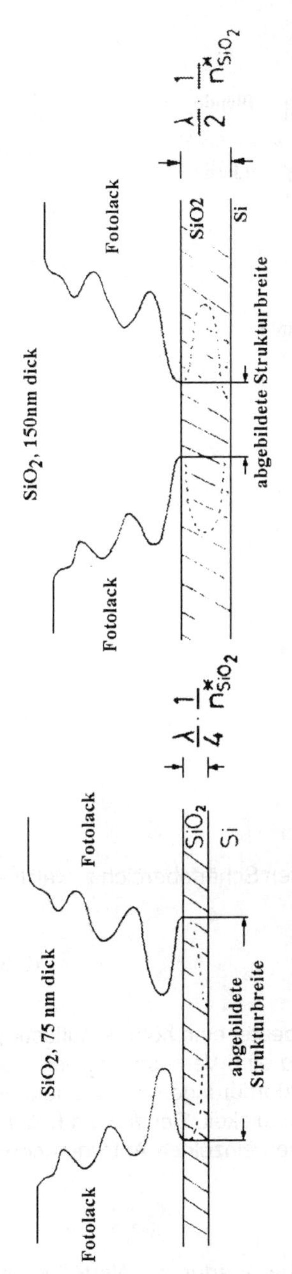

Bild 2.6: Strukturbreite bei verschiedenen Oxidschichtdicken und Belichtung mit monochromatischem Licht (nach H. Beneking 1991 [2.3])

2.4.2 Kontakt- bzw. Abstandsbelichtung

Die kleinste abbildbare Linienbreite l_{min} hängt von der Wellenlänge λ des verwendeten Lichtes und dem Abstand d zwischen Maske und Fotolack ab.

$$l_{min} \approx K_1 * \sqrt{d * \lambda} \tag{2.1}$$

K_1 bedeutet eine maschinenabhängige Konstante

Der Abstand wird möglichst klein gewählt, so daß gerade kein Kontakt zwischen Maske und Fotolack entsteht (einige µm bis ca. 20 µm). Justiergenauigkeit und Unebenheiten von Maske und Substrat müssen berücksichtigt werden. Bei Verwendung von UV-Licht aus einer Quecksilber-Belichtungsquelle mit λ = 365nm ist bei Direktbelichtungsverfahren eine kleinste Strukturbreite von ca. 2 µm möglich.

2.4.3 Projektionsbelichtung

Der Vorteil der Projektionsbelichtung liegt in einer höheren Auflösung der Strukturen gegenüber den Direktbelichtungsverfahren. Für ein Linsensystem ohne Verzerrungen ist die kleinste, noch übertragbare Linienbreite durch die Beugung begrenzt und beträgt:

$$l_{min} = 0,61 * \left(\frac{\lambda}{N_A} \right) \tag{2.2}$$

(Raleigh´sches Beugungsgesetz)

Hierin bedeuten:
numerische Apertur, $N_A = n^* * \sin\alpha$
siehe Bild 2.7
n* = 1, Brechungsindex in Luft / Vakuum
α = halber Öffnungswinkel oder Aperturwinkel

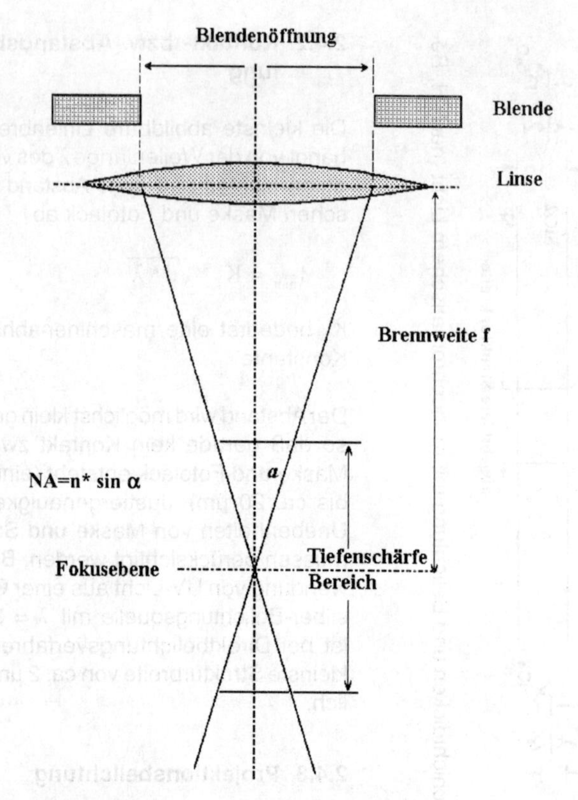

Bild 2.7: Definition der numerischen Apertur N_A

Jede optische Abbildung besitzt nur einen bestimmten Schärfebereich z, welcher sich gemäß folgender Formel angeben läßt:

$$z = \pm\left(\frac{\lambda}{2 * N_A^2}\right) \qquad (2.3)$$

Wie aus Gleichung (2.2) und (2.3) zu sehen ist, bedeutet eine höhere Auflösung durch eine größere numerische Apertur gleichzeitig eine Verringerung des Tiefenschärfebereiches und stellt deswegen erhöhte Anforderungen an die Ebenheit der Maske und des Wafers sowie an die Justiergenauigkeit. Bei diesem Belichtungsverfahren muß also ein Mittelweg zwischen den einzelnen Anforderungen angestrebt werden.

Neuere Verfahren in der Fotolithographie:

Die in gewissen Grenzen vergrößerbare numerische Apertur N_A (Werte bis ca. 0,7 sind mit teuren Speziallinsensystemen erreichbar) kann genauso wie die

Wellenlänge der zur Belichtung eingesetzten elektromagnetischen Strahlung zur Erhöhung der Auflösung beitragen. Im Bereich der Wellenlänge wird derzeit hauptsächlich UV-Belichtung mit $\lambda \approx 365nm$ eingesetzt. Es gibt Ansätze, mit sogenannten „phase shift"-Masken die mit dieser Belichter-Generation erreichbare Auflösung auf 0,35 µm zu vergrößern. Neuere Geräte setzen DUV-Lichtquellen (deep ultra violet, $\lambda \approx 248nm$) bzw. Excimer-Laserquellen ($\lambda \approx 193nm$) ein. Es ist zu erwarten, daß diese Strahlungsquellen eventuell zusammen mit phase-shift-Masken und Anti-Reflexionsschichten (ARC – anti reflective coatings) über bzw. unter dem Fotolack bis zu einer Auflösung von ca. 0,2 µm verwendbar sind.

Aus Gleichung 2.3 ist auch ersichtlich, daß sowohl eine Erhöhung von N_A als auch eine Verringerung der Wellenlänge den Tiefenschärfebereich (DOF – depth of focus) drastisch reduziert, so daß dieser z. B. bei Excimer-Laser-Belichtungsgeräten im Bereich ±0,25.....±0,5 µm liegen wird. Dies ist ein Problem, da bei Wafern, die bereits mehrere Prozeßschritte durchlaufen haben, die Oberfläche nicht mehr eben ist und ein üblicher Fotolack mit ca. 1 µm Schichtdicke nicht mehr genügt, um überall gleichmäßige Linienbreiten zu erzielen. Vorhandene Stufen werden zwar bei der Beschichtung mit Fotolack etwas planarisiert, jedoch bringt die ungleiche Schichtdicke mit sich, daß die tiefer liegenden Bereiche bereits außerhalb des Focusbereiches sind und daher unscharf abgebildet werden. Der Einsatz von Planarisierungstechnologien (z.B. durch chemische bzw. mechanische Bearbeitung der Waferoberfläche) und der Auftrag dünnerer Lackschichten sollen hier eine Verbesserung bringen.
Das folgende Bild (2.8) zeigt das Wirkungsprinzip der phase-shift-Masken zur Erhöhung der Auflösung ohne Verlust des Tiefenschärfebereiches.

Bei dieser Technologie wird mit Hilfe zusätzlicher Schichten an bestimmten Stellen der Maske das durchtretende Licht in der Phase gedreht. Der Erfolg ist an der Intensitätsverteilung auf dem Wafer zu sehen [4, S. 78]. Diese Phasenverschiebungs-Technologie ist jedoch nur bei regelmäßigen Strukturen vernünftig einsetzbar, einzelne isolierte Strukturen sind damit nur sehr aufwendig zu erzeugen.

Der Einsatz von Antireflexionsschichten ober- bzw. unterhalb des Fotolackes ist ein Weg zur Reduktion der Lichtreflexion an den Grenzschichten (Lack-Wafer bzw. Luft-Lack) und trägt zur Unterdrückung von Interferenzmustern und damit zur Verringerung ungleicher Linienbreiten abhängig von der Fotolack-Schichtdikke bei.

Ein Problem der Maskentechnologie ist die Auswahl geeigneter Materialien, die eine strahlungsundurchlässige Schicht auf der Maske bilden können und dabei gleichzeitig genügend hohe mechanische Stabilität für einen Fertigungseinsatz aufweisen. Bei konventionellen UV-Masken wird eine dünne Chromschicht auf einen Glasträger aufgedampft, für die Belichtung mit Excimer-Lasern ist Glas als Masken-Substratmaterial nicht mehr geeignet, hierfür muß Quarz eingesetzt werden. Da jedoch der Brechungsindex von Quarz niedriger als derjenige von Glas

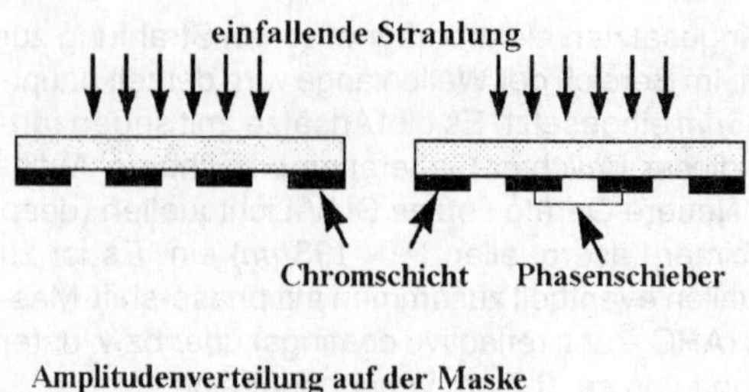

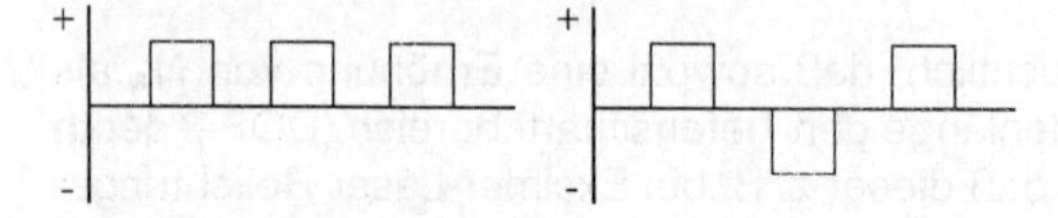

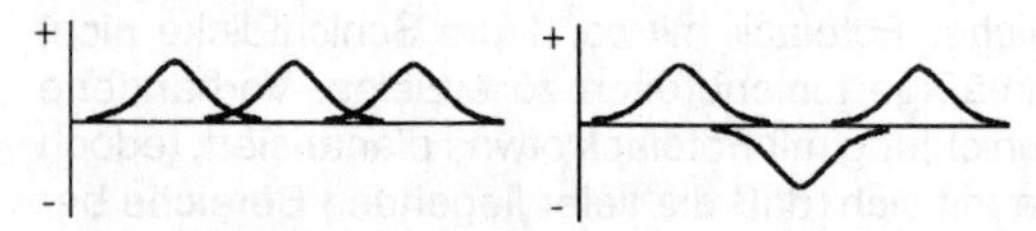

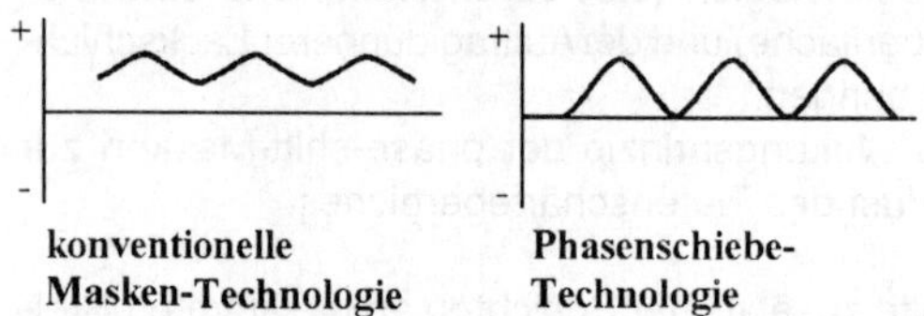

Bild 2.8: Wirkungsweise von Phase-shift-Masken

ist, lassen sich keine hohen Werte für N_A erzielen. Beispielsweise gibt es derzeit UV-Belichtungsgeräte mit einem N_A >0,7, während die für Excimerlaser entwikkelten Linsensysteme ein $N_A \approx 0{,}5$ aufweisen.

2.4.4 Röntgenstrahl – Lithographie

Es gibt noch zwei weitere Lithographieverfahren. Bei einem Ansatz wird zur Belichtung keine Strahlungsquelle im UV- oder DUV- Bereich eingesetzt, sondern weiche Röntgenstrahlung mit $\lambda \approx 0{,}4.....5nm$. Die dabei auftretenden Maskenprobleme – es sind nur sehr schwer Materialien zu finden, die für Röntgenstrahlung genügend undurchlässig sind, übliche Fotolackschichten erwiesen sich ebenfalls als ungeeignet für Röntgenstrahlung – konnten bisher nicht zufriedenstellend gelöst werden, so daß diese Technologie noch im Versuchsstadium ist und auf dem Markt nur sehr wenig Röntgenbelichtungsgeräte zu finden sind.

2.4.5 Elektronenstrahl – Lithographie

Als weiteres Verfahren, das allerdings wegen des seriellen Ablaufes bei der Belichtung für eine Massenproduktion nicht geeignet ist, wird das Elektronenstrahl-Direktschreiben eingesetzt. Hierbei belichtet ein scharf fokussierter Elektronenstrahl direkt die Fotolackschicht, ohne über optische Linsensysteme gebündelt zu werden. Mit Hilfe dieses Verfahrens gelang die Laborfertigung eines 64 MBit-DRAM´s mit einer minimalen Sturkturbreite von weniger als 0,3 µm [5].
Hauptsächliches Einsatzgebiet des Elektronenstrahl-Direktschreibens ist die Maskenherstellung und die Herstellung von Prototypen und ASIC´s (application specific integrated circuits), weil dadurch auf die teure Herstellung einer Maske für ein Belichtungssystem verzichtet werden kann.
Zur Steigerung des Durchsatzes müsste entweder die Zeitdauer reduziert werden, die ein Fotolack bestrahlt werden muß, um die gewünschte Struktur bis auf die Waferoberfläche hinab entwickeln zu können, oder die Strahlungsleistung muß erhöht werden. Höhere Stromdichten bewirken jedoch eine Unschärfe des Elektronenstrahls durch Coulombkräfte, die zwischen den bewegten Elektronen wirken, und stehen damit einer höheren Auflösung entgegen.
Eine andere Möglichkeit zur Reduktion der Belichtungszeit ist der Einsatz empfindlicherer Fotolacke. Hierfür wurden Lackschichten entwickelt, die mit Hilfe eines katalytischen Vorganges innerhalb der Lackstruktur mit geringeren Energiedosen bei der Bestrahlung auskommen. Derzeit einsatzfähige katalytische Lackschichten (CAR – chemical amplified resists) weisen die 10-fache Empfindlichkeit gegenüber herkömmlichen Fotolacken auf [4, S.81]

Wirtschaftliche Aspekte:

Etwa alle drei Jahre erfordert eine neue DRAM-Generation neue Lithopraphiesysteme, die eine um den Faktor 3 vergrößerte Auflösung besitzen müssen [6]. Betrugen die Kosten eines Linsensystems für die Belichtung der 1 MBit-DRAM-Generation 1986 etwa 25000 US$, so ist zu erwarten, daß ein Linsensystem für die 256-MBit-DRAM-Generation etwa 1,5 Millionen US$ betragen werden. Diese Kostenentwicklung zeigt die Bedeutung der Lithographie. Neuere Überlegungen gehen dahin, daß nicht jeder Lithographieschritt auf einem Stepper (von „step-and repeat“) neuester Generation und höchster Auflösung durchgeführt werden muß, sondern daß Zwischenebenen mit geringeren Anforderungen auf weniger hoch auflösenden Steppern und damit auch insgesamt kostengünstiger ausgeführt werden können. Diese „mix-and-match“-Technologie wird bereits bei der 64-MBit-Generation eingesetzt.

2.4.6 Masken

Masken werden benutzt, um die Strukturen der Bauteile auf den Wafer zu übertragen. Eine Maske besteht aus einem Trägermaterial, auf dem eine für die eingesetzte Strahlungsart undurchlässige Schicht aufgebracht ist. In dieser Schicht wird ebenfalls fotolithographisch oder über Elektronenstrahlbelichtung die entsprechende Struktur erzeugt. Diese Struktur wird je nach Art der späteren Waferbelichtung vom Entwurf des Chips vervielfältigt auf die Maske gebracht oder beim „step and repeat„ -Verfahren nur einmal erzeugt.

Die Maskenherstellung läuft folgendermaßen ab:

Die chemischen Bestandteile werden geschmolzen und daraus Rohglas erzeugt. Dieses wird in Scheiben geschnitten, geschliffen, poliert und abschließend gereinigt. Nach einer Oberflächeninspektion sowie Prüfung der Ebenheit ist das Glas-Substrat fertig und kann mit der gewünschten Maskierungsschicht bedampft werden. Es folgt ein Fotolithographieschritt zur Übertragung der Strukturen auf die Maske, die anschließend geätzt wird, um die Bereiche freizugeben, durch die bei der späteren Belichtung der Wafer belichtet werden soll.

gängige Maskenmaterialien sind:
Eisenoxid (Fe_2O_3):

Vorteile:
- Die hohe Durchlässigkeit im Bereich sichtbarer Lichtwellenlängen erleichtert die Maskenjustage.
- Die geringe Transparenz im UV-Bereich begünstigt den Belichtungsprozeß.
- Die Oberfläche ist hart und beständig.
- Derartige Masken besitzen eine hohe Lebensdauer im Prozeß.
- Es treten nur geringfügig Reflexionen auf.

Nachteil: Die Auflösung der Strukturen ist bereits durch die Maske begrenzt

Chrom:

Vorteile:
- hervorragende Oberflächenhärte
- hohe Auflösung in Verbindung mit Positiv-Lacken
- sehr geringe Transparenz
- hohe Lebensdauer

Nachteile:
- Chrom reflektiert sehr stark
- Die Haftung auf Glas ist gering

2.4.7 Lacke

Die Lackschicht hat die Aufgabe, die Oberfläche des Wafers abzudecken und auf diese Weise bestimmte Prozesse nur an den dafür vorgesehenen Stellen zuzulassen. Beispielsweise muß die Lackschicht einen wirksamen Schutz der Oberfläche gegenüber einem Ätzangriff bieten oder darf eine Ionenimplantation nur an den nicht abgedeckten Stellen zulassen.
Es gibt sowohl positiv als auch negativ wirkende Lacke. Bei einem Negativlack reagiert die fotoaktive Komponente bei Belichtung mit dem Lack. Das hierbei

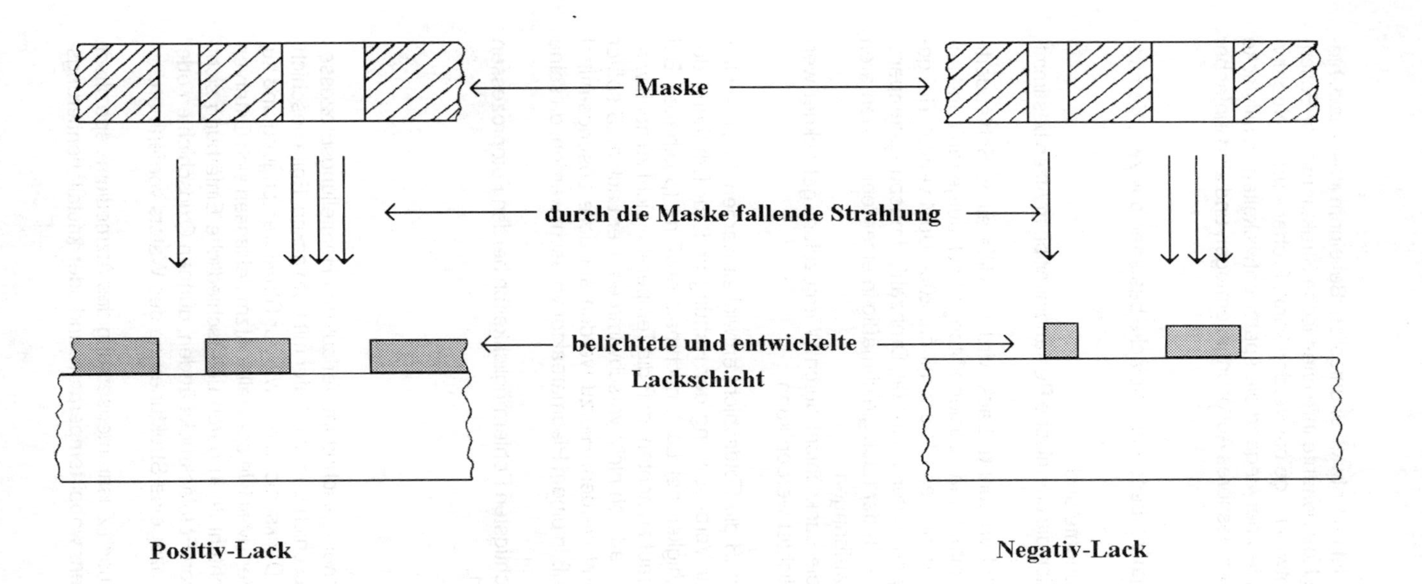

Bild 2.9: Wirkungsweise von Positiv- bzw. Negativlack

gebildete Reaktionsprodukt ist im Entwickler unlöslich. Bei einem Positivlack hingegen ändert die fotoaktive Komponente ihre chemische Struktur mit der Belichtung, so daß der Lack im Entwickler gelöst werden kann. Früher wurden Negativlacke benutzt, während heute überwiegend die später entwickelten Positivlacke eingesetzt werden. Sie haben besseres Auflösungsvermögen und sind einfacher zu handhaben.

Sowohl positiv als auch negativ arbeitende Fotolacke bestehen aus zwei Komponenten:

a) einer fotoaktiven Komponente und
b) einem Lack, der wesentlich die chemische Beständigkeit beim Ätzen bestimmt.

Der mit einem Lösungsmittel verdünnte Lack wird mit Hilfe eines Schleudertisches aufgetragen. Es wird eine genau dosierte Menge Lack aufgetropft und anschließend durch Drehbewegung des Wafers mit ca. 2000 UpM verteilt. Bei genauer Kontrolle der Prozeßparameter Viskosität, Drehzahl, Umgebungstemperatur und Luftfeuchtigkeit läßt sich der Lack gleichmäßig in einer reproduzierbaren Schichtdicke von ca. 1 μm aufbringen.
Daran anschließend muß die Lackschicht durch Wärmezufuhr getrocknet werden, bevor der Fotolack belichtet werden kann.

Nach erfolgter Belichtung muß die Fotoschicht entwickelt werden. Im Anschluß an die Entwicklung wird zur Verbesserung der Haftung und zur Erhöhung der chemischen Widerstandsfähigkeit der Lack nochmals erwärmt (postbake). Bei diesem Prozeßschritt ist darauf zu achten, daß die Temperatur nicht zu hoch wird und die Strukturen im Lack dadurch nicht verschwimmen. Der Lack muß später wieder vom Substrat entfernt werden. Hierzu werden spezielle Lösungs-mittel verwendet oder der Lack muß in einem Plasmareaktor verascht werden, da seine Löslichkeit sehr gering ist.
Einen Überblick über die wichtigsten Fehlermöglichkeiten bei den Fotoprozessen gibt die folgende Tabelle 2.1.

2.5 Ätzen

Ätzen ist ein wichtiger Technologieschritt im Verlauf des Herstellungsprozesses von Halbleitern. Vor einer Beschichtung der Wafer mit Fotolacken, Epitaxieschichten, Metallen oder anderen Deckschichten sowie zur Strukturerzeugung und zur Reinigung muß geätzt werden. Mit Hilfe spezieller Ätzmittel lassen sich Gitterversetzungen erkennen, Schichtenfolgen durch unterschiedliche Einfärbung sichtbar machen, Oberflächen von Fotolackrückständen, dünnen Oxidschichten oder Verschmutzungen reinigen bzw. eine Strukturierung des Wafers vornehmen.

Naßätzverfahren wirken je nach Zusammensetzung des Ätzmediums spezifisch auf verschiedene Materialien, wobei temperatur- und/oder kristallorientierungs-

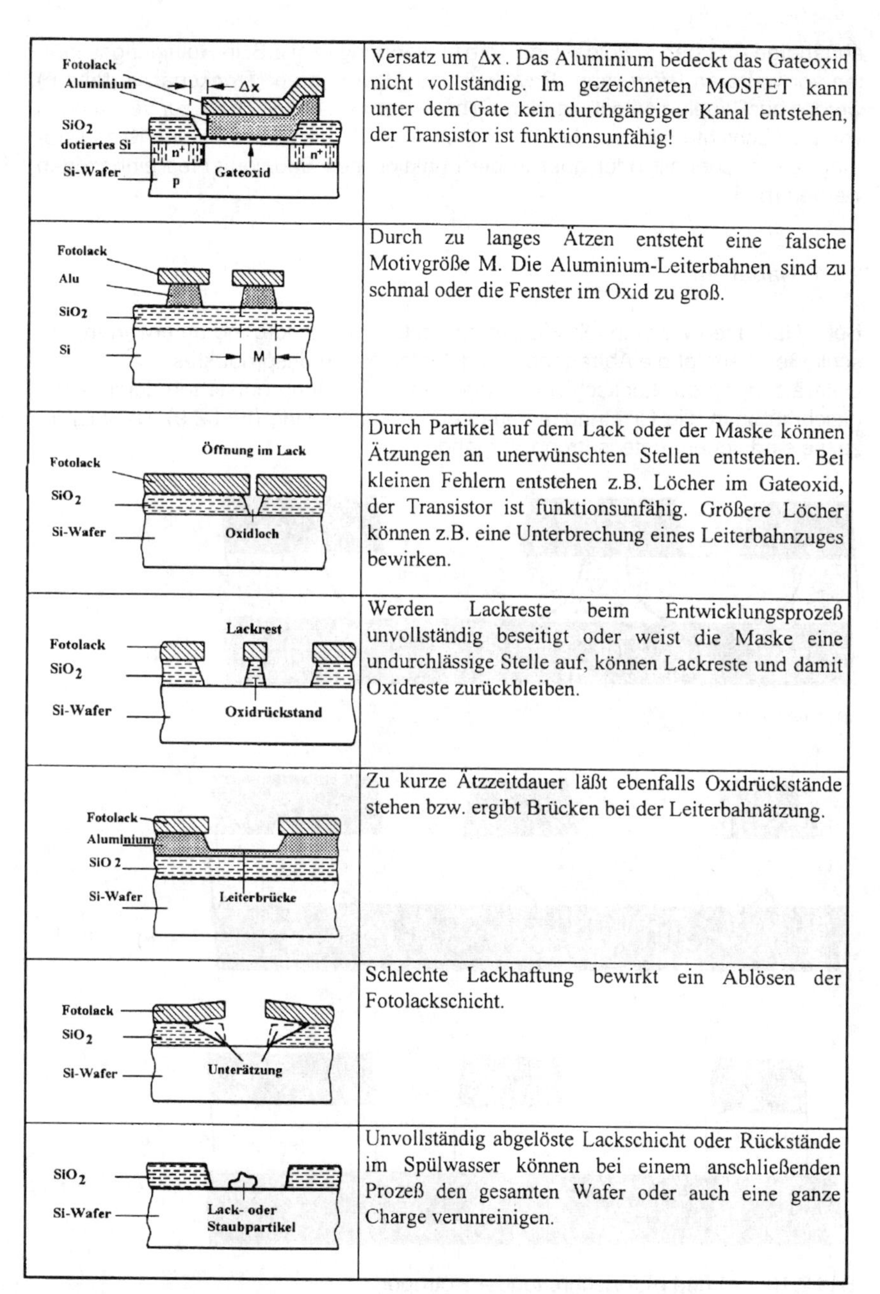

Fotolack, Aluminium, Δx, SiO_2, dotiertes Si, n^+, n^+, Si-Wafer, p, Gateoxid	Versatz um Δx. Das Aluminium bedeckt das Gateoxid nicht vollständig. Im gezeichneten MOSFET kann unter dem Gate kein durchgängiger Kanal entstehen, der Transistor ist funktionsunfähig!
Fotolack, Alu, SiO_2, Si, M	Durch zu langes Ätzen entsteht eine falsche Motivgröße M. Die Aluminium-Leiterbahnen sind zu schmal oder die Fenster im Oxid zu groß.
Fotolack, SiO_2, Si-Wafer, Öffnung im Lack, Oxidloch	Durch Partikel auf dem Lack oder der Maske können Ätzungen an unerwünschten Stellen entstehen. Bei kleinen Fehlern entstehen z.B. Löcher im Gateoxid, der Transistor ist funktionsunfähig. Größere Löcher können z.B. eine Unterbrechung eines Leiterbahnzuges bewirken.
Fotolack, SiO_2, Si-Wafer, Lackrest, Oxidrückstand	Werden Lackreste beim Entwicklungsprozeß unvollständig beseitigt oder weist die Maske eine undurchlässige Stelle auf, können Lackreste und damit Oxidreste zurückbleiben.
Fotolack, Aluminium, SiO 2, Si-Wafer, Leiterbrücke	Zu kurze Ätzzeitdauer läßt ebenfalls Oxidrückstände stehen bzw. ergibt Brücken bei der Leiterbahnätzung.
Fotolack, SiO_2, Si-Wafer, Unterätzung	Schlechte Lackhaftung bewirkt ein Ablösen der Fotolackschicht.
SiO_2, Si-Wafer, Lack- oder Staubpartikel	Unvollständig abgelöste Lackschicht oder Rückstände im Spülwasser können bei einem anschließenden Prozeß den gesamten Wafer oder auch eine ganze Charge verunreinigen.

Tabelle 2.1: Wichtige Fehler beim Lithographieprozeß

abhängige Ätzraten erzielbar sind. Ihre Anwendung liegt z.B. in Reinigungsschritten vor weiteren Prozessen. Physikalische Ätzverfahren (Trockenätzverfahren) werden zur Bauelementestrukturierung bei feinen Geometrien bzw. zur Veraschung von Lackschichten verwendet. Bei diesen Ätzverfahren entsteht eine Kristallstörung, die ausgeheilt oder aber in die Funktion des Bauelementes einbezogen werden muß.

2.5.1 Naßätzen

Beim Naßätzen wird die Oberfläche einem Oxidationsvorgang unterworfen, anschließend erfolgt die Abtragung des gelösten Reaktionsproduktes.
Unterätzungen der Lackschicht in horizontaler Richtung entstehen durch einen gleichmäßig in alle Richtungen verlaufenden Ätzvorgang (Bild 2.9). Naßätzprozesse sind sogenannte isotrope Vorgänge.

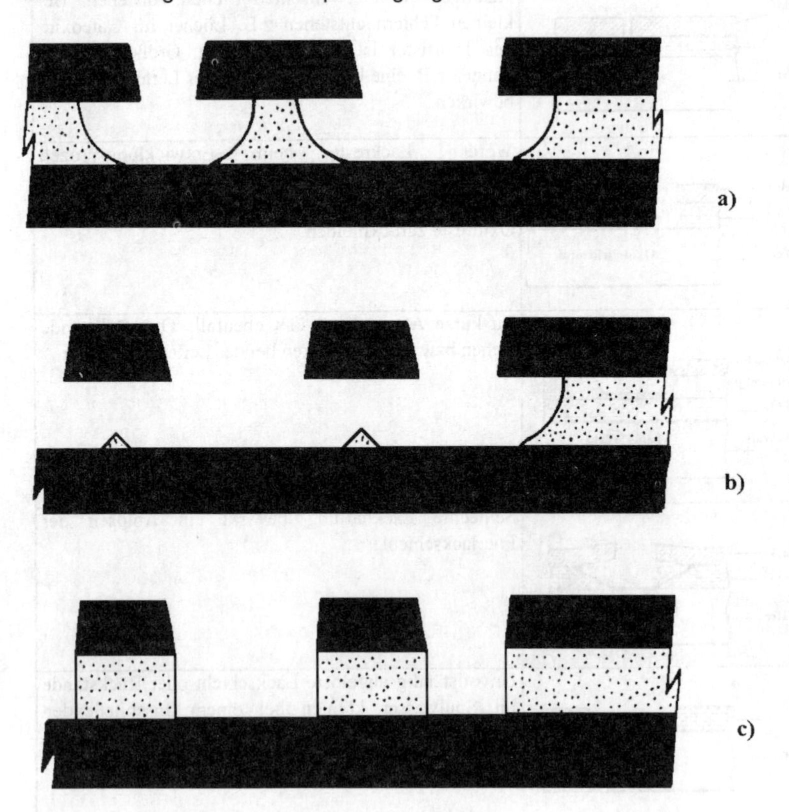

Bild 2.10: a) und b) fortschreitender isotroper,
c) anisotroper Ätzvorgang (nach H.Beneking 1991 [3])

Thermisch gewachsenes SiO_2 ist eine sehr widerstandsfähige Schicht, die sich naßchemisch nur mit Hilfe von Flußsäure (HF) ätzen läßt. Wichtige Prozeßparameter sind u.a. die Zusammensetzung und die Temperatur der Ätzlösung. Zur Herstellung einer chemisch stabilen, einige Zeit lagerfähigen Ätzlösung wird die Flußsäure mit Ammoniumflourid NH_4F gepuffert (sogenannte buffered oxide etch, BOE). Diese BOE-Lösung reagiert nicht mit Silizium, weshalb ein Ätzvorgang von SiO_2 auf einem Siliziumwafer selbstlimitierend ist. Bei Zimmertemperatur erfolgt die Entfernung einer Oxidschicht vom Silizium mit einer Ätzrate von ca. 100 nm pro Minute. Allerdings greift Flußsäure Siliziumnitrid an. Beim Ätzen von Oxid-Nitrid-Strukturen ist Vorsicht geboten, weil der Ätzprozeß beim Erreichen der Si_3N_4-Schicht nicht von selbst aufhört.

2.5.2 Trockenätzen

Physikalische Ätzverfahren bewirken durch Ionenbeschuß eine Materialabtragung. Die Ionen werden meist in einem mittels Hochfrequenz erregten Plasma erzeugt. Zugesetzte reaktive Komponenten in der Gasatmosphäre dienen zur Unterstützung des Prozesses (reactive ion etching, RIE). Dieses RIE-Verfahren wird häufig für die Strukturdefinition von Bauteilen eingesetzt, während der anisotrope Plasma-Ätzprozeß fast nur zur Veraschung von Fotolack dient. Hierbei kommt häufig reines Sauerstoff-Plasma zum Einsatz.
Auch Aluminium läßt sich auf diese Art ätzen, die immer vorhandene Aluminiumoxid-Schicht wirkt dabei wie eine Maske, die den Ätzangriff verzögert.

2.5.3 Ionenstrahl-Ätzen

Mit Hilfe des Ionenstrahl-Ätzens läßt sich eine genaue Übertragung der gewünschten Geometrie erzielen, es ist daher insbesondere bei Strukturen unter 1 µm von Bedeutung. Damit lassen sich fast senkrechte Ätzkanten erzielen. Ionen eines nicht-reaktiven Gases (Edelgas, meist Argon), die mit 0,5–5 keV beschleunigt werden, übertragen einen Teil ihrer Bewegungsenergie auf Atome der Substratoberfläche und lösen sie aus dem Kristallgitter.
Aufgrund der Materialabtragung kann es zu einer Ablagerung von Partikeln an benachbarten Orten, z.B. den Seitenkanten des Fotolackes kommen. Dies läßt sich vermeiden, wenn man die abgesputterten Atome mittels reaktiver Gase in der Sputteratmosphäre so umwandelt, daß die Reaktionsprodukte in gasförmigem Zustand vorliegen und abgesaugt werden können.

2.6 Dotieren

Zur Herstellung von Halbleiter-Bauelementen benötigt man unterschiedliche Schichtenfolgen (z.B. n-p-n für Bipolartransistoren) bzw. unterschiedlich leitfähige Gebiete (z.B. Drain/Source-Bereiche, Kanaldotierung bei MOS-Transistoren).

Diese Schichtfolgen können entweder im Epitaxie-Verfahren, im Legierungsverfahren, durch Diffusion oder durch Ionenimplantation erzeugt werden. Während beim Epitaxie-Verfahren die Schichten durch Aufwachsen entstehen, geschehen bei den restlichen Verfahren im Kristall selbst Veränderungen.
Das Legierungsverfahren ist die älteste verwendete Methode, sie wird heutzutage lediglich für Kontakte bzw. Kontaktierungsschichten noch eingesetzt. Das am häufigsten eingesetzte Verfahren ist das Diffusionsverfahren. Bei der Ionenimplantation werden starke Kristallgitterstörungen verursacht, die anschließend durch Temperaturprozesse wieder ausgeheilt werden müssen.
Als Dotierstoffe beispielsweise für Silizium finden Bor für eine p-Dotierung und Phospor oder Arsen für eine n-Dotierung Verwendung. Eine n-Dotierung liegt dann vor, wenn Atome eines fünfwertigen Stoffes in das Kristallgitter des vierwertigen Siliziums eingebaut werden. Auf diese Weise entstehen nicht abgesättigte Bindungen z.B. der eingebauten Phosphoratome, die leicht Elektronen an das Kristallgitter abgeben. Man nennt diese Stoffe Donatoren. Sind im Gegensatz dazu dreiwertige Boratome eingebaut, so entziehen diese dem Gitter ein Elektron und erzeugen auf diese Weise eine Elektronenfehlstelle oder ein "Loch". Diese Stoffe werden Akzeptoren genannt.

2.6.1 Diffusion

Dotierstoff-Atome diffundieren bei erhöhter Temperatur von der Oberfläche her in den Kristall ein. Bei Siliziumwafern kann die Eindringtiefe exakt kontrolliert werden, das Verfahren ist auch für große Wafer reproduzierbar. Bei gleichzeitiger Diffusion von etwa 20 Wafern wird das Verfahren relativ preisgünstig.
Voraussetzung für einen Diffusionsprozeß ist eine räumliche Dichteänderung der zu diffundierenden Atome.
Je nach Dotierstoffquelle nimmt das Dotierungsprofil unterschiedliche Verläufe an. Kann die Quelle beliebig Dotierstoff nachliefern (unerschöpfliche Quelle), entspricht der Dotierungsverlauf N(x,t) dem Verlauf einer komplementären Fehlerfunktion (erfc-Funktion). Es ergibt sich eine Dichteverteilung im Kristall, die abhängig vom Ort (im Waferinneren) und der abgelaufenen Zeit lautet:

$$N(x,t) = N_0 * erfc \frac{x}{2\sqrt{D*t}} \tag{2.4}$$

Die komplementäre Fehlerfunktion ist folgendermaßen definiert:

$$erfc(x) = 1 - \frac{2}{\sqrt{\pi}} * \int_0^x e^{s^2} ds \tag{2.5}$$

Es bedeuten:

x : Ausdehnung in die Tiefe des Kristalles hinein
D : Diffusionskonstante
t : Diffusionszeit

Wurde demgegenüber in der Quelle eine bestimmte Dotierstoffmenge deponiert (sogenannte erschöpfliche Quelle), ergibt sich ein Dotierungsverlauf gemäß einer Gaußfunktion:

$$N(x,t) = N_0 * e^{\frac{-x^2}{4*D*t}} \qquad (2.6)$$

Das Dotierungsprofil verändert sich durch nachfolgende Heißprozesse erneut, es erfolgt eine weitere Diffusion der bereits im Kristall abgelagerten Dotierstoffe. Dieser Effekt muß berücksichtigt werden, er wirkt sich bei einer im Prozessablauf an früherer Stelle stehenden Diffusion stärker aus, da diese mehr Heißprozesse durchläuft als eine, die im Prozessablauf an späterer Stelle erfolgt.
Die Diffusion wird in 2 Schritten durchgeführt, damit eine hohe Oberflächenkonzentration vermieden wird, was bei manchen Bauelementeanwendungen wichtig ist:

1. Mit relativ hoher Dotierung wird eine dünne Oberflächenschicht (z.B. Oxidschicht) belegt (erfc-Profil).
2. Anschließend werden die Störstellen mit Hilfe erhöhter Temperatur eindiffundiert (Gauß-Profil).

Es ergibt sich dadurch in der Tiefe des Kristalls eine Verteilung wie beim erfc – Profil und – entsprechend dem Gauß-Profil – eine niedrigere Oberflächenkonzentration.

2.6.2 Ionen – Implantation

Bei der Ionenimplantation werden Ionen in einem elektrischen Feld beschleunigt und auf die Oberfläche des Wafers geschossen. Mit diesem Verfahren läßt sich die Dotierung eines Halbleiters genau vorgeben – sowohl was die absolute Höhe der Dotierung als auch ihren Verlauf betrifft, da der Ionenstrom bzw. seine Dichte direkt gemessen werden können. Dies ist z.B. für die Einstellung der Schwellspannung U_T bei einem Feldeffekt-Transistor von großer Bedeutung.
Die Ionen werden im Kristallgitter abgebremst und zerstören dabei die Kristallstruktur des Siliziumsubstrats, sie selbst werden auf nicht aktiven Zwischengitterplätzen eingebaut. Der anschließende Temperaturschritt (T > 800 °C) bewirkt eine Rekristallisation des oberflächlich zerstörten Kristallgitters von der Substratseite her und gleichzeitig eine elektrische Aktivierung der Ionen. Diese werden auf Gitterplätze gehoben und ergeben elektrisch aktive Störstellen ohne gravierende Einbuße der Ladungsträger-Beweglichkeit.

2.6.3 Verteilung der implantierten Ionen

Die eindringenden Ionen ergeben einen der Gaußverteilung entsprechenden Dotierungsverlauf, dessen Eindringtiefe mit höherer Beschleunigungsspannung zunimmt.

Wesentliche Unterschiede ergeben sich, wenn der Eindringwinkel der Ionen mit einer der Kristall-Hauptachsen übereinstimmt. Die Ionen dringen dann zwischen den Gitterebenen weit in den Kristall ein (Channeling-Effekt). Dieser Effekt wird stark beeinflußt von dünnen Oxidschichten, Kristall-Versetzungen und der genauen Ausrichtung des Kristalls zur Einschußrichtung, er läßt sich durch Kippen des Substrats gegenüber der Einfallsrichtung des Ionenstrahls vermeiden. Wird jedoch während des Abbremsens ein großer Teil des Ionenstrahls in eine Hauptkristallrichtung gestreut, tritt ebenfalls ein channeling-Effekt auf. Dies vermeidet man durch eine vorherige Amorphisierung, bei Silizium z.B. durch eine Stickstoff-Implantation.

2.7 Metallisierung

Metallschichten werden für unterschiedliche Zwecke benötigt. Zum einen werden Metalle als Anschlußflächen (Pads) verwendet, zum zweiten übernehmen sie teilweise die Verbindungen zwischen verschiedenen Bauelementen auf einem Chip und zum dritten finden sie Verwendung als Gate bei MOSFET's im metal-gate-Prozeß (im Gegensatz hierzu silicon-gate-Prozeß, dabei dient Polysilizium als Gate). Je nach Verwendungszweck werden unterschiedliche Anforderungen an die jeweiligen Metalle gestellt. Für Leiterbahnen wird z.B. eine hohe spezifische Leitfähigkeit gefordert, damit sie mit geringen Abmessungen erstellt werden können. Für Anschlußpads verlangt man möglichst geringe Übergangswiderstände zum Halbleiter sowie zu anderen Metallebenen. Außerdem soll das verwendete Metall eine gute mechanische Haftung auf Siliziumdioxid aufweisen, gut ätzbar sein (mit konstanter Ätzrate) und später beim Betrieb des Bauelementes keine Veränderungen chemischer oder physikalischer Art zeigen. Bei hohen Stromdichten zeigen Metalle oft das Phänomen des Elektrotransportes (electromigration). Hierbei werden Metallatome durch Elektronenstöße zum Wandern angeregt. Dieser Effekt kann eine Veränderung des Leiterbahnquerschnitts zur Folge haben, wobei Engstellen in der Leiterbahn sowie scharfe Ecken naturgemäß stärker gefährdet sind als breite, geradlinig verlaufende.

2.7.1 Leiterbahnen

Um elektrisch leitfähige Verbindungen zwischen einzelnen Bauelementen auf einem Chip zu erzielen, verwendete man früher nur aufgedampfte metallische Leiterzüge. Heutzutage bei Mehrlagenverdrahtungen finden auch Polysilizium-Leiterbahnen Verwendung. Die Chips werden mit einer Oxidschicht als Isolator versehen, an den gewünschten Stellen der Bauelemente, die miteinander verbunden werden sollen, öffnet man durch einen fotolithographischen Prozeß die Kontaktfenster, dampft dann eine Metallschicht ganzflächig über den Wafer und ätzt nach einem weiteren Fotoschritt das Metall an den nicht benötigten Stellen weg. Als Verbindungs- bzw. Anschlussmetall wird hauptsächlich Aluminium eingesetzt. Aluminium hat gute Leitereigenschaften und weist eine gute Haftung auf Siliziumdioxid auf. Der spezifische Widerstand beträgt 2,6 $\cdot$ 10^{-6} Ωcm. Es kann auch bei schmalen Leiterzügen relative hohe Stromdichten ohne große Erwärmung führen.

Eine der wesentlichen Ausfallursachen eines mikroelektronischen Bauelements ist die Elektromigration. Durch hohe Stromdichten in den Leiterbahnen werden Metallatome abgetragen und wandern unter dem Einfluß eines elektrischen Stromes. Die Auswirkung dieses Materialtransportes ist das Dünnerwerden der Leiterbahn an einigen Stellen, diese Stellen sind dann durch die Aufheizung der Leiterbahn besonders gefährdet und können Unterbrechungen bilden, welche zum Ausfall des Bauelementes führen.
Zur Verringerung der Elektromigrationsgefahr verwendet man statt reinem Aluminium eine Legierung mit geringem Kupferanteil.

Ein weiteres wesentliches Problem im Zusammenhang mit der Metallisierung ist die Stufenbedeckung. Eine Leiterbahn muß in ihrem Verlauf Stufen (Oxidkanten) unterschiedlicher Höhe überwinden, z.B. den Übergang vom Gate mit darunterliegendem dünnem Gateoxid zu einer Isolationsschicht (dickes Oxid bzw. Quarz). An der Isolatorkante entsteht eine dünne Stelle in der Leiterbahn, die ebenfalls das Risiko der Unterbrechung durch Überhitzung in sich birgt.

2.7.2 Anschlüsse von aussen an die Chips

Die Anschlusspads auf den Schaltungen für Verbindungen nach aussen sind üblicherweise aus Aluminium und ca. 100 $\cdot$ 100 μm^2 groß. Darauf werden Gold- bzw. Aluminiumdrähte gebondet, d.h. kalt verschweißt. Das zu einer Kugel geschmolzene Drahtende wird mit Hilfe einer Kanüle aufgepreßt (Thermokompressionsbonden). Diese Bondverbindung hat eine relativ hohe Haftfestigkeit. Allerdings bildet sich ab ca. 200 °C die sogenannte „Purpurpest“, die dazu führt, daß die Drahtverbindung brüchig wird.
Weniger temperaturempfindlich ist die Verwendung von Aluminiumdrähten. Hierfür wird meist Ultraschall-Bonden eingesetzt. Die Verbindung hat jedoch eine geringere Festigkeit und ist teurer als Thermokompressionsbonden, weil die für diesen Vorgang benötigte Zeit höher ist als beim Thermokompressionsbonden.

Der Bondvorgang läuft seriell ab, pro Chip ist ein relativ großer Zeitaufwand erforderlich. Man hat daher versucht, einen parallelen Bondvorgang zu entwickeln. Beim tape-automated bonding (TAB) wird auf den Alu-Anschlußflächen der Chips galvanisch Gold abgeschieden und aus Kupfer auf einer Trägerfolie eine Anschlußkonfiguration geätzt. Diese Folie wird über dem Chip ausgerichtet und dann mit einem Werkzeug auf die Goldflächen gepreßt (Thermokompression). In einem weiteren Schritt wird sie dann mit dem Lötrahmen des Gehäuses verbunden und danach abgezogen. Ein wesentlicher Vorteil dieses Verfahrens liegt außer im parallelen Ablauf in deutlich höherer Festigkeit gegenüber den Drahtbondverfahren. Außerdem lassen sich auf diese Weise Wellenwiderstands-Anpassungen bis zu den Waferpads herstellen.

Ein weiteres Verfahren ist die sogenannte „Flip-Chip“-Technik. Auf die Bondpads wird niedrigschmelzendes Lot aufgebracht, auf einem Keramiksubstrat z.B. im Siebdruckverfahren die Anschlußkonfiguration hergestellt. Dann wird das Chip umgekehrt (d.h. mit der bearbeiteten Seite nach unten) auf das Keramiksubstrat gelegt und beides erwärmt, bis das Lot schmilzt. Vorteil dieses Verfahrens ist der parallele Ablauf, wodurch das Verfahren relativ kostengünstig ist, sofern die Technologie beherrscht wird. Als Nachteil ist der hohe Wärme-Übergangswiderstand zwischen Chip und Gehäuse zu nennen. Außerdem besteht bei unterschiedlichen Wärmedehnungskoeffizienten die Gefahr mechanischer Spannungen, die zu Ermüdungsbrüchen führen können.

2.8 Passivieren

Die Oberfläche der integrierten Schaltung muß nach Abschluß des Fertigungsprozesses mit einer Schutzschicht versehen werden, um die Schaltung vor schädlichen Umwelteinflüssen zu schützen. Insbesondere sind zu nennen: Mechanische Beschädigungen wie Kratzer, die Metall-Leiterbahnen unterbrechen können, chemische Einflüsse wie Na- und K-Ionen, die eindiffundieren können und insbesondere MOS-Schaltungen in ihrer Funktionsfähigkeit beeinflussen, sowie Feuchtigkeit, die zu unzulässigen Leckströmen innerhalb der Schaltung führen kann.

Die Passivierungsschicht muß folgenden Anforderungen genügen:

- Die Schicht muß gut auf der Unterlage haften
- Sie muß gute elektrische Isolationseigenschaften aufweisen und ohne Risse und Sprünge zusammenhängen
- Sie darf nur eine geringe Konzentration von Fremdionen enthalten, damit keine Inversionsschicht an der Halbleiteroberfläche gebildet werden kann
- Die Schichtdicke und damit die Ätzrate muß über der gesamten Waferoberfläche konstant sein, damit die Passivierung beim Öffnen der Kontaktlöcher überall gleich schnell durchgeätzt ist.

Als Material hierfür wird meist ca. 1–2 µm dickes SiO_2 oder Si_3N_4 verwendet. Zum Aufbringen der Schicht bieten sich prinzipiell drei Möglichkeiten an:

- pyrolytische Abscheidung
- Aufdampfen
- Kathodenzerstäubung

Die ersten beiden Methoden können problematisch sein, da die Temperatur bei diesen Prozessen größer als 450 °C wird. Bei diesen Temperaturen treten bereits Legierungen von Aluminium mit Silizium auf, die zu großen Substratleckströmen führen können, wenn sie die n^+-diffundierten Gebiete erreichen. Außerdem wird bei Temperaturen über 500 °C das SiO_2 vom Aluminium unter Bildung von Al_2O_3 reduziert und damit die Isolationsschicht unter den Leiterbahnen bzw. unter metallenen Gates verringert und ihre elektrischen Eigenschaften verändert. Meist wird daher eine Passivierung durch Kathodenzerstäubung von Quarzglas oder Si_3N_4 gewählt, hierbei wird die Temperatur des Wafers auf etwa 200 °C gehalten.

2.9 Wafer in Chips teilen

Zur Teilung der Wafer in einzelne Chips bestehen zwei Möglichkeiten: Man kann die Wafer sägen oder anritzen und dann brechen.

2.9.1 Wafer sägen

Häufig werden zur Teilung der Wafer Scheibensägen eingesetzt. Die Sägeblätter laufen mit bis zu 30 000 Umdrehungen pro Minute und besitzen einen Durchmesser der Sägescheiben von ca. 5 cm. Um zu verhindern, daß die einzelnen Chips von der Säge weggeschleudert werden, muß man sie vorher auf einen Schneidblock aufkleben.
Mit Hilfe sogenannter Gattersägen läßt sich ein hoher Durchsatz verwirklichen. Bei einer solchen Säge laufen mehrere Sägeblätter parallel mit einem Abstand, der einer Chipbreite entspricht. Damit werden alle parallelen Schnitte auf dem Wafer gleichzeitig ausgeführt.

2.9.2 Ritzen und Brechen

Beim Ritzverfahren wird ein Diamantgriffel zum Anritzen der Waferoberfläche eingesetzt. Dabei entsteht ein Graben, der beim Verbiegen des Wafers durchbricht. Damit die Chips beim Brechen nicht durcheinanderfallen, wird der Wafer zuvor auf eine dünne, gespannte Folie aufgeklebt.

2.10 Prinzipieller Prozeßablauf bei der Herstellung einer CMOS-Schaltung

Im nun folgenden Abschnitt sollen die wichtigsten Fertigungsschritte, die dafür einzusetzenden Prozesse und die im Prozeßablauf meßbaren Größen sowie ihre Auswirkungen auf die Parameter der fertigen Schaltung aufgelistet werden. Es wurde beispielhaft der CMOS-Prozess ausgewählt, da eine große Anzahl der heute gefertigten integrierten Schaltungen in dieser Technologie hergestellt werden. Die Darstellung erhebt keinen Anspruch auf Vollständigkeit, sie soll lediglich einen Überblick verschaffen. Eine vollständige Liste würde ein Buch für sich benötigen. Bei der Herstellung eines dynamischen Speicherchips (DRAM) der 1-MBit-Generation müssen bereits ca. 400 einzelne Prozeßschritte aufgewendet werden.
Zum besseren Verständnis wird in Bild 2.11 a..d eine schematische Darstellung der erzeugten Struktur des jeweiligen Prozeßschrittes gegeben, um den schritt

weisen Aufbau einer integrierten Schaltung näher zu erläutern. Bei der Herstellung eines einzelnen Transistors in MOS-Technologie wird – je nach gewünschtem Transistortyp – entweder nur der NMOS-Prozeß oder nur der PMOS-Prozeß ausgeführt. Dabei verwendet man dann unterschiedliche Substratdotierungen, damit keine Wanne erzeugt werden muß.

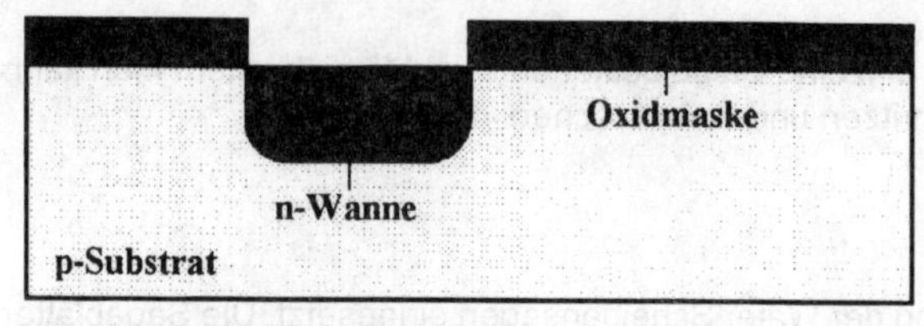

Bild 2.11a: Wannenerzeugung

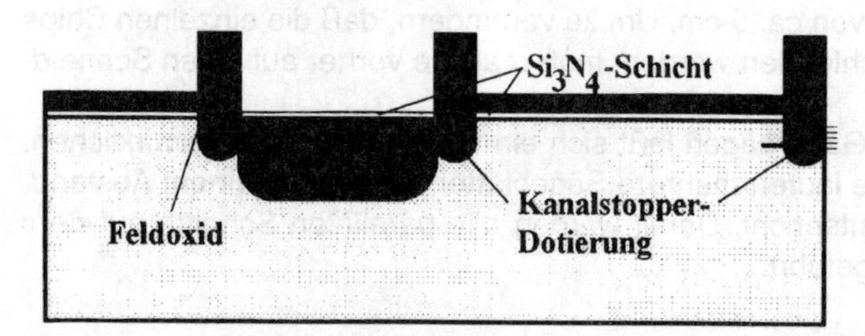

Bild 2.11b: Feldoxiderzeugung und Kanalstopper-Implantation

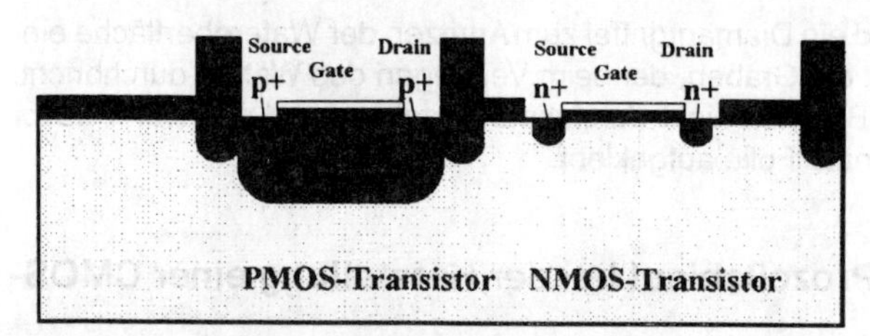

Bild 2.11c: Gateelektrode erzeugen und Source-/Drainimplantation

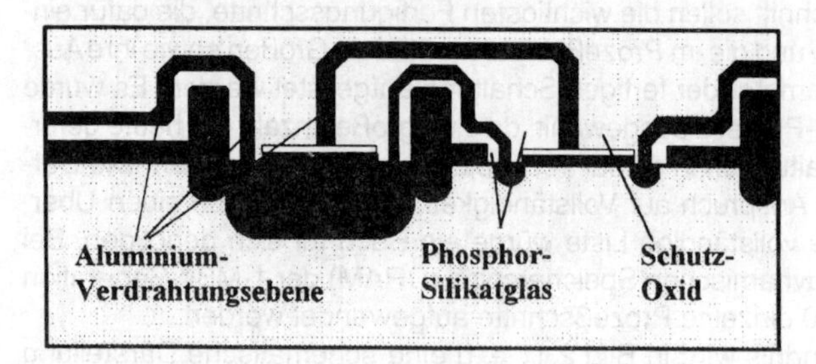

Bild 2.11d: Schutzschicht, Metallisierung und Passivierung

Tabelle 2.2: Fertigungsschritte bei der Herstellung einer CMOS-Schaltung (nach W. Scot Ruska: Microelectronic Processing, McGraw-Hill 1987 [7])

erzeugte Struktur / Prozeßschritt	Prozeß	Ziel / Anforderungen	Parameter, die mit diesem Schritt zusammenhängen: im Prozeß	am Bauelement
Substratherstellung	**im Beispiel: p-Typ**		Schichtwiderstand	
n-Wanne (Bild 2.11a)				
Oxidation	feuchte Oxidation	unkritisch, dient als Maske bei der Wannenerzeugung	Schichtdicke	
Wannenmaske erstellen	Lithographie, Ätzen	bestimmt die Lage der n-Wanne		
Wannendotierung	Ionenimplantation	erzeugt die Dotierungskonzentration der n-Wanne, bestimmt damit die Eigenschaften der p-Kanal-Transistoren	Schichtwiderstand	Eigenschaften der PMOS-Transistoren
Wanneneintreibung	Heißprozeß	bestimmt die Tiefe der n-Wanne	Schichtwiderstand, Eindringtiefe	Parameter der PMOS-Transistoren
Oxidschicht entfernen	Ätzprozeß	entfernt die als Maske verwendete Oxidschicht		
Isolation (Bild 2.11b)				
Nitrid-Ablagerung	CVD	Maskierschicht für die Erzeugung des Feldoxids bei selektiver Oxidation	Schichtdicke	
Feldoxid-Maske (Kanalstopper)	Lithographie/Ätzen Fotolack wird nicht entfernt!	strukturiert das Si_3N_4 und erzeugt die Maskierungsstruktur für die Feldimplantation		
Kanalstopper-Dotierung	Ionenimplantation p^+	Gebiete unter dem späteren Feldoxid werden implantiert, um die Ausbildung eines parasitären Kanals zu verhindern	Schichtwiderstand	U_T der parasitären MOSFET's
Ätzresist entfernen	naßchemisch oder im Plasma-Ascher	entfernt das Ätzresist der Feldoxidmaske		
Feld-Oxidation	selektives Feldoxid-Wachstum	erzeugt (dickes) Feldoxid ausgenommen sind durch Si_3N_4 geschützte Stellen	Schichtdicke	U_T der parasitären MOSFET's

Gate (Bild 2.11c)				
Gateoxid	trockene Oxidation	sehr kritischer Schritt: Gateoxid muß gleichmäßig und ohne Einschlüsse erzeugt werden	Schichtdicke	U_T
Gate-Elektrode	Poly-Silizium-CVD oder Metall aufdampfen	Gate-Elektrode aus Polysilizium oder aus Metall aufbringen		Gatewiderstand
Gate-Maske	Lithographie/Ätzen	bestimmt Gate-Weite und Gate-Länge	Abmessungen	L / W, g_m
Source / Drain				
Wannenmaske	Lithographie, der Fotolack bleibt stehen	unkritische Maske, schützt den Wannenbereich bei der Implantation der NMOS-FET's		
NMOS- Source/Drain-Dotierung	Ionenimplantation n^+	erzeugt die Drain-/Sourcegebiete der NMOS-Transistoren	Dosis	
Eintreibung	Heißprozeß	implantierte Ionen werden auf die gewünschte Tiefe gebracht, Kristallgitterstörungen werden ausgeheilt	L_{eff}	L/W, g_m, U_T der NMOS-Transistoren
Fotolack entfernen	z.B. veraschen im Plasma-Ascher	Fotolack über dem Wannengebiet wird entfernt		
PMOS-Maske	Lithographie, der Fotolack bleibt stehen	unkritische Maske, schützt den Bereich der NMOS-FET's bei der Implantation der PMOS-Transistoren		
PMOS- Source/Drain-Dotierung	Ionenimplantation p^+	erzeugt die Drain-/Sourcegebiete der PMOS-Transistoren	Dosis	
Eintreibung	Heißprozeß	implantierte Ionen werden auf die gewünschte Tiefe gebracht, Kristallgitterstörungen werden ausgeheilt	L_{eff}	L/W, g_m, U_T der PMOS-Transistoren
Fotolack entfernen	z.B. veraschen im Plasma-Ascher	Fotolack wird entfernt		
Schutzschicht (Bild 2.11c)				
Phosphorsilikatglas	CVD	schützt das Gategebiet vor Verunreinigungen	Schichtdicke, Phosphorgehalt	Langzeitstabilität von U_T
Glas schmelzen	Heißprozeß	rundet die Glaskanten wegen besserer Kantenabdeckung		
Kontaktmaske	Lithographie/Ätzen	öffnet die Kontaktfenster im Glas, um Gate, Source und Drain anschließen zu können	Abmessungen, Justage	Kurzschlüsse / Unterbrechungen

Metallisierung				
Aluminiumablagerung	Sputterprozeß	Metallablagerung für Leiterbahnen (Al-Si-Legierung)	Schichtdicke	
Leiterbahnmaske	Lithographie / Ätzen	strukturiert die Leiterbahnen	Abmessungen, Justage	Kurzschlüsse / Unterbrechungen
elektrischer Test	Parametermessung an Teststrukturen	Feststellung eventueller Prozeßabweichungen		
Passivierung				
Passivierungsschicht	CVD-Prozeß	Gleichmäßigkeit, Schutz vor Feuchtigkeit, Schwermetallionen und mechanischer Bescnädigung	Schichtdicke, Zusammensetzung	
Anschlußmaske	Lithographie / Ätzen	öffnet die Kontaktfenster für den Anschluß des Chips	optische Inspektion	kein Kontakt

Teil 2 Schaltungsanalyse mit MICROSIM PSPICE A/D

Gerald Kampe, Albert Mayer

1 Einführung

1.1 Entstehungsgeschichte

PSPICE bzw. PSPICE A/D sind neben vielen anderen XSPICE-Programmen Abkömmlinge des an der Universität Berkeley (USA) entwickelten Programms SPICE 2 zur Simulation analoger elektrischer Schaltungen. Obwohl SPICE 2 sich im Laufe der Jahre zu einem weltweiten Standard herausbildete, wurde die Weiterentwicklung an der Universität Berkeley eingestellt bzw. durch das Nachfolgeprojekt SPICE 3 ersetzt.
Mit PSPICE brachte die Firma MICROSIM eine PC-lauffähige Variante von SPICE 2 auf den Markt, deren Bedienungskomfort und Leistungsfähigkeit sich immer an den Möglichkeiten der Personalcomputer orientierte.
Wesentliche Neuerungen dieser kommerziellen Variante waren

- Graphische Nachverarbeitung der Simulationsergebnisse
- Statistische Toleranzanalysen
- Analysen von gemischten Analog-Digitalschaltungen (mixed mode simulation)
- Schematische Eingabe der Stromlaufpläne von elektrischen bzw. logischen Schaltungen
- Modellbibliotheken, Bauelementbibliotheken.

Um den Simulationskern herum wurden außerdem Programme entwickelt, die unter dem Sammelnamen DESIGN CENTER mit dem Simulationsprogramm zusammenarbeiten, im einzelnen

- Synthese programmierbarer Logikbausteine (Programmable Logic Synthesis, PLSYN)
- Optimierung analoger Leistungsmerkmale einer Schaltung (Analog Performance Optimization, PARAGON)
- Entwurf aktiver und passiver Filter (FILTER DESIGN)

Die folgenden Ausführungen beschränken sich auf die Simulation elektrischer Schaltungen mit PSPICE bzw. PLOGIC.
Die Simulation analoger und gemischter analog-digitaler Schaltungen erfolgt mit dem Programmteil PSPICE, während PLOGIC das logische Verhalten rein digitaler Schaltungen und – in eingeschränkter Form – die Zeiteigenschaften untersucht.

1.2 Überblick über die Eigenschaften von PSPICE bei der Simulation analoger Schaltungen

PSPICE simuliert das elektrische Verhalten von Analogschaltungen auf der Basis der Schaltelemente. Dies sind insbesondere

- Passive, konzentrierte Elemente
- Leitungen
- Halbleiterelemente

Im Bild 1.1 sind die zulässigen Elemente in drei Blöcken zusammengefaßt

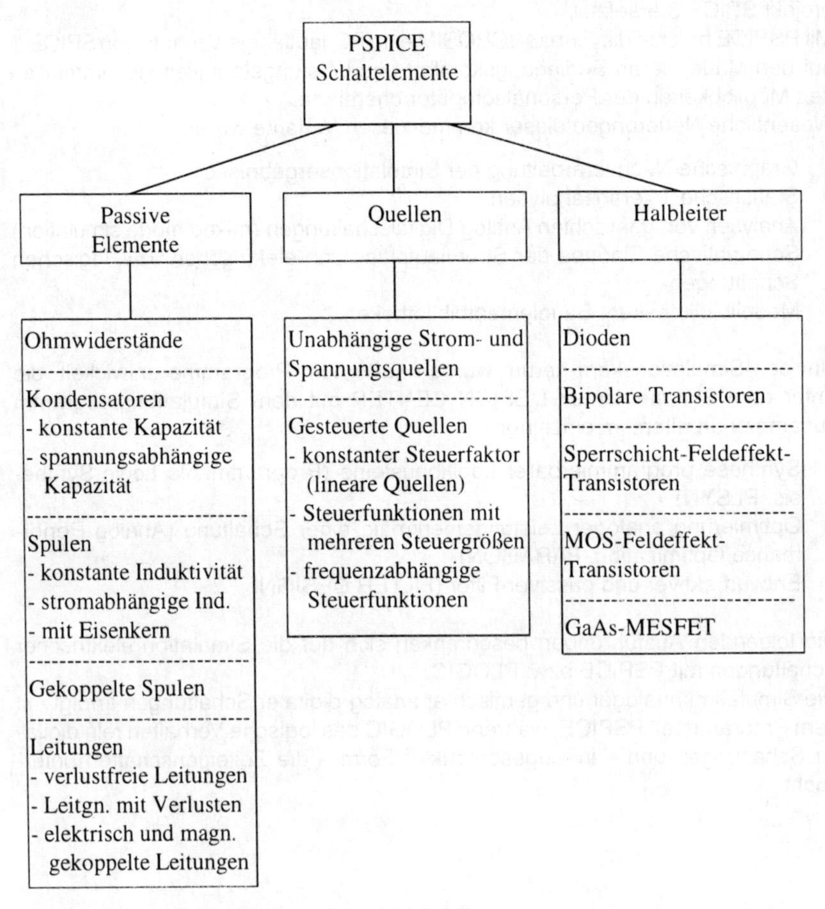

Bild 1.1: Zulässige Elemente von PSPICE

In Abhängigkeit von der gewünschten Schaltungsfunktion muß das elektrische Verhalten einer Schaltung auf verschiedene Weise untersucht und dargestellt werden können.

PSPICE bietet die folgenden Möglichkeiten

- Gleichstromanalyse (DC Analysis)
- Stationäre Kleinsignal-Wechselstromanalyse (AC Analysis)
- Rauschanalyse (Noise Analysis)
- Analyse des Einschwingverhaltens (Transient Analysis)

Eine Übersicht gibt Bild 1.2.

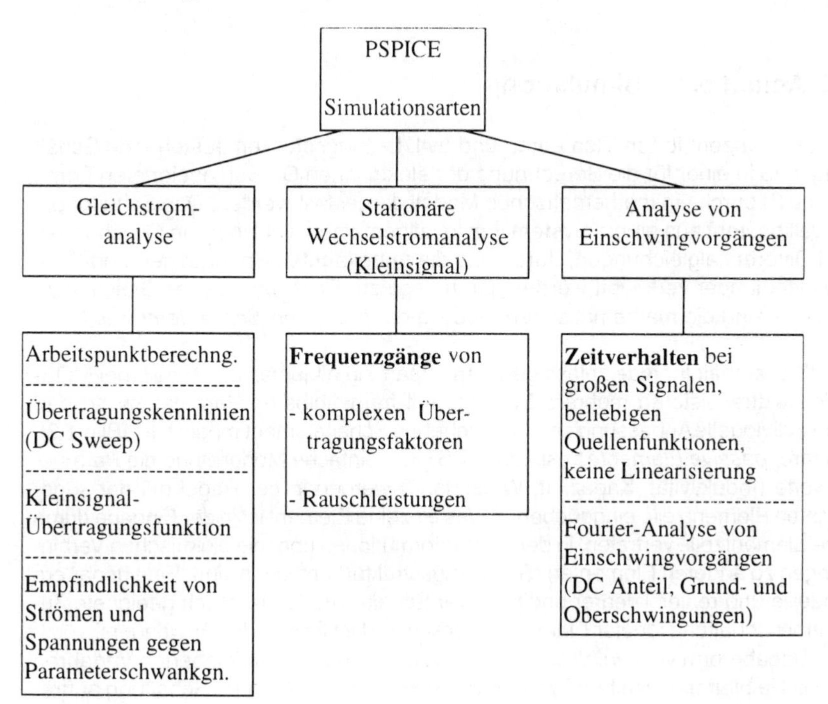

Bild 1.2: Simulationsarten

Mehrfachläufe

Automatische Wiederholungen von Simulationsläufen (DC Sweep, AC Sweep, Transient) werden in folgenden Fällen durchgeführt

- Parametrische Analyse
  Ein globaler Parameter, Modellparameter, Schaltelementwert oder Temperatur-

wert wird in vorgegebenen Schritten verändert. Zu jeder Variation erfolgt ein Simulationslauf.

- Monte Carlo Analyse
  Alle mit Toleranzangaben versehenen Modellparameter der Schaltelemente werden statistisch verändert ("gewürfelt"). Die Zahl der Wiederholungen dieses Vorgangs ist frei wählbar, die gesammelten Ergebnisse können in verschiedener Form ausgewertet werden.
- Worst Case-Analyse
  Sämtliche Elemente werden einzeln mit einer kleinen Standard-Änderung versehen. Auf der Grundlage der dabei entstehenden Resultate wird ein "Worst Case"- Lauf mit den vorgegebenen Toleranzen der Schaltelemente durchgeführt.

1.3 Ablauf einer Simulation

Die aus konzentrierten Elementen und evtl. Leitungsstücken bestehende Schaltung muß in einer für die Berechnung der elektrischen Größen geeigneten Form, das heißt durch ein mathematisches Modell dargestellt werden. Das Schaltungsmodell besteht aus einem System von im allgemeinen nichtlinearen Gleichungen und Differentialgleichungen, durch das die unbekannten Spannungen und Ströme miteinander verknüpft werden. Grundlage zur Erstellung dieses Gleichungssystems sind die mathematischen Modelle der einzelnen *Schaltelemente*.

PSPICE enthält für jede zulässige Elementeart ein allgemeines Modell (bei MOS-Feldeffekttransistoren mehrere Modelle) mit frei wählbaren Parametern, so daß eine individuelle Anpassung an ein gegebenes Schaltelement möglich ist (Bild 1.3). Lineare, *passive Elemente* besitzen in PSPICE einfache Modelle und die Parameterwerte (Induktivität, Kapazität, Widerstand) werden in der Regel mit der sogenannten Elementzeile eingegeben. Jedes einzelne Element ist in der Eingabe durch eine Elementzeile vertreten, in der auch Informationen über die elektrischen Verbindungen zu anderen Elementen (Schaltungsstruktur) enthalten sind. Eine genauere Modellierung realer, linearer und passiver Schaltelemente ist durch geeignete Zusammenschaltung idealer Elemente möglich und ist Sache des Anwenders.
Die Eingabeform von *Halbleitern* weicht von dem eben beschriebenen Verfahren ab, da Halbleiter desselben Typs in der Regel mehrfach in einer Schaltung auftreten. Es wäre mühsam und unnötig, die Vielzahl der Parameterwerte in allen Elementzeilen gleichartiger Halbleitertypen einzugeben. Zur zahlenmäßigen Spezifikation von Halbleiterelementen gibt es daher "Modellzeilen".
Alle Elementzeilen des gleichen Halbleitertyps beziehen sich dann auf *eine* spezielle Modellzeile, das heißt gewöhnlich benützen mehrere Elementzeilen dieselbe Modellzeile. Diese Methode zur zahlenmäßigen Beschreibung von Halbleitertypen wurde bereits in SPICE 2 verwendet. In PSPICE wurden Modellzeilen auch für andere Elementearten, z.B. für lineare, passive Elemente im Zusammenhang mit Parameterveränderungen eingeführt.

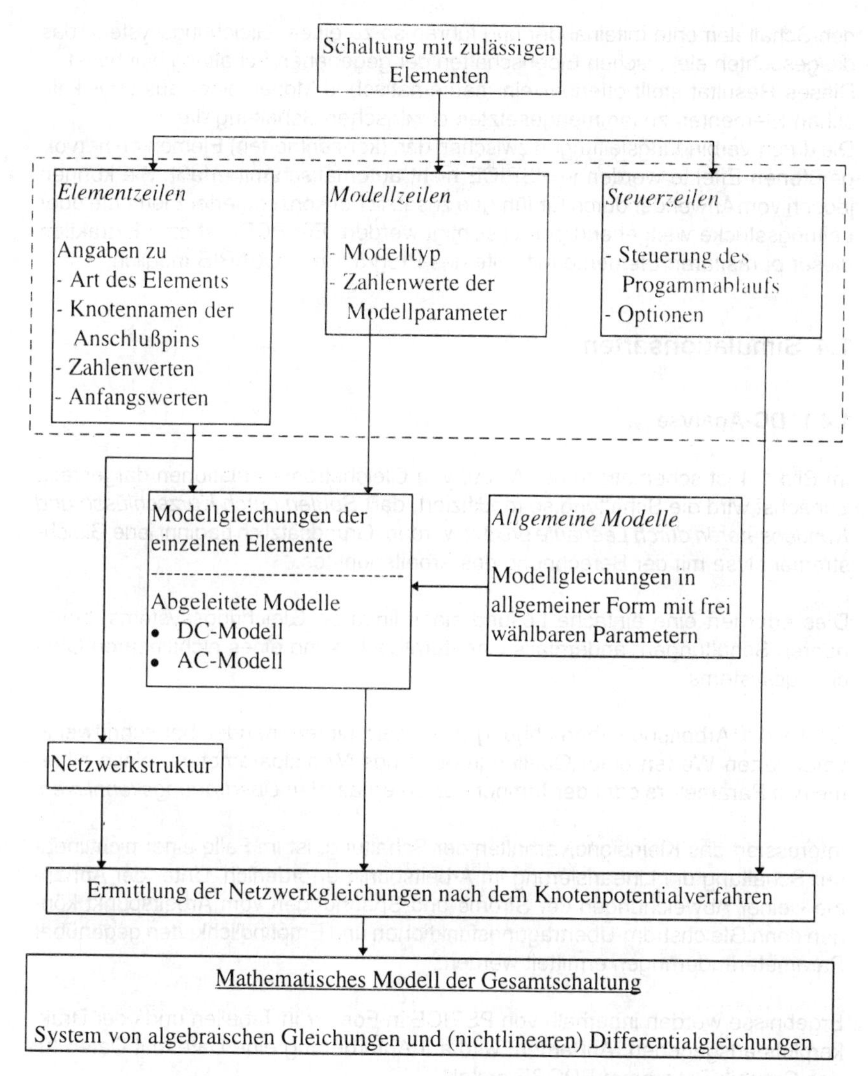

Bild 1.3: Erstellung des mathematischen Schaltungsmodells

Das Programm bildet mit Hilfe von Modell- und Elementzeilen zu jedem Schaltelement ein zahlenmäßig vollständig definiertes mathematisches Modell.
Mit der in den Elementzeilen steckenden Information über die Struktur der Schaltung können nun die Kirchhoffschen Gleichungen für die Gesamtschaltung aufgestellt werden. Diese verknüpfen die Klemmenströme und -spannungen der einzel-

nen Schaltelemente miteinander und führen so zu einem Gleichungssystem, das die gesuchten elektrischen Eigenschaften der gegebenen Schaltung beinhaltet. Dieses Resultat stellt offenbar ein mathematisches Modell einer aus physikalischen Elementen zusammengesetzten elektrischen Schaltung dar.
Die durch Verbindungsleitungen zwischen den (konzentrierten) Elementen hervorgerufenen Effekte werden in PSPICE nicht automatisch mit erfaßt. Sie können jedoch vom Anwender durch Einführung zusätzlicher konzentrierter Elemente oder Leitungsstücke weitgehend berücksichtigt werden. Für PCBs ist eine Extraktion dieser parasitären Elemente mit Hilfe des Programms POLARIS möglich.

1.4 Simulationsarten

1.4.1 DC-Analyse

Im Bild 1.4 ist schematisch der Ablauf von Gleichstromsimulationen dargestellt. Zunächst wird die Schaltung so modifiziert, daß *Spulen durch Kurzschlüsse und Kondensatoren durch Leerläufe* ersetzt werden. Grundsätzlich beginnt jede Gleichstromanalyse mit der Berechnung des Arbeitspunktes.

Dies erfordert eine einfache Lösung eines linearen Gleichungssystems, bei linearen Schaltungen, andernfalls eine iterative Lösung eines nichtlinearen Gleichungssystems.

Erfolgt die Arbeitspunktberechnung mehrmals hintereinander bei schrittweise veränderten Werten einer Quellengröße, eines Modellparameters, eines allgemeinen Parameters oder der Temperatur, so erhält man *Übertragungskennlinien*.

Interessiert das Kleinsignalverhalten der Schaltung, ist im Falle einer nichtlinearen Schaltung die Linearisierung im Arbeitspunkt erforderlich. Unter der Annahme kleiner Abweichungen der Ströme und Spannungen vom Arbeitspunkt können dann Gleichstrom-Übertragungsfunktionen und Empfindlichkeiten gegenüber Parameteränderungen ermittelt werden.

Ergebnisse werden innerhalb von PSPICE in Form von Tabellen und/oder Druckerplots ausgegeben. Außerdem wird auf Anforderung eine Datei mit Daten für das Graphik-Programm PROBE erstellt.

1.4.2 AC-Analyse

Die stationäre Wechselstromanalyse setzt voraus, daß die Schaltung nur Sinusquellen einheitlicher Frequenz enthält. Die Modelle der nichtlinearen Schaltelemente werden im zunächst berechneten Arbeitspunkt linearisiert, d.h. die Ergebnisse sind evtl. nur bei Kleinsignalbetrieb sinnvoll (Bild 1.5). Mit Hilfe der komple-

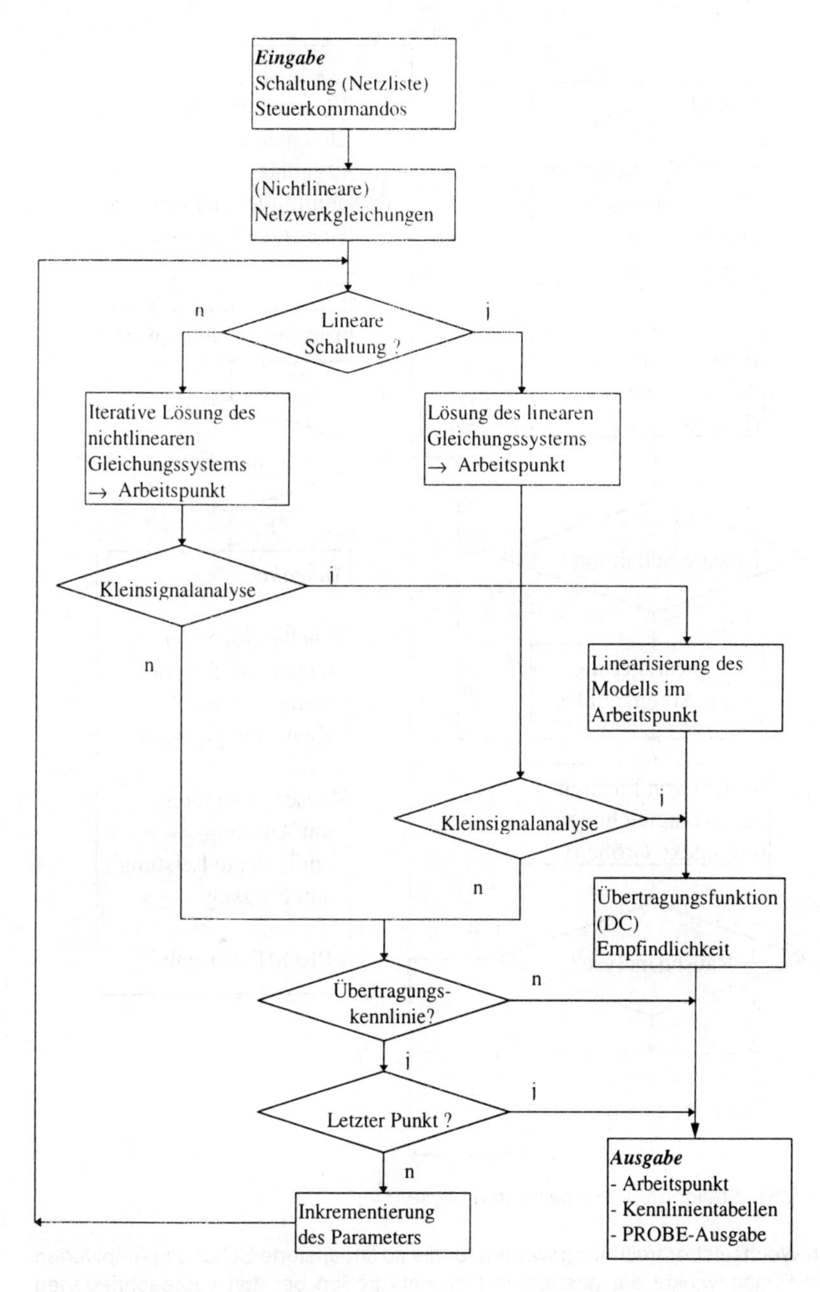

Bild 1.4: Gleichstromanalyse

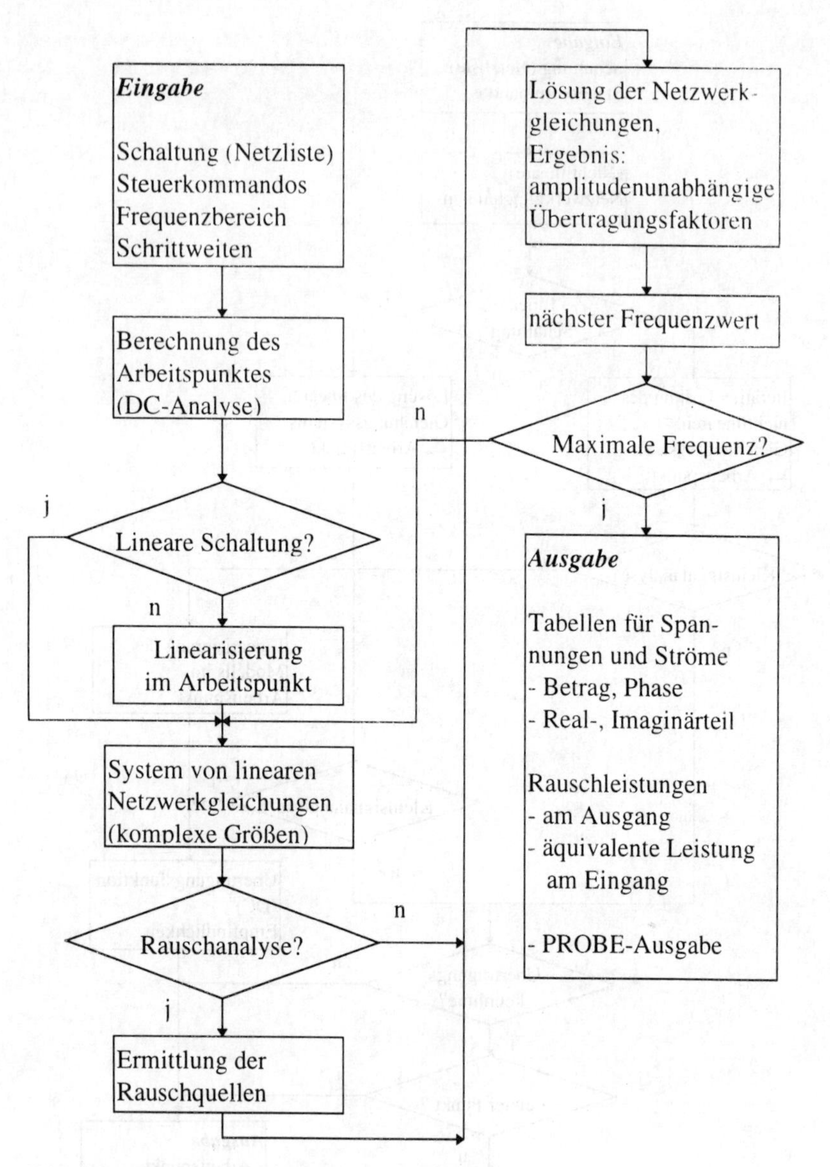

Bild 1.5: Stationäre Wechselstromanalyse

xen Wechselstromrechnung werden für die so linearisierte Schaltung Amplituden und Phasenwinkel der gesuchten Netzwerkgrößen bei den vorgeschriebenen Frequenzen berechnet.

Im Zuge der AC-Analyse kann auch das *Rauschen* einer Schaltung in Abhängigkeit von der Frequenz simuliert werden. Das Programm generiert automatisch im Arbeitspunkt der Schaltung die äquivalenten Rauschquellen, und der Beitrag der einzelnen Quellen wird in einem gewünschten Schaltungsknoten aufsummiert.

1.4.3 Analyse von Einschwingvorgängen

Die Simulation von Einschwingvorgängen zeichnet sich durch folgende Merkmale aus (Bild 1.6)

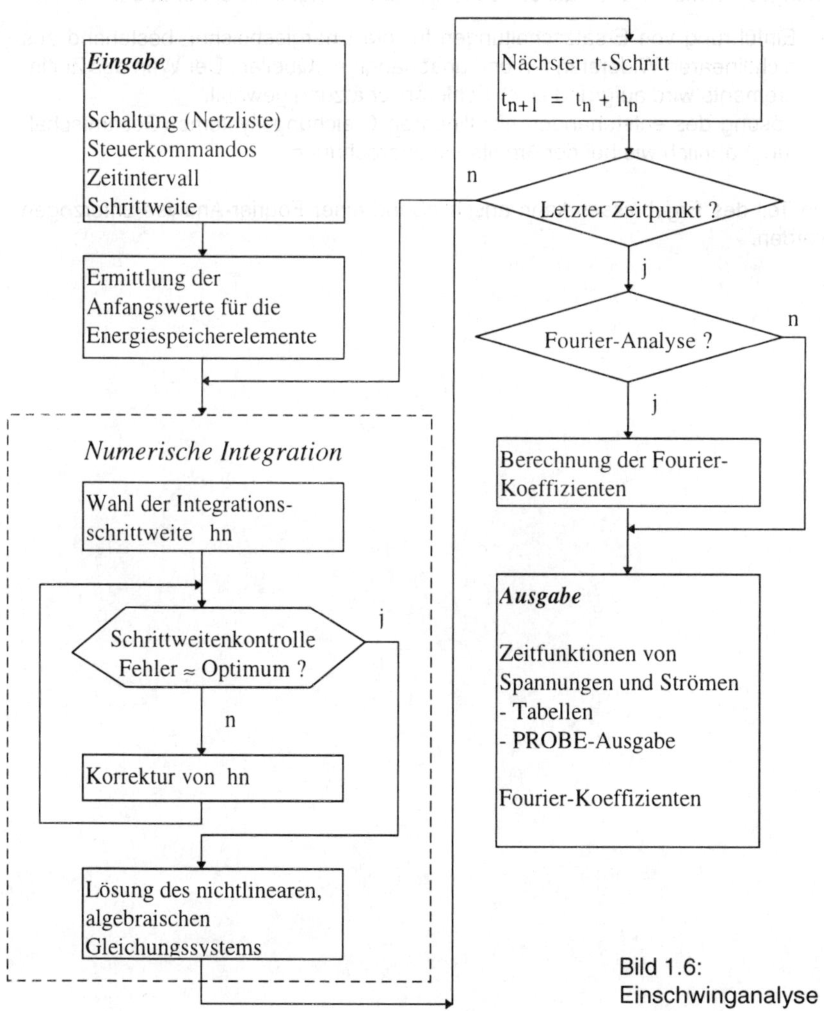

Bild 1.6: Einschwinganalyse

- Uneingeschränkte Berücksichtigung der Nichtlinearität der Schaltelementemodelle
- Konstante Quellengrößen bis zum Zeitnullpunkt
- Berechnung des Zeitverlaufs der Ströme und Spannungen in kleinen Zeitschritten ausgehend von dem jeweiligen Schaltungszustand (Zustand der Energiespeicher).

Da die Simulation zur Zeit t = 0 startet (Bild 1.6), muß der Schaltungszustand in diesem Zeitpunkt in irgendeiner Form vorgegeben sein. Die Integration des Gleichungssystems für das nächste Zeitinkrement erfolgt in zwei Schritten.

- Einführung von Ersatzschaltungen für die Energiespeicher, bestehend aus nichtlinearen Widerständen und unabhängigen Quellen. Der Wert des Zeitinkrements wird aufgrund einer Fehlerabschätzung gewählt.
- Lösung des entstehenden nichtlinearen Gleichungssystems (Gesamtschaltung) ähnlich wie bei der Arbeitspunktberechnung.

Ein Teil des Ergebnisses kann anschließend einer Fourier-Analyse unterzogen werden.

2 Netzlisteneingabe zur Simulation analoger Schaltungen

2.1 Einführung

2.1.1 Konventionen zur Darstellung des Dokumentationstextes

Allgemeines Textformat

Notation	Beispiel	Beschreibung
"Text in Anführungszeichen"	"user.slb"	Dateinamen für Befehls- und Bibliotheksdateien
befehlsschriftart	**Add Trace**	Befehlsbezeichnungen und Befehlstasten, die von Menüs und Dialogen aus eingegeben werden
<Tastenbezeichnung>	Drücke <Enter>	Bestimmte Taste der Eingabetastatur
`computer`	`.Temp`	Ausgaben am Computer über den Drucker
	Geben Sie `probe` ein	Eingabeanweisungen von der Tastatur

Befehlstextformat

Notation	Beispiel	Beschreibung
kursiver text	*modellname* *dateiname*	Platzhalter für bestimmte Namen- oder Zahlenfelder, die der Benutzer in Befehlszeilen angeben muß
GROSS-BUCHSTABEN	AC	Schlüsselwörter, Eingabe der Zeichen wie dargestellt. Buchstabeneingabe in Groß- oder Kleinschrift möglich
< >	<*modellname*>	Ein notwendiges Feld in einer Befehlszeile.
< >*	< *wert* >*	Das Feld mit dem angegebenen Platzhalter tritt mindestens einmal auf
[ ]	[TC=< *temp_koeff* >]	Optionales Feld
[ ]*	[*wert*]*	Das Feld mit dem Platzhalter kann beliebig oft bzw. überhaupt nicht auftreten.
< | >	< Yes | No >	Eine der angebenen Möglichkeiten muß gewählt werden
[|]	[On | Off]	Höchstens eine der gegebenen Möglichkeiten muß gewählt werden

2.1.2 Aufbau einer Eingabedatei, Zeilenarten

Die zu simulierende Schaltung wird durch eine Reihe von Elementzeilen beschrieben. Diese werden insgesamt als *Netzliste* bezeichnet. Eine Elementzeile legt die Art des Schaltelements, den Wert und seine Lage in der Schaltungsstruktur fest. Zusätzliche Steuerkommandos ergänzen die Netzliste und ermöglichen die Kontrolle des Programmlaufs.
Die erste Zeile einer Eingabe muß eine *Titelzeile* sein, die letzte Zeile dient ausschließlich zur Markierung des Eingabeendes. Damit ergibt sich der folgende grundsätzliche Aufbau der Eingabe

- Titelzeile
- Elementzeilen, Steuerzeilen, Moduldefinitionen und Kommentarzeilen in beliebiger Reihenfolge
- Endezeile (.END)

Vor der Erstellung der Schaltungseingabe müssen die *Schaltungsknoten* bezeichnet werden. Dies kann mit Hilfe von ganzen positiven Zahlen erfolgen, dem *Bezugsknoten* muß die Zahl Null zugeordnet werden. Allgemein dürfen zur Bezeichnung der Knoten, mit Ausnahme des Bezugsknotens, beliebige Folgen von maximal 131 alphanumerischen Zeichen verwendet werden. Dabei ist noch zu berücksichtigen, daß es eine Reihe von *reservierten* Knotennamen gibt.

Die Eingabezeilen sind grundsätzlich formatfrei und bestehen aus mehreren *Namen-* und *Zahlenfeldern*, die durch bestimmte Zeichen voneinander getrennt sind.

Namenfelder beginnen mit einem Buchstaben und können mit weiteren alphanumerischen Zeichen fortgesetzt werden. Namenfelder müssen weniger als 128 Zeichen aufweisen, zum Einsparen von Rechenzeit sollten maximal 8 Zeichen für Namen verwendet werden.

Zahlenfelder enthalten Integerzahlen oder Gleitkommazahlen. Zahlenwerte von Elementgrößen benötigen keine zusätzliche Angabe von Einheiten, das Programm geht davon aus, daß physikalische Größen in SI-Einheiten eingegeben werden. Die Angabe der in der Technik üblichen Zehnerpotenzen kann über sogenannte *Skalenfaktoren* erfolgen, vgl. die folgende Tabelle

Potenzdarstellung	E-15	E-12	E-9	E-6	E-3	E3	E6	E9
äquivalenter Skalenfaktor	F	P	N	U	M	K	MEG	G
Bezeichnung	Femto	Pico	Nano	Mikro	Milli	Kilo	Mega	Giga

Die Skalenfaktoren müssen unmittelbar an das Zahlenfeld anschließen, weitere unmittelbar folgende Zeichen werden ignoriert.
Hiermit sind übersichtliche Darstellungen von Zahlenwerten mit Einheiten möglich, z.B.

10MEGOHM = 1E7 = 10000000 = 10MEG

Schließen von den Zahlenfaktoren abweichende Namenfelder unmittelbar an ein Zahlenfeld an, so werden diese ignoriert.
Die hier beschriebene Regel führt bei der Eingabe von Kapazitätswerten evtl. zu einer Fehlinterpretation: 10 Farad darf nicht mit '10F' bzw. '10Farad' eingegeben werden (wird als 10E-15 interpretiert).
Trennzeichen für Felder sind : Leerzeichen, Komma, Gleichheitszeichen, eine rechte oder linke Klammer. Zusätzliche Zwischenräume werden nicht beachtet.

Elementzeilen

Die Zahl der Felder hängt von der Art des Elements ab.
Allgemeine Form (wenige Ausnahmen)

<elementname> < *a_knoten* > < *b_knoten* > [*x_knoten*] * [*modellname*]
+ [*wert*] [*schlüsselwort* (< *parameter*> *)]

<elementname>: Der erste Buchstabe des Elementnamens bestimmt die Art des Elements, z.B. ist **R**basis als Name eines Ohmwiderstands zulässig

*<x_knoten>**: Ein Element besitzt mindestens zwei Anschlußpins, die mit bestimmten Knoten der Schaltung verbunden sind. Es gibt jedoch auch Elemente mit drei bzw. vier Klemmen (zwei Klemmenpaaren). Die Reihenfolge der Knoten in der Elementzeile bestimmt bei Klemmenpaaren die *Zählpfeilrichtung* von Strom und Spannung.

[*modellname*]: Die numerischen Daten eines Elementtyps können in einer Modellzeile abgelegt sein. Durch Angabe des Modellnamens kann die Elementzeile auf die Daten der Modellzeile zugreifen.

[*wert*]: Zahlenbeschreibung eines Elements (z.B. Kapazität eines Kondensators)

[*schlüsselwort* (< *parameter*> *)]:
Bei bestimmten Elementarten gibt es eine große Zahl von Fallunterscheidungen, z.B. die Quellenart bei unabhängigen Strom- und Spannungsquellen. Diese müssen in der Regel durch mehrere Parameter näher spezifiziert werden.

Beispiel: `Vsin 1 0 SIN(0.5V 1V 1Hz 0.5s 0 30)`

Modellzeilen

Modellzeilen beinhalten Modellparameter, auf die von Elementzeilen aus zugegriffen werden kann. Diese Vorgehensweise ist bei Halbleiterelementen und magnetischen Werkstoffen zwingend. Bei passiven Elementen können Zahlenangaben zu den physikalischen Größen auch in der Elementzeile abgelegt sein, eine Modellzeile als Bezug ist dann nur in Sonderfällen erforderlich.

Allgemeine Form

.MODEL <*modellname*> <*modelltyp*>
+ ([<*parametername*> = <*wert*> [*toleranzspezifikation*]]*
+ [T_MEASURED= <*wert*>] [[T_ABS= <*wert*>] oder
+ [T_REL_GLOBAL= <*wert*>] oder [T_REL_LOCAL= <*wert*>]])

<*modellname*>: Modellname, auf den in Elementzeilen Bezug genommen werden kann

<*modelltyp*>: Definition der Schaltelementtype, z.B. NPN für bipolare npn-Transistoren. Eine Übersicht gibt die folgende Tabelle

Codewort für Modelltype	Art des Elements	Elementname
CAP	Kondensator	Cxxxxxxxx
IND	Spule	Lxxxxxxxx
RES	Ohmwiderstand	Rxxxxxxxx
D	Diode	Dxxxxxxxx
NPN	npn-Bipolartransistor	Qxxxxxxxx
PNP	pnp-Bipolartransistor	Qxxxxxxxx
LPNP	Lateraler pnp-Transistor	Qxxxxxxxx
NJF	n-Kanal Sperrschicht-FET	Jxxxxxxxx
PJF	p-Kanal Sperrschicht-FET	Jxxxxxxxx
NMOS	n-Kanal MOSFET	Mxxxxxxxx
PMOS	p-Kanal MOSFET	Mxxxxxxxx
GASFET	n-Kanal GaAs-MESFET	Bxxxxxxxx
CORE	nichtlin. magnetischer Kern	Kxxxxxxxx
VSWITCH	spannungsgest. Schalter	Sxxxxxxxx
ISWITCH	stromgesteuerter Schalter	Wxxxxxxxx

[<*parametername*> = <*wert*> [*toleranzspezifikation*]]* :

Liste der Modellpartner mit Werten. Alle nicht angegebenen Parameter sind mit *Ersatzwerten* ausgestattet. Zu jedem Modellparameter können optional Toleranzangaben gemacht werden (siehe z.B. Abschnitt 2.6.5).

[**T_MEASURED**= <*wert*>] :

Optionale Angabe der Temperatur, bei der die Modellparameter gemessen wurden. Der Ersatzwert ist global definiert.

[**T_ABS=** <*wert*>] :

Absolute Temperatur des Schaltelements

[**T_REL_GLOBAL=** <*wert*>] :

Abweichung von der global durch .TEMP oder .DC TEMP definierten Temperatur

[**T_REL_LOCAL=** <*wert*>] :

Abweichung der Temperatur eines abgeleiteten Modells von der des Grundmodells (AKO-Modell)

Steuerzeilen

Steuerzeilen beginnen mit einem Punkt und unmittelbar anschließendem Schlüsselwort. Sie finden vielfältige Anwendung bei der Eingabe irgendwelcher Steuerungskommandos.
Allgemeine Form

. *<schlüsselwort> <namenfeld / zahlenfeld>**

Kommentarzeilen werden mit einem * eingeleitet. Sie haben keine Wirkung auf den Ablauf des Simulationsprogramms. Die Titelzeile ist keine Kommentarzeile.

Fortsetzungszeilen müssen mit einem *Pluszeichen* in der ersten Spalte beginnen. Ihre Anwendung ist insbesondere bei Modellzeilen sinnvoll und notwendig, da eine logische Zeile hier gewöhnlich länger ist als eine Bildschirmzeile.

Unzulässige Schaltungen

Aufgrund des Rechenverfahrens können Schaltungen mit folgenden Eigenschaften nicht simuliert werden:

- Es dürfen keine Maschen auftreten, die nur aus Spannungsquellen und/oder Induktivitäten bestehen. Beispiele:

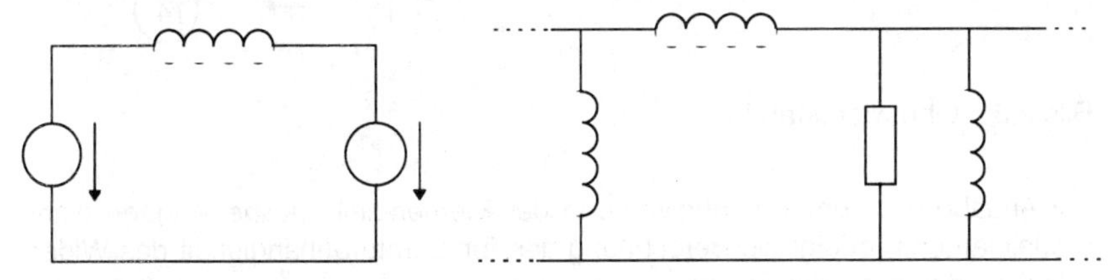

Bild 2.1: Unzulässige Maschen

- Es darf nicht möglich sein, um einen Teil der Schaltung eine geschlossene Hülle zu legen, die nur von Zweigen mit idealen Kondensatoren und/oder Stromquellen durchstoßen wird. Auch hierzu ein Beispiel (Bild 2.2)

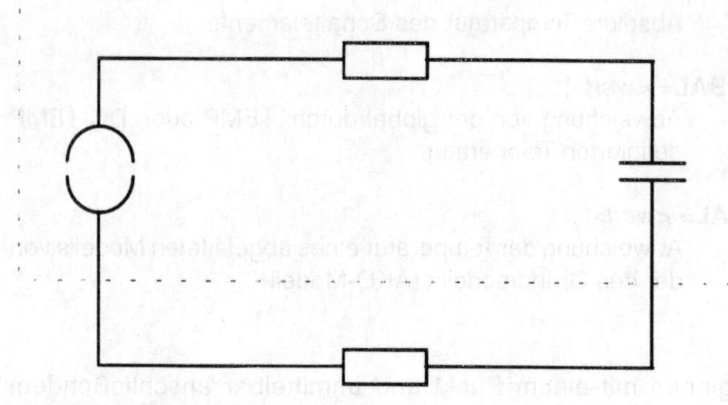

Bild 2.2: Unzulässiger Schaltungsteil

2.2 Schaltelemente

2.2.1 Passive Elemente

Ohmwiderstand

Allgemeine Form der Elementzeile

R<*name*> <*+knoten*> <*-knoten*> [*modellname*] <*wert*>
\+ [TC= <*tc1*> [, <*tc2*>]]

Beispiel (Bild 2.3)

```
Rlast  5  14  47Ohm  TC=-50u
```

Bild 2.3: Ohmwiderstand

Bei Angabe der Temperaturbeiwerte in der Elementzeile (keine Angabe eines Modellnamens) erfolgt die Berechnung der Temperaturabhängigkeit des Widerstandswertes nach der Formel

$$R(T) \;=\; <wert> \left[1 + <t_{C1}> (T - T_{Nom}) + <t_{C2}> (T - T_{Nom})^2 \right]$$

Die Temperaturwerte T und T_{nom} sind global festgelegt durch ein Steuerkommando bzw. als Nominaltemperatur (Ersatzwert oder optionale Eingabe).

Bezieht sich die Elementzeile auf einen Modellnamen, so sind die wesentlichen Zahlenangaben in der zugehörigen Modellzeile abgelegt (evtl. in einer Bibliotheksdatei).
Allg. Form der Modellzeile (siehe auch Abschnitt 2.1)

.MODEL <*modellname*> RES [*modellparameter*]

In der folgenden Tabelle sind die möglichen Modellparameter eines Widerstands aufgelistet

Modell-parameter	Beschreibung	Einheiten	Ersatzwert
R	Widerstandsmultiplikator		1
TC1	Temperaturbeiwert (linear)	1/°C	0
TC2	Temperaturbeiwert (quadratisch)	$1/(°C)^2$	0
TCE	Temperaturbeiwert (exponentielle Charakteristik)	% /°C	0
T_MEASURED	Temperatur bei Parametermessung	°C	
T_ABS	Absolute Temperatur des Schaltelements	°C	
T_REL_ GLOBAL	Abweichung vom globalen Temperaturwert	°C	
T_REL_LOCAL	Abweichung der Temperatur des abgeleiteten Modells vom Grundmodell (AKO)	°C	

Durch die speziellen Temperaturparameter ist es möglich, einzelnen Schaltelementen individuelle Betriebstemperaturen bei der Simulation zuzuweisen. Auch die Meßtemperatur des angegebenen Widerstandswertes kann individuell angegeben werden.

Den Widerstandsmultiplikator **R** wählt man gewöhnlich nicht ungleich eins, da der eigentliche Widerstandswert in der Elementzeile angegeben werden kann. Dieser Faktor dient auch zur Spezifikation der Toleranzen bei statistischen Untersuchungen.

Wird ein Wert für den Parameter **TCE** angegeben, so erfolgt die Berechnung der Temperaturabhängigkeit des Widerstandwertes nach der Formel

$$R(T) = < wert > \cdot R \cdot 1{,}01^{TCE \cdot (T - Tnom)}$$

Kondensator

Allgemeine Form der Elementzeile

C<*name*> <*+knoten*> <*-knoten*> [*modellname*] <*wert*>
+ [IC= <*anfangswert*>]

Beispiel (Bild 2.4)

```
Csieb  5  14  47uF  IC=-1.5V
```

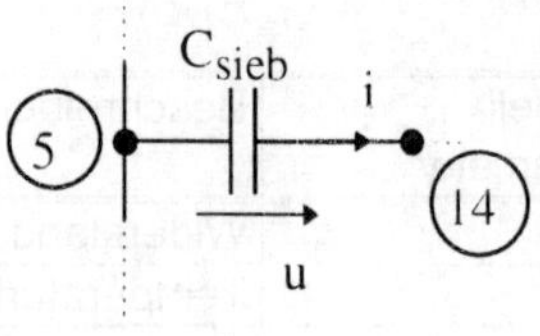

Bild 2.4: Kondensator

Die optionale Angabe des Anfangswertes der Kondensatorspannung hat lediglich Auswirkungen auf die Einschwinganalyse. Sie ist jedoch nur im Zusammenhang mit der Eingabe eines Schlüsselwortes in der Steuerzeile für die Transient-Simulation wirksam.
Enthält die Elementzeile einen Modellnamen, so sind die wesentlichen Zahlenangaben in der zugehörigen Modellzeile abgelegt (evtl. in einer Bibliotheksdatei).

Allgemeine Form der Modellzeile (siehe auch Abschnitt 2.1)

.MODEL <*modellname*> CAP [*modellparameter*]

In diesem Fall wird die Kapazität des Kondensators nach folgender Formel berechnet

$$C(u,T) = < wert > C\left(1 + VC1 \cdot u + VC2 \cdot u^2\right)\left[1 + TC1\,(T - T_{nom}) + TC2\,(T - T_{nom})^2\right]$$

In der folgenden Tabelle sind die möglichen Modellparameter eines Kondensators aufgelistet

Durch die speziellen Temperaturparameter ist es möglich, einzelnen Schaltelementen individuelle Betriebstemperaturen bei der Simulation zuzuweisen. Auch die Meßtemperatur des angegebenen Kapazitätswertes kann individuell angegeben werden.

Den Kapazitätsmultiplikator **C** wählt man gewöhnlich nicht ungleich eins, da der eigentliche Kapazitätswert in der Elementzeile angegeben werden kann. Dieser Faktor dient auch zur Spezifikation der Toleranzen bei statistischen Untersuchungen.

Modell-parameter	Beschreibung	Einheiten	Ersatzwert
C	Kapazitätsmultiplikator		1
TC1	Temperaturbeiwert (linear)	1/°C	0
TC2	Temperaturbeiwert (quadratisch)	$1/(°C)^2$	0
VC1	Linearer Spannungskoeffizient	V^{-1}	0
VC2	Quadratischer Spannungskoef-fizient	V^{-2}	0
T_MEASURED	Temperatur bei Parametermessung	°C	
T_ABS	Absolute Temperatur des Schaltelements	°C	
T_REL_ GLOBAL	Abweichung vom globalen Temperaturwert	°C	
T_REL_LOCAL	Abweichung der Temperatur des abgeleiteten Modells vom Grundmodell (AKO)	°C	

Spule

Allgemeine Form der Elementzeile

L<*name*> <*+knoten*> <*-knoten*> [*modellname*] <*wert*>
+ [IC= <*anfangswert*>]

Beispiel (Bild 2.5)

```
Lsens  5  14  47mH  IC=0.5A
```

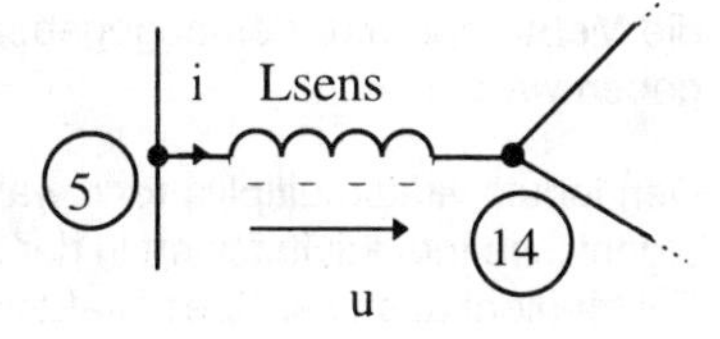

Bild 2.5: Spule

Die optionale Angabe des Anfangswertes $i_L(0)$ des Spulenstromes hat nur Auswirkungen auf die Einschwinganalyse. Sie ist jedoch nur im Zusammenhang mit der Eingabe eines Schlüsselwortes in der Steuerzeile für dieTransient-Simulation wirksam.
Enthält die Elementzeile einen Modellnamen, so sind die wesentlichen Zahlenangaben in der zugehörigen Modellzeile abgelegt (evtl. in einer Bibliotheksdatei).

Allg. Form der Modellzeile (siehe auch Abschnitt 2.1)

.MODEL <*modellname*> IND [*modellparameter*]

In diesem Fall wird die Induktivität der Spule nach folgender Formel berechnet

$$L(i,T) = < wert > L\left(1 + IL1 \cdot i + IL2 \cdot i^2\right)\left[1 + TC1\,(T - T_{nom}) + TC2\,(T - T_{nom})^2\right]$$

In der folgenden Tabelle sind die möglichen Modellparameter einer Spule aufgelistet

Modell-parameter	Beschreibung	Einheiten	Ersatzwert
L	Induktivitätsmultiplikator		1
TC1	Temperaturbeiwert (linear)	1/°C	0
TC2	Temperaturbeiwert (quadratisch)	$1/(°C)^2$	0
IL1	Linearer Stromkoeffizient	V^{-1}	0
IL2	Quadratischer Stromkoeffizient	V^{-2}	0
T_MEASURED	Temperatur bei Parametermessung	°C	
T_ABS	Absolute Temperatur des Schaltelements	°C	
T_REL_ GLOBAL	Abweichung vom globalen Temperaturwert	°C	
T_REL_LOCAL	Abweichung der Temperatur des abgeleiteten Modells vom Grundmodell (AKO)	°C	

Durch die speziellen Temperaturparameter ist es möglich, einzelnen Schaltelementen individuelle Betriebstemperaturen bei der Simulation zuzuweisen. Auch die Meßtemperatur des angegebenen Induktivitätswertes kann individuell angegeben werden.

Den Induktivitätsmultiplikator **L** wählt man gewöhnlich nicht ungleich eins, da der eigentliche Induktivitätswert in der Elementzeile angegeben werden kann. Dieser Faktor dient auch zur Spezifikation der Toleranzen bei statistischen Untersuchungen.

Wird eine Spule durch eine K-Zeile mit dem Modell eines *magnetischen Kerns* verknüpft, so hat der in der Elementzeile der Spule angegebene Wert nicht mehr die Bedeutung der Spuleninduktivität, sondern der *Windungszahl* der Spule.

Magnetisch gekoppelte Spulen (konstante Induktivitäten)

Bei magnetisch gekoppelten Spulen werden die einzelnen, untereinander verkoppelten Spulen zunächst wie normale Spulen durch Elementzeilen definiert. Die magnetische Kopplung (Gegeninduktivität) wird durch eine weitere Eingabezeile festgelegt.

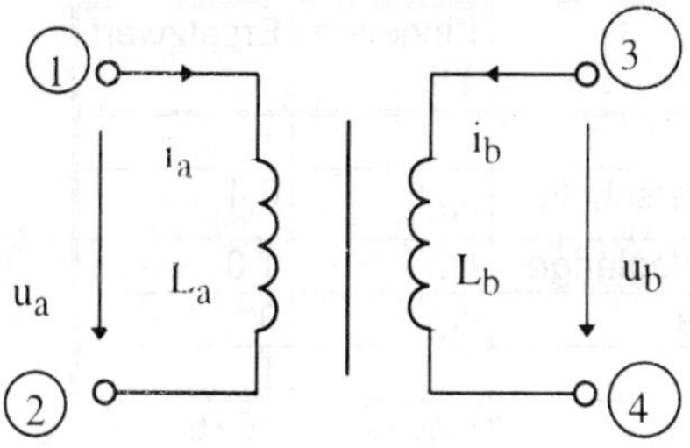

$$u_a = L_a \frac{\mathrm{d}i_a}{\mathrm{d}t} + M_{ab} \frac{\mathrm{d}i_b}{\mathrm{d}t}$$

$$u_b = M_{ab} \frac{\mathrm{d}i_a}{\mathrm{d}t} + L_b \frac{\mathrm{d}i_b}{\mathrm{d}t}$$

Kopplungsfaktor

$$K = \frac{|M_{ab}|}{\sqrt{L_a L_b}}$$

Bild 2.6: Magnetisch gekoppelte Spulen

Allgemeine Form der Elementzeile

K<*name*> L<*spulenname*> <L<*spulenname*> >* <*kopplungsfaktor*>

Beispiel mit zwei gekoppelten Spulen (siehe Bild 2.6)

```
La   1    2    0.5H
Lb   3    4    2H
K    La   Lb   0.998
```

Die Reihenfolge der Knoten in den Elementzeilen der Spulen ist so zu wählen, daß die Gegeninduktivität M_{ab} positiv wird. Der Kopplungsfaktor K muß positive Werte im Bereich von Null bis Eins aufweisen:

$K = 1$: festgekoppelter Übertrager
$0 < K < 1$: Übertrager mit Streuflüssen.

Magnetisch gekoppelte Spulen (mit ferromagnetischem Kern)

Allgemeine Form der Elementzeile

K<*name*> <L<*spulenname*> >* <*kopplungsfaktor*> <*modellname*>

Die Kopplungszeile kann sich nun auch auf eine einzige Spule beziehen, falls diese einen ferromagnetischen Kern besitzt, dessen Modell bei der Simulation verwendet werden soll. Der Modellname bezieht sich auf den in der entsprechenden Modellzeile definierten Eisen- oder Ferritkern.

Allgemeine Form der Modellzeilen von Spulenkernen

.MODEL <*modellname*> CORE [*modellparameter*]

Modell-parameter	Beschreibung	Einheiten	Ersatzwert
LEVEL	Mittlerer Modellindex		1
AREA	Mitterer magn. Kernquerschnitt	cm^2	0.1
PATH	Mittlere magnetische Weglänge	cm	1.0
GAP	Effektive Luftspaltlänge	cm	0
PACK	Pack (stacking) factor		1
MS	Sättigungsflußdichte	Gauss	1E+6
A	Thermal energy parameter	A/m	1E+3
C	Domain flexing parameter		0.2
K	Domain anisotropy parameter	A/m	500
ALPHA	Interdomain coupling parameter (LEVEL = 1)		1E-3
GAMMA	Domain damping parameter (LEVEL = 1)	s^{-1}	∞

Kopplungszeilen mit Bezug auf ein *Kernmodell* unterscheiden sich von linearen gekoppelten Spulen in vier Punkten

- Der Übertrager bzw. die Spule wird ein nichtlineares Schaltelement. Die Magnetisierungskennlinien des Kerns basieren auf dem Jiles-Atherton Modell für ferromagnetische Werkstoffe.
- Die bei den Elementzeilen der Spulen angegebenen Werte werden als Windungszahlen interpretiert.
- Eine Kopplungszeile kann auch nur einen einzigen Spulennamen enthalten, falls die Spule einen ferromagnetischen Kern besitzt.
- Es wird grundsätzlich eine Modellzeile zur Spezifikation des Kernmodells benötigt (evtl. in einer Bibliothek).

Beispiel mit zwei gekoppelten Spulen (siehe Bild 2.6)

```
La   1    2    200Wi
Lb   3    4    400Wi
K1   La   Lb   0.998   K528T500_3C8
```

Beispiel für eine Einzelspule mit demselben Ferritkern

```
La   1    2    200Wi
K2   La   1    K528T500_3C8
```

Verlustfreie (ideale) Leitungen

Allgemeine Form der Elementzeile

T<*name*> < *+ator_knoten*> <*-ator_knoten*> < *+btor_knoten*>
\+ <*-btor_knoten*> [*modellname*]
\+ Z0=<*wert*> [TD=<*wert*>] [F=<*wert*> [NL=<*wert*>]]
\+ [IC=<*a_spannung*> <*a_strom*> <*b_spannung*> <*b_strom*>]

Beispiel (Bild 2.7)

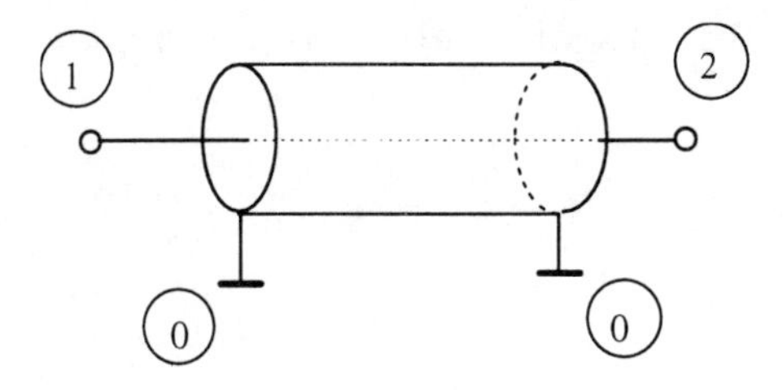

Bild 2.7: Leitung

```
Tkoax  1  0  2  0  Z0=50Ohm TD=10ns
```

Die optionale Angabe der Anfangswerte von Torspannungen und -strömen hat nur Auswirkungen auf die Einschwinganalyse. Sie ist jedoch nur im Zusammenhang mit der Eingabe eines Schlüsselwortes in der Steuerzeile für die Transient-Simulation wirksam.
Enthält die Elementzeile einen Modellnamen, so sind die wesentlichen Zahlenangaben in der zugehörigen Modellzeile abgelegt (evtl. in einer Bibliotheksdatei).

Allg. Form der Modellzeile (siehe auch Abschnitt 2.1)

.MODEL <*modellname*> TRN [*modellparameter*]

Modell-parameter	Beschreibung	Einheiten	Ersatzwert
Z0	Wellenwiderstand	Ohm	-
TD	Übertragungsverzögerung	s	-
F	Frequenz für den Parameter NL	Hz	-
NL	Relative Wellenlänge		0.25
IC	Anfangswerte für Torspannungen und -ströme (u_1, i_1, u_2, i_2, alle Werte sind anzugeben)		

Leitungen mit Verlusten

Allgemeine Form der Elementzeile

T<*name*> < *+ator_knoten*> <*-ator_knoten*> < *+btor_knoten*> <*-btor_knoten*>
+ [<*modellname*> [*wert der elektr. länge*]]
+ LEN=<*wert*> R=<*wert*> L=<*wert*> G=<*wert*> C=<*wert*>

Beispiel (Bild 2.7)

```
Tlossy    1   0   2   0   LEN=1    R=0.311    L=0.378u
+ G=6.27u     C=67.3p
```

2.2.2 Lineare, gesteuerte Quellen

Spannungsgesteuerte Spannungsquelle

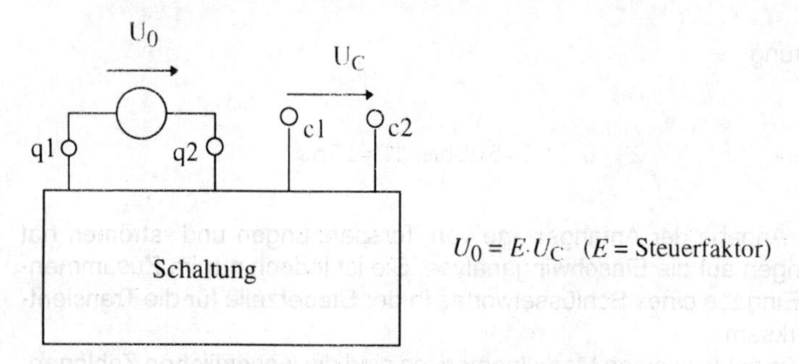

$U_0 = E \cdot U_C$ (E = Steuerfaktor)

Bild 2.8: Spannungsgesteuerte Spannungsquelle

Allgemeine Form der Elementzeile

E<*name*> <*+quellenknoten*> <*-quellenknoten*> <*+steuerknoten*>
\+ <*-steuerknoten*> <*steuerfaktor*>

Beispiel

```
Eopamp   q1  q2  c1  c2  100K
```

Stromgesteuerte Stromquelle

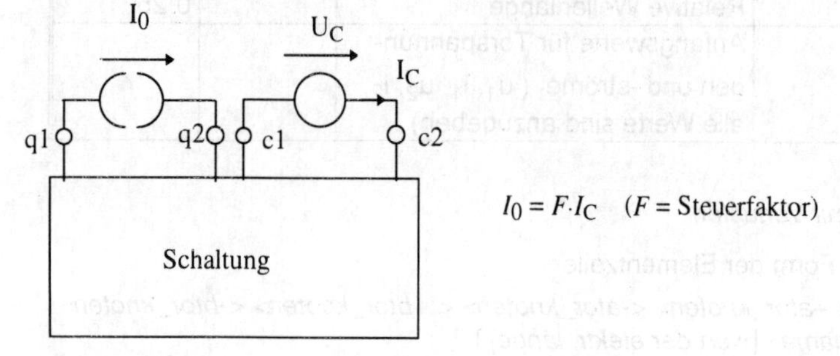

$I_0 = F \cdot I_C$ (F = Steuerfaktor)

Bild 2.9: Stromgesteuerte Stromquelle

Allgemeine Form der Elementzeile

F<*name*> <*+quellenknoten*> <*-quellenknoten*>
\+ < *name der spannungsquelle*> < *steuerfaktor*>

Der steuernde Strom I_C muß durch eine ideale Spannungsquelle fließen (unabhängige Quelle Vxxxxxxx gemäß Abschnitt 2.2.3). Eventuell muß eine solche Quelle zusätzlich in den Zweig des Steuerstromes ohne Spannungsangabe aufgenommen werden.

Beispiel: Stromgesteuerte Stromquelle mit dem Verstärkungsfaktor 500 :

```
Famp   q1   q2   VC    500
```

Spannungsgesteuerte Stromquelle

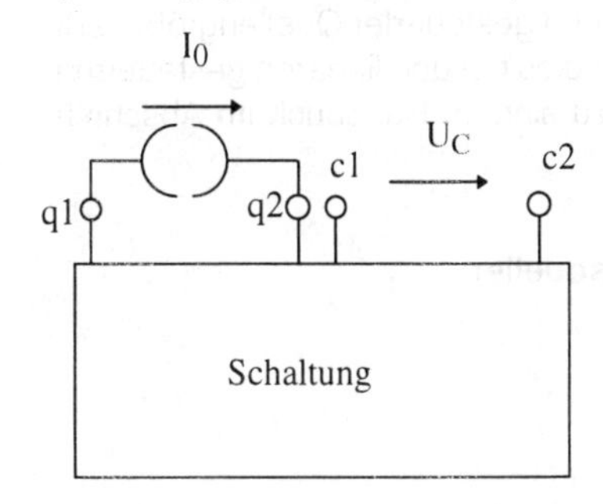

$I_0 = G \cdot U_C$ (G = Steuerfaktor)

Bild 2.10:
Spannungsgesteuerte Stromquelle

Allgemeine Form der Elementzeile

G<*name*> <*+quellenknoten*> <*-quellenknoten*> <*+steuerknoten*>
\+ <*-steuerknoten*> <*steuerfaktor*>

Beispiel: Spannungsgesteuerte Stromquelle mit dem Steuerfaktor 500 mA/V

```
Gamp   q1   q2    c1    c2    500mS
```

Stromgesteuerte Spannungsquelle

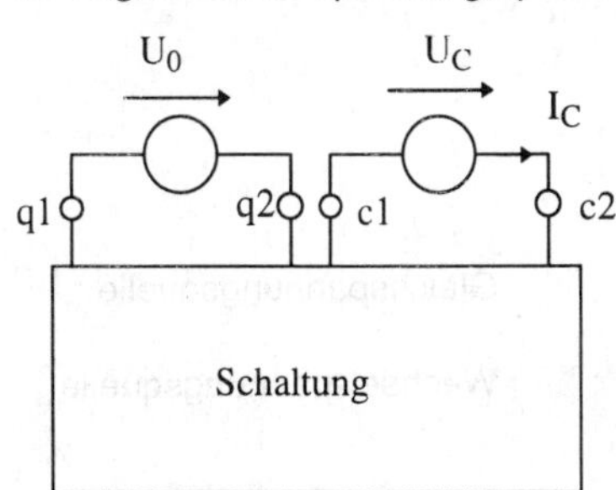

$U_0 = H \cdot I_C$ (H = Steuerfaktor)

Bild 2.11:
Stromgesteuerte Spannungsquelle

Allgemeine Form der Elementzeile

H<*name*> <*+quellenknoten*> <*-quellenknoten*>
\+ <*name der spannungsquelle*> <*steuerfaktor*>

Der steuernde Strom I_C muß durch eine ideale Spannungsquelle fließen (unabhängige Quelle Vxxxxxxx gemäß Abschnitt 2.2.3). Eventuell muß eine solche Quelle zusätzlich in den Zweig des Steuerstromes ohne Spannungsangabe aufgenommen werden.

Beispiel: Verstärker mit dem Steuerfaktor 5000 Ohm

```
Hamp   q1   q2   VC   5000Ohm
```

Nichtlineare und frequenzabhängige Steuergleichungen

Der Zusammenhang zwischen Steuergrößen und gesteuerter Quellengröße läßt sich in PSPICE viel allgemeiner definieren, als dies bei den linearen gesteuerten Quellen der Fall ist. Genauere Angaben hierzu sind im Handbuch im Abschnitt 'Analog Behavioural Modelling' zu finden.

2.2.3 Unabhängige Strom- und Spannungsquellen

Spannungsquellen

Allgemeine Form der Elementzeile

V<*name*> <*+knoten*> <*-knoten*>
\+ [[DC] <*wert*>]
\+ [AC <*betrag*> [*phase*]]
\+ [STIMULUS = <*stimulusdateiname*>]
\+ [*spezifikation einer transientenquelle*]

Beispiele

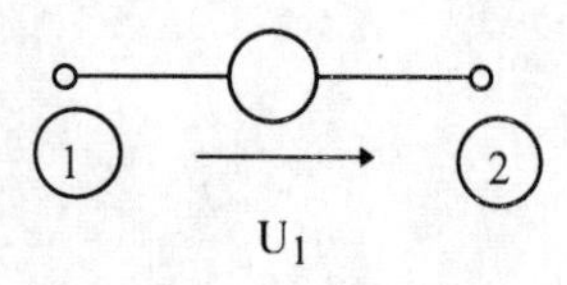

Bild 2.12: Unabhängige Spannungsquelle

```
V1   1   2   DC   5V          ;   Gleichspannungsquelle

V1   1   2   AC   10mV   90   ;   Wechselspannungsquelle
```

Stromquellen

Die allgemeine Form der Eingabezeile unterscheidet sich nur im Kennbuchstaben I statt V für den Elementnamen.

Beispiel

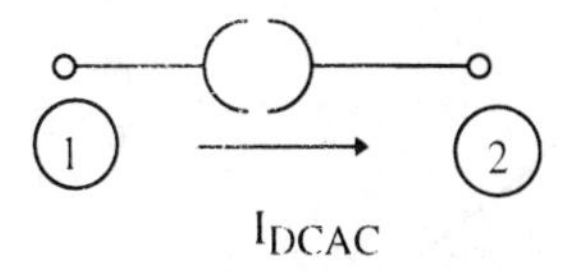

Bild 2.13: Unabhängige Stromquelle

Stromquelle mit Gleich- und AC-Wechselanteil (für DC- und AC-Analyse)

```
IDCAC  1  2  DC  0.1A  AC  1A  60
```

Optionale Eingabemöglichkeiten für die Strom- und Spannungsquellenarten

Die Ersatzwerte für die optionalen DC- und AC- Werte sind gleich Null. Eine Quelle weist nur Transientenmerkmale auf, wenn diese entsprechend spezifiziert sind. Alle Quellenarten sind unabhängig voneinander optional wählbar, bei fehlender Angabe wird die Spannung bzw. der Strom Null angenommen.

<stimulusdateiname> bezieht sich auf eine .STIMULUS-Definition, siehe Handbuch.

<spezifikation einer transientenquelle> ermöglicht den Aufruf von verschiedenen Zeitfunktionen, die im Programm so vorbereitet sind, daß der Benutzer nur noch Parameter eingeben muß. Die folgende Tabelle gibt eine Übersicht über die möglichen Funktionen; im Anschluß daran werden diese näher beschrieben.

Quellenarten für die Transient-Simulation

EXP *<parameter>*	Exponentialfunktion
PULSE *<parameter>*	Periodische Impulsfunktion
PWL *<parameter>*	Stückweise lineare Funktion
SIN *<parameter>*	Sinusfunktion
SFFM *<parameter>*	Frequenzmodulierte Sinusfunktion

EXP (*<w1> <w2> <td1> <tc1> <td2> <tc2>*)

Die Bedeutung der Parameter geht aus dem folgenden Diagramm (Bild 2.14) hervor.

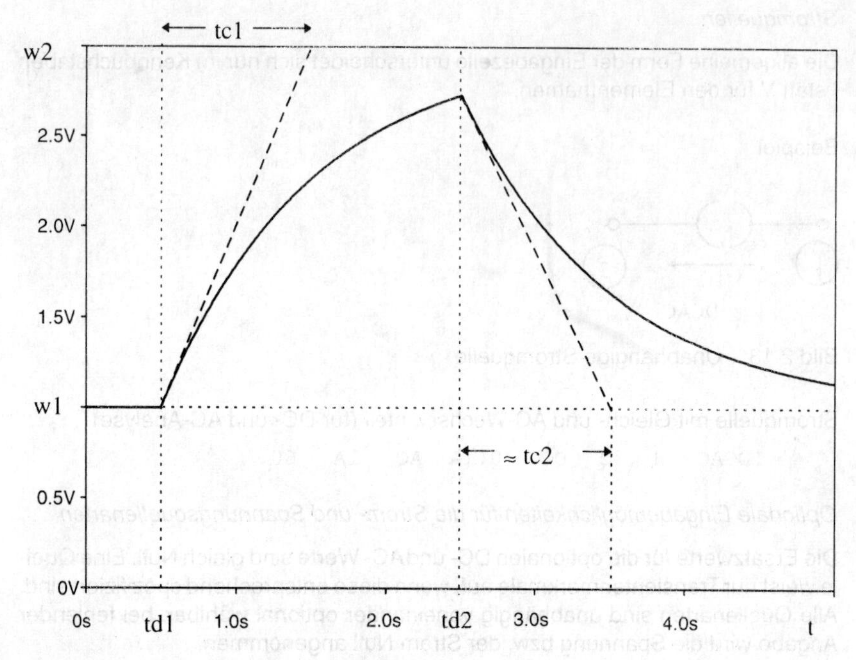

Bild 2.14: Exponentialfunktion

Formeldarstellung [*w(t) = u(t)* oder *i(t)*]

$$w(t) = w_1 \qquad 0 \le t \le t_{d1}$$

$$w(t) = w_1 + (w_2 - w_1)\left(1 - e^{-\frac{t - td1}{tc1}}\right) \qquad t_{d1} \le t \le t_{d2}$$

$$w(t) = w_1 + (w_2 - w_1)\left[\left(1 - e^{-\frac{t - td1}{tc1}}\right) - \left(1 - e^{-\frac{t - td2}{tc2}}\right)\right] \qquad t_{d2} \le t \le \mathrm{TSTOP}$$

Ersatzwerte für die Parameter (**TSTEP** siehe Abschnitt 2.4.3)

<w1>	*<w2>*	*<td1>*	*<tc1>*	*<td2>*	*<tc2>*
-	-	0	*TSTEP*	*td1+TSTEP*	*TSTEP*

Beispiel für einen einmaligen Impuls mit Exponentialübergängen

```
VEXP  1  0  EXP  (  1V  3V  0.5s  1s  2.5s  1s)
```

PULSE (*<w1> <w2> <td> <tr> <tf> <pw> <per>*)

Durch PULSE wird eine periodische Impulsspannung definiert. Die Bedeutung der Parameter geht aus Bild 2.15 hervor.

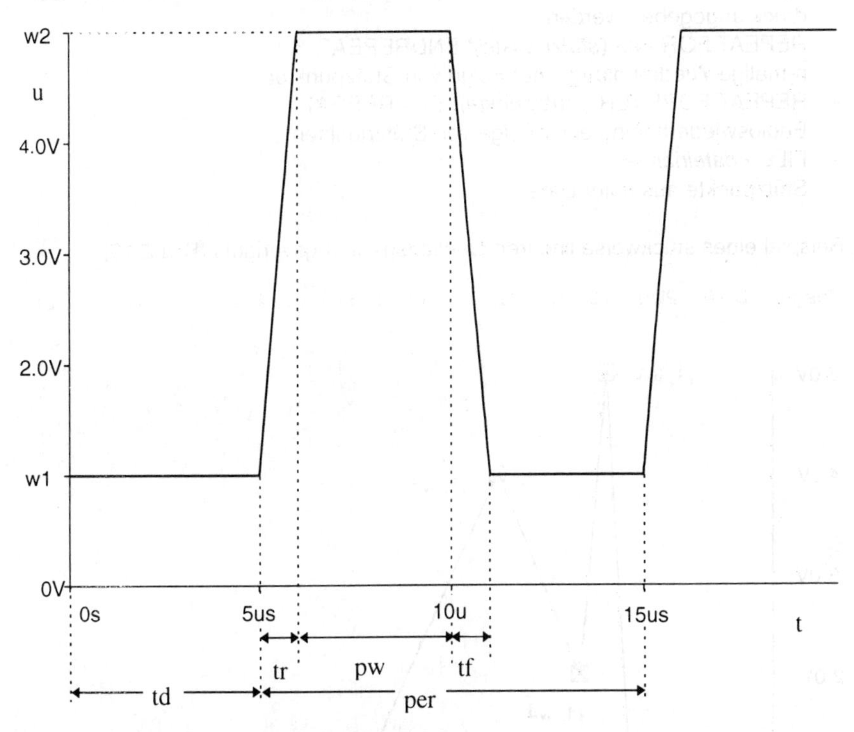

Bild 2.15: Periodische Impulsspannung

Ersatzwerte für die Parameter (**TSTEP** und **TSTOP** siehe Abschnitt 2.4.3)

<w1>	*<w2>*	*<td>*	*<tr>*	*<tf>*	*<pw>*	*<per>*
-	-	0	*TSTEP*	*TSTEP*	*TSTOP*	*TSTOP*

Beispiel für eine periodische Impulsspannung mit der Impulshöhe 4V, der Periodendauer 10µs, Übergangszeiten von 1µs und einer Pulsbreite von 4µs:

```
VPULSE  1  0  PULSE  (1V  5V  5us  1us  1us  4us  10us)
```

PWL [TIME_SCALE_FACTOR=*<wert>*]
\+ [VALUE_SCALE_FACTOR=*<wert>*]
\+ (*stützpunkte*)*

Bei der PWL-Funktion wird ein Polygonzug durch seine Stützpunkte definiert. Die Stützpunkte können in verschiedener Weise angegeben werden:

- (<*tn*>, <*wn*>)
  Spezifikation eines einzelnen Stützpunktes. Für <*wn*> kann auch ein Ausdruck angegeben werden.
- REPEAT FOR <*n*> (*stützpunkte*)* ENDREPEAT
  n-malige Wiederholung einer Folge von Stützpunkten
- REPEAT FOREVER (*stützpunkte*)* ENDREPEAT
  Endloswiederholung einer Folge von Stützpunkten
- FILE <*dateiname*>
  Stützpunkte aus einer Datei

Beispiel eines stückweise linearen Quellenspannungsverlaufs (Bild 2.16)

```
Vbsp1  1  0  PWL  (0,0)  (1,0)  (1.2,5)  (1.4,2)  (2,4)  (3,1)
```

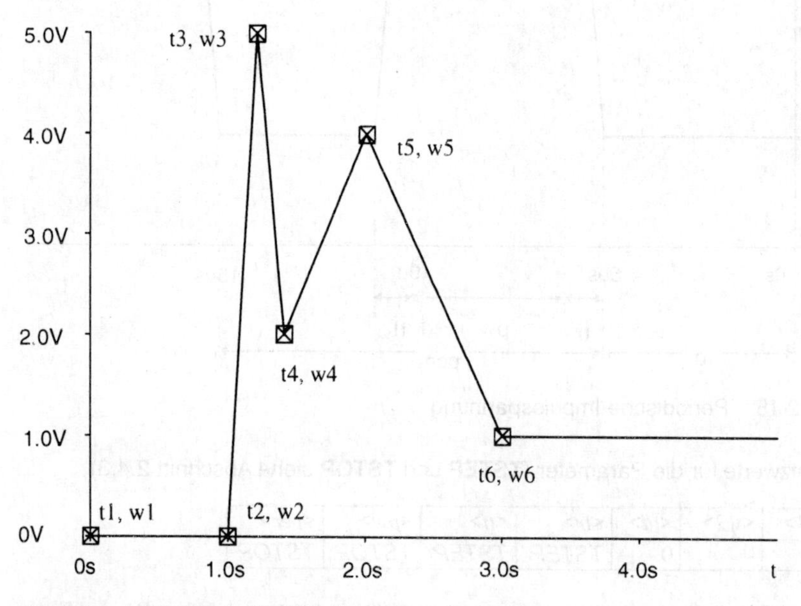

Bild 2.16: Stückweise lineare Funktion

Im Bild 2.17 wird mit Hilfe einer REPEAT-Anweisung ein Dreiecksimpuls fünf mal wiederholt

```
Vbsp2  1   0   PWL
+      REPEAT  FOR  5  (1,0)  (2,1)  (3,0)
+      ENDREPEAT
```

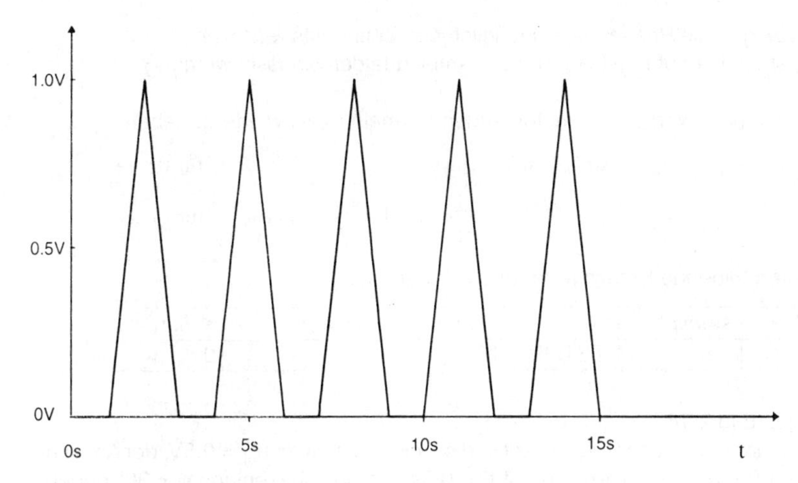

Bild 2.17: Wiederholter Dreiecksimpuls

SIN (*<woff>* *<wampl>* *<freq>* *<td>* *<df>* *<phase>*)

Mit der Quellenart SIN kann eine Sinusspannung definiert werden, die gegenüber dem Zeitnullpunkt um den Wert < *td* > verzögert startet. Die Bedeutung der Parameter geht aus Bild 2.18 hervor.

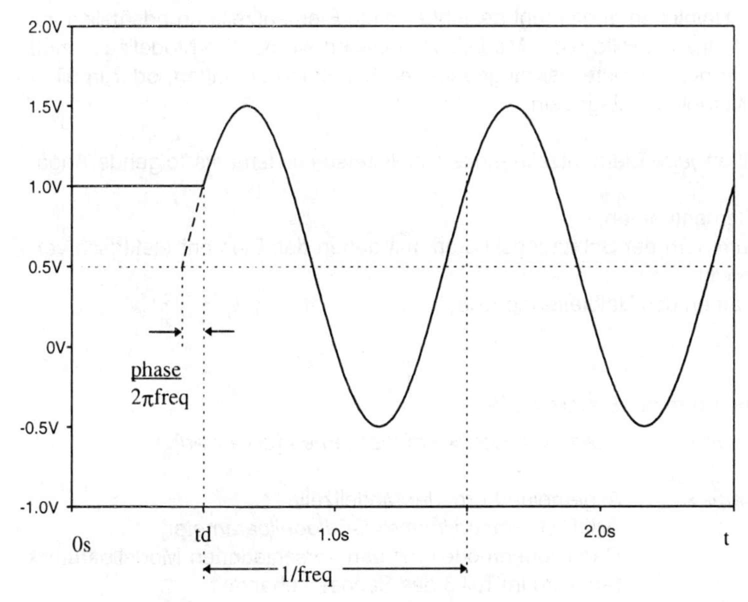

Bild 2.18: Sinusspannung

<*phase*> gibt die Phasenlage bezüglich des Zeitpunkts < *td* > an.
<*df* > ist ein Dämpfungsfaktor für die Amplitude der Sinusschwingung.

Der Zeitverlauf wird durch die folgenden Formeln exakt wiedergegeben

$$w(t) = w_{off} + w_{ampl} \cdot \sin(phase) \qquad \text{für } 0 \le t \le t_d$$

$$w(t) = w_{off} + w_{ampl} \cdot e^{-(t-td)\cdot df} \sin[2\pi \; freq(t - t_d) + phase] \qquad \text{für } t_d \le t \le \infty$$

Es gelten folgende Ersatzwerte für die Parameter

<*woff* >	<*wamp*>	<*freq*>	<*td* >	<*df* >	<*phase*>
-	-	1/TSTOP	0	0	0

Beispiel (Bild 2.18)
Sinusspannung mit der Frequenz f = 1Hz , dem Mittelwert u_{off} = 0,5V, der Amplitude û = 1,0V, der Verzögerungszeit t_d = 0,5s und der Phasenlage φ = 30° gegenüber dem Zeitpunkt t_d.

```
Vsin   1   0   SIN   (0.5V   1V   1Hz   0.5s   0   30)
```

2.2.4 Halbleiterbauelemente

Bei einem Halbleiterbauelement bezieht sich die Elementzeile grundsätzlich auf ein Modell, das mit Hilfe einer Modellzeile definiert wurde. Die Modellzeile muß entweder in der Netzliste der eingegebenen Schaltung enthalten, oder in einer Modellbibliothek abgelegt sein.

Somit enthält *jede* Elementzeile eines Halbleiterschaltelements folgende Angaben

- den Elementnamen,
- die Nummern der Schaltungsknoten, mit denen das Element elektrisch verbunden ist,
- den Namen des Halbleitermodells.

Diode

Allgemeine Form der Elementzeile

D<*name*> <*+knoten*> <*-knoten*> <*modellname*> [*area wert*]

<*modellname*>: Allgemeine Form der Modellzeile
.MODEL <*modellname*> D [*modellparameter*]
Das Diodenmodell mit den verschiedenen Modellparametern wird im Teil 3 des Buches behandelt.

[*area wert*]: Der optionale "area"-Faktor gibt die Zahl der äquivalenten, parallelgeschalteten Halbleiterelemente an (bezogen auf das Halbleitermodell). Diese Angabe erlaubt die Verwendung eines einzigen Modells für verschiedene Dioden, die sich lediglich in der Fläche voneinander unterscheiden. Der Einfluß dieses Faktors auf bestimmte Modellparameter ist dem oben genannten Abschnitt zu entnehmen.

Beispiel

```
Dschalt  5  14  D1N4148
```

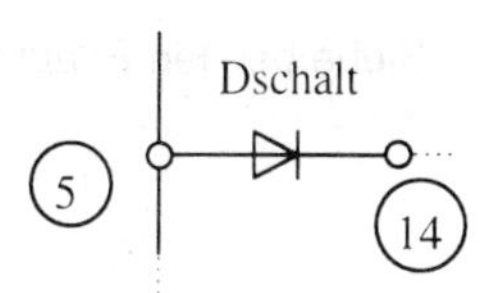

Bild 2.19: Diode

Bipolarer Transistor

Allgemeine Form der Elementzeile

Q<*name*> <*c_knoten*> <*b_knoten*> <*e_knoten*> [*s_knoten*]
+ <*modellname*> [*area wert*]

<*modellname*>: Allgemeine Form der Modellzeile

.MODEL <*modellname*> NPN [*modellparameter*]

oder

.MODEL <*modellname*> PNP [*modellparameter*]

oder

.MODEL <*modellname*> LNPN [*modellparameter*]

Die Modelle der bipolaren Transistoren mit ihren Modellparametern werden im Teil 3 des Buches behandelt.

[*area wert*]: Siehe bei den Erläuterungen zur Diode.

Beispiel

```
Qin  6  4  8  Q2N2222
```

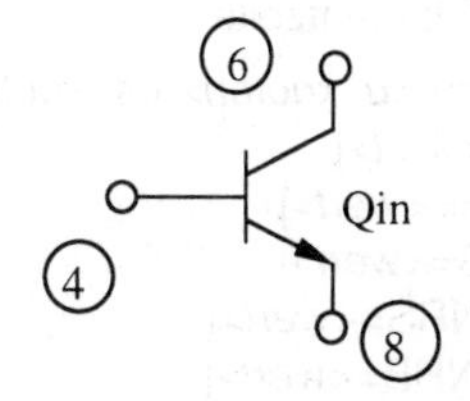

Bild 2.20: npn-Transistor

JFET (Sperrschicht-Feldeffekttransistor)

Allgemeine Form der Elementzeile

J<*name*> <*d_knoten*> <*g_knoten*> <*s_knoten*> <*modellname*> [*area wert*]

<*modellname*>: Allgemeine Form der Modellzeile

.MODEL <*modellname*> NJF [*modellparameter*] oder
.MODEL <*modellname*> PJF [*modellparameter*]

Das Modell des JFETs und seine Modellparameter werden im Teil 3 des Buches behandelt.

[*area wert*]: Siehe bei den Erläuterungen zur Diode.

Beispiel

```
Jabc   5   7   9   J2N3819
```

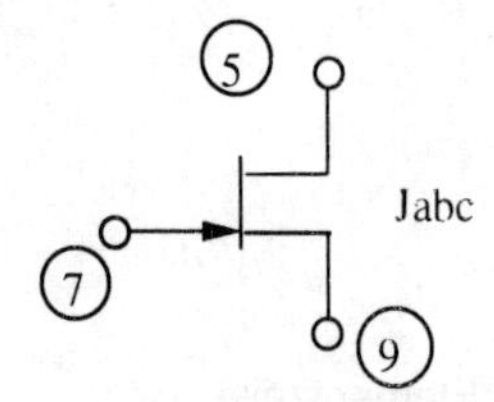

Bild 2.21: JFET

GaAsMESFET

Allgemeine Form der Elementzeile

B<*name*> <*d_knoten*> <*g_knoten*> <*s_knoten*> <*modellname*> [*area wert*]

<*modellname*>: Allgemeine Form der Modellzeile

.MODEL <*modellname*> GASFET [*modellparameter*]

Modelle zu den GaAsMESFETs mit den jeweiligen Modellparametern werden im Teil 3 des Buches behandelt.

[*area wert*]: Siehe bei den Erläuterungen zur Diode.

MOSFET

Allgemeine Form der Elementzeile

M<*name*> <*d_knoten*> <*g_knoten*> <*s_knoten*> <*bulk_knoten*> <*modellname*>
+ [L=<*wert*>] [W=<*wert*>]
+ [AD=<*wert*>] [AS=<*wert*>]
+ [PD=<*wert*>] [PS=<*wert*>]
+ [NRD=<*wert*>] [NRS=<*wert*>]
+ [NRG=<*wert*>] [NRB=<*wert*>]
+ [M=<*wert*>]

<modellname>: Allgemeine Form der Modellzeile

.MODEL *<modellname>* NMOS [*modellparameter*]

oder

.MODEL *<modellname>* PMOS [*modellparameter*]

Die Modellparameter werden im Teil 3 des Buches behandelt.

Beispiel

```
Mabc  14 2 13 0  PNOM  L=25u W=12u
```

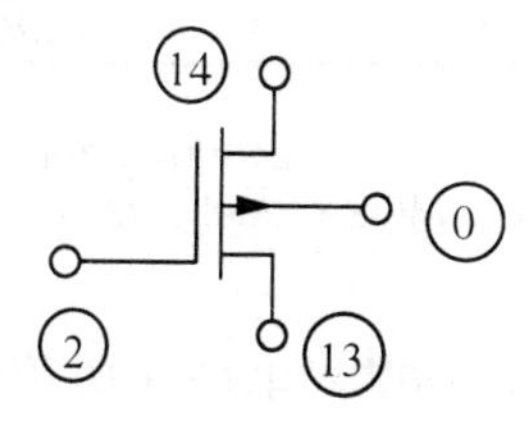

Bild 2.22: MOSFET

Die folgende Tabelle erklärt die Bedeutung der verschiedenen optionalen Parameter und enthält auch Hinweise zur Hierarchie von Parameterangaben, die an mehreren Stellen auftreten.

Optionale Parameter (Elementzeile)	Ersatz für Modellparameter	Ersatzparameter in .Options-Anweisung	Ersatzwert	Bedeutung
L	**L**	**DEFL**	100µ	Kanallänge
W	**W**	**DEFW**	100µ	Kanalweite
AD	*	**DEFAD**	0	Drain-Diffusionsfläche
AS	*	**DEFAS**	0	Source-Diffusionsfläche
PD	*	-	0	Umfang d. Drain-Diffusionsfläche
PS	*	-	0	Umfang der Source-Diffusionsfläche
NRD **NRS** **NRG** **NRB**	* * * *	- - - -	1 1 0 0	Relative Widerstände von Drain, Source, Gate und Substrat

Mit Hilfe der optionalen Parameter, deren Zeilen mit einem Stern gekennzeichnet sind, werden unter bestimmten Bedingungen ebenfalls Modellparameter ermittelt. Es folgt eine Übersicht:

Bedingung	Modellparameter	Ersatzparameter
JS ≠ 0 <u>und</u> AD ≠ 0 <u>und</u> AS ≠ 0	**IS**	Ids = **AD·JS+PD·JSSW** Iss = **AS·JS+PS·JSSW**
RD = 0 RS = 0 RG = 0 RB = 0	**RD** **RS** **RG** **RB**	**NRD·RSH** **NRS·RSH** **NRG·RSH** **NRB·RSH**
CBD = 0 CBS = 0	**CBD** **CBS**	**AD·CJ** **AS·CJ**

Formeln zur Berechnung der Kapazitäten werden bei der ausführlichen Darstellung der MOS-Modelle im Teil 3 des Buches angegeben.

2.3 Schaltungsmodul (Subcircuit)

2.3.1 Definition

Viele Schaltungen sind zumindest teilweise aus identischen oder einander ähnlichen Modulen aufgebaut.
Die einzelnen Stufen eines mehrstufigen Verstärkers oder integrierte Analog- bzw. Digitalbausteine auf einer Baugruppe können z.B. solche Module sein. Standard-Bausteine sind daher in PSPICE als Schaltungsmodule so definiert, daß sie wie Schaltelemente in einer Bibliothek gespeichert und von dort über ihren Namen wie gewöhnliche andere Elemente abgerufen werden können.

Es folgt eine kurze Zusammenfassung der Definitionsmöglichkeiten und ihrer Handhabung.

Moduldefinition

.SUBCKT <*sub_name*> [*sub_knoten*] *
+ [OPTIONAL: <*interface_knoten*>=<*wert*>*]
+ [PARAMS: <*parameter=wert*>*]

<*sub_name*>: Name des Schaltungsmoduls

[sub_knoten]*: Liste von Knotennamen, mit denen die elektrischen Verbindungen nach außen hin hergestellt werden. Der Bezugsknoten "0" ist global definiert.

[OPTIONAL: <*interface_knoten*>=<*wert*>*] :
Definition einer Liste von optionalen Knoten im Modul. Fehlen beim Elementaufruf Angaben zu optionalen Knoten, werden diese durch die in der Subcircuit-Definition festgelegten Werte ersetzt

[PARAMS: *<parameter=wert>**] :

Liste von Parametern, die innerhalb der Moduldefinition benützt werden und beim Modulaufruf individuell übergeben werden können. Der Platzhalter *wert* steht für den Ersatzwert.

Ein so definierter Schaltungsmodul kann an beliebiger Stelle in die externe Schaltung mit der folgenden Elementzeile eingebettet werden

Allgemeine Form der Elementzeile

X<*name*> [*knoten*]* [*optionaler knoten*]* <*sub_name*>
+ [PARAMS: <<*name*>=<*wert*>>*]

X<*name*> : Name eines eingebetteten Schaltungsmoduls. Modulaufrufe haben grundsätzlich den Kennbuchstaben **X**.

[*knoten*]* : Knoten der externen Schaltung, die mit den Anschlüssen des Moduls verbunden sind. Die Reihenfolge der Knoten ist durch die .Subckt-Definition festgelegt.

[*optionaler Knoten*]*: Diese Angaben sind nicht unbedingt erforderlich, da Ersatzwerte verwendet werden. *Teilweises* Weglassen von Knotenangaben ist nur vom Listenende her möglich

[PARAMS: <<*name*>=<*wert*>>*] :

Optionale Eingabe von aktuellen Parameterwerten, evtl. auch Parametern, die in der externen Schaltung definiert sind. Für fehlende Angaben werden die Ersatzwerte eingesetzt (Subcircuit-Definition).

2.3.2 Beispiel

Verstärkerschaltung mit drei Stufen, Schaltungsmodul: Verstärkerstufe

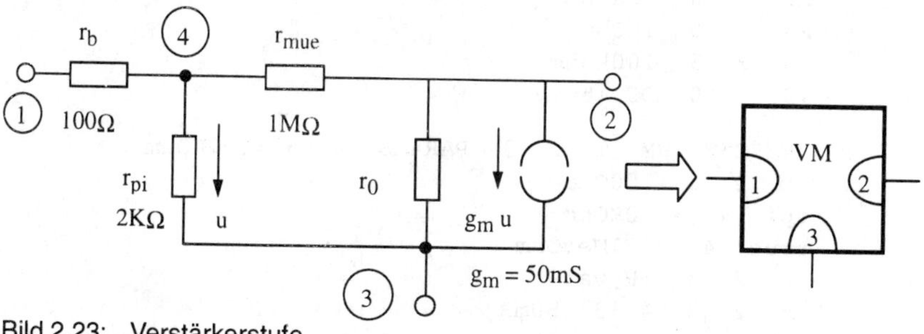

Bild 2.23: Verstärkerstufe

Definition des Schaltungsmoduls

```
.SUBCKT    VM    1    2    3    PARAMS:   R_val=100KOhm
rb    1    4    100Ohm
rpi    4    3    2KOhm
rmue    4    2    1MegOhm
r0    2    3    {R_val}
gm    2    3    4    3    50mS
.ENDS
```

Der Wert des Widerstandes r_0 wird durch den Parameter R_val bestimmt, dessen Ersatzwert gleich 100KΩ ist.
In der folgenden Verstärkerschaltung ist der Modul dreimal enthalten, wobei der Parameter nur in zwei Fällen seinen Ersatzwert annimmt.

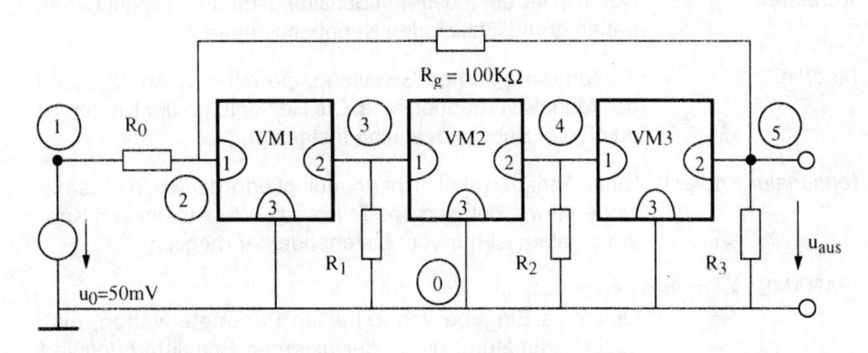

Bild 2.24: Dreistufiger Verstärker

Die vollständige Schaltungseingabe kann dann z.B. folgende Form annehmen

```
Verstaerker mit drei Stufen
R0   1   2   1KOhm
R1   3   0   10KOhm
R2   4   0   10KOhm
R3   5   0   1KOhm
RG   2   5   100kohm
V0   1   0   DC   50mV

.SUBCKT   VM   1   2   3   PARAMS: R_val=100KOhm
rb   1   4   100Ohm
rpi   4   3   2KOhm
rmue   4   2   1MegOhm
r0   2   3   {R_val}
gm   2   3   4   3   50mS
.ENDS
```

```
*erster Aufruf des Schaltungsmoduls
XVM1  2  3  0  VM  PARAMS:R_val=95KOhm
*zweiter Aufruf des Schaltungsmoduls
XVM2  3  4  0  VM
*dritter Aufruf des Schaltungsmoduls
XVM3  4  5  0  VM
*Kleinsignal-Gleichstromanalyse
.TF  V(5)  V0
.END
```

Der in einer Elementzeile des Schaltungsmoduls übergebene Wert eines Parameters kann selbst ein (übergeordneter) Parameter sein.

2.4 Anweisungen zur Steuerung der Simulationsart

2.4.1 Gleichstromanalysen

Den verschiedenen Gleichstromanalysen ist gemeinsam, daß jede Spule durch einen Kurzschluß und jeder Kondensator durch einen Leerlauf ersetzt wird.

Arbeitspunktberechnung

Grundsätzlich wird vor jeder Analyse unabhängig von der Simulationsart eine Arbeitspunktberechnung durchgeführt.
Steuerzeile für eine einfache Arbeitspunktberechnung

    .OP

Die detaillierten Ergebnisse erscheinen ohne Eingabe eines zusätzlichen Steuerkommandos in der Standard-Ausgabedatei *name.out*.

Übertragungskennlinien

Gleichstromübertragungskennlinien entstehen durch Berechnung des Arbeitspunktes für vorgeschriebene Werte einer variablen Schaltungsgröße (sweep variable). Die Variable kann eine Quellengröße, ein Modellparameter, eine Temperatur oder ein globaler Parameter sein.

Allgemeine Form der Steuerzeile

.DC [LIN] < *variablenname*> <*startwert*> <*endwert*> <*schrittweite*>
+ [*verschachtelte schleifenspezifikation*]

oder

.DC OCT <*variablenname*> <*startwert*> <*endwert*> <*punktezahl*>
+ [*verschachtelte schleifenspezifikation*]

oder

.DC DEC <*variablenname*> <*startwert*> <*endwert*> <*punktezahl*>
+ [*verschachtelte schleifenspezifikation*]

oder

.DC <*variablenname*> LIST <*wert*>*
+ [*verschachtelte schleifenspezifikation*]

[LIN] : Die Zahlenwerte der Variable sind linear geteilt. Für die Platzhalter <*startwert*>, <*endwert*> und <*schrittweite*> müssen Zahlenwerte angegeben werden, der Startwert darf jedoch über dem Endwert liegen.

OCT , DEC : Die Zahlenwerte der Variable sind logarithmisch geteilt. <*punktezahl*> stellt die Anzahl der Punkte pro Oktave bzw. pro Dekade dar.

[*verschachtelte schleifenspezifikation*]:
Durch Spezifikation einer zweiten Variable kann eine verschachtelte Schleife vorgeschrieben werden. Dabei bildet die schrittweise Änderung der ersten Variable die innere Schleife.

<*variablenname*>:
– Quellenname (Gleichstrom- od. Gleichspannungsquelle)
– Modellparameter in der Form
  <*modelltyp*> (<*modellparametername*>)
– TEMP
  (steht als Schlüsselwort für die Temperatur)
– Globaler Parameter in der Form
  PARAM <*parametername*>

Beispiel:

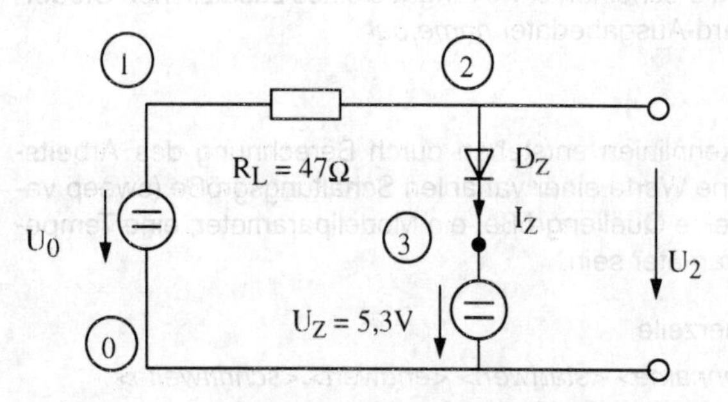

Bild 2.25: Schaltung zur Spannungsstabilisierung

Die Quellenspannung U_0 in der gegebenen Schaltung ist von 5V bis 15V in Schritten von 0,5V zu verändern. Bei der Simulation sollen insbesondere die Spannung U_2 und der Strom I_Z berechnet werden. Als Modellparameter der Diode sollen die Ersatzwerte des Programms verwendet werden.

Eingabedatei

```
Schaltung zur Spannungsstabilisierung
RL  1  2  47Ohm
V0  1  0
VZ  3  0  DC  5.3V
DZ  2  3  Defaultdiode
.MODEL  Defaultdiode  D
*Steuerzeile für Übertragungskennlinie
.DC  LIN  V0  5V  15V  0.5V
*Ausgabe in Tabellenform
.PRINT  DC  V(2,0)  I(VZ)
*Ausgabe als Printzeichen-Plot
.PLOT  DC  V(2,0)  (5,6.5)
*Erstellung der Graphikdaten
.PROBE
.END
```

In der Standard-Ausgabedatei "*eingabedateiname*.out" sind ein Protokoll des Programmlaufs und evtl. geforderte Ergebnistabellen enthalten. Gibt es einen Fehler während des Programmlaufes, werden hierzu Meldungen und Fehlerursachen ausgegeben.
Die Steuerzeile .PROBE veranlaßt die Abspeicherung von Simulationsdaten in eine Datei "*eingabedateiname*.dat". Das Graphikprogramm PROBE verwendet diese Daten zur Erstellung von Schaubildern. Im vorliegenden Beispiel ergibt sich das im Bild 2.26 dargestellte Diagramm der gesuchten Größen.

Gleichstrom-Kleinsignalanalyse

Die Modelle der Schaltelemente werden unter Gleichstrombedingungen im Arbeitspunkt der Schaltung linearisiert.

Allgemeine Form der Steuerzeile

.TF *<ausgangsgröße>* *<quellenname>*

<ausgangsgröße> : Format der Ausgangsgröße wie bei .PRINT-Zeilen. Ist die Ausgangsgröße ein Strom, so muß dieser durch eine unabhängige Spannungsquelle fließen.

<quellenname>: Quellenname einer Gleichspannungs- oder Gleichstromquelle am Eingang des Zweitors (Bild 2.27).

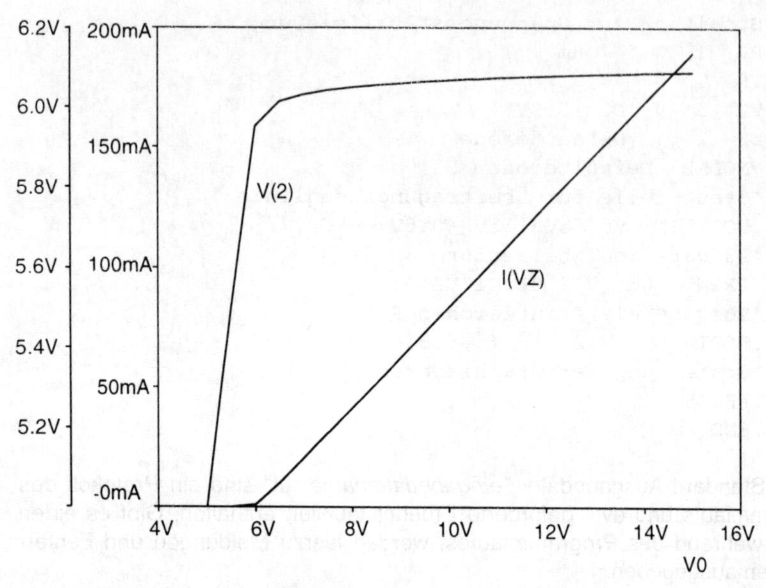

Bild 2.26: Simulationsergebnis

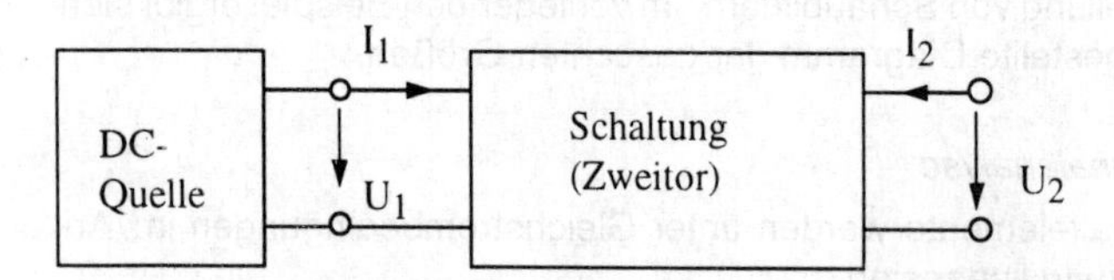

Bild 2.27: Ein- und Ausgangsgrößen zur Kleinsignalanalyse

Ohne zusätzliche Eingabe einer .PRINT-Steuerzeile werden die folgenden Größen berechnet und ausgegeben:

- DC-Kleinsignal-Übertragungsfaktor $\dfrac{\Delta\ \textit{Ausgangsgröße}}{\Delta\ \textit{Quellengröße}}$
- DC-Eingangswiderstand $\dfrac{\Delta\ \textit{Eingangsspannung}}{\Delta\ \textit{Eingangsstrom}}$
- DC-Ausgangswiderstand $\dfrac{\Delta\ \textit{Ausgangsspannung}}{\Delta\ \textit{Ausgangsstrom}}$

Ein Beispiel ist im Abschnitt 2.3.2 zu finden.

2.4.2 Kleinsignalanalyse mit stationären Sinusquellen (AC-Analyse)

Es wird der Frequenzgang der Schaltung bei den vorgegebenen Frequenzen berechnet. Die eingegebene Schaltung muß mindestens eine AC-Quelle enthalten. Die einheitliche Frequenz der AC-Quelle(n) wird durch die Steueranweisung zur AC-Simulation festgelegt. Nichtlineare Schaltelemente werden am Arbeitspunkt linearisiert. Deshalb geht jeder AC-Simulation eine Arbeitspunktberechnung voraus. Großsignalquellen werden bei dieser Simulationsart nicht berücksichtigt.

Allgemeine Form der Steuerzeile

.AC DEC *<nd>* *<startfrequenz>* *<stoppfrequenz>*

oder

.AC OCT *<no>* *<startfrequenz>* *<stoppfrequenz>*

oder

.AC LIN *<nges>* *<startfrequenz>* *<stoppfrequenz>*

DEC, OCT	Schlüsselwörter bei logarithmischer Frequenzteilung
LIN	Schlüsselwort bei linearer Frequenzteilung
<nd>	Anzahl der Frequenzpunkte pro Dekade
<no>	Anzahl der Frequenzpunkte pro Oktave
<startfrequenz>	Untere Grenze des von der Simulation erfaßten Frequenzbereiches. Positiver Zahlenwert bei logarithmischer Frequenzteilung, bei linearer Teilung ist auch der Wert Null zulässig.
<stoppfrequenz>	Obere Grenze des von der Simulation erfaßten Frequenzbereiches

Beispiel:

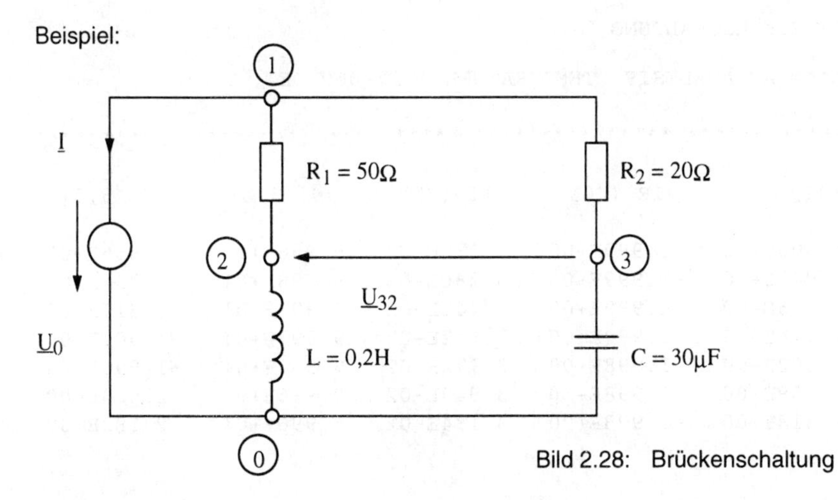

Bild 2.28: Brückenschaltung

Bei der im Bild 2.28 dargestellten Schaltung wird der Frequenzgang der Spannung $\underline{U}_{32}$ und des Stromes $\underline{I}$ im Bereich f = 1Hz bis f = 10KHz gesucht. Die Simulation soll an 50 Frequenzpunkten pro Dekade erfolgen.

Eingabedatei

```
BRUECKENSCHALTUNG
V0 1 0 AC 100V
R1 1 2 50OHM
L 2 0 0.2H
R2 3 1 20OHM
C 0 3 30UF
.AC DEC 50 1 10KHZ
*AUSGABE IN TABELLENFORM
.PRINT AC IR(V0) II(V0) VM(3,2) VP(3,2)
*AUSGABE ALS PRINT-PLOT
.PLOT AC IR(V0) II(V0) (-3,0) VM(3,2) (20,100) VP(3,2)
.PROBE
.END
```

Die Festlegung der Ausgabegrößen und deren Darstellung (Betrag, Winkel, Realteil, Imaginärteil) bei tabellarischer Ausgabe erfolgt durch die .PRINT-Steuerzeile (Abschnitt 2.5.1).

Im obigen Beispiel werden der Real- und Imaginärteil des Stromes $\underline{I}$, der Betrag und der Winkel der Spannung $\underline{U}_{32}$ als Tabelle in der "*eingabedateiname*.out" - Datei ausgegeben.

Ausschnitt aus der Tabellenausgabe

```
BRUECKENSCHALTUNG

**** AC ANALYSIS  TEMPERATURE = 27.000 DEG

*****************************************************************

FREQ          IR (V0)       II (V0)      VM (3,2)      VP (3,2)

1.000E+00   -1.999E+00   3.138E-02   9.998E+01   -1.656E+00
1.047E+00   -1.999E+00   3.286E-02   9.998E+01   -1.734E+00
1.096E+00   -1.999E+00   3.441E-02   9.997E+01   -1.815E+00
1.148E+00   -1.998E+00   3.602E-02   9.997E+01   -1.901E+00
1.202E+00   -1.998E+00   3.772E-02   9.997E+01   -1.990E+00
1.259E+00   -1.998E+00   3.949E-02   9.996E+01   -2.084E+00
1.318E+00   -1.998E+00   4.134E-02   9.996E+01   -2.182E+00
....
```

Im Bild 2.29 ist die vom Programm PROBE erstellte graphische Ausgabe der Ergebnisse dargestellt

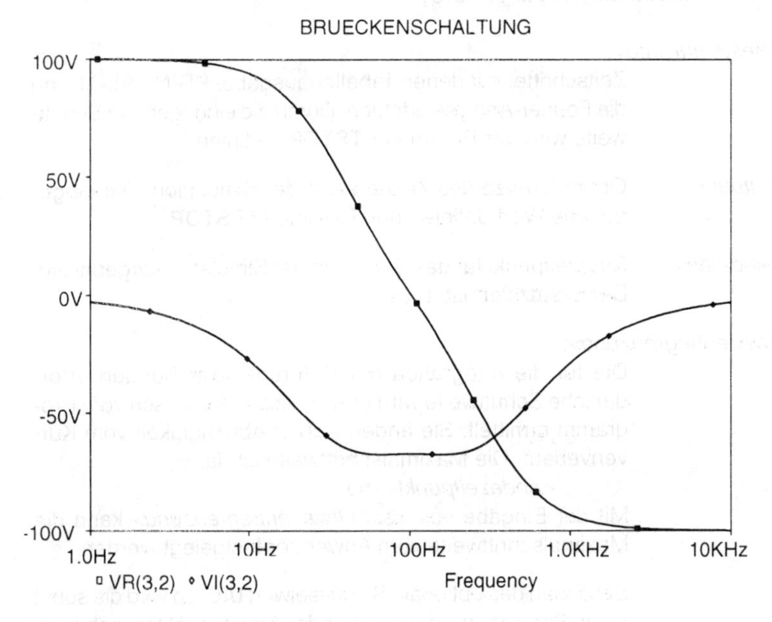

Bild 2.29: Simulationsergebnis

2.4.3 Einschwinganalyse

Die Simulation des Einschwingverhaltens einer Schaltung erfordert in aller Regel eine Integration eines (nichtlinearen) Differentialgleichungssystems. Die Lösung wird erst eindeutig, wenn die Anfangswerte von Spulenströmen und Kondensatorspannungen bekannt sind.
Die Ermittlung dieser Anfangswerte kann auf verschiedene Weise erfolgen

- Elementweise Eingabe mit Hilfe des **IC=**<*wert*> -Feldes in den Elementzeilen.
- Eingabe einer .IC -Zeile zur Festlegung der Anfangswerte von Knotenspannungen
- Keine Anfangswerteingabe, was die automatische Festlegung auf der Grundlage einer Arbeitspunktberechnung zur Folge hat.

Die "Transient-Simulation" ermittelt den Zeitverlauf aller Spannungen und Ströme einer Schaltung in einem vorgegebenen Bereich von t = 0 bis t = <*endezeitpunkt*>.

Allgemeine Form der Steuerzeile (bis Version 6.1)

.TRAN <*ausgabeschrittweite*> <*endezeitpunkt*> <*startzeit daten*>
+ <*schrittweitenbegrenzung*> [UIC]

<*ausgabeschrittweite*>:
Zeitschritte, mit denen Tabellenausgabe, PRINT-PLOT und die Fourier-Analyse erfolgen. Durch die eingegebene Schrittweite wird der Parameter **TSTEP** definiert.

<*endezeitpunkt*>: Obere Grenze des Zeitbereichs der Simulation. Der eingegebene Wert definiert den Parameter **TSTOP**.

<*startzeit daten*>: Startzeitpunkt für das Sammeln der Simulationsergebnisse. Der Ersatzwert ist t = 0.

<*schrittweitenbegrenzung*>:
Die für die Integration der Differentialgleichungen erforderliche Schrittweite wird gewöhnlich automatisch vom Programm ermittelt. Sie ändert sich in Abhängigkeit vom Kurvenverlauf. Die Maximalschrittweite ist dann

<*endezeitpunkt*> /50.

Mit der Eingabe von <*schrittweitenbegrenzung*> kann die Maximalschrittweite vom Anwender festgelegt werden

[**UIC**] : Setzt man das optionale Schlüsselwort **UIC**, so wird die sonst einer Simulation vorausgehende Arbeitspunktberechnung ausgesetzt. Gleichzeitig werden die IC= Werte der Elementzeilen als Anfangswerte verwendet. Fehlende Anfangswertangaben bei Spulen und Kondensatoren werden durch Null ersetzt.

Beispiel: RC-Tiefpaß

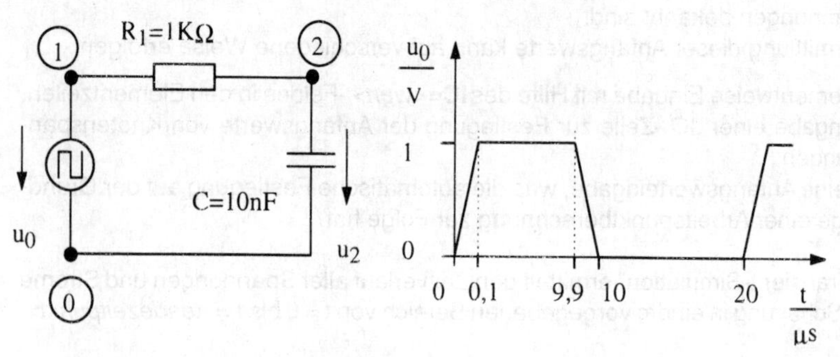

Bild 2.30: RC-Tiefpaß und Verlauf der Quellenspannung

Der Zeitverlauf der am Kondensator auftretenden Spannung und des Stromes sind zu simulieren. Dabei ist von einem periodischen Verlauf der Quellenspannung u_0 auszugehen. Weitere Daten:
Anfangswert der Kondensatorspannung: $u_2 = -0{,}5V$
Zeitraum: $0 \leq t \leq 50\ \mu s$
Ausgabeschrittweite: 1µs.

Vorschlag für die Eingabedatei

```
RC-Tiefpass
*Periodische Impulsspannung
V0  1  0  PULSE(0  1V  0  100ns  100ns  9.8us  20us)
R1  1  2  1000Ohm
C  2  0  10nF  IC=-0.5V
*Steuerzeile für die Einschwinganalyse
.TRAN  1us  50us  0  0.5us  UIC
.PRINT  TRAN  V(2)  I(C)
.PROBE
.END
```

Die mit PROBE aufbereiteten Simulationsergebnisse zeigt das Diagramm im Bild 2.31.

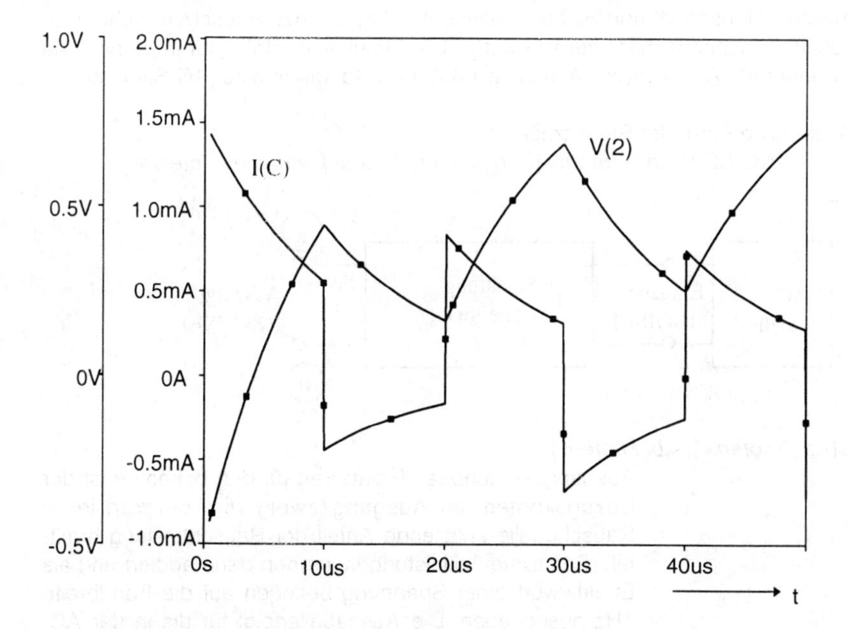

Bild 2.31: Simulationsergebnis

Die zur Ermittlung der Anfangsbedingungen durchgeführte Arbeitspunktberechnung kann durch Eingabe der **.IC** -Steuerzeile modifiziert werden; diese hat die Form

.IC < V(<*knotenname* [,<*knotenname*>])=<*wert*> > *

und erzwingt während der Arbeitspunktberechnung zwischen Knoten und Bezugsknoten bzw. zwischen zwei normalen Knoten mit Hilfe von zusätzlichen Spannungsquellen (Innenwiderstand 2mΩ) die jeweils vorgegebene Gleichspannung. Bei der Berechnung des Einschwingvorganges werden diese Quellen dann wieder entfernt. Dieses Verfahren der Anfangswertvorgabe ist immer dann zu empfehlen, wenn Konvergenzprobleme beim ersten Schritt einer Einschwinganalyse auftreten.

Die ähnlich aufgebaute .NODESET-Steuerzeile liefert demgegenüber lediglich Anfangswerte von Knotenspannungen für die gewöhnliche (iterative) Arbeitspunktberechnung. Einen Einfluß auf das Ergebnis kann dieses Steuerkommando nur dann ausüben, wenn nicht nur *ein* stabiler Gleichstromzustand der Schaltung existiert (z.B. bei Kippgliedern).

2.4.4 Rauschanalyse

Als Quellen von Rauschleistungen in einer Schaltung werden Widerstände (thermisches Rauschen) und Halbleiterelemente (thermisches Rauschen, Schrotrauschen, Funkelrauschen) berücksichtigt. Die Simulation erfolgt nur in Verbindung mit einer AC-Analyse (vgl. Abschnitt 1.4.2, Ablaufdiagramm zur AC-Simulation).

Allgemeine Form der Steuerzeile

.NOISE V(<*a_Knoten*> [, <*b_knoten*>]) <*quellenname*> [*intervall*]

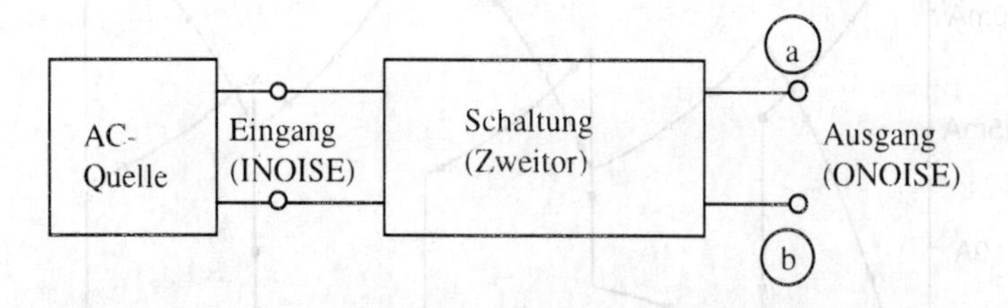

V(<*a_Knoten*> [, <*b_knoten*>]):

Ausgangsknotenpaar. Ersatzwert für den b_knoten ist der Bezugsknoten. Im Ausgangszweig wird der von jeder Rauschquelle anfallende Anteil der Rauschleistung ermittelt. Sämtliche Teilleistungen werden dann addiert und als Effektivwert einer Spannung bezogen auf die Bandbreite 1Hz ausgegeben. Die Ausgabe erfolgt für die in der AC-Steuerzeile eingegebenen Frequenzen.

<quellenname>: Name der AC-Quelle am Eingang der Schaltung. Auf diese Quelle bezogen wird eine äquivalente Eingangsrauschleistung ermittelt, d.h. der Effektivwert eines Stromes bzw. einer Spannung bezogen auf 1Hz Bandbreite.

[*intervall*] : Optionale Eingabe eines Wertes n für den Platzhalter *intervall* bewirkt eine detaillierte Ausgabe der Ausgangsrauschleistungen der einzelnen Quellen für jeden n-ten Frequenzwert. Ausgabe wird unterdrückt, wenn kein Wert für n eingegeben wird.

Das normale Ergebnisprotokoll wird mit

.PRINT NOISE (ONOISE I INOISE)

in der Standard-Ausgabedatei "*name*.out" ausgegeben.

2.4.5 Fourier-Analyse

Die Ergebnisse der Transienten-Analyse können einer Fourier-Analyse unterzogen werden.

Allgemeine Form der Eingabezeile

.FOUR *<frequenz>* [*zahl der harmonischen*] *<ausgabevariable>**

<frequenz>: Grundfrequenz. Zur Fourier-Analyse werden die Resultate der Transient-Simulation im Bereich

$TSTOP - 1/frequenz \leq t \leq TSTOP$

herangezogen. Das Fourier-Integral wird mit gleichabständigen Zeitpunkten gebildet (der kleinere Wert von *<ausgabeschrittweite>* und *TSTOP*/100 aus der .TRAN-Steuerzeile.

[*zahl der harmonischen*]:

Geforderte Anzahl n der Harmonischen (einschließlich der Grundschwingung). Der Ersatzwert ist n=9.

*<ausgabevariable>**: Format der *ausgabevariable* ist wie bei .PRINT-Ausgaben. Als Ergebnisse erscheinen in der Standard-Ausgabedatei

- Gleichanteil
- Grundfrequenzanteil
- Betrag und Phase von 8 (n-1) Oberschwingungen

Beispiel:

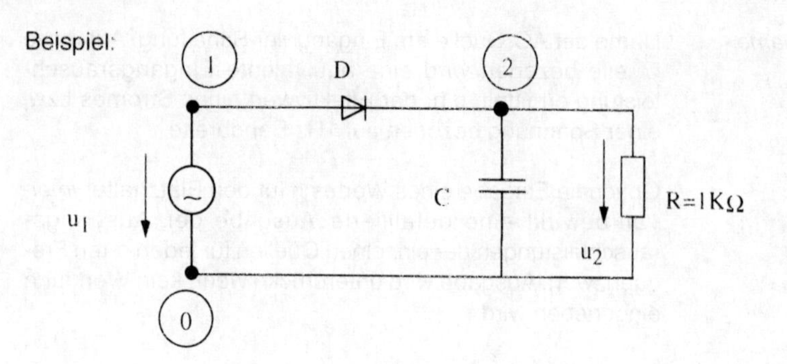

Bild 2.32: Einweggleichrichter mit Ladekondensator

Vorschlag für die Eingabedatei

```
Einweggleichrichter
R  2  0  1KOhm
C  2  0  10uF
* Sinusspannungsquelle  f=50Hz
V1  1  0  SIN (0  311V  50Hz)
D  1  2  SiDiode
.MODEL  SiDiode  D  RS=10Ohm
.TRAN  0.3ms  60ms  0  0.1ms
* Fourier-Analyse der Spannung u2,  5 Harmonische
.FOUR  50Hz  5  V(2)
.PROBE
.END
```

Das Ergebnis der Fourier-Analyse ist so zu interpretieren, daß der Zeitverlauf sich ab *TSTOP* periodisch fortsetzt gemäß dem letzten Abschnitt des Ergebnisses mit der Dauer 1/*frequenz*.

Ausgabe der Ergebnisse der Fourier-Analyse

FOURIER COMPONENTS OF TRANSIENT RESPONSE V(2)

DC COMPONENT = 1.751915E+02

HARMONIC NO	FREQUENCY (HZ)	FOURIER COMPONENT	NORMALIZED COMPONENT	PHASE (DEG)	NORMALIZED PHASE (DEG)
1	5.000E+01	9.808E+01	1.000E+00	-3.143E+01	0.000E+00
2	1.000E+02	3.954E+01	4.031E-01	-8.739E+01	-5.595E+01
3	1.500E+02	1.682E+01	1.715E-01	-1.324E+02	-1.010E+02
4	2.000E+02	6.408E+00	6.533E-02	-1.593E+02	-1.279E+02
5	2.500E+02	3.431E+00	3.498E-02	-1.542E+02	-1.228E+02

TOTAL HARMONIC DISTORTION = 4.443236E+01 PERCENT

Schaubild des Zeitverlaufs

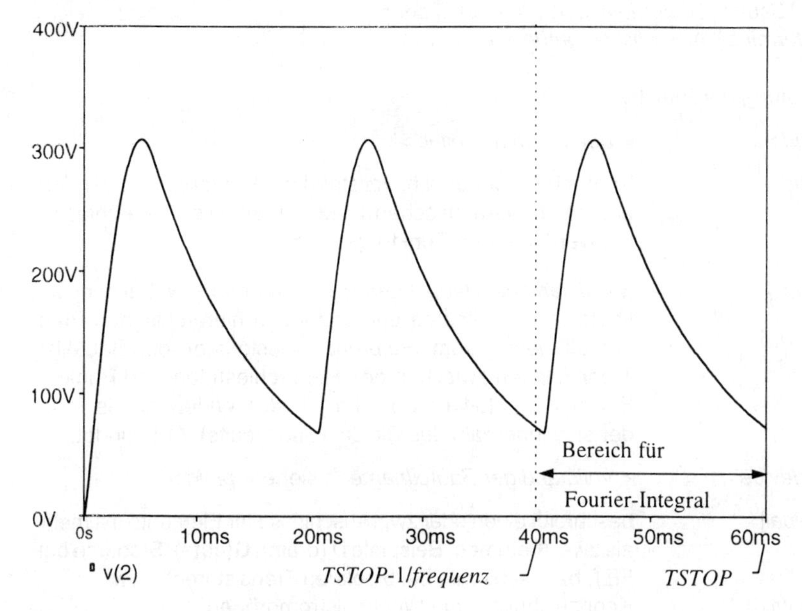

Bild 2.33: Simulationsergebnis

2.5 Ausgabe der Ergebnisse

2.5.1 Ausgabe in Tabellenform oder als Zeichengraphik

Mit einem PRINT-Steuerkommando können bis zu acht verschiedene Größen als Tabelle ausgegeben werden

.PRINT < *analyseart* > [*ausgabevar*]*

Die Ergebnisse von Gleichstrom- Wechselstrom-, Einschwing- und Rauschanalysen werden abhängig von der Wahl des Schlüsselworts für < *analyseart* > erfaßt. Beispiele (siehe auch Abschnitt 2.4)

```
.PRINT DC  V(3)  V(R1)  IB(Q13)
.PRINT TRAN  V(3) V(2,3) ID(M2) V([RESET])
.PRINT AC  VM(2) VP(2) IR(C6) II(C6)
```

Format für den Platzhalter [*ausgabevar*]

- Spannung
  V[*ACsuffix*] (< *outid* > [, < *outid* >]) oder
  V[*terminal*]* (< *outdevice* >)

– Strom
I[*ACsuffix*] (< *outdevice* >) [*.terminal*] oder
I[*terminal*][*ACsuffix*] (< *outdevice* >)

Bedeutung der Platzhalter

< *outid* >	< *netid* > oder < *pinid* >
< *netid* >	Knotenbezeichner, d.h. vollständiger Knotenname, der den gesamten hierarchischen Pfad enthält. Die Hierarchiestufen werden durch Punkte getrennt.
< *pinid* >	< *vollständiger Bauteilname* > : < *pinname* >, wobei der vollständige Bauteilname den gesamten hierarchischen Pfad enthält, gefolgt vom "Reference Designator" des Bauteils; Trennzeichen zwischen den Hierarchiestufen sind Punkte. Beispiel: Y1.R34:1 ist der Pin "1" des Widerstandes R34, der sich innerhalb des Blocks (Subcircuits) Y1 befindet.
<*outdevice*>	< *vollständiger Bauteilname* >, siehe < *pinid* >
[*terminal*]	beschreibt einen oder zwei Anschlüsse für Elemente mit mehr als zwei Klemmen. Beispiele **D** (drain), **G**(gate), **S**(source bei FET, bzw. substrate bei bipolaren Transistoren) usw.
[*ACsuffix*]	Kennzeichnung von Wechselstromgrößen **M** (Betrag), **P** (Phase), **R** (Realteil), **I** (Imaginärteil), **DB** (logatithmierter Betrag), **G** (Gruppenlaufzeit)

Beispiele

a) DC-, Transient-Analyse, zweipolige Elemente

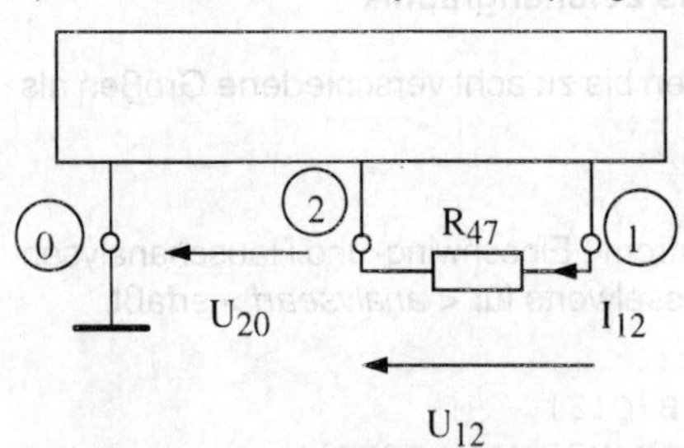

Bild 2.34: Ausgabegrößen

Größe	SPICE-Ausgabevariable
U_{20}	V(2 [, 0]) oder V(R47: 2)
U_{12}	V(R47) oder V(1, 2)
I_{12}	I(R47)

b) DC-, Transient-Analyse, drei- oder vierpolige Elemente

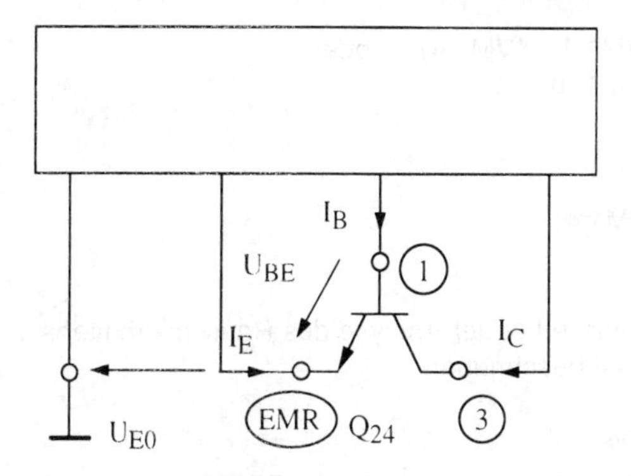

Bild 2.35: Ausgabegrößen

Größe	Format der Ausgabevariable
I_B	IB(Q24)
U_{BE}	VBE(Q24) oder V(1, [EMR])
U_{E0}	V([EMR])

Die eckige Klammer um den Namen "EMR" dient zur eindeutigen Identifikation als Knotenname.

c) AC-Analyse, hierarchische Struktur (vgl. Beispiel in Abschnitt 2.3.2)

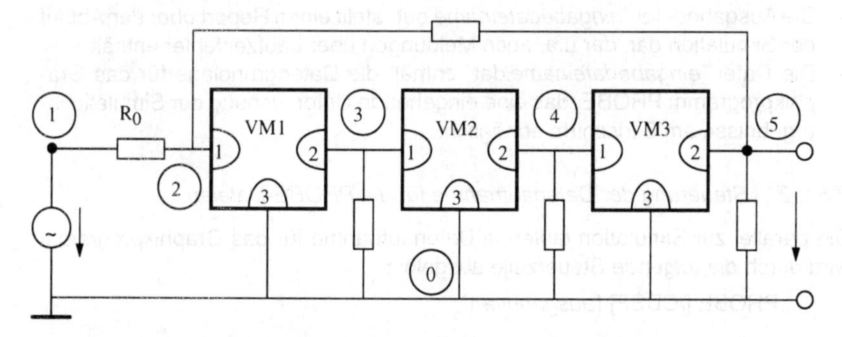

Bild 2.36: Verstärkerschaltung mit Subcircuits

Gesucht sind Spannungen im Modul (Subcircuit) VM1.

Größe	PSPICE-Format der Ausgabevariable
$\|\underline{U}_{14}\|$, d.h. Betrag der Spannung am Widerstand rb	VM(XVM1.1, XVM1.4) oder V(XVM1.rb)
Phase von $\underline{U}_{40}$ (lokaler Knoten "4")	VP(XVM1.4)

Die Ausgabe der Simulationsergebnisse bei der Analyse des Rauschverhaltens einer Schaltung ist im Abschnitt 2.4.4 beschrieben.

Ausgabe einer Druckzeichengraphik

Mit dem "PLOT"-Kommando, das formal weitgehend mit dem PRINT-Kommando übereinstimmt, erhält man eine Druckzeichengraphik. Das Kommando ist aus Kompatibilitätsgründen aus SPICE 2 übernommen und wird sinnvollerweise nur dann verwendet, wenn kein graphikfähiger Drucker zur Verfügung steht.

.PLOT <*analyseart*> [*ausgabevar*]*
+ ([< *unterer Grenzwert* >, < *oberer Grenzwert* >])*

Die Grenzwertangaben sind bei AC-Analysen wirkungslos.

2.5.2 Graphische Ausgabe der Simulationsergebnisse

2.5.2.1 Ausgabedateien

PSPICE und PLOGIC erzeugen zwei verschiedene Formen von Ausgabedateien

- Die Ausgabedatei "*eingabedateiname*.out" stellt einen Report über den Ablauf der Simulation dar, der u.a. auch Meldungen über Laufzeitfehler enthält.
- Die Datei "*eingabedateiname*.dat" enthält die Datengrundlage für das Graphikprogramm PROBE, das eine eingehende Untersuchung der Simulationsergebnisse am Bildschirm ermöglicht.

2.5.2.2 Steuerung der Datenaufnahme für die PROBE-Dateien

Die parallel zur Simulation laufende Datenaufnahme für das Graphikprogramm wird durch die folgende Steuerzeile ausgelöst

.PROBE [/CDSF] [*ausgabevar*]*

[/CDSF] Optionale Erstellung der Datei im Textdatenformat (ASCII-, Common Simulation Data File). Extension des Dateinamens mit "*.txt*". Im Normalfall wird die Datei im Binärformat gespeichert, die Extension des Dateinamens ist dann "*.dat*" [*ausgabevar*]*   Optionale Angabe von Ausgabevariablen. Format wie beim PRINT-Kommando, siehe Abschnitt 2.5.1

Werden keine Optionen eingegeben, sammelt das Programm Daten zu *allen* Knotenspannungen und Strömen.

2.5.2.3 Übersicht über den Aufbau der PROBE-Dateien und die Ergebnisdarstellung an Bildschirm und Drucker

Die Daten in PROBE-Dateien sind, wenn in einem Lauf von PSPICE mehrere verschiedene Simulationen durchgeführt werden, nach Simulationsarten getrennt gruppiert. Die Gruppen sind ihrerseits in Sektionen unterteilt, sofern Mehrfachläufe derselben Simulationsart stattfinden, z.B. bei Temperaturanalysen, Monte Carlo-Analysen usw. Jede Sektion beginnt mit einer Beschreibung der neuen Bedingungen.

```
DC-Analyse
        Sektion 1            DC sweep, 20 °C
        Simulationsdaten
        .....
        Sektion 2            DC sweep, 35 °C
        Simulationsdaten
        ....
AC-Analyse
        Sektion 1            AC , 20 °C
        Simulationsdaten
        .....
        Sektion 2            AC , 35 °C
        Simulationsdaten
        .....
```

Treten in einer Schaltung analoge und digitale Signale auf, so werden die Digitaldaten nur im Falle einer Änderung zwischen die analogen Daten eingeschoben.

Aufbau eines Bildes

Ein einfaches PROBE-Schaubild ist vertikal in zwei Bereiche unterteilt, wobei im oberen Bereich die digitalen, im unteren die analogen Zeitverläufe dargestellt werden.

Der obere Bereich entfällt bei reinen Analogschaltungen, entsprechendes gilt im umgekehrten Fall.

PROBE-Fenster

Ein PROBE-Fenster (MS Windows) kann mehrere Bilder enthalten. Jedes Schaubild (Plot) kann innerhalb des PROBE-Fensters verschoben und vergrößert oder

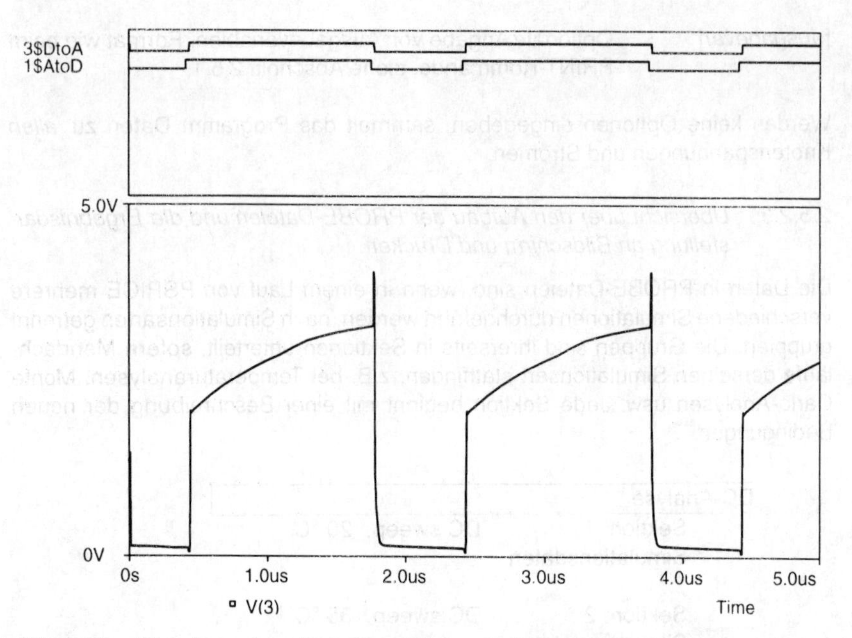

Bild 2.37: Digitale und analoge Simulationsergebnisse in einem Bild

verkleinert werden. Nur ein Schaubild ist aktiv und kann durch die Menüs angesprochen werden.

2.5.2.4 Starten von PROBE

Es gibt mehrere Möglichkeiten, das Graphikprogramm PROBE zu starten. Zur Orientierung dient die folgende Übersicht. Einige der dort angedeuteten Möglichkeiten werden in den später folgenden Beispielen (Kapitel 5) ausführlich erläutert.

2.5.2.5 Erzeugung eines Schaubildes

Es gibt im wesentlichen zwei Wege zur Erstellung von Schaubildern in PROBE

- Im Stromlaufplan der Schaltung, d.h. im Fenster des SCHEMATIC-Editors werden an den gewünschten Knoten sog. "Marker" eingefügt.
  Für verschiedene Größen (Knotenspannung, Differenzspannung, Strom usw.) gibt es unterschiedliche Typen von Markern.
- Durch Auswahl von Trace/Add wird ein Fenster mit einem Angebot von Ausgabevariablen geöffnet, die durch Mausklick selektiert werden können.
  Eine direkte Eingabe oder eine Korrektur im Eingabefeld ist ebenfalls möglich. Das Format der Ausgabevariablen stimmt mit dem vom PRINT-Steuerkommando her bekannten Format überein (vgl. Abschnitt 2.5.1).

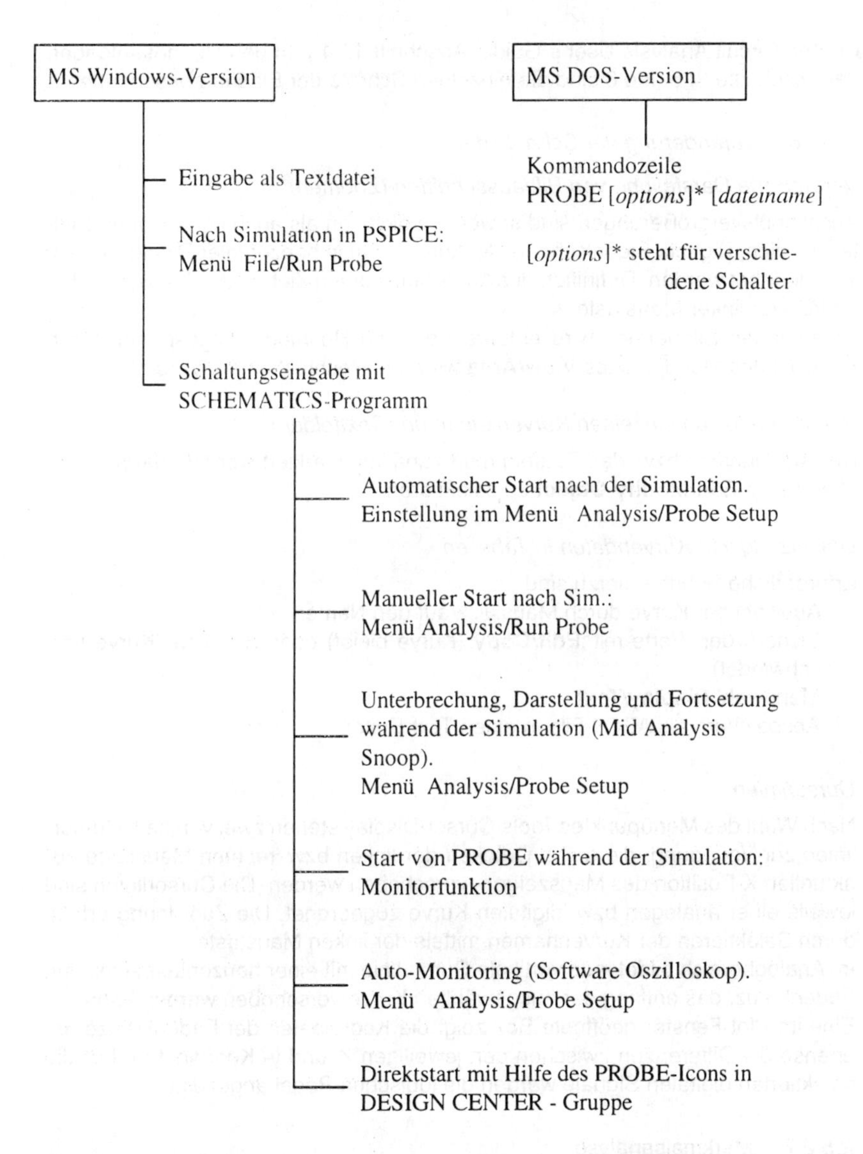

Eine erweiterte Möglichkeit besteht in der Bildung *mathematischer Ausdrücke* aus den einfachen Spannungen und Strömen. In diesen Ausdrücken können neben Standardfunktionen (trigonometrische Funktionen, Exponentialfunktionen, Betrag usw.) z.B. auch Differentiale, Integrale und Mittelwertfunktionen verwendet werden. Anwendungsbeispiele sind Berechnungen der Augenblicksleistung, des Zeitverlaufs der elektrischen Arbeit usw. (weitere Informationen siehe Design

Center, Circuit Analysis User's Guide, Abschnitt 12.4.). In den Übungsaufgaben der Abschnitte 3, 5 und 6 sind die einzelnen Schritte der Eingabe beschrieben.

2.5.2.6 Veränderung der Schaubilder

Vergrößerte Darstellung von Bildausschnitten (Zoomen)

Ausschnittsvergrößerungen sind sowohl im digitalen als auch im analogen Bildteil möglich, Digitale Signalschaubilder können nur in horizontaler Richtung (zeitlich) gedehnt werden. Definition des Ausschnitts durch Ziehen des Mauspfeils bei gedrückter linker Maustaste.
Im analogen Bildbereich wird entsprechend ein Rechteck aufgespannt. Nach Auswahl des Menüpunktes **View/Area** wird das Rechteckinnere vergrößert.

Veränderung von einzelnen Kurvenzügen und Textfeldern

Der Kurvenname bzw. das Textfeld muß zunächst markiert werden, dann ist der Menüpunkt **Edit/Modify Object** zu selektieren.

Umsetzung von Kurvendaten in Tabellen

Erforderliche Schritte hierzu sind
- Auswahl der Kurve durch Mausklick auf den Namen.
- Sichern der Werte mit **Edit/Copy** (Kurve bleibt) oder **Edit/Cut** (Kurve verschwindet)
- Menüwahl **Display/Text**.
- Abspeichern als ASCII-File in einen Text-Editor.

Cursorlinien

Nach Wahl des Menüpunktes Tools/Cursor/Display stehen zwei vertikale Cursorlinien zur Verfügung, die durch Drücken der linken bzw. rechten Maustaste zur aktuellen X-Position des Mauszeigers verschoben werden. Die Cursorlinien sind jeweils einer analogen bzw. digitalen Kurve zugeordnet. Die Zuordnung erfolgt durch Selektieren der Kurvennamen mittels der linken Maustaste.
Im Analogbereich bildet jede vertikale Cursorlinie mit einer horizontalen Linie ein Fadenkreuz, das entlang der ausgewählten Kurve verschoben werden kann.
Eine im Plot-Fenster geöffnete Box zeigt die Koordinaten der Fadenkreuze an, ebenso die Differenzen zwischen den jeweiligen x- und y- Koordinaten. Für die selektierten digitalen Signale werden die logischen Pegel angezeigt.

2.5.2.7 Merkmalsanalyse

Das PROBE-Programm erlaubt die Definition von Zielfunktionen (Goal Function) für einen bestimmten Kurvenzug.
Mit Hilfe von Suchkommandos werden nach vorgegebenen Kriterien Punkte markiert (Maxima, Minima, vorgeschriebene Pegel usw.), aus denen mit einer vorgeschriebenen Funktion ein bestimmter Wert ermittelt wird, z.B. für die Bandbreite

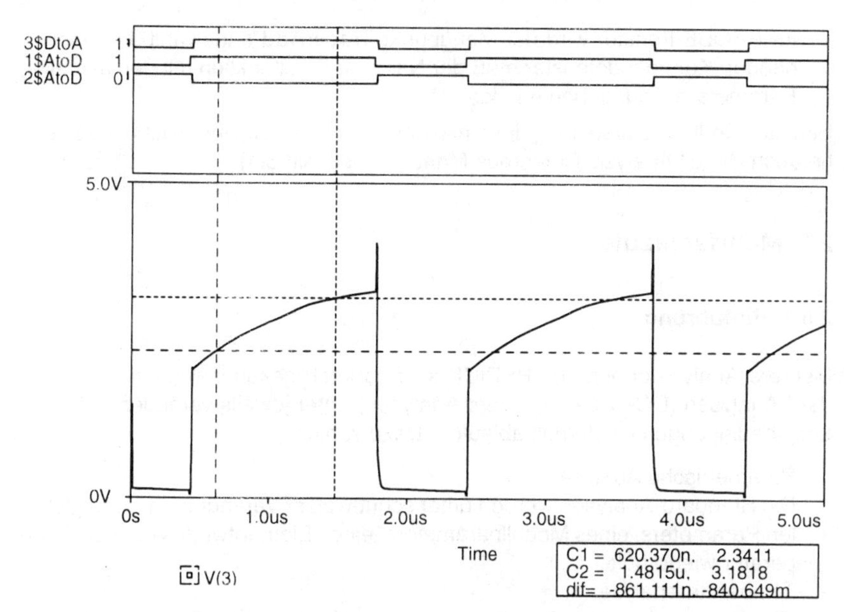

Bild 2.38: Schaubilder mit Cursorlinien

und die Mittenfrequenz eines Bandfilters, Anstiegszeit, Überschwingen und ähnliche Größen.
Eine Zielfunktion bringt *genau einen* Wert als Ergebnis für einen bestimmten Kurvenzug. Wird die Simulation unter veränderten Bedingungen mehrfach wiederholt (z.B. bei Temperaturanalysen, Monte Carlo-Verfahren, schrittweise Veränderung eines Parameters), so wird für jede Wiederholung ein Funktionswert gebildet. Die Werte der Zielfunktion werden schließlich in Abhängigkeit vom veränderlichen Parameter oder von der Nummer des Laufs in einem Schaubild dargestellt.
Die Schaltung kann somit bezüglich des durch die Zielfunktion definierten Merkmals optimiert werden (Performance Analysis). (Siehe auch Design Center, Circuit Analysis User's Guide, Abschnitt 12.9).

2.5.2.8 Erstellung von Histogrammen für das Monte Carlo-Verfahren

Wird die Merkmalsanalyse im Zusammenhang mit statistischen Untersuchungen nach dem Monte Carlo-Verfahren ausgeführt, so können die Ergebnisse der Zielfunktionen als Histogramme dargestellt werden. Grundsätzlicher Weg zur Erstellung von Histogrammen

– Durchführung der Monte Carlo-Analyse
  Durch Setzen einer Spannungs- oder Strommarkierung im Stromlaufplan soll nur die interessierende Größe gespeichert werden. In den MC-Optionen ist **"Output All"** zu wählen.

- Im PROBE-Fenster wird der Menüpunkt **Trace/Add** angewählt. Im erscheinenden Kommandofenster muß der Name der Zielfunktion mit den aktuellen Parametern eingegeben werden.

Eine ausführliche Darstellung der einzelnen Schritte erfolgt im Abschnitt 5.2 (siehe auch Circuit Analysis Reference Manual, Abschnitt 8.4).

2.6 Mehrfachläufe

2.6.1 Einführung

Mehrere Analyseformen von PSPICE sind dadurch gekennzeichnet, daß Standard-Analysen (DC-, AC-, Transient-Analysen) unter jeweils veränderten Schaltungsbedingungen wiederholt ablaufen. Dazu zählen:

- Parametrische Analyse
  Die Standard-Analysen werden unter schrittweiser Veränderung eines globalen Parameters, eines Modellparameters, eines Elementwertes oder der Temperatur wiederholt
- Temperaturanalyse
  Die Wiederholung der Standard-Analysen erfolgt bei verschiedenen Temperaturen (globale Temperaturänderung)
- Monte Carlo-Analyse
  Durch Toleranzangaben ausgewählte Modellparameter werden statistisch verändert. Nach jedem "Würfelvorgang" wird die Analyse wiederholt
- Sensitivity/Worst Case-Analyse
  Wiederholung der Standard-Analyse bei individueller Veränderung der durch Toleranzangaben ausgewählten Modellparameter. Abschließende Simulation bei gleichzeitiger Variation aller Parameter im Sinne des schlechtestmöglichen Ergebnisses.

2.6.2 Parametrische Analyse

Allgemeine Form der Definition eines Parameters

.PARAM <<*name*> = <*wert*> >*

oder

.PARAM <<*name*> = {<*ausdruck*>} >*

Bedeutung der Platzhalter

<*wert*>	Konstante
<*ausdruck*>	Konstanten und Parameter durch einen mathematischen Ausdruck verknüpft.

Beispiele

```
.PARAM   Vsupply=5V ,   VCC=12V
.PARAM   Pi=3.14159 ,   TwoPi={2*3.14159}
.PARAM   Wnum={2*TwoPi}
```

Parameter können wie Zahlenwerte eingesetzt werden, insbesondere für Elementwerte, Modellparameter und in Parameterlisten von Subcircuits.

Beispiel

```
R15  4  5  {Wnum/2}
```

Die Steuerung der Parametrischen Analyse erfolgt mit dem STEP-Kommando

Allgemeine Formen

.STEP [LIN] < *variablenname*> < *startwert*> < *endwert* > < *inkrement* >

oder

.STEP [<*logsweep*>] < *variablenname*> < *startwert*> < *endwert*> < *punktzahl* >

oder

.STEP < *variablenname* > LIST < *wert* >*

<*variablenname*> – Name einer unabhängigen Quelle
– < *modelltype*> < *modellname*> < *modellparameter*>
– **TEMP**
– **PARAM** <*parametername* >

<*logsweep*> Eines der Schlüsselwörter **DEC** oder **OCT**

<*punktzahl*> Zahl der Punkte pro Dekade bzw. pro Oktave

Beispiele

```
.STEP  VCE  0V  10V  0.5V
.STEP  DEC  RES  Rmod(R)  5  5000  10
.STEP  PARAM  Ubat  3V  7V  0.5V
```

2.6.3 Temperaturanalyse

Allgemeine Form des Steuerkommandos

.TEMP < *temperaturwert* >*

Die Temperaturwerte gelten global und sind in °C einzusetzen. Das Simulationsprogramm geht davon aus, daß die in der eingegebenen Elementwerte und Modellparameter bei der Nominaltemperatur gelten; diese beträgt im Normalfall 27 °C, kann jedoch mit einem .Option- Steuerkommando beeinflußt werden.

Beispiel

.TEMP -30 0 30 60

2.6.4 Monte Carlo-Analyse

Allgemeine Form des Steuerkommandos

.MC *<anz>* *<analyse>* *<ausgabevar>* *<funktion>* [*option*]*

<anz> Gesamtzahl der Läufe, erster Lauf erfolgt mit Nominalwerten

<analyse> **DC**, **AC** oder **TRAN**

<ausgabevar> Standardform der Ausgabevariablen, siehe Abschnitt 2.5.1

<funktion>

- **YMAX**: größtes Δ zum Nennwert
- **MAX**: Maximalwert
- **MIN**: Minimalwert
- **RISE EDGE** *<wert>*: Ersmaliges Überschreiten
- **FALL EDGE** *<wert>*: Erstmaliges Unterschreiten

[*option*]*

- **LIST**: Schaltelementwerte ausgeben
- **OUTPUT** *<auswahl der läufe>*
  - **ALL** Ausgabe aller Läufe
  - **FIRST** *<n>* " bis Lauf Nr. n
  - **EVERY** *<m>* " jeder m-te Lauf
  - **RUNS** *<wert>* " aufgelistete Läufe
- **RANGE** (*<u_wert>* , *<o_wert>*) Die Funktion wird nur im angegebenen Bereich der X-Variable berechnet

Statistische Veränderungen werden an denjenigen Modellparametern vorgenommen, die mit entsprechenden Toleranzangaben in der Modellzeile versehen sind.

Beispiel:

```
*Zwei Widerstände, deren Wert sich auf ein Modell bezieht
R1  3  0  Rmod  1KOhm
R2  2  5  Rmod  2KOhm

*Modellzeile für individuelle Variation der Elemente R1 und R2
.MODEL  RMOD  RES  (R=1  DEV=5%)

*Modellzeile für einheitliche Variation der Elemente R1 und R2
.MODEL  RMOD  RES  (R=1  LOT=10%)
*Modellzeile für kombinierte Variation der Elemente R1 und R2
.MODEL  RMOD  RES  (R=1  DEV=5%  LOT=10%)
```

Die Verteilungsfunktion ist in der Grundeinstellung gleichförmig (UNIFORM), kann aber auf Gauß-Verteilung bzw. auf benutzerdefinierte Verteilung umgestellt werden.

2.6.5 Worst Case-Analyse

Trotz der zur Monte Carlo-Analyse sehr ähnlichen Handhabung handelt es sich bei der Worst Case-Analyse nicht um ein statistisches Verfahren.
Pro Lauf wird zunächst nur ein Modellparameter variiert, d.h. um 1 % vergrößert oder verkleinert, und dann die Vergleichsfunktion berechnet, z.B. YMAX (größte Abweichung vom Nominalwert). Diesen ersten Teil der Berechnung bezeichnet man als Empfindlichkeitsanalyse.
Im zweiten Berechnungsschritt werden alle durch Toleranzangaben selektierten Parameter gleichzeitig verändert um den in der DEV bzw. LOT-Spezifikation angegebenen Wert, so daß sich die stärkste Abweichung zum Nominalwert ergibt. Nominalkurve und Worst Case-Kurve werden in der Datei "probe.dat" gespeichert.

Allgemeine Form des Steuerkommandos

.MC *<analyse>* *<ausgabevar>* *<funktion>* [*option*]*

<analyse> **DC**, **AC** oder **TRAN**

<ausgabevar> Standardform der Ausgabevariablen, siehe Abschnitt 2.5.1

<funktion>

YMAX:	größtes D zum Nennwert
MAX:	Maximalwert
MIN:	Minimalwert
RISE EDGE *<wert>*:	Ersmaliges Überschreiten
FALL EDGE *<wert>*:	Erstmaliges Unterschreiten

[*option*]*

LIST:	Schaltelementwerte ausgeben
OUTPUT *<auswahl der läufe>*	
ALL	Ausgabe aller Läufe
FIRST *<n>*	" bis Lauf Nr. n
EVERY *<m>*	" jeder m-te Lauf
RUNS *<wert>*	" aufgelistete Läufe
RANGE (*<u_wert>* , *<o_wert>*)	Die Funktion wird nur im angegebenen Bereich der X-Variable berechnet
HI oder **LO**	Richtung der Parameteränderung bei der Empfindlichkeitsberechnung
VARY DEV	Nur DEV-Toleranzangaben werden berücksichtigt
VARY LOT	Nur LOT-Toleranzangaben werden berücksichtigt

VARY BOTH	Bei der Empfindlichkeitsberechnung werden nur LOT-Toleranzen berücksichtigt. Beim Worst Case Lauf erhalten alle vom Modellparameter abhängigen Elemente dieselbe Änderung und zwar die Summe von DEV- und LOT-Toleranz
DEVICES < *xyz* >	Beschränkung auf bestimmte Schaltelementarten. Beispiel: DEVICES RQ hat eine Beschränkung auf Widerstände und bipol. Transistoren zur Folge

2.7 Übungsbeispiel zur DC-Analyse

2.7.1 Vorbemerkungen

Am Beispiel einer Stabilisierungsschaltung wird in diesem Abschnitt die Schaltungseingabe mit dem WINDOWS-Editor vorgenommen. Die Ergebnisse werden graphisch am Bildschirm mit PROBE oder alphanumerisch (z.B. Tabellen) in der *eingabedateiname*.out-Datei betrachtet, die auch eventuelle Fehlermeldungen enthält.

Schaltplan:

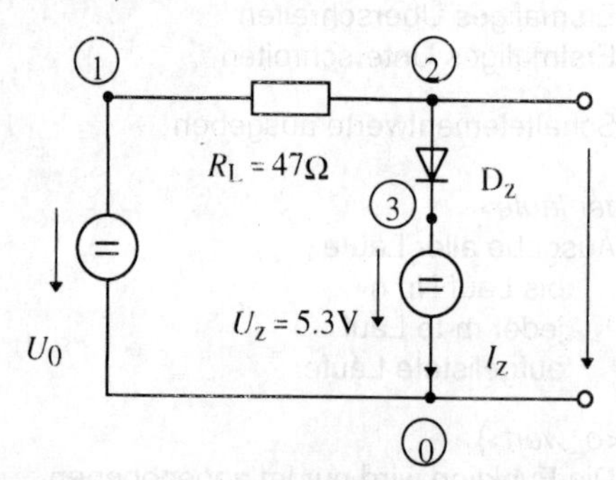

Bild 2.39: Stabilisierungsschaltung

Aufgabenstellung (siehe Abschnitt 2.4.1):

Gesucht ist $U_2 = f(U_0)$, $I_Z = f(U_0)$,
wobei U_0 von 5V bis 15V in Schritten von 0,5V verändert wird.

Eingabezeilen:

```
Schaltung zur Spannungsstabilisierung        Titelzeile
RL   1   2   47Ohm                           )
V0   1   0                                   |Elementzeilen
VZ   3   0   DC   5.3Volt                    |
DZ   2   3   Defaultdiode                    )
.MODEL   Defaultdiode   D                    Modelldefinition
.DC   V0   5Volt   15Volt   0.5Volt          )
.PRINT   DC   V(2,0)   I(VZ)                 |
.PLOT   DC   V(2,0)   (5, 6.5)               }Steuerzeilen
.PROBE                                       |
.END                                         )
```

2.7.2 Analyse der Stabilisierungsschaltung

Editieren der Eingabedatei

	Starten von WINDOWS
Programmanager	**Hauptgruppe/Dateimanager**
Dateimanager	Erstellen eines Verzeichnisses für die Eingabedatei
	File/Verzeichnis_Erstellen
	`C:\msimev60\device` **OK**
	File/Beenden
	Zubehör/Edit
Editor	Editieren der Eingabezeilen für PSPICE (siehe letzter Abschnitt); vorsätzlich Fehler einbauen, um Fehlermeldungen zu testen
	File/Save as
	`C:\msimev60\device\stab.cir`
	Edit-Fenster ikonisieren
	Zubehör-Fenster schließen

Simulieren

	DESIGN CENTER Programmgruppenfenster öffnen
DESIGN CENTER	PSPICE starten
PSPICE	**File/Open**
	`C:\msimev60\device` **OK**
	Es folgt die Meldung
	`Simulation completed..errors`

Fehlermeldungen lesen

Editor (stab.out)	**File Examine_Output**
	Fehlermeldungen entnehmen
	File/Beenden
	Fehler korrigieren
	Editor (stab.cir) aktivieren
Editor (stab.cir)	Schaltungseingabe korrigieren
	File/Save
	Editor ikonisieren
	Erneutes Simulieren
PSPICE	**File/Open**
	`C:\msimev60\device` **OK**
	Meldung: Simulation Completed Successfully
	Ergebnisse in der Ausgabedatei ansehen
	File/Examine_Output
Editor (stab.out)	Dateiinhalt betrachten
	File/Beenden
	Ergebnisse graphisch am Bildschirm ansehen
DESIGN CENTER Programmgruppe	PROBE starten
	Öffnen der Datei, in der die Ergebnisdaten für das Graphik-Programm PROBE abgespeichert sind
	File/Open
	`C:\mseval60\device\stab.dat` **OK**
PROBE	**Trace/Add**
	Gewünschte Größe selektieren, z.B. **V(2)**
	Bestätigen **OK**
	Maßstab in Ordinatenrichtung verändern
	Plot/Y-Axis Settings
	Data Range-Fenster: **User Defined** markieren
	Maßstab eingeben, z.B. `0` to `10` **OK**
	Zweite Y-Achse erstellen
	Plot/Add Y-Axis
	Trace/Add ...
	Weitere Größe selektieren, z.B. **I(DZ)** **OK**
	Der Strom I(DZ) erhält einen eigenen Maßstab

Ausschnittsvergrößerung wählen
View/Area
Rechteck mit der linken Maustaste ziehen

Zoom rückgängig machen
View/Fit

Rechenpunkte auf den Kurven sichtbar machen
Tools/Options
Die Option **Mark Data Points** markieren

Programm verlassen

File/Exit

3 Simulation von gemischten Analog-/Digitalschaltungen

3.1 Einführung

Die vorausgehenden Kapitel haben die Eigenschaften und Möglichkeiten von PSPICE bei der Simulation von analogen elektrischen Schaltungen zum Thema. Das Programm kann jedoch auch gemischte Analog-/Digitalschaltungen und sogar reine Digitalschaltungen simulieren.
PSPICE unterscheidet zwischen den analogen und digitalen Schaltungsteilen und den jeweils zugehörigen Knoten. Während für analoge Bauteile und Knoten Spannungen und Ströme berechnet werden, ermittelt das Programm an den rein digitalen Knoten logische Zustände.
Der Zustand eines digitalen Knotens resultiert aus den logischen Pegeln der an den Knoten angeschlossenen Ausgänge und deren Innenwiderständen ("Stärke" der Ausgänge).

Zustände eines digitalen Knotens:

Pegel	Zustand	Bedeutung
0	0	low, falsch
1	1	high, wahr
R	R	ansteigend, von 0 nach 1 wechselnd
F	F	fallend, von 1 nach 0 wechselnd
x	x	unbekannt
-	Z	hochohmig, Pegel beliebig

Bei *Arbeitspunktberechnungen* (Bias Point Calculation) in gemischten Schaltungen werden die Digitalteile mit einbezogen.
Das *Zeitverhalten* der digitalen Knotenzustände wird im Rahmen der Transient-Analyse parallel zur Analyse der analogen Schaltungsteile berechnet.

Dabei unterscheidet sich die Ermittlung des Zeitverhaltens von Digitalschaltungen völlig von der Berechnungsweise analoger elektrischer Schaltungen. Die einzelnen Digitalbauteile (Schaltglieder, Kippglieder usw.) werden durch Zeiteigenschaften charakterisiert, die gewöhnlich in sogenannten "Timing-Modellen" festgehalten sind. "I/O-Modelle" beschreiben diejenigen Eigenschaften der Ein- und Ausgänge digitaler Bauteile, die zur Bestimmung der Knotenzustände und der zusätzlich an den Ausgängen entstehenden, belastungsabhängigen Verzögerungszeiten erforderlich sind (Innenwiderstände, Kapazitäten, Schaltzeiten usw.).
In die Verbindungsleitungen, die von digitalen Bauteilen zu analogen Knoten füh-

ren, fügt PSPICE automatisch geeignete A/D- bzw. D/A- Umsetzer und damit zusätzliche Knoten ein. Die Existenz gemischter Knoten im Schaltungsmodell wird damit vermieden und eine eindeutige Trennung der Schaltungsteile erreicht.

3.2 Analog-Digitalschnittstellen

3.2.1 Verbindung von analogen und digitalen Schaltungsteilen

Bei der Untersuchung der Netzliste einer Schaltungseingabe (Eingabe als Textdatei oder als Stromlaufplan) unterscheidet PSPICE drei verschiedene Knotenarten: analoge Knoten, digitale Knoten und Übergangsknoten. Die Art eines Knotens hängt von den angeschlossenen Elementen ab. PSPICE spaltet Übergangsknoten automatisch in einen analogen und einen oder mehrere digitale Knoten auf.
Für die erzeugten digitalen Knoten führt das Programm eindeutig definierte Namen ein.

Beispiel

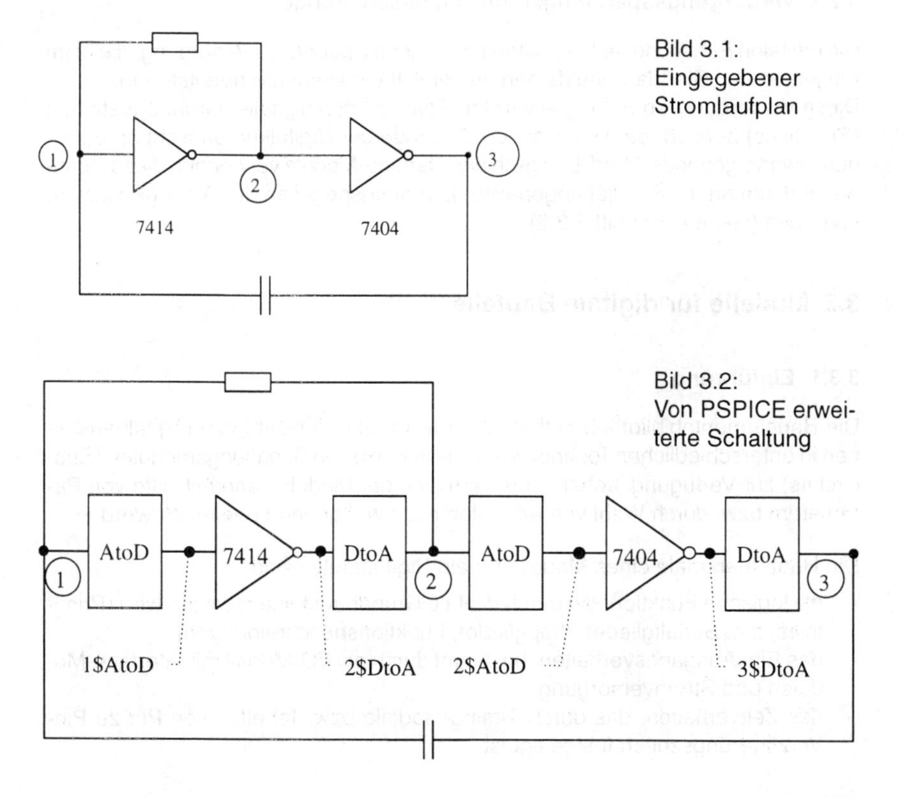

Bild 3.1:
Eingegebener Stromlaufplan

Bild 3.2:
Von PSPICE erweiterte Schaltung

Gemäß den Bildern 3.1 und 3.2 behalten die Analogknoten offensichtlich ihre Namen bei, während die Digitalknoten die Namen

*<a_knotenname>***$AtoD***<n>*

bzw.

*<a_knotenname>***$DtoA***<n>*

mit

<n> = Space, 2, 3, ...

erhalten.

Die eingefügten Umsetzerschaltungen sind als Module (Subcircuits) definiert, deren Eigenschaften über Parameter und Modelle gewählt bzw. verändert werden können. Verwendet man Digitalbausteine aus einer Standard-Familie, so kann das Programm gewöhnlich auf fertige Module in der Bibliothek zurückgreifen; dem Anwender stehen dabei noch verschiedene I/O-Modelle zur Verfügung, die mit unterschiedlichem Aufwand (LEVEL 1, 2, 3, 4) bzw. speziellen Eigenschaften (z.B. Hysterese bei Schmitt-Triggern) ausgestattet sind. Genauere Angaben zu den Bauteilen enthält der Abschnitt 3.3.

3.2.2 Versorgungsspannungen für Digitalschaltungen

Die digitalen Schaltungsteile erhalten eine eigene Spannungsversorgung, die beim Einsetzen von Standardbausteinen als Bibliothekselemente bereitstehen.
Diese Versorgungsspannungen werden nicht von den digitalen Grundbausteinen (Primitives) benützt, da die logischen Zustände der Digitalknoten nicht an Spannungswerte gebunden sind. Lediglich die Interface-Module verwenden diese Spannungen, um an die Realität angepaßte Spannungspegel an den Analogknoten zu erzeugen (siehe Abschnitt 3.3.2).

3.3 Modelle für digitale Bauteile

3.3.1 Einführung

Die Bauelementebibliothek enthält Modelle für eine Vielzahl von Digitalbausteinen in unterschiedlichen Technologien, die in Form von Schaltungsmodulen (Subcircuits) zur Verfügung stehen. Das Verhalten der Module kann mit Hilfe von Parametern bzw. durch Wahl von Attributen noch weitgehend beeinflußt werden.

Die Hauptmerkmale eines Modells für ein Digitalbauteil sind

- die logische Funktion, die durch digitale Grundbausteine realisiert wird (Primitives, d.h. Schaltglieder, Kippglieder, Funktionsbeschreibungen).
- das Ein- Ausgangsverhalten, bestimmt durch ein I/O-Modell mit Interface-Modulen und Stromversorgung
- das Zeitverhalten, das durch Timing-Modelle bzw. Tabellen von Pin zu Pin-Verzögerungszeiten festgelegt ist.

3.3.2 Modellstruktur

Der Aufbau der Modelle digitaler Bausteine ist am besten an einem konkreten Beispiel zu erkennen. Die Blockdarstellung (Bild 3.3) soll eine Übersicht über die komplexe Struktur vermitteln.

Subcircuit- Definition des TTL-Inverters 7404

Den Modellrahmen des Bausteins stellt das mit dem Namen "7404" definierte Subcircuit dar. In diesen Schaltungsmodul können Parameter und andere optionale Einstellungen übergeben werden

- Knotennamen für die Spannungsversorgung
- Codenummern für die Behandlung der minimalen, maximalen und der typischen Zeitverzögerungswerte bei Worst Case Simulationen und für die Wahl des "I/O LEVELs".

Der Grundbaustein U1 realisiert die logische Funktion. Die Elementzeilen der digitalen Grundbausteine haben ähnliches Format wie diejenigen analoger Elemente. Die im Anschluß an den Elementnamen folgenden Felder enthalten

- die Logikfunktion (inv)
- die Anschlußknoten der Stromversorgung
- die Namen des Timing- und des I/O-Modells
- die Parameter (Codes) für die Behandlung von Verzögerungszeiten bzw. den I/O LEVEL

Bei komplexen Logikfunktionen sind evtl. mehrere Grundbausteine (Schaltglieder, Kippglieder, Verzögerungsleitungen, PLAs, Pullup-/ Pulldown-Widerstände usw.) zusammengeschaltet
Mit .ends schließt die Subcircuit-Definition.

Timing-Modell

Die meisten der digitalen Grundbausteine haben ein individuelles Timing-Modell. Ausnahmen sind Pullup-,Pulldown-Widerstände und die sogenannten "Behavioural Primitives" LOGICEXP, PINDLY und CONSTRAINT CHECKER.

Im Timing-Modell sind Verzögerungszeiten und Zeitgrenzen (Setup- und Holdzeiten) abgelegt. Im Idealfall sind für die Verzögerungszeiten nicht nur typische Werte angegeben, sondern auch obere und untere Grenzwerte. Die Angabe von drei Zeitwerten erlaubt die Ermittlung des Worst Case-Verhaltens einer Schaltung. Fehlen Angaben im Modell (z.B. der Minimalwert), so werden diese vom Programm nach bestimmten Regeln ergänzt.

Inverter 7404

```
.subckt 7404 A Y
+ optional: DPWR=$G_DPWR  DGND=$G_DGND
+ params: MNTYMXDLY=0  IO_LEVEL=0
U1 inv DPWR DGND     A  Y
+ D_04    IO_STD
+  MNTYMXDLY={MNTYMXDLY}  IO_LEVEL={IO_LEVEL}
.ends
```

Timing-Modell

```
.model D_04 ugate (
+ tplhty=12ns  tplhmx=22ns
+ tphlty=8ns   tphlmx=15ns)
```

I/O-Modell

```
.model  IO_STD  uio  (
+ drvh=96.4  drvl=104
+ AtoD1= "AtoD_STD"        AtoD2="AtoD_STD_NX"
+ AtoD3= "AtoD_STD"        AtoD4="AtoD_STD_NX"
+ DtoA1= "DtoA_STD"        DtoA2="DtoA_STD"
+ DtoA3= "DtoA_STD"        DtoA4="DtoA_STD"
+ tswhl1=1.373ns           tswlh1=3.382ns
+ tswhl2=1.346ns           tswlh2=3.424ns
+ tswhl3=1.511ns           tswlh3=3.517ns
+ tswhl4=1.487ns           tswlh4=3.564ns
+ DIGPOWER="DIGIFPWR" )
```

AtoD Interface Subcircuit

```
.subckt AtoD_STD A D DPWR DGND
+ params: CAPACITANCE=0
O0  A DGND DO74 DGTLNET=D IO_STD
C1  A DGND {CAPACITANCE+0.1pF}
D0  DGND  A  D74CLMP
D1  1  2  D74
D2  2  DGND  D74
R1  DPWR  3  4k
Q1  1  3  A  0  Q74
.ends
```

DtoA Interface Subcircuit

```
.subckt  DtoA_STD  D  A  DPWR  DGND
+ params: DRVL=0 DRVH=0
+ CAPACITANCE=0
N1  A  DGND  DPWR  DIN74
+ DGTLNET=D IO_STD
C1  A  DGND  {CAPACITANCE+0.1pF}
.ends
```

Digital Output-Modell

```
.model DO74 doutput (
+ s0name="X"   s0vlo=0.8   s0vhi=2.0
+ s1name="0"   s1vlo=-1.5  s1vhi=0.8
+ s2name="R"   s2vlo=0.8   s2vhi=1.4
+ s3name="R"   s3vlo=1.3   s3vhi=2.0
+ s4name="X"   s4vlo=0.8   s4vhi=2.0
+ s5name="1"   s5vlo=2.0   s5vhi=7.0
+ s6name="F"   s6vlo=1.3   s6vhi=2.0
+ s7name="F"   s7vlo=0.8   s7vhi=1.4
+       )
```

Digital Input-Modell

```
.model DIN74 dinput (
+ s0name="0" s0 tsw=3.5ns  s0rlo=7.13 s0rhi=389
+ s1name="1" s1tsw=5.5ns  s1rlo=467 s1rhi=200
+ s2name="X" s2tsw=3.5ns  s2rlo=42.9 s2rhi=116
+ s3name="R" s3tsw=3.5ns  s3rlo=42.9 s3rhi=116
+ s4name="F" s4tsw=3.5ns  s4rlo=42.9 s4rhi=116
+ s5name="Z" s5tsw=3.5ns  s5rlo=200K s5rhi=200K
+       )
```

Bild 3.3:
Modellstruktur für den TTL-Inverter 7404

I/O-Modell

Der Modelltyp heißt UIO , der Modellname des Beispiels ist IO_STD. Modellparameter

drvh, drvl	Innenwiderstand des Ausgangs im "1"- bzw. im "0"-Zustand. Hieraus abgeleitet wird der "Strength-Wert" des Ausgangs (Stärke des Ausgangs)
AtoD1, AtoD2, ...	AtoD-Konverter gemäß dem als Parameter übergebenen I/O-Level. Diesen Modellparametern sind Subcircuit-Namen von AtoD-Konvertern zugeordnet (beispielsweise AtoD_STD)
DtoA1, DtoA2, ...	DtoA-Konverter gemäß dem als Parameter übergebenen I/O-Level. Diesen Modellparametern sind Subcircuit-Namen von DtoA-Konvertern zugeordnet (beispielsweise DtoA_STD)
tswhl1, tswlh1, tswhl2, tswlh2, ...	Umschaltzeiten, die bei der Berechnung der totalen Verzögerungszeit des Bausteins (einschließlich DtoA-Interface) abgezogen werden.
DIGPOWER	Diesem Modellparameter ist der Subcircuit-Name einer digitalen Stromversorgung zugeordnet

AtoD Interface Subcircuit

Die Auswahl des Subcircuits erfolgt in der I/O-Modelldefinition gemäß dem gewählten I/O -Level.
Der digitale Ausgangsknoten D wird automatisch durch das Programm eingeführt und bezeichnet.
Der Parameter CAPACITANCE hat den Ersatzwert Null. Falls INLD im I/O-Modell definiert ist, wird dieses übernommen.
Das "Digital Out"-Element O0 ist der eigentliche AtoD-Konverter. Die Felder in der Elementzeile enthalten außer den Namen von Ein- und Ausgangsknoten die Namen des I/O-Modells und eines "Digital Output"-Modells (Typ doutput), das den analogen Spannungspegeln am Eingang Zustände am digitalen Ausgangsknoten zuordnet.
Parallel zum Eingang liegt eine Nachbildungsschaltung (Kapazität, Dioden, ...) mit einer Verbindung zur digitalen Stromversorgung. Die Mindestkapazität am Eingang beträgt offensichtlich 0,1pF.

DtoA Interface Subcircuit

Die Auswahl des Subcircuits erfolgt in der I/O-Modelldefinition gemäß dem gewählten I/O -Level.
Der digitale Ausgangsknoten D wird automatisch durch das Programm eingeführt und bezeichnet.
Die Parameter drvl, drvh, CAPACITANCE haben den Ersatzwert Null, werden jedoch vom I/O-Modell übernommen, falls sie dort definiert sind (OUTLD ergibt die Kapazität).
Das "Digital In"-Element N1 ist der eigentliche DtoA-Konverter. Die Felder in der

Elementzeile enthalten außer den Namen von Ein- und Ausgangsknoten die Namen des I/O-Modells und eines "Digital Input"-Modells (Typ dinput), das den Zuständen des Digitalknotens entsprechende Teilerwiderstände zuordnet, um durch geeignete Teilung der digitalen Versorgungsspannung den richtigen Ausgangsspannungswert zu bilden (Bild 4).

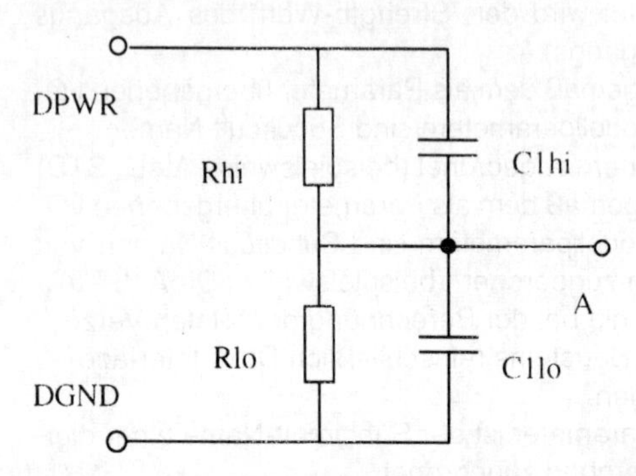

Bild 3.4: Teilerschaltung des Digital-In-Elements

Wechselt der Zustand am digitalen Eingangsknoten des DtoA-Konverters, so verändern sich Widerstände *exponentiell* vom ursprünglichen zum neuen Wert. Die Umschaltzeit ist durch den Parameter s*n*tsw (n = 0, 1, X, R, F) des *neuen* Zustandes definiert. Die Ausgangskapazität C1 hat einen Mindestwert von 0,1pF.

Digitale Stromversorgung (Digital Power Supply)

Die digitale Stromversorgung ist in der obigen Blockdarstellung des Bausteins nicht enthalten. Die Bibliothek enthält vier Stromversorgungsmodule für Standard-Logikfamilien (TTL, CD4000, ECL10K, ECL100K). Als Beispiel wird der Modul für TTL-Bausteine vorgestellt.

```
* TTL/CMOS power supply
*
.subckt DIGIFPWR  AGND
+      optional: DPWR=$G_DPWR DGND=$G_DGND
+      params:   VOLTAGE=5.0v REFERENCE=0v
*
VDPWR   DPWR DGND   {VOLTAGE}
R1      DPWR AGND   1MEG
VDGND   DGND AGND   {REFERENCE}
R2      DGND AGND   1MEG
.ends
```

Um die Funktion einer Schaltung oder eines Bausteins in Abhängigkeit von der Versorgungsspannung zu untersuchen, kann z.B. durch Modifikation eines existierenden Moduls, d.h. Änderung des Spannungsparameters und der Namen der Versorgungsknoten eine brauchbare Schaltungsvariante erstellt werden. In den Bausteinen der Schaltung, die an die geänderte Stromversorung angeschlossen werden sollen, müssen dann ebenfalls die Namen der Versorgungsknoten geändert werden (Parameter 'Optional: ...').

3.3.3 Schaltungsbeispiel

Die folgende Oszillatorschaltung (siehe Beispiel aus Abschnitt 3.2.1) besteht aus analogen und digitalen Elementen und wird somit von PSPICE automatisch mit Interface-Modulen ausgestattet.

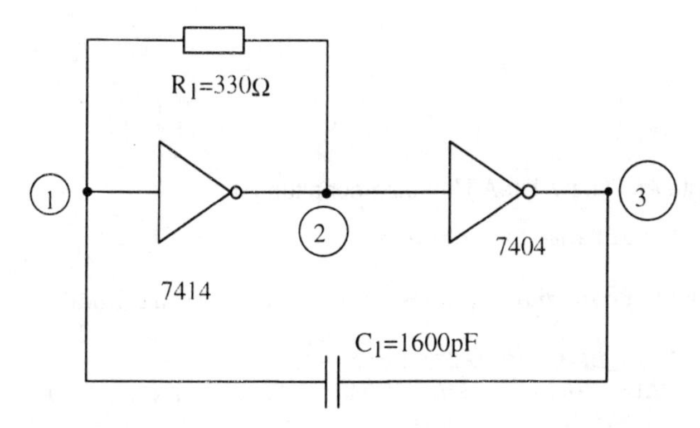

Bild 3.5: Oszillatorschaltung

Gibt man die Schaltung in Form einer Netzliste in das Programm PSPICE ein und läßt eine Transient-Analyse in einem geeigneten Zeitintervall durchführen, so kann in der *name.out* Datei (erreichbar über den Menüpunkt **File/Examine Output** des Programms) sowohl die Eingabe als auch ein Protokoll der Bearbeitung der Eingabedatei entnommen werden. Dieses Protokoll enthält sämtliche aus der Bibliothek erforderlichen Daten über Modelle und Schaltungsmodule ebenso wie die vom Programm eingefügten Umsetzerschaltungen an gemischten Knoten. Weiterhin werden die Expansionen der Schaltungsmodule (Subcrcuits) aufgelistet, so daß eine Kontrolle über die vollständige Schaltung möglich ist, wie sie schließlich vom Programm simuliert wird.
Im folgenden wird nur ein kleiner Ausschnitt des Protokolls wiedergegeben, der zum einen die Eingabedatei der Schaltung, zum anderen die Ergänzung durch AtoD bzw. DtoA-Konverter enthält.

Eingabeliste

```
X1  1 2  7414
+        params: IO_LEVEL=3
* Der IO_LEVEL=3 Parameter bewirkt die Wahl des aufwendige-
ren *I/O-Modells, mit Clamping-Dioden am Eingang und reali-
stischen *Strom-Spannungskennlinien. Normalerweise ist dies
nur bei *kapazitiv gekoppelten Eingängen erforderlich, wie
im *vorliegenden Beispiel

X2  2 3  7404

* Rueckkopplungwiderstand und -Kondensator
R1 1 2 330
C1 1 3 1600pF

.probe
.tran 50ns 5us
.lib nom.lib
.END
```

Von PSPICE eingefügte AtoD bzw. DtoA-Umsetzerschaltungen

```
* Analog/Digital interface for node 3
*
* Moving X2.U1:OUT1 from analog node 3 to new digital node
  3$DtoA
X$3_DtoA1 3$DtoA 3 $G_DPWR $G_DGND DtoA_STD
+       PARAMS: DRVH=  96.4   DRVL= 104    CAPACITANCE=   0
*
* Analog/Digital interface for node 1
*
* Moving X1.U1:IN1 from analog node 1 to new digital node
  1$AtoD
X$1_AtoD1 1 1$AtoD $G_DPWR $G_DGND AtoD_STD_ST
+       PARAMS: CAPACITANCE=   0
*
* Analog/Digital interface for node 2
*
* Moving X2.U1:IN1 from analog node 2 to new digital node
  2$AtoD
X$2_AtoD1 2 2$AtoD $G_DPWR $G_DGND AtoD_STD
+       PARAMS: CAPACITANCE=   0
* Moving X1.U1:OUT1 from analog node 2 to new digital node
  2$DtoA
X$2_DtoA1 2$DtoA 2 $G_DPWR $G_DGND DtoA_STD
+       PARAMS: DRVH=  96.4   DRVL= 104    CAPACITANCE=   0
*
```

3.4 Ermittlung der Verzögerungszeiten in Digitalschaltungen

Die Verzögerungszeit eines digitalen Grundbausteins setzt sich aus *zwei Anteilen* zusammen

- Die im Timing-Modell angegebene Verzögerungszeit
- Die durch Ladevorgänge am Ausgang des Bausteins hervorgerufene Verzögerung

Der zweite Teil ist aus den Angaben im I/O-Modell berechenbar. Es gilt

$$\text{Ladezeit} = R_{drive} * C_{total} \ln(2)$$

Bei der Ermittlung von R_{drive} und C_{total} müssen die Belastungsverhältnisse am Ausgang berücksichtigt werden.

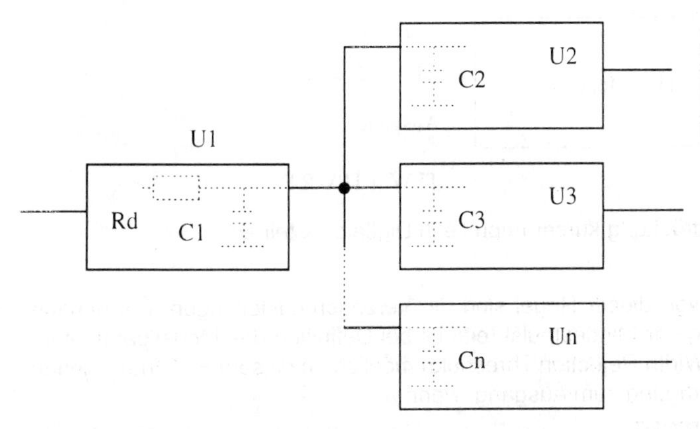

Bild 3.6: Ermittlung der Gesamtkapazität

Beispiel (Bild 3.6)
Gesamtkapazität: $C_{total} = C_1 + C_2 + ... + C_n$

Sind weitere Ausgänge an den betrachteten Knoten angeschlossen, wird auch der Widerstand R_{drive} aus der Parallelschaltung entsprechend berechnet.

Wird bei der Simulation die Verzögerungszeit auf einem Signalpfad berechnet, der durch meherere Grundbausteine hindurchführt, so werden dazu sämtliche Verzögerungszeiten der Grundbausteine einschließlich der Ladezeiten addiert. Ist der Ausgang des letzten Grundbausteins im Signalpfad an einen Analogknoten angeschlossen, so wird noch die im I/O-Modell angegebene Schaltzeit tswhl bzw. tswlh des entprechenden DtoA-Konverters von der Gesamtsumme abgezogen. Damit wird die Übergangszeit des analogen Signals berücksichtigt.

3.5 Unterdrückung von Impulsen mit geringer Energie

Digitalbausteine weisen in der Regel eine bestimmte Trägheit auf mit der Konsequenz, daß kurze Impulse an einem Eingang unterdrückt werden, obwohl statisch betrachtet ein Signalweg vom Eingang zu einem Ausgang führt.

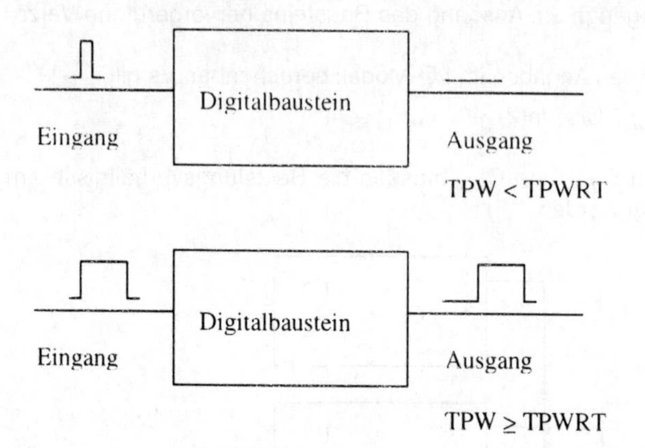

Bild 3.7: Unterdrückung kurzer Impulse in Digitalbausteinen

Ausgenommen von dieser Regel sind die Verzögerungsleitungen. Die genaue Berücksichtigung der Mindestpulsbreite ist bei Definition des Modellparameters TPWRT (Pulse Width Rejection Threshold) möglich. In diesem Fall erfolgt genau dann eine Übertragung zum Ausgang, wenn

$$TPW > TPWRT$$

ist.

Als Ersatzwert für den Parameter TPWRT werden vom Programm die im Timing-Modell angegebenen typischen Verzögerungszeiten TPLHTY bzw. TPHLTY verwendet.

4 Der graphische Schaltungseditor SCHEMATICS

4.1 Einführung

Das Programm SCHEMATICS will in benutzerfreundlicher Form die Erstellung und die Verwaltung von Stromlaufplänen ermöglichen. Dazu zählen die Aufbereitung und der Start von Simulationsläufen, Untersuchungen der Simulationsergebnisse unter Benutzung des Graphik-Programmes PROBE und die Herstellung von Netzlisten für externe PCB-Layout-Systeme.
SCHEMATICS besteht aus zwei integrierten Editoren: Dem eigentlichen Stromlaufplan-Editor (SCHEMATIC-Editor) und dem sogenannten SYMBOL-Editor.

Der *SCHEMATIC-Editor* erlaubt die *Erstellung* vollständiger Stromlaufpläne auf der Grundlage vorgefertigter Symbole, die aus einer Symbol-Bibliothek abgerufen werden können. Übersichtliche Menüstrukturen mit Untermenüs ermöglichen die Plazierung von Bauteilen, Bezeichnungen und Text. Schaltungsteile können verdrahtet werden (auch mit Bus-Leitungen). Attribute von Stromlaufplan-Elementen können erzeugt oder verändert werden. Gravierende elektrische Fehler in der Verdrahtung werden durch eine Prüfroutine (ERC = Electrical Rule Check) erfaßt.

Die Steuerkommandos für die Simulation werden ebenfalls direkt vom SCHEMATIC-Editor aus festgelegt. Das Graphik-Programm PROBE wird auf Wunsch automatisch gestartet, so daß Ergebnisse an zuvor im Stromlaufplan markierten Knoten sofort ausgewertet werden können. Notwendige Änderungen der Schaltungen lassen sich unmittelbar anschließend im SCHEMATIC-Editor vornehmen. Hat die Schaltung die gewünschten Eigenschaften, kann eine Netzliste für einen PCB-Layout Editor erzeugt werden.

Vom SCHEMATIC-Editor aus gibt es direkte Zugriffe auf den SYMBOL-Editor, den Stimulus-Editor, die Simulationsprogramme PSPICE bzw. PLOGIC und das Graphik-Programm PROBE.

Der *SYMBOL-Editor* bietet die Möglichkeit, neue Symbole zur Benutzung im Stromlaufplan-Editor zu erzeugen. Dazu gibt es ein Graphik-Menü mit einer Reihe von graphischen Elementen (Kreisbögen, Geraden usw.).
Symbole können in eine Textdatei exportiert werden, umgekehrt ist auch der Import einer Datei mit geeignetem Format möglich. Der SYMBOL-Editor dient schließlich auch zum Editieren von Packaging-Informationen für Layout-Netzlisten.

4.2 Grundlagen der Stromlaufplanerstellung

4.2.1 Funktionen des SCHEMATIC-Editors

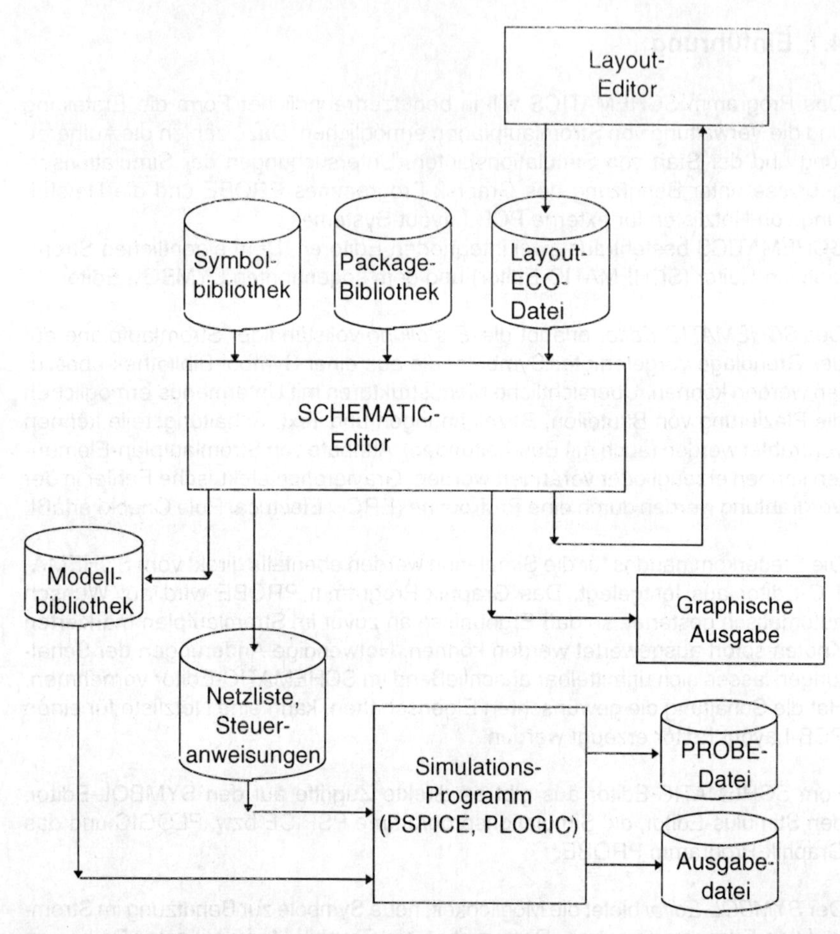

Bild 4.1: Dateneingänge und -ausgänge des SCHEMATIC-Stromlaufplan-Editors

Bei der Erstellung eines Stromlaufplanes holt sich der SCHEMATIC-Editor Informationen über die Symbole aus einer Symbol-Bibliothek. Aus diesen Informationen kann z.B. der Name des Schaltungsmoduls (Subcircuits) bzw. der Modellname entnommen werden, unter dem die elektrische Beschreibung eines Bauteils in der Modellbibliothek abgelegt ist. Soll der Stromlaufplan an einen Layout-Editor weitergegeben werden, entnimmt das Programm entsprechende mechani-

sche und geometrische Daten aus der Packaging-Bibliothek an Hand der Verweise durch den 'Package Reference Designator' der Bauteile. Veränderungen des Stromlaufplans, die im Layout-Editor durchgeführt wurden, können evtl. wieder vom SCHEMATIC-Editor übernommen werden (Back Annotation).
Die Ausführung der Simulation und des Graphikprogramms PROBE sind voll in den SCHEMATIC-Editor integriert. Mit **Analysis/Setup** können die Simulationsart und andere Anweisungen zur Steuerung der Simulation festgelegt werden. Aus diesen Eingaben werden dann die Steuerzeilen für PSPICE gebildet.
Die *name.out* -Datei kann mit dem Menükommando **Analysis/Examine Output** eingesehen werden. Während der Simulation werden die Analyse-Ergebnisse in eine PROBE-Datei *name.out* geschrieben. Die Menge der dabei anfallenden Daten kann mit Hilfe von Markierungen (Marker) im Stromlaufplan eingeschränkt werden. Ein automatischer Direktstart von PROBE im Anschluß an die Simulation ist ebenfalls möglich.

4.2.2 Erstellung des Stromlaufplans im SCHEMATIC-Editor

Der Stromlaufplan wird im SCHEMATIC-Editor in folgender Weise zusammengesetzt (siehe Bild 4.2), Menüpfade ausgehend von der Hauptmenüleiste sind im weiteren fettgedruckt:

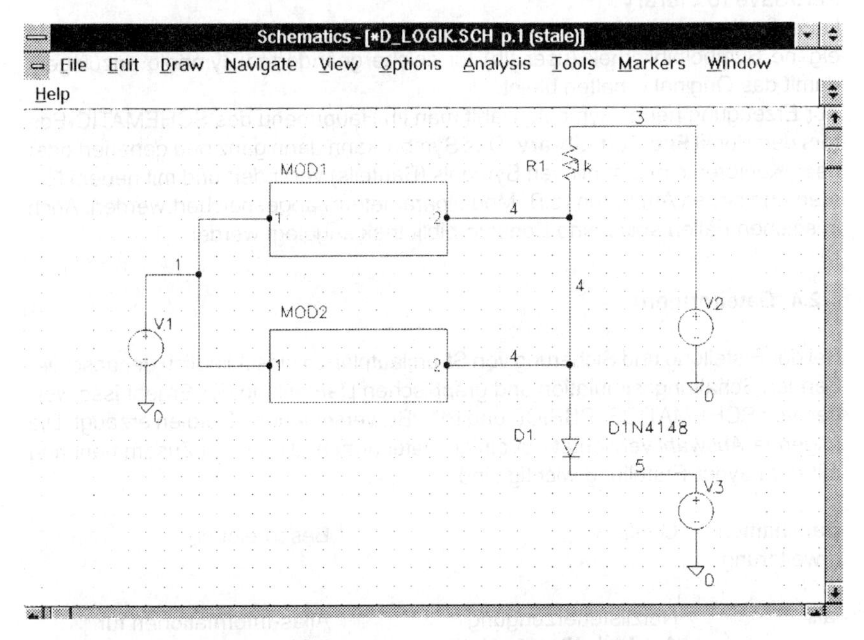

Bild 4.2: Arbeitsfenster mit Hauptmenüleiste beim SCHEMATIC-Editor

– Auswählen und Plazieren von Bauteilen (**Draw/Get New Part**)
– Einfügen der elektrischen Verbindungen zwischen den Bauteilen (**Draw/Wire**)
– Editieren (Zuordnen) von Attributen zu den Symbolen, wie z.B. Schaltelementewerte, Namen usw. (**Edit/Attributes** ...)

Die meisten Attribute der Bauteile haben einen Ersatzwert (Default-Wert), d.h. ein Widerstand hat beim Einfügen in den Stromlauf immer denselben Wert (VALUE = 1KΩ). Die Ersatzwerte für die Bauteilattribute können allerdings im SYMBOL-Editor verändert werden.
Die Zuordnung der gewünschten Attributwerte erfolgt in der Regel individuell mit **Edit/Attributes** oder durch Mausdoppelklick auf das zuvor *selektierte* Symbol.

4.2.3 Funktionen des SYMBOL-Editors, Übergänge aus dem SCHEMATIC-Editor

Sollen aus einem bestehenden Stromlaufplan heraus die Attribute eines Symbols global verändert werden, so empfiehlt sich der Übergang in den SYMBOL-Editor mit Hilfe des Menükommandos **Edit/Symbol** , nachdem das Element zuvor selektiert wurde. Mit
Part/Attributes und
Part/Save to Library
kann die Änderung erfolgen und abgespeichert werden. Dabei ist es ratsam, eine eigene Symbolbibliothek (user.slb) für solche geänderten Symbole anzulegen, damit das Original erhalten bleibt.
Zur Erzeugung neuer Symbole wählt man im Hauptmenü des SCHEMATIC-Editors den Punkt **File/Edit Library**. Das Symbol kann dann ganz neu generiert oder nach Kopieren eines ähnlichen Symbols (Bauteils) verändert und mit neuem Namen und neuen Attributen (z.B. Modellparametern) abgespeichert werden. Auch in solchen Fällen sollte eine Benutzerbibliothek angelegt werden.

4.2.4 Dateiformen

Bei der Erstellung und Sicherung von Stromlaufplänen einschließlich der anschließenden Schaltungssimulation und graphischen Darstellung der Ergebnisse werden von SCHEMATICS, PSPICE und PROBE verschiedene Dateien erzeugt. Die folgende *Auswahl* verzichtet auf einige Dateiformen, die nur im Zusammenhang mit der Layout-Erstellung wichtig sind.

Dateinamen-erweiterung	Quelle	Beschreibung
.als	Netzlistenerzeugung **Analysis/Create Netlist** oder **Analysis/Simulate**	Alias-Informationen für PSPICE bzw. PLOGIC

.cir	Auswahl von **Analysis/Simulate**	Netzliste mit Steuerkommandos
.dat	Während des Simulationslaufs von PSPICE erstellt	PROBE-Binärdatei für graphische Anzeige der Simulationsergebnisse
.lib	Bibliotheksdateien (installierte und benutzerspezifische)	Modelldefinitionen, Netzlisten von Schaltungsmodulen
.net	Netzlistenerzeugung **Analysis/Create Netlist** oder **Analysis/Simulate**	Netzlisteninformationen (ohne Steuerkommandos)
.out	Während des Simulationslaufs von PSPICE erstellt	Ausgabedatei für Tabellenausgaben, Fehlermeldungen (Laufzeitfehler) usw.
.sch	SCHEMATIC-Editor, **File/Save**-Menükommando	Stromlaufplandaten
.slb	Vorinstallierte Dateien, evtl. zusätzlich vom Benutzer mit SYMBOL-Editor eingerichtet	Symbolbibliotheksdateien, enthalten Symboldefinitionen
.stl	Verwendung des Menükommandos **Edit/Stimulus**	Stimulusdateien zur Definition von Quellengrößen
.sub	Verwendung des Menükommandos **Tools/Create Subcircuit**	Netzlistendatei eines Schaltungsmoduls (Subcircuits)
.txt	Während des Simulationslaufs von PSPICE erstellt	PROBE-*Textdatei* für graphische Anzeige der Simulationsergebnisse

4.2.5 Bibliotheksdateien

Mit dem Softwarepaket PSPICE DESIGN CENTER wird vom Hersteller eine Grundausstattung von Bauteildaten geliefert. Diese umfaßt Modellbibliotheksdateien, Symbolbibliotheksdateien und Package-Dateien.

Modell- und Symbolbibliotheksdateien existieren in der Regel paarweise mit gleichen Namen, also z.B.

"analog.lib" und "analog.slb" ,

wobei die *name*.lib -Dateien Modelldefinitionen (.MODEL-Zeilen) bzw. Definitionen von Schaltungsmodulen enthält (.SUBCKT -Netzlisten).

Die korrespondierende *name*.slb-Datei enthält die graphische Repräsentation des Bauteils und die Attribute. Bei der Auswahl eines Bauteils für den Stromlaufplan sucht das Programm in denjenigen Symbolbibliotheksdateien, die in der [PART LIBS] -Abteilung der Datei "msim.ini" aufgelistet sind. Tritt ein Bauteilname mehrfach auf, so wählt das Programm die zuerst gefundene Symboldatei aus, die eine Beschreibung des Bauteils enthält.
Auf Modellbibliotheksdateien kann von einem Stromlaufplan nur dann zugegriffen werden, wenn eine entsprechende Referenz vorhanden ist. Diese muß evtl. mit Hilfe des Menükommandos **Analysis/Library and Include Files** erst hergestellt werden. Dabei wird zwischen global gültigen und nur für den aktuellen Stromlaufplan gültigen Referenzen unterschieden.

4.2.6 Elemente eines Stromlaufplanes

Ein Stromlaufplan besteht aus

- Bauteilen, Blöcken (dargestellt durch Symbole)
- Attributen
- Verbindungsleitungen
- Textfeldern

und kann mit dem SCHEMATIC-Editor bzw. dem SYMBOL-Editor erstellt und verändert werden. Stromlaufpläne können in *einer* Ebene oder hierarchisch in *mehreren* Ebenen (mit Hilfe von Blöcken) organisiert sein.

4.2.6.1 Bauteile

Bauteile sind Schaltelemente wie Widerstände, Halbleiterelemente, Quellen, Operationsverstärker usw. Falls Modelle zu diesen zur Verfügung stehen, werden diese in Modellbibliotheksdateien gespeichert.
Die Symbolbibliothek enthält zu den von der Modellbibliothek unterstützten Bauteilen die graphischen Repräsentationen, die in der Regel nicht nur für die Simulation, sondern auch für die Layout-Erstellung verwendet werden können.
Auch Bauteile erlauben eine hierarchische Struktur.

4.2.6.2 Symbole

Symbole dienen nicht nur zur Darstellung von Bauteilen, sondern auch von Anschlußklemmen (Ports) und anderen Stromlaufplan-Elementen.

- Hierarchische Symbole können mehr als eine Schaltungsebene verkörpern. Sie bieten außerdem die Möglichkeit, unter demselben Symbol verschiedene Sichtweisen (Views) eines Bauteils zu vereinigen. *Beispiel:* Betrachtung eines Kippgliedes auf Transistorebene oder auf der Ebene von Schaltgliedern.
- Hierarchische Blöcke erscheinen im Stromlaufplan als Rechtecke und sind Platzhalter für einen Teil der Gesamtschaltung. Bei deren Verwendung erfolgt eine Stromlaufplanerstellung auf der obersten Ebene, wobei bestimmte Funk-

tionseinheiten durch "schwarze Kästen" vertreten sind. Deren Inhalt muß erst bei der Netzlistenerstellung definiert werden.

- Spezielle Symbole sind in der Datei "special.slb" enthalten. Sie können z.B. in die Steuerung des Simulationslaufes eingreifen.

  Beispiele
  - Beobachtung des Arbeitspunktes an einem Knoten während der Simulation
  - Spezifikation von Anfangsspannungen an Knoten
  - Spezifikation von Tabellenausgaben für ausgewählte Größen
  - Definition von globalen Parametern und ihren Ersatzwerten.

  Diese Symbole haben in der Regel das "Simulation only"- Attribut, und werden somit bei der Erstellung der Layout-Netzliste nicht berücksichtigt.
- Stimulus-Symbole sind in der "Source.slb" zusammengefaßt. Sie repräsentieren verschiedene einfache analoge Quellenarten, ebenso digitale Quellen zur Ansteuerung von Einzelleitungen oder Bussen verschiedener Breite.
- Anschlußklemmensymbole sind erforderlich, wenn elektrische Verbindungen zwischen verschiedenen Seiten oder Hierarchieebenen eines Stromlaufplans mit Hilfe des Klemmennamens hergestellt werden müssen:
  - "Global Ports" und "Bubble Ports" ermöglichen Verbindungen zwischen beliebigen Seiten und Hierarchieebenen
  - "Offpage Ports" sind für Verbindungen innerhalb einer Hierarchieebene vorgesehen
  - "Interface Ports" schaffen Verbindungen zwischen verschiedene Ebenen in hierarchischen Bauteilen oder Blöcken
  - "External Ports" verbinden eine Schaltung mit peripheren Einheiten

4.2.6.3 Nets und Nodes (Knoten)

Eine elektrische Verbindung zwischen verschiedenen Anschlußpins von Bauteilen wird als "Net" bezeichnet. Der Name eines Nets kann auf verschiedene Weise zustande kommen, z.B. durch Zuweisung eines Namens an die Verbindungsleitung oder an eine mit dem Net verbundene Anschlußklemme (port). Für Zweifelsfälle sind Prioritäten festgelegt. Ein Net muß nicht mit einem Knoten (Node) in der PSPICE-Netzlistendarstellung einer Schaltung identisch sein, da in den Knoten alle, auch nicht im Stromlaufplan sichtbare Verbindungen einbezogen sind.

Spezialfälle

- Global Ports erzeugen globale Knoten, die in allen Ebenen des Stromlaufplanes bekannt sind
- Die Ports HI, LO, NC oder X legen Potentiale der Knoten fest, die an einen solchen Port angeschlossen sind
- Unsichtbare Pins an Bauteilen können mittels Net-Namen miteinander verbunden werden.
  Beispiele: $G_DPWR und $G_DGND sind die Stromversorgungsanschlüsse, die unsichtbar z.B. mit allen TTL-Bausteinen der Bibliothek verbunden sind.

4.2.6.4 *Attribute*

Bauteile, Anschlußklemmen, Verbindungsleitungen (Knoten), Busse und viele weitere Symbole sind mit *Attributen* verknüpft.
Ein Attribut hat einen Namen und einen damit verbundenen Wert (nicht immer ein Zahlenwert!).

Beispiel: Attribute eines Widerstands

Name	Wert	Bedeutung
PART	R	Kennbuchstabe für die Elementart
REFDES	R5	Bauteilname
PKREF	R5	Gehäusename
TEMPLATE	R^@REFDES %1 %2 @VALUE ?TC/TC=@TC	Formatvorschrift für die Erstellung der Elementzeile in der Netzliste
VALUE	1K	Zahlenwert des Elements
TC	0.01	Temperaturbeiwert

Jedes Bauteil in einer Stromlaufplanebene hat einen eigenen Namen (Reference Designator). Die Zuordnung der Namen kann automatisch erfolgen (siehe Menükommando **Tools/Annotate**).
Das TEMPLATE-Attribut legt das Eingabeformat der Elementzeile für eine bestimmte Art eines Schaltelements fest und ist bei Standardbauteilen vorgegeben und vom SCHEMATIC-Editor aus nicht veränderbar.

Vielen Attributen sind bereits beim Plazieren eines Bauteils bestimmte Werte zugeordnet (Ersatz- oder Default-Werte). Änderungen oder Zuordnungen von veränderbaren Attributen erfolgen mit Hilfe des **Edit/Attribute** - Dialoges im SCHEMATIC-Editor-Hauptmenü (Bild 4.3).

4.2.6.5 *Elektrische Verbindungen*

Pins sind Bestandteile von Bauteilen und anderen speziellen Symbolen, zu denen elektrische Verbindungen hergestellt werden können. Mit Pins werden elektrische Anschlüsse zu Symbolen und Blöcken erstellt.
An den sogenannten "Hotspots" wird der *Verbindungspunkt* z.B. zu Leitungen (Bussen) eingerichtet, sofern gewisse Bedingungen erfüllt sind.

Bauteile werden mit Hilfe von *Verbindungsleitungen* , evtl. mit *Bussen* elektrisch verbunden. Verbindungspunkte werden automatisch sichtbar gemacht, wenn drei oder mehr Anschlüsse an einem Punkt aufeinander treffen (Bild 4.4).

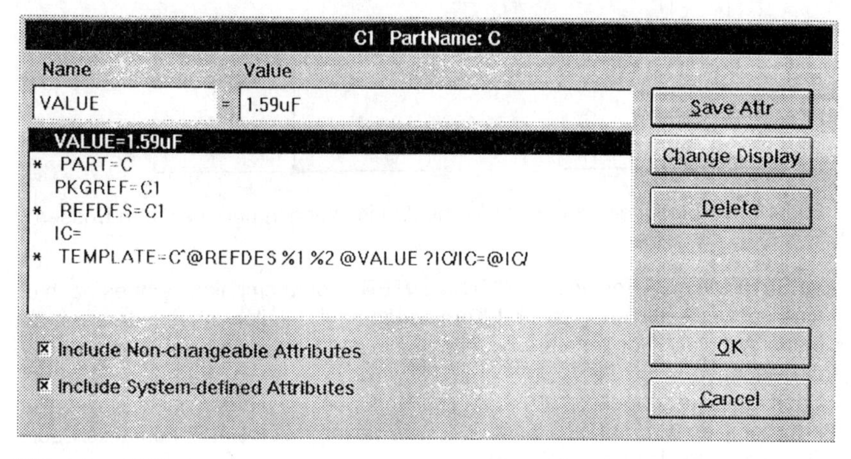

Bild 4.3: Attributfenster

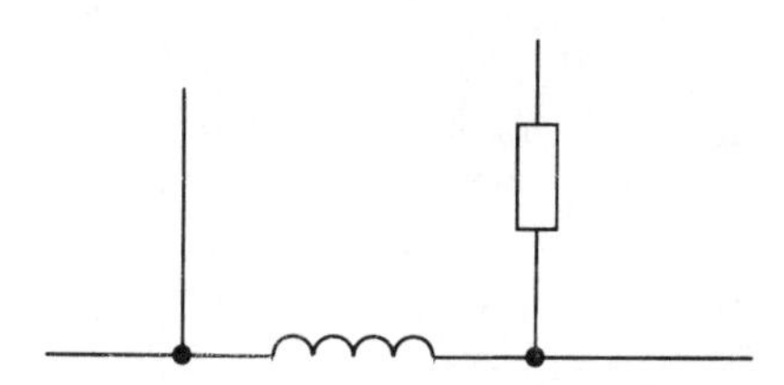

Bild 4.4: Verbindungspunkte zwischen Bauteilen und Verbindungsleitungen

Elektrische Verbindungen entstehen unter folgenden Bedingungen

- Das Ende einer Verbindungsleitung berührt einen Bauteilpin
- Die Enden von Verbindungsleitungen oder Bussen berühren sich im Stromlaufplan
- Das Ende einer Verbindungsleitung stößt unter einem rechten Winkel auf die Mitte einer anderen Leitung. Dasselbe gilt auch für Busse
- Bei Bussen ist auch eine Verbindung mit einem Sub-Bus möglich, wobei auf die richtige Bezeichnung geachtet werden muß (Bild 4.5)
- Kreuzende Leitungen oder Busse werden nicht automatisch miteinander verbunden. Eine gewünschte Verbindung muß unter Berücksichtigung der genannten Voraussetzungen in mehreren Schritten aufgebaut werden.

4.2.7 Windows-Benutzeroberfläche

Grundlagen zum Umgang mit der WINDOWS 3.x-Oberfläche werden im weiteren vorausgesetzt. Das gilt insbesondere für die Auswahl von Menüpunkten, das Öffnen und Schließen von Dateien, Umgang mit einem einfachen Editor usw.

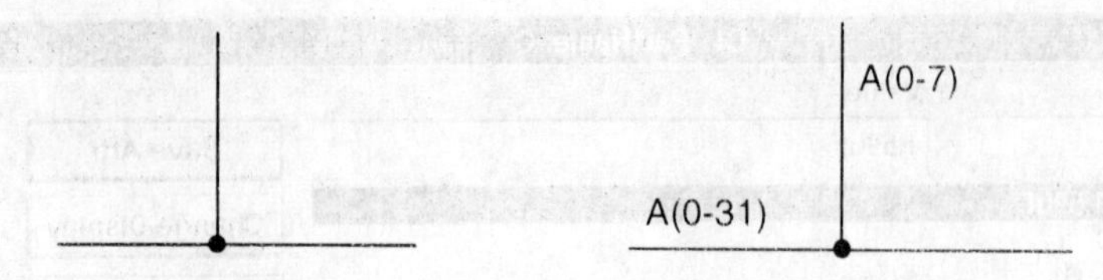

Bild 4.5: Verbindungen zwischen Verbindungsleitungen und zwischen Bussen

Im SCHEMATICS-Teil des DESIGN CENTER-Programmpakets gibt es noch einige spezielle Bedienungs- und Kommandomöglichkeiten inbesondere mit der Maus. Auf diese Sonderfälle wird teilweise in den Übungsbeispielen im Kapitel 5 eingegangen.

Short-Cuts zur schnelleren Auswahl von Menüpunkten werden nur in Einzelfällen erwähnt. Hier wird auf die Handbücher verwiesen (Microsim Schematics User's Guide bzw. Pspice User's Guide).

5 Übungsbeispiele zur Schaltungseingabe mit SCHEMATICS

5.1 AC- und TRANSIENT-Analyse

5.1.1 Vorbemerkung

Am Beispiel eines RC-Spannungsteilers wird in diesem Abschnitt schrittweise die Schaltungseingabe mit dem SCHEMATICS-Editor vorgestellt und geübt. Die Lösung der Aufgabe ist in vier Abschnitte aufgeteilt

- Graphische Eingabe der Schaltung, d.h. der Struktur und der Elementeattribute
- Kontrolle der Netzliste und der elektrischen Regeln (SCHEMATIC EDITOR) und Eingabe der Simulationsanweisungen (zur Steuerung von PSPICE)
- Simulationslauf (PSPICE)
- Darstellung der Ergebnisse (*eingabedateiname*.out -Datei, graphische Ausgabe mit PROBE)

5.1.2 Graphische Schaltungseingabe

Für die im Bild 1 dargestellte Spannungsteilerschaltung soll eine AC-Analyse und eine TRANSIENT-Analyse durchgeführt werden.

Schaltplan:

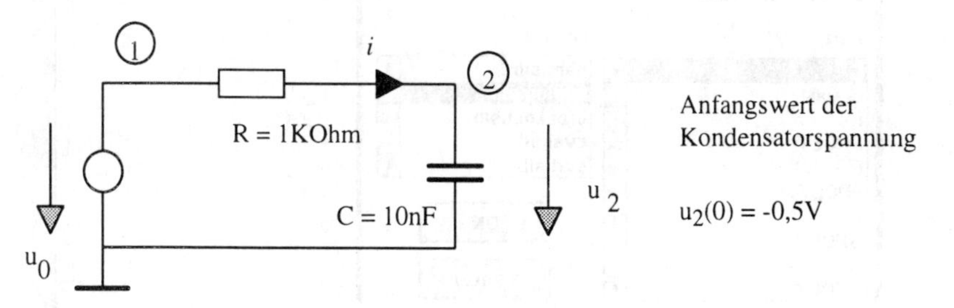

Bild 5.1: Spannungsteilerschaltung

Die Daten der Schaltelemente R und C können dem Bild 5.1 entnommen werden. Die Spannungsquelle soll folgende Eigenschaften aufweisen:

AC-Analyse

Effektivwert 1V, Frequenzbereich 100Hz < f < 1MHz, 50 Punkte pro Dekade.

TRANSIENT-Analyse
Periodische Impulsspannung mit
- der Periodendauer 20 µs;
- Anstiegs- und Abfallzeit 0,1 µs;
- Pulsbreite 9,8 µs;
- keine Zeitverzögerung gegenüber dem Zeitnullpunkt.

Stromlaufplaneingabe

DESIGN CENTER	Starten von SCHEMATICS aus dem DESIGN CENTER-Fenster unter WINDOWS.
SCHEMATICS-Editor	Auswahl der Symbolbibliothek (LIBRARY) und der Bauteile
	Draw/Get New Part (Bild 5.2)
	Selektieren im Auswahlfenster
	Browse
	analog.slb
	C **OK**

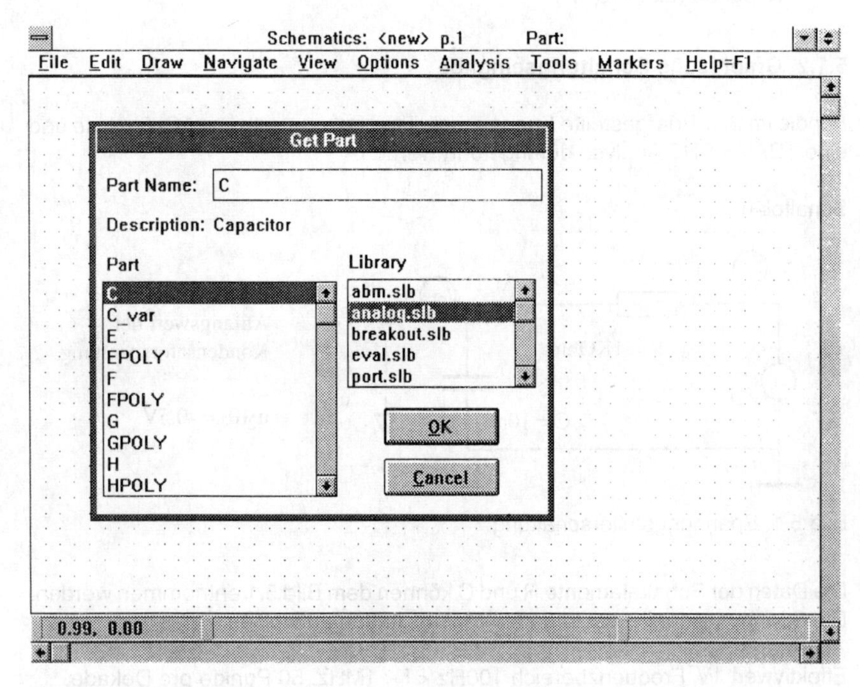

Bild 5.2: Dialogfenster zur Auswahl von Symbolbibliothek und Bauteil

SCHEMATICS-Editor

Der Mauszeiger nimmt die Form des Schaltkreissymbols (Kondensator) an. Der Zählpfeil für Strom bzw. Spg. ist von links nach rechts gerichtet. Mit der Tastenkombination <Strg.+R> dreht sich das Symbol im Gegenuhrzeigersinn um 90°.

Positionieren des Elements mit der Maus,
Fixieren durch Drücken der linken Maustaste,
Rücksetzen des Mauszeigers (Pfeil) mit der rechten Maustaste; damit ist die aktuelle Wahl der Elementeart gelöscht.

Der Vorgang ist für alle weiteren Elemente der Schaltung einschließlich des Bezugsknotens zu *wiederholen*.

Selektieren von
- **source.slb** **VPULSE**
- **analog.slb** **R**
- **port.slb** **AGND** (Bezugsknoten)

jeweils positionieren und fixieren der Elemente

Enthält eine Schaltung mehrere gleichartige Elemente, so genügt ein einmaliger Aufruf des entsprechenden Symbols. Bei jedem Drücken der linken Maustaste wird ein Schaltelement im Schaltschema an der augenblicklichen Mausposition abgesetzt.

Eingabe der *Verbindungsleitungen* zwischen den Schaltelementen.

Draw / Wire
Mauszeiger nimmt die Form einer Bleistiftspitze an.
Markierung von Anfang, Ecken und Ende einer Verbindungsleitung mit Hilfe der linken Maustaste.
Abbruch mit der rechten Maustaste
Reaktivierung des Bleistiftcursors durch Drücken der Leertaste.
Zwei sich *kreuzende* Leitungen werden nicht automatisch miteinander verbunden! Verbindungsleitungen entsprechen elektrischen Schaltungsknoten. Diesen können wie anderen Elementen *Namen* als *Attribute* zugeordnet werden. Vorgehensweise
- *Markieren* der betreffenden Leitung (linke Maustaste)
- *Doppelklicken* (linke Maustaste)
- *Namen* oder Nummer in die Dialogbox eintragen, **OK**

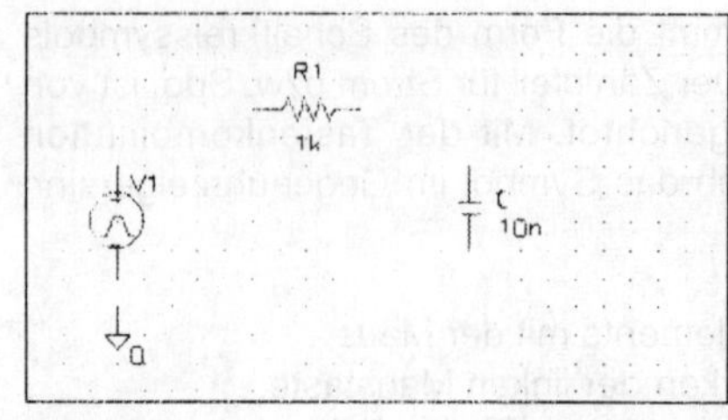

Bild 5.3:
Schaltschema vor dem Verdrahten

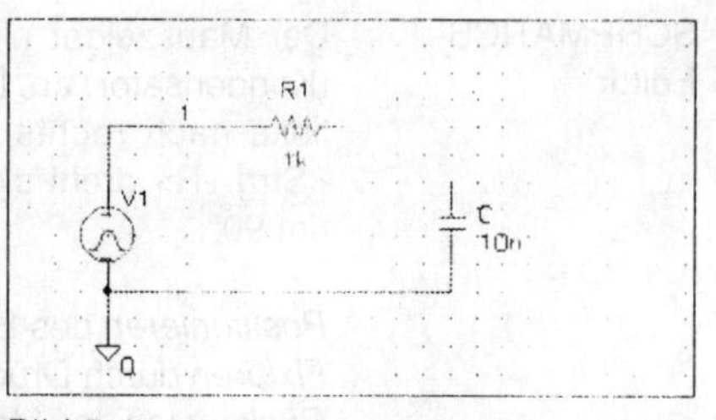

Bild 5.4:
Schaltschema nach teilweiser Verdrahtung

Zuordnung von Attributen zu einem Element
(Name des Elements, Wert usw.)

SCHEMATICS-Editor

Attribute des Kondensators (Bild 5.5)

Edit/Attributes

Auswahl im Attributfenster (Name):	**Value**
Wert (Value):	10n
Anwählen von	**Save Attr**

Weitere Attribute des Kondensators C (Bild 5.5)

– IC = (Anfangswert der Spannung)	-0.5V
	Save Attr
– PKGREF	C
	Save Attr
Abschließen	**OK**

Attribute von VPULSE (Bild 5.6)

- Zeitparameter
- Spannungswerte
- Elementname usw.

Direkter Aufruf der Attributfenster durch Markierung des Elements bzw. eines dargestellten Attributes und Doppelklikken mit der linken Maustaste.

5.1.3 Überprüfung des Stromlaufplans, Eingabe der Steueranweisungen

Kontrolle der Schaltungsstruktur

SCHEMATICS-Editor **Analysis / Electrical Rule Test**

Erstellung der Netzliste, falls keine Eingabefehler gefunden werden

Analysis / Create Netlist

Ansicht der Netzliste, z.B. zur Überprüfung von Zählpfeilrichtungen bei Anfangswerteingaben

Analysis / Examine Netlist

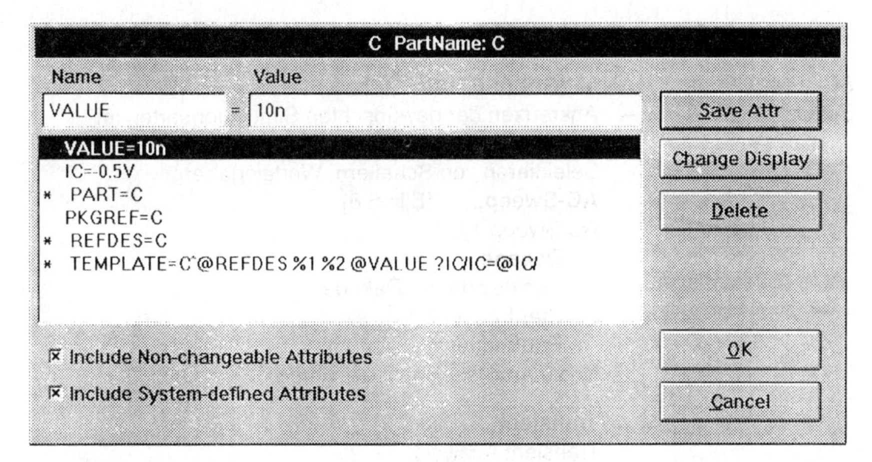

Bild 5.5: Dialogfenster zur Eingabe der Attribute des Kondensators

V1 PartName: VPULSE
Name
Value
PER
=
20us
Save Attr
Change Display
Delete
AC=1V
V1=0V
V2=1V
TD=0s
TR=0.1us
TF=0.1us
PW=9.8us
PER=20us
Include Non-changeable Attributes
Include System-defined Attributes
OK
Cancel

Bild 5.6: Dialogfenster zur Eingabe der Attribute der Spannungsquelle

Die Netzliste kann z.B. zur Kontrolle des Vorzeichens beim Anfangswert der Kondensatorspannung am Bildschirm überprüft werden. Beim vorliegenden Beispiel ergibt sich folgende Anzeige

```
*  Schematics Netlist *
C_C  2  0  10n  IC=  -0.5V
R_R1  1  2  1k
V_V0  1  0  AC  1V
+PULSE  0V  1V  0s  0.1us  0.1us  9.8us  20us
```

SCHEMATICS-Editor

ANALYSIS / SETUP

- Ankreuzen der gewünschten Simulationsarten im Dialogfenster (Bild 5.7)
- Selektieren von Schaltern, Werteingaben

AC-Sweep... (Bild 5.8)

AC Sweep Type

Decade

Punktezahl pro Dekade	50
Startfrequenz	100Hz
Endfrequenz	1MegHz
Noise Analysis: nicht aktivieren	**OK**

Transient... (Bild 5.9)

Transient Analysis:

Ausgabeschrittweite	0.5us
Endzeitpunkt,	50us
Ausgabestartzeitpunkt	0s
Max. Integrationsschrittweite	0.5us
Use Initial Conditions: Aktivieren	
Fourier Analysis: nicht aktivieren	**OK**

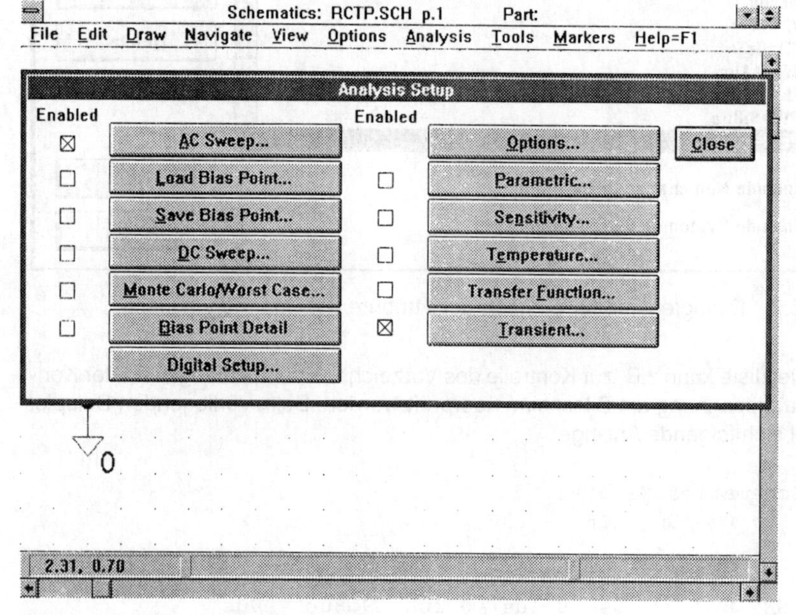

Bild 5.7: Auswahl der Analysearten

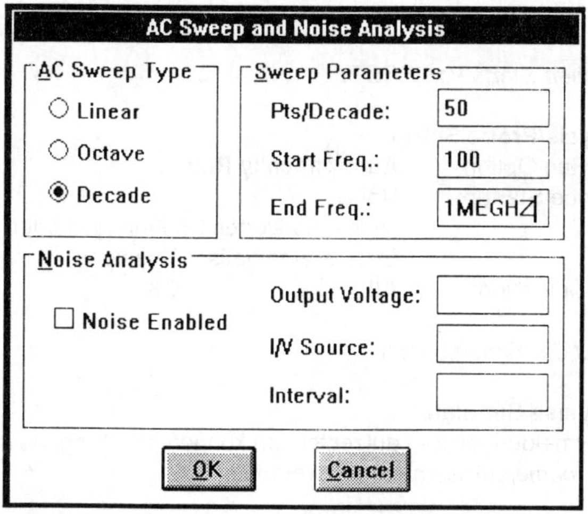

AC Sweep and Noise Analysis

AC Sweep Type
- Linear
- Octave
- Decade (selected)

Sweep Parameters
- Pts/Decade: 50
- Start Freq.: 100
- End Freq.: 1MEGHZ

Noise Analysis
- Noise Enabled (not checked)
- Output Voltage:
- I/V Source:
- Interval:

OK | Cancel

Bild 5.8: Dialogfenster für die AC-Simulation

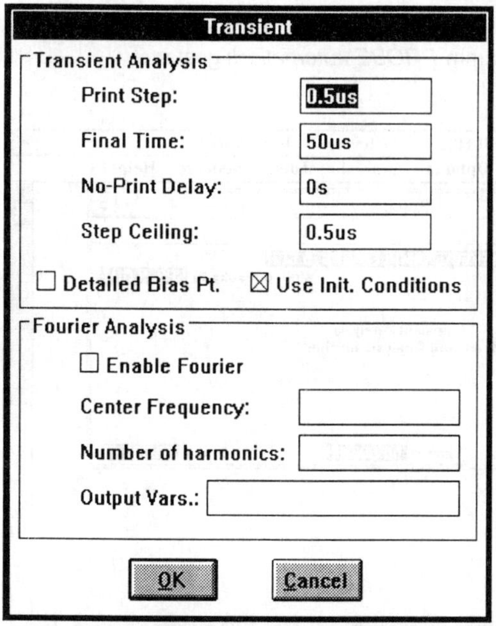

Transient

Transient Analysis
- Print Step: 0.5us
- Final Time: 50us
- No-Print Delay: 0s
- Step Ceiling: 0.5us
- Detailed Bias Pt. (not checked)
- Use Init. Conditions (checked)

Fourier Analysis
- Enable Fourier (not checked)
- Center Frequency:
- Number of harmonics:
- Output Vars.:

OK | Cancel

Bild 5.9: Dialogfenster für Transient-Simulation

5.1.4 Simulation

Einstellung des automatischen Starts von PROBE

SCHEMATICS-Editor	**Analysis/Probe Setup**	
	Auto Run Option:	**Automatically Run** ...
	At Probe Startup:	**None** (keine markierten Spannungen oder Ströme automatisch anzeigen)
	Data Collection:	**All** **OK**

Ablauf der Simulationen

PSPICE **Analysis / Simulate**

Fehlermeldungen zu Laufzeitfehlern können der Ausgabedatei *name*.out entnommen werden.

Anzeige der Ausgabedatei (Report des Simulationslaufs): **File / Examine Output**

Ist der Lauf fehlerfrei, wird das graphische Nachverarbeitungsprogramm *PROBE automatisch* gestartet.

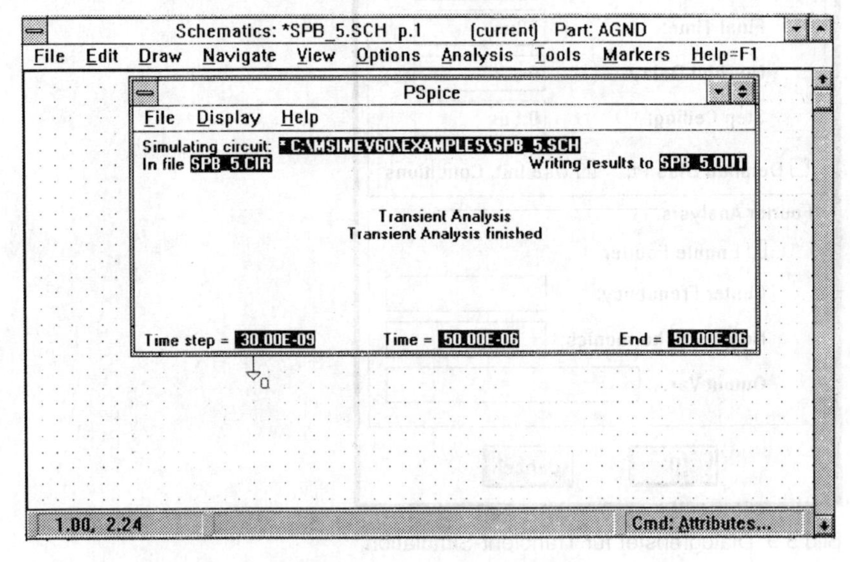

Bild 5.10: Report-Fenster für den Ablauf von PSPICE

5.1.5 Graphische Darstellung der Ergebnisse

PROBE

Wahl der Analyseart, die zuerst ausgegeben werden soll
Analysis Type: **AC**

Festlegung der Ausgabegrößen
Trace / Add...

Die zur Auswahl angebotenen Spannungen entsprechen den Potentialdifferenzen zwischen den angegebenen Knoten und dem Bezugsknoten (Knotenspannungen).
Beispiel für Auswahl von zwei Spannungen:
Kommandofenster: `V(1)` `V(2)` **OK**

Logarithmischer Maßstab in Richtung der Spannungsachse
Plot / Y-Axis Settings
Scale: **Log** **OK**

Ausgabe der Graphik über den Drucker
File / Print

*Ausgabe der **Transient**-Simulationsergebnisse*
Plot / Transient
Festlegung der Ausgabegrößen (Bild 5.11, Beispiel)
Kommandofenster: `V(1)` `V(2)` `I(C)` **OK**
Löschen von V(1): Symbol von V(1) unter dem Diagramm anklicken (linke MT), dann <Entf>-Taste drücken.

Verlassen des Programms
File / Exit

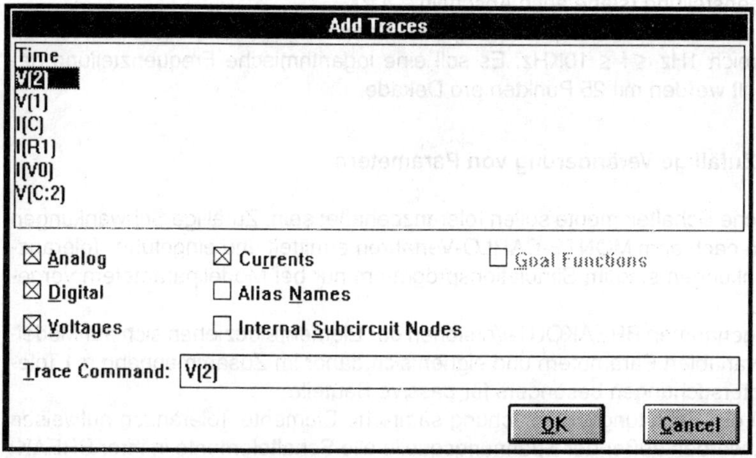

Add Traces

Time
V(2)
V(1)
I(C)
I(R1)
I(V0)
V(C:2)

☒ Analog ☒ Currents ☐ Goal Functions
☒ Digital ☐ Alias Names
☒ Voltages ☐ Internal Subcircuit Nodes

Trace Command: V(2)

OK Cancel

Bild 5.11: Dialogfenster des Menüpunktes **Trace/Add** in PROBE

5.2 Parametervariation, MONTE-CARLO-ANALYSE

5.2.1 Vorbemerkungen

In diesem Abschnitt wird am Beispiel einer Brückenschaltung erläutert, wie Parameter von Schaltelementen zufällig bzw. schrittweise verändert werden können.
Schaltplan

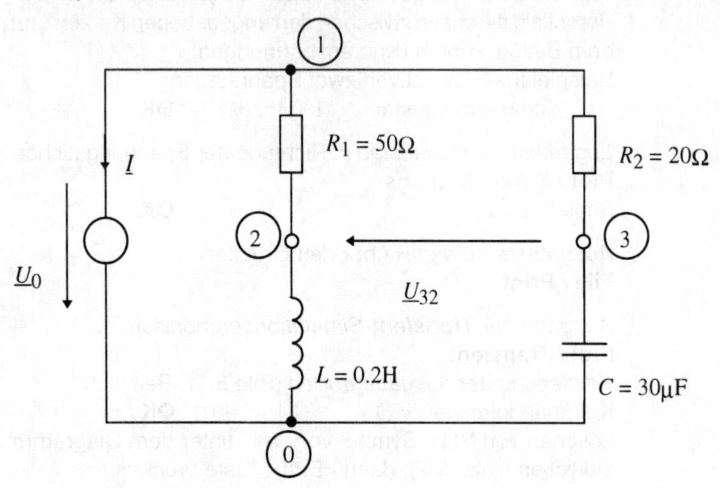

Bild 5.12: Brückenschaltung

Aufgabenstellung (siehe auch Abschnitt 2.4.2)

Gesucht sind die Frequenzgänge der Spannung $\underline{U}_{32}$ und des Stromes $\underline{I}$ im Bereich 1Hz $\leq f \leq$ 10KHz. Es soll eine logarithmische Frequenzteilung gewählt werden mit 25 Punkten pro Dekade.

5.2.2 Zufällige Veränderung von Parametern

Sämtliche Schaltelemente sollen toleranzbehaftet sein. Zufällige Schwankungen werden nach dem MONTE-CARLO-Verfahren ermittelt und eingeführt. Toleranzschwankungen sind im Simulationsprogramm nur bei Modellparametern vorgesehen.
Die sogenannten BREAKOUT-Versionen der Elemente beziehen sich auf Modelle mit variablen Parametern und eignen sich daher im Zusammenhang mit Toleranzuntersuchungen besonders für passive Bauteile.
Da bei der Schaltungsuntersuchung sämtliche Elemente Toleranzen aufweisen sollen, werden außer der Spannungsquelle alle Schaltelemente in ihrer BREAKOUT-Ausführung gewählt.

SCHEMATICS-Editor

Schaltplan eingeben für Parametervariation

Bauteile aus der Bibliothek "breakout.slb" abrufen

Draw/Get New Part

Part: `Rbreak` **OK**

Bauteil positionieren

Part: `VSRC` **OK**

....

Verdrahten

Draw/Wire

Attribute der Schaltelemente eingeben

Attributfenster der Spannungsquelle

Name: **AC** Value: `1V`

Name: **DC** Value: `0V`

Namen und Werte der restlichen Elemente eingeben, Knotennamen eingeben

---

Modelldefinitionen

R1 selektieren

Edit/Model

Edit Instance Model

Modellname Rbreak ersetzen z.B. durch `R_var`

Vollständige Modellzeile mit Toleranzangaben:

```
*$
MODEL  R_var  RES  R=1 DEV=2%  LOT=5%
*$
```

OK

R2 selektieren

Edit/Model

Change Model Reference

Model name: `R_var` **OK**

C selektieren

Edit/Model

Edit Instance Model

Modellname `Cbreak` ersetzen z.B durch `C_var`

Vollständige Modellzeile mit Toleranzangaben:

```
*$
.MODEL  C_var  CAP  C=1  DEV=3%
*$
```

OK

L selektieren

Edit/Model

Edit Instance Model

Modellname Lbreak ersetzen z.B durch `L_var`

Vollständige Modellzeile mit Toleranzangaben:

```
*$
.MODEL L_var IND L=1 DEV=5%
*$
```

OK

Festlegen der Analysen

Analysis/Setup

⊗ **AC Sweep**

Sweep Parameter: `25 1Hz 10KHz`

AC Sweep Type: ⊗ Decade

⊗ **Monte Carlo/Worst Case**

Analysis ⊗ Monte Carlo MC Runs: 10

Analysis Type ⊗ AC Output Var: `V(3,2)`

Function ⊗ YMAX

MC Options

Output: ⊗ All ⊗ List **OK**

Markieren der Ausgabevariable für PROBE

Markers/Mark Voltage Differential

Klick auf die Knoten 3 und 2 mit linker Maustaste

Graphische *Ausgabe der markierten Spannungen*

Analysis/Probe Setup

At Probe Startup: ⊗ Show all Markers

Data Collection: ⊗ All **OK**

Simulieren, Ergebnisse graphisch ansehen

PSPICE **Analysis/Simulate**

Nach der Simulation erfolgt ein automatischer Start von PROBE

PROBE Auswahlfenster: **ALL** **OK**

Kurven mit Cursor ausmessen

Tools/Cursor/Display

Verschieben des Cursors mit der Maus

– Linke MT: bewegt 1.Cursor

– Rechte MT: bewegt 2.Cursor

Wechseln auf andere Kurve
Symbol der gewünschten Kurve (unterhalb des Diagramms) anklicken
– Linke MT: 1.Cursor wechselt dorthin
– Rechte MT: 2.Cursor wechselt dorthin

File/Exit

Ergebnisse in der Ausgabedatei ansehen

SCHEMATICS-Editor

Analysis/Examine Output
Die Ausgabe enthält die vom Simulator gewählten Bauelementwerte für die einzelnen Läufe, außerdem zusammenfassende Angaben über die Abweichungen der Ausgangsgröße von den Nominalwerten

5.2.3 Vorgeschriebene Veränderung von Parametern

In der Brückenschaltung sollen alle Bauelemente ihren nominellen Wert gemäß Schaltplan haben (z.B. $R_1 = 50\Omega$). In mehreren Simulationsläufen soll nur der Wert von R_1 verändert werden (von 20 bis 80Ω in Schritten von 10Ω , d.h. 7 Läufe). Dies bedeutet, daß der Modellparameter R den Wertebereich 0,4 bis 1,6 mit einer Schrittweite von 0.2 durchläuft. Um eine gleichzeitige Veränderung von R_2 zu verhindern, wechselt man zunächst für dieses Element das Modell.

Ändern des Modells von R2

SCHEMATIC-Editor

R2 selektieren (mit linker MT anklicken)
Edit/Model
Change Model Reference ...
Model Name: `Rbreak` **OK**

Parameterbereich vorgeben

Analysis/Setup
⊗ Parametric
Swept Variable Type: ⊗ Model Parameter
Sweep Type: ⊗ Linear
Model Type: `RES` Model Name: `R_var`
Parameter Name:
Start Value: `0.4` End Value: `1.6`
Increment: `0.2` **OK** **Close**

Analysis/Simulate
Bei unveränderter Einstellung von PROBE Setup läuft die weitere Auswertung der Ergebnisse wie oben

Hinweis:
Falls wie im vorliegenden Fall nur der Wert eines einzelnen Bauelements verändert werden soll, besteht auch die Möglichkeit, dies ohne Einführung eines Modells für das betreffende Element durchzuführen: Für den Wert von R_1 wird dann statt 50Ω ein Parametername vorgegeben, vgl. dazu Beispiel in Abschnitt 5.5.

5.2.4 WORST CASE - Analyse

5.2.4.1 Einführung

Die Randbedingungen und die Handhabung des WORST CASE-Verfahrens weisen eine weitgehende Übereinstimmung mit dem in den vorausgegangenen Abschnitten behandelten MONTE CARLO-Verfahren auf. Es können somit beispielsweise nur Modellparameter variiert werden, d.h. passive Elemente müssen aus der BREAKOUT-Symbolbibliothek entnommen werden, sofern sie an dem WORST CASE-Verfahren beteiligt werden sollen.
Der Ablauf des Berechnungsverfahrens beginnt mit der individuellen Veränderung der variablen Parameter, die jeweils einzeln um 1 % einheitlich entweder vergrößert oder verkleinert werden (Direction Hi oder Lo). Mit Hilfe dieser Ergebnisse wird die gewünschte Zielfunktion berechnet, z.B.

YMAX = Max |Nominalverlauf-Verlauf nach Veränderung|,

außerdem die Stelle (Frequenz, Zeitpunkt), an der das Maximum auftritt.

Im zweiten Berechnungsschritt werden alle WORST CASE-Parameter gemeinsam verändert und zwar um den Wert, der in der DEV- bzw. LOT-Spezifikation der Modellzeile vorgegeben ist. Die Richtungen der Parameteränderungen werden dabei individuell so gewählt, daß sie in der Zielfunktion Änderungen mit demselben Vorzeichen hervorrufen.
Das Ergebnis dieses letzten Laufs wird zusammen mit dem des Nominallaufs an das Graphikprogramm PROBE weitergegeben.
In der tabellarischen Ausgabe (*name.out*-Datei) wird die Zielfunktion für den WORST CASE-Fall ausgegeben.

5.2.4.2 WORST CASE-Analyse des Frequenzgangs der Brückenschaltung

Sämtliche Schaltelemente der im Abschnitt 5.2 untersuchten Brückenschaltung sollen bei der WORST CASE-Untersuchung einbezogen werden, wobei die beim MONTE CARLO-Verfahren verwendeten Toleranzen für die Modellparameter übernommen werden sollen. Der Frequenzbereich, die Ausgangsgröße und die Zielfunktion bleiben ebenso unverändert.

Lösungsvorschlag

– Wahl der Simulationsart im Menüpunkt
  ANALYSIS/SETUP...

⊗ **Monte Carlo/Worst Case**

Analysis	⊗ Worst Case
Analysis Type	⊗ AC Output Var: `V(3,2)`
Function	⊗ YMAX
WCase Options	
Output:	⊗ All ⊗ List
Vary	⊗ Both
Direction	⊗ HI
Devices:	`RLC` **OK** **Close**

– Untersuchung der Ergebnisse im Schaubild und in der Ausgabedatei

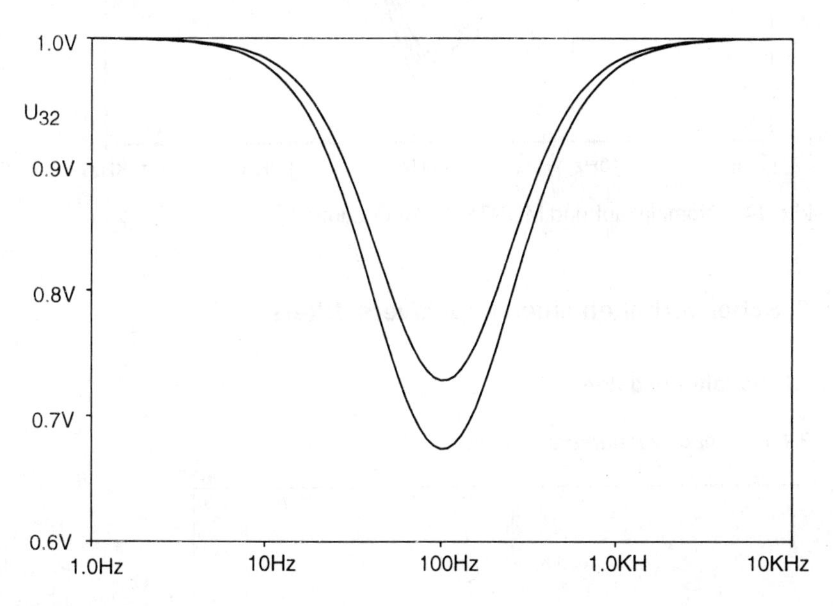

Bild 5.13: Nominallauf und Worst-Case-Lauf

Die bei der Anwendung des MONTE CARLO-Verfahrens resultierenden Kurven (10 Experimente, Bild 5.14) werden dem Worst Case-Ergebnis gegenübergestellt (Bild 5.13).

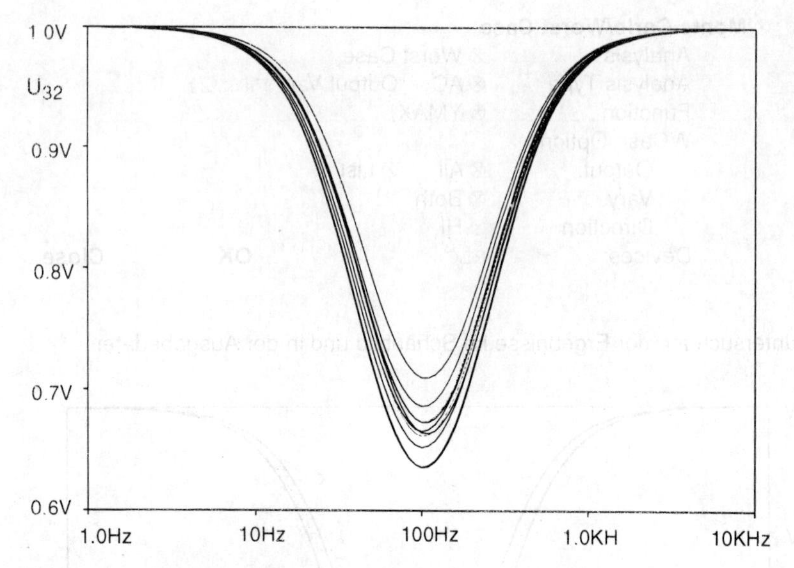

Bild 5.14: Nominallauf und MONTE-CARLO-Läufe

5.3 Schaltverhalten eines Impulsverstärkers

5.3.1 Schaltungsdaten

5.3.1.1 Impulsverstärkerschaltung

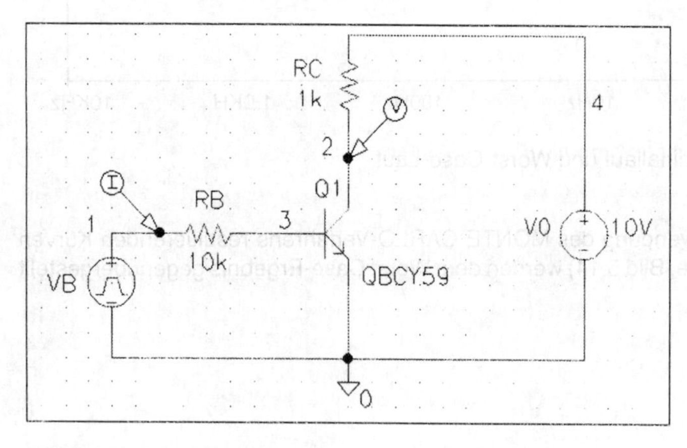

Bild 5.15: Impulsverstärker

5.3.1.2 Gummel- Poon-Parameter des Transistors BCY59 C

Formelname	SPICE-Name	Meßwert
B_F	BF	300
B_R	BR	9
I_S	IS	36fA
n_F	NF	1
n_R	NR	1,01
U_{AF}	VAF	33V
U_{AR}	VAR	7,2V
I_{SE}	ISE	0,32pA
n_E	NE	1,7
I_{SC}	ISC	47fA
n_C	NC	1,2
I_{KF}	IKF	38,5mA
I_{KR}	IKR	15mA

Formelname	SPICE-Name	Meßwert
τ_F	TF	0,5ns
τ_R	TR	102ns
C_{je0}	CJE	13pF
m_{je}	MJE	0,32
U_{JE}	VJE	0,6V
C_{jc0}	CJC	6pF
m_{jc}	MJC	0,22
U_{JC}	VJC	0,24
$r_{BB'}$	RB	42Ω
$r_{EE'}$	RE	0,2Ω
$r_{CC'}$	RC	0,9Ω

5.3.1.3 Modellparameter der Schottky-Diode 1N5711

Sättigungsstrom	IS = 8nA
Emissionskoeffizient	N = 1
Bahnwiderstand	RS = 47Ω
Sperrschichtkapazität	CJO = 2pf
Sperrschichtpotential	VJ = 0,2V
Exponent der Sperrschichtkapazität	M = 0,18
Transitzeit	TT ≈ 0

5.3.2 Eingabe der Schaltung und der Simulationsdaten

5.3.2.1 Modellerstellung für den Transistor BCY59

Ausgehend von dem in der Bibliothek "eval.lib" verfügbaren Transistormodell Q2N2222 ist mit Hilfe des Symbol-Editors ein Modell für den Transistor BCY59C zu erstellen. Unter der Bezeichnung "QBCY59" ist dieser in einer Bibliothek "user.lib" (Modellparameterdatei) bzw. "user.slb" (Symboldatei) zu speichern. Die Bibliothek "user.lib" soll im SCHEMATIC-Editor global für Stromlaufpläne zugänglich gemacht werden. Um die automatische Erzeugung einer Index-Datei für die neue Bibliothek zu ermöglichen, soll vor dem Start von SCHEMATICS mit dem Standard-Editor von Windows die Datei "...\msimev60\lib\nom.lib" durch den Eintrag

.lib "user.lib"

ergänzt werden.

5.3.2.2 Schaltungseingabe

Die Schaltung nach Bild 5.15 ist unter Verwendung des neuen Transistormodells einzugeben

- Die Eingabe des Transistors erfolgt ohne Anfangswertangaben
- Als Spannungsquelle kann eine periodische Impulsfunktion (VPULSE) verwendet werden.
  Zeitparameter: **TD** = 0, **TR** = 0, **TF** = 0; für **PW** und **PER** sind keine Werte einzugeben, hier sollen die Ersatzwerte stehen bleiben.

5.3.2.3 Definition der Simulation

Im Menü **Analysis/Setup**... sind nach Auswahl des Eingabefensters "Transient Simulation" folgende Einstellungen einzugeben:

Print Step = 50ns, **Final Time** = 5µs, **No-Print Delay**= 0s, **Step Ceiling** = 50ns.

5.3.3 Simulationsergebnisse, Variation der Modellparameter

5.3.3.1

Die Antwort des Verstärkers nach Bild 5.15 auf einen Sprung der Eingangsspannung von U_{BH} = 5V nach U_{BL} = 0V ist zu untersuchen. Die Größen $i_B(t)$ und $u_{CE}(t)$ sind mit dem Graphik-Programm PROBE auszugeben.

5.3.3.2

In drei weiteren Läufen soll der Einfluß der Modellparameter TR, BR, CJC auf die Zeitverläufe $i_B(t)$ und $u_{CE}(t)$ untersucht werden.
Vorschlag für die Parametervariation

Parameter	Anfangswert	Endwert	Schrittweite
TR	0	100ns	20ns
BR	1	9	2
CJC	0	6pF	2pF

5.3.4 Lösungsvorschlag

Vor dem Start von SCHEMATICS ist mit dem WINDOWS-Editor am Ende der Datei "c:\msimev60\lib\nom.lib" der Eintrag **.lib "user.lib"** einzufügen. Damit ist eine automatische Indizierung der Bibliothekseinträge möglich.

SCHEMATIC-Editor	Hauptmenü **File/Edit Library**
SYMBOL-Editor	Falls die Symbolbibliothek bereits eine Datei "user.slb" enthält, ist diese mit

File/Open
Dateiname: `user.slb` **OK**
zu öffen.

Kopieren und *Verändern* des vorhandenen Symbols für einen bipolaren npn-Transistor
Part/Copy...
Auswahl des zu kopierenden Bauteils
Select Library
Dateiname: `eval.slb` **OK**
New Part Name: `QBCY59`
Existing Part Name `Q2N2222` **OK**

Ändern von Attributen des Bauteils

Part/Attributes
Name: `Part`
Value: `QBCY59` **Save Attribute**
Name: `Model`
Value: `QBCY59` **Save Attribute**
Name: `Component`
Value: `BCY59C` **Save Attribute**
OK

SYMBOL-Editor

Eingabe der Mod.parameter des Transistors BCY59

Edit/Model...
In das leere Fenster sind die Modellparameter in der folgenden Form einzugeben

```
*$
.model QBCY59 npn (
BF=300
BR=9
....
RC=0.9Ohm)
*$
```

Speichern der neuen Modellparameter
Save To Library:
`...\msimeval60\lib\user.lib` **OK**
Speichern des neuen Symbols
File/Save As...
Save Changes: **Ja**
Dateiname: `..\lib\user.slb` **OK**
Add to List of Schematic Libraries: **Ja**
(Falls die Symboldatei "user.slb" bereits vorhanden war und geöffnet wurde, ist das neue Symbol mit dem Menüpunkt **File/Save** zu speichern)

<u>Zurück</u> zum SCHEMATICS-Editor
File/Return To Schematics

SCHEMATIC-Editor

Einbinden der Modellparameterdatei "user.lib" in die für den SCHEMATIC-Editor (global) verfügbare Bibliothek
Analysis/Library And Include Files
File Name: `..\msimev60\lib\user.lib`
Add Library* **OK**
Damit kann auf das neue Bauteil von beliebigen Stromlaufplänen aus zugegriffen werden (Eintrag in die "msim.ini"-Datei)

Erstellung des Stromlaufplanes für die Verstärkerschaltung
Draw/Get New Part
Browse ...
Library: `user.slb`
Part: `QBCY59` **OK**
Auswahl der restlichen Schaltelemente und Verdrahtung gemäß der gegebenen Schaltung; Knotennamen eingeben.

SCHEMATIC-Editor

Speichern des Stromlaufplans
File/Save As
Dateiname: `..\example\impv.sch` **OK**
Einstellung der Simulationssteuerung
Analysis/Setup
⊗ **Transient ...**
Zeitbereich und Schrittweite eingeben
OK **Close**

Starten des Simulationslaufes
Analysis/Simulate
(Automatische Erstellung von Netzliste, ERC, Start des Simulationsprogramms, Start von Probe)

PROBE

Graphische Ausgabe der gesuchten Schaltungsgrößen
Trace/Add ...
Auswahl von V(2), I(RB) **OK**

Schrittweise Veränderung der Modellparameter

SCHEMATIC-Editor

Parametrische Analyse
Analysis/Setup
Parametric... ⊗ Model Parameter
⊗ Linear
Model Type: `NPN`
Model Name `QBCY59`
Param. Name: `TR`

Start Value: 0
End Value: 100ns
Increment: 20ns **OK** **Close**

Positionieren des Markierungspfeils am Knoten 2
Markers/Voltage Level Marker
Graphische *Ausgabe der markierten Größen*
Analysis/Probe Setup
At Probe Startup: ⊗ Show all Markers
Data Collection: ⊗ All **OK**
Simulationslauf
Analysis/Simulate
Select : **All** **OK**

PROBE

Einfügung einer zweiten y-Achse (für Stromausgabe)
Plot/Add Y-Axis
Auswahl der auszugebenden Ströme
Trace/Add Trace
`I(RB)   IB(Q1)`

Die beiden ebenfalls zur Variation vorgesehenen Parameter sind entsprechend zu behandeln.

5.4 Hierarchische Schaltungsstruktur mit Blöcken

5.4.1 Vorbemerkungen

Blöcke ermöglichen im DESIGN CENTER einen hierarchischen Entwurf. Zunächst ist ein Block eine "Black Box", deren Inhalt in späteren Entwicklungsschritten festgelegt wird. Blöcke sind vor allem vorteilhaft, wenn bestimmte Baugruppen mehrmals im Schaltplan auftreten. Die Vorgehensweise wird an einer kleinen Beispielschaltung (Diodenlogik) erläutert.

Schaltplan:

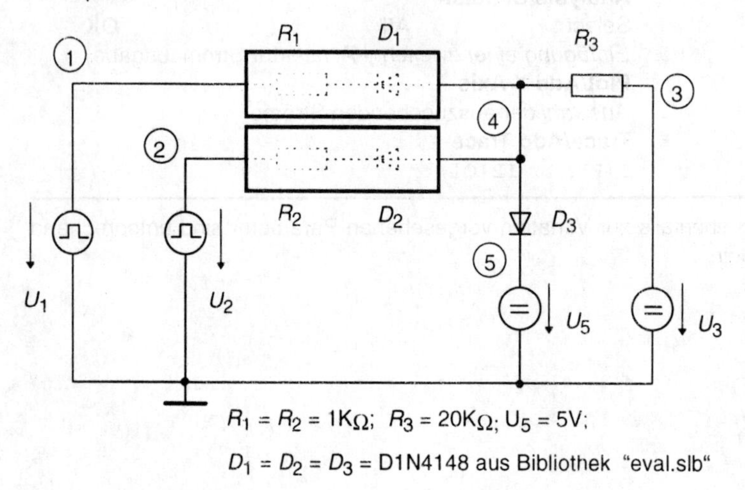

$R_1 = R_2 = 1K\Omega$; $R_3 = 20K\Omega$; $U_5 = 5V$;

$D_1 = D_2 = D_3$ = D1N4148 aus Bibliothek "eval.slb"

Bild 5.16: Diodenlogik

Aufgabenstellung:

Die gestrichelten umrandeten Schaltungsteile sollen als Blöcke vereinbart werden.

a) Es sei $U_1 = U_2 = 25V$
   Gesucht ist die Abhängigkeit $U_4 = f(U_3)$ mit den Spannungswerten
   $U_3 = 5, 10, 15, 20, ..., 40$ V
b) Die Spannungen U_1 und U_2 werden über Impulsgeneratoren so erzeugt, daß periodisch die Bitmuster 00, 01, 10, 11 am Eingang der Schaltung anliegen.
   Dabei bedeutet z.B. 01: $U_2 = 0V$; $U_1 = 25V$.
   Der Bittakt beträgt 5KHz.
   Die Anstiegs- und die Abfallzeiten betragen jeweils 50µs.
   Die Spannung U_3 sei konstant mit $U_3 = 20V$.

5.4.2 Analyse der Diodenlogik

Bei Aufgabe a) werden alle Spannungsquellen als Gleichquellen eingeführt, d.h. mit dem SCHEMATIC-Symbol VSRC. Bei der Ausführung von Aufgabe b) muß für die Spannungsquellen U_1 und U_2 das Symbol VPULSE gewählt werden.

SCHEMATIC-Editor

Umgebung der Blöcke eingeben
(siehe Abschnitt 5.1 bis 5.3)

Blocksymbole eingeben

Draw/Block <Strg-R>
Positionieren des Blocks wie ein normales Bauteil

Ebenso den zweiten Block einfügen und positionieren

Draw/Wire
Verdrahtung an die Seiten der Blöcke heranführen
- automatische Bildung von Pins an den Blöcken
- in jedem Block erscheinen die lokal gültigen Knotennummern (Pin Label)

Verbindungsleitungen zu den Blöcken selektieren und durch Doppelklick mit linker MT Dialogbox öffen. Knotennamen eingeben.

File/Save As ..
Eingabe des Dateinamens für Stromlaufplan

Blockinhalte festlegen

Selektieren des ersten Blocks
Navigate/Push
Setup Block Dialogfenster erscheint
Schematic: z.B. `R_D` **OK**
- Neues SCHEMATIC-Arbeitsfenster öffnet sich, es enthält zwei "Interface Ports"
- Schaltplan des Blocks unter Berücksichtigung der Außenanschlüsse eingeben (lokale Knotenbezeichnungen)

Zurück zur oberen Hierarchieebene
Navigate/Pop
Dialogfenster erscheint
Save all Changes to <*dateiname*>: **Ja**

Selektieren des zweiten Blocks
Navigate/Push
Setup Block Dialogfenster erscheint
Schematic: `R_D` **OK**
Navigate/Pop

Festlegen der Simulationsart für Aufgabe a

SCHEMATIC-Editor	**Analysis/Setup** ⊗ DC Sweep ...Quelle und Bereiche eingeben
	Simulieren
PSPICE	**Analysis/Simulate**
	Ergebnisse graphisch ansehen
PROBE	Nach der Simulation erfolgt ein automatischer Start von PROBE **Trace/Add** V(4) **OK**
	Ergebnisse in der Ausgabedatei ansehen
SCHEMATIC-Editor	**Analysis/Examine Output** Auswirkung der Blockdefinition auf die PSPICE-Eingabezeilen untersuchen! **File/Exit**
	Festlegen der Simulationsart für Aufgabe b
	Analysis/Setup ⊗ Transient... Geeignete Parameter eingeben.
	usw.

5.5 Verwendung von SUBCIRCUITS aus einer Bibliothek

5.5.1 Vorbemerkungen

Unter einem SUBCIRCUIT versteht man eine Teilschaltung, die in einer eigenen Datei oder in einer Bibliothek abgelegt ist und dann in beliebigen Schaltungen wieder aufgerufen werden kann.
In diesem Abschnitt wird das Modell eines Operationsverstärkers aus einer Bibliothek entnommen und in einem Wienbrücken-Oszillator eingesetzt. Die Schaltung wird einer TRANSIENT-Analyse unterworfen. Außerdem werden zwei Verfahren für eine FOURIER-Analyse vorgestellt.
Schließlich wird das Ausdrucken eines Schaltplans erläutert.

Schaltplan:

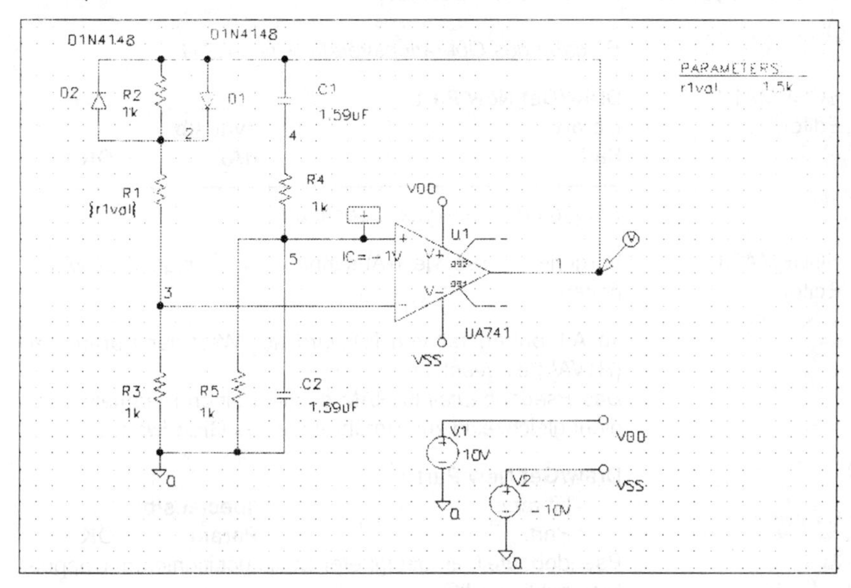

Bild 5.17: Wienbrücken-Oszillator

Aufgabenstellung:

a) Erstellen Sie die Eingabe für eine Transient-Analyse. Das Diodenmodell und das SUBCIRCUIT für den Operationsverstärker sind aus der Bibliothek zu entnehmen. Zum Anstoßen des Oszillators ist mit Hilfe des .IC-Kommandos das Anfangspotential des Knotens 5 auf den Wert -1V zu setzen. Der Zeitverlauf der Spannung u_A am Ausgang des Operationsverstärkers gegen Masse ist im Zeitraum 0 bis 30ms mit Schrittweiten von 0.2ms zu simulieren und mit PROBE als Schaubild auszugeben.

b) Ermitteln Sie die Abhängigkeit der Schwingungsweite von u_A von der Gegenkopplung des Verstärkers, wenn Sie den Wert des Widerstandes R_1 schrittweise verändern. Wählen Sie die folgenden Werte:

   R_1 = 1.3KΩ; 1.5KΩ; 1.7KΩ.

c) Führen Sie eine Fourier-Analyse der Spannung u_A für R_1 = 1.5KΩ durch.
   - Wählen Sie zunächst das im Programms PROBE integrierte FAST FOURIER- Verfahren.
   - Ermitteln Sie die FOURIER-Koeffizienten mit Hilfe der .FOUR-Steuerzeile in PSPICE. Bestimmen Sie den bei der Eingabe benötigten Frequenzwert aus der dem Schaubild entnommenen Periodendauer (Verwendung von Cursorlinien!).

5.5.2 Analyse des Wien-Brücken-Oszillators

	Eingabe des Operationsverstärkers uA741
SCHEMATIC-Editor	**Draw/Get New Part** Library: **eval.slb** Part: **uA741** **OK**

Eingabe der restlichen Schaltung

SCHEMATIC-Editor

Vorgehensweise wie in Abschnitt 5.1 mit einigen Besonderheiten

Im Attributfenster von R1 wird als *Wert* der Parameter {R1VAL} eingesetzt.
Das *Pseudobauteil* PARAM definiert einen Parameter und dient gleichzeitig zur Einführung eines Grundwertes

Draw/Get New Part
Library: **special.slb**
Part: **Param** **OK**

Pseudobauteil, an geeigneter Stelle positionieren, Doppelklick mit linker MT.
Dialogfenster zur Definiton von max. 3 Parametern öffnet sich. Nur ein Parameter wird benötigt

Name: `Name1` Value: `R1VAL` **Save Attribute**
Name: `Value1` Value: `1.5K` **Save Attribute** **OK**

Zuweisung eines *Anfangswertes* an Knoten 5 durch ein IC-Pseudoelement

Draw/Get New Part
Library: **special.slb**
Part: **IC1** **OK**

Pseudobauteil, am Knoten 5 mit der Spitze positionieren, Doppelklick mit linker MT.
Dialogfenster zur Definition des Anfangswertes
Name: `Value` Value: `-1V`
Save Attribute **OK**

Realisierung einer *elektrischen Verbindung* zwischen den Versorgungsspannungsquellen und den Stromversorgungsanschlüssen des Operationsverstärkers mit BUBBLE-Ports

Draw/Get New Part
Library: **port.slb**
Part: **Bubble** **OK**

Bubble Port, an den Versorgungspins des OP und an den Spannungsquellenanschlüssen positionieren und Absetzen mit linker MT.
Zur Eingabe des Namens für jeden Bubble Port in bekannter Weise Dialogfenster öffnen, Label eintragen **OK**

Festlegen der Analysen

Analysis/Setup
⊗ Transient ... `0.2ms 30ms 0 0.2ms` **OK**
⊗ Parametric... ⊙ Global Par. ⊙ Linear
Name: `R1VAL` Start Value: `1.3K`
End Value: `1.7K` Increment: `0.2K`
OK **Close**

Simulieren, Ergebnisse der Transient-Analyse graphisch ansehen

PSPICE

Analysis/Simulate
Automatischer Start von PROBE nach der Simulation

PROBE

Angebot von 3 Kurven
ALL **OK**
Trace/Add `V (1)` **OK**
Die zu R1 = 1.5KΩ gehörende Kurve wird für eine Fourier-Analyse ausgewählt. Dazu wird die Periodendauer benötigt. Die Messung erfolgt mit den Cursor-Linien.
Tools/Cursor/Display
Periodendauer ca. 10.04ms (99.6Hz)
Löschen der Kurvenschar

Fast-Fourier-Analyse in PROBE

Trace/Add `V(1) @2`
Plot/X-Axis Settings → Dialogbox
Use Data: • Restricted `0 to 10.04ms`
Scale • Linear
Processing Options ⊗ Fourier **OK**
Amplitudenwerte aus der Graphik entnehmen.
Evtl. mit **View/Area** einen Ausschnitt vergrößern

Fourier-Analyse in PSPICE

SCHEMATIC-Editor	Analysis/Setup ⊗ Transient... Fourier Analysis ⊗ Enable Fourier Center Frequency: 99.6Hz Number of Harmonics: 9 Output Vars.: V (1) **OK** **Close** O Parametric... (Keine Variation des Parameters)

Simulieren

PSPICE	**Analysis/Probe Setup** ⦿ Do not Auto-Run Probe **OK** **Analysis/Simulate**

Ergebnisse in der Ausgabedatei ansehen

SCHEMATIC-Editor	**Analysis/Examine Output**

Schaltplan ausdrucken (Hardcopy)

Mit Mauszeiger und gedrückter linker MT ein Rechteck zur Definition des gewünschten Ausschnitts aus dem Arbeitsfenster ziehen

File/Print → Dialogfenster
Pages: 1
User Definable Zoom Factor: 200 %
Orientation: ⦿ Landscape (Querformat)
⊗ Only Print Selected Area **OK**

Der Schaltungsausschnitt kann auch mit
File/Copy to Clipboard
in die Zwischenablage gebracht und in andere Programme importiert werden.

5.6 Rauschanalyse eines Verstärkers mit bipolarem Transistor

Verstärkerschaltung mit dem rauscharmen Transistor BC413 B
(Aus HÖFER, NIELINGER "SPICE", S.103)

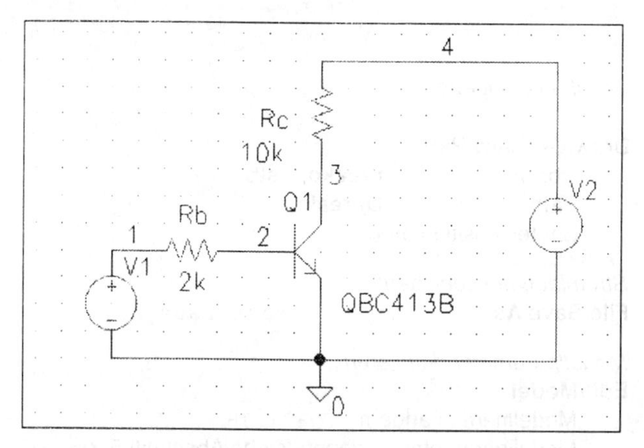

Bild 5.18: Verstärkerschaltung

Modellparameter des Transistors BC413 B:

BF = 230, RB = 210Ohm, TF = 3ns, CJE = 7pF, CJC = 8pF,
IS = 72fA, VAF = 15V, AF = 1, KF = $1{,}3 \cdot 10^{-14}$.

Aufgabe:

Berechnung der Rauschleistung im Frequenzbereich 10Hz bis 100KHz mit logarithmischer Frequenzteilung und 25 Punkten pro Dekade.

Ausgang für Berechnung der Rauschleistung: V (3,4)
Eingang für Berechnung der äquivalenten Rauschleistung: V 1

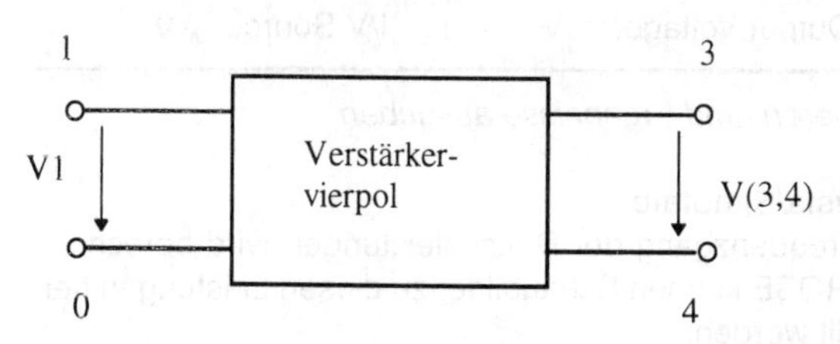

Bild 5.19: Eingänge und Ausgänge für die Rauschanalyse

Der Transistor soll als lokal gültiges Modell definiert werden. Die sogenannte BREAKOUT-Bibliothek liefert sowohl ein Symbol als auch ein Formular zum Eintragen der Modellparameter für viele Bauteile, unter anderem für npn-Transistoren (siehe auch Abschnitt 5.3).

Lösungsvorschlag:

Schaltung eingeben

SCHEMATIC-Editor

Draw/Get New Part

Library: **breakout.slb**

Part: **Qbreakn**

Bauteil positionieren

Stromlaufplan speichern

File/Save As `....\device\rausch.sch`

Modellparameter definieren

Edit/Model

Modellnamen ändern `QBC413B`

Modellparameter eingeben (siehe Abschnitt 5.3)

Modell Speichern **OK**

Schaltung ergänzen

Draw/Get New Part

Restliche Elemente der Schaltung eingeben,

Draw/Wire

Verdrahten, Werte und Knotennamen zuweisen

Simulationsart definieren

Analysis/Setup

⊗ AC-Sweep

Frequenzbereich und Frequenzteilung eingeben

Noise Analysis ⊗ Noise Enabled

Output Voltage: `V(3,4)` I/V Source: `V1`

Simulieren und Ergebnisse ausgeben

PSPICE

Analysis/Simulate

Der Frequenzgang der Rauschleistungen wird berechnet. Mit PROBE können Schaubilder zu diesen Leistungen hergestellt werden.

Tabellenausgabe der Ergebnisse

SCHEMATIC-Editor

Analysis/Examine Output

Die Frequenzgänge der Rauschleistungen können auch in

Form von Tabellen ausgegeben werden. Der Beitrag jeder Rauschquelle ist bei den Frequenzwerten mit detaillierter Ausgabe erkennbar. Dazu müssen im AC Sweep... Setup-Fenster die Intervalle angegeben werden, für die eine ausführliche Tabellenausgabe erfolgen soll.

5.7 Definition einer analogen Unterschaltung (SUBCIRCUIT) einschließlich Schaltungssymbol

5.7.1 Einführung

Für Schaltungsteile, die in einem Stromlaufplan mehrfach auftreten, verwendet man im SCHEMATIC-Editor gewöhnlich Blöcke, d.h. eine hierarchische Schaltungsdarstellung. Kleine Unterschiede zwischen verschiedenen Blöcken lassen sich dabei problemlos berücksichtigen.
Standardbauteile bestehen aus fest vorgegebenen Strukturen und Elementen. Für den Anwender ist in der Regel nur das elektrische Verhalten an den Klemmen von Interesse. Häufig sind die Schaltungen sehr komplex, so daß man zur Erstellung der Schaltungsmodelle vereinfachte Stromlaufpläne verwendet und damit den Rechenaufwand bei der Simulation in vertretbaren Grenzen hält. Für den Anwender muß dabei eine hinreichend gute Übereinstimmung von Original und Modell nach außen hin gewährleistet sein.
Bei der Erstellung von Schaltungseingaben erscheint die Verwendung der Stromlaufpläne von Makromodellen komplexer Standardbausteine wenig sinnvoll. Statt dessen werden die Netzlisten der Makromodelle als "Unterschaltungen" definiert und in Modellbibliotheken abgelegt (zusammen mit Schaltelementemodellen). Sie können so recht einfach an verschiedenen Stellen einer Schaltung eingesetzt werden.

5.7.2 Beispiel

In der gestellten Aufgabe wird gefordert, die Reihenschaltung eines Widerstandes und einer Halbleiterdiode als SUBCIRCUIT mit einem eigenen Symbol zu definieren.

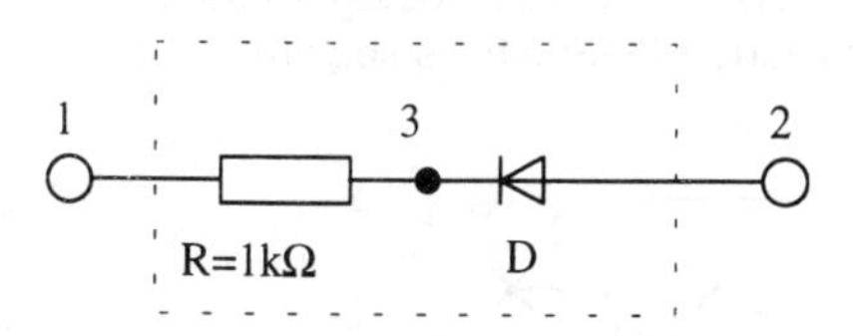

Bild 5.20: Struktur des SUBCIRCUIT

Im folgenden Lösungsvorschlag wird zuerst mit Hilfe des SYMBOL-Editors das Symbol definiert, daraufhin die Bauteilattribute festgelegt und schließlich die Netzliste der Unterschaltung editiert.

	Start des Stromlaufplaneditors SCHEMATICS
SCHEMATIC-Editor	
	Erstellung eines Symbols für das Subcircuit
	Aufruf des SYMBOL-Editors **File/Edit Library**
SYMBOL-Editor	**File/New**

Definition eines neuen Bauteils
Part/New

Dialogfenster
Description: `Wid_Diode_Reihenschaltung`
Name: `R_D` **OK**

Erzeugung des Symbols
Graphics/Box (CURSOR erscheint als Bleistift)

Symbol zeichnen, dazu linke obere Ecke der Box mit Mausklick markieren, Zeiger bis zur rechten unteren Ecke ziehen, Doppelklick

BOUNDING BOX zeichnen
Graphics/Bbox

Die BOX (Schaltungssymbol) muß von der BBOX so umschlossen werden,daß genügend Platz für die Schaltungsanschlüsse (Pins) bleibt.

Anschlußpins zeichnen
Graphics/Pin

Pins positionieren und so mit Mausklick einfügen, daß das kreuzförmige Symbol auf dem Rand der BBOX liegt. Es müssen zwei Anschlüsse gelegt werden (für rechten Anschluß PIN-Symbol spiegeln).

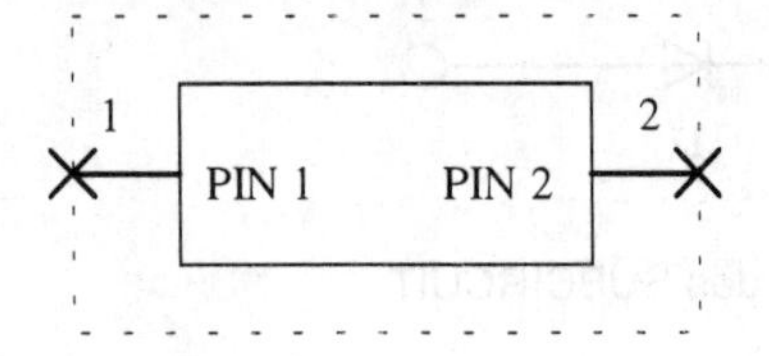

EDIT/CHANGE ...

Pin-Namen, -Nummern und -Type markierter Pins können geändert werden. Die automatisch vergebenen Namen und Nummern sollen hier beibehalten werden (vgl. Bild oben)

Festlegung der Attribute des Bauteils

PART/ATTRIBUTES

Attributfenster wird geöffnet

Name: `REFDES` Value: `U?`

Name: `PART` Value: `R_D`

Name: `MODEL` Value: `R_D`

Name: `TEMPLATE`

Value: `X^@REFDES %pin1 %pin2 @MODEL`

(`%pin1 %pin2`: Pin-Namen)

Die Eingaben sind jeweils mit **Save Attribute** zu sichern **OK**

Eingabe der Netzliste des Subcircuits

EDIT/MODEL

Eingabezeilen

```
*$
*Kommentare
.subckt  R_D  1  2
R  1  3  1K
DM  2  3  def_diode
.MODEL  def_diode  D
.ENDS
*$
```

OK

Netzliste wird defaultmäßig in "user.lib" abgespeichert.

Das Bauteil kann zunächst in eine *temporäre Datei* gespeichert werden, bis die Funktionsfähigkeit und Fehlerfreiheit gesichert ist.

FILE/SAVE AS...

Save Changes to part...? **Ja**

Eingabefenster für Dateiangabe wird geöffnet

Dateiname: `...\tmp.slb` **OK**

Kopieren eines Symbols in eine andere Bibliothek: Im folgenden Beispiel wird aus der Bibliothek "tmp.slb" in die Bibliothek "user.slb" kopiert, die bereits im Abschnitt 5.3 erzeugt wurde.

SCHEMATIC-Editor	**File/Edit Library**		
	Übergang in den Symbol-Editor		
SYMBOL-Editor	**File/Open**		
	Name:	`user.slb`	**OK**
	Part/Copy		
	Select Library		
	Dateiname:	`tmp.slb`	**OK**
	Existing part name:	`R_D`	
	New part name:	`R_D`	**OK**
	File/Save		
	File/Exit oder /**Return To Schematic**		

5.8 Gemischte Analog-/Digitalschaltung

Das elektrische Verhalten der im Bild 5.21 dargestellten Schaltung, bestehend aus einer Sinusspannungsquelle, einem TTL Schmitt-Trigger-Inverter 7414 und einer Lastkapazität C1 = 10pF soll untersucht werden.

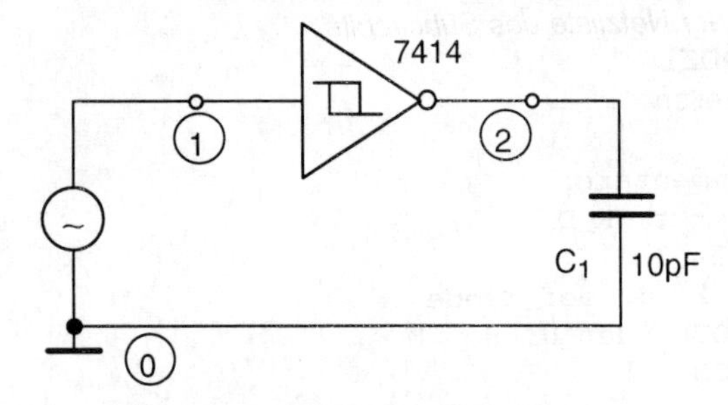

Bild 5.21: Schmitt-Trigger-Schaltung

a) Erstellen Sie den Stromlaufplan. Die Attribute für die Spannungsquelle VSIN sind dem Bild 5.22 zu entnehmen. Der Schmitt-Trigger-Inverter 7414 ist in der Symbolbibliothek "7400.slb" abgelegt. Wählen Sie für den Parameter IO_LEVEL den Wert 3.

b) Führen Sie eine Transient-Analyse der Schaltung durch (Analyseparameter gemäß Bild 5.23) mit automatischem Start des Graphikprogramms PROBE.

c) Welche im Stromlaufplan nicht sichtbaren Knoten werden bei der Auswahl im Menüpunkt **Trace/Add** (Menüleiste von PROBE) angeboten?
Wählen Sie alle analogen und digitalen Knotenspannungen zur Anzeige aus (ausgenommen die Versorgungsspannungen).

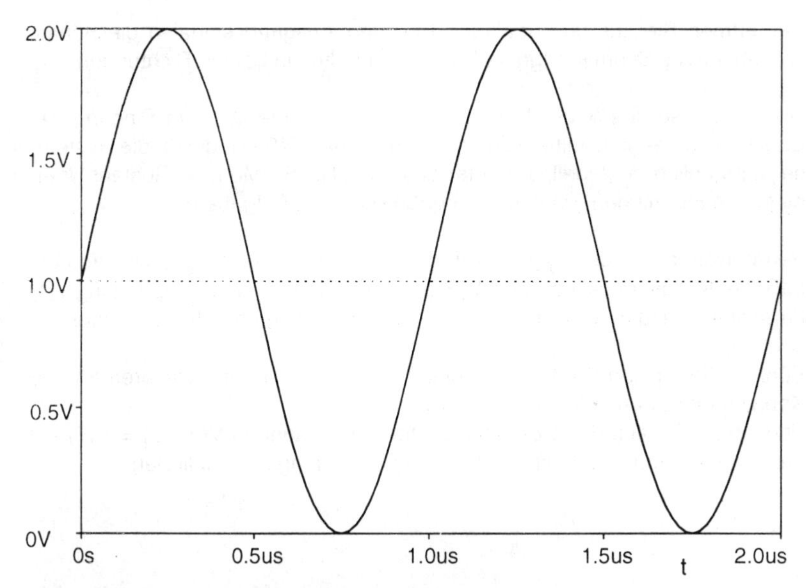

Bild 5.22: Zeitverlauf der Quellenspannung

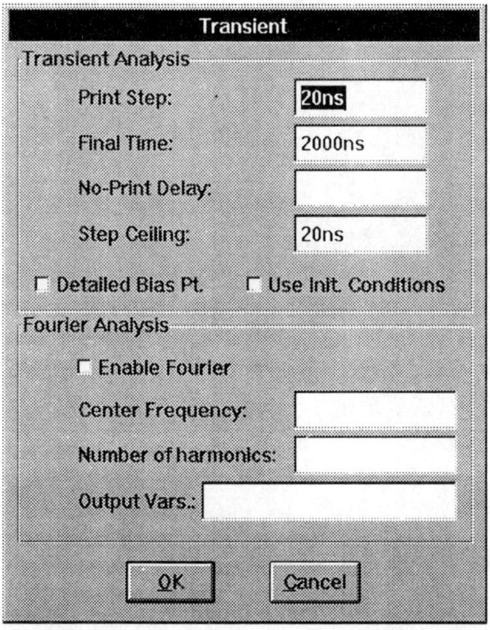

Transient

Transient Analysis

Print Step: 20ns

Final Time: 2000ns

No-Print Delay:

Step Ceiling: 20ns

☐ Detailed Bias Pt. ☐ Use Init. Conditions

Fourier Analysis

☐ Enable Fourier

Center Frequency:

Number of harmonics:

Output Vars.:

OK Cancel

Bild 5.23: Einstellungen für die Einschwinganalyse

d) Entnehmen Sie aus den analogen Ein- und Ausgangssignalen die Schaltschwellen des Schmitt-Triggers beim Umschalten in beiden Richtungen.

e) Die Hysterese des Schmitt-Triggers wird im A/D-Interface am Eingang des Bausteins erzeugt. Ermitteln Sie in der Bibliothek 7400.lib die für die Hysterese maßgeblichen Modellparameter des IO_STD_ST-Modells. Besteht Übereinstimmung mit den Simulationsergebnissen von Aufgabe d?

f) Verdeutlichen Sie die Hysterese-Eigenschaft der Schaltung noch dadurch, daß Sie die Ausgangsspannung V(2) als Funktion der Eingangsspannung V(1) darstellen. Dazu muß die t-Achse in eine V(1)-Achse umdefiniert werden.

g) Führen Sie für den Wert von C_1 einen Parameter ein und variieren Sie die Kapazität im Bereich $0.1nF \leq C_1 \leq 1nF$.
Versuchen Sie aus den Übergangszeiten der Spannung V(2) (C_1 = 1nF) auf den mittleren Innenwiderstand des Inverterausgangs zu schließen.

Teil 3

Haybatolah Khakzar, Reinold Oetinger

1 Modell der Diode

Reinold Oetinger

1.1 Ersatzschaltbild

Das in Bild 1.1 aufgezeichnete Ersatzschaltbild enthält vier „Ersatzschaltbilddioden". Sie sind als trägheitslos aufzufassen. Die Trägheitseigenschaften werden durch die Kapazitäten C_t und C_j modelliert.

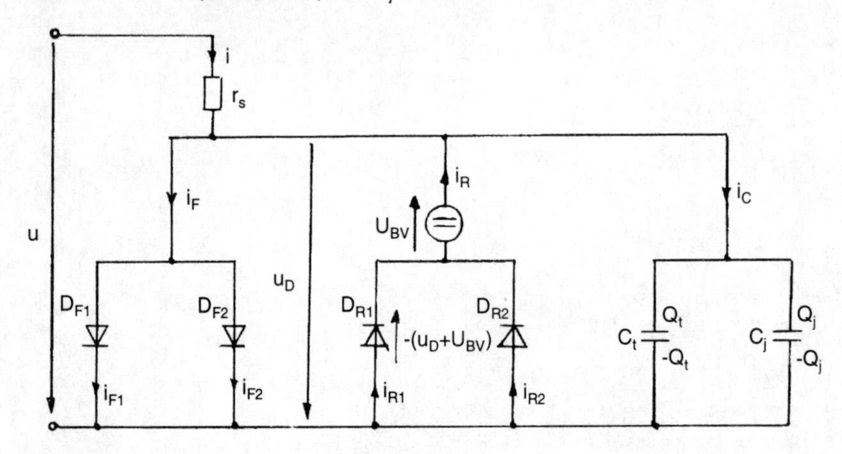

Bild 1.1

1.2 Funktionsgleichungen für die Ersatzschaltbilddioden

Die Ströme durch die vier Ersatzschaltbilddioden werden durch Exponentialfunktionen als Funktion von u_D angegeben. Bei den Dioden D_{F1} und D_{F2} sind zusätzliche Korrekturfaktoren notwendig.

1. Strom durch D_{F1}:

$$i_{F1} = i_{F,nrm} \cdot K_{inj}$$

Hierbei ist

$$i_{F,nrm} = I_s \cdot (\exp(\frac{u_D}{nU_T}) - 1)$$

der „normale Vorwärtsstrom" einer idealen Diode, und

$$K_{inj} = (1 + \frac{i_{F,nrm}}{I_{KF}})^{-½} \qquad (1)$$

der „Hochstrominjektionsfaktor". Er berücksichtigt die bei großen Strömen auftretende Hochstrominjektion, korrigiert also die Funktionsgleichung der „idealen Diode".

2. Strom durch DF2.

$$i_{F2} = i_{F,rec} \cdot K_{gen} \tag{2}$$

Hierbei ist

$$i_{F,rec} = I_{SR} \cdot \left(\exp\left(\frac{u_D}{n_R U_T}\right) - 1\right)$$

der durch Rekombination von Ladungsträgern verursachte zusätzliche „Rekobinationsstrom", und

$$K_{gen} = \left((1 - \frac{u_D}{U_J})^2 + 0{,}005\right)^{m/2}$$

der „Generationsfaktor".

3. Strom durch D_{R1} und D_{R2}, d.h. Rückwärtsstrom (reverse current) zur Beschreibung des Lawinendurchbruchs (BV = break down voltage).

$$i_{R1} = I_{BV} \cdot \exp\left(\frac{-(u_D + U_{BV})}{n_{BV} \cdot U_T}\right) \tag{3}$$

$$i_{R2} = I_{BVL} \cdot \exp\left(\frac{-(u_D + U_{BV})}{n_{BVL} \cdot U_T}\right) \tag{4}$$

1.3 Auswirkung der Modellparameter I_S, n, I_{KF}, I_{SR}, n_R, r_s auf die Gleichstromeigenschaften der Diode im Durchlaßbereich

Die Gleichungen (1) und (2) sind so komplex, daß die Bedeutung der Modellparameter nicht ohne weiteres ersichtlich ist. Durch eine Gleichstrommessung I = f (U) mit U > 0 kann die Bedeutung der Modellparameter verdeutlicht werden. Einige Modellparameter können durch diese Messung näherungsweise ermittelt werden. Eine genaue Ermittlung der Modellparameter ist allerdings nur mit Rechnerunterstützung möglich.

Im folgenden soll die bei dieser Messung zu erwartende Kennlinie berechnet werden.

Für Gleichspannung gilt $I_C = 0$ und für U>0 zusätzlich $I_{R1} \approx 0, I_{R2} \approx 0$. Damit wird der Gesamtstrom $I = I_F = I_{F1} + I_{F2}$.

Für nicht zu große Ströme kann der Spannungsabfall am Bahnwiderstand r_s vernachlässigt werden, so daß gilt: $U_D \approx U$.

Ferner gilt für nicht zu große Ströme $K_{inj} \approx 1$, $K_{gen} \approx 1$.

Für U > 200 mV gilt $\exp\left(\frac{U_D}{nU_T}\right) >> 1$ und $\exp\left(\frac{U_D}{n_R U_T}\right) >> 1$.

Mit diesen Näherungen erhält man aus den Gleichungen (1) und (2):

$$I_{F1} \approx I_{F,nrm} \approx I_S \cdot \exp\left(\frac{U_D}{nU_T}\right) \quad ...(1')$$

$$I_{F2} \approx I_{F,rec} \approx i_{SR} \cdot \exp\left(\frac{U_D}{n_R U_T}\right) \quad ...(2')$$

Die Temperaturspannung U_T braucht nicht eingegeben werden.

Sie wird automatisch mit $U_T = 25{,}9\text{ mV} \cdot \frac{T}{300°K}$ berechnet.

Trägt man die Teilströme I_{F1} und I_{F2} logarithmisch auf, so ergeben sich Geraden (siehe Bild 1.2). Speziell für I_{F1}:

$$\lg\left(\frac{I_{F1}}{A}\right) = \lg\left(\frac{I_S}{A}\right) + \left(\frac{U}{nU_T}\right) \cdot \lg e = \lg\left(\frac{I_S}{A}\right) + \frac{0{,}434}{nU_T} \cdot U$$

Für $U_T = 25{,}9$ mV:

$$\lg\left(\frac{I_{F1}}{A}\right) = \lg\left(\frac{I_S}{A}\right) + \frac{16{,}786}{n} \cdot \frac{U}{V}$$

Extrapoliert man diese Gerade bis U = 0, so erhält man den Modellparameter Is, den Sättigungsstrom. Der Emissionskoeffizient n bestimmt die Neigung der Geraden. In Bild 1.2 wurde die Gerade für die Ersatzwerte $I_s = 10^{-14}$ A und n = 1 sowie für $U_T = 25{,}9$ mV aufgezeichnet. Dies ergibt eine Neigung von 16,786 Dekaden pro Volt.

Entsprechend ermittelt man für den Teilstrom I_{F2} den Sättigungsstrom I_{SR} und den Emissionskoeffizienten n_R. In Bild 1.2 wurde diese Gerade für den Ersatzwert $n_R = 2$ aufgezeichnet, d.h. mit einer Neigung von 8,393 Dekaden pro Volt. Bei einer Messung erhält man die Überlagerung der beiden Geraden, so daß die Extrapolation bis U = 0 und die Ermittlung der Neigung der Teilgeraden nur ungenau durchgeführt werden kann.

Aus Bild 1.2 entnimmt man, daß im Durchlaßbereich der Strom I im wesentlichen durch I_{F1} bestimmt wird. Lediglich bei sehr kleinen Strömen bestimmt I_{F2} den Gesamtstrom.

Beläßt man für den Modellparameter I_{SR} den Ersatzwert $I_{SR} = 0$, so ist $I_{F2} = 0$, d.h. die Rekombination und Generation von Ladungsträgern wird nicht modelliert.

Für große Ströme gelten nicht mehr die einfachen Exponentialfunktionen nach Gleichung (1') und (2'). In diesem Hochstrombereich überlagern sich mehrere Effekte, die bei der Kennlinienmessung nicht getrennt sichtbar werden.

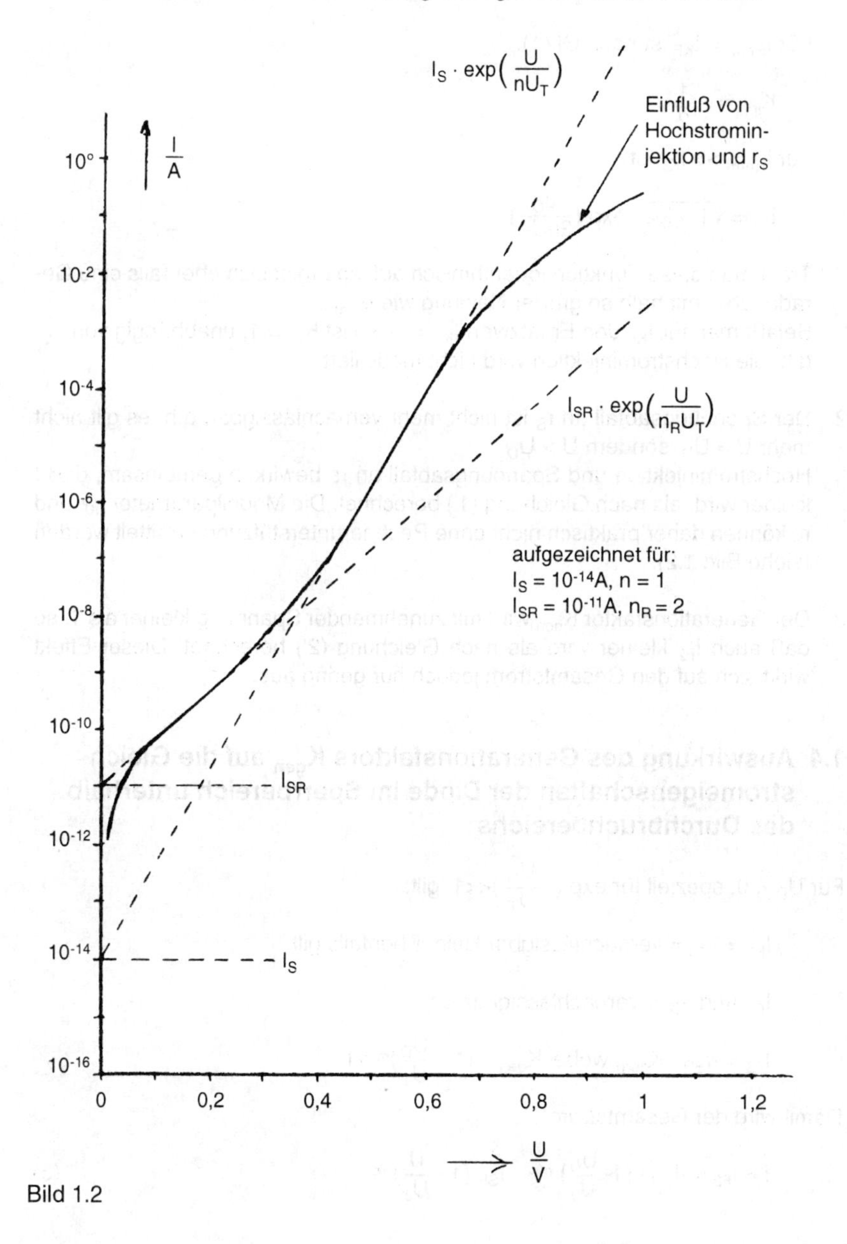

Bild 1.2

1. Der Hochstrominjektionsfaktor K_{inj} wird mit zunehmendem Strom $i_{F,nrm}$ deutlich kleiner als 1. Der Modellparameter I_{KF}, der „Kniestrom vorwärts“, markiert den Strom, bei dem diese Abnahme erfolgt.

   Für $i_{F,nrm} = I_{KF}$ ist nach Gl (1):

   $$K_{inj} = \frac{1}{\sqrt{2}}.$$

   Für $i_{F,nrm} >> I_{KF}$ ist

   $$i_{F1} = \sqrt{I_S \cdot I_{KF}} \cdot \exp\left(\frac{u_D}{2nU_T}\right)$$

   Trägt man diese Funktion logarithmisch auf, so ergibt sich ebenfalls eine Gerade, aber mit halb so großer Neigung wie $i_{F,nrm}$.
   Beläßt man für I_{KF} den Ersatzwert $I_{KF} = \infty$, so ist $K_{inj} = 1$, unabhängig von u_D, d.h. die Hochstrominjektion wird nicht modelliert.

2. Der Spannungsabfall an r_S ist nicht mehr vernachlässigbar, d.h. es gilt nicht mehr $U \approx U_D$, sondern $U > U_D$.
   Hochstrominjektion und Spannungsabfall an rs bewirken gemeinsam, daß I kleiner wird, als nach Gleichung (1') berechnet. Die Modellparameter I_{KF} und r_S können daher praktisch nicht ohne Rechnerunterstützung ermittelt werden (siehe Bild 1.2).

3. Der Generationsfaktor K_{gen} wird mit zunehmender Spannung kleiner als 1, so daß auch I_{F2} kleiner wird als nach Gleichung (2') berechnet. Dieser Effekt wirkt sich auf den Gesamtstrom jedoch nur gering aus.

1.4 Auswirkung des Generationsfaktors K_{gen} auf die Gleichstromeigenschaften der Diode im Sperrbereich unterhalb des Durchbruchbereichs

Für $U_D < 0$, speziell für $\exp\left(\frac{U_D}{U_T}\right) << 1$, gilt:

$I_{F1} = - I_S$ = vernachlässigbar klein. Ebenfalls gilt

I_{R1} und I_{R2} = vernachlässigbar klein.

$I_{F2} = -I_{SR} \cdot K_{gen}$, wobei $K_{gen} \approx \left(1 - \frac{U_D}{U_T}\right)^m > 1$

Damit wird der Gesamtstrom

$$I \approx I_{F2} \approx -I_{SR} \cdot \left(1- \frac{U_D}{U_J}\right)^m \approx -I_{SR} \left(1 - \frac{U}{U_J}\right)^m \qquad (5)$$

Der Sperrstrom -I ist demnach keine Konstante, sondern wächst mit der Sperrspannung -U nach einer Potenzfunktion an.

Die zur Modellierung des Sperrstroms verwendeten Modellparameter U_J und m werden sinnvollerweise erst im Zusammenhang mit der Modellierung der Sperrschichtkapazität C_j in Abschnitt 1.6 besprochen.

1.5 Auswirkung der Modellparameter I_{BV}, n_{BV}, I_{BVL}, n_{BVL}, U_{BV} auf die Gleichstromeigenschaften der Diode im Durchbruchbereich (Zener-Bereich)

Die Durchbruchskennlinie wird durch die zwei Dioden D_{R1} und D_{R2} mit ihren zugehörigen Parametern modelliert (siehe Gl (3) und (4)).
Mißt man den Durchbruchgleichstrom -I als Funktion von -U, und trägt man -I im logarithmischen Maßstab auf, so erhält man eine ähnliche Kennlinie wie in Bild 1.2. Im Bild 1.3 ist die Durchbruchkennlinie mit stark gedehntem Abszissenmaßstab schematisch aufgezeichnet.

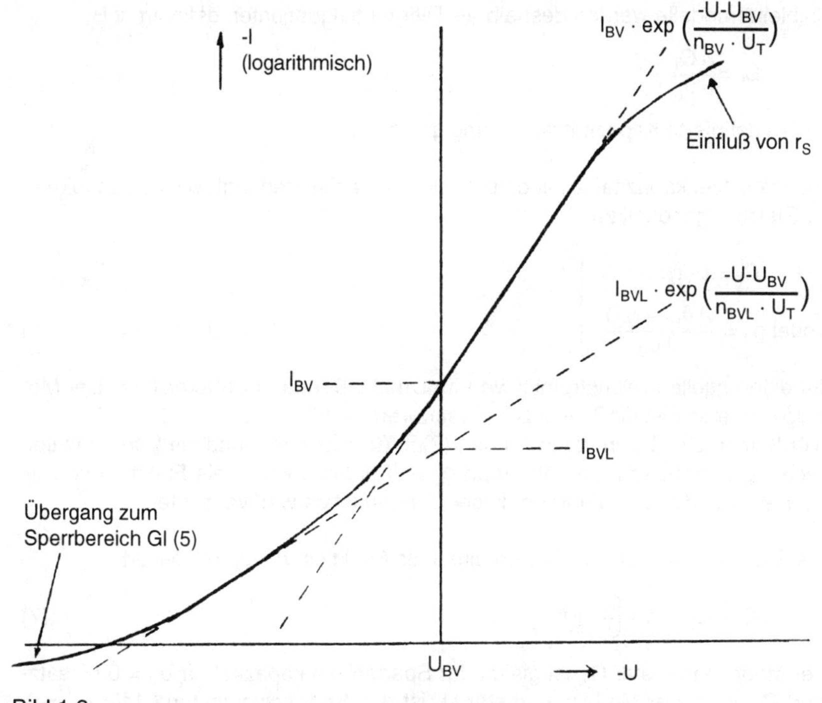

Bild 1.3

Für den Modellparameter U_{BV}, eine positive Gleichspannungsquelle, kann eine beliebige Spannung innerhalb des Durchbruchbereichs gewählt werden.

In Bild 1.3 ist für $-U = U_{BV}$ eine senkrechte Gerade eingezeichnet. Die Schnittpunkte der eingezeichneten Exponentialfunktionen mit dieser senkrechten Geraden ergeben die Modellparameter I_{BV} und I_{BVL}. Man beachte, daß bei einer anderen Wahl von U_{BV} sich andere Werte für I_{BV} und I_{BVL} ergeben.

Die Modellparameter n_{BV} und n_{BVL}, die sich aus der Neigung der eingezeichneten Geraden ergeben, sind natürlich von der Wahl von U_{BV} unabhängig.

Beläßt man die Ersatzwerte $U_{BV} = \infty$, $I_{BV} = 10^{-10}$ A, $I_{BVL} = 0$, so wird der Lawinendurchbruch nicht modelliert.

1.6 Funktionsgleichungen für die Kapazitäten C_t und C_j.

Beide Kapazitäten sind nichtlineare Kapazitäten, d.h. die auf ihnen gespeicherte Ladung ist nicht proportional der angelegten Spannung u_D. Die Kapazitäten aller Halbleitermodelle werden deshalb als Differentialquotienten definiert, z.B.

$$C_t = \frac{\partial Q_t}{\partial u_D}.$$

Die so definierte Kapazität ist abhängig von u_D.

Die Transitzeitkapazität C_t, auch Diffusionskapazität genannt, wird durch folgende Gleichung modelliert:

$$\left.\begin{aligned} C_t &= \tau \cdot g_d \\ \text{wobei } g_d &= \frac{\partial\,(i_{F1} + i_{F2})}{\partial u_D} \end{aligned}\right\} \tag{6}$$

der differentielle Gleichstromleitwert für Durchlaß- und Sperrbereich ist. Der Modellparameter τ ist die Transitzeit (Ersatzwert $\tau = 0$).
Würde man die Gleichungen (1) und (2) in (6) einsetzen, und die Differentiation nach u_D durchführen, so hätte man g_d und damit auch C_t als Funktion von u_D ermittelt. Auf die Durchführung dieser Differentiation wird verzichtet.

Die Sperrschichtkapazität C_j wird direkt als Funktion von u_D modelliert.

$$C_j = C_{jo} \cdot \left(1 - \frac{u_D}{U_J}\right)^{-m} \tag{7}$$

Der Modellparameter C_{jo} ist gleich der Sperrschichtkapazität für $u_D = 0$ (Ersatzwert $C_{jo} = 0$). Der Modellparameter U_J ist das Sperrschichtpotential für $u_D = 0$. Typische Werte sind (für Si): $0{,}3V < U_J < 1V$. (SPICE-Ersatzwert 1V).

Der Modellparameter m ist der Exponent der Sperrschichtkapazität. Auf Grund idealisierender Berechnungen ergibt sich m = 0,5. SPICE berücksichtigt jedoch, daß bei wirklichen Dioden in der Regel gilt: m < 0,5. Bild 1.4 zeigt C_j/C_{jo} als Funktion von u_D/U_J für m = 0,3.

Nach Gl. (7) gilt: $C_j \to \infty$ für $u_D/U_J \to 1$. Der Bereich $u_D/U_J>1$ liegt außerhalb des Definitionsbereichs von Gl. (7). Die Modellgleichung (7) liefert also für die Umgebung von U_J falsche Werte. Als Annäherung an den wirklichen Funktionsverlauf wird Gl. (7) ab einer vorgegebenen Spannung $u_D/U_J = F_C$ durch ihre Tangente in diesem Punkt fortgesetzt. Der Modellparameter F_C bestimmt also die Grenze, ab der Gl. (7) durch die Tangente ersetzt wird, wobei für den Faktor F_C als obere Grenze gilt: $F_C < 1$. Gl. (7) gilt also nur für $u_D/U_J < F_C$. Für $u_D/U_J > F_C$ gilt die Geradengleichung:

$$C_j = C_j\Big|_{u_D = F_c \cdot U_J} + \frac{\partial C_j}{\partial u_D}\Big|_{u_D = F_c \cdot U_J} \cdot (u_D - F_c \cdot U_J))$$

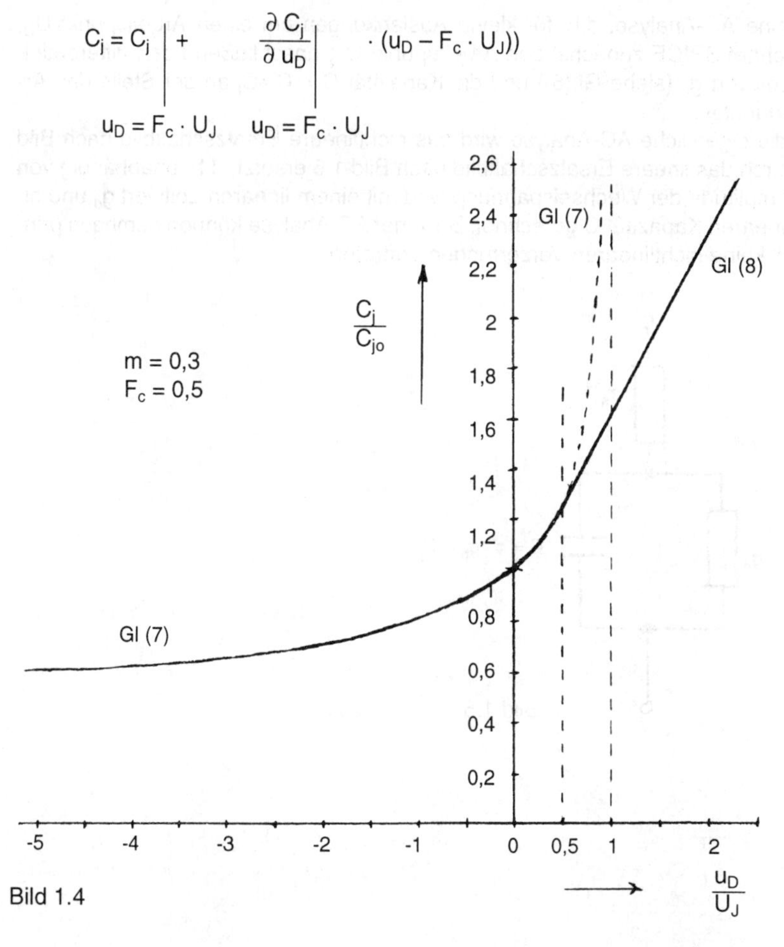

Bild 1.4

Mit Gl. (7) ergibt sich:

$$C_j = \frac{C_{jo}}{(1-F_c)^m} + \frac{m \cdot C_{jo}}{U_J \cdot (1-F_c)^{m+1}} \cdot (u_D - F_c \cdot U_J)$$

$$= \frac{C_{jo}}{(1-F_c)^m} \cdot \left(1 + \frac{m}{U_J \cdot (1-F_c)} \cdot (u_D - F_c \cdot U_J)\right) \qquad (8)$$

Bild 1.4 zeigt C_j/C_{jo} für $F_C = 0{,}5$ (Ersatzwert). Der Verlauf nach Gl.(7) ist in Bild 1.4 gestrichelt eingetragen.

1.7 Ersatzschaltbild für AC-Analyse

Für eine AC-Analyse, d.h. für kleine Auslenkungen um einen Arbeitspunkt U_D, berechnet SPICE zunächst den Arbeitspunkt U_D, anschließend den differentiellen Leitwert g_d (siehe Gl.(6)) und die Kapazität $C = C_t + C_j$ an der Stelle des Arbeitspunktes.

Für die eigentliche AC-Analyse wird das nichtlineare Ersatzschaltbild nach Bild 1.1durch das lineare Ersatzschaltbild nach Bild 1.5 ersetzt, d.h. unabhängig von der Amplitude der Wechselspannung wird mit einem linearen Leitwert g_d und einer linearen Kapazität C gerechnet. Bei einer AC-Analyse können demnach prinzipiell keine nichtlinearen Verzerrungen auftreten.

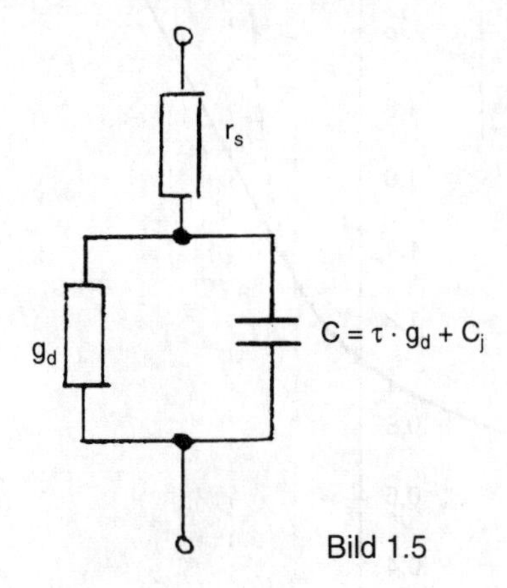

Bild 1.5

1.8 Temperaturabhängigkeit der Modellparameter

Falls nicht durch .OPTIONS TNOM = X eine andere Bezugstemperatur festgelegt wird, wird die Bezugstemperatur T_0 = 300° K vorausgesetzt, d.h. SPICE geht davon aus, daß alle Modellparameter bei 300° K gemessen wurden.

Bei einer Temperaturanalyse werden folgende Modellparameter als Funktion der Temperatur T modelliert:

1. Temperaturspannung

$$U_T = 25{,}9\ \text{mV}\ \frac{T}{300°\ \text{K}}$$

2. Sättigungsstrom von D_{F1} und D_{F2}

$$I_S(T) = I_S \cdot \left(\frac{T}{T_0}\right)^{\frac{X_{Ti}}{n}} \cdot \exp\left(\frac{E_g}{nU_T}\left(\frac{T}{T_0} - 1\right)\right)$$

$$I_{SR}(T) = I_{SR} \cdot \left(\frac{T}{T_0}\right)^{\frac{X_{Ti}}{n_R}} \cdot \exp\left(\frac{E_g}{n_R U_T}\left(\frac{T}{T_0} - 1\right)\right)$$

Modellparameter:

X_{Ti} = Temperaturexponent des Sättigungsstromes
Ersatzwert $X_{Ti} = 3$
Für Schottky-Diode $X_{Ti} = 2$

E_g = Bandabstandsspannung
Für Silizium E_g = 1,11V (SPICE-Ersatzwert)
für Germanium E_g = 0,67 V
für Schottky-Diode E_g = 0,69 V.

3. Kniestrom

$$I_{KF}(T) = I_{KF} \cdot \left(1 + T_{IKF}(T - T_0)\right)$$

4. Durchbruchspannung

$$U_{BV}(T) = U_{BV} \cdot \left(1 + T_{BV1}(T - T_0) + T_{BV2}(T - T_0)^2\right)$$

5. Bahnwiderstand $r_S(T) = r_S \cdot \left(1 + T_{RS1}(T - T_0) + T_{RS2}(T - T_0)^2\right)$

6. Sperrschichtpotential

$$U_J(T) = U_J \cdot \frac{T}{T_0} - 3\,U_T \ln\left(\frac{T}{T_0}\right) - E_g\left(\frac{T}{T_0} - 1\right)$$

7. Sperrschichtkapazität bei 0V Vorspannung

$$C_{j0}(T) = C_{j0} \cdot \left((1 + m \cdot (1 - \frac{U_J(T)}{U_J}) + 0.0004 \cdot m \cdot \frac{T - T_0}{°K}\right)$$

Die übrigen Modellparameter werden als temperaturunabhängig angenommen.

1.9 Berücksichtigung des area - Faktors.

Die in Bild 1.1 eingezeichneten Ströme und Kapazitäten sind proportional der Sperrschichtfläche. Für Dioden, die sich lediglich in der Größe der Sperrschichtfläche unterscheiden, kann daher derselbe Modellparametersatz verwendet werden.

Gibt man in der Elementanweisung D für [area] einen Wert area ≠ 1 ein, (Ersatzwert area = 1), so werden für dieses Element die Modellparameter I_S, I_{SR}, I_{KF}, I_{BV}, I_{BVL}, und C_{j0} mit area multipliziert. r_S wird mit 1/area multipliziert. Die übrigen Modellparameter bleiben unverändert.

1.10 Zusammenfassung der Modellparameter

Bezeichnung	Formelname	SPICE-name	Ersatzwert
Gleichstromparameter			
Sättigungsstrom	I_S	IS	10^{-14}A
Emissionskoeffizient	n	N	1
Sättigungsstrom des Rekombinationsstromes	I_{SR}	ISR	0
Emissionskoeffizient des Rekombinationsstromes	n_R	NR	2
Kniestrom der Hochstrominjektion	I_{KF}	IKF	∞
Durchbruchspannung	U_{BV}	BV	∞
zugehörige Durchbruchströme	I_{BV}	IBV	10^{-10}A
	I_{BVL}	IBVL	0

Emissionskoeffizienten der Durchbruchströme	n_{BV} n_{BVL}	NBV NBVL	1 1
Bahnwiderstand	r_S	RS	0
<u>Wechselstromparameter</u>			
Transitzeit	τ	TT	0
Sperrschichtkapazität bei 0V Vorspannung	C_{j0}	CJ0	0
Sperrschichtpotential bei 0V Vorspannung	U_J	VJ	1V
Exponent der Sperrschichtkapzität	m	M	0,5
Koeffizient für Sperrschichtkapazität im Durchlaßbereich	F_c	FC	0,5
<u>Parameter für Temperaturanalyse</u>			
Bandabstandsspannung	E_g	EG	1,11V
Temperaturexp.von I_S und I_{SR}	X_{Ti}	XTI	3
Temperaturkoeff. von I_{KF}	T_{IKF}	TIKF	0
linearer Temp.-koeff.von U_{BV}	T_{BV1}	TBV1	0
quadrat. Temp.-koeff.von U_{BV}	T_{BV2}	TBV2	0
linearer Temp.-koeff.von r_S	T_{RS1}	TRS1	0
quadrat. Temp.-koeff.von r_S	T_{RS2}	TRS2	0

2 Modell des Bipolar-Transistors
(modifizierte Form des Gummel-Poon-Modells)

Reinold Oetinger

2.1 Ersatzschaltbild

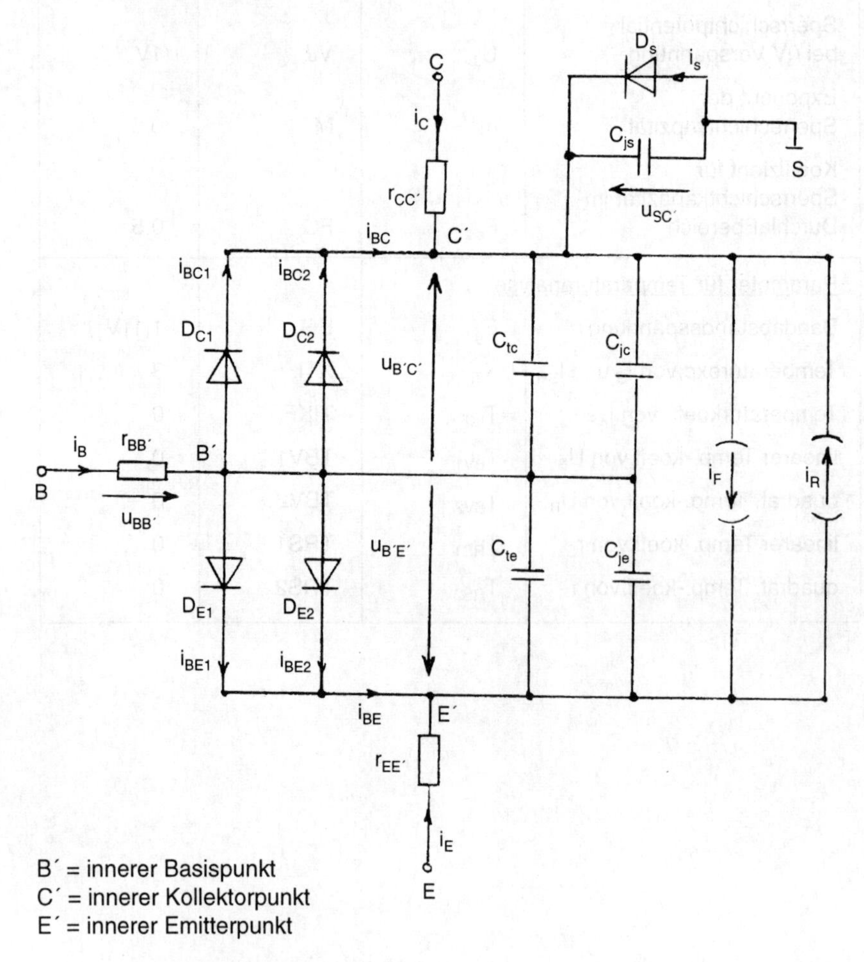

B´ = innerer Basispunkt
C´ = innerer Kollektorpunkt
E´ = innerer Emitterpunkt

Bild 2.1: Ersatzschaltbild (für npn-Transistor)

Das Ersatzschaltbild nach Bild 2.1 ist für einen npn-Transistor gezeichnet. Die folgenden Funktionsgleichungen werden ebenfalls für einen npn-Transistor angegeben. Für einen pnp-Transistor müssen im Ersatzschaltbild die Dioden umgedreht werden. In den Funktionsgleichungen müssen alle Strom- und Spannungsvariablen u_x, i_y durch $-u_x$, $-i_y$ ersetzt werden. Für einen LPNP-Transistor müssen D_s und C_{js} vom Substrat S nicht mit C´, sondern mit B´ verbunden werden. Ansonsten gelten dieselben Funktionsgleichungen.

2.2 Modellierung des Gleichstromverhaltens des inneren Transistors

2.2.1 Funktionsgleichungen für die Transportströme

$$\left.\begin{aligned} i_F &= i_{F,nrm} \cdot \frac{1}{q_B} \\ \text{hierbei ist } i_{F,nrm} &= I_S \cdot \left(\exp\left(\frac{u_{B'E'}}{n_F U_T}\right) - 1\right) \end{aligned}\right\} \quad (1)$$

der „normale Vorwärts-Transportstrom" eines idealen Transistors.
q_B ist ein Korrekturfaktor, der die Hochstrominjektion und den Early-Effekt modelliert.

$$\left.\begin{aligned} i_R &= i_{R,nrm} \cdot \frac{1}{q_B} \\ \text{hierbei ist } i_{R,nrm} &= I_S \cdot \left(\exp\left(\frac{u_{B'C'}}{n_R U_T}\right) - 1\right) \end{aligned}\right\} \quad (2)$$

der „normale Rückwärts-Transportstrom" eines idealen Transistors.
I_S ist der Sättigungsstrom des Vorwärts- und Rückwärtstransportstromes.
n_F ist der Emissionskoeffizient des Vorwärts-Transportstromes.
n_R ist der Emmissionskoeffizient des Rückwärts-Transportstromes.
Ersatzwerte: $n_F = 1$, $n_R = 1$. Die wirklichen Werte weichen von den Ersatzwerten nur geringfügig ab.
q_B wird als Funktion von $u_{B'E'}$ und $u_{B'C'}$ angegeben:

$$q_B = \frac{q_1}{2} \cdot \left(1 + (1 + 4q_2)^{n_K}\right) \quad (3)$$

Hierbei modelliert

$$q_1 = \left(1 - \frac{u_{B'E'}}{U_{AR}} - \frac{u_{B'C'}}{U_{AF}}\right)^{-1} \quad (4)$$

den Early-Effekt, mit den Modellparametern:
U_{AF} = Early-Spannung für den Vorwärtsbetrieb, Ersatzwert $U_{AF} = \infty$.
U_{AR} = Early-Spannung für den Rückwärtsbetrieb,Ersatzwert $U_{AR} = \infty$.
Beläßt man für U_{AF} und U_{AR} die Ersatzwerte, so wird $q_1 = 1$.

$$q_2 = \frac{i_{F,nrm}}{I_{KF}} + \frac{i_{R,nrm}}{I_{KR}} \quad (5)$$

q_2 modelliert die Hochstrominjektion mit den Modellparametern

I_{KF} = Kniestrom für den Vorwärtsbetrieb. Ersatzwert $I_{KF} = \infty$.
I_{KR} = Kniestrom für den Rückwärtsbetrieb.Ersatzwert $I_{KR} = \infty$.

Beläßt man für I_{KF} und I_{KR} die Ersatzwerte, so wird $q_2 = 0$.
Über das Diodenmodell hinausgehend kann beim Transistormodell nicht nur festgelegt werden, bei welchem Transportstrom die Hochstrominjektion einsetzen soll, sondern es kann durch Eingabe des Exponenten n_K noch zusätzlich festgelegt werden, mit welcher Stärke die Hochstrominjektion wirksam werden soll. Der Ersatzwert für diesen Parameter ist $n_K = ½$, d.h. derselbe Exponent wie beim Hochstrominjektionsfaktor K_{inj} des Diodenmodells (siehe Diodenmodell Gleichung (1)).

Beläßt man für U_{AF}, U_{AR}, I_{KF}, I_{KR} die Ersatzwerte, so wird

$$q_B = ½\,(1 + 1^{n_K}) = 1.$$

2.2.2 Funktionsgleichungen für die Ersatzschaltbilddioden

$$D_{E1}: \quad i_{BE1} = \frac{i_{F,nrm}}{B_F} = \frac{I_S}{B_F} \cdot \left(\exp\left(\frac{u_{B'E'}}{n_F U_T} \right) - 1 \right) \quad (6)$$

$$D_{C1}: \quad i_{BC1} = \frac{i_{R,nrm}}{B_R} = \frac{I_S}{B_R} \cdot \left(\exp\left(\frac{u_{B'C'}}{n_R U_T} \right) - 1 \right) \quad (7)$$

Die Modellparameter B_F und B_R sind die Stromverstärkungen des <u>idealen</u> Transistors (für $q_B = 1$ sowie bei Vernachlässigung der Rekombinationsströme I_{BE2} und I_{BC2}) für den Vorwärts- und Rückwärtsbetrieb. Die Stromverstärkungen des <u>wirklichen</u> Transistors sind in der Regel kleiner als die Modellparameter B_F und B_R.

$$D_{E2}: \quad i_{BE2} = I_{SE} \cdot \left(\exp\left(\frac{u_{B'E'}}{n_E U_T} \right) - 1 \right) \quad (8)$$

$$D_{C2}: \quad i_{BC2} = I_{SC} \cdot \left(\exp\left(\frac{u_{B'C'}}{n_C U_T} \right) - 1 \right) \quad (9)$$

Die Dioden D_{E2} und D_{C2} sind extrem nichtideale Dioden. Ihre Emissionskoeffizienten n_E und n_C sind deutlich größer als 1 (Ersatzwerte: $n_E = 1{,}5$, $n_C = 2$). Sie modellieren den durch die Rekombination von Ladungsträgern verursachten zusätzlichen Basis-Rekombinationsstrom.

I_{SE} ist der Sättigungsstrom der Diode D_{E2}. Ersatzwert $I_{SE} = 0$.
I_{SC} ist der Sättigungsstrom der Diode D_{C2}. Ersatzwert $I_{SC} = 0$.
Beläßt man für I_{SE} und I_{SC} die Ersatzwerte, so ist $i_{BE2} = 0$ und $i_{BC2} = 0$, d.h. die Rekombination von Ladungsträgern wird nicht modelliert.

$$D_S: \quad i_S = \quad I_{SS} \cdot \left(\exp\left(\frac{u_{SC'}}{n_S U_T}\right) - 1\right) \tag{10}$$

In der Regel gilt $u_{SC'} < 0$, d.h. D_S ist gesperrt, $i_S \approx 0$.

2.2.3 Auswirkung der Modellparameter I_S, n_F, B_F, I_{SE}, n_E, I_{KF}, n_K auf die Gleichstromeigenschaften des Transistors im Vorwärtsbetrieb

Durch eine Gleichstrommessung

$I_C = f(U_{BE})$
$I_B = f(U_{BE})$
$(0 \leq U_{BE} < 1V,\ U_{BC} = const = 0)$

kann die Bedeutung der oben angeführten Modellparameter verdeutlicht werden. Einige der Modellparameter können durch diese Messung näherungsweise ermittelt werden.
Im folgenden sollen die bei dieser Messung zu erwartenden Kennlinien berechnet werden.

Näherungen:

Da $U_{BC} = 0$, gilt $I_{BC1} \approx 0$, $I_{BC2} \approx 0$, $I_R \approx 0$, $q_1 \approx 1$.

Die Diode D_S soll gesperrt sein, d.h. $I_S \approx 0$.

Für nicht zu große Ströme ($I_{F,nrm} << I_{KF}$) gilt $q_2 \approx 0$ und damit $q_B \approx 1$. Ferner kann der Spannungsabfall an den Bahnwiderständen vernachlässigt werden.

Mit diesen Näherungen erhält man

$$I_C = I_F = I_{F,nrm} = I_S \cdot \exp\left(\frac{U_{BE}}{n_F U_T}\right) \tag{11}$$

$$I_B = I_{BE1} + I_{BE2} = \frac{I_S}{B_F} \cdot \exp\left(\frac{U_{BE}}{n_F U_T}\right) + I_{SE} \cdot \exp\left(\frac{U_{BE}}{n_E U_T}\right) \tag{12}$$

Bild 2.2 zeigt diese Funktion, wobei die Ströme im logarithmischen Maßstab aufgezeichnet sind (vergleiche Diodenmodell Bild 1.2)

Für die drei Exponentialfunktionen ergeben sich Geraden. Der Schnittpunkt dieser Geraden mit der Ordinate ergibt die Sättigungsströme I_S, I_S/B_F, I_{SE}. Aus der

Neigung dieser Geraden können die Emissionskoeffizienten n_F und n_E ermittelt werden.

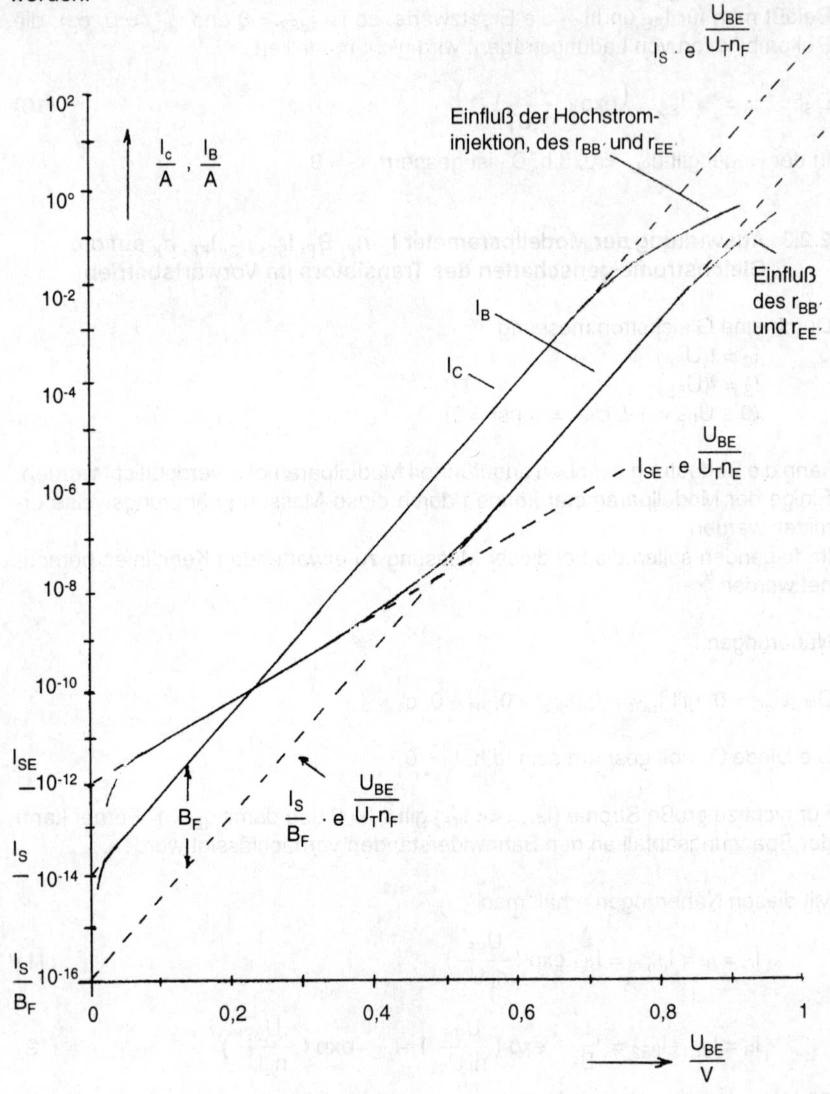

Bild 2.2: $I_C = f(U_{BE})$ und $I_B = f(U_{BE})$ für $U_{BC} = 0$
aufgezeichnet für: $I_S = 10^{-14}$A, $n_F = 1$
$I_{SE} = 10^{-12}$A, $n_E = 2$
$B_F = 100$

Bei manchen Transistoren ergibt die Meßkurve von I_B keine zwei ausgeprägten Geradenabschnitte wie in Bild 2.2. Die Parameter B_F, I_{SE}, n_E können dann nur mit Rechnerunterstützung ermittelt werden.

Für große Ströme gelten nicht mehr die Näherungen nach Gl (11) und (12). Da hier jedoch mehrere Modellparameter zusammenwirken, ist es zweckmäßig, die Messung nach Bild 2.2 so abzuändern, daß man die Gleichstromverstärkung

$$\frac{I_C}{I_B} = f(I_C), \text{ für } U_{BC} = \text{const} = 0,$$

ermittelt. In dieser Funktion ist die Variable U_{BE} nicht mehr enthalten. der Einfluß der Bahnwiderstände ist damit eliminiert. Bild 2.3 zeigt diese Funktion im doppelt-logarithmischen Maßstab. Bild 2.3 wurde wie Bild 2.2 für $I_S = 10^{-14}$ A, $n_F = 1$, $I_{SE} = 10^{-12}$A, $n_E = 2$, $B_F = 100$ aufgezeichnet. Darüber hinaus wurde für $I_{KF} = 10^{-2}$A, $n_K = 0{,}5$ gesetzt.

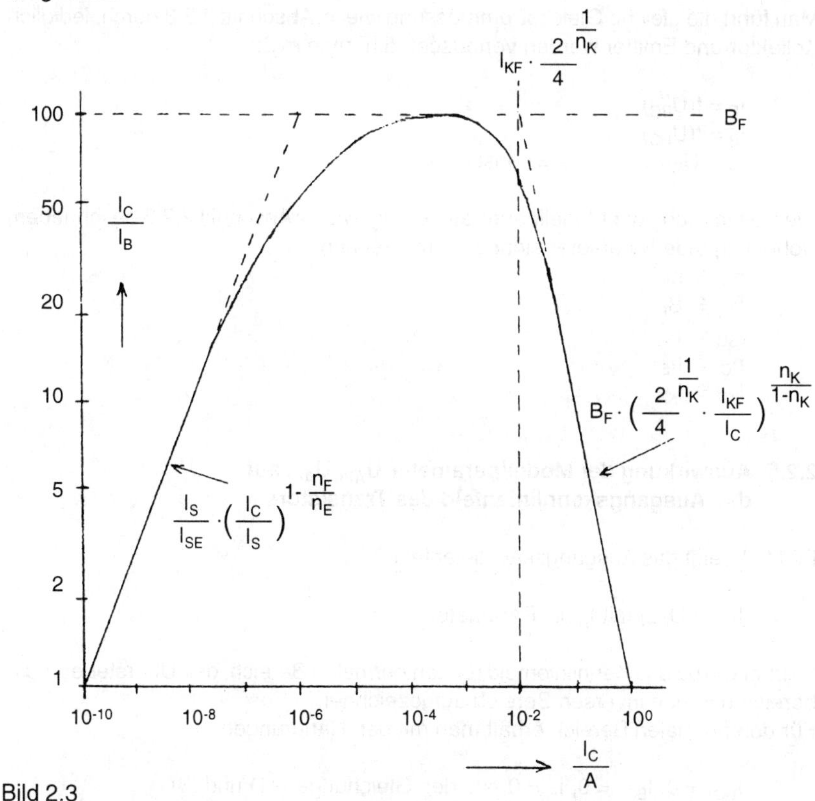

Bild 2.3

Für $I_C >> I_{KF}$ gilt näherungsweise:

$$\frac{I_C}{I_B} \approx B_F \cdot \left(\frac{2^{1/n_K}}{4} \cdot \frac{I_{KF}}{I_C} \right)^{\frac{n_K}{1-n_K}}$$

Im doppeltlogarithmischen Maßstab ergibt dies eine Gerade. Für $n_K = ½$ (Ersatzwert) hat diese Gerade die Neigung -1. Für $0{,}5 < n_K < 1$ verläuft diese Gerade steiler, für $0 < n_K < 0{,}5$ verläuft die Gerade flacher.

Beläßt man für I_{SE} den Ersatzwert 0, so rechnet SPICE mit einer konstanten Stromverstärkung B_F bis zu $I_C \to 0$.
Beläßt man für I_{KF} den Ersatzwert ∞, so rechnet SPICE mit einer konstanten Stromverstärkung bis zu $I_C \to \infty$.

2.2.4 Auswirkung der Modellparameter n_R, B_R, I_{SC}, n_C, I_{KR} auf die Gleichstromeigenschaften des Transistors im Rückwärtsbetrieb

Man führt die gleiche Gleichstrommessung wie im Abschnitt 2.2.3 durch, lediglich Kollektor und Emitter werden vertauscht, d.h. man mißt:

$I_E = f(U_{BC})$
$I_B = f(U_{BC})$
$(0 \leq U_{BC} < 1V, U_{BE} = const = 0)$

Die Bestimmung der Modellparameter erfolgt wie im Abschnitt 2.2.3 beschrieben, wobei folgende Parameter einander entsprechen:

$n_R \triangleq n_F$
$B_R \triangleq B_F$
$I_{SC} \triangleq I_{SE}$
$n_C \triangleq n_E$
$I_{KR} \triangleq I_{KF}$.

2.2.5 Auswirkung der Modellparameter U_{AF}, U_{AR}, auf das Ausgangskennlinienfeld des Transistors

Bild 2.4 zeigt das Ausgangskennlinienfeld

$I_C = f(U_{CE})$ mit I_B als Parameter.

Hierbei wurde das Kennlinienfeld für den normalen Bereich, den Übersteuerungsbereich und den inversen Bereich aufgezeichnet.
Für den normalen Bereich erhält man mit den Näherungen

$I_{BC1} = 0$, $I_{BC2} = 0$, $I_R = 0$ aus den Gleichungen (1) und (3)

$$I_C = I_F = \frac{I_{F,nrm}}{q_B} = \frac{I_{F,nrm}}{\frac{q_1}{2}\left(1+(1+4q_2)^{n_K}\right)} = I_{C0} \cdot \frac{1}{q_1}$$

wobei der Platzhalter I_{C0} nur eine Funktion von $U_{B'E'}$, nicht jedoch von $U_{B'C'}$ ist. Aus Gleichung (4) erhält man:

$$q_1 = (1 - \frac{U_{B'E'}}{U_{AR}} - \frac{U_{B'C'}}{U_{AF}})^{-1} = \left(1 - U_{B'E'} \cdot (\frac{1}{U_{AR}} + \frac{1}{U_{AF}}) + \frac{U_{C'E'}}{U_{AF}}\right)^{-1}$$

Da $U_{B'E'} \leq 0{,}8$ V und $U_{C'E'} \approx U_{CE}$ gilt die Näherung

$$q_1 = (1 + \frac{U_{CE}}{U_{AF}})^{-1} \text{ und damit}$$

$$I_C = I_{C0}\,(1 + \frac{U_{CE}}{U_{AF}}) \qquad (13)$$

Dies ist eine Geradengleichung, wobei sich I_{C0} durch den Schnittpunkt dieser Geraden mit der Ordinate ergibt. Wird I_B verändert, so verändert sich $U_{B'E'}$ und damit I_{C0}. Unabhängig von I_{C0} gilt:

$$I_C = 0 \text{ für } U_{CE} = -U_{AF}.$$

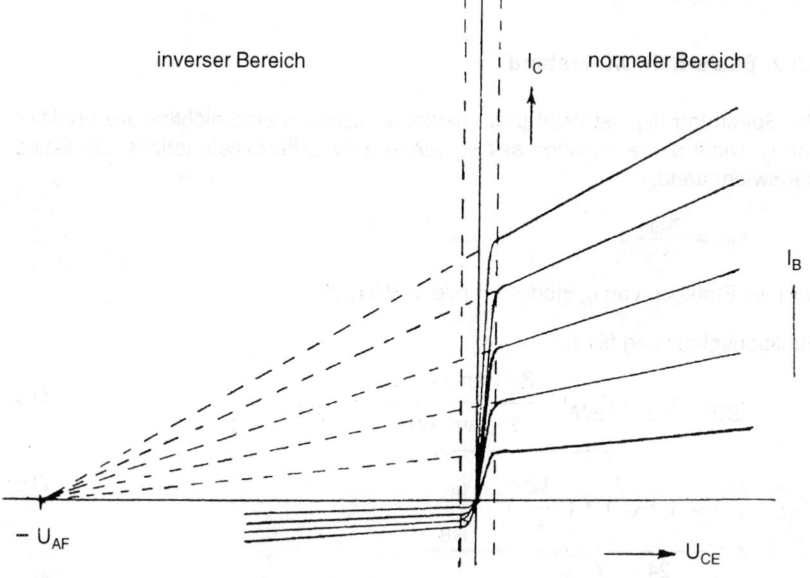

Bild 2.4: Ausgangskennlinienfeld $I_C = f(U_{CE})$

In Bild 2.4 sind diese Geraden, über ihren Gültigkeitsbereich hinaus, bis zu ihrem gemeinsamen Schnittpunkt mit der Abszisse extrapoliert.

Beläßt man für U_{AF} den Ersatzwert ∞, so legt SPICE bei den Simulationsberechnungen ein Ausgangskennlinienfeld zugrunde, dessen Kennlinien im normalen aktiven Bereich völlig horizontal verlaufen.

Der Modellparameter U_{AR} wird aus dem Ausgangskennlinienfeld für den inversen Bereich in entsprechender Weise bestimmt.

2.3 Bahnwiderstände

2.3.1 Emitter- und Kollektor-Bahnwiderstand

Die Bahnwiderstände $r_{EE'}$ und $r_{CC'}$ werden jeweils durch einen konstanten Widerstand, die Parameter r_E und r_C, angenähert. Von Bedeutung sind diese beiden Parameter für Hochfrequenzanwendungen und wenn der Transistor im Übersteuerungsbereich betrieben wird. Im Ausgangskennlinienfeld (Bild 2.4) bestimmen im wesentlichen diese beiden Parameter die Steilheit der Kennlinien im Übersteuerungsbereich. Beläßt man für r_E und r_C den Ersatzwert 0, so ergibt die Rechnung zu steile Kennlinien, d.h. für die Kollektor-Emitter-Sättigungsspannung $U_{CE\ sat}$ ergeben sich zu kleine Werte.

2.3.2 Basis-Bahnwiderstand

Die Spannung $u_{BB'}$ ist nicht proportional i_B, sondern eine nichtlineare Funktion von i_B. Nicht diese Funktion selbst, sondern ihr Differentialquotiont, der Basis-Bahnwiderstand,

$$r_{BB'} = \frac{du_{BB'}}{d\,i_B},$$

wird als Funktion von i_B modelliert (siehe Bild 2.5).

Funktionsgleichung für $r_{BB'}$:

$$r_{BB'} = (r_B - r_{BM}) \cdot \frac{3 \cdot (\tan(z) - z)}{z \cdot \tan^2(z)} + r_{BM} \tag{14}$$

$$z = \frac{-1 + \sqrt{1 + (\frac{12}{\pi})^2 \cdot \frac{i_B}{I_{RB}}}}{\frac{24}{\pi^2} \cdot \sqrt{\frac{i_B}{I_{RB}}}} \tag{15}$$

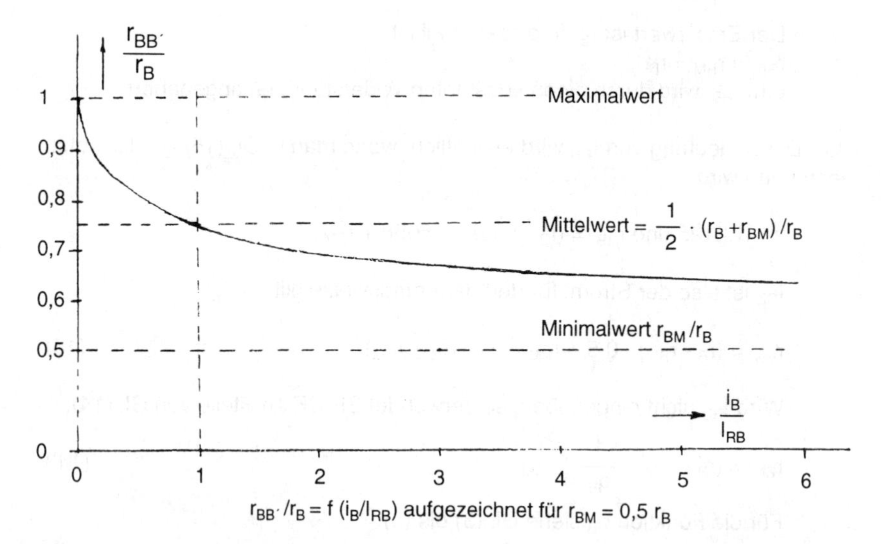

Bild 2.5

In Gl. (14) und (15) treten 3 Modellparameter auf:

- r_B. Die Bedeutung von r_B wird ersichtlich, wenn man den Grenzwert für $i_B \to 0$ durchführt:

$$\text{Für } i_B \to 0 \text{ geht } z \to 0, \quad \frac{3(\tan z - z)}{z \cdot \tan^2 z} \to 1$$

und damit $r_{BB'} \to r_B$.

r_B ist also der größte Wert des Basis-Bahnwiderstandes bei sehr kleinem Basisstrom (siehe Bild 2.5). Er ist der wichtigste Parameter zur Ermittlung des Basisbahnwiderstandes. Der Ersatzwert ist 0.

- r_{BM}. Die Bedeutung von r_{BM} wird ersichtlich, wenn man den Grenzwert für $i_B \to \infty$ durchführt:

$$\text{Für } i_B \to \infty \text{ geht } z \to \frac{\pi}{2}, \quad \frac{3(\tan z - z)}{z \cdot \tan^2 z} \to 0$$

und damit $r_{BB'} \to r_{BM}$.

r_{BM} ist also der kleinste Wert des Basis-Bahnwiderstandes bei sehr großem Basisstrom (siehe Bild 2.5).

Der Ersatzwert ist r_B. In diesem Fall ist:
$r_{BB'} = r_{BM} = r_B$,
d.h. $r_{BB'}$ wird durch einen konstanten Widerstand, r_B, angenähert.

- I_{RB}. Die Bedeutung von I_{RB} wird ersichtlich, wenn man in Gl. (15) $i_B = I_{RB}$ setzt. Denn dann wird

$$z = 1{,}2125 \text{ und } r_{BB'} = (r_B - r_{BM}) \cdot 0{,}5058 + r_{BM}$$

I_{RB} ist also der Strom, für den näherungsweise gilt:

$$r_{BB'} = (r_B - r_{BM}) \cdot 0{,}5 + r_{BM} = \frac{1}{2} (r_B + r_{BM}) \tag{16}$$

Wird I_{RB} nicht eingegeben, so verwendet SPICE an Stelle von Gl. (14):

$$r_{BB'} = (r_B - r_{BM}) \cdot \frac{1}{q_B} + r_{BM} \tag{14'}$$

Für die Funktion q_B siehe Gl. (3) bis (5).

2.4 Funktionsgleichungen für die Kapazitäten

2.4.1 Sperrschichtkapazitäten

Die Sperrschichtkapazitäten des bipolaren Transistors werden wie beim Diodenmodell modelliert.

1. Emittersperrschichtkapazität C_{je}

$$C_{je} = C_{jeo} \cdot \left(1 - \frac{u_{B'E'}}{U_{JE}}\right)^{-m_{je}}, \text{ für } u_{B'E'} \leq F_C U_{JE}$$

$$C_{je} = \frac{C_{jeo}}{(1-F_C)^{m_{je}}} \cdot \left(1 + \frac{m_{je}}{U_{JE} \cdot (1-F_C)} \cdot (u_{B'E'} - F_C U_{JE})\right), \text{ für } u_{B'E'} > F_C U_{JE}.$$

2. Kollektorsperrschichtkapazität C_{jc}

$$C_{jc} = C_{jco} \cdot \left(1 - \frac{u_{B'C'}}{U_{JC}}\right)^{-m_{jc}}, \text{ für } u_{B'C'} \leq F_C U_{JC}$$

$$C_{jc} = \frac{C_{jco}}{(1-F_C)^{m_{jc}}} \cdot \left(1 + \frac{m_{jc}}{U_{JC} \cdot (1-F_C)} \cdot (u_{B'C'} - F_C U_{JC})\right), \text{ für } u_{B'C'} > F_C U_{JC}.$$

Der Modellparameter F_C dient zur Modellierung der Emitter - als auch der Kollektor-Sperrschichtkapazität.

3. Substratsperrschichtkapazität C_{js}

Hier wird zur Vereinfachung $F_C = 0$ gesetzt, d.h.:

$$C_{js} = C_{jso} \cdot \left(1 - \frac{u_{SC'}}{U_{JS}}\right)^{-m_{js}} \quad \text{, für } u_{SC'} \leq 0$$

$$C_{js} = C_{jso} \cdot \left(1 + \frac{m_{js'}}{U_{JS}} \cdot u_{SC'}\right) \text{, für } u_{SC'} > 0.$$

2.4.2 Transitzeitkapazitäten

Die Transitzeitkapazitäten werden wie beim Diodenmodell modelliert. Beim Vorwärtsbetrieb ist, über das Diodenmodell hinausgehend, die Transitzeit t_F keine Konstante, sondern eine Funktion von $u_{B'E'}$ und $u_{B'C'}$.

1. Transitzeitkapazität für Vorwärtsbetrieb C_{te}

$$C_{te} = t_F \cdot g_f \tag{17}$$

Hierbei ist

$$g_f = \frac{\partial i_F}{\partial u_{B'E'}} \tag{18}$$

die differentielle Vorwärtssteilheit des Transistors.

$$t_F = \tau_F \left(1 + X_{\tau F} \cdot \frac{i^2_{F,nrm}}{(i_{F,nrm} + I_{\tau F})^2} \cdot \exp\left(\frac{u_{B'C'}}{1{,}44 \cdot U_{\tau F}}\right)\right) \tag{19}$$

ist die „effektive Vorwärts-Transitzeit“.

Bezüglich $i_{F,nrm}$ siehe Gl.(1).

In Gleichung (19) treten vier Modellparameter auf:

- τ_F. Für $i_{F,nrm} = 0$ ist $t_F = \tau_F$.
  τ_F ist demnach die Transitzeit für sehr kleinen Transportstrom (Minimalwert von t_F).
  τ_F ist der wichtigste Parameter zur Modellierung der Vorwärtstransitzeit (Ersatzwert $\tau_F = 0$).

- $X_{\tau F}$. Der dimensionslose Modellparameter ($X_{\tau F} \geq 0$) berücksichtigt, daß mit ansteigendem Transportstrom die effektive Transitzeit zunimmt. Für $i_{F,nrm} \rightarrow \infty$, $u_{B'C'} = 0$ strebt t_F gegen den Maximalwert $t_{F,max} = \tau_F\,(1+X_{\tau F})$. Beläßt man den Ersatzwert $X_{\tau F} = 0$, so ist $t_F = \tau_F = const$ = Minimalwert.

- $I_{\tau F}$. Für $i_{F,nrm} = I_{\tau F}$, $u_{B'C'} = 0$ ist $t_F = \tau_F\,(1+\frac{1}{4}X_{\tau F})$, d.h. ein markanter Zwischenwert zwischen Minimal- und Maximalwert. Ersatzwert: $I_{\tau F} = 0$.

- $U_{\tau F}$. Für eine Sperrspannung an der Kollektordiode

  $0 > u_{B'C'} = -U_{\tau F}$ ist $\exp\left(\frac{u_{B'C'}}{1{,}44 \cdot U_{\tau F}}\right) = 0{,}5$.

  $U_{\tau F}$ ist demnach die Sperrspannung, bei der die Stromabhängigkeit der Transitzeit im Vergleich zu $u_{B'C'} = 0$ nur halb so groß ist. Für $u_{B'C'} \rightarrow -\infty$ verschwindet die Stromabhängigkeit von t_F, d.h. es gilt $t_F = \tau_F$. Ersatzwert: $U_{\tau F} = \infty$.

2. Transitzeitkapazität für Rückwärtsbetrieb C_{tc}

$$C_{tc} = \tau_R \cdot g_r \tag{20}$$

Hierbei ist

$$g_r = \frac{\partial\, i_R}{\partial\, u_{B'C'}} \tag{21}$$

die differentielle Rückwärtssteilheit des Transistors. τ_R ist die als konstant angenommene Rückwärts-Transitzeit.

2.5 Ersatzschaltbild für AC-Analyse

Für eine AC-Analyse berechnet SPICE zunächst den Arbeitspunkt, d.h. die Ersatzschaltbildspannungen $U_{B'E'}$, $U_{B'C'}$, $U_{SC'}$ sowie den Basisstrom I_B. Im folgenden wird angenommen, daß dieser Arbeitspunkt im normalen aktiven Bereich liegt, d.h. $U_{B'C'} < 0$, und somit $i_{BC1} \approx 0$, $i_{BC2} \approx 0$, $i_R \approx 0$. Damit wird nach Gl. (21) und Gl.(20) $C_{tc} \approx 0$. Ferner sei $U_{SC'} < 0$, d.h. $i_S \approx 0$.

Nach der Arbeitspunktbestimmung berechnet SPICE die differentiellen Größen

$g_{b'e'} = \frac{\partial\, \cdot}{\partial\, u_{B'E'}}\,(i_{BE1} + i_{BE2})$, C_{te}, C_{je}, C_{jc}, C_{js}, $r_{BB'}$ an der Stelle des Arbeitspunktes und ersetzt in Bild 2.1 die nichtlinearen Zweipole durch lineare Zweipole entsprechend den berechneten differentiellen Größen.

Die Urstromquelle i_F, die gemäß Gl.(1), (3), (4), (5) nichtlinear durch $u_{B'E'}$ und $u_{B'C'}$ gesteuert wird, wird durch eine linear gesteuerte Urstromquelle ersetzt, indem das totale Differential berechnet wird:

$$di_F = \frac{\partial i_F}{\partial u_{B'E'}} \cdot du_{B'E'} + \frac{\partial i_F}{\partial u_{B'C'}} \cdot du_{B'C'}. \tag{22}$$

Die hierbei auftretenden partiellen Differentialquotienten sind Funktionen von $u_{B'E'}$ und $u_{B'C'}$. SPICE berechnet diese Differentialquotienten für die Arbeitspunktspannungen $U_{B'E'}$ und $U_{B'C'}$. Wir setzen für die so berechneten Größen:

$$g_f = \frac{\partial i_F}{\partial u_{B'E'}} = \text{Vorwärtssteilheit (siehe Gl(18))}$$

$$g_c = -\frac{\partial i_F}{\partial u_{B'C'}} = \text{Early-Leitwert} \tag{23}$$

Ersetzen wir ferner di_F, $du_{B'E'}$, $du_{B'C'}$ durch die Wechselspannungsgrößen i_f, $u_{b'e'}$, $u_{b'c'}$, so erhalten wir die linear gesteuerte Urstromquelle

$$i_f = g_f \cdot u_{b'e'} - g_c \cdot u_{b'c'} \tag{24}$$

Bild 2.6 zeigt das Ergebnis dieser Substitutionen. Hierbei wurde für $C_{te} + C_{je} = C_{b'e'}$ gesetzt.

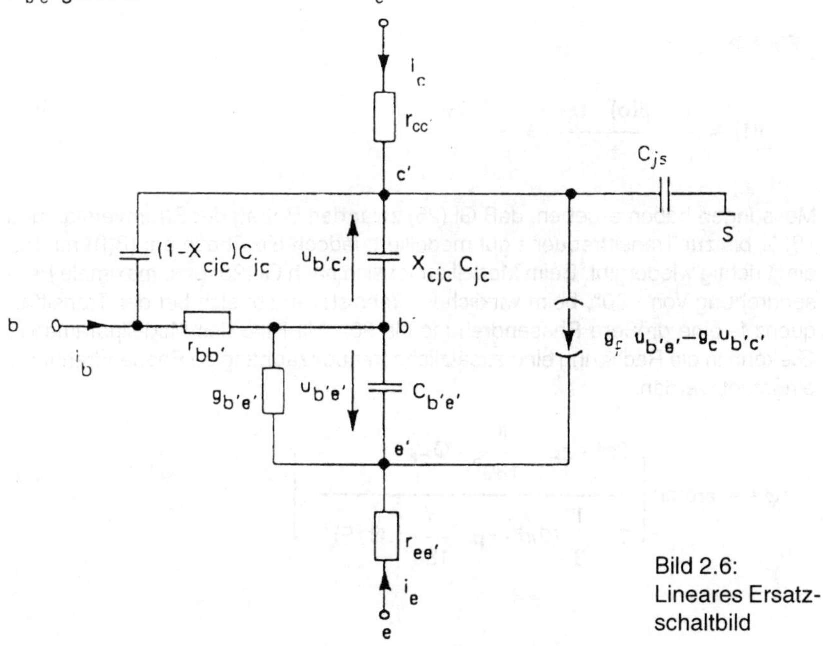

Bild 2.6: Lineares Ersatzschaltbild

Um bei hohen Frequenzen eine bessere Modellierung des Frequenzganges zu erzielen, sind zwei weitere Modellparameter vorgesehen:

- Mit Hilfe des Modellparameters X_{cjc} ($0 \leq X_{cjc} \leq 1$) kann die Kollektorsperrschichtkapazität C_{jc} in zwei Teilkapazitäten aufgespalten werden:

1. $X_{cjc} \cdot C_{jc}$. Sie ist im Ersatzschaltbild zwischen c´ und innerem Basispunkt b´ eingefügt (siehe Bild 2.6).
2. $(1 - X_{cjc}) \cdot C_{jc}$. Sie ist, abweichend vom seither verwendeten Ersatzschaltbild, zwischen c´ und dem äußeren Basispunkt b eingefügt.

   Der Ersatzwert von X_{cjc} ist 1, d.h. die Aufspaltung unterbleibt, C_{jc} ist vollständig zwischen c´ und b´ eingefügt.

- Für die Kurzschlußstromübersetzung ß gilt nach Bild 2.6 näherungsweise (unter Vernachlässigung der Bahnwiderstände):

$$\underline{\beta}(f) = \left.\frac{i_C}{i_B}\right| \approx \frac{\beta(o)}{1 + j\dfrac{f}{f_\beta}} \quad , f_\beta = \beta\text{-Grenzfrequenz}$$

Für $f \gg f_\beta$ gilt

$$\underline{\beta}(f) \approx \frac{1}{j} \cdot \frac{\beta(o) \cdot f_\beta}{f} \doteq \frac{1}{j} \cdot \frac{f_T}{f} \tag{25}$$

Messungen haben ergeben, daß Gl.(25) zwar den Betrag der Stromverstärkung $|\underline{\beta}(f)|$ bis zur Transitfrequenz gut modelliert, jedoch die Phase arc (ß(f)) nur bedingt richtig wiedergibt. Beim Modell ergibt sich nach Gl.(25) eine maximale Phasendrehung von - 90°, beim wirklichen Transistor ergibt sich bei der Transitfrequenz f_T eine größere Phasendrehung als 90°. Mit Hilfe des Modellparameters $Ø_{\tau F}$ kann in die Rechnung eine zusätzliche frequenzabhängige Phasendrehung φ eingefügt werden:

$$\varphi = -\arctan\left[\frac{2\pi f \cdot \tau_F \cdot \dfrac{\pi}{180^\circ} \cdot Ø_{\tau F}}{1 - \dfrac{1}{3}\left(2\pi f \cdot \tau_F \cdot \dfrac{\pi}{180^\circ} \cdot Ø\tau F\right)^2}\right] \tag{26}$$

Für $2\pi f \cdot \tau_F = 1$ bzw. $f = \frac{1}{2\pi\tau_F}$ gilt näherungsweise, (falls $\varnothing_{\tau F} \leq 45°$):

$$\varphi \approx - \frac{\pi}{180°} \cdot \varnothing_{\tau F},$$

d.h. $\varnothing_{\tau F}$ ist näherungsweise die zusätzliche Phasendrehung (in Grad) bei der

Frequenz $f = \frac{1}{2\pi\tau_F}$, wobei die Näherung gilt $f_T \lessapprox \frac{1}{2\pi\tau_F}$.

Der Ersatzwert für $\varnothing_{\tau F}$ ist 0, In diesem Fall ist $\varphi = 0$.

2.6 Modellierung des Quasi-Sättigungseffekt

Quasi-Sättigung, auch „weiche Sättigung" genannt, tritt bei Epitaxialtransistoren auf, wenn bei diesen die Kollekterdiode an der Grenze zwischen Durchlaß- und Sperr-Zustand betrieben wird. Dieser Effekt zeigt sich im Ausgangskennlinienfeld, jedoch nur bei großen Strömen (siehe Bild 2.7).

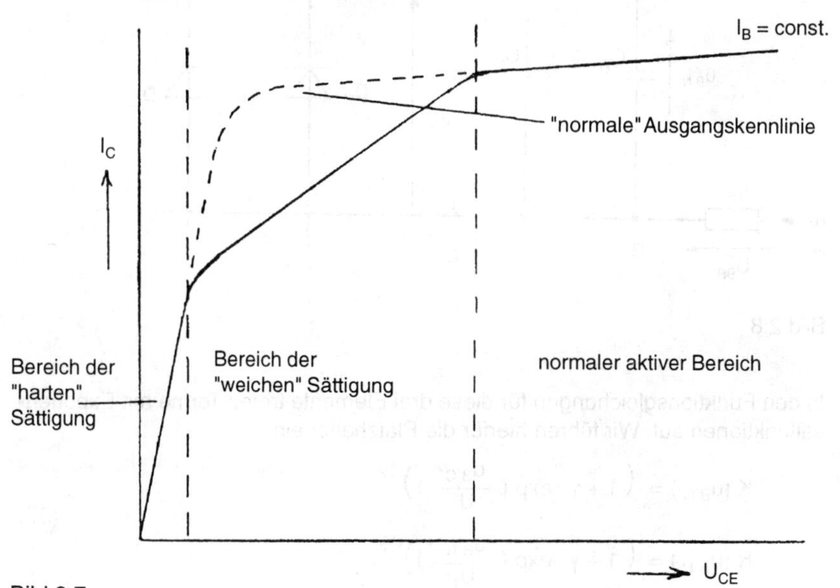

Bild 2.7

Im Bereich der „weichen Sättigung" ergibt sich zudem eine größere Transitzeit als nach Gl.(19) berechnet. Beide Effekte werden durch vier Modellparameter modelliert: r_{CO}, Q_{CO}, U_O,γ. Beläßt man für den Modellparameter r_{CO} den Ersatzwert $r_{CO} = 0$, so werden die Quasi-Sättigungseffekte nicht modelliert. Gibt man für diesen Parameter einen Wert $r_{CO} \neq 0$ ein, so wird das Ersatzschaltbild nach Bild 2.1 durch drei zusätzliche Elemente, die gesteuerte Urstromquelle i_{epi} und durch 2 Kapazitäten C_W, C_O, gemäß Bild 2.8 ergänzt.

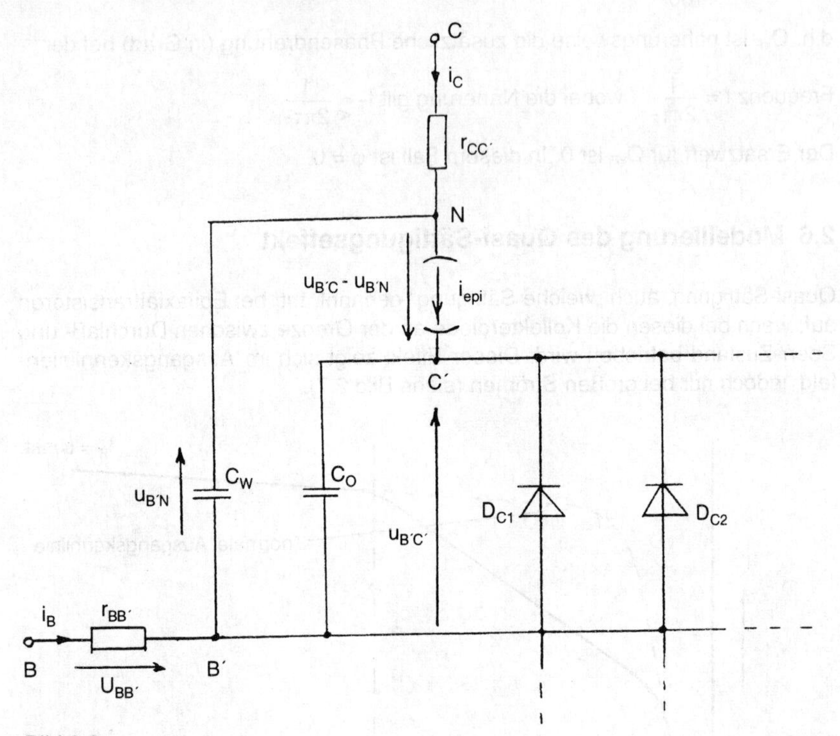

Bild 2.8

In den Funktionsgleichungen für diese drei Elemente treten Terme mit Exponentialfunktionen auf. Wir führen hierfür die Platzhalter ein:

$$\left.\begin{aligned} K(u_{B'C'}) &= \left(1 + \gamma \cdot \exp\left(\frac{u_{B'C'}}{U_T}\right)\right)^{1/2} \\ K(u_{B'N'}) &= \left(1 + \gamma \cdot \exp\left(\frac{u_{B'N'}}{U_T}\right)\right)^{1/2} \end{aligned}\right\} \quad (27)$$

$$i_{epi} = \frac{U_T \cdot \left(K(u_{B'C'}) - K(u_{B'N}) - \ln\left(\frac{1 + K(u_{B'C'})}{1 + K(u_{B'N})}\right)\right) + u_{B'C'} - u_{B'N}}{r_{CO} \cdot \left(1 + \frac{\left| u_{B'C'} - u_{B'N} \right|}{U_O}\right)} \quad (28)$$

Anders als bei den Sperrschicht- und Transitzeitkapazitäten werden C_W und C_O nicht direkt, sondern durch die auf ihnen gespeicherte Ladungen definiert:

$$\left.\begin{aligned} Q_O &= Q_{CO} \cdot (K(u_{B'C'}) - 1 - 0.5 \cdot \gamma) \\ Q_W &= Q_{CO} \cdot (K(u_{B'N}) - 1 - 0.5 \cdot \gamma) \end{aligned}\right\} \quad (29)$$

Hieraus können die Kapazitäten durch Differentiation abgeleitet werden, z.B.

$$C_W = \frac{\partial Q_W}{\partial u_{B'N}}$$

2.7 Temparaturabhängigkeit der Modellparameter (Siehe auch Diodenmodell Abschnitt 1.7)

2.7.1 Temperaturabhängigkeit von I_S, B_F, B_R.

$$I_S\,(T) = I_S \cdot \left(\frac{T}{T_O}\right)^{X_{Ti}} \cdot \exp\left(\frac{E_g}{U_T}\left(\frac{T}{T_O} - 1\right)\right), \text{ siehe Diodenmodell}$$

$$B_F(T) = B_F \cdot \left(\frac{T}{T_O}\right)^{X_{TB}}$$

$$B_R(T) = B_R \cdot \left(\frac{T}{T_O}\right)^{X_{TB}}$$

Der Modellparameter X_{TB} modelliert die Temperaturabhängigkeit der Stromverstärkung. Beläßt man den Ersatzwert $X_{TB} = 0$, so ist die Stromverstärkung temperaturunabhängig.

2.7.2 Sättigungsströme der Dioden D_{E2}, D_{C2} und D_S.

$$I_{SE}\,(T) = I_{SE} \cdot \left(\frac{T}{T_O}\right)^{\frac{X_{Ti}}{n_E} - X_{TB}} \cdot \exp\left(\frac{E_g}{n_E U_T} \cdot \left(\frac{T}{T_O} - 1\right)\right)$$

$$I_{SC}\,(T) = I_{SC} \cdot \left(\frac{T}{T_O}\right)^{\frac{X_{Ti}}{n_C} - X_{TB}} \cdot \exp\left(\frac{E_g}{n_C U_T} \cdot \left(\frac{T}{T_O} - 1\right)\right)$$

$$I_{SS}\,(T) = I_{SS} \cdot \left(\frac{T}{T_O}\right)^{\frac{X_{Ti}}{n_S} - X_{TB}} \cdot \exp\left(\frac{E_g}{n_S U_T} \cdot \left(\frac{T}{T_O} - 1\right)\right)$$

2.7.3 Bahnwiderstände

$$r_{EE'}(T) = r_{EE'} \cdot \left(1 + T_{RE1}(T - T_O) + T_{RE2}\,(T - T_O)^2\right)$$

$$r_{CC'}(T) = r_{CC'} \cdot \left(1 + T_{RC1}(T - T_O) + T_{RC2}\,(T - T_O)^2\right)$$

$$r_B(T) = r_B \cdot \left(1 + T_{RB1}(T - T_O) + T_{RB2}\,(T - T_O)^2\right)$$

$$r_{BM}(T) = r_{BM} \cdot \left(1 + T_{RM1}(T - T_O) + T_{RM2}\,(T - T_O)^2\right)$$

2.7.4 Sperrschichtpotentiale U_{JE}, U_{JC} und U_{JS}

Die Temperaturabhängigkeit der Sperrschichtpotentiale wird durch dieselbe Funktion wie das Sperrschichtpotential U_J des Diodenmodells modelliert. Siehe dort Abschnitt 1.7.

2.7.5 Sperrschichtkapazität bei 0 Volt Vorspannung, C_{jeo}, C_{jco}, C_{jso}.

Funktionsgleichung für Temperaturabhängigkeit siehe Diodenmodell. Dort müssen lediglich m durch m_{je}, m_{jc}, m_{js} und U_J durch U_{JE}, U_{JC}, U_{JS} ersetzt werden.

2.8 Berücksichtigung des area-Faktors (siehe hierzu auch Diodenmodell, Abschnitt 1.8)

Gibt man in der Elementanweisung Q für [area] einen Wert area ≠ 1 ein , (Ersatzwert area = 1), so werden für dieses Element folgende Modellparameter mit area multipliziert:

I_S, I_{SE}, I_{SC}, I_{SS}, I_{KF}, I_{KR}, I_{RB}, $I_{\tau F}$
C_{jeo}, C_{jco}, C_{jso}, Q_{CO}

Die Modellparameter für die Bahnwiderstände, $r_{EE'}$, $r_{CC'}$, r_B, r_{BM}, sowie r_{CO} werden mit 1/area multipliziert.

Die übrigen Modellparameter bleiben unverändert.

2.9 Zusammenfassung der Modellparameter, SPICE-Namen und SPICE-Ersatzwerte

Bezeichnung	Formelname	SPICE-name	SPICE-Ersatzwert
idealer Transistor			
Stromverstärkung (vorwärts)	B_F	BF	100
Stromverstärkung (rückwärts)	B_R	BR	1
Transport-Sättigungsstrom	I_S	IS	10^{-16}A
Emissionskoeffizient des Vorwärtsstromes	n_F	NF	1
Emissionskoeffizient des Rückwärtsstromes	n_R	NR	1
Early-Effekt			
Early-Spannung der BC-Diode	U_{AF}	VAF	∞
Early-Spannung der BE-Diode	U_{AR}	VAR	∞
Niederstromeffekte (Rekombination)			
Sättigungsstrom der nichtidealen Diode D_{E2}	I_{SE}	ISE	0
Emissionskoeffizient der nichtidealen Diode D_{E2}	n_E	NE	1,5
Sättigungsstrom der nichtidealen Diode D_{C2}	I_{SC}	ISC	0
Emissionskoeffizient der nichtidealen Diode D_{C2}	n_C	NC	2
Hochstrominjektion			
Kniestrom (vorwärts)) Grenzwert für die	I_{KF}	IKF	∞
Kniestrom (rückwärts)) Abnahme der Strom-) verstärkung bei) großem Kollektor-) strom	I_{KR}	IKR	∞
Exponent der Hochstrominjekton	n_K	NK	0.5
Bahnwiderstände			
Emitterbahnwiderstand	$r_{EE'}$	RE	0
Kollektorbahnwiderstand	$r_{CC'}$	RC	0
Basisbahnwiderstand für kleinen Basisstrom (größter Wert von $r_{BB'}$)	r_B	RB	0
für sehr großen Basisstrom (kleinster Wert von $r_{BB'}$)	r_{BM}	RBM	RB
Basisstrom, bei dem $r_{BB'} = 0,5 \times (r_B + r_{BM})$	I_{RB}	IRB	

Bezeichnung	Formel-name	SPICE-name wert	SPICE-Ersatz
Sperrschichtkapazitäten			
BE-Sperrschichtkapazität bei 0V Vorspng.	C_{jeo}	CJE	0
Exponent der BE-Sperrschichtkapazität	m_{je}	MJE	0,33
Sperrschichtpotential der BE-Diode bei 0V Vorspannung	U_{JE}	VJE	0,75V
BC-Sperrschichtkapazität bei 0V Vorspng.	C_{jco}	CJC	0
Exponent der BC-Sperrschichtkapazität	m_{jc}	MJC	0,33
Sperrschichtpotential der BC-Diode bei 0V Vorspannung	U_{JC}	VJC	0,75V
Koeffizient für Sperrschichtkapazität im Durchlaßbereich (für C_{je} und C_{jc})	F_c	FC	0,50
Kollektor-Substrat-Sperrschichtkapazität bei 0V Vorspannung	C_{jso}	CJS	0
Exponent der CS-Sperrschichtkapazität	m_{js}	MJS	0
Sperrschichtpotential der CS-Diode bei 0V Vorspannung	U_{JS}	VJS	0,75V
Transitzeiten			
Transitzeit (vorwärts) für kleinen Kollektorstrom	τ_F	TF	0
Modellparameter zur Modellierung der Arbeitspunktabhängigkeit von τ_{FF}	$X_{\tau F}$	XTF	0
	$I_{\tau F}$	ITF	0
	$U_{\tau F}$	VTF	∞
Transitzeit (rückwärts)	τ_R	TR	0
Spezielle Hochfrequenzparameter			
Aufspaltung der Kapazitä C_{jc}	X_{cjc}	XCJC	1
zusätzliche Phasendrehung in Grad für $f = \frac{1}{2\pi\tau_F}$	$Ø_{\tau F}$	PTF	0

Bezeichnung	Formel-name	SPICE-name	SPICE-Ersatz-wert
Quasi-Sättigung			
Epitaxialgebiet-Ladungsfaktor	Q_{CO}	QCO	0
Epitaxialgebiet-Widerstand	r_{CO}	RCO	0
Kniespannung der Ladungsträgerbeweglichkeit	U_O	VO	10V
Epitaxialgebiet-Dotierungsfaktor	γ	GAMMA	10^{-11}
Parameter für Temperaturanalyse			
Bandabstandsspannung	E_g	EG	1,11
Temperaturexponent von I_S, I_{SE}, I_{SC}, I_{SS}	X_{Ti}	XTI	3
Temperaturexponent von B_F und B_R	X_{TB}	XTB	0
lin. Temperaturkoeff. von $r_{EE'}$	T_{RE1}	TRE1	0
quadr. Temperaturkoeff. von $r_{EE'}$	T_{RE2}	TRE2	0
lin. Temperaturkoeff. von $r_{CC'}$	T_{RC1}	TRC1	0
quadr. Temperaturkoeff. von $r_{CC'}$	T_{RC2}	TRC2	0
lin. Temperaturkoeff. von r_B	T_{RB1}	TRB1	0
quadr. Temperaturkoeff. von r_B	T_{RB2}	TRB2	0
lin. Temperaturkoeff. von r_{BM}	T_{RM1}	TRM1	0
quadr. Temperaturkoeff. von r_{BM}	T_{RM2}	TRM2	0

3 Modellierung des Sperrschicht-Feldeffekt-Transistors mit dem Netzwerkanalyse-Programm SPICE

Haybatolah Khakzar

3.1 Das JFET Transistormodell (n-Kanal)

Das JFET Modell wurde aus dem FET Modell von Shichman und Hodges abgeleitet (4.1).

3.1.1 Das Ersatzschaltbild

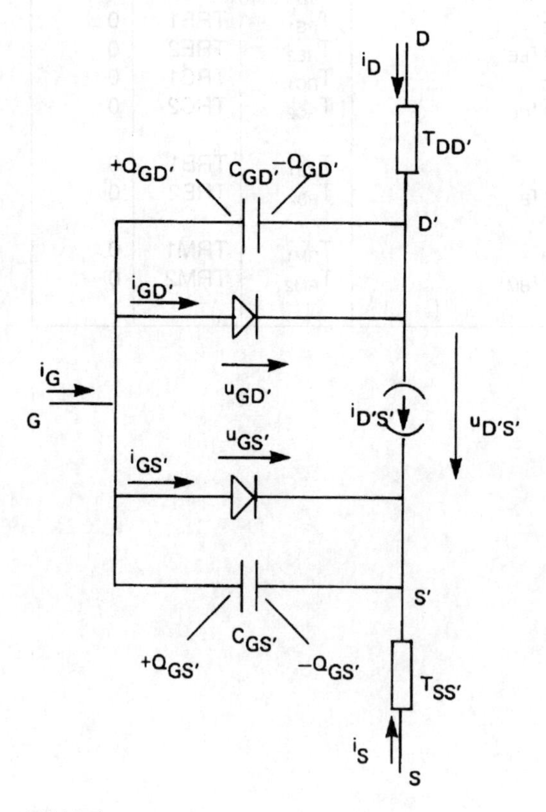

Bild 3.1

Die im Ersatzschaltbild eingezeichneten Spannungen und Ströme können zeitlich veränderlich oder unveränderlich sein. Für spezielle Gleichstrombetrachtungen werden die Variablennamen durch die entsprechenden Großbuchstaben ersetzt.

Für den p-Kanal Typ müssen die Spannungen $u_{GD'}$ und $u_{D'S'}$, die Stromquelle $i_{D'S'}$ sowie die Richtung der Gatedioden umgepolt werden.

Die Ohmwiderstände von Drain- und Sourcegebiet werden durch $r_{DD'}$ und $r_{SS'}$ berücksichtigt. Die beiden Gatesperrschichten bildet man durch die Dioden und die spannungsabhängigen Kapazitäten nach.

3.1.2 Gleichungen für die Ersatzschaltbildströme

3.1.2.1 Gleichungen für die gesteuerte Quelle

$u_{D'S'} > 0$ (Vorwärtsrichtung)

$$i_{D'S'}(u_{D'S'}, u_{GS'}) = \begin{cases} 0 & u_{GS'} - U_{TO} < 0 \\ \beta u_{D'S'}[2(u_{GS'} - U_{TO}) - u_{D'S'}]\,(1 + \lambda u_{D'S'}) & 0 < u_{D'S'} < u_{GS'} - U_{TO} \\ \beta (u_{GS'} - U_{TO})^2\,(1 + \lambda u_{D'S'}) & 0 < u_{GS'} - U_{TO} < u_{D'S'} \end{cases} \quad (1.1)$$

$u_{D'S'} < 0$ (Rückwärtsrichtung)

$$i_{D'S'}(u_{D'S'}, u_{GD'}) = \begin{cases} 0 & u_{GD'} - U_{TO} < 0 \\ \beta u_{D'S'}[2(u_{GD'} - U_{TO}) + u_{D'S'}]\,(1 - \lambda u_{D'S'}) & 0 < -u_{D'S'} < u_{GD'} - U_{TO} \\ -\beta (u_{GD'} - U_{TO})^2\,(1 - \lambda u_{D'S'}) & 0 < u_{GD'} - U_{TO} < -u_{D'S'} \end{cases} \quad (1.2)$$

Die Gleichungen des Drainstromes enthalten die Parameter U_{TO}, β und λ. Zur Bestimmung der Parameter U_{TO} und β trägt man $\sqrt{I_D}$ in Abhängigkeit von U_{GS} auf (Gleichstrombetrachtung, gesättigter Transistor).

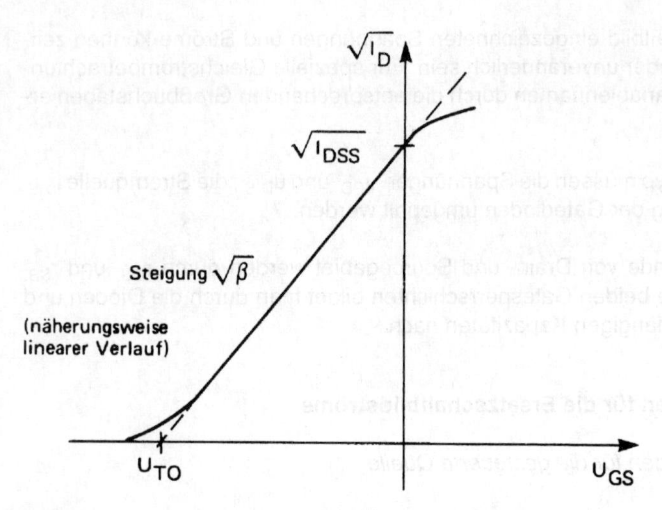

Bild 3.2

Die Schwellenspannung U_{TO} erhält man aus dem extrapolierten Schnittpunkt des Graphen in Bild 3.2 mit der U_{GS}-Achse. Der Schnittpunkt mit der $\sqrt{I_D}$-Achse liefert $\sqrt{I_{DSS}}$. I_{DSS} ist ein übliches Güterkriterium für den FET. β erhält man aus der Beziehung:

$$\beta = \frac{I_{DSS}}{U_{TO}^2} \tag{1.3}$$

Der Kanallängenmodulationsparameter λ entspricht dem Kehrwert der Early-Spannung bei bipolaren Transistoren und ist ein Maß für den Ausgangsleitwert in der Sättigung:

$$\left.\frac{\partial i_{D'S'}}{\partial u_{D'S'}}\right|_{\text{Sättigung}} = g_{D'S'} = \beta \cdot \lambda (u_{GS'} - U_{TO})^2 \approx \lambda i_{D'S'} \quad \text{für } 0 < u_{GS'} - U_{TO} < u_{D'S'} \tag{1.4}$$

3.1.2.2 Diodenströme

(Bemerkung: positiver Strom ist der Strom, der in den Anschluß hineinfließt)

$$i_{GD'} = I_S \left[\exp\left(\frac{U_{GD'}}{N.U_T}\right) - 1\right] + I_r \cdot K_g + I_i \tag{1.5}$$

I_r = Rekombinationsstrom = ISR (exp $U_{GD'}$ / $N_R \cdot U_T$)
K_g = Generationsfaktor = $[(1\text{-}U_{GD'}/Ø_B)^2+0{,}005]^{M/2}$
I_i = Ionisationsstromeinfluß

Für o < U_{GS} - U_{ro} < U_{DS} d.h. Vorwärtssättigungsregion gilt:

$$I_i = I_D \cdot \alpha \cdot U_{Dif} \cdot \exp(-U_K/U_{Dif}) \text{ wobei } U_{Dif} = U_{DS} - (U_{GS}-U_{TO})$$

sonst $I_i = O$

Entsprechend

$$i_{GS'} = I_S [\exp(\frac{U_{GS'}}{N.U_T}) - 1] + I_r \cdot K_g \tag{1.6}$$

Da die beiden Dioden üblicherweise in Sperrichtung betrieben werden, sollte man den Parameter I_S entsprechend den bekannten Werten des Gate-Sperrschicht-Leckstromes wählen. Die Temperaturspannung U_T braucht in SPICE nicht eingegeben werden (vgl. Diode, bip. Transistor).

3.1.3 Das Gleichstromverhalten

Wendet man die Knotenpunktsregel auf die Punkte G´ und D´ an, so erhält man unter Verwendung von Großbuchstaben:

$$I_G = I_{GD'} + I_{GS'} = I_S[\exp\frac{U_{GD'}}{U_T} + \exp\frac{U_{GS'}}{U_T} - 2] \tag{1.7}$$

$$I_D = I_{D'S'} - I_{GD'} = I_{D'S'}(U_{D'S'}, U_{GS'}) - I_S(\exp\frac{U_{GD'}}{U_T} - 1) \tag{1.8}$$

mit $I_{D'S'}$ ($U_{D'S'}$, $U_{GD'}$) nach Gl. (1.1), (1.2). Wegen der Ladungserhaltung gilt: $I_S = -(I_G + I_D)$.

3.1.4 Ladungsspeicherung auf $C_{GD'}$ und $C_{GS'}$

Für die Ladung $Q_{GD'}$ und $Q_{GS'}$, die auf den beiden nichtlinearen Sperrschichtkapazitäten cGD´ gespeichert wird, gilt: (vgl. Diodenmodell Gl. (6), bip. transistor Gl. (5)

$$Q_{GS'} = \begin{cases} C_{GS'O} \int_0^{u_{GS'}} [1 - \frac{u}{\emptyset_B}]^{-M} du & \text{für } u_{GS'} \leq F_C \cdot \emptyset_B \\ C_{GS'O} \int_0^{F_C \emptyset_B} [1 - \frac{u}{\emptyset_B}]^{-M} du + & \end{cases} \tag{1.9}$$

$$\frac{C_{GS'O}}{(1-F_C)^M} \int_{F_C\emptyset_B}^{u_{GS'}} (1 + \frac{1}{2} \frac{u - F_C \cdot \emptyset_B}{\emptyset_B(1 - F_C)}) du \qquad \text{für } u_{GS'} > F_C \cdot \emptyset_B$$

$$Q_{GD'} = \begin{cases} C_{GD'O} \int\limits_{0}^{u_{GD'}} [1 - \frac{u}{\emptyset_B}]^{-M} \, du & \text{für } u_{GD'} \leqslant F_C \cdot \emptyset_B \\ C_{GD'O} \int\limits_{0}^{F_C \cdot \emptyset_B} [1 - \frac{u}{\emptyset_B}]^{-M} \, du + & \\ \frac{C_{GD'O}}{(1-F_C)^M} \int\limits_{F_C \cdot \emptyset_B}^{U_{GD'}} (1 + M \frac{u - F_C \cdot \emptyset_B}{\emptyset_B (1-F_C)}) \, du & \text{für } u_{GD'} > F_C \cdot \emptyset_B \end{cases} \tag{1.10}$$

mit CGS´O als Gate-Source-Sperrschichtkapazität bei $U_{GS'}$ = O V und $C_{GD'O}$ als Gate-Drain-Sperrschichtkapazität bei $U_{GD'}$ = O V.

3.1.5 Ersatzschaltbild für Kleinsignalanwendungen

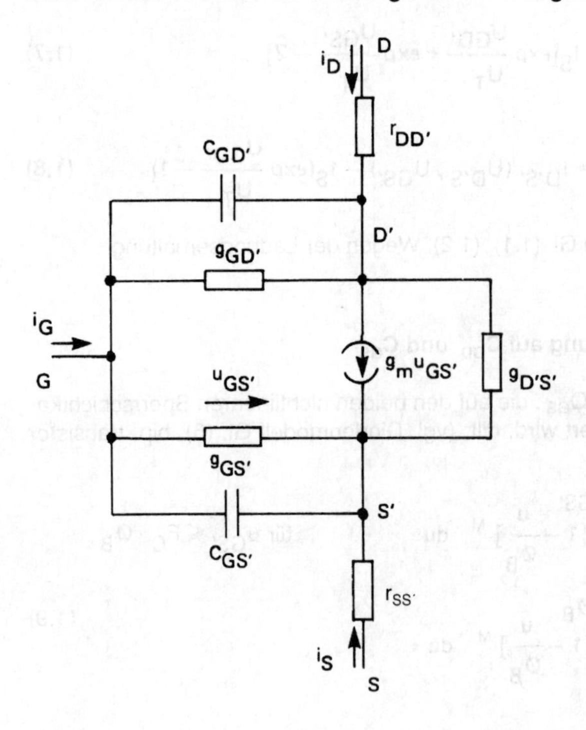

Bild 3.3: Kleinsignalersatzschaltbild eines n-Kanal-Sperrschicht-FET.

Für die Kapazitäten $C_{GS'}$ und $C_{GD'}$, die Steilheit gm und die Leitwerte $g_{D'S'}$, $g_{GS'}$ und $g_{GD'}$ können im linearisierten Kleinsignalersatzschaltbild (Bild 3.3) folgende Gleichungen angegeben werden:

$$C_{GS'} = \frac{dQ_{GS'}}{dU_{GS'}} = \begin{cases} C_{GS'O} \left(1 - \frac{U_{GS'}}{\emptyset_B}\right)^{-M} & U_{GS'} \leqslant F_C \cdot \emptyset_B \\ \frac{C_{GS'O}}{(1-F_C)^M} \left[1 + M \frac{U_{GS'} - F_C \cdot \emptyset_B}{\emptyset_B (1 - F_C)}\right], & U_{GS'} > F_C \cdot \emptyset_B \end{cases} \tag{1.11}$$

$$C_{GD'} = \frac{dQ_{GD'}}{dU_{GS'}} = \begin{cases} C_{GD'O} \left(1 - \frac{U_{GD'}}{\emptyset_B}\right)^{-M} & U_{GD'} \leqslant F_C \cdot \emptyset_B \\ \frac{C_{GD'O}}{(1-F_C)^M} \left(1 + M \frac{U_{GD'} - F_C \cdot \emptyset_B}{\emptyset_B (1 - F_C)}\right) & U_{GD'} > F_C \cdot \emptyset_B \end{cases} \tag{1.12}$$

$$g_m = \left.\frac{dI_{D'S'}}{dU_{GS'}}\right|_{\Delta U_{D'S'} = 0} = \frac{2\, I_{D'S'}}{U_{GS'} - U_{TO}} \tag{1.13}$$

$$g_{D'S'} = \left.\frac{dI_{D'S'}}{dU_{D'S'}}\right|_{\Delta U_{GS'} = 0} = \frac{\lambda \cdot I_{D'S'}}{1 + \lambda U_{DS'}} \tag{1.14}$$

Da normalerweise keine der beiden Sperrschichten in Vorwärtsrichtung betrieben wird, sind die beiden Leitwerte $g_{GS'}$ und $g_{GD'}$ sehr klein.

$$g_{GS'} = \frac{dI_{GS'}}{dU_{GS'}} \approx 0 \tag{1.15}$$

$$g_{GD'} = \frac{dI_{GD'}}{dU_{GD'}} \approx 0 \qquad (1.16)$$

3.1.6 Differentialgleichungen für Großsignalanwendungen

Bei sich ändernden Spannungen müssen auch noch die Ströme, die durch Ladungsspeicherung auf den Kapazitäten entstehen, berücksichtigt werden. Es gilt nach Bild 3.1: (Knotenpunktsregel in G und D´)

$$i_G(t) = i_{GD'} + i_{GS'} + \frac{dQ_{GD'}}{dt} + \frac{dQ_{GS'}}{dt} \qquad (1.17)$$

$$i_D(t) = i_{D'S'} - i_{GD'} - \frac{dQ_{GD'}}{dt} \qquad (1.18)$$

Interpretiert man diese Gleichungen physikalisch, so ist jeder Strom, der in ein Gebiet (Gate, Drain, Source) hineinfließt, gleich den aus diesem Gebiet abfließenden Strömen und den in diesem Gebiet im Zeitintervall dt gespeicherten Ladungen dQ. Diese Ströme und Ladungen sind spannungsabhängig. Für ein mathematisches Differnetialgleichungssystem, das diesen Zusammenhang beschreibt, ersetzt man in Gl. (1.17), (1.18) $i_{GD'}$, $i_{GS'}$ und $I_{D'S'}$ nach Gl. (1.5), (1.6) und Gl. (1.1), (1.2). dQ_{GD}/dt wird ersetzt durch $(dQ_{GD}/du_{GD'})$, (du_{GD}/dt), wobei $dQ_{GD'}/du_{GD'}$ aus Gl. (1.10) ermittelt wird. Analog dazu wird $dQ_{GS'}/dt$ durch $dQ_{GS'}/du_{GS'}$ $(du_{GS'}/dt)$ ersetzt mit $dQGS'/du_{GS'}$ nach Gl. (1.9). Dies ergibt zwei nichtlineare Differentialgleichungen für die Variablen $u_{GD'}$ und $u_{GS'}$. Aus den Daten für die äußere Beschaltung des Transistors erhält man zwei weitere Gleichungen für $i_G(t)$ und $i_D(t)$. Diese werden zur Auflösung des Gleichungssystems benötigt (vgl. bip. Transistor).

3.1.7 Temperatureffekte

$VTO(T) = VTO + VTOTC \cdot (T - Tnom)$

$BETA(T) = BETA \cdot 1.01^{BETATCE \cdot (T-Tnom)}$

$IS(T) = IS \cdot e^{(T/Tnom-1) \cdot EG/(N \cdot Vt)} \cdot (T/Tnom)^{XTI/N}$
wobei EG = 1.11

$ISR(T) = ISR \cdot e^{(T/Tnom-1) \cdot EG/(NR \cdot Vt)} \cdot (T/Tnom)^{XTI/NR}$
wobei EG = 1.11

$PB(T) = PB \cdot T/Tnom - 3 \cdot Vt \cdot ln(T/Tnom) - Eg(Tnom) \cdot T/Tnom + Eg(T)$
wobei Eg(T) = silicon bandgap energy = $1.16 - .000702 \cdot T^2/(T+1108)$

CGS(T) = CGS·(1+M·(.0004·(T-Tnom)+(1-PB(T)/PB)))

CGD(T) = CGD·(1+M·(.0004·(T-Tnom)+(1-PB(T)/PB)))

Die Drain- und Sourcewiderstände haben keine Temperaturabhängigkeit.

3.1.8 Zusammenfassung der Modellparameter, SPICE-Namen und SPICE-Ersatzwerte

Die in den Gl. (1.1) (1.2) (1.5) (1.6) (1.9) (1.10) eingeführten Parameter sind in Tabelle 3.1 zusammengefaßt.

Tabelle 3.1

	Formelname	SPICE-name	SPICE-Ersatzwert	typische Werte
idealer Transistor				
Schwellenspannung	U_{TO}	VTO	-2.0 V	-2.0 V
Ausgangsleitwertparameter	β	BETA	$5 \cdot 10^{-5}$ A/V²	10^{-3} A/V²
Kanallängenmodulation				
Parameter der Kanallängenmodulation	λ	LAMBDA	0	10^{-4} 1/V
Ohmwiderstände				
Drainwiderstand	$r_{DD'}$	RD	0	100 Ω
Sourcewiderstand	$r_{SS'}$	RS	0	100 Ω
Gatesperrschichten				
Gate-Source-Sperrschichtkapazität bei UGS = 0 V	$C_{GS'O}$	CGS	0	5 pF
Gate-Drain-Sperrschichtkapazität bei UGD = 0 V	$C_{GD'O}$	CGD	0	1 pF
Gate-Sperrschichtpotential	$\varnothing_B$	PB	1 V	0.6 V
Koeffizient für nichtideale Sperrschichtkapazitäten bei Vorwärtsansteuerung	F_C	FC	0,5	–
Sättigungsstrom (Sperrschicht-Inversstrom)	I_S	IS	10^{-14} A	10^{-14} A
Gate-Sperrschicht-emissionskoeffizient	N	N	1	1
Gate-Sperrschicht-Rekombinationsstrom	I_{SR}	ISR	0	10^{-14} A

	Formel-name	SPICE-name	SPICE-Ersatz-wert	typische Werte
Emissionskoeffizient für I_{SR}	N_R	NR	2	2
Ionisationskoeffizient	α	α	0	
Ionisationskniespannung	V_K	VK	0	
Gatesperrschicht-Grataktionskoeffizient	M	M	0,5	0,3 ÷ 0,5
linearer Temperaturkoeffizient der Abschnürspannung	VTOTC	VTOTC	0	
Temperaturkoeffizient im Exponent der Transkonduktanz	BETATCE	BETATCE	0	
linearer Temperatur-koeffizient des Gate-Sättigungsstromes I_S	XTI	XTI	3	3
Koeffizient des Flickerrauschens	K_F	KF	0	10^{-14} AHz
Exponent des Flickerrauschens	A_F	AF	1	1

4 Modellierung des MOS-Feldeffekt-Transistors mit dem Netzwerkanalyseprogramm SPICE

Haybatolah Khakzar

4.1 Das LEVEL-1MOS-Modell

PSPICE 29 enthält 6 Modelle, LEVEL 1, LEVEL 2 und LEVEL 3 außerdem die Berkley Modelle BSIM 1, BSIM 2 und BSIM 3.

Das LEVEL 1 MOS-Modell liefert eine erste gute Näherung bei Transistoren mit Kanal-Längen und -weiten größer als 20 µm.

4.1.1 Geometrie und Großsignalersatzschaltbild

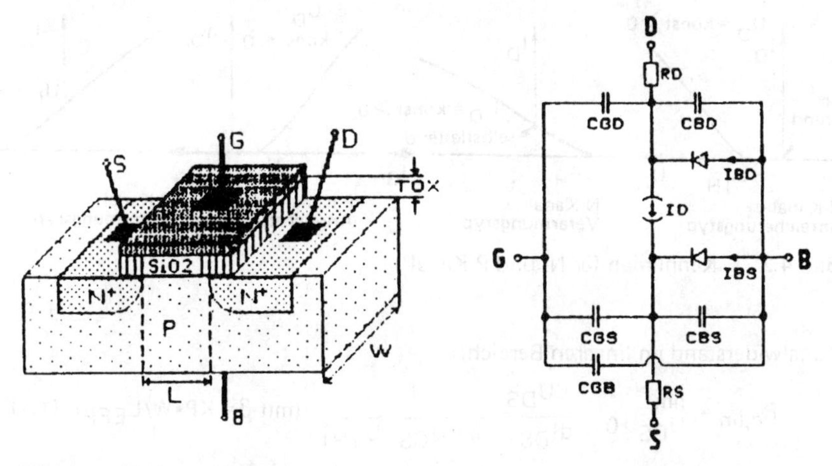

Bild 4.1: N-Kanal-MOSFET

Bild 4.2: Großsignal-ESB des NMOS-Trs

Im Folgenden werden nur die Gleichungen des n-Kanal-MOSFETs behandelt, da die Gleichungen des p-Kanal-MOSFETs analog sind; es müssen nur die Vorzeichen der Spannungen und Ströme geändert, und die Dioden im Ersatzschaltbild andersherum gepolt werden.

4.1.2 Kennlinien

Kennlinien für einen n-Kanal-MOSFET:

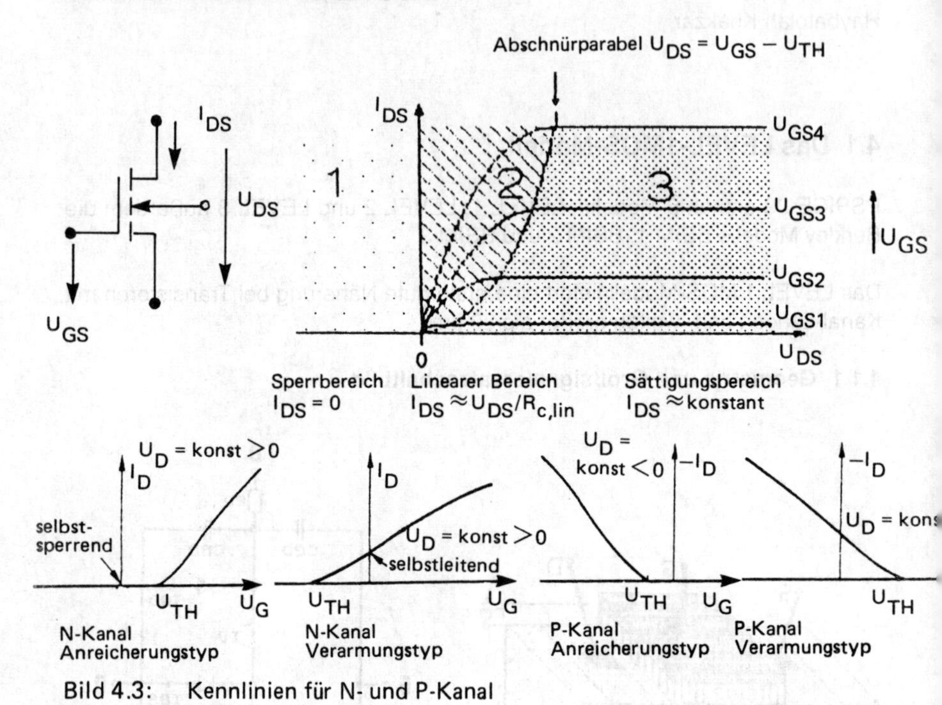

Bild 4.3: Kennlinien für N- und P-Kanal

Kanalwiderstand im linearen Bereich:

$$R_{c,lin} = \lim_{U_{DS}\to 0} \frac{dU_{DS}}{dI_{DS}} = \frac{1}{\beta*[U_{GS}-U_{TH}]} \quad (\text{mit } \beta = KP*W/L_{EFF}) \quad (1.1)$$

Im Sättigungsbereich verhält sich der MOSFET wie eine konstante Stromquelle:

$$I_{DS,max} = \frac{\beta}{2}\,[\,U_{GS} - U_{TH}\,]^2 \quad (1.2)$$

Kennlinien für einen p-Kanal-MOSFET:

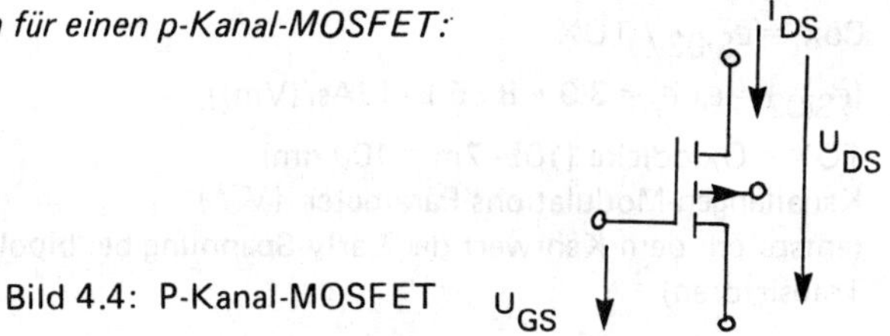

Bild 4.4: P-Kanal-MOSFET

Die Kennlinien sind dieselben wie beim N-Kanal-MOSFET. Nur müssen die Vorzeichen von Spannungen und Strömen invertiert werden.

4.1.3 Gleichungen

4.1.3.1 Gesteuerte Stromquelle $I_{DS} = I_{DS}(U_{DS}, U_{GS})$

Sperrbereich:

$$U_{GS} < U_{TH} \qquad I_{DS} = 0 \tag{1.3}$$

Linearer Bereich:

$$0 < U_{DS} < U_{GS} - U_{TH} \quad \text{und} \quad U_{GS} > U_{TH}$$

$$I_{DS} = KP \frac{W}{L_{EFF}} [U_{GS} - U_{TH} - U_{DS}/2\,]\, U_{DS}\,(1 + LAMBDA * U_{DS}) \tag{1.4}$$

Sättigungsbereich:

$$U_{DS} > U_{GS} - U_{TH} \quad \text{und} \quad U_{GS} > U_{TH}$$

$$I_{DS} = KP/2 * \frac{W}{L_{EFF}} [\, U_{GS} - U_{TH}\,]^2 * (1 + LAMBDA * U_{DS}) \tag{1.5}$$

Erläuterungen zu den Formeln:

W	Kanalbreite (100um)	
L_{EFF}	Effektive Kanallänge aus $L_{EFF} = L - 2\,LD$ L = Kanallänge (100um) LD = Gate-Diffusionsüberlappung (einfach) (0m) 2 LD = Gate-Source + Gate-Drain-Überlappung	(1.6)
KP	Material/Geometriefaktor aus KP = U0 * Cox' U0 = Ladungsträgerbeweglichkeit (600 $cm^2/(Vs)$) Cox' = Flächenbezogene Oxidkapazität	(1.7)

$Cox' = \epsilon_{SiO2} / TOX$

$(\epsilon_{SiO2} = \epsilon_0 \, \epsilon_r = 3.9 * 8.85 \text{ E-12As/(Vm)})$ (1.8)

TOX = Oxiddicke (10E-7m = 100 nm)

LAMBDA Kanallängen-Modulations-Parameter (V^{-1}) (entspricht dem Kehrwert der Early-Spannung bei bipolaren Transistoren).

4.1.3.2 Schwellenspannung U_{TH}

$$U_{TH} = U_{TO} + GAMMA \left[\sqrt{PHI - U_{BS}} - \sqrt{PHI} \right] \tag{1.9}$$

U_{TO} = Null-Schwellenspannung (V)

$$U_{TO} = U_{FB} + 2 W_{Fi} / q + \sqrt{4 \, \epsilon_{si} \, NSUB \, W_{Fi}} \, / \, Cox' \tag{1.10}$$

$$U_{FB} = \Phi_{MS} - qNSS/Cox' \tag{1.11}$$

Φ_{MS} = Differenz der Austrittspotentiale zwischen Gatematerial (bestimmt durch TPG) und N- bzw. P-Silizium.

NSS = eff. Oberflächenladungsdichte, welche die Güte der Si/SiO_2-Schicht beschreibt (cm^{-2})

TPG = Gate-Typ: 1 = Polysilizium (invers zum Substrat dotiert)
−1 = Polysilizium (gleicher Dotierungstyp wie Substrat)
0 = Aluminium

W_{Fi} = Fermi-Niveau = $\frac{kT}{q} \ln \frac{N_A}{n_i}$

ε_{si} = 1.04 E-12 As/cm

GAMMA= Substrat-Schwellenspannungs-Parameter ($\sqrt{V}$)

$$GAMMA = \sqrt{2 \, q \, \epsilon_{si} \, NSUB} \, / \, Cox' \tag{1.12}$$

PHI = Oberflächenpotential (0.6 V)

$$PHI = 2 \, U_T \ln (NSUB/n_i) \tag{1.13}$$

Temperaturspannung:

$$U_T = k \, T / q \tag{1.14}$$

$q = 1.6021918 \, 6 \times 10^{-19}$ As Elementarladung

$k = 1.3806226 \, 6 \times 10^{-23}$ Ws/K Boltzmann-Konstante

NSUB Substratdotierungsdichte (1,5 · 10^{10} cm^{-3} bei 300 K für Si)
n_i Intrinsic-Ladungsträgerdichte

4.1.3.3 Bahnwiderstände Rs und Rd

Der Widerstand eines Quaders der Breite W, der Länge W und der Höhe d ist

$$RSH = \rho \frac{W}{W * d} = \rho / d \qquad \text{mit dem spez. Widerstand } \rho \tag{1.15}$$

Man kann die Fläche von Drain und Source in Quadrate der Breite W (Kanalbreite) einteilen. Die Anzahl dieser Quadrate ist NRD für Drain und NRS für Source. Also berechnen sich die Bahnwiderstände folgendermaßen:

$$RD = NRD * RSH \qquad RS = NRS * RSH \tag{1.16}$$

4.1.3.4 Drain-Bulk und Source-Bulk-Diode

$$I_{BD} = IS * [\exp(U_{BD}/U_T) - 1] \quad \text{bzw.}$$

$$I_{BS} = IS * [\exp(U_{BS}/U_T) - 1] \tag{1.17}$$

mit dem Sperrstrom IS (10fA = E-14A) und der Temperaturspannung
$U_T = kT/e$

$$IS = JS * AD \quad \text{bzw.} \quad IS = JS * AS \tag{1.18}$$

AD = Draindiffusionsfläche in m^2
AS = Sourcediffusionsfläche in m^2
JS = Substrat-Sperrsättigungsstromdichte in A/m^2

4.1.3.5 Dioden-Kapazitäten C_{BD}, C_{BS}

a) $U_{BD} < FC * PB$ bzw. $U_{BS} < FC * PB$

$$C_{BD} = CBD / (1 - U_{BD}/PB)^{MJ}$$

$$C_{BS} = CBS / (1 - U_{BS}/PB)^{MJ} \tag{1.19}$$

FC = Koeff. für Durchlaßbereich der Sperrschichtkapazität (0.5)
PB = Substrat-Sperrschicht-Diffusionsspannung (0.8 V)
CBD = Null-BD-Sperrschichtkapazität (0 F)
CBS = Null-BS-Sperrschichtkapazität (0 F)
MJ = Substratboden-Sperrschicht-Gradationsexponent (0.5)

Werden die Kapazitäten CBD und CBS nicht angegeben, gilt:

$$C_{BD} = CJ * AD / (1 - U_{BD}/PB)^{MJ} + CJSW * PD / (1 - U_{BD}/PB)^{MJSW} \tag{1.20}$$

CJ = Null-Substratbodenkapazität/Sperrschichtfläche in (F/m^2)

$$CJ = \sqrt{\epsilon_{si}\ q\ NSUB / (2\ PB)} \tag{1.21}$$

CJSW = Null-Substrat-Seitenwandkapazität/Sperrschichtumfang in (F/m)
MJSW = Substratseitenwand-Sperrschicht-Gradationsexponent (0.33)
PD = Umfang der Drain-Sperrschicht in (m)
PS = Umfang der Source-Sperrschicht in (m)

b) $U_{BD} > FC * PB$

$$C_{BD} = CJ * AD\ [\ 1 + MJ\ (U_{BD} - FC * PB) / (PB - FC * PB)\ (1 - FC)^{MJ} + CJSW * PD\ [\ 1 + MJSW\ (U_{BD} - FC * PB) / (PB - FC * PB)\ ] / (1 - FC)^{MJSW} \tag{1.22}$$

4.1.3.6 Restliche Kapazitäten C_{GS}, C_{GD}, C_{GB}

a) Sperrbereich:

$$C_{GS} = CGSO * W = \epsilon_{siO2} * LD * W / TOX \tag{1.23}$$

$$C_{GD} = CGDO * W = \epsilon_{siO2} * LD * W / TOX \tag{1.24}$$

$$C_{GB} = Cox' * W * L_{EFF} + CGBO * L_{EFF} \tag{1.25}$$

b) Linearer Bereich:

$$C_{GS} = 2/3\ Cox'\ W\ L_{EFF}\ [1 - (U_{D,SAT} - U_{DS})^2\ /\ (2\ U_{D,SAT} - U_{DS})^2\ ] + CGSO * W \quad (1.26)$$

$$C_{GD} = 2/3\ Cox'\ W\ L_{EFF}\ [\ 1 - U_{D,SAT}{}^2\ /\ (2\ U_{D,SAT} - U_{DS})^2\ ] + CGDO * W \quad (1.27)$$

$$C_{GB} = CGBO * L_{EFF} \quad (1.28)$$

c) Sättigungsbereich:

$$C_{GS} = 2/3\ Cox' * W * L_{EFF} \quad (1.29)$$

$$C_{GD} = CGDO * W \quad (1.30)$$

$$C_{GB} = CGBO * L_{EFF} \quad (1.31)$$

4.1.4 Ladungsspeicherung auf $C_{BS'}$ und $C_{BD'}$

Für die Ladung auf den beiden nichtlinearen Sperrschichtkapazitäten $C_{BS'}$ und $C_{BD'}$ gilt:

$$Q_{BS} = \begin{cases} C_{BSO} \int_o^{U_{BS'}} [1 - \frac{u}{\varnothing_B}]^{-mj}\ du & U_{BS} \leqslant F_C \cdot \varnothing_B \\ C_{BSO} \int_o^{F_C \varnothing_B} [1 - \frac{u}{\varnothing_B}]^{-mj}\ du + \frac{C_{BSO}}{(1-F_C)^{mj}} \int_{F_C \varnothing_B}^{U_{BS}} [1 + mj\ \frac{u - F_C \varnothing_B}{\varnothing_B\ (1-F_C)}\ ]\ du & U_{BS} > F_C \cdot \varnothing_2 \end{cases} \quad (1.32)$$

$$Q_{BD} = \begin{cases} C_{BDO} \int_{o}^{U_{BD}} [1 - \frac{u}{\emptyset_B}]^{-mj} du & U_{BD} < F_C \emptyset_B \\ C_{BDO} \int_{o}^{F_C \emptyset_B} [1 - \frac{u}{\emptyset_B}]^{-mj} du + \\ \frac{C_{BDO}}{(1-F_C)^{mj}} \int_{F_C \emptyset_B}^{U_{BD}} [1 + mj \frac{u - F_C \cdot \emptyset_B}{\emptyset_B (1-F_C)}] du & U_{BD} > F_C \emptyset_B \end{cases} \quad (1.33)$$

In SPICE wird zu den Ladungen der Sperrschichtkapazitäten die Ladungen der Sperrschichtberandungskapazitäten hinzuaddiert.

4.1.5 Ersatzschaltbild für Kleinsignalanwendungen

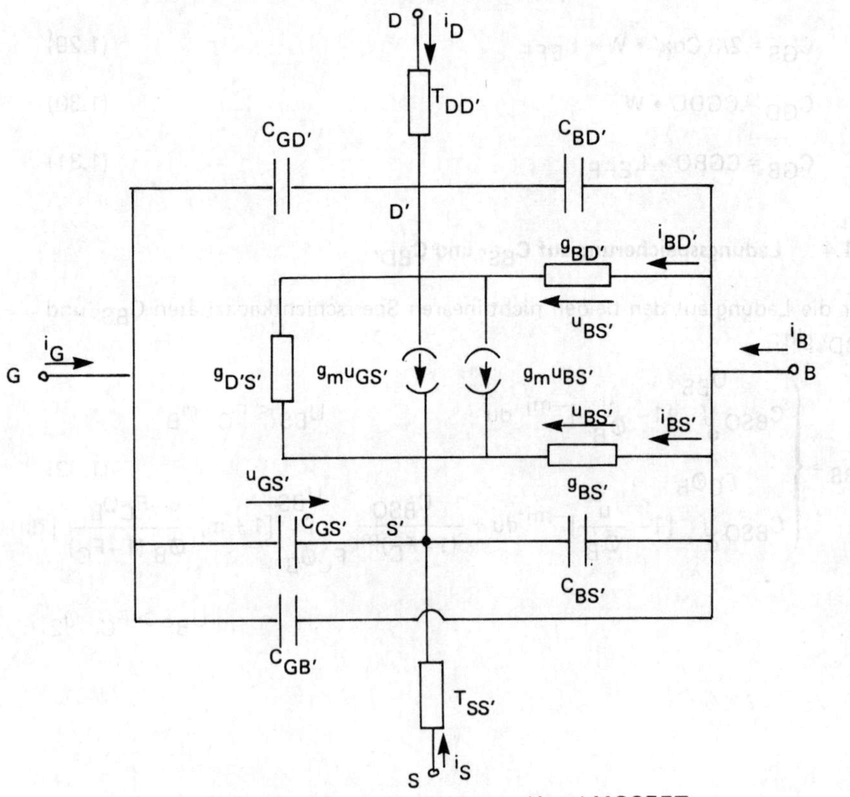

Bild 4.5: Kleinsignalersatzschaltbild eines n-Kanal MOSFET

Die Gatekapazitäten $c_{GB'}$, $c_{GD'}$ und $c_{GS'}$ sind konstant, falls die Oxiddicke TOX nicht spezifiert wird. Sie werden aus den Eingabeparametern CGBO, CGDO und CGSO berechnet.

Die Steilheit g_m und $g_{mBS'}$ sowie den Leitwert $g_{D'S'}$ erhält man aus:

$$g_m = \left. \frac{dI_{D'S'}}{dU_{GS'}} \right|_{\Delta U_{D'S'} = 0} \tag{1.34}$$

$$g_{mBS'} = \left. \frac{dI_{D'S'}}{dU_{BS'}} \right|_{\Delta U_{D'S'} = 0} \tag{1.35}$$

$$g_{D'S'} = \left. \frac{dI_{D'S'}}{dU_{D'S'}} \right|_{\substack{\Delta U_{GS'} = 0 \\ \Delta U_{BS'} = 0}} \tag{1.36}$$

Die Leitwerte der Sperrschichten $g_{BD'}$ und $g_{BS'}$ sind sehr klein:

$$g_{BS'} = \frac{dI_{BS'}}{dU_{BS'}} \tag{1.37}$$

$$g_{BD'} = \frac{dI_{BD'}}{dU_{BD'}} \tag{1.38}$$

4.1.6 Differentialgleichungen für Großsignalanwendungen

Ändern sich die Spannungen an den Anschlüssen des MOSFET, so ändert sich auch die auf den Kapazitäten gespeicherte Ladung. Es gilt nach Bild 4.4: (Knotenpunktsregel in G, B und D')

$$\begin{aligned} i_G(t) &= \frac{dQ_{GD'}}{dt} + \frac{dQ_{GS'}}{dt} + \frac{dQ_{GB'}}{dt} \\ &= C_{GD'} \frac{du_{GD'}}{dt} + C_{GS'} \frac{du_{GS'}}{dt} + C_{GB'} \frac{du_{GB'}}{dt} \end{aligned} \tag{1.39}$$

$$i_B(t) = i_{BD'}(t) + i_{BS'}(t) + \frac{dQ_{BD'}}{dt} + \frac{dQ_{BS'}}{dt} \tag{1.40}$$

$$i_D(t) = i_{D'S'}(t) - i_{BD'}(t) - \frac{dQ_{BD'}}{dt} - \frac{dQ_{GD'}}{dt} \tag{1.41}$$

Ferner gilt: $i_S = - (i_G + i_B + i_D)$ (1.42)

Auch hier zeigen physikalische Überlegungen, daß der Strom, der in ein Gebiet (Gate, Source, Drain, Bulk) hineinfließt, mit der Summe der abfließenden Ströme und den in diesem Gebiet im Zeitintervall dt gespeicherten Ladungen dQ gleich ist. Die Gleichungen (1.2), (1.4), (1.5), (1.19), (1.32) und (1.33) zeigen, daß die Ströme und die Ableitungen der Ladungen nach der Zeit (dQ/dt) = (dQ/du) (du/dt) spannungsabhängig sind. Diese Differentialgleichungen (Gl. (1.39), (1.40), (1.41)) sind nichtlinear. Die zur Auflösung noch fehlenden Gleichungen erhält man aus den Daten für die äußere Beschaltung (vgl. bip. Transistor).

4.1.7 Temperatureffekte

$IS(T) – IS \cdot e^{(Eg(Tnom) \cdot T/Tnom - Eg(T))/Vt}$

$JS(T) = JS \cdot e^{(Eg(Tnom) \cdot T/Tnom - Eg(T))/Vt}$

$JSSW(T) = JSSW \cdot e^{(Eg(Tnom \cdot T/Tnom - Eg(T))/Vt}$

$PB(T) = PB \cdot T/Tnom - 3 \cdot Vt \cdot ln(T/Tnom) - Eg(Tnom \cdot T/Tnom + Eg(T)$

$PBSW(T) = PBSW \cdot T/Tnom - 3 \cdot Vt \cdot ln(T/Tnom) - Eg(Tnom \cdot T/Tnom + Eg(T)$

$PHI(T) = PHI \cdot T/Tnom - 3 \cdot Vt \cdot ln(T/Tnom) - Eg(Tnom) \cdot T/Tnom + Eg(T)$
wobei $Eg(T)$ = Silizium Bandgap-Energie = $1.16 - .000702 \cdot T^2(T+1108)$ ist

$CBD(T) = CBD \cdot (1+MJ \cdot (.0004 \cdot (T-Tnom)+(1 PB(T)/PB)))$

$CBS(T) = CBS \cdot (1+MJ \cdot (.0004 \cdot (T-Tnom)+(1 PB(T)/PB)))$

$CJ(T) = CJ \cdot (1+MJ \cdot (.0004 \cdot (T-Tnom)+(1 PB(T)/PB)))$

$CJSW(T) = CJSW \cdot (1+MJSW \cdot (.0004 \cdot (T-Tnmmom)+(1 PB/T)/PB)))$

$KP(T) = KP \cdot (T/Tnom)^{3/2}$

$UO(T) = UO \cdot (T/Tnom)^{3/2}$

$MUS(T) = MUS \cdot (T/Tnom)^{3/2}$

$MUZ(T) = MUZ \cdot (T/Tnom)^{3/2}$

$X3MS(T) = X3MS \cdot (T/Tnom)^{3/2}$

die Ohm'schen Widerstände haben keine Temperaturabhängigkeit.

4.1.8 Zusammenfassung der Modellparameter, SPICEnamen und SPICEersatzwerte

Die in den Gleichungen eingeführten Modellparameter, ihre SPICEnamen und SPICEersatzwerte sind in Tabelle 4.1 zusammengefaßt.

Tabelle 4.1: Modellparameter des LEVEL-1 MOS-Modells

Bezeichnung	Formelname	SPICE-name	SPICE-ersatzwert	typische Werte
"elektrische" Parameter				
idealer Transistor				
extrapolierte Schwellenspannung	U_{TO}	V_{TO}	0 V	1,0 V
innerer Transduktanzparameter	K_P	KP	$2x10^{-5}$ AV^2	$3{,}1x10^{-5}$ AV^2
Parameter für die lRestimmung der effektiven Schwellensp. U_{TH}				
Substrat-Schwellenparameter	γ	GAMMA	$0\sqrt{V}$	$0{,}37\sqrt{V}$
Oberflächenpotential bei starker Inversion	Ø	PHI	0,6 V	0,65 V
Kanallängenmodulation				
Parameter der Kanallängenmodulation	λ	LAMBDA	$0\ \frac{1}{V}$	$0{,}02\ \frac{1}{V}$
Verkürzung der Kanallänge durch Querdiffusion				
Querdiffusionskoeffizient	L_D	LD	0 m	0,8 μm
Widerstände				
Drainwiderstand	$r_{DD'}$	RD	0 Ω	1,0 Ω
Sourcewiderstand	$r_{SS'}$	RS	0 Ω	1,0 Ω
Sperrschichtkapazitäten				
Bulk-Drain-Sperrschichtkapazität (bei $U_{BD'} = 0$ V)	$C_{BD'O}$	CBD	0 F	20 fF
Bulk-Source-Sperrschichtkapazität (bei $U_{BS'} = 0$ V)	$C_{BS'O}$	CBS	0 F	20 fF
Exponent der Sperrschichtkapazitäten	m_J	MJ	0,5	0,5

Bezeichnung	Formelname	SPICE-name	SPICE-ersatzwert	typische Werte
Sperrschichtberandungskapazität pro Meter Drain- bzw. Sourceumfang	C_{JSW}	CJSW	0 Fm	10^{-9} Fm
Exponent der Sperrschichtberandungskapazität	m_{JSW}	MJSW	–	0,33
Parameter für die Sperrschichtkapazitäten und die Sperrschichtberandungskapazitäten				
Bulk-Sperrschichtpotential	ΦB	PB	0,8 V	0,87 V
Koeffizient für nichtideale Sperrschichtkapazitäten bei Vorwärtsansteuerung	F_C	FC	0,5	–
Sättigungsstrom (Sperrschicht-Inversstrom)	IS	IS	10^{-14} A	10^{-15} A
Überlappungskapazitäten				
Gate-Source-Uberlappungskapazität (pro Meter Kanalweite)		CGSO	0 Fm	$4{\cdot}10^{-11}$ Fm
Gate-Drain-Uberlappungskapazität (pro Meter Kanalweite)		CGDO	0 Fm	$4{\cdot}10^{-11}$ Fm
Gate-Bulk-Uberlappungskapazität (pro Meter Kanallänge)		CGBO	0 Fm	$4{\cdot}10^{-11}$ Fm
Oxiddicke		TOX	in MOS1:∞	10^{-8} m

4.2 Das LEVEL-2 MOS-Modell

Das MOS2-Modell (LEVEL = 2) ist ein analytisches, eindimensionales Modell, das sich dazu eignet, die Effekte bei kleinen Kanallängen (W, L $< 10\,\mu m$ bis ca. $2\,\mu m$) physikalisch zu erfassen (4.2).

4.2.1 Ersatzschaltbild
(identisch mit Shichman-Hodges-Modell)

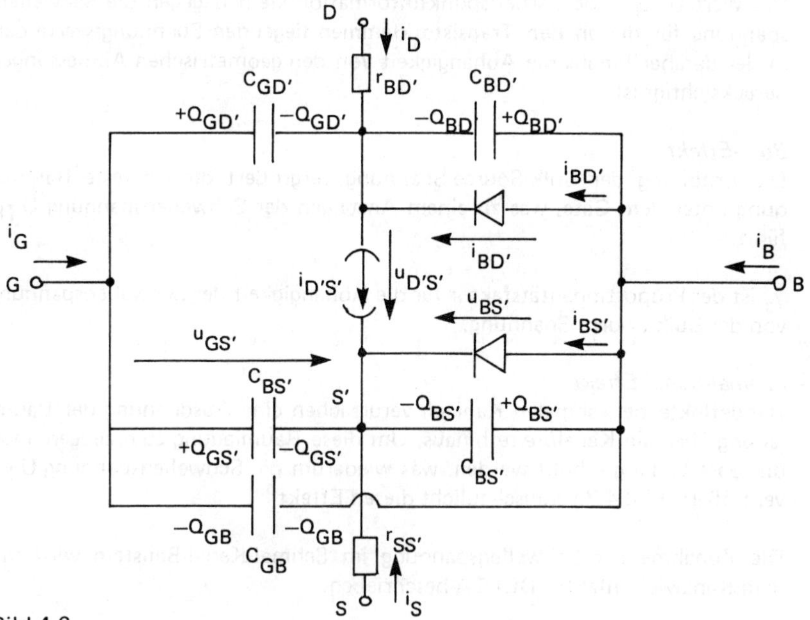

Bild 4.6

4.2.2 Gleichungen für die Ersatzschaltbildströme

Aufgrund von physikalischen Effekten wie Bulk-Effekt, Schmalkanal-Effekt, Kurzkanal-Effekt und statischer Drain-Gate-Rückkopplung muß die Schwellenspannung neu definiert werden:

$$U_{TH} = U_{TO} - \gamma \cdot \sqrt{\phi} + F_N \cdot (\phi - U_{BS'}) + \gamma_s \cdot \sqrt{\phi - U_{BS'}} \qquad (1)$$

$$\text{mit } \gamma = \frac{\sqrt{2 \cdot q \cdot \epsilon_{si} \cdot N_{SUB}}}{C_{OX}}$$

Zur Erklärung der Begriffe:

– *Schwellenspannung U_{TH}*
U_{TO} ist die extrapolierte Schwellenspannung ohne angelegte Bulk-Source-Spannung für einen Transistor mit langem und breitem Kanal. Diese Spannung wird bei Beginn der starken Inversion berechnet und markiert den Punkt, an dem der Transistor zu leiten beginnt, sofern der Stromanteil bei schwacher Inversion vernachlässigt ist.

Der Wert U_{TH} in der Arbeitspunktinformation stellt dagegen die Schwellenspannung für die an den Transistorklemmen liegenden Spannungswerte dar, in der darüber hinaus die Abhängigkeit von den geometrischen Abmessungen berücksichtigt ist.

– *Bulk-Effekt*
Die Erhöhung der Bulk-Source-Spannung vergrößert die ortsfeste Raumladung unter dem Gate, was zu einem Ansteigen der Schwellenspannung U_{TH} führt.

γ_s ist der Proportionalitätsfaktor für die Abhängigkeit der Schwellenspannung von der Bulk-Source-Spannung.

– *Schmal-Kanal-Effekt*
Randeffekte bei schmalen Kanälen verursachen eine Ausdehnung der Raumladung über die Kanal*breite* hinaus. Um diese Raumladung zu erzeugen, muß die Gate-Ladung erhöht werden, was wiederum die Schwellenspannung U_{TH} vergrößert. Bild 4.7 veranschaulicht diesen Effekt.

Die Zunahme der Schwellenspannung im Schmal-Kanal-Baustein wird mit dem Kanalweitenfaktor DELTA beschrieben.

$$F_N = \text{DELTA} \cdot \frac{\pi \cdot \epsilon_{si}}{4C_{OX} \cdot W} \qquad (2)$$

– *Kurz-Kanal-Effekt*
In einem Transistor mit kurzem Kanal wird ein Teil der Raumladung im Substrat durch die Sperrschichten der Drain- und Source-PN-Übergänge gebildet. Der von der Gate-Spannung herrührende Raumladungsanteil ist daher geringer, was zu einer Raduzierung der Schwellenspannung U_{TH} führt.

Dies kann über die Trapeznäherung der Raumladungsanteile nach YAU anschaulich gemacht werden.

Wenn $U_{D'S'} \approx 0$, ist das Trapez symmetrisch, und für sehr lange Kanäle kann das Trapez als Rechteck betrachtet werden (Bild 4.8).

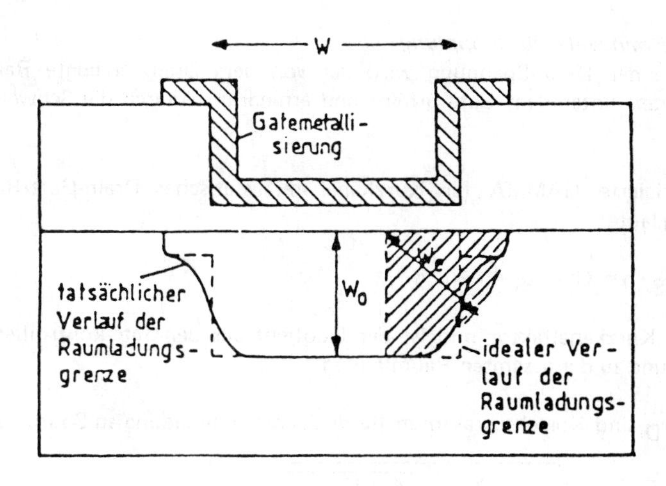

Bild 4.7: Ausdehnung der Raumladung über die Kanalbreite hinaus

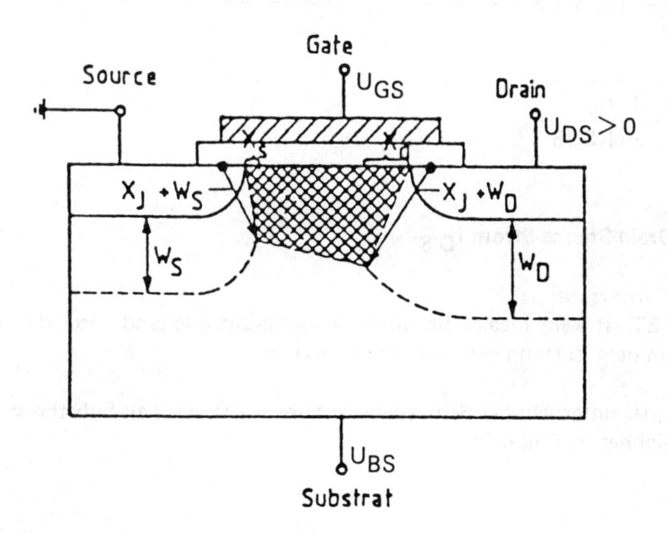

Bild 4.8: Trapeznäherung der Raumladung bei höheren Drain-Spannungen

– *statische Drain-Gate-Rückkopplung*
Mit steigender Drain-Spannung wird der von dem Drain erzeugte Raumladungs*anteil* unter dem Gate größer und erniedrigt dadurch die Schwellenspannung.

Das korrigierte GAMMA für Kurzkanal mit statischer Drain-Gate-Rückkopplung lautet:

$$\gamma_s = F_S \cdot \gamma = (1 - \alpha_S - \alpha_D) \cdot \gamma \tag{3}$$

F_S heißt Kurzkanalfaktor und ist der Quotient aus der Gate-kontrollierten Raumladung zu der gesamten Raumladung.

α_S und α_D sind Korrekturfaktoren für die Verarmungsladung an Source bzw. Drain.

$$\alpha_S = \frac{X_j}{2L} \cdot \left[\sqrt{1 + 2 \cdot \frac{X_D \cdot \sqrt{\phi - U_{BS'}}}{X_j}} - 1 \right] \tag{4}$$

$$\alpha_D = \frac{X_j}{2L} \cdot \left[\sqrt{1 + 2 \cdot \frac{X_D \cdot \sqrt{\phi - U_{BS'} + U_{D'S'}}}{X_j}} - 1 \right]$$

wobei:

$$X_D = \sqrt{\frac{2 \cdot \epsilon_{si}}{q \cdot NSUB}}$$

4.2.2 Der Drain-Source-Strom $I_{D'S'}$

a) *„schwache" Inversion*
Ein MOS-FET ist kein idealer Schalter, der schlagartig leitend wird, d.h. er leitet auch in dem Zustand der schwachen Inversion.

Der Strom, der unterhalb der Schwellenspannung fließt, wird als Substhreshold-Strom bezeichnet (s. Bild 4.9).

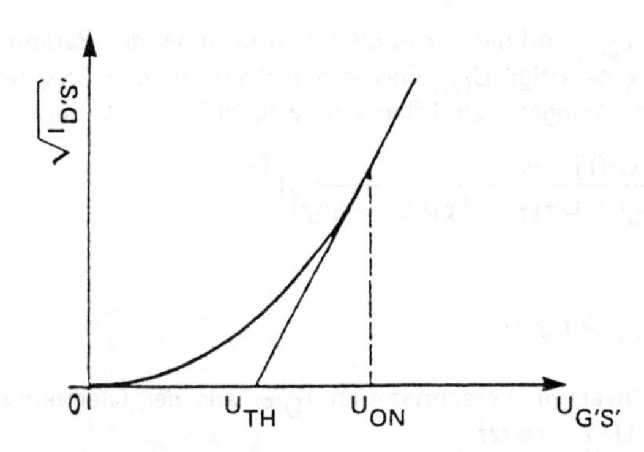

Bild 4.9: Definition des Übergangspunktes von der schwachen zur starken Inversion

Hierbei wird eine neue Schwellenspannung U_{ON} eingeführt, die den Kennlinienanpassungsparameter NFS enthält.

$$U_{ON} = U_{TH} + \frac{n \cdot k \cdot T}{q} \; ; \; n = 1 + \frac{C_{FS}}{C_{OX}} + \frac{C_D}{C_{OX}} \tag{5}$$

$$C_{FS} = q \cdot N_{FS} \quad ;$$

$$C_D = \left[-\gamma_s \cdot \frac{d\,(\phi - U_{BS'})^{1/2}}{dU_{BS'}} - \frac{\partial \gamma_s}{\partial U_{BS'}} \cdot \sqrt{\phi - U_{BS'}} + F_N \right] \cdot C_{OX}$$

Die Schwach-Inversion-Stromgleichung für $U_{GS'} < U_{ON}$ ist:

$$I_{D'S'} = \beta_2 \left[\left(U_{ON} - U_{BIN} - \frac{U_{D'S'}}{2} \cdot \eta\right) U_{D'S'} - \frac{2}{3} \gamma_s \left(\sqrt{\phi - U_{BS'} + U_{D'S'}}^{\,3} - \sqrt{\phi - U_{BS'}}^{\,3}\right) \right] e^{\frac{q}{nkT}(U_{GS'} - U_{ON})} \tag{6}$$

wobei:

$$U_{BIN} = U_{TO} - \gamma \cdot \sqrt{\phi} + F_N\,(\phi - U_{BS'}) \tag{7}$$

$$\beta_2 = \frac{W}{L} \cdot \mu_s \cdot C_{OX} \quad ; \quad \eta = 1 + F_N$$

Der Schmal-Kanal-Effekt ist hier durch U_{BIN} und η eingeführt. Es wird auch das für kurze Kanäle korrigierte γ_s verwendet. Die zu KAPPA (KAPPA = $\mu_o \cdot C_{OX}$) proportionale Oberflächenbeweglichkeit μ_o wird durch die verringerte μ_s, die von der Spannung $U_{GS'}$ abhängt, ersetzt. Um μ_s in MOS2-Modell zu beschreiben, werden μ_O, die oxiddicke T_{OX} und die nur in MOS2 vorkommenden Parameter U_{CRIT}, U_{EXP} und U_{TRA} benötigt. C_{OX} wird durch die oxiddicke T_{OX} festgelegt. Die Gleichung für die verringerte Oberflächenbeweglichkeit μ_s lautet:

$$\mu_s = \mu_o \left[\frac{U_{CRIT} \cdot \epsilon_{si}}{C_{OX} (U_{GS'} - U_{TH} - U_{TRA} \cdot U_{D'S'})} \right]^{U_{EXP}} \qquad (8)$$

b) „starke" Inversion ($U_{GS'} > U_{ON}$)

Im Falle der starken Inversion berechnet sich $I_{D'S'}$ aus der Gleichung (6), wenn man U_{ON} durch $U_{GS'}$ ersetzt.

Um die bekannte Form der Ausgangscharakteristik in der $I_{D'S'} - U_{D'S'}$-Ebene beizubehalten, wurde bei $U_{GS} = U_{ON}$ eine Sättigungsspannung definiert, welche die Drain-Spannung $U_{D'S'}$ in der Gleichung (6) ersetzt, wenn $U_{D'S'}$ größer als U_{DSAT} wird. Der exponentielle Faktor bestimmt dann die absolute Größe des jeweiligen Kennlinienastes.

c) Betrieb im Sättigungsbereich

Der Sättigungsbereich wird dadurch eingestellt, daß der Kanal an der Drain-Grenze abgeschnürt wird oder die Ladungsträger ihre maximale Driftgeschwindigkeit erreichen (sog. „heiße" Elektronen).

Es ist bewiesen worden, daß bei Transistoren mit Kanallängen kürzer als 10 μm der Drainstrom in die Sättigung übergeht, noch bevor der Kanal abgeschnürt wird; und zwar dadurch, daß Ladungsträger ihre durch Streuung begrenzte Maximalgeschwindigkeit V_{max} erreichen. Wenn V_{max} nicht eingegeben wird, so nimmt das Programm an, daß der Kanal an der Drain-Grenze abgeschnürt wird und berechnet auf die folgende Weise die Sättigungsspannung U_{DSAT}:

α) Sättigung durch Kanalabschnürung – Kanallängenmodulation

Das Maximum von $i_{D'S'}$ ($U_{D'S'}$) für den Triodenbereich erhält man am Kanalabschnürpunkt für $U_{D'S'} = U_{DSAT}$:

$$U_{DSAT} = \frac{U_{GS'} - U_{BIN}}{\eta} + \tag{9}$$

$$\frac{\gamma_s}{2} [\frac{\gamma_s}{\eta}]^2 \cdot \left\{ 1 - \sqrt{1 + 4 \cdot [\frac{\eta}{\gamma_s}]^2 \cdot [\frac{U_{GS'} - U_{BIN}}{\eta} + \phi - U_{BS'}]} \right\}$$

Der Ausgangsleitwert in der Sättigung wird beeinflußt durch den Effekt der *Kanallängenmodulation,* d.h. mit $U_{D'S'} > U_{DSAT}$ dehnt sich das Abschnürgebiet im Kanal aus, was zur Folge hat, daß sich die effektive Kanallänge verkleinert.

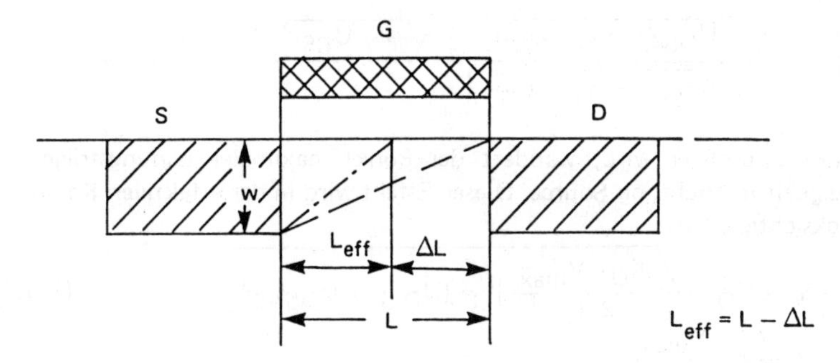

Bild 4.10: Kanallängenmodulation
— · — · — $U_{D'S'} > U_{DSAT}$
– – – – – $U_{D'S'} = U_{DSAT}$

Der Ausgangsleitwert ist proportional dem geometrischen Verhältnis des Leitfähigkeitsfaktors:

$$\frac{W}{L - \Delta L} = \frac{W}{L\,(1 - \lambda \cdot U_{D'S'})} \tag{10}$$

LAMBDA ist der Kanallängen-Modulationsparameter und wird, wenn nicht eingegeben, entsprechend folgender Gleichung berechnet:

$$\lambda = \frac{\Delta L}{L \cdot U_{D'S'}} \tag{11}$$

wobei:

$$\Delta L = X_D \cdot \sqrt{\frac{U_{D'S'} - U_{DSAT}}{4\,\text{VOLT}} + \sqrt{1 + [\frac{U_{D'S'} - U_{DSAT}}{4\,\text{VOLT}}]^2}}$$

β) Sättigung durch Erreichen der durch Streuung begrenzten maximalen Driftgeschwindigkeit der Ladungsträger – Kanallängenmodulation

In Kurz-Kanal-MOS-FET's geht der Strom dadurch in die Sättigung, daß Ladungsträger ihre maximale Driftgeschwindigkeit erreichen, bevor der Kanal abgeschnürt ist.

$$V_{max} = \frac{\mu_s \cdot [(U_{GS'} - U_{BIN} - \frac{U_{DSAT}}{2} \cdot \eta) \cdot U_{DSAT} - \frac{2}{3} \gamma_s \cdot}{L_{eff} \cdot (U_{GS'} - U_{BIN} - \eta \cdot U_{DSAT} - \gamma_s \cdot} \tag{12}$$

$$\frac{(\sqrt{U_{DSAT} + \phi - U_{BS'}}^3 - \sqrt{\phi - U_{BS'}}^3)]}{\sqrt{U_{DSAT} + \phi - U_{BS'}})}$$

Wenn $U_{D'S'}$ vergrößert wird, wandert der Punkt maximaler Ladungsträger-Geschwindigkeit in Richtung Source. Dieser Effekt wird in der effektiven Kanallänge berücksichtigt;

$$L_{eff} = L - X_D \cdot \sqrt{[\frac{X_D \cdot V_{max}}{2\,\mu_s}]^2 + (U_{D'S'} - U_{DSAT})} + \frac{X_D^2 \cdot V_{max}}{2\,\mu_s} \tag{13}$$

Gl. (13) ist aus dem Originalaufsatz übernommen. Der 2. und der 3. Term sind außer der Dimension zusätzlich mit anderen Dimensionen behaftet.

Das Programm berechnet nun aus der Gleichung für V_{max} die gesuchte Sättigungsspannung U_{DSAT}. Hier muß N_{SUB} in der Gleichung für X_D durch N_{SUB} x N_{EFF} korrigiert werden. N_{EFF} ist der Gesamt-Kanalladungskoeffizient (fest und beweglich). Er wird als Faktor für N_{SUB} verwendet, um den geeigneten Wert des Ausgangsleitwertes bei Sättigung zu erhalten.

4.2.3 Diodenströme (identisch mit MOS1-Modell)

4.3 Das Gleichstromverhalten

Für die Ströme gelten die gleichen Formeln wie für das MOS1-Modell, wobei $I_{D'S'}$ nach allgemeiner Gleichung (6) eingesetzt wird.

4.4 Ladungsspeicherung auf Sperrschichtkapazitäten $C_{BS'}$ und $C_{BD'}$

4.4.1 Ersatzschaltbild für Kleinsignalanwendungen

(Kleinsignal-ESB, siehe MOS1-Modell, Bild 4.5).

Die Werte der parasitären Bahnwiderstände werden entweder direkt angegeben oder nach folgender Formel berechnet:

$$r_{DD'} = N_{RD} \times R_{SH}$$

$$r_{SS'} = N_{RS} \times R_{SH} \quad (14)$$

RSH ist der Flächenwiderstand der Source- bzw. Drain-Diffusion. NRD und NRS sind die Anzahl der Quadrate der parasitären Reihenwiderstände von den Drain- und Source-Diffusionen wie aus dem Layout ersichtlich.

Alle übrigen Beziehungen wie für Kapazitäten, Steilheiten und Differentialgleichungen für Großsignalanwendungen, die für das MOS1-Modell gelten, gelten auch für das MOS2-Modell.

4.4.2 Temperaturabhängigkeit

Das MOS2-Modell paßt alle temperaturabhängigen Variablen in der Stromgleichung an:

- Fermi-Potential $2\,\phi_F$ ist proportional zu der Temperatur T.
- Bandabstand, Sperrschicht-Spannung PB der Drain- und Source-Sperrschichten und Inversstrom der diffundierten Sperrschichten sind abhängig von T.
- Beweglichkeit ist von $T^{-\frac{3}{2}}$ abhängig.

4.5 Das LEVEL MOS3-Modell

Das LEVEL-3-MOS-Modell ist ein halb-empirisches Modell, welches teilweise durch Parameter beschrieben wird, die anstatt aus physikalischen Überlegungen aus der Kennlinienanpassung gewonnen werden. Das MOS3-Modell gilt für sehr kleine Geometrien (L, W $< 2\ \mu m$) und wurde entwickelt aufgrund der rechnerischen Effizienz und der folgenden Eigenschaften:

a) Abhängigkeit der Schwellspannung von der Kanallänge und Kanalbreite, hervorgerufen durch die 2-dimensionale Feld- und Potentialverteilung im Halbleiter.

b) Erniedrigung der Schwellenspannung U_{TH} bei ansteigender Drain-Source-Spannung (drain-induced-barrier-lowering).

c) Weicherer Übergang zwischen dem Trioden- und Sättigungsbereich und niedrigere Sättigungsspannung sowie Sättigungsströme bedingt durch Sättigung der Geschwindigkeit „heißer" Elektronen.

Die auf den reellen MOS-FET bezogenen Modellparameter sind mit denen des MOS2 kompatibel. Hier treten zusätzlich die vier MOS3 spezifischen Parameter ETA, DELTA, KAPPA und THETA auf. Das Ersatzschaltbild ist dasselbe wie für das MOS2-Modell.

4.5.1 Schwellspannung U_{TH}

Die Gleichung für die Schwellenspannung lautet:

$$U_{TH} = U_{TO} - \gamma \cdot \sqrt{\phi} - \sigma \cdot U_{D'S'} + F_S \cdot \gamma \cdot \sqrt{\phi - U_{BS'}} + F_N \cdot (\phi - U_{BS'}) \quad (1)$$

wobei:

$$\sigma = ETA \cdot \frac{8.85 \cdot 10^{-22}\ [F \cdot m]}{C_{OX} \cdot L^3}$$

Wie bereits erklärt, erniedrigt $U_{D'S'}$ die Schwellenspannung bei kleinen Geometrien. Der Einfluß der Drain-induzierten Darrierenerniedrigung kann über σ veranschaulicht werden. F_S berücksichtigt den Kurzkanal-Effekt und ist das Verhältnis der Gate-kontrollierten Ladung zu der gesamten Verarmungsladung. Die Trapeznäherung der Raumladung nach "Dang" definiert F_S als Verhältnis der Trapezfläche $(L - W_S) \cdot W_O$ zur Rechteckfläche $W_O \cdot L$, also:

$$F_S = 1 - \frac{W_S}{L} \tag{2}$$

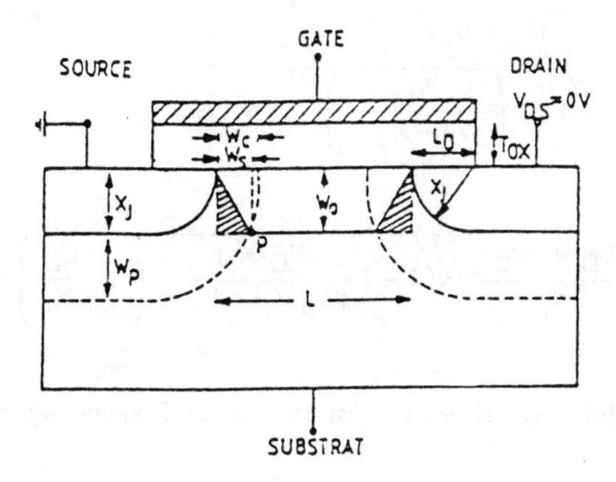

Bild 4.11: Modifizierte Trapeznäherung der Raumladung nach DANG

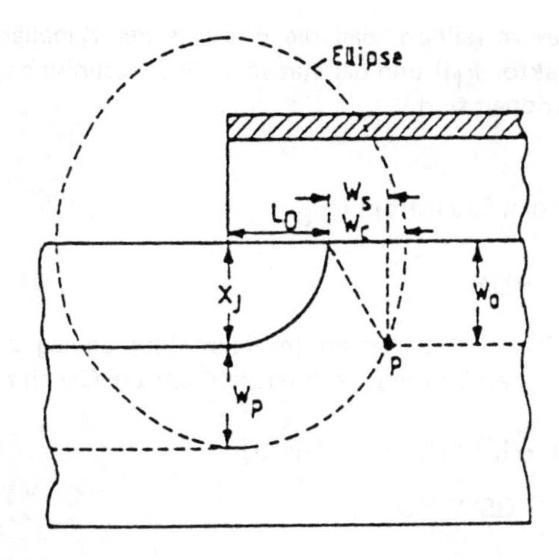

Bild 4.12: Vergrößerte Darstellung

Dang nimmt nun weiter an, der Punkt P liege auf einer Ellipse mit dem kleinen Halbmesser $(L_D + W_C)$ und dem großen Halbmesser $(X_J + W_P)$.

Liegt der Punkt P $(L_D + W_S, W_O)$ auf der Ellipse

$$\frac{x^2}{(L_D + W_C)^2} + \frac{y^2}{(X_J + W_P)^2} = 1 \tag{3}$$

so folgt daraus die Bestimmungsgleichung für W_S

$$\left(\frac{x^2}{(L_D + W_C)^2}\right)^2 + \left(\frac{y^2}{(X_J + W_P)^2}\right)^2 = 1 \tag{4}$$

$$W_S = (W_C + L_D) \cdot \sqrt{1 - \left(\frac{W_O}{W_P + X_J}\right)^2} - L_D$$

mit (2):

$$F_S = 1 - \frac{X_j}{L} \cdot \left\{\frac{L_D + W_C}{X_j} \cdot \sqrt{1 - \left[\frac{(W_O/X_J)}{(W_p/X_j) + 1}\right]^2} - \frac{L_D}{X_j}\right\} \tag{5}$$

F_N berücksichtigt den Schmalkanaleffekt und ist um Faktor 2 kleiner als F_N beim MOS2-Modell

$$F_N = \text{DELTA} \cdot \frac{\pi \cdot \epsilon_{si}}{2 \cdot C_{OX} \cdot W} \tag{6}$$

Auch im LEVEL-3-Modell ist es vorteilhaft, daß die Einflüsse der Kanallänge (Faktor F_S), der Kanalweite (Faktor F_N) und der statischen Rückkopplung von Drain nach Gate (Faktor σ) entkoppelt sind.

4.5.2 Die Grundgleichung für den Drainstrom $I_{D'S'}$

a) „schwache" Inversion ($U_{GS} < U_{ON}$)

Die Gleichungen für den Bereich der schwachen Inversion sind analog zum LEVEL-2-Modell aufgebaut. Der Drain-Strom berechnet sich über die Gleichung:

$$I_{D'S'} = \beta_3 \cdot [\, U_{ON} - U_{TH} - 1/2 \cdot (1 + F_B) \cdot U_{D'S'}] \cdot U_{D'S'} \cdot e^{\frac{q}{n \cdot k \cdot T} \cdot (U_{GS'} - U_{ON})} \tag{7}$$

mit:

$$\beta_3 = \frac{W}{L} \cdot \mu_{eff} \cdot C_{OX}$$

$$U_{ON} = U_{TH} + \frac{k \cdot T}{q} \cdot n$$

$$n = 1 + \frac{C_{FS}}{C_{OX}} + 2F_B - 3/2 \cdot F_N$$

$$F_B = \frac{\gamma \cdot F_S}{4\sqrt{\phi - U_{BS'}}} + F_N$$

Auch hier ist die Stetigkeit des Drain-Stromes im Übergang von der schwachen zur starken Inversion gewährleistet. Der Parameter NFS dient wiederum zum Erkennen der schwachen Inversion. Die in β_3 auftretende Oberflächenbeweglichkeit ist bedingt durch 2 Effekte:

– Oberflächenbeweglichkeitsmodulation durch die Gate-Spannung

$$\mu_S = \frac{\mu_o}{1 + THETA \cdot (U_{GS'} - U_{TH})} \tag{8}$$

– Geschwindigkeitssättigung von „heißen" Ladungsträgern

$$\mu_{eff} = \frac{\mu_s}{1 + \frac{\mu_s}{V_{max} \cdot L} \cdot U_{D'S'}} \tag{9}$$

Die Sättigung der Driftgeschwindigkeit der „heißen" Ladungsträger im Kanal verringert den Drain-Strom im Triodenbereich der Kennlinie. Der Übergang zwischen dem Trioden- und Sättigungsbereich wird dadurch stark verändert. Dies kann zu einer deutlich stärkeren Krümmung der Kennlinie führen als dies durch die klassische Parabelfunktion erwartet wird. Im realen Transistor bleibt dies unbemerkt, weil parallel dazu eine Modulation der Kanallänge stattfindet. Falls V_{max} vom Anwender nicht angegeben wird, rechnet man mit μ_S.

b) „starke" Inversion ($U_{GS'} > U_{ON}$)

Genauso wie im MOS2-Modell berechnet sich $I_{D'S'}$ aus der Gleichung (7), wenn man U_{ON} durch $U_{GS'}$ ersetzt. Der exponentielle Faktor bestimmt dann die absolute Größe des jeweiligen Kennlinienastes.

$$I_{D'S'} = \beta_3 \cdot [\, U_{GS'} - U_{TH} - \frac{1 + F_B}{2} \cdot U_{D'S'}] \cdot U_{D'S'} \tag{10}$$

c) Betrieb im Sättigungsbereich

Mit ansteigender Feldstärke zwischen Drain und Source steigt die Geschwindigkeit der Ladungsträger. Die Ladungsträger erreichen ihre maximale Geschwindigkeit asymptotisch dann, wenn $U_{D'S'} = U_{DSAT}$

$$U_{DSAT} = \frac{U_{GS'} - U_{TH}}{1 + F_B} + \frac{V_{max} \cdot L}{\mu_{eff}} - \sqrt{\left[\frac{U_{GS'} - U_{TH}}{1 + F_B}\right]^2 + \left[\frac{V_{max} \cdot L}{\mu_{eff}}\right]^2} \tag{11}$$

Ist der Parameter V_{max} auf der Modellkarte nicht definiert, wird die Sättigungsspannung aus dem Hochpunkt der Parabel für den Drain-Strom im Triodenbereich bestimmt. Dies entspricht der Definition des klassischen Abschnürpunktes bei Verschwinden der Inversionsladung am Drainende:

$$\frac{\partial I_{D'S'}}{\partial U_{D'S'}} = 0 \quad \rightarrow \quad U_{DSAT} = \frac{U_{GS'} - U_{TH}}{1 + F_B} \tag{12}$$

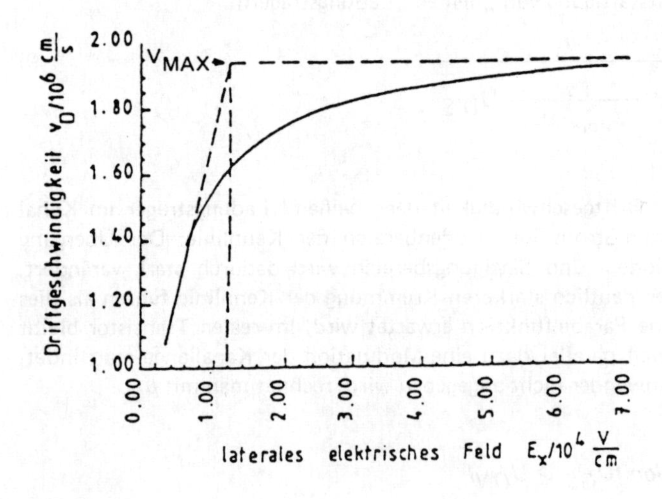

Bild 4.13

4.5.3 Kanallängenmodulation

Sobald $U_{D'S'} > U_{DSAT}$, bewegt sich der Punkt, an dem die Ladungsträgergeschwindigkeit die Sättigung erreicht, in Richtung Source. Genauso wie im MOS2-Modell (Bild 4.5) verringert sich die Kanallänge und es ergibt sich die Kanallängenmodulation ΔL:

$$\Delta L = \sqrt{\left[\frac{E_P \cdot X_D^2}{2}\right]^2 + KAPPA \cdot X_D^2 \cdot (U_{D'S'} - U_{DSAT})} - \frac{E_P X_D^2}{2} \tag{13}$$

wobei E_P das laterale Feld im Punkt der Driftgeschwindigkeitssättigung ist.

$$E_P = \frac{I_{DSAT}}{G_{DSAT} \cdot L} \tag{14}$$

G_{DSAT}, der Ausgangsleitwert im Sättigungspunkt ergibt sich zu:

$$G_{DSAT} = \left.\frac{\partial I_D}{\partial U_{D'S'}}\right|_{U_{DSAT}} \tag{15}$$

$$= \frac{W}{L_{eff}} \cdot \mu_s \cdot C_{OX} \cdot [U_{GS'} - U_{TH} - (1 + F_B) \cdot U_{DSAT}]$$

4.5.4 Ladungsspeicherung

Die gesamte Kanalladung Q_{Chan} resultiert aus dem Prinzip der Ladungserhaltung:

$$Q_{CHAN} = -(Q_G + Q_B) \tag{16}$$

Die Ladung auf dem Gate berrechnet sich aus:

$$Q_G = W \cdot \int_0^L q_g(y) \cdot dy \tag{17}$$

wobei:

$$q_g = C_{OX} [U_{GS'} - (U_{TO} - \gamma \cdot \sqrt{\phi} - \sigma \cdot U_{D'S'}) - U_y] \tag{18}$$

die Gateladung pro Flächeneinheit ist.

Die Ladung auf dem Gate ist nun über U_Y abhängig von der Kanalladung. Diese Abhängigkeit kann mit Hilfe von Bild 4.14 und einer einfachen Überlegung gezeigt werden:

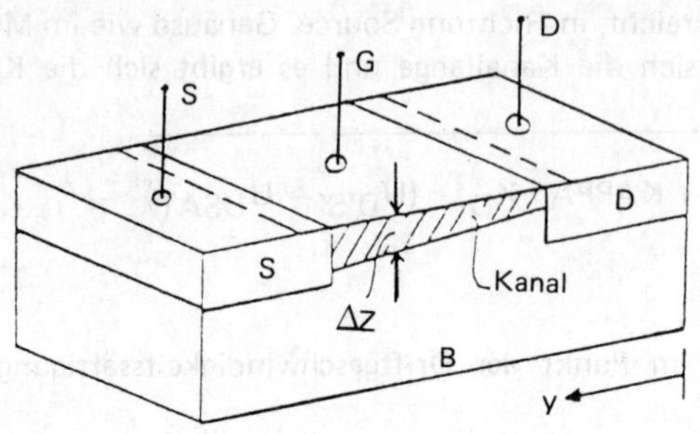

Bild 4.14: Einfaches Modell zur Berechnung von Q_G

Es gilt:

$$dU_y = I_{D'S'} \cdot dR \tag{19}$$

$$dR = \frac{dy}{\kappa \cdot W \cdot \Delta z} \qquad \kappa\text{: die Leitfähigkeit}$$

$$= \frac{dy}{q \cdot n \cdot \mu_s \cdot w \cdot \Delta z} \qquad \text{(z.B. für n-Kanal)}$$

n: Volumenladungsdichte

$$= \frac{dy}{\frac{q_c(y)}{\Delta z} \cdot \mu_S \cdot w \cdot \Delta z} \tag{20}$$

wobei $q_c(y)$ die Kanalladung pro Flächeneinheit ist:

$$q_c(y) = - C_{OX} \left[U_{GS'} - U_{TH} - (1 + F_B) \cdot U_y \right] \tag{21}$$

setzt man in diese Formel für $U_Y = U_{DSAT}$, dann wird die Kanalladungsdichte im Abschnürpunkt null.

(20) in (19): $$dU_y = I_{D'S'} \cdot \frac{dy}{w \cdot q_c(y) \cdot \mu_S} \tag{22}$$

(22) in (17): $$Q_G = \frac{\mu_s \cdot w^2}{I_{D'S'}} \cdot \int_0^{U_{D'S'}} \cdot q_G(U_y) \cdot q_c(y) \cdot dU_y$$

nach Integration erhält man:

$$Q_G = w \cdot L \cdot C_{OX} \cdot [\, U_{GS'} - (U_{TO} - \gamma \cdot \sqrt{\phi} - \sigma \cdot U_{D'S'}) - \frac{U_{D'S'}}{2} + \frac{1 + F_B}{12 \cdot F_I} \cdot U_{D'S'}{}^2 \,]$$

mit

$$F_I = U_{G'S'} - U_{TH} - \frac{1 + F_B}{2} \cdot U_{D'S'}$$

analog bekommt man für die Substratladung Q_B:

$$Q_B = - W \cdot L \cdot C_{OX} \cdot [\, \gamma \cdot F_s \cdot \sqrt{\phi - U_{BS'}} + F_N\,(\phi - U_{BS'}) + \frac{F_B}{2} \cdot U_{D'S'} - \frac{F_B\,(1 + F_B)}{12 \cdot F_I} \cdot U^2{}_{D'S'} \,]$$

4.5.5 Temperaturabhängigkeit

Alle erwähnten Größen in den Modellgleichungen haben gleiche Temperaturabhängigkeit wie in MOS2. Die vier neueingeführten Parameter sind alle empirisch gefunden. Für sie wurde keine Temperaturabhängigkeit entwickelt.

4.5.6 Leistungsvergleich zwischen MOS2- und MOS3-Modell

Obwohl bei MOS2 und MOS3 die meisten Modellparameter gleich sind, werden für die gleichen Parameter unterschiedliche Werte benützt, um näherungsweise die gleichen Eigenschaften zu reproduzieren. Zum Beispiel hat V_{max} keinen Einfluß auf die Eigenschaften im linearen Bereich von MOS2, dagegen wird im MOS3-Modell durch eine verkleinerte Ladungsträgergeschwindigkeit V_{max} die effektive Beweglichkeit verringert. Um das gleiche Ergebnis zu erhalten, muß in MOS2 ein niedrigerer Wert für μ_0 als in MOS3 eingesetzt werden. Testläufe mit SPICE 2.G zeigen, daß mit geeigneten Eingabeparametern das MOS3-Modell bis zu 40 % schneller in der Modellrechnung ist als das MOS2-Modell, abhängig vom simulierten Schaltkreis und von der Funktionsweise.

4.6 Das BSIM3 Modell (BSIM3v2 und BSIM3v3)

Das BSIM3 Modell (Level = 6) ist ein physikalisches Modell. Durch eine pseudo 2-D Beschreibung des MOSFET können Effekte (wie Schwellenspannungsreduzierung, ungleichmäßige Dotierung, Reduzierung der Ladungsträgerbeweglichkeit verursacht durch das Querfeld, Bulkeffekt, Sättigung der Ladungstägergeschwindigkeit, Drain-induzierte Barrierenerniedrigung, Kanallängenmodulation, durch "heiße" Ladungstäger hervorgerufene Ausgangswiderstandsverringerung, Leitung im Bereich unterhalb der Schwellenspannung, parasitäre Widerstände an Sorce / Drain) berücksichtigt werden, die durch hohe Feldstärken und einer Kanallänge im Nanometerbereich hervorgerufen werden. Das BSIM3 Modell kann man dazu nutzen um die MOSFET Leistungs- und Skalierungseffekte noch vor der Herstellung vorherzusagen. Desweiteren kann es auch Richtlinien für den optimalen Einsatz von Kurzkanalelementen in verschiedenen Anwendungen vorschlagen. Im Gegensatz zu BSIM2 ist die Zahl der Parameter bei BSIM3 klein (45), dadurch wird die Genauigkeit an manchen Stellen verringert. Da in BSIM3 jeder Parameter eine physikalische Bedeutung hat, ist ihr Einfluß auf das Ausgangsverhalten gut vorhersagbar. Die Berechnungseffizienz wurde durch BSIM3 gesteigert.
Für folgende Diagrammme zeigt BSIM3 ein gutes Verhalten:

$$I_D = f(U_{GS})$$

$$\log(I_D) = f(U_{GS})$$

$$I_D = f(U_{DS})$$

$$g_{DS}, g_M$$

$$R_{out}$$

4.6.1 Die Schwellenspannung

Bisher wurde davon ausgegangen, daß die Schwellenspannung linear von $\sqrt{\Phi_S - U_{BS}}$ abhängt. Doch Messungen zeigen eine nichtlineare Abhängigkeit auf, welche in Bild 4.15 dargestellt ist. Diese Nichtlinearität wird durch ungleichmäßige Substratdotierung hervorgerufen.

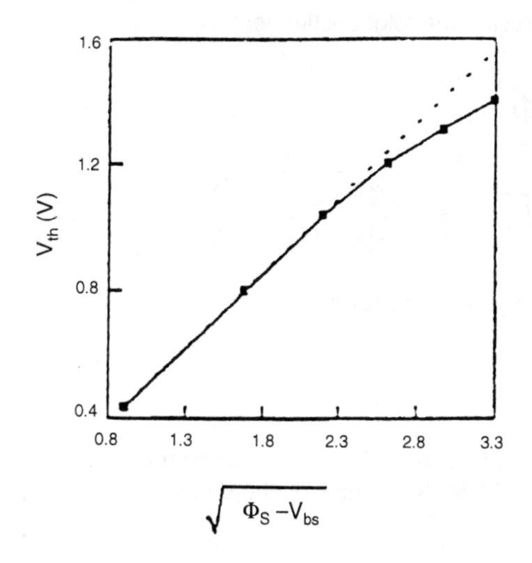

Bild 4.15:
$U_{th} = f(\sqrt{\Phi_S - U_{BS}})$

Um den ungleichmäßigen Dotierungseffekt zu berücksichtigen wird folgendes Schwellenspannungsmodell genommen:

$$U_{th} = \underbrace{U_{Tideal}}_{Nullschwellenspannung} + \underbrace{K_1(\sqrt{\phi_s - U_{bs}} - \sqrt{\phi_s}) - K_2 U_{bs}}_{vertikale,\ ungleichmäßige\ Dotierung} + \underbrace{K_1\left(\sqrt{1 - \frac{Nlx}{L}\sqrt{\frac{\phi_s}{\phi_s - U_{bs}}}} - 1\right)\sqrt{\phi_s}}_{seitliche,\ ungleichmäßige\ Dotierung} \quad (1)$$

Die vertikale ungleichmäßige Dotierung kommt daher Zustande, daß die Dotierungskonzentration nahe der Grenze zum Gateoxid zunimmt. Diese Verteilung entspricht einer halben Gaußsche Glockenkurve, welche durch eine Schrittfunktion genähert wird (siehe Abbildung 4.16)

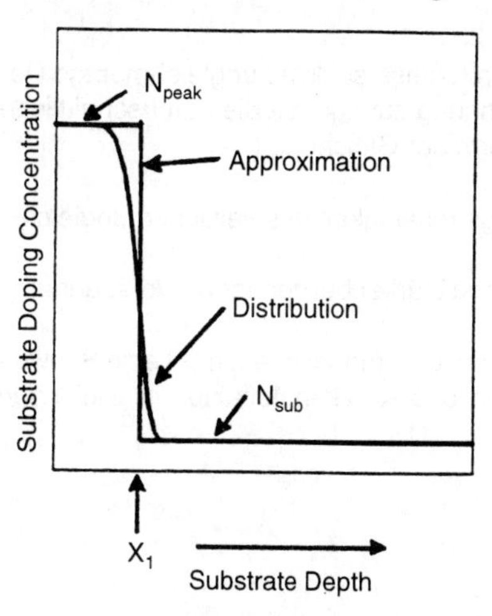

Bild 4.16:
Dotierungsverteilung und Näherung

Die Körpereffektkoeffizienten lassen sich wie folgt bestimmen:

$$K_1 = \frac{\sqrt{2q\varepsilon_{Si} N_{sub}}}{C_{ox}} - 2K_2\sqrt{\Phi_S - U_{bm}} \tag{2a}$$

$$K_2 = \frac{\sqrt{2q\varepsilon_{Si}}}{C_{ox}}\left(\sqrt{N_{peak}} - \sqrt{N_{sub}}\right)\frac{\sqrt{\Phi_S - U_{bx}} - \sqrt{\Phi_S}}{2\sqrt{\Phi_S}\left(\sqrt{\Phi_S - U_{bx}} - \sqrt{\Phi_S}\right) + U_{bm}} \tag{2b}$$

U_{bx} sei die Vorspannung, bei der die Verarmungsweite gleich x_l ist:

$$\Rightarrow \frac{q N_{peak} X_l^2}{2\varepsilon_{Si}} = \Phi_S - U_{bx} \tag{3}$$

In Gleichung (1) wurde mitberücksichtigt, daß die Dotierungskonzentration an Drain und Source höher ist als in der Mitte des Kanals (siehe Bild 4.17).

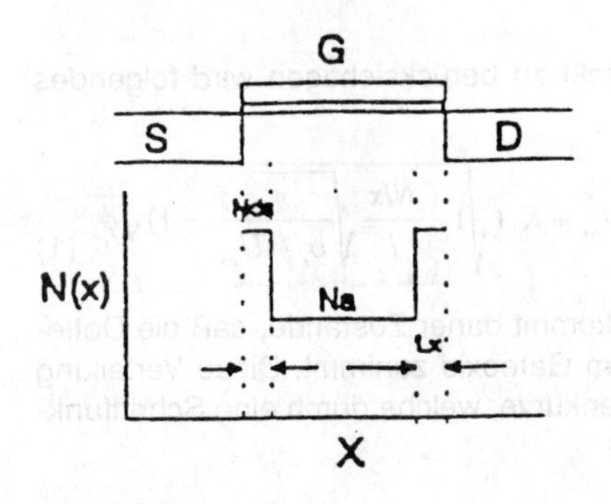

Bild 4.17:
Seitlicher ungleichmäßiger Dotierungseffekt

Eine kleiner werdende Kanallänge hat durch diese seitliche ungleichmäßige Dotierung eine Erhöhung der Schwellenspannung zufolge, da die durchschnittliche Konzentration im Kanal ansteigt. Im 4. Term der Gleichung (1)

beschreibt $\sqrt{\frac{\Phi_S}{\Phi_S - U_{BS}}}$ die Vorspannungsabhänigkeit des seitlichen ungleichmäßigen Dotierungseffektes. Dieser Effekt ist stärker bei geringerer Vorspannung.

Um den MOSFET im Nanometerbereich richtig zu modellieren, muß eine Schwellenspannungsreduktion um ΔU_{th} aufgrund des Kurzkanaleffektes in Gleichung (1) aufgenommen werden.

$$\Delta U_{th} = \Phi_{th}(L)[2(U_{bi} - \Phi_S) + U_{DS}] \tag{4}$$

mit dem Kurzkanalkoeffizient $\Phi_{th}(L) = D_{vt0} e^{-\frac{D_{vt1} L}{2 l_t}} + 2 e^{-\frac{D_{vt1} L}{2 l_t}}$ (5)

wobei $l_t = \frac{\varepsilon_{Si} X_{dep} T_{ox}}{\varepsilon_{ox}}$, $X_{dep} = \sqrt{\frac{2 \varepsilon_{Si} (\Phi_S - U_{BS})}{q N_{peak}}}$

und der Diffusionsspannung zwischen Substrat und Source

$$U_{bi} = \frac{K_B T}{q} \ln\left(\frac{N_{peak} N_d}{n_i^2}\right) \tag{6}$$

N_d...Source-Dotierungskonzentration;N_{peak}...Substrat-Dotierungskonzentration
D_{vt0},D_{vt1} werden aus experimentellen Daten abgeleitet
Durch die Aufnahme von U_{th} macht man die Schwellenspannung unempfindlich gegenüber U_{BS}.

Falls die Kanalweite in die Größenordnung der Verarmungsschicht kommt, wird durch den Schmalkanaleffekt ein Anstieg der Schwellenspannung verursacht.

Der Anstieg wird durch den Term $K_3 \frac{T_{ox}}{w + w_0} \Phi_S$ beschrieben.

K_s,w_0 sind aus experimentellen Daten bestimmt

Die Schwellenspannung wird in BSIM3 ausgedrückt als

$$U_{th} = U_{Tideal} + K_1(\sqrt{\Phi_S - U_{BS}} - \sqrt{\Phi_S}) - K_2 U_{BS} + K_1\left(\sqrt{1 - \frac{N_{lx}}{L}} \sqrt{\frac{\Phi_S}{\Phi_S - U_{BS}}} - 1\right)\sqrt{\Phi_S} + K_3 \frac{T_{ox}}{w + w_0} \Phi_S - \Delta U_{th} \tag{7}$$

In dieser Gleichung wurde die ungleichmäßige Dotierung, Kurzkanal- und Schmalkanaleffekt berücksichtigt.

4.6.2 Die Beweglichkeit

Die Oberflächenladungsträgerbeweglichkeit läßt sich insbesondere wegen den Steumechanismen (Steuung an Photonen, Coulomb-Steuung) und der Oberflächenbeschaffenheit der Übergangsschicht schlecht beschreiben. Aus Meßwerten läßt sich die Beweglichkeit beschreiben als:

$$\mu_{eff} = \frac{\mu_0}{1 + (E_{eff}/E_0)^{\upsilon}} \tag{8}$$

E_{eff} kann als durchschnittliches elektrisches Feld, welches durch die Ladungsträger in der Inversionsschicht hervorgerufen worden ist, interpretiert werden.

$$E_{eff} = \frac{Q_B + Q_n/2}{\varepsilon_{Si}} \tag{9}$$

Für einen n-MOSFET mit einem Polysilikongate kann Gleichung (9) in eine Form mit Bauteilparametern umgeschrieben werden.

$$E_{eff} = \frac{U_{GS} + U_{th}}{6T_{ox}} \tag{10}$$

Die Gleichung (8) beschreibt die Beweglichkeit sehr gut, doch für die Schaltungssimulation ist sie wegen des großen Rechenaufwandes ungeeignet. Für die Praxis reicht auch eine Taylor-Entwicklung 2.Grades von Gleichung (8) aus. In BSIM3 ist

$$\mu_{eff} = \frac{\mu_0}{1 + U_a \frac{U_{GS} + U_{th}}{T_{ox}} + U_b \left(\frac{U_{GS} + U_{th}}{T_{ox}}\right)^2 + U_c U_{BS}} \tag{11}$$

4.6.3 Die Ladungsträgerdriftgeschwindigkeit

Zur Beschreibung der Ausgangscharakteristik ist die Ladungsträgerdriftgeschwindigkeit ein wichtiger Parameter. Für Bauelemente mit langem Kanal ist $v = \mu_{eff} E$, wobei μ_{eff} vom longitudinalen E-Feld unabhängig ist. Dagegen ist $_{eff}$ bei Bauelementen mit kurzem Kanal eine Funktion des longitudinalen E-Feldes in der Inversionsschicht. Zudem wird sich μ_{eff} verkleinern, wenn das E-Feld ansteigt. Diese Nichtlinearität der Ladungsträgerdriftgeschwindigkeit von E erforderte, daß in BSIM3 eine einfache, teilempirische Sättigungsgeschwindigkeit verwendet wird.

$$v = \begin{cases} \dfrac{\mu_{eff} E}{1 + (E/E_{sat})}, \text{für:} E < E_{sat} \\ v_{sat}, \text{für:} E > E_{sat} \end{cases} \tag{12}$$

E_{sat} entspricht der kritischen Feldstärke, bei welcher die Ladungsträgerdriftgeschwindigkeit gesättigt ist. Um ein stetiges Geschwindigkeitsmodell zu bekommen, muß links- und rechtsseitiger Grenzwert von Gleichung (12) an der Stelle $E=E_{sat}$ gleich sein.

$$\Rightarrow E_{sat} = \frac{2 v_{sat}}{\mu_{eff}} \tag{13}$$

Anmerkung: Dieses durch die Gleichungen (12) und (13) ausgedrückte Modell ist für n-MOS gut geeignet, aber für p-MOS muß (13) folgendermaßen abgeändert werden:

$$E_{sat} = \frac{2 v_{sat}}{\mu_{eff}} (A_1 U_{gst} + A_2) \tag{14}$$

4.6.4 Drainstrom

α) Drainstrom unter starken Inversinsbedingungen:

BSIM3 geht von einem sehr einfachen Modell für den Drainstrom aus, welches physikalische Effekte und Skalierungseffekte beinhaltet. folgende Annahmen wurden für das Modell gemacht:

- Der Driftstrom überwiegt im Geamtstrom
- Die bewegliche Ladung im Kanal ist gleich $c_{ox}[U_{GS}-U_{th}-U(y)]$ { U(y) ... Potentialdifferenz zwischen Minoritätsladungsträger auf dem Quasi-Fermipotential und dem "Bulk"-Fermipotential am Punkt y; für die Schwellenspannung gilt Gleichung (7); c_{ox} ... Gatekapazität pro Flächeneinheit }
- Einfluß der Bulkladung auf die Schwellenspannung sei vernachlässigbar

An einer beliebigen Stelle im Kanal beträgt der Strom:

$$I_{DS} = \underbrace{w}_{\text{Kanal-breite}} \cdot c_{ox}(U_{GS} - U_{th} - U(y)) \underbrace{v(y)}_{\text{Ladungs-träger-geschwindigkeit}} \tag{15}$$

Bevor die Ladungsträgergeschwindigkeit in Sättigung übergeht wird aus den Gleichungen (15) und (12):

$$I_{DS} = w \cdot c_{ox}(U_{GS} - U_{th} - U(y)) \frac{\mu_{eff} E}{1 + (E/E_{sat})} \tag{16}$$

$$\Leftrightarrow E(y) = \frac{I_{DS}}{\mu_{eff} w \cdot c_{ox}(U_{GS} - U_{th} - U(y)) - I_{DS}/E_{sat}} \overset{!}{=} \frac{dU(y)}{dy} \tag{17}$$

Durch Trennung der Veränderlichen und Integration über die Grenzen 0 bis L für y und U_s bis $U(y)=U_{DS}$:

$$I_{DS} = \mu_{eff} c_{ox} w/L \cdot \frac{(U_{GS} - U_{th} - U_{DS}/2) U_{DS}}{1 + \frac{U_{DS}}{E_{sat} L}} \tag{18}$$

Der Drainstrom in Gleichung (18) gilt nur bis die Ladungsträgerdriftgeschwindigkeit gesättigt wird (d.h.: E[1]<E_{sat}). Ist nun $E>E_{sat}$ muß $v(y)=v_{sat}$ und $U_{DS}=U_{dsat}$ in Gleichung (15) eingesetzt werden, man erhält nun:

$$I_{DS} = w \cdot c_{ox}(U_{GS} - U_{th} - U_{dsat}) v_{sat} \tag{19}$$

Setzt man (18) und (19) bei $E=E_{sat}$ und $U_{DS}=U_{dsat}$ gleich, so erhält man für U_{dsat}:

$$U_{dsat} = \frac{E_{sat} L (U_{GS} - U_{th})}{E_{sat} L + (U_{GS} - U_{th})} \tag{20}$$

---

[1] elektrisches Feld an der Drainelektrode

$$\xrightarrow{(20)in(19)} I_{dsat} = v_{sat}\, w \cdot c_{ox} \frac{(U_{GS}-U_{th})^2}{E_{sat}L+(U_{GS}-U_{th})} \tag{21}$$

Durch die Gleichungen (18) und (21) ist der Drainstrom festgelegt, dabei wurde angenommen, daß in beiden Gebieten (linear und gesättigt) sich die Verarmungszone gleichmäßig über den Kanal ersteckt. Für kleine Drainspannungen oder kurze Kanallängen sind diese Gleichungen brauchbar, aber ist nun die Drainspannung oder die Kanallänge groß, so erstreckt sich die Verarmungszone nicht mehr gleichmäßig über den Kanal was eine ungleichmäßige Schwellenspannung im Kanal zufolge hat. Man bezeichnet dies als *Bulk-Effekt.* (siehe Bild 4.18)

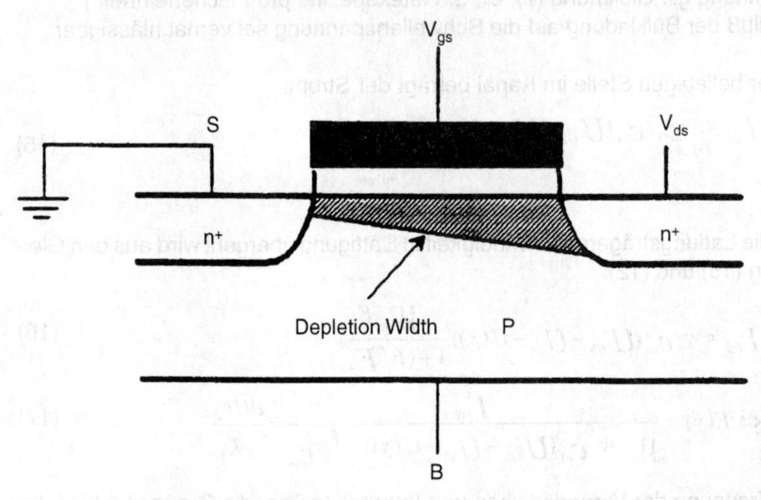

Bild 4.18: Verteilung der Verarmungszone im Kanal bei ungleichmäßiger Schwellenspannung

Durch den aus experimentellen Daten bestimmten Parameter A_{bulk} wird dem Bulk-Effekt in BSIM3 Rechnung getragen.

$$A_{bulk} = \left[1+\frac{K_1}{2}\frac{A_0 L_{eff}}{L_{eff}+2\sqrt{X_j X_{dep}}}\frac{1}{\sqrt{\Phi-U_{BS}}}\right]\frac{1}{1+keta\cdot U_{BS}} \tag{22a}$$

$$A_{bulk} = \left[\frac{K_1}{2}\frac{A_0 L_{eff}}{L_{eff}+2\sqrt{X_j X_{dep}}}\frac{1}{\sqrt{\Phi-U_{BS}}}\right]\frac{1}{1+keta\cdot U_{BS}} \tag{22b}$$

Gleichung (22a) ist für n-MOSFET besser geeignet (BULKMOD=1), dagegen ist (22b) für p-MOSFET besser (BULKMOD=2).[2]

Beim Betrachten der Gleichungen (22) merkt man, daß A_{bulk} für kurze Kanallängen ungefähr 1 ist, Desweiteren erkennt man, daß A_{bulk} mit der Kanallänge ansteigt. Der Bulk-Effekt verändert den Kanalstrom folgendermaßen:

Im linearen Bereich:

$$I_{DS} = \mu_{eff} C_{ox} W/L \cdot \frac{(U_{GS} - U_{th} - A_{bulk} U_{DS}/2) U_{DS}}{1 + \frac{U_{Ds}}{E_{sat} L}} \qquad (23)$$

Im Sättigungsbereich:

$$I_{DS} = w \cdot v_{sat} C_{ox} (U_{GS} - U_{th} - A_{bulk} U_{dsat}) \quad \text{mit} \quad U_{dsat} = \frac{E_{sat} L (U_{GS} - U_{th})}{A_{bulk} E_{sat} L + (U_{GS} - U_{th})} \qquad (24)$$

Für die Steilheit im Sättigungszustand gilt demnach:

$$g_m = \frac{\partial I_{DS}}{\partial U_{GS}} = v_{sat} w C_{ox} (1 - A_{bulk} \frac{\partial U_{dsat}}{\partial U_{GS}}) \qquad (25)$$

Nach dem bisherigen Drainstrom-Modell wurden der Bulk- und der Skalierungseffekt berücksichtigt, doch noch sind einige wichtige Effekte nicht mitberücksichtigt, was einige Änderungen zufolge hat. Bisher wurden die parasitären Widerstände an der Drain- und Sourceelektrode nicht beachtet. Zur Beschreibung der Leistungsfähigkeit der MOSFET sind sie wichtig. Um die Rechengeschwindigkeit bei der Simulation niedrig zu halten werden in BSIM3 einfache Ausdrücke zur Beschreibung der Wirkung dieser parasitären Widerstände verwendet.

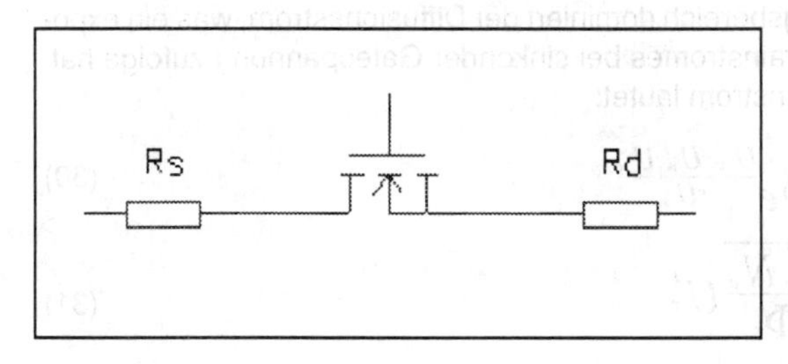

Bild 4.19: MOSFET mit parasitären Source- und Drainwiderständen

---

2 keta ist bei BEIM3v2 neu

X_j...Anschlußtiefe (junction depthth); X_{dep}...Weite der Verarmungszone in der Nähe vom Source

Annahme: $R_S=R_D=R_{DS}/2$
Unter Verwendung der Gleichung (18) kann der Kanalwiderstand des MOSFET so berechnet werden:

$$R_{ch}=\frac{U_{DS0}}{I_{DS}}=1/[\mu_{eff}\,c_{ox}\,{}^{w}\!/\!_{L}\frac{U_{gst0}-A_{bulk}\,{}^{U_{DS0}}\!/\!_{2}}{1+\frac{U_{DS0}}{E_{sat}L}}]=1/[\mu_{eff}\,c_{ox}\,{}^{w}\!/\!_{L}\frac{U_{gst}-A_{bulk}\,{}^{U_{DS}}\!/\!_{2}}{1+\frac{U_{DS0}}{E_{sat}L}}]$$

$$=1/[\mu_{eff}\,c_{ox}\,{}^{w}\!/\!_{L}\frac{U_{GSt}-A_{bulk}\,{}^{U_{DS}}\!/\!_{2}}{1+\frac{U_{DS}}{E_{sat}L}}] \qquad (26)$$

mit $U_{GSt}=U_{GS}-U_{th}=U_{GSt0}+I_{DS}R_{DS}$, $U_{DS}=U_{DS0}+I_{DS}$RDS und UDS=UDS0
Der gesamte Widerstand zwischen den Drain-Source-Anschlüssen ist:

$$R_{tot}=R_{ch}+R_{DS} \qquad (27)$$

Somit ergibt sich ein Drainstrom im linearen Bereich von:

$$I_{DS}=\frac{U_{DS}}{R_{tot}}\overset{(27)}{=}\mu_{eff}\,c_{ox}\,{}^{w}\!/\!_{L}\frac{1}{1+U_{DS}/(E_{sat}L)}\frac{(U_{Dst}-A_{bulk}U_{dsat}/2)U_{DS}}{1+R_{DS}\,\mu_{eff}\,c_{ox}({}^{w}\!/\!_{L})U_{GSt}/2} \qquad (28)$$

Den Sättigungsstrom erhält man in dem UDS=Udsat in Gleichung (28) einsetzt wird:

$$I_{DS}=v_{sat}\,c_{ox}\,w\frac{U_{gst}-A_{bulk}U_{dsat}}{1+R_{DS}\,\mu_{eff}\,c_{ox}\,{}^{w}\!/\!_{L}U_{gst}/2} \qquad (29)$$

β) Drainstrom im Bereich unterhalb der Schwellenspannung:

Im Subschwellenspannungsbereich dominiert der Diffusionsstrom, was ein exponentielles Absinken des Drainstromes bei sinkender Gatespannung zufolge hat. Die Gleichung für den Drainstrom lautet:

$$I_{DS}=I_{S0}(1-e^{-\frac{U_{DS}}{U_{tm}}})e^{\frac{U_{GS}-U_{th}-U_{off}}{nU_{tm}}} \qquad (30)$$

mit $$I_{S0}=\mu_{eff}\,{}^{w}\!/\!_{L}\sqrt{\frac{q\varepsilon_{Si}N_a}{2\Phi_S}}U_T^2 \qquad (31)$$

Hierbei ist U_T die Temperaturspannung ($U_T=k*T/e$)[1], U_{off} die Offsetspannung, n ist der Parameter, welcher die Schwankungen im Subschwellspannungsbereich beschreibt.

$$n=1+Nfaktor\,{}^{c_d}\!/\!_{c_{ox}}+\frac{c_{dsc}}{c_{ox}}\left(e^{-{}^{L}\!/\!_{2l_t}}+e^{-{}^{L}\!/\!_{l_t}}\right) \qquad (32)$$

c_{dsc} drückt die Koppelkapazität zwischen Drain-Source für Kanal mit Länge gleich Null aus, c_{dsc} (exp[-L/2l_t]+exp[-L/l_t]) die Koppelkapazität bei einer Kanallänge L. Nfaktor und c_{dsc} können experimentell bestimmt werden.

---

[1] U_T26mV bei T=300K
k=1,3807*10^{-23}J/K=8,6176*10^{-5}eV/K (Boltzmann-Konstante)

γ) Drainstrom im Übergangsbereich

Zwischen dem Subschwellschwellenspannungsbereich und dem der starken Inversion besitzt der Drainstrom Diffusions- und Driftkomponenten. Dies führt dazu, daß der Drainstrom im Übergangsbereich nicht mit einem einfachen analytischen Ausdruck beschrieben werden kann.

Übergangsbereich: $U_{glow}<U_{GS}-U_{th}<U_{ghigh}$ (33)

Übliche Werte vonU_{glow} und U_{ghigh} sind: U_{glow} -0,12V bis -0,15V; U_{ghigh} 0,12V bis 0,15V

Für $(U_{GS}-U_{th})<U_{glow}$ arbeitet der Transistor im Subschwellenspannungsbereich, und für $(U_{GS}-U_{th})>U_{ghigh}$ arbeitet er im Bereich starker Inversion. Bei der Modellierung des Übergangsbereichs wurden folgende Eigenschaften mitberücksichtigt:

1. Rechengenauigkeit der Simulation
2. Stetigkeit des Drainstomes und seiner 1. Ableitung (Steilheit)
3. Einfachheit des Modells

Bei dem in BSIM3 verwendetem Modell kann der Drainstrom und seine 1. Ableitung im Übergangsbereich exakt berechnet werden, falls die genauen Werte für Drainstom (I_{DSlow},I_{DShigh}) und seiner 1. Ableitung (g_{mlow},g_{mhigh}) bei $(U_{th}-U_{glow})$ und $(U_{th}+U_{ghigh})$ bekannt sind. Diese Werte kann man aus dem Subschwellenspannungsbereich und dem Bereich starker Inversion erhalten. Zusätzlich zu den Werten bei U_{glow} und U_{ghigh} wurde ein Referenzpunkt eingeführt. Der Referenzpunkt (U_P,I_P) ist als der Schnittpunkt der Tangenten bei $(U_{th}-U_{glow},I_{DSlow})$ und $(U_{th}+U_{ghigh},I_{DShigh})$ definiert. (siehe Bild 4.20)

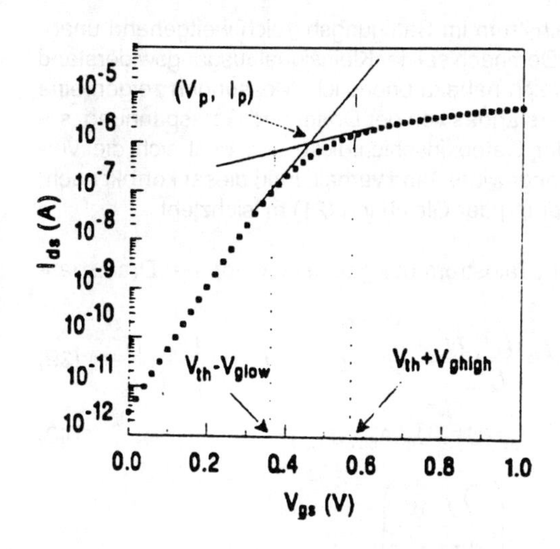

Bild 4.20: Bestimmung des Referenzpunktes

$$U_P = \frac{(g_{mhigh} U_{ghigh} - g_{mlow} U_{glow}) - (I_{DShigh} - I_{DSlow})}{g_{mhigh} - g_{mlow}} \tag{34}$$

$$I_p = I_{DSlow} + g_{mlow}(U_P - U_{glow}) \tag{35}$$

Aus den 3 Punkten (U_{th}-U_{glow},I_{DSlow}),(U_P,I_P) und (U_{th}+U_{ghigh},I_{DShigh}) läßt sich der Drainstrom wie folgt berechnen:

$$I_{DS} = (1-t)^2 I_{DSlow} + 2(1-t)t I_P + t^2 I_{DShigh} \tag{36}$$

$$U_{GS} = (1-t)^2 (U_{th} - U_{GSlow}) + 2(1-t)t U_P + t^2 (U_{th} + U_{GShigh}) \tag{37}$$

t ist ein Parameter, $t \in \{0;1\}$
Steilheit:

$$g_m = \frac{\partial I_{DS}}{\partial U_{GS}} = \frac{\partial I_{DS}/\partial t}{\partial U_{GS}/\partial t} = \frac{t(I_{DShigh} - I_P) + (1-t)(I_P - I_{DSlow})}{t(U_{DShigh} - U)_P + (1-t)(U_P - U_{DSlow})} \tag{38}$$

Durch Einführen des Übergangsbereichs ist der Drainstrom und die 1. Ableitung (Steilheit) im ganzen Bereich, insbesondere bei den Übergängen zu den verschiedenen Bereichen, stetig.

4.6.5 Der Ausgangswiderstand und die Early-Spannung

Laut Gleichung (21) ist der Drainstrom im Sättigungsbereich weitgehend unabhängig von der Drainspannung. Demnach sei der Kleinsignalausgangswiderstand bei MOSFETs im Sättigungsbereich nahezu unendlich. Messungen zeigen eine Abhängigkeit des Ausgangswiderstandes von der Drain- und Gatespannung, sowie von der Kanallänge und der Gateoxidschichtdicke auf. Weil sich die Verstärkung proportional zum Ausgangswiderstand verhält, muß dieser korrekt nachgebildet werden, was eine Änderung der Gleichung (21) mitsichzieht.

Im Sättigungsbereich hängt der Drainstrom nur geringfügig von der Drainspannung ab.

$$I_{DS}(U_{GS}, U_{DS}) \cong I_{DS}(U_{GS}, U_{dsat}) + \frac{\partial I_{DS}(U_{GS}, U_{DS})}{\partial U_{DS}}(U_{DS} - U_{dsat}) \cong I_{dsat}\left(1 + \frac{U_{DS} - U_{dsat}}{U_A}\right) \tag{39}$$

mit: $I_{dsat} = I_{DS}(U_{GS}, U_{dsat}) = w * v_{sat} * c_{ox} * (U_{GS} - U_{th} - A_{bulk} U_{dsat})$ (40)

und der Earlyspannung[2] $U_A = I_{dsat} \left(\frac{\partial I_{DS}}{\partial U_{DS}} \right)^{-1}$ (41)

---

[2] analog zur Bipolartechnik

In Bild 4.21 wurde der Verlauf des Ausgangswiderstandes in 4 Bereiche unterteilt. Im ersten Bereich, dem Triodenbereich, in welchem die Ladungsträgergeschwindigkeit nicht gesättigt ist, ist der Ausgangswiderstand klein. In den restlichen Teilgebieten[3] haben 3 physikalische Effekte großen Einfluß auf das Ausgangswiderstandsverhalten. Jeder dieser Effekte trägt auf unterschiedliche Weise zu U_A bei. Welcher Effekt in welchem Bereich dominiert ist in Bild 4.21 gekennzeichnet.

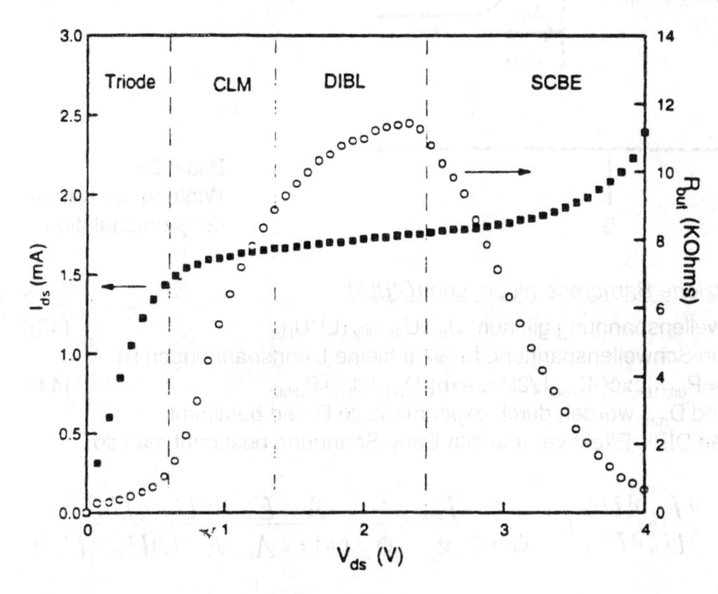

Bild 4.21: $I_{DS}=f(U_{DS})$ und $R_{aus}=f(U_{DS})$

α) Kanallängenmodulation (CLM[4])

Wenn die Drainspannung größer als die Sättigungsspannung U_{dsat} ist, breitet sich das Gebiet in dem die Ladungsträgergeschwindigkeit gesättigt ist (VSR), in Richtung Source aus und reduziert die effektive Kanallänge (siehe Abbildung 4.22), dagegen steigt der Drainstrom an, was einen endlichen Ausgangswiderstand zufolge hat. Die Kanallängenmodulation wirkt sich dominierend auf R_{aus} aus, wenn die Drainspannung in der Nähe von U_{dsat} ist.

In BSIM3 ist
$$U_{Aclm}=\frac{1}{P_{clm}}\frac{A_{bulk}E_{sat}L+U_{GS}-U_{th}}{A_{bulk}E_{sat}l}(U_{DS}-U_{dsat}) \quad (42)$$

P_{clm} ist ein Parameter, der experimentell bestimmt wird. SPICE-Ersatzwert: $P_{clm}=1$, Realität: $P_{clm}>1$

---

3 Sättigungsbereich

4 channel length modulation

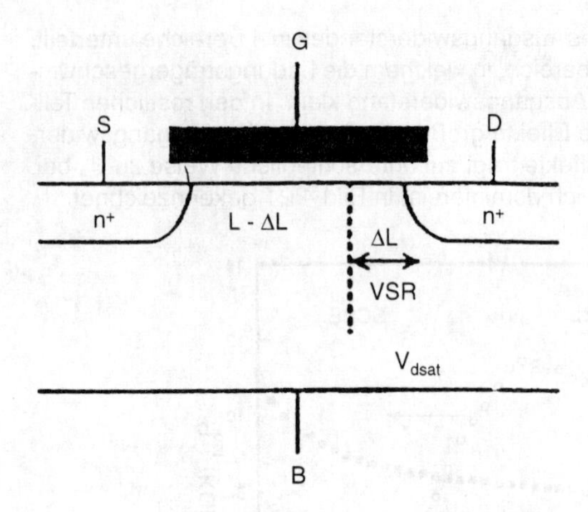

Bild 4.22: Wirkung der Kanallängenmodulation

β) *Draininduzierte Barrierenerniedrigung (DIBL[5])*

Für die Schwellenspannung gilt nun: $U_{th}=U_{th0}-\phi_{th}(L)^{*}U_{DS}$ (43)

wobei U_{th0} die Schwellenspannung für sehr kleine Drainspannungen ist.

$\phi_{th}(L)=P_{dibl1}[\exp(-D_{rout}L/2l_t)+2\exp(-D_{rout}L/l_t)]+P_{dibl2}$ (44)

P_{dibl1}, P_{dibl2} und D_{rout} werden durch experimentelle Daten bestimmt.
Die durch den DIBL-Effekt verursachte Early-Spannung bestimmt man so:

$$U_{Adibl} \overset{(41)}{=} I_{dsat}\left(\frac{\partial I_{DS}}{\partial U_{th}}\frac{\partial U_{th}}{\partial U_{DS}}\right)^{-1} = \frac{1}{\phi_{th}(L)}\frac{I_{dsat}}{g_m} = \frac{A_{bulk}E_{sat}L+U_{GS}-U_{th}}{\phi_{th}(L)(1+2A_{bulk}E_{sat}L/(U_{GS}-U_{th}))}$$

$$= 1/\phi_{th}(L)\left(U_{GS}-U_{th}-\left(\frac{1}{A_{bulk}U_{dsat}}+\frac{1}{U_{GS}-U_{th}}\right)^{-1}\right) \quad (45)$$

Mit abnehmender Kanallänge sinkt U_{Adibl} sehr stark, dagegen ist U_{Adibl} von U_{DS} unabhängig.

γ) *Substrateffekt (SCBE[6])*

Wenn das elektrische Feld in der Nähe des Drain sehr groß ist (>0,1MV/cm), rufen einige von Source kommende energiereiche ("heiße") Ladungsträger eine Stoßionisation hervor, dabei entstehen Elektronen-Loch-Paare, wenn Elektronen und Siliziumatome zusammentreffen. Der durch die Stoßionisation erzeugte Substratstrom (I_{sub}) steigt exponentiell mit der Drainspannung an und verringert den Ausgangswiderstand.

$I_{DS}=I_{dsat}+I_{sub}$ (46)

---

[5] drain induced barrier lowering

[6] substrate current induced body effekt

Die durch den SCBE-Effekt herrührende Earlyspannung ist in BSIM3 wiefolgt bestimmt:

$$U_{Ascbe} = \left[\frac{P_{scbe2}}{L} e\left(-\frac{P_{scbe1} l}{U_{DS} - U_{dsat}} \right) \right]^{-1} \tag{47}$$

P_{scbe1}, P_{scbe2} werden experimentell bestimmt
U_{Ascbe} hängt stark von U_{DS} ab.

δ) Gesamtergebnis
Die gesamte Early-Spannung im Sättigungsbereich beträgt:

$$U_A = \left[\frac{1}{U_{Aclm}} + \frac{1}{U_{Adibl}} + \frac{1}{U_{Ascbe}} \right]^{-1} \tag{48}$$

Laut Gleichung (39) beträgt der Drainstrom:

$$I_{DS} = w v_{sat} C_{ox} (U_{GS} - U_{th} - A_{bulk} U_{dsat}) \left(1 + \frac{U_{DS} - U_{dsat}}{U_{Aclm}} + \frac{U_{DS} - U_{dsat}}{U_{Adibl}} + \frac{U_{DS} - U_{dsat}}{U_{Ascbe}} \right) \tag{49}$$

Aus dem Ausdruck für U_A ist zu erkennen, daß der CLM-Effekt bei kleinem U_{DS} dominieren wird. Bei steigendem U_{DS} wird der DIBL-Effekt immer bedeutender. Steigt U_{DS} noch weiter so wird der SCBE-Effekt immer wichtiger (siehe Bild 4.23).

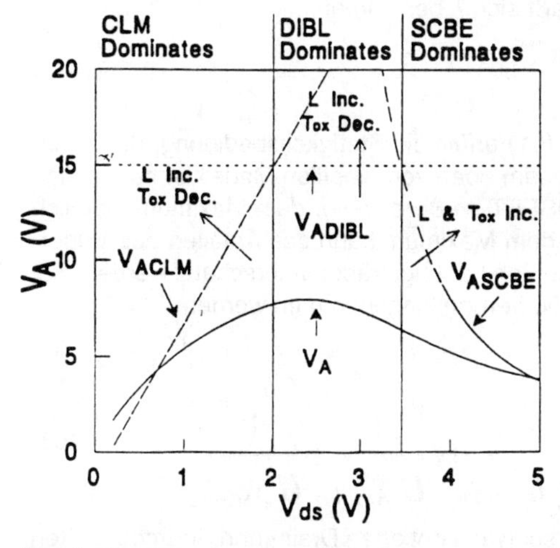

Bild 4.23: *Die einzelnen Early-Spannungsbeiträge.*[7] *w/L=10/0,4; T_{ox}=5,5nm; U_{GS}-U_{th}=0,2V*

[7] "Inc" bedeuted ansteigend; "Dec" bedeutend abnehmend

Die in Gleichung (48) angegebene Early-Spannung ist nur im Sättigungsbereich gültig. An der Abschnürgrenze (U_{DS}=U_{dsat}) ist die Early-Spannung nicht stetig, was sich negativ auf die Effizienz und Genauigkeit der Simulation auswirken würde. Deshalb ist ein stetiges Drainstrommodell erforderlich. In BSIM3 sind 2 solche Modelle enthalten. Beide Modelle enthalten den Term U_{Asat}:

für nMOS: $$U_{Asat} = \frac{E_{sat}L + U_{dsat} + 2R_{DS}v_{sat}C_{ox}w(U_{GS} - U_{th} - A_{bulk}U_{dsat}/2)}{1 + A_{bulk}R_{DS}v_{sat}C_{ox}w + 2R_{DS}v_{sat}C_{ox}w(U_{GS} - U_{th})/E_{sat}L} \quad (50a)$$

für pMOS:

$$U_{Asat} = \frac{E_{sat}L + U_{dsat} + 2R_{DS}(A_1(U_{GS} - U_{th}) + A_2)v_{sat}C_{ox}w(U_{GS} - U_{th} - A_{bulk}U_{dsat}/2)}{1 + (A_1(U_{GS} - U_{th}) + A_2)(A_{bulk}R_{DS}v_{sat}C_{ox}w + 2R_{DS}v_{sat}C_{ox}w(U_{GS} - U_{th})/E_{sat}L)} \quad (50b)$$

1. halbempirisches Modell für den Ausgangswiderstand:
Damit dieses Modell benutzt wird, muß der Parameter satMod =1 sein. Es ist für den Entwurf digitaler Schaltungen geeignet, da dieses Modell wegen seiner Einfachheit nur wenig Zeit inanspruchnimmt.

$$U_A = U_{Asat} + \frac{1}{\alpha}\frac{(E_{sat}L + U_{GS} - U_{th} - \lambda(U_{DS} - U_{dsat}))(U_{DS} - U_{dsat})}{E_{sat}l} \quad (51)$$

Ohne den empirisch eingeführten Term $\lambda(U_{DS}-U_{dsat})$ wäre in Gleichung (51) nur die Kanallängenmodulation berücksichtigt. $U_A(U_{DS})$ ist eine Parabelgleichung. Über das Maximum der Parabel, welches mit dem Maximum des MOSFET Ausgangswiderstand übereinstimmen soll, läßt sich λ bestimmen.

$$\lambda = \frac{E_{sat}L + U_{GS} - U_{th}}{2E_m l} \quad (52)$$

Die Early-Spannung in Gleichung (51) erfüllt die Stetigkeitsbedinung, da im Abschnürpunkt UA=UAsat ist. Mit diesem eben vorgestellten Modell ist es möglich den Ausgangswiderstand des MOSFET im Bereich vor dem Maximum ziemlich genau zu bestimmen, aber hinter dem Maximum kann das Abfallen des Widerstandes hervorgerufen durch die heißen Ladungsträger unterschätzt werden. Bei digitalen Schaltungen kann diese Näherung hingenommen werden.

2. physikalisches Modell:

$$U_A = U_{Asat} + \left(1 + eta\frac{L_{dd}}{l}\right)\left[\frac{1}{U_{Aclm}} + \frac{1}{U_{Adibl}} + \frac{1}{U_{Ascbe}}\right]^{-1} \quad (53)$$

Der Spannungsabfall entlang den schwach dotierten Drain- und Sourcegebieten wird mit dem Parameter eta Rechnung getragen. Ldd ist die Länge der schwach dotierten Region am Drainende. Dieses Modell beschreibt die realen Verhältnisse gut, benötigt aber für die Simulation mehr Zeit als das halbempirische Modell.

Das physikalische Modell sollte man verwenden zur Simulation analoger Schaltungen, dabei ist satMod =2 einzustellen.

4.6.6 Temperaturabhängigkeit

In BSIM3 wird vorerst der Temperaturbereich von -60 °C bis 125 °C berücksichtigt. In diesem Bereich müssen nur wenige Erweiterungen zudem bisher in Raumtemperatur besprochenem Model vorgenommen werden. In BSIM3 wurden Ergänzungen bei der Beweglichkeit, der Schwellenspannung und der Sättigungsgeschwindigkeit gemacht. Bei der Schwellenspannung und der Sättigungsgeschwindigkeit wurde von einer linearen Abhängigkeit ausgegangen.

4.7 Modellparameter für das BSIM3 Modell – Teil 1

Bezeichnung	Formelname	SPICE-Name	SPICE-Ersatzwert	Einheit
Parameter zur Bestimmung der Schwellenspannung:				
Schwellenspannung für sehr kleine Drainspg.	U_{th0}	Vth0	0,7	V
1.Körperkoeffizient	K_1	K1	0,53	$\sqrt{V}$
2.Körperkoeffizient	K_2	K2	-0,0186	-
3.Körperkoeffizient	K_3	K3	80,0	-
Schmalkanalweite	w_0	w0	$2,5*10^{-6}$	m
seitlich nichtgleichmäßiger Abfallkoeffizient	N_{lx}	Nlx	$1,74*10^{-7}$	m
1.Kurzkanalkoeffizient	D_{vt0}	Dvt0	2,2	-
2.Kurzkanalkoeffizient	D_{vt1}	Dvt1	0,53	-*
Neigung durch Kurzkanaleffekt	D_{vt2}	Dvt2	-0,032	1/V
Substrat-Dotierungskonzentration an der Grenze zum Gateoxid	N_{peak}	npeak	$1,7*10^{23}$	$1/m^3$
Dotierungskonzentration weit weg von der Grenze zum Gateoxid	N_{sub}	nsub	$2,0*10^{21}$	$1/m^3$
Substratpotential	φ_{bsw}	pbsw	1,0	V
Körperkoeff. nahe dem Gateoxid	γ_1	gammma1	$\gamma=(2q\varepsilon_{Si}N_{peak})^{0.5}/c_{ox}$	-
Körperkoeff. weitweg vom Gateoxid	γ_2	gamma2	$\gamma=(2q\varepsilon_{Si}N_{sub})^{0.5}/c_{ox}$	-
Parameter zur Beschreibung der Ladungsträgerbeweglichkeit:				
Ladungsträgerbeweglichkeit bei T=300K	μ_0	u0	n-MOSFET: 670,0 p-MOSFET: 250,0	$cm^2/(Vs)$
1.Beweglichkeitsabnahmekoeffizient	Ua	Ua	$2,25*10^{-9}$	m/V
2.Beweglichkeitsabnahmekoeffizient	Ub	Ub	$5,87*10^{-19}$	$(m/V)^2$
Körperkoeff. der Beweglichkeit	Uc	Uc	0,0465	1/V
Parameter für Ladungsträgerdriftgeschwindigkeit:				
Sättigungsgeschwindigkeit	v_{sat}	vsat	$9,58*10^4$	m/s
Nichtsättigungskoeff.	A_1	A1	n-MOSFET: 0 p-MOSFET: 0,9	1/V
Nichtsättigungskoeff.	A_2	A2	n-MOSFET: 1 p_MOSFET: 0,04	-

Modellparameter für das BSIM3 Modell – Teil 2

Parameter zur beschreibung des Bulk-Effekts:				
Bulkübergangskoeffizient	mj	mj	0,5	-
Bulk-Seitenwand-Übergangskoeffizient	mjsw	mjsw	0,33	-
Bulk-Sperrschichtpotential	φ_b	pb	1,0	V
Bulkeffektkoeff.	A_0	A0	n-MOSFET: 0,1 p-MOSFET: 0,9	-
Widerstände:				
gesamter parasitärer Widerstand je Weite	R_{dsw}	Rrdsw	0	Ω*µm
Flächenwiderstand der Drain- und Source-Diffusion	R_{sh}	rsh	0	Ω
Parameter, die Kanallängenmodulation, den DIBL und den SCBE-Effekt beschreiben:				
Kanallängenmodulationskoeff.	P_{clm}	Pclm	1,3	-
1.DIBL-Effektkoeff.	P_{dibl1}	Pdibl1	0,39	-
2.DIBL-Effektkoeff	P_{dibl2}	Pdibl2	0,0086	-
1.SCBE-Effektkoeff.	P_{scbe1}	Pscbe1	$4.24*10^8$	V/m
2.SCBE-Effektkoeff.	P_{scbe2}	Pscbe2	$1,9*10^{-5}$	m/V
Übergangsbereichsgrenzen:				
Untergrenze	U_{glow}	Vglow	-0,15	V
Obergrenze	U_{ghigh}	Vghigh	0,15	V
Kapazitäten:				
Übergangskapazitätsdichte	c_j	cj	$5,0*10^{-4}$	F/m^2
Null-Substrat-Seitenwandkapazität pro Sperrschichtumfang	c_{jsw}	cjsw	$5,0*10^{-10}$	F/m
Koppelkapazität zwischen Drain-Source mit Kanallänge L=0	C_{dsc}	Cdsc	$2,4*10^{-4}$	$Q/(vm^2)$
Gate-Source Überlappungskapazität pro Weite	c_{gs0}	cgso	$x_j c_{ox}/2$	F/m
Gate-Bulk Überlappungskapazität	c_{gbo}	cgbo	0	F/m
Gatekapazität pro Flächeneinheit	c_{ox}	cox		F/M^2
Stukturparameter:				
Gateoxidschichtdicke	T_{ox}	Tox	$150*10._{10}$	m
Übergangstiefe	x_j	xj	$0,15*10^{-6}$	m
Substrat-Sättigungsstromdichte	j_s	js	$1*10^{-15}$	A
Flachbandspannung	U_{FB}	Vfb	-1,0	V
Oberflächenpotential	ϕ_s	phi	$\Phi_s = 2U_{..}\ln\left(\frac{N_{...}}{n}\right)$	V
Eindringtiefe	x_t	xt	$1,55*10^{-7}$	m
Max. Substratspg.	U_{bm}	vbm	-5	V
kritische Feldstärke	E_m	Em	$4,1*10^7$	V/m
gesamte LDD Länge	L_{dd}	Ldd	0	m
Drainspg. Verringerungskoeff.	eta	eta	0,3	-
Länge	l_{itl}	litl	$(\varepsilon_{Si}/\varepsilon_{ox} T_{ox} x_j)^{0.5}$	m
Modellwahlparameter:				
Drainstrommodell		subthMod	2	-
Earlyspannungsmodell		satMod	2	-
Ladungsmodell		xpart	1	-

4.8 Ergebnisse

Die folgenden Bilder zeigen den Vergleich von Simulation und Messung, wobei bei allen Kanallängen und Kanalweiten eine gute Übereinstimmung festgestellt wird.

NMOS, W/L=10/10µm, $\log(I_{DS})= f(V_{GS})$ at diff. V_{BS}

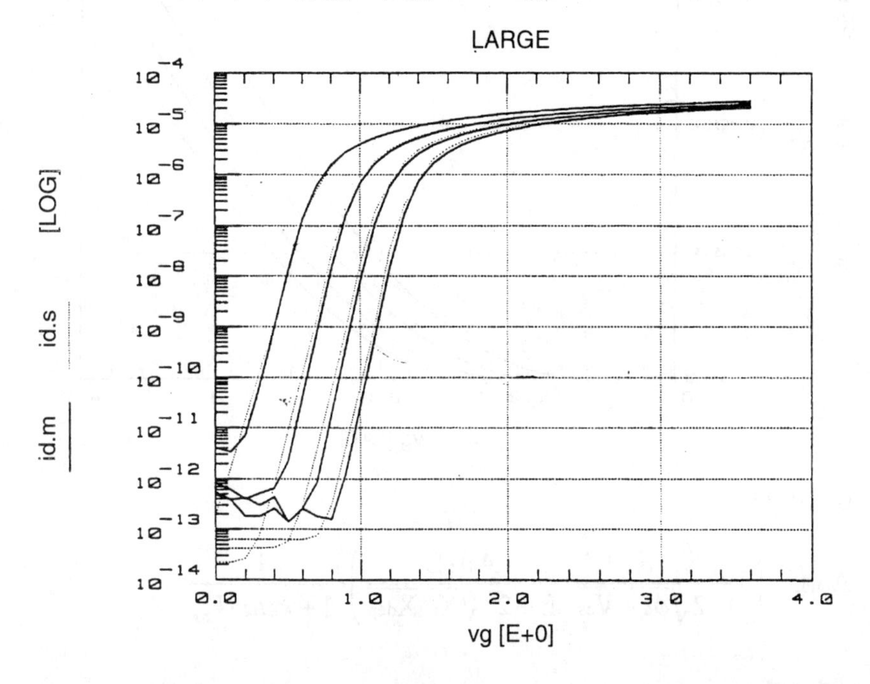

Da I_{DS} logarithmisch über U_G aufgetragen ist, wird durch die Gerade das Absinken des Drainstromes bei sinkender Gatespannung sichtbar, d.h. Diffusionsstrom dominiert im Subschwellung .....

Drainstrom unterhalb der Schwellspannung / Subschwellenspannungsbereich

$$I_{ds0} = I_{s0} \cdot \left(1 - \exp\left(\frac{-V_{ds}}{V_{tm}}\right)\right) \cdot \exp\left(\frac{V_{gst} - V_{off} + \ldots}{n \cdot V_{tm}}\right)$$

NMOS, W/L=10/10µm, $I_{DS} = f(V_{GS})$ at diff. V_{BS} and high Drain-Voltage V_{DS}

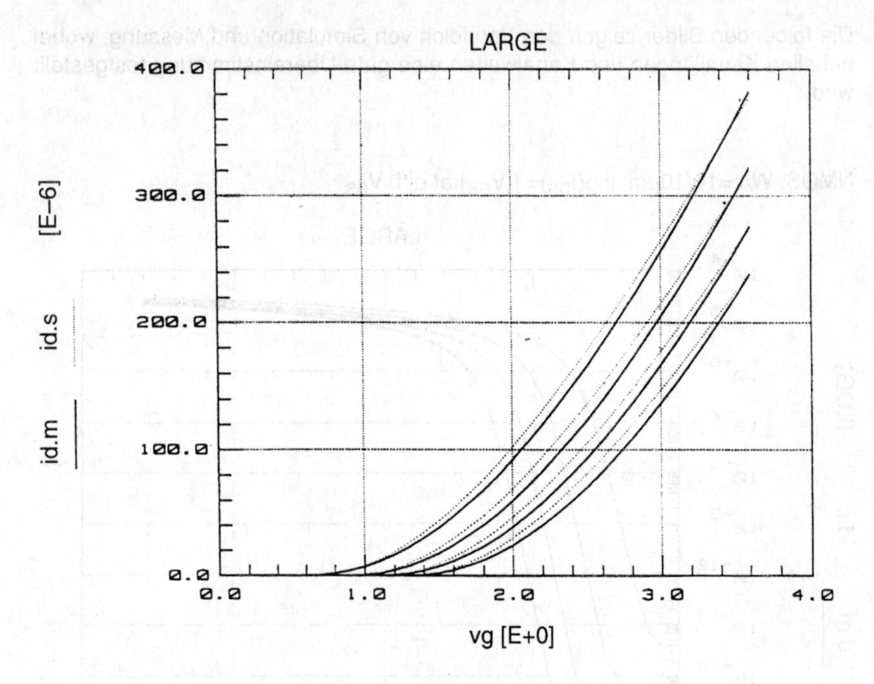

Bulkeffekt:

$$A_{bulk} = \left(1 + \frac{K_1}{2\sqrt{\phi_s - V_{bs}}} \cdot \frac{A0 \cdot L}{L + 2 \cdot \sqrt{X_j \cdot X_{dep}}}\right) \cdot \frac{1}{1 + keta \cdot V_{bs}}$$

NMOS, $V_{TH} = f(L)$ at diff. V_{BS}

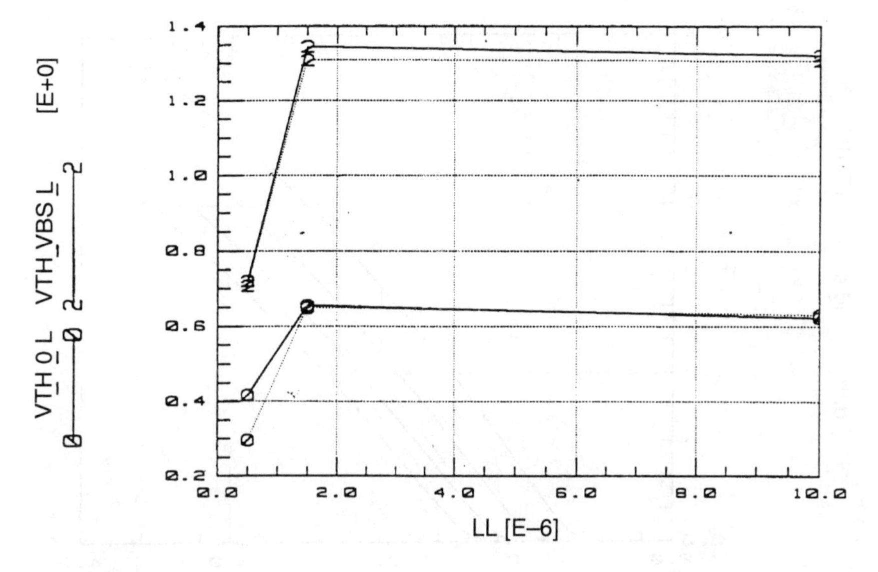

Schwellenspannung:

$$V_{th} = V_{Tideal}$$ Nullschwellenspannung

$$+ K1 \cdot \left(\sqrt{\phi_s - V_{bs}} - \sqrt{\phi_s} \right) - K2 \cdot V_{bs}$$ vertikale, ungleichmäßige Dotierung

$$+ K1 \cdot \left(\sqrt{1 + \frac{Nlx}{L} \cdot \sqrt{\frac{\phi_s}{\phi_s - V_{bs}}}} - 1 \right) \cdot \sqrt{\phi_s} - \Delta U_{th}$$ seitliche, ungleichmäßige Dotierung

NMOS, W/L=0.8/10µm, $I_{DS} = f(V_{GS})$ at diff. V_{BS}

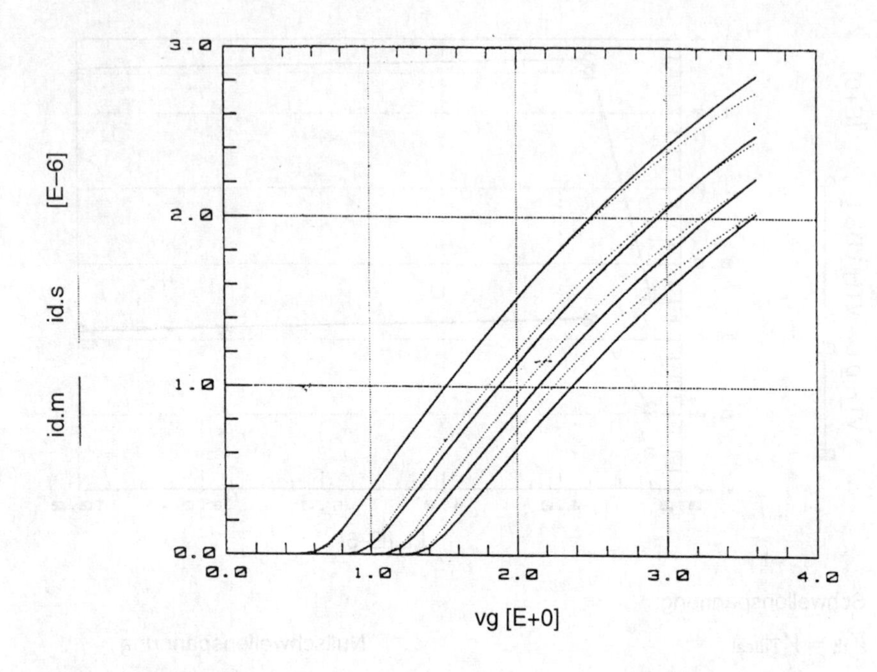

Schmalkanaleffekt:
Falls die Kanallänge in die Größenordnung der Verarmungsschicht kommt, verursacht der Schmalkanaleffekt einen Anstieg der Schwellenspannung.

$$V_{th} = V_{Tideal} + \ldots\ldots + K3 \cdot \frac{T_{ox}}{(W + W0)} \cdot \phi_s$$

Drainstrom unter starken Inversionsbedingungen

Linearer Bereich:

$$I_{ds} = \mu_{eff} \cdot C_{ox} \cdot \frac{W}{L} \cdot \frac{1}{1 + V_{ds}/E_{sat} \cdot L} \cdot \left(V_{gs} - V_{th} - \frac{A_{Bulk} \cdot V_{ds}}{2} \right) \cdot V_{ds}$$

Sättigungsbereich:

$$I_{dsat} = W \cdot v_{sat} \cdot C_{ox} \cdot \left(V_{gs} - V_{th} - A_{Bulk} \cdot V_{dsat} \right)$$

NMOS, W/L=10/0.5µm, $I_{DS} = f(V_{DS})$ at diff. V_{GS}

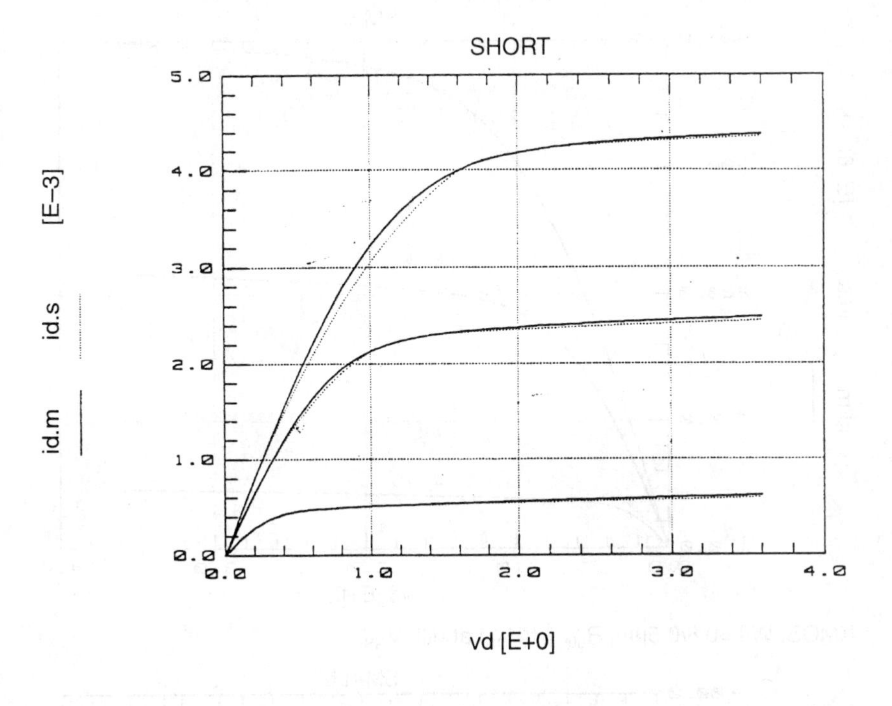

Im BSIM3v3 ist ein einziger Ausdruck für den linearen und den Sättigungsbereich

$$I_{ds} = \frac{I_{ds0}(V_{dseff})}{1 + \frac{R_{ds} I_{ds0}}{V_{dseff}}} \left(1 + \frac{V_{ds} - V_{dseff}}{V_A}\right)\left(1 + \frac{V_{ds} - V_{dseff}}{V_{ASCBE}}\right)$$

wobei A eine sogenannte smooth function V_{dseff} anstelle von V_{dsat} eingeführt wurde

$$V_{dseff} = V_{dsat} - 1/2\left\{V_{dsat} - V_{ds} - \delta + \left[(V_{dsat} - V_{ds} - \delta)^2 + 4\delta V_{dsat}\right]^{1/2}\right\}$$

Der Parameter δ ist eine extrahierte Konstante

NMOS, W/L=0.8/0.5μm, $I_{DS} = f(V_{DS})$ at diff. V_{GS}

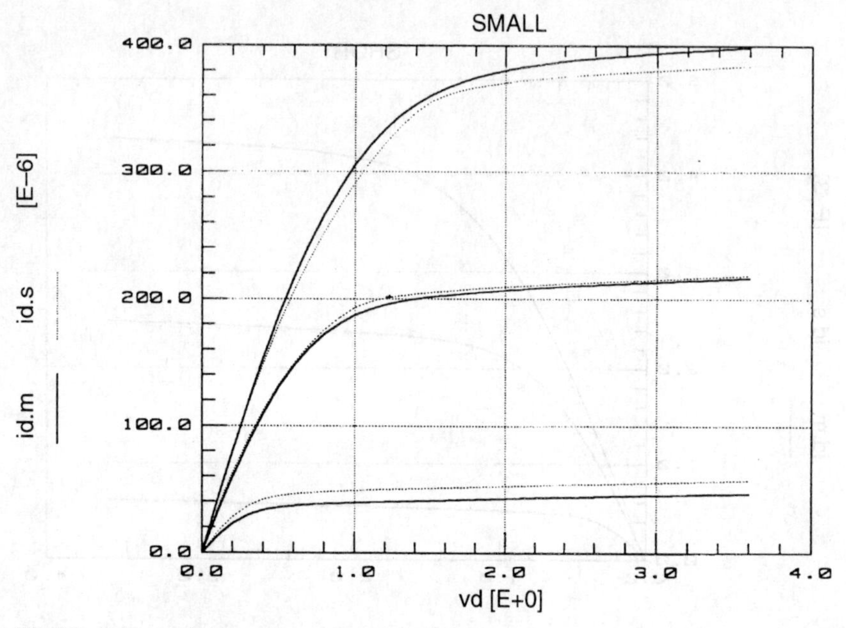

NMOS, W/L=0.8/0.5μm, $R_{out} = f(V_{DS})$ at diff. V_{GS}

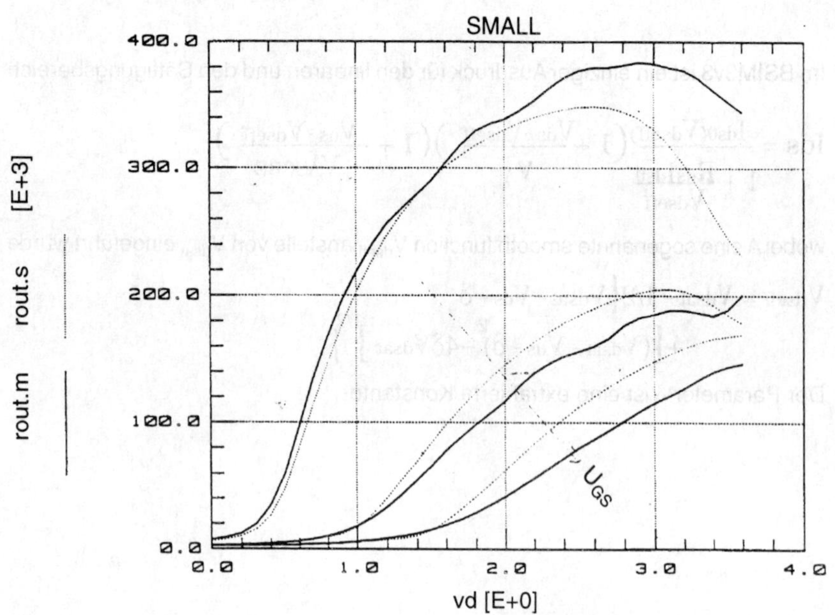

NMOS, W/L=10/0.5μm, $R_{out} = f(V_{DS})$ at diff. V_{GS}

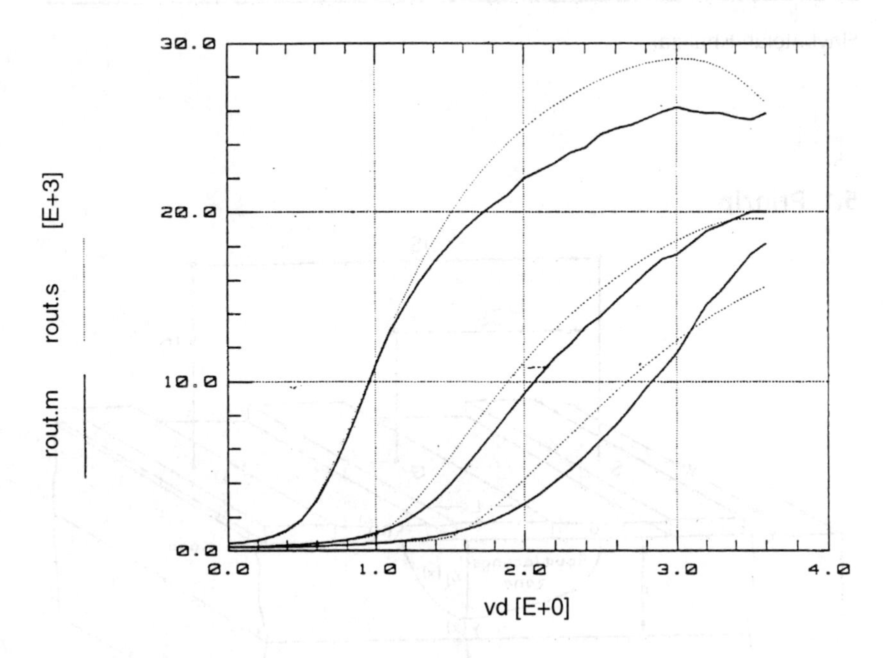

Ausgangswiderstand:

$$I_{ds} = I_{dsat} \cdot \left(1 + \frac{V_{ds} - V_{dsat}}{V_A}\right) \cdot \left(1 + \frac{V_{ds} - V_{dsat}}{V_{ASCBE}}\right)$$

$$\mathrm{V_A} = \mathrm{V_{Asat}} + \left(1 + \mathrm{eta} \cdot \frac{\mathrm{L_{dd}}}{\mathrm{l}}\right) \cdot \left(\frac{1}{\mathrm{V_{ACLM}}} + \frac{1}{\mathrm{VADIBL}}\right)^{-1}$$

5 Modellierung des GaAs-MESFET-Transistors mit SPICE

Haybatolah Khakzar

5.1 Prinzip

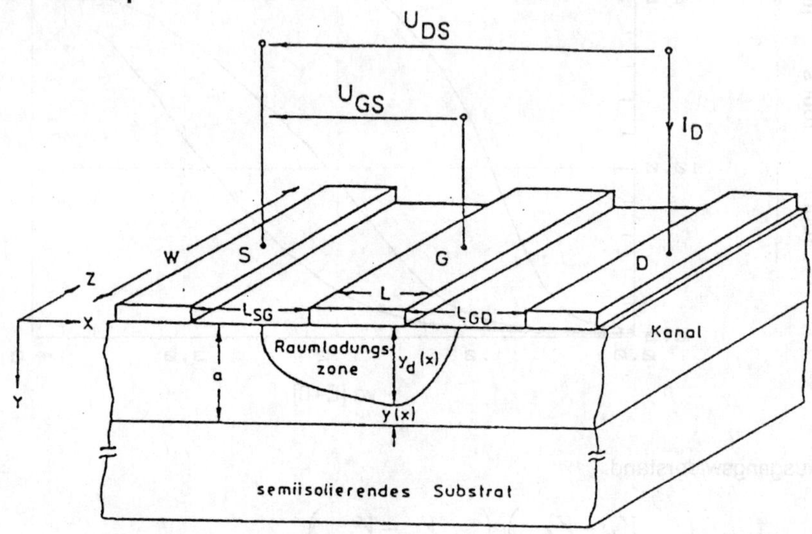

Bild 5.1: Prinzipieller Aufbau eines GaAs-MESFET

a : Dicke der dotierten GaAs-Schicht
y(x) : Leitender Kanal
$y_d(x)$: Von freien Ladungsträgern ausgeräumte Raumladungszone
w : Gatebreite
L : Gatelänge
D : Drain
G : Gate
S : Source
U_{GS} : Gate-Source-Spannung
U_{DS} : Drain-Source-Spannung

Die Wirkungsweise des GaAs-MESFET (Metal-Semiconductor-Field-Effect-Transistor) beruht auf der Abschnürung eines stromführenden Kanals mittels einer Raumladungszone. Diese Raumladungszone wird durch eine Sperrpolung an dem Metall-Halbleiterübergang erzeugt.

Anstelle des leitenden Substrats beim JFET tritt beim MESFET ein semiisolierendes Substrat, das wegen seines hohen spezifischen Widerstandes als Isolator angesehen werden kann. Dadurch sollen parasitäre Kapazitäten eliminiert werden.

5.1.2 Eigenschaften von GaAs

GaAs ist ein III-V Verbindungshalbleiter. GaAs besitzt gegenüber Silizium eine wesentlich höhere Niedrigfeldbeweglichkeit der Elektronen im Kristall. Elektronen erreichen in GaAs ihre Sättigungsgeschwindigkeit von $1.7 \cdot 10^7$ *cm/s* bei einer Donatorenkonzentration von 10^{17} cm^{-3} und der elektrischen Feldstärke von *4kV/cm*. Der Grund für die hohe Beweglichkeit und der hohen Sättigungsgeschwindigkeit rührt daher, daß ein sich bewegendes Elektron in GaAs eine geringere effektive Masse hat als z.B. in einem vergleichbarem Silizium Kristall. Dadurch läßt sich auch der ausgeprägte Overshoot Effekt der Elektronengeschwindigkeit in GaAs erklären. Durch die geringe Masse beschleunigt das Elektron weit über die Sättigungsgeschwindigkeit hinaus, bevor es durch die Streunug am Kristallgitter auf die Sättigungsgeschwindigkeit heruntergebremst wird.

Nachteile von GaAs sind:

- Etwa 1/3 geringere Wärmeleitfähigkeit als bei Silizium.
- Das Material ist spröde und dadurch schlecht verarbeitbar.
- Die Rotstoffe für GaAs sind teuer.

Der GaAs-MESFET ist vielseitig einsetzbar, z.B. als Mikrowellenbauelement für rauscharme Verstärker, Leistungsverstärker, Oszillatoren und Mischer.

5.1.3 Gleichstrom-Ersatzschaltbild

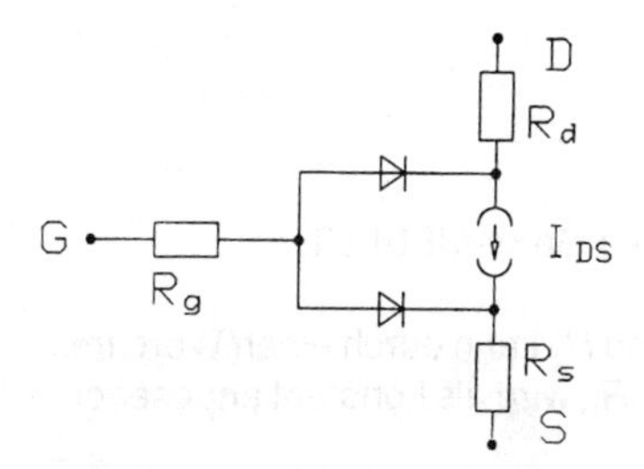

Bild 5.2: Gleichstrom-Ersatzschaltbild des GaAs-MESFET

5.1.4 Kleinsignal-Ersatzschaltbild

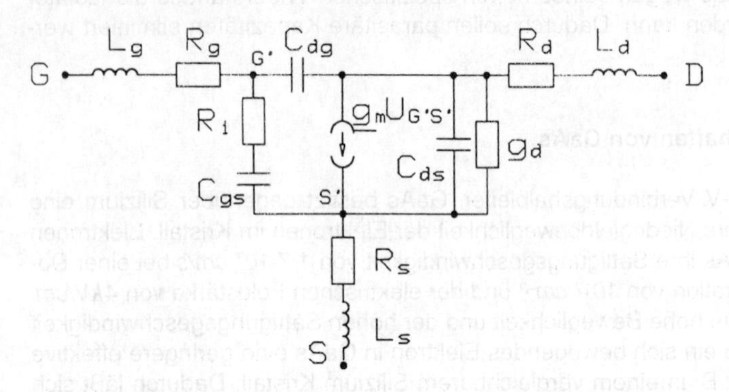

Bild 5.3: Kleinsignal-Ersatzschaltbild des GaAs-MESFET

Die Spulen L_g, L_d und L_s berücksichtigen vor allem die Zuleitungsinduktivitäten. Die Ohmwiderstände der Anschlüsse werden durch R_g, R_d und R_s dargestellt.

5.1.5 Modelle des GaAs - MESFET

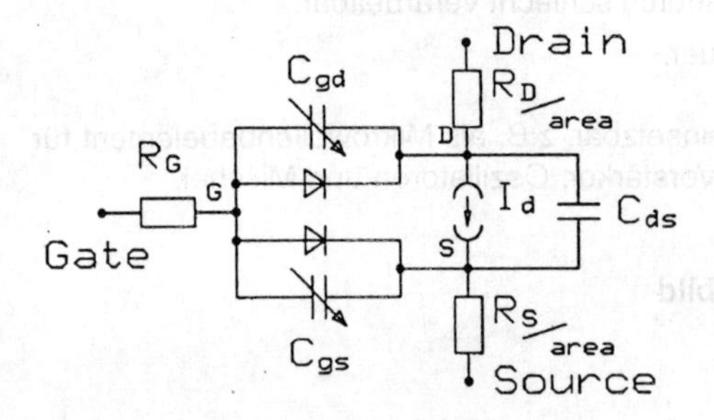

Bild 5.4: GaAs-MESFET Modell

Bild 5.4 zeigt das in SPICE installierte Modell des GaAs-MESFET.

Die Flächenabhängigkeit der Widerstände R_D und R_S kann durch einen Wert *area* $\neq 1$ berücksichtigt werden (Ersatzwert *area* = 1). R_G wird als konstant angesehen.

Die folgenden Gleichungen beschreiben einen n-Kanal GaAs-MESFET. SPICE stellt 3 Modelle für die Modellierung zur Verfügung.

Im folgenden gilt:

Ströme in einen Konten werden positiv gezählt.

U_{GS} : Spannung zwischen G und S
U_{GD} : Spannung zwischen G und S
U_{DS} : Spannung zwischen D und S
$U_T = \frac{k \cdot T}{q}$: Temperaturspannung
k : Boltzmannkonstante
q : Elektronenladung
T : Temperatur
T_{nom} : Bezugstemperatur

5.1.5.1 Modell von Curtice

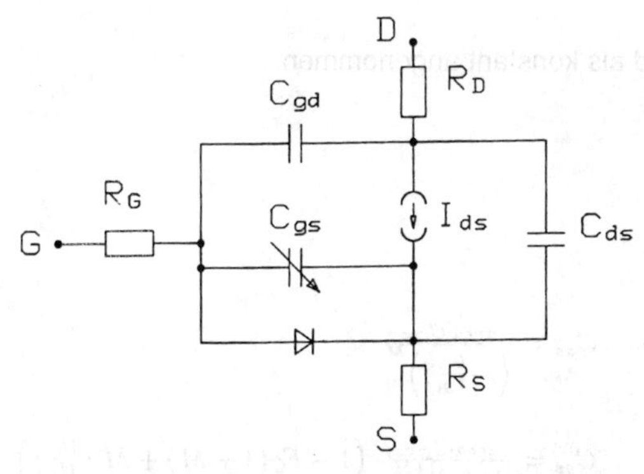

Bild 5.5: GaAs-MESFET Quadratisches Modell

Level = 1 : Curtice Modell [1] [2]

Ströme

$$I_G = area \cdot (I_{GS} + I_{GD})$$

mit $I_{GS} = I_S \cdot \left(\exp \frac{U_{GS}}{N \cdot U_T} - 1\right)$ Gate-Source Leckstrom

$I_{GD} = I_S \cdot \left(\exp \frac{U_{GD}}{N \cdot U_T} - 1\right)$ Gate-Drain Leckstrom

$$I_G = area \cdot I_S \cdot \left(\exp \frac{U_{GS}}{N \cdot U_T} + \exp \frac{U_{GD}}{N \cdot U_T} - 2\right)$$
$$I_D = area \cdot (I_{drain} - I_{GD})$$
$$I_S = area \cdot (-I_{drain} - I_{GS})$$

normaler Betrieb $U_{DS} \geq 0$

$$I_{drain} = 0 \qquad \text{für} \qquad U_{GS} - U_{T0} < 0 \qquad \text{(Cutoff-Spannung)}$$

$$I_{drain} = \beta \cdot (1 + \lambda \cdot U_{DS}) (U_{GS} - U_{T0})^2 \cdot \tanh(\alpha \cdot U_{DS})$$

$$\text{für} \qquad U_{GS} - U_{T0} \geq 0 \qquad \text{(Sättigungs- und linearer Bereich)}$$

inverser Betrieb $U_{DS} < 0$

In den obigen Gleichungen wird lediglich Source mit Drain vertauscht.

Kapazitäten

Die Drain-Source Kapazität wird als konstant angenommen.

$$C_{dS} = area \cdot C_{DS}$$

Beschreibung von C_{gS} und C_{gd}:

$$\text{für} \qquad U_{GS} \leq F_C \cdot U_{BI}: \qquad C_{gs} = \frac{area \cdot C_{GS}}{\left(1 - \frac{U_{GS}}{U_{BI}}\right)^M}$$

$$\text{für} \qquad U_{GS} > F_C \cdot U_{BI}: \qquad C_{gs} = \frac{area \cdot C_{GS}}{(1 - F_C)^{1+M}} \cdot \left(1 - F_C(1 + M) + M \cdot \frac{U_{GS}}{U_{BI}}\right)$$

$$\text{für} \qquad U_{GD} \leq F_C \cdot U_{BI}: \qquad C_{gd} = \frac{area \cdot C_{GD}}{\left(1 - \frac{U_{GD}}{U_{BI}}\right)^M}$$

$$\text{für} \qquad U_{GD} > F_C \cdot U_{BI}: \qquad C_{gd} = \frac{area \cdot C_{GD}}{(1 - F_C)^{1+M}} \cdot \left(1 - F_C(1 + M) + M \cdot \frac{U_{GD}}{U_{BI}}\right)$$

5.1.5.2 *Modell von Statz*

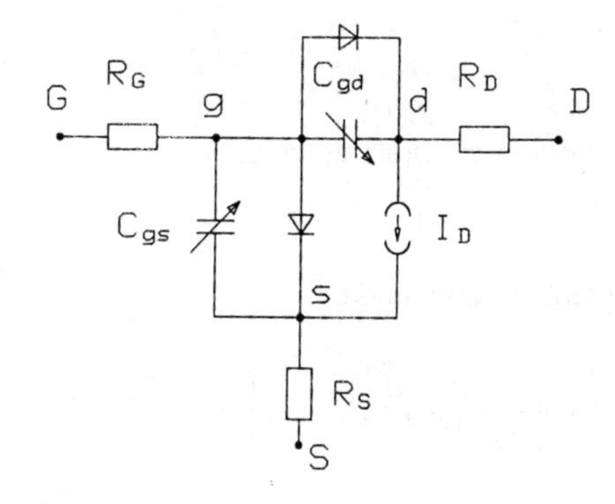

Bild 5.6:
GaAs-MESFET Modell nach Statz

Level = 2 : Statz Modell [3]

Ströme

$$I_G = area \cdot (I_{GS} + I_{GD})$$

mit $I_{GS} = I_S \cdot \left(\exp \frac{U_{GS}}{N \cdot U_T} - 1\right)$ Gate-Source Leckstrom

$I_{GD} = I_S \cdot \left(\exp \frac{U_{GD}}{N \cdot U_T} - 1\right)$ Gate-Drain Leckstrom

$$I_G = area \cdot I_S \cdot \left(\exp \frac{U_{GS}}{N \cdot U_T} + \exp \frac{U_{GD}}{N \cdot U_T} - 2\right)$$
$$I_D = area \cdot (I_{drain} - I_{GD})$$
$$I_S = area \cdot (-I_{drain} - I_{GS})$$

normaler Betrieb: $U_{DS} \geq 0$

$I_{drain} = 0$ für $U_{GS} - U_{T0} < 0$ (Cutoff-Spannung)

$I_{drain} = \beta \cdot (1 + \lambda \cdot U_{DS})(U_{GS} - U_{T0})^2 \cdot \frac{K_t}{1 + b \cdot (U_{GS} - U_{T0})}$

für $U_{GS} - U_{T0} \geq 0$ (Sättigungs- und linearer Bereich)

K_t ist eine Reihenentwicklung von *tanh*

linearer Bereich: $0 < U_{DS} < \frac{3}{\alpha}$

$$K_t = 1 - (1 - U_{DS} \cdot \frac{\alpha}{3})^3$$

Sättigungsbereich: $U_{DS} \geq \frac{3}{\alpha}$

$K_t = 1$

inverser Betrieb: $U_{DS} < 0$

In den obigen Gleichungen wird lediglich Source mit Drain vertauscht.

Kapazitäten

Die Drain-Source Kapazität wird als konstant angenommen.

$C_{dS} = area \cdot C_{DS}$

Beschreibung von C_{gS} und C_{gd}:

$$C_{gs} = area\left(\frac{C_{GS} \cdot K_2 \cdot K_1}{\left(1-\frac{U_n}{U_{BI}}\right)^{1/2}} + C_{GD} \cdot K_3\right)$$

$$C_{gd} = area\left(\frac{C_{GS} \cdot K_3 \cdot K_1}{\left(1-\frac{U_n}{U_{BI}}\right)^{1/2}} + C_{GD} \cdot K_2\right)$$

mit

$$K_1 = \frac{1}{2}\left(1 + \frac{U_e - U_{T0}}{\left((U_e - U_{T0})^2 + (U_\delta)^2\right)^{1/2}}\right)$$

$$K_2 = \frac{1}{2}\left(1 + \frac{U_{GS} - U_{GD}}{\left((U_{GS} - U_{GD})^2 + (1/\alpha)^2\right)^{1/2}}\right)$$

$$K_3 = \frac{1}{2}\left(1 - \frac{U_{GS} - U_{GD}}{\left((U_{GS} - U_{GD})^2 + (1/\alpha)^2\right)^{1/2}}\right)$$

$$U_e = \frac{1}{2}\left[U_{GS} + U_{GD} + \left((U_{GS} - U_{GD})^2 + (1/\alpha)^2\right)^{1/2}\right]$$

für

$$\frac{1}{2}\left[U_e + U_{T0} + \left((U_e - U_{T0})^2 + (U_\delta)^2\right)^{1/2}\right] < U_{max}$$

gilt

$$U_n = \frac{1}{2}\left[U_e + U_{T0} + \left((U_e - U_{T0})^2 + (U_\delta)^2\right)^{1/2}\right]$$

ansonsten

$$U_n = U_{max}$$

5.1.5.3 *Das "TriQuint" Modell*

Level = 3 : "TriQuint" Modell [3]

Ströme

$$I_G = area \cdot (I_{GS} + I_{GD})$$

mit $I_{GS} = I_S \cdot \left(\exp \frac{U_{GS}}{N \cdot U_T} - 1\right)$ Gate-Source Leckstrom

$I_{GD} = I_S \cdot \left(\exp \frac{U_{GD}}{N \cdot U_T} - 1\right)$ Gate-Drain Leckstrom

$$I_G = area \cdot I_S \cdot \left(\exp \frac{U_{GS}}{N \cdot U_T} + \exp \frac{U_{GD}}{N \cdot U_T} - 2\right)$$

$$I_D = area \cdot (I_{drain} - I_{GD})$$

$$I_S = area \cdot (-I_{drain} - I_{GS})$$

normaler Betrieb: $U_{DS} \geq 0$

$I_{drain} = 0$ für $U_{GS} - U_{t0} < 0$ (Cutoff-Spannung)

$I_{drain} = \frac{I_{DS0}}{1 + \delta \cdot U_{DS} \cdot I_{DS0}}$ mit $I_{DS0} = \beta \cdot (U_{GS} - U_{t0})^Q \cdot K_t$

$U_{t0} = U_{T0} - \gamma \cdot U_{DS}$

für $U_{GS} - U_{t0} \geq 0$ (Sättigungs- und linearer Bereich)

linearer Bereich: $0 < U_{DS} < \frac{3}{\alpha}$

$$K_t = 1 - \left(1 - U_{DS} \cdot \frac{\alpha}{3}\right)^3$$

Sättigungsbereich: $U_{DS} \geq \frac{3}{\alpha}$

$$K_t = 1$$

inverser Betrieb: $U_{DS} < 0$

In den obigen Gleichungen wird lediglich Source mit Drain vertauscht.

Dieses Modell hat gezielt die Schwächen von Curtice und Statz verbessert. So wird z.B. durch $U_{t0} = U_{T0} - \gamma U_{DS}$ der Strom I_{DS} bei U_{GS} nahe der Abschnürspannung besser simuliert als bei $U_{T0} = const.$

Durch $I_{drain} = \dfrac{I_{DS0}}{1+\delta \cdot U_{DS} \cdot I_{DS0}}$ wird berücksichtigt, daß I_{DS} bei hohen Strömen und Spannungen abnimmt, d.h. die Steigung von I_{DS} wird kleiner, eventuell sogar negativ.

Kapazitäten

Die Drain-Source Kapazität wird als konstant angenommen.

$$C_{dS} = area \cdot C_{DS}$$

Beschreibung von C_{gS} und C_{gd}:

$$C_{gs} = area \left(\frac{C_{GS} \cdot K_2 \cdot K_1}{\left(1 - \frac{U_n}{U_{BI}}\right)^{1/2}} + C_{GD} \cdot K_3 \right)$$

$$C_{gd} = area \left(\frac{C_{GS} \cdot K_3 \cdot K_1}{\left(1 - \frac{U_n}{U_{BI}}\right)^{1/2}} + C_{GD} \cdot K_2 \right)$$

mit $K_1 = \frac{1}{2} \left(1 + \frac{U_e - U_{T0}}{\left((U_e - U_{T0})^2 + (U_\delta)^2\right)^{1/2}} \right)$

$$K_2 = \frac{1}{2} \left(1 + \frac{U_{GS} - U_{GD}}{\left((U_{GS} - U_{GD})^2 + (1/\alpha)^2\right)^{1/2}} \right)$$

$$K_3 = \frac{1}{2} \left(1 - \frac{U_{GS} - U_{GD}}{\left((U_{GS} - U_{GD})^2 + (1/\alpha)^2\right)^{1/2}} \right)$$

$$U_e = \frac{1}{2}\left[U_{GS} + U_{GD} + \left((U_{GS} - U_{GD})^2 + (1/\alpha)^2\right)^{1/2}\right]$$

für $\frac{1}{2}\left[U_e + U_{T0} + \left((U_e - U_{T0})^2 + (U_\delta)^2\right)^{1/2}\right] < U_{max}$

gilt $U_n = \frac{1}{2}\left[U_e + U_{T0} + \left((U_e - U_{T0})^2 + (U_\delta)^2\right)^{1/2}\right]$

ansonsten $U_n = U_{max}$

5.1.6 Temperaturabhängigkeit der Modellparameter

Falls nicht durch .OPTIONS TNOM = X eine andere Bezugstemperatur festgelegt wird, wird die Bezugstemperatur $T_{=0}$ = 300°K vorausgesetzt, d.h. SPICE geht davon aus, daß alle Modellparameter bei 300°K gemessen wurden.

5.1.6.1 Temperaturabhängigkeit von U_{T0}, β, I_S und U_{BI}

$$U_{T0}(T) = U_{T0} + U_{T0TC} \cdot (T - T_{nom})$$

$$\beta(T) = \beta \cdot 1.01^{\beta_{TCE} \cdot (T - T_{nom})}$$

$$I_S(T) = I_S \cdot \left(\frac{T}{T_{nom}}\right)^{\frac{X_{TI}}{N}} \cdot \exp\left[\left(\frac{T}{T_{nom}} - 1\right) \cdot \frac{E_g}{N \cdot U_t}\right]$$

$$U_{BI}(T) = U_{BI} \cdot \frac{T}{T_{nom}} - 3 \cdot U_t \cdot \ln\left(\frac{T}{T_{nom}}\right) - E_g(T_{nom}) \cdot \frac{T}{T_{nom}} + E_g(T)$$

mit $E_g(T) = 1.16 - 0.000702 \cdot \frac{T^2}{T + 1108}$

5.1.6.2 Temperaturabhängigkeit der Widerstände

$$R_G(T) = R_G\,(1 + T_{RG1} \cdot (T - T_{nom}))$$
$$R_D(T) = R_D\,(1 + T_{RD1} \cdot (T - T_{nom}))$$
$$R_S(T) = R_S\,(1 + T_{RS1} \cdot (T - T_{nom}))$$

5.1.6.2 Temperaturabhängigkeit der Kapazitäten

$$C_{GS}(T) = C_{GS}\left\{1 + M \cdot \left[0.0004 \cdot (T - T_{nom}) + \left(1 - \frac{U_{BI}(T)}{U_{BI}}\right)\right]\right\}$$
$$C_{GD}(T) = C_{GD}\left\{1 + M \cdot \left[0.0004 \cdot (T - T_{nom}) + \left(1 - \frac{U_{BI}(T)}{U_{BI}}\right)\right]\right\}$$

Die übrigen Modellparameter werden als temperaturunabhängig angenommen.

5.1.7 Rauschanalyse

SPICE simuliert das Rauschen unter der Annahme eines bandbegrenzten Systems mit einer Bandbreite $\Delta f = 1\,Hz$. Es gilt jedoch $I^2_{..} \sim \Delta f$.

5.1.7.1 Thermisches Rauschen

$$I_s^2 = \frac{4 \cdot k \cdot T}{R_S/area}$$
$$I_d^2 = \frac{4 \cdot k \cdot T}{R_D/area}$$

$$I_g^2 = \frac{4 \cdot k \cdot T}{R_G}$$

5.1.7.2 Schrot- und Funkelrauschen

$$I_d^2 = \frac{8}{3} \cdot k \cdot T \cdot g_m + K_F \cdot I_D^{A_F} \cdot \frac{1}{f}$$

$$\text{mit} \quad g_m = \left(\frac{\partial I_{drain}}{\partial U_{GS}}\right)_{(Arbeitspunkt)}$$

f ... Frequenz

5.1.8 Form der Eingabe

allgemein: *B* < *Name* >< *Drainknoten* >< *Gateknoten* >< *Sourceknoten* >
+ < *Modellname* > [area *Wert*]

Beispiel: *BIN* 100 10 *GFAST*
*B*13 22 14 23 *GNOM* 2.0

Modell-Form: *.MODEL* < *Modellname* > *GASFET* [*Modellparameter*]

5.1.9 Modellparameter

Bezeichnung	Formelname	SPICE-Name	SPICE-Ersatzwert
Modellnummer Level=(1, 2, 3)	Level	LEVEL	1
Abschnürspannung	U_{T0}	$VT0$	$-2.5V$
Sättigungsfaktor	α	$ALPHA$	$2.0\frac{1}{V}$
Ausgangsleitwertparameter	β	$BETA$	$0.1\frac{A}{V^2}$
Dotierungsverlaufparameter (nur bei Level=2)	b	B	$0.3\frac{1}{V}$
Parameter der Kanallängenmodulation	λ	$LAMBDA$	$0\frac{1}{V}$
Rückkoppelparameter für U_{t0} (nur bei Level=3)	γ	$GAMMA$	0
Rückkoppelparameter für I_{drain} (nur bei Level=3)	δ	$DELTA$	$0\frac{1}{A\cdot V}$
Parameter zur Modellierung der nicht quadratischen Abhängigkeit von I_{DS0} (nur bei Level=3)	Q	Q	2
Kanallaufzeit	τ	TAU	$0sec$
Gatewiderstand	R_G	RG	0Ω
Drainwiderstand	R_D	RD	0Ω
Sourcewiderstand	R_S	RS	0Ω
Sättigungsstrom	I_S	IS	$10^{-14}A$
Emissionskoeffizient	N	N	1
Kapazitätskoeffizient	M	M	0.5

Bezeichnung	Formelname	SPICE-Name	SPICE-Ersatzwert
Gate-Sperrschichtpotential	U_{BI}	VBI	$1.0V$
Gate-Drain-Sperrschichtkapazität bei $U_{GD} = 0V$	C_{GD}	CGD	$0F$
Gate-Source-Sperrschichtkapazität bei $U_{GS} = 0V$	C_{GS}	CGS	$0F$
Drain-Source Kapazität	C_{DS}	CDS	$0F$
Koeffizient für nichtideale Sperrschichtkapazität bei Vorwärtsansteuerung	F_C	FC	0.5
Übergangsspannung der Kapazität (nur bei Level=2, 3)	U_δ	$VDELTA$	$0.2V$
Maximale Spannung der Kapazität (nur bei Level=2, 3)	U_{max}	$VMAX$	$0.5V$
Bandabstandsspannung	E_g	EG	$1.11V$
Temperaturexponent von I_S	I_S	XTI	0
Temperaturkoeffizient von U_{T0}	U_{T0TC}	$VT0TC$	$0\frac{V}{°C}$
Exponentieller Temperaturkoeffizient von β	β_{TCE}	$BETATCE$	$0\frac{\%}{°C}$
Linearer Temperaturkoeffizient von R_G	T_{RG1}	$TRG1$	$0\frac{1}{°C}$
Linearer Temperaturkoeffizient von R_D	T_{RD1}	$TRD1$	$0\frac{1}{°C}$
Linearer Temperaturkoeffizient von R_S	T_{RS1}	$TRS1$	$0\frac{1}{°C}$
Rauschkoeffizient	K_F	KF	0
Rauschexponent	A_F	AF	1

5.1.10 Zusammenfassung

Die Genauigkeit der von SPICE gelieferten Simulation im Vergleich zur realen Schaltung hängt weitgehend davon ab, wie genau das mathematische Modell der verwendeten Bauelemente in SPICE ist.

Das rechtfertigt den Aufwand von 3 Modellen und den über 30 Modellparameter je Modell bei GaAs-MESFET.

6 Modellierung des HEMT-Transistors mit SPICE

Haybatolah Khakzar

6.1 Zusammenfassung

In SPICE gibt es bis jetzt kein Modell für den HEMT-Transistors. Die Gleichstromkennlinien des GaAs-HEMT (SONY 2SK878) wurden gemessen. Anhand der gemessenen kennlinien wurden die Gleichstromparameter des Statz-Transistormodells mit Hilfe des Programms IC-CAP ermittelt. Das Modell wurde auf seine Eignung zur Simulation von HEMT Transistoren getestet. Das GaAs-Gleichstrommodell von Hermann Statz eignet sich für die Simulation (5.3).

6.2 Der HEMT-Transistor

Um die Grenzfrequenz des GaAs MESFET noch weiter zu erhöhen, muß die Steilheit des Transistors erhöht werden, ohne dabei nennenswert die Eingangskapazität zu vergrößern. Ein einfaches Vergrößern der Gatebreite erhöht also die Grenzfrequenz nicht, da die Kapazitäten am Gate in der gleichen Größenordnung wie die Gatebreite ansteigen. Als weiteres kann die Gatelänge noch verkürzt werden, hier stößt man zur Zeit bei ca. 0.1 µm auf technologische Grenzen. Außerdem steigt die elektrische Feldstärke zwischen Drain und Source stark an, so daß die Drain-Source Durchbruchspannung um so kleiner wird, je kürzer der Kanal ist. Da der Drainstrom $I_D \sim n \cdot v$ ist, mußte versucht werden, das Produkt aus der Ladungsträgerdichte n und der Elektronensättigungsgeschwindigkeit v zu erhöhen. Allerdings sinkt die Elektronengeschwindigkeit in gleicher Weise, wie die Dotierungsdichte n steigt. Es wurde nach einem Weg gesucht, die Ladungsträger aus der dotierten Schicht abzudrängen und den leitenden Kanal in einer undotierten Schicht aufzubauen, wo die leitenden Elektronen nicht mehr durch die festen Donatoren in ihrer Beweglichkeit gehindert werden. Aus dieser Idee wurde der HEMT (*H*ight *E*lectronic *M*obility *T*ransistor) geboren.

Er wird in anderen Kreisen auch MODFET (*M*odulation *D*oped *FET*), TEGFET (*T*wodimensional *E*lectron *G*as *FET*) oder SDHT (*S*electively *D*oped *H*eterojunction *T*ransistor) genannt. Der mechanische Aufbau des HEMT's ist in Bild 6.1 dargestellt. Der HEMT wurde 1978 an den Bell Laboratorien in den USA erfunden. Er eröffnet neue Möglichkeiten bei schnellen Digital- und Analogschaltungen mit kleinen Rauschfaktoren.

Davon einige Beispiele:
1984 wurde von AT&T-BL ein 13 GHz Frequenzteiler vorgestellt.
1985 wurde von der selben Firma ein 1.6 ns Multiplizierer und ein Ringoszillator mit der Periodendauer von 5.8 ps realisiert.
Bild 6.1 zeigt den Querschnitt und Bild 6.2 die Bandstruktur des HEMT-Transistors

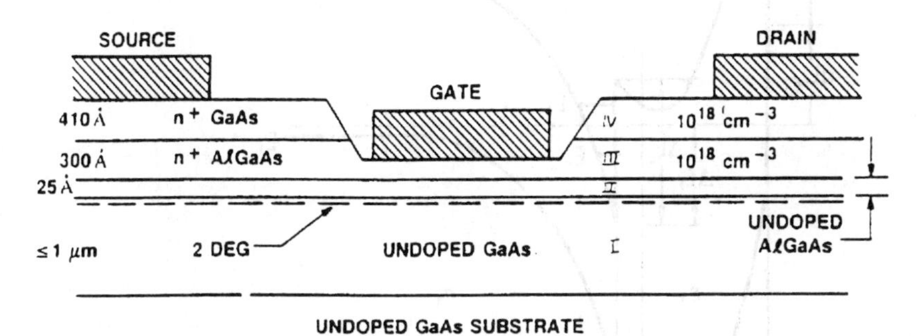

Bild 6.1: Querschnitt durch den heterostrukturierten HEMT

Erläuterungen zu Bild 6.1:
Der HEMT wird durch Molekularstrahlepitaxie auf einem semiisolierendes GaAs Substrat hergestellt. Er ist nach folgenden Schichtfolgen aufgebaut:

I : Eine undotierte GaAs Pufferschicht mit kleinem Bandabstand, ca. 1 µm dick.
II : Eine undotierte $Al_xGa_{1-x}As$ Trennschicht (auch Spacer genannt), mit einem großen Bandabstand und einer Dicke von ca. 2.5 nm.
III : Einer dotierten $Al_xGa_{1-x}As$ Schicht mit einer Dicke von ca. 30 nm und einer Ladungsträgerkonzentration $n = 10^{18}\ cm^{-3}$.
IV : GaAs Deckschicht.

Wie aus Bild 6.2 zu sehen ist, treffen an dem V-förmigen Potentialtopf zwei Halbleitermaterialien mit sehr unterschiedlichem Bandabstand aufeinander. Die Potentialdifferenz des Ferminiveaus wird durch die Verschiebung der Ladungsträger links und rechts der Grenzfläche ausgeglichen. Dadurch wird an der Grenzfläche das Leitungsband des Halbleiters sehr stark gekrümmt, was letztendlich zur Bildung des Potentialtopfes führt. Da an dieser Stelle E_c kleiner als E_F ist, sammeln sich die freien Elektronen aus dem n-dotierten $Al_xGa_{1-x}As$ bevorzugt in diesem Bereich und werden somit aus der dotierten Schicht abgezogen.

Die Dicke der n-dotierten $Al_xGa_{1-x}As$ Schicht wird meist so gewählt, daß sie bereits ohne angelegte Gatespannung vollständig verarmt. Ein Teil der Elektronen wandert zur Metall-Halbleiter-Grenzschicht der Schottky-Barriere, der andere Teil wird von dem Potentialtopf abgezogen. Dadurch wird die Ausbildung eines zweiten leitenden Kanals, ein leitender MESFET Kanal parallel zum zweidimensiona

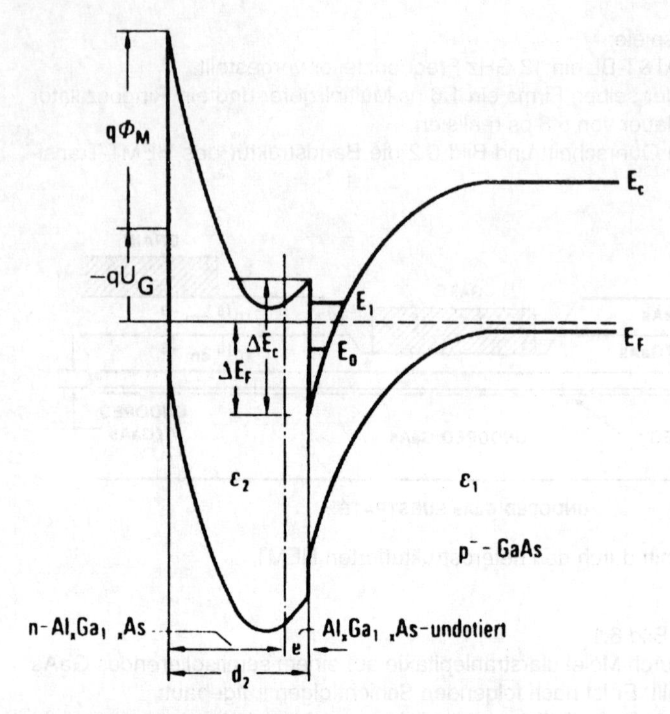

Bild 6.2: Bandstruktur des GaAs HEMT ((6.10) S. 227).

Abkürzungen:

Φ_M : Diffusionsspannung der Gate Schottky-Barriere.

U_G : Angelegte Gatespannung.

E_0, E_1 : Subbänder des Leitungsbandes im dreieckigen Potentialtopf. Diese sind berechenbar aus der Formel:

len Elektronengas-Kanal, in der dotierten Schicht weitgehend vermieden. Dieser würde durch die erhöhte Streuung der Elektronen an den positiv geladenen Rümpfen die Gesamtsteilheit und das Rauschverhalten des Transistors verschlechtern. Siehe auch (6.6) S. 60f, (6.10) S. 221f).

Bild 6.3 zeigt die Minimal Rauschzahl und Verstärkung des HEMT-Transistors im Vergleich zu GaAs-MES-FET.

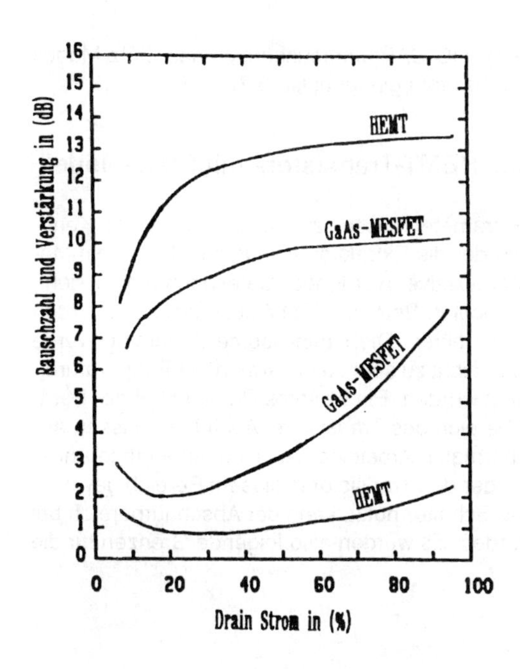

Bild 6.3:
Minimale Rauschzahl und Verstärkung im Vergleich.
Parameter: f = 12 Ghz, LG = 0.5 µm.

6.3 Modellierung des HEMT-Transistors

Im Prinzip ist die Physik des Si-Junction-FET sehr ähnlich der des GaAs FET. Einer der Unterschiede ist, daß man es bei GaAs gewöhnlich mit Schottky-Barrieren anstelle von P-N-Übergängen zu tun hat. Auch ist der Leitungs-Kanal im GaAs auf der einen Seite durch die Raumladungszone und auf der anderen Seite durch einen semiisolierenden Bereich abgegrenzt. Im Silizium ist der Kanal gewöhnlich, aber nicht immer, beidseitig durch die Raumladungszone eingeschlossen, die sich rund um das Gate der p-n-Junction bildet. So könnte man erwarten, daß beide Bauelemente Typen mit denselben Gleichungen modelliert werden können. Dies kann leider nicht geschehen. Der physikalische Grund dieser Ungleichheit liegt daran, daß in GaAs die Elektronensättigungsgeschwindigkeit schon bei der Feldstärke von 3000 V/cm erreicht wird. Silizium hat dagegen ein ohmsches Verhalten bis zu einer Feldstärke, die annähernd 10 mal so groß ist (30 000 V/cm). Deshalb wird in GaAs die Sättigung des Drainstromes bei zunehmender Drain-Source-Spannung durch die Träger-Sättigungsgeschwindigkeit hervorgerufen, wogegen es im Silizium die Kanalabschnürung ist, die zur Sättigung des Drainstromes führt. Man bemerke, daß die Kniespannung unabhängig von der Gate-Source-Spannung ungefähr konstant ist. Dies unterscheidet sich von konventionellen JFET oder MOSFET Modellen und kommt daher, weil die kritische Feldstärke E_{sat} bei annähernd dieser Spannung $U_{ds} = E_{sat} * L_G$ erreicht wird, L_G ist dabei die Kanallänge.

Im folgenden werden wir mit Hilfe von IC-CAP untersuchen, ob das Statz-Modell für die Modellierung des HEMT-Transistors geeignet ist (5.2), (5.3).

6.4 Parameterextraktion des HEMT-Transistors mit Statz-Modell

Für eine sinnvolle Extraktion der Parameter müssen zuerst die Grenzen der Kennlinie abgesteckt werden, innerhalb der die Extraktion ablaufen soll. Da kein Modell eine abnehmende Steilheit bei positiver werdender Gatespannung vorsieht, kommen Gatespannungen > 0 V nicht in Betracht. Es ist auch nicht üblich, den Transistor in diesem Bereich zu betreiben. Die Drain-Source-Spannung wurde auf 4 V begrenzt, um den Transistor nicht zu sehr zu erwärmen, da Temperatureffekte im Modell nicht berücksichtigt werden. Ein weiteres Problem bei der Parameterextraktion ist der Abschnürbereich des Transistors. Auch hier müssen Abstriche gemacht werden, um im normalen Arbeitsbereich eine vernünftige Annäherung zu erhalten. Da der Anwender den Transistor in diesem Bereich gewöhnlich weder als Verstärker noch als Schalter nutzt, kann der Abschnürbereich bei der Simulation vernachlässigt werden. Es wurden also folgende Grenzen für die Parameteroptimierung gewählt:

$$0 \geqslant U_{DS} \geqslant 4\ \text{Volt}$$
$$4\ \text{mA} \geqslant I_D \geqslant 80\ \text{mA}$$
$$-1.2\ \text{Volt} \geqslant U_{GS} \geqslant 0$$

Bei der Optimierung wurden 3 verschiedene Kennlinienfelder ausgewählt:

I : Ausgangskennlinienfeld in dem vorwiegend das Verhalten im Sättigungsbereich optimiert wird. Siehe Bild 6.4.

II : Ein Vorwärts-Übertragungskennlinienfeld, in dem die Parameter fur I D = f (U_{GS}) optimiert werden. Siehe Bild 6.5.

III : Reduziertes Ausgangskennlinienfeld, um speziell das Verhalten im Kniebereich zu optimieren. Siehe Bild 6.6.

Allgemeine Bemerkungen:
Die Kennliniensätze wurden bewußt mit großen Schrittweiten gemessen, um die Optimierungszeit zu verkürzen. Die parasitären Widerstände R_D und R_S werden bei der Simulation iterativ verrechnet. Dies verzögert eine Simulation erheblich, wenn R_D oder R_S ungleich 0 sind. Auch kann eine ungünstige Konstellation von R_D und R_S zum Abbruch der Simulation und damit auch der Optimierung führen, weil das Gleichungssystem nicht mehr konvergiert. R_D und R_S wurden auf 2.5 Ω gesetzt als Anfangswert.
Die Bilder 6.4–6.6 zeigen die simulierten und die gemessenen Ein- und Ausgangskennlinien des HEMT-Transistors. Sie zeigen, daß man mit GaAs-MESFET-Modell den HEMT-Transistors modellieren kann bis ein genaues HEMT-Modell in SPICE implementiert wird.

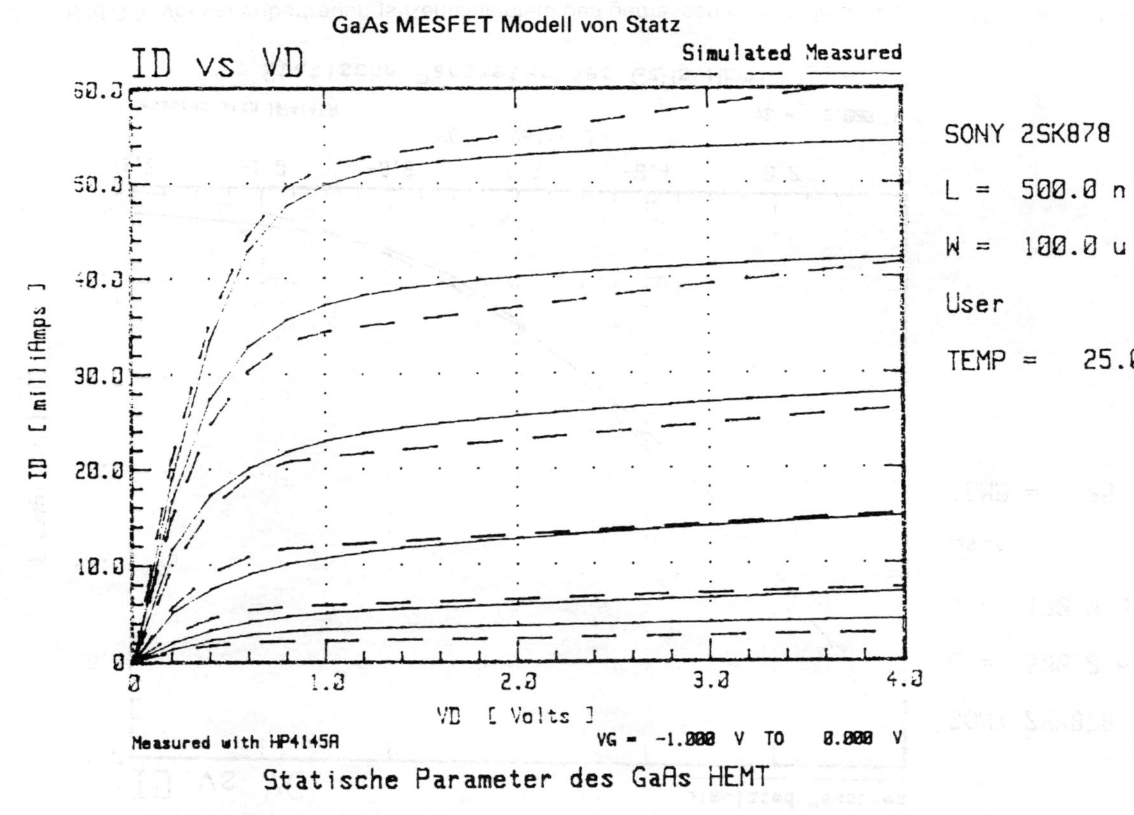

Bild 6.4: Ausgangskennlinienfeld des gemessenen und simulierten HEMT's von SONY

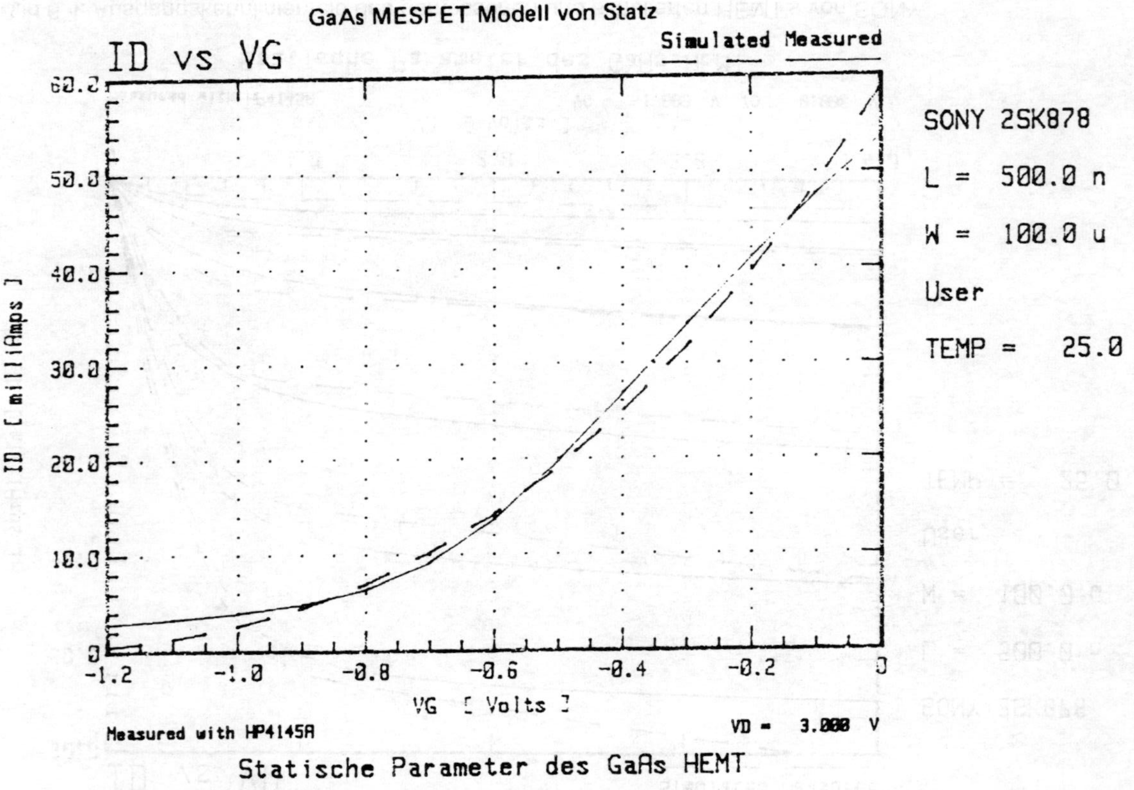

GaAs MESFET Modell von Statz

ID vs VG

Simulated Measured

SONY 2SK878

L = 500.0 n

W = 100.0 u

User

TEMP = 25.0

ID [milliAmps]

60.0 50.0 40.0 30.0 20.0 10.0 0

-1.2 -1.0 -0.8 -0.6 -0.4 -0.2 0

VG [Volts]

Measured with HP4145A

VD = 3.000 V

Statische Parameter des GaAs HEMT

Bild 6.5: Vorwärtsübertragungs-Kennlinienfeld des gemessenen und simulierten HEMT's von SONY

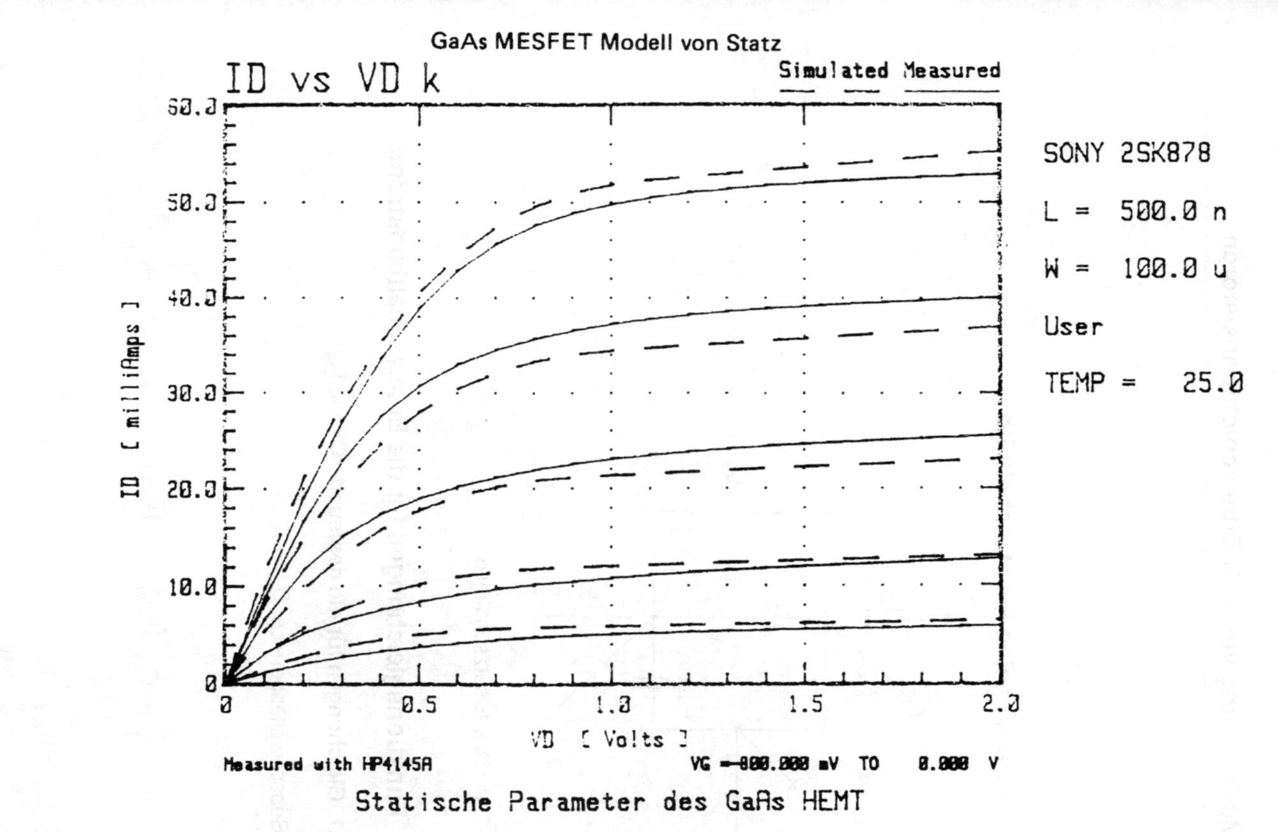

Bild 6.6: Ausgangskennlinienfeld des gemessenen und simulierten HEMT's von SONY, vorwiegend im linearen Bereich

7.1 Das allgemeine Ersatzschaltbild

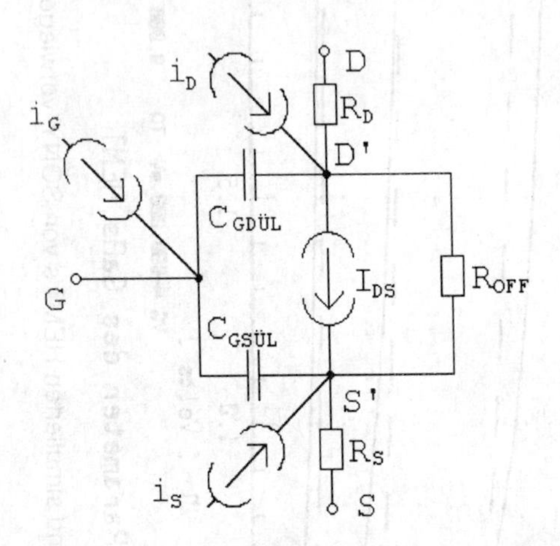

Bild 7.1: Das Ersatzschaltbild

7.2 Funktionsgleichungen für die Ersatzschaltbildströme

7.2.1 Gleichungen für die gesteuerte Quelle I_{DS}

a) Subschwellenbereich: $U_{GS'} < V_{T0}$

a1) $U_{D'S'} < V_{THM} - V_{T0}$

$$I_{DS} = \frac{W}{L}\mu \cdot C_{OX}\left[\left(V_{THM} - V_{T0}\right)^{\frac{2}{K_t}} - \left(V_{THM} - V_{T0} - U_{D'S'}\right)^{\frac{2}{K_t}}\right] \cdot e^{\beta(U_{GS'} - V_{T0})} \cdot x_s \cdot c_{ÜB}$$

a2) $U_{D'S'} > V_{THM} - V_{T0}$

$$I_{DS} = \frac{W}{L}\mu \cdot C_{OX}\left(V_{THM} - V_{T0}\right)^{\frac{2}{K_t}} \cdot e^{\beta(U_{GS'} - V_{T0})} \cdot x_s \cdot c_{ÜB}$$

Übergangsbereich $V_{T0} < U_{GS'} < V_{THM}$

b1) $U_{D'S'} < V_{THM} - V_{T0}$

$$I_{DS} = \frac{W}{L}\mu \cdot C_{OX}\left[\left(V_{THM} - V_{T0}\right)^{\frac{2}{K_t}} - \left(V_{THM} - V_{T0} - U_{D'S'}\right)^{\frac{2}{K_t}}\right] \cdot Ae^{B \cdot U_{GS'}} \cdot x_s \cdot c_{ÜB}$$

b2) $U_{D'S'} > V_{THM} - V_{T0}$

$$I_{DS} = \frac{W}{L}\mu \cdot C_{OX} \cdot \left(V_{THM} - V_{T0}\right)^{\frac{2}{K_t}} \cdot Ae^{B \cdot U_{GS'}} \cdot x_s \cdot c_{ÜB}$$

Bereich oberhalb der Schwellenspannung: $U_{GS'} > V_{THM}$

c1) $U_{D'S'} > V_{GS'} - V_{T0}$

$$I_{DS} = \frac{W}{L}\mu \cdot C_{OX}\left[\left(U_{GS'} - V_{T0}\right)^{\frac{2}{K_t}} - \left(V_{GS'} - V_{T0} - U_{D'S'}\right)^{\frac{2}{K_t}}\right] \cdot x_s$$

c2) $U_{D'S'} < V_{GS'} - V_{T0}$

$$I_{DS} = \frac{W}{L}\mu \cdot C_{OX} \cdot \left(U_{GS'} - V_{T0}\right)^{\frac{2}{K_t}} \cdot x_s$$

Dabei gelten folgende Abkürzungen:

$$K_t = -\frac{4}{15}\left[\frac{\vartheta/^oC + 273}{T_{TS}'/^oC + 273}\right]^2 + \frac{\vartheta/^oC + 273}{T_{TS}'/^oC + 273} + \frac{1}{15}$$

$$\mu = \left[\mu_0 + \frac{0.5}{80}(\vartheta/^oC - 27)\frac{\mathrm{cm}^2}{\mathrm{Vs}}\right]$$

$$x_s = \left[1 - U_{D'S'} / \lambda\right]^{-1} V_{T0}^{(2-2/K_t)}$$

$$C_{OX} = \frac{\varepsilon_0 \cdot \varepsilon_r}{d_I}$$

$$A = \exp\left[-\left(\frac{\ln(c_{ÜB}{}^{-1})}{V_{THM} - V_{T0}} V_{T0}\right)\right]$$

$$B = \frac{\ln(c_{ÜB}{}^{-1})}{V_{THM} - V_{T0}}$$

1.2.2 Die Stromquellen i_G, i_D, i_S

Die Stromquellen i_G, i_D und i_S berücksichtigen Ladungsverschiebungen im Kanal und im Gatekontakt des Transistors, die aufgrund von zeitlichen Änderungen der äußeren Klemmenspannungen bewirkt werden. Die Ströme müssen jedoch nur bei Großsignalanwendungen berücksichtigt werden. Hierbei werden sie durch zwei zusätzliche Kapazitäten zwischen Gate und Source sowie zwischen Gate und Drain ersetzt. Die allgemeinen Gleichungen lauten:

$$i_G = \frac{\mathrm{d}Q_G}{\mathrm{dt}}\ ,\ i_D = \frac{\mathrm{d}Q_D}{\mathrm{dt}}\ ,\ i_S = \frac{\mathrm{d}Q_S}{\mathrm{dt}}$$

7.3 Gleichstromverhalten

Die Stromquellen i_G, i_D und i_S verschwinden, da nur der elektrisch eingeschwungene Zustand berücksichtigt wird. Das Gleiche gilt für die Kapazitäten $C_{GDÜL}$ und $C_{GSÜL}$.
Damit ergibt sich folgendes Ersatzschaltbild:

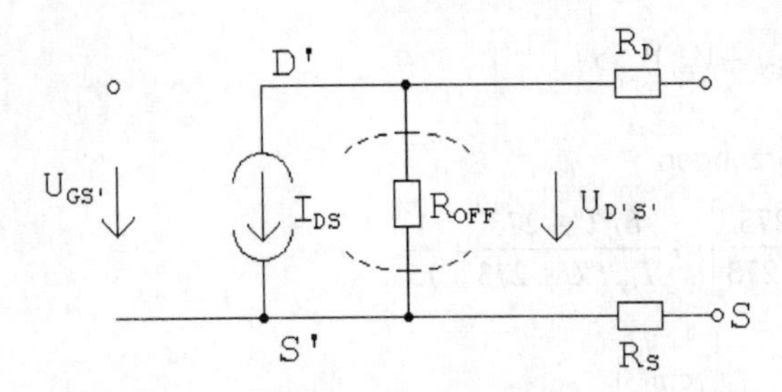

Bild 7.2

Für I_{DS} gelten die Gleichungen (1.1) – (1.6). Im leitenden Zustand kann R_{OFF} wegen vernachlässigt werden.
Damit gilt:

$$U_{DS} = U_{D'S'} + I_{DS} \cdot (R_D + R_S)$$

Im sperrenden Zustand, also für $I_{DS} \to 0$ fließt der Reststrom

$$I_{DOFF} = \frac{U_{DS}}{R_{OFF}}$$

wegen $R_{OFF} >> R_S + R_D$

7.4 Ersatzschaltbild für Kleinsignalanwendungen

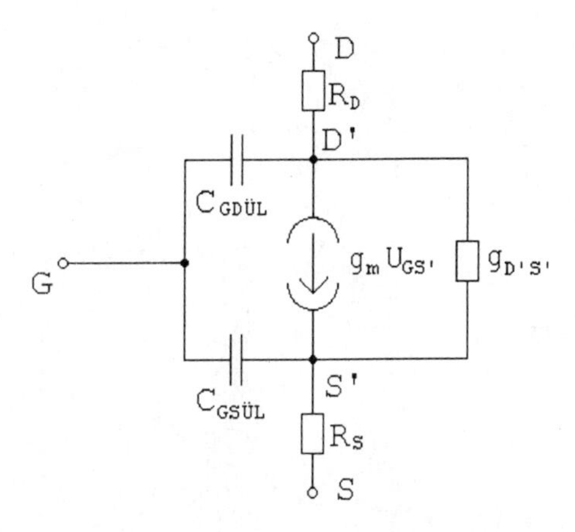

Bild 7.3

Für die Leitwerte g_m und $g_{D'S'}$ gelten im linearisierten Kleinsignalersatzschaltbild folgende Gleichungen:

$$g_m = \left.\frac{dI_{D'S'}}{dU_{GS'}}\right|_{\Delta U_{D'S'}=0}$$

$$g_{D'S'} = \left.\frac{dI_{D'S'}}{dU_{D'S'}}\right|_{\Delta U_{GS'}=0}$$

Für $I_{D'S'}$ sind die Gleichungen (1.1) – (1.11) entsprechend der gewählten Klemmenspannungen $U_{G'S'}$ und $U_{D'S'}$ zu verwenden.

7.5 Ersatzschaltbild für Großsignalanwendungen

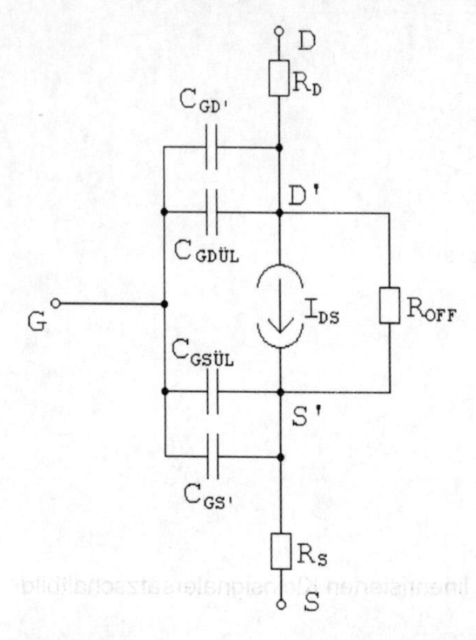

Bild 7.4

Die durch Ladungsverschiebungen verursachten Ströme i_G, i_D,i_S können bei der Transientenanalyse gemäß dem Kapazitatsmodell nach Meyer durch zwei Kapazitäten ersetzt werden. Diese spannungsabhängigen Kapazitäten sind im Ersatzschaltbild mit $C_{GS'}$ und $C_{GD'}$ bezeichnet.
Für sie gelten die Gleichungen

$$C_{GS'} = \frac{\partial \ Q_G(U_{GS'}, U_{GD'})}{\partial \ U_{GS'}}$$

$$C_{GD'} = \frac{\partial \ Q_G(U_{GS'}, U_{GD'})}{\partial \ U_{GD'}}$$

Bei der Herleitung der Kapazitäten nach Meyer wird nur die Gateladung berücksichtigt. Die sich daraus ergebenden Fehler können jedoch toleriert werden.

7.6 Zusammenfassung der Modellparameter

Ohmwiderstände	
Sourcewiderstand	R_S
Drainwiderstand	R_D
OFF-Widerstand	R_{OFF}
Kapazitäten	
Gate/Sourceüberlappkapazität	$C_{GSÜL}$
Gate/Drainüberlappkapazität	$C_{GDÜL}$
Halbleiter-/Transistorparameter	
effektive Driftbeweglichkeit	μ_0
Schwellspannung	V_{T0}
modifizierte Schwellspannung	V_{THM}
Dicke des Dielektrikums	d_I
charakteristische Temperatur	$T_{TS'}$
Kanalweite	W
Kanallänge	L
Koeffizient für die Kanallängenmodulation	λ
Exponent für den Subschwellbereich	β
Koeffizient für den Übergangsbereich	$C_{ÜB}$

Teil 4

Haybatolah Khakzar

Entwurf analoger Schaltungen

1. **Die klassische Berechnung von Verstärkern mit Hilfe der Vierpoltheorie**
2. **Verstärkerberechnung mit der Signalflußmethode**
3. **Stabilitätsanalyse rückgekoppelter Verstärker**
4. **Operationsverstärker**
5. **Breitbandverstärker**
6. **Oszillatoren**
7. **Rauscharmer Verstärker**

8 **Klirrarmer Verstärker**

9. **Simulationsbeispiele von Halbleiterschaltung mit SPICE**

1 Die klassische Berechnung von Verstärkern mit Hilfe der Vierpoltheorie

H. Khakzar

1.1 Transistoren

1.1.1 Transistortypen

Die drei wichtigsten Transistortypen, die in Verstärkern zur Anwendung kommen, sind bipolare Transistoren, Sperrschicht-Feldeffekttransistoren und MOS-Feldeffekttransistoren (*m*etal-*o*xide *s*emiconductor).

Für die Berechnung von Halbleiterverstärkerschaltungen werden in der Regel Modelle und Ersatzschaltbilder des Transistors verwendet. Zum besseren Verständnis dieser Ersatzschaltungen werden einleitend die verschiedenen Transistortypen und ihre Kennlinien kurz beschrieben. Auf die Physik und die genaue Herleitung dieser Kennlinien soll hier nicht näher eingegangen werden.

1.1.2 Der bipolare Transistor (Junction Transistor)

Der bipolare Transistor ist ein Dreischichthalbleiterelement mit alternierendem Leitungstyp (pnp- bzw. npn-Struktur). In Bild 1.1 sind der schematische Aufbau und die Bezeichnungen der Anschlüsse zu erkennen.

Anhand des npn-Transistors soll die Wirkungsweise des bipolaren Transistors kurz beschrieben werden.

Durch die äußere Beschaltung des Transistors kann erreicht werden, daß der Basis-Emitter-Übergang in Durchlaßrichtung und der Basis-Kollektor-Übergang in Sperrichtung gepolt ist. Auf diese Weise gelangen Ladungsträger über den Emitter in die Basis. Diese injizierten Minoritätsladungsträger diffundieren zur Raumladungszone zwischen Basis und Kollektor. Aufgrund der geringen Dotierung und der kleinen Ausdehnung der Basiszone findet hier kaum eine Rekombination der Minoritätsladungsträger statt. Die am Kollektorübergang ankommenden Minoritätsträger werden im starken Feld der Sperrschicht abgesaugt. Der Basisstrom gleicht die Rekombination in der Basis aus und ist somit wesentlich kleiner als der Kollektorstrom. Somit läßt sich der Kollektorstrom über die Basis-Emitterspannung bzw. über den Basisstrom steuern und hängt nur unwesentlich von der Spannung zwischen Basis und Kollektor ab. Bild 1.2 zeigt die Schaltsymbole für den pnp- und npn-Transistor, wie sie in Transistorschaltungen verwendet werden. Die Bezeichnung bipolar kommt daher, daß beide Ladungsträger, sowohl die Elektronen als auch die Löcher, beim Zustandekommen aller Ströme beteiligt sind.

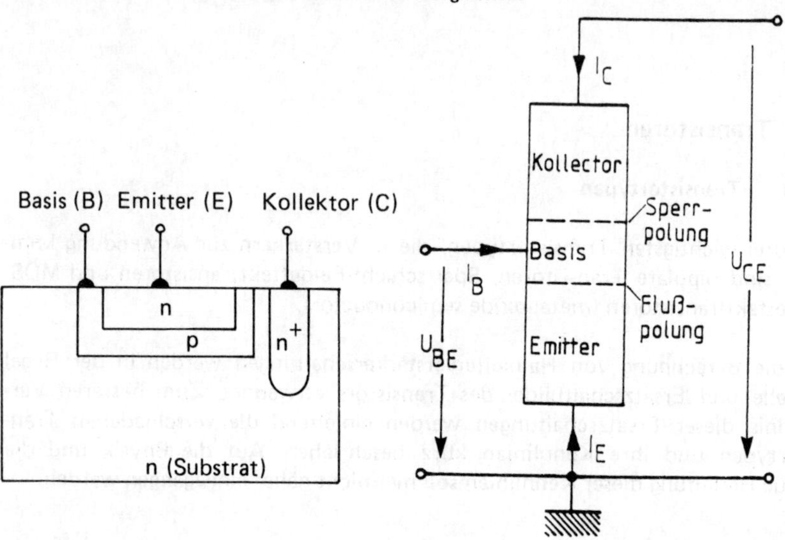

Bild 1.1: Schematischer Aufbau des bipolaren Transistors und Anschlüsse

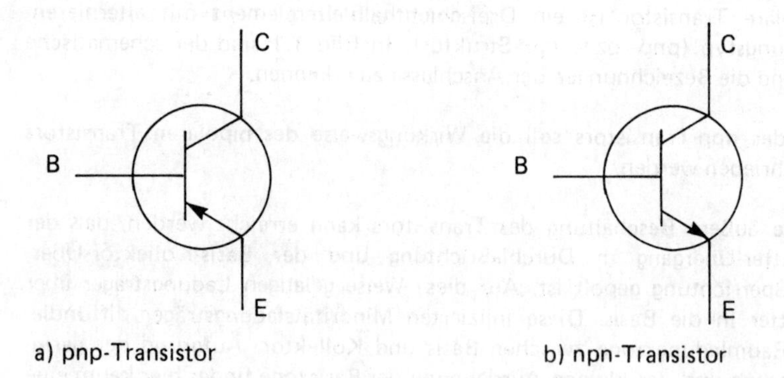

a) pnp-Transistor

b) npn-Transistor

Bild 1.2: Schaltzeichen des Transistors. (a) pnp-Transistor, (b) npn-Transistor

In Bild 1.3 ist die Eingangskennlinie und das Ausgangskennlinienfeld eines npn-Transistors in Emitterschaltung dargestellt. Für den pnp-Transistor ändern sich lediglich die Vorzeichen der Spannungen und Ströme.

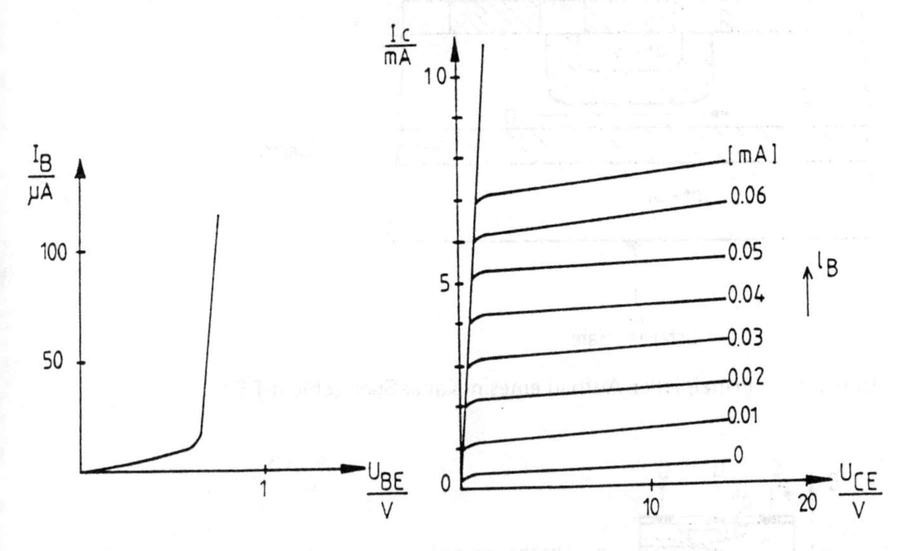

Bild 1.3: Eingangskennlinie (a) und Ausgangskennlinie (b) eines npn-Transistors in Emitterschaltung

1.1.3 Der Sperrschicht-Feldeffekttransistor (Junction Field Effect Transistor, JFET)

Bild 1.4 zeigt den typischen Aufbau eines n-Kanal-Sperrschicht-Feldeffekttransistors. Die beiden pn-Übergänge zwischen oberem Gate und dem n-Kanal sowie zwischen unterem Gate und dem n-Kanal sind in Sperrichtung gepolt. Die Ausdehnungen der Sperrschichten können über die Sperrspannungen (z.B. U_{GS}: Gate-Source-Spannung) beeinflußt werden. Auf diese Weise läßt sich der Querschnitt des n-Kanals und somit der Widerstand zwischen den Elektroden Source und Drain durch die Spannung U_{GS} steuern.

Der Drainstrom (I_D) steigt für eine feste Steuerspannung U_{GS} nicht beliebig mit dem Drainpotential, da es zu einer Verbreitung der Verarmungszone auf der Drainseite des Kanals kommt. Ab einer bestimmten Sättigungsspannung U_{DS}, die natürlich von U_{GS} abhängt, wird der Kanal abgeschnürt (engl.: pinch off) und der Drainstrom erhöht sich nicht weiter. Diese Verhältnisse führen zu den Kennlinien, wie sie in Bild 1.5 dargestellt sind.

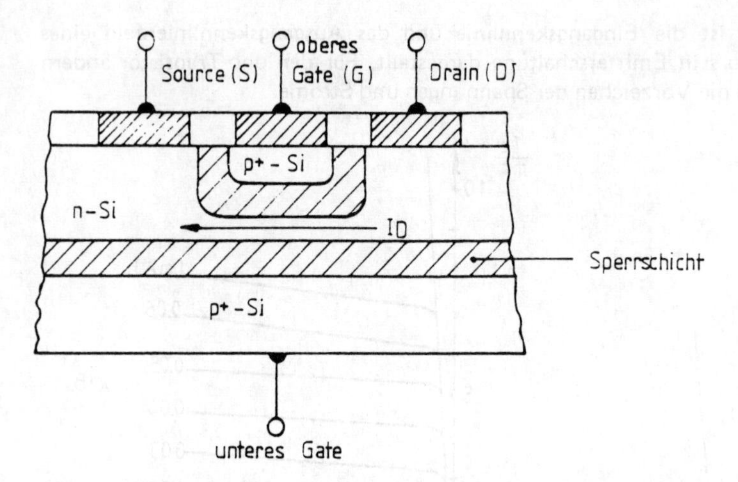

Bild 1.4: Prinzipieller Aufbau eines n-Kanal-Sperrschicht-FET

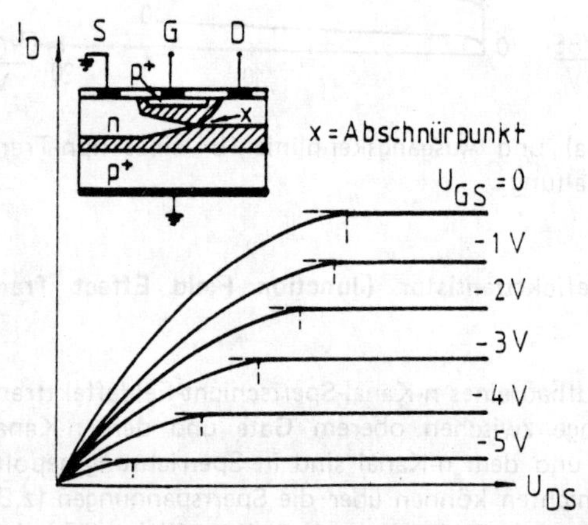

Bild 1.5: Kennlinien des n-Kanal-Sperrschichttransistors

Ganz entsprechend zum n-Kanal-FET läßt sich natürlich auch ein p-Kanal-FET aufbauen. Die Schaltsymbole des FET und die entsprechenden Anschlüsse und Polungen zeigt das Bild 1.6.

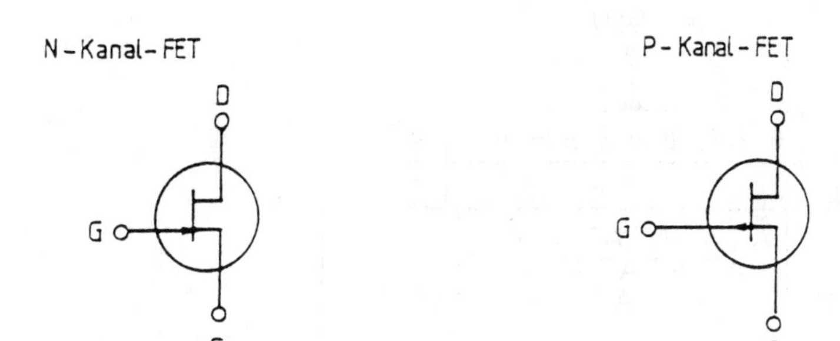

Bild 1.6: Schaltsymbol des Sperrschicht-FET

1.1.4 Der MOS-Feldeffekttransistor

Die Wirkungsweise des MOS-FET basiert ebenfalls auf dem Feldeffekt. Bild 1.7 zeigt den Aufbau eines n-Kanal-MOS-FET. Die anschauliche Erläuterung der Funktionsweise ist etwas schwieriger. Die Metall-Isolation (Oxid)-Halbleiter-Struktur besitzt Ähnlichkeit mit einem Plattenkondensator.

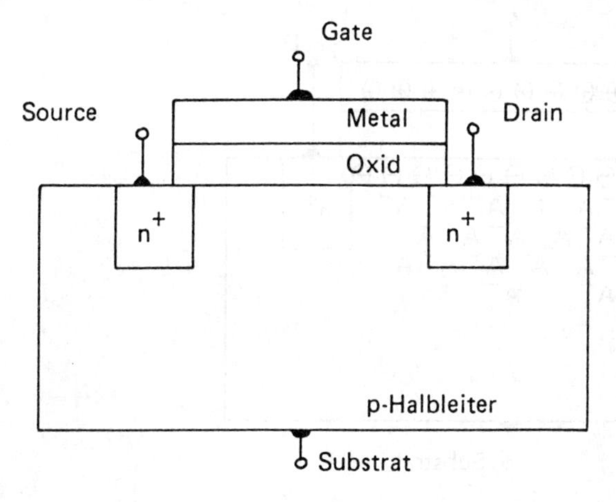

Bild 1.7: Schematischer Aufbau eines n-Kanal-MOS-FET

Legt man zwischen der Metallplatte (Gate) und dem p-Substrat eine positive Spannung an, sammeln sich positive Ladungsträger auf der Metallplatte. Um diese Ladungen in der Summe auszugleichen, nehmen die Akzeptorionen an der Halbleiteroberfläche Elektronen auf, die Löcher bewegen sich in Richtung Substratkontakt (Bild 1.8a).

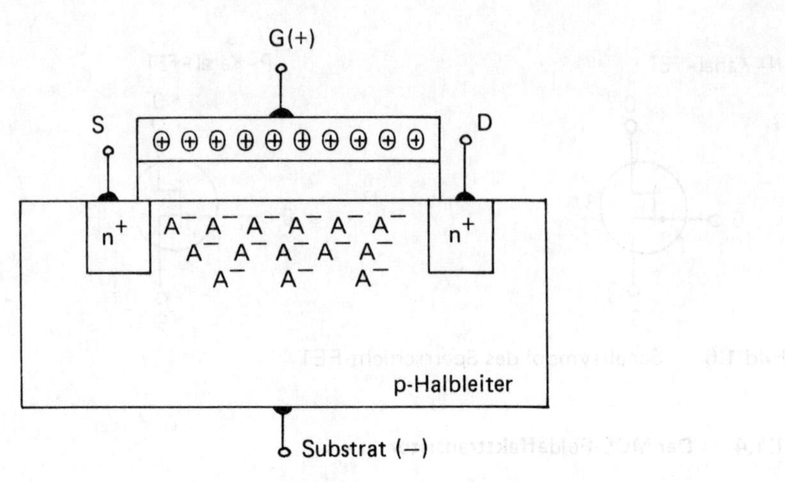

Bild 1.8a: Verhalten der MOS-Struktur bei Anlegen einer positiven Gatespannung

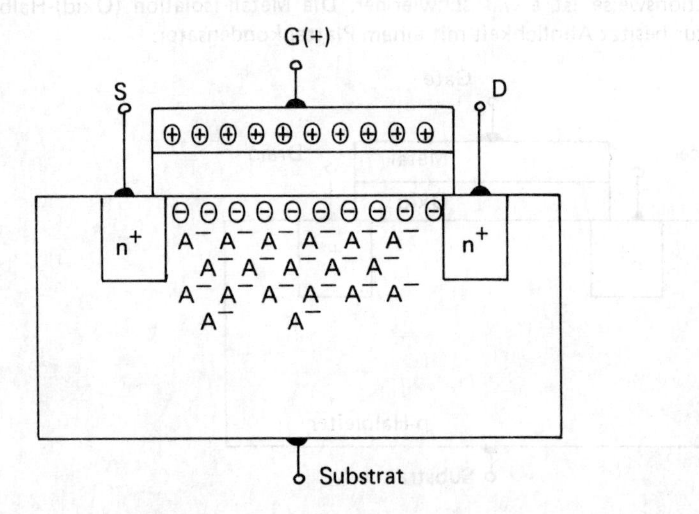

Bild 1.8b: Ausbildung eines n-Kanals (Inversion) durch Erhöhen des Gatepotentials

Erhöht man Gatepotential, so weitet sich die Verarmungszone an der Halbleiteroberfläche aus und die Löcherkonzentration nimmt weiter ab. Elektronen, die nun über die Sourceelektrode in das p-Gebiet gelangen, rekombinieren nur mit geringer Wahrscheinlichkeit und sammeln sich an der Grenzfläche zur Oxidschicht. Da der Leitungstyp in diesem Bereich umgekehrt wurde, spricht man von einer Inversionsschicht. Die Schwellspannung, ab der sich eine Inversionsschicht ausbildet, wird U_{TH} (TH = threshhold) genannt. Der so gebildete Kanal kann nun zum Ladungstransport zwischen Drain und Source ausgenutzt werden (Bild 1.8b).

Durch den Spannungsabfall zwischen Source und Drain ist der Kanalquerschnitt auf der positiven Drainseite kleiner. Überschreitet die Drain-Source-Spannung die sogenannte Abschnürspannung (pinch off), die natürlich noch von U_{GS} abhängt, geht der Drainstrom, ähnlich wie beim Sperrschicht-FET, in die Sättigung (Bild 1.8c).

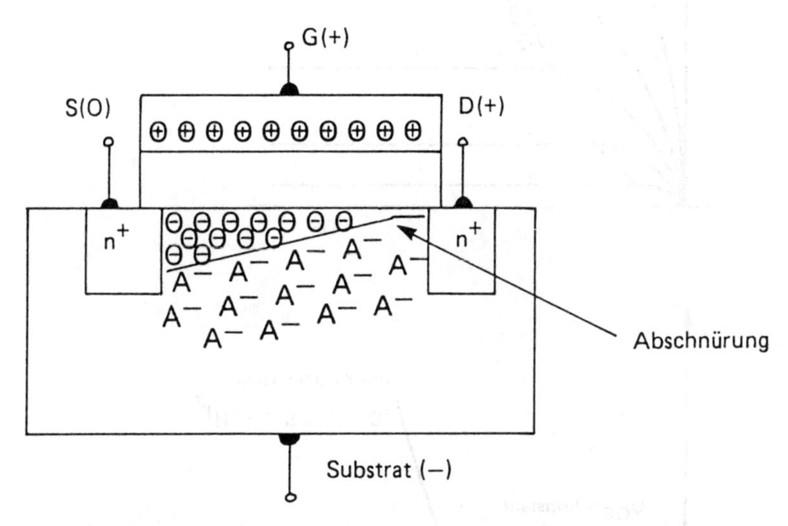

Bild 1.8c: Abschnürung des n-Kanals bei Überschreiten der Pinchoff-Spannung U_P

Man erhält demnach für einen n-Kanal-MOSFET die folgenden Kennlinienfelder (Bild 1.9).

In analoger Weise läßt sich natürlich auch ein p-Kanal-MOSFET realisieren. Außerdem unterscheidet man Anreicherungs- und Verarmungstypen. Der oben beschriebene n-Kanal-MOSFET zählt zu den Anreicherungstypen (enhancement mode), da durch Anlegen einer genügend großen Steuerspannung bewegliche Ladungsträger im Kanal angereicht werden. Sind andererseits in einem n-Kanal-MOSFET bereits sehr viele positive Oxidladungen vorhanden, so kann es schon ohne Steuerspannung (U_G = 0) zur Ausbildung eines Kanals kommen. Durch Anlegen einer negativen Steuerspannung läßt sich der Kanal sperren (Verarmungstyp-depletion mode). Die Übersicht in Bild 1.10 zeigt die verschiedenen Typen, ihre Schaltzeichen und die prinzipiellen Verläufe der Eingangskennlinien I_D (U_{GS}).

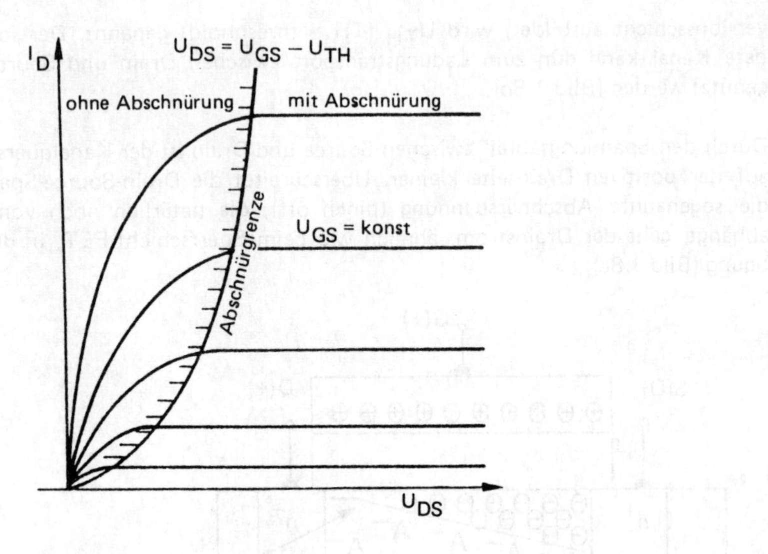

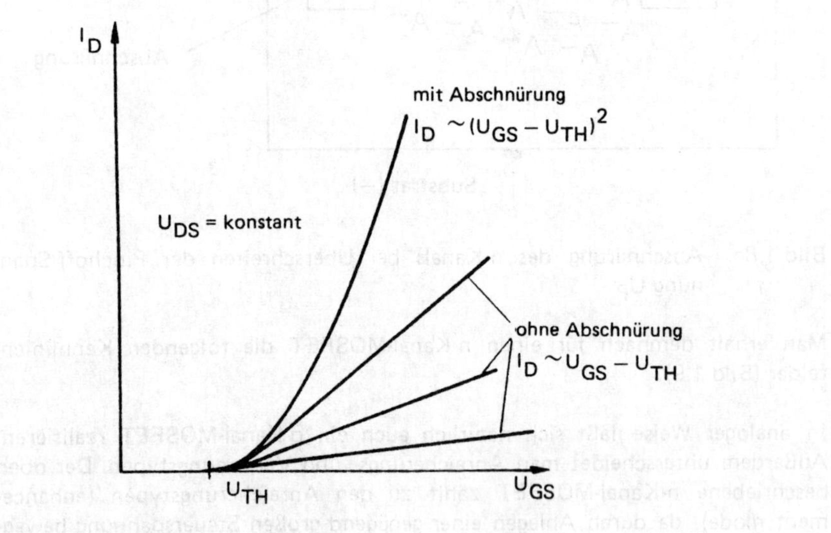

Bild 1.9: Kennlinienfelder eines n-Kanal-MOSFET

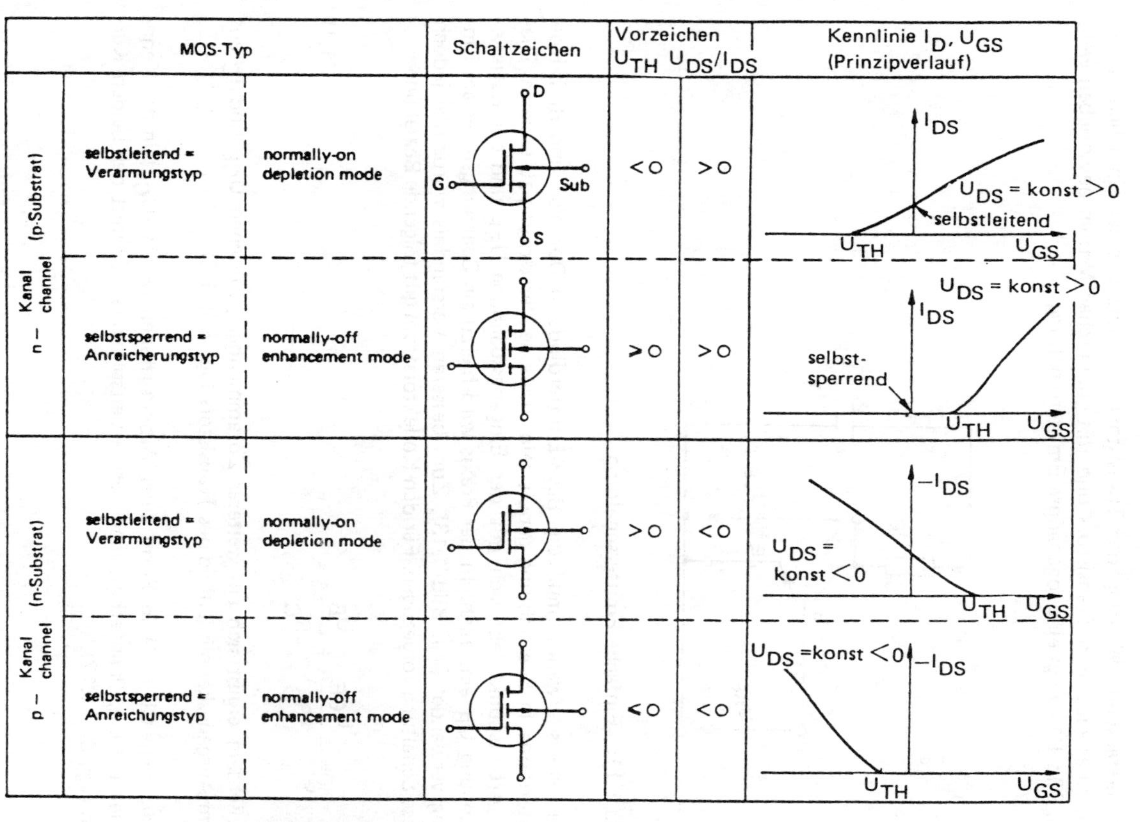

MOS-Typ			Schaltzeichen	Vorzeichen U_{TH}	Vorzeichen U_{DS}/I_{DS}	Kennlinie I_D, U_{GS} (Prinzipverlauf)
n – Kanal channel (p-Substrat)	selbstleitend = Verarmungstyp	normally-on depletion mode	D, G, Sub, S	<0	>0	I_{DS}; U_{DS} = konst >0; selbstleitend; U_{TH}; U_{GS}
	selbstsperrend = Anreicherungstyp	normally-off enhancement mode		>0	>0	U_{DS} = konst >0; I_{DS}; selbst-sperrend; U_{TH}; U_{GS}
p – Kanal channel (n-Substrat)	selbstleitend = Verarmungstyp	normally-on depletion mode		>0	<0	$-I_{DS}$; U_{DS} = konst <0; U_{TH}; U_{GS}
	selbstsperrend = Anreichungstyp	normally-off enhancement mode		<0	<0	U_{DS} =konst <0; $-I_{DS}$; U_{TH}; U_{GS}

Bild 1.10: Die verschiedenen MOS-Feldeffekttransistortypen

1.2 Der Transistor als verstärkendes Element

Die verstärkende Wirkung des Transistors soll anhand einer einfachen Schaltung eines bipolaren Transistors und mit graphischen Mitteln beschrieben werden. Bild 1.11 zeigt eine sogenannte Emitterschaltung.

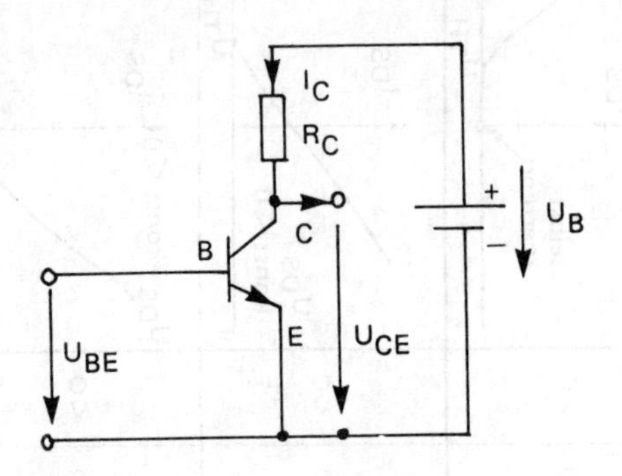

Bild 1.11: Einfache Emitterschaltung

Wie bereits erwähnt, muß die Basis-Emitterdiode in Durchlaß und Basis-Kollektordiode in Sperrichtung gepolt sein, um eine Verstärkung zu erzielen. Dieser Arbeitspunkt läßt sich mit der Eingangsspannung U_{BE} und der Batteriespannung U_B einstellen. In der Praxis wird hierzu ein Spannungsteiler am Eingang verwendet (vgl. Bild 1.13). Zum besseren Verständnis wurde hier jedoch diese Schaltung vorgezogen. Für den Kollektorstrom gilt folgende Beziehung:

$$I_C = -\frac{U_{CE}}{R_C} + \frac{U_B}{R_C} \tag{1.1}$$

Außerdem ergibt sich ein weiterer Zusammenhang zwischen U_{CE} und I_C aus dem Ausgangskennlinienfeld des Transistors (vgl. Bild 1.3).

Trägt man Gl. (1.1) in Form einer Arbeitsgeraden $I_C = f\,(U_{CE})$ in das Kennlinienfeld ein, dann erhält man den Arbeitspunkt als Schnitt der beiden Kurven (vgl. Bild 1.12).

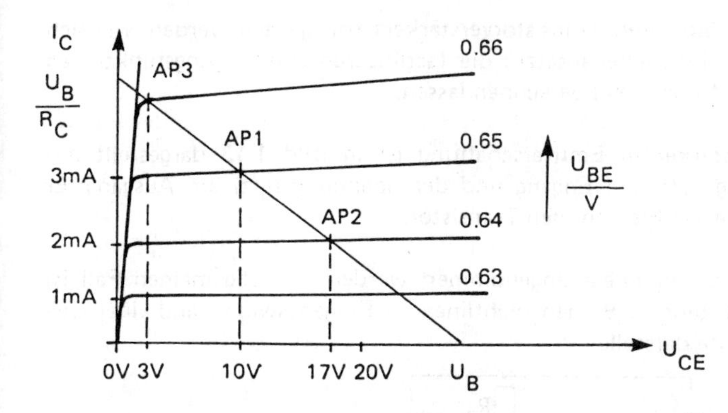

Bild 1.12: Arbeitspunkte des Transistors für verschiedene Basis-Emitterspannungen

Im Gegensatz zu Bild 1.3 wurde hier U_{BE} als Parameter der Kennlinien verwendet. In diesem Beispiel stellt sich für U_{BE} = 0,65 V ein Kollektorstrom von 3 mA und eine Kollektor-Emitterspannung von 10 V ein (AP1). Überlagert man der Basis-Emitterspannung U_{BE} eine Signalspannung mit einer Amplitude von 0,01 V, so stellen sich für die maximalen Abweichungen um 0,01 V die Arbeitspunkte AP2 und AP3 ein. Dies würde bedeuten, daß sich U_{CE} um jeweils 7 V ändert. Gibt man als Signalverstärkung U_{CE}/U_{BE} an, erhält man für die Verstärkung

$$V = \frac{\Delta U_{CE}}{\Delta U_{BE}} = \frac{-7\,V}{0{,}01\,V} = -700 \qquad (1.2)$$

Wie leicht einzusehen ist, lassen sich kompliziertere Schaltungen in der Regel nicht mehr graphisch analysieren. Für die mathematische Beschreibung benötigt man Modelle und Ersatzschaltungen des Transistors, die eine Berechnung ermöglichen. Im folgenden sollen diese Ersatzschaltungen hergeleitet werden.

1.3 Die fastlineare Ersatzschaltung

Elektrische Netzwerke, die nur Widerstände, Spulen, Kondensatoren, Übertrager, Spannungs- und Stromquellen enthalten, können mit Hilfe der Knotenpunkte — oder Maschenstromanalyse — berechnet werden. Enthält eine Schaltung jedoch zusätzlich nichtlineare Bauelemente, wie Dioden oder Transistoren, ist eine geschlossene Berechnung von Schaltungsgrößen in der Regel nicht möglich. Aus diesem Grunde verwendet man zur Analyse nichtlinearer Netzwerk Ersatzschaltungen, die sich im interessierenden Bereich linear verhalten.

Am Beispiel eines bipolaren Transistorverstärkers soll gezeigt werden, wie sich mit Hilfe eines Taylor-Reihenansatzes die fastlinearen Übertragungsfunktionen eines nichtlinearen Netzwerkes berechnen lassen.

Der Transistorverstärker in Emitterschaltung ist in Bild 1.13 dargestellt mit der Signalspannung $u_s(t)$ am Engang und der Spannung $u_l(t)$ am Ausgang. Er enthält als nichtlineares Element den Transistor.

Der Lastwiderstand soll linear angenommen werden. Im allgemeinen Fall ist er nichtlinear und kann z. B. den nichtlinearen Eingangswiderstand einer weiteren Verstärkerstufe darstellen.

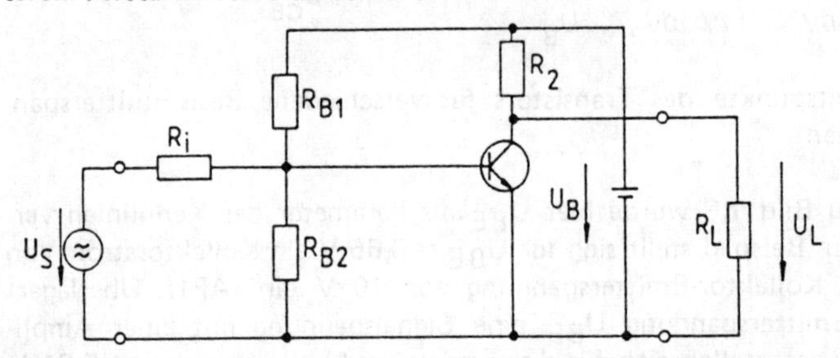

Bild 1.13: Transistorverstärker in Emitterschaltung

Zur Berechnung der Verstärkung und des Klirrens genügt es, lediglich die Abweichungen $\Delta U_S = u_s$ und $\Delta U_L = u_l$ der Spannungen vom Arbeitspunkt zu betrachten, so daß wir die Analyse der Schaltung und die Berechnung anhand des Wechselstromersatzschaltbildes Bild 1.14 mit $R_1 = R_{B1} \parallel R_{B2}$ durchführen können. Alle Spannungen und Ströme sind somit Abweichungen vom Arbeitspunkt.

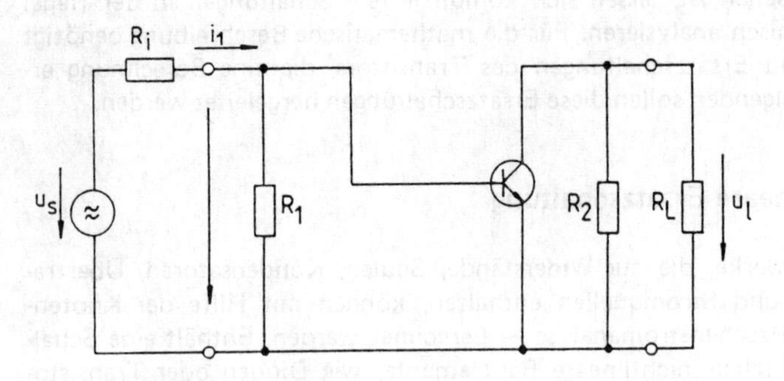

Bild 1.14: Wechselstrom-Ersatzschaltbild des Verstärkers

Um das Ausgangssignal $\Delta U_L = u_l$ in Abhängigkeit des Eingangssignals $\Delta U_S = u_s$ berechnen zu können, ist es notwendig, den Transistor in der Schaltung durch Widerstände und gesteuerte Stromquellen zu ersetzen.

Nach Feldtkeller (1.1) ist es möglich, den Transistor in die drei linearen Bahnwiderstände $R_{BB'}$, $R_{CC'}$ und $R_{EE'}$ und den „inneren" Transistor zu zerlegen.

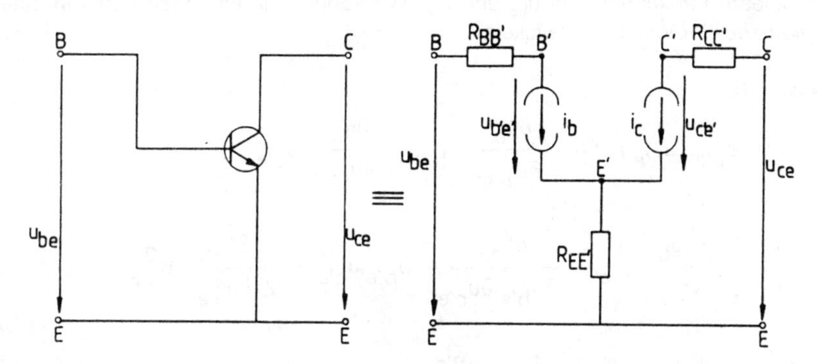

Bild 1.15: Ersatzschaltbild des Transistors

Der innere Transistor soll als Vierpol nach Bild 1.16 in Form zweier gesteuerter Stromquellen, die den Basisstrom i_b und den Kollektorstrom i_c als Funktion der Spannungen $u_{b'e'}$ und $u_{c'e'}$ angeben, dargestellt werden.

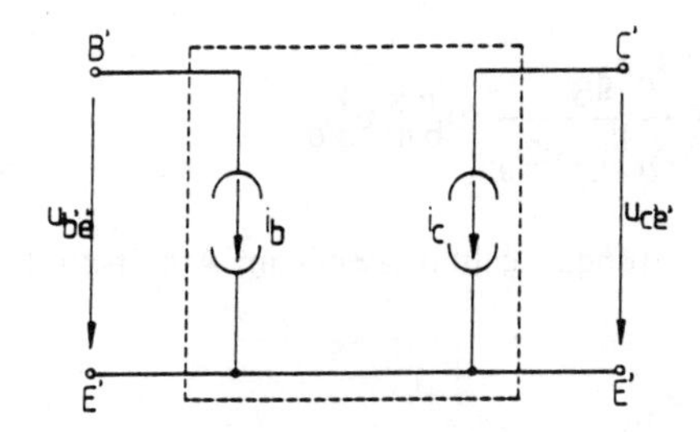

Bild 1.16: Ersatzschaltbild des inneren Transistors

Diese sehr abstrakte Darstellung, die aus dem physikalischen Modell (3.2) abgeleitet ist, läßt den eigentlichen Zusammenhang zwischen Strömen, Ladungen und Spannungen nicht mehr erkennen, aber sie beschreibt die physikalischen Vorgänge, wenn wir für die Ströme i_b und i_c die folgenden Gleichungen ansetzen:

$$i_b = g_b\,(u_{b'e'}, u_{c'e'}) + \frac{d}{dt}\,c_b\,(u_{b'e'}, u_{c'e'}) \qquad (1.3)$$

$$i_c = g_c(u_{b'e'}, u_{c'e'}) + \frac{d}{dt} c_c(u_{b'e'}, u_{c'e'}) \tag{1.4}$$

Die Ströme setzen sich demnach aus jeweils zwei Anteilen zusammen, einem *ohmschen Anteil* mit der Funktion $- g_b(u_{b'e'}, u_{c'e'})$ bzw. $g_c(u_{b'e'}, u_{c'e'})$ und der *zeitlichen Änderung einer Ladung* $c_b(u_{b'e'}, u_{c'e'})$ bzw. $c_c(u_{b'e'}, u_{c'e'})$, g_b, g_c, c_b und c_c sind nichtlineare Funktionen von u_{be} und u_{ce}. Wir können sie im Arbeitspunkt in eine *Taylorreihe 3. Ordnung* entwickeln.

Es ist z. B.:

$$g_b(u_{b'e'}, u_{c'e'}) \approx 0 + \frac{\partial g_b}{\partial u_{b'e'}} u_{b'e'} + \frac{\partial g_b}{\partial u_{c'e'}} u_{c'e'}$$

$$+ \frac{1}{2} \frac{\partial^2 g_b}{\partial u_{b'e'}^2} u_{b'e'}^2 + \frac{\partial^2 g_b}{\partial u_{b'e'} \partial u_{c'e'}} u_{b'e'} u_{c'e'} + \frac{1}{2} \frac{\partial^2 g_b}{\partial u_{c'e'}^2} u_{c'e'}^2$$

$$+ \frac{1}{6} \frac{\partial^3 g_b}{\partial u_{b'e'}^3} u_{b'e'}^3 + \frac{1}{2} \frac{\partial^3 g_b}{\partial u_{b'e'}^2 \partial u_{c'e'}} u_{b'e'}^2 u_{c'e'} \tag{1.5}$$

$$+ \frac{1}{2} \frac{\partial^3 g_b}{\partial u_{b'e'} \partial u_{c'e'}^2} u_{b'e'} u_{c'e'}^2 + \frac{1}{6} \frac{\partial^3 g_b}{\partial u_{c'e'}^3} u_{c'e'}^3$$

$$= \sum_{n=1}^{3} \sum_{k=0}^{n} \binom{n}{k} \cdot \frac{\partial^n g_b}{\partial u_{b'e'}^{n-k} \, \partial u_{c'e'}^{k}} u_{b'e'}^{n-k} u_{c'e'}^{k}$$

Für die Taylor-Koeffizienten (die Ableitungen gelten jeweils im Arbeitspunkt) schreiben wir als Abkürzung:

$$g_{bik} = \frac{1}{(i+k)!} \binom{i+k}{k} \frac{\partial^{i+k} g_b}{\partial u_{b'e'}^{i} \, \partial u_{c'e'}^{k}} \quad (i = n - k)$$

und ebenso

$$c_{bik} = \frac{1}{(i+k)!} \binom{i+k}{k} \frac{\partial^{i+k} c_b}{\partial u_{b'e'}^{i} \, \partial u_{c'e'}^{k}}$$

$$g_{cik} = \frac{1}{(i+k)!} \binom{i+k}{k} \frac{\partial^{i+k} g_c}{\partial u_{b'e'}^{i} \, \partial u_{c'e'}^{k}} \tag{1.6a-c}$$

$$c_{cik} = \frac{1}{(i+k)!} \binom{i+k}{k} \frac{\partial^{i+k} c_c}{\partial u^i_{b'e'} \, \partial u^k_{c'e'}} \tag{1.6d}$$

mit i, k = 0, 1, 2, 3; $i + k \leqslant 3$

Die Reihenentwicklung für i_b bzw. i_c ist dann:

$$\begin{aligned}
i_b = {} & g_{b10} u_{b'e'} + g_{b01} u_{c'e'} \\
& + g_{b20} u^2_{b'e'} + g_{b11} u_{b'e'} u_{c'e'} + g_{b02} u^2_{c'e'} \\
& + g_{b30} u^3_{b'e'} + g_{b21} u^2_{b'e'} u_{c'e'} + g_{b12} u_{b'e'} u^2_{c'e'} + g_{b03} u^3_{c'e'} \\
& + c_{b10} \frac{d}{dt} u_{b'e'} + c_{b01} \frac{d}{dt} u_{c'e'} \\
& + c_{b20} \frac{d}{dt} u^2_{b'e'} + c_{b11} \frac{d}{dt} u_{b'e'} u_{c'e'} + c_{b02} \frac{d}{dt} u^2_{c'e'} \\
& + c_{b30} \frac{d}{dt} u^3_{b'e'} + c_{b21} \frac{d}{dt} u^2_{b'e'} u_{c'e'} + c_{b12} \frac{d}{dt} u_{b'e'} u^2_{c'e'} \\
& + c_{b03} \frac{d}{dt} u^3_{c'e'} \\
= {} & \sum_{n=1}^{3} \sum_{i=0}^{n} g_{bik} u^i_{b'e'} u^k_{c'e'} + c_{bik} \frac{d}{dt} u^i_{b'e'} u^k_{c'e'} \quad (k = n - i)
\end{aligned} \tag{1.7a}$$

und

$$i_c = \sum_{n=1}^{3} \sum_{i=0}^{n} g_{cik} u^i_{b'e'} u^k_{c'e'} + c_{cik} \frac{d}{dt} u^i_{b'e'} u^k_{c'e'} \quad (k = n - i) \tag{1.7b}$$

1.4 Die lineare Ersatzschaltung

Bricht man die Taylor-Reihenentwicklung nach der ersten Ableitung ab, erhält man die lineare Ersatzschaltung des bipolaren Transistors, die nunmehr aus passiven Bauelementen und linear gesteuerten Quellen besteht.

Will man zusätzlich die nichtlinearen Verzerrungen 2. und 3. Ordnung berücksichtigen, also z. B. zur Berechnung der Klirrdämpfungen a_{K2} und a_{K3}, so darf man die Reihenentwicklung erst nach der 3. Ableitung abbrechen.

Auf das Klirren gehen wir in Kapitel 8 ausführlich ein.

Bei der Analyse von elektrischen Netzwerken ist es meist günstiger, mit den laplace-transformierten Gleichungen des Systems zu rechnen. Die Gleichungen (1.7a) und (1.7b) gehen mit obiger Näherung und der Laplace-Transformation in folgende Gleichungen über:

$$\underline{I}_b = \underline{Y}_{11}\underline{U}_{be} + \underline{Y}_{12}\underline{U}_{ce} \tag{1.8a}$$

$$\underline{I}_c = \underline{Y}_{21}\underline{U}_{be} + \underline{Y}_{22}\underline{U}_{ce} \tag{1.8b}$$

Dieses Gleichungssystem läßt sich als Vierpol mit zwei komplexen Leitwerten und zwei gesteuerten Quellen realisieren (Bild 1.18).

Im allgemeinen Fall handelt es sich bei den transformierten Strömen und Spannungen sowie bei den Vierpolparametern um komplexe Größen. Komplexe Größen sollen im Gegensatz zu den Zeitfunktionen durch unterstrichene große Buchstaben gekennzeichnet werden. Einfachheitshalber läßt man die Unterstreichung weg, wenn keine Mißverständnisse zu befürchten sind.

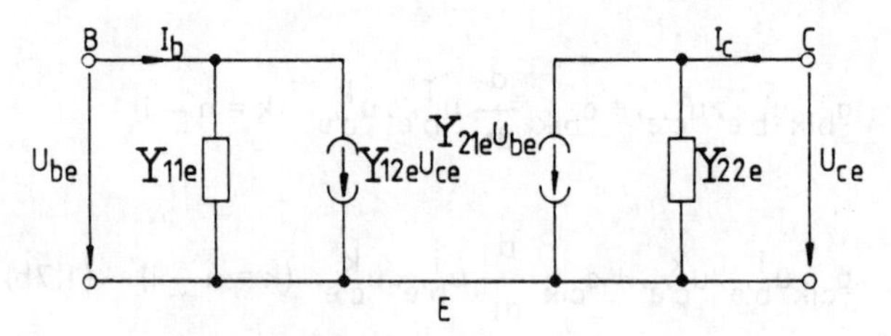

Bild 1.17: Realisierung der Gleichungen (1.8a) und (1.8b)

Bei der Herleitung dieser Ersatzschaltung wurde vorausgesetzt, daß der Emitter gemeinsamer Anschluß für Eingang und Ausgang ist (vgl. Bild 1.14, 1.15). Aus diesem Grund nennt man diese Schaltung Emitterschaltung. Entsprechend lassen sich natürlich Ersatzschaltbilder für Kollektor- und Basisschaltungen angeben. Die Grundschaltungen des bipolaren Transistors sowie des Feldeffekttransistors sind in Bild 1.18 zusammenfassend dargestellt.

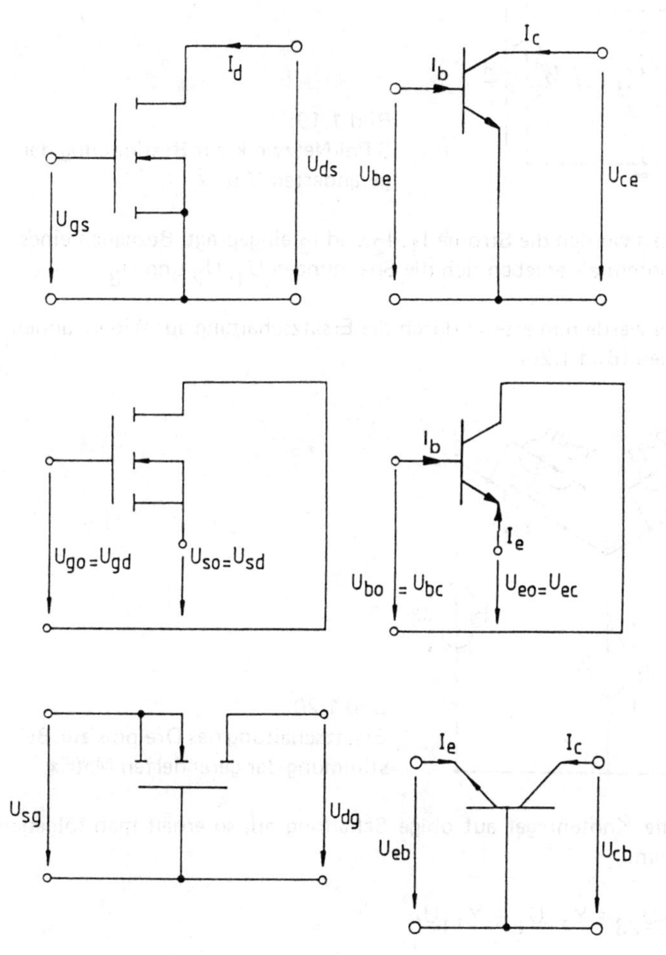

Bild 1.18: Grundschaltungen von Transistoren

1.5 Die geänderte Leitwertsmatrix

Für die einheitliche Behandlung der drei Grundschaltungen verwendet man die geänderte Leitwertsmatrix (indefinite admittance matrix). Hierzu geht man von der Anordnung nach Bild 1.19 aus. Das 3-Pol-Netzwerk N stellt einen bipolaren Transistor oder FET dar.

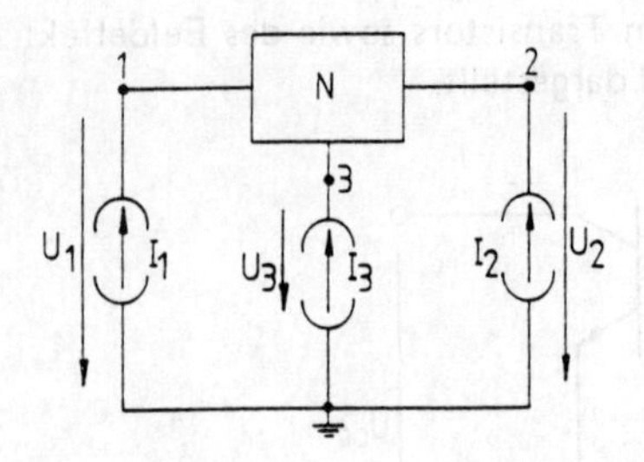

Bild 1.19:
3-Pol-Netzwerk zur Bestimmung der geränderten Matrix

An den drei Polen werden die Ströme I_1, I_2 und I_3 eingeprägt. Bezüglich eines beliebigen Erdpotentials ergeben sich die Spannungen U_1, U_2 und U_3.

Das Netzwerk N werde nun ersetzt durch die Ersatzschaltung aus Widerständen und Stromquellen (Bild 1.20).

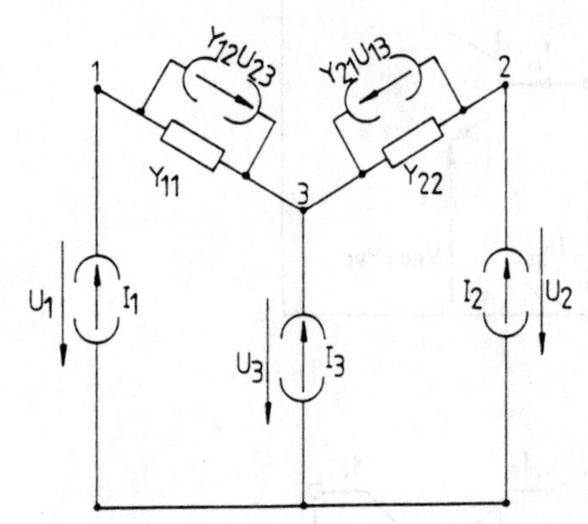

Bild 1.20:
Ersatzschaltung des Dreipols zur Bestimmung der geränderten Matrix

Wendet man die Knotenregel auf obige Schaltung an, so erhält man folgendes Gleichungssystem:

$$\underline{I}_1 - \underline{Y}_{12}\underline{U}_{23} = \underline{Y}_{11}\underline{U}_1 - \underline{Y}_{11}\underline{U}_3$$

$$\underline{I}_2 - \underline{Y}_{21}\underline{U}_{13} = \underline{Y}_{22}\underline{U}_2 - \underline{Y}_{22}\underline{U}_3 \qquad (1.9a\text{-}c)$$

$$\underline{I}_3 + \underline{Y}_{12}\underline{U}_{23} + \underline{Y}_{21}\underline{U}_{13} = -\underline{Y}_{11}\underline{U}_1 - \underline{Y}_{22}\underline{U}_2 + (\underline{Y}_{11} + \underline{Y}_{22})\underline{U}_3$$

Für die Spannungsdifferenzen $\underline{U}_{23}$ und $\underline{U}_{13}$ gilt einfach:

$$\underline{U}_{23} = \underline{U}_2 - \underline{U}_3$$

$$(1.10a, b)$$

$$\underline{U}_{13} = \underline{U}_1 - \underline{U}_3$$

Eliminieren wir $\underline{U}_{13}$ und $\underline{U}_{23}$ in Gl. (1.9), so erhalten wir:

$$\begin{aligned}
\underline{I}_1 &= \underline{Y}_{11}\underline{U}_1 + \underline{Y}_{12}\underline{U}_2 - (\underline{Y}_{11} + \underline{Y}_{12})\,\underline{U}_3 \\
\underline{I}_2 &= \underline{Y}_{21}\underline{U}_1 + \underline{Y}_{22}\underline{U}_2 - (\underline{Y}_{21} + \underline{Y}_{22})\,\underline{U}_3 \\
\underline{I}_3 &= -(\underline{Y}_{11} + \underline{Y}_{21})\,\underline{U}_1 - (\underline{Y}_{12} + \underline{Y}_{22})\,\underline{U}_2 \\
&\quad + (\underline{Y}_{11} + \underline{Y}_{12} + \underline{Y}_{21} + \underline{Y}_{22})\,\underline{U}_3
\end{aligned} \qquad (1.11\text{a-c})$$

In Matrizenform lautet diese Gleichung:

$$\begin{pmatrix} \underline{I}_1 \\ \underline{I}_2 \\ \underline{I}_3 \end{pmatrix} = (\underline{Y}) \begin{pmatrix} \underline{U}_1 \\ \underline{U}_2 \\ \underline{U}_3 \end{pmatrix} \qquad (1.12)$$

Dabei ist die Matrix Y wie folgt definiert:

$$(\underline{Y}) = \begin{pmatrix} \underline{Y}_{11} & \underline{Y}_{12} & -(\underline{Y}_{11} + \underline{Y}_{12}) \\ \underline{Y}_{21} & \underline{Y}_{22} & -(\underline{Y}_{21} + \underline{Y}_{22}) \\ -(\underline{Y}_{11} + \underline{Y}_{21}) & -(\underline{Y}_{12} + \underline{Y}_{22}) & +(\underline{Y}_{11} + \underline{Y}_{12} + \underline{Y}_{21} + \underline{Y}_{22}) \end{pmatrix} \qquad (1.13)$$

Diese Matrix nennt man die *geänderte Leitwertsmatrix*.

Gl. (1.13) zeigt folgende Eigenschaften der geänderten Leitwertsmatrix:

1. *Die Summe der Leitwerte in jeder der drei Reihen sowie in jeder der drei Spalten ist Null.* Dies bedeutet, daß es sich hier um ein *linear abhängiges Gleichungssystem* handelt.

2. Streichen wir die dritte Reihe und die dritte Spalte, so erhalten wir die Matrix der $\underline{Y}$-Parameter $\underline{Y}_{11}$, $\underline{Y}_{12}$, $\underline{Y}_{21}$ und $\underline{Y}_{22}$ des Vierpols, bei dem der Anschluß drei den gemeinsamen Anschluß des Ein- und Ausgangs bildet, so wie in Bild 1.17 dargestellt (Anwendung für die Source- bzw. Emitterschaltung).

3. Die Leitwertsmatrix des Vierpols, für den Pol 2 der gemeinsame Anschluß für Eingangs- und Ausgangsspannung ist, erhalten wir durch Streichen der 2. Zeile und Spalte. Dieses Netzwerk würde der Kollektor- bzw. Drainschaltung entsprechen (Bild 1.21).

$$\begin{pmatrix} \underline{Y}_{11} & \underline{Y}_{13} \\ \underline{Y}_{31} & \underline{Y}_{33} \end{pmatrix} = \begin{pmatrix} \underline{Y}_{11} & -(\underline{Y}_{11} + \underline{Y}_{12}) \\ -(\underline{Y}_{11} + \underline{Y}_{21}) & \underline{Y}_{11} + \underline{Y}_{12} + \underline{Y}_{21} + \underline{Y}_{22} \end{pmatrix} \tag{1.14}$$

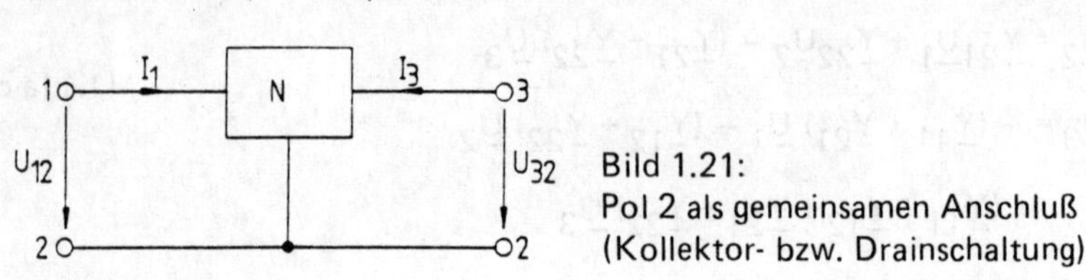

Bild 1.21:
Pol 2 als gemeinsamen Anschluß
(Kollektor- bzw. Drainschaltung)

4. Entsprechend gilt für die Matrix der Anordnung nach Bild 1.22a die folgende Beziehung:

$$\begin{pmatrix} \underline{Y}_{22} \underline{Y}_{23} \\ \underline{Y}_{32} \underline{Y}_{33} \end{pmatrix} = \begin{pmatrix} \underline{Y}_{22} & -(\underline{Y}_{21} + \underline{Y}_{22}) \\ (\underline{Y}_{12} + \underline{Y}_{22}) & \Sigma\underline{Y} \end{pmatrix} \tag{1.15}$$

mit $\Sigma\underline{Y} = \underline{Y}_{11} + \underline{Y}_{12} + \underline{Y}_{21} + \underline{Y}_{22}$

Dieser Fall entspricht nicht direkt der Basis- bzw. Gateschaltung, da Eingang und Ausgang bei diesen Schaltungen vertauscht sind. Man spricht deshalb von der inversen Basis- bzw. Gateschaltung. Die Matrix der Basis- und Gateschaltung erhält man durch Vertauschen der diagonal gegenüberliegenden Elemente (vgl. Gl. (1.16)).

$$\begin{pmatrix} \underline{Y}_{33} & \underline{Y}_{32} \\ \underline{Y}_{23} & \underline{Y}_{22} \end{pmatrix} = \begin{pmatrix} (\underline{Y}_{11} + \underline{Y}_{12} + \underline{Y}_{21} + \underline{Y}_{22}) & -(\underline{Y}_{12} + \underline{Y}_{22}) \\ -(\underline{Y}_{21} + \underline{Y}_{22}) & \underline{Y}_{22} \end{pmatrix} \tag{1.16}$$

Die zugehörigen Anordnungen sind in den Bildern 1.22a, b dargestellt.

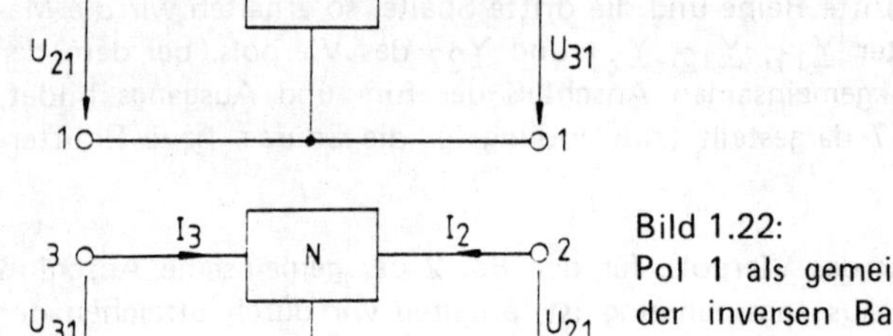

Bild 1.22:
Pol 1 als gemeinsamer Anschluß bei der inversen Basis-/Gateschaltung (a) und bei der normalen Basis-/Gateschaltung (b)

Falls die Parameter eines Transistors für eine der drei Grundschaltungen bekannt sind, lassen sichdie Matrizenelemente für die anderen Grundschaltungen leicht berechnen. Die Tabelle 1.1 stellt alle Matrizen noch einmal in der Übersicht dar.

Die Leitwertsmatrix stellt stets Ströme als Funktionen von Spannungen dar. Die Parameter besitzen alle die Dimensionen eines Leitwertes. Für einen allgemeinen Vierpol (vgl. Bild) mit den Eingangsgrößen U_1 und I_1 sowie den Ausgangsgrößen U_2 und I_2 gibt es sechs Möglichkeiten, zwei Größen als Funktion der beiden verbleibenden Größen anzugeben.

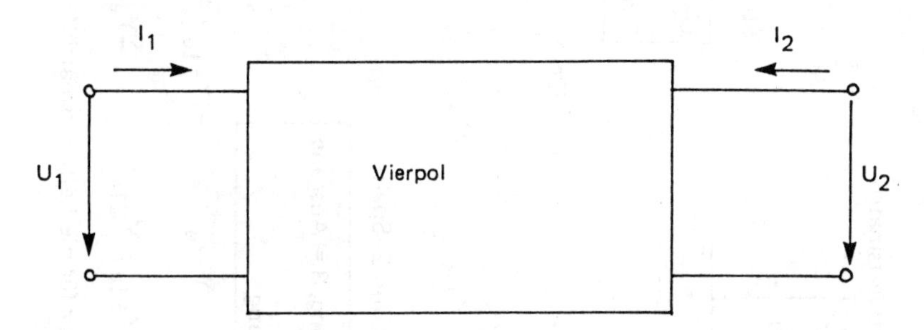

Bild 1.23: Eingangs- und Ausgangsgrößen eines allgemeinen Vierpols

Diese Möglichkeiten sind:

$$1.\quad \begin{pmatrix} \underline{I}_1 \\ \underline{I}_2 \end{pmatrix} = (\underline{Y}) \begin{pmatrix} \underline{U}_1 \\ \underline{U}_2 \end{pmatrix}$$

$$2.\quad \begin{pmatrix} \underline{U}_1 \\ \underline{U}_2 \end{pmatrix} = (\underline{Z}) \begin{pmatrix} \underline{I}_1 \\ \underline{I}_2 \end{pmatrix}$$

$$3.\quad \begin{pmatrix} \underline{U}_1 \\ \underline{I}_2 \end{pmatrix} = (\underline{H}) \begin{pmatrix} \underline{I}_1 \\ \underline{U}_2 \end{pmatrix} \qquad (1.17a-f)$$

$$4.\quad \begin{pmatrix} \underline{I}_1 \\ \underline{U}_2 \end{pmatrix} = (\underline{K}) \begin{pmatrix} \underline{U}_1 \\ \underline{I}_2 \end{pmatrix}$$

$$5.\quad \begin{pmatrix} \underline{U}_1 \\ \underline{I}_1 \end{pmatrix} = (\underline{A}) \begin{pmatrix} \underline{U}_2 \\ \underline{I}_2 \end{pmatrix}$$

$$6.\quad \begin{pmatrix} \underline{U}_2 \\ \underline{I}_2 \end{pmatrix} = (\underline{B}) \begin{pmatrix} \underline{U}_1 \\ \underline{I}_1 \end{pmatrix}$$

Tabelle 1.1: Schematische Übersicht zur Matrizenumrechnung für die 3 Transistor-Grundschaltungen

Die geänderte Leitwertsmatrix

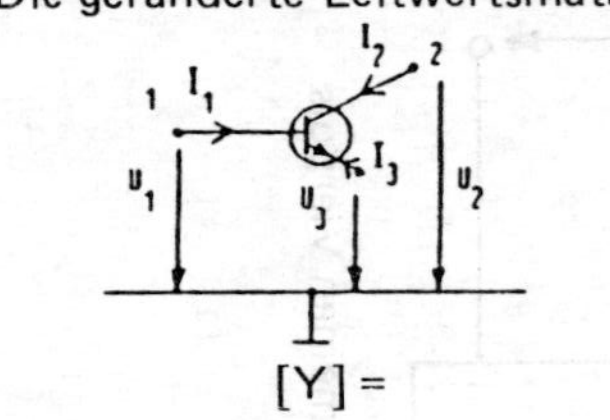

$$[Y] = \begin{pmatrix} Y_{11e} & Y_{12e} & -(Y_{11e}+Y_{12e}) \\ Y_{21e} & Y_{22e} & -(Y_{21e}+Y_{22e}) \\ -(Y_{11e}+Y_{21e}) & -(Y_{12e}+Y_{22e}) & \Sigma Y_e \end{pmatrix}$$

Streichen der 1. Zeile und 1. Spalte

$U_1 = 0$; 2 = Eingang; 3 = Ausgang

Inverser Betrieb in Basisschaltung

$$\begin{pmatrix} Y_{22e} & -(Y_{21e}+Y_{22e}) \\ -(Y_{12e}+Y_{22e}) & \Sigma Y_e \end{pmatrix}$$

Vertauschen 2er Zeilen und 2er Spalten:

$U_1 = 0$; 2 = Ausgang; 3 = Eingang

normale Basisschaltung

$$[Y_b] = \begin{pmatrix} \Sigma Y_e & -(Y_{12e}+Y_{22e}) \\ -(Y_{21e}+Y_{22e}) & Y_{22e} \end{pmatrix}$$

Streichen 2. Zeile und 2. Spalte:

$U_2 = 0$; 1 = Eingang; 3 = Ausgang

Kollektorschaltung

$$[Y_c] = \begin{pmatrix} Y_{11e} & -(Y_{11e}+Y_{12e}) \\ -(Y_{11e}+Y_{21e}) & \Sigma Y_e \end{pmatrix}$$

Streichen der 3. Zeile und 3. Spalte:

$U_3 = 0$; 1 = Eingang; 2 = Ausgang

Emitterschaltung

$$[Y_e] = \begin{pmatrix} Y_{11e} & Y_{12e} \\ Y_{21e} & Y_{22e} \end{pmatrix}$$

Diese Vorgehensweise gilt so *nur* für die Leitwertsmatrix!

Tabelle 1.2: Matrizenumrechnung (1.4)

$$\begin{aligned}
\underline{U}_1 &= \underline{Z}_{11}\underline{I}_1 + \underline{Z}_{12}\underline{I}_2 \\
\underline{U}_2 &= \underline{Z}_{21}\underline{I}_1 + \underline{Z}_{22}\underline{I}_2 \\
\underline{I}_1 &= \underline{Y}_{11}\underline{U}_1 + \underline{Y}_{12}\underline{U}_2 \\
\underline{I}_2 &= \underline{Y}_{21}\underline{U}_1 + \underline{Y}_{22}\underline{U}_2
\end{aligned}$$

$$(Y) = (Z)^{-1}$$

$$\begin{aligned}
\underline{U}_1 &= \underline{H}_{11}\underline{I}_1 + \underline{H}_{12}\underline{U}_2 \\
\underline{I}_2 &= \underline{H}_{21}\underline{I}_1 + \underline{H}_{22}\underline{U}_2 \\
\underline{I}_1 &= \underline{K}_{11}\underline{U}_1 + \underline{K}_{12}\underline{I}_2 \\
\underline{U}_2 &= \underline{K}_{21}\underline{U}_1 + \underline{K}_{22}\underline{I}_2
\end{aligned}$$

$$(K) = (H)^{-1}$$

$$\begin{aligned}
\underline{U}_1 &= \underline{A}_{11}\underline{U}_2 + \underline{A}_{12}(-\underline{I}_2) \\
\underline{I}_1 &= \underline{A}_{21}\underline{U}_2 + \underline{A}_{22}(-\underline{I}_2) \\
\underline{U}_2 &= \underline{B}_{11}\underline{U}_1 + \underline{B}_{12}(-\underline{I}_1) \\
\underline{I}_2 &= \underline{B}_{21}\underline{U}_1 + \underline{B}_{22}(-\underline{I}_1)
\end{aligned}$$

$$(B) = (A)^{-1}$$

	(Z)		(Y)		(A)		(H)		(K)	
(Z)	Z_{11}	Z_{12}	$\frac{Y_{22}}{\det Y}$	$\frac{-Y_{12}}{\det Y}$	$\frac{A_{11}}{A_{21}}$	$\frac{\det A}{A_{21}}$	$\frac{\det H}{H_{22}}$	$\frac{H_{22}}{H_{12}}$	$\frac{1}{K_{11}}$	$\frac{-K_{12}}{K_{11}}$
	Z_{21}	Z_{22}	$\frac{-Y_{21}}{\det Y}$	$\frac{Y_{11}}{\det Y}$	$\frac{1}{A_{21}}$	$\frac{A_{22}}{A_{21}}$	$\frac{-H_{21}}{H_{22}}$	$\frac{1}{H_{22}}$	$\frac{K_{21}}{K_{11}}$	$\frac{\det K}{K_{11}}$
(Y)	$\frac{Z_{22}}{\det Z}$	$\frac{-Z_{12}}{\det Z}$	Y_{11}	Y_{12}	$\frac{A_{22}}{A_{12}}$	$\frac{-\det A}{A_{12}}$	$\frac{1}{H_{11}}$	$\frac{-H_{12}}{H_{11}}$	$\frac{\det K}{K_{22}}$	$\frac{K_{12}}{K_{22}}$
	$\frac{-Z_{21}}{\det Z}$	$\frac{Z_{11}}{\det Z}$	Y_{21}	Y_{22}	$\frac{-1}{A_{12}}$	$\frac{A_{11}}{A_{12}}$	$\frac{H_{21}}{H_{11}}$	$\frac{\det H}{H_{11}}$	$\frac{-K_{21}}{K_{22}}$	$\frac{1}{K_{22}}$

	(Z)		(Y)		(A)		(H)		(K)	
(A)	$\frac{Z_{11}}{Z_{21}}$	$\frac{\det Z}{Z_{21}}$	$\frac{-Y_{22}}{Y_{22}}$	$\frac{-1}{Y_{21}}$	A_{11}	A_{12}	$\frac{-\det H}{H_{21}}$	$\frac{-H_{11}}{H_{21}}$	$\frac{1}{K_{21}}$	$\frac{K_{22}}{K_{21}}$
	$\frac{1}{Z_{21}}$	$\frac{Z_{22}}{Z_{21}}$	$\frac{-\det Y}{Y_{21}}$	$\frac{-Y_{11}}{Y_{21}}$	A_{21}	A_{22}	$\frac{-H_{22}}{H_{21}}$	$\frac{-1}{H_{21}}$	$\frac{K_{11}}{K_{21}}$	$\frac{\det K}{K_{21}}$
(H)	$\frac{\det Z}{Z_{22}}$	$\frac{Z_{12}}{Z_{22}}$	$\frac{1}{Y_{11}}$	$\frac{-Y_{12}}{Y_{11}}$	$\frac{A_{12}}{A_{22}}$	$\frac{\det A}{A_{22}}$	H_{11}	H_{12}	$\frac{K_{22}}{\det K}$	$\frac{-K_{12}}{\det K}$
	$\frac{-Z_{21}}{Z_{22}}$	$\frac{1}{Z_{22}}$	$\frac{Y_{21}}{Y_{11}}$	$\frac{\det Y}{Y_{11}}$	$\frac{-1}{A_{22}}$	$\frac{A_{21}}{A_{22}}$	H_{21}	H_{22}	$\frac{-K_{21}}{\det K}$	$\frac{K_{11}}{\det K}$
(K)	$\frac{1}{Z_{11}}$	$\frac{-Z_{12}}{Z_{11}}$	$\frac{\det Y}{Y_{22}}$	$\frac{Y_{12}}{Y_{22}}$	$\frac{A_{21}}{A_{11}}$	$\frac{-\det A}{A_{11}}$	$\frac{H_{22}}{\det H}$	$\frac{-H_{12}}{\det H}$	K_{11}	K_{12}
	$\frac{Z_{21}}{Z_{11}}$	$\frac{\det Z}{Z_{11}}$	$\frac{-Y_{21}}{Y_{22}}$	$\frac{1}{Y_{22}}$	$\frac{1}{A_{11}}$	$\frac{A_{12}}{A_{11}}$	$\frac{-H_{21}}{\det H}$	$\frac{H_{11}}{\det H}$	K_{21}	K_{22}

Komplexe Größen! Unterstreichung zur besseren Übersicht weggelassen. – Allgemein gilt: $\det X = \underline{X}_{11}\underline{X}_{22} - \underline{X}_{12}\underline{X}_{21}$.

Tabelle 1.3: Eingangs- und Ausgangswiderstand, Spannungs- und Stromverstärkung

	Z	Y	H	K	A	B
$Z_E = \frac{U_1}{I_1}$	$\frac{\det Z + Z_{11}Z_L}{Z_{22} + Z_L}$	$\frac{1 + Y_{22}Z_L}{Y_{11} + \det Y Z_L}$	$\frac{H_{11} + \det H Z_L}{1 + H_{22}Z_L}$	$\frac{K_{22} + Z_L}{\det K + K_{11}Z_L}$	$\frac{A_{12} + A_{11}Z_L}{A_{22} + A_{21}Z_L}$	$\frac{B_{12} + B_{22}Z_L}{B_{11} + B_{21}Z_L}$
$Z_A = \frac{U_2}{I_2}$	$\frac{\det Z + Z_{22}Z_S}{Z_{11} + Z_S}$	$\frac{1 + Y_{11}Z_S}{Y_{22} + \det Y Z_S}$	$\frac{H_{11} + Z_S}{\det H + H_{22}Z_S}$	$\frac{K_{22} + \det K Z_S}{1 + K_{11}Z_S}$	$\frac{A_{12} + A_{22}Z_S}{A_{11} + A_{21}Z_S}$	$\frac{B_{12} + B_{11}Z_S}{B_{22} + B21 Z_S}$
$V_U = \frac{U_2}{U_1}$	$\frac{Z_{21}\,Z_L}{\det Z + Z_{11}Z_L}$	$\frac{-Y_{21}Z_L}{1 + Y_{22}Z_L}$	$\frac{-H_{21}Z_L}{H_{11} + \det H Z_L}$	$\frac{K_{21}Z_L}{K_{22} + Z_L}$	$\frac{Z_L}{A_{12} + A_{11}Z_L}$	$\frac{\det B Z_L}{B_{12} + B_{22}Z_L}$
$V_I = \frac{I_2}{I_1}$	$\frac{-Z_{21}}{Z_{22} + Z_L}$	$\frac{Y_{21}}{Y_{11} + \det Y Z_L}$	$\frac{H_{21}}{1 + H_{22}Z_L}$	$\frac{-K_{21}}{\det K + K_{11}Z_L}$	$\frac{-1}{A_{22} + A_{21}Z_L}$	$\frac{-\det B}{B_{11} + B_{21}Z_L}$

Tabelle 1.4: Eingangs- und Ausgangswiderstand, Spannungs- und Stromverstärkung in H-Parametern der Emitter-Schaltung

	Emitterschaltung	Kollektorschaltung	Basisschaltung
V_I	$\frac{H_{21e}}{1 + H_{22e}R_L}$	$\frac{-(1 + H_{21e})}{1 + H_{22e}R_L}$	$\frac{-H_{21e}}{1 + H_{21e} + H_{22e}R_L}$
V_U	$\frac{-H_{21e}R_L}{H_{11e} + \det H_e R_L}$	$\frac{(1 + H_{21e})\, R_L}{H_{11e} + (1 + H_{21e})\, R_L}$	$\frac{H_{21e}R_L}{H_{11e} + \det H_e R_L}$
Z_E	$\frac{H_{11e} + \det H_e R_L}{1 + H_{22e}R_L}$	$\frac{H_{11e} + (1 + H_{21e})\, R_L}{1 + H_{22e}R_L}$	$\frac{H_{11e} + \det H_e R_L}{1 + H_{21e} + H_{22e}R_L}$
Z_A	$\frac{H_{11e} + R_S}{\det H_e + H_{22e}R_S}$	$\frac{H_{11e} + R_S}{1 + H_{21e} + H_{22e}R_S}$	$\frac{H_{11e} + (1 + H_{21e})\, R_S}{\det H_e + H_{22e}R_S}$

Die Matrixelemente jeder Matrix lassen sich als Funktion der Elemente einer beliebigen anderen Matrix darstellen. Die Umrechnung kann Tabelle 1.2 entnommen werden. In der Literatur (v.a. im Englischen) werden anstelle von $\underline{H}_{ij}$ oft h_{ij} und für $\underline{K}_{ij}$ oft g_{ij} verwendet.

1.6 Die S-Parameter von Vierpolen

Im allgemeinen Fall sind die Parameter der einzelnen Vierpolmatrizen Funktionen der Kreisfrequenz w. Im niederfrequenten Bereich lassen sie sich direkt am Vierpol messen. So gilt z. B. für $\underline{Y}_{11}$:

$$\underline{Y}_{11} = \left. \frac{I_1}{\underline{U}_1} \right|_{U_2 = 0} \qquad (1.18)$$

Somit ist $\underline{Y}_{11}$ der Eingangsleitwert des Vierpols bei Kurzschluß am Ausgang. In entsprechender Weise lassen sich auch die 3 übrigen Parameter bestimmen:

$$\underline{Y}_{12} = \left. \frac{\underline{I}_1}{\underline{U}_2} \right|_{\underline{U}_1 = 0} \qquad (1.19)$$

$$\underline{Y}_{21} = \frac{\underline{I}_2}{\underline{U}_1} \Big/ \underline{U}_2 = 0 \tag{1.20}$$

$$\underline{Y}_{22} = \frac{\underline{I}_2}{\underline{U}_2} \Big/ \underline{U}_1 = 0 \tag{1.21}$$

Auch die Elemente der anderen Vierpolmatrizen lassen sich durch Kurzschluß- oder Leerlaufmessungen am Ein- bzw. Ausgang messen. Für höhere Frequenzen ist dies jedoch nicht mehr möglich. Die Realisierung von Kurzschluß und Leerlauf bereitet im Hochfrequenzbereich (HF-Bereich) Probleme. Außerdem neigen aktive Elemente wie z. B. Transistoren zu Eigenschwingungen. Schließlich besitzen HF-Meßgeräte nicht die erforderlichen hohen bzw. niedrigen Eingangswiderstände für die entsprechenden Messungen.

In der HF-Technik werden Netzwerke und Systeme mit Hilfe von Wellengleichungen beschrieben. Aus einer solchen Darstellung von Vierpolen im HF-Bereich leiten sich die S-Parameter ab. In diesem Zusammenhang spricht man zweckmäßigerweise oft von Zweitoren und nicht von Vierpolen. Im folgenden soll die S-Matrix kurz hergeleitet werden.

Die elektrischen Vorgänge auf Leitungen lassen sich durch Angabe von Spannungen und Strömen in Abhängigkeit von Ort und Zeit beschreiben (1.4). Dabei sind Spannung und Strom die, einer Messung im Bereich tiefer Frequenzen unmittelbar zugänglichen, Vertreter der elektrischen und magnetischen Feldstärken. Diese sind wiederum Komponenten einer elektromagnetischen Welle, die sich längs der Leitung ausbreitet bzw. von ihr geführt wird.

Das Kennzeichen einer Welle ist – außer Richtung und Geschwindigkeit – ihre Intensität. Es liegt deshalb einerseits nahe, eine unmittelbar an diese Vorstellung anknüpfende Kenngröße einzuführen. Diese wäre dann eine Energiegröße. Dem physikalischen Sachverhalt, nämlich der Wechselwirkung zwischen elektrischem und magnetischem Feld, wird andererseits eher eine Feldgröße, also eine lineare Größe, gerecht. Man wählt deshalb zur Beschreibung der Vorgänge auf Leitungen Größen, die der Wurzel aus der transportierten Leistung entsprechen und die dann als Feldgrößen einen unmittelbaren Zusammenhang mit der Spannung oder dem Strom längs der Leitung haben müssen. Eine solche „Welle" wird mit a (oder b) bezeichnet und steht mit der Spannung oder dem Strom und dem Wellenwiderstand Z in folgendem Zusammenhang:

$$a = \frac{U}{\sqrt{Z}} = I\sqrt{Z} \tag{1.22}$$

Der Betrag der transportierten Leistung ergibt sich durch Multiplizieren mit der konjugiert komplexen Welle $\underline{a}^*$ zu

$$\underline{a} \cdot \underline{a}^* = |\underline{a}|^2 = \frac{\underline{U} \cdot \underline{U}^*}{Z} = \underline{I} \cdot \underline{I}^* \cdot Z = \underline{U} \cdot \underline{I}^* = P \tag{1.23}$$

Üblicherweise wird Z als reell angenommen, so daß P ebenfalls reell wird und damit eine Wirkleistung ist.

Da die Leitungsgleichungen Differentialgleichungen 2. Ordnung sind, existieren auch zwei voneinander unabhängige Lösungen, die jede einer Welle entsprechen. Beide Wellen breiten sich in entgegengesetzter Richtung aus. Man ordnet diesen Wellen die Größen a und b zu und spricht nun von (auf ein Bezugsklemmenpaar) zu- oder ablaufenden Wellen. Aus $\underline{a}$ bzw. $\underline{b}$ läßt sich dann auch eine zu- oder ablaufende Spannung bzw. ein Strom ableiten:

$$\underline{a} = \frac{\underline{U}^{zu}}{\sqrt{Z}} = \underline{I}^{zu} \cdot \sqrt{Z}$$

bzw. (1.24)

$$\underline{b} = \frac{\underline{U}^{ab}}{\sqrt{Z}} = \underline{I}^{ab} \cdot \sqrt{Z}$$

und ebenso läßt sich zu- und ablaufende Leistung unterscheiden:

$$\underline{P}^{zu} = \underline{a} \cdot \underline{a}^* \text{ und } \underline{P}^{ab} = \underline{b} \cdot \underline{b}^* \tag{1.25}$$

Wird nun ein Leitungszug von einem (linearen) Zwei- oder Mehrtor unterbrochen, so stehen die von dieser Einheit ablaufenden Wellen in einem linearen Zusammenhang mit sämtlichen zulaufenden Wellen. Man gibt die Abhängigkeit in einem Koeffizientenschema (Matrix) an, das die Verteilung der zulaufenden Wellen auf die ablaufenden beschreibt. Diese Matrix heißt deswegen Verteilungsmatrix, sie ist jedoch unter dem Namen Streumatrix (eine allzu wörtliche Übersetzung vom engl.: scattering-matrix) geläufiger.

Ihre Elemente heißen Streuparameter oder kurz S-Parameter.

$$\underline{b}_1 = \underline{S}_{11}\underline{a}_1 + \underline{S}_{12}\underline{a}_2$$

(1.26 a, b)

$$\underline{b}_2 = \underline{S}_{21}\underline{a}_1 + \underline{S}_{22}\underline{a}_2$$

oder

$$\begin{pmatrix} \underline{b}_1 \\ \underline{b}_2 \end{pmatrix} = \begin{pmatrix} \underline{S}_{11} & \underline{S}_{12} \\ \underline{S}_{21} & \underline{S}_{22} \end{pmatrix} \begin{matrix} \underline{a}_1 \\ \underline{a}_2 \end{matrix} \tag{1.27}$$

Bild 1.24 zeigt ein Zweitor mit den ankommenden (a_i) und reflektierten (b_i) Anteilen.

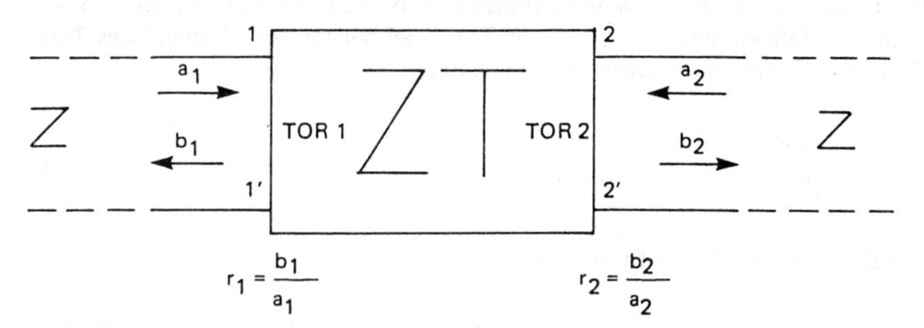

Bild 1.24: Zweitor

Die von einem Klemmenpaar eines Zweitores ablaufende Welle hängt nicht nur von den zulaufenden Wellen am anderen Klemmenpaar ab, sondern enthält auch einen Teil der am betrachteten Klemmenpaar ankommenden Welle. Dieser Anteil erreicht also gar nicht das Innere des Zweitors, sondern wird unmittelbar reflektiert. Die Elemente des Hauptdiagonalen ($S\mu\mu$) beschreiben die Reflexion am Tor, die der Nebendiagonalen ($S\mu v$) die Transmission.

Die Bedeutung der einzelnen Elemente der Streumatrix ergibt sich aus den Definitionsgleichungen (1.26 a, b). Die Eigenreflexionsfaktoren S_{11} und S_{22} lassen sich direkt angeben.

Dabei muß das jeweils gegenüberliegende Tor reflexionsfrei abgeschlossen sein (a_2 bzw. $a_1 = 0$).

„Reflexionsfrei" bedeutet hier aber keineswegs „wellenwiderstandsrichtig" hinsichtlich des Wellenwiderstandes des Zweitores, vielmehr wird damit ausgesagt, daß eine ablaufende Welle b_2 auf der Leitung „verschwindet" und kein Anteil a_2 zurückkehrt. Hier zeigt sich ein wichtiger Unterschied zu anderen Systemen, mit denen ein Zweitor beschrieben werden kann.

Somit erhält man die folgenden Gleichungen für die Reflexionsfaktoren:

$$S_{11} = \frac{b_1}{a_1} \Bigg|_{a_2 = 0} \qquad S_{22} = \frac{b_2}{a_2} \Bigg|_{a_1 = 0} \tag{1.28 a, b}$$

Die Transmissionsfaktoren S_{12} bzw. S_{21} folgen in gleicher Weise zu:

$$S_{12} = \frac{b_1}{a_2}\bigg|_{a_1=0} \qquad S_{21} = \frac{b_2}{a_1}\bigg|_{a_2=0} \tag{1.29 a, b}$$

Im Gegensatz zu den Eigenreflexionsfaktoren muß der sich im Betrieb einstellende Reflexionsfaktor (z. B. am Tor 1 bei beliebigem Abschluß des Tores 2) aus den Gleichungen sowie der Bedingung

$$r_2 = \frac{a_2}{b_2} \tag{1.30}$$

errechnet werden. Er ergibt sich zu

$$r_{1E} = \frac{b_1}{a_1} = S_{11} + S_{12} \cdot S_{21} \frac{r_2}{1 - S_{22} r_2} \tag{1.31}$$

Die Gleichung zeigt sehr anschaulich die Rückwirkung des abschließenden Reflexionsfaktors r_2 auf den Eingang, die hauptsächlich von den Transmissionsfaktoren bestimmt ist. Der Nenner $(1 - S_{22}r_2)$ gibt die Auswirkung von Mehrfachreflexionen am Tor 2 wieder; je nach Phasenlage von $S_{22}r_2$ ist die Rückwirkung stärker oder schwächer.

Erwähnenswert wäre noch, daß die Kettenmatrix, Leitwerts- oder Widerstandsmatrix für ein vorliegendes Zweitor unmittelbar angegeben werden kann, die Streumatrix dagegen erst, wenn die Bezugswellenwiderstände Z der anschließenden Leitungen bekannt sind. Zu ein und demselben Zweitor gehört also, je nach Z-Wert der angeschlossenen Leitungen, eine andere Streumatrix. Hier wird die Verallgemeinerung des vom Eintor her geläufigen Begriffes des Reflexionsfaktors sichtbar.

Für einen gegebenen Wellenwiderstand Z gilt folgender Zusammenhang zwischen den S-Parametern und den Elementen der Leitwertsmatrix:

$$(\underline{Y}) = \frac{1}{Z[(1+\underline{S}_{11})(1+\underline{S}_{22}) - \underline{S}_{12}\underline{S}_{21}]} \begin{pmatrix} (1+S_{22})(1-S_{11}) + S_{12}S_{21} & -2S_{12} \\ -2S_{21} & (1+S_{11})(1-S_{22}) + S_{12}S_{21} \end{pmatrix} \tag{1.32}$$

Obwohl das Konzept zur Beschreibung einer Schaltung durch Wellen schon lange bekannt war, hat es erst mit der Erschließung der Gebiete kürzester Wellen Bedeutung bekommen. Spannungs- und Strommessungen sind in diesem Frequenzbereich nahezu unmöglich und wertlos, da beide Größen längs einer Leitung im allgemeinen ständig ihren Betrag wechseln. Eine mittels eines Richtkopplers abgezweigte Welle a oder b bleibt dagegen im Betrag unabhängig vom Auskoppelort, falls die Leitung selbst verlustfrei ist.

Von der Höchstfrequenz aus fanden die S-Parameter dann Eingang in die Beschreibung von Transistorschaltungen und haben für HF-Transistoren heute die gleiche Bedeutung wie die H-Parametern bei NF-Transistoren.

1.7 Die Transistorgrundschaltungen

Wie bereits erwähnt, unterscheidet man bei Transistoren jeweils drei Grundschaltungen. Die Bezeichnung der Schaltung richtet sich dabei nach dem Transistorpol, der sowohl mit dem Ein- als auch dem Ausgang direkt verbunden ist. Jede dieser Schaltungstypen weist charakteristische Eigenschaften bzgl. der Strom- und Spannungsverstärkung, als auch der Ein- und Ausgangswiderstände auf. Der Reihe nach sollen nun die Grundschaltungen des bipolaren Transistors und des Feldeffekttransistors bezüglich dieser Eigenschaften untersucht werden. Hierzu werden jedoch zunächst die gesuchten Größen für einen allgemeinen Vierpol, der über den Generatorwiderstand $\underline{Z}_S$ gespeist wird und am Ausgang mit dem Lastwiderstand $\underline{Z}_L$ abgeschlossen ist, berechnet (vgl. Bild 1.25).

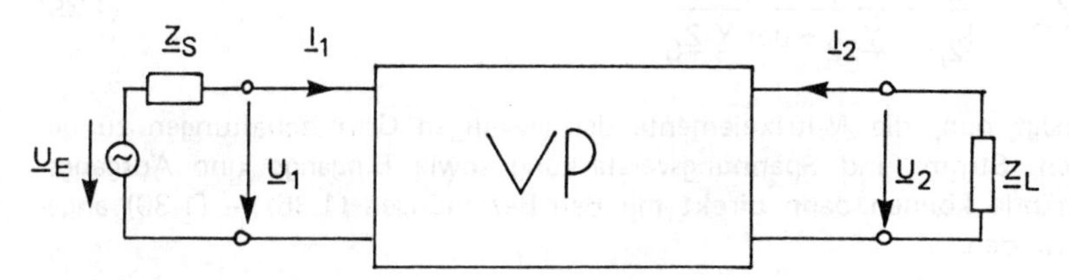

Bild 1.25: Beschalteter Vierpol

Für die Schaltung nach Bild 1.25 gelten folgende Gleichungen:

$$\begin{pmatrix} \underline{I}_1 \\ \underline{I}_2 \end{pmatrix} = \begin{pmatrix} \underline{Y}_{11} & \underline{Y}_{12} \\ \underline{Y}_{21} & \underline{Y}_{22} \end{pmatrix} \begin{pmatrix} \underline{U}_1 \\ \underline{U}_2 \end{pmatrix} \tag{1.33}$$

$$\underline{U}_2 = -\underline{I}_2 \cdot \underline{Z}_L \tag{1.34}$$

$$\underline{U}_E = \underline{I}_1 \cdot \underline{Z}_S + \underline{U}_1 \tag{1.35}$$

Durch einfache Umformungen lassen sich die Beziehungen für die gesuchten Größen angeben.

Stromverstärkung $\underline{V}_i$:

$$\underline{V}_i = \frac{\underline{I}_2}{\underline{I}_1} = \frac{\underline{Y}_{21}}{\underline{Y}_{11} + \det \underline{Y}\underline{Z}_L} \tag{1.36}$$

Spannungsverstärkung $\underline{V}_u$:

$$\underline{V}_u = \frac{\underline{U}_2}{\underline{U}_1} = \frac{-\underline{Y}_{21}\,\underline{Z}_L}{1 + \underline{Y}_{22}\,\underline{Z}_L} \tag{1.37}$$

Eingangswiderstand $\underline{Z}_E$:

$$\underline{Z}_E = \frac{\underline{U}_1}{\underline{I}_1} = \frac{1 + \underline{Y}_{22}\,\underline{Z}_L}{\underline{Y}_{11} + \det \underline{Y}\underline{Z}_L} \tag{1.38}$$

Ausgangswiderstand $\underline{Z}_A$ ($\underline{U}_E = 0$):

$$\underline{Z}_A = \frac{\underline{U}_2}{\underline{I}_2} = \frac{1 + \underline{Y}_{11}\,\underline{Z}_S}{\underline{Y}_{22} + \det \underline{Y}\,\underline{Z}_S} \tag{1.39}$$

Es genügt nun, die Matrixelemente der jeweiligen Grundschaltungen zu bestimmen, Strom- und Spannungsverstärkung sowie Eingangs- und Ausgangswiderstände können dann direkt mit den Beziehungen (1.36) – (1.39) angegeben werden.

1.7.1 Die Grundschaltungen des Bipolartransistors

a) Emitterschaltung

Für diese prinzipiellen Betrachtungen der Grundschaltungen genügt uns ein sehr einfaches Ersatzschaltbild des bipolaren Transistors (Bild 1.26).

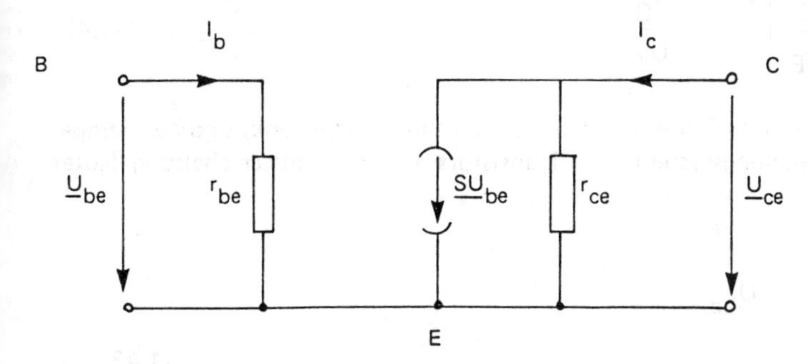

Bild 1.26: Einfaches Wechselstrom Ersatzbild des bipolaren Transistors

Da wir hier mit einem Wechselstromersatzbild für einen bestimmten Arbeitspunkt rechnen, sind r_{be} und r_{ce} die differentiellen ohmschen Widerstände in diesen Punkten. Der Basis-Emitterwiderstand r_{be} läßt sich aus der Strom-Spannungsgleichung eines pn-Übergangs berechnen.

$$r_{be} = \frac{dU_{BE}}{dI_B} = \frac{\beta U_T}{I_C} \tag{1.40}$$

Dabei ist U_T die Temperaturspannung (bei Zimmertemperatur etwa 25,5 mV), I_C der Kollektorstrom im Arbeitspunkt und β die Wechselstromverstärkung di_c/di_b. Bei der Berücksichtigung des Basisbahnwiderstands $R_{BB'}$, erhöht sich der Eingangswiderstand r_{be} um diesen Wert. Der Kollektor-Emitterwiderstand berücksichtigt die Zunahme des Kollektorstroms bei Erhöhung der Kollektor-Emitterspannung den sogenannten Early-Effekt. In guter Näherung ist r_{ce} umgekehrt proportional zum Kollektorstrom, so daß folgendes gilt:

$$r_{ce} = \left.\frac{dU_{CE}}{dI_C}\right|_{U_{BE} = const} = \frac{U_{AF}}{I_C} \tag{1.41}$$

U_{AF} wird Early-Spannung genannt und besitzt Werte zwischen 40 V und 280 V je nach Transistortyp. Man erhält U_{AF} aus dem Schnittpunkt von $I_C = f(U_{CE})$ mit der U_{CE}-Achse. Schließlich wird S als Steilheit des Transistors bezeichnet und gibt die Änderung des Kollektorstroms als Funktion der Änderung der Basis Emitterspannung an. Unter der Annahme eines exponentiellen Zusammenhanges zwischen Kollektorstrom und Basisemitterspannung und unter Vernachlässigung des Basisbahnwiderstandes gilt für die Steilheit des Transistors annähernd:

$$S = \left.\frac{dI_C}{dU_{BE}}\right| = \frac{I_C}{U_T} \qquad (1.42)$$

S ist somit eine Funktion des Kollektorstroms im Arbeitspunkt und der Temperatur. Das Gleichungssystem des Transistors in der Emitterschaltung lautet hiermit:

$$\underline{I}_b = \frac{1}{r_{be}} \cdot \underline{U}_{be}$$

$$\underline{I}_c = S\,\underline{U}_{be} + \frac{1}{r_{ce}} \cdot \underline{U}_{ce} \qquad (1.43\text{ a, b})$$

d. h.:

$$(\underline{Y}_e) = \begin{pmatrix} \underline{Y}_{11e} & \underline{Y}_{12e} \\ \underline{Y}_{21e} & \underline{Y}_{22e} \end{pmatrix} = \begin{pmatrix} \frac{1}{r_{be}} & 0 \\ S & \frac{1}{r_{ce}} \end{pmatrix} \qquad (1.44)$$

Die vollständige geänderte Matrix ist dann nach Gleichung (1.13):

$$(\underline{Y}_e) = \begin{pmatrix} \frac{1}{r_{be}} & 0 & -\frac{1}{r_{be}} \\ S & \frac{1}{r_{ce}} & -S-\frac{1}{r_{ce}} \\ -\frac{1}{r_{be}} - S & -\frac{1}{r_{ce}} & \frac{1}{r_{be}} + \frac{1}{r_{ce}} + S \end{pmatrix} \qquad (1.45)$$

Setzt man die Näherungen des Wechselstromersatzbildes (vgl. (1.40) – (1.42)) in die Gleichungen (1.36) – (1.39) ein, ergeben sich folgende Eigenschaften der Emitterschaltung:

$$V_i = \beta \cdot \frac{U_{AF}}{U_{AF} + Z_L \cdot I_C} \qquad (1.46)$$

$$V_U = \frac{-I_C U_{AF}}{U_T} \cdot \frac{Z_L}{U_{AF} + I_C \cdot Z_L} \tag{1.47}$$

$$Z_E = \frac{\beta U_T \cdot U_{AF}/I_C + \beta U_T Z_L}{U_{AF} + I_C \cdot Z_L} \tag{1.48}$$

$$Z_A = \frac{\beta U_T U_{AF}/I_C + U_{AF} \cdot Z_S}{\beta U_T + I_C \cdot Z_S} \tag{1.49}$$

b) Kollektorschaltung

Mit Hilfe der geränderten Leitwertsmatrix können wir, gemäß Abschnitt 1.5, sofort die Leitwertsmatrix der Kollektorstufe angeben. Es ist:

$$(\underline{Y}_c) = \begin{pmatrix} \underline{Y}_{11c} & \underline{Y}_{12c} \\ \underline{Y}_{21c} & \underline{Y}_{22c} \end{pmatrix} = \begin{pmatrix} \underline{Y}_{11e} & -(\underline{Y}_{11e}+\underline{Y}_{12e}) \\ -(\underline{Y}_{11e}+\underline{Y}_{21e}) & \underline{Y}_{11e}+\underline{Y}_{12e}+\underline{Y}_{21e}+\underline{Y}_{22e} \end{pmatrix} \tag{1.50}$$

$$(\underline{Y}_c) = \begin{pmatrix} \frac{1}{r_{be}} & -\frac{1}{r_{be}} \\ -\frac{1}{r_{be}} - S & \frac{1}{r_{be}} + \frac{1}{r_{ce}} + S \end{pmatrix} \tag{1.51}$$

c) Basisschaltung

In völlig analoger Weise erhält man auch die Leitwertmatrix der Basisschaltung.

$$(\underline{Y}_b) = \begin{pmatrix} \frac{1}{r_{be}} + \frac{1}{r_{ce}} + S & -\frac{1}{r_{ce}} \\ -S - \frac{1}{r_{ce}} & \frac{1}{r_{ce}} \end{pmatrix} \tag{1.52}$$

Mit den bekannten Leitwertsmatrixen errechnen sich die gesuchten Größen V_i, V_u, Z_E und Z_A gemäß Gleichung (1.36) – 1.39). Die Ergebnisse sind in der Tabelle 1.5 zusammengefaßt. In den Bildern 1.27 bis 1.31 sind die Abhängigkeiten der errechneten Größen vom Last- bzw. Generatorwiderstand skizziert. Die Zahlenwerte sollen dem Leser nur eine grobe Vorstellung von den Größenordnungen geben.

Tabelle 1.5: Zusammenfassung der Ergebnisse für die drei Grundschaltungen des Bipolartransistors

	Emitter-schaltung	Kollektorschaltung	Basisschaltung
V_i	$\frac{S\, r_{ce} r_{be}}{r_{ce}+Z_L}$	$-\frac{1+S r_{be}}{1+Z_L/r_{ce}}$	$-\frac{r_{be}+S\, r_{ce} r_{be}}{r_{be}+r_{ce}+S r_{be} r_{ce}+Z_L}$
V_u	$-\frac{r_{ce}\cdot S\cdot Z_L}{r_{ce}+Z_L}$	$\frac{(r_{ce}+S\, r_{be} r_{ce})\cdot Z_L}{r_{be} r_{ce}+(r_{ce}+r_{be}+S\, r_{ce} r_{be})\cdot Z_L}$	$\frac{(1+S\, r_{ce})Z_L}{r_{ce}+Z_L}$
Z_E	$\frac{r_{be} r_{ce}+r_{be} Z_L}{r_{ce}+Z_L}$	$\frac{r_{be} r_{ce}+(r_{be}+r_{ce}+S\, r_{be} r_{ce})\cdot Z_L}{r_{ce}+Z_L}$	$\frac{r_{ce} r_{be}+r_{be} Z_L}{r_{be}+r_{ce}+S\, r_{ce} r_{be}+Z_L}$
Z_A	$\frac{r_{be} r_{ce}+r_{ce} Z_S}{r_{be}+Z_S}$	$\frac{r_{be} r_{ce}+r_{ce}\cdot Z_S}{r_{ce}+r_{be}+S r_{be} r_{ce}+Z_S}$	$\frac{r_{be} r_{ce}+(r_{ce}+r_{be}+S r_{ce} r_{be})Z_S}{r_{be}+Z_S}$

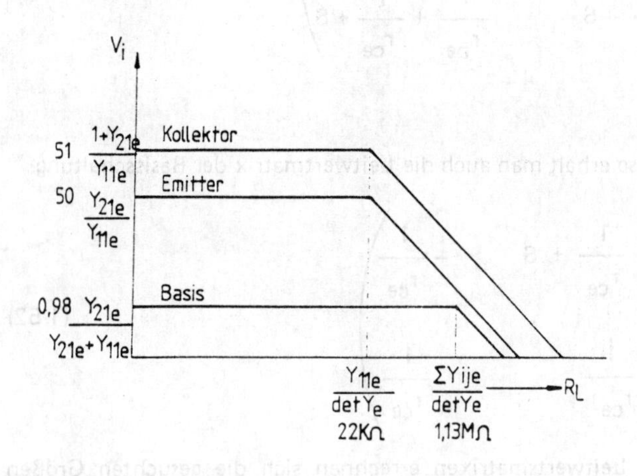

Bild 1.27: Stromverstärkung in Abhängigkeit des Lastwiderstandes

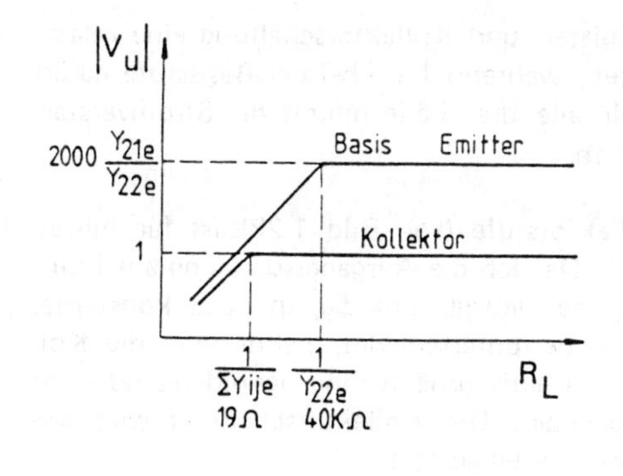

Bild 1.28:
Spannungsverstärkung als Funktion des Lastwiderstandes

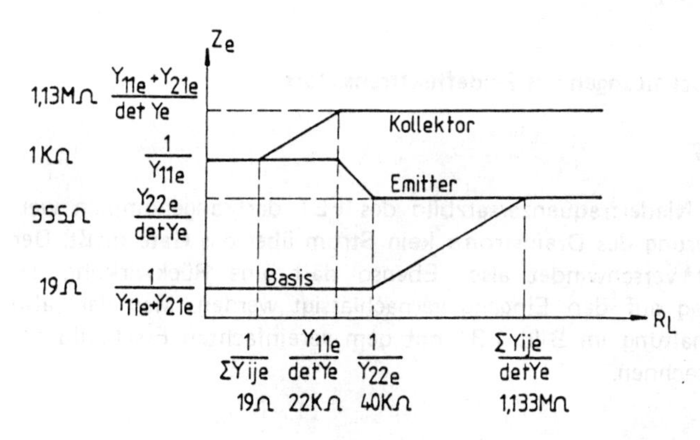

Bild 1.29: Eingangswiderstand als Funktion des Lastwiderstandes

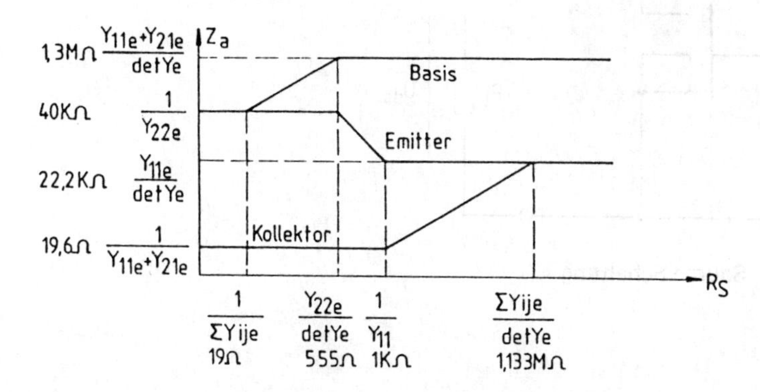

Bild 1.30: Ausgangswiderstand in Abhängigkeit des Generatorwiderstandes

Bild 1.27 zeigt, daß wir für die Emitter- und Kollektorschaltung eine relativ hohe Stromverstärkung ($\approx \beta$) erhalten, während $|V_i|$ bei der Basisstufe natürlich knapp unter 1 liegen muß. Für alle drei Fälle nimmt die Stromverstärkung für große Lastwiderstände rasch ab.

Die Spannungsverstärkung der Kollektorstufe (vgl. Bild 1.28) ist für hinreichend große Lastwiderstände etwa 1. Da sich die Ausgangsspannung am Emitter gegenüber der Eingangsspannung nur jeweils um die, in etwa konstante, Durchlaßspannung der Basisemitterdiode unterscheidet, nennt man die Kollektorstufe auch Emitterfolger. Einem relativ großen Eingangswiderstand steht ein kleiner Ausgangswiderstand gegenüber. Die Kollektorschaltung wird aus diesem Grunde häufig als Impedanzwandler eingesetzt.

1.7.2 Die Grundschaltungen des Feldeffekttransistors

a) Source Schaltung

Für ein einfaches Niederfrequenzersatzbild des FET darf angenommen werden, daß zur Steuerung des Drainstroms kein Strom über das Gate fließt. Der Gate-Sourceleitwert verschwindet also. Ebenso darf eine Rückwirkung der Drainsourcespannung auf den Eingang vernachlässigt werden. Man darf also für die Source Schaltung im Bild 1.31 mit dem vereinfachten Ersatzbild des FET aus Bild 1.32 rechnen.

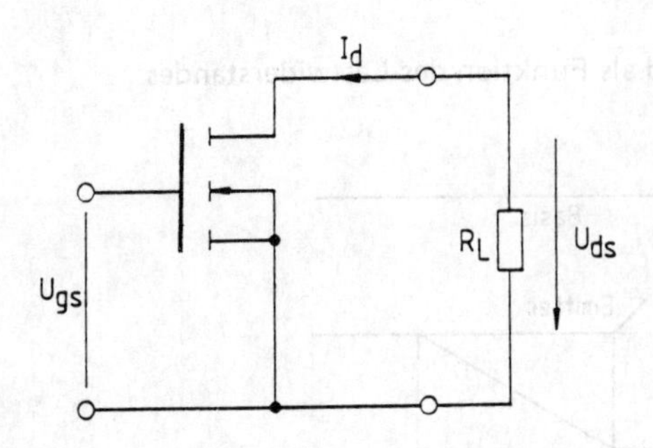

Bild 1.31: Source Schaltung

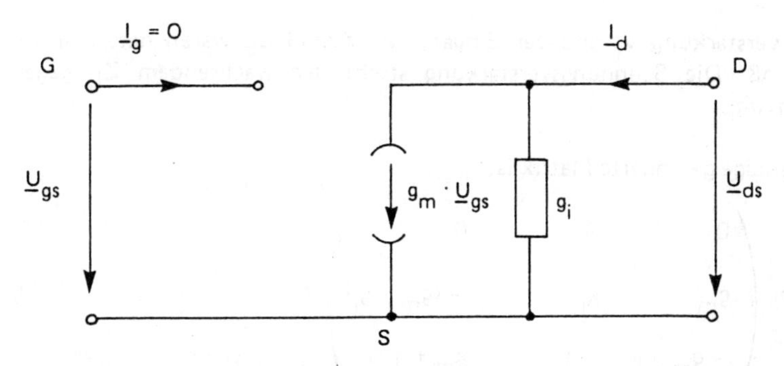

Bild 1.32: Ersatzbild des FET für die Sourceschaltung

Daraus ergibt sich folgendes Gleichungssystem:

$$\underline{I}_g = 0$$
$$\underline{I}_d = g_m \cdot \underline{U}_{gs} + g_i \, \underline{U}_{ds} \tag{1.53 a, b}$$

bzw.:

$$\begin{pmatrix} \underline{Y}_{11s} & \underline{Y}_{12s} \\ \underline{Y}_{21} & \underline{Y}_{22s} \end{pmatrix} = \begin{pmatrix} 0 & 0 \\ g_m & g_i \end{pmatrix} \tag{1.54}$$

Hier ist:

$$g_m = \frac{dI_D}{dU_{GS}} \quad / \, U_{DS} = \text{const} \tag{1.55}$$

$$g_i = \frac{dI_D}{dU_{DS}} \quad / \, U_{GS} = \text{const} \tag{1.56}$$

Für niedrige Frequenzen ist die Spannungsverstärkung

$$V_U = -\frac{g_m Z_L}{1 + g_i Z_L} \tag{1.57}$$

und der Ausgangswiderstand

$$Z_A = \frac{1}{g_i} \tag{1.58}$$

Die Stromverstärkung V_i und der Eingangswiderstand Z_E wären natürlich unendlich groß. Die Spannungsverstärkung strebt mit wachsendem Z_L gegen $V_{u\infty} = -g_m/g_i$.

Die vollständige geränderte Matrix ist:

$$\left(\underline{Y}\right) = \begin{pmatrix} 0 & 0 & 0 \\ g_m & g_i & -(g_m + g_i) \\ -g_m & -g_i & g_m + g_i \end{pmatrix} \tag{1.59}$$

b) Drainschaltung

Analog zu Abschnitt 1.7.1 lassen sich mit Hilfe der geränderten Matrix nun alle Größen sehr einfach berechnnen. Hier sollen nun lediglich die Ergebnisse angegeben und in der Tabelle 1.6 als Übersicht dargestellt werden. Die Spannungsverstärkung der Drainstufe ist:

$$V_u = \frac{g_m Z_L}{1 + (g_m + g_i)Z_L} \tag{1.60}$$

Unter der Annahme, daß g_m wesentlich größere Werte als g_i besitzt, geht V_u mit zunehmendem Lastwiderstand gegen 1. Stromverstärkung und Eingangswiderstand sind auch für die Schaltung unendlich groß. Der Ausgangswiderstand ist

$$Z_A = \frac{1}{g_m + g_i} = \frac{1/g_i}{1 + |V_{u\infty}|} \tag{1.61}$$

also wesentlich kleiner im Vergleich zur Sourceschaltung.

c) Gateschaltung

Im Gegensatz zur Source- und Drainschaltung sind alle Y-Parameter der Gatestufe von Null verschieden. Die Gateschaltung hat folgende Eigenschaften:

$$V_u = \frac{(g_m + g_i)Z_L}{1 + g_i Z_L} = \frac{(1 - V_{u\infty})Z_L}{1/g_i + Z_L} \tag{1.62}$$

Für einen unendlich großen Lastwiderstand ist der Betrag der Spannungsverstärkung gerade um 1 größer als bei der Sourceschaltung. Der Eingangswiderstand hat einen unendlichen Wert von

$$Z_E = \frac{1 + g_i Z_L}{g_m + g_i} = \frac{1/g_i + Z_L}{1 - V_u} \tag{1.63}$$

Außerdem gilt für den Ausgangswiderstand Z_A

$$Z_A = \frac{1 + (g_m + g_i)\, Z_S}{g_i} = 1/g_i + (1 - V_{u\infty})\, Z_S \tag{1.64}$$

Bei der Gateschaltung hängen also sowohl der Eingangs- als auch der Ausgangswiderstand von den äußeren Widerständen Z_S und Z_L ab. Für einen großen Wert von $|V_{u\infty}| = g_m/g_i$ kann man mit dieser Schaltung kleine Eingangs- und große Ausgangswiderstände erzielen.

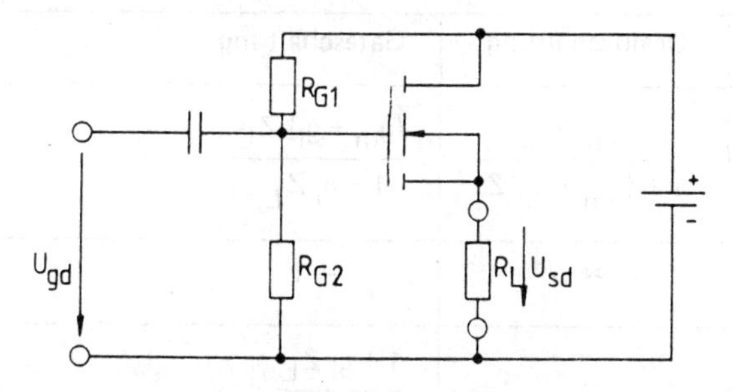

Bild 1.33: Drainschaltung

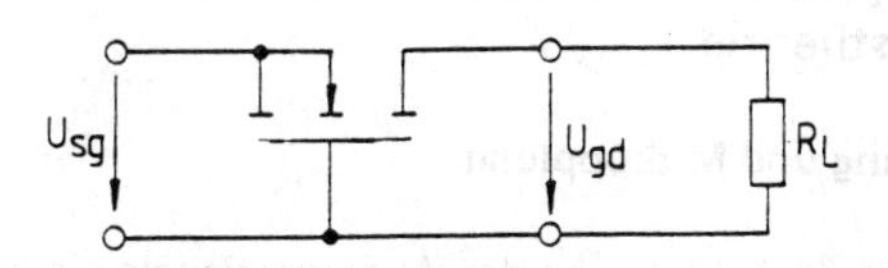

Bild 1.34: Gateschaltung

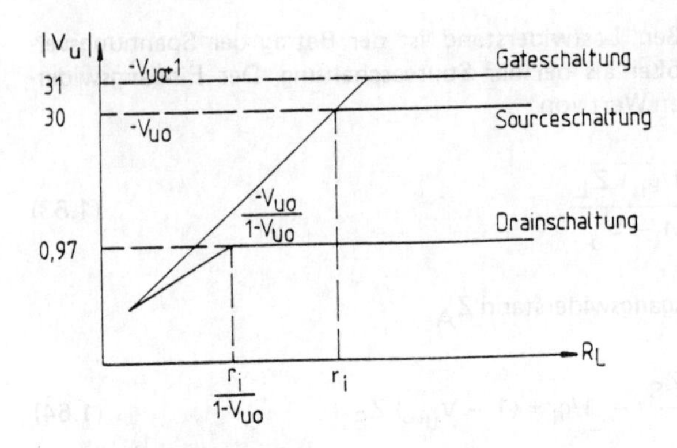

Bild 1.35: Spannungsverstärkung in Abhängigkeit vom Lastwiderstand

Tabelle 1.6: Übersicht zu den Eigenschaften der FET-Grundschaltungen unter Verwendung eines Ersatzschaltbildes für niedrige Frequenzen

	Sourceschaltung	Drainschaltung	Gateschaltung
V_u	$-\frac{g_m Z_L}{1+g_i Z_L}$	$\frac{g_m Z_L}{1+(g_m+g_i) Z_L}$	$\frac{(g_m+g_i) Z_L}{1+g_i Z_L}$
V_i	∞	∞	-1
Z_E	∞	∞	$\frac{1+g_i Z_L}{g_m+g_i}$
Z_A	$\frac{1}{g_i}$	$\frac{1}{g_m+g_i}$	$\frac{1+(g_m+g_i) Z_S}{g_i}$

1.8 Berechnung von rückgekoppelten Verstärkern mit Hilfe der klassischen Gegenkopplungstheorie

1.8.1 Rückkopplung, Gegenkopplung und Mitkopplung

Als Rückkopplung wird allgemein die Zurückführung des Ausgangssignals eines Zweitores auf dessen Eingang bezeichnet. Die Übertragung des Ausgangssignals des Zweitores (hier ein aktives Netzwerk) auf dessen Eingang geschieht mittels eines weiteren Zweitores (Rückkopplungszweitor), welches im allgemeinen ein passives Netzwerk darstellt. Bild 1.36 zeigt die verallgemeinerte Rückkopplungsdarstellung.

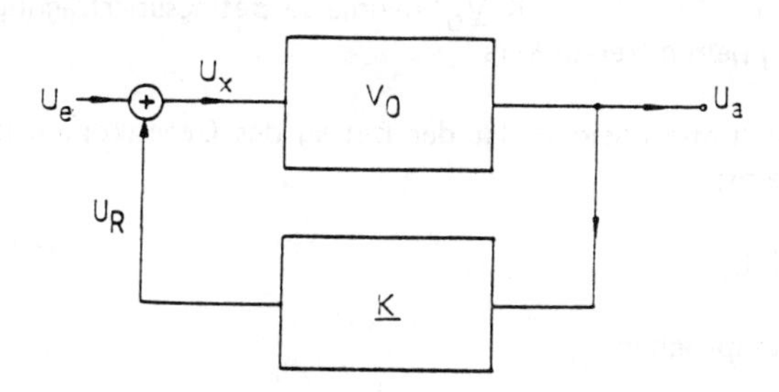

Bild 1.36: Die verallgemeinerte Rückkopplungsdarstellung mit den Übertragungsfunktionen der Zweitore $\underline{V}_o$ und $\underline{K}$, dem Eingangssignal $\underline{U}_e$ und dem Ausgangssignal $\underline{U}_a$ (komplexe Größen)

Anhand der Richtungspfeile in Bild 1.36 ist zu erkennen, daß das Rückkopplungszweitor *nur* in Rückwärtsrichtung übertragen soll. (Dies ist eine Voraussetzung, die bei rückgekoppelten Verstärkerschaltungen in der Praxis nicht immer zulässig ist und somit ein Nachteil der klassischen Gegenkopplungstheorie ist.)

Nach Bild 1.36 gilt ohne Rückkopplung:

$$\underline{U}_a = \underline{V}_o \cdot \underline{U}_x \tag{1.65}$$

Mit Rückkopplung wirkt am Eingang des Verstärkerzweitores die Größe

$$\underline{U}_x = \underline{U}_e + \underline{K} \cdot \underline{U}_a \tag{1.66}$$

Daraus ergibt sich die Übertragungsfunktion V des gesamten Verstärkers zu

$$\underline{V} = \frac{\underline{U}_a}{\underline{U}_e} = \frac{\underline{V}_o}{1 - \underline{K}\underline{V}_o} \tag{1.67}$$

wobei das Produkt

$$\underline{V}_R = \underline{K} \cdot \underline{V}_o \tag{1.68}$$

als Schleifen- oder Ringverstärkung $\underline{V}_R$ bezeichnet wird, und der Nenner in Gl. (1.67) als Gegenkopplungsfaktor F

$$\underline{F} = 1 - \underline{K} \cdot \underline{V}_o \tag{1.69}$$

Gegenüber dem Betrag der Übertragungsfunktion $|\underline{V}_o|$ des Verstärkers erhalten wir eine durch den Faktor $|\underline{F}| = |1 - \underline{K}\,\underline{V}_o|$ dividierte Betragsübertragungsfunktion $|\underline{V}|$ des rückgekoppelten Verstärkers.

Es sind nun zwei Fälle zu unterscheiden. Ist der Betrag des Gegenkopplungsfaktors $|\underline{F}|$ kleiner gleich eins,

$$|\underline{F}| = |1 - \underline{K}\,\underline{V}_o| \leqslant 1, \tag{1.70}$$

so wird von Mitkopplung gesprochen.

Im anderen Fall, wenn der Betrag des Gegenkopplungsfaktors $|\underline{F}|$ größer als eins ist,

$$|\underline{F}| = |1 - \underline{K}\,\underline{V}_o| > 1,$$

wird die Rückkopplung als Gegenkopplung bezeichnet.

Somit hat auf den ersten Blick nur die Mitkopplung die attraktive Eigenschaft, die Verstärkung des gesamten Zweitores zu vergrößern. Jedoch lassen sich bei näherem Untersuchen der Gegenkopplung viel wichtigere Eigenschaften, die Verwendung von gegengekoppelten Verstärkern, verbessern.

1.8.2 Definition und Auswertung von Empfindlichkeiten des gegengekoppelten Verstärkers gegenüber einer Veränderung der Übertragungsfunktion ohne Gegenkopplung

1.8.2.1 Gegenkopplung über eine Verstärkerstufe

Der Arbeitspunkt eines Verstärkers ändert sich mit Temperatur- und Versorgungsspannungsschwankungen. Mit dem Arbeitspunkt ändert sich auch die Übertragungsfunktion $\underline{V}_o$ des nicht gegengekoppelten Verstärkers. Wir wollen nun untersuchen, wie sich die Gegenkopplung gegenüber solchen Änderungen $d\underline{V}_o$ auf die Gesamtübertragungsfunktion $\underline{V}$ auswirkt. Die Gesamtübertragungsfunktion $\underline{V}$ nach infinitesimal kleinen Änderungen $d\underline{V}_o$ der Übertragungsfunktion ohne Gegenkopplung differenziert ergibt:

$$\frac{d\underline{V}}{d\underline{V}_o} = \frac{1}{(1 - \underline{K}\,\underline{V}_o)^2} = \frac{1}{1 - \underline{K}\,\underline{V}_o} \cdot \frac{\underline{V}}{\underline{V}_o}$$

$$\frac{d\underline{V}}{\underline{V}} = \frac{1}{1 - \underline{K}\,\underline{V}_o} \cdot \frac{d\underline{V}_o}{\underline{V}_o}$$

Die Empfindlichkeit S_V des gegengekoppelten Verstärkers gegenüber relativen Änderungen $\frac{d\underline{V}_o}{\underline{V}_o}$ der Übertragungsfunktion ohne Gegenkopplung ergibt sich nun zu

$$S_V = \left| \frac{1}{1 - \underline{K}\,\underline{V}_o} \right|$$

Weil bei Gegenkopplung $|1 - \underline{K}\,\underline{V}_o| > 1$ ist, ist die Empfindlichkeit S_V des gegengekoppelten Verstärkers gegenüber Änderungen $d\underline{V}_o$ der Übertragungsfunktion des Verstärkers ohne Gegenkopplung kleiner geworden. Das heißt, die Auswirkung von Temperatureinflüssen und Versorgungsspannungsschwankungen auf die gesamte Übertragungsfunktion $\underline{V}$ ist ***reduziert*** worden.

Für $|\underline{V}_R| \gg 1$ gilt

$$\underline{V} = \frac{\underline{V}_o}{1 - \underline{K}\,\underline{V}_o} \approx -\frac{1}{\underline{K}} \tag{1.71}$$

bzw.

$$S_V \approx \left| \frac{1}{\underline{K} \cdot \underline{V}_o} \right| \tag{1.72}$$

Das heißt, die Übertragungsfunktion $\underline{V}$ des gesamten Verstärkers ist nur noch abhängig von dem passiven Gegenkopplungsnetzwerk und somit durch dieses steuerbar!

Die Empfindlichkeit S_K des gegengekoppelten Verstärkers gegenüber Parameterstreuungen im Gegenkopplungsnetzwerk (z. B. Toleranzbereich der Impedanzen) wird im wesentlichen nicht verbessert, aber auch nicht verschlechtert.

$$\frac{d\underline{V}}{d\underline{K}} = \frac{\underline{V}_o^2}{(1 - \underline{K}\,\underline{V}_o)^2} = \frac{\underline{K}\,\underline{V}_o}{1 - \underline{K}\,\underline{V}_o} \cdot \frac{\underline{V}}{\underline{K}}$$

$$\frac{d\underline{V}}{\underline{V}} = \frac{\underline{K}\,\underline{V}_o}{1 - \underline{K}\,\underline{V}_o} \cdot \frac{d\underline{K}}{\underline{K}}$$

$$S_K = \left| \frac{\underline{K}\,\underline{V}_o}{1 - \underline{K}\,\underline{V}_o} \right|$$

Für $|\underline{V}_R| \gg 1$ gilt

$$S_K = 1.$$

1.8.2.2 Gegenkopplung über mehrere Verstärkerstufen

Wir untersuchen zum einen eine hintereinandergeschaltete Verstärkerreihe von n gleichen gegengekoppelten Verstärkern (s. Bild 1.37a) und zum anderen eine Gegenkopplung über n hintereinandergeschaltete, nicht gegengekoppelte Verstärker (s. Bild 1.37b).

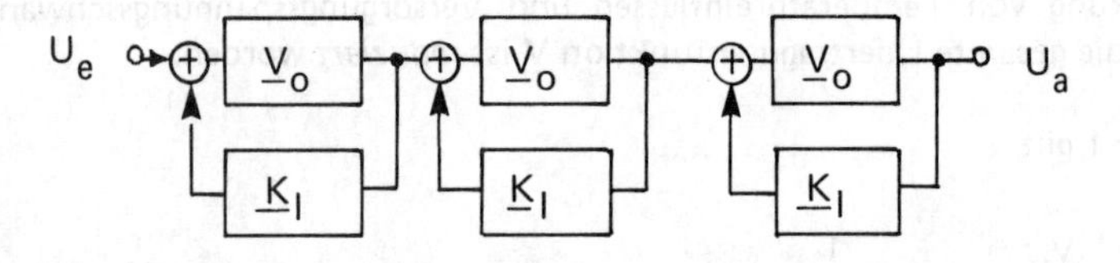

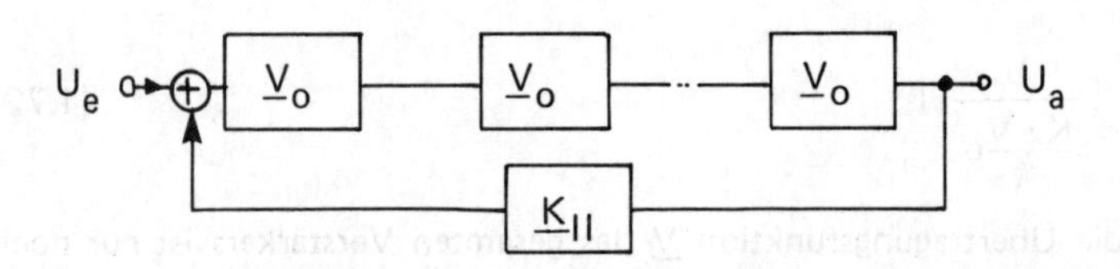

Bild 1.37: Hintereinanderschaltung von n gleichen gegengekoppelten Verstärkern: Gegenkopplung über n hintereinandergeschaltete, nicht gegengekoppelte Verstärker

Es wird nun die Empfindlichkeit beider Varianten (S_{VI} bzw. S_{VII}) gegenüber Änderungen $d\underline{V}_o$ untersucht. Mit Bild 1.37a bzw. 1.37b folgt für die gesamte Übertragungsfunktion

$$\underline{V}_I = \left| \frac{\underline{V}_o}{1 - \underline{K}_I\,\underline{V}_o} \right|^n \tag{1.73a}$$

bzw.

$$\underline{V}_{II} = \frac{\underline{V}_o^{\,n}}{1 - \underline{K}_{II}\,\underline{V}_o^{\,n}} \tag{1.73b}$$

Für die Empfindlichkeit S_{VI} gegenüber einer Änderung dV_o gilt:

$$\frac{d\underline{V}_I}{d\underline{V}_o} = n \left| \frac{\underline{V}_o}{1 - \underline{K}_I \underline{V}_o} \right|^{n-1} \cdot \frac{1}{(1 - \underline{K}_I \underline{V}_o)^2} \tag{1.74}$$

$$= \frac{n}{1 - \underline{K}_I \underline{V}_o} \cdot \frac{\underline{V}_I}{\underline{V}_o} \tag{1.75}$$

$$\frac{d\underline{V}_I}{\underline{V}_I} = \frac{n}{1 - \underline{K}_I \underline{V}_o} \cdot \frac{d\underline{V}_o}{\underline{V}_o} \tag{1.76}$$

wobei

$$S_{VI} = \left| \frac{n}{1 - \underline{K}_I \underline{V}_o} \right| \tag{1.77}$$

ist. Analog gilt für die Empfindlichkeit S_{VII}

$$\frac{d\underline{V}_{II}}{d\underline{V}_o} = \frac{n\underline{V}_o^{\,n-1}}{(1 - \underline{K}_{II}\underline{V}_o^{\,n})^2} = \frac{n}{1 - \underline{K}_{II}\underline{V}_o^{\,n}} \cdot \frac{\underline{V}_{II}}{\underline{V}_o} \tag{1.78}$$

$$\frac{d\underline{V}_{II}}{\underline{V}_{II}} = \frac{n}{1 - \underline{K}_{II} \underline{V}_o^{\,n}} \cdot \frac{d\underline{V}_o}{\underline{V}_o} \tag{1.79}$$

wobei

$$S_{VII} = \left| \frac{n}{1 - \underline{K}_{II} \underline{V}_o^{\,n}} \right| \tag{1.80}$$

ist.

Setzen wir nun für beide Varianten eine gleiche Übertragungsfunktion voraus, dabei gilt

$$\underline{V}_I = \underline{V}_{II} \tag{1.81}$$

so folgt mit Gleichung (1.73a) und (1.73b) in Gleichung (1.81) für die Gegenkopplungsfaktoren $\underline{F}_I$ und $\underline{F}_{II}$

$$\underline{F}_I = (1 - \underline{K}_I \underline{V}_o)^n = 1 - \underline{K}_{II} \underline{V}_o^{\,n} \tag{1.82}$$

Es lassen sich nun die Empfindlichkeiten S_{VI} und S_{VII} aufeinander beziehen:

$$\frac{S_{VI}}{S_{VII}} = \left| \frac{1 - \underline{K}_{II}\,\underline{V}_o{}^n}{1 - \underline{K}_I\,\underline{V}_o} \right| \tag{1.83}$$

Gl. (1.83)

$$|1 - \underline{K}_I\,\underline{V}_o|^{n-1} > 1, \text{ für } n > 1, \tag{1.84}$$

d. h.:

$$S_{VI} > S_{VII} \tag{1.85}$$

Wir schließen, daß die Gegenkopplung über mehrere Verstärkerstufen günstiger ist, weil hier die Empfindlichkeit (hier S_{VII}) gegenüber Schwankungen $d\underline{V}_o$ der nicht gegengekoppelten Verstärkerstufe kleiner ist.

1.8.3 Das Verhalten der Gegenkopplung gegenüber Störsignalen

Neben dem gewünschten verstärkten Signal treten am Ausgang des Verstärkers Störsignale auf.

Wir untersuchen nun die Auswirkung der Gegenkopplung gegenüber einer solchen Art von Störsignalen. Wir nehmen an, der Verstärker sei ideal und bildet die Störsignale mit Hilfe eines Rauschgenerators (s. Bild 1.38).

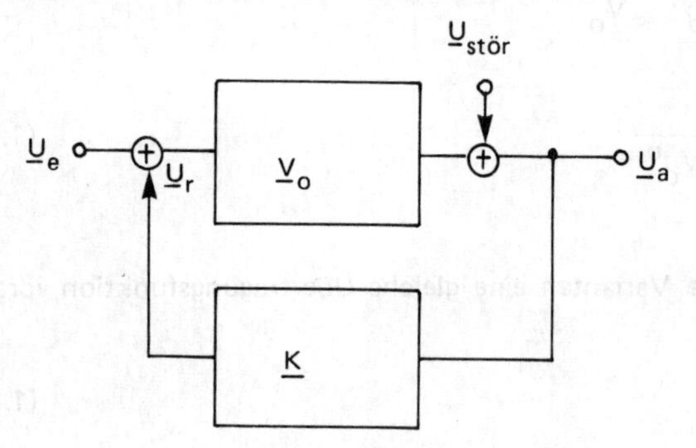

Bild 1.38: Überlagerung von Störsignalen am Ausgang des Verstärkers

Nach Bild 1.38 gilt ohne Rückkopplung

$$\underline{U}_{ao} = \underline{V}_o \cdot \underline{U}_e + \underline{U}_{stör} \tag{1.86}$$

und mit Gegenkopplung

$$\underline{U}_x = \underline{U}_e + \underline{K} \cdot \underline{U}_a \tag{1.87}$$

$$\underline{U}_a = \underline{V}_o \cdot \underline{U}_x + \underline{U}_{stör} = \underline{V}_o\,(\underline{U}_e + \underline{K}\,\underline{U}_a) + \underline{U}_{stör} \tag{1.88}$$

$$= \frac{\underline{V}_o\,\underline{U}_e}{1 - \underline{K}\,\underline{V}_o} + \frac{\underline{U}_{stör}}{1 - \underline{K}\,\underline{V}_o} \tag{1.89}$$

Wir erkennen, daß Störsignale, die am Ausgang des nicht rückgekoppelten Verstärkers auftreten, durch die Gegenkopplung um den Betrag des Gegenkopplungsfaktors $|\underline{F}| = 1 - \underline{K}\,\underline{V}_o$ reduziert werden!

1.8.4 Grundsätzliche Verknüpfungsmöglichkeiten von Verstärkerzweitor und Gegenkopplungszweitor

Gehen wir nun wieder zurück zu der verallgemeinerten Rückkopplungsdarstellung in Bild 1.36. Das gemeinsame Signal $\underline{U}_a$ der beiden Zweitore ist bei Parallelschaltung eine Spannung und bei Serienschaltung der Ausgänge ein Strom. Entsprechend können die Signale, die in der Summenbildung am Anfang auftreten ($\underline{U}_x = \underline{U}_e + \underline{U}_y$), entweder Ströme oder Spannungen sein. Die Kombination dieser jeweils zwei Möglichkeiten am Ausgang und Eingang der Zweitore ergibt vier grundsätzliche Verknüpfungsmöglichkeiten (s. Bild 1.39). Es wird nun die Herleitung von Gl. 1.67

$$\underline{V} = \frac{\underline{V}_o}{1 - \underline{K}\,\underline{V}_o}$$

und die reduzierende Wirkung der Gegenkopplung bezüglich Schwankungen $d\underline{V}_o$ allgemein interpretiert. Die Übertragungsfunktion $\underline{V}_o$ des nicht rückgekoppelten Verstärkerzweitores ist allgemein gesehen das Verhältnis von dem Signal, das den beiden Ausgängen gemeinsam ist, und dem Signal, das in der Summenbildung der beiden Eingänge auftritt.

$$\underline{V}_o = \frac{\underline{U}_a}{\underline{U}_x}$$

Analog zu dieser Definition ergibt sich die Übertragungsfunktion $\underline{K}$ des *nur* in Rückwärtsrichtung betriebenen Gegenkopplungszweitores zu dem Verhältnis aus dem Signal, welches in der Summenbildung der Eingänge auftritt, und dem gemeinsamen Signal der Ausgänge, d. h.:

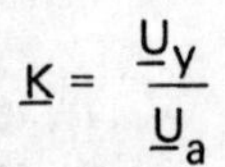

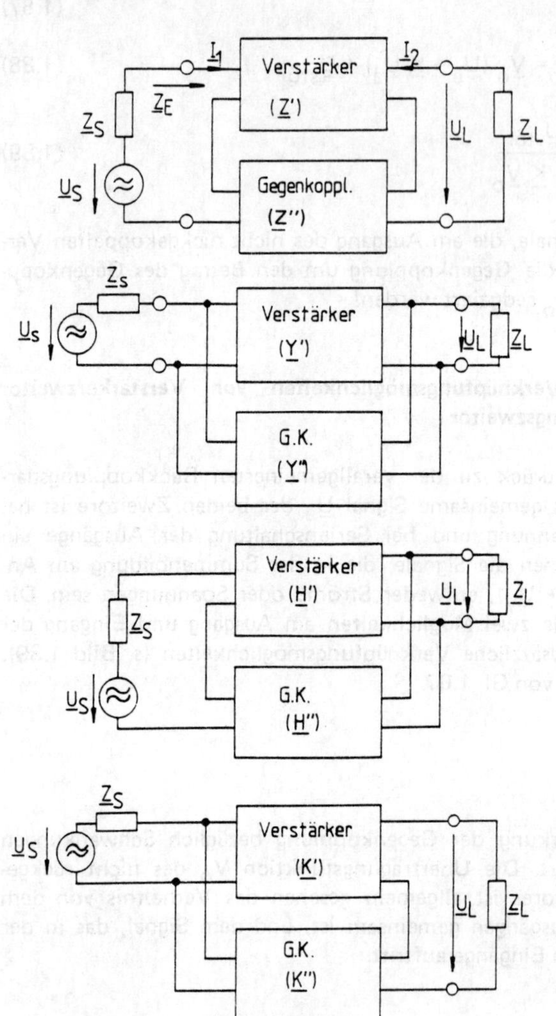

Bild 1.39: Die vier Grundverknüpfungen in Verstärker- und Gegenkopplungszweitor
a) Serien-Serien-Gegenkopplung
b) Parallel-Parallel-Gegenkopplung
c) Serien-Parallel-Gegenkopplung
d) Parallel-Serien-Gegenkopplung

Zur mathematischen Beschreibung der vier Grundanordnungen eignet sich jeweils eine der Matrizendarstellungen aus Kapitel 1.5 ganz besonders. Die vollständige Matrix einer Anordnung ist dann in jedem Fall die Summe der Matrizen des Verstärkervierpols ($\underline{V}_0$) und des Gegenkopplungsvierpols ($\underline{K}$).

Folgende Matrizen werden in den vier Fällen sinnvollerweise verwendet.

- Serien-Serien-Gegenkopplung ($\underline{Z}$) – Matrix
- Parallel-Parallel-Gegenkopplung ($\underline{Y}$) – Matrix
- Serien-Parallel-Gegenkopplung ($\underline{H}$) – Matrix
- Parallel-Serien-Gegenkopplung ($\underline{K}$) – Matrix

Interne Rückkopplung der Vierpole

Die Vierpolparameter Z_{21}, Y_{21}, H_{21}, G_{21} charakterisieren die Übertragung vorwärts, Z_{12}, Y_{12}, H_{12}, G_{12} die Übertragung rückwärts (Rückkopplung).

Als Beispiel sei ein einstufiger Transistorverstärker in Emitterschaltung betrachtet, bei dem die Rückwirkung der Kollektorspannung auf die Basis mit berücksichtigt wird. Die Indizes e der Parameter für Emitterschaltung sowie die Unterstreichungen für komplexe Größen werden der Übersichtlichkeit wegen weggelassen.

R_1, R_2 seien so hochohmig, daß sie im folgenden unberücksichtigt bleiben können, der Koppelkondensator so groß, daß auch er vernachläßigt werden kann.

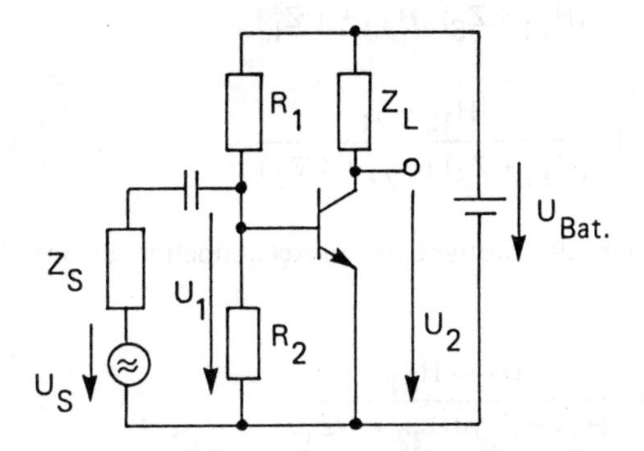

Bild 1.40

Der Transistor sei zuerst durch seine Ersatzschaltung in H-Parameter betrachtet (Bild 1.41).

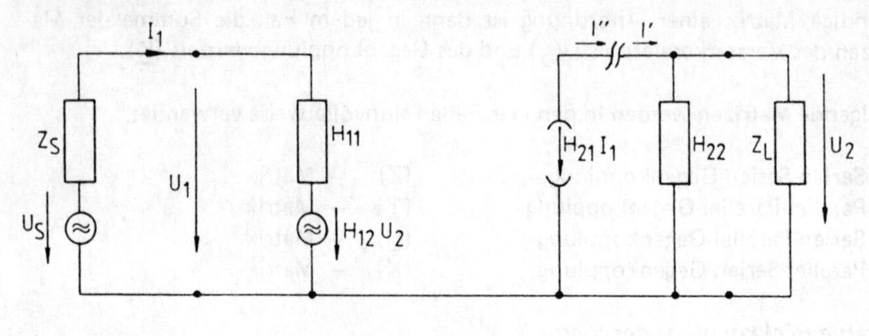

H_{11}	=	1 kΩ	H_{12}	=	$0{,}25 \cdot 10^{-3}$
H_{21}	=	50	H_{22}	=	25 µS
Z_s	=	4 kΩ	Z_L	=	20 kΩ

Bild 1.41

An der eingezeichneten Stelle aufgetrennt und I' eingespeist ergibt sich für $U_S = 0$ (U_s kurzgeschlossen):

$$U_2 = \frac{I'}{H_{22} + 1/Z_L} \qquad H_{12} \cdot U_2 = \frac{I' \cdot H_{12}}{H_{22} + 1/Z_L}$$

damit folgt:

$$I_1 = -\frac{H_{12} \cdot U_2}{H_{11} + Z_S} = -\frac{I' H_{12}}{(H_{11} + Z_S)(H_{22} + 1/Z_L)}$$

und somit:

$$I'' = -H_{21} I_1 = I' \frac{H_{12} H_{21}}{(H_{11} + Z_S)(H_{22} + 1/Z_L)}$$

Die Schleifenverstärkung ergibt sich als Quotient des rückgekoppelten Stroms zum eingespeisten Strom.

$$K \cdot V_o = \frac{I''}{I'} = \frac{H_{12} \cdot H_{21}}{(H_{11} + Z_S)(H_{22} + 1/Z_L)}$$

Der Rückkopplungsfaktor (Indize H für Berechnung mit H-Parametern)

$$F_H = 1 - K \cdot V_o = 1 - \frac{H_{12} \cdot H_{21}}{(H_{11} + Z_S)\,(H_{22} + 1/Z_L)} = 0{,}967$$

Der Rückkopplungsfaktor ist kleiner als 1. Das bedeutet, daß sich die Rückwirkung als *Mit*kopplung ergibt. Zur Kontrolle wird der gleiche Verstärker noch durch seine Y-Parameter beschrieben und berechnet.

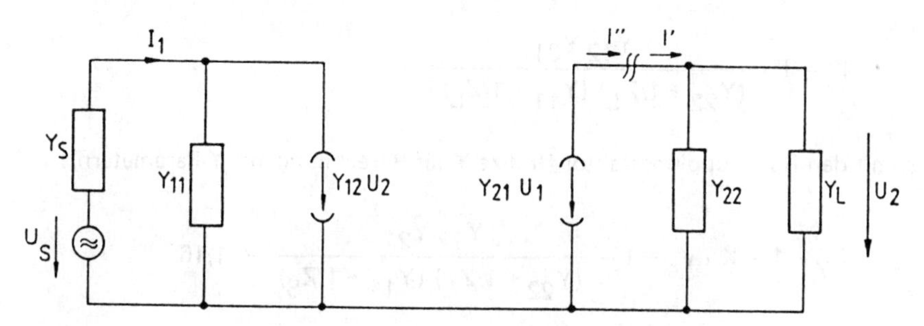

Bild 1.42

Die Umrechnung der H- in Y-Parameter ergibt:

$$Y_{11} = \frac{1}{H_{11}} = 1\ \text{mS}$$

$$Y_{12} = -\frac{H_{12}}{H_{11}} = -0{,}25\ \mu\text{S}$$

$$Y_{21} = \frac{H_{21}}{H_{11}} = 50\ \frac{\text{mA}}{\text{V}}$$

$$Y_{22} = \frac{\det H}{H_{11}} = 12{,}5\ \mu\text{S}$$

analog dem vorherigen Vorgehen erhält man:

$$U_2 = I' \frac{1}{Y_{22} + 1/Z_L}$$

$$U_1 = -I' \frac{Y_{12}}{(Y_{22} + 1/Z_L)\,(Y_{11} + 1/Z_S)}$$

$$I'' = I' \cdot \frac{Y_{12}\,Y_{21}}{(Y_{22} + 1/Z_L)\,(Y_{11} + 1/Z_S)}$$

somit den Rückkopplungsfaktor (Indize Y für Berechnung mit Y-Parametern):

$$F_Y = 1 - K \cdot V_o = 1 - \frac{Y_{12}\,Y_{21}}{(Y_{22} + 1/Z_L)\,(Y_{11} + 1/Z_S)} = 1{,}16$$

Jetzt ergibt sich wie erwartet eine *Gegen*kopplung. Der Grund für die Abweichungen der beiden Berechnungen liegt darin, daß die interne Transistorrückwirkung eine Parallelgegenkopplung ist. Die Y-Parameter beschreiben die Rückwirkung als Parallelrückkopplung und liefern das erwartete Ergebnis. Die *H-Parameter(* hingegen beschreiben am Eingang eine Reihenrückkopplung. Eine Reihengegenkopplung würde den Eingangs- und Ausgangswiderstand erhöhen, die tatsächlich vorhandene Parallelgegenkopplung erniedrigt jedoch den Ein- und Ausgangswiderstand. Um die Eigenschaften der Schaltung richtig zu beschreiben, muß sich in H-Parametern eine Mitkopplung ergeben.

Am Beispiel des Eingangswiderstands sei dies noch gezeigt. Nach Tabelle 1.3 ergibt sich:

$$Z_{EIN,\,H} = \frac{H_{11} + Z_L \cdot \det H}{1 + H_{22}\,Z_L} = 833$$

$$Z_{EIN,\,Y} = \frac{1 + Y_{22}\,Z_L}{Y_{11} + Z_L \det Y} = 833$$

2 Verstärkerberechnung mit der Signalflußmethode

2.1 Einleitung

Moderne Verstärker werden hauptsächlich in Dichschicht-, Dünnschicht- oder integrierter Technik realisiert. Sie enthalten mehrere Gegenkopplungsschleifen und eine Vielzahl von Bauelementen. Die Annahme der klassischen Gegenkopplungstheorie, daß der Verstärker nur in Vorwärtsrichtung und der Gegenkopplungsvierpol nur in Rückwärtsrichtung überträgt, gilt in den meisten Fällen nicht mehr. Die Vierpoltheorie liefert die Grundlage für die exakte Berechnung der gegengekoppelten Verstärker durch die Anwendung von Vierpolparametern. Bei kombinierter Gegenkopplung und mehreren verschachtelten Gegenkopplungsschleifen benötigt die Berechnung mit Vierpolparametern einen erheblichen mathematischen Aufwand. Dieser läßt sich durch die Methode der Signalflußgraphen auf ein Minimum reduzieren, indem man die Schaltung mit Hilfe einiger weniger Grundregeln umformt. Somit läßt sich die Struktur deutlich vereinfachen.
Nach einer kurzen Einführung in diese Regeln werden die Beziehungen für Verstärkung, Ein- und Ausgangsscheinwiderstand des gegengekoppelten Verstärkers erläutert und am Beispiel des Reihen-, parallel- und kombiniert gegengekoppelten Verstärkers dargestellt.

2.2 Regeln des Signalflußgraphen

Bild 2.1 zeigt einen Verstärker im Blockschaltbild. Dieser kann mit Hilfe der Signalflußgraphen folgendermaßen dargestellt werden:

- Eingang : zu verstärkende Eingangsspannung U_0
- Übertragungsweg : gekennzeichnet durch die Verstärkung V_0
- Ausgang : Ausgangsspannung U_L (bestimmt durch U_0 u. V_0)

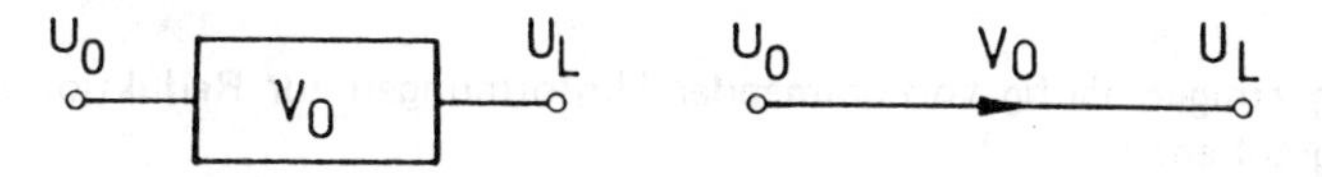

Bild 2.1: Darstellung des Verstärkers durch Blockschaltbild und Signalflußgraphen

Der Signalflußgraph kann nach folgenden Regeln aufgestellt werden:

1. Grundsätzliche Behandlung von Knoten und Zweigen
   a) Jeder Knoten stellt einen Strom oder eine Spannung dar.

b) Jeder Zweig stellt einen Signalfluß mit vorgegebener Richtung und Übertragungsfunktion dar.

Bild 2.2 zeigt zwei Beispiele mit den zugehörigen Gleichungen.
Die Bezeichnung t_{01} kommt aus dem Englischen und bedeutet „Transmission" von 0 nach 1 (Übertragungsfunktion).

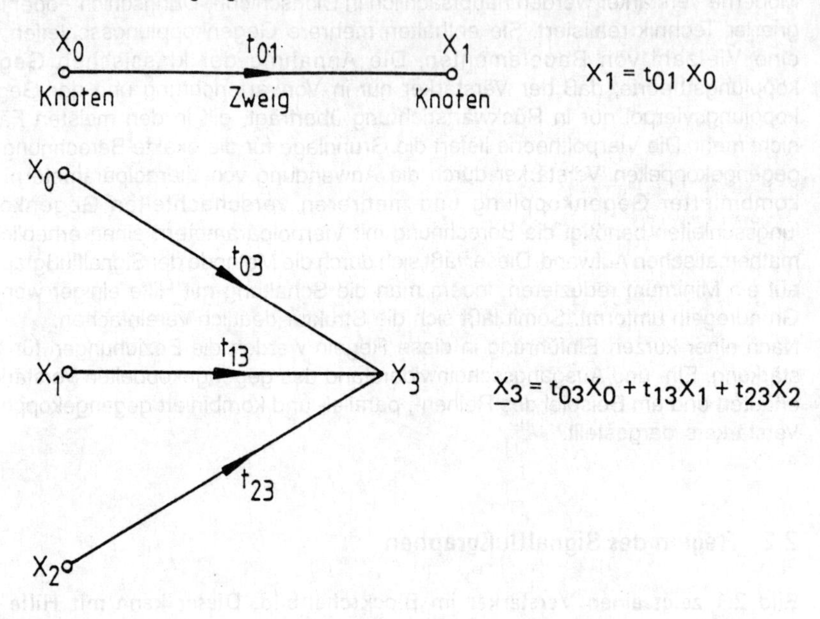

(X_0, X_1 Spannung oder Strom; t_{01} Übertragungsfunktion)

Bild 2.2: Signalflußgraphen mit den zugehörigen Gleichungen

2. Darstellung einiger häufig vorkommender Umformungen zur Reduktion des Signalflußgraphen:

Tabelle 2.1: Umformungen zur Reduktion von Signalflußgraphen

		Originalgraph	äquivalentes Bild
1	Kaskadetransformation	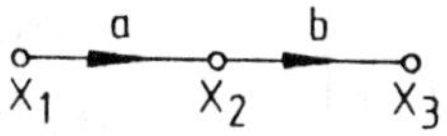 $X_1 \xrightarrow{a} X_2 \xrightarrow{b} X_3$	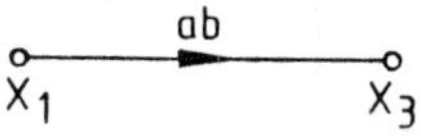 $X_1 \xrightarrow{ab} X_3$
2	Paralleltransformation	X_1 → X_2 über a und b (parallel)	$X_1 \xrightarrow{a+b} X_2$
3	Absorbtion eines Knotens, Stern-Maschentransformation	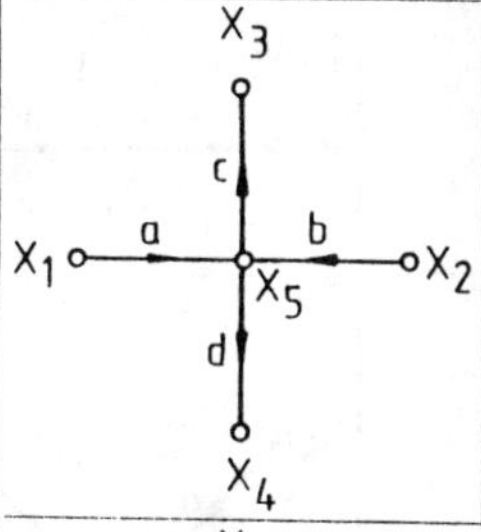 $X_1 \xrightarrow{a} X_5$, $X_2 \xrightarrow{b} X_5$, $X_5 \xrightarrow{c} X_3$, $X_5 \xrightarrow{d} X_4$	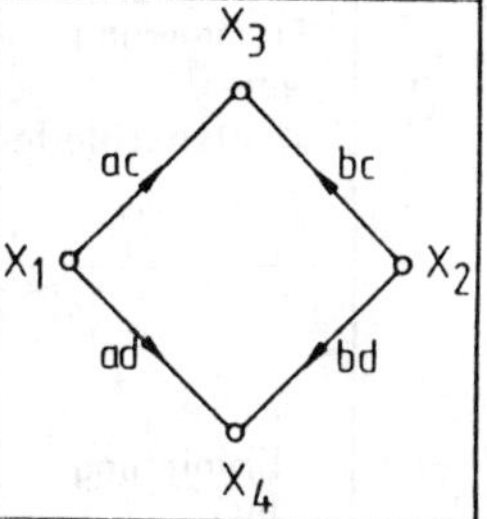 ac, bc, ad, bd zwischen X_1, X_2, X_3, X_4
4	Eliminierung eines weglaufenden Zweiges (Spezialfall von 3)	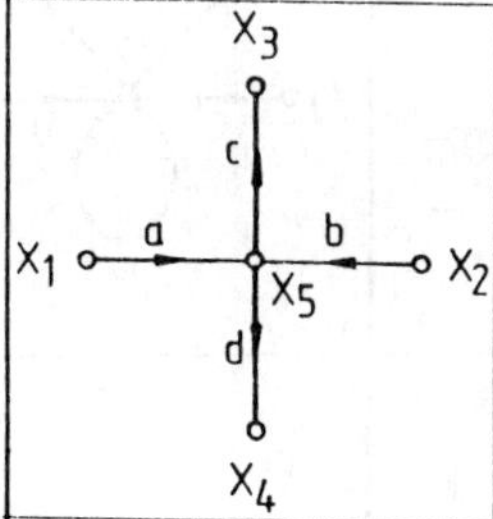 $X_1 \xrightarrow{a} X_5$, $X_2 \xrightarrow{b} X_5$, $X_5 \xrightarrow{c} X_3$, $X_5 \xrightarrow{d} X_4$	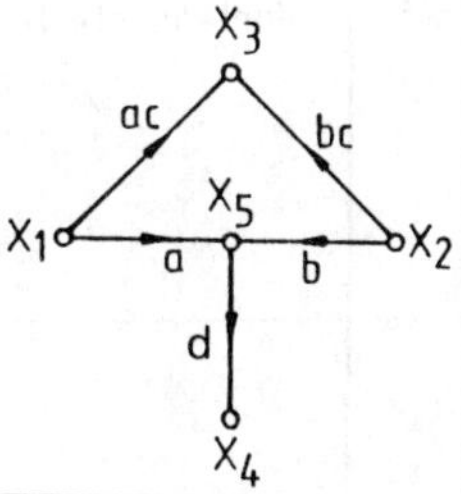 ac, bc nach X_3; a, b nach X_5; d nach X_4
5	Eliminierung eines ankommenden Zweiges	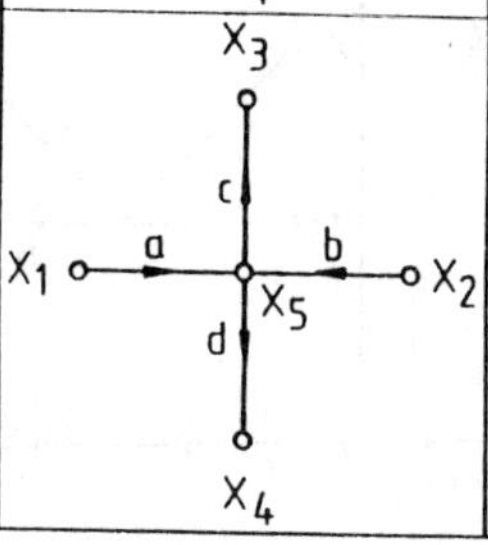 $X_1 \xrightarrow{a} X_5$, $X_2 \xrightarrow{b} X_5$, $X_5 \xrightarrow{c} X_3$, $X_5 \xrightarrow{d} X_4$	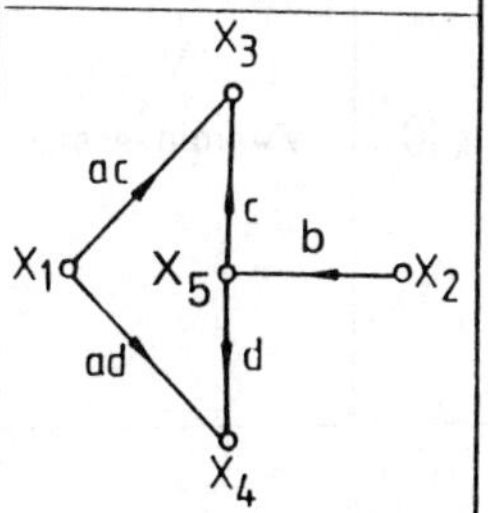 ac, ad von X_1; b nach X_5; c, d von X_5

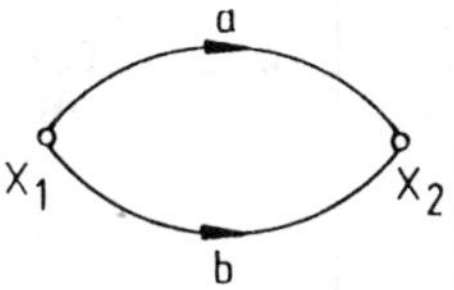

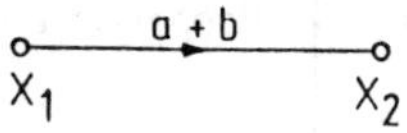

		Originalgraph	äquivalentes Bild
6	Eliminierung einer Schleife	X_1 c X_2 a X_3 b	$\frac{ac}{1-ab}$ X_1 X_3
7	Eliminierung einer Doppelschleife	c 1 a b X_1 X_2 X_3 X_4 d	ac + bd X_1 a X_3 b X_4
8	Eliminierung einer Knotenschleife	c a b X_1 X_2 X_3	X_2 X_1 X_3 $\frac{a}{1-c}$ b
9	Eliminierung einer Knotenschleife	X_4 X_5 a b X_2 X_1 c d X_3 e	X_4 X_5 $\frac{a}{1-e}$ b X_1 $\frac{c}{1-e}$ X_2 d X_3
10	Zweiginversion	X_4 X_5 c d X_1 a X_2 b X_3	X_4 X_5 -c/a -d/a X_1 1/a X_2 b X_3

Der für uns wichtigste Fall des gegengekoppelten Verstärkers wird nach Punkt 6 in Tabelle 2.1 behandelt:

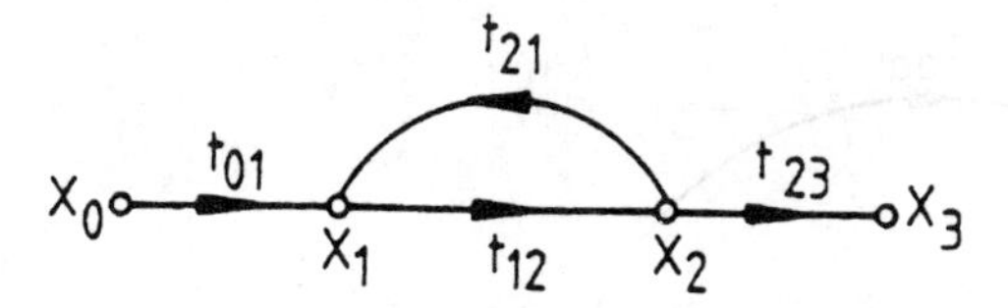

Bild 2.3: Der gegengekoppelte Verstärker

Die Ausgangsspannung X_3 kann man durch X_1 ausdrücken:

$$X_3 = t_{23} X_2 \tag{2.1}$$

$$X_2 = t_{12} X_1; \; X_1 = t_{01} X_0 + t_{21} X_2 \tag{2.2}$$

Daraus ergibt sich durch Einsetzen von (2.2.) in (2.1):

$$X_3 = t_{01} \frac{t_{12}}{1 - t_{21} t_{12}} t_{23} X_0 \tag{2.3}$$

Vergleich mit dem Blockschaltbild des gegengekoppelten Verstärkers:

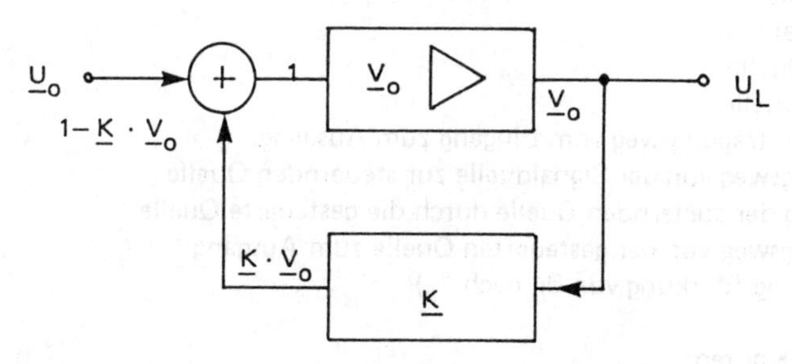

Bild 2.4: Blockschaltbild des gegengekoppelten Verstärkers

Aus Bild 2.4 ergibt sich folgende Beziehung:

$$\underline{V} = \frac{\underline{V}_0}{1 - \underline{K}\,\underline{V}_0} \tag{2.4}$$

Hierbei sind V_0 und V die Verstärkung des Verstärkers ohne und mit Gegenkopplung, K die Übertragungsfunktion des Gegenkopplungsvierpols in Rückwärtsrichtung, KV_0 die Schleifenverstärkung (return ratio) und $1 - KV_0$ der Gegenkopplungsfaktor (return difference).

2.3 Grundsignalflußgraphen des gegengekoppelten Verstärkers

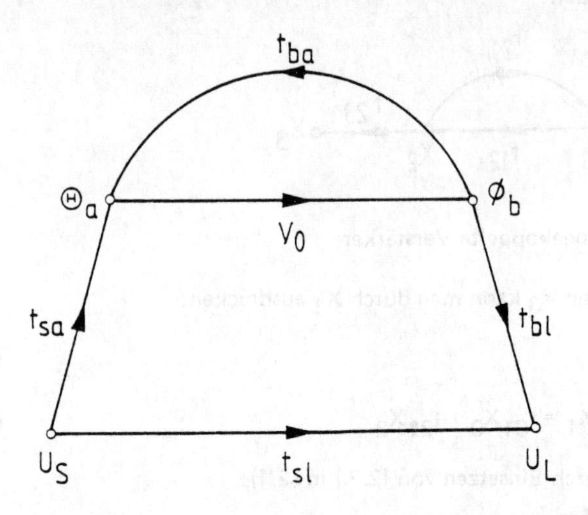

Bild 2.5: Grundsignalflußgraphen des gegengekoppelten Verstärkers

Hierbei bedeuten:

U_S Eingangsspannung
U_L Ausgangsspannung
θ_a steuernde Quelle
$\emptyset_b$ gesteuerte Quelle
t_{sl} direkter Übertragungsweg vom Eingang zum Ausgang.
t_{sa} Übertragungsweg von der Signalquelle zur steuernden Quelle
V_O Verstärkung der steuernden Quelle durch die gesteuerte Quelle
t_{bl} Übertragungsweg von der gesteuerten Quelle zum Ausgang
t_{ba} Rückkopplung (Wirkung von $\emptyset_b$ nach θ_a)

Somit gilt für die Knoten:

$$U_L = t_{sl} U_S + t_{bl} \emptyset_b \tag{2.5}$$

$$\theta_a = t_{sa} U_S + t_{ba} \emptyset_b \tag{2.6}$$

mit $\emptyset_b = V_O \theta_a$ (2.7)

2.4 Schleifenverstärkung (return ratio), Gegenkopplungsfaktor (return difference) und Nullgegenkopplungsfaktor (null return difference)

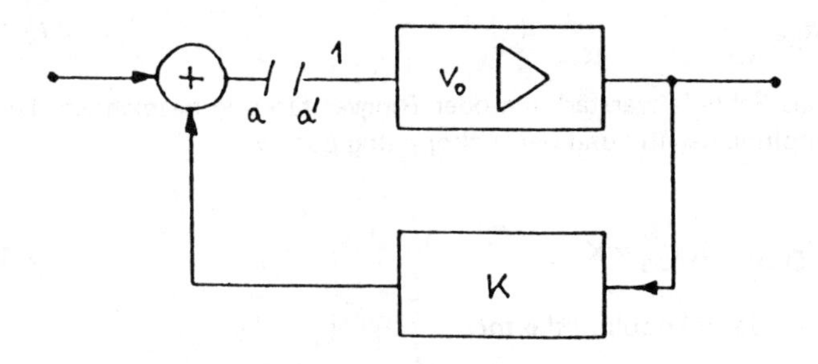

Bild 2.6a: Blockschaltbild zur Messung der Schleifverstärkung durch Auftrennen der Gegenkopplungsschleife

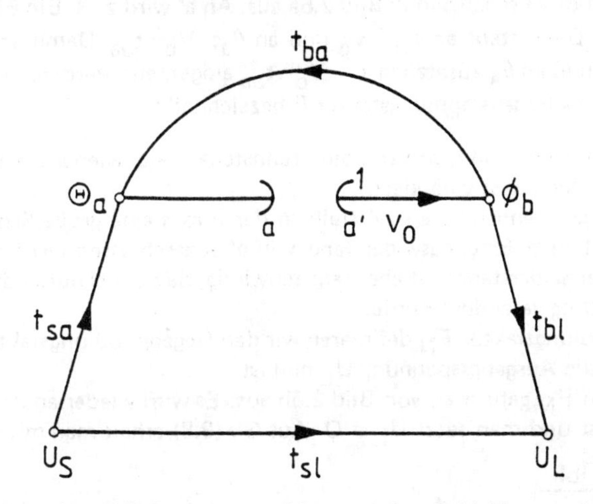

Bild 2.6b: Signalflußgraph zur Messung der Schleifenverstärkung durch Auftrennen der Gegenkopplungsschleife

Zur Stabilitätsuntersuchung wird zunächst die Gegenkopplungsschleife aufgetrennt. Man kann die Schleifenverstärkung berechnen oder messen, indem man am Eingang der Trennstelle a' eine Spannung (z.B. mit der Amplitude 1mV) einprägt und an der Stelle a die Spannung mißt. Dazu ist es notwendig, die Stelle a mit der Nachbildung des Eingangswiderstandes von a' abzuschließen. Es gilt dann:

$$U_L = t_{sl}U_S + 1\text{mV} \cdot V_O t_{bl} \qquad (2.8)$$

$$\theta_a = t_{sa}U_S + 1\text{mV} \cdot V_O t_{ba} \qquad (2.9)$$

$$V_R = V_O t_{ba} \qquad (2.10)$$

wobei wir V_R als Schleifenverstärkung oder Ringverstärkung bezeichnen. Diese ist bei Gegenkopplung negativ und bei Mitkopplung positiv.
Den Ausdruck

$$F = 1 - V_O t_{ba} \text{ mit } t_{ba} = K \qquad (2.11)$$

bezeichnen wir als Gegenkopplungsfaktor.

Die anschauliche Bedeutung des Gegenkopplungsfaktors kann man in etwa folgendermaßen erklären:
Man geht von dem Blockschaltbild in Bild 2.6a aus. An a' wird z. B. Ein Einheitssignal eingespeist. Dann steht an ϕ_b: V_o und an θ_a: $V_o \cdot t_{ba}$. Damit an a jetzt wieder 1 anliegt, muß an θ_a zusätzlich $1 - V_o \cdot t_{ba}$ eingespeist werden.
$1 - V_o \cdot t_{ba}$ wird als Gegenkopplungsfaktor F bezeichnet.

Sind diese Bedingungen erfüllt, so kann die Trennstelle a – a' wieder geschlossen werden, ohne daß sich etwas verändert.
Die Schaffung einer Trennstelle a – a' stellt in der Praxis eine große Schwierigkeit dar, da a mit dem Eingangswiderstand von a' abgeschlossen werden muß. Die Messung dieser Widerstände ist aber sehr schwierig, da bereits durch das Auftrennen die Schaltung verändert wurde.
Als Nullgegenkopplungsfaktor F_N definieren wir den Gegenkopplungsfaktor, der sich ergibt, wenn die Ausgangsspannung U_L null ist.
Zur Erklärung von F_N geht man von Bild 2.6b aus: Es wird wieder an der Stelle a' 1mV eingespeist und man setzt $U_L = 0$. Aus Gl. (2.8) erhält man mit $U_L = 0$

$$U_s = -\frac{V_o t_{bl}}{t_{sl}}$$

Dieser Wert wird in Gl. (2.9) eingesetzt. Man erhält

$$\theta_a = -\frac{V_o t_{bl} t_{sa}}{t_{sl}} + V_o t_{ba}.$$

Definitionsgemäß ist der Rückkopplungsfaktor F_N

$$F_N = 1 - \theta_a$$

Somit ergibt sich:

$$F_N = 1 - V_o t_{ba} + \frac{V_o t_{bl} t_{sa}}{t_{sl}} = F + \frac{V_o t_{bl} t_{sa}}{t_{sl}} \quad (2.12)$$

Aus der Regel 6 (Eliminierung einer Schleife) oder aus den Gleichungen (2.5) ÷ (2.10) läßt sich durch Auflösen nach U_L/U_S die Verstärkung V des gegengekoppelten Verstärkers leicht berechnen:

$$V = \frac{U_L}{U_S} = t_{sl} + \frac{V_o t_{bl} t_{sa}}{1 - V_o t_{ba}} = t_{sl} \frac{F_N}{F} \quad (2.13)$$

Gleichung (2.13) gibt das Verhältnis der Ausgangsgröße zur Eingangsgröße des Signalflußgraphen bei einem gegengekoppelten Verstärker an. Wir werden sie formal zur Berechnung des Ein- und Ausgangswiderstandes eines gegengekoppelten Verstärkers benutzen und kommen zu einer einheitlichen Methode zur Berechnung der Verstärkung und des Ein- und Ausgangswiderstandes des Verstärkers.

2.5 Ein- und Ausgangswiderstand eines gegengekoppelten Verstärkers

Bild 2.7 zeigt den gegengekoppelten Verstärker in der üblichen Vierpoldarstellung.

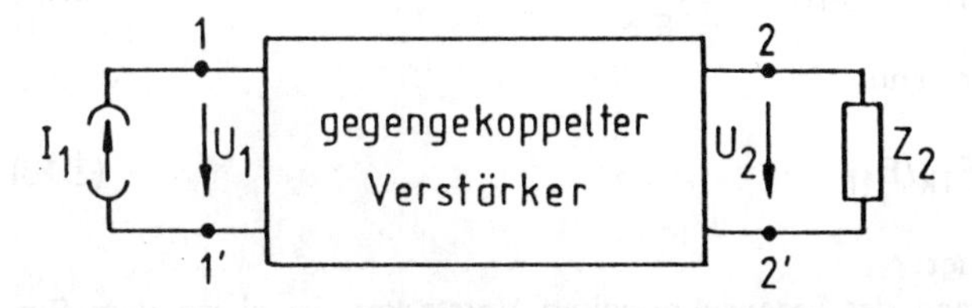

Bild 2.7: Eingangswiderstand des Verstärkers

Bild 2.8 zeigt den modifizierten Signalflußgraphen.
Dieser Signalflußgraph bezieht sich nur auf den Eingang des Verstärkers. Der Eingangswiderstand Z_{Ein} setzt sich aus dem Eingangswiderstand ohne Rückkopplung $Z^o{}_{Ein}$ und dem Widerstand, den die Rückkopplung verursacht zusammen.
Aus Bild 2.8 ergeben sich folgende Gleichungen:

$$U_1 = Z^o{}_{Ein} I_1 + t_{b1} \emptyset_b \quad (2.14)$$

$$\theta_a = t_{1a} I_1 + t_{1l} \emptyset_b \quad (2.15)$$

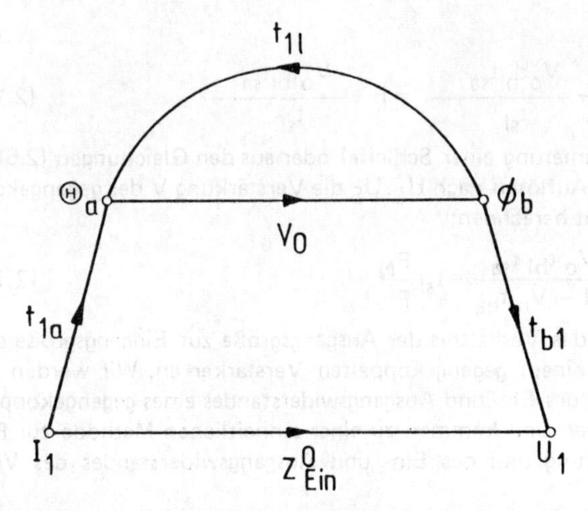

Bild 2.8: Signalflußgraph zur Bestimmung des Eingangswiderstandes

Hieraus lassen sich die Gegenkopplungsfaktoren F_{1l} und F_{1k} bei Leerlauf und Kurzschluß am Eingang berechnen:

$$F_{1l} = 1 - V_o t_{1l} \tag{2.16}$$

$$F_{1k} = 1 - V_o t_{1l} + (V_o t_{b1} t_{1a} \frac{1}{Z^o_{Ein}}) \tag{2.17}$$

Ebenfalls erhalten wir dann:

$$Z_{Ein} = Z^o_{Ein} \, F_{1k}/F_{1l} \tag{2.18}$$

Gleichung (2.18) besagt:
Der Eingangswiderstand des gegengekoppelten Verstärkers ist gleich dem Eingangswiderstand ohne Gegenkopplung, multipliziert mit dem Verhältnis von Kurzschlußgegenkopplungsfaktor zu Leerlaufgegenkopplungsfaktor.
Für den Ausgangswiderstand kann auf gleiche Weise gezeigt werden, daß gilt:

$$Z_{Ausg} = Z^o_{Ausg} \, F_{2k}/F_{2l} \tag{2.19}$$

2.6 Reihen- und Parallelgegenkopplung

Bild 2.9 zeigt den reihengegengekoppelten Verstärker.

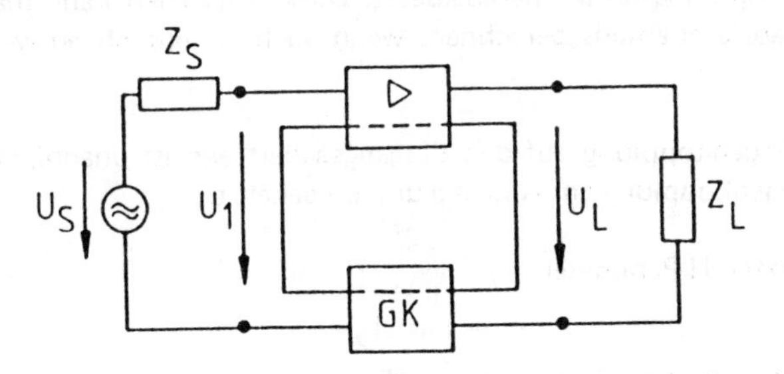

Bild 2.9: Reihengegengekoppelter Verstärker

Da die Schleifenverstärkung bei Leerlauf am Ein- und Ausgang null ist, gilt $F_{1l} = F_{2l} = 1$ und wir erhalten somit aus Gleichung (2.18) und (2.19):

$$Z_{Ein} = Z^{o}{}_{Ein}\, F_{1k} \tag{2.20}$$

$$Z_{Ausg} = Z^{o}{}_{Ausg}\, F_{2k} \tag{2.21}$$

Bild 2.10 zeigt den parallelgegengekoppelten Verstärker.

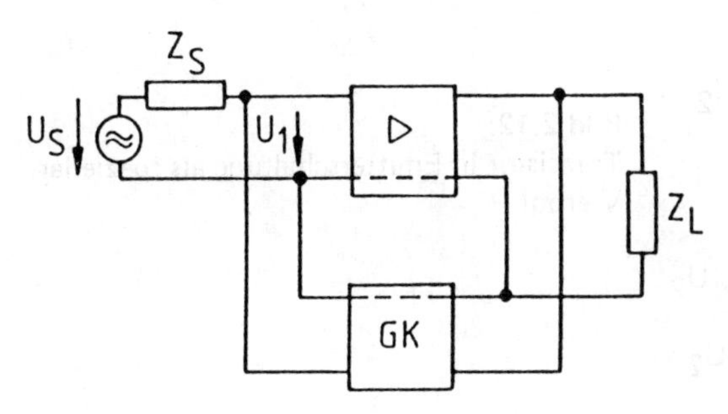

Bild 2.10: Parallelgegengekoppelter Verstärker

Es gilt: $F_{1k} = F_{2k} = 1$. Daraus folgt:

$$Z_{Ein} = Z^{o}{}_{Ein}/F_{1l} \tag{2.22}$$

$$Z_{Ausg} = Z^{o}{}_{Ausg}/F_{2l} \tag{2.23}$$

Den Gleichungen (2.20) bis (2.23) entnehmen wir:

a) Die Ein- und Ausgangswiderstände werden bei Reihengegenkopplung um den Kurzschlußgegenkopplungsfaktor erhöht und bei Parallelgegenkopplung um den Leerlaufgegenkopplungsfaktor herabgesetzt. Diese Tatsachen kann man mit der Vierpoltheorie ebenfalls berechnen, wenn auch wesentlich aufwendiger.

b) Der Einfluß der Gegenkopplung auf den Eingangswiderstand ist unabhängig von der Art der Gegenkopplung am Ausgang und umgekehrt.

Erläuterung der benützten H-Parameter:

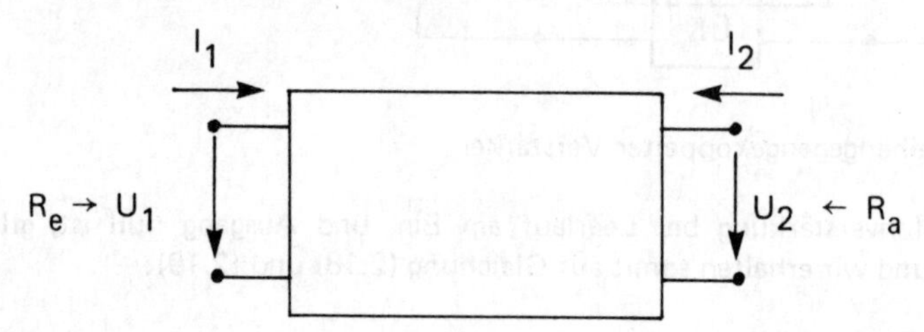

Bild 2.11: Allgemeiner Vierpol zur Herleitung der H-Parameter

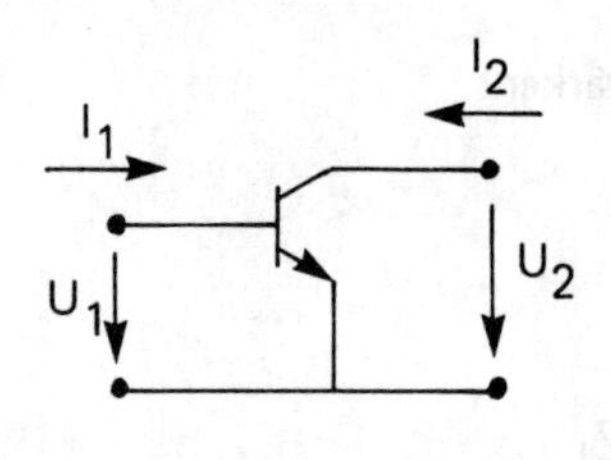

Bild 2.12:
Transistor in Emitterschaltung als spezieller Vierpol

$$U_1 = H_{11}\, I_1 + H_{12}\, U_2$$

$$I_2 = H_{21}\, I_1 + H_{22}\, U_2$$

Hierbei bedeuten:

$H_{11} = \left.\dfrac{U_1}{I_1}\right|_{U_2 = 0} = R_E$ Eingangswiderstand beim Kurzschluß am Ausgang

$H_{12} = \left.\dfrac{U_1}{U_2}\right|_{I_1 = 0} = V_u$ Spannungsverstärkung rückwärts beim Leerlauf am Eingang

$$H_{21} = \frac{I_2}{I_1} \Bigg|_{U_2 = 0} = \beta \quad \text{Kurzschluß-Stromverstärkung}$$

$$H_{22} = \frac{I_2}{U_2} \Bigg|_{I_1 = 0} = G_a \quad \text{Ausgangsleitwert beim Leerlauf am Eingang}$$

2.7 Einstufig gegengekoppelte Verstärker

a) Bipolarer Transistor mit Reihengegenkopplung

Der in Bild 2.13 gezeigte Transistorverstärker ist über den Emitterwiderstand reihengegengekoppelt. Mit Hilfe des Ersatzschaltbildes (Bild 2.14) kann man folgende Zuordnung machen. Die steuernde Quelle θ_a ist der Basisstrom I_b, die gesteuerte Quelle $\emptyset_b$ entspricht der Stromquelle $H_{21e} I_b$.

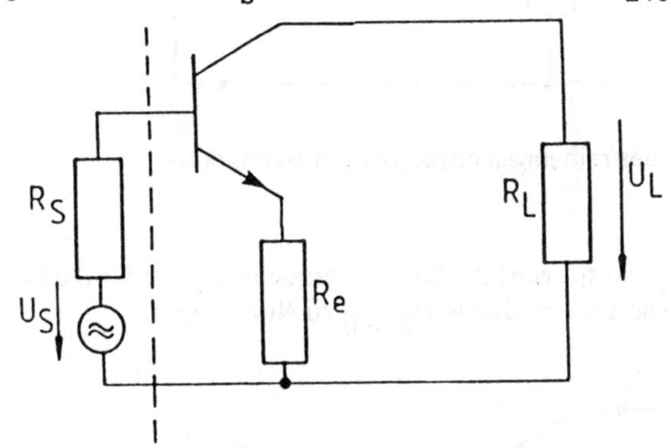

Bild 2.13: Der reihengegengekoppelte bipolare Verstärker

$$U_L = t_{sl}\, U_S + t_{bl}\, \emptyset_b \tag{2.5}$$

$$\theta_a = t_{sa}\, U_S + t_{ba}\, \emptyset_b \tag{2.6}$$

$$\emptyset_b = V_o\, \theta_a \tag{2.7}$$

Die Verstärkung V_o ohne Gegenkopplung beträgt H_{21e}. Mit dieser Zuordnung und den Ersatzschaltbildern für die Spezialfälle $U_S = 0$ bzw. $H_{21e} I_b = 0$ können die Übertragungsfunktionen t_{ba}, t_{bl}, t_{sa} und t_{sl} berechnet werden. Verwendet man noch die Näherungen

$$1 + R_L\, H_{22e} \gg \frac{H_{22e}\, R_e\, (H_{11} + R_S)}{R_e + H_{11} + R_S} \qquad \text{und}$$

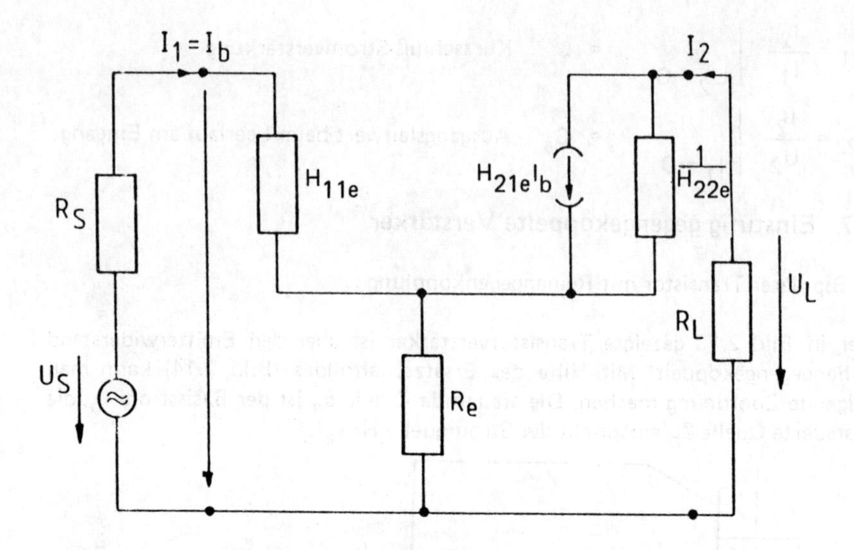

Bild 2.14: Ersatzschaltbild des reihengegengekoppelten Verstärkers

Für die Berechnung von t_{ba} und t_{bl} wird die Spannungsquelle U_s und für die Berechnung von t_{sa} und t_{sl} die gesteuerte Quelle $H_{21e}I_b$ zu Null gesetzt.

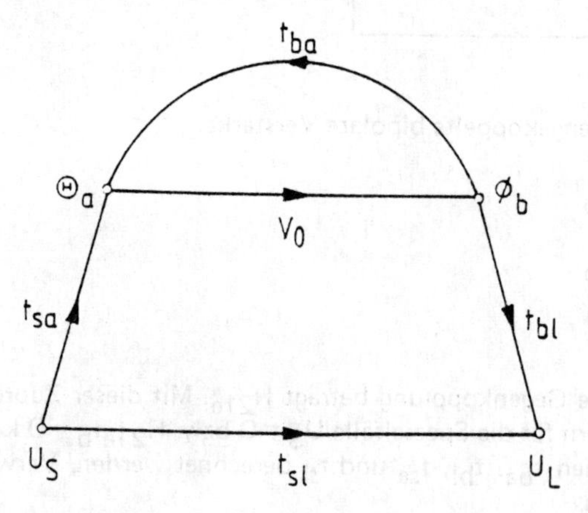

Bild 2.15: Signalflußgraph des gegengekoppelten Verstärkers

$$R_L + \frac{1}{H_{22e}} \gg R_e$$

ergeben sich folgende Faktoren:

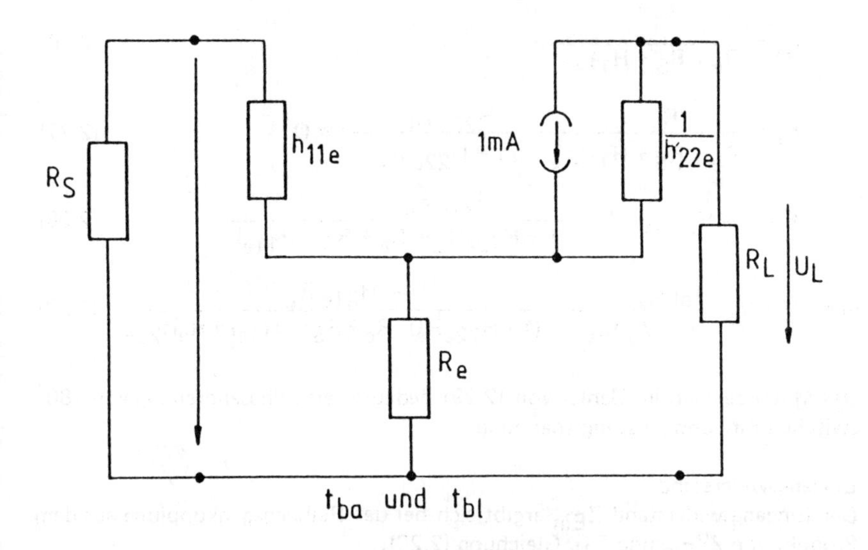

Bild 2.16: Ersatzschaltbild zur Bestimmung von t_{ba} und t_{bl}

$$t_{ba} = \frac{-R_e}{(1 + H_{22e} R_L) \cdot (R_e + R_S + H_{11e})} \qquad (2.24)$$

$$t_{bl} = \frac{-R_L}{1 + H_{22e} R_L} \qquad (2.25)$$

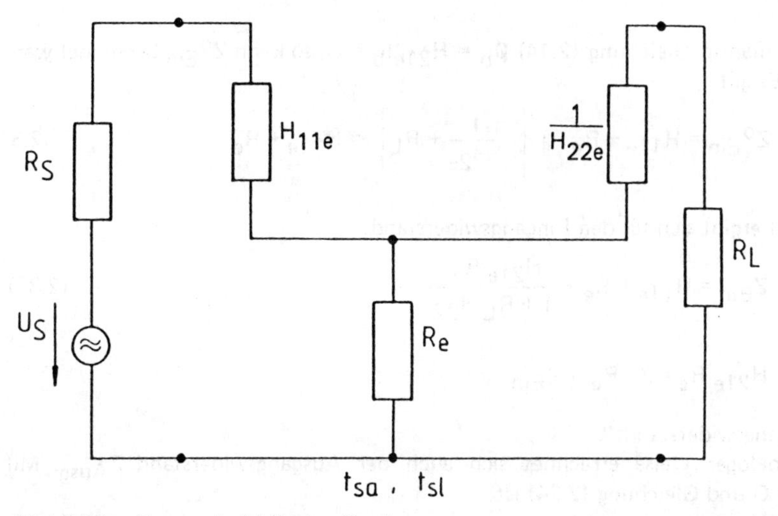

Bild 2.17: Ersatzschaltbild zur Bestimmung von t_{sa} und t_{sl}

$$t_{sa} = \frac{1}{R_e + R_S + H_{11e}} \qquad (2.26)$$

$$t_{sl} = \frac{R_e}{R_e + R_S + H_{11e}} \cdot \frac{H_{22e} R_L}{1 + H_{22e} R_L} \approx 0 \qquad (2.27)$$

$$F = 1 - V_o\, t_{ba} = 1 + \frac{H_{21e} R_e}{(1 + H_{22e}R_L)\,(R_e + R_S + H_{11e})} \qquad (2.28)$$

$$\text{und} \quad V = V_o \frac{t_{bl}\, t_{sa}}{1 - V_o\, t_{ba}} = \frac{-H_{21e} R_L}{(1 + H_{22e}R_e)\,(R_e + R_S + H_{11e}) + R_e H_{21e}} \qquad (2.29)$$

Das Miniuszeichen im Zähler von (2.29) bedeutet eine Phasendrehung von 180° zwischen Ein- und Ausgangsspannung.

Eingangswiderstand:
Der Eingangswiderstand Z_{Ein} ergibt sich bei der Reihengegenkopplung aus dem Produkt von $Z^o{}_{Ein}$ und F_{1k} Gleichung (2.20).
Schließt man den Eingang kurz ($U_S = 0$; $R_S = 0$), so erhält man für den Kurzschlußgegenkopplungsfaktor:

$$F_{1k} = 1 + \frac{H_{21e} R_e}{(1 + R_L H_{22e})\,(H_{11e} + R_e)} \qquad (2.30)$$

Setzt man in Gleichung (2.14) $\emptyset_b = H_{21e} I_b = 0$, so kann $Z^o{}_{Ein}$ berechnet werden. Es gilt:

$$Z^o{}_{Ein} = H_{11e} + R_e \parallel \left[\frac{1}{H_{22e}} + R_L\right] \approx H_{11e} + R_e \qquad (2.31)$$

Damit ergibt sich für den Eingangswiderstand:

$$Z_{Ein} = H_{11e} + R_e + \frac{H_{21e} R_e}{1 + R_L H_{22e}} \qquad (2.32)$$

$$H_{21e} R_e = ß \cdot R_e \approx Z_{Ein}$$

Ausgangswiderstand:
In analoger Weise errechnet sich auch der Ausgangswiderstand Z_{Ausg}. Mit $R_L = 0$ und Gleichung (2.24) ist:

$$F_{2k} = 1 + \frac{H_{21e} R_e}{R_e + R_S + H_{11e}} \tag{2.33}$$

$Z^o{}_{Ausg}$ ist das Verhältnis von Ausgangsspannung zu Ausgangsstrom für $\emptyset_b = H_{21e} I_b = 0$.

$$Z^o{}_{Ausg} = \frac{1}{H_{22e}} + R_e \,||\, (H_{11e} + R_S) \approx \frac{1}{H_{22e}} \tag{2.34}$$

Schließlich ergibt sich für den Ausgangswiderstand:

$$Z_{Ausg} = \frac{1}{H_{22e}} \left(1 + \frac{H_{21e} R_e}{R_e + R_S + H_{11e}}\right) \tag{2.35}$$

Schaltungsbeispiel:

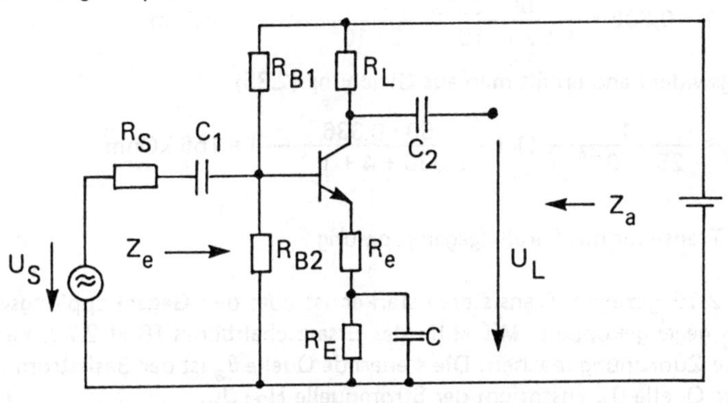

Bild 2.18: Reale Schaltung zur Reihengegenkopplung

Erläuterungen zu den verwendeten Bauelementen:

R_S	Innenwiderstand der Quelle U_S
R_{B1}, R_{B2}	Basisspannungsteiler zur Arbeitspunkteinstellung (gleichstrommäßig)
R_L	Arbeitswiderstand
R_e	Reihenkopplungswiderstand
R_E, C	Arbeitspunktstabilisierung (gleichstrommäßig) $\frac{1}{j\omega C} < R_e$
C_1, C_2	Koppelkondensatoren zur Trennung von Gleich- und Wechselstrom.

Zahlenbeispiel:

R_S	=	4 kOhm	R_L	=	2 kOhm
H_{11e}	=	1 kOhm	H_{21e}	=	50
H_{22e}	=	25 μS	H_{12e}	=	0

R_e soll so gewählt werden, daß F = 4 wird.

Aus Gleichung (2.28) erhält man:

$$4 = 1 + \frac{50\,R_e}{(1 + 25 \cdot 10^{-6} \cdot 2 \cdot 10^{-3})\,(R_e + 4k + 1k)} \quad \text{oder}$$

$$R_e = 336\ \text{Ohm}$$

Die Verstärkung V erhält man aus Gleichung (2.29):

$$V = \frac{-50 \cdot 2}{(1 + 25 \cdot 10^{-6} \cdot 2 \cdot 10^{3})\,(0{,}336 + 4 + 1) + 50 \cdot 0{,}336} \quad \text{oder}$$

$$= -4{,}46$$

Den Eingangswiderstand erhält man aus Gleichung (2.32):

$$Z_{Ein} = 1 + 0{,}336 + \frac{50 \cdot 0{,}336}{1 + 25 \cdot 10^{-6} \cdot 2 \cdot 10^{3}} = 17{,}3\ \text{kOhm}$$

Den Ausgangswiderstand erhält man aus Gleichung (2.35):

$$Z_{Ausg} \approx \frac{1}{25 \cdot 10^{-6}}\,\left(1 + \frac{50 \cdot 0{,}336}{0{,}336 + 4 + 1}\right) = 166\ \text{kOhm}$$

b) bipolarer Transistor mit Parallelgegenkopplung

Der in Bild 2.19 gezeigte Transistorverstärker ist über den Gegenkopplungswiderstand R_C gegengekoppelt. Mit Hilfe des Ersatzschaltbildes (Bild 2.20) kann man folgende Zuordnung machen: Die steuernde Quelle θ_a ist der Basisstrom I_b, die gesteuerte Quelle $\emptyset_b$ enstpricht der Stromquelle $H_{21e}I_b$.
Die Gegenkopplung durch R_C ist viel größer als die Gegenkopplung durch den immer vorhandenen Emitterwiderstand im Transistor selbst. Diese bedeutet, daß $H_{12e} = 0$ ist.

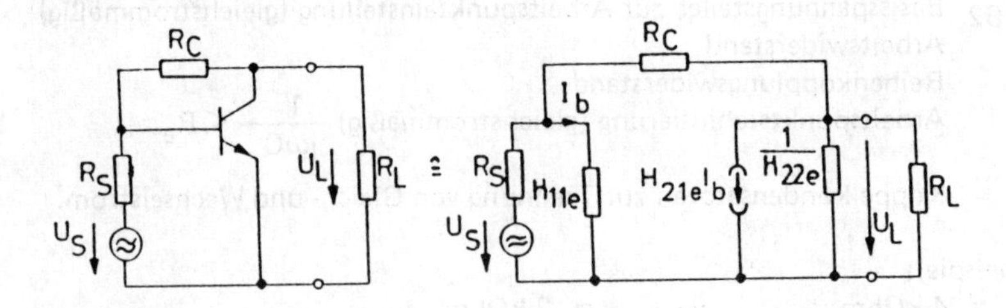

Bild 2.19:
Der parallelgegengekoppelte bipolare Verstärker

Bild 2.20:
Ersatzschaltbild des parallelgegengekoppelten Verstärkers

Der zugehörige Signalflußgraph entspricht dem Signalflußgraphen des reihengegengekoppelten Verstärkers in Bild 2.15.
Die Verstärkung ohne Gegenkopplung beträgt H_{21e}. Man geht wieder von den Gleichungen (2.5) bis (2.7) aus. Außerdem macht man folgende Vernachlässigung, da in der Regel R_C wesentlich größer ist, als die Parallelschaltung von R_S und H_{11e}:

$$R_C \gg \frac{R_S \quad H_{11e}}{R_S + H_{11e}} \tag{2.36}$$

Daraus ergeben sich folgende Faktoren:

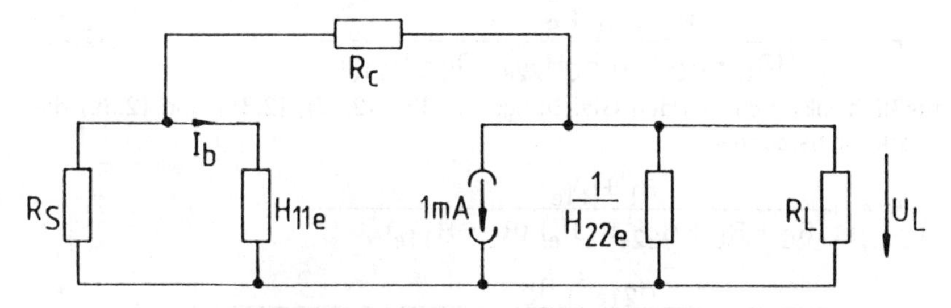

Bild 2.21: Ersatzschaltbild zur Bestimmung von t_{ba} und t_{bl}

$$t_{ba} \approx \frac{-G_C}{G_C + G_L + H_{22e}} \cdot \frac{R_S}{R_S + H_{11e}}$$

$$= \frac{-R_L}{R_L + R_C + R_L \cdot R_C \cdot H_{22e}} \cdot \frac{R_S}{R_S + H_{11e}} \tag{2.37}$$

$$t_{bl} \approx \frac{-1}{G_C + G_L + H_{22e}} \tag{2.38}$$

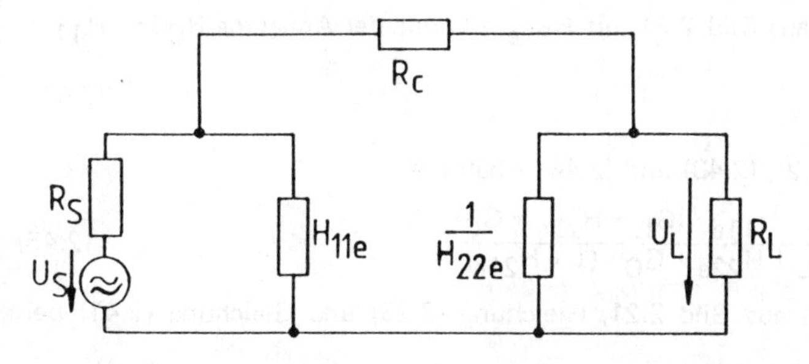

Bild 2.22: Ersatzschaltbild zur Bestimmung von t_{sa} und t_{sl}

$$t_{sa} \approx \frac{1}{R_S + H_{11e}} \tag{2.39}$$

$$t_{sl} = \frac{R_L}{R_C + R_L + R_C R_L H_{22e}} \cdot \frac{H_{11e}}{R_S + H_{11e}} \tag{2.40}$$

Den Gegenkopplungsgrad F erhält man aus Gleichung (2.11) und aus Gleichung (2.37):

$$F = 1 + \frac{H_{21e}\, G_C\, R_S}{(G_C + G_L + H_{22e})\,(R_S + H_{11e})}$$

$$F = 1 + \frac{H_{21e}\, R_L\, R_S}{(R_L + R_C + R_L R_C H_{22e})\,(R_S + H_{11e})} \tag{2.41}$$

Schließlich läßt sich aus den Gleichungen (2.13), (2.37), (2.38) und (2.39) die Verstärkung berechnen.

$$V = \frac{R_L\, H_{11e}}{(R_C + R_L + H_{22e} R_L R_e)\,(R_S + H_{11e})} -$$

$$\frac{H_{21e} R_L R_C}{(R_S + H_{11e})\,(R_C + R_L + H_{22e} R_L R_C) + H_{21e} R_L R_S}$$

$$\approx \frac{-\,H_{21e} R_L R_C}{(R_S + H_{11e})\,(R_C + R_L + H_{22e} R_L R_C) + H_{21e} R_L R_S} \tag{2.42}$$

Eingangswiderstand:

Der Eingangswiderstand Z_{Ein} ergibt sich bei der Parallelgegenkopplung aus dem Quotient von $Z^o{}_{Ein}$ und F_{1l} aus Gleichung (2.22). Der Leerlaufgegenkopplungsfaktor F_{1l} ergibt sich aus Gleichung (2.41) mit $R_S \to \infty$

$$F_{1l} = 1 + \frac{H_{21e}\, R_L}{R_L + R_C + H_{22e} R_L R_C} \tag{2.43}$$

$Z^o{}_{Ein}$ erhält man aus Bild 2.21 mit H_{21e} = O und der Annahme $R_C >> H_{11e}$:

$$Z^o{}_{Ein} = H_{11e} \tag{2.44}$$

Aus Gleichung (2.22), (2.43) und (2.44) erhält man:

$$Z_{Ein} \approx \frac{H_{11e} \cdot (G_L + H_{22e} + G_C)}{G_L + H_{22e} + G_C \cdot (1 + H_{21e})} \tag{2.45}$$

Z_{Ausg} erhält man aus Bild 2.21, Gleichung (2.23) und Gleichung (2.41) bei $R_L \to \infty$

Gleichung (2.41) vereinfacht sich bei $R_L \to \infty$ und man erhält:

$$F_{2I} = 1 + \frac{H_{21e} R_S}{(1 + H_{22e} R_C)(R_S + H_{11e})} \tag{2.46}$$

Ausgangswiderstand:
Z^o_{Ausg} erhält man aus Bild 2.21 bei $H_{21e} = 0$ und Gleichung (2.36):

$$Z^o_{Ausg} \approx \frac{1}{G_C + H_{22e}} \tag{2.47}$$

Aus den Gleichungen (2.23), (2.46) und (2.47) erhält man dann den Ausgangswiderstand des parallelgegengekoppelten Verstärkers in Emitterschaltung:

$$Z_{Ausg} \approx \frac{R_S R_C + H_{11e} R_C}{(1 + H_{22e} R_C)(R_S + H_{11e}) + R_S H_{21e}} \tag{2.48}$$

Schaltungsbeispiel:

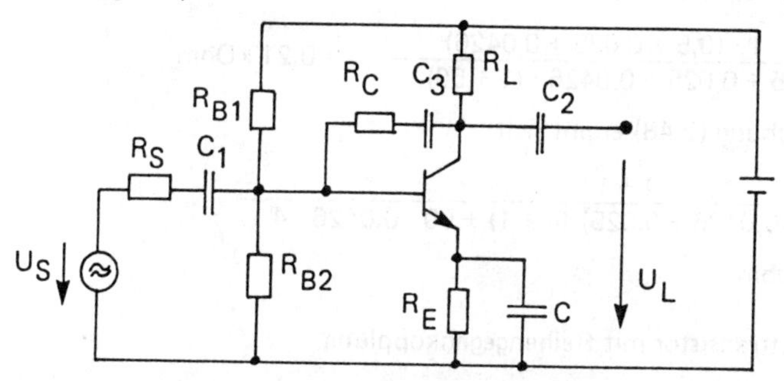

Bild 2.23: Reale Schaltung zur Parallelgegenkopplung

Erläuterungen zu den verwendeten Bauelementen:

R_S	Innenwiderstand der Quelle U_S
R_{B1}, R_{B2}	Basisspannungsteiler zur Arbeitspunkteinstellung(gleichstrommäßig)
R_L	Arbeitswiderstand
R_C	Parallelgegenkopplungswiderstand
R_E, C	Arbeitspunktstabilisierung (gleichstrommäßig)
$C_1 - C_3$	Koppelkondensatoren zur Trennung von Gleich- und Wechselstrom

Zahlenbeispiel:

R_S = 4 kOhm		R_L = 2 kOhm	
H_{11e} = 1 kOhm		H_{21e} = 50	
H_{22e} = 25 μS		H_{12e} = 0	

R_C wird so bestimmt, daß F = 4 wird.
Aus Gleichung (2.41) erhält man

$$4 = 1 + \frac{50\ G_C \cdot 1\ \text{kOhm} \cdot 4}{(G_C \cdot 1\ \text{kOhm} + 0{,}5 + 0{,}025)\ (4 + 1)} \quad \text{oder}$$

$$R_C = \frac{1}{G_C} = 23{,}5\ \text{kOhm}$$

Aus Gleichung (2.42) erhält man mit Gleichung (2.36):

$$V = \frac{-50}{(0{,}0426 + 0{,}5 + 0{,}025)\ (4 + 1) + 50 \cdot 0{,}0426 \cdot 4}$$
$$= -4{,}4$$

Aus Gleichung (2.45) erhält man:

$$Z_{Ein} = \frac{1 \cdot (0{,}5 + 0{,}025 + 0{,}0426)}{0{,}5 + 0{,}025 + 0{,}0426 \cdot (1 + 50)} = 0{,}21\ \text{kOhm}$$

und mit der Gleichung (2.48) ergibt sich:

$$Z_{Ausg} = \frac{4 + 1}{(0{,}0426 + 0{,}025)\ (4 + 1) + 50 \cdot 0{,}0426 \cdot 4}$$
$$= 0{,}565\ \text{kOhm}$$

c) Der Feldeffekttransistor mit Reihengegenkopplung

Der in Bild 2.24 gezeigte Verstärker ist über den Sourcewiderstand R_S reihengegengekoppelt. Mit Hilfe des Ersatzschaltbildes in Bild 2.25 kann man folgende Zuordnung machen:
Die steuernde Quelle θ_a ist die Gate-Source Spannung U_{GS}. Die gesteuerte Quelle $\emptyset_b$ entspricht der Spannungsquelle $V_o\ U_{GS}$.

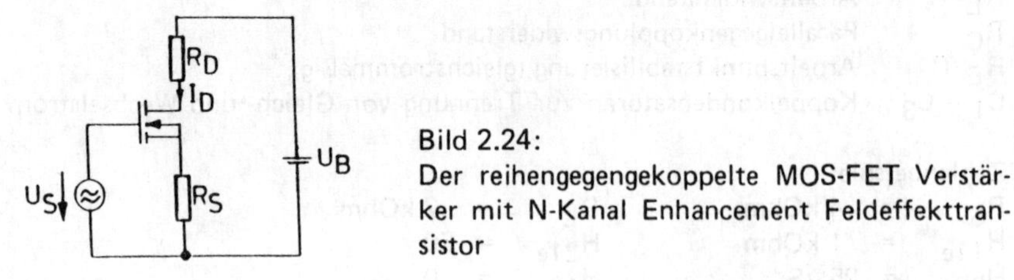

Bild 2.24:
Der reihengegengekoppelte MOS-FET Verstärker mit N-Kanal Enhancement Feldeffekttransistor

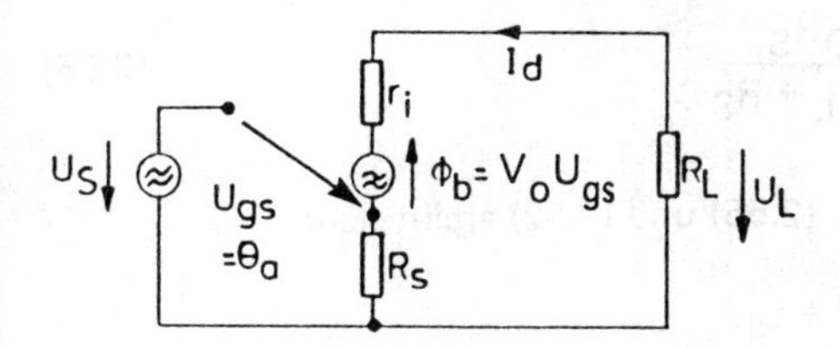

Bild 2.25: Ersatzschaltbild des reihengegengekoppelten MOS-FET Verstärkers
Die Spannungspfeilung von V_o U_{GS} impliziert, daß V_o negativ ist.

Bild 2.26 zeigt den zugehörigen Signalflußgraphen.

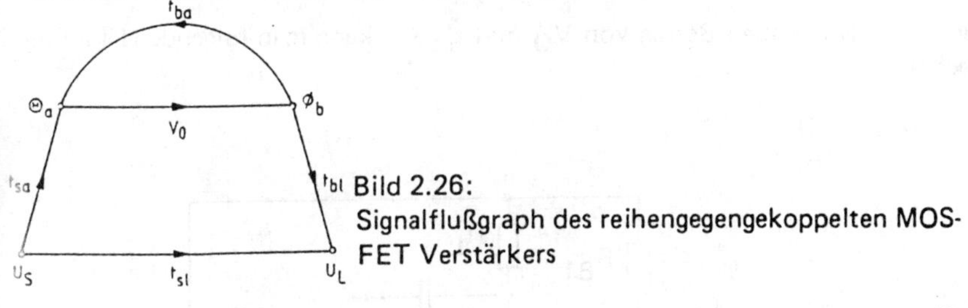

Bild 2.26:
Signalflußgraph des reihengegengekoppelten MOS-FET Verstärkers

$$U_L = t_{sl}\, U_S + t_{bl}\, Ø_b \tag{2.49}$$

$$\theta_a = t_{sa}\, U_S + t_{ba}\, Ø_b \tag{2.50}$$

$$Ø_b = V_O\, \theta_a \tag{2.51}$$

$\theta_a = U_{GS}$, da der MOS-FET spannungsgesteuert ist.

$$Ø_b = V_O\, U_{GS}$$

Aus Gleichung (2.50) ergibt sich t_{sa} zu:

$$t_{sa} = \frac{\theta_a}{U_S} \Bigg|_{Ø_b = O} = 1 \tag{2.52}$$

Aus Gleichung (2.49) berechnet man t_{sl} zu:

$$t_{sl} = \frac{U_L}{U_S} \Bigg|_{Ø_b = O} = O \tag{2.53}$$

Aus Gleichung (2.50) läßt sich t_{ba} berechenen:

$$t_{ba} = \frac{\theta_a}{Ø_b} \Bigg|_{U_S = O} = \frac{U_{GS}}{Ø_b} \Bigg|_{U_S = O} = \frac{-R_S}{R_S + r_i + R_L} \tag{2.54}$$

Aus Gleichung (2.49) erhält man:

$$t_{bl} = \frac{U_L}{Ø_b} \Bigg|_{U_S = O} = \frac{-R_L}{R_S + r_i + R_L} \tag{2.55}$$

Mit den Gleichungen (2.11) und (2.54) ergibt sich:

$$F = 1 - V_O t_{ba} = 1 + \frac{V_O R_S}{r_i + R_L + R_S} \tag{2.56}$$

Aus den Gleichungen (2.13), (2.54), (2.55) und (2.52) ergibt sich:

$$V = \frac{U_L}{U_S} = \frac{V_O\, t_{bl}\, t_{sa}}{1 - V_O\, t_{ba}} + t_{sl}$$

$$= \frac{-V_O\, R_L}{r_i + R_L + R_S\,(1 + V_O)}$$

Für einen sehr großen Betrag von V_O und $t_{sa} = 1$ kann man folgende Näherung machen:

$$V = -\frac{R_L}{R_S}$$

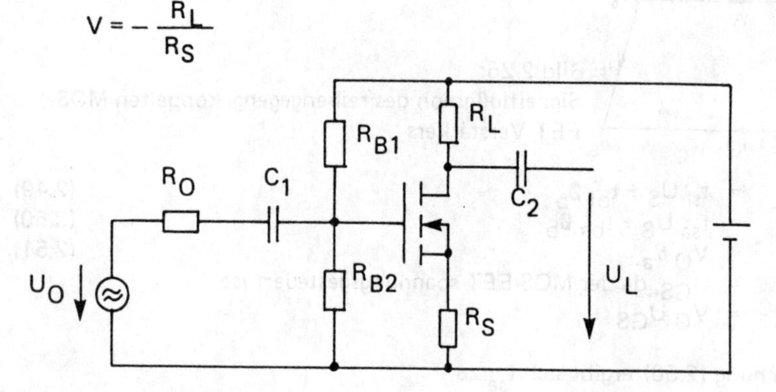

Bild 2.27: Reale Schaltung

In Bild 2.27 müssen die Widerstände R_{B1} und R_{B2} hochohmig sein, da der FET spannungsgesteuert wird.

Zusammenfassung

Gründe für die Gegenkopplung

1. Stabilisierung

$$V = \frac{V_o}{1 - KV_o} \approx -\frac{1}{K}$$

Die Verstärkung des gegengekoppelten Verstärkers ist unabhängig von V_o. Aus den Zahlenbeispielen läßt sich ablesen:

Bei gleichem Gegenkopplungsfaktor und bei gleichen Abschlußwiderständen ist die Verstärkung bei Reihen- und Parallelgegenkopplung gleich.

2. Linearisierung

Man kann nachweisen, daß, wenn man einen Verstärker um 10 dB gegenkoppelt, die Klirrprodukte am Ausgang bei gleichem Ausgangspegel, wie beim nicht gegengekoppelten Verstärker, um 10 dB abnehmen (siehe Kapitel 8).

3. Gegenkopplung ändert den Ein- und Ausgangswiderstand

Parallelgegenkopplung setzt Eingangs- und Ausgangswiderstand herab, während Reihengegenkopplung beide erhöht.
Bei reihengegengekoppelten Verstärker läßt sich die größte Gegenkopplung durch Ansteuerung mit einer idealen Spannungsquelle ($R_S = 0$) erreichen. Beim parallelgegengekoppelten Verstärker läßt sich die größte Gegenkopplung durch Ansteuerung mit einer idealen Stromquelle ($G_S = 0$) erreichen.

Die Tabelle zeigt den Gegenkopplungsfaktor (return difference) F, den Verstärkungsfaktor V (closed loop gain) und den Eingangsscheinwiderstand des Reihen- bzw. des parallelgegengekoppelten Verstärkers nach Bild 2.13 und Bild 2.19. Dabei setzen wir voraus, daß

$$R_L \ll \frac{1}{H_{22e}} \text{ ist.}$$

Reihen- und parallelgegengekoppelte Transistorverstärker

Tabelle 2.2: Gegenüberstellung von Reihen- und Parallelgegenkopplung

	Reihengegenkopplung	Parallelgegenkopplung
F	$1 + \frac{H_{21e}R_e}{R_e + R_S + H_{11e}}$	$1 + \frac{H_{21e}R_L R_S}{(R_L + R_C)\,(R_S + H_{11e})}$
V	$\frac{-H_{21e}R_L}{R_e\,(1 + H_{21e}) + R_S + H_{11e}}$	$\frac{-H_{21e}R_L R_C}{(R_L + R_C)(R_S + H_{11e}) + H_{21e}R_L R_S}$
Z_{Ein}	$H_{11e} + R_e\,(1 + H_{21e})$	$H_{11e}\,\frac{R_L + R_C}{R_C + R_L\,(1 + H_{21e})}$

2.8 Zweistufig gegengekoppelte Verstärker

Ziel der Gegenkopplung ist es unter anderem

- die Empfindlichkeit gegenüber Parameterstreuungen herabzusetzen (Stabilisierung)
- nichtlineare Verzerrungen zu vermeiden (Linearisierung)

Beide Forderungen setzen einen möglichst großen Gegenkopplungsfaktor voraus. Bei einem zweistufigen Verstärker bieten sich grundsätzlich zwei Möglichkeiten der Gegenkopplung an:
Die Gegenkopplung jeder einzelnen Stufe nach Bild 2.28 oder die Gegenkopplung über beide Stufen nach Bild 2.29.

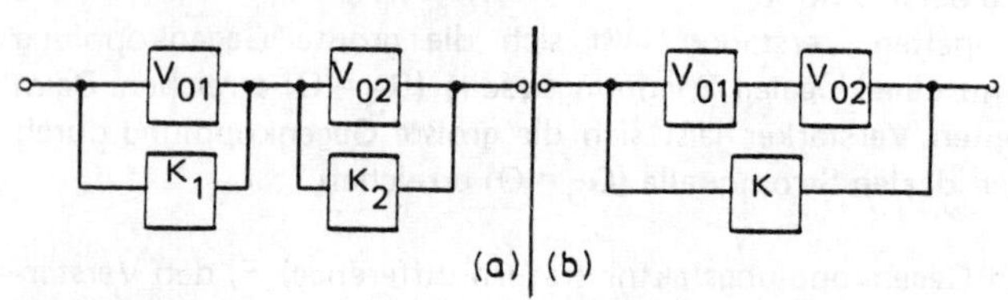

Bild 2.28:
Gegenkopplung über jede einzelne Stufe

Bild 2.29:
Gegenkopplung über beide Stufen

Die Verstärkungen lassen sich mit Hilfe der Blockschaltbilder leicht angeben:

$$V_a = \frac{V_{O1}}{1 - V_{O1}K_1} \cdot \frac{V_{O2}}{1 - V_{O2}K_2} \tag{2.57}$$

$$V_b = \frac{V_{O1}\,V_{O2}}{1 - V_{O1}V_{O2}K} \tag{2.58}$$

Bei gleicher Gesamtverstärkung ist $V_a = V_b$ und somit

$$(1 - V_{O1}K_1)\,(1 - V_{O2}K_2) = 1 - V_{O1}\,V_{O2}\,K \tag{2.59}$$

Bei gleicher Verstärkung bedeutet dies, daß ein über zwei Stufen gegengekoppelter Verstärker einen höheren Gegenkopplungsfaktor besitzt und damit stabiler übertragen kann.

Wir betrachten vorerst die Gegenkopplung über zwei Stufen bei Feldeffekt- und bipolaren Transistorverstärkern. Bei der Sourceschaltung dreht jede Stufe die Eingangsspannung um 180°, so daß die Ausgangsspannung in Phase zur Eingangsspannung ist. Eine Gegenkopplung vom Drain der zweiten Stufe zum Gate der ersten Stufe ist demnach nicht möglich. Eine Gegenkopplung ist nur vom Drain der zweiten Stufe zur Source der ersten Stufe oder von der Source der zweiten

Stufe zum Gate der ersten Stufe möglich. Ebenso kann man bei zweistufig gegengekoppelten Verstärkern in Emitterschaltung nur vom Kollektor der zweiten Stufe zum Emitter der ersten Stufe oder vom Emitter der zweiten Stufe zur Basis der ersten Stufe gegenkoppeln.

a) Zweistufig gegengekoppelter Feldeffektverstärker mit Reihen – Parallel – Gegenkopplung

Die Schaltung nach Bild 2.30 zeigt eine Reihenparallelgegenkopplung:

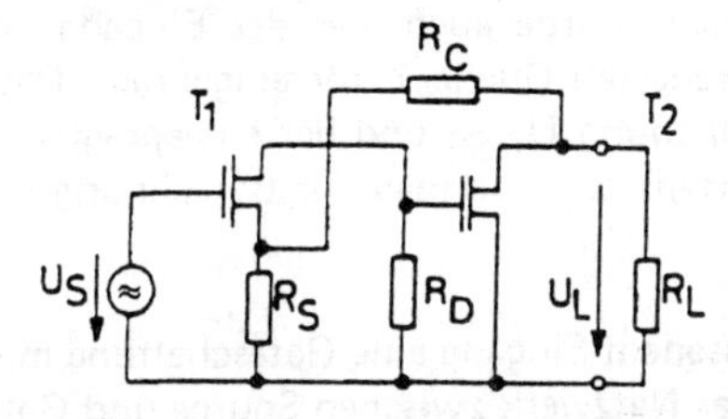

Bild 2.30: Der FET-Verstärker mit Reihenparallelgegenkopplung

Zahlenbeispiel:

$R_D = R_L = 10$ kOhm
$R_S = 1$ kOhm
$R_C = 15$ kOhm
$r_{i1} = r_{i2} = 8$ kOhm
$V_{O1} = V_{O2} = -30$

Man soll zunächst den Gegenkopplungsfaktor F_2 bezüglich der Leerlaufverstärkung der zweiten Stufe V_{O2} berechnen. Die Bilder 2.31 und 2.32 zeigen die verwendeten Ersatzschaltbilder:

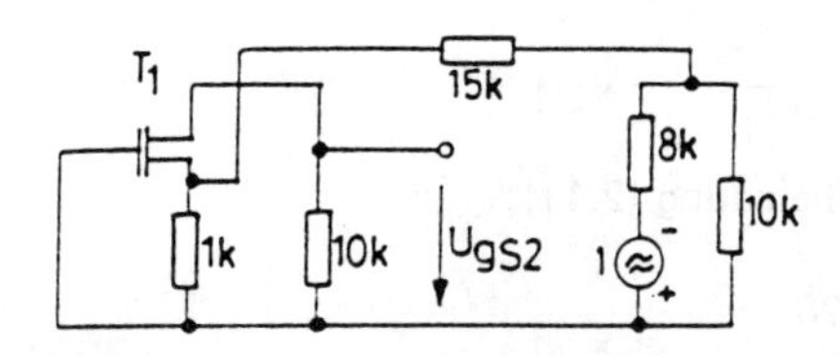

Bild 2.31: Berechnung des Gegenkopplungsfaktors F_2 bezüglich V_{O2}

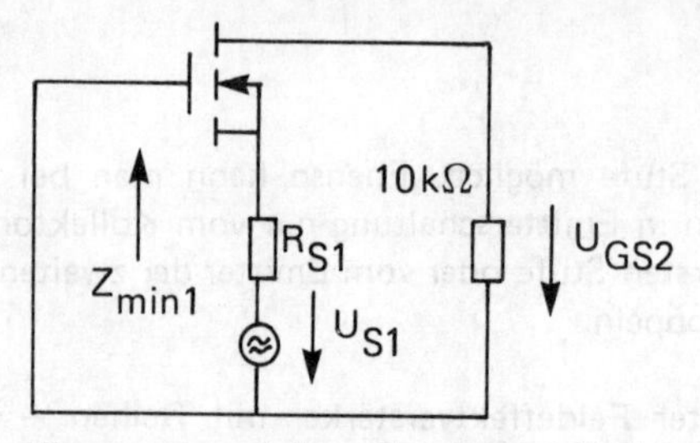

Bild 2.32: Zusammengefaßtes Ersatzschaltbild zur Berechnung des Gegenkopplungsfaktors F_2 bezüglich V_{O2}

Wie in den vorangegangenen Beispielen, wurde auch hier der Eingang kurzgeschlossen und die Spannung der gesteuerten Quelle 1 mV eingeprägt. Das Verhältnis aus der sich einstellenden Spannung U_{GS2} und der eingeprägten Spannung 1 mV ergibt dann die Transmittanz t_{ba}, die man zur Berechnung von F_2 benötigt.

Die Eingangsstufe ist bei kurzgeschlossenem Eingang eine Gateschaltung mit dem Drain-Widerstand R_D = 10 kOhm. Das Netzwerk zwischen Source und Gate läßt sich durch die Spannungsquelle U_{S1} und den Widerstand R_{S1} ersetzen. Dabei gilt:

$$R_{S1} = R_S \,||\, (R_C + R_L \,||\, r_{i2}) = 0{,}95 \text{ kOhm}$$

$$U_{S1} = \frac{R_S\, R_L}{r_{i2}\,(R_S + R_C + R_L) + R_L\,(R_S + R_C)} \, 1 \text{ mV} =$$

$$= 0{,}027 \cdot 1 \text{ mV}$$

$$Z_{Ein\,1} = \frac{r_{i1} + R_D}{1 - V_{O1}} = 0{,}58 \text{ kOhm}$$

Die Spannungsverstärkung einer Gateschaltung ist:

$$V_{U1} = \frac{(1 - V_{O1})\, R_D}{r_{i1} + R_D} = 17{,}2$$

Die Spannung U_{GS2} läßt sich jetzt in Abhängigkeit von 1 mV angeben:

$$U_{GS2} = U_{S1} \cdot \frac{Z_{Ein\,1}}{Z_{Ein\,1} + R_{S1}} V_{U1} = 0{,}176 \text{ mV}$$

Man berechnet jetzt F_2 nach Gleichung (2.11):

$$F_2 = 1 + 30 \cdot 0{,}176 = 6{,}28$$

F_1 sei der Gegenkopplungsfaktor bezüglich V_{O1}. Auf Grund der Eigengegenkopplung in der ersten Stufe ist zu erwarten, daß F_1 größer als F_2 ist.
Wie später gezeigt wird, gilt:

$$\frac{F_1}{F_2} = \frac{F_1 \mid V_{O2} = O}{F_2 \mid V_{O1} = O} \tag{2.60}$$

$F_i \mid V_{Oi=O}$ ist der Gegenkopplungsfaktor für $V_{Oj} = O$ mit i, j = O, 1.

In unserem Fall ergibt sich für $V_{O2} = O$ eine Sourceschaltung mit dem Drainwiderstand R_D und dem Sourcewiderstand R_{S1}. Daraus ergibt sich ein Gegenkopplungsfaktor $F_1 \mid V_{O2} = O$.

$$F_1 \mid V_{O2} = O = 1 - \frac{V_{O1}\, R_{S1}}{R_{S1} + r_{i1} + R_D} \qquad = 2{,}5$$

Mit Hilfe von Bild 2.33 und von Bild 2.34 läßt sich $F_2 \mid V_{O1} = O$ auf bekannte Weise ermitteln:

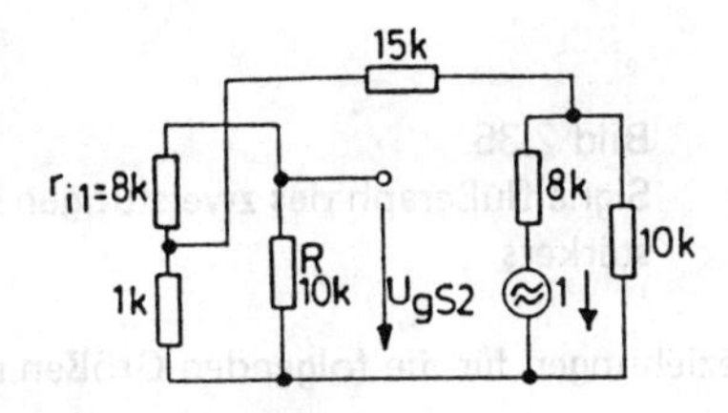

Bild 2.33: Berechnung des Gegenkopplungsfaktors F_2 bezüglich V_{O2} mit $V_{O1} = O$

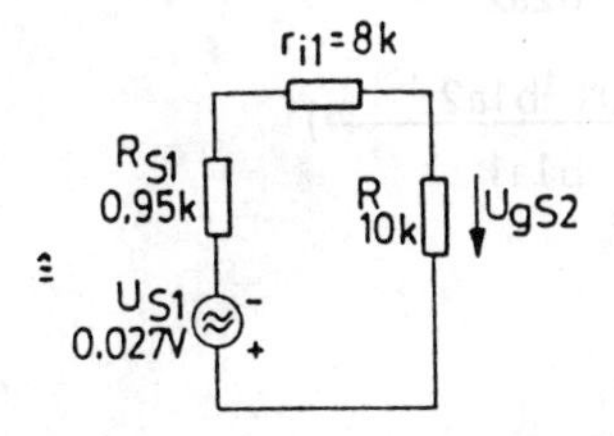

Bild 2.34: Zusammengefaßtes Ersatzschaltbild zur Berechnung des Gegenkopplungsfaktors F_2 bezüglich V_{O2} mit $V_{O1} = O$

$$F_2 \mid V_{O1} = O = 1 - V_{O2} \frac{U_{GS2}}{V_{O2}\, U_{GS2}} = 1{,}42$$

Daraus folgt:

$$F_1 = F_2 \frac{F_1 \mid V_{O2} = O}{F_2 \mid V_{O1} = O} = 6{,}28 \frac{2{,}5}{1{,}43} = 11{,}0$$

Aufgrund des größeren Gegenkopplungsfaktors F_1 ist die erste Stufe also unempfindlicher gegenüber Streuungen von V_O.

Beweis von Gleichung (2.60):

In Bild 2.35 ist der Signalflußgraph des zweistufigen Verstärkers dargestellt.

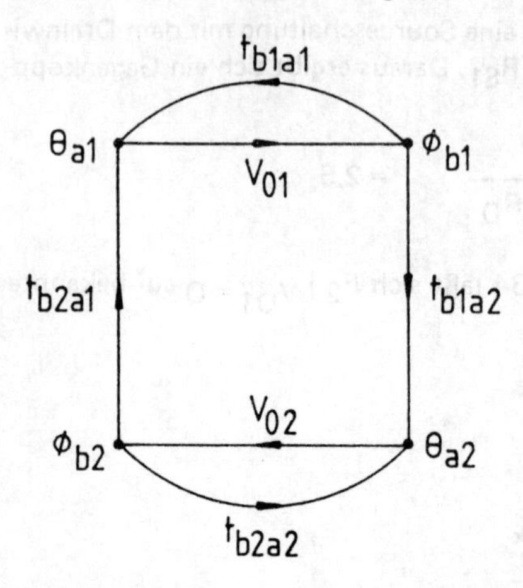

Bild 2.35:
Signalflußgraph des zweistufigen Verstärkers

Hiermit lassen sich die allgemeinen Beziehungen für die folgenden Größen ermitteln:

$$F_1 = 1 - V_{O1}\left(t_{b1a1} + \frac{t_{b1a2}\, V_{O2}\, t_{b2a1}}{1 - V_{O2}\, t_{b2a2}}\right)$$

$$F_2 = 1 - V_{O2}\left(t_{b2a2} + \frac{t_{b2a1}\, V_{O1}\, t_{b1a2}}{1 - V_{O1}\, t_{b1a1}}\right)$$

$$F_1 \mid_{V_{O2}=0} = 1 - V_{O1}\, t_{b1a1}$$

$$F_2 \mid_{V_{O1}=0} = 1 - V_{O2}\, t_{b2a2} \qquad (2.61)$$

Wie leicht nachzuprüfen ist, gilt:

$$\frac{F_1}{F_2} = \frac{F_1 \mid_{V_{O2}=0}}{F_2 \mid_{V_{O1}=0}}$$

b) Gegenkopplung über zwei Stufen beim bipolaren Transistorverstärker mit Parallel-Reihen-Gegenkopplung

Der Verstärker in Bild 2.36 hat einen kleinen Eingangswiderstand (Parallelgegenkopplung am Eingang) und kann deshalb als Stromverstärker betrachtet werden.

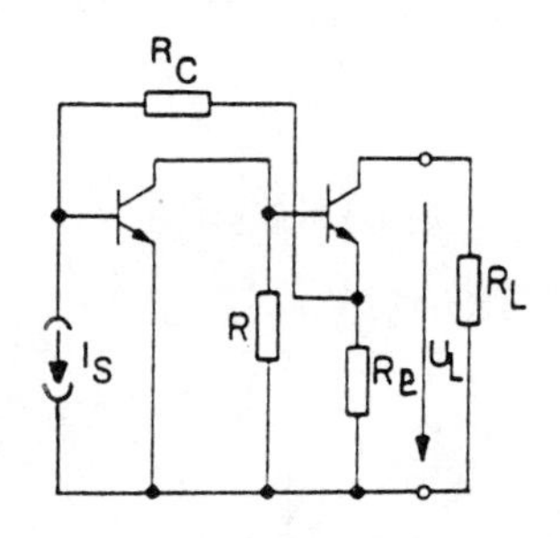

Bild 2.36:
Bipolarer Transistorverstärker mit Parallelreihengegenkopplung

Wir legen folgende Widerstandswerte zugrunde:

$R_1 = 13{,}3\,\text{kOhm} \qquad R_C = 15\,\text{kOhm}$

$R_e = 0{,}1\,\text{kOhm} \qquad R_L = 1\,\text{kOhm}$

Die beiden Transistoren sind identisch mit folgenden H-Parametern:

$H'_{11e} = H''_{11e} = 1\,\text{kOhm}$

$H'_{21e} = H''_{21e} = 50$

$H'_{22e} = H''_{22e} = 25\,\mu S$

$H'_{12e} = H''_{12e} = 0$

Wir berechnen den Gegenkopplungsfaktor F_1 bezüglich der Stromverstärkung H'_{21e} der ersten Stufe nach Bild 2.37 und 2.38, indem wir $I_S = 0$ setzen und das Verhältnis von I_{b1} zu I_{e2} ermitteln

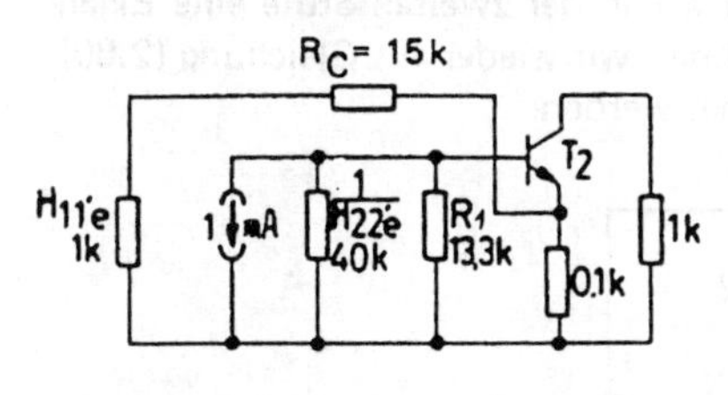

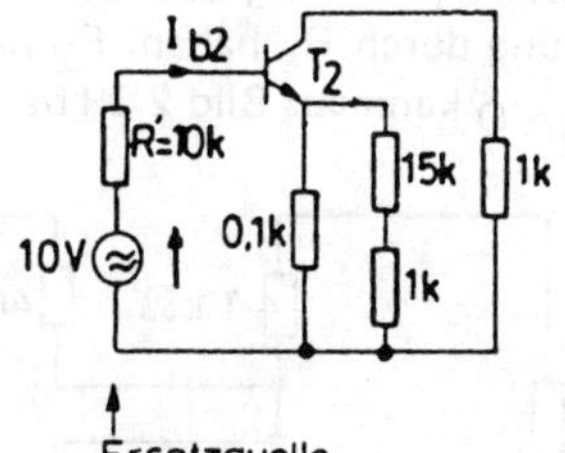

Bild 2.37:
Berechnung des Gegenkopplungsfaktors F_1 bezüglich H'_{21e}

Bild 2.38:
Zusammengefaßtes Ersatzschaltbild zur Berechnung des Gegenkopplungsfaktors F_1 bezüglich H'_{21e}

Zur Berechnung des Eingangswiderstandes der zweiten Stufe kann man mit Gleichung (2.32) folgende Näherung machen:

$$Z_{Ein\,2} \approx H''_{11e} + (1 + H''_{21e})\,R_e = [1 + (1 + 50)\,0{,}1]\,\text{kOhm} = 6{,}1\,\text{kOhm}$$

Für die Stromverstärkung:

$$V_{i2} = -(1 + H''_{21e}) = -51$$

Der Basisstrom der zweiten Stufe beträgt:

$$I_{b2} = \frac{-10\ \text{V}}{(10 + 6{,}1)\ \text{kOhm}} = -0{,}62\ \text{mA}$$

und der Emitterstrom:

$$I_{e2} = V_{i2}\, I_{b2} = (-51) \cdot (-0{,}62)\ \text{mA} = 31{,}6\ \text{mA}$$

Daraus errechnet sich die Transmittanz t_{ba}. Sie ist der zurückgeführte Strom I_{b1}.

$$t_{ba} \cdot I_{b1} = \frac{-R_S\, I_{e2}}{R_S + R_C + H'_{11e}} = \frac{0{,}1 \cdot 31{,}6}{0{,}1 + 15 + 1} = -\ 0{,}196\ \text{mA oder}$$

$$t_{ba} = -0{,}196$$

Mit dem Steuerparameter $V_{O1} = V_{I1} = H'_{21e}$ und Gleichung (2.11) erhalten wir F_1 bezüglich H'_{21e}.

$$F_1 = 1 + 50 \cdot 0{,}196 = 10{,}8$$

F_2 ist notwendigerweise größer als F_1, da wir in der zweiten Stufe eine Eigengegenkopplung durch R_e haben. F_2 berechnen wir wieder aus Gleichung (2.60). $F_1 \mid_{H''_{21e} = 0}$ kann aus Bild 2.39 berechnet werden:

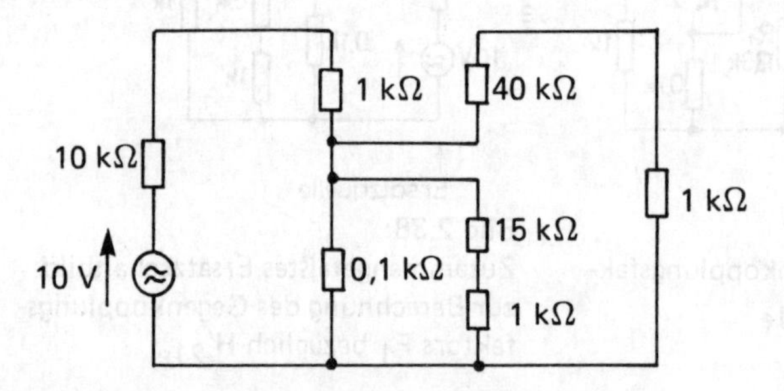

Bild 2.39: Berechnung des Gegenkopplungsfaktors bezüglich H'_{21e}

$$I_{b1} = \frac{-10}{10 + 1 + 0{,}1} \cdot \frac{0{,}1}{15 + 1 + 0{,}1}\ \text{mA} = -0{,}0056\ \text{mA und}$$

$$F_1 \mid_{H''_{21e} = 0} = 1 + 50 \cdot 0{,}0056 = 1{,}28$$

Um $F_2 \mid H'_{21e} = 0$ zu bekommen, setzen wir $H'_{21e} = 0$

Dabei erhalten wir aus Bild 2.36 eine Emitterstufe mit R_C = 0,1 kOhm als Eigenkopplung und dem Quellenwiderstand R′ = 10 kOhm.

Mit Hilfe der Tabelle 2.2 ergibt sich:

$$F_{2 \mid H'_{21e} = 0} = 1 + \frac{H''_{21e} R_e}{R_e + R' + H'_{11e}} = 1{,}45$$

Aus Gleichung (2.30) erhalten wir:

$$F_2 = F_1 \frac{F_{2\, H'_{21e} = 0}}{F_{1\, H''_{21e} = 0}} = 10{,}8 \frac{1{,}45}{1{,}28} = 12{,}2$$

Die zweite Stufe ist demnach auf Grund des größeren Gegenkopplungsfaktor F_2 unempfindlicher gegenüber Streuungen von H_{21e}.

2.9 Kombinierte Gegenkopplung mit angezapften Übertragern

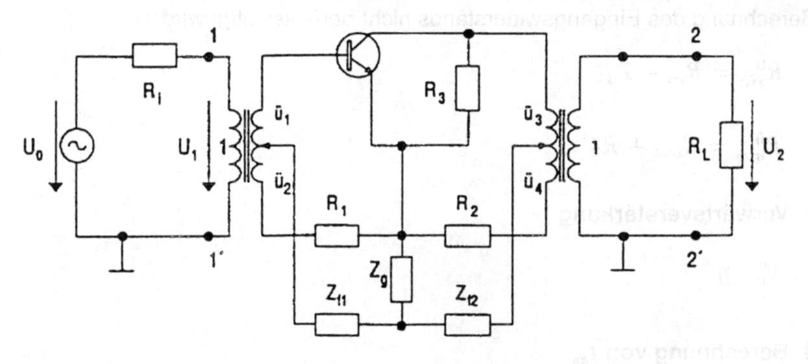

Bild 2.40: Emitterverstärker mit kombinierter Gegenkopplung

Der in Abb. 2.40 dargestellte Transistorverstärker ist über ein T-Glied, bestehend aus den Widerständen Z_{f1}, Z_{f2} und Z_g gegengekoppelt. Durch die beiden angezapften Übertrager und die Widerstände R_1 und R_2 wird insgesamt eine kombinierte Gegenkopplung erzeugt.

Die Widerstände R_i und R_L können mit den bekannten Übertragergleichungen transformiert werden, wobei gilt

$$ü_1 + ü_2 = 1$$

$$ü_3 + ü_4 = 1$$

Daraus ergibt sich nun folgendes Ersatzschaltbild:

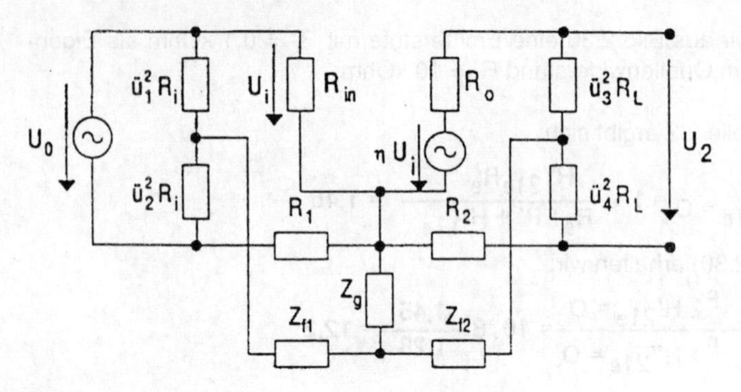

Bild 2.41: Ersatzschaltbild zur Analyse ohne Übertrager

2.9.1 Ein-und Ausgangswiderstände ohne Rückkopplung

Der Widerstand R_i wird nicht beachtet, da er als Innenwiderstand der Quelle bei der Berechnung des Eingangswiderstands nicht berücksichtigt wird.

$$R_{ein}^0 = R_{in} + R_1$$

$$R_{aus}^0 = R_{out} + R_2$$

2.9.2 Vorwärtsverstärkung

$$V_o = \eta$$

2.9.3 Berechnung von t_{sa}

Für die abgeglichene Brücke $\left(\frac{\ddot{u}_1^2 R_i}{R_{in}} = \frac{\ddot{u}_2^2 R_i}{R_1}\right)$ gilt: der mittlere Zweig (Rückkoppelglied) ist stromfrei

$$U_i = U_0 \frac{R_{in}}{R1 + R_{in}}$$

hier: $$t_{sa} = \frac{U_i}{U_0} = \frac{R_{in}}{R1 + R_{in}}$$

2.9.4 Berechnung von t_{sl}

Bei abgeglichener Brücke ist $t_{sl} = 0$

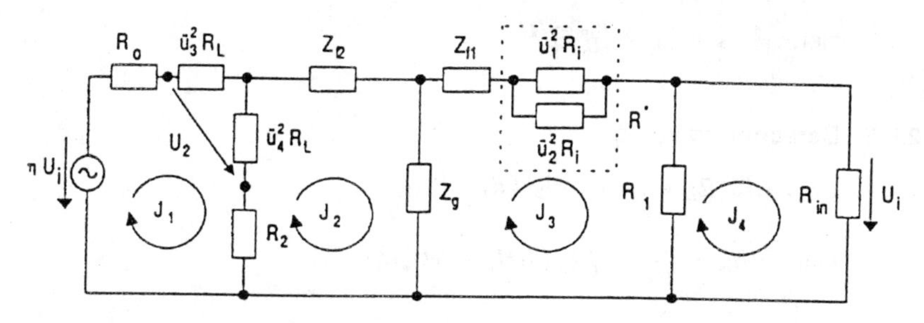

Bild 2.42: Ersatzschaltbild zur Bestimmung von t_{ba} und t_{bl}

Maschenstromanalyse:

Zur Vereinfachung wird der Ersatzwiderstand R* eingeführt
$R^* = \ddot{u}_1^2 R_i || \ddot{u}_2^2 R_i$

I_1	I_2	I_3	I_4	$=$
$R_{out} + R_2 + \ddot{u}_4^2 R_L + \ddot{u}_3^2 R_L$	$-R_2 - \ddot{u}_4^2 R_L$	0	0	ηU_i
$-R_2 - \ddot{u}_4^2 R_L$	$R_2 + \ddot{u}_4^2 R_L + Z_{f2} + Z_g$	$-Z_g$	0	0
0	$-Z_g$	$Z_g + Z_{f1} + R^* + R_1$	$-R_1$	0
0	0	$-R_1$	$R_1 + R_{in}$	0

Die Auswertung der Matrix ergibt:

$$\begin{aligned} det I_1 = \eta U_i \Big[&(R_1 + R_{in}) \Big((R_2 + \ddot{u}_4^2 R_L + Z_{f2} + Z_g)(Z_g + Z_{f1} + R^* + R_1) - Z_g^2 \Big) \\ &- R_1^2 (R_2 + \ddot{u}_4^2 R_L + Z_{f2} + Z_g) \Big] \end{aligned}$$

$$det I_2 = \eta U_i (R_2 + \ddot{u}_4^2 R_L) \Big((Z_g + Z_{f1} + R^*)(R_1 + R_{in}) + (R_1 R_{in}) \Big)$$

$$det I_4 = \eta U_i R_1 Z_g (R_2 + \ddot{u}_4^2 R_L)$$

$$\begin{aligned} det \;\; = (R_1 + R_{in}) \Big[&(R_{out} + R_2 + \ddot{u}_4^2 R_L + \ddot{u}_3^2 R_L)(R_2 + \ddot{u}_4^2 R_L + Z_{f2} + Z_g)(Z_g + Z_{f1} + R^* + R_1) \\ &- \Big(Z_g^2 (R_{out} + R_2 + \ddot{u}_4^2 R_L + \ddot{u}_3^2 R_L) + (Z_g + Z_{f1} + R^* + R_1)(R_2 + \ddot{u}_4^2 R_L)^2 \Big) \\ &- R_1^2 \Big((R_{out} + R_2 + \ddot{u}_4^2 R_L + \ddot{u}_3^2 R_L)(R_2 + \ddot{u}_4^2 R_L + Z_{f2} + Z_g) - (R_2 + \ddot{u}_4^2 R_L)^2 \Big) \end{aligned}$$

2.9.5 Berechnung von t_{ba}

$$U_i = R_{in} I_4 = R_{in} \frac{detI_4}{det}$$

hier: $t_{ba} = \frac{U_i}{\eta U_i} = \frac{R_{in}}{\eta U_i} \frac{detI_4}{det}$

2.9.6 Berechnung von t_{bl}

$$U_L = I_1(\ddot{u}_3^2 R_L + \ddot{u}_4^2 R_L) - I_2 \ddot{u}_4^2 R_L$$

hier: $t_{bl} = \frac{U_L}{\eta U_i} = \frac{R_L}{\eta U_i det}(detI_1 - detI_2 \ddot{u}_4^2)$

2.9.7 Berechnung des Gegenkopplungsfaktors F

$$F = 1 - V_0 t_{ba}$$

2.9.8 Berechnung des Scheineingangswiderstandes R_{ein}

$$F_{1L} = F\Big|_{R_i \to \infty} = 1$$

$$F_{1K} = F\Big|_{R_i \to 0}$$

$$R_{ein} = R_{ein}^0 \frac{F_{1K}}{F_{1L}} = R_{ein}^0 F_{1K}$$

2.9.9 Berechnung des Scheinausgangswiderstandes R_{aus}

$$F_{2L} = F\Big|_{R_L \to \infty} = 1$$

$$F_{2K} = F\Big|_{R_L \to 0} = 1$$

$$R_{aus} = R_{aus}^0 \frac{F_{2K}}{F_{2L}} = R_{aus}^0$$

2.9.10 Berechnung des Ruckkopplungsfaktors F_N

$$F_N = 1 - V_0 t_{ba} + \frac{V_0 t_{bl} t_{sa}}{t_{sl}}$$

2.9.11 Berechnung der Verstärkung V

$$V = \frac{U_L}{U_S} = t_{sl} \frac{F_N}{F}$$

mit $t_{sl} = 0$ gilt: $V = \frac{V_0 t_{bl} t_{sa}}{1 - V_0 t_{ba}}$

2.10 Kombinierte Gegenkopplung durch Brückenschaltung

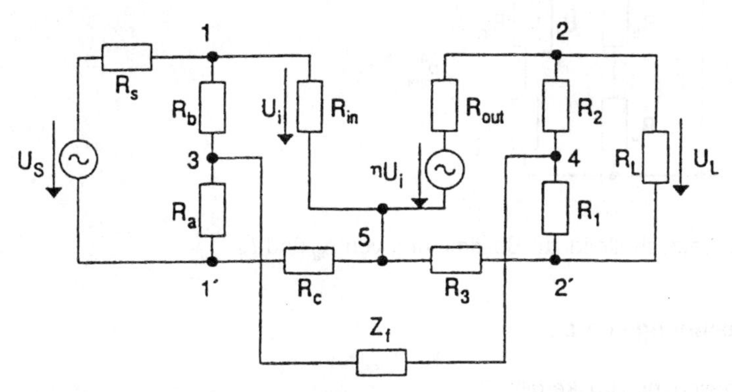

Bild 2.43: Kombinierte Gegenkopplung mit Brückenschaltung

Die in Abb. 2.43 dargestellte Verstärkerschaltung ist über den Widerständ Z_f gegengekoppelt. Am Ausgang bilden die Spannungsteiler R_1 und R_2 die Parallelgegenkopplung und R_3 die Reihengegenkopplung. Entsprechend ähnlich wirken R_a, R_b und R_c am Eingang.

Für die abgeglichenen Brücken gilt:

$$\frac{R_a}{R_c} = \frac{R_b}{R_{in}}$$

$$\frac{R_1}{R_3} = \frac{R_2}{R_{out}}$$

2.10.1 Ein- und Ausgangswiderstände ohne Rückkopplung

$$R^0_{ein} = \frac{(R_a+R_b)(R_{in}+R_c)}{R_a+R_b+R_{in}+R_c} = \frac{R_c(R_a+R_b)}{R_a+R_c}$$

$$R^0_{aus} = \frac{(R_1+R_2)(R_3+R_{out})}{R_1+R_2+R_3+R_{out}} = \frac{R_3(R_1+R_2)}{R_1+R_3}$$

2.10.2 Vorwärtsverstärkung

$$V_0 = \eta$$

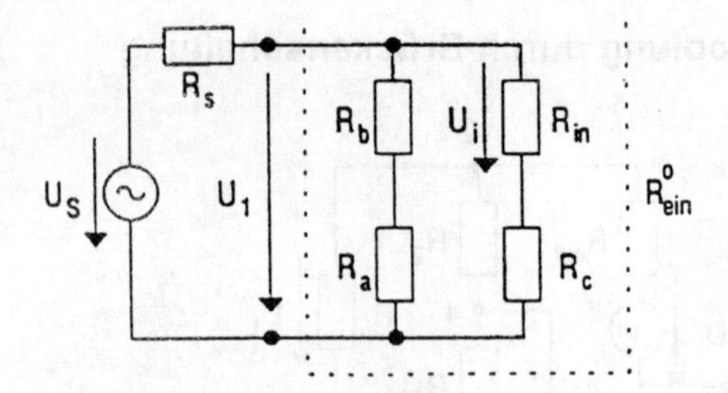

Bild 2.44: Ersatzschaltbild zur Bestimmung von t_{sa} und t_{sl}

2.10.3 Berechnung von t_{sa}

Für die abgeglichene Brücke gilt:

Der mittlere Zweig (Rückkoppelglied) ist stromfrei.
Aus den beiden Spannungsteilern folgt:

$$\frac{U_1}{U_S} = \frac{R^0_{ein}}{RS + R^0_{ein}}$$

$$\frac{U_i}{U_1} = \frac{R_{in}}{Rin + R_c}$$

hier: $$t_{sa} = \frac{U_i}{U_S} = \frac{R_{in}}{Rc + R_{in}} \frac{R^0_{ein}}{R_S + R^0_{ein}}$$

2.10.4 Berechnung von t_{sl}

Bei abgeglichener Brücke ist $t_{sl} = 0$

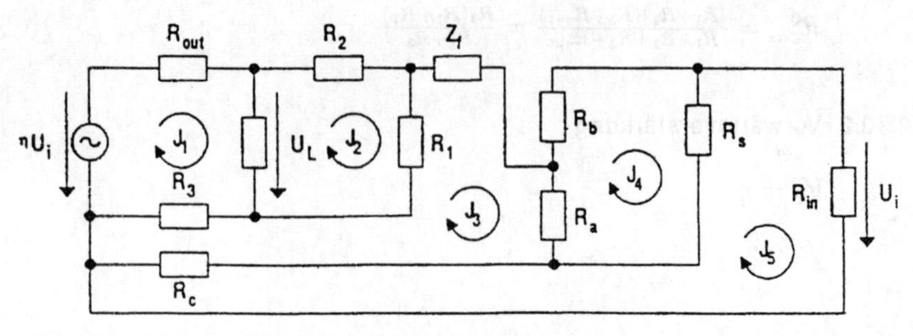

Bild 2.45: Ersatzschaltbild zur Bestimmung von t_{ba} und t_{bl}

Maschenstromanalyse:

I_1	I_2	I_3	I_4	I_5	$=$
$R_{out}+R_L+R_3$	$-R_L$	$-R_3$	0	0	ηU_i
$-R_L$	$R_2+R_L+R_1$	$-R_1$	0	0	0
$-R_3$	$-R_1$	$Z_f+R_a+R_c+R_3+R_1$	$-R_a$	$-R_c$	0
0	0	$-R_a$	$R_b+R_S+R_a$	$-R_S$	0
0	0	$-R_c$	$-R_S$	$R_{in}+R_c+R_S$	0

Um die Übersichtlichkeit der Rechnung zu erhalten, werden folgende Abkürzungen eingeführt.

$$R_{I1} = R_{out} + R_L + R_3$$

$$R_{I2} = R_2 + R_L + R_1$$

$$R_{I3} = Z_f + R_a + R_c + R_3 + R_1$$

$$R_{I4} = R_b + R_S + R_a$$

$$R_{I5} = R_{in} + R_c + R_S$$

Die Auswertung der Matrix ergibt:

$$detI_1 = \eta U_i\left[R_{I2}(R_{I3}R_{I4}R_{I5} - 2R_aR_cR_S - R_{I3}R_S^2 - R_{I4}R_c^2 - R_{I5}R_a^2) - R_1^2(R_{I4}R_{I5} - R_S^2)\right]$$

$$detI_2 = \eta U_i\left[R_L(R_{I3}R_{I4}R_{I5} - 2R_aR_cR_S - R_{I3}R_S^2 - R_{I4}R_c^2 - R_{I5}R_a^2) + R_1R_3(R_{I4}R_{I5} - R_S^2)\right]$$

$$detI_5 = \eta U_i\left[(R_aR_S + R_{I4}R_c)(R_1R_L + R_3R_{I2})\right]$$

$$det = (R_{I1}R_{I2} - R_L^2)\left[(R_{I3}R_{I4}R_{I5} - 2R_aR_cR_S - R_{I3}R_S^2 - R_{I4}R_c^2 - R_{I5}R_a^2)\right]$$

$$-(R_{I4}R_{I5} - R_S^2)(2R_1R_3R_L + R_1^2R_{I1} + R_3^2R_{I2})$$

2.10.5 Berechnung von t_{ba}

$$U_i = R_{in}I_5 = R_{in}\frac{detI_5}{det}$$

hier: $$t_{ba} = \frac{U_i}{\eta U_i} = \frac{R_{in}}{\eta U_i}\frac{detI_5}{det}$$

2.10.6 Berechnung von t_{bl}

$$U_L = R_L(I_1 - I_2) = \frac{R_L}{det}(detI_1 - detI_2)$$

hier: $$t_{bl} = \frac{U_L}{\eta U_i} = \frac{R_L}{\eta U_i}\frac{detI_1 - detI_2}{det}$$

2.10.7 Berechnung des Gegenkopplungsfaktors F

$$F = 1 - V_0 t_{ba}$$

2.10.8 Berechnung des Scheineingangswiderstandes R_{ein}

$$F_{1L} = F\Big|_{R_S \to \infty} = 1$$

$$F_{1K} = F\Big|_{R_S \to 0}$$

$$R_{ein} = R_{ein}^0 \frac{F_{1K}}{F_{1L}} = R_{ein}^0 F_{1K}$$

2.10.9 Berechnung des Scheinausgangswiderstandes R_{aus}

$$F_{2L} = F\Big|_{R_L \to \infty} = 1$$

$$F_{2K} = F\Big|_{R_L \to 0}$$

$$R_{aus} = R_{aus}^0 \frac{F_{2K}}{F_{2L}} = R_{aus}^0 F_{2K}$$

2.10.10 Berechnung des Rückkopplungsfaktors F_N

$$F_N = 1 - V_0 t_{ba} + \frac{V_0 t_{bl} t_{sa}}{t_{sl}}$$

2.10.11 Berechnung der Verstärkung V

$$V = \frac{U_L}{U_S} = t_{sl}\frac{F_N}{F}$$

mit $t_{sl} = 0$ gilt: $$V = \frac{V_0 t_{bl} t_{sa}}{1 - V_0 t_{ba}}$$

2.11 Zusammenfassung

Die Berechnungsmethode der Vierpoltheorie versagt bei kombiniert gegengekoppelten Verstärkerschaltungen aufgrund des zu hohen Rechenaufwandes. In solchen Fällen ist die Methode der Schaltungsanalyse durch Signalflußgraphen eine sinnvolle Alternative. Signalflußgraphen beschreiben innere Vorgänge einfach und verständlich. Charakteristische Funktionen wie die Dämpfungsfunktion lassen sich mit geringem Aufwand ermitteln.

Somit ist die Methode der Signalflußgraphen eine wertvolle Bereicherung der klassischen Vorgehensweise zur Analyse.

3 Stabilitätsanalyse rückgekoppelter Verstärker

H. Khakzar

Die Rückkopplung vom Eingang zum Ausgang bringt zwangsläufig Stabilitätsprobleme mit sich. Unter bestimmten Umständen kann eine Rückkopplung zu Eigenschwingungen des Verstärkers führen. Aus diesem Grunde sollen im folgenden Kapitel Kriterien zur Stabilitätsanalyse vorgestellt werden.

Ein rückgekoppelter Verstärker ist stabil, wenn die Ausgangsimpulsantwort eine abklingende Funktion ist. Man kann daher mit Hilfe der Übertragungsfunktion H(p) eine Aussage über die Stabilität des Verstärkers machen. Bei diskret aufgebauten Verstärkern ist eine Aussage außerdem durch die Messung der Schleifenverstärkung bei offener Gegenkopplungsschleife oder durch Widerstandsmessungen möglich. Beide Methoden sollen nun behandelt und anhand einiger Beispiele erläutert werden.

3.1 Die Impulsantwort

Eine lineare Schaltung besitzt im allgemeinsten Fall folgende Übertragungsfunktion:

$$H(p) = \frac{U_2}{U_1} = \frac{b_m p^m + b_{m-1} p^{m-1} + \ldots + b_1 p + b_0}{a_n p^n + a_{n-1} p^{n-1} + \ldots\ldots + a_1 p + a_0} \qquad (3.1)$$

Hierbei ist $p = \sigma + j\omega$ die komplexe Frequenz und a_i, b_i reelle Koeffizienten. Da die Laplacetransformierte des Einheitsimpulses (Dirac-Impuls) 1 ist, stimmt die Übertragungsfunktion mit der Laplacetransformierten am Ausgang überein.

Für $u_1(t) = \delta(t)$ gilt also

$$U_2(p) = H(p) \cdot 1 = H(p) = L\,[h(t)] \qquad (3.2)$$

Die Übertragungsfunktion H(p) läßt sich in der Produktform darstellen.

$$\frac{H(p)}{H} = \frac{(p - q_1)(p - q_2)\ldots(p - q_{m-1})(p - q_m)}{(p - p_1)(p - p_2)\ldots(p - p_{n-1})(p - p_n)} \qquad (3.3)$$

q_i $(i = 1 \ldots m)$ und p_i $(i = 1 \ldots n)$ sind die Null- bzw. Polstellen der Übertragungsfunktion.

Unter der Annahme, daß alle Polstellen einfach sind, ergäbe eine Partialbruchzerlegung die folgende Darstellung:

$$\frac{H(p)}{H} = \frac{A_1}{(p-p_1)} + \frac{A_2}{(p-p_2)} + \ldots + \frac{A_{n-1}}{(p-p_{n-1})} + \frac{A_n}{(p-p_n)}$$

$$= \sum_{i=1}^{n} \frac{A_i}{p-p_i} \tag{3.4}$$

mit

$$A_i = \lim_{p \to p_i} \left(\frac{(p-p_i)\ H(p)}{H(0)} \right) \tag{3.5}$$

Mit der Korrespondenz

$$L^{-1} \left[\frac{A_i}{p-p_i} \right] = A_i e^{p_i t} \tag{3.6}$$

gilt für die Impulsantwort:

$$h(t) = A_1 e^{p_1 t} + A_2 e^{p_2 t} + \ldots + A_n e^{p_n t} = \sum_{i=1}^{n} A_i e^{p_i t} \tag{3.7}$$

Da die Koeffizienten a_i, b_i reell sind, erhält man für die Polstelle p_i reelle oder paarweise konjugiert komplexe Werte. Beide Fälle sollen kurz untersucht werden.

a) Reelle Polstellen

Der Anteil jeder reellen Polstelle ist eine Exponentialfunktion. Positive Werte für σ würden zu einem instabilen System führen, da $A_i \exp[p_i t]$ über alle Grenzen wächst (siehe Bild 3.1 a, b).

Stabilität kann nur erreicht werden, wenn alle reellen Polstellen negativ sind, also in der linken p-Halbebene liegen (Bild 3.2).

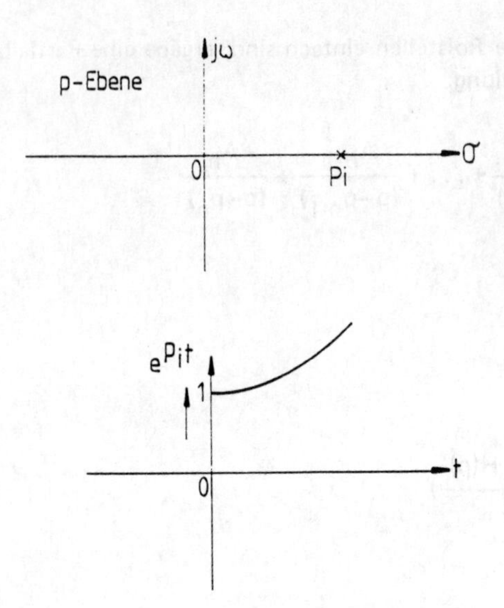

Bild 3.1: Lage eines reellen positiven Pols (a) und zugehörige Impulsantwort (b)

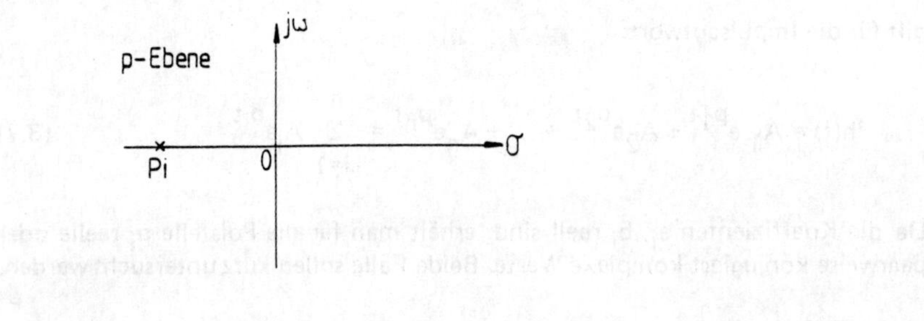

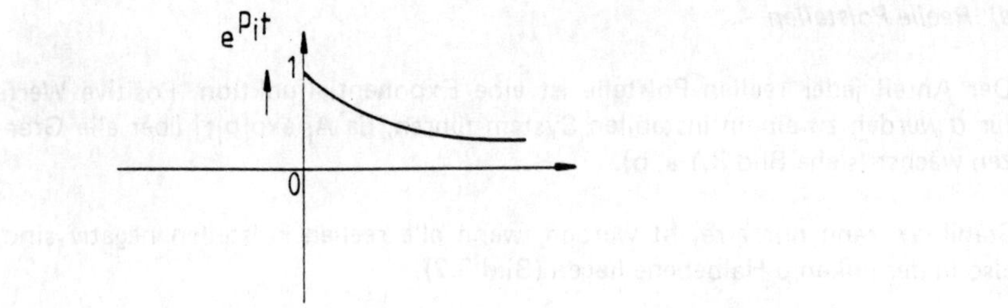

Bild 3.2: Lage eines reellen negativen Pols (a) und zugehörige Impulsantwort (b)

b) Konjugiert komplexe Polstellenpaare

In diesem Fall sind sowohl p_i als auch A_i komplex.

$$\begin{aligned} p_i &= \sigma_i + j\omega_i \\ A_i &= a_i + jb_i \end{aligned} \qquad (3.8\ a,\ b)$$

Außerdem existiert zu jedem komplexen Pol der konjugiert komplexe Pol p_i^* mit

$$\begin{aligned} p_i^* &= \sigma_i - j\omega_i \\ A_i^* &= a_i - jb_i \end{aligned} \qquad (3.9\ a,\ b)$$

Die beiden komplexen Anteile zur Impulsantwort lassen sich zu einem reellen Beitrag zusammenfassen.

$$A_i e^{p_i t} + A_i^* e^{p_i^* t} = (a_i + jb_i) e^{\sigma_i t}\, e^{j\omega_i t} + (a_i - jb_i) e^{\sigma_i t}\, e^{-j\omega_i t}$$

$$= \sqrt{a_i^2 + b_i^2}\; 2\, e^{\sigma_i t} \cos(\omega_i t + \varphi_i) \qquad (3.10)$$

mit

$$\varphi_i = \arctan\left(\frac{a_i}{b_i}\right)$$

Wiederum kann man zwei Fälle unterscheiden. Ist σ_i positiv, so erhält man als Impulsantwort eine anklingende harmonische Schwingung (Bild 3.3). Stabil ist das System nur, wenn das konjugiert komplexe Polpaar in der linken p-Halbebene liegt (Bild 3.4) und die Schwingung somit gedämpft ist.

Der Grenzfall zwischen Stabilität und Instabilität ist in Bild 3.5 dargestellt. Konjugiert komplexe Polpaare auf der imaginären Achse führen zu ungedämpften harmonischen Schwingungen (Oszillator). Auch für den der Übersicht halber, hier ausgeschlossenen Fall der mehrfachen Polstellen gilt entsprechendes für die Lage der Polstellen.

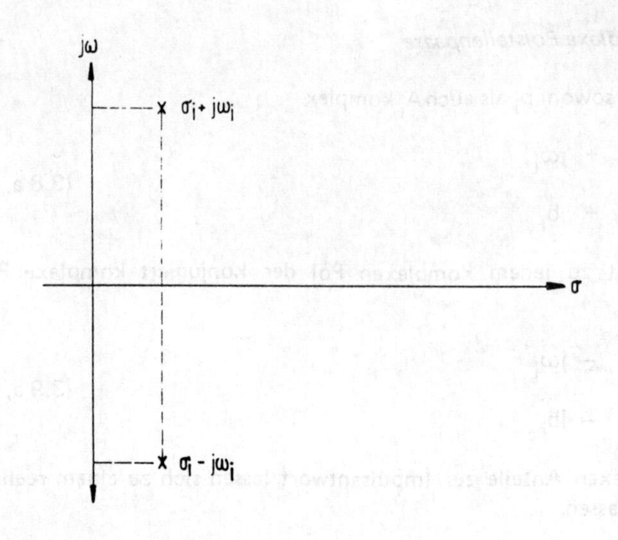

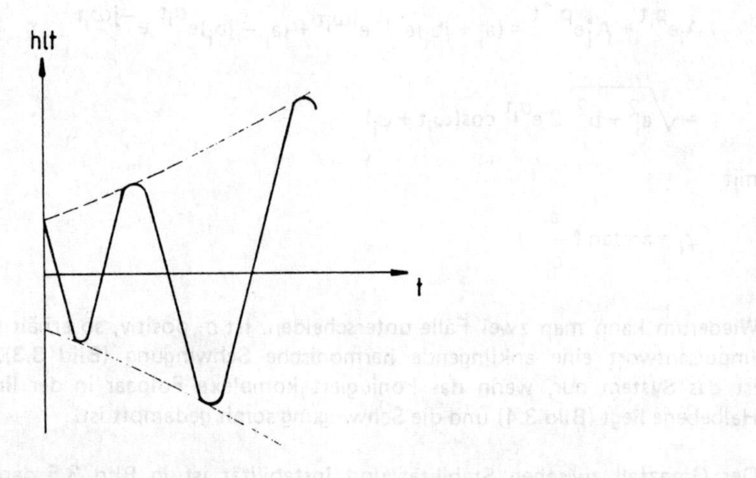

Bild 3.3: **Lage eines konjugiert komplexen Polpaares mit positivem Realteil und zugehörige Impulsantwort**

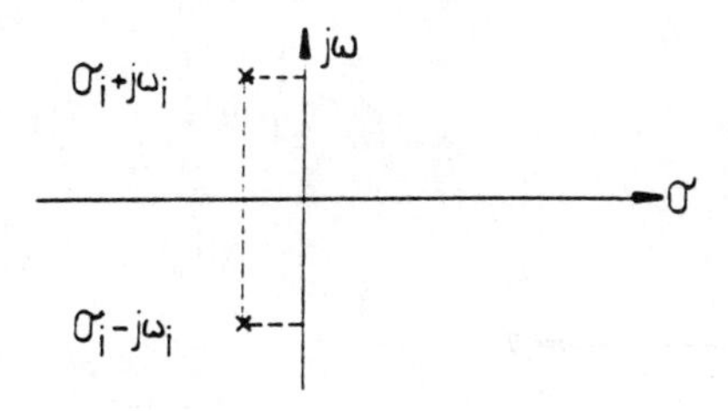

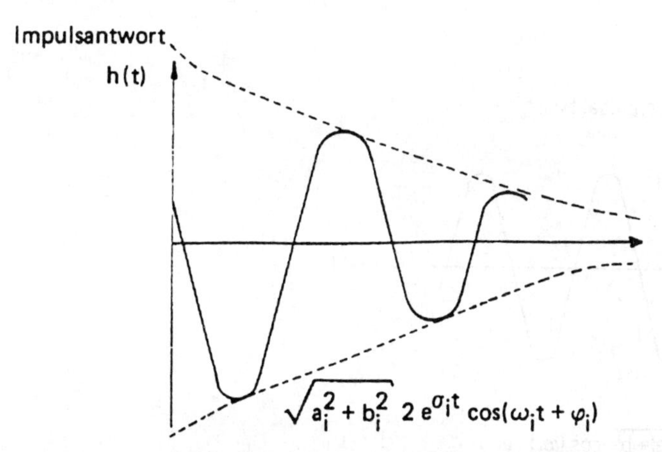

Bild 3.4: Konjugiert komplexes Polpaar mit neg. Imaginärteil und zugehörige Impulsantwort

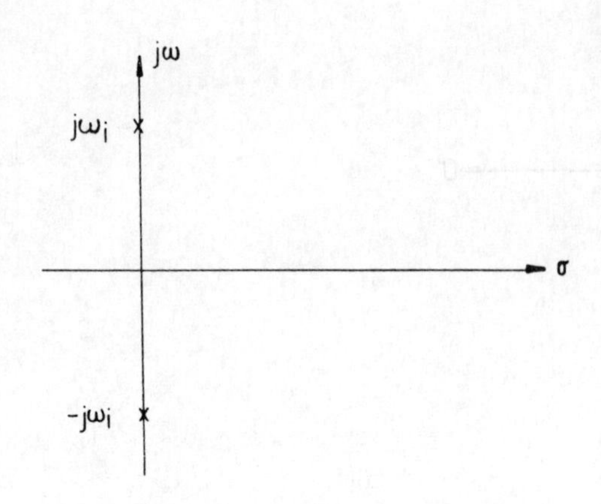

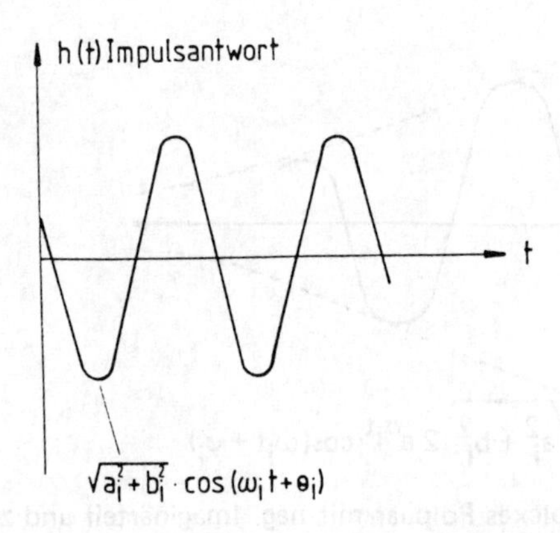

Bild 3.5: Konjugiert komplexe Pole auf der imaginären Achse und zugehörige Impulsantwort

3.2 Stabilitätsanalyse bei gegengekoppelten Verstärkern

Der Signalflußgraph eines allgemeinen gegengekoppelten Verstärkers ist in Bild 3.6 dargestellt.

Mit Hilfe des Graphen kann die Verstärkung einfach ermittelt werden.

$$\underline{V}(p) = \underline{t}_{sl}(p) + \frac{\underline{G}(p)}{1+\underline{T}(p)} \tag{3.11}$$

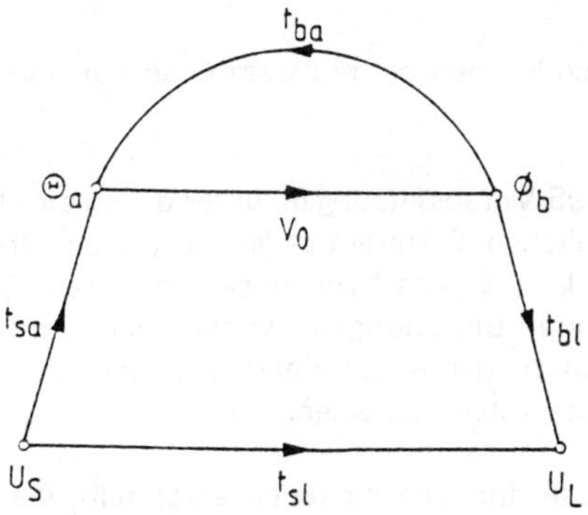

Bild 3.6: Signalflußgraph eines allgemeinen gegengekoppelten Verstärkers

Mit den Abkürzungen

$$\underline{G}(p) = \underline{V}_0(p)\,\underline{t}_{bl}(p)\,\underline{t}_{sa}(p) \tag{3.12}$$

$$\underline{T}(p) = -\,\underline{V}_0(p)\,\underline{t}_{ba}(p) \tag{3.13}$$

stellt sich die Verstärkung wie folgt dar:

$$\underline{V}(p) = \frac{\underline{U}_L(p)}{\underline{U}_S(p)} = \underline{t}_{sl}(p) + \frac{\underline{V}_0(p)\,\underline{t}_{bl}(p)\,\underline{t}_{sa}(p)}{1 - \underline{V}_0(p)\,\underline{t}_{ba}(p)} \tag{3.14}$$

Wir nehmen nun an, daß $t_{sl}(p)$ und G(p) stabile Übertragungsfunktionen sind, somit also keine Pole in der positiven Halbebene besitzen. Dies würde bedeuten, daß Pole der gesamten Verstärkungsfunktion nur an Nullstellen der Funktion 1 + T(p) auftreten, vorausgesetzt G(p) ist an dieser Stelle von Null verschieden. Der Verstärker ist damit stabil, wenn der Gegenkopplungsfaktor F(p) = 1 + T(p) keine Nullstellen in der rechten p-Halbebene besitzt. Die Übertragungsfunktion der negierten offenen Schleifenverstärkung T(p) läßt sich wie folgt schreiben:

$$\underline{T}(p) = k\,\frac{N(p)}{D(p)} \tag{3.15}$$

Dabei sind N(p) und D(p) Polynome in p, und k ist eine Konstante.

Die Suche nach den Nullstellen von F(p) läßt sich nun zurückführen auf die Bestimmung der Wurzeln der folgenden charakteristischen Gleichung:

$$D(p) + k\,N(p) = 0 \tag{3.16}$$

Die Lösungen dieser Gleichung können bei höherem Grad nur noch numerisch ermittelt werden.

A. Hurwitz veröffentlichte 1895 Voraussetzungen, unter denen die charakteristische Gleichung einer gewöhnlichen Differentialgleichung n-ter Ordnung Wurzeln mit negativem Realteil, d. h. Eigenschwingungen abklingender Amplitude besitzt. Die von ihm aufgestellten Beziehungen zwischen den konstanten Koeffizienten der Gleichung führen zu den sogenannten Hurwitzkriterien, die eine Aussage über die Nullstellen des Systems zulassen.

Bereits 1877 hatte E. T. Routh ähnliche Kriterien aufgestellt, die aber seinerzeit nicht öffentlich bekannt wurden.

3.3 Das Routh-Hurwitz-Kriterium

Die allgemeine Form der charakteristischen Gleichung lautet:

$$\alpha_n p^n + \alpha_{n-1} p^{n-1} + \ldots + \alpha_1 p + \alpha_0 = 0 \qquad (3.17)$$

Alle Koeffizienten α_i besitzen reelle Werte, α_n ist außerdem positiv. Nachfolgend soll am Beispiel n = 5 eine Verknüpfung der Koeffizienten α_i beschrieben werden, mit deren Hilfe man eindeutig erkennen kann, ob die Gleichung (3.17) Nullstellen mit positivem Realteil besitzt. Die charakteristische Gleichung sei:

$$\alpha_5 p^5 + \alpha_4 p^4 + \alpha_3 p^3 + \alpha_2 p^2 + \alpha_1 p + \alpha_0 = 0 \qquad (3.18)$$

Die Koeffizienten werden alternierend in zwei Reihen angeordnet:

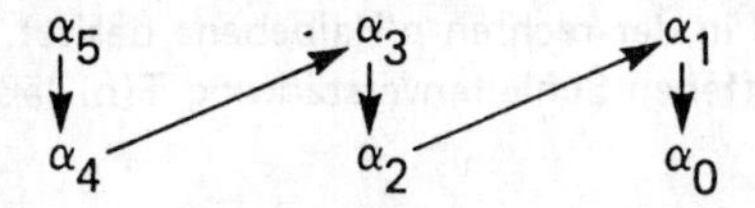

Anschließend werden die Reihen wie folgt ergänzt.

α_5	α_3	α_1
α_4	α_2	α_0
B_1	B_2	
C_1	C_2	
D_1		
E_1		

Hierbei berechnen sich die neuen Koeffizienten jeweils aus den Elementen der beiden vorausgegangenen.

$$B_1 = -\frac{\begin{vmatrix}\alpha_5 & \alpha_3\\ \alpha_4 & \alpha_2\end{vmatrix}}{\alpha_4} = -\frac{\alpha_5\alpha_2 - \alpha_4\alpha_3}{\alpha_4} \tag{3.19}$$

$$B_2 = -\frac{\begin{vmatrix}\alpha_5 & \alpha_1\\ \alpha_4 & \alpha_0\end{vmatrix}}{\alpha_4} = -\frac{\alpha_5\alpha_0 - \alpha_4\alpha_1}{\alpha_4} \tag{3.20}$$

$$C_1 = \frac{\alpha_2 B_1 - \alpha_4 B_2}{B_1} \tag{3.21}$$

$$C_2 = \frac{\alpha_0 B_1 - 0\,\alpha_4}{B_1} = \alpha_0 \tag{3.22}$$

$$D_1 = \frac{B_2 C_1 - B_1 C_2}{C_1} \tag{3.23}$$

$$E_1 = \frac{C_2 D_1 - 0\,C_1}{D_1} = C_2 \tag{3.24}$$

Sei $X_{j,k}$ das k-te Element der j-ten Reihe, so gilt folgende Rechenvorschrift für alle neuen Koeffizienten:

$$X_{jk} = \frac{X_{j-1,1}\,X_{j-2,\,k+1} - X_{j-2,1}\,X_{j-1,\,k+1}}{X_{j-1,1}} \tag{3.25}$$

Die Anzahl der Elemente pro Reihe muß sich nach jeweils zwei Reihen um 1 verringern, bis in den letzten beiden Reihen nur noch jeweils 1 Element steht.

Routh und Hurwitz kamen zu folgendem Ergebnis:

Sind alle neu erzeugten Elemente B_i, C_i positiv, so liegen alle Nullstellen der charakteristischen Gleichung (3.1) in der linken p-Halbebene, und das System ist stabil. Gibt es jedoch neue negative Koeffizienten, so ist die Zahl der Vorzeichenwechsel bei den Elementen identisch mit der Anzahl der Nullstellen mit positivem Realteil.

Sind alle Elemente einer Reihe Null, deutet dies auf konjugiert komplexe Wurzeln auf der Imaginärachse hin. Der Verstärker ist auf der Schwelle zur Instabilität. Weitere Spezialfälle werden in (3.3) und (3.4) behandelt.

3.4 Beispiele zum Ruth-Hurwitz-Kriterium

In diesem Abschnitt soll anhand einer Gegenkopplung über drei Stufen die Anwendung des Ruth-Hurwitz-Kriteriums erläutert werden.

Die Grenzfrequenzen der Einzelstufen seien ω_1, ω_2 und ω_3. Damit gilt für die negierte offene Schleifenverstärkung T(p):

$$T(p) = \frac{T(0)}{\left(1+\frac{p}{\omega_1}\right)\left(1+\frac{p}{\omega_2}\right)\left(1+\frac{p}{\omega_3}\right)}$$

$$= \frac{\omega_1\omega_2\omega_3\,T(0)}{p^3+(\omega_1+\omega_2+\omega_3)p^2+(\omega_1\omega_2+\omega_1\omega_3+\omega_2\omega_3)p+\omega_1\omega_2\omega_3} \tag{3.26}$$

T(0) ist hierbei die negierte offene Schleifenverstärkung bei tiefen Frequenzen ($\omega = 0$).

Die sich gemäß Gleichung (3.16) ergebende Beziehung lautet:

$$\alpha_3 p^3 + \alpha_2 p^2 + \alpha_1 p + \alpha_0 = 0 \tag{3.27}$$

$$\alpha_3 = 1$$

$$\alpha_2 = \omega_1 + \omega_2 + \omega_3$$

$$\alpha_1 = \omega_1\omega_2 + \omega_1\omega_3 + \omega_2\omega_3 \tag{3.28}$$

$$a_0 = [1 + T(0)]\,\omega_1\omega_2\omega_3$$

Aus Gleichung (3.26) ergibt sich das Ruth-Hurwitz-Schema:

$$\begin{array}{ll} \alpha_3 & \alpha_1 \\ \alpha_2 & \alpha_0 \\ \dfrac{\alpha_1\alpha_2 - \alpha_0\alpha_3}{\alpha_2} & \\ \alpha_0 & \end{array}$$

Der Verstärker ist stabil, falls der Term $\alpha_1\alpha_2 - \alpha_0\alpha_3$ positiv ist. Mit Gleichung (3.28) erhält man die notwendige Bedingung für Stabilität:

$$T(0) < (\omega_1 + \omega_2 + \omega_3)\left(\frac{1}{\omega_1} + \frac{1}{\omega_2} + \frac{1}{\omega_3}\right) - 1 \qquad (3.29)$$

Die Schwelle zur Instabilität ist für den Wert

$$T_{om} = (\omega_1 + \omega_2 + \omega_3)\left(\frac{1}{\omega_1} + \frac{1}{\omega_2} + \frac{1}{\omega_3}\right) - 1 \qquad (3.30)$$

erreicht. In der Praxis wird man natürlich einen Sicherheitsabstand einhalten müssen. Der Sicherheitsfaktor gibt das Verhältnis zwischen minimaler Schleifenverstärkung und tatsächlich gewählter Schleifenverstärkung bei niedrigen Frequenzen an.

$$T_m = \frac{T_{om}}{T(0)} > 1 \qquad (3.31)$$

Logarithmiert man beide Seiten der Gleichung, erhält man den Sicherheitsabstand, der z. B. vor Bauelementestreuungen sowie Temperatur- und Speisespannungsänderungen schützt. Unter der Annahme, daß $\omega_3 > \omega_2 > \omega_1$ gilt, ist die Lage der Pole von T(p) (vgl. Gl. 3.26) in Bild 3.7 dargestellt.

Gleichung (3.30) kann man entnehmen, daß T_{om} um so größer wird, je dichter ω_1 an die imaginäre Achse heranrückt. Gleichzeitig sollte man eine hohe Grenzfrequenz ω_3 anstreben, um ein möglichst großes Produkt zu erhalten. Dies kann z. B. durch eine interne Rückkopplung in dieser Stufe erreicht werden.

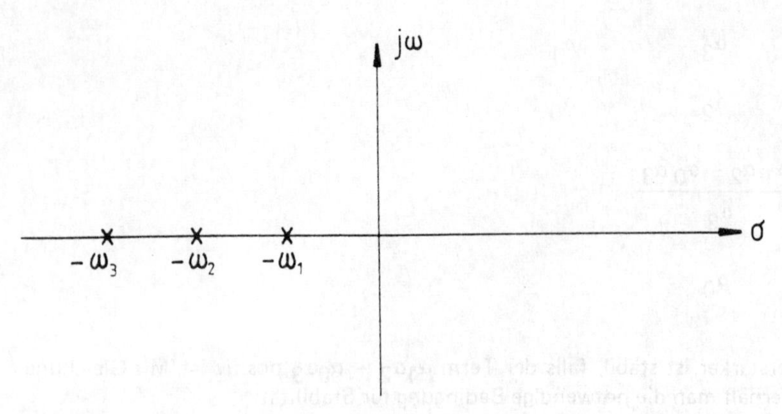

Bild 3.7: Lage der Pole der neg. offenen Schleifenverstärkung T(p)

Bei der Rückkopplung über drei Stufen sollte man also zugunsten der Stabilität des Verstärkers eine Stufe schmalbandig ausführen, die beiden anderen Stufen breitbandig (Bild 3.8). Die vielfältigen Lösungsmöglichkeiten hängen von den weiteren Anforderungen an das System ab.

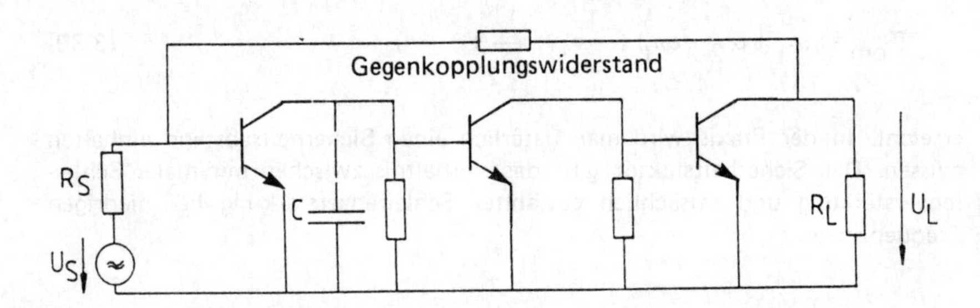

Bild 3.8: Niederfrequenzschaltbild eines dreistufigen Verstärkers (1. Stufe schmalbandig durch C, 2. und 3. Stufe breitbandig z. B. durch RE)

3.5 Wurzelortskurven

Wurzelortskurven wurden erstmals 1948 von Evans zur Untersuchung der geschlossenen Gegenkopplungsschleife verwendet (3.5), (3.6), (3.4). Danach kann man die Wurzeln der charakteristischen Gleichung (3.16) mit Hilfe einer graphischen Methode bestimmen, falls die Pole und Nullstellen der Übertragungsfunktion T(P) (3.15) bekannt sind. Die Wurzelortskurven geben den geometrischen Ort der Lösungen der charakteristischen Gleichungen als Funktion eines Parameters (z. B. T(0)) an.

Beispiel a):

Zum besseren Verständnis betrachten wir zunächst einen einstufigen gegengekoppelten Verstärker mit der folgenden Funktion T(P):

$$T(p) = \frac{T(0)}{1 + \frac{p}{\omega_0}} = \frac{\omega_0 T(0)}{p + \omega_0} \qquad (3.32)$$

Hierbei ist T(0) die negierte Schleifenverstärkung bei niedrigen Frequenzen und ω_0 die Grenzfrequenz der Stufe. Gemäß Gleichung (3.16) erhält man die charakteristische Gleichung:

$$p + \omega_0 (1 + T(0)) = 0 \qquad (3.33)$$

Die Lösung dieser Gleichung lautet:

$$p = -\omega_0 (1 + T(0)) \qquad (3.34)$$

Die Wurzel entfernt sich für wachsende T(0) entlang der reellen Achse vom Nullpunkt. Der einstufige Verstärker ist in jedem Fall, also auch für große Werte von T(0), stabil (vgl. Bild 3.9).

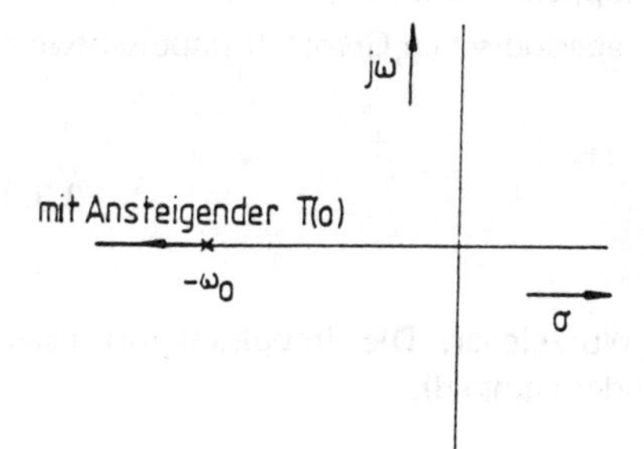

Bild 3.9: Wurzelortskurve eines einstufigen Verstärkers

Beispiel b):

Als zweites Beispiel betrachten wir einen zweistufigen Verstärker mit folgender Schleifenverstärkung:

$$T(p) = \frac{T(0)}{\left(1 + \frac{p}{\omega_1}\right)\left(1 + \frac{p}{\omega_2}\right)} \qquad (3.35)$$

Einfache Umformungen führen auf die charakteristische Gleichung zweiten Gerades.

$$p^2 + (\omega_1 + \omega_2)p + \omega_1 \omega_2 (1 + T(0)) = 0 \tag{3.36}$$

Die Wurzeln dieser quadratischen Gleichung sind:

$$p_{1/2} = -\frac{1}{2}(\omega_1+\omega_2) \pm \sqrt{\frac{1}{4}(\omega_1+\omega_2)^2 - \omega_1\omega_2(1 + T(0))}$$

In Abhängigkeit von T(0) lassen sich drei Fälle unterscheiden:

1. $$0 < T(0) < \frac{(\omega_1 - \omega_2)^2}{4\,\omega_1\,\omega_2} \tag{3.37}$$

Beide Pole sind reell, aber negativ. Die Impulsantwort ist stark gedämpft (over damped).

2. $$T(0) = \frac{(\omega_1 - \omega_2)^2}{4\,\omega_1\,\omega_2} \tag{3.38}$$

Die charakteristische Gleichung hat eine doppelte reelle Nullstelle bei $-\frac{1}{2}(\omega_1 + \omega_2)$. Man spricht von einem aperiodischen Grenzfall Impulsantwort (critical damped).

3. $$T(0) > \frac{(\omega_1 - \omega_2)^2}{4\,\omega_1\,\omega_2} \tag{3.39}$$

ergibt sich ein konjugiert komplexes Wurzelpaar. Die Impulsantwort oszilliert, aber nimmt in der Amplitude ab (under-damped).

In allen drei Fällen liegen die Wurzeln in der negativen P-Halbebene und garantieren einen stabilen 2-stufigen Verstärker bei beliebiges T(0).

Die Konstruktion von Wurzelortskurven wird mit wachsendem Grad wesentlich komplizierter. Aus diesem Grunde sollen hier einige einfache Konstruktionsregeln aufgeführt werden (3.3).

Die charakteristische Gleichung der negierten offenen Schleifenverstärkung lautet:

$$T(p) = -1 \tag{3.40}$$

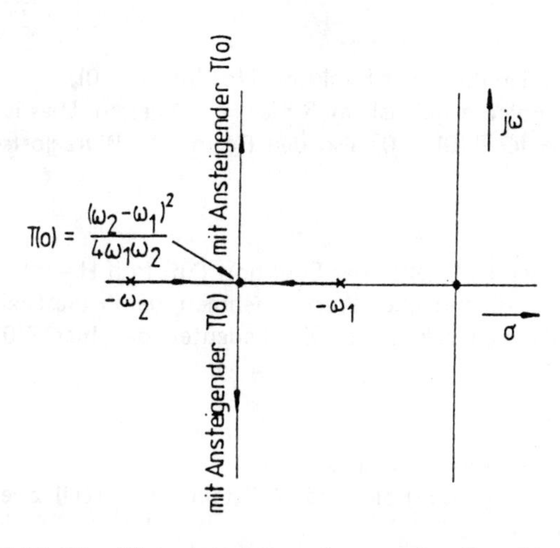

Bild 3.10: Wurzelortskurve eines zweistufigen Verstärkers

Die Gleichung ist erfüllt, wenn der Betrag und die Phase folgende Bedingung erfüllen:

$$|T(p)| = 1 \tag{3.41}$$

$$\text{arc}\,[T(p)] = (1 + 2\,k)\,\pi \quad k\ \epsilon\pi \tag{3.42}$$

Die Funktion (T(p) läßt sich in der Produktform wie folgt darstellen:

$$T(p) = H\,\frac{(p - q_1)\,(p - q_2)\ldots(p - q_m)}{(p - p_1)\,(p - p_2)\ldots(p - p_n)}$$

$$= H\,\frac{\prod_{i=1}^{m}(p - q_i)}{\prod_{i=1}^{n}(p - p_i)} \tag{3.43}$$

Dabei soll der Nennergrad größer als m sein. H ist der Skalierungsfaktor der Funktion. Für die Schleifenverstärkung bei niedrigen Frequenzen gilt:

$$T(0) = H\,\frac{q_1\,q_2\ldots q_m}{p_1 p_2\ldots p_n}\,(-1)^{n\text{-}m} \tag{3.44}$$

Regel 1:
Die Wurzelortskurven starten an den Polen der Funktion T(p) (mit H = 0).
Damit Gleichung 3.41 an den Polen erfüllt ist, muß hier H = 0 gelten. Dies ist gemäß Gleichung (3.44) gerade für T(0) = 0, also den Beginn der Wurzelortskurve der Fall.

Regel 2:
Die Wurzelortskurven enden an den Nullstellen der Funktion T(p) (mit H = ∞).
Analog zu Regel 1 muß H einen unendlichen Wert annehmen, damit die Gleichung 3.41 auch an den Nullstellen erfüllt ist. Dies bedeutet, daß hier T(0) ebenfalls gegen unendlich strebt.

Regel 3:
Die Wurzelortskurven sind symmetrisch zur σ-Achse.
Dies folgt direkt aus der Tatsache, daß Pole und Nullstellen nur reell oder konjugiert komplex sein dürfen.

Regel 4:
Die Anzahl der Wurzelortskurven entspricht der Anzahl der Pole.
Da der Nennergrad n der Funktion T(p) größer ist als der Zählergrad m, ist die Ordnung der charakteristischen Gleichung identisch mit dem Nennergrad n und besitzt ebensoviele Wurzeln.

Die folgenden Regeln dienen ebenfalls der einfachen Konstruktion der Wurzelortskurven. Ihre Herleitungen sind in (3.4) beschrieben.

Regel 5:
Für große Werte von p nähern sich die Wurzelortskurven asymptotisch Geraden, die mit der σ-Achse einen Winkel von σ einschließen. Dabei sind n und m die Anzahl der Pole bzw. Nullstellen und k läuft von 0 bis n–m.

Regel 6:
Alle Asymptoten schneiden die σ-Achse bei

$$\sigma_0 = \frac{\sum_{i=0}^{n} p_i - \sum_{i=0}^{m} q_i}{n - m} \qquad (3.45)$$

Regel 7:
Auf der σ-Achse verbinden die Wurzelortskurven alternierend jeweils eine Pol- oder Nullstelle mit der benachbarten Pol- oder Nullstelle. Die erste Verbindung startet an derjenigen Pol- oder Nullstelle, die sich am weitesten rechts befindet (vgl. Bild 3.11).

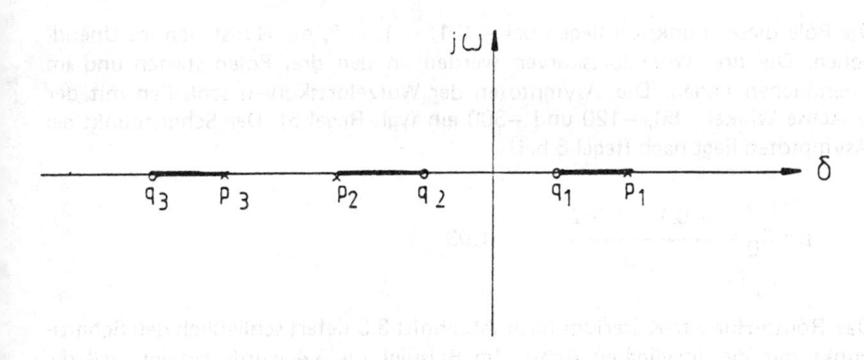

Bild 3.11: Beispiel zu Regel 7

Regel 8:
Zwei reelle Pole, die durch die Wurzelortskurve miteinander verbunden sind, bewegen sich mit wachsendem Skalierungsfaktor aufeinander zu, vereinen sich und verlassen die σ-Achse unter einem rechten Winkel als konjugiert komplexes Polpaar.

Regel 9:
Der Schnittpunkt der Wurzelortskurven mit der $j\omega$-Achse läßt sich mit Hilfe des Ruth-Hurwitz-Kriteriums (vgl. Abschnitt 3.3) berechnen.

Regel 10:
Bei fertig konstruierter Wurzelortskurve läßt sich der Sicherheitsfaktor für jeden Punkt aus folgender Gleichung berechnen:

$$H \frac{\prod_{i=1}^{n} |p - q_i|}{\prod_{i=1}^{n} |p - p_i|} = 1 \tag{3.46}$$

Die Anwendung dieser Regeln soll an drei weiteren Beispielen demonstriert werden.

Beispiel c):

Ein dreistufiger Verstärker, dessen Rückkopplungsnetzwerke nur aus Widerständen besteht, habe folgende Schleifenverstärkung:

$$T(p) = \frac{T(0)}{(1 + 10\,p)\,(1 + p)\,(1 + 0{,}5\,p)} \tag{3.47}$$

Die Pole dieser Funktion liegen bei − 0.1, − 1, − 2, die Nullstellen im Unendlichen. Die drei Wurzelortskurven werden an den drei Polen starten und im Unendlichen enden. Die Asymptoten der Wurzelortskurven schließen mit der σ-Achse Winkel −60, −120 und −300 ein (vgl. Regel 5). Der Schnittpunkt der Asymptoten liegt nach Regel 6 bei

$$p = \delta_0 = \frac{-0.1 - 1 - 2}{3} = -1.03$$

Das Routh-Hurwitz-Kriterium nach Abschnitt 3.3 liefert schließlich den Schnittpunkt mit der imaginären Achse. Im Beispiel aus 3.4 wurde gezeigt, daß die Grenze der Stabilität für T_{om} erreicht ist.

Mit dieser Gleichung errechnet sich T(0) zu 34.65 für die Schnittpunkte mit der imaginären Achse. Für diesen Wert von T(0) lassen sich schließlich auch die Wurzeln auf der imaginären Achse aus Gleichung (3.27) berechnen. In unserem Beispiel liegen die Schnittpunkte bei

$$p_{1/2} = \pm 1.52$$

Mit diesen Ergebnissen läßt sich die Wurzelortskurve konstruieren (siehe Bild 3.12).

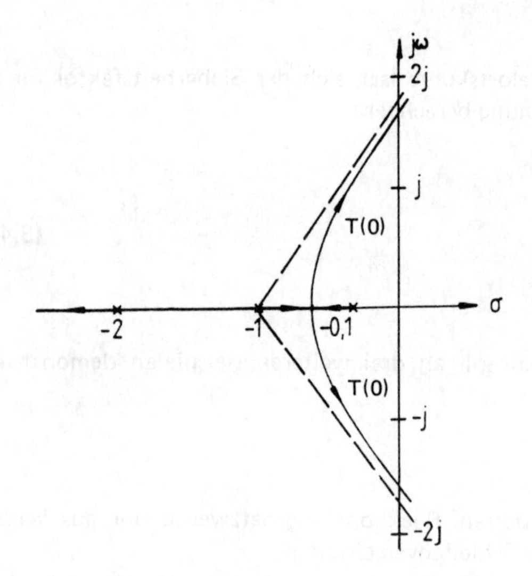

Bild 3.12: Wurzelortskurve für $T(p) = \dfrac{T(0)}{(1 + 10\,p)\,(1 + p)\,(1 + 0.5\,p)}$

Beispiel d):

Es soll nun der Verstärker mit der negierten offenen Schleifenverstärkung nach Gleichung (3.48) behandelt werden. T(p) besitzt eine zusätzliche Nullstelle bei p = 0.5.

$$T(p) = \frac{1 + 2\,p}{(1 + 10\,p)\,(1 + p)\,(1 + 0{,}5\,p)} \tag{3.48}$$

Wie im Beispiel c), starten die Kurven bei p = −0.1, −1 und −2, enden jetzt jedoch nur 2 mal im Unendlichen und einmal bei p = −0.5. Die beiden Asmptoten stehen senkrecht auf der σ-Achse und schneiden sie bei

$$p = \delta_0 = \frac{(-\,0{,}1 - 1 - 2 + 0{,}5)}{(3 - 1)} = -\,1{,}3$$

Nach Regel 7 läuft eine Wurzelortskurve vom Pol bei −0.1 bis zur Nullstelle bei −0.5. Die beiden verbleibenden Kurven laufen von −1 bzw. −2 aus aufeinander zu. Sie treffen sich im Punkt σ_d = −1.47 und verlassen die reelle Achse unter rechtem Winkel (vgl. Regel 8). Nutzt man die Tatsache, daß die Wurzelortskurve bei σ_d eine doppelte reelle Wurzel besitzt, läßt sich T(0) und σ_d mit Hilfe von Gleichung (3.27) für diesen Punkt berechnen. Die Wurzelortskurve dieses Beispiels ist im Bild 3.13 dargestellt. Es ist deutlich zu erkennen, daß der 3-stufige Verstärker durch die zusätzliche Nullstelle nun für alle T(0) stabil ist.

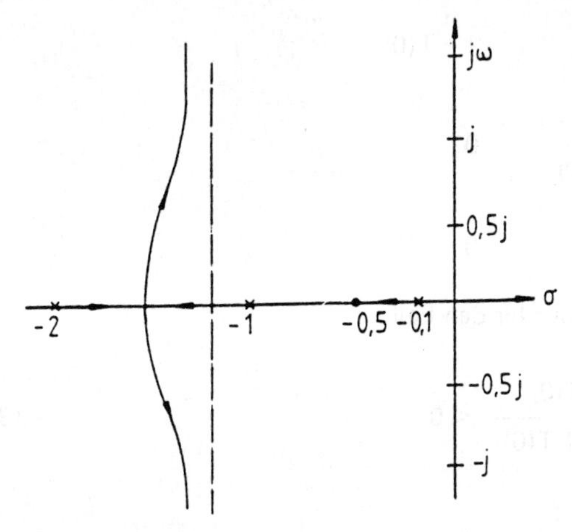

Bild 3.13: Wurzelortskurve für Beispiel d)

Beispiel e):

Schließlich soll noch folgende Funktion untersucht werden:

$$T(p) = T(0) \frac{1 + 0{,}1\,p + 0{,}1\,p^2}{(1 + p)\,(1 + p + p^2)} \tag{3.49}$$

Die negierte offene Schleifenverstärkung hat zwei konjugiert komplexe Nullstellen bei $p = -0{,}5 \pm j3{,}12$ und einen reellen Pol bei $p = -1$ sowie ein Polpaar bei $-0{,}5 \pm j0{,}866$.

Zwei der 3 Ortskurven beginnen an den konjugiert komplexen Polstellen und enden an den entsprechend konjugiert komplexen Nullstellen. Die dritte Ortskurve startet beim reellen Pol und endet im Unendlichen. Mögliche Schnittpunkte lassen sich mit dem Ruth-Hurwitz-Kriterium berechnen. Hierzu stellen wir die charakteristische Gleichung auf.

$$(1 + p)\,(1 + p + p^2) + T(0)\,(1 + 0{,}1\,p + 0{,}1\,p^2) = 0 \tag{3.50}$$

bzw.

$$p + p\,(2 + 0{,}1\,T(0)) = p\,(2 + 0{,}1\,T(0)) + 1 + T(0) = 0 \tag{3.51}$$

Damit ergibt sich folgende Matrix:

$$\begin{matrix} 1 & 2 + 0{,}1\,T(0) \\ 2 + 0{,}1\,T(0) & 1 + T(0) \\ 0{,}1\,T(0) - \dfrac{1 + T(0)}{2 + 0{,}1\,T(0)} & 0 \\ 1 + T(0) & 0 \end{matrix}$$

Instabilität kann sich somit nur für den Fall

$$2 + 0{,}1\,T(0) - \frac{1 + T(0)}{2 + 0{,}1\,T(0)} < 0 \tag{3.52}$$

einstellen. Für T(0) gilt:

$$0{,}01\, T(0)^2 - 0{,}6\, T(0) + 3 < 0$$

$$5{,}5 > T(0) > 54{,}5$$

Die Stabilität hängt also entscheidend von dem Wert von T(0) ab. Man spricht deshalb von bedingter Stabilität. Der Verlauf der Wurzelortskurven ist im Bild 3.14 dargestellt.

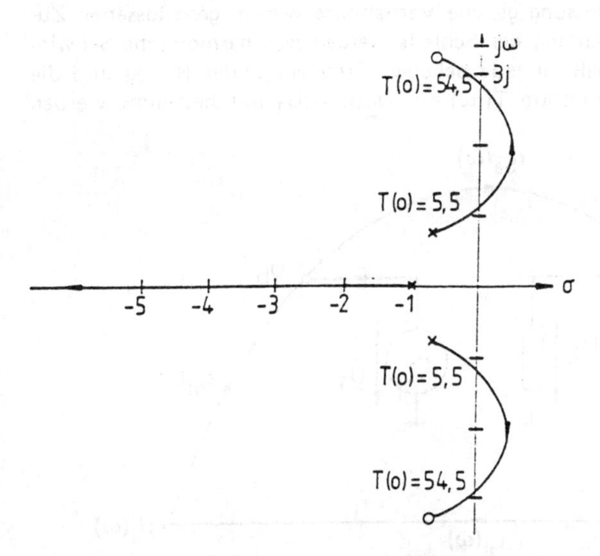

Bild 3.14: Wurzelortskurven zur Funktion

3.6 Das Nyquist-Kriterium

Die Dimensionierung stabiler Schaltungen mit Hilfe des Ruth-Hurwitz-Kriteriums ist oftmals mühsam oder gar unmöglich. Der Grund hierfür ist der meist komplizierte Zusammenhang zwischen den Schaltungsparametern und den Koeffizienten der Gleichung (3.17). Außerdem setzt die Untersuchung voraus, daß die Übertragungsfunktion (vgl. 3.11) bereits bekannt ist. In der Praxis sucht man Stabilitätskriterien, die sich am Aufbau selbst nachmessen lassen. Außerdem möchte man Aussagen über den Grad der Stabilität machen.

Das sogenannte Nyquist-Kriterium ermöglicht eine Stabilitätsanalyse anhand einer Messung bei offener Rückkopplungsschleife. Man macht sich dabei die Eigenschaften konformer Abbildungen zunutze. Die Funktion

$$\underline{T}(p) = -\underline{t}_{ba}(p)\,\underline{V}_o(p) \tag{3.40}$$

beschreibt die Schleifenverstärkung als Funktion von p. In einer konformen Abbildung wird die p-Ebene auf die T-Ebene abgebildet. Physikalisch sinnvoll und damit meßbar sind jedoch nur Werte der Übertragungsfunktion T(p) für $p = j\omega$, d. h. für die positive imaginäre Achse der p-Ebene.

Zur Messung trennt man die Schleife an einer günstigen Stelle auf. Das Ende der geöffneten Schleife wird mit dem Eingangswiderstand der Schleife abgeschlossen, um für die Messung gleiche Verhältnisse wie im geschlossenen Zustand zu schaffen. Am Anfang der Schleife werden nun harmonische Schwingungen eingespeist, so daß für jede beliebige Frequenz ω der Betrag und die Phase der Übertragungsfunktion $T(j\omega) = -U_2(j\omega)/(U_1(j\omega)$ bestimmt werden kann.

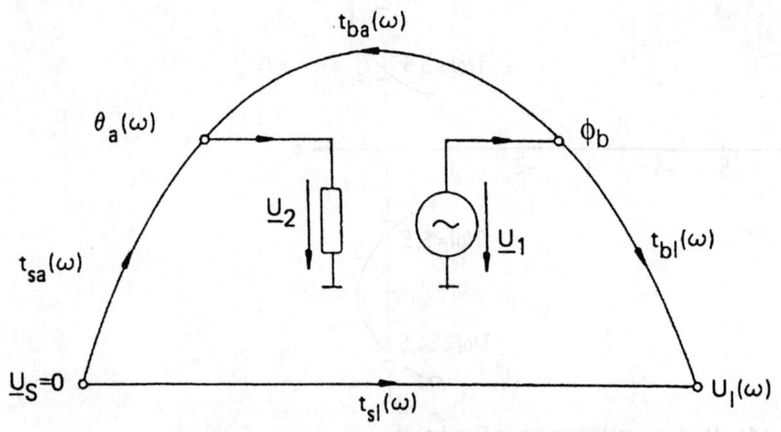

Bild 3.15: Anordnung zur Messung der offenen Schleifenverstärkung

Gemäß Abschnitt 3.2 müssen alle Pole der Gesamtverstärkung (Gl. 3.14) folgende Gleichung erfüllen:

$$T(p) = -1 \tag{3.42}$$

Alle Pole der p-Ebene werden also auf den Punkt −1 der T-Ebene abgebildet. Die imaginäre Achse trennt die linke von der rechten p-Halbebene. Durch die konforme Abbildung ändert sich die relative Lage zwischen der imaginären Achse und den Polen nicht. Die $j\omega$--Achse wird auf die gemessene Frequenzgangsortskurve abgebildet.

Durchläuft man die imaginäre Achse von $\omega = -\infty$ bis $\omega = +\infty$ und liegen alle Pole in der rechten p−Halbebene, so wird der Punkt − 1 beim Durchlaufen der Frequenzgangsortskurve immer rechts liegen. Bild 3.16 zeigt ein einfaches Beispiel einer konformen Abbildung.

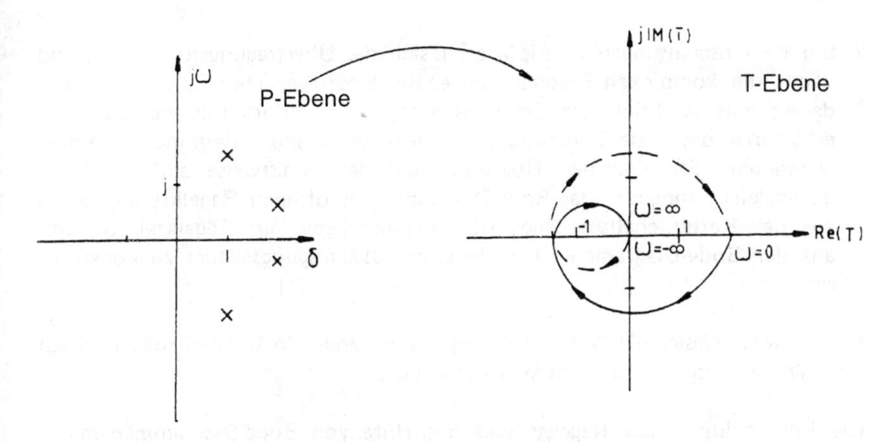

Bild 3.16: Konforme Abbildung der p-Ebene in die T-Ebene mit $\underline{T}(p) = -\underline{t}_{ba} \cdot \underline{V}_0(p)$. Pole werden auf T = –1 abgebildet, die jω-Achse auf die Frequenzgangsortskurve T(jω)

Es ist nun also möglich, mit Hilfe der Frequenzgangsortskurve und der Tatsache, daß alle Pole in T(p) = –1 abgebildet werden, eine Aussage über die Lage der Pole in der p-Ebene und damit die Stabilität des Systems zu machen.

Das Nyquist-Kriterium eignet sich auch für wesentlich kompliziertere Übertragungsfunktionen, bei denen z. B. Schleifen auftreten können. Der Abstand vom kritischen Punkt T = –1 ist ein Maß für die Güte des Systems. Je dichter sich die Ortskurve diesem Punkt nähert, desto langsamer klingen die Einschwingungen bei diesen Frequenzen ab.

3.7 Das Bode-Diagramm

Das Bode-Diagramm des offenen Regelkreises dient ebenso wie das Nyquist-Diagramm des offenen Regelkreises der Stabilitätsuntersuchung. Grundlage ist das Kriterium von Nyquist. Das Bode-Diagramm ist eine graphische Darstellung des komplexen Frequenzganges T(jω), wo der Amplitudengang $|\underline{T}(j\omega)|$ und Phasengang $arc[\underline{T}(j\omega)]$ über der Kreisfrequenz aufgetragen werden. Dabei ist die Skalenteilung für ω und $|\underline{T}(j\omega)|$ logarithmisch, für $arc[\underline{T}(j\omega)]$ dagegen linear. Diese Darstellung hat gegenüber derjenigen im Nyquist-Diagramm zwei wesentliche Vorteile:

1. Durch den logarithmischen Maßstab läßt sich ein großer Amplitudenbereich erfassen.

2. Bei Kettenschaltungen multiplizieren sich die Übertragungsfunktionen und damit die komplexen Frequenzgänge. Bei logarithmischer Darstellung wird daraus eine Addition. Da der Phasengang ebenfalls im Exponenten steht, erhält man das Bode-Diagramm einer Kettenschaltung, indem man die Bode-Diagramme der einzelnen Übertragungsglieder punktweise addiert. Damit ist es leicht möglich, das Bode-Diagramm des offenen Regelkreises, der ja aus der Kettenschaltung aller Übertragungsglieder im Regelkreis besteht, aus den Bode-Diagrammen der einzelnen Übertragungsglieder zu konstruieren.

Es ist zweckmäßig, die Werte des Amplitudenganges in Dezibel (dB) und auf diese Weise im logarithmischen Maß anzugeben.

Die Entwicklung eines Regelsystems mit Hilfe von Bode-Diagrammen macht es erforderlich, daß die Betrags- und die Phasenkurve des Bode-Diagramms immer wieder neu gezeichnet werden, bis die erforderliche Systemgüte erreicht ist. Dabei sind Amplituden- und Phasenrand Werte, die die Güte eines Systems beschreiben.

Verschiedene Verfahren zur Erzielung einer bestimmten Güte werden herangezogen. Dazu gehören die Verstärkungsfaktor-Kompensation, die Kompensation durch phasenanhebende Netzwerke, die Kompensation durch phasenabsenkende Netzwerke und die Kompensation mit Allpässen zweiter Ordnung.

Konstruktion von Bode-Diagrammen

Bode-Diagramme von komplexen Frequenzgängen werden konstruiert, indem die Beiträge jeder Pol- und Nullstellen (oder konjugiert – komplexe Pol-Nullstellenpaare) zur Amplitude und Phasenwinkel addiert werden. Häufig reicht es lediglich, die Asymptoten zu zeichnen. Sind genauere Darstellungen erforderlich, so können die aufgrund der Näherung verursachten Fehler bei diskreten Frequenzen ermittelt werden und zum Asymptotenwert addiert werden.

Für den allgemeinen Frequenzgang der offenen Schleife

$$T(j\omega) = \frac{K_B(1 + j\omega/Z_1)\,(1 + j\omega/Z_2)\ldots(1 + j\omega/Z_m)}{(j\omega)^l\,(1 + j\omega/p_1)\,(1 + j\omega/p_2)\ldots(1 + j\omega/p_n)} \tag{3.43}$$

$l = 0$ oder positive ganze Zahl

Sind Amplitude und Phasenwinkel gegeben durch

$$20 \log | T(j\omega)| = 20 \log | K_B| + 20 \log | 1 + j\omega/Z_1| + \ldots$$

$$20 \log | 1 + j\omega/Z_m| + 20 \log \frac{1}{|j\omega|^l} + 20 \log \frac{1}{|1 + j\omega/p_1|} +$$

$$\ldots + 20 \log \frac{1}{|1 + j\omega/p_n|} \tag{3.44}$$

$$\text{arc}\,[T(j\omega)] = \text{arc}\,K_B + \text{arc}\,(1 + j\omega/Z_1) + \ldots \text{arc}\,(1 + j\omega/Z_m)$$

$$+ \text{arc}\,(\frac{1}{(j\omega)^l}) + \text{arc}\,(\frac{1}{1 + j\omega/p_1}) + \ldots + \text{arc}\,(\frac{1}{1 + j\omega/p_n}) \tag{3.45}$$

Die Konstruktion wird am besten an einem Beispiel demonstriert:

Das Bode-Diagramm für den Frequenzgang

$$T(j\omega) = \frac{10\,(1 + j\omega)}{(j\omega)^2\,[1 + j\omega/2 - (\omega/4)^2]}$$

wird durch Asymptoten angenähert (Bild 3.17 und 3.18).

Relative Stabilität

Zur Kennzeichnung der relativen Stabilität kann man die Begriffe Amplitudenrand und Phasenrand benützen, die mit Hilfe des Frequenzganges der offenen Schleife eines Systems definiert sind.

1. Amplitudenrand

Der Amplitudenrand, ein Maß für die relative Stabilität, ist definiert als Betrag der negierten Übertragungsfunktion der offenen Schleife. Er wird für die Frequenz ermittelt, bei der der Phasenwinkel -180° beträgt. Das heißt

$$\text{Amplitudenrand} = | T(j\omega_\pi)|$$

Dabei gilt arc $[T(j\omega_\pi)] = 180^\circ$. ω_π nennt man die Phasenschnittfrequenz.

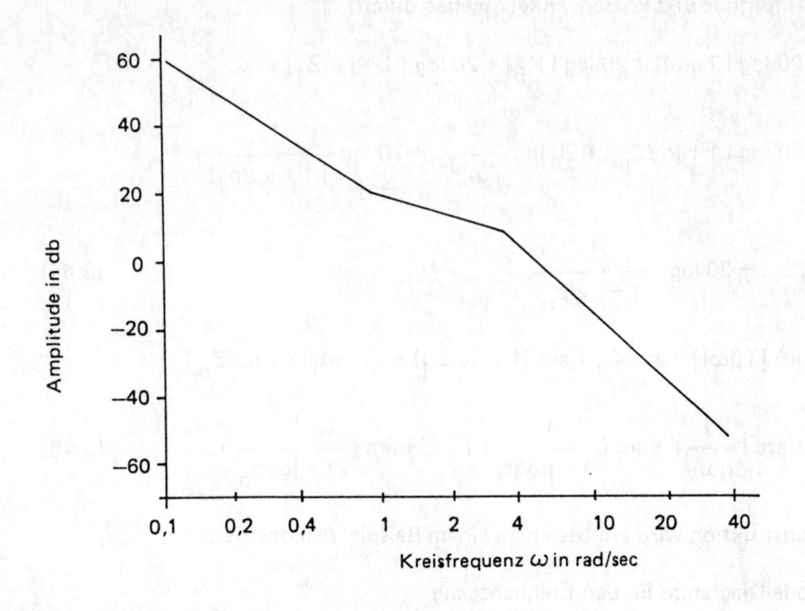

Amplitude in db
60
40
20
0
−20
−40
−60
0,1
0,2
0,4
1
2
4
10
20
40
Kreisfrequenz ω in rad/sec

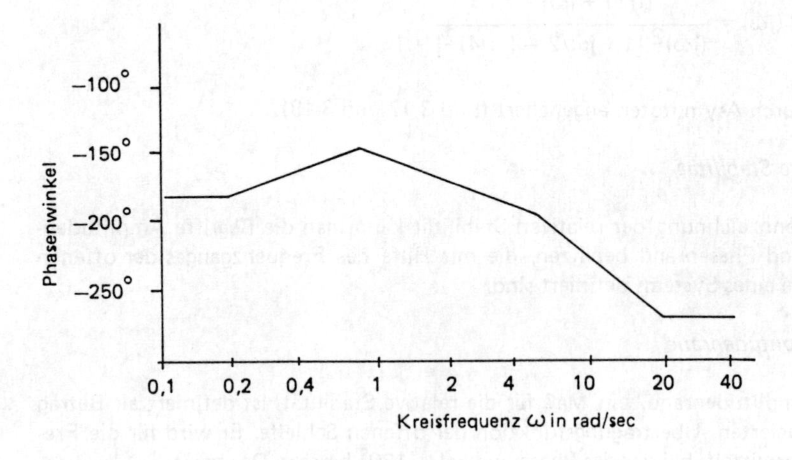

Phasenwinkel
−100°
−150°
−200°
−250°
0,1
0,2
0,4
1
2
4
10
20
40
Kreisfrequenz ω in rad/sec

Bild 3.17

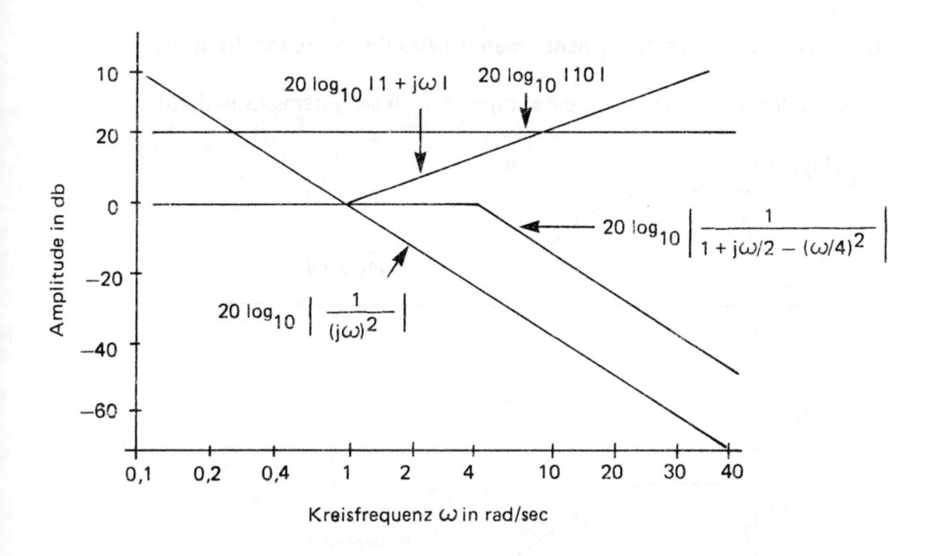

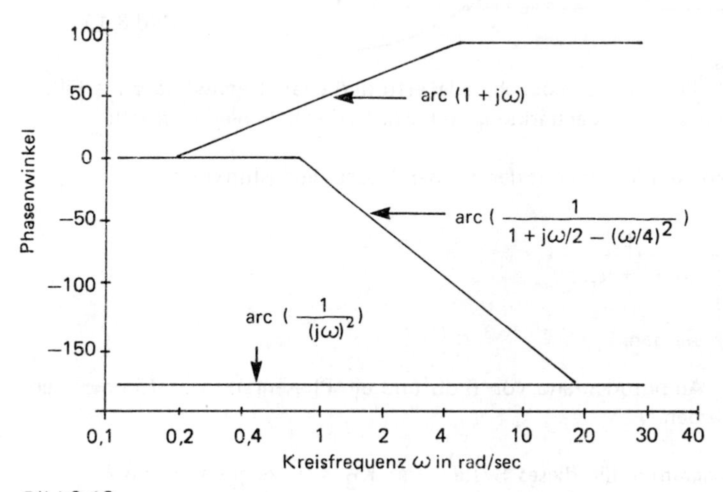

Bild 3.18

2. Phasenrand

Der Phasenrand φ_{PM}, ein Maß für die relative Stabilität, ist definiert als 180° plus dem Winkel der Übertragungsfunktion der offenen Schleife bei der Verstärkung 1. Das heißt

$$\text{Phasenrand} = \text{arc}\,[T(j\omega_1)] - 180^\circ$$

Dabei gilt $|T(j\omega_1)| = 1$. ω_1 nennt man die Amplitudenschnittfrequenz.

Amplituden- und Phasenrand eines typischen Regelsystems (Bild 3.19).

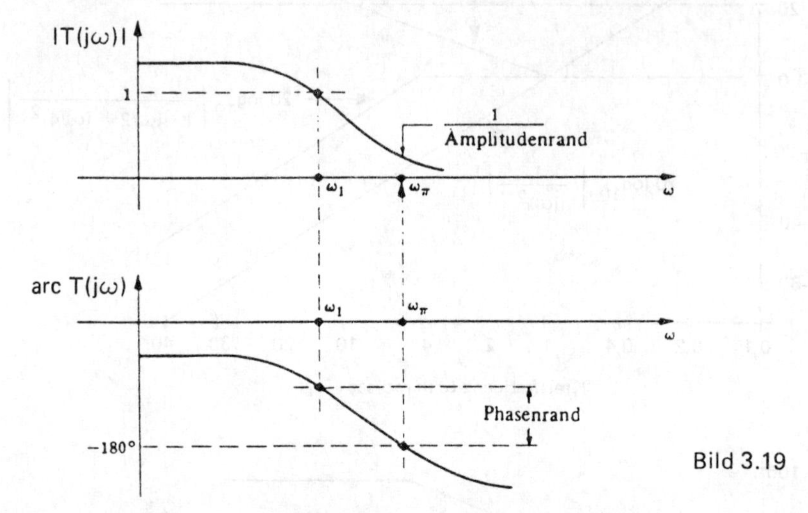

Bild 3.19

In einigen Fällen ist es möglich, alle erforderlichen Kennwerte zu erfüllen, indem man einfach den Verstärkungsfaktor der offenen Schleife einstellt.

Als Beispiel soll ein System mit der offenen Übertragungsfunktion

$$T(j\omega) = \frac{K_B}{j\omega\,(1 + j\omega/5)^2}$$

herangezogen werden.

Hier soll ein Amplitudenrand von 6 dB und ein Phasenrand von 45 oder mehr eingestellt werden.

Das Bode-Diagramm für dieses System mit $K_B = 1$ zeigt das Bild 3.20.

Bei $\omega_\pi = 1$ beträgt der Amplitudenrand 20 dB. Daher kann die Bode-Verstärkung um 20 dB − 6 dB = 14 dB angehoben werden, ohne daß die Forderung an den Amplitudenrand verletzt wird. Die Phasenkurve zeigt jedoch, daß für $\varphi_{PM} \geqslant 45^\circ$ die Amplitudenschnittfrequenz kleiner als 2 1/S sein muß. Der Amplitudengang kann um 7,5 dB angehoben werden, ehe ω_1 2 1/S überschreitet. Damit ist der maximale Wert für K_p, der beide Bedingungen erfüllt, 7,5 dB oder 2.37.

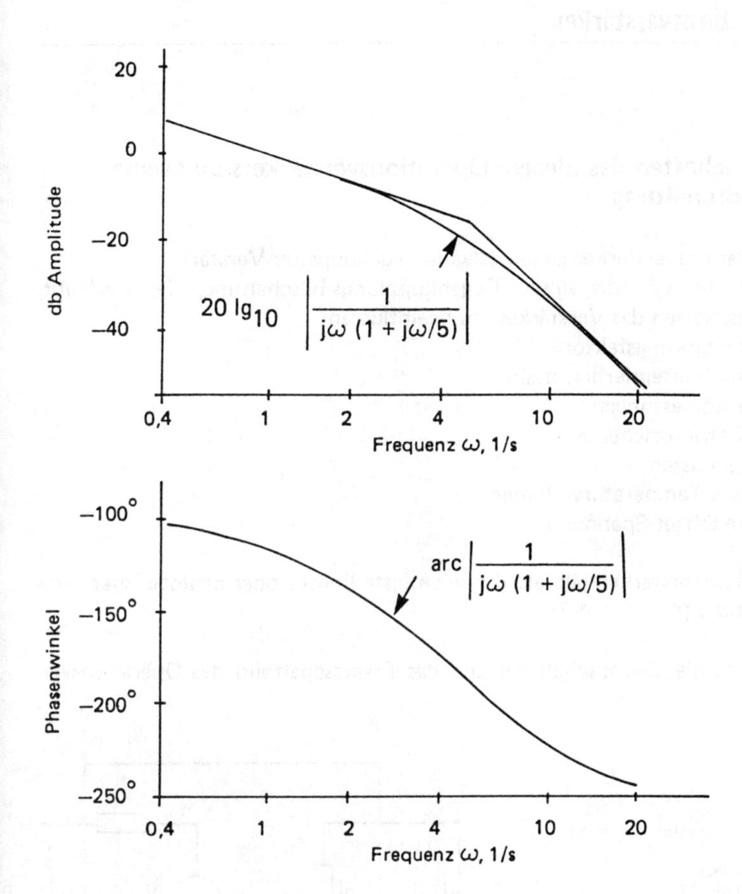
20
0
–20
–40
db Amplitude
$20 \lg_{10} \left| \frac{1}{j\omega\,(1 + j\omega/5)} \right|$
0,4
1
2
4
10
20
Frequenz ω, 1/s
–100°
–150°
–200°
–250°
Phasenwinkel
$\text{arc} \left| \frac{1}{j\omega\,(1 + j\omega/5)} \right|$
0,4
1
2
4
10
20
Frequenz ω, 1/s

4 Operationsverstärker

H. Khakzar

4.1 Eigenschaften des idealen Operationsverstärkers und seine Grundschaltung

- Der Operationsverstärker ist ein galvanisch gekoppelter Verstärker
- Charakteristisch ist die äußere Gegenkopplungs-Beschaltung, die es erlaubt, die Eigenschaften des Verstärkers zu beeinflussen
- Hoher Verstärkungsfaktor
- Monolithisch integrierbar, deshalb:
  - kleine Abmessungen
  - hohe Betriebssicherheit
  - geringe Kosten
  - günstiges Temperaturverhalten
  - niedere Offset-Spannung

Der Operationsverstärker gilt als die wichtigste lineare oder analoge integrierte Grundschaltung (4.1, 4.2, 4.3).

Bild 4.1 zeigt die Grundschaltung und das Ersatzschaltbild des Operationsverstärkers.

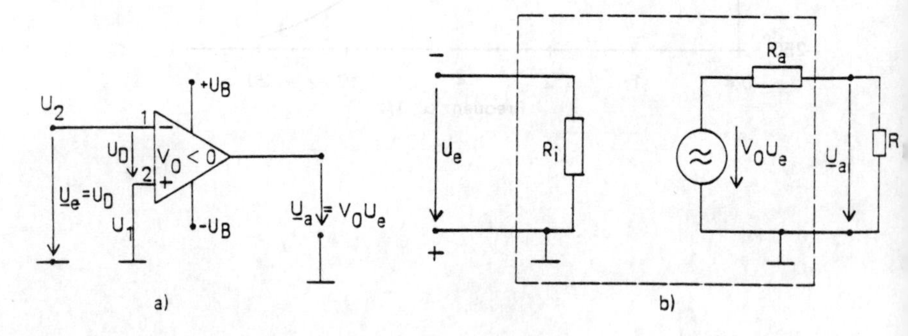

Bild 4.1: a) Schaltbild des Operationsverstärkers mit Grundbeschaltung
b) Ersatzschaltbild des Operationsverstärkers

Der ideale Operationsverstärker wird durch folgende Eigenschaften charakterisiert:

- Eingangswiderstand $R_e = \infty$
- Ausgangswiderstand $R_a = 0$
- Spannungsverstärkung $V_0 = -\infty$
- Bandbreite ∞
- $\underline{U}_a = 0$, wenn $\underline{U}_1 = \underline{U}_2$ ist (unabhängig von der Größe von $\underline{U}_1$)
- Alle Eigenschaften sind temperaturunabhängig

4.2 Der invertierende Operationsverstärker

Bild 4.2 zeigt den idealen Operationsverstärker mit den Gegenkoppelimpedanzen R_2, dem Widerstand R_1 und dem auf Masse gelegten + Eingang. Dies ist die invertierende Grundschaltung mit Parallel-Rückkopplung. Für die Berechnung der Spannungsverstärkung V_u mit Gegenkopplung machen wir folgende vereinfachende Annahmen:

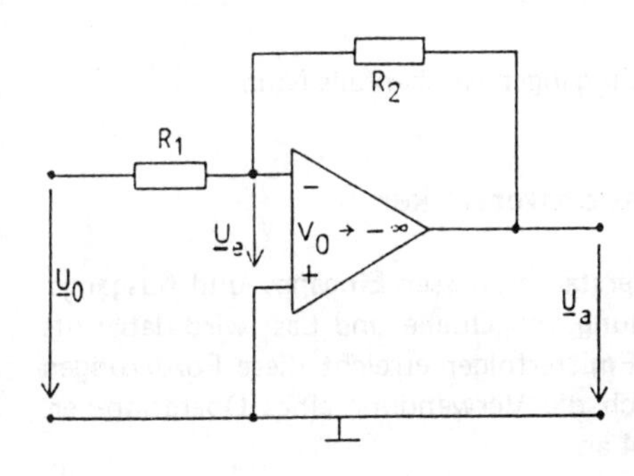

Bild 4.2:
Invertierende Grundschaltung

Für $R_i \to \infty$ fließt I durch R_1 *und* R_2. Es gilt:

$$\underline{U}_e = \underline{U}_a / V_0 \to 0 \text{ für } |V_0| \to \infty$$

und der Minus-Eingang liegt damit auf Masse (virtuelle Masse) nach Bild 4.3.

Es gilt dann:

$$\underline{V}_u = \frac{\underline{U}_a}{\underline{U}_0} = \frac{-\underline{I}R_2}{\underline{I}R_1} = -\frac{R_2}{R_1} \tag{4.1}$$

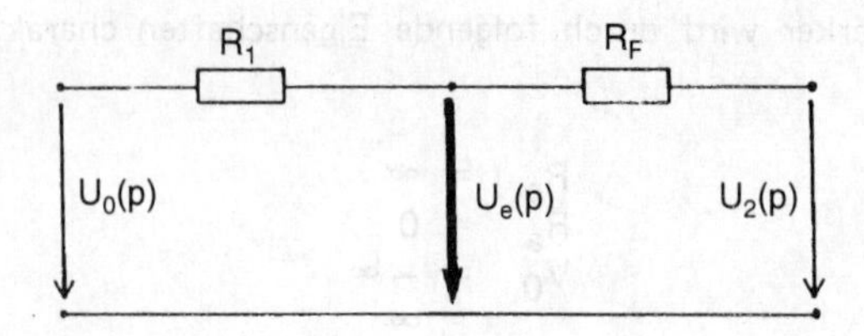

Bild 4.3: Ersatzschaltbild

Die Schaltung wird bestimmt durch einen „Kurzschluß" am Eingang des Verstärkers, weil der –Eingang auf einer virtuellen Masse liegt.

Das Wort virtuell bedeutet, daß die Parallelgegenkopplung vom Ausgang zum Eingang über R_2 es ermöglicht, die Spannung U_e auf Null zu halten; es fließt also kein Strom in diesen Kurzschluß hinein. Die virtuelle Masse wird in Bild 4.3 durch den dicken Pfeil dargestellt.

Zusammenfassung (idealer invertierender Operationsverstärker):

1. Der Strom in jeden Eingang ist Null.
2. Die Spannung zwischen den beiden Eingängen ist ebenfalls Null.

4.3 Der nichtinvertierende Operationsverstärker

Viele Anwendungen erfordern einen Verstärker, dessen Eingangs- und Ausgangssignal gleichphasig sind. Zur Entkopplung von Quelle und Last wird dabei oft $R_e = \infty$ und $R_a = 0$ gewünscht. Ein Emitterfolger erreicht diese Forderungen nur näherungsweise. Deshalb bietet sich die Verwendung eines Operationsverstärkers in einer Schaltung nach Bild 4.4 an.

Für $I_2 = 0$ ist der Rückkoppelfaktor $\underline{K}$:

$$\underline{K} = \frac{\underline{U}_2}{\underline{U}_a} = \frac{R_1}{R_1 + R_2}$$

Für $\underline{K}\underline{V}_0 \gg 1$ gilt:

$$\underline{V}_u \approx \frac{1}{\underline{K}} = \frac{R_1 + R_2}{R_1} = 1 + \frac{R_2}{R_1} \qquad (4.2)$$

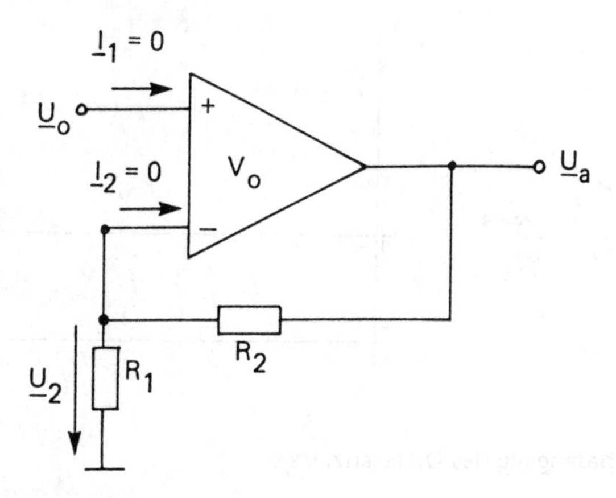

Bild 4.4: Der nichtinvertierende Operationsverstärker

4.4 Der Differenzierer

Nach Bild 4.5 erhält man die Schaltung eines Differenzierers mit Operationsverstärkern dadurch, daß $\underline{R}_1 = \frac{1}{pC_1}$ gesetzt wird.

Damit ergibt sich für

$$\underline{V}_u = \frac{\underline{U}_2}{\underline{U}_0} = -\,pR_FC_1 \qquad (4.3)$$

Für die Ausgangsspannung gilt somit

$$\underline{U}_2 = -\,pR_FC_1\underline{U}_0 = -\,pK_D\underline{U}_0 \text{ mit } K_D = R_FC_1 \qquad (4.4)$$

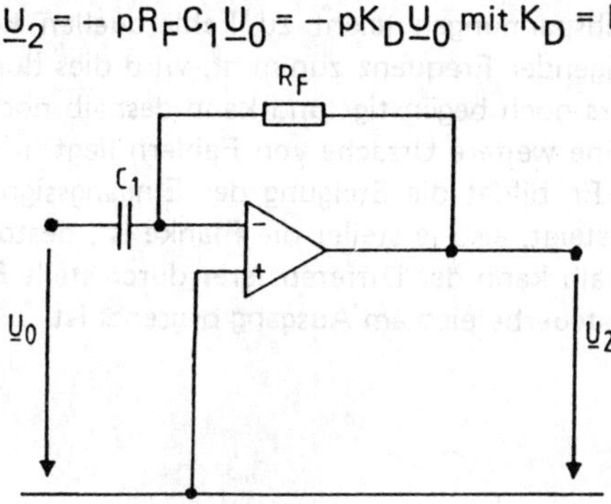

Bild 4.5: Differenzierschaltung

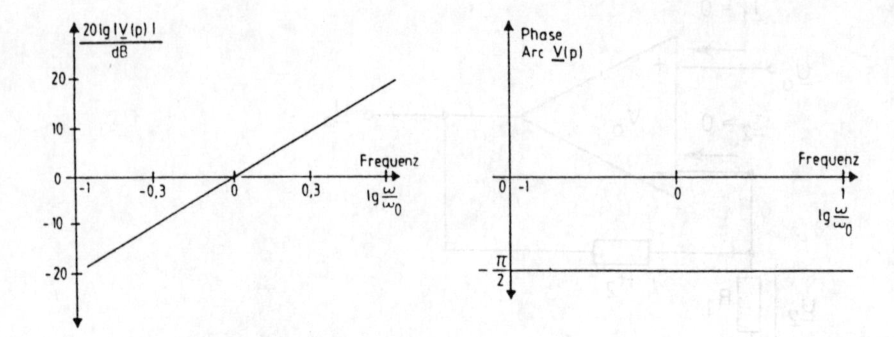

Bild 4.6: Betrag und Phasengang des Differenzierers

Die Ausgangsspannung u_2 (t) entspricht der Differentiation des Eingangssignals u_o (t) multipliziert mit der Konstanten K_D. Im Frequenzbereich entspricht dies der Funktion eines Hochpasses. Die Verstärkung steigt mit 6 dB pro Oktave an und ist bei der Frequenz ω_o gleich 1 entsprechend 0 dB.

Für den Betrag und die Phase gilt folgendes (Bild 4.6):

$$|V_u| = \frac{\omega}{\omega_o} \; ; \text{Arc } \underline{V}_u = -\frac{\pi}{2} \; ; \omega_o = \frac{1}{R_F C_1} \tag{4.5}$$

$$20 \lg |V_u| = 20 \lg \frac{\omega}{\omega_o} \tag{4.6}$$

Aufgrund seiner Hochpaßcharakteristik versucht man den Differenzierer zu vermeiden, da es durch Rauschspannungen leicht zu Fehlerquellen kommen kann. Da das Rauschen mit steigender Frequenz zunimmt, wird dies durch den Frequenzgang des Differenzierers noch begünstigt und kann deshalb noch leichter zu Fehlerquellen führen. Eine weitere Ursache von Fehlern liegt in der Natur des Differenzierers selbst. Er bildet die Steigung des Eingangssignales. Je schneller das Eingangssignal ansteigt, also je steiler die Flanke ist, desto größer ist die Ausgangsspannung. Deshalb kann der Differenzierer durch steile Flanken übersteuert werden, da sein Aussteuerbereich am Ausgang begrenzt ist.

4.5 Der Integrierer

Um eine Integration der Eingangsspannung über die Zeit zu erreichen (Bild 4.7), wird $\underline{R}_1 = R_1$ und $\underline{R}_f = \frac{1}{pC_F}$ gesetzt. Bild 4.8 zeigt den Signalflußgraphen des Integrierers.

Damit erhält man für die Übertragungsfunktion

$$\underline{V}(p) = -\frac{1}{pC_F R_1} = -\frac{K_I}{p} \text{ mit } K_I = \frac{1}{R_1 C_F} \tag{4.7}$$

$$\underline{V}(p) = \frac{\underline{U}_2(p)}{\underline{U}_0(p)} = -\frac{\underline{R}_2}{\underline{R}_1} = -\frac{\frac{1}{pC}}{R_1} = -\frac{1}{pCR_1}$$

$$\underline{U}_2(p) = -\frac{\underline{U}_0(p)}{pCR_1}$$

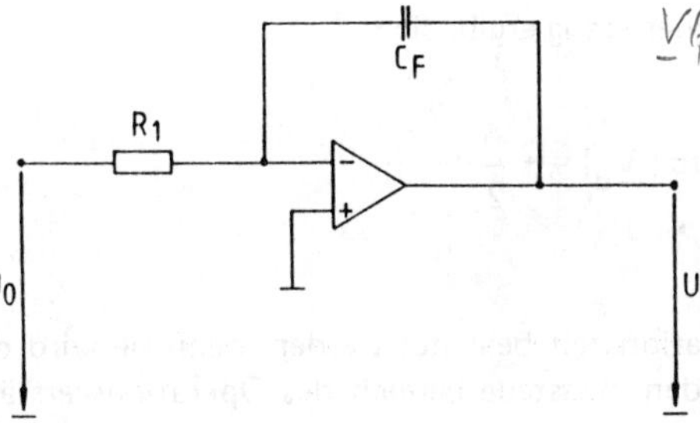

C_F, R_1, U_0, U_2

Bild 4.7: Integrierschaltung

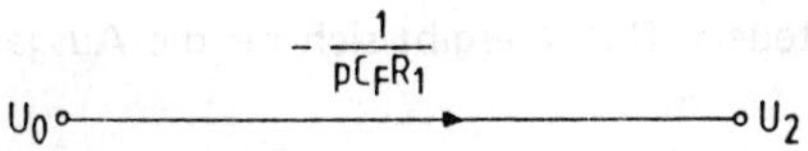

$-\frac{1}{pC_F R_1}$

U_0 → U_2

Bild 4.8: Signalflußgraph des Integrierers

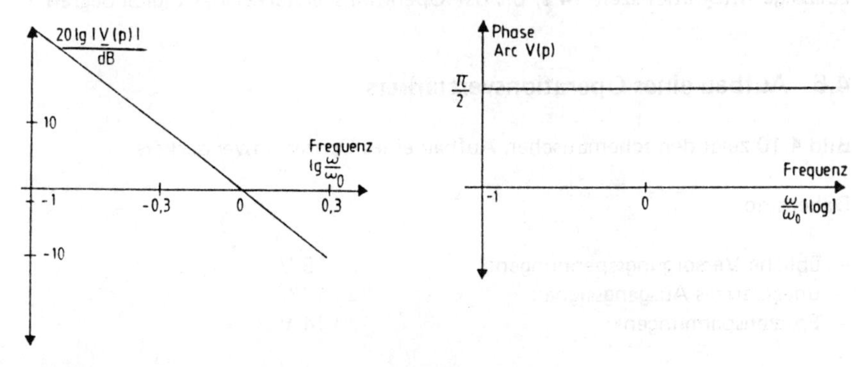

Bild 4.9: Betrag und Phasengang des Integrierers

Für die Ausgangsspannung ergibt sich $\underline{U}_2 = -\frac{K_I}{p}\underline{U}_o$ und nach Rücktransformation in den Zeitbereich erhält man für

$$u_2(t) = L^{-1}[\underline{U}_2(p)] = -K_I\, L^{-1}\left[\frac{U_o(p)}{p}\right] = -K_I \int_0^t u(\tau)\, d\tau \qquad (4.8)$$

Die Ausgangsspannung entspricht also dem Integral über die Zeit der Eingangsspannung multipliziert mit der Konstanten. Im Frequenzbereich entspricht

$F(p) = -\frac{K_I}{p}$ der Charakteristik eines Tiefpasses mit $\omega_o = K_I$.

Für den Betrags- und Phasenfrequenzgang ergibt sich:

$$|\underline{V}_u| = K_I \cdot \frac{1}{\omega} = \frac{\omega_o}{\omega}\,, \text{ Arc } |\underline{V}_u| = +\frac{\pi}{2}$$

was in Bild 4.9 dargestellt ist.

Bei Integrierern muß die Integrationszeit beachtet werden, denn sie wird durch die Konstante K_I und durch den Aussteuerbereich des Operationsverstärkers begrenzt.

Beispiel: Ein Integrator mit $C_F = 1\,\mu F$ und $R_1 = 1\,M\Omega$ werde mit einem Spannungssprung $u_o(t) = \hat{u}_o\, \sigma(t)$ angesteuert. Damit ergibt sich für die Ausgangsspannung $u_2(t) = -\hat{u}_o \cdot \frac{t}{sec}$.

Bei einem angenommenen Aussteuerbereich von 14 V ist dann die maximal zulässige Integrationszeit 14 s, bis der Operationsverstärker das Signal begrenzt.

4.6 Aufbau eines Operationsverstärkers

Bild 4.10 zeigt den schematischen Aufbau eines Operationsverstärkers.

Dabei sind:

- übliche Versorgungsspannungen: ± 15 V
- unverzerrtes Ausgangssignal: ± 12 V
- Spitzenspannungen: ± 14 V

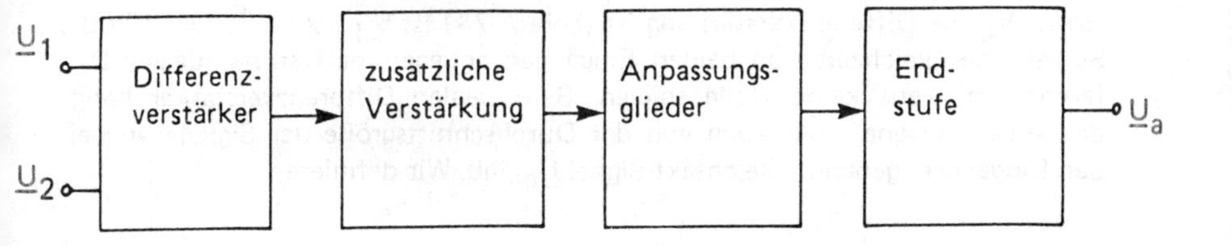

Bild 4.10: Allgemein übliche Anordnung eines Operationsverstärkers (z. B. μA 741)

Der integrierte Operationsverstärker wird in vielen verschiedenen und komplexen IC-Konfigurationen entworfen; das System auf dem Chip beinhaltet gewöhnlich 4 hintereinandergeschaltete Blöcke, wie in Bild 4.10 dargestellt.

Die Anpassungsglieder bestehen dabei aus Emitterfolgern, deren hoher Eingangswiderstand die davor befindliche Verstärkerstufe vor Überlastung schützt, außerdem dienen sie der Potentialwandlung. Im nächsten Abschnitt wird nur der Differenzverstärker beschrieben. Den Entwurf des Operationsverstärkers können Sie der hierfür speziellen Literatur (4.1), (4.2), (4.3) entnehmen.

4.7 Der Differenzverstärker

4.7.1 Differenzverstärkung, Gleichtaktverstärkung und Gleichtaktunterdrükkungsfaktor

Der Differenzverstärker bildet die Grundstufe eines integrierten Operationsverstärkers mit Differenzeingängen (Bild 4.11).

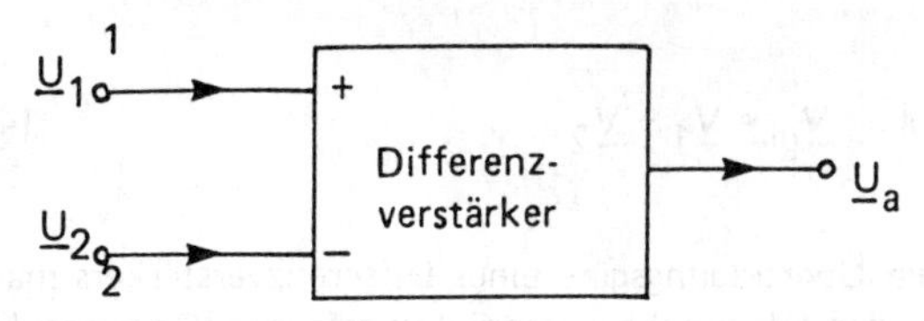

Bild 4.11: Differenzverstärker

Im Bild 4.11 werden alle Spannungen gegen Masse gemessen.

Für einen idealen Differenzverstärker gilt:

$$\underline{U}_a = \underline{V}_d(\underline{U}_1 - \underline{U}_2) \tag{4.9}$$

wobei V_d die Differenzverstärkung ist (bei μA 741 ist $V_d = 2 \cdot 10^6$ oder 10 dB). Signale, die gleichzeitig an beiden Eingängen anliegen, dürften bei idealen Differenzverstärkern keine Rolle spielen. Beim realen Differenzverstärker hängt das Ausgangssignal aber auch von der Durchschnittsgröße der Signale an beiden Eingängen, genannt Gleichtakt-Signal $\underline{U}_{gl}$, ab. Wir definieren

$$\underline{U}_d = \underline{U}_1 - \underline{U}_2 \qquad \underline{U}_{gl} = \frac{1}{2}(\underline{U}_1 + \underline{U}_2) \tag{4.10}$$

Die Ausgangsspannung in Bild 4.11 kann als lineare Übertragung der beiden Eingangsspannungen ausgedrückt werden.

$$\underline{U}_a = \underline{V}_1\underline{U}_1 + \underline{V}_2\underline{U}_2 \tag{4.11}$$

wobei V_1 (V_2) die Spannungsverstärkung von Eingang 1 (2) zum Ausgang unter der Bedingung ist, daß Eingang 2 (1) auf Masse gelegt ist. Aus den Gln. (4.10) ergibt sich:

$$\underline{U}_1 = \underline{U}_{gl} + \frac{1}{2}\underline{U}_d \quad \text{und} \quad \underline{U}_2 = \underline{U}_{gl} - \frac{1}{2}\underline{U}_d \tag{4.12}$$

Werden diese Gleichungen in Gleichung (4.11) eingesetzt, erhält man:

$$\underline{U}_a = \underline{V}_d\underline{U}_d + \underline{V}_{gl}\underline{U}_{gl} \tag{4.13}$$

wobei V_d die Differenzspannungsverstärkung und V_{gl} die Gleichtaktspannungsverstärkung wie folgt definiert sind:

$$\underline{V}_d = \frac{\underline{V}_1 - \underline{V}_2}{2} \quad \text{und} \quad \underline{V}_{gl} = \underline{V}_1 + \underline{V}_2 \tag{4.14}$$

Um eine Aussage über die Übertragungsgüte eines Differenzverstärkers machen zu können, definiert man den Gleichtaktunterdrückungsfaktor (Common Mode Rejection Ratio) zu:

$$\text{CMRR} = G = \left|\frac{\underline{V}_d}{\underline{V}_{gl}}\right| \tag{4.15}$$

Beim idealen Differenzverstärker geht $\underline{V}_{gl} \to 0$ und damit CMRR $\to \infty$. Bei realem Differenzverstärker erhalten wir aus (4.13) und (4.15) für die Spannung am Ausgang:

$$\underline{U}_a = \underline{V}_d \underline{U}_d \, [1 + (1/CMRR)\,(\underline{U}_{gl}/\underline{U}_d)] \qquad (4.16)$$

Beispiel:
Berechnen Sie bei Eingangsspannungen $\underline{U}_1 = 50\ \mu V$; $\underline{U}_2 = -50\ \mu V$ (Fall 1) und $\underline{U}_1 = 1050\ \mu V$; $\underline{U}_2 = 950\ \mu V$ (Fall 2) die prozentuale Differenz der Ausgangsspannungen für a) CMRR = 100 und für b) CMRR = 10 000.

Lösung:

a) Für CMRR = 100

Fall 1

$\underline{U}_d = 100\ \mu V$, $\underline{U}_{gl} = 0$ aus Gl. (4.16) folgt $\underline{U}_a = 100 \cdot \underline{V}_d\ \mu V$

Fall 2

$\underline{U}_d = 100\ \mu V$ (gleicher Wert wie im ersten Fall), aber:
$\underline{U}_{gl} = (1050 + 950)/2 = 1000\ \mu V$
also folgt aus Gl. (4.16)
$\underline{U}_a = 100 \cdot \underline{V}_d\,[1 + (10/CMRR)] = 100 \cdot \underline{V}_d\,[1 + (10/100)]\ \mu V$
Diese beiden Ausgangsspannungen unterscheiden sich um 10 %.

b) Für CMRR = 10 000 resultiert der zweite Signalsatz in einer Ausgangsspannung

$\underline{U}_a = 100 \cdot \underline{V}_d\,(1 + 10 \cdot 10^{-4})\ \mu V$,
wobei der erste Signalsatz eine Ausgangsspannung von
$\underline{U}_a = 100 \cdot \underline{V}_d\ \mu V$ ergibt.
Nun unterscheiden sich die beiden Ausgangsspannungen nur noch um 0,1 %!

4.7.2 Der Emitter-gekoppelte Differenzverstärker

Damit ein Operationsverstärker auch Gleichspannungen verstärken kann, dürfen keine Blockkondensatoren zur Kopplung der Stufen verwendet werden. Dadurch führt aber jede Änderung eines Schaltungsparameters (z. B. durch Temperaturänderung) zu einer Änderung der Ausgangsspannung.

Der Differenzverstärker aus Bild 4.12 ist als Eingangsstufe für einen Operationsverstärker ausgelegt, er zeichnet sich aus durch:

— niedrigen Drift
— hohen Eingangswiderst
— zwei Eingänge (invertiertend/nichtinvertierend)
— hohes CMRR
→ Annäherung der idealen Eigenschaften aus Abschnitt 4.1

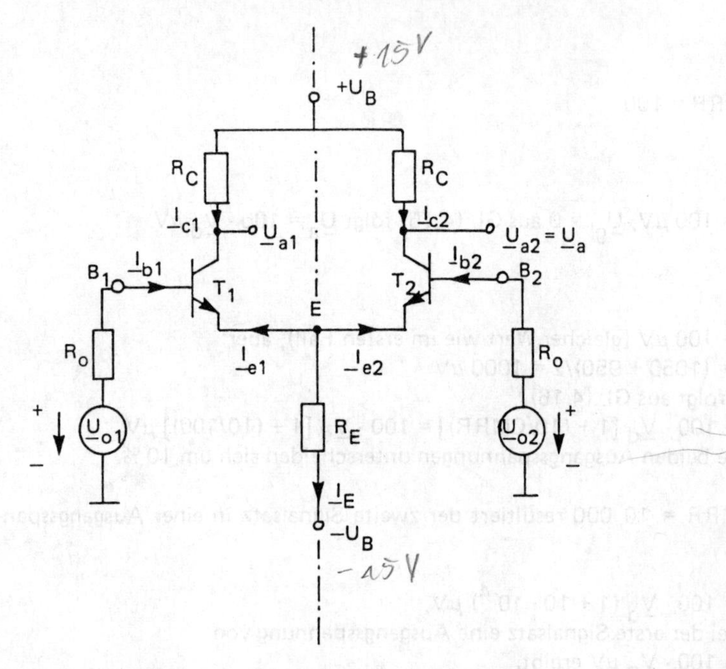

Bild 4.12: Emitter-gekoppelter Differenzverstärker

4.7.3 Berechnung von $\underline{V}_d$ und $\underline{V}_{gl}$

Wegen Symmetrie gilt: wenn $\underline{U}_{01} = -\underline{U}_{02} = \underline{U}_0/2$, dann gilt $\underline{I}_{c1} = -\underline{I}_{c2}$ und $\underline{I}_E = 0$. Deshalb liefert Bild 4.13 ein Ersatzschaltbild.

Die Differenzverstärkung $\underline{V}_d$ beträgt nach Kapitel 1

$$\underline{V}_d = \frac{\underline{U}_a}{\underline{U}_e} = -\frac{1}{2}\,\frac{\underline{H}_{21e}\,R_c}{R_0 + \underline{H}_{11e}} \quad \text{mit der Annahme } |\underline{H}_{22e} R_c| \ll 1 \qquad (4.17)$$

$V_u = -\frac{I_C \cdot R_C}{26\,mV}$ bei $R_0 = 0$

$H_{11e} = B_F \cdot \frac{26\,mV}{I_C}$

$V_u = -\frac{I_C \cdot R_C}{26\,mV} \cdot \frac{H_{11e}}{R_0 + H_{11e}}$

$V_u = -\frac{I_C R_C}{26\,mV} \cdot B_F \cdot \frac{26\,mV}{I_C} \cdot \frac{1}{R_0 + H_{11e}}$

$\underline{V}_d = -\frac{1}{2} \cdot \frac{H_{21e} \cdot R_C}{R_0 + H_{11e}}$

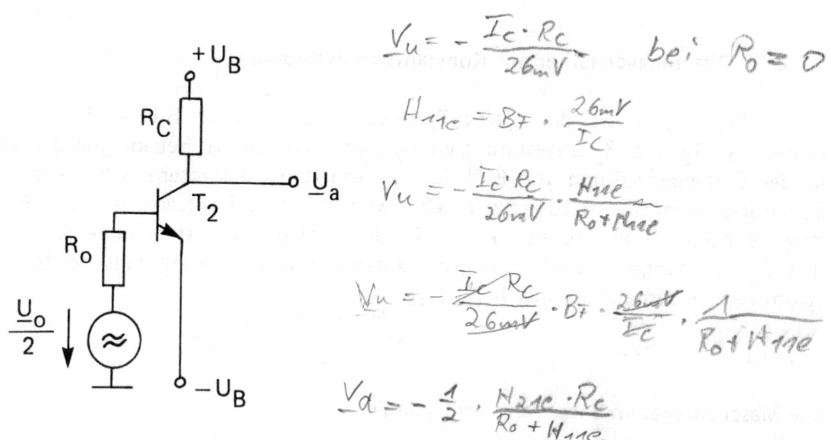

Bild 4.13: Emitterstufe zur Berechnung von Differenzverstärkung

Setzt man $\underline{U}_{01} = \underline{U}_{02} = \underline{U}_0$ und ersetzt man R_E durch $2R_E \parallel 2R_E$, kann die Schaltung nach Bild 4.12 durch jene in Bild 4.14 ersetzt werden (rechte Hälfte der Schaltung) und man erhält für die Gleichtaktverstärkung

$$\underline{V}_{gl} = \frac{-\underline{H}_{21e} R_C}{R_0 + \underline{H}_{11e} + (1 + \underline{H}_{21e})\, 2R_E} \qquad (4.18)$$

$U_{B0} = U_{BE} + I_E \cdot R_E \cdot 2$

$\Delta U_{B0} = \Delta U_{BE} + \Delta I_C \cdot R_E \cdot 2$

$U_{C0} + I_C \cdot R_C = U_B$

$\Delta U_{C0} + \Delta I_C \cdot R_C = 0$

$V_u = \frac{\Delta U_{C0}}{\Delta U_{B0}} = -\frac{\Delta I_C \cdot R_C}{\Delta U_{BE} + \Delta I_C R_E \cdot 2} = -\frac{R_C}{2 \cdot R_E}$

$V = \frac{V_0}{1 - k V_0} = -\frac{1}{k} = -\frac{R_C}{2 \cdot R_E}$

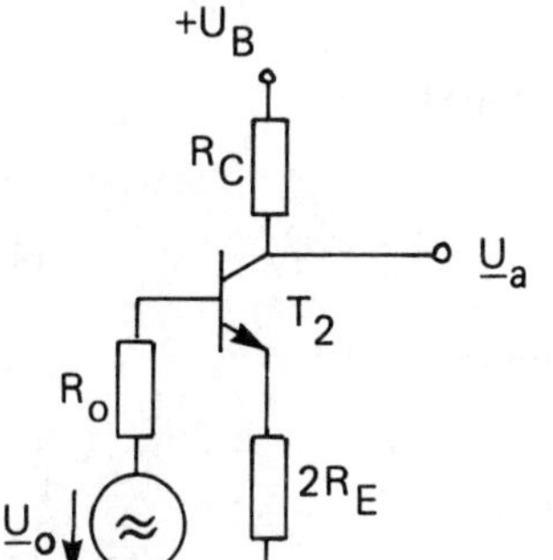

Bild 4.14: Schaltung zur Berechnung von Gleichtaktverstärkung

Aus (4.17) und (4.18) folgt, daß CMRR = $|\underline{V}_d / \underline{V}_{gl}|$ über alle Grenzen wächst, wenn $R_E \to \infty$ geht. Allerdings gilt Gl. (4.18) nicht mehr, wenn $|\underline{H}_{22e}(2R_E + R_c)| > 0{,}1$ wird. Desweiteren gibt es techn. Grenzen für R_E, wegen der Versorgungsspannung U_B. Sinkt nämlich der Arbeitsstrom der Transistoren, so wächst $\underline{H}_{11e}$ und $\underline{H}_{21e}$ sinkt. Beide Effekte senken CMRR.

4.7.4 Differenzverstärker mit Konstantstromversorgung

In der Praxis wird R_E durch eine Transistorschaltung nach Bild 4.15 ersetzt, in der R_1, R_2 und R_3 abgestimmt werden, um dieselben Ruhebedingungen wie in der Originalschaltung von Bild 4.12 zu erhalten. Charakteristisch für diese Schaltung nach Bild 4.15 ist der sehr hohe effektive Emitterwiderstand R_E, den die beiden Transistoren T_1 und T_2 bereitstellen. Nachstehend zeigen wir, daß T_3 näherungsweise wie eine Konstantstromquelle arbeitet, falls der Basisstrom von T_3 vernachlässigbar ist.

Beweis:

Die Maschenregel im Basiskreis von T_3 liefert:

$$I_3 R_3 + U_{BE3} = U_D + (U_B - U_D) \frac{R_2}{R_1 + R_2} \tag{4.19}$$

wobei U_D die Diodenspannung ist.

Hieraus:

$$I_0 \approx I_3 = \frac{1}{R_3} \left(\frac{U_B R_2}{R_1 + R_2} + \frac{U_D R_1}{R_1 + R_2} - U_{BE3} \right) \tag{4.20}$$

Wenn die Schaltungsparameter so gewählt werden, daß

$$U_{BE3} = \frac{U_D R_1}{R_1 + R_2} \tag{4.21}$$

gilt, dann wird:

$$I_0 = \frac{U_B R_2}{R_3 (R_1 + R_2)} \tag{4.22}$$

Solange dieser Strom unabhängig von den Signalspannungen U_{01} und U_{02} ist, versorgt T_3 den Differenzverstärker mit dem konstanten Strom I_0. Das obige Resultat für I_0 ermöglicht Temperaturunabhängigkeit wegen der hinzugefügten Diode D, denn diese kompensiert die Temperaturabhängigkeit der BE-Strecke des Transistors.

Differenzverstärker werden kaskadiert, um größere Verstärkungen zu erhalten. Ebenso setzt man sie als Emitter-gekoppelter Phaseninverter ein, wobei das Signal auf eine Basis gegeben wird (die andere wird vorgespannt). Die Ausgangsspannungen an den Kollektoren sind betragsgleich und 180 Grad phasenverschoben.

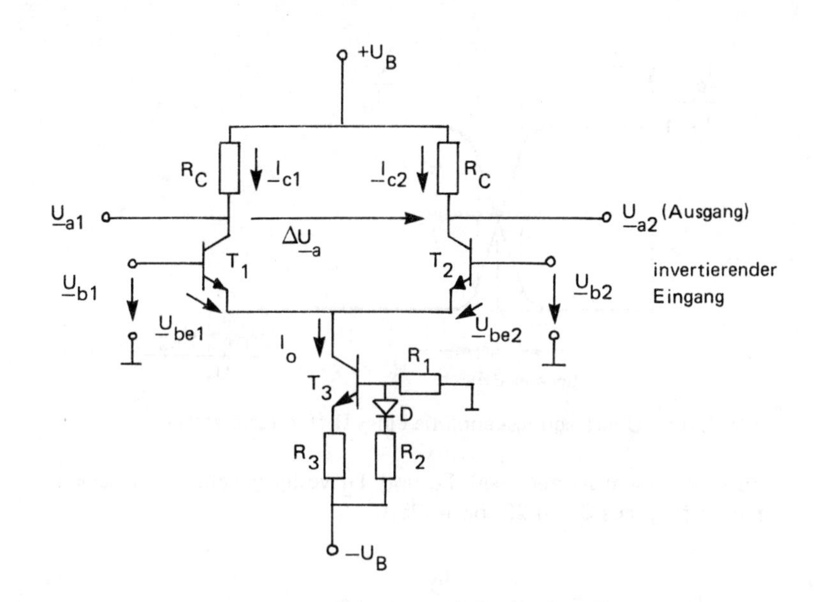

Bild 4.15: Differenzverstärker mit Konstantstromversorgung

4.7.5 Funktionsweise eines Differenzverstärkers und Übertragungseigenschaften

Falls $\underline{U}_{B1}$ kleiner als die Schwellspannung von T_1 ist, fließt der ganze Strom I_0 durch T_2. Wenn U_{B1} über die Schwellspannung von T_1 steigt, wächst der Strom in T_1 an, während der Strom in T_2 abnimmt. Die Summe der Ströme in den beiden Transistoren bleibt konstant I_0. Der gesamte Bereich $\Delta\underline{U}_a$, der sich am Ausgang durch Eingangsspannungsänderung einstellt, ist folglich durch Änderung von I_0 variierbar.

$$I_{C1} + I_{C2} = + I_0 = \text{const.} \tag{4.23}$$

$$U_{B1} - U_{B2} = U_{BE1} - U_{BE2} \tag{4.24}$$

Der Emitterstrom ergibt sich aus der Spannung U_{BE} bei I_E sehr groß gegenüber dem Sättigungsstrom I_S in der Form:

$$I_E = I_S \, e^{(U_{BE}/U_T)} \quad \text{wobei } U_T = 26 \text{ mV ist} \tag{4.25}$$

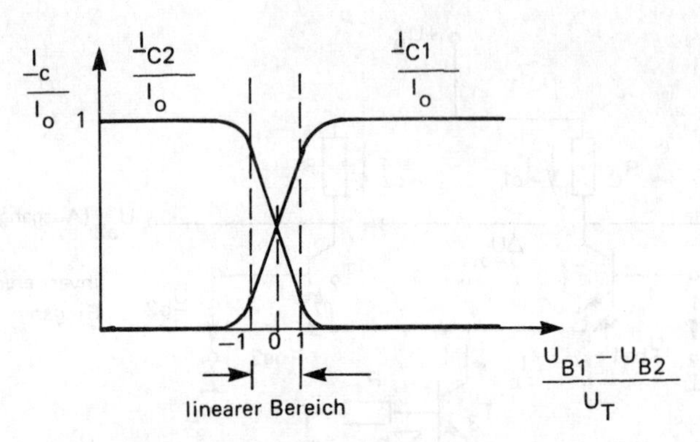

Bild 4.16: Übertragungskennlinie eines Differenzverstärkers

Wenn wir voraussetzen, daß T_1 und T_2 völlig gleiche technische Daten besitzen, so folgt aus Gl. (4.23) bis (4.25):

$$I_{C1} \approx -I_E = \frac{I_0}{1 + e^{-(U_{B1} - U_{B2})/U_T}} \tag{4.26}$$

Ebenso ergibt sich aus derselben Gleichung durch Vertauschen von U_{B1} und U_{B2} der Strom I_{C2}.

Wenn Gl. (4.26) nach $(U_{B1} - U_{B2})$ differenziert wird, ergibt sich der Übertragungsleitwert g_{md} eines Differenzverstärkers:

$$\frac{dI_{C1}}{d(U_{B1} - U_{B2})} = g_{md} = \frac{I_0}{4U_T} \tag{4.27}$$

Übertragungsleitwert eines bipolaren Transistors ist $g_{mb} = \frac{I_C}{U_T}$ (s. Kapitel 1).

Wobei man g_{md} unter der Bedingung $U_{B1} = U_{B2}$ berechnet hat. Diese Gleichung zeigt, daß der effektive Übertragungsleitwert eines Differenzverstärkers, für den gleichen Wert von I_0, ein Viertel so groß ist wie der eines einzelnen Transistors.

Aus den Übertragungskurven in Bild 4.16 kann man folgende Schlüsse ziehen:

1. Der Differenzverstärker ist ein sehr guter Begrenzer (kaum temperaturabhängig), denn wenn die Eingangsspannung ($U_{B1} - U_{B2}$) ungefähr $\pm$ 4 U_T überschreitet, ist nur ein geringes Anwachsen der Ausgangsspannung möglich.

2. Die Steigung der Kurven ergibt den Übertragungsleitwert. Es ergibt sich klar, daß g_{md} bei Null beginnt, in der Mitte des Schaubilds ein Maximum von $I_0/4\ U_T$ erreicht, wenn I_{C1} = IC2 = 1/2 I_0 ist, und schließlich wieder Null wird.

3. Der Wert von g_{md} ist zu I_0 proportional Gl. (4.27). Die differentielle Verstärkung kann also durch Variieren des Stromes I_0 verändert werden:

$$U_{02} = g_{md} R_C \Delta(U_{B1} - U_{B2}) = g_{md} R_C (U_{B1} - U_{B2}) \tag{4.28}$$

4. Die Übertragungseigenschaften sind in einem kleinen Bereich um den Arbeitspunkt linear, wenn sich die Eingangsspannung nur um ungefähr $\pm$ U_T ändert. Es ist möglich, den linearen Bereich zu vergrößern, wenn man zwei gleiche Widerstände R_E in Reihe zu dem Emitter von T_1 und T_2 einsetzt. Diese Gegenkopplung ergibt einen kleineren Wert von g_{md}. Gebräuchliche Werte für R_E sind 50 bis 100 Ohm, da für zu große Werte V_0 zu sehr herabgesetzt wird. Außerdem erhöht die Einfügung von R_E den Eingangswiderstand.

4.7.6 Eingangswiderstand des Differenzverstärkers

R_{ed}: differentieller Eingangswiderstand für $U_{B1} - U_{B2}$

$R_{ed} = 2H_{11e}$. Bei kleinen Basiswiderständen erhalten wir

$$R_{ed} = 2\,H_{11e} = 2\,\frac{H_{21e}}{g_m} = 2\,\frac{H_{21e}\,U_T}{I_C} \tag{4.29}$$

Beispiel:

$$I_{C1} = I_{C2} = 0{,}5\ \text{mA und } H_{21e} = 100$$

$$R_{ed} = 2\,H_{11e} = 2\,\frac{H_{21e}\,U_T}{I_C} = \frac{2 \cdot 100 \cdot 26\ \text{mV}}{0{,}5\ \text{mA}} = 10{,}4\ \text{k}\Omega$$

Eingangswiderstände von Operationsverstärkern liegen im Bereich von $\approx 2\ M\Omega$. Dies wird erreicht durch:

1. Verkleinern von I_C ($\approx 10\ \mu A$)
2. Darlingtonstufen für T_1 und T_2 ($H_{21e}{}^2$)
3. Eingangsschaltungen mit FET (mit JFET Eingängen sind Werte bis zu $10^{12}\ \Omega$ möglich).

4.8 Elektrische Simulation eines halbelastischen Stoßes

4.8.1 Das physikalische Problem

Der Operationsverstärker wird für die Lösung der Differentialgleichungen eingesetzt. Er ist der wichtigste integrierte Baustein der Analogrechner. Als Beispiel soll der halbelastische Stoß eines Balles am Boden und seine Bewegung zuvor und danach in der Luft übersichtlich auf dem Oszillographenschirm dargestellt werden. Dies wird landläufig als der hüpfende Ball bezeichnet. Dieser Bewegungsablauf gliedert sich in verschiedene aufeinanderfolgende Vorgänge. In der Ausgangsstellung befindet sich der Ball in einer Höhe x über dem Boden. Wird er losgelassen, so fällt er mit der konstanten Beschleunigung g dem Erdboden entgegen.

Beim Aufprall auf dem Boden wird der Ball abgebremst und deformiert, er verändert seine Form. Auf Grund seiner Materialbeschaffenheit verliert er an Energie. Mit der ihm verbleibenden Energie wird der Ball auf Grund seiner Elastizität wieder nach oben beschleunigt. Er löst sich vom Boden und fliegt wieder in die Höhe, bis er im Scheitelpunkt seiner Flugbahn steht und wieder nach unten fällt. Da der Ball beim Aufprall am Boden Energie verloren hat, ist der Scheitelpunkt seiner Flugbahn nach jedem Aufprall kleiner als der vorhergehende.

Dieser Bewegungsablauf setzt sich solange fort, bis der Ball seine Energie abgegeben hat und auf dem Boden zur Ruhe kommt. Diesen Bewegungsablauf gilt es, mathematisch mit Hilfe von Differentialgleichungen zu erfassen und darzustellen. Folgende Darstellung ist eine kurze Zusammenfassung der Arbeit (4.4).

4.8.2 Bewegung in der Luft

Für alle Betrachtungen wird die positive x-Richtung nach unten auf den Boden angenommen.

Nach dem Schwerpunktsatz wird diese Bewegung durch folgende Differentialgleichung beschrieben.

$$m \frac{d^2x}{dt^2} = mg \text{ oder } \frac{dx^2}{dt^2} = g = \text{const.} \tag{4.30}$$

4.8.3 Halbelastischer Stoß am Boden

Der Ball verliert bei dem Stoß Energie, so daß seine Geschwindigkeit vor dem Stoß größer ist als nach dem Stoß. Außerdem benötigt der Stoß eine bestimmte endliche Zeit am Boden. Die Stoßdauer wird also nicht wie bei der einfachen Theorie über den Stoß als unendlich kurz angenommen.

Für den Stoß des Balles am Boden läßt sich damit folgende Näherung annehmen. Der Ball verhalte sich wie eine Feder, die sich beim Stoß in ihrer Ausdehnung verändert (Bild 4.17). Die Feder habe die Federkonstante D, dies entspricht der Elastizität des Balles. Mit der Federkonstante ergibt sich die Federkraft $F_D = D X$.

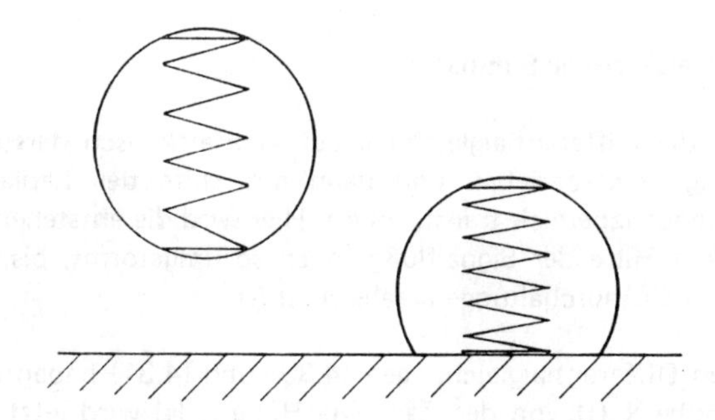

Bild 4.17: Der halbelastische Stoß eines Balles

Außerdem habe die Feder einen Verlustfaktor V, der einer Dämpfung entspricht und damit den Energieverlust in unserem Modell darstellt.

Die dadurch entstehende Kraft kann in erster Näherung proportional der Geschwindigkeit $\frac{dx}{dt}$ angenommen werden. Damit läßt sich die Kraft angeben.

$$F_V = V \frac{dx}{dt}$$

Wie bei jeder Bewegung auf der Erde wirkt außerdem die Gewichtskraft G = m g.

Mit diesen Kenntnissen läßt sich nach dem Schwerpunktsatz die Differentialgleichung für die Zeit des Stoßes angeben.

$$m \frac{d^2x}{dt^2} = - V \frac{dx}{dt} - Dx + mg$$

$$\frac{d^2x}{dt^2} + \frac{V}{m} \frac{dx}{dt} + \frac{D}{m} x = g \qquad (4.31)$$

Es ergibt sich eine inhomogene Differentialgleichung zweiten Grades mit konstanten Koeffizienten. Sie stellt eine Schwingungsgleichung dar.

Die Bewegung des Balles wird also durch die beiden Differentialgleichungen (4.30) und (4.31) beschrieben. Hierbei stellt (4.30) das Geschehen während der Zeit in der Luft und (4.31) während der Zeit des Stoßes dar. Die jeweiligen Randbedingungen müßten nun bei einer Rechnung bei beiden Differentialgleichungen berücksichtigt und aneinander übergeben werden.

4.8.4 Übergang auf die elektrische Simulation

Im folgenden Teil wird die Differentialgleichung auf eine elektrisch darstellbare Differentialgleichung umgeschrieben und dann mit Hilfe der Laplacetransformation in den Frequenzbereich transformiert. Hier wird die entstehende algebraische Gleichung mit Hilfe der Signalflußgraphen so umgeformt, bis sie durch Operationsverstärker-Grundschaltungen realisierbar ist.

Bei den zu simulierenden Differentialgleichungen (4.30) und (4.31) haben wir eine Abhängigkeit der Höhe x (t) von der Zeit. Die Höhe x (t) wird jetzt ersetzt durch die elektrisch simulierbare Spannung u(t). Damit erhalten wir eine Größe, die wir auf dem Oszillographen darstellen können.

Daraus ergibt sich für Differentialgleichung (4.30)

$$\frac{d^2u(t)}{dt^2} = g \qquad (4.32)$$

und für die Differentialgleichung (4.31)

$$\frac{d^2u(t)}{dt^2} + \frac{V}{m}\frac{du(t)}{dt} + \frac{D}{m}u(t) = g \qquad (4.33)$$

Die Differentialgleichungen (4.32) und (4.33) werden mit Hilfe der Laplacetransformation in den Frequenzbereich transformiert. Für die Differentiation im Zeitbereich bedeutet die Transformation in den Frequenzbereich eine Multiplikation mit p und die Berücksichtigung der Anfangsbedingung im allgemeinen Fall.

Um die entstehenden Gleichungen übersichtlich darzustellen, werden alle Anfangsbedingungen gleich Null gesetzt. Später wird die Anfangshöhe wieder berücksichtigt werden. Damit ergeben sich für die Differentialgleichungen (4.32) und (4.33) die algebraischen Gleichungen (4.34) und (4.35) im Frequenzbereich.

$$p^2\underline{U}(p) = g \qquad (4.34)$$

$$p^2\underline{U}(p) + \frac{V}{m}p\underline{U}(p) + \frac{D}{m}\underline{U}(p) = g \qquad (4.35)$$

Die Differentialgleichungen und die algebraischen Gleichungen beschreiben denselben physikalischen Vorgang, nur die einen im Zeitbereich und die anderen im Frequenzbereich.

Die mathematischen Operationen dieser beiden Gleichungen sollen nun durch Grundoperationen mit Operationsverstärkern dargestellt und simuliert werden.

Im folgenden wollen wir nur die Differentialgleichung (4.35) betrachten, da (4.34) aus ihr als Sonderfall hervorgeht. Schreibt man Gleichung (4.35) um, kann sie durch folgenden Signalflußgraphen dargestellt werden (Bild 4.18).

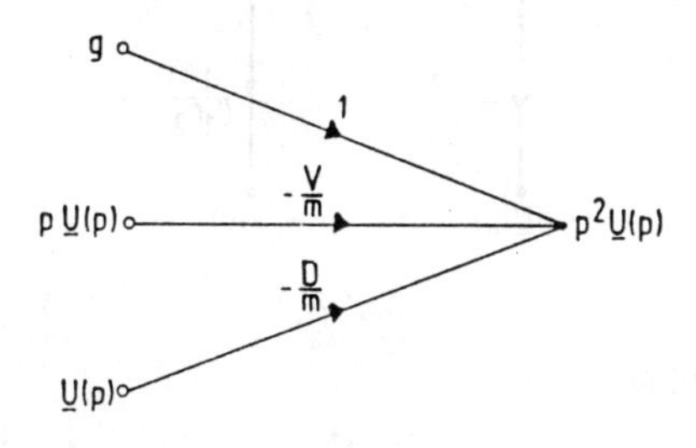

Bild 4.18: Signalflußgraph eines halbelastischen Stoßes

Bei der Betrachtung dieses Signalflußgraphen stellt man fest, daß man mehrere Differenzierer benötigen würde. Dies möchte man in der praktischen Ausführung aber gerade vermeiden, da Differenzierer Hochpaßeigenschaften haben.

Um dies zu umgehen, wird der Term p^2 zweimal mit $-\frac{C}{p}$ multipliziert. Dies ist in Bild (4.19) dargestellt. Im Zeitbereich entspricht dies der zweimaligen Integration über die Zeit, da

$$L\left[\int_0^t u(\tau)\,d\tau\right] = \frac{U}{p}$$

ist. Hiermit ergibt sich folgender Signalflußgraph (Bild 4.19).

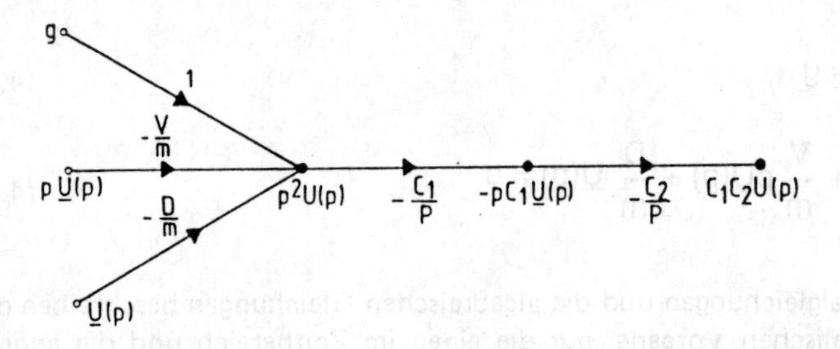

Bild 4.19: Der erweiterte Signalflußgraph eines halbelastischen Stoßes

Man hat eine Darstellung für U in Abhängigkeit von den einzelnen Parametern erhalten und könnte sofort die Schleifen schließen. Damit aber die später interessierenden Parameter einzeln veränderbar sind, wird noch folgende Aufspaltung durchgeführt (Bild 4.20).

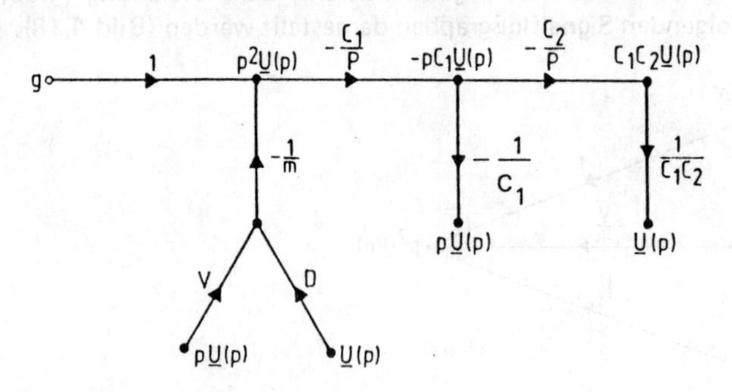

Bild 4.20: Die Aufspaltung des erweiterten Signalflußgraphen eines halbelastischen Stoßes

Jetzt können die einzelnen Schleifen geschlossen werden, d. h. gleiche Wertigkeiten in p werden miteinander verbunden. Damit ergibt sich Bild 4.21.

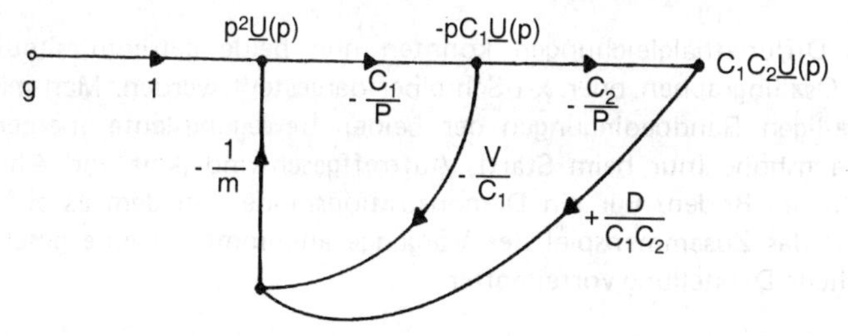

Bild 4.21: Signalflußgraph des halbelastischen Stoßes mit geschlossenen Schleifen

Da nur invertierende Verstärker verwendet werden sollten, steht in jeder, durch einen Operationsverstärker ausgeführten Operation, ein Minuszeichen, da jeweils eine Phasenverschiebung von 180 Grad zu berücksichtigen ist. Deshalb müssen bei der Realisation zwei Operationsverstärker für den Term $\frac{D}{C_1 C_2}$ verwendet werden.

Für eine sinnvolle Darstellung auf dem Oszillographen wurden bei der praktischen Realisierung folgende Konstanten gewählt. Siehe hierzu Bild 4.22. Die Konstanten ergeben sich im Schaltbild durch die jeweilige Beschaltung der einzelnen Operationsverstärker.

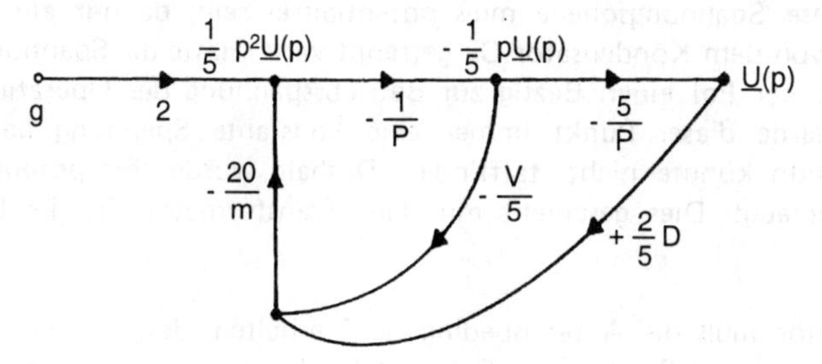

Bild 4.22: Praktische Realisierung des halbelastischen Stoßes

Für die endgültige algebraische Gleichung ergibt sich hiermit Gleichung (4.36).

$$\underline{U}p^2 + 4\,\frac{V}{m}\,\underline{U}p + 40\,\frac{D}{m}\,\underline{U} = 10\,g \qquad (4.36)$$

und für die eigentliche, zu simulierende Differentialgleichung, Gleichung (4.37).

$$\frac{du^2(t)}{dt^2} + 4\,\frac{V}{m}\,\frac{du(t)}{dt} + 40\,\frac{D}{m}\,u(t) = 10\,g \qquad (4.37)$$

Diese beiden Differentialgleichungen könnten nun beide getrennt simuliert und auf dem Oszillographen oder x-t-Schreiber dargestellt werden. Man müßte dann die jeweiligen Randbedingungen der beiden Bewegungsläufe übergeben, dies sind Anfangshöhe (nur beim Start), Auftreffgeschwindigkeit und Abfluggeschwindigkeit am Boden. Für ein Demonstrationsmodell, in dem es auf das Verständnis für das Zusammenspiel der Vorgänge ankommt, ist eine geschlossene übersichtliche Darstellung vorteilhafter.

4.8.5 Realisierung der Schaltung

Bild 4.23 zeigt die realisierte Schaltung zur Simulation des halbelastischen Stoßes.

Auf Grund der Signalflußdiagramme läßt sich einfach die benötigte Schaltung entwerfen. Jede Operation wie Integration und Addition wird durch Operationsverstärker ausgeführt. Bis jetzt wurden bei der Herleitung alle Anfangsbedingungen wegen der Übersichtlichkeit zu Null gesetzt. Dies trifft in der Realität nur für die Anfangsgeschwindigkeit zu, die Anfangshöhe muß aber für die Anfangsgeschwindigkeit berücksichtigt werden. Sie wird über C2 vor der Simulation durch eine variable Spannung eingeprägt. Beim Start des Ablaufes wird die Spannungsquelle durch das Relais Rel 2 von dem Kondensator getrennt. Diese Spannungsquelle muß potentialfrei sein, da nur ein Pol durch das Relais von dem Kondensator C2 getrennt wird. Hätte die Spannungsquelle und damit der Pol einen Bezug zur Betriebsspannung des Operationsverstärkers, so würde dieser Punkt immer eine konstante Spannung haben und eine Simulation könnte nicht stattfinden. Deshalb wurde eine potentialfreie Spannung erzeugt. Dies geschieht mit dem Transformator Tr2 im Bild 4.24.

Der erste Integrator muß die Anfangsbedingung 0 erhalten, deshalb wird der Kondensator C1 vor dem Start durch Relais Rel 1 kurzgeschlossen, um eine definierte Anfangsbedingung vorzufinden. Dies gilt ebenfalls für C3.

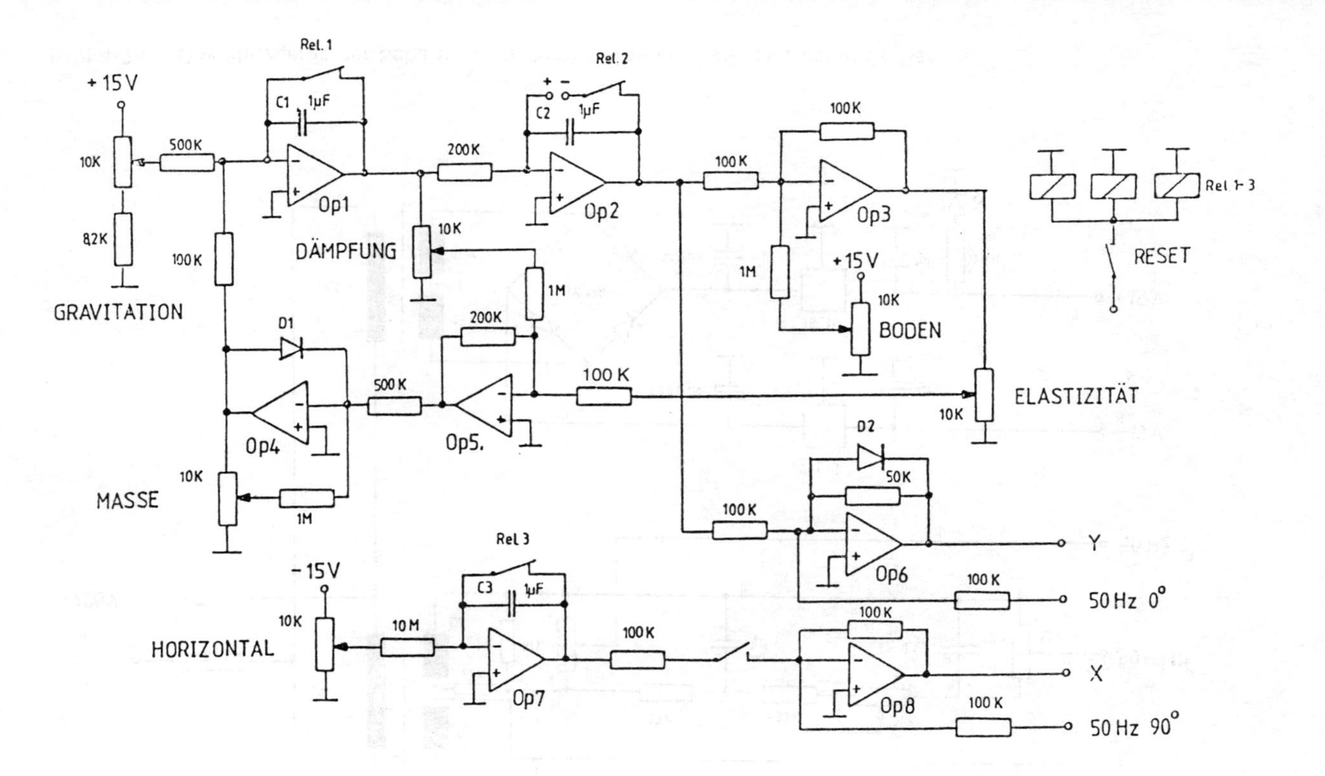

Bild 4.23: Die Schaltung zur Simulation des halbelastischen Stoßes

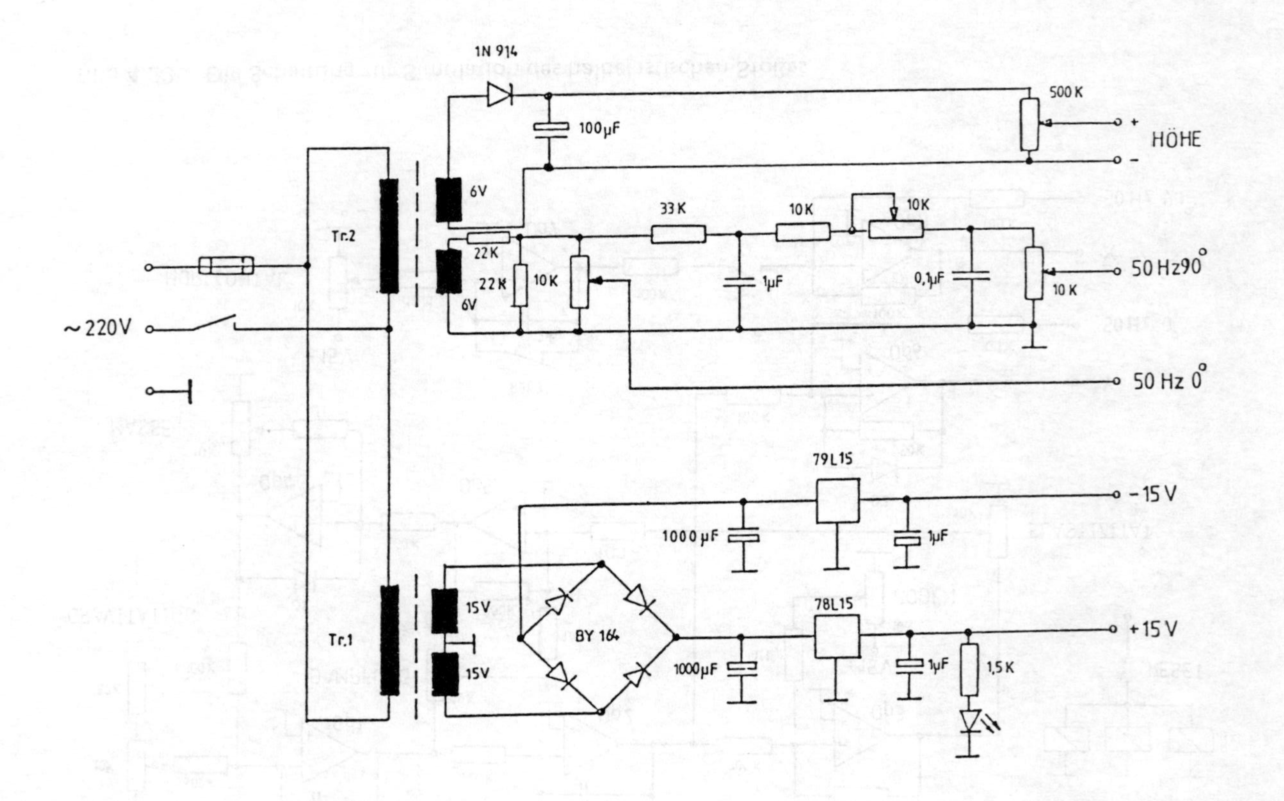

Bild 4.24: Das Netzgerät der Schaltung zur Simulation des halbelastischen Stoßes

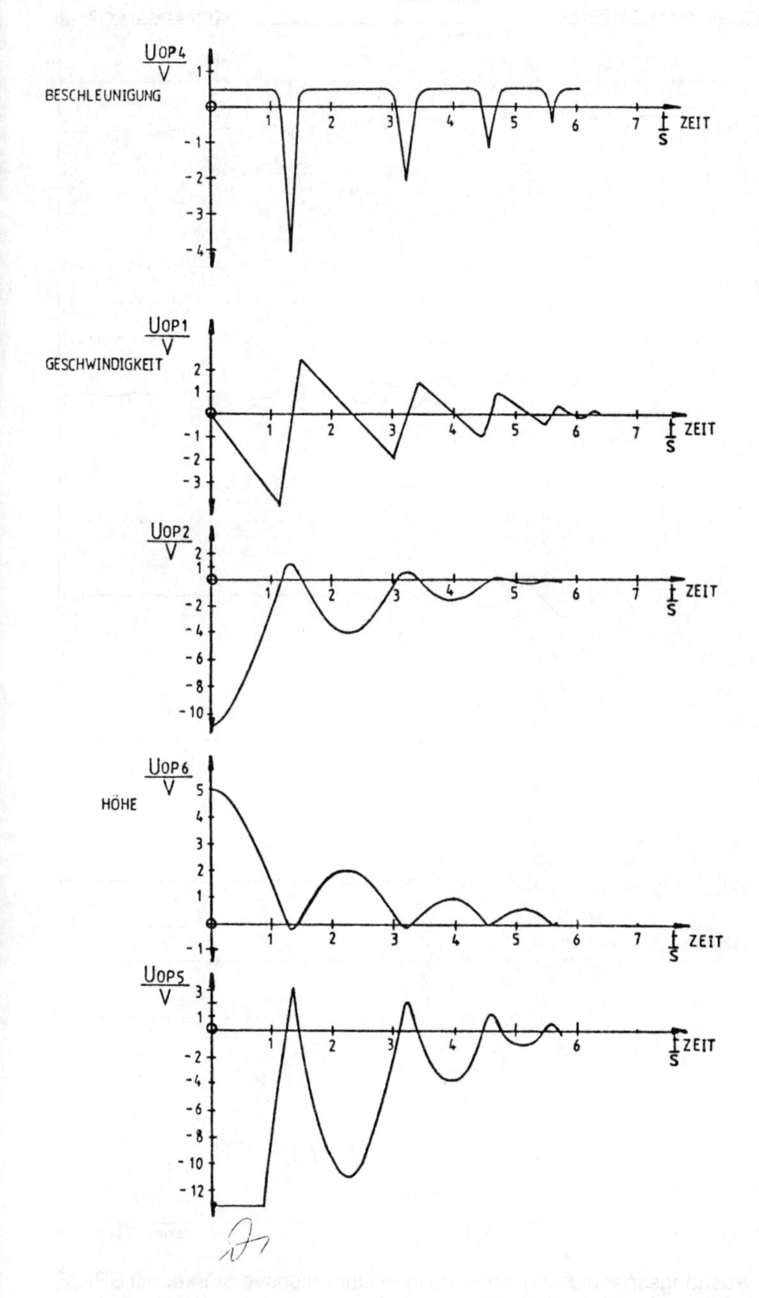

Bild 4.25a: Ausgangsspannungen der jeweiligen Operationsverstärker gemessen

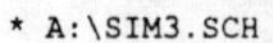

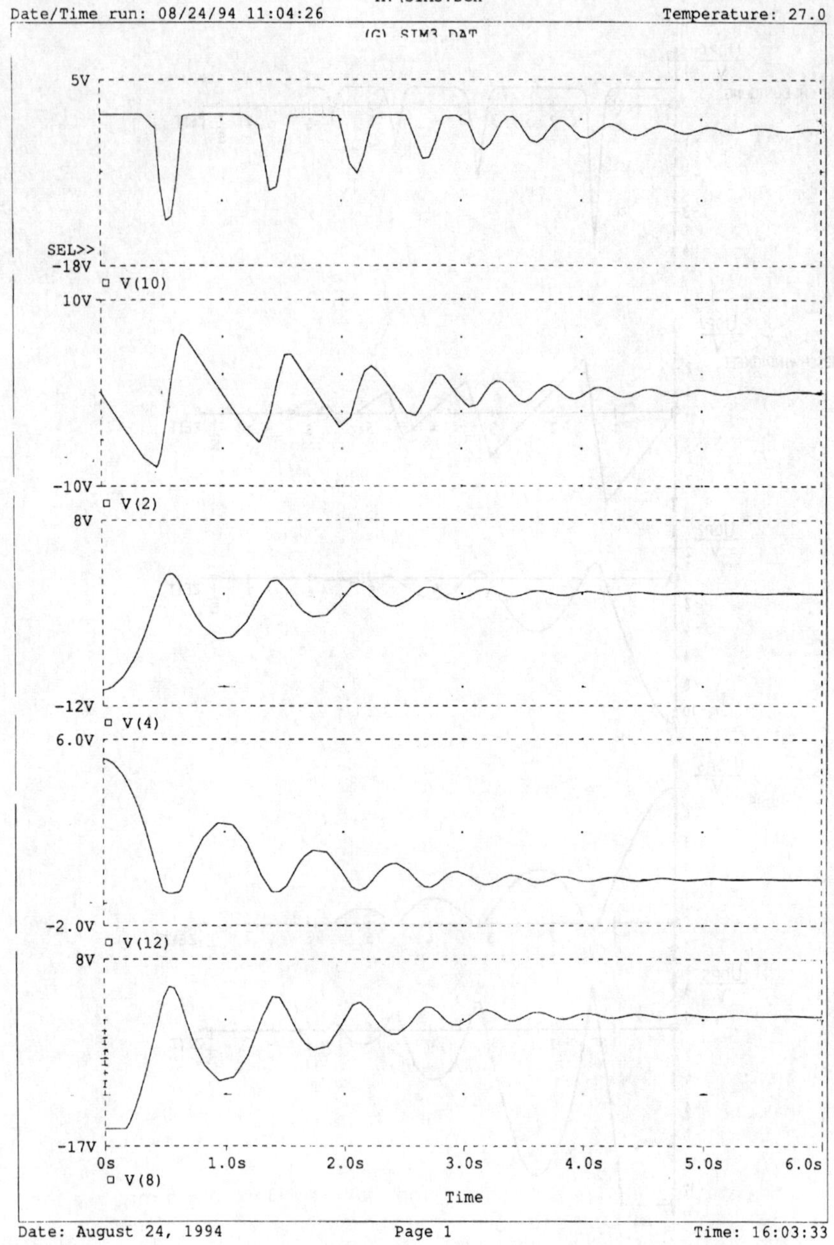

Bild 4.25b: Ausgangsspannungen der jeweiligen Operationsverstärker mit SPICE simuliert

4.8.6 Umschalten zwischen den beiden Differentialgleichungen

Wenn die Schleife zwischen Op4 und Op1 nicht geschlossen ist, wird die Differentialgleichung (4.32) simuliert. Ist die Schleife geschlossen, wird Differentialgleichung (4.33) dargestellt. Dies bedeutet, daß, sobald der Ball den Boden berührt, von Differentialgleichung (4.32) auf (4.33) umgeschaltet werden muß. Wenn dies automatisch geht, so werden die Randbedingungen der Differentialgleichungen auch mit übergeben.

Der Ball berührt den Boden, wenn die Spannung an Op2 Null wird (Bild 4.23). Op5 addiert die Höhe und die Geschwindigkeit entsprechend der Differentialgleichung. Dieses Signal steuert Op4 an. Die an seinem Ausgang anstehende Spannung stellt die Beschleunigung oder Verzögerung des Systems dar. Sie muß während der Zeit des Fluges in der Luft konstant sein und darf während des Stoßes beschleunigend oder verzögernd wirken.

Hier kann man nun das Umschalten auf eine der beiden Differentialgleichungen automatisch durch eine Begrenzung an Op4 bewirken. Das Signal wird auf 0,6 Volt im positiven Aussteuerbereich durch die Diode D1 begrenzt. Die Verzögerung kann weiterhin beliebig negativ werden, sie ist nur durch den Aussteuerbereich des Operationsverstärkers begrenzt.

Während der Zeit des Fluges ist der Op4 in der Begrenzung, d. h. es liegt am Eingang eine konstante Beschleunigung an. Erreicht der Ball den Boden, würde er in den negativen Bereich weiterfliegen, wenn man nicht auf die Differentialgleichung (4.33) umschalten würde. Dies ist physikalisch nicht sinnvoll, aber wird durch Differentialgleichung (4.32) dargestellt. Deshalb wird die Spannung an Op5 positiv (siehe Bild 4.25a). In diesem Bereich ist aber Op4 wieder aussteuerbar, und auf Grund seiner Verstärkung entsteht an seinem Ausgang die Verzögerung und nachfolgende Beschleunigung während der Zeit des Stoßes. Damit wird aber die Schleife automatisch geschlossen, auf Differentialgleichung 4.33 umgeschaltet und diese simuliert. Nach dem Stoß ist Op4 wieder in der Begrenzung, und es wird wieder ein Wurf nach oben durch die Differentialgleichung (4.32) dargestellt. Dieser ganze Ablauf wird durch Bild 4.25a graphisch verdeutlicht. Es sind alle interessanten Ausgangsspannungen der jeweiligen Operatiosverstärker dargestellt.

Die Umschaltung beinhaltet natürlich einen kleinen Fehler, da nicht allein die x-Koordinate als Indikator für das Umschalten herangezogen wird, sondern die Verknüpfung von Geschwindigkeit und Höhe an Op5. Wenn man die Verstärkungskonstanten der einzelnen Operationsverstärker entsprechend Bild 4.23 wählt, so daß der Einfluß der Geschwindigkeit gegenüber der Höhe klein wird, wirkt sich dies nicht fehlerhaft aus. Die einzelnen Ausgangssignale der Operationsverstärker wurden mit dem x-t Schreiber aufgezeichnet, und hierbei konnten keine Abweichungen vom tatsächlichen physikalischen Verlauf festgestellt werden. Um unter extremen Bedingungen das rückgekoppelte Signal etwas verschieben zu können, wurde das Potentiometer Boden eingefügt. Dies fügt eine kleine Vorspannung an Op3 hinzu, so daß sich der Arbeitspunkt für das Umschalten variieren läßt.

Durch die Diode D1 gelingt es also, den Bewegungsablauf von Flug und Stoß in einen geschlossenen Verlauf zu bringen. Bei anderen Beispielen kann dies natürlich komplizierter werden und müßte dann zum Beispiel mit Nullspannungsindikatoren und Umschaltern gelöst werden. Dieser Weg ist entsprechend aufwendiger, und deshalb wurde hier der einfachere Weg gewählt, da dieses Gerät ja ein Demonstrationsmodell werden sollte, an dem man die physikalischen Vorgänge sofort beobachten kann und kein Meßgerät.

4.8.7 Darstellung als Ball

Bis jetzt erscheint auf dem Oszillographenschirm nur ein sich auf- und abwärts bewegender Punkt, wenn man die Spannung an Op2 mißt. Die Bewegung geschieht außerdem noch im negativen Bereich, da beim Ansatz die positive x-Richtung nach unten gewählt wurde.

Einen Ball, also einen Kreis, kann man auf dem Oszillographen mit Hilfe von Lisajousschen Figuren darstellen. Deshalb wird der Ausgangsspannung von Op2, welche die physikalische Bewegung darstellt, eine 50 Hz Wechselspannung überlagert. Dies geschieht mit Hilfe des Addierers Op6. Durch die 180 Grad Phasenverschiebung des invertierenden Operationsverstärkers erhält man auch gleich die physikalisch richtige Bewegungsrichtung. Das Summensignal am Ausgang von Op6 wird auf den Vertikaleingang des Oszillographen geführt. Seine Horizontalablenkung muß ausgeschaltet sein, hier werden 50 Hz der gleichen Amplitude wie an Op6, aber mit einer Phasenverschiebung von 90 Grad eingespeist. Dies geschieht an Op8. Die Elastizität des Balles soll ebenfalls auf dem Oszillographenschirm dargestellt werden. In der Realität verformt sich der Ball je nach Wucht des Aufpralles (abhängig von der Anfangshöhe) und seiner Materialbeschaffenheit. Diese beiden Effekte sind hier einfach charakterisiert durch Elastizität und Dämpfung. Dies bedeutet bei der elektrischen Simulation, daß die Auslenkung auch in den negativen Spannungsbereich übergeht. Die Größe der Auslenkung ist ein Kriterium für die Verformung des Balles. Dies wird hier elektrisch dadurch angenähert, daß der Operationsverstärker Op6 für negative Eingangssignale betragsmäßig größer 0,6 V als Begrenzer wirkt. Durch Diode D2 wird diese Wirkung erreicht.

Der sinusförmigen Wechselspannung am Eingang von Op6 ist das Signal überlagert, welches die Differentialgleichungen darstellt. Bei Bodenberührung verschiebt sich dadurch der Arbeitspunkt für die Wechselspannung derart, daß ein Teil derselben begrenzt wird. Dies hat auf dem Oszillographen eine Verformung und Abflachung des Balles zufolge.

Die 50 Hz Wechselspannung wird einem eigenen Transformator entnommen. Es zeigte sich, daß durch die Last der Spannungsregler das Sinussignal schon so verformt wird (Sättigung), daß damit kein sauberer Kreis auf dem Oszillographenschirm darstellbar war.

Die Phasenverschiebung von 90 Grad wird durch ein RC-Netzwerk bewirkt und erzeugt. Beide Wechselspannungen mit 50 Hz und einem Phasenunterschied von 90 Grad werden über regelbare Spannungsteiler auf die beiden Operationsverstärker Op6 und Op8 gelegt. Durch die regelbaren Spannungsteiler an der Rückseite des Gerätes ist die Größe des Balles ebenfalls veränderbar. Sie darf nur nicht so groß sein, daß das Wechselspannungssignal schon von Anfang an begrenzt wird. Wahlweise kann an den Eingang von Op8 auch ein Signal eingespeist werden, welches einen seitlichen Sprung des Balles veranlaßt. Mit Hilfe des Integrators Op7 wird eine von Null linear ansteigende Spannung erzeugt. Da sie auf den Horizontaleingang des Oszillographen wirkt, wird dadurch der Ball seitlich von rechts nach links bewegt.
Die Bilder 4.25a und 4.25b zeigen die gemessenen und simulierten Ausgangsspannungen der jeweiligen Operationsverstärker.

4.8.8 Bedienungsanleitung für das Demonstrationsmodell eines halbelastischen Stoßes

1. Benötigte Geräte:

Oszillograph mit abschaltbarer Horizontalablenkung und einstellbarer Empfindlichkeit des Horizontalverstärkers. Verwendetes Gerät im Labor Philips PM3110.

2. Vorbereitende Maßnahmen

2.1 Horizontal- und Vertikalverstärker des Oszillographen mit den entsprechenden Buchsen X und Y an der Rückseite des Gerätes verbinden.

2.2 Oszillograph und Demonstrationsgerät einschalten.
Schalter auf RESET
Schalter HORIZONTAL auf Aus
Auf dem Oszillographen muß sich ein Kreis zeigen.
Empfindlichkeit des Oszillographen am Horizontalverstärker auf 1 V pro cm und am Vertikalverstärker auf 0,5 V pro cm einstellen. Sollte es eine Ellipse sein, kann mit den Reglern auf der Rückseite vorsichtig nachgeregelt werden, bis auf dem Oszillographenschirm ein Kreis zu sehen ist.

Die Größe des Balles kann mit diesen beiden Regeln ebenfalls verändert werden. Mit dem Potentiometer PHASE wird die Phasenverschiebung von 90 Grad eingestellt. Er sollte nur dann verstellt werden, wenn sich die Ellipse auch in der Phase verschoben hat.

3. Vorgehen bei der Simulation

3.1 Mit dem Regler HÖHE wird die gewünschte Anfangshöhe eingestellt.

3.2 Die einzelnen Parameter werden nun der zu simulierenden Situation entsprechend eingestellt.
(GRAVITATION, MASSE, DÄMPFUNG, ELASTIZITÄT)

3.3 Wenn der Schalter RESET umgelegt wird, startet die Simulation.

3.4 Nach Beendigung des Simulationsvorganges Schalter wieder auf RESET zurücklegen.

3.5 Bei Wiederholung der Simulation wie vor ab Punkt 3.1 verfahren.

4. Wird eine zusätzliche Horizontalbewegung gewünscht (seitlicher Sprung), kann dies durch Umlegen des Schalters HORIZONTAL erreicht werden. Die Simulation wird ebenfalls wieder durch den Schalter RESET gestartet.

Die Horizontalgeschwindigkeit kann an dem dazugehörigen Regler eingestellt werden. Hierbei muß eventuell die Ablenkempfindlichkeit des Horizontalverstärkers verkleinert werden, da sonst der Ball zu schnell aus dem Bildbereich verschwindet. Dabei verändert sich natürlich auch die Ballgröße. Sie kann wie unter 2. beschrieben verändert werden. Der Ball springt von rechts nach links. Begrenzt wird die Bewegung durch den Aussteuerbereich des Operationsverstärkers.

4.9 Operationsverstärkerbegriffe

Bild 4.26 zeigt ein Datenblatt des Operationsverstärkers 741. Nachstehend werden einige Begriffe des Operationsverstärkers erläutert.

– Arbeitsbereich der Ausgangsspannung
(Ausgangsspannungshub, output voltage range)
Er gibt die nutzbare Ausgangsspannung am Ausgang des Operationsverstärkers an. Meistens von + 0,95 U_B bis – 0,95 U_B bei bipolarer Spannungsversorgung.

Absolute Maximum Ratings

Supply Voltage	±22V	±18V
Input Voltage	±15V	±15V
Differential Input Voltage	±30V	±30V
Output Short Circuit Duration	Indefinite	Indefjnite

Electrical Characteristics at 25°C and V_{CC} = ± 15V (Unless Otherwise Specified)

Parameter (See Definitions)	Conditions	741B Min.	741B Typ.	741B Max.	741C Min.	741C Typ.	741C Max.	Units
Input Offset Voltage	$R_S \leqslant 10k\Omega$		1.0	5.0		2.0	6.0	mV
Input Offset Current			17	200		20	200	nA
Input Bias Current			80	500		80	500	nA
Input Resistance		0.3	2.0		0.3	2.0		MΩ
Input Capacitance			1.4			1.4		pF
Offset Voltage Adjustment Range			±15			±15		mV
Input Voltage Range	-	± 12	±13		± 12	±13		V
Large-Signal Voltage Gain	$R_L \geqslant 2k\Omega$, V_{out} = ±10V	50	200		20	200		V/mV
Output Resistance			75			75		Ω
Output Short-Circuit Current			18			18		mA
Supply Voltage Rejection Ratio	$R_S \leqslant 10k\Omega$		30	150		30	150	μV/V
Common Mode Rejection Ratio	$R_S \leqslant 10k\Omega$	70	90		70	90		dB
Supply Current			1.7	2.8		1.7	2.8	mA
Power Consumption			50	85		50	85	mW
Transient Response (unity gain)	V_{in} = 20mV, R_L = 2kΩ, $C_L \leqslant$ 100pF							
Rise Time			0.3			0.3		μs
Overshoot			5.0			5.0		%
Slew Rate	$R_L \geqslant 2k\Omega$	0.3	0.5		0.3	0.5		V/μs

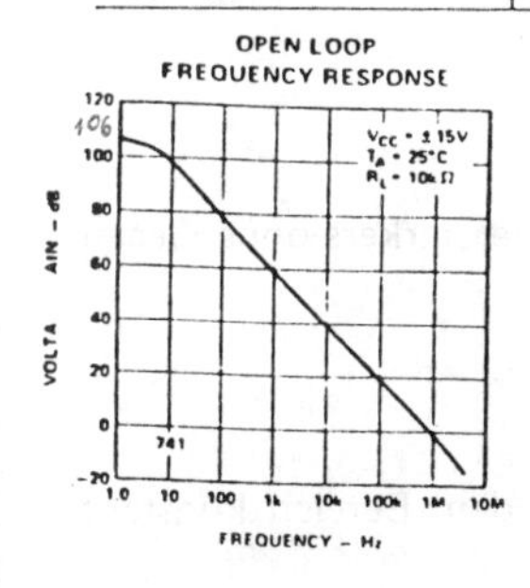

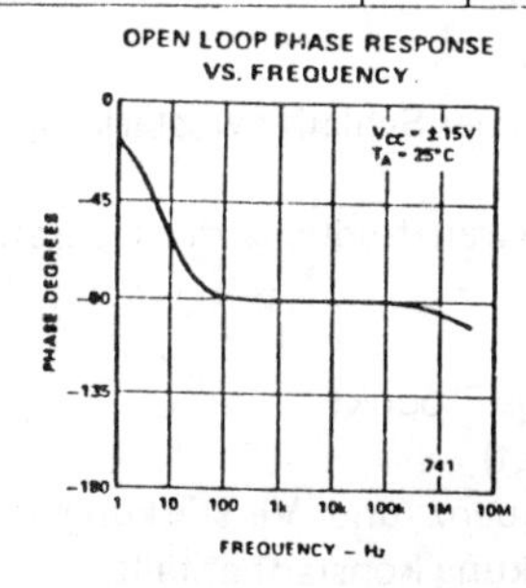

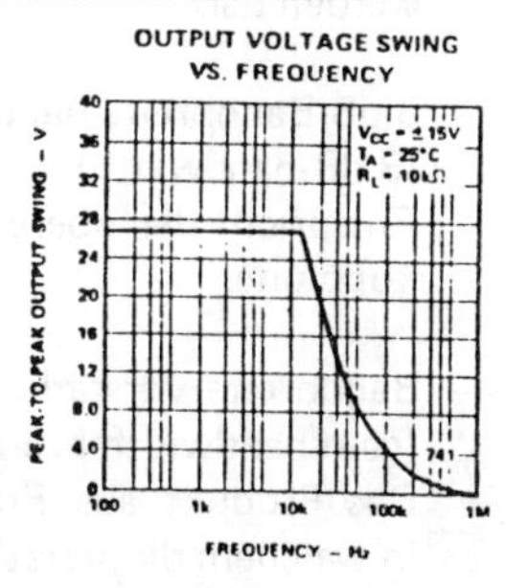

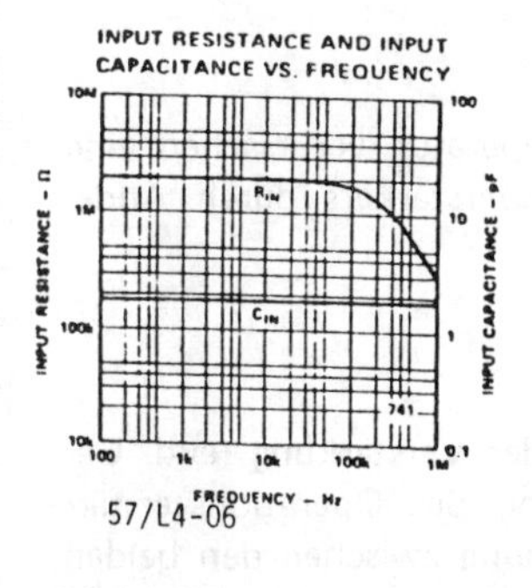

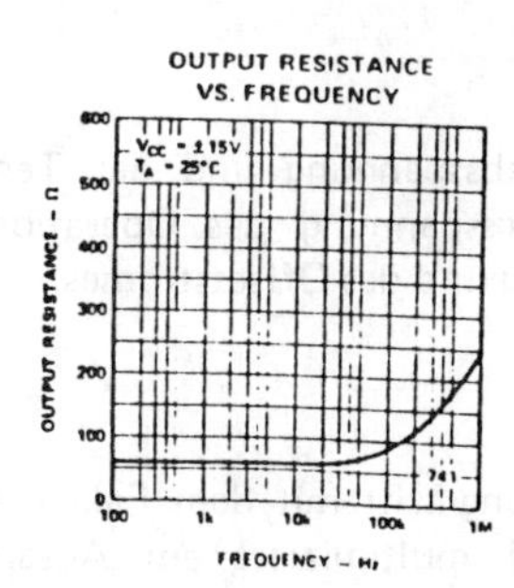

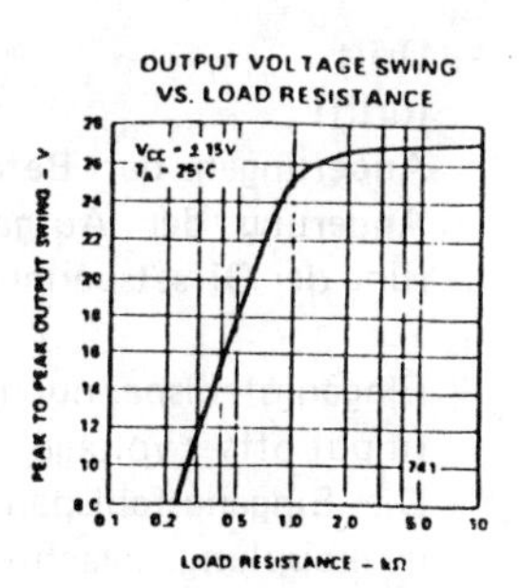

57/L4-06

Bild 4.26: Datenblatt des Operationsverstärkers 741

– Arbeitsbereich des Ausgangsstromes
(output current range)
Gibt den maximalen und minimalen Ausgangsstrom an, den der Operationsverstärker an seinem Ausgang abgeben kann. Er ist nach unten durch den Ausgangsruhestrom begrenzt.

– Arbeitsbereich der Gleichtakt-Eingangsspannung
(common mode output voltage)
Die maximale Spannung, die an beiden Eingängen gleichzeitig anliegen darf, ohne daß der Verstärker zerstört wird, beträgt ungefähr 2/3 der Betriebsspannung.

– Ausgangsimpedanz
(open loop output impedance)
Der Widerstand, den man in den Ausgang des Operationsverstärkers hinein mißt, wenn die Ausgangsspannung auf Null liegt.

– Ausgangsstrom
(load current)
Maximaler Strom, mit dem der Ausgang des Operationsverstärkers belastet werden darf.

– 3 dB-Bandbreite bei offener Schleifenverstärkung
(3 dB-bandwidth)
Entspricht der oberen Grenzfrequenz des Operationsverstärkers ohne Gegenkopplung.

– Bandbreite-Verstärkungs-Produkt
(gain bandwidth product)
Das Produkt aus Frequenz und Verstärkung ist in dem Bereich konstant, in welchem die Verstärkung konstant abfällt.

– Drift
(drift)
Änderungen der Betriebsspannung und der Temperatur verursachen eine Änderung der Ausgangsspannung des Operationsverstärkers durch Änderung der Offsetspannung und des Offsetstromes.

– Eingangsfehlspannung
(input offset voltage)
Die Eingangsfehlspannung tritt mit dem Faktor der Verstärkung (evtl. Gegenkopplung beachten) multipliziert am Ausgang des Operationsverstärkers auf. Sie ist die positive oder negative Spannung zwischen den beiden Eingängen des Operationsverstärkers, die nötig ist, damit die Ausgangsspan-

nung gegen Masse gemessen 0 V ergibt. Eine Kompensation durch direktes Beschalten des Operationsverstärkers ist möglich oder einfacher durch vorgesehene Maßnahmen des Herstellers (spezieller Eingang). Die Offsetspannung ist temperaturabhängig, also auch die Kompensation.

- Eingangsfehlstrom
  (input offset current)
  Die Differenz der beiden Eingangsströme, damit am Ausgang des Operationsverstärkers 0 V gegen Masse gemessen wird. Es ist sehr abhängig von der Technologie, mit der der Operationsverstärker hergestellt wurde.

- Empfindlichkeit der Eingangsfehlspannung gegenüber Versorgungspannungsschwankungen
  (supply voltage sensitivity, supply voltage rejection)
  Dies ist die Änderung der Eingangsfehlspannung bei Änderung der Versorgungsspannung. Sie wird in $\frac{\Delta U_{eF}}{\Delta U_B}$ $[\frac{\mu V}{V}]$ angegeben. Dabei ist U_{eF} die Eingangsfehlspannung in μV und U_B die Betriebsspannung in Volt. Dieses Spannungsverhältnis wird oft auch in dB angegeben.

- Empfindlichkeit des Eingangsfehlstromes gegenüber Versorgungsspannungsschwankungen
  (supply voltage rejection ratio relativity to I_{eF})
  Änderung des Eingangsfehlstromes bei Änderung der Versorgungspannung.

- Differenz-Eingangsimpedanz
  (open loop differential input impedance)
  Sie ist die Eingangsimpedanz zwischen den beiden Eingangsklemmen des Operationsverstärkers bei offener Gegenkopplungsschleife. Sie ist sehr hochohmig, wobei die Größe von der verwendeten Technologie abhängig ist.

- Maximale Flankensteilheit der Ausgangsspannung
  (slew rate)
  Maximal mögliche Änderung der Ausgangsspannung pro Zeit. Sie wird bei Großsignalaussteuerung gemessen. Schneller kann der Ausgang nicht auf einen Spannungssprung reagieren.

- Gleichtaktunterdrückung
  (common mode rejection ratio CMRR)
  Verhältnis der Differenzspannungsverstärkung zur Gleichtaktspannungsverstärkung. Hierbei gibt es eine weitere Definition. Das Verhältnis der Änderung der Eingangsoffsetspannung zur Änderung der Gleichtakteingangsspannung.

– 3 dB-Grenzfrequenz
(cut-off frequency)
Die Frequenz, bei der die Verstärkung um 3 dB gesunken ist.

– Leerlauf-Differenz Gleichspannungsverstärkung
(open loop differential DC voltage gain)
Dies ist die Verstärkung der Gleichspannungsdifferenz am Eingang durch den Operationsverstärker ohne äußere Beschaltung.

– Kurzschlußdauer des Ausganges
(output short circuit duration)
Maximale erlaubte Zeit, innerhalb der der Ausgang eines Operationsverstärkers kurzgeschlossen werden darf. Es gibt auch Operationsverstärker, die kurzschlußfest sind.

– Temperaturbereich
(operating temperature range)
Der Temperaturbereich, in dem der Operationsverstärker seine Betriebsdaten beibehält.
Normaler Bereich 0 bis + 70°C
Eingeschränkter militärischer Bereich – 25 bis + 85°C
Militärischer Bereich – 55 bis + 125°C

– Temperaturkoeffizient der Eingangsfehlspannung
(temperature coefficient of input voltage)
Gibt man an, um wieviel Volt die Fehlspannung bei einer Temperaturänderung von 1°C abweicht.

– Temperaturkoeffizient des Eingangsruhestromes
(temperature coefficient of input bias current)
Änderung des Eingangsruhestromes pro °C.

– Temperaturkoeffizient des Eingangsfehlstromes
(temperature coefficient of input offset current)
Änderung des Eingangsfehlstromes pro °C.

– Transitfrequenz
(unity gain bandwidth)
Die Frequenz, bei der die Verstärkung des Operationsverstärkers 1 entsprechend 0 dB ist. Das heißt, die Ausgangsspannung ist gleich der Eingangsspannung.

– Offene Spannungsverstärkung
(open loop voltage gain)
Die Verstärkung des Operationsverstärkers ohne Gegenkopplung. Das heißt, das Verhältnis von Ausgangsspannung zu Eingangsspannung.

– Offene Gleichtaktspannungsverstärkung
(common mode voltage gain)
Verhältnis von Ausgangsspannung zu Eingangsspannung, wenn beide Eingänge parallel geschaltet sind.

5 Breitbandverstärker

H. Khakzar

5.1 Generelle Betrachtung

Definition:
Ein Breitbandverstärker ist definiert als ein Verstärker, dessen Bandbreite groß ist und nach dem heutigen Stand der Technik einige Gigahertz betragen kann. Wird er als Impulsverstärker eingesetzt, so verlangt man von ihm, daß die Sprungantwort am Ausgang ihren Endwert möglichst schnell erreicht und das Überschwingen klein bleibt. Andererseits muß ein Breitbandverstärker einen flachen Frequenzgang über einen weiten Bereich aufweisen.

Den Einschwingvorgang und den Frequenzgang kann man durch die negative Rückkopplung (Gegenkopplung) verbessern. Dazu wollen wir zuerst einige generelle Konzepte entwickeln, die von Interesse sind.

Beispiel:
Gegeben sei ein einstufiger Verstärker mit der Übertragungsfunktion

$$\underline{V}(p) = \frac{V_o}{1 + \frac{p}{\omega_o}} \tag{5.1}$$

Dabei ist V_o der Wert der Verstärkung bei tiefen Frequenzen und ω_o die Grenzfrequenz des Verstärkers. Die laplacetransformierte Sprungantwort des Ausgangssignals $u_2(t)$ bezeichnet man mit $\underline{U}_2(p)$.

Dazu sind in Tabelle 5.1 einige Korrespondenzen, Zeitfunktion – laplacetransformierte Zeitfunktion angegeben. Dabei stellt s(t) die Funktion im Zeitbereich mit $s(t) = 0$ für $t < 0$ dar. Die Laplacetransformierte ergibt sich dann dazu:

$$\underline{S}(p) = \int_o^\infty s(t) \cdot e^{-pt}\, dt$$

Tabelle 5.1: Einige Zeitfunktionen mit ihren Laplacetransformierten

Nr.	Zeitfunktion s(t) für $t < 0$	Laplacetransformierte $\underline{S}(p)$
1	$\delta(t)$ (Einheitsimpulse)	1
2	$\sigma(t)$ (Einheitssprung)	$1/p$
3	$t\sigma(t)$ (Einheitsrampe)	$\frac{1}{p^2}$

Nr.	Zeitfunktion s(t) für $t < 0$	Laplacetransformierte $\underline{S}(p)$
4	t^n	$\frac{n\,!}{p^n + 1}$
5	e^{-at}	$\frac{1}{p + a}$
6	te^{-at}	$\frac{1}{(p + a)^2}$
7	$\sin\omega_o t$	$\frac{\omega_o}{p^2 + \omega_o^2}$
8	$\cos\omega_o t$	$\frac{p}{p^2 + \omega_o^2}$
9	$e^{-at} \sin \omega_o t$	$\frac{\omega_o}{(p + a)^2 + \omega_o^2}$
10	$e^{-at} \cos \omega_o t$	$\frac{p + a}{(p + a)^2 + \omega_o^2}$
11	$t \sin \omega_o t$	$\frac{2\omega_o p}{(p^2 + \omega_o^2)^2}$
12	$t \cos \omega_o t$	$\frac{p^2 - \omega_o^2}{(p^2 + \omega_o^2)^2}$
13	$\sinh at$	$\frac{a}{p^2 - a^2}$
14	$\cosh at$	$\frac{p^2}{p^2 - a^2}$
15	$\frac{1}{2\omega_o} (\sin \omega_o t - \omega_o t \cos \omega_o t)$	$\frac{\omega_o^2}{(p^2 + \omega_o^2)^2}$

Aus der Tabelle 5.1 kann man nun zur Ausgangsfunktion $\underline{U}_2(p)$ die zugehörige Zeitfunktion $u_2(t)$ entnehmen.

$$\underline{U}_2(p) = \underline{U}_1(p) \cdot \underline{V}(p) = \frac{V_o}{p\,(1 + \frac{p}{\omega_o})} = \frac{V_o}{p} - \frac{V_o}{p + \omega_o} \qquad (5.2)$$

Die Zeitfunktion ist dann nach Tabelle 5.1:

$$u_2(t) = V_o \cdot (1 - e^{-\omega_o t}) \cdot \sigma(t) \tag{5.3}$$

In Bild 5.1 ist die Sprungantwort des Verstärkers dargestellt.

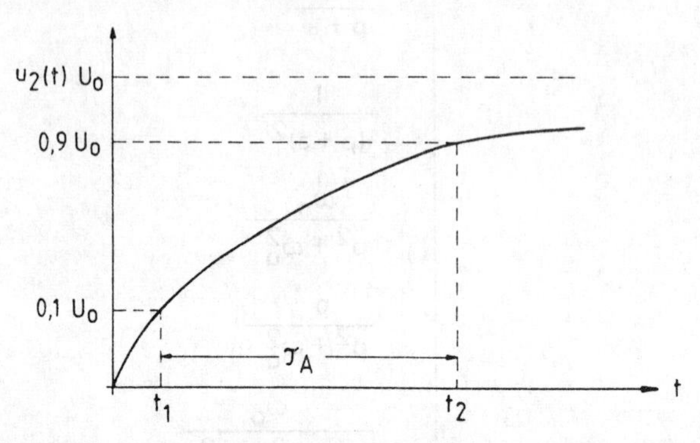

Bild 5.1: Sprungantwort des einstufigen Verstärkers nach Gleichung (5.1)

Dabei ist die Anstiegszeit τ_A definiert als die Zeit, die das Signal benötigt um von 10% auf 90% des Endwertes der Ausgangsfunktion anzusteigen. Bezieht man diese Definition auf unser Beispiel, so ergibt sich die Anstiegszeit τ_A zu:

$$0.1 = 1 - e^{-\omega_o t_1} \rightarrow t_1 = \frac{1}{\omega_o} \ln\left(\frac{1}{0.9}\right) = \frac{0.1}{\omega_o} \tag{5.4}$$

$$0.9 = 1 - e^{-\omega_o t_2} \rightarrow t_2 = \frac{1}{\omega_o} \ln 10 = \frac{2.3}{\omega_o} \tag{5.5}$$

Also:

$$\tau_A = t_2 - t_1 = \frac{2.2}{\omega_o} \approx \frac{1}{3f_o} \tag{5.6}$$

Diese einfache Beziehung zwischen τ_A und der Grenzfrequenz erhält man nicht, wenn die Übertragungsfunktion eine komplizierte Form hat und die Berechnung der Zeitpunkte t_1 und t_2 Schwierigkeiten bereitet. Daher hat W.E. Elmore eine alternative Definition für die Anstiegszeit gegeben, die es erlaubt τ_A direkt aus der Übertragungsfunktion zu berechnen und damit die inverse Laplacetransformation zu vermeiden (5.18).

Ist die Übertragungsfunktion eines Verstärkers gegeben durch die Funktion

$$\underline{V}(p) = \frac{\underline{U}_2(p)}{\underline{U}_2(0)} = \frac{1 + c_1 p + c_2 p^2 + \ldots + c_m p^m}{1 + d_1 p + d_2 p^2 + \ldots + d_n p^n} \tag{5.7}$$

wobei die Koeffizienten $c_1, \ldots, c_m$ und $d_1, \ldots, d_n$ alle reell sind, dann ist die Anstiegszeit nach Elmore (5.18):

$$\tau_A = \sqrt{2\pi\,(d_1^2 - c_1^2 + 2c_2 - 2d_2)} \tag{5.8}$$

Die Gleichung (5.8) gilt nur unter der Bedingung, daß die Zeitfunktion am Ausgang monoton bis zum Endwert ansteigt und kein Überschwingen zeigt. Dies bedeutet aber, daß alle Pol- und Nullstellen der Gleichung (5.7) auf der negativen σ-Achse der p-Ebene liegen müssen. Wendet man die Gl. (5.8) auf die Übertragungsfunktion nach Gl. (5.1) an, so erhält man als einzigen von Null verschiedenen Koeffizienten $d_1 = 1/\omega_o$. Damit erhält man für die Anstiegszeit nach Elmore:

$$\tau_A = \frac{\sqrt{2\pi}}{\omega_o} = \frac{2.5}{\omega_o} \tag{5.9}$$

Es ergibt sich somit eine gute Übereinstimmung mit Gl. (5.6).

5.2 Bedingungen für maximal flachen Betragsverlauf und lineare Phase

Die Eigenschaften eines Verstärkers lassen sich im Frequenz- als auch im Zeitbereich aus der Pollage seiner Übertragungsfunktion ableiten. Im folgenden sind dazu aus der Literatur bekannte Untersuchungen zusammengefaßt dargestellt.

5.2.1 Funktion mit maximal flachem Betragsverlauf

Maximal flacher Betragsverlauf bedeutet:
- Möglichst ebener Frequenzgang
- Möglichst hohe Grenzfrequenz

Nach (5.2, S. 644) wird für die Funktion

$$\frac{\underline{V}(p)}{\underline{V}(0)} = \underline{H}(p) = \frac{1 + u_1 p + u_2 p^2 + \ldots + u_n p^n}{1 + v_1 p + v_2 p^2 + \ldots + v_m p^m} \tag{5.10}$$

mit

$$|\,\underline{H}(j\omega)\,|^2 = \underline{H}(j\omega) \cdot \underline{H}(-j\omega)$$

$$|\,\underline{H}(j\omega)\,|^2 = \frac{1 + a_2\omega^2 + \ldots + a_{2n}\omega^{2n}}{1 + b_2\omega^2 + \ldots + b_{2n}\omega^{2n} + \ldots + b_{2m}\omega^{2m}} \tag{5.11}$$

der Betragsverlauf von $|\underline{H}(j\omega)|$ maximal flach für:

$$\begin{aligned}
a_2 &= b_2 \qquad & b_{2(n+1)} &= 0 \\
a_4 &= b_4 \qquad & b_{2(n+2)} &= 0 \\
&\;\vdots & &\;\vdots \\
a_{2n} &= b_{2n} \qquad & b_{2(m-1)} &= 0 \\
& & b_{2m} &\text{ endlich.}
\end{aligned} \tag{5.12}$$

Einen wichtigen Sonderfall stellt die Funktion

$$|\underline{H}(p)|^2 = \frac{1}{1 + v_1 p + v_2 p^2 + \ldots + v_m p^m} \tag{5.13}$$

dar. Alle Nullstellen von H(p) liegen im Unendlichen. Analog zu Gl. (5.11) gilt:

$$|\underline{H}(j\omega)|^2 = \frac{1}{1 + b_2\omega^2 + b_4\omega^4 + \ldots + b_{2m}\omega^{2m}} \tag{5.14}$$

$|\underline{H}(j\omega)|$ wird entsprechend Gl. (5.12) maximal flach, wenn gilt:

$$\begin{aligned}
b_2 &= 0 \\
b_4 &= 0 \\
&\;\vdots \\
b_{2(m-1)} &= 0 \\
b_{2m} &\neq 0
\end{aligned} \tag{5.15}$$

Dann ergibt das Betragsquadrat:

$$|\underline{H}(j\omega)|^2 = \underline{H}(j\omega) \cdot \underline{H}(-j\omega) = \frac{1}{1 + b_{2m}\omega^{2m}} \tag{5.16}$$

Mit $p = j\omega$ folgt:

$$\underline{H}(p) \cdot \underline{H}(-p) = \frac{1}{1 + (-1)^m \cdot b_{2m} p^{2m}} \tag{5.17}$$

Die Polstellen von Gl. (5.17) sind gegeben durch

$$p_k = \left(\frac{1}{b_{2m}}\right)^{\frac{1}{2m}} \cdot e^{\,j\frac{\pi}{2m}(m + 1 + 2k)} \qquad k = 0, 1, \ldots, 2m - 1 \tag{5.18}$$

Bild 5.2 zeigt die Lage der Pole von H(p) · H(p) für m=4.

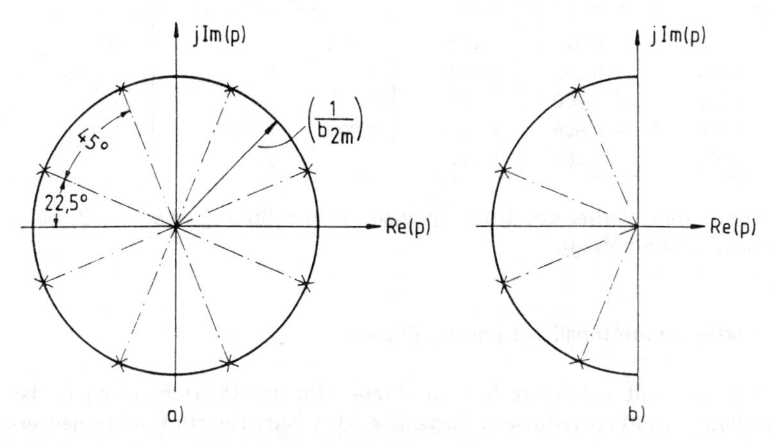

Bild 5.2: Butterworth-Funktion 4. Grades
a) Lage der Pole von $\underline{H}(p) \cdot \underline{H}(-p)$
b) Lage der Pole von $\underline{H}(p)$

Zu $\underline{V}(p)$ gehört aus Stabilitätsgründen diejenige Hälfte der Pole, welche in der linken p-Halbebene liegt. Für den Radius gilt:

$$\left(\frac{1}{b_{2m}}\right)^{\frac{1}{2m}} = \left(\frac{1}{V_m}\right)^{\frac{1}{m}} = \omega_g \tag{5.19}$$

Der Radius entspricht also der 3dB-Kreisgrenzfrequenz, wie durch Einsetzen von ω_g in Gl. (5.16) ersichtlich wird.

Eine tabellarische Zusammenstellung einiger Eigenschaften der sogenannte Butterworth-Funktionen vom ersten bis fünften Grad bietet Tabelle 5.2.

Tabelle 5.2: Pollage, Anstiegszeit und Überschwingungen der Sprungantwort für die Butterworth-Funktionen vom Grad 1 bis 5 (normiert mit ω_g). (5.11)

Grad	Polstellen Radius	Realteile	Winkel (°)	Grenzfrequenz ω_g	Anstiegszeit τ_A	Überschwingungen in %
1	1.000	– 1.000	0.0	1.000	2.20	0.0
2	1.000	– 0.707	± 45.0	1.000	2.15	4.3
3	1.000	– 1.000	0.0	1.000	2.29	8.2
	1.000	– 0.500	± 60.0			

Grad	Polstellen Radius	Realstelle	Winkel (°)	Grenzfrequenz ω_g	Anstiegszeit τ_A	Überschwingungen in %
4	1.000	– 0.924	± 22.5	1.000	2.43	10.9
	1.000	– 0.383	± 67.5			
	1.000	– 1.000	0.0			
5	1.000	– 0.809	± 36.0	1.000	2.56	12.8
	1.000	– 0.309	± 72.0			

Man beachte, daß hierbei das Überschwingen in der Sprungantwort z.B. beim Grad 4 nahezu 11% beträgt.

5.2.2 Funktionen mit möglichst linearer Phase

Bei Funktionen mit möglichst linearer Phase wird das Überschwingen in der Sprungantwort deutlich reduziert. Gegenüber den Butterworth-Funktionen erweist sich dabei eine längere Anstiegszeit bzw. die niedriger liegende Grenzfrequenz als Nachteil.
Die Aufgabe besteht darin bei einer gegebenen Funktion

$$\underline{V}(j\omega) = |\underline{V}(j\omega)| \cdot e^{j\varphi(\omega)} \tag{5.20}$$

der Phase $\varphi(\omega)$ einen möglichst linearen Zusammenhang mit ω zu geben (konstante Phasenlaufzeit), d.h. es muß gelten:

$$\varphi(\omega) = \tau_o \cdot \omega \tag{5.21}$$

Wiederum wurde in der Literatur die spezielle Funktion

$$\frac{\underline{V}(p)}{\underline{V}(0)} = \frac{1}{1 + d_1 p + d_2 p^2 + \ldots + d_m p^m} \tag{5.22}$$

eingehend untersucht. In der Tabelle 5.3 sind einige Eigenschaften von solchen linearen Phasenfunktionen bis zum 5. Grad zusammengefaßt.

Für die Funktion nach Gl. (5.13) sind auch die Bereiche zwischen den beiden Extremen

– maximal flacher Betragsverlauf
– lineare Phase

untersucht worden. Der Leser sei dazu auf die umfassende Darstellung bis zum 5. Grad in (5.11) verwiesen.

Tabelle 5.3: Pollage, Anstiegszeit und Überschwingungen der Sprungantwort für Funktionen entsprechend Gl. (5.22) mit linearer Phase. (5.11, S. 648)

Grad	Polstellen Radius	Realteile σ	Winkel (°)	Grenzfrequenz ω_g	Anstiegszeit τ_A	Überschwingungen in %
1	1.000	– 1.000	0.0	1.000	2.20	0.00
2	1.000	– 0.866	± 30.0	0.786	2.73	0.43
3	0.942	– 0.942	0.0	0.712	3.07	0.75
	1.031	– 0.746	± 43.7			
4	1.059	– 0.657	± 51.6	0.659	3.36	0.83
	0.944	– 0.905	± 16.7			
	0.927	– 0.905	0.0			
5	0.960	– 0.852	± 27.5	0.617	3.58	0.75
	1.083	– 0.591	± 56.9			

5.3 Grundlegende Eigenschaften der einzeln gegengekoppelten Verstärkerstufen

In diesem Abschnitt werden die idealisierten Eigenschaften von Schaltungen mit Reihen- bzw. Parallelgegenkopplung behandelt. Es lassen sich daraus einfache, aber dennoch wichtige Dimensionierungsregeln ableiten. Insbesondere läßt sich zeigen, daß es günstig ist parallel- und reihengegengekoppelte Stufen alternierend hintereinander zu schalten. Die Schaltungskonfiguration ist unter dem Namen Cherry-Hooper-Prinzip bekannt. (5.1)

Die folgenden Betrachtungen setzen für den Bipolartransistor das stark vereinfachte Giacoletto-Wechselstromersatzschaltbild voraus.

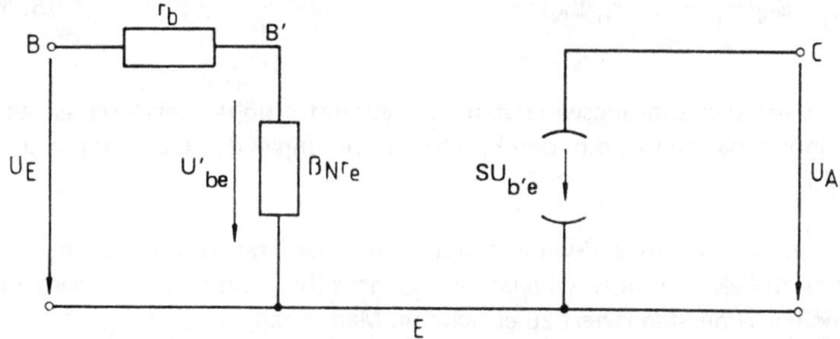

Bild 5.3: Vereinfachte Wechselstromersatzschaltbild des Bipolartransistors nach Giacoletto

5.3.1 Emitterschaltung mit Reihengegenkopplung

Um bei der Reihengegenkopplung eine große Bandbreite zu erzielen, ist es erforderlich:

1. Die Stufe am Eingang mit möglichst eingeprägter Spannung zu betreiben (5.1, S. 67)
2. Die Schaltung mit niederohmiger Last abzuschließen.

Infolge der zweiten Forderung liegt hier zwar Stromverstärkung, jedoch im allgemeinen keine Spannungsverstärkung vor. Der Einfluß des Gegenkopplungswiderstandes R_F wird deutlich, wenn man das Verhältnis von ,,Ausgangsstrom zu Eingangsspannung'' betrachtet. Es ergibt sich (5.2, S. 377):

$$\frac{\underline{I}_A}{\underline{U}_E} = \frac{1}{R_F + r_e + r_b/ß_N} \tag{5.23}$$

Wird bei der Schaltungsdimensionierung

$$R_F >> r_b/ß_N + r_e \tag{5.24}$$

gewählt, vereinfacht sich Gl. (5.23) zu

$$\frac{\underline{I}_A}{\underline{U}_E} \approx \frac{1}{R_F} \tag{5.25}$$

Die Transadmittanz ist somit im wesentlichen durch R_F bestimmt. Der Eingangswiderstand berechnet sich nach Bild 5.4 zu:

$$\underline{R}_{Ein} = ß_N(R_F + r_e + r_b/ß_N) \tag{5.26}$$

Durch R_F wird der Eingangswiderstand bedeutend erhöht. Letzterer ist aber nahezu proportional zu $ß_N$, d.h. den Parameterstreuungen der Transistoren stark unterworfen.

Zur Berechnung des Ausgangswiderstandes muß das Transistorersatzschaltbild 5.3 um den Kollektor-Emitterwiderstand r_{ce} erweitert werden, um überhaupt einen endlichen Widerstandswert zu errechnen. Man erhält:

$$R_{AUS} \approx r_{ce}\left(1 + \frac{R_F}{(R_F + r_b)/ß_N + r_e}\right) \tag{5.27}$$

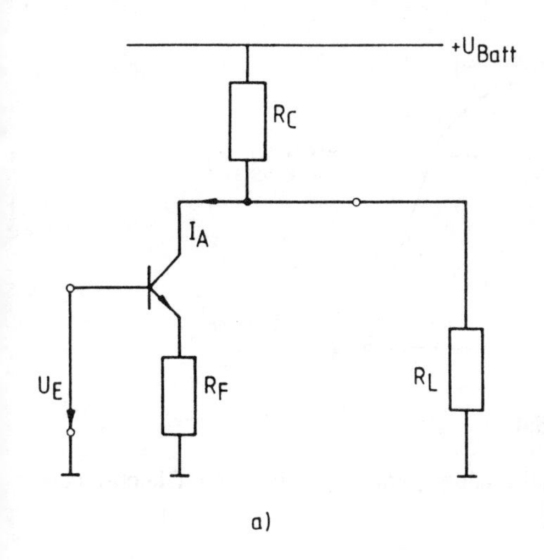

Bild 5.4a:
Reihengegenkopplung
Prinzipschaltbild

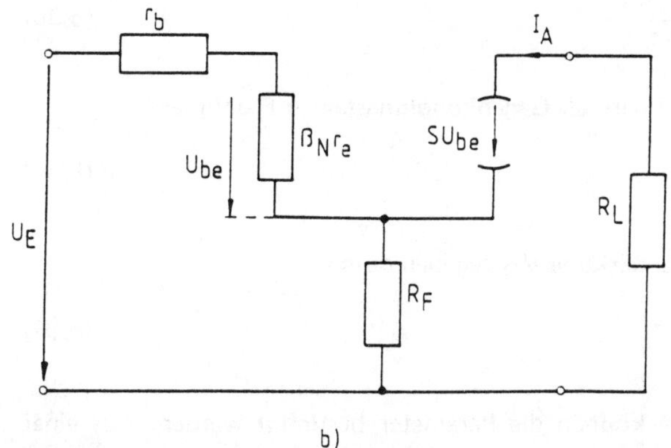

Bild 5.4b: Reihengegenkopplung Vereinfachtes Wechselstormersatzschaltbild

Der ohnehin hohe Ausgangswiderstand wird also gleichfalls durch R_F vergrößert. Die Gleichung für den Signalflußgraphen angewendet auf die Schaltung nach Bild 5.4 lautet:

$$\underline{I}_A = t_{sl} \cdot \underline{U}_E + t_{bl} \, (S \cdot \underline{U}_{be}) \tag{5.28}$$

$$\underline{U}_{be} = t_{sa} \cdot \underline{U}_E + t_{ba} \, (S \cdot \underline{U}_{be}) \tag{5.29}$$

Dabei sind t_{sl}, t_{bl}, t_{sa} und t_{ba} vier noch zu bestimmende Parameter. Wie in Bild 5.5 gezeigt, können die beiden obigen Gleichungen auch graphisch im Signalfluß-graphen dargestellt werden.

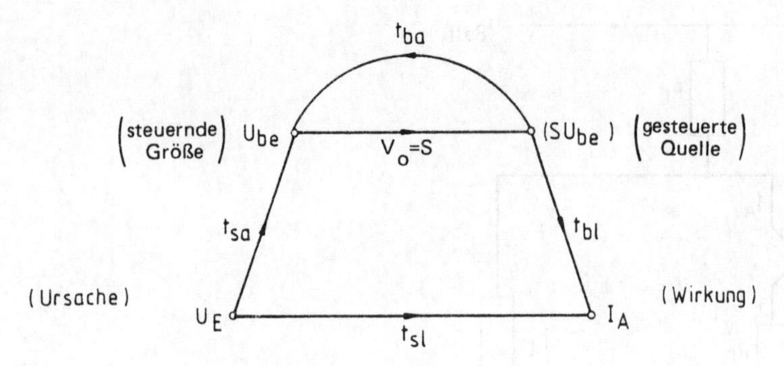

Bild 5.5: Signalflußgraph zu Bild 5.4

Das Verhältnis „Ausgangsstrom zu Eingangsspannung", aus den Gleichungen (5.28), (5.29) hergeleitet, ergibt:

$$\frac{\underline{I}_A}{\underline{U}_E} = t_{sl} + \frac{S \cdot t_{sa} \cdot t_{bl}}{1 - S \cdot t_{ba}} \quad (5.30)$$

Der Ausdruck $(1 - S \cdot t_{ba})$ wird als Gegenkopplungsfaktor F definiert.

$$F = 1 - S \cdot t_{ba} \quad (5.31)$$

Andererseits ist die Ringverstärkung V_R gegeben durch:

$$V_R = S \cdot t_{ba} \quad (5.32)$$

Mit Hilfe der Tabelle 5.4 können die Parameter bestimmt werden. Aus einer Nebenrechnung resultiert:

Tabelle 5.4: Parameter zum Signalflußgraphen nach Bild 5.5

$t_{sl} = \frac{\underline{I}_A}{\underline{U}_E}$	$(S \cdot \underline{U}_{be}) = 0$ $= 0$	(5.33)
$t_{sa} = \frac{\underline{U}_{be}}{\underline{U}_E}$	$(S \cdot \underline{U}_{be}) = 0$ $= \frac{ß_N \cdot r_e}{R_F + r_b + ß_N r_e}$	(5.34)
$t_{bl} = \frac{\underline{I}_A}{(S \cdot \underline{U}_{be})}$	$\underline{U}_E = 0$ $= 1$	(5.35)
$t_{ba} = \frac{\underline{U}_{be}}{(S \cdot \underline{U}_{be})}$	$\underline{U}_E = 0$ $= -\frac{ß_N \cdot r_e \cdot R_F}{R_F + r_b + ß_N r_e}$	(5.36)

Natürlich wäre es nun möglich, den Übertragungsleitwert nach Gl. (5.30) zu bestimmen, was auf die Formel (5.23) führt.

Aus Gl. (5.32) und Gl. (5.36) folgt damit für die Ringverstärkung:

$$V_R = - \frac{R_F}{(R_F + r_b)/ß_N + r_e} \qquad (5.37)$$

Ein Zahlenbeispiel soll die $ß_N$-Abhängigkeit von V_R verdeutlichen:

Tabelle 5.5: Zahlenbeispiel zur Ringverstärkung in Abhängigkeit von $ß_N$

$ß_N$	r_b (Ohm)	r_e (Ohm)	R_F (Ohm)	V_R	$F = 1 - V_R$
25	20	2.5	50	– 9.4	10.4
100				– 15.6	16.6

Der Gegenkopplungsfaktor kann infolge der Transistor-Parameterstreuungen nur grob festgelegt werden. F bzw. V_R erscheinen somit als Grundlage zur Schaltungsdimensionierung weniger geeignet.

Zusammenfassung:

1. Die Reihengegenkopplung sollte möglichst am Eingang mit eingeprägter Spannung, am Ausgang mit niederohmiger Last betrieben werden.

2. Durch die Reihengegenkopplung wird der Ein- und Ausgangswiderstand der Schaltung erhöht.

3. Das Verhältnis „Ausgangsstrom zu Eingangsspannung" wird durch Reihengegenkopplung stabilisiert.

4. Die Emitterschaltung mit Reihengegenkopplung stellt eine spannungsgesteuerte Stromquelle dar.

5.3.2 Emitterschaltung mit Parallelgegenkopplung

Die parallelgegengekoppelte Stufe besitzt im Vergleich zur Reihengegenkopplung in erster Näherung duale Eigenschaften. Insbesondere kann in diesem Fall eine hohe Grenzfrequenz erzielt werden, wenn

1. die Schaltung von einer Stromquelle gespeist wird (2, S. 73)
2. der Lastwiderstand hochohmig ist.

Gilt die angesprochene Dualität, so müßte bei Parallelgegenkopplung das Verhältnis „Ausgangsspannung zu Eingangsstrom" stabilisiert werden.
Die Berechnung ergibt:

$$\frac{\underline{U}_A}{\underline{I}_E} = -\frac{R_F - (r_b/ß_N + r_e)}{1 + \frac{R_F + R_L}{ß_N R_L} + \frac{r_b/ß_N + r_e}{R_L}} \quad (5.38)$$

Wird bei der Schaltungsdimensionierung darauf geachtet, daß folgende drei Bedingungen erfüllt sind,

$$1. \quad R_F \gg r_b/ß_N + r_e \quad (5.39)$$

$$2. \quad \frac{r_b/ß_N + r_e}{R_L} \ll 1 \quad (5.40)$$

$$3. \quad \frac{R_F + R_L}{ß_N R_L} \ll 1 \quad (5.41)$$

dann vereinfacht sich Gl. (5.38) zu:

$$\frac{\underline{U}_A}{\underline{I}_E} \approx -R_F \quad (5.42)$$

Die Ausgangsspannung $\underline{U}_A$ ist also im wesentlichen durch Eingangsstrom und Gegenkopplungswiderstand bestimmt.
Der Eingangswiderstand der parallelgegengekoppelten Stufe berechnet sich zu:

$$\underline{R}_{EIN} = \frac{r_b + ß_N r_e}{1 + \frac{ß_N(r_b/ß_N + r_e + R_L)}{R_F + R_L}} \quad (5.43)$$

Werden die Dimensionierungsbedingungen Gl. (5.40) und (5.41) berücksichtigt, so kann man vereinfacht schreiben:

$$\underline{R}_{Ein} = \frac{r_b + ß_N r_e}{\frac{ß_N R_L}{R_F + R_L}} = \left(\frac{r_b}{ß_N} + r_e\right)\left(1 + \frac{R_F}{R_L}\right) \tag{5.44}$$

Der Eingangswiderstand der Emitterschaltung verkleinert sich durch Parallelgegenkopplung entsprechend Bild 5.6 etwa um den Faktor $(ß_N R_L)/R_F + R_L)$.

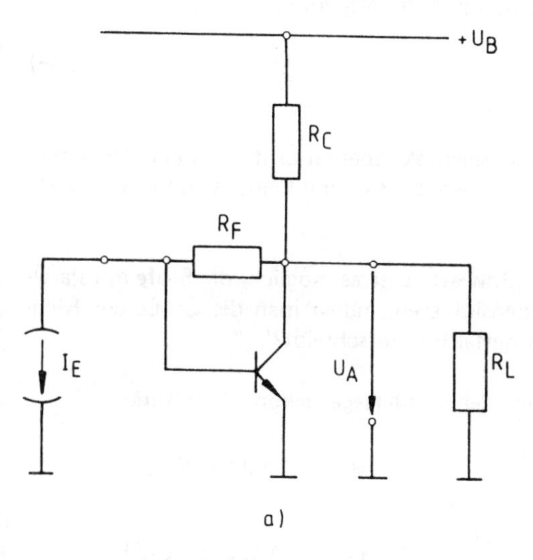

Bild 5.6a: Parallelgegenkopplung Prinzipschaltbild

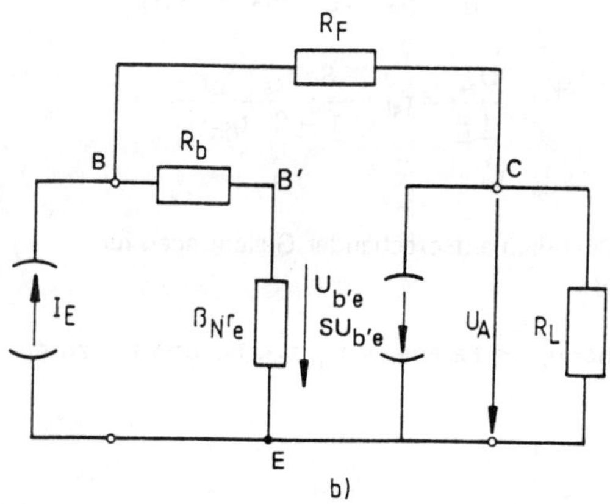

Bild 5.6b: Parallelgegenkopplung Vereinfachtes Wechselstromersatzschaltbild

Bei der Bestimmung des Ausgangswiderstandes wird am Eingang der Schaltung ein hochohmiger Quellenwiderstand R_S vorausgesetzt. Im normalen Betriebsfall erfolgt ja die Schaltungssteuerung durch eine Stromquelle.

Unter der Annahme

$$R_S \gg r_b + ß_N r_e \,, \tag{5.45}$$

resultiert für den Ausgangswiderstand mit guter Näherung

$$\underline{R}_{AUS} = \frac{R_F}{ß_N} + \frac{r_b}{ß_N} + r_e \tag{5.46}$$

Der Ausgangswiderstand der parallelgegengekoppelten Stufe ist somit klein, vorausgesetzt die Stromverstärkung des Transistors nimmt keine allzu kleinen Werte an.

Es gilt folgende Frage zu klären: „Inwieweit ist es möglich, die Stufe mit Parallelgegenkopplung dadurch zu dimensionieren, indem man die Größe der Ringverstärkung bzw. des Gegenkopplungsfaktors vorschreibt?"

Bild 5.7 zeigt den Signalflußgraphen der parallelgegengekoppelten Stufe.

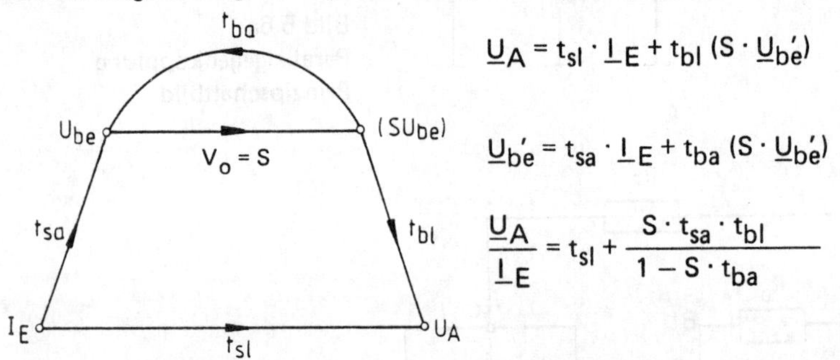

$$\underline{U}_A = t_{sl} \cdot \underline{I}_E + t_{bl} \, (S \cdot \underline{U}_{be}')$$

$$\underline{U}_{be}' = t_{sa} \cdot \underline{I}_E + t_{ba} \, (S \cdot \underline{U}_{be}')$$

$$\frac{\underline{U}_A}{\underline{I}_E} = t_{sl} + \frac{S \cdot t_{sa} \cdot t_{bl}}{1 - S \cdot t_{ba}}$$

Bild 5.7: Signalflußgraph einschließlich entsprechender Gleichungen für Parallelgegenkopplung

Wiederum besteht die Aufgabe darin, die Parameter t_{sl}, t_{bl}, t_{sa} und t_{ba} zu bestimmen. Man erhält (5.17):

$$t_{sl} = \frac{1}{N} R_L \, (r_b + ß_N r_e)$$

$$t_{sa} = \frac{1}{N} \, (R_F + R_L) \, ß_N r_e$$

$$t_{bl} = -\frac{1}{N} R_L (r_b + ß_N r_e + R_F) \tag{5.47}$$

$$t_{ba} = -\frac{1}{N} R_L ß_N r_e$$

mit

$$N = R_F + R_L + r_b + ß_N r_e$$

Die Transimpedanz kann nun z.B. nach der in Bild 5.7 angeführten Gleichung berechnet werden. Eine etwas längere Rechnung führt zum Ergebnis Gl. (5.38).

Speziell die Ringverstärkung läßt sich unmittelbar angeben, nach dem t_{ba} bekannt ist.

$$V_R = S \cdot t_{ba} = -\frac{1}{\frac{r_b/ß_N + r_e}{R_L} + \frac{R_F + R_L}{ß_N R_L}} \tag{5.48}$$

Beide Quotienten im Nenner von Gl. (5.48) nehmen unter Beachtung der Dimensionierungsvorschriften Gl. (5.40) und (5.41) kleine Werte an. Abermals läßt sich jedoch für die Ringverstärkung kein exakter Wert angeben bzw. vorschreiben, zumal der Lastwiderstand meist den Eingangswiderstand einer nachfolgenden Stufe repräsentiert.

Zusammenfassung:

1. Am Eingang der Parallelgegenkopplung sollte möglichst Stromeinprägung, am Ausgang Leerlauf herrschen.

2. Durch Parallelgegenkopplung wird der Ein- und Ausgangswiderstand herabgesetzt.

3. Das Verhältnis „Ausgangsspannung zu Eingangsstrom" wird durch Parallelgegenkopplung stabilisiert.

4. Die Emitterschaltung mit Parallelgegenkopplung stellt eine stromgesteuerte Spannungsquelle dar.

5.3.3 Zusammenschalten der Stufen

Ausgangspunkt der weiteren Überlegungen sei das Wechselstromschaltbild des zweistufigen Verstärkers nach Bild 5.8.
Die Festlegung der Transistorarbeitspunkte erfordert die Kollektorwiderstände R_{C1}, R_{C2}, sowie im Bild 5.8 nicht eingezeichnete Basisspannungsteiler. Auf das

Kleinsignalverhalten der Schaltung haben die genannten Ohmwiderstände nur geringen Einfluß, wenn dafür möglichst große Widerstandswerte gewählt werden. Beim Zusammenfügen zweier Grundstufen werden die Vorteile dieser Schaltungskonzeption offensichtlich.

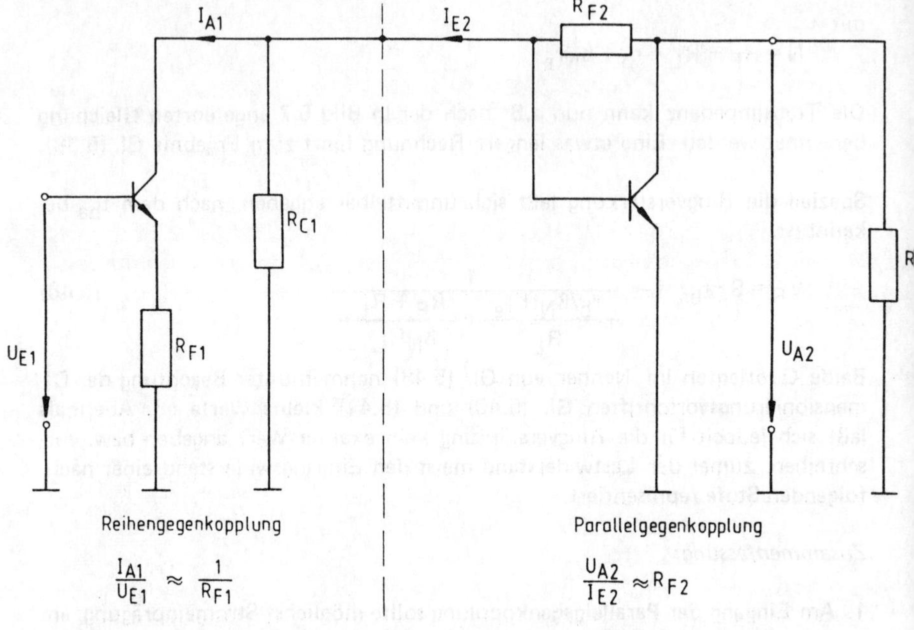

$$\frac{I_{A1}}{U_{E1}} \approx \frac{1}{R_{F1}} \qquad \frac{U_{A2}}{I_{E2}} \approx R_{F2}$$

Bild 5.8: Reihengegengekoppelte-parallelgegengekoppelte Emitterschaltung

– Obige Schaltung führt erstens die Forderung Reihengegenkopplung mit niederohmiger Last abzuschließen. Bekanntlich besitzt ja gerade die parallelgegengekoppelte Stufe einen kleinen Eingangswiderstand.

– Zum zweiten stellt der Ausgang der Reihengegenkopplung für die nachfolgende Stufe eine Quelle mit hohem Innenwiderstand dar. Man kann den Eingangsstrom der zweiten Stufe somit als eingeprägt betrachten.

– Ausgangsstrom $\underline{I}_{A1}$ und Eingangsstrom $\underline{I}_{E2}$ sind nahezu identisch. Die Grösse von $\underline{I}_{A1}$ wird nach wie vor durch $\underline{U}_{E1}$ und R_{F1} bestimmt.

– Vorausgesetzt, der Abschlußwiderstand $R_L = (R_L' \parallel R_{C2})$ nehme keinen allzu kleinen Wert an, ist mit guter Näherung die Spannungsverstärkung des zweistufigen Verstärkers durch ein Widerstandsverhältnis festgelegt:

$$\frac{\underline{U}_{A2}}{\underline{U}_{E1}} = \frac{\underline{U}_{A2}}{\underline{U}_{E1}} \frac{\underline{I}_{A1}}{\underline{I}_{E2}} = \frac{\underline{I}_{A1}}{\underline{U}_{E1}} \frac{\underline{U}_{A2}}{\underline{I}_{E2}}$$

somit
$$\frac{\underline{U}_{A2}}{\underline{U}_{E1}} = \frac{R_{F2}}{R_{F1}} \tag{5.49}$$

Die einzelnen Übertragungsfunktionen einer Kette von Vierpolen dürfen exakt nur dann miteinander multipliziert werden, wenn diese entkoppelt sind. Diese Entkopplung ist im vorliegenden Fall umso besser gegeben, je weiter Ein- und Ausgangswiderstand der Reihen- bzw. Parallelgegenkopplung auseinander liegen.

Selbstverständlich lassen sich auch mehrstufige Verstärker durch ein alternierendes Zusammenfügen der beiden Grundstufen aufbauen. Die Stufenzahl braucht dabei durchaus nicht geradzahlig zu sein. In vielen Fällen ist der Abschlußwiderstand bekannt, so daß z.B. bei einem dreistufigen Verstärker die Strom- bzw. Spannungsverstärkung genauso gut und einfach abgeschätzt werden kann.

5.4 Hochfrequenzkompensation der Verstärker

Übertragungswiderstand bzw. -leitwert als auch die Eingangs- und Ausgangswiderstände der beiden Grundstufen sind frequenzabhängig. Durch den Einbau zusätzlicher Bauelemente kann der sogenannte Frequenzgang des Verstärkers kompensiert werden. Das heißt, entweder Erhöhung des Verstärkungs-Bandbreite-Produktes bzw. Erzeugung eines maximal flachen Betragsverlaufes der Verstärkung oder eine möglichst lineare Phasenbeziehung zwischen Ein- und Ausgangssignal.

5.4.1 Emitterschaltung mit Reihengegenkopplung bei hohen Frequenzen

Die Schaltung nach Bild 5.9 wird ausführlich in (5.3, S.379) diskutiert. Auf eine wichtige Vereinfachung bei der Schaltungsanalyse sei nochmals hingewiesen. Der Einfluß der Kollektor-Basis-Sperrschichtkapazität $C_{cb'}$ wird gering, wenn der Lastwiderstand $\underline{R}_L$ niederohmig ist und somit eine Spannungsverstärkung $V_U < 1$ vorliegt. Dieser Fall tritt beim alternierenden Zusammenschalten der Grundstufen ein.

Der Übertragungsleitwert nimmt unter den Voraussetzungen:

$$R_F >> r_e + r_b/ß_N \tag{5.50}$$

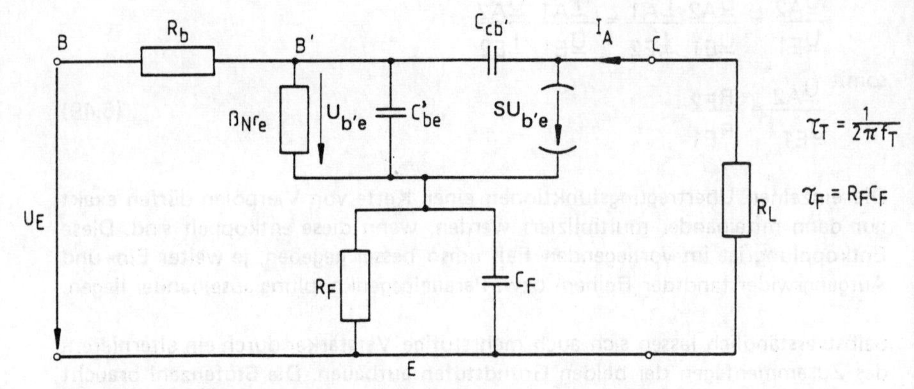

Bild 5.9: Ersatzschaltbild der Emitterschaltung mit Reihengegenkopplung

$$\left| \frac{1}{j\omega C_{cb'}} \right| > r_b \,, \quad \left| R_F \middle\| \frac{1}{j\omega C_F} \right| < |\underline{R}_L| \tag{5.51}$$

Folgende Form an:

$$\frac{\underline{I}_A(p)}{\underline{U}_E(p)} \approx \frac{1}{R_F} \; \frac{p\tau_F + 1}{\frac{r_b}{R_F}\tau_T\tau_F p^2 + \tau_T\left(\frac{r_b}{R_F} + 1\right)p + 1} \tag{5.52}$$

mit $\tau_F = R_F C_F$ und $\tau_T = \frac{1}{2\pi f_T}$

Eine wesentliche Vereinfachung der Funktion ergibt sich, wenn R_F und C_F so gewählt werden, daß

$$\tau_F = \tau_T \quad \text{gilt.} \tag{5.53}$$

Man erhält dann:

$$\frac{\underline{I}_A(p)}{\underline{U}_E(p)} \approx \frac{1}{R_F} \; \frac{1}{\frac{r_b}{R_F}\tau_T p + 1} \tag{5.54}$$

Bild 5.10 zeigt für den Übertragungsleitwert die Lage der Pole und der Nullstelle in der komplexen Ebene. Dabei wird die Kapazität C_F als variable Größe angenommen. Bei dem vorliegenden Verstärker wurde C_F als abgleichbare Kapazität verwirklicht, da deren Wert vorweg nicht genau bekannt war.
Man erkennt:

1. Mit ansteigendem C_F werden die zunächst reellen Pole konjugiert komplex. Sie bewegen sich auf dem angegebenen Kreis in Richtung imaginärer Achse.

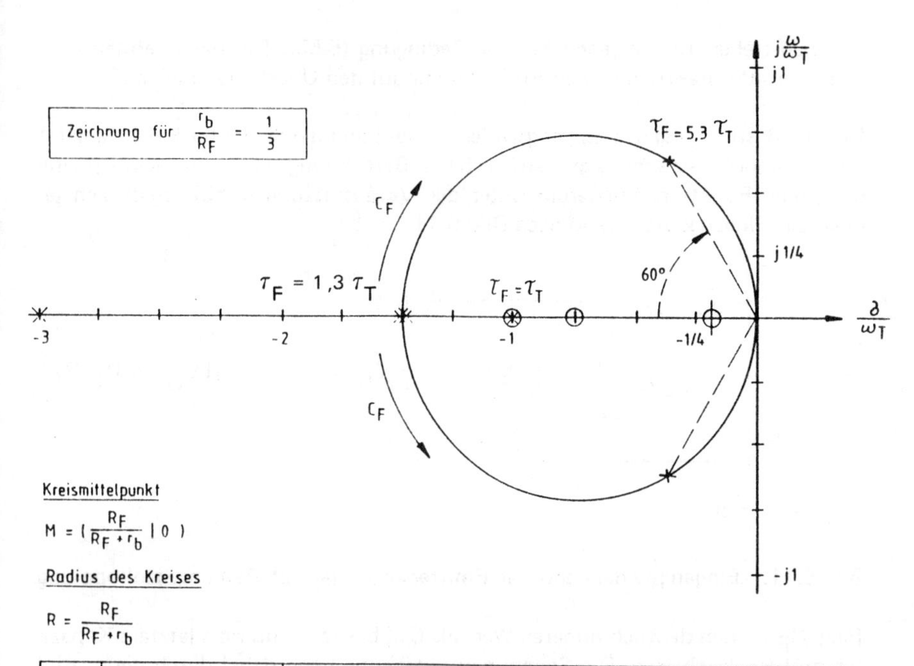

	$\tau_F = \tau_T$	$\tau_F = \frac{(r_b/R_F+1)^2}{4r_b/R_F}\ \tau_T$	$\tau_F = \frac{(r_b/R_F+1)^2}{r_b/R_F}\ \tau_T$
Pole	$P_1 = -\omega_T \frac{R_F}{r_b}$ $P_2 = -\omega_T$	$P_{1,2} = -\omega_T \frac{2R_F}{R_F + r_b}$	$P_{1,2} = \omega_T \frac{R_F}{R_F + r_b}$ $Re(P_{1,2}) = -\omega_T \frac{R_F}{2(R_F + r_b)}$
NS	$P_0 = -\omega_T$	$P_0 = -\omega_T \frac{4r_b/R_F}{(r_b/R_F+1)^2}$	$P_0 = -\omega_T \frac{r_b/R_F}{(r_b/R_F+1)^2}$

Bild 5.10: Pole und Nullstelle des Übertragungsleitwertes in Abhängigkeit von C_F ($\tau_F = R_F C_F$, R_F fest, C_F variabel)

2. Anzustreben ist auf jeden Fall die Bedingung (5.53). Der dann verbleibende Pol besitzt praktisch keinen Einfluß mehr auf den Übertragungsleitwert.

Bei der Bestimmung des Eingangswiderstandes kann die Kollektor-Basis-Kapzität nicht gänzlich vernachlässigt werden. Seine Berechnung führt allgemein auf eine dreipolige Funktion. Wiederum unter der Voraussetzung (5.53) ergibt sich jedoch ein Eingangswiderstand nach Bild 5.11.

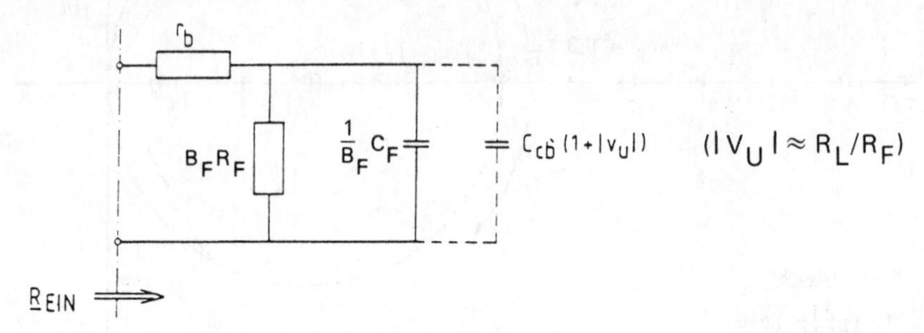

Bild 5.11: Eingangswiderstand der Emitterschaltung mit Reihengegenkopplung

Falls C_F keinen deutlich höheren Wert als C_{cb}' besitzt, muß man letztere Kapazität mitberücksichtigen. Die Spannungsverstärkung kann dabei durch die in Bild 5.11 angegebene Näherung grob abgeschätzt werden.

Festgehalten sei: Die Hochfrequenzkompensation der Emitterschaltung mit Reihengegenkopplung sollte so vorgenommen werden, daß die beiden Zeitkonstanten τ_F, τ_T identisch sind.

5.4.2 Emitterschaltung mit Parallelgegenkopplung bei hohen Frequenzen

a) Schaltung wird mit hochohmiger RC-Last abgeschlossen

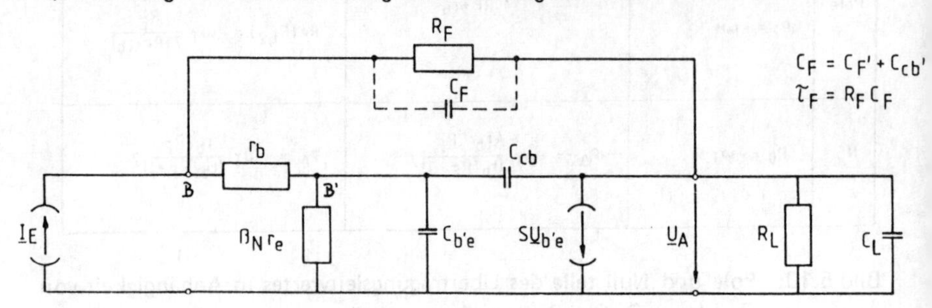

Bild 5.12: Emitterschaltung mit Parallelgegenkopplung bei RC-Last

Die in Bild 5.12 eingezeichnete Last repräsentiert den Eingangswiderstand einer Reihengegenkopplung. Zur HF-Kompensation der vorliegenden Stufe wird in (5.2, S. 380) der Einbau der Kapazität C_F vorgeschlagen. Diese Schaltungsmaßnahme erscheint zuerst überraschend, denn der Grad der Gegenkopplung wird dadurch mit zunehmender Frequenz erhöht und nicht, wie erwartet, reduziert.

Unter den Voraussetzungen:

$$\left| R_L // \frac{1}{j\omega C_b} \right| \gg r_e \tag{5.55}$$

$$\left| \frac{1}{j\omega C_F} \right| \gg r_b, r_e \tag{5.56}$$

$$R_F \gg r_b \tag{5.57}$$

$$\beta_N \cdot R_L \gg R_F + R_L \tag{5.58}$$

ergibt die Schaltungsanalyse für den Übertragungswiderstand eine zweipolige Funktion:

$$\frac{\underline{U}_A(p)}{\underline{I}_E(p)} \approx -R_F \frac{1}{p^2\tau_T(\tau_F + R_F C_L) + p[\tau_F + \tau_T(1 + R_F/R_L)] + 1} \tag{5.59}$$

mit

$$\tau_F = C_F \cdot R_F, \quad C_F = C_F + C_{cb'} \text{ und } \tau_T = \frac{1}{2\pi f_T}$$

Vorteilhafterweise wird die Schaltung so dimensioniert, daß der Übertragungswiderstand (5.59) ein konjugiert-komplexes Polpaar aufweist.
Betrag und Realteil der komplexen Pole sind gegeben durch: (5.60)

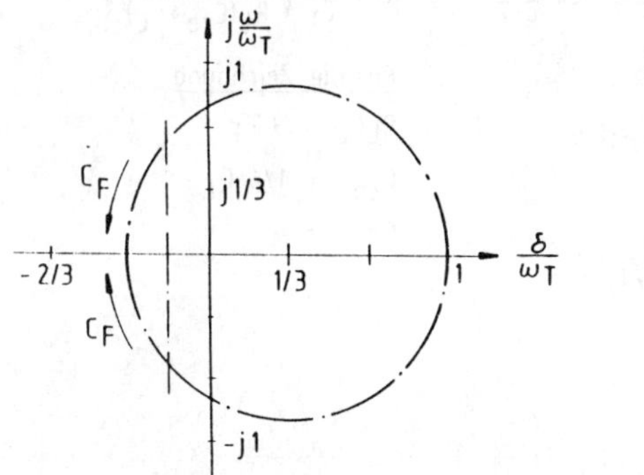

Kreismittelpunkt

$$M = \left(\frac{1}{R_F C_L - \tau_T(1 + R_F/R_L)} \middle| 0 \right)$$

Radius des Kreises

$$R = \frac{\sqrt{\frac{R_F}{R_L}\left(\frac{R_L C_L}{\tau_T} - 1\right)}}{|R_F C_L - \tau_T(1 + R_F/R_L)|}$$

Für die Zeichnung

$R_F/R_L = 1/2 \qquad C_{cb'} = 1/4\ C_L$

$R_L C_L = 9\,\tau_T$

Bild 5.13: Lage der Pole in Abhängigkeit von C_F (R_F fest)

$$\left|P_{1,2}\right| = \frac{1}{\sqrt{\tau_T \cdot (\tau_F + R_F C_L)}}, \; R_e(P_{1,2}) = -\frac{\tau_F + \tau_T (1 + R_F/R_L)}{2(\tau_F + R_F C_L)\tau_T} \qquad (5.60)$$

Wichtige Erkenntnis: Mit zunehmender Kapazität C_F bzw. C_F, bewegen sich die Pole in Richtung reelle Achse.

Die Kapazität C_F' wird also notwendig, wenn sich das Polpaar vorweg zu nahe an der imaginären Achse befindet.

Letzteres führt zu einem starken Überschwingen in der Sprungantwort des Verstärkers.

Es liegt natürlich das Bestreben nahe, die Stufe so zu dimensionieren, daß keine zusätzliche Kapazität erforderlich wird. Dennoch: Bei den praktisch aufgebauten Schaltungen hat die Messung der Sprungantwort grundsätzlich ein höheres Überschwingen gezeigt, als es die Theorie erwarten ließ. Der nicht ganz unproblematische Abgleich einer Schaltung kann also durchaus den Einbau der Kapazität C_F' erfordern.

Hingewiesen sei in diesem Zusammenhang noch auf einen möglichen Irrtum, nämlich daß mit der Erhöhung des Gegenkopplungswiderstandes R_F ein in der Sprungantwort vorhandenes Überschwingen reduziert wird. Man kann zwar durch diese Maßnahme die Strom- bzw. Spannungsverstärkung erhöhen und somit die Grenzfrequenz absenken (Verstärkungs-Bandbreite-Produkt), die Pole des Übertragungswiderstandes wandern jedoch näher zur imaginären Achse, wie aus Bild 5.14 hervorgeht.

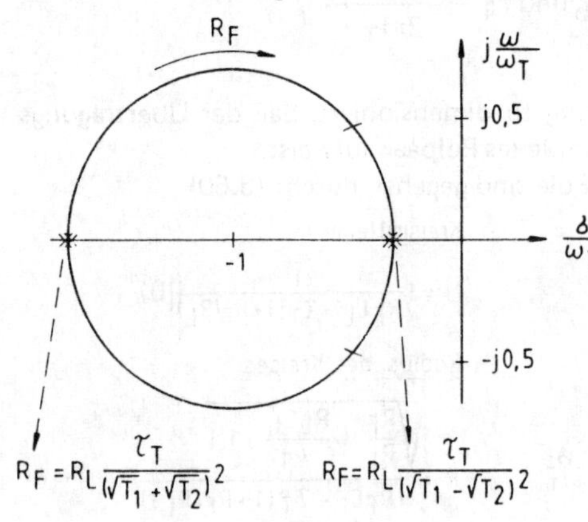

Kreismittelpunkt

$M = (-\frac{1}{\tau_T} \mid 0)$

Radius des Kreises

$R = \frac{1}{\tau_T}\sqrt{\frac{R_L C_L - \tau_T}{R_L(C_{cb'} + C_L)}}$

Für die Zeichnung

$R_L C_L = 9\,\tau_T$

$C_{cb'} = 1/4\, C_L$

$C_{F'} = 0$

wobei: $T_1 = R_L(C_{cb'} + C_L)$

$T_2 = R_L C_L - \tau_T$

Bild 5.14: Ortskurve der Pole des Übertragungswiderstandes (5.59) in Abhängigkeit von R_F : C_F fest ($C_F = C_{cb'}$)

Betrachtet man die Radien der Kreise in den Bildern 5.13 und 5.14, wird daraus folgendes ersichtlich: Für

$$R_L \cdot C_L < \tau_T \tag{5.61}$$

werden deren Radikanten negativ. Das bedeutet: Es existieren dann unabhängig von R_F, C_F ausschließlich reelle Pole.
Konjugiert-komplexe Pole treten wieder auf, wenn der Gegenkopplungszweig geändert wird. Ein solcher Fall liegt vor, wenn die Parallelkopplungsstufe eine wellenwiderstandsmäßig abgeschlossene Leitung treibt.

b) Schaltung mit rein ohmscher Last abgeschlossen

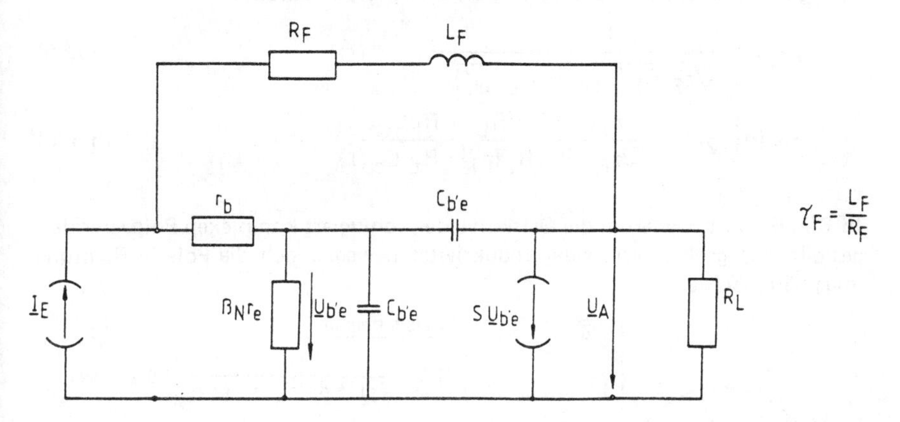

Bild 5.15: Emitterschaltung mit Parallelgegenkopplung bei rein ohmscher Last

In Reihe zum Gegenkopplungswiderstand tritt nun eine Induktivität auf. Der Lastwiderstand R_L repräsentiert z.B. den Wellenwiderstand einer Leitung.
Die Analyse ergibt unter den Voraussetzungen:

$$\left| \frac{1}{j\omega C_{cb'}} \right| \gg r_e, r_b \tag{5.62}$$

$$\left| \frac{1}{j\omega C_{cb'}} \right| \gg R_L \tag{5.63}$$

$$\left| R_F + j\omega L_F \right| \gg r_e \tag{5.64}$$

$$R_L \gg r_e \tag{5.65}$$

$$ß_N \cdot R_L >> R_F \tag{5.66}$$

$$\tau_T >> \frac{\tau_F}{ß_N} \tag{5.67}$$

$$\frac{\underline{U}_A(p)}{\underline{I}_E(p)} \approx -R_F \frac{1 + p\,\tau_F}{p^2 \tau_F R_F/R_L \cdot (\tau_T + R_L C_{cb}') + p[\tau_T(1 + R_F/R_L) + R_F C_{cb}'] + 1}$$

mit

$$\tau_F = L_F/R_F \tag{5.68}$$

Betrag und Realteil der komplexen Pole sind gegeben durch:

$$p_{1,2} = \frac{1}{\sqrt{\tau_F \cdot R_F/R_L(\tau_T + R_L C_{cb}')}} \tag{5.69}$$

$$\mathrm{Re}\,(p_{1,2}) = -\frac{\tau_T(1 + R_F/R_L) + R_F C_{cb}'}{2\tau_F \cdot R_F/R_L(\tau_T + R_L C_{cb}')} \tag{5.69b}$$

In Bild 5.16 ist wiederum die Ortskurve des konjugiert komplexen Polpaares dargestellt. Mit größer werdender Induktivität bewegen sich die Pole in Richtung imaginärer Achse.

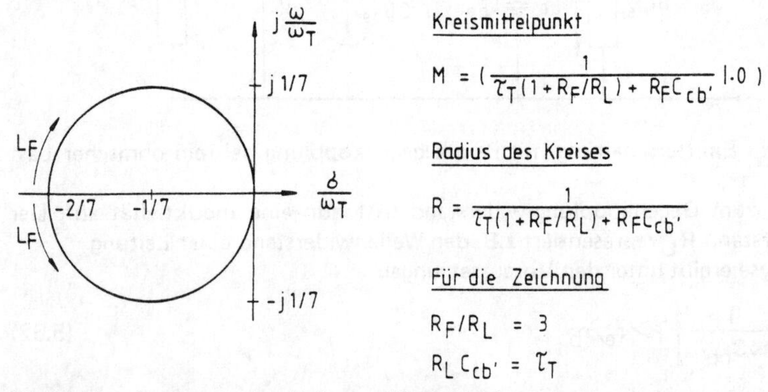

Bild 5.16: Ortskurve der Pole von (5.69) in der komplexen Ebene (L_F variabel, R_F fest)

5.5 Der optische Empfänger

Nachstehend wird ein optischer Empfänger mit der Grenzfrequenz 0.5 GHz beschrieben. Ein optischer Empfänger besteht im einfachsten Fall aus einer Empfangsdiode und einem nachfolgenden Verstärker.

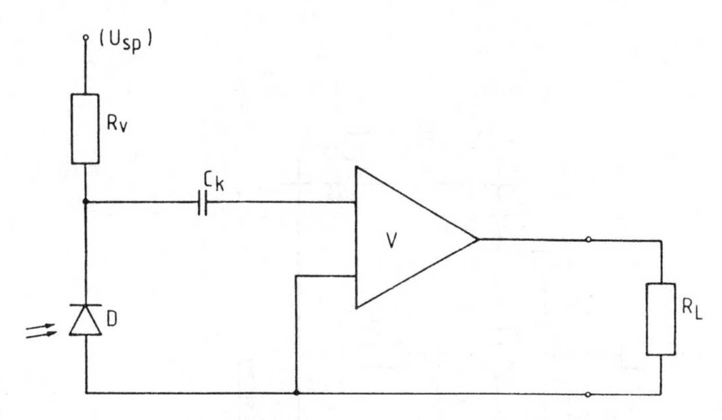

Bild 5.17: Schematische Darstellung eines optischen Empfängers

Als Empfangsdiode wird hier eine PIN-Photodiode benützt, die im Sperrzustand betrieben wird. Ihr Wechselstromersatzschaltbild setzt sich aus einer Stromquelle mit parallel-geschalteter Kapazität zusammen.

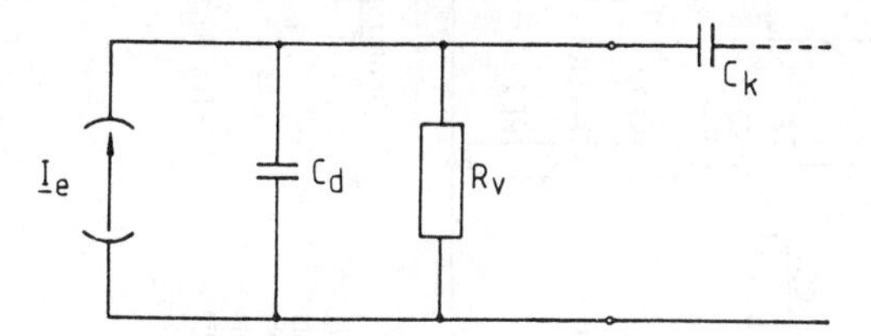

Bild 5.18: Wechselstromersatzschaltbild der Empfangsdiode

In Bild 5.19 ist die Schaltung eines dreistufigen optischen Empfängers dargestellt. Da sie aus einer Stromquelle gespeist wird, ist die erste Stufe parallelgegengekoppelt, die zweite Stufe reihen-gegengekoppelt und die Endstufe wieder parallelgegengekoppelt.

Bild 5.20 zeigt den Pol-Nullstellen-Plan für den Verstärker. Der Empfänger ist in (5.17) ausführlich beschrieben.

Die Photodiode erhält die Lichtenergie von einer Laserdiode, die von einem Spannungssprung kurzer Anstiegszeit nach Bild 5.21 (oben) gesteuert wird. Bild 5.21 (unten) zeigt die Sprungantwort des Gesamtsystems. Die Anstiegszeit beträgt etwa 1 ns. Dies entspricht einer Grenzfrequenz des Verstärkers von etwa 0.5 GHz.
Die Schaltung wird in Dünnschichttechnik ausgeführt.

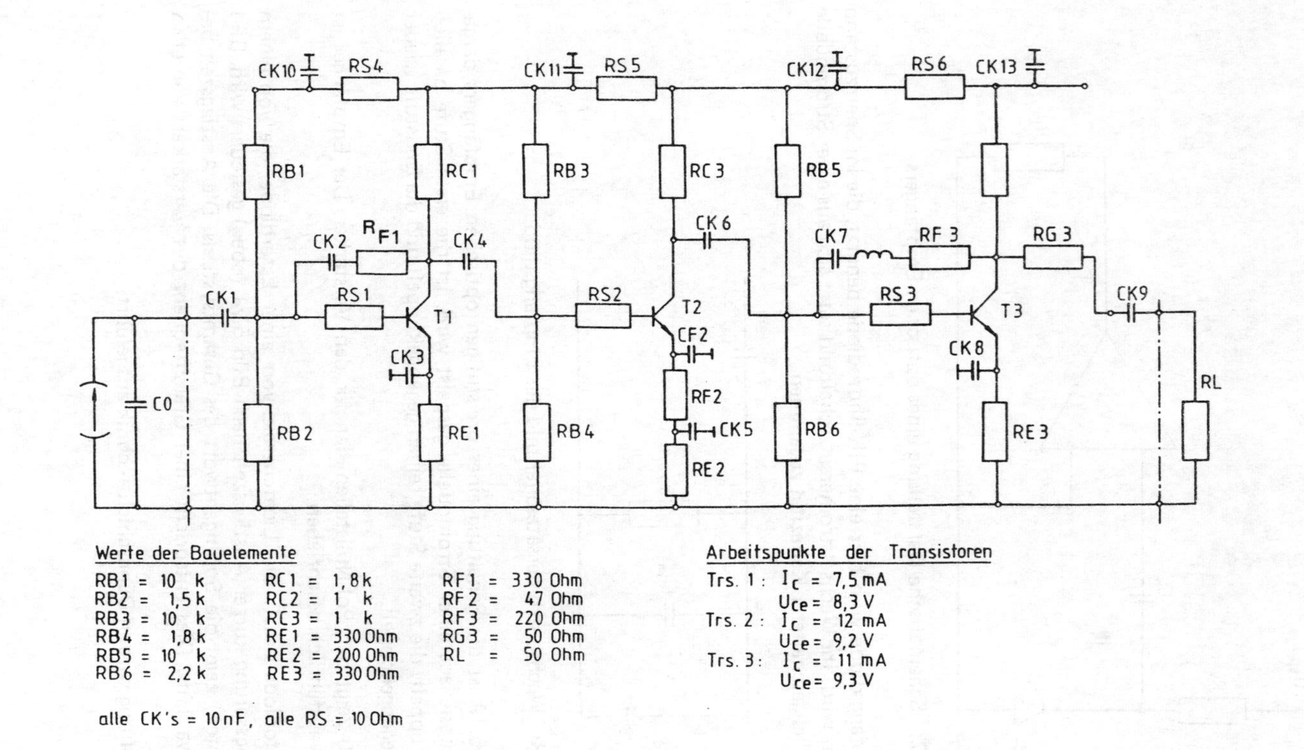

Bild 5.19: 3-stufige Empfangsverstärker

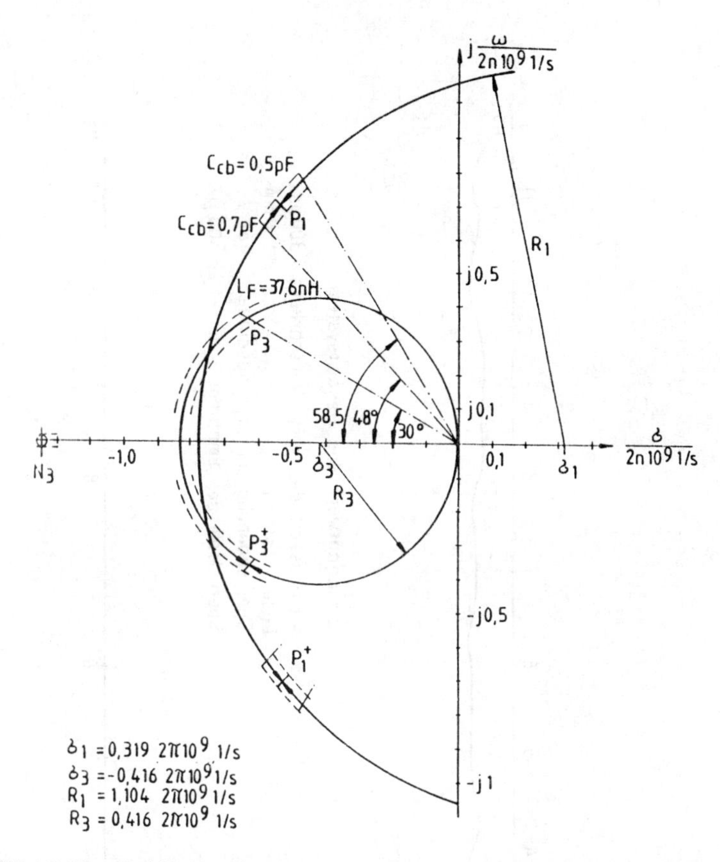

Bild 5.20: Pol-Nullstellen-Plan für den Verstärker in Dünnschichttechnik

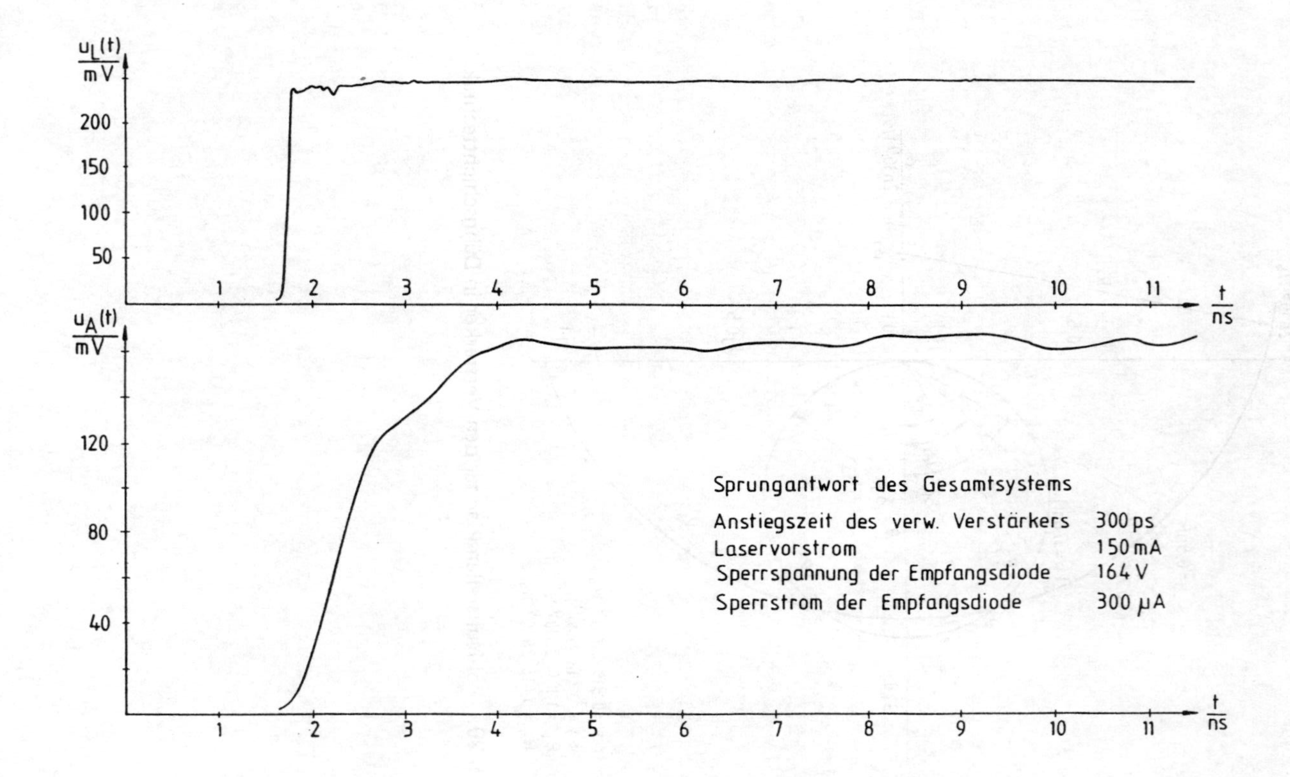

Bild 5.21: Sprungantwort des Gesamtsystems

5.6 Die SPICE-Simulation eines optischen Empfängers mit HEMT-Transistoren

5.6.1 Einleitung

Der HEMT-Transistor zeichnet sich, wie im Teil II beschrieben, durch hohe Grenzfrequenz und kleine Rauschzahl aus. Er eignet sich deshalb für den Einsatz in optischen Empfängern im Multi-GHz-Bereich.

5.6.2 Der optische Empfänger

Die Aufgabe eines optischen Empfängers besteht darin, (z.B. auf einem Glasfaserkabel übertragene) Lichtimpulse in elektrische Spannungsimpulse umzuwandeln, um diese einer Auswertung zuzuführen.

Die Umwandlung der Lichtimpulse in einen elektrischen Strom wird durch eine PIN-Photodiode besorgt. Das Wechselstromersatzschaltbild ist näherungsweise in Bild 5.22 wiedergegeben.
Anschließend muß dieses Signal noch verstärkt werden, wobei auf einen möglichst guten Erhalt der Signalform zu achten ist. Dazu muß u.a. die Bandbreite des Verstärkers hinreichend groß gewählt werden. An dieser Stelle sei noch an das „Zeitgesetz der Nachrichtentechnik" erinnert, wonach das Produkt aus mittlerer Impulsdauer und mittlerer Bandbreite eines Tiefpaßübertragungssystems konstant ist ($B_m * T_m$ = const.). In unserem Beispiel wird die Bandbreite zu 1 GHz gewählt.

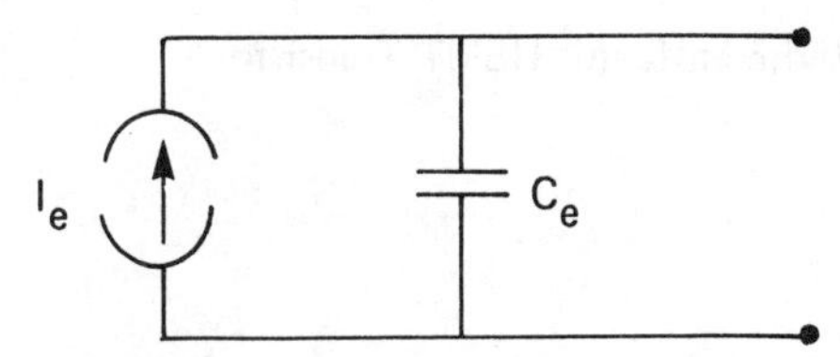

Bild 5.22: Wechselstromersatzschaltbild (näherungsweise) einer PIN-Photodiode

5.6.2.1 *Die Schaltung*

Zunächst seien einige Eigenschaften des optischen Empfängers zusammengestellt. Durch die Stromquelle am Eingang soll ausgangsseitig eine Spannung erzeugt werden, mit der eine Auswertschaltung oder auch eine weitere Verstärkerstufe gespeist werden kann. Der Lastwiderstand darf als relativ hochohmig angenommen werden, und der Ausgangswiderstand sollte möglichst klein sein. Durch die Verstärkerstufe muß also das Verhältnis der Ausgangsspannung zum Eingangsstrom ($\frac{U_A}{I_E}$) über einen Frequenzbereich von 0 bis 1 GHz stabilisiert werden.

Alle diese Forderungen lassen sich mit einer *parallelgegengekoppelten* Verstärkerstufe erfüllen. Unter Vernachlässigung der Gleichspannungsversorgung und der Arbeitspunkteinstellung ergibt sich die Schaltung nach Bild 5.23.

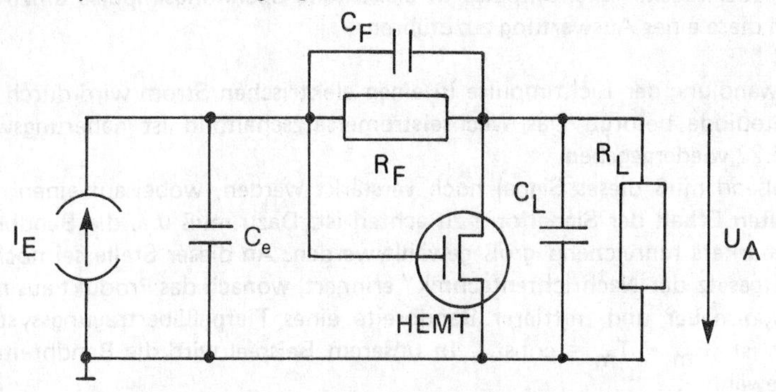

Bild 5.23: Breitbandige Verstärkerstufe mit HEMT-Transistor

Eine Optimierung der Schaltung kann im wesentlichen nur durch den Rückkopplungswiderstand R_F vorgenommen werden. Bei einer Verkleinerung von R_F wird die Rückkopplung größer, was einen Rückgang der Verstärkung zur Folge hat: gleichzeitig wird aber die Bandbreite erhöht. Es gilt also, einen Kompromiß zwischen hoher Verstärkung und großer Bandbreite zu finden. Die Parallelkapazitäten C_F und C_e, wie auch die Last, bestehend aus R_L und C_L, müssen als fest angenommen werden.

Zur Analyse mit SPICE fehlten die dynamischen Parameter des HEMT-Transistors für SPICE. Für die AC-Analyse genügt aber das Kleinsignalersatzschaltbild.

5.6.2.2 *Das Kleinsignalersatzschaltbild*

Für den HEMT wird das in Bild 5.24 angegebene Kleinsignalersatzschaltbild des Transistors der Firma „Hughes Aircraft Company" verwendet (IEEE MTT-S Digest 1987).

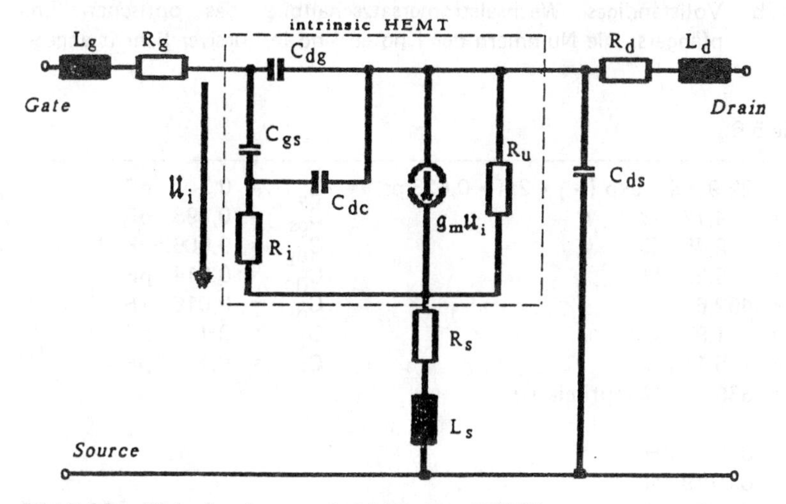

Bild 5.24: Kleinsignalersatzschaltbild eines HEMT

Es ergibt sich schließlich das in Bild 5.25 dargestellte vollständige Wechselstromersatzschaltbild. Die Werte der Bauelemente sind in der Tabelle 5.6 aufgeführt.

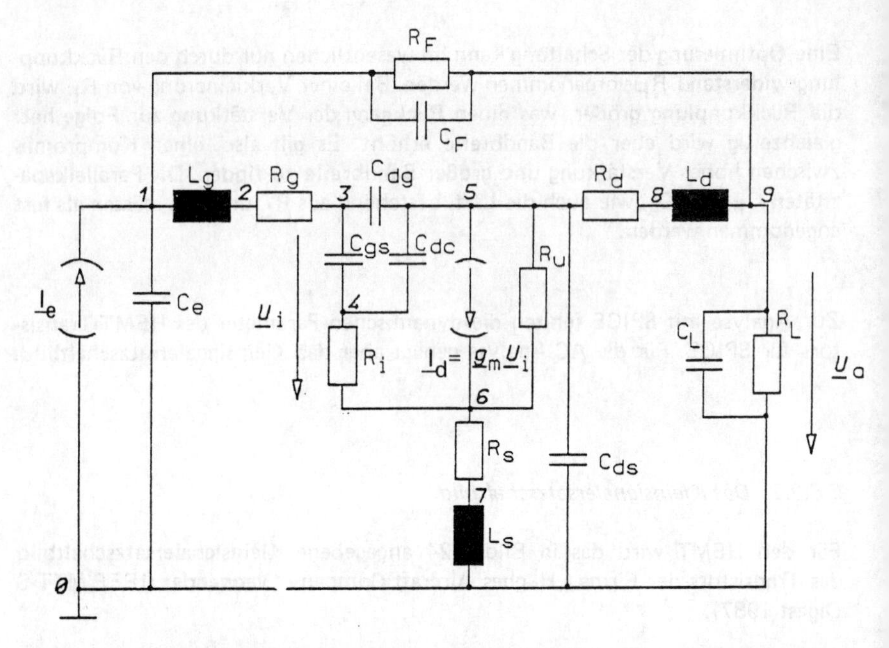

Bild 5.25: Vollständiges Wechselstromersatzschaltbild des optischen Empfängers. Die Nummern der Knoten sind in kursiver Schrift angegeben

Tabelle 5.6:

g_m	= 22.9 mS * exp (− j * 2πf * 0,623 ps)		C_e	= 0,2	pF
R_g	= 4,17	Ω	C_{gs}	= 0,098	pF
R_i	= 2,45	Ω	C_{dg}	= 0,0063	pF
R_s	= 5.29	Ω	C_{dc}	= 0,014	pF
R_u	= 492,6	Ω	C_{ds}	= 0,019	pF
R_L	= 1,8	kΩ	C_L	= 0,1	pF
R_d	= 5,154	Ω	C_F	= 0,1	pF
R_F	= 330	Ω (optimiert!)			
L_g	= 0,3	nH			
L_s	= 0,0179	nH			
L_d	= 0,178	nH			

5.6.3 Analyse und Optimierung mit SPICE

In diesem Abschnitt wird endlich nach geduldiger Vorarbeit die Eingabe und Optimierung der Schaltung mit SPICE beschrieben. Es soll schon an dieser Stelle erwähnt werden, daß die einzelnen Ergebnisse der Optimierungsversuche aus Platzgründen nicht dargestellt werden können. Begonnen wurden die Optimierungsversuche mit einem Wert des Rückkopplungswiderstandes von $R_F = 1\ k\Omega$; hier zeigte sich aber schon ein Abfall der Verstärkung bei 600 MHz. Schließlich wurde dann ein Wert von $R_F = 330\ \Omega$ gewählt.

5.6.3.1 Besonderheiten bei der Analyse

Bevor nun das Eingabeprogramm für SPICE angegeben werden kann, muß noch ein Hindernis überwunden werden. Probleme bereitet nämlich die komplexe Steilheit g_m, welche von SPICE 2 nicht in der oben angegebenen Form verarbeitet werden kann. Abhilfe schafft die Ersatzschaltung nach Bild 5.26.

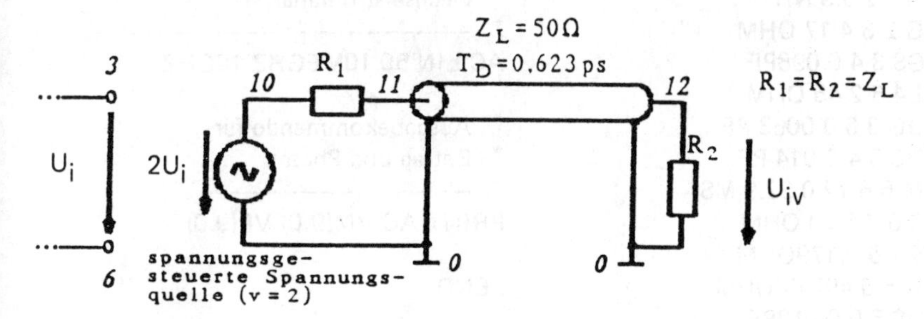

Bild 5.26: Realisierung der komplexen Steilheit g_m

Die Spannung U_i zwischen den Knoten 3 und 6 wird zur leistungslosen Steuerung einer „spannungsgesteuerten Spannungsquelle" (idealer Operationsverstärker) mit der Verstärkung 2 herangezogen. Anschließend folgt eine beidseitig angepaßte verlustlose Leitung, welche sich einfach durch den Wellenwiderstand Z_L und die Verzögerungszeit T_D charakterisieren läßt. Die Spannung u_{iv} zwischen den Knoten 12 und 0 ist dann bis auf eine Verzögerung um T_D identisch mit der Spannung u_i. Es gilt also

$$U_{iv} = U_i \cdot \exp(-j \cdot 2\pi f \cdot T_D) \text{ bzw. im Zeitbereich } u_{iv}(t) = u_i(t-T_D) \text{ und}$$

$$g_m \cdot U_i = |g_m| \cdot U_{iv} = 22{,}9\ \text{mS} \cdot \exp(-j \cdot 2\pi f \cdot 0{,}623\ \text{ps})$$

Die Spannung U_{iv} kann jetzt zur Steuerung der Stromquelle zwischen den Knoten 5 und 6 (Steilheit $|g_m|$) verwendet werden.

5.6.3.2 Die Eingabe der Schaltung für SPICE

Die folgende Eingabe für SPICE ist wegen ihrer Einfachheit sicherlich leicht zu durchschauen und bedarf keiner weiteren Erklärung.

```
Breitbandverstärker

* Optionen:
* ———————
* Temperatureinstellung:
. OPTIONS TNOM = 20

* Eingabe der Elemente
* ————————————————
IE 0 1 AC 1
CE 1 0 0.2 PF
LG 1 2 0.3 NH
RG 2 3 4.17 OHM
CGS 3 4 0.098PF
RI 4 6 2.45 OHM
CDG 3 5 0.0063 PF
CDC 5 4 0.014 PF
GM 5 6 12 0 22.9 MS
RS 6 7 5.29 OHM
LS 7 0 0.179OHM
RU 5 6 492.60OHM
CDS 5 0 0.019PF
RD 5 8 5.154OHM
LD 8 9 0.178NH
CL 9 0 0.1PF
RL 9 0 1.8KOHM
CF 9 1 0.1PF
RF 9 1 330OHM

* Realisierung der komplexen
* Steilheit:
E 10 0 3 6 2
R1 10 11 50 OHM
TKOAX 11 0 12 0 ZO = 50 OHM
                   TD = 0.623 PS
R2 12 50 OHM
R2 12 0 50 OHM
* Steuerkommando für Kleinsignal-
* wechselstromanalyse:
* ——————————————————
AC LIN 50 10MEGHZ 10GHZ

* Ausgabekommando für
* Betrag und Phase:
* ————————————
PRINT AC VM(9.0) VP(9.0)

. END
```

5.6.3.3 Ergebnis der Analye

In Bild 5.27 wird das Ergebnis der Analyse dargestellt. Es ist zu erkennen, daß der Betrag des Übertragungsverhältnisses $\frac{U_a}{I_e}$ bis 1 GHz nahezu konstant 250 Ω beträgt und daß die Phase ziemlich linear verläuft.

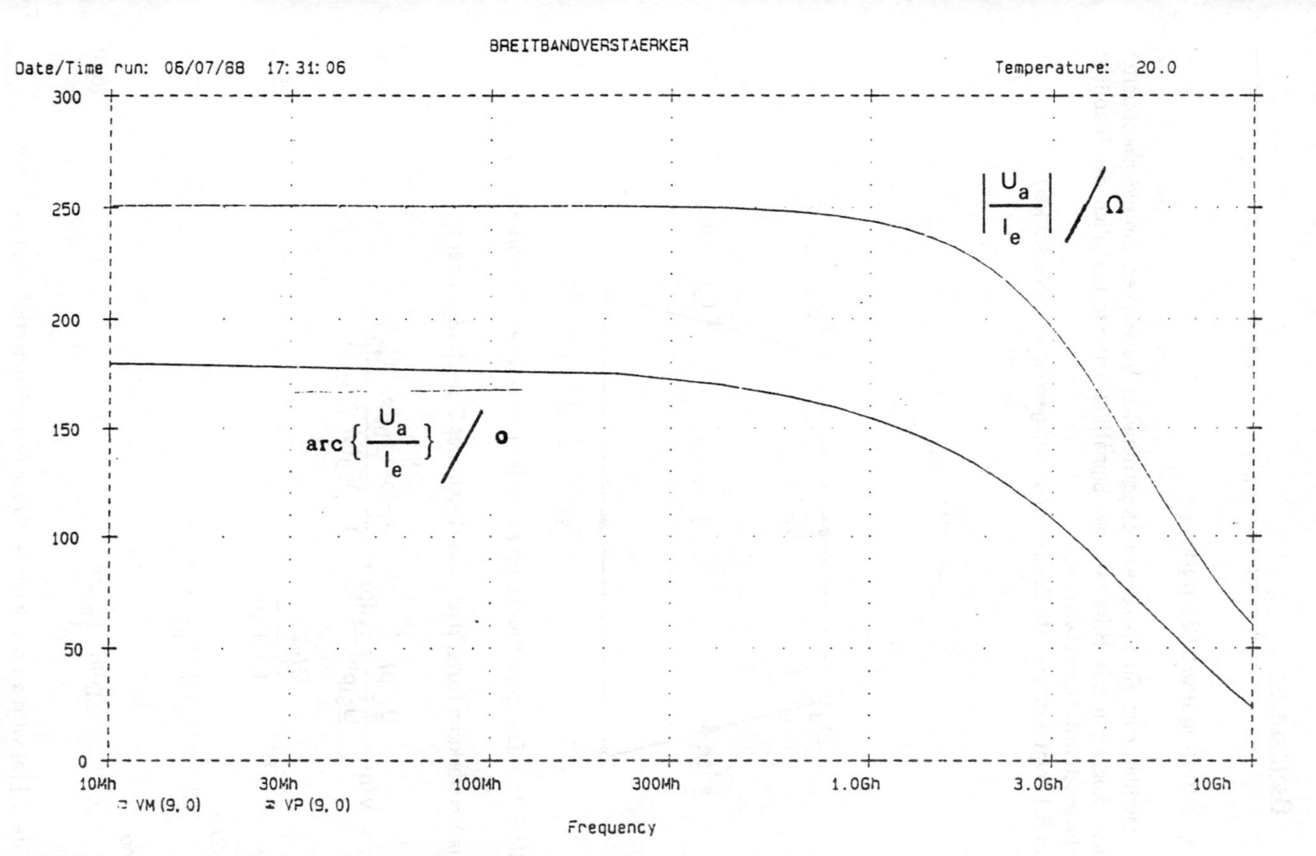

Bild 5.27: Analyseergebnis nach der Optimierung

6 Oszillatoren

6.1 Schwingungsbedingung

Ein Oszillator ist ein instabiler rückgekoppelter Verstärker. Ein rückgekoppelter Verstärker kann mit Hilfe von der Signalflußmethode bezüglich der Stabilität rechnerisch untersucht werden.
Bild 6.1 zeigt den Signalflußgraph eines rückgekoppelten Verstärkers.

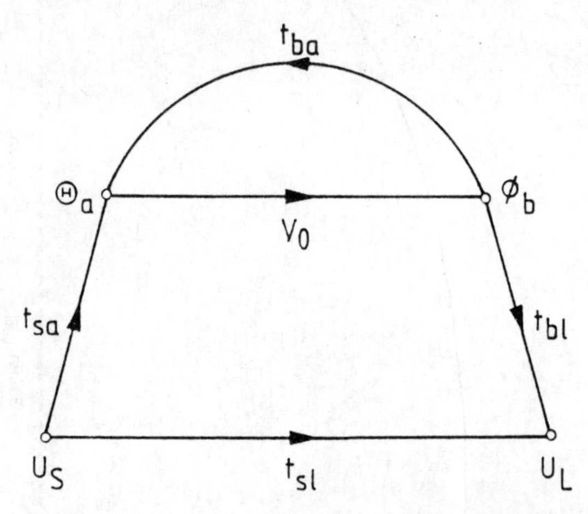

Bild 6.1: Der Signalflußgraph eines rückgekoppelten Verstärkers

Die Verstärkung lautet nach den Regeln des Signalflußgraphen:

$$\underline{V}(p) = \frac{\underline{U}_L(p)}{\underline{U}_S(p)} = \underline{t}_{sl}(p) + \frac{\underline{V}_O(p) \cdot \underline{t}_{bl}(p) \cdot \underline{t}_{sa}(p)}{1 - \underline{V}_O(p) \cdot \underline{t}_{ba}(p)}$$

$$= \underline{t}_{sl}(p) + \frac{\underline{G}(p)}{1 + \underline{T}(p)} \qquad (6.1)$$

wobei

$$\underline{G}(p) = \underline{V}_O(p) \cdot \underline{t}_{bl}(p) \cdot \underline{t}_{sa}(p) \qquad (6.2)$$

und

$$\underline{T}(p) = -\underline{V}_O(p) \cdot \underline{t}_{ba}(p) \qquad (6.3)$$

gelten. $\underline{T}(p)$ wird als die negierte offene Schleifenverstärkung bezeichnet.

Annahme:
Die Übertragungsfunktionen $\underline{t}_{sl}(p)$ und $\underline{G}(p)$ besitzen keine Pole in der rechten p-Halbebene.

Unter der obigen Annahme sind die Pole der Übertragungsfunktion der gesamten Verstärkung $\underline{V}(p)$ gleichzeitig die Nullstellen von der Funktion $1 + \underline{T}(p)$, vorausgesetzt: $\underline{G}(p)$ ist an dieser Stelle nicht gleich Null.
Der Verstärker ist stabil, falls die Übertragungsfunktion $\underline{V}(p)$ keine Pole in der rechten p-Halbebene besitzt bzw. falls der Gegenkopplungsfaktor
$\underline{F}(p) = 1 + \underline{T}(p)$ keine Nullstellen in der rechten p-Halbebene besitzt.

Das *Stabilitätskriterium* lautet also:
Der Gegenkopplungsfaktor $\underline{F}(p) = 1 + \underline{T}(p)$ darf keine Nullstellen in der rechten p-Halbebene besitzen.

Im folgenden wird dieses Kriterium auf die Berechnung von zwei Oszillator-Schaltungen, dem Wien-Brücken-Oszillator und dem LC-Oszillator angewendet.

Die Anschwingbedingung lautet:
Der Gegenkopplungsfaktor $\underline{F}(p) = 1 + \underline{T}(p)$ muß Nullstellen in der rechten offenen p-Halbebene besitzen.

Die Schwingbedingung lautet:
Der Gegenkopplungsfaktor $\underline{F}(p) = 1 + \underline{T}(p)$ darf nur Nullstellen auf der imaginären Achse der p-Ebene besitzen.
Im folgenden werden die 6 Sinusoszillatoren, der Wien-Brücken-, der LC-, der Colpitts-, der Hartley-, der Phasenschieber- und der Quarzoszillator beschrieben.

6.2 Wien-Brücken-Oszillator

Für die offene Schleifenverstärkung gilt:

$$\underline{V}_S(p) = \underline{V}_O(p) \cdot \underline{t}_{ba}(p) \tag{6.4}$$

(der Verstärker ist rückwirkungsfrei) wobei

$\underline{V}_O(p) = V_O = \text{const.}$ angenommen wird, und es gilt:

$$\underline{t}_{ba}(p) = \frac{\underline{U}_D}{\underline{U}_1} = \frac{\underline{U}' - \underline{U}''}{\underline{U}_1}$$

$$= \frac{1}{3 + p\,R_S\,C_S + \dfrac{1}{p\,R_S\,C_S}} - \frac{1}{1 + \dfrac{R_3}{R_4}} \tag{6.5}$$

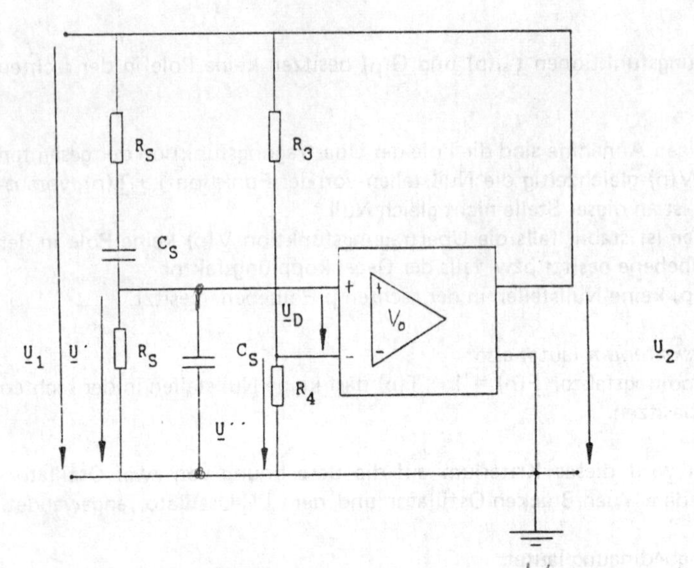

Bild 6.2: Wien-Brücken Oszillator

Damit ergibt sich für die offene Schleifenverstärkung:

$$\underline{V}_S(p) = V_O \cdot \left(\frac{1}{3 + p\,R_S\,C_S + \dfrac{1}{p\,R_S\,C_S}} - \frac{1}{1 + \dfrac{R_3}{R_4}} \right) \tag{6.6}$$

Für die negierte offene Schleifenverstärkung gilt:

$$\underline{T}(p) = -\,\underline{V}_S(p)$$

Somit ergibt sich für den Gegenkopplungsfaktor:

$$\underline{F}(p) = 1 + \underline{T}(p) = 1 - \underline{V}_S(p)$$

$$= 1 - \frac{V_O}{3 + p\,R_S\,C_S + \dfrac{1}{p\,R_S\,C_S}} + \frac{V_O}{1 + \dfrac{R_3}{R_4}} \tag{6.7}$$

Bestimmung der Nullstellen von $\underline{F}(p)$:

$$\underline{F}(p) = 1 + \underline{T}(p) = 0$$

Es folgt:

$$\left[3 - \frac{V_O}{1 + \frac{V_O}{1 + \frac{R_3}{R_4}}}\right] R_S C_S p + p^2 R_S^2 C_S^2 + 1 = 0 \qquad (6.8)$$

mit

$$Q = \left[3 - \frac{V_O}{1 + \frac{V_O}{1 + \frac{R_3}{R_4}}}\right] R_S C_S$$

folgt:

Nullstellen:

$$p_{1;\,2} = \frac{-Q \pm \sqrt{Q^2 - 4 R_S^2 C_S^2}}{2 R_S^2 C_S^2} \qquad (6.9)$$

Anschwingbedingung:

$$\mathrm{Re}(p_{1;\,2}) = -Q > 0$$ oder

$$Q < 0$$ oder

$$3 - \frac{V_O}{1 + \frac{V_O}{1 + \frac{R_3}{R_4}}} < 0$$

Es bedeutet:

$$V_O > \frac{1}{\frac{1}{3} - \frac{1}{1 + \frac{R_3}{R_4}}} \qquad (6.10)$$

Schwingbedingung:

$$\mathrm{Re}(p_{1;\,2}) = -Q = 0$$ oder

$$Q = 0 \qquad \text{oder}$$

$$3 - \frac{V_O}{1 + \dfrac{V_O}{1 + \dfrac{R_3}{R_4}}} = 0 \tag{6.11}$$

oder

$$V_O = \frac{1}{\dfrac{1}{3} - \dfrac{1}{1 + \dfrac{R_3}{R_4}}}$$

Die Schwingfrequenz erhalten wird aus:

$$\omega_s = \mathrm{Im}(p_{1;2}) \mid Q = 0$$

d.h.

$$\omega_s = \frac{\sqrt{4R_S^2\, C_S^2}}{2\, R_S^2\, C_S^2}$$

oder

$$\omega_s = \frac{1}{R_S\, C_S} \tag{6.12}$$

6.3 LC-Oszillator

Bild 6.3 zeigt den LC-Oszillator

Annahme: $\underline{V}_O(p) = V_O = \text{const.}$

Nach der Spannungsteiler-Regel gelten:

$$\underline{U}_1' = \underline{U}_2 \frac{\underline{Z}_1}{R_K + \underline{Z}_1} \tag{6.13}$$

$$\underline{U}_1'' = \underline{U}_2 \frac{R_1}{R_1 + R_2} \tag{6.14}$$

Es gilt:

$$\underline{U}_2 = \underline{U}_1' \frac{R_K + \underline{Z}_1}{\underline{Z}_1} = (\underline{U}_1 - \underline{U}_1'') \cdot VO \tag{6.15}$$

Aus Gl. (6.15) erhalten wir

$$\underline{U}'_1 \cdot \frac{R_K + \underline{Z}_1}{\underline{Z}_1} = \left[\underline{U}_1 - \underline{U}_1' \, \frac{R_K + \underline{Z}_1}{\underline{Z}_1} \cdot \frac{R_1}{R_1 + R_2}\right] \cdot V_O$$

oder

$$\underline{U}_1 \cdot V_O = \underline{U}'_1 \cdot \frac{R_K + \underline{Z}_1}{\underline{Z}_1} \left[1 + \frac{R_1}{R_1 + R_2} \cdot V_O\right]$$

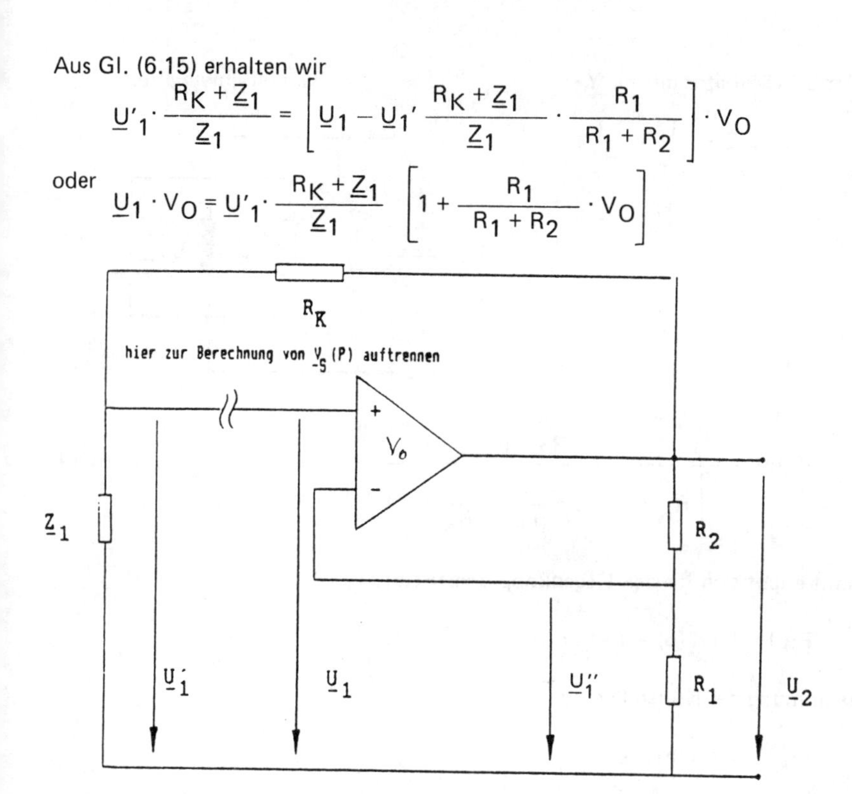

Bild 6.3: LC-Oszillator

Für die offene Schleifenverstärkung gilt es:

$$\underline{V}_S = \frac{\underline{U}'_1}{\underline{U}_1} = \frac{\underline{Z}_1 \cdot V_O}{(R_K + \underline{Z}_1) \cdot \left[1 + \frac{R_1}{R_1 + R_2} \cdot V_o\right]} \tag{6.16}$$

Für $V_O \to \infty$ folgt es:

$$\underline{V}_S = \frac{\underline{Z}_1}{(R_K + \underline{Z}_1) \cdot \frac{R_1}{R_1 + R_2}} \tag{6.17}$$

Für die Schleifenverstärkung erhalten wir

$$\underline{V}_S = \frac{R_2 + R_1}{(R_K \, \underline{Y}_1 + 1) \cdot R_1} \tag{6.18}$$

Beim LC-Oszillator gilt für $\underline{Y}_1$:

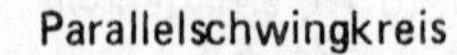

$$\frac{1}{\underline{Z}_1} = \underline{Y}_1 = p\,C + \frac{1}{p\,L} + \frac{1}{R_p}$$

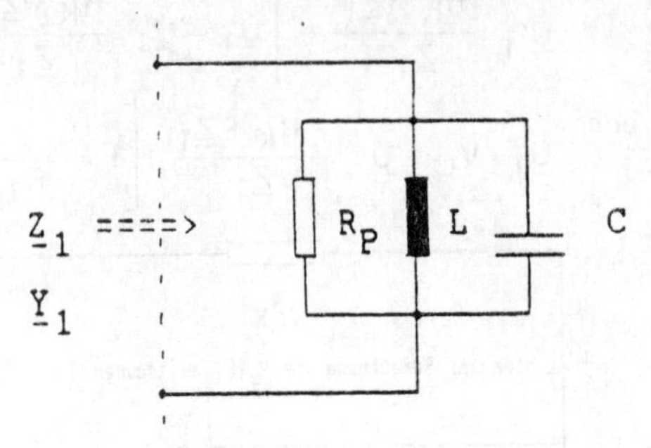

$$\underline{V}_S(p) = \frac{R_2 + R_1}{\left[R_K \cdot \left(p\,C + \frac{1}{p\,L} + \frac{1}{R_p}\right) + 1\right] \cdot R_1} \qquad (6.19)$$

Damit ergibt sich für den Gegenkopplungsfaktor:

$$\underline{F}(p) = 1 + \underline{T}(p) = 1 - \underline{V}_S(p)$$

Bestimmung der Nullstellen von $\underline{F}(p)$:

$$\underline{F}(p) = 1 + \underline{T}(p) = 0$$

Es folgt:

$$R_K C\,p^2 + \left(\frac{R_K}{R_p} - \frac{R_2}{R_1}\right) \cdot p + \frac{R_K}{L} = 0$$

mit $\quad Q = \left(\frac{R_K}{R_p} - \frac{R_2}{R_1}\right)$ folgt:

Nullstellen:

$$p_{1;2} = \frac{-Q \pm \sqrt{Q^2 - 4\,R_K^2\,C/L}}{2\,R_K\,C} \qquad (6.20)$$

Anschwingbedingungen:

$Re(p_{1;2}) = -Q > 0$ oder

$Q < 0$ d.h.

$$\frac{R_K}{R_p} < \frac{R_2}{R_1} \quad \text{oder} \qquad (6.21)$$

$$R_K < R_p \frac{R_2}{R_1}$$

Schwingbedingung:

$$\mathrm{Re}(p_{1;2}) = -\,\Omega = 0 \qquad \text{oder}$$

$$\Omega = 0 \qquad \text{oder}$$

$$\frac{R_K}{R_p} = \frac{R_2}{R_1} \qquad \text{oder}$$

$$R_K = R_p \frac{R_2}{R_1} \tag{6.22}$$

Schwingfrequenz:

$$\omega_s = \mathrm{Im}(p_{1;2}) \,\Big|_{\,\Omega = 0}$$

Wir erhalten

$$\omega_s = \frac{\sqrt{4 R_K^2 C / L}}{2 R_K C} \qquad \text{oder}$$

$$\omega_s = \frac{1}{\sqrt{L C}} \tag{6.23}$$

6.4 Der Colpitts- und Hartley-Oszillator

Der Colpitts- und Hartley-Oszillator kann in der in Bild 6.4 angegebenen, durch Z_1, Z_2, Z_3 bewußt allgemein gehaltenen Form dargestellt werden.

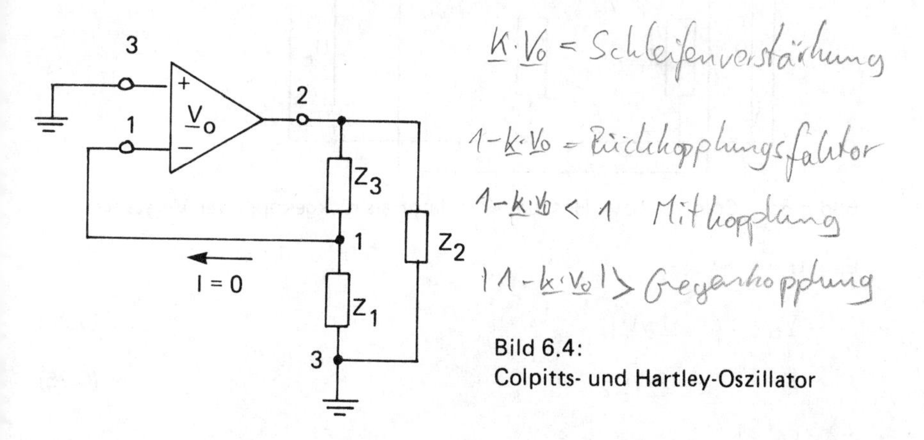

Bild 6.4:
Colpitts- und Hartley-Oszillator

Ersetzt man in Bild 6.4 den Verstärker, unter der Annahme, daß er einen hohen Eingangswiderstand und eine negative Leerlaufverstärkung V_o hat, durch sein lineares Ersatzschaltbild entsteht das Bild 6.5.

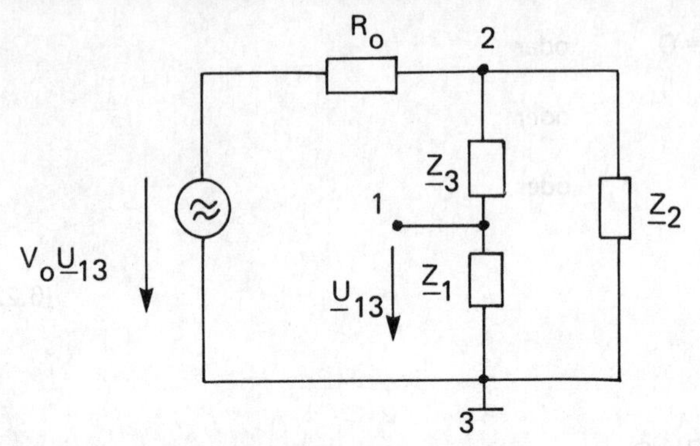

Bild 6.5: Lineares ESB des Colpitts- bzw. Heartley-Oszillator

Bild 6.6 zeigt ganz allgemein den Colpitts- bzw. Heartley-Oszillator als rückgekoppelten Verstärker.

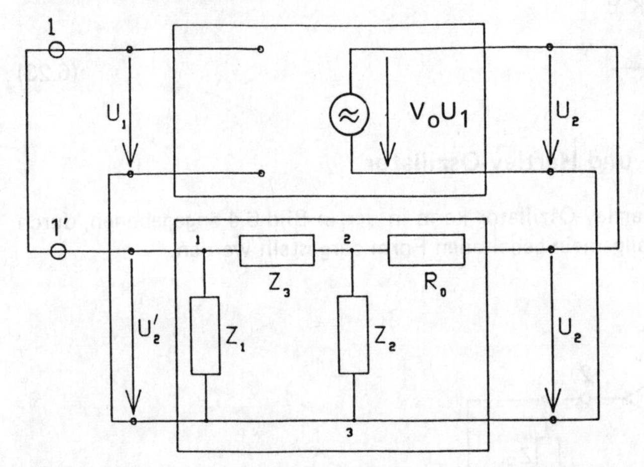

Bild 6.6: Colpitts- bzw. Heartley-Oszillator als rückgekoppelter Verstärker

Es gilt:

$$\underline{V}_o \; := \underline{U}_2/\underline{U}_1 \tag{6.24}$$

$$\underline{K} \; := \underline{U}_2'/\underline{U}_2 \tag{6.25}$$

und nach kurzer Zwischenrechnung ergibt sich:

$$\underline{K} = Z_1 Z_2 / [Ro\,(Z_1 + Z_2 + Z_3) + Z_2(Z_1 + Z_3)] \quad (6.26)$$

Damit der Colpitts- bzw. der Heartley-Oszillator die Schwingbedingung befriedigt, muß gelten:

$$\underline{V}_o(jfo)\ \underline{K}(jfo) = 1 \quad (6.27)$$

mit (6.26) gilt:

$$V_o Z_1 Z_2/[Ro(Z_1 + Z_2 + Z_3) + Z_2(Z_1 + Z_3)] = 1 \quad (6.28)$$

Unter der Voraussetzung, daß Z_1, Z_2, Z_3 Reaktanzen sind, gilt für $Z_i = jX_i$ ($i = 1, 2, 3$) mit $X_i = -1/(\omega C_i)$ und $X_i = \omega L_i$. So wird aus der Schwingbedingung (6.28):

$$-V_o X_1 X_2/[jRo(X_1 + X_2 + X_3) - X_2(X_1 + X_3)] = 1 \quad (6.29)$$

Eine komplexe Gleichung kann bei Betrachtung des Re- und Im-Teils als zwei reelle Gleichungen aufgefaßt werden, so daß mit (6.29) gilt:

$$X_1 + X_2 + X_3 = 0 \quad (6.30)$$

$$V_o X_1 X_2/X_2(X_1 + X_3) = 1 \quad (6.31)$$

aus (6.30) gilt $X_1 + X_3 = -X_2$, dies in (6.31) gesetzt, ergibt:

$$-V_o X_1/X_2 = 1 \quad (6.32)$$

Wir werden sehen, daß sich aus (6.30) die Schwingfrequenz f_o bestimmen läßt und daß (6.32) eine Dimensionierungsvorschrift beinhaltet.

Wenn X_1 und X_2 Kapazitäten sind und X_3 eine Induktivität ist, wird die Schaltung *Colpitts-Oszillator* genannt.
Wenn X_1 und X_2 Induktivitäten sind und X_3 eine Kapazität ist, wird die Schaltung *Hartley-Oszillator* genannt. Bild 6.7 a, b zeigen die Transistor-Versionen dieser beiden Oszillatoren.

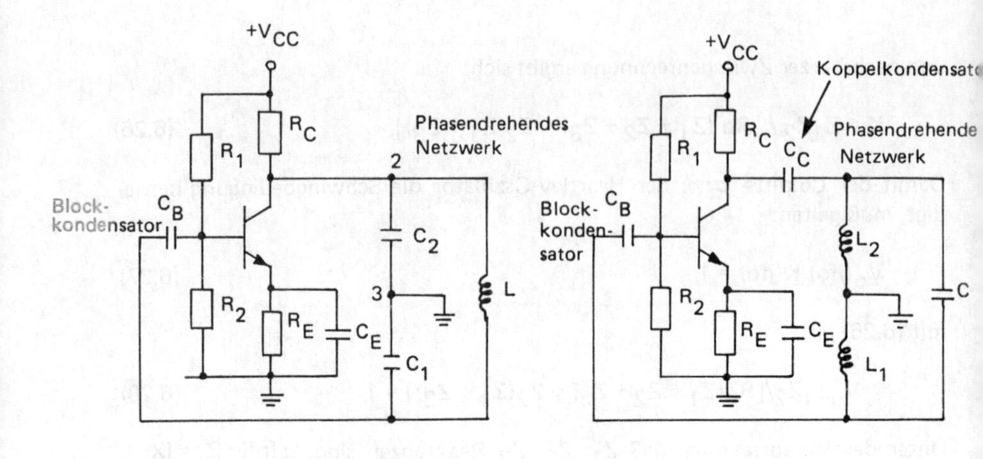

Bild 6.7a:
Transistor-Colpitts-Oszillator

Bild 6.7b:
Transistor-Hartley-Oszillator

6.4.1 Berechnung des Colpitts- und Hartley-Oszillators

Berechnung des Colpitts-Oszillators

Für den Colpitts-Oszillator gilt:

$$Z_1 = j\,[-1/(2\pi f C_1)],\; Z_2 = j\,[-1/(2\pi f C_2)] \text{ und } Z_3 = j\cdot(2\pi f)L, \tag{6.33}$$

dies in (6.30) gesetzt, ergibt:

$$-1/(2\pi f_o C_1) - 1/(2\pi f_o C_2) + 2\pi f_o L = 0$$

$$-1 - C_1/C_2 + (2\pi f_o)^2 L C_1 = 0$$

und schließlich:

$$f_{osz}: = f_o = \frac{1}{2\pi}\sqrt{\frac{1}{L}\,\frac{C_1 + C_2}{C_1 \cdot C_2}} \tag{6.34}$$

Mit den obigen Reaktanzen gilt für (6.32):

$$-V_o\,[-1/2\pi f_o C_1)]/[-1/2\pi f_o C_2)] = 1$$

und somit die Dimensionierungsvorschrift für C_1, C_2:

$$-V_{oC}(f_o) = C_1/C_2 \tag{6.35}$$

Der Index C soll für Colpitts-Oszillator stehen.

Berechnung des Hartley-Oszillator gilt:

$$Z_1 = j2\pi fL_1, \quad Z_2 = j2\pi fL_2, \quad Z_3 = j \cdot [-1/(2\pi fC)] \tag{6.36}$$

Ein völlig analoges Vorgehen wie bei der Berechnung des Colpitts-Oszillators liefert schließlich:

$$f_{oH} := f_o = 1/2\pi \sqrt{1/[C \cdot (L_1 + L_2)]} \tag{6.37}$$

$$-V_{oH}(f_o) = L_2/L_1 \tag{6.38}$$

Der Index H soll für Hartley-Oszillator stehen.

Bei der Dimensionierung eines Colpitts- bzw. Hartley-Oszillators werden wir also so vorgehen, daß wir bei gegebenen f_o, C, L, V_o günstig (realisierbar) wählen und (6.35) und (6.38) erfüllen.

Bemerkung:
Die vorhergehenden Beschreibungen für Oszillatoren sind qualitativer Art und treffen den Sachverhalt nicht exakt. Die Ungenauigkeiten unserer Berechnungen rühren von der Voraussetzung eines linearen Verstärkers mit unendlich großem Eingangswiderstand her. Tatsächlich verhält sich der Verstärker bei höheren Frequenzen wie ein Tiefpaß, d.h. unser lineares ESB müßte, z.B. bei einem Transistorverstärker, durch das Giacoletto-Ersatzschaltbild ersetzt werden, was die Gleichungen jedoch komplizierter gestaltet. Außerdem müßten wir einen endlichen Eingangswiderstand berücksichtigen. Daß der Verstärkungsfaktor frequenzabhängig ist, wurde formal in den Gleichungen (6.35) und (6.38) durch $V_o(f_o)$ berücksichtigt.

Man wird also versuchen die Frequenzabhängigkeit des Verstärkers abzuschätzen (z.B. über die 3 dB Grenzfrequenz oder die Transitfrequenz) und dann durch einen Schaltungsaufbau mit veränderbaren Parametern (z.B. über R_o) die Schwingbedingung sicher zu erfüllen. Eine andere Möglichkeit bietet ein Netzwerkanalyseprogramm. Wir wollen im nächsten Abschnitt PSpice benutzen.

6.5 Der Phasenschieber-Oszillator

Beim Phasenschieberoszillator besteht das Rückkopplungsnetzwerk nur aus Kapazitäten und Widerständen.
Ein einfacher Phasenschieberoszillator mit einem Transistor als Verstärker ist in Bild 6.8a zu sehen. Bild 6.8b zeigt dieselbe Schaltung mit einem Operationsver-

verstärker. Die durch den Verstärker hervorgerufene Phasenverschiebung von 180° muß durch das RC-Rückkopplungsnetzwerk um weitere 180° auf 360° = 0° vergrößert werden, um die Phasenbedingung zu erfüllen. Da die Phasenverschiebung des RC-Netzwerks frequenzabhängig ist, kann sie nur für eine bestimmte Frequenz zu 180° werden. Das Rückkopplungnetzwerk besteht aus drei in Reihe geschalteten RC-Gliedern, die jeweils 60° Phasenverschiebung erzeugen. Dies ist der Fall bei einer Frequenz von

$$f = 1/(2\pi RC\sqrt{6})$$

Der Übertragungsfaktor des Rückkopplungsnetzwerks $\underline{K} = -\frac{\underline{U}_f}{\underline{U}_A}$ ist bei der Erfüllung der Phasenbedingung $\underline{K} = -1/29$. Die Verstärkung des Feldeffekttransistors oder des gegengekoppelten Operationsverstärkers muß dann mindestens 29 betragen.

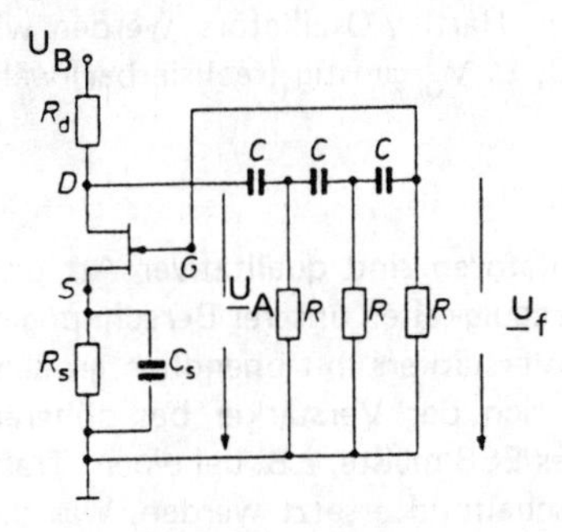

Bild 6.8a:
Phasenschieberoszillator mit Transistorverstärker

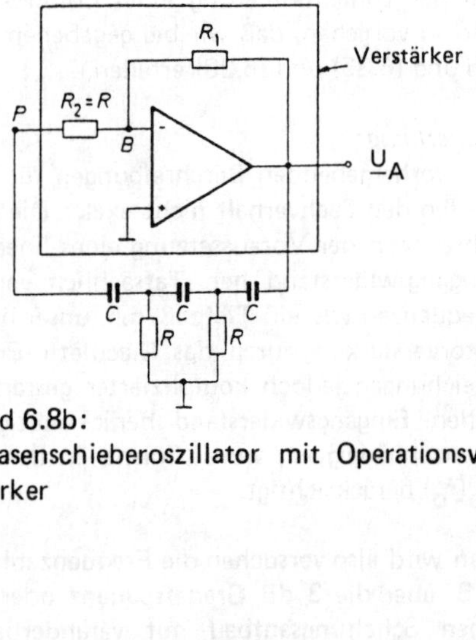

Bild 6.8b:
Phasenschieberoszillator mit Operationsverstärker

6.6 Der Quarz-Oszillator

6.6.1 Ersatzschaltbild des Quarzes

Legt man an einen piezoelektrischen Kristall, gewöhnlich Quarz, ein Potential, so bilden sich Kräfte an den Grenzladungen im Kristall aus. Es kommt zu Deformationen, die wieder zu Potentialänderungen führen, d.h. es bildet sich ein elektromechanisches System aus, das schwingt, wenn es geeignet erregt wird. Die Resonanzfrequenzen und die Q-Werte hängen von den Kristallausmaßen, wie die Oberflächen in Bezug auf ihre Achsen orientiert sind, und wie der Aufbau vollzogen wurde, ab.

Die Ersatzschaltung eines 1 MHz-Quarzes mit einer Güte von Q = 25 000 ist in Bild 6.9 dargestellt.
Die Spule ist ein Analogon zur Masse, der Kondensator zur reziproken Steifigkeit (Kehrwert der Federkonstante) und der Widerstand dem viskosen Dämpfungsfaktors eines mechanischen Systems.

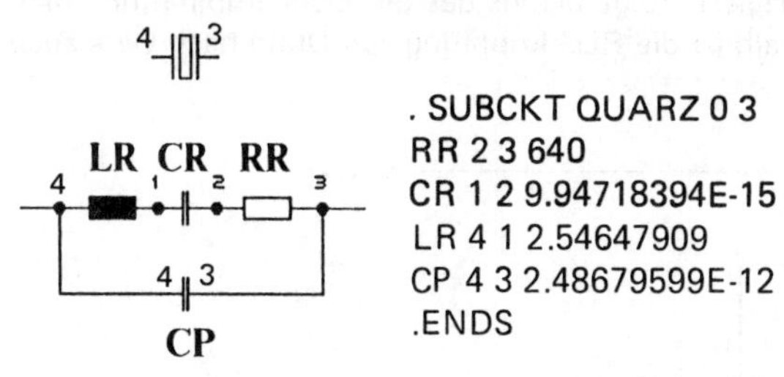
4
3
LR CR RR
4 1 2 3
4 3
CP
. SUBCKT QUARZ 0 3
RR 2 3 640
CR 1 2 9.94718394E-15
LR 4 1 2.54647909
CP 4 3 2.48679599E-12
.ENDS

Bild 6.9: Ersatzschaltung eines 1 MHz-Quarzes betrieben in Serien-Resonanz Ersatzwerte direkt als SPICE-Definition

Wie wir dem Reaktanzverlauf des Bildes 6.10 entnehmen können, ist das Verhalten des Quarzes im Bereich w_s, w, w_p induktiver Natur und außerhalb dieses Bereichs kapazitiv.

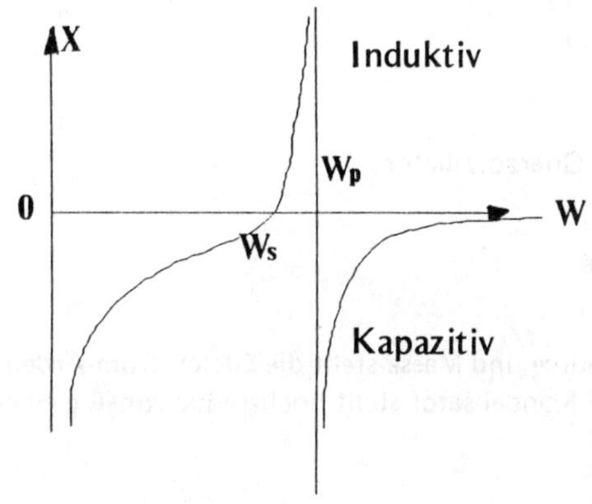
X
Induktiv
Wp
0
W
Ws
Kapazitiv

Bild 6.10: Reaktanzverhalten in Abhängigkeit der Frequenz

6.6.2 Praktischer Aufbau eines 1 MHz-Quarz-Oszillators

Bild 6.11 zeigt die Schaltung eines 1 MHz Quarzoszillators.
Beim konkreten Aufbau des Oszillators geht man nach der Topologie von Bild 6.4 vor. Für Z_1 wird der 1 MHz-Quarz eingesetzt, für Z_2 eine abgestimmte

LC-Kombination und der Kondensator C_{gd} zwischen Gate und Drain für Z_3. Wie wir aus der vorhergehenden Theorie für diese Topologie wissen, muß Z_1 und Z_2 entweder induktiv oder kapazitiv sein und Z_3 umgekehrt. Da wir im Bereich zwischen der Serien- und der Parallel-Resonazfrequenz des Quarzes liegen und damit der Quarz induktiv reagiert, folgt daraus das die LC-Kombination ebenfalls induktiv sein muß. Deshalb ist die Rückkopplung von Drain nach Gate auch durch einen Kondensator.

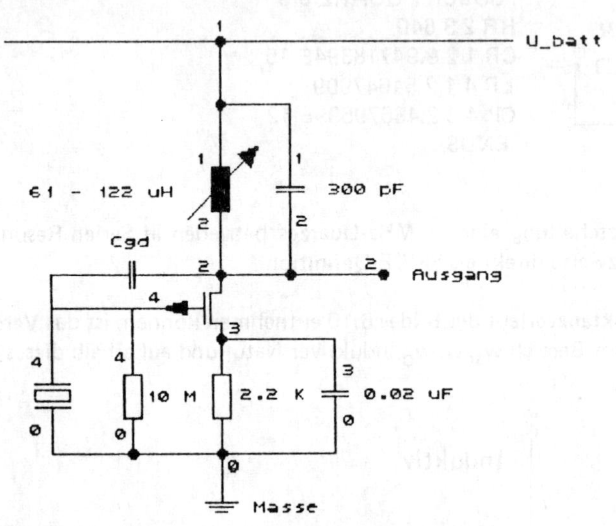

Bild 6.11: Schaltung eines 1 MHz Quarzoszillator

6.6.3 Dimensionierung der Bauteile

a) Arbeitspunkteinstellung

Der Widerstand 2.2 K zwischen Source und Masse stellt die Gleichstrom-Arbeitspunkt-Einstellung dar. Der 0.02 uF Kondensator stellt hochfrequenzmäßig einen Kurzschluß dar.

b) Genaue Frequenzeinstellung

In den Grenzen von 0.9 – 1.1 MHz läßt sich der Oszillator über die variable Spule einstellen. Die Einstellung ist jedoch relativ empfindlich, da Z_1, Z_2 immer mit dem Kondensator Cgd die Frequenzbedingung einhalten muß, sonst schwingt der Oszillator nicht an, oder K^*V ist $\neq 1$ und er wird zu stark gedämpft. Welchen direkten Einfluß Cgd hat, wird etwas später anhand von Simulationen aufgezeigt. Liegt Cgd in der Gegend von 700 pF, so ist die Einstellung relativ problemlos und die reelle Schaltung läßt sich mit einem Oszilloskop sehr gut abstimmen.

c) Reelle Bedämpfung

Der Widerstand mit 10 MegOhm zwischen Gate und Masse stellt die für die Gleichstromberechnung benötigten Verbindung zur Masse dar.

d) Der Verstärker

Gewählt wurde ein P-Kanal-Junction-FET (2N2608). Um eine möglichst realistische Simulation zu erreichen, werden alle Parameter mit den allgemeinen Werten eines realen P-JFET angegeben.

6.6.4 SPICE Simulationsprogramm

```
QUARZ-OSZILLATOR
.OPTIONS NOPAGE NOMOD NUMDGT=6 LIMPTS=1000000 ITL5=1000000
.WIDTH OUT=75
V0 1 0 PULSE(0 -22)
C1 1 2 300P
L1 1 2 75.5U
R2 3 0 2.2K
C2 3 0 0.02U
C3 2 4 705P
R1 4 0 10MEG
J1 2 4 3 J2N2
.SUBCKT QUARZ 4 3
RR 2 3 640
CR 1 2 9.94718394E-15
LR 4 1 2.54647909
CP 4 3 2.48679599E-12
.ENDS
XQUARZ 4 0 QUARZ
.MODEL J2N2 PJF (BETA=1E-3 LAMBDA=1E-4 RD=100 RS=100 CGS=5P CGD=1P
        +IS=1E-14 PB=0.6)
.TRAN 100N 300U
.PRINT TRAN V(2)
.END
```

Kurze Beschreibung der Operationen

NOPAGE	=	unterdrückt den Seitenvorschub
NOMOD	=	unterdrückt den Ausdruck der Modellparameter und der temperaturkorrigierten Werte
NUMDGT	=	Anzahl der Ziffernstellen im Ergebnisausdruck
LIMPTS	=	maximale Punktzahl für Print oder Plot
ITL5	=	Gesamtzahl der Iterationen bei Transientenanalyse

Bild 6.12 zeigt einen Ausschnitt der Ausgangsspannung (U_{zlt}).

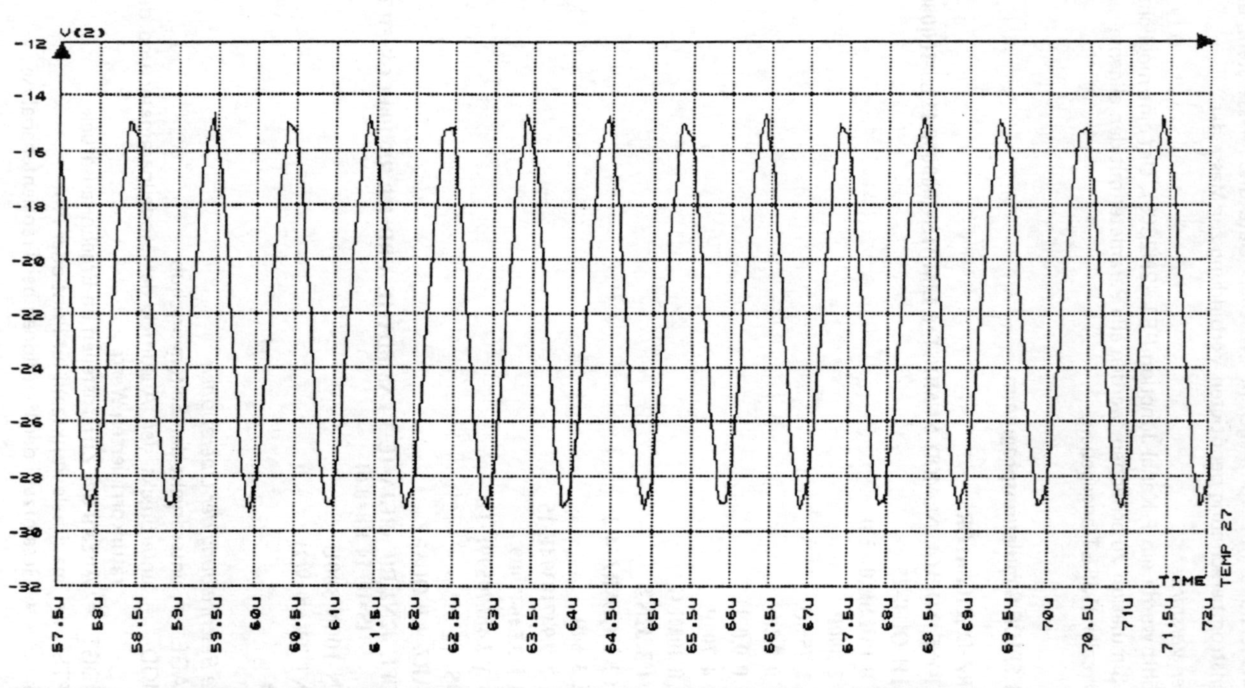

Bild 6.12: Ausschnitt zwischen 57 und 71 uSec um die Frequenzstabilität und die Amplitudenstabilität zu zeigen

7 Rauscharmer Verstärker

H. Khakzar

7.1 Rechnen mit Rauschsignalen

Rauschsignale sind Zufallssignale (stochastische Signale) d.h.
- die Zeitfunktion s(t) ist nicht bekannt
- es ist kein Amplitudenspektrum berechenbar
- der Amplitudenverlauf weist Gauss'sche Normalverteilung auf
- der lineare Mittelwert $\overline{x}(t) = \lim 1/T \int_0^T x(t)\,dt = 0$

7.2 Wie beschreibt man Rauschsignale?

bei Rauschsignalen existiert ein quadratischer Mittelwert (Leistung)

$$\overline{x^2\;(t)} = \lim_{T\to\infty} 1/T \int_0^T x^2\;(t)\,dt \neq 0 \qquad (7.1)$$

dies bedeutet, für die Rauschsignale kann ein Effektivwert angegeben werden, denn es gilt:

$$\overline{x^2\;(t)} = X^2\;\mathrm{eff} \qquad (7.2)$$

Der Effektivwert kann aber nicht in der üblichen Form mit

$$X_{eff} = \sqrt{1/T \int_0^T x^2\;(t)\,dt} \qquad (7.3)$$

berechnet werden, da ja die Zeitfunktion s(t) nicht bekannt ist.

7.3 Wie berechnet man nun diesen Effektivwert?

Da die Zeitfunktion s(t) nicht bekannt ist, geht man von der Autokorrelationsfunktion R (τ) aus, die wie folgt definiert ist:

$$R(\tau) = \lim_{T\to\infty} 1/2T \int_{-T}^{T} x(t) \cdot x\,(t+\tau)\,dt \qquad (7.4)$$

Mit dem WIENER-KHINTCHINE-Theorem kann ein Zusammenhang zwischen R (τ) und der spektralen Leistungsverteilung hergeleitet werden. Es gilt

$$R\;(\tau) \circ\!\!-\!\!\bullet\; S\;(f)$$

$$S(f) = \int_{-\infty}^{\infty} R(\tau)\,e^{-j2\pi f \tau}d\tau \qquad \text{oder} \qquad (7.5)$$

$$R(\tau) = \int_{-\infty}^{\infty} S(f)\, e^{j2\pi f\tau}\, df \tag{7.6}$$

Ein Vergleich der obigen Formeln ergibt folgenden Zusammenhang

$$x^2(t) = X^2\,\mathrm{eff} = R(0) = \int_{-\infty}^{\infty} S(f)\, df \tag{7.7}$$

Also kann man den Effektivwert aus der spektralen Leistungsverteilung des Rauschsignals berechnen. Somit ist die *spektrale Leistungsverteilung* das *wichtigste Merkmal* von Rauschsignalen. Bei „weißem" Rauschen, d. h. frequenzunabhängiger spektraler Leistungsverteilung berechnet sich der Effektivwert wie folgt:

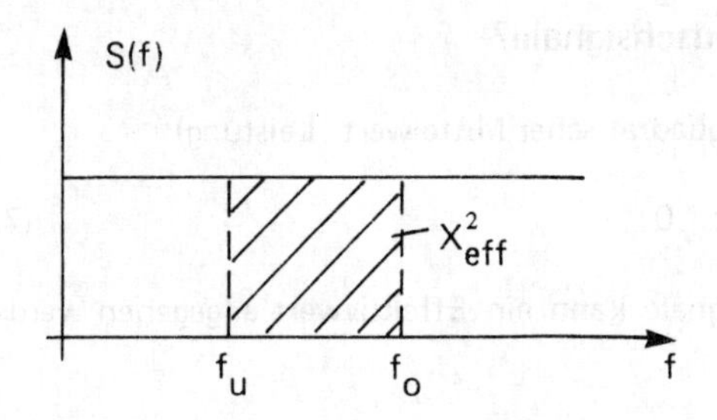

$$X^2\,\mathrm{eff} = \int_{-\infty}^{\infty} S(f)\; df = \int_{f_u}^{f_o} S(f)\; df = S(f)\;\Delta f \tag{7.8}$$

$$\Delta f = f_o - f_u = B = \text{Bandbreite}$$

Werden Rauschsignale mit linearen Systemen übertragen, so gilt für die spektrale Leistungsverteilung des Ausgangssignales:

$S_1(f)$ — $\underline{H}(f)$ — $S_2(f)$

$$S_2(f) = |\,H(f)\,|^2 \cdot S_1(f) \tag{7.9}$$

Werden Rauschsignale überlagert, so berechnet sich die entstehende spektrale Leistungsverteilung wie folgt:

1: Bei *korrelierten Rauschsignalen,* d.h. bei Signalen, zwischen denen eine gewisse statistische Abhängigkeit besteht:

$$S(f)_{ges} = S_1(f) + S_2(f) + 2k\sqrt{S_1(f) \cdot S_2(f)} \quad (7.10)$$

Dabei ist:

$2k\sqrt{S_1 S_2}$ das Kreuzspektrum

k der Korrelationskoeffizient

2. Bei *unkorrelierten Rauschsignalen*

$$S(f)_{ges} = S_1(f) + S_2(f) + \dots S_n(f) \quad \text{oder}$$

$$X^2_{eff\,ges} = X^2_{1eff} + X^2_{2eff} \dots + X^2_{neff} \quad (7.11)$$

Im folgenden wird immer von unkorrelierten Rauschquellen ausgegangen, da Korrelation in vielen Fällen vernachlässigt werden kann, und auch SPICE von unkorrelierten Rauschquellen ausgeht.

7.4 Rauscharten

Die drei wichtigsten Rauscharten, die auch in SPICE berücksichtigt werden, sind:

- thermisches Rauschen (thermal noise)
- Schrotrauschen (shot noise)
- 1/f-Rauschen oder Funkelrauschen (flicker noise)

7.4.1 Thermisches Rauschen

Thermisches Rauschen entsteht durch die ungeordnete, thermische Bewegung der Ladungsträger. Stark vereinfacht kann man sich die Entstehung wie folgt vorstellen:

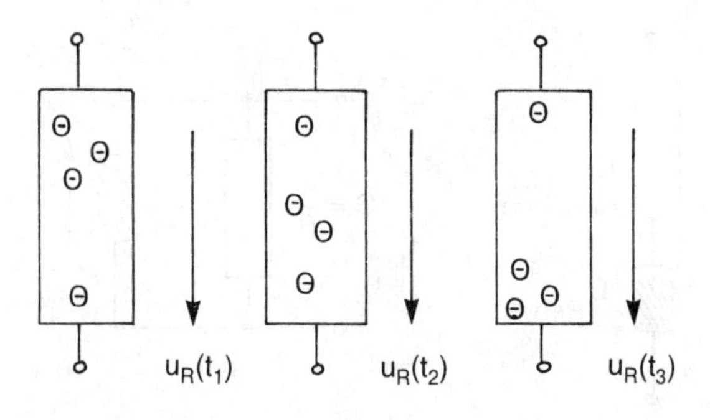

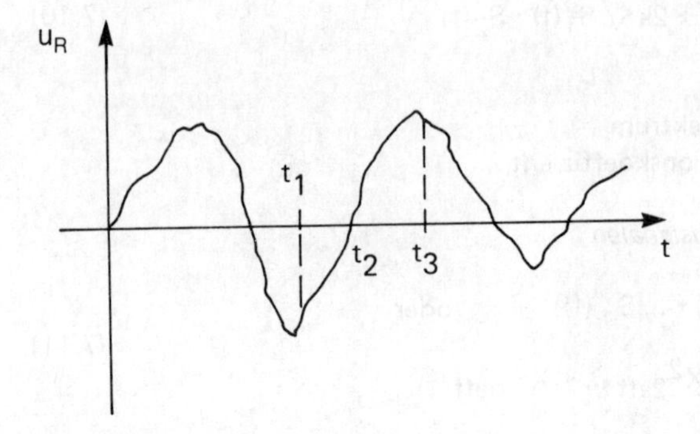

Leistungsverteilung:
Für die *einseitige,* spektrale Leistungsverteilung einer thermisch erzeugten Rauschspannung gilt nach NYQUIST:

$$S_u(f) = 4\,kTR \quad [V^2/Hz] \tag{7.12}$$

und für den Rauschstrom

$$S_I(f) = 4\,kT\,1/R \;[A^2/Hz] \tag{7.13}$$

Dabei ist:
k = Boltzmannkonstante 1.38 10^{-23} Ws/K
T = absolute Temperatur

Für den Effektivwert gilt:

$$U_{Reff} = \sqrt{4\,k\,T\,R\,\Delta f} \;;\; I_{Reff} = \sqrt{4\,k\,T\,1/R\,\Delta f} \tag{7.14}$$

Rauschersatzbild für Widerstände

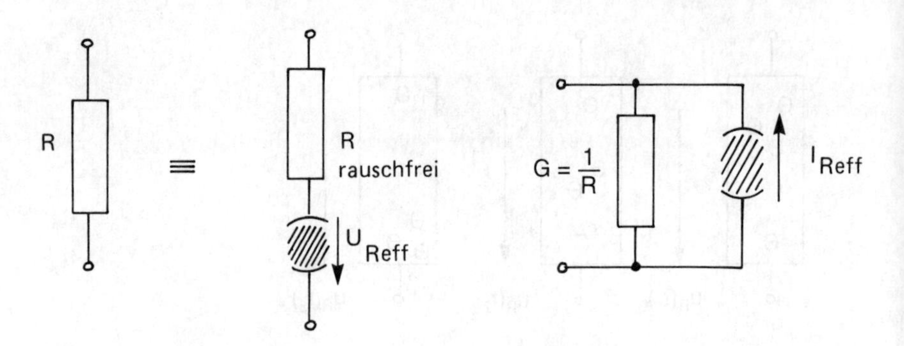

7.4.2 Schrotrauschen

Schrotrauschen entsteht dadurch, daß bei einem elektrischen Strom der Ladungstransport nicht kontinuierlich erfolgt, sondern in Quanten der Größe e, deren Anzahl statistischen Schwankungen unterworfen ist. Dieses Rauschen überlagert sich dem Gleichstrom I_0. Schrotrauschen tritt hauptsächlich in Diffusionszonen von Röhren und Halbleitern auf. In Widerständen tritt praktisch kein Schrotrauschen auf. Stark vereinfacht kann man sich die Entstehung wie folgt vorstellen:

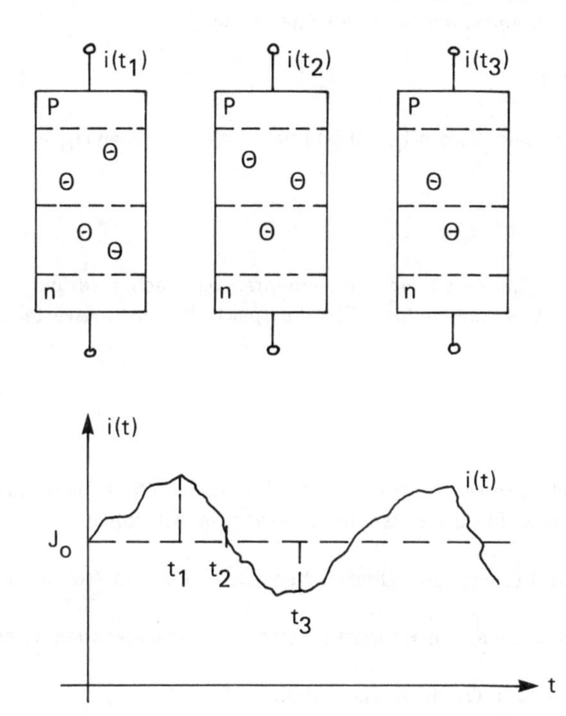

Leistungsverteilung:
Für die *einseitige*, spektrale Leistungsverteilung des Schrotrauschens gilt nach SCHOTTKY:

$$S_I(f) = 2\,q\,I_0 \;[A^2/Hz] \tag{7.15}$$

Für den Effektivwert gilt:

$$I_{sch} = \sqrt{2\,q\,I_o\,\Delta f} \tag{7.16}$$

Ist der Gleichstrom durch die Diode Null ($I_O = 0$), so ist das Schrotrauschen nicht Null, sondern I_{sch} ($I_O = 0$) $= \sqrt{4\,q\,I_s\Delta f}$. Die Verdopplung rührt daher, daß beim Gleichstrom Null der Diffusionsstrom und der Feldstrom sich gegenseitig aufheben, bei der Berechnung der spektralen Leistungsdichte des Rauschstromes jedoch die Rauschbeiträge durch die beiden Ströme sich addieren.
Spice berücksichtigt dieses Verhalten durch die Gleichung

$$S_I(f) = 2q(I_0 + 2I_S) \tag{7.17}$$

Diese Gleichung ist exakt beim Strom $I_0 = 0$ und bei großen Strömen ($I_0 \gg I_S$).

7.4.3 1/f-Rauschen

Experimentell stellt man bei fast allen Bauelementen ein nach niedrigen Frequenzen hin ansteigendes Rauschen fest. Für die spektrale Leistungsverteilung gilt näherungsweise:

$$S_I(f) = K_F\,\frac{I^{A_F}}{f} \tag{7.18}$$

Eine Vielzahl von Mechanismen, die zu dem 1/f-Rauschen führen, verhindern eine generelle Beschreibung. Für die Entstehung werden hauptsächlich

- die Beschaffenheit von Grenz- und Oberflächen (Diffusion von Atomen und Molekülen),
- die Generations-Rekombinations-Rauschspektren mit verschiedenen Grenzfrequenzen,
- und die Schwankungen von Oxidladungen (MOS-FET)

verantwortlich gemacht.

Die Grenzfrequenzen bei denen das 1/f-Rauschen kleiner als das „weiße" Rauschen ist, sind:

– 1 kHz	...	10 kHz	bei Röhren
– 100 kHz	...	1 kHz	bei bipolaren Transistoren
–	...	100 Hz	bei Sperrschicht-FET
– 100 kHz	...	10 MHz	bei MIS-FET (MOS-FET)
– 100 kHz	...	10 MHz	bei GaAs MES-FET

Das Rauschverhalten eines Vierpols wird nach Friis (1944 Bell) und North (1942 RCA) wir folgt definiert. Friis definierte die Rauschzahl wie folgt:

$$F = \frac{\text{Signal-Rauschabstand am Eingang des Vierpols}}{\text{Signal-Rauschabstand am Ausgang des Vierpols}} = \frac{(S/N)_1}{(S/N)_2}$$

Die Rauschzahl F wird oft auch in dB angegeben dann gilt:

$$F_{dB} = 10 \log F$$

Betrachten wir die Signal- und Rauschleistungen, führt dies auf die North'sche Rauschzahldefinition

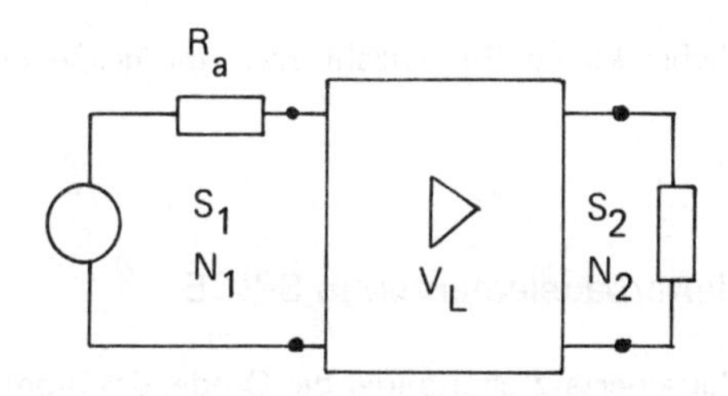

mit $F = \frac{S_1 N_2}{N_1 S_2}$ und $V_L = \frac{S_2}{S_1}$ erhält man

$$F = \frac{N_2}{V_L N_1} = \frac{\text{totale Rauschleistung am Ausgang des Verstärkers}}{\text{Rauschlstg. am Ausg. verus. durch Gen-Widerstd. } R_g}$$

Idealer Vierpol hat $F = 1$ bzw. $F_{dB} = 0$ dB

Neidenhoff (1994 Hochschule für Technik und Wirtschaft des Saarlandes) hat sich kritisch in seinem Buch mit den beiden Definitionen auseinandergesetzt [7.32].

Um den Rauschbeitrag des Vierpols zu beschreiben, wurde die Zusatzrauschzahl F_Z eingeführt

$$F_Z = F - 1 = \frac{N_Z}{V_L N_1} \qquad (7.19)$$

N_Z = Rauschleistaung des Vierpols

Bei Kettenschaltung von Vierpolen oder Verstärkerstufen gilt:

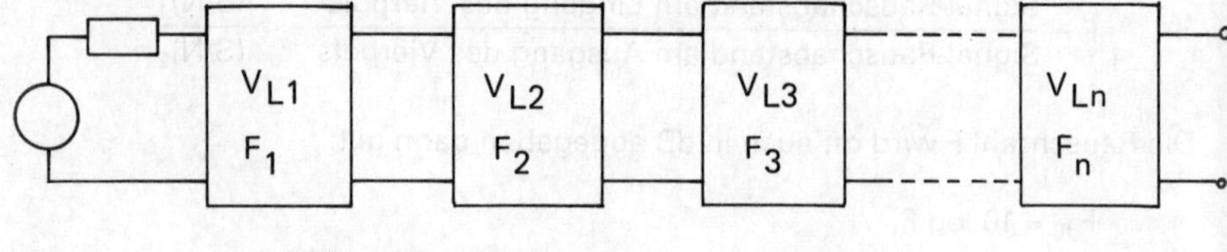

$$F_{ges} = F_1 + \frac{(F_2 - 1)}{V_{L1}} + \frac{(F_3 - 1)}{V_{L1} V_{L2}} + \ldots + \frac{(F_n - 1)}{V_{L1} \cdots V_{Ln-1}} \qquad (7.20)$$

Der erste Vierpol muß eine möglichst kleine Rauschzahl und eine große Leistungsverstärkung aufweisen.

7.5 Rauschmodelle von Halbleiterbauelementen in SPICE

Die Bilder 7.1 bis 7.4 zeigen die Rauschersatzschaltbilder der Diode, des bipolaren Transistors, des Sperrschichttransistors und des MOS-FET-Transistors.

7.5.1 Diode

Bild 7.1 zeigt das Rauschersatzschaltbild einer Diode.

$$I^2{}_{RS} = 4\,k\,T\,1/R_S\,\Delta f$$

$$I^2{}_{DR} = 2\,q\,I\,\Delta f + K_F \frac{I^{A_F}}{f} \Delta f \qquad (7.21)$$

Dabei ist:

I = $I_D + 2\,I_S$

I_D = Gleichstrom in Durchlaßrichtung

I_S = Sperrstrom

K_F und A_F bestimmen 1/f-Rauscheigenschaften typische Werte für SI-Dioden $K_F = 10^{-16}$, $A_F = 1$

7.5.2 Bipolarer Transistor

Bild 7.2 zeigt das Rauschersatzschaltbild eines bipolaren Transistors. Es gilt:

thermisches Rauschen:

$$I_{RRbb'}^2 = 4\,k\,T\,1/R_{bb'}\,\Delta f$$

$$I_{RRC}^2 = 4\,k\,T\,1/R_C\,\Delta f$$

$$I_{RRE}^2 = 4\,k\,T\,1/R_E\,\Delta f$$

Schrotrauschen und Funkelrauschen:

$$I_{BR}^2 = 2\,q\,I_B\,\Delta f + k_F\,\frac{I_B^{A_F}}{f}\,\Delta f$$

$$I_{CR}^2 = 2\,q\,I_C\,\Delta f + k_F\,\frac{I_C^{A_F}}{f}\,\Delta f$$

7.5.3 Sperrschicht-FET

Bild 7.3 zeigt das Rauschersatzschaltbild eines Sperrschicht-Feldeffektransistors. Es gilt:

$$I_{DR}^2 = 2/3\;4\,k\,T\,gm\,\Delta f + k_F\,I_D^{AF}/f\,\Delta f \quad (K_F = 10^{-14},\ A_F = 1)$$
$$I_{RRS}^2 = 4\,k\,T\,1/R_S\,\Delta f$$
$$I_{RRD}^2 = 4\,k\,T\,1/R_D\,\Delta f$$

7.5.4 MOS-FET

Bild 7.4 zeigt das Rauschersatzschaltbild eines MOS-Feldeffekttransistors. Es gilt:

$$I_{DR}^2 = 2/3 \cdot 4\,k\,T\,gm\,\Delta f + K_F \cdot I_D^{A_F}/f\,\Delta f$$
$$I_{RRS}^2 = 4\,k\,T\,1/R_S\,\Delta f$$
$$I_{RRD}^2 = 4\,k\,T\,1/R_D\,\Delta f$$

für GaAs MES-FET $\frac{4}{3}$ anstelle $\frac{2}{3}$

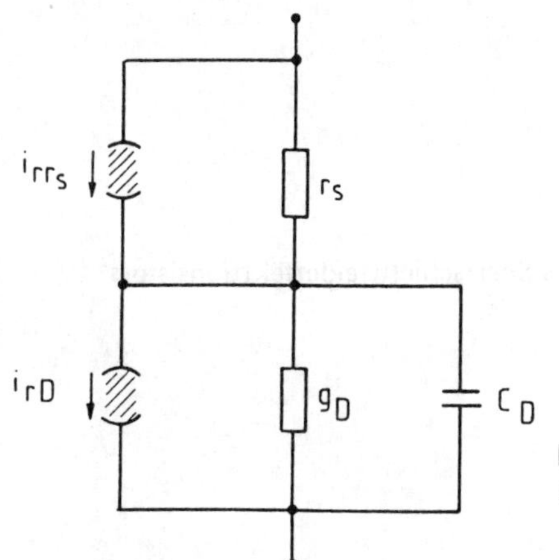

Bild 7.1:
Rauschersatzschaltbild einer Diode

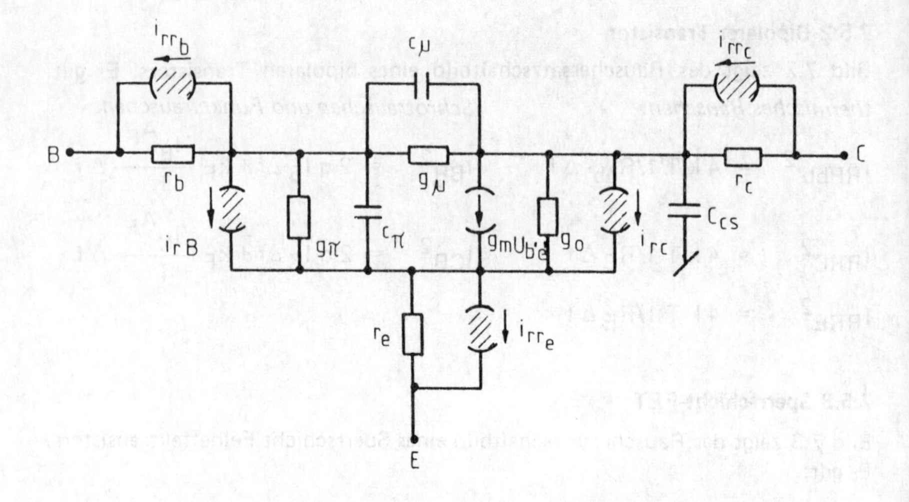

Bild 7.2: Rauschersatzschaltbild eines bipolaren Transistors

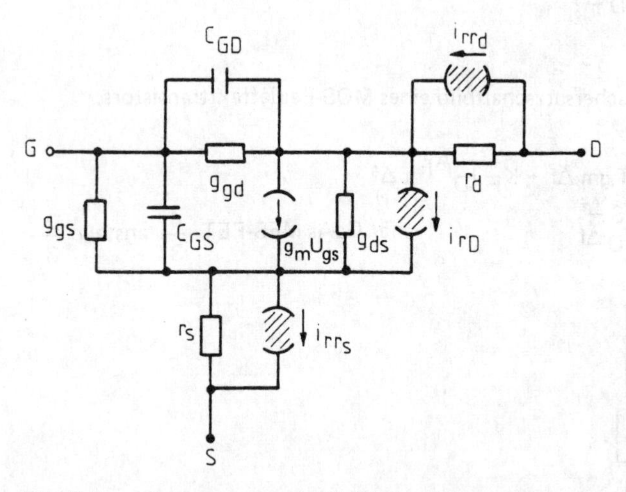

Bild 7.3: Rauschersatzschaltbild eines Sperrschichtfeldeffekttransistors

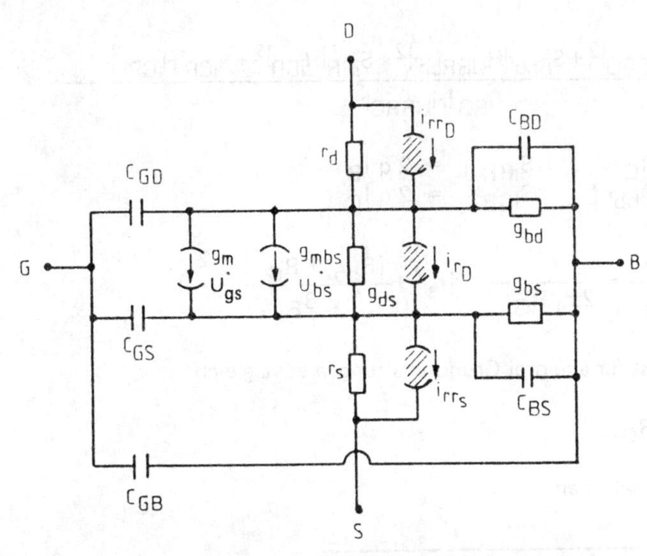

Bild 7.4: Rauschersatzschaltbild eines MOS-Feldeffekttransistors

7.6 Entwurf rauscharmer Verstärker mit SPICE

Die Bilder 7.5 – 7.8 zeigen die Simulation des Rauschfaktors F in Abhängigkeit von Generalwiderstand, dem Kollektor- und Drainstrom sowie der Frequenz.

7.6.1 Verstärker mit bipolaren Transistoren

Wie hängt die Rauschzahl von schaltungstechnischen Maßnahmen ab?

Berechnung von F: In (7.31) sind die Rauschfaktoren aller Schaltungskonfigurationen berechnet und simuliert worden. Im folgenden bringen wir eine Kurzfassung der Resultate. Bild 7.9 zeigt ein vereinfachtes Rauschersatzschaltbild des bipolaren Transistors.

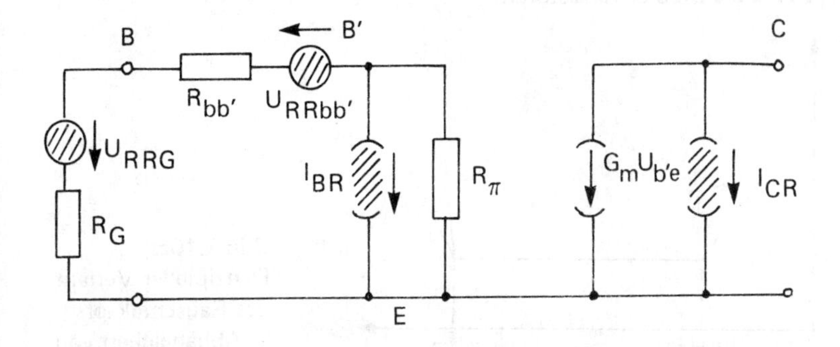

Bild 7.9: Vereinfachtes Rauschersatzschaltbild eines bipolaren Transistors

$$F = \frac{S_{RG}|H_{URRG}|^2 + S_{Rbb'}|H_{URRbb'}|^2 + S_{iBR}|H_{iBR}|^2 + S_{iCR}|H_{iCR}|^2}{S_{RG}\,|H_{URRG}|^2}$$

wobei

$S_{RG} = 4\,k\,T\,R_G$ $\qquad S_{iBR} = 2\,q\,I_B$

$S_{Rbb'} = 4\,k\,T\,R_{bb'}$ $\qquad S_{iCR} = 2\,q\,I_C$

wir erhalten

$$F = 1 + \frac{R_{bb'}}{R_G} + \frac{1}{2\,r_e\,R_G} \left[r_e{}^2 + \frac{(R_{bb'} + R_G + r_e)^2}{B_F}\right]$$

Der Rauschfaktor ist für alle drei Grundschaltungen etwa gleich.

Abhängigkeit von R_G:

mit $\frac{dF}{dR_G} = 0$ erhält man

$$R_{gopt} = \sqrt{(R_{bb'} + r_e)^2 + B_F\,r_e\,(2\,r_{bb'} + r_e)}$$

Abhängigkeit von I_E:

mit $\frac{dF}{dI_E} = 0$ erhält man

$$I_{Eopt} = \frac{U_T}{(R_{bb'} + R_G)} \quad \sqrt{B_F}$$

Abhängigkeit von f:
Bild 7.10a zeigt den prinzipiellen Verlauf des Rauschfaktors in Abhängigkeit von der Frequenz bei Bipolartransistoren.

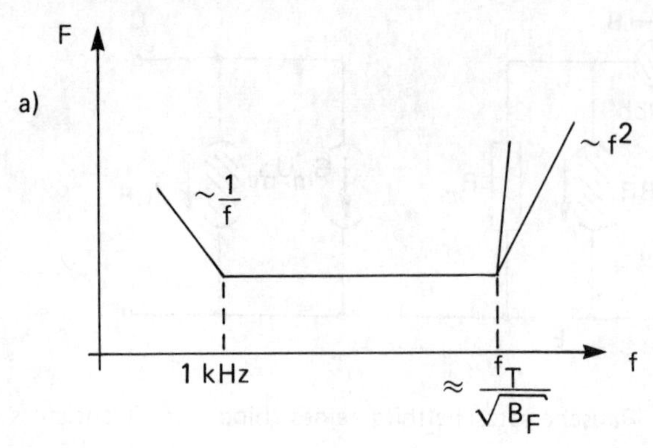

Bild 7.10a:
Prinzipieller Verlauf des Rauschfaktors in Abhängigkeit von der Frequenz

7.6.2 Verstärker mit FET

7.6.2.1 Sperrschicht FET

Aus dem Ersatzschaltbild in Bild 7.3 erhalten wir nach Vereinfachung:

$$F = 1 + \frac{2}{3\,R_G gm}\left[1 + \omega^2 R_G^2 (C_{gs} + C_{gd})^2\right]$$

Abhängigkeit von R_g:

mit $\frac{dF}{dR_G} = 0$ erhält man

$$R_{Gopt} = \frac{1}{\omega \cdot [C_{gs} + C_{gd}]}$$

Abhängigkeit von I_D:

aus $gm \sim \sqrt{I_D}$ folgt

$$F \sim \frac{1}{\sqrt{I_D}}$$

Abhängigkeit von f:
Bild 7.10b zeigt den prinzipiellen Verlauf des Rauschfaktors in Abhängigkeit von der Frequenz bei Sperrschicht FET-Transistoren.

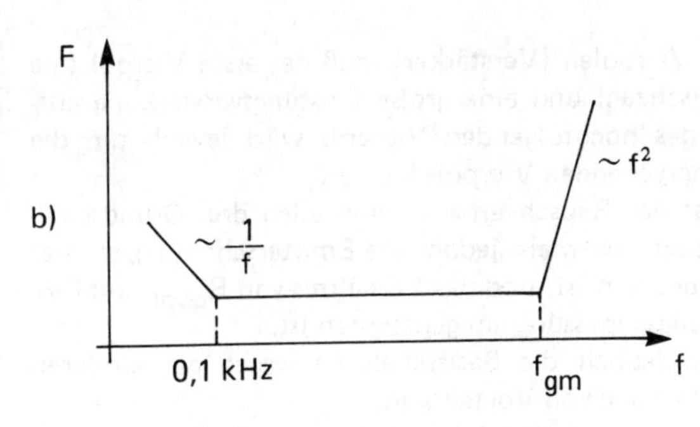

Bild 7.10b

7.6.3 Verstärker mit MOS-FET

Bei niedrigeren Frequenzen gilt:

$$F = 1 + \frac{R_S}{R_G} + \frac{4}{3\,gm\,R_G}$$

bei hohen Frequenzen

$$F = 1 + \frac{R_S}{R_G} + \frac{41}{24} + \frac{C_{gs}^2 R_G}{gm} \omega^2$$

mit $\frac{dF}{dR_G} = 0$ erhält man

$$R_{Gopt} \approx 0{,}9 \frac{1}{\omega \cdot C_{gs}}$$

Abhängigkeit von f:

Bild 7.10c zeigt den prinzipiellen Verlauf des Rauschfaktors bei MOS-FET-Transistoren.

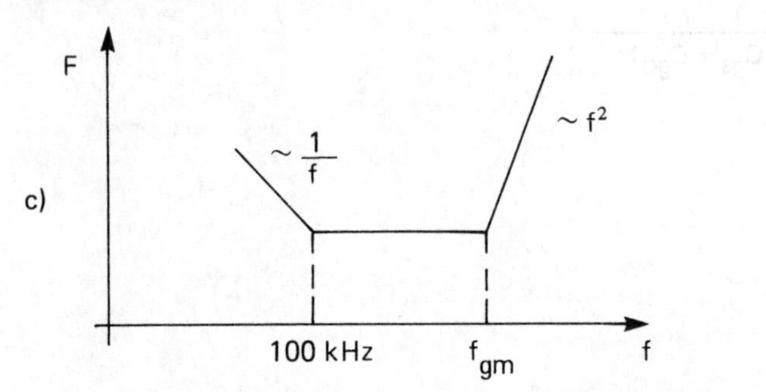

Bild 7.10c

7.7 Zusammenfassung

Bei der Reihenschaltung von Vierpolen (Verstärker) muß der erste Vierpol (die erste Stufe) eine kleine Rauschzahl und eine große Leistungsverstärkung aufweisen. Der Rauschbeitrag des nochfolgenden Vierpols wird jeweils um die Leistungsverstärkung des vorhergehenden Vierpols kleiner.

Bei bipolaren Transistoren ist das Rauschverhalten von allen drei Grundschaltungen nahezu gleich. Bevorzugt wird meist jedoch die Emitterschaltung, da hier die Leistungsverstärkung am größten ist, und das Verhältnis von R_{gopt} und Eingangswiderstand für die Leistungsanpassung am günstigsten ist.

Bei hohen Frequenzen kann jedoch die Basisschaltung wegen der größeren Grenzfrequenz der Stromverstärkung von Vorteil sein.

Bei FET ist der optimale Generatorwiderstand stark frequenzabhängig und bei niedrigen Frequenzen sehr hochohmig. Source- und Drainschaltung sind im Rauschverhalten nahezu gleich. Die Gateschaltung ist aufgrund des niedrigen Eingangswiderstand erst bei hohen Frequenzen geeignet. Bei MISFET (MOS-FET) erhält man ein stärkeres 1/f-Rauschen als bei JFET und bipolaren Transistoren. Bei FET besteht die Möglichkeit durch Kühlung das Rauschverhalten zu verbessern, da die meisten Rauschbeiträge thermisch bedingt sind.

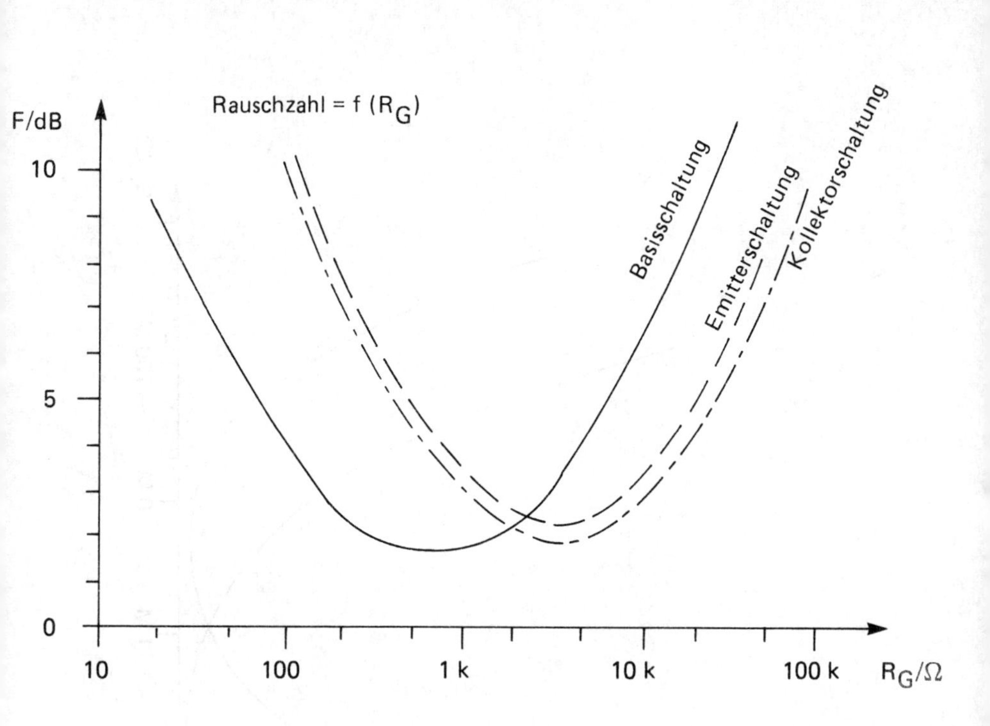
F/dB
Rauschzahl = f (R_G)
10
5
0
10
100
1 k
10 k
100 k
R_G/Ω
Basisschaltung
Emitterschaltung
Kollektorschaltung

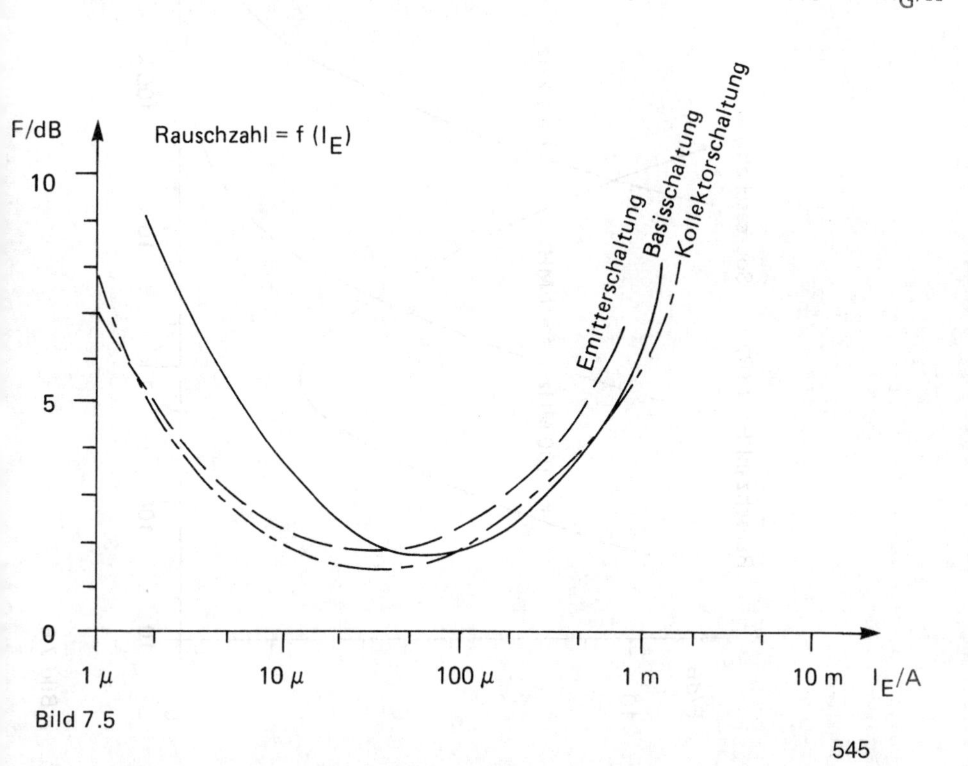
F/dB
Rauschzahl = f (I_E)
10
5
0
1 μ
10 μ
100 μ
1 m
10 m
I_E/A
Emitterschaltung
Basisschaltung
Kollektorschaltung

Bild 7.5

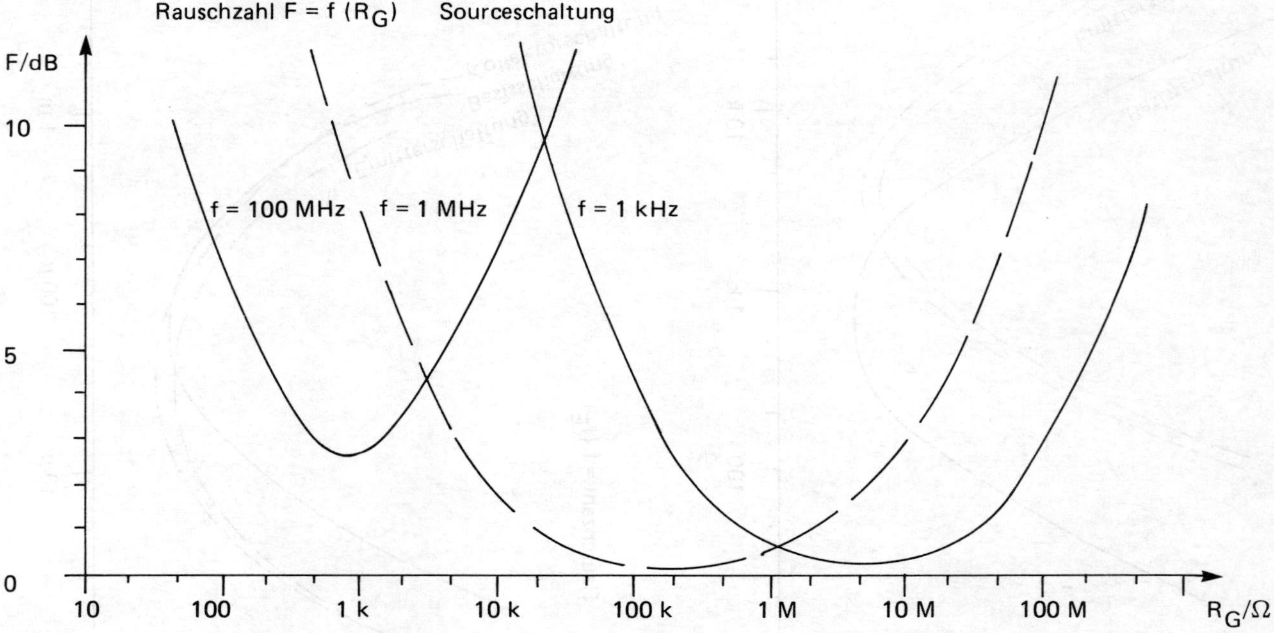

Rauschzahl $F = f(R_G)$ Sourceschaltung

F/dB

10

5

0

f = 100 MHz

f = 1 MHz

f = 1 kHz

10 100 1 k 10 k 100 k 1 M 10 M 100 M R_G/Ω

Bild 7.6

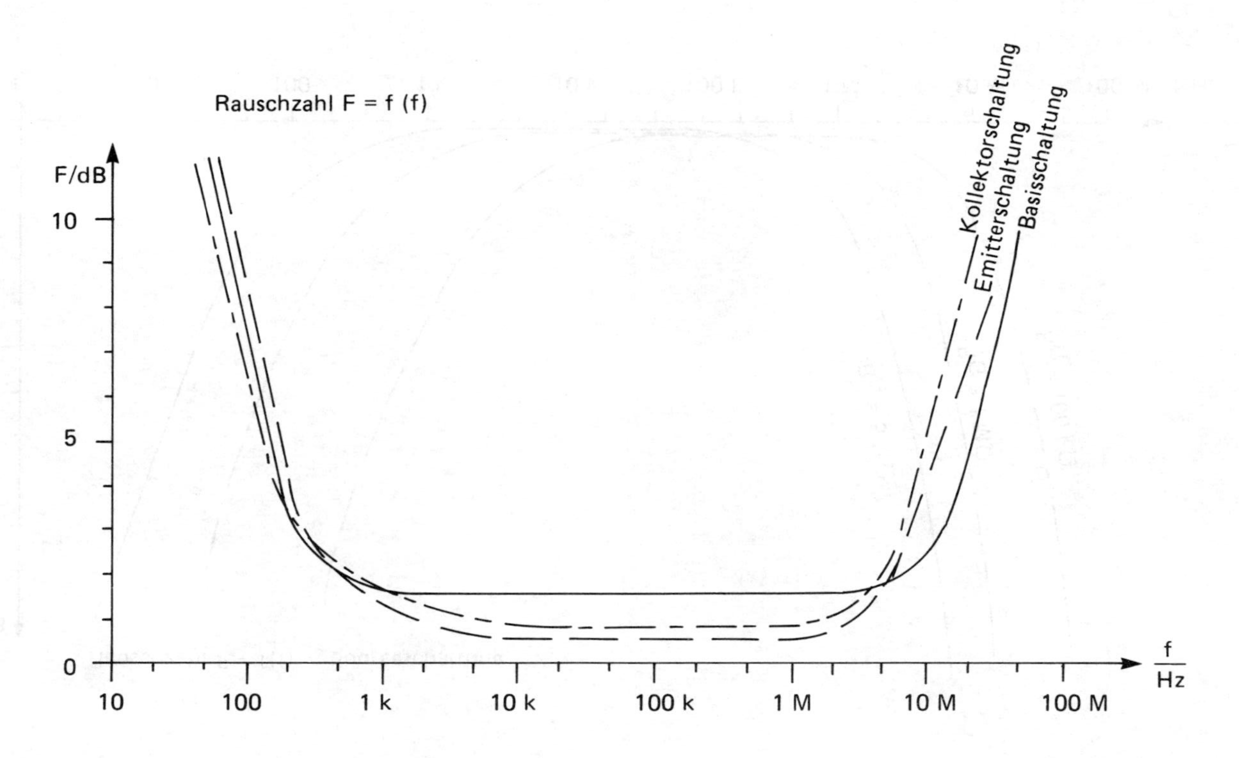

Rauschzahl F = f (f)
F/dB
10
5
0
10
100
1 k
10 k
100 k
1 M
10 M
100 M
f/Hz
Kollektorschaltung
Emitterschaltung
Basisschaltung

Bild 7.7

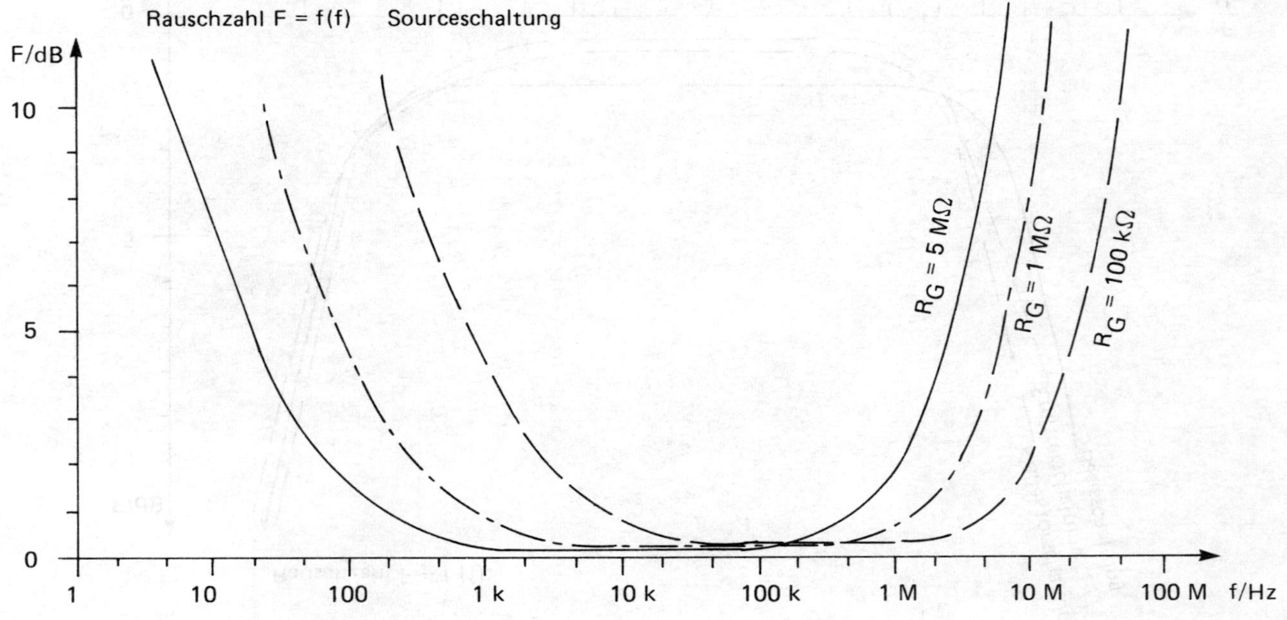

Rauschzahl F = f(f) Sourceschaltung

F/dB

10

5

0

1

10

100

1 k

10 k

100 k

1 M

10 M

100 M

f/Hz

$R_G = 5\ M\Omega$

$R_G = 1\ M\Omega$

$R_G = 100\ k\Omega$

Bild 7.8

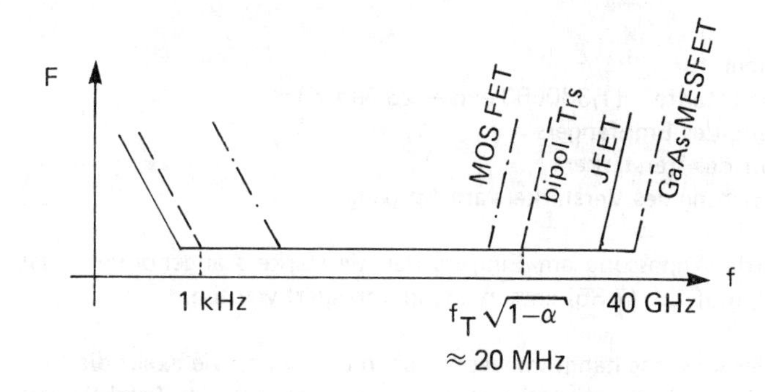

Bild 7.9: Frequenzverhalten von F (s. auch Seite 134)

7.8 Rauschmeßtechnik

7.8.1 Einleitung

Da in der Rauschmeßtechnik im allgemeinen sehr kleine Leistungen gemessen werden, müssen die Rauschbeiträge durch den Meßaufbau, zur Vermeidung von Meßverfälschungen, möglichst klein gehalten werden, oder durch geeignete Maßnahmen eliminiert werden.
In diesem Kapitel soll das Messen der Rauschzahl eines Verstärkers beschrieben werden. Es gibt im wesentlichen zwei Methoden zur Bestimmung der Rauschzahl.

7.8.2 Rauschzahlmessung mit der Empfängermethode

Für diese Messung wird ein selektiver Empfänger benötigt dessen Bandbreite Δf möglichst exakt bekannt sein sollte (z.B. Δf = 1kHz, 2,7 kHz, 3,1 kHz). Es muß zunächst die Leistungsverstärkung V_L des zu messenden Verstärkers bestimmt werden. Diese läßt sich sehr einfach mit einem Sinusgenerator und einem selektiven Empfänger messen, sie kann aber auch aus den Ein- und Ausgangswiderständen und der Spannungsverstärkung V_u berechnet werden. Die Rauschleistung N_A des Verstärkers am Ausgang läßt sich folgendermaßen bestimmen:

$$N_A = k\, T_o\, \Delta f\, V_L\, F \qquad (7.85)$$

Dabei ist:

T_o Betriebstemperatur
k Boltzmannkonstante (1,380663 exp – 23 Nm/K)
Δf die Bandbreite des Empfängers
F Rauschfaktor des Verstärkers
N_A die Rauschleistung des Verstärkers am Ausgang.

In Gl. (7.85) wurde Anpassung am Eingang des Verstärkers angenommen. Ist dies nicht der Fall, muß Gl. (7.85) entsprechend korrigiert werden.

Die Genauigkeit der Messung hängt im wesentlichen davon ab, wie exakt die Verstärkung und die Rauschleistung bestimmt werden können. Für den Effektivwert der Rauschspannung $u_R(t)$ am Abschlußwiderstand gilt:

$$U_{eff} = \sqrt{1/T \int_o^T u_R(t)^2\, dt} \qquad (7.86)$$

Ein genauer Effektivwert sollte folgende Eigenschaften besitzen:

a) Das Quadrierglied sollte für einen großen Amplitudenbereich in möglichst guter Näherung quadrieren.

b) Die Güte der Messung wird außerdem stark vom nachfolgenden Integrierglied beeinflußt. Die Integrationszeit hängt dabei von der Rauschbandbreite ab (Anstiegszeit $T_A = 1/2\ \Delta f$) und sollte aus diesem Grund variabel sein. Kleine Rauschbandbreiten benötigen große Integrationszeiten, während bei großen Bandbreiten durch verkürzen der Integrationszeit die Meßzeit wesentlich verringern kann.

c) Schließlich fordert man noch eine lineare Anzeige. Dies erreicht man in herkömmlichen Meßgeräten, indem man den Luftspalt des Ferritkerns im Galvanometer proportional zum Ausschlag des Instruments ändert. In modernen Geräten werden Mikroprozessoren eingesetzt mit welchen solche nichtlinearitäten weggerechnet werden kann.

Bild 7.11 zeigt die Blockschaltbilder zur Messung des Rauschfaktors mit der Empfängermethode.

Aus den so erhaltenen Meßergebnissen läßt sich die Rauschzahl des Verstärkers wie folgt berechnen:

$$F = \frac{U_{eff}^2}{k\, T_o\, \Delta f\, V_L\, R_s} \qquad (7.87)$$

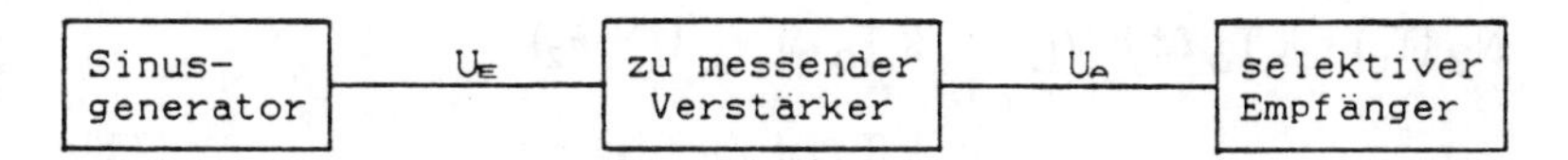

Verstärkungsmessung $V_U = U_A / U_E$

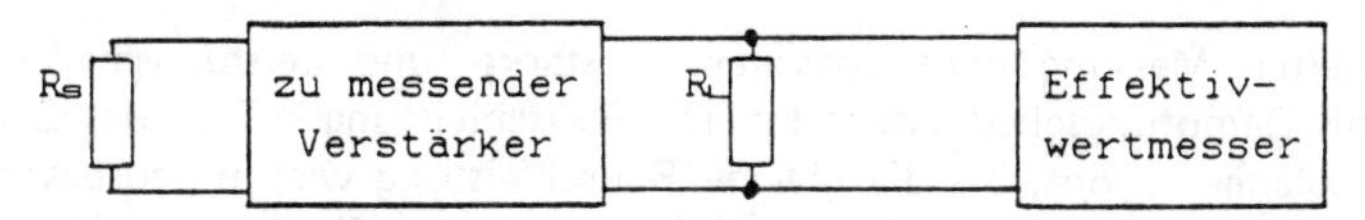

Rauschleistungsmessung
R_S muß als ideal akzeptiert werden.
(z.B. Realisierung als Dünnschichtwiderstand.)

Bild 7.11a: Blockschaltbilder zur Messung des Rauschfaktors mit Rauschleistungsmessung der Empfängermethode

7.8.3 Rauschzahlmessung mit der Rauschgeneratormethode

Als Rauschgenerator dient eine Röhrendiode oder eine in Sperrichtung in der Nähe des Durchbruchs betriebene Alvalache Diode. Der Pegel der Rauschleistung, die der Generator abgibt, und die Bandbreite des Generators sollten möglichst genau bekannt sein. Man unterscheidet üblicherweise zwei Methoden

1. die „3 dB-Methode" und
2. die „Y-Faktor-Methode".

Beide sollen hier erläutert werden.

7.8.3.1 Die 3 dB-Methode

Der Einfachheit halber soll für die Berechnung Anpassung zwischen Rauschgenerator und Verstärker angenommen werden. Man kann den Rauschgenerator als thermisch rauschenden Generatorwiderstand R_s mit der Temperatur $T \geqslant T_o$ betrachten. Zunächst sei der Rauschgenerator „ausgeschaltet". Dies entspricht $T = T_o$.
Die dann eingespeiste Rauschleistung N_1 errechnet sich nach Gl. (7.85) zu:

$$N_1 (T_o) = k\, T_o\, \Delta f \qquad (7.88)$$

Für die Leistung am Ausgang des Verstärkers gilt nach Gl. (7.56)

$$N_2(T_0) = k\,T_0\,\Delta f\,F\,V_L = k\,T_0\,\Delta f\,V_L\,(1 + F_z)$$

$$= k\,T_0\,\Delta f\,V_L + N_z \quad (7.89)$$

N_z ist die Zusatzrauschleistung, die im Verstärker erzeugt wird.

In einer zweiten Messung wird zwischen Verstärker und Leistungsmeßgerät P_{R2} ein 3 dB Dämpfungsglied geschaltet. Die Rauschleistung k T Δf des Generators wird solange erhöht, bis die gleiche Rauschleistung wie im „ausgeschalteten" Zustand (k T_0 Δf) angezeigt wird. Damit gilt für die Ausgangsleistung am Eingang des Meßempfängers

$$N_2(T) = k\,T_0\,\Delta f\,1/2\,V_L\,(T/T_0 + F_z) \quad (7.90)$$

Aus Gl. (7.89) und Gl. (7.90) erhält man

$$F_z = T/T_0 - 2 \quad (7.91)$$

Danach erhält man für den Rauschfaktor:

$$F = 1 + F_z = 1 + \frac{N_z}{(k\,T_0\,\Delta f\,V_L)} = T/T_0 - 1 \quad (7.92)$$

Bei entsprechender Kalibrierung kann am Rauschgenerator direkt die Rauschzahl F oder die Temperatur T abgelesen werden. Eine Kalibrierung des Leistungsmeßgerätes ist nicht nötig, da nur Relativmessungen durchgeführt werden.

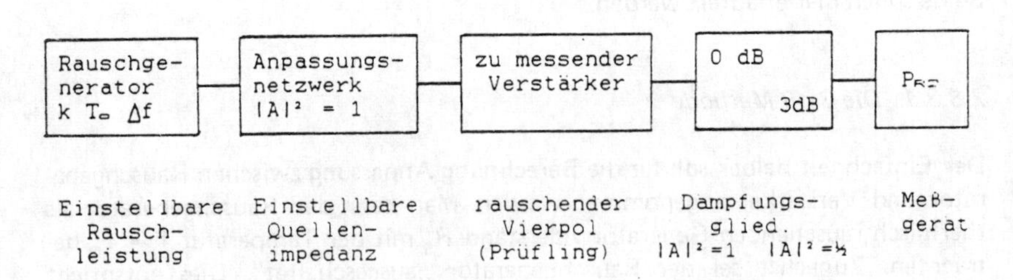

Bild 7.11b: Blockschaltbild zur Messung des Rauschfaktors mit der 3 dB-Methode

7.8.3.2 Die Y-Faktor-Methode

Das Prinzip dieser Methode unterscheidet sich nicht wesentlich von der 3 dB-Methode. Der Rauschgenerator gibt eine feste und bekannte Rauschleistung ab, welche der Rauschleistung eines Widerstandes bei einer Temperatur $T \gg T_o$ entspricht. Mit Hilfe eines Präzisionsdämpfungsgliedes mit der Übertragungsfunktion Y wird das Ausgangssignal so stark unterdrückt, bis man den Leistungswert der Messung ohne Generator (thermisches Rauschen mit $T = T_o$ am Eingang) abliest.
Es besteht dann folgender Zusammenhang:

$$k\, T_o\, \Delta f\, (1 + F_z)\, V_L = k\, T_o\, \Delta f\, (T/T_o + F_z)\, V_L/Y$$

daraus ergibt sich:

$$F_z = \frac{(T/T_o - Y)}{(Y - 1)} \tag{7.93}$$

Das Dämpfungsglied kann so kalibriert werden, das der Rauschfaktor F sofort abgelesen werden kann.
Für Y = 2 ergibt sich die 3 dB-Methode. Rauschfaktormeßgeräte schalten den Generator periodisch hinzu, so daß durch eine geeignete Kalibrierung F direkt abgelesen werden kann.

Es gibt noch eine, hier nicht vorgestellt, sehr aufwendige aber auch sehr genaue Meßmethode für sehr kleine Rauschsignale. Sollen sehr kleine Rauschsignale gemessen werden, müssen sie erst verstärkt werden. Um zu vermeiden, daß das unvermeidliche zusätzliche Verstärkerrauschen das Meßergebnis beeinflußt, werden zwei identische rauscharme Verstärker verwendet. Die Ausgangssignale der beiden Verstärker werden auf einen Korrelator gegeben, welcher die verstärkten Signale multipliziert und sie anschließend über die Zeit integriert. Unkorrelierte Anteile wie das Eigenrauschen der Verstärker ergeben im Mittel keinen Beitrag am Ausgang des Korrelators, so daß das zusätzliche Rauschen der Verstärker nicht mitgemessen wird.

7.9 Signal- und Rauschverhältnis bei Nachrichtensystemen

7.9.1 Trägerfrequenzkoaxialsysteme

Ausgangspunkt ist die allgemeine Forderung, die das CCITT für trägerfrequente Übertragungseinrichtungen festgelegt hat: Auf 2500 km Systemlänge je Kanal (3.1 kHz Bandbreite) maximal 10.000 pW Geräusch am relativen Pegel 0. Etwa 5000 pW davon kann man für das Grundgeräusch der Leitungsverstärker in Anspruch nehmen. Abhängig vom Verstärkerabstand bzw. der Verstärkerzahl auf 2500 km erhält man den Mindestgeräuschabstand am Verstärkereingang. Berücksichtigt man den Grundgeräuschpegel am Verstärkereingang, die Rauschzahl des Verstärkers, die Kabeldämpfung und gewisse Zuschläge, so erhält man den Kanalsendepegel, und zwar als Funktion der Frequenz den niedrigst zulässigen. Der Kanalsendepegel ist Ausgangspunkt für die Berechnung von Aussteuerungsgrenze und Mindestdämpfung der Intermodulationsprodukte des Leistungsverstärkers. Beide Anforderungen können wesentlich verringert werden, wenn der Kanalsendepegel frequenzabhängig gewählt wird, das System Preemphase erhält, dabei muß der vorher berechnete Mindestsuchpegel eingehalten werden.

Tabell 7.1 zeigt die Leistungsbilanz von Vierdrahtfernsprechsystemen für die Übertragung von 300, 960, 2700 und 10800 Fernsprechkanälen in Einseitenbandmodulation mit unterdrücktem Träger auf Kleinkoaxialkabel und Normaltuben bei 300, 960 und 2700 Kanälen und auf Normaltuben bei V 10800 mit jeweils 1,2/4, 4 bzw. 2,6/9,5 Außendurchmesser des Innenleiters und Innendurchmesser des Außenleiters des Kleinkoaxialkabels bzw. der Normaltube. Damit kommt man bei V 10800 auf einen Kanalsendepegel von – 18 dBr und eine Aussteuerungsgrenze von 22 dBm.

Tabelle 7.1: Leistungsbilanz für die Übertragung von 300, 960, V 2700 und V 10800 Fernsprechkanälen

System	V 300	V 960	V 2700	V 10800
Koaxialkabelart	1,2/4,4 (2,6/9,5)	1,2/4,4 (2,6/9,5)	1,2/4,4 (2,6/9,5)	— (2,6/9,5)
Verstärkerabstand (km)	8 (18,6)	4 (9,3)	2 (4,65)	– (1,55)
bewertetes Grundgeräusch (dBmp)	– 142	– 142	– 142	– 142
Signal-zu-Rauschabstand (dB)	78	81	84	87
Verstärkung bei höchster Frequenz (dB)	49,5	43,5	37,2	28,5
Reserve und Rauschzahl des Verstärkers (dB)	10	8,8	7,8	8,5
Kanalsendepegel (dBr)	– 4,9	– 8,7	– 13	– 18
Spitzenpegel nach CCITT (dBm0)	23	27	32	37
Aussteuerungsgrenze (dBm)	18,3	18,3	22	22

7.10 Optischer Empfänger mit Parallelgegenkopplung

Bild 7.13 zeigt das Schaltbild eines optischen Empfängers mit einer Parallelgegenkopplung. Es können je nach Aufgabestellung auch andere Schaltungskonfigurationen verwendet werden. Der Signalstrom I_{Ph} ist bei gegebener Lichtleistung P

$$I_{Ph} = \eta \frac{q}{h\nu} PM \qquad (7.94)$$

η ist Wirkungsgrad oder Quantenausbeute und ist bei Si fast 100%. h ist die Plancksche Konstante und $\nu = \frac{c}{\lambda}$ die Frequenz des Lichtes bei der Wellenlänge λ. q ist die elektrische Ladung eines Elektrons und $h\nu$ die Photonenenergie in eV. M ist der Multiplikationsfaktor der Photodiode. Er ist bei der PIN-Diode Eins und bei der Lawinenphotodiode so eingestellt, daß das Signal zu Rauschabstand $\frac{S}{N}$ optimal wird.

Nach Einsetzen der Konstanten ergibt

$$\frac{I_{Ph}}{A} = 0.8 \ \eta \frac{\lambda}{nm} \frac{P}{W} M \qquad (7.95)$$

Das Schrotrauschen (Quantenrauschen) der Photodiode ist

$$I_q^2 = 2 q \left(\eta \frac{q}{h\nu} P\right) B M^{2+x} \qquad (7.96)$$

Das Schrotrauschen der Photodiode I_q^2 wird also mit dem Faktor M^{2+x} verstärkt. Der Faktor x ist demnach ein Maß für das Rauschverhalten der Diode und hat bei Si einen Wert von 0,25 ÷ 0,5 und bei Ge den Wert Eins. Damit wird die Rauschleistung um den Faktor x mehr verstärkt als die Signalleistung.

Der Faktor M, und somit die Lawinenverstärkung, wird solange erhöht, bis das Schrotrauschen der Photodiode in der Größenordnung der anderen Rauschquellen ist.

Bild 7.12 zeigt den Zusammenhang zwischen dem optimalen Signal zu Rauschabstand und dem Multiplikationsfaktor. Wir wollen den Signal zu Rauschabstand am Ausgang des Verstärkers ausrechnen.

Bild 7.13 zeigt das Ersatzschaltbild des Empfängers. Die Photodiode mit dem Vorwiderstand R_D wird dargestellt durch den Signalstrom I_{Ph}, das Schrotrauschen (Quantenrauschen) I_q, den Innenwiderstand $R_D \parallel 1/j\omega C_D$ sowie den Widerstand R_B und seinen Rauschstrom I_{rB}. Um Berechnungen zu vereinfachen, kann man bei großer Parallelgegenkopplung annehmen, daß zu dem Eingangswiderstand des Verstärkers R_{ev} und der Eingangskapazität C_V der Widerstand $\frac{R_f}{|\underline{V}_u|}$ und die Kapazität $/\underline{V}_u/C_f$ parallel geschaltet sind. R_f und C_f sind der Widerstand und die Kapazität der Parallelgegenkopplung und $/\underline{V}_u/$ der Betrag der Spannungsverstärkung. Die vier Rauschstromquellen sind wie folgt:

Das Schrotrauschen der Photodiode beträgt:

$$I_q^2 = 2q\left(\eta \frac{q}{h\nu} P\right) B\, M^{2+x} \tag{7.97}$$

Das Widerstandsrauschen des Vorwiderstandes R_B beträgt:

$$I^2_{rB} = 4\, KTB \frac{1}{R_B} \tag{7.98}$$

Das Widerstandsrauschen des Gegenkopplungswiderstandes kann bei starker Gegenkopplung als Rauschquelle parallel zum Eingang des Verstärkers dargestellt werden und beträgt:

$$I^2_{rf} = 4\, KTB \frac{1}{R_f} \tag{7.99}$$

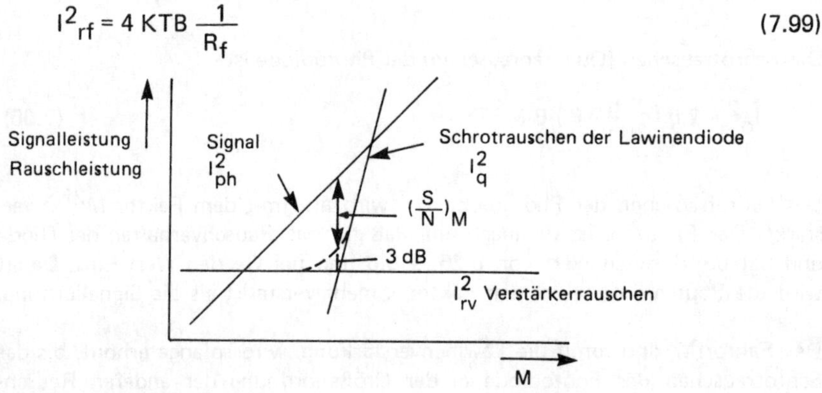

Bild 7.12: Signal zu Rauschabstand in Abhängigkeit von M

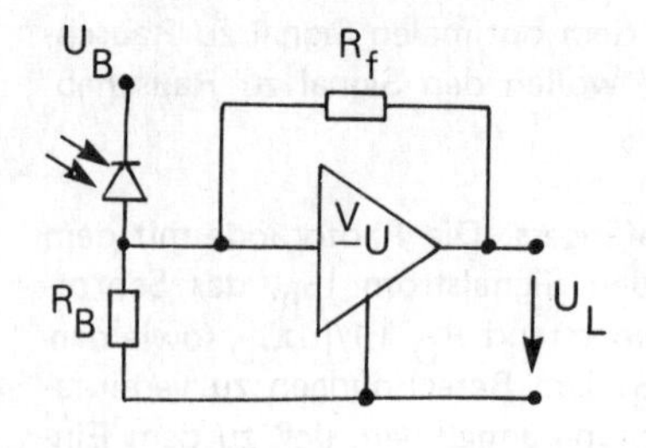

Bild 7.13: Schaltbild eines optischen Empfängers

Bei bipolaren Transistoren hat man zwei Rauschstromquellen am Eingang und Ausgang, gegeben durch den Basis- und Kollektorstrom

$$I^2_{rve} = 2qI_BB \tag{7.100}$$

$$I^2_{rva} = 2qI_CB \tag{7.101}$$

Die Rauschspannung des Basiswiderstandes ist unwirksam, da wir aus einer Stromquelle den Verstärker einspeisen.

Das Ersatzschaltbild 7.14 soll als Grundlage für die Berechnung des Verhältnisses von Signalleistung zu Rauschleistung und des optimalen Multiplikationsfaktors M_{opt} dienen. Bild 7.15 zeigt das vereinfachte Ersatzschaltbild für einen Verstärker mit bipolaren Transistoren und Emitterschaltung.

Es gilt:

$$I_{ph} = \eta \frac{q}{h\nu} P M$$

$$I_{re}^2 \approx I_q^2 + I_{rB}^2 + I_{rf}^2 + I_{rve}^2$$

$$I_{re}^2 \approx 2 \left(\eta \frac{q}{hf} P\right) q BM^{2+x} + \frac{4\,k\,T\,B}{R_B || R_f} + 2q\, I_B B$$

$$R_e = R_D \,||\, R_B \,||\, \frac{R_f}{/V_u/} \,||\, R_{ev} \tag{7.102}$$

$$C_e = C_D + /V_u/C_f + C_V$$

$$g_m = \frac{I_C}{26\,mV} = \frac{ß}{R_{ev}}$$

$$I_{rva}^2 = 2q\, I_C\, B$$

Die spektrale Rauschleistungsdichte am Ausgang kann man berechnen, indem man die einzelnen Rauschleistungsdichten am Eingang jeweils mit $/\underline{H}\ (\omega)/^2$ multipliziert. $\underline{H}\ (\omega)$ ist die entsprechende Übertragungsfunktion der einzelnen Rauschanteile vom Eingang zum Ausgang. Bei der vorgegebenen Schaltungskonfiguration existiert nur eine Übertragungsfunktion. Sie lautet:

$$\underline{H}(\omega) = \frac{g_m \, \underline{U}_e}{I_{ph}} \quad \text{mit } \underline{U}_e = I_{ph} \, R_e \,||\, \frac{1}{j\omega C_e} \text{ folgt}$$

$$\underline{H}(\omega) = \frac{g_m \, I_{ph} \, R_e || \frac{1}{j\omega C_e}}{I_{ph}} = g_m \, R_e \,||\, \frac{1}{j\omega C_e} \tag{7.103}$$

Die Effektivwerte der Rauschleistung am Ausgang erhält man, indem man die spektrale Rauschleistungsdichte am Ausgang über die Frequenz integriert.

$$I_{pha}{}^2 = \int_0^B \frac{I_{ph}{}^2}{-B} (f) \cdot |H(\omega)|^2 \, df \tag{7.104}$$

$$I_{ra}{}^2 = \int_0^B \frac{I_{re}{}^2}{B} |H(\omega)|^2 \, df + \int_0^B \frac{I_{rva}{}^2}{B} \, df \tag{7.105}$$

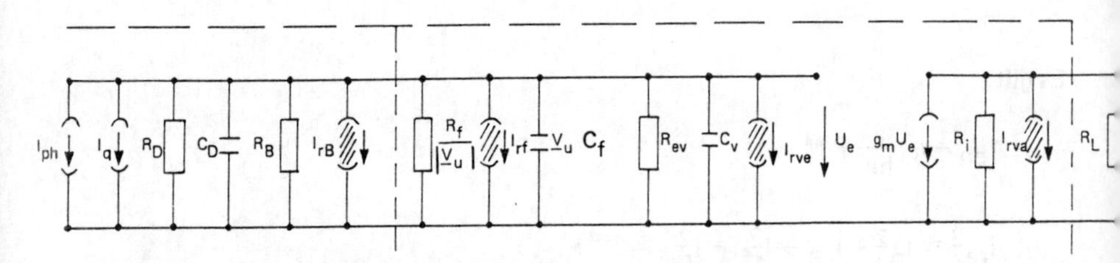

Bild 7.14: Ersatzschaltbild des optischen Empfängers

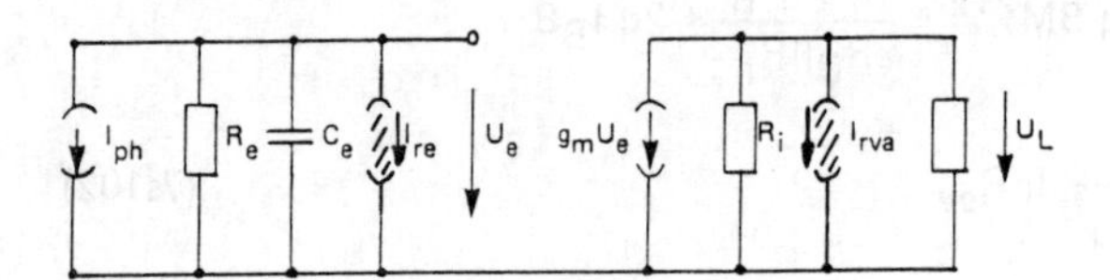

Bild 7.15: Vereinfachtes Ersatzschaltbild des optischen Empfängers

Aus dem Verhältnis der Signalleistung zur Rauschleistung erhält man S_a/N_a am Ausgang.

$$\frac{S_a}{N_a} = \frac{I_{pha}{}^2}{I_{rea}{}^2} = \frac{\int_0^B I_{ph}{}^2(f) \, \frac{1}{B} \, |\underline{H}(\omega)|^2 \, df}{\int_0^B \frac{I_{re}{}^2}{B} \, |H(\omega)|^2 \, df + \int_0^B \frac{I_{rva}{}^2}{B} \, df} \tag{7.106}$$

Das Verhältnis von Signalleistung zur Rauschleistung am Eingang erhält man, in dem man $\frac{S_a}{N_a}$ durch $|H(\omega)|^2$ dividiert.

$$\frac{S_e}{N_e} = \frac{\int_o^B I_{ph}^2 (f) \frac{1}{B} df}{\int_o^B \frac{I_{re}^2}{B} df + \int_o^B \frac{I_{rva}^2}{B} df}$$

$$\frac{S_e}{N_e} = \frac{(\eta \frac{q}{hf} P M)^2}{\int_o^B 2(\eta \frac{q}{h\nu} P) q M^{2+x} df + \int_o^B \frac{4kT}{R_B||R_f} df + \int_o^B 2 q I_B df + \int_o^B \frac{2 q I_c}{|(g_m \cdot R_e|| \frac{1}{j\omega C_e})|^2} df} \quad (7.107)$$

Daraus läßt sich durch ableiten nach M und $\frac{S_e}{N_e} = 0$ M_{opt} ausrechnen.

$$C = \int_o^B \frac{4kT}{R_P||R_f} df + \int_o^B 2 q I_B df + \int_o^B \frac{2 q I_c}{|(g_m \cdot R_e|| \frac{1}{j\omega C_e})|^2} df$$

$$C = \frac{4kTB}{R_B|| R_f} - 2 q I_B B + \int_o^B \frac{2 q I_c}{|(g_m \cdot R_e|| \frac{1}{j\omega C_e})|^2} df$$

$$(\frac{S_e}{N_e})' = \frac{(2(\eta \frac{q}{h\nu} P) q B M^{2+x} + C) \cdot 2M(\eta \frac{q}{h\nu} P)^2 - (\eta \frac{q}{h\nu} PM)^2 (2+x) 2(\eta \frac{q}{h\nu} P) q M^{1+x} B}{\text{Nenner}^2}$$

$$2(\eta \frac{q}{h\nu} P) q B M^{2+x} + C) \cdot 2M(\eta \frac{q}{h\nu} P) q B M^2 (2+x) M^{1+x} = 0$$

$$C = M^{2+x} ((\eta \frac{q}{h\nu} P) q B ((2+x) - 2))$$

$$M^{2+x} = \frac{C}{(\eta \frac{q}{h\nu} P) q B x}$$

$$M = M_{opt} = \left[\frac{\frac{4\,k\,T\,B}{R_B \parallel R_f} + 2\,q\,I_B\,B + \int_0^B \frac{2\,q\,I_C}{|g_m \cdot R_e \parallel \frac{1}{j\omega C_e}|^2} df}{(\eta \frac{q}{hf} P)\,q\,B\,x} \right]^{\frac{1}{2+x}} \quad (7.108)$$

Bei der Verwendung von Feldeffekttransistoren ergeben sich Änderungen. Es ist nicht mehr $g_m = ß/R_v$, sondern die Steilheit g_{mF} sowie nur das Rauschen des Kanalstromes I_{rv} zu berücksichtigen. Damit ergeben sich folgende Gleichungen:

$$I_{rv}^2 = \frac{8}{3}\,k\,T\,g_{mF}\,B \quad (7.109)$$

$$I_{re}^2 = I_q^2 + I_{rB}^2 + I_{rf}^2 = 2\,(\eta \frac{q}{hf} P)\,q\,B\,M^{2+x} + \frac{4\,k\,T\,B}{R_B \parallel R_f} \quad (7.110)$$

Bei kleinem Lastwiderstand am Ausgang beträgt die Signalleistung:

$$(g_{mF} U_e)^2\,R_L = g^2_{mF}\,I_{ph}^2\,R_e^2 R_L \quad (7.111)$$

Damit ergibt sich das Verhältnis von Signalleistung zur Rauschleistung zu:

$$\frac{S_a}{Na} = \frac{g_{mF}^2\,I_{ph}^2\,R_e^2\,R_L}{\int_0^B \frac{I_{re}^2}{B} |H(\omega)|^2\,df + \int_0^B \frac{I_{rv}^2}{B}\,df} \quad (7.112)$$

Ebenfalls wieder durch $|H(\omega)|$ dividiert ergibt sich das Verhältnis von Signalleistung zu Rauschleistung am Eingang.

$$\frac{S_e}{N_e} = \frac{\frac{(I_{ph}^2\,R_e)^2\,R_L}{g_{mF}^2 |\,(R_e \parallel \frac{1}{j\omega C_e})|^2}}{\int_0^B \frac{I_{re}^2}{B}\,df + \int_0^B \frac{I_{rv}^2}{B\,g_{mF}^2\,|\,R_e \parallel \frac{1}{j\omega C_e})|^2}\,df} \quad (7.113)$$

$$\frac{S_e}{N_e} = \frac{\dfrac{(I_{ph} R_e)^2 R_L}{g_{mF}{}^2 |R_e \| \frac{1}{j\omega C_e})|^2}}{\int_o^B 2(\eta \frac{q}{hf} P)\, q\, B\, M^{2+x}\, df + \int_o^B \frac{4\,k\,T}{R_B \| R_f}\, df + \int_o^B \frac{8/3\,k\,T\,g_{mF}\,B}{B\, g_{mF}^2\, |(R_e \| \frac{1}{j\omega C_e})|^2}\, df} \tag{7.114}$$

Abgeleitet nach M und gleich Null gesetzt ergibt M_{opt} zu:

$$\frac{S_e}{N_e} = \frac{\dfrac{(\eta \frac{q}{hf} P\, M)^2\, R_e{}^2 R_L}{g_{mF}^2\, |(R_e \| \frac{1}{j\omega C_e})|^2}}{2(\eta \frac{q}{hf} P)\, q\, B\, M^{2+x} + \frac{4\,k\,T\,B}{R_B \| R_f} + \int_o^B \frac{8 \cdot k \cdot T}{3\, g_{mF}^2\, |R_e \| \frac{1}{j\omega C_e})|^2}\, df}$$

Abgeleitet und nach M aufgelöst

$$M^{2+x} = \frac{\frac{4\,kT \cdot B}{R_B \| R_f} + \int_o^B \frac{8\,k\,T}{3\, g_{mF} (R_e \| C_e)^2}\, df}{(\eta \frac{q}{hf} P)\, q\, B\, (\, (2+x)\, \dfrac{g_{mF}^2\, |(R_e \| \frac{1}{j\omega C_e})|^2}{R_e{}^2\, R_L} - 2)}$$

Daraus ergibt sich:

$$M = M_{opt} = \left(\frac{\frac{4\,k\,T\,B}{R_B \| R_f} + \int_o^B \frac{8\,k\,T}{3\, g_{mF}^2\, |(R_e \| \frac{1}{j\omega C_e})|^2}\, df}{(\eta \frac{q}{hf} P)\, q\, B\, (\, (2+x)\, \dfrac{g_{mF}^2\, (R_e \| \frac{1}{j\omega C_e})|^2}{R_e{}^2\, R_L} - 2} \right)^{\frac{1}{2+x}} \tag{7.115}$$

In der Praxis stellt man M_{opt} durch Messung der Bitfehlerrate dar, indem man sie durch Veränderung von M zum Minimum macht.

7.11 Kritische Betrachtung der auf der WARC-Konferenz 1977 und RARC-Konferenz 1983 beschlossenen Rundfunk-Satelliten-Systemwerte

7.11.1 WARC-Anforderungen an den Fernsehdirektempfang von Satelliten

Die WARC-Konferenz '77 hat die Systemwerte für die weltweite Satellitenfernsehübertragung festgelegt. Auf Wunsch der Vertreter der Länder der westlichen Hemisphäre gelten die Systeme für die Region nicht. Sie wurden in RARC-Konferenz '83 gesondert festgelegt. Tabelle 7.2 zeigt die wesentlichen Systemwerte für Satellitenfernsehdirektübertragung der WARC-Konferenz '77 (7.22, 7.23).

Tabelle 7.2: Die wichtigsten Systemwerte für Satellitenfernsehdirektübertragung nach WARC '77 und RARC '83

- Spitzen Satelliten-EIRP: 62 – 65 dBW
- 27 MHz Bandbreite, Frequenzmodulation
- $\frac{C}{N}$ (Min) = 14 dB, $\frac{S}{N}$ (bewertet) 49 dB (RARC 46 dB)
- System-Rauschtemperatur des Empfängers 1800 K
- $\frac{G}{T}$ (Min) = 6 dB/K (RARC 10 dB/K)
- Leistungsflußdichte – 103 dBW/m^2 (RARC – 107 dBW/m^2)

Aus diesen Systemwerten errechnet sich die Transponderleistung für einen Fernsehkanal.

Tabelle 7.3 zeigt die Leistung pro Fernsehkanal für die Länder Luxemburg, Bundesrepublik Deutschland und eine USA-Zeitzone.

Tabelle 7.3: Leistung pro Fernsehkanal nach WARC '77

Land (Ausleuchtungszone)		Leistung pro Fernsehkanal (W)
Luxemburg	(0,6° x 0,7°)	80
Bundesrepublik Deutschland	(0,6° x 1,7°)	250
USA-Zeitzone	(2° x 2,8°)	1300

Legen wir, wie vorgesehen, fünf Fernsehprogramme zugrunde, so kommen wir für die USA-Zeitzone zu einer ausgestrahlten Leistung von 5 x 1300 W = 6500 W. Mit einem üblichen Wirkungsgrad der Verstärker im Satelliten von 30% ergibt sich eine Solarleistung von 22 KW. Zur Erzeugung dieser beachtlichen Leistung benötigt man allein 200 m^2 Solarzellenfläche. Es soll überprüft werden, ob man die Forderungen für großflächige Ausleuchtungszonen nicht dem Stand der Technik anpassen kann, um eine Fernsehdirektübertragung in großflächigen Zonen unter erträglichem Aufwand ermöglichen zu können.

7.11.2 Stand der Technik der Satelliten- Rundfunk-Einzelempfänger

Da der Rauschfaktor des Satellitendirektempfängers direkt in die Sendeleistung des Fernsehtransponders eingeht, bemüht man sich weltweit, einen rauscharmen, aber auch preiswerten Vorverstärker mit GaAs-Feldeffekttransistoren zu entwickeln.

Bild 7.16 zeigt die relativen Kosten eines Front-Ends in Abhängigkeit von der Rauschtemperatur des Empfängers in Kelvin (7.24).

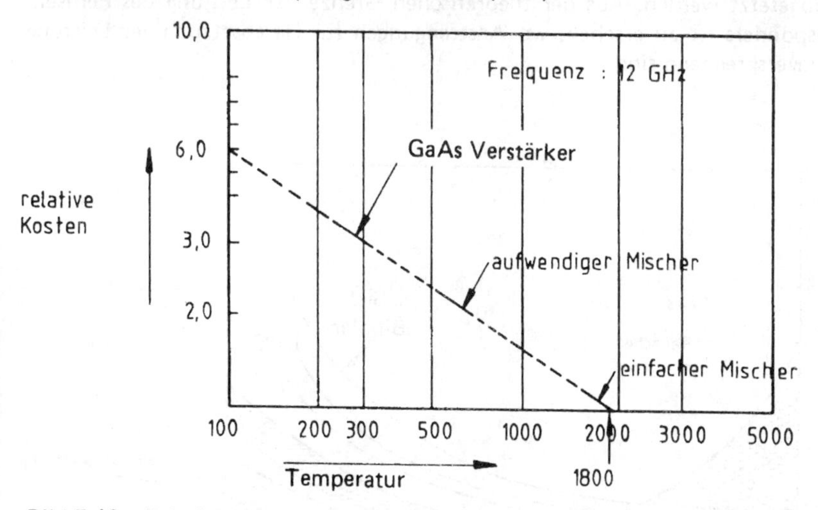

Bild 7.16: Relative Kosten eines Front-Ends in Abhängigkeit von der Rauschtemperatur

Der einfache Mischer, der der WARC-Konferenz 1977 zugrunde gelegt wurde, hat eine Rauschtemperatur von 1800 K, der verbesserte Mischer nach Konischi eine Rauschtemperatur von 660 K und der Vorverstärker mit GaAs-FET oder HEMT-Transistoren eine Rauschtemperatur von kleiner als 300 K (7.24, 7.25, 7.26).

Tabelle 7.4 zeigt den Einfluß der Empfängerrauschtemperatur auf die Transponderleistung für die USA-Zeitzone. Man sieht, daß beim Einsatz von Vorverstärkern mit GaAs-MES-FET in den Einzelempfängern die Transponderleistung bis auf 200 W hergestellt wird.

Tabelle 7.4: Einfluß der Empfängerrauschtemperatur auf die Transponderleistung für die USA-Zeitzone

Front-End	Rauschtemperatur	Transponderleistung
einfache Mischer	1800 K	1300 W
verbesserte Mischer	660 K	500 W
Ga-As-MES-FET Vorverstärker	300 K	200 W

Bild 7.17 zeigt die Rauschzahlverbesserung ab 1984 (7.28). Es zeigt, daß man bei GaAs-MES-FET mit einer Gatelänge von 0,1 μm Rauschzahlen von 1 dB realisieren kann. Damit kann die Rauschzahl des Empfängers deutlich unter 3 dB herabgesetzt werden. Aus der theoretischen Grenze der Leistung des Fernsehtransponders ist zu ersehen, wo Anstrengungen zur Herabsetzung der Leistung erfolgversprechend sind.

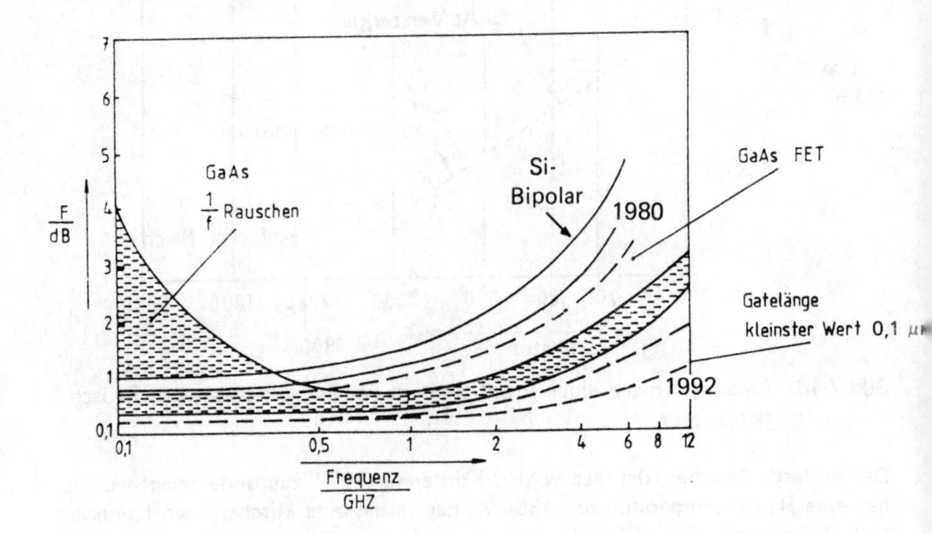

Bild 7.17: Rauschzahlverbesserung von GaAs-MES-FET ab '80 (s. auch Seite 134 und 381)

7.11.3 Die theoretische Minimalgrenze der Sendeleistung des Fernsehtransponders

Ist:

A_{Ausl} = die Fläche der Ausleuchtungszone und
A_E = die Wirkfläche der Empfängerantenne
P_S = die Sendeleistung des Fernsehkanals des Satelliten
P_E = die Empfangsleistung des Einzelkanalempfängers
dann gilt:

$$P_E = P_S \frac{A_E}{A_{Ausl}} \tag{7.116}$$

Das Verhältnis Träger- zu Rauschleistung $\frac{C}{N}$ beträgt dann

$$\frac{C}{N} = \frac{P_E}{N_0 B} = \frac{P_E}{KTB} \tag{7.117}$$

Dabei bedeutet:

K = Boltzmann-Konstante dBW/HzK
T = Systemrauschtemperatur dBK
B = RF-Bandbreite dBHz

Aus Gl. (7.116) und Gl. (7.117) ergibt sich die benötigte Sendeleistung zu

$$P_S = \frac{C}{N} \cdot KTB \cdot \frac{A_{Ausl}}{A_E} \tag{7.118}$$

werden die minimalen System-Werte

$$\frac{C}{N} = 10\ \text{dB}, \qquad B = 27\ \text{MHz und } T = 300\ \text{K}$$

eingesetzt, erhält man für verschiedene Ausleuchtungszonen die in Tabelle 7.5 dargestellten erforderlichen minimalen Sendeleistungen.

Tabelle 7.5: Die theoretische Minimalgrenze der Leistung pro Fernsehkanal

Land (Ausleuchtungsfläche)	Leistung pro Fernsehkanal
300 000 km^2 (Deutschland)	$<$ 1,0 W
2 x 10^6 km^2 (ca. USA-Zeitzone)	4,0 W
10 x 10^6 km^2 (ca. Brasilien)	20,0 W

Die Diskrepanz zwischen der durch die WARC '77 festgelegten Leistung von 260 W und der theoretischen Minimalgrenze von 0,5 W für Deutschland, entsprechend einem Verhältnis von 500 oder 27 dB, rührt vor allem daher, daß man mit der heutigen Antennentechnik nicht in der Lage ist, die Satellitenleistung in der Ausleuchtungszonde gleichmäßig zu verteilen und den Anteil der Leistung außerhalb der Ausleuchtungszone klein zu halten.

Für den Fernsehteilnehmer ergibt sich die Möglichkeit, Satellitenfernsehprogramme der Nachbarländer empfangen zu können. Demgegenüber wollen die überwiegende Mehrheit der Regierungen die Ausleuchtungszonen möglichst auf das Gebiet des entsprechenden Staates begrenzen. Eine Ausnahme bilden inzwischen die europäischen Staaten, die es zulassen, daß außer den eigenen fünf Programmen auch die Nachbarprogramme empfangen werden können. Die Realität zeigt, daß hierzu ein großer Aufwand erforderlich ist. Es sieht eher so aus, daß die Regierungen in Zukunft jeden Fortschritt in der Antennentechnik ausnutzen werden, um den Spillover klein zu halten. Das wiederum verkleinert die erforderliche Leistung des Transponders.

7.11.4 Leistungsbilanz für die Satelliten-Abwärtsstrecke

Der kritische Teil des Übertragungsweges ist die Abwärtsstrecke. Tabelle 7.5 zeigt die Leistungsbilanz der Abwärtsstrecke eines Fernsehsatelliten für eine Ausleuchtungszone von $2^\circ \times 2{,}8^\circ$, etwa in de Größe einer USA-Zeitzone bei einer Rauschtemperatur von 300 K. Man sieht, daß bei Rauschtemperatur von 300 K ein EIRP von 59 dBW ausreicht, während WARC 77 Werte von 62 – 65 dBW vorgesehen hat.

Die Leistungsflußdichte kann man aus der Empfangsträgerleistung und einem zugrundegelegten Antennenwirkungsgrad von 58% erhalten. Sie beträgt $-108 \frac{\text{dBW}}{\text{m}^2}$. Ebenfalls ist zu erkennen, daß beim Einsatz von GaAs-MES-FET-Vorverstärkern in Satelliten-Rundfunk-Einzelempfängern $\frac{G}{T}$ Werte von 13 – 14 dB/K erreicht werden kann.

Tabelle 7.6: Leistungsbilanz der Abwärtsstrecke für eine Ausleuchtungszone $2^\circ \times 2{,}8^\circ$

Transponder-Ausgangsleistung	340,0 W
Transponder-Ausgangspegel	25,0 dBW
Leitungsdämpfung	1,5 dB
Satelliten-Antennengewinn	34,9 dB
Satelliten-EIRP	58,4 dBW

Streckendämpfung	205,9 dB
Regendämpfung	2,0 dB
Antennengewinn	38,6 dB
Empfängerträgerleistung	– 110,9 dBW
Boltzmann-Konstante	– 228,6 dBW/HzK
Systemrauschtemperatur	25 dBK
RF-Bandbreite	74,3 dBHz
gesamte Rauschleistung	– 129,3 dBW
C/N Abwärts	18,4 dB
Verschlechterung durch die Aufwärtsstrecke	0,3 dB
(C/N) gesamt	18,1 dB
FM-Modulationsverbesserung	17,7 dB
Verbesserung durch Preemphase und Rauschbewertung	13,2 dB
S/N unbewertet	35,8 dB
S/N Video Spitze zum bewerteten Geräusch	49,0 dB

7.11.5 Erforderliche Leistung bei großen Ausleuchtungszonen

Bild 7.18 zeigt die drei Zeitzonen von USA. Die Leistung pro Kanal beträgt 340 W und die EIRP am Rande der Zonen 58,4 dBW. Bild 7.19 zeigt die westliche und die östliche Ausleuchtungszone von China. Die Satellitensendeleistung pro Fernsehkanal beträgt 340 W. Die EIRP beträgt am Rand der Zone 54,4 dBW bzw. 56 dBW und im Südosten sogar 57,5 dBW.

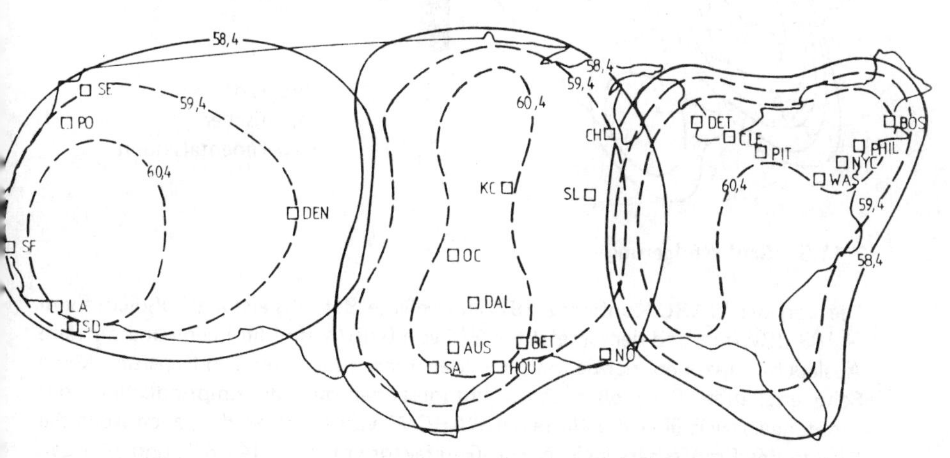

Bild 7.18: Drei USA-Zeitzonen

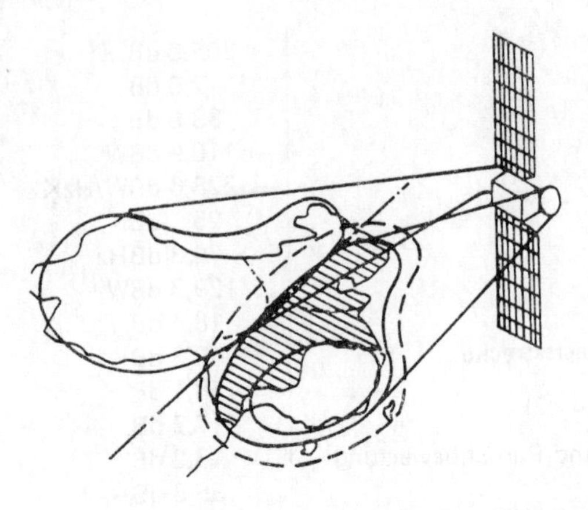

Bild 7.19:
Westliche und östliche
Ausleuchtungszone der
Volksrepublik China

Bild 7.20 stellt den japanischen Experimentalsatelliten dar (7.25). Die EIRP von 55 dBW für das Festland zeigt, daß die vorgeschlagenen Werte realistisch sind.

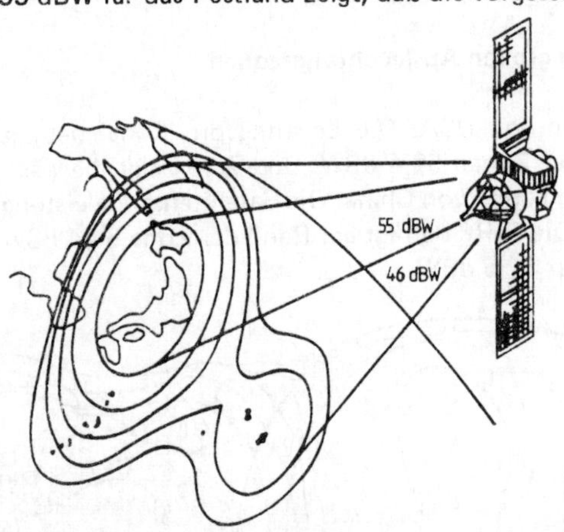

Bild 7.20:
Japanischer
Experimentalsatellit

7.11.6 Schlußfolgerung

Die von der WARC-Konferenz 1977 festgelegte Betriebsleistungsflußdichte von -103 dBW/m^2 und der Gütefaktor G/T von 6 dB/K sind für kleine und mittlere Ausleuchtungszonen richtig und bereiten hinsichtlich der Sendeleistung keine Schwierigkeiten. Für größere Ausleuchtungszonen muß die Empfindlichkeit des Empfängers weit über die Werte der WARC 77 verbessert werden, auch wenn die Kosten des Empfängers steigen. Ein Gütefaktor von 13 – 14 dB/K und eine Leistungsflußdichte von -108 dBW/m^2 sind realistisch. Es ist zu erwarten, daß bei der nächsten WARC-Konferenz (1992) die Werte dem Stand der Technik angepaßt werden. Damit erhalten die Entwicklungsländer die Chance, den Fernsehsatellitendirektempfang für Ausbildungszwecke einzusetzen.

Beispiel: Rauschanalyse des Empfängers eines optischen digitalen Nachrichtensystems

1. Einleitung:

Bild 7.21 und 7.22 zeigen das Prinzip und das Blockschaltbild einer optischen Nachrichtensystems.

a) Prinzip einer optischen Übertragungsstrecke

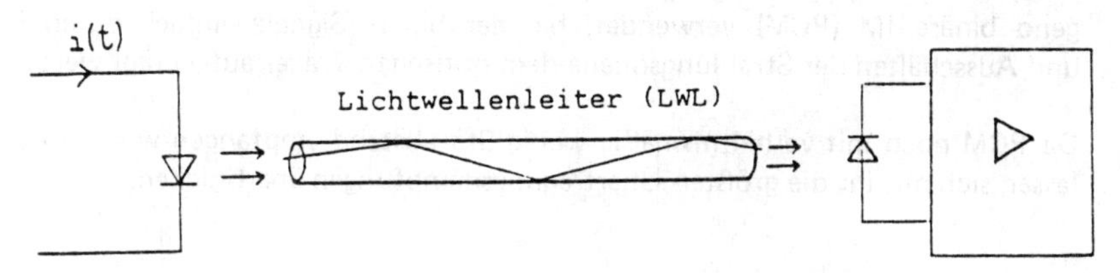

LED (Lumineszenzdioden) oder LASER-DIODE (LD)

PIN-Diode oder Avalanche-Photodiode (APD)

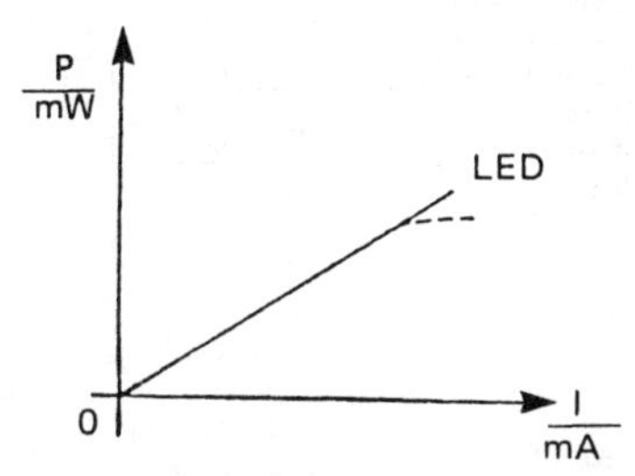

Betrieb in Durchlaßrichtung für LED

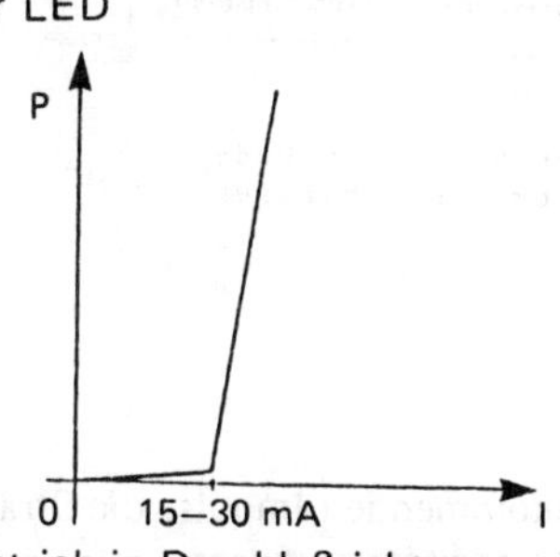

Betrieb in Durchlaßrichtung für Laserdiode (z.B. InGaAsP-Laser)

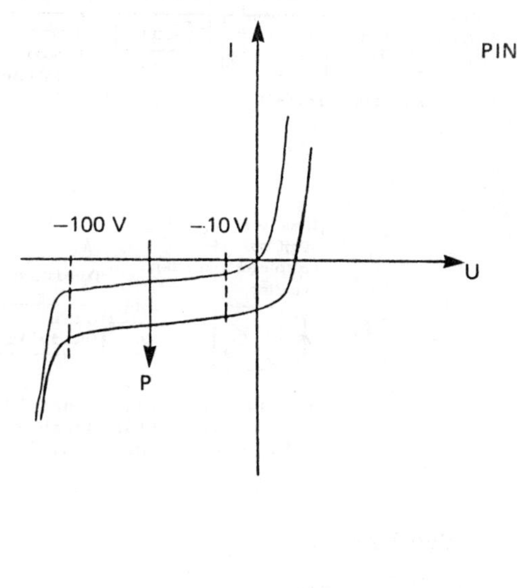

Betrieb in Sperrichtung für PIN oder APD
P: optische Leistung

Bild 7.21

Bei Systemen zur optischen Signalübertragung mit LWL als Übertragungsmedium dienen in der Regel direkt modulierte LED oder Laser-Dioden als Sender und PIN-Photodioden oder APD als Empfänger. Für die Modulation bietet sich analoge Intensitätsmodulation (IM) an, weil die Senderdiode eine lineare Strahlungsleistungs-Stromkennlinie, die Photodiode im Empfänger eine lineare Strom-Leistungs-Kennlinie und die Glasfaser eine nahezu lineare Aus/Eingangsleistungs-Charakteristik besitzen. Der Einsatz analoger IM ist beschränkt, weil das hohe Signal-Rausch-Leistungsverhältnis, das für störungsarmen Empfang benötigt wird, nur wenig Übertragungsdämpfung erlaubt. Deshalb wird heute überwiegend binäre IM (PCM) verwendet, bei der binäre Signale einfach durch Ein- und Ausschalten der Strahlungsquelle dem optischen Träger aufgeprägt werden.

Da PCM noch mit verhältnismäßig wenig Störabstand empfangen werden kann, lassen sich mit ihr die größten Übertragungsdämpfungen überbrücken.

b) Blockschaltbild für optische Übertragung mit binärer PCM:

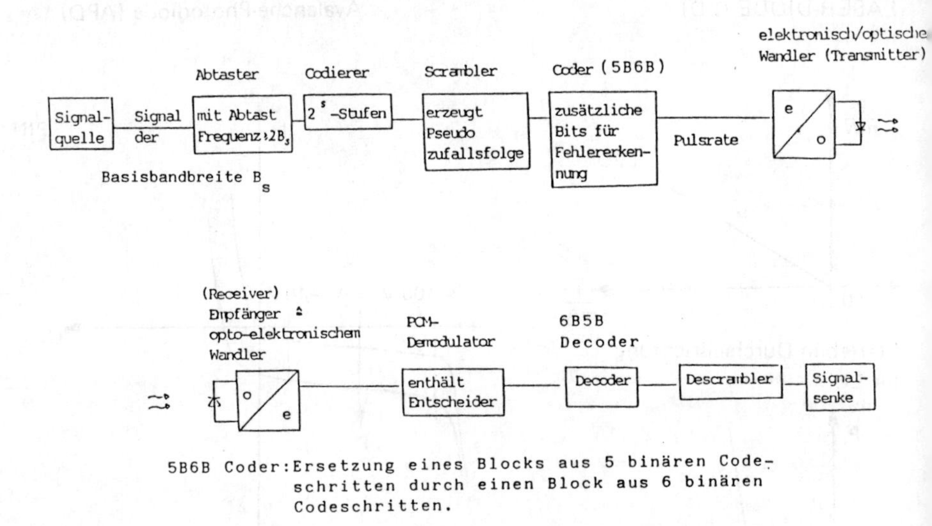

Bild 7.22

Bei binärer IM schalten auf der Sendeseite die ankommenden Impulse die Strahlungsquelle in ihrer Intensität oder steuern einen Intensitätsmodulator.

Die binären Codes sind so ausgelegt, daß aus dem Spektrum der Impulsfolgen die Taktfrequenz zur Steuerung des Entscheiders gewonnen werden kann. Dazu nimmt man z. B. RZ-Impulse („Return to Zero"; im Gegensatz zu NRZ „Non Return to Zero"), bei denen zwischen zwei aufeinanderfolgenden Einsen das Signal zur Grundlinie zurückkehrt. In dem nachfolgenden Scrambler wird das binäre PCM-Signal, einem bestimmten Algorithmus folgend, in eine Pseudozufallsfolge verwürfelt, damit in den wechselstromgekoppelten Empfängerverstärkern – können keinen Gleichanteil übertragen – die Grundlinie nicht zu sehr schwankt und dadurch Fehler entstehen. Diese Umkodierung führt zu einer konstanten Pulsdichte ohne Nullfolgen. Dadurch wird bei Verwendung einer LASER-Sendediode diese gleichmäßiger erwärmt.

Der Empfänger besteht aus Photodetektor, einem rauscharmen Vorverstärker (Preamplifier) und einem Nachverstärker (Postamplifier), einem Entzerrer (Equalizer) und einem Filter (TP).

Bild 7.23 und 7.24 zeigen das Blockschaltbild und das Prinzipschaltbild eines optischen Empfängers.

c) Empfänger: Blockschaltbild

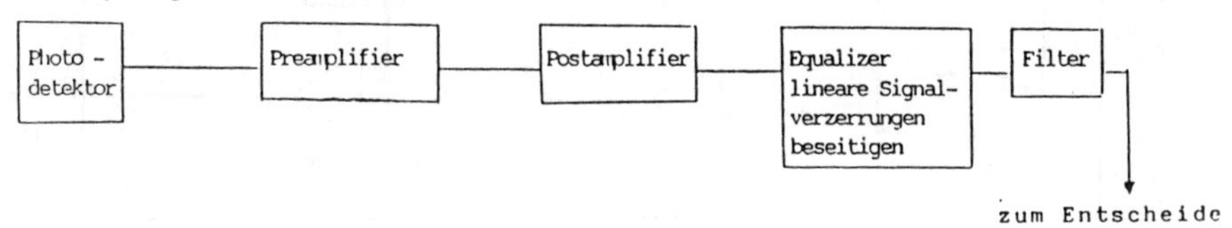

Bild 7.23

Der Photodetektor zusammen mit dem Vorverstärker bestimmt die Empfindlichkeit des Empfängers und stellt die beherrschende Quelle des Rauschens, welches zusätzlich auf dem Signal liegt, dar.

Die Aufgabe der Rauschanalyse ist es nun, eine Formel für minimale optische Empfangsleistung, abhängig von dem Rauschen des Photodetektors und Vorverstärkers, zu finden, die eine vorgegebene Bitfehlerrate (BER) bzw. Signal/Rausch-Verhältnis (S/N) erfüllt.

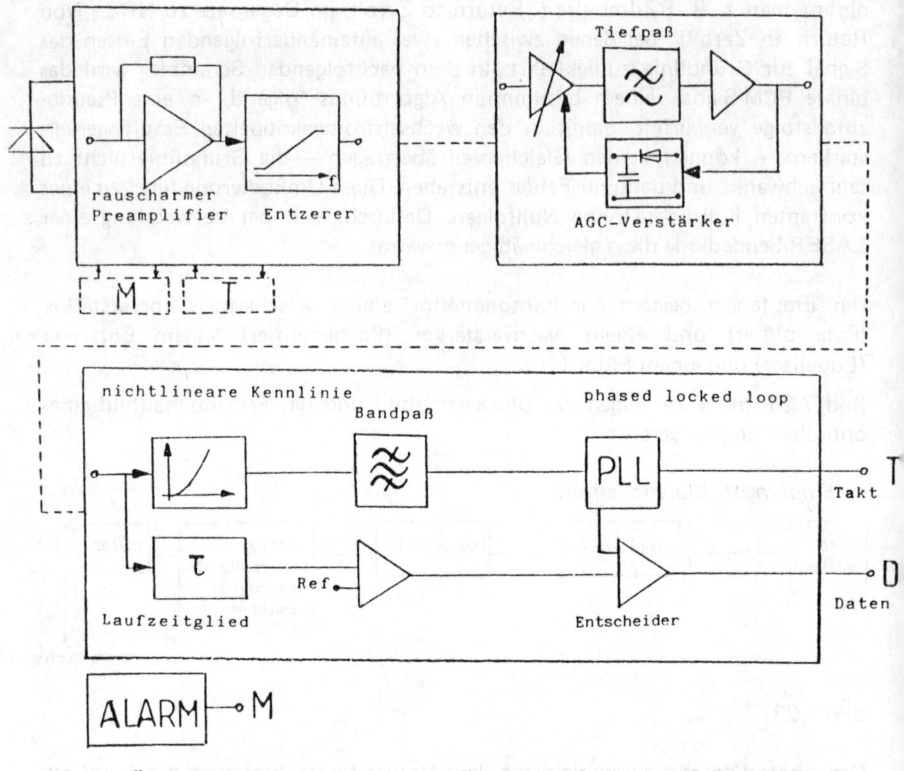

Alarm: Überwachungseinrichtung zur Fehlererkennung im Störungsfall. Damit sollte gleichzeitig eine Fehlereingrenzung verbunden sein.

PLL: Phasensynchronschleife zur Taktregenerierung und Synchronisierung auf der Empfangsseite.

AGC: Die Amplitude des Verstärkerausgangssignals wird automatisch geregelt.

Bild 7.24: Prinzipschaltbild eines optischen Empfängers

2. Rauschanalyse

Mit der Rauschanalyse erhält man Pmin oder die minimal erforderliche optische Leistung bei gegebener Bitfehlerrate. Grundlegende Arbeiten sind von Personick und Ogawa veröffentlicht worden (7.10) und werden hier, wie überall, zugrunde gelegt.

Ziel ist: Formel für Empfängerempfindlichkeit eines Empfängers mit PIN-Diode bei vorgegebener BFR

Die Empfängerempfindlichkeit ist hierbei gleichbedeutend mit der minimal empfangenen Strahlungsleistung für ausreichend störungsarmen Empfang.

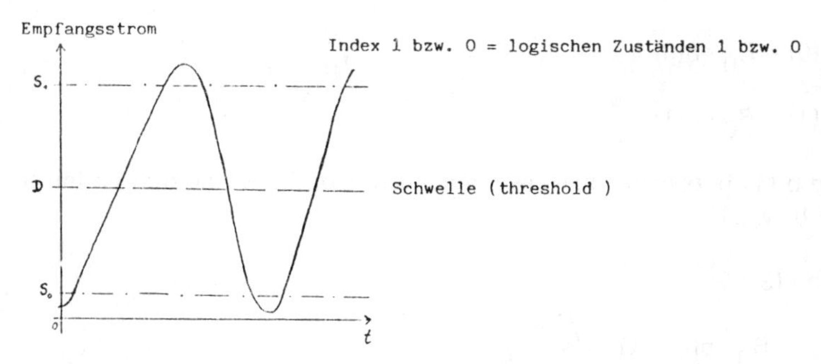

Bild 7.25

$$Q = \frac{|S_1 - D|}{\langle i^2 \rangle_1^{1/2}} = \frac{|D - S_0|}{\langle i^2 \rangle_0^{1/2}} \qquad (1)$$

Q ist ein Maß für die Empfangsgüte und beschreibt das Verhältnis aus Abstand von mittlerer Erwartungswert des in der Empfangsdiode erzeugten Stromes S_0, S_1 zu einer Schwelle D und der Wurzel aus dem Mittelwert des quadratischen Stromrauschens. Bei einer PIN-Photodiode ist der erzeugte Photostrom I_{sig} proportional der empfangenen Strahlungsleistung b(t). Die Ansprechempfindlichkeit R_0, definiert als Verhältnis aus erzeugter Ladung und Strahlungsenergie eines Photons $h \cdot \nu$, stellt dabei den Proportionalitätsfaktor dar. Die erzeugte Ladung ist abhängig von der Quantenausbeute η – Quotient aus Anzahl der erzeugten Elektronen und Anzahl der einfallenden Photonen – und der Elementarladung q.

$$I_{sig} = R_0 \cdot b(t) = \frac{\eta \cdot q}{h \cdot \nu} \cdot b(t) \qquad (2)$$

Bei der APD findet durch Stoßionisation – die im elektrischen Feld beschleunigten Ladungsträger setzen zusätzliche Ladungsträger frei – ein Stromverstärkungsprozeß statt. Dieser Lawineneffekt wird durch den Stromverstärkungsfaktor M berücksichtigt, mit dem Gl. (2) bei Verwendung einer APD multipliziert werden muß.

Da die APD erhebliche Nachteile – eine Regelschaltung für die Sperrspannung ist notwendig, um den Multiplikationsfaktor M im Betrieb konstant zu halten; hohe Sperrspannung unverträglich mit voll transistorisierten Schaltungen – gegenüber der PIN-Diode aufweist, wird in der folgenden Betrachtung von einem Empfänger mit PIN-Diode ausgegangen. Für die beiden logischen Zustände ergeben sich die Photoströme:

$$I_{sig}(0) = R_0 \cdot b(0)$$
$$I_{sig}(1) = R_0 \cdot b(1) \tag{3}$$

b (0) und b (1) bezeichnen hier die empfangenen optischen Leistungen im Zustand „0" bzw. „1".

Aus (1) und (3):

$$\begin{aligned} D - R_0 \cdot b(0) &= Q \cdot \sqrt{\langle i^2 \rangle_0} \\ R_0 \cdot b(1) - D &= \sqrt{\langle i^2 \rangle_1} \\ \hline \Sigma = \quad R_0 \cdot [b(1) - b(0)] &= Q \cdot [\sqrt{\langle i^2 \rangle_0} + \sqrt{\langle i^2 \rangle_1}] \end{aligned} \tag{4}$$

Der gesamte Rauschstrom, verursacht durch den Photodetektor und 1. Verstärkerstufe, setzt sich zusammen aus dem Schrotrauschen (shot noise) des Dunkelstromes I_N und des Photostromes I_{sig} und dem Verstärkerrauschen $\langle i^2 \rangle_c$. Der Dunkelstrom ist derjenige Strom, der fließt, wenn gar keine optische Strahlung einfällt. Er entsteht durch thermisch erzeugte Ladungsträger in der i-Zone, die eine regellose Impulsfolge hervorrufen.

Da die Entstehung des Dunkelstromes auf einem Zufallsprozeß beruht, schwankt er regellos, zeigt also den Effekt des Schrotrauschens. Diese Überlegung führt zu dem Ansatz für den Gesamt-Rauschstrom.

$$\begin{aligned} \langle i^2 \rangle_0 &= 2 \cdot q \cdot R_0 \cdot I_1 \cdot B \cdot b(0) + 2q \cdot I_N \cdot I_2 \cdot B + \langle i^2 \rangle_c = k_1 \cdot b(0) + k_2 \\ \langle i^2 \rangle_1 &= 2 \cdot q \cdot R_0 \cdot I_1 \cdot B \cdot b(1) + 2q \cdot I_N \cdot I_2 \cdot B + \langle i^2 \rangle_c = k_1 \cdot b(1) + k_2 \end{aligned} \tag{5}$$

Photostrom Dunkelstrom Verstärker-Rauschanteil

I_1, I_2: Proportionalitätsintegrale
B: Bandbreite

Nach Einführung des Löschverhältnisses

$$r = \frac{b(0)}{b(1)} \tag{6}$$

erhalten wir die minimale Empfangsleistung Pmin, die aus dem arithmetischen Mittelwert (MW) der beiden in Frage kommenden Empfangsleistungen gebildet wird. Aus (4), (5), (6) nach einigen Umformungen:

$$\text{Pmin} = \frac{1}{2}\left[b(1) + b(0)\right] = \frac{1+r}{1-r} \cdot \frac{Q^2}{R_0^2} \cdot \left[\frac{k_1}{2} \cdot \frac{1+r}{1-r} + \sqrt{\frac{r}{(1-r)^2} \cdot k_1^2 + \frac{R_0^2}{Q^2} \cdot k_2}\,\right] \tag{7}$$

k_1, k_2, R_0 in (7) ersetzt:

$$\text{Pmin} = \frac{1+r}{1-r}\left(\frac{h \cdot \nu}{\eta \cdot q}\right) \cdot Q\left[\frac{1+r}{1-r} \cdot q \cdot Q \cdot I_1 \cdot B + \sqrt{\frac{r}{(1-r)^2}(2q \cdot Q \cdot I_1 \cdot B)^2 + 2q \cdot I_N \cdot I_2 \cdot B + \langle i^2 \rangle_c}\,\right] \tag{8}$$

b) Berechnung der Integrale I_1, I_2

Die Integrale I_1, I_2 lassen sich durch Koeffizientenvergleich mit Gl. (5) berechnen, indem wir in einem Ausdruck für die Ausgangsspannung einmal den Dunkelstrombeitrag vernachlässigen (I_N = 0) und im anderen Fall die empfangene optische Leistung zu Null setzen (P(W) = 0). Hierbei wird das Verstärkerrauschen $\langle i^2 \rangle_c$ weggelassen und im Teil c) separat berechnet.

Mit Z_T (ω) wird die Gesamtheit aller Übertragungsfkt. der Einzelkomponenten des Empfängers wie Photodetektor, Vor-/Nachverstärker, Entzerrer und Tiefpaß bezeichnet. Die sogenannte Transimpedanz Z_T (ω) nimmt eine Strom/Spannungswandlung vor und stellt einen Zusammenhang zwischen den Frequenzspektren von Eingangsstrom und Ausgangsspannung her.

Bild 7.26 zeigt den optischen Empfänger mit den Rauschquellen.

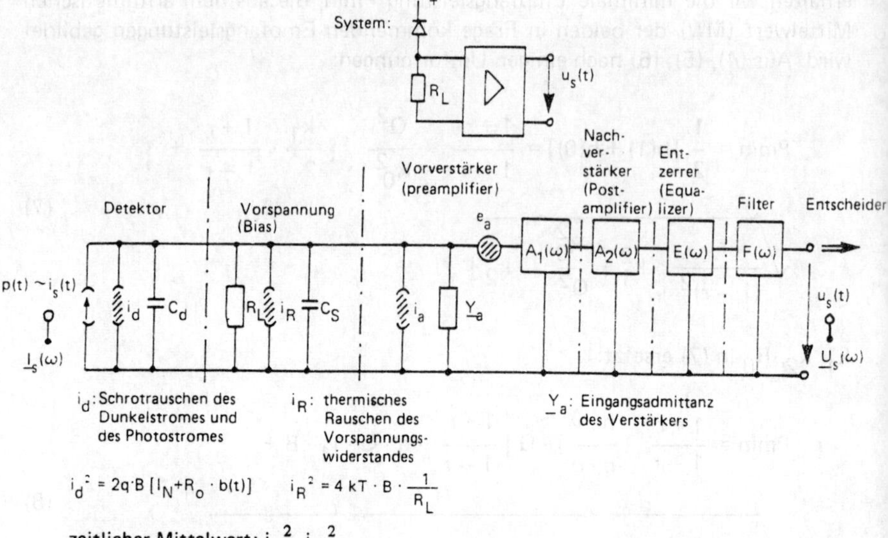

zeitlicher Mittelwert: i_d^2, i_R^2

i_a, e_a: Ersatzrauschstrom- bzw. -spannungsquelle

$A_1(\omega)$, $A_2(\omega)$, $E(\omega)$, $F(\omega)$: Übertragungsfunktionen

C_S: Streukapazität/Schaltkapazität (z. B. Gehäuse d. Diode, Zuleitung)
R_L: Vorspannungswiderstand
C_d: Sperrschichtkapazität (auch depletion Capacitance = Verarmungskapazität)

Bild 7.26: Optischer Empfänger mit Rauschquellen

Die Entstehung von Dunkelstrom und Photostrom sind zufallsbedingte Prozesse.

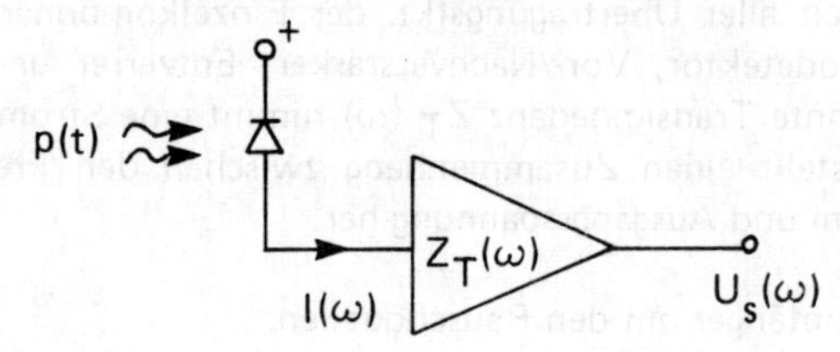

Bild 7.27

bzgl. Bild 7.26 gilt:

$$U_S(\omega) = I(\omega) \cdot Z_T(\omega)$$

$$Z_T(\omega) = \frac{A_1(\omega) \cdot A_2(\omega) \cdot E(\omega) \cdot F(\omega)}{Y_{in}(\omega)} \tag{9}$$

$$Y_{in}(\omega) = Y_a + \frac{1}{R_L} + j\omega(C_d + C_S)$$

Diese Gesetzmäßigkeit auf unseren Fall angewendet, ergibt für den Mittelwert der Ausgangsspannung:

$$\langle u_s(t) \rangle = (R_0 \cdot p(t) + i_N) * z_T(t) \tag{10}$$

Faltung im Zeitbereich:

$$\langle u_s(t) \rangle = \int_{-\infty}^{-\infty} [R_0 \cdot p(t') + i_N] \cdot z_T(t - t')\, dt'$$

Dabei ist ankommende optische Leistung gleich der Pulsantwort des LWL, die aus einer Serie von Impulsantworten besteht, die im zeitlichen Abstand der Taktzeit bzw. Zeitschlitzbreite ausgelöst und mit einem von zwei diskreten Zuständen bewertet werden.

$$p(t) = \sum_{k=-\infty}^{+\infty} b_K \cdot h_P\,(t - k \cdot T) \tag{11}$$

$$b_K = 0{,}1$$

Mittelwert der quadratischen Ausgangsspannung

$$\langle u_s^2(t) \rangle = q \cdot (R_0 \cdot p(t) + i_N) * z_T^2(t)$$

$$\langle u_s^2(t) \rangle = q \cdot \int_{-\infty}^{+\infty} [R_0 \cdot p(t') + i_N] \cdot z_T^2\,(t - t')\, dt' \tag{12}$$

Ein äquivalenter Ausdruck für $<u_s^2(t)>$ wird dadurch erreicht, indem die Gl. (12) in den Frequenzbereich transformiert und mit Fourieransatz anschließend wieder i.d. Zeitbereich zurücktransformiert wird, wobei eine Faltung im Zeitbereich einer Multiplikation im Frequenzbereich entspricht und umgekehrt.

$$<u_s^2(t)> = \frac{q}{(2\pi)^2} \cdot \int_{-\infty}^{+\infty} [R_0 \cdot P(\omega) + I_N(\omega)] \cdot [Z_T(\omega) * Z_T(\omega)] e^{j\omega t} \cdot d\omega \tag{13}$$

(allg.: $s_1(t) \cdot s_2(t) \circ\!\!-\!\!\bullet \frac{1}{2\pi} \cdot (S_1(\omega) * S_2(\omega))$)

Gl. (11) mit Hilfe des Zeitverschiebungssatzes in den Frequenzbereich transformiert:

$$P(\omega) = \sum_{k=-\infty}^{+\infty} b_k \cdot H_P(\omega) \cdot e^{-j\omega kT} \tag{14}$$

Die Transimpedanz $Z_T(\omega)$ wird umgeschrieben in einen dimensionsbehafteten Teil und einen frequenzabhängigen Teil

$$Z_T(\omega) = R_T \cdot H_T(\omega) \tag{15}$$

Zur Berechnung von I_1 (steht in dem Term für den Photostromrauschanteil) setzen wir $I_N(\omega) = 0$ und vereinbaren einige Substitutionen:

$$B = \frac{1}{T} \; ; \; y = \frac{f}{B} \; ; \; H'_{P,T}(y) = H_{P,T}\left(\frac{2\pi y}{T}\right) \tag{16}$$

mit (16), (15), (14), (13):

$$<u_s(t)^2> = \tag{17}$$

$$2 \cdot q \cdot R_0 \cdot R_T^2 \cdot B \cdot \sum_{-0}^{+\infty} b_K \cdot \int_{-0}^{+\infty} H'_P(y) \cdot e^{j\frac{2\pi y}{T}(t-kT)} \cdot [H_T'(y) * H_T'(y)]\, dy \quad \cdot \frac{1}{2\pi}$$

Nach Koeffizienten-Vergleich der Gl. (17) mit der Gl. (5) für den Rauschstromansatz und dem Umstand $<u_s^2> = R_T^2 \cdot <i^2>$ erhalten wir für das Integral I_1:

$$I_1 = \frac{1}{2\pi} \cdot \int_0^\infty H_P'(y) \cdot [H_T'(y) * H_T'(y)] dy \tag{18}$$

Zur Berechnung von I_2 (steht in dem Term für den Dunkelstromanteil) setzen wir $P(\omega) = 0$, d. h. es trifft keine optische Leistung ein.

Wenn wir den Dunkelstrom vereinfacht als nahezu konstant betrachten, besitzt I_N das Spektrum eines Diracstoßes:

$$I_N(\omega) = I_N \cdot 2\pi \cdot \delta(\omega) \tag{19}$$

Setzen wir die Voraussetzung $P(\omega) = 0$ und Gl. (19) in Gl. (13) ein:

$$<u_s^2(t)> = q \cdot I_N \int_{-\infty}^{+\infty} \delta(\omega) [Z_T(\omega) * Z_T(\omega)] e^{j\omega t} d\omega \cdot \frac{1}{2\pi}$$

$$= q \cdot I_N \cdot \int_{-\infty}^{+\infty} \int_{-\infty}^{+\infty} \delta(\omega) \cdot Z_T(\omega') \cdot Z_T(\omega - \omega')^{ej\omega t} d\omega\, d\omega' \cdot \frac{1}{2\pi}$$

Ausblendeigenschaft der Dirac-Funktion ausgenutzt:

$$<u_s^2(t)> = q \cdot I_N \cdot \int_{-\infty}^{+\infty} Z_T(\omega') \cdot Z_T(-\omega') d\omega' \cdot \frac{1}{2\pi} \tag{20}$$

Da $Z_T(\omega)$ reell für reelle $p = j\omega$ ist, dann gilt:

$$Z_T(-\omega) = Z_T^*(\omega) \tag{21}$$

(d. h. $Z_T(\omega') \cdot Z(-\omega') = Z_T(\omega') \cdot Z_T^*(\omega') = | Z_T(\omega')|^2$)

(21) in (20):

$$<u_s^2(t)> = q \cdot I_N \cdot \int_{-\infty}^{+\infty} | Z_T(\omega') |^2 d\omega' \cdot \frac{1}{2\pi}$$

Mit (15) und der Tatsache, daß $|Z_T(\omega')|^2$ eine gerade Funktion ist, gilt:

$$\langle u_s^2(t)\rangle = 2\,qI_N \cdot R_T^2 \int_0^\infty |H_T(\omega')|^2\, d\omega' \cdot \frac{1}{2\pi}$$

Wir führen nach (16) eine Substitution durch: $d\omega' = 2\pi \cdot B \cdot dy$; $y = \frac{f}{B}$

$$\langle u_s^2(t)\rangle = 2q \cdot BI_N \cdot R_T^2 \cdot \int_0^\infty |H_T'(y)|^2\, dy \tag{22}$$

erneuter Koeffizientenvergleich der Gl. (22) mit Gl. (5) ergibt:

$$I_2 = \int_0^\infty |H_T'(y)|^2\, dy \tag{23}$$

c) Verstärkerrauschanteil $\langle i\rangle_c^2$

Das Verstärkerrauschen wird so berechnet, daß der Verstärker ersetzt wird durch einen rauschfreien- und einen Eigenrausch-Anteil. Der Eigenrauschanteil wird erfaßt mit den herausgezogenen Rauschspannungsquellen bzw. -stromquellen.

Vorausgesetzt e_a und i_a sind unkorreliert, läßt sich das Verstärkerrauschen aus der Überlagerung der Beiträge beider Rauschquellen gewinnen.

$$\langle i^2\rangle_c \;=\; \langle i\rangle^2_{shunt} \;+\; \langle i^2\rangle_{series} \tag{24}$$

	Beitrag d. Rauschstromquelle e_a kurzgeschlossen	Beitrag d. Rauschspannungsquelle i_a leerlaufend

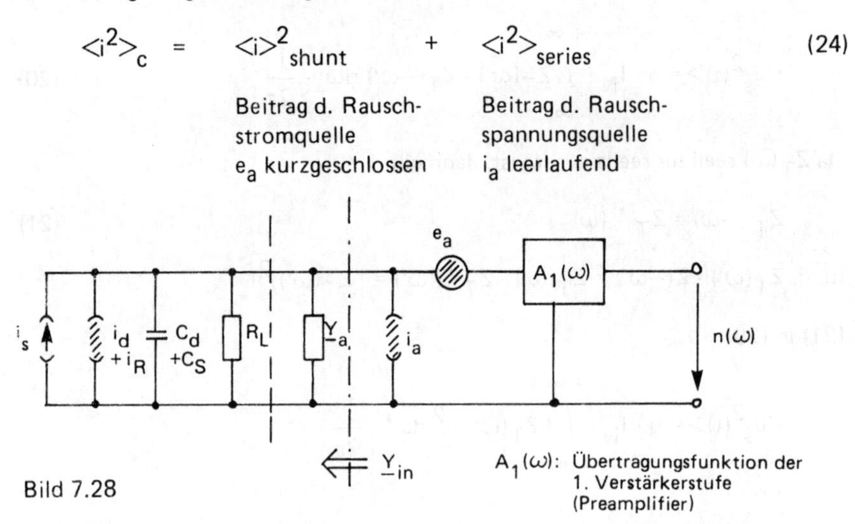

Bild 7.28

Beitrag der Rauschstromquelle:

Nach der wichtigen Aussage: „Das mittlere quadratische Ausgangsrauschen ist gegeben durch das Produkt aus mittleren quadratischen Eingangsrauschstromdichte und dem Betrag des Quadrates der Systemübertragungsfunktion über die Frequenz integriert" (Wiener-Khintchine):

$$<n^2>_{shunt} = \int_0^{\infty} \frac{d < i_a^2(\omega) >}{df} \cdot |Z_T(\omega)|^2 \, df \quad (25$$

spektrale Leistungsdichte des Stromes i_a $\left[\frac{A^2}{Hz}\right]$

für eine konstante Stromdichte:

$$<n^2>_{shunt} = \frac{d < i_a^2(\omega) >}{df} \cdot \int_0^{\infty} |Z_T(\omega)|^2 \, df \quad (26)$$

mit (15), (16), (23):

$$<n^2>_{shunt} = \frac{d < i_a^2(\omega) >}{df} \cdot R_T^2 \cdot I_2 \cdot B \quad (27)$$

Beitrag der Rauschspannungsquelle:

Aus Ersatzschaltbildern 6 und 7 läßt sich berechnen:

$$Y_{in} = Y_a(\omega) + \frac{1}{R_L} + j\omega(C_d + C_S) = \frac{1}{R_{in}} + j\omega C_T \quad (28)$$

wobei Y_{in} die in Richtung der Signalstromquelle eingesehene Admittanz darstellt.

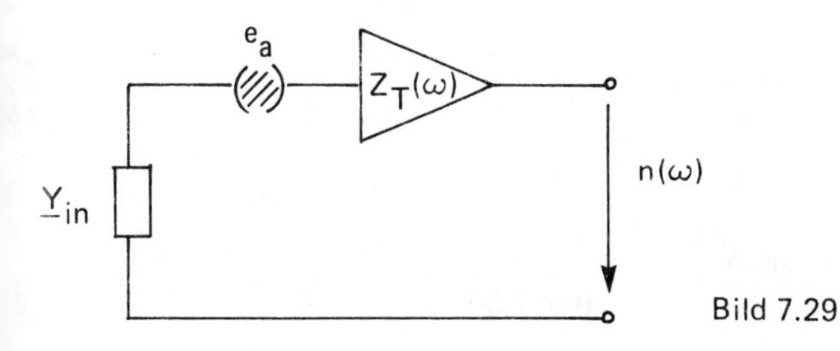

Bild 7.29

Nach Wiener-Khintchine:

$$\langle n^2\rangle_{series} = \int_0^\infty \frac{d\,e_a^2(\omega)}{df} \cdot |Y_{in}(\omega)|^2 \cdot |Z_T(\omega)|^2 \, df \quad (29)$$

Bei konstanter spektraler Rauschleistungsdichte der Spannung:

$$\langle n^2\rangle_{series} = \frac{1}{R_{in}^2} \cdot \frac{d\langle e_a^2\rangle}{df} \int_0^\infty |Z_T(\omega)|^2 \, df + (2\pi C_T)^2 \cdot \frac{d\langle e_a^2\rangle}{df} \int_0^\infty f^2 \, |Z_T(\omega)|^2 \, df \quad (30)$$

Mit

$$f^2 = B^2 \cdot y^2; \; df = B \cdot dy; \; I_3 = \int_0^\infty y^2 \, |H(y)|^2 \, dy \quad (31)$$

$$\langle n^2\rangle_{series} = \frac{d\langle e_a^2\rangle}{df} \left[\frac{1}{R_{in}^2} \cdot R_T^2 \cdot B \cdot I_2 + (2\pi C_T)^2 \cdot R_T^2 \cdot I_3 \cdot B^3 \right] \quad (32)$$

Aus (27) + (32):

$$\langle i^2\rangle_c = \frac{d\langle i_a^2\rangle}{df} \cdot I_2 B + \frac{d\langle e_a^2\rangle}{df} \left[\frac{1}{R_{in}^2} \cdot B \cdot I_2 + (2\pi C_T)^2 I_3 \cdot B^3 \right] \quad (33)$$

3. Zwei Beispiele für Rauschen der ersten Verstärkerstufe

a) mit FET

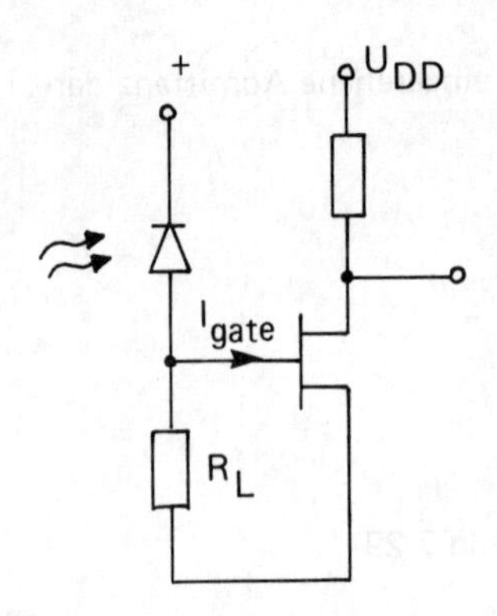

Bild 7.30

Die spektrale Leistungsdichte des Rauschersatzstromes i_a setzt sich zusammen aus dem thermischen Rauschen des Vorspannungswiderstandes R_L und dem Schrotrauschen der von dem Pn-Übergang verursachten Ströme:

$$\frac{d\langle i_a^2\rangle}{df} = \frac{4kT}{R_L} + 2qI_{gate} \tag{34}$$

Die spektrale Leistungsdichte der Rauschersatzspannung e_a enthält einen Rauschanteil, der durch den differentiellen Übertragungsleitwert g_m, auch als Steilheit bezeichnet, entsteht.

$$g_m = \frac{dI_D}{dU_{GS}} \qquad \text{typischer Wert: } g_m = 25 \text{ ms}$$

$$\frac{d\langle e_a^2\rangle}{df} = \frac{4kT \cdot \Gamma}{g_m} \tag{35}$$

Dabei steht Γ für einen Korrekturfaktor, der für Silizium einen Wert von 0,7 und für Galliumarsenid (GaAs) 1,7 annimmt. Geht man davon aus, daß die Eingangsadmittanz des FET keinen reellen Anteil besitzt, sondern rein kapazitiv wirkt, so gilt für Y_{in}:

$$Y_{in} = \frac{1}{R_L} + j\omega C_T \qquad \text{wegen } R_{in} = R_L \tag{36}$$

(34), (35) in (33):

$$\langle i^2\rangle_c = \left[\frac{4kT}{R_L}\left(1 + \frac{\Gamma}{g_m \cdot R_L}\right) + 2QI_{gate}\right] I_2 \cdot B + 4kT \cdot \Gamma \frac{(2\pi C_T)^2}{g_m} \cdot I_3 \cdot B^3 \tag{37}$$

Zahlenbeispiel:

geg:

$R_L = 180\ \text{k}\Omega$; $g_m = 20$ mS; $\Gamma = 1{,}7$; $I_{gate} = 20$ nA

$$C_T = 1\ pF;\ I_2 = 0{,}5;\ I_3 = 0{,}08;\ B = 168\ MHz;\ T = 300^\circ K$$

$$\langle i^2\rangle_c \approx 3 \cdot 10^{-17} A^2$$

Mit der vereinfachenden Annahme, daß das Löschverhältnis r = 0 sein soll, was soviel bedeutet, wie daß die Empfangsleistung im logischen Zustand Null vernachläßigt wird, wird aus Gl. (8):

$$Pmin = \frac{h \cdot \nu}{\eta \cdot q} \cdot Q \cdot \sqrt{\langle i^2\rangle_c + 2q \cdot I_N \cdot I_2 \cdot B} + q \cdot Q \cdot B \cdot I_1 = \frac{1}{2} b(1) \tag{38}$$

geg:

$I_N = 50\ nA \quad Q = 6 \quad \eta = 0{,}86 \quad \nu = 1{,}3\ \mu m \quad I_1 = 0{,}55$

$$\frac{Pmin}{W} = 6{,}6 \cdot \sqrt{3 \cdot 10^{-17} + 1{,}34 \cdot 10^{-18}} + 8{,}9 \cdot 10^{-11}$$

$$Pmin = 37\ nW = -\ 44{,}3\ dBm$$

b) mit Bipolar-Transistor

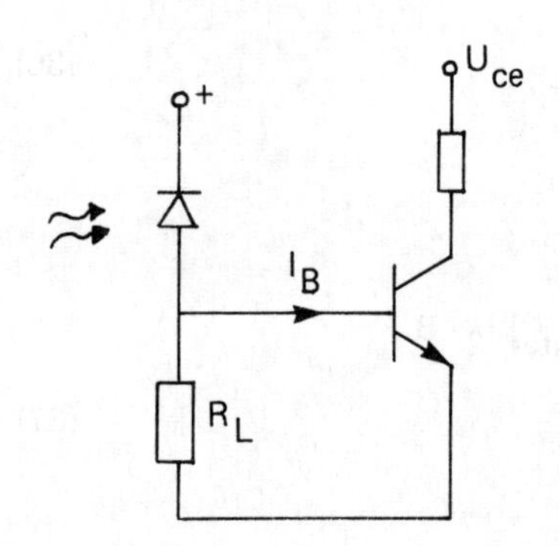

Bild 7.31

Differentieller Übertragungsleitwert oder Steilheit

$$g_m = \frac{dI_C}{dU_{BE}} = \frac{I_C}{U_T} = I_C \cdot \frac{q}{kT} = \frac{I_C}{26\ mV}$$

spektrale Leistungsstromdichte der Ersatzrauschstromquelle

$$\frac{d\langle i_a^2\rangle}{df} = \frac{4kT}{R_L} + 2q \cdot I_B \tag{39}$$

spektrale Leistungsspannungsdichte der Ersatzrauschspannungsquelle

$$\frac{d\langle e_a^2\rangle}{df} = \frac{2q \cdot I_C}{g_m^2} \tag{40}$$

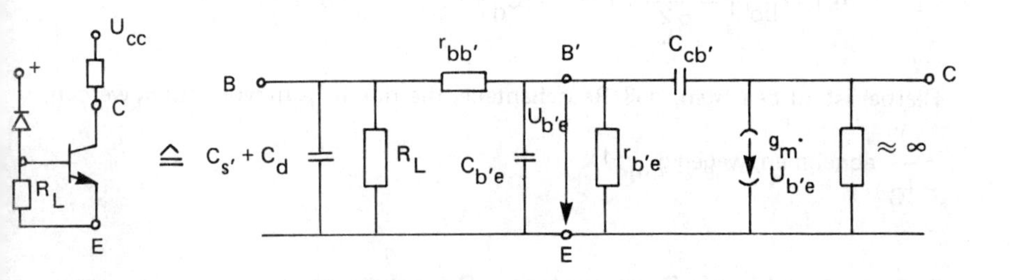

Bild 7.32: Ersatzschaltbild des Bipolartransistors

$C_{b'e}$: Diffusionskapazität

$$r_{b'e} = \frac{1}{g_m} \cdot \beta = \beta \cdot \frac{U_T}{I_C} = \beta \cdot \frac{26\,\text{mV}}{I_C}$$

$C_{cb'}$ Millerkapazität
$C_{s'}$ Streukapazität von Zuleitung und Transistor
C_d Sperrschichtkapazität d. Diode
$r_{bb'}$ Basisbahnwiderstand

Die Wirkung des Rauschens des Basisbahnwiderstandes $r_{bb'}$ kann dargestellt werden mit einer Ersatzspannungsquelle e_b in Reihe zu e_a

$$\frac{d\langle e_b^2\rangle}{df} = 4kT \cdot r_{bb'} \tag{41}$$

(39), (40) und (41) in (33) eingesetzt: Überlagerungssatz angewandt an drei Quellen

$$\langle i^2 \rangle_c = (2q \cdot I_B + 4\frac{kT}{R_L}) \cdot I_2 \cdot B \tag{42}$$

Rauschanteil von I_C (Vernachlässigung des Beitrages von $r_{bb'}$)

$$+ \frac{2qI_C}{g_m^2} \left[\left(\frac{1}{R_L} + \frac{1}{r_{b'e}} \right)^2 \cdot I_2 \cdot B + (2\pi C_T)^2 \cdot I_3 \cdot B^3 \right]$$

Rauschanteil von $r_{bb'}$ (Vernachlässigung von I_C), d. h. $r_{b'e} \to \infty$, $C_{b'e} = 0$

$$+ 4kT \cdot r_{bb'} \left[\frac{B \cdot I_2}{R_L^2} + (2\pi)^2 \cdot (C_d + C_{S'})^2 \cdot I_3 \cdot B^3 \right]$$

Hierbei ist zu beachten, daß Rauschanteile, die durch I_C hervorgerufen werden, $\sim \frac{1}{I_C}$ abnehmen, wegen $g_m \sim I_C$

4. Rauschverhältnis Z, äquivalenter Rauschstrom

Um das Verstärkerrauschen in optischen Empfängern zu erfassen, wird anstelle der Rauschzahl F das Rauschverhältnis Z eingeführt:

$$Z = \frac{\sqrt{\langle i^2 \rangle_c}}{q \cdot B} \tag{43}$$

Wenn wir nur das thermische Rauschen des Vorspannungswiderstandes R_L und das Schrotrauschen des Eingangsstromes I_e betrachten, gelangen wir zu dem Verstärkerrauschen.

$$\langle i^2 \rangle_c = \left(\frac{4kT}{R_L} + 2qI_e \right) \cdot I_2 \cdot B \tag{44}$$

Nehmen wir an, daß ein fiktiver thermisch rauschender Widerstand R am Eingang des Verstärkers denselben Rauschbeitrag wie das Schrotrauschen des Eingangsstromes bewirkt, d. h.:

$$\frac{4kT}{R} = 2\,q \cdot I_e \tag{45}$$

So kommen wir zu einer Gleichung für den äquivalenten Rauschstrom:

$$I_{äqR} = \frac{2kT}{q} \frac{1}{R} \approx \frac{52\,mV}{R} \qquad (46)$$

Beispiele: Der Anteil für R_L wurde hier vernachläßigt.

$I_2 = 0{,}5$ $\quad B = 168\,MHz$

$R = 50\,\Omega$ $\quad I_{äqR} \approx 1\,mA$ $\quad Z \approx 6100$

$R = 180\,k\Omega$ $\quad I_{äqR} \approx 290\,nA$ $\quad Z \approx 104$

5. Die Wahl des geeigneten optischen Empfängers

Es gibt verschiedene Möglichkeiten für den Entwurf eines optischen Empfängers, die aber immer zwei Hauptforderungen erfüllen müssen:

– Rauscharmut der 1. Verstärkerstufe, weil die eintreffende Lichtleistung sehr klein ist. Für die gesamte Rauschzahl einer Verstärkerkette gilt:

$$F_{ges} = F_1 + \frac{F_2 - 1}{V_{L1}} + \frac{F_3 - 1}{V_{L1} \cdot V_{L2}} + \ldots + \frac{F_n - 1}{V_{L1} \cdot\cdot V_{Ln}} \qquad (47)$$

V_{Li} = Leistungsverstärkung der 1. Stufe
F_1 = Rauschzahl der 1. Stufe

Nach Gleichung (47) wird das Rauschen einer Verstärkerkette im wesentlichen durch die erste Stufe bestimmt.

– Gewährleistung ausreichender Bandbreite für die zu übertragende Bitrate. Die Eigenschaften von schnellen optischen Empfängern hängen nicht nur vom Photodetektor ab, sondern auch von der jeweiligen Auslegung des nachfolgenden Vorverstärkers. Um das gesamte Empfängerrauschen klein zu halten und einen hohen Signal-Geräuschabstand zu erreichen, ist ein möglichst hoher Eingangswiderstand am Eingang des Verstärkers zweckmäßig. Man kommt damit zum Typ des „high-impedance"-Verstärkers, der an den hohen Innenwiderstand der Photodiode angepaßt ist.

a) Hochohmiger FET-Verstärker

Ein hochohmiger Verstärkereingang ergibt sich durch Einsatz von Feldeffekttransistoren (FET):

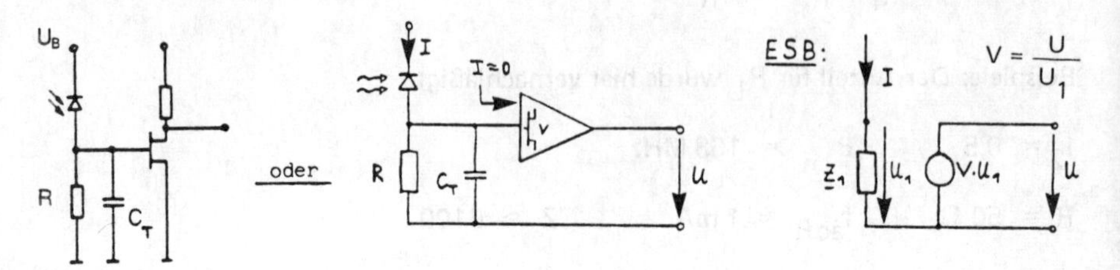

Bild 7.33

$$\underline{Z}_T = \frac{\underline{U}}{\underline{I}} = R \cdot V \cdot \frac{1}{1 + p \cdot R \cdot C_T} \tag{48}$$

Die unvermeidliche Kapazität der Photodiode, der Eingangskapazität des Verstärkers und aufbaubedingte Streukapazitäten führen in Verbindung mit dem Eingangswiderstand R zu einer Bandbegrenzung bei:

$$f_g = \frac{1}{2\pi \cdot R \cdot C_T} \tag{49}$$

Beispiel:

$R = 5\,M\Omega; C_T = 1\,PF$

nach (46): $I_{äqR} = 10\,nA$

nach (48): $f_g = 32\,kHz$

Die Kapazitäten sollen für großes R deshalb möglichst klein sein. Dabei können die Streukapazitäten durch einen hybrid integrierten Aufbau von Photodiode und erster Verstärkerstufe in einem Gehäuse verringert werden.

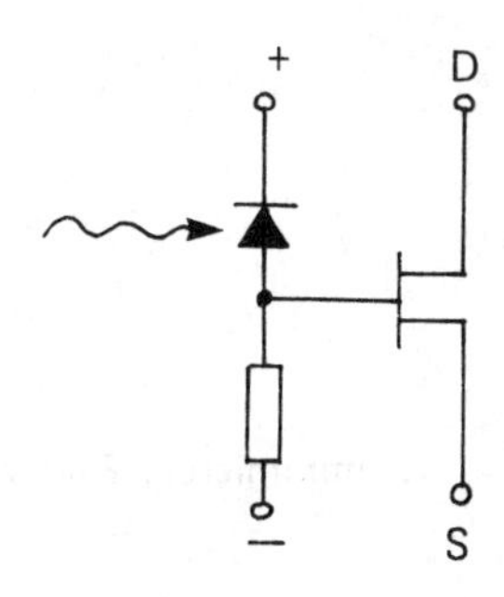

Bild 7.34: Integration einer InGaAs/InP-Photodiode mit einem GaAs-FET durch monolytische oder hybride integrierte Schaltungen

Die durch die Bandbegrenzung auftretende Verzerrung muß durch ein nachfolgendes Filter mit inversem Frequenzgang kompensiert werden. Bild 7.35 zeigt die Schaltung und den Frequenzgang eines derartigen Entzerrers.

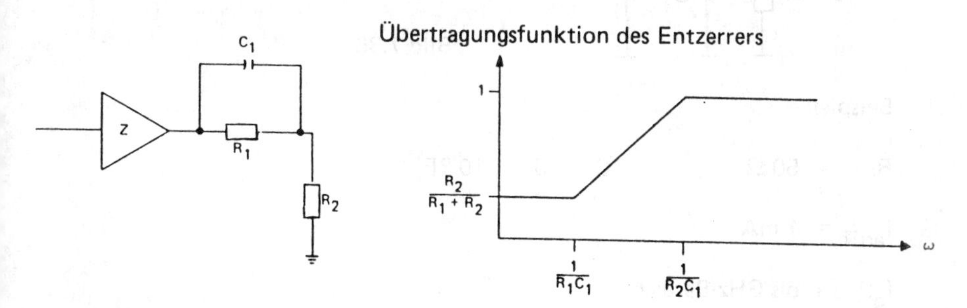

Bild 7.35

Es ist wichtig zu beachten, daß die Stromverstärkung von FET-Verstärker ungefähr durch $g_m/\omega \cdot C_T$ gegeben ist, wobei die Steilheit einen *festen* Wert zwischen 1 bis 5 μS für Si-FET annimmt. Deshalb verliert der FET-Verstärker seine Effizient als Verstärker bei hohen Frequenzen (etwa 25 bis 50 MHz).

In solchen Fällen verwendet man Bipolartransistor-Verstärker, bei dem die Steilheit g_m einstellbar ist.

b) Mittelohmiger Verstärker

Für Bipolartransistor ist g_m durch die Stromverstärkung β und Transistoreingangswiderstand $r_{b'e}$ gegeben:

$$g_m = \frac{\beta}{r_{b'e}} \tag{50}$$

$$r_{b'e} = \frac{26\,\text{mV}}{I_B}$$

I_B: Basisstrom

Dadurch besteht noch die Möglichkeit, $\langle i^2 \rangle_c$ zu minimieren. Bild 7.36 zeigt einen mittelohmigen Verstärker.

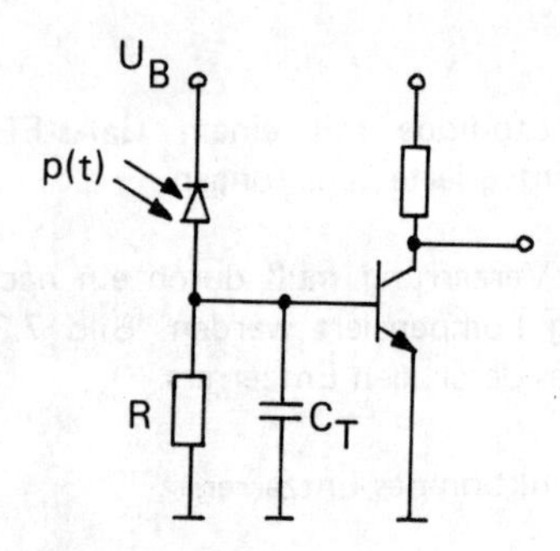

Bild 7.36

Beispiel:

$R = 50\,\Omega$ $\qquad$ $C = 3 \ldots 10\,\text{PF}$

$I_{äqR} = 1\,\text{mA}$

f_g: bis GHz-Bereich

c) Transimpedanzverstärker

Die durch die Bandbegrenzung auftretenden Verzerrungen werden bei Verwendung des Transimpedanzverstärkers vermindert.

Mit dem Widerstand R_F wird eine Stromgegenkopplung eingestellt, durch die der Rückkopplungswiderstand bei ausreichend großer Schleifenverstärkung mitsamt der ihm parallel liegenden Streukapazität C_F quasi in den Eingangskreis „transferiert" wird (daher der Name Transimpedanzverstärker).

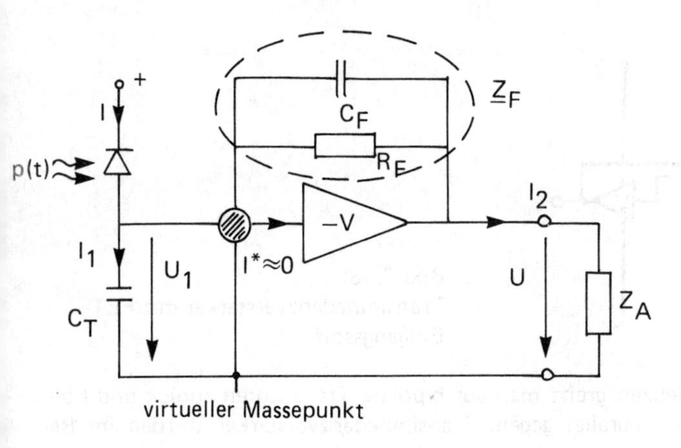

Bild 7.37

Die Übertragungseigenschaften des Verstärkers ließen sich z. B. so berechnen, indem man die Parallelschaltung $Z_F = R_F \parallel C_F$ nach dem „Millerschen Theorem" um den Faktor 1/(1 + V) reduziert und auf den Eingang transformiert.

Die Ausgangsimpedanz Z_A spielt dabei keine Rolle. Für die Transimpedanz Z_T ergibt sich:

$$Z_T = \frac{U}{I} = -R_F \cdot \frac{V}{1+V} \cdot \frac{1}{1 + PR_F(C_F + C_T/(1+V))} \tag{51}$$

Der Impedanztransfer sorgt dafür, daß Bandbegrenzung erst bei

$$f_g = \frac{1}{2\pi R_F(C_F + C_T/(1+V))} \tag{52}$$

wirksam wird. Auch der thermische Rauschbeitrag wird näherungsweise durch R_F bestimmt.

Die Rauschspannung aus dem Lichtwellenleiter und der Photodiode „sehen" allerdings weiterhin den hohen Eingangswiderstand R (im Bild 7.37 nicht gezeichnet).

Der Rauschbilanz kommt aber wieder zugute, daß wegen des Bandbreitegewinns kein Entzerrer notwendig ist. Für Vorverstärker mit Gegenkopplung über mehrere Stufen nimmt man meist FET Eingangsstufe und nachfolgend bipolare Transistoren.

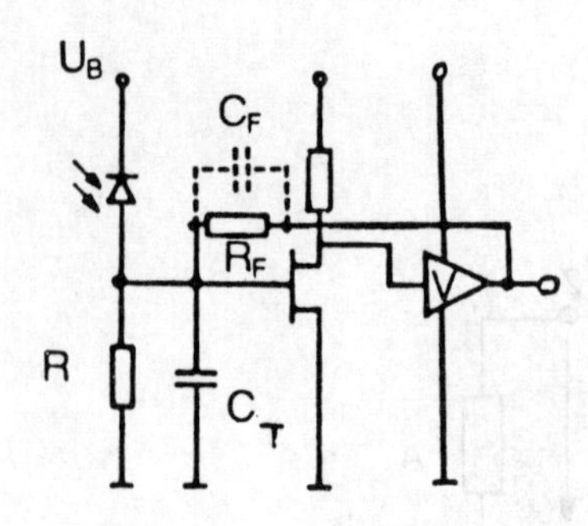

Bild 7.38:
Transimpedanzverstärker mit FET-Eingangsstufe

Bei höheren Frequenzen greift man auf bipolare Transistoren zurück und koppelt über jede Stufe parallel gegen. Transimpedanzverstärker werden im Bereich bis etwa 200 MBit/s eingesetzt.

Beispiel:

R_F = 20 kΩ; v = 10; C_T = 1 PF; C_F = 0,1 PF

$I_{äqR}$ = 2,6 μA; f_g = 40 MHz

für Breitbandverstärker im GHz-Bereich verwendet man Verstärker nach Cherry-Hooper-Prinzip mit Bipolar-GaAs MESFET- oder HEMT-Transistoren.

8 Klirrarmer Verstärker

H. Khakzar

8.1 Einleitung

Die Systemtheorie behandelt die Aufgabe, wie ein Vierpol an seinem Ausgang auf ein Eingangssignal antwortet. Während die lineare Systemtheorie das Grundwissen eines jeden Studenten der Elektrotechnik bildet, ist über das allgemeine Verhalten der nichtlinearen Systemtheorie noch wenig bekannt. Mit Hilfe der Taylorreihe zeigten Feldtkeller und Wolman im Jahre 1931 (8.1), daß jeder nichtlineare reelle Zweipol bei kleiner Nichtlinearität durch einen linearen Zweipol und eine Oberwellenquelle ersetzt werden kann.

Mit diesem Ansatz rechneten Sie und Ihre Schüler das Klirrverhalten einstufiger, mehrstufiger und gegengekoppelter Breitbandverstärker, wobei das Verfahren auch auf Netzwerke mit Speichern erweitert wurde (2–8). Bei komplizierten Netzwerken mit Speichern bietet sich die Volterra-Reihe an.

Die Volterra-Reihe wurde schon 1887 durch Vito Volterra als eine Verallgemeinerung der Taylor-Reihe dargestellt (9). Im Jahre 1913 erwähnte er in seiner Vorlesung an der Pariser Universität die Anwendung der Volterra-Reihe bei der Lösung bestimmter Integral- bzw. Integral-Differential-Gleichungen (10).

Volterra's Buch ist eine kurze Zusammenfassung seiner Arbeiten (11). In Anerkennung seiner Verdienste nennt man die Reihe die Volterra-Reihe und die mehrdimensionalen Impulsantworten die Volterra-Kerne.

Schetzen beschreibt in seinem Buch ausführlich die Volterra-Reihe (12). Eine kurze Zusammenfassung über die Volterra-Reihe finden Sie in (13).

Butterweck stellte in (14) die wichtigsten theoretischen Grundlagen der Volterra-Reihe zusammen. Mit dem gleichen Inhalt befaßt sich ein Kapitel des Buches (15).

Narayanan, Poon, Kuo, Chisholm, Maurer und Nagel untersuchten in (16, 17, 18, 19, 20, 60, 61) die nichtlinearen Probleme in Transistorschaltungen. Später wurde die Analyse auf Systeme mit Gauß'schen Eingangsgrößen und auf rückgekoppelte Systeme ausgeweitet (20–23).

Bedrosian und Rice gaben in (24) eine zusammenfassende Darstellung zur Berechnung nichtlinearer gedächtnisbehaftender Systeme mit Volterra-Reihen. Es wurden die allgemeinen Eingangs-Ausgangs-Beziehungen verschiedener nichtlinearer Systeme bei harmonischen und Gauß'schen Eingangssignalen angegeben.

Bussgang (25) und Steinhäuser (26, 27), wendeten die Theorie auf nichtlineare Systeme mit mehreren Eingangsgrößen an.

Die Volterra-Reihe in Verbindung mit der mehrdimensionalen Laplace- oder Fourier-Transformation eignet sich besonders zur Analyse nichtlinearer Verzerrungen von Systemen, die nur schwach nichtlinear sind. Feldtkeller nennt sie fastlineare Netzwerke. Die Reihe konvergiert dann schnell und kann nach wenigen Gliedern abgebrochen werden. Diese Bedingung ist in der Praxis häufig erfüllt, insbesondere auch bei den in der Trägerfrequenz- und Richtfunktechnik üblichen Systemen, an deren Linearität außerordentlich hohe Anforderungen gestellt werden.

In (28) ist der rechnergestützte Entwurf fastlinearer Systeme mit Volterra-Reihe dargestellt. In (29) ist die Berechnung nichtlinearer Verzerrungen in FM-Systemen mit Hilfe von Volterra-Reihen dargestellt.

Über Theorie und praktische Anwendung der Volterra-Reihe gibt es heute eine große Anzahl von Veröffentlichungen (30–65). Es waren Wiener und seine Schüler, die erstmalig die Volterra-Reihe auf ein nichtlineares Problem anwendeten (30, 31, 34, 35, 36, 40, 48, 49, 50).

Die Arbeiten (60–72) berechnen und optimieren das Klirrverhalten einstufiger und mehrstufiger Verstärker mit Hilfe der Volterra-Reihe, wobei (71) die mathematischen Grundlagen liefert.

Ziel dieser Arbeit ist zu zeigen, daß man bei Berechnung der nichtlinearen Verzerrungen beliebiger Vierpole mit Speichern mit Hilfe der Volterra-Reihe genauso zu den nichtlinearen Quellen gelangen wie sie in mehr als einem halben Jahrhundert von Feldtkeller und Wolman vorgeschlagen wurden. Als Beispiel dient ein einstufiger Verstärker mit Bipolartransistor in Emitterschaltung.

8.2 Nichtlineare Systeme

Bild 8.1 zeigt ein Übertragungssystem, gekennzeichnet ganz allgemein durch den Operator H.

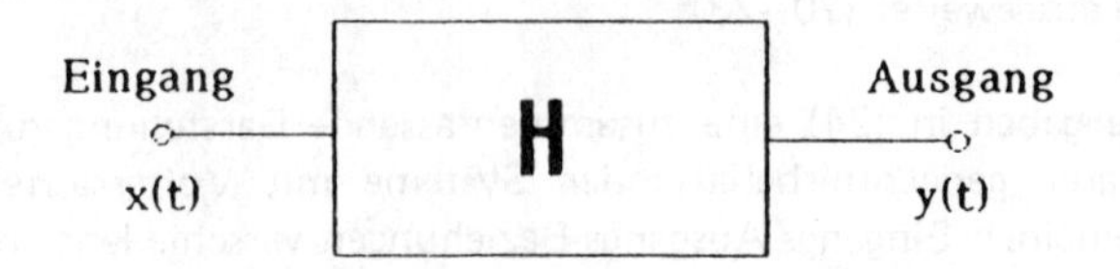

Bild 8.1: Darstellung eines Übertragungssystems y(t) = H [x(t)]

8.2.1 Nichtlineare Systeme ohne Speicher

Die Übertragungskennlinie kann durch eine Taylor-Reihe dargestellt werden. Es gilt:

$$y(t) = \sum_{n=1}^{\infty} c_n x^n (t)$$

Dabei ist y(t) bzw. x(t) die Auslenkung um den Arbeitspunkt. Für quasilineare Systeme bricht man die Taylor-Reihe bei n=3 ab.

8.2.2 Nichtlineare Systeme mit Speicher

Im Gegensatz zu den speicherlosen Systemen ist das Ausgangssignal y(t) bei Systemen mit Speichern zu einem Zeitpunkt t nicht nur vom Momentanwert x(t) des Eingangssignals abhängig, sondern von allen Werten $x(t-\tau)$; $\tau \geqslant 0$, die bis zu diesem Zeitpunkt am Eingang angelegen haben. Diese Abhängigkeit läßt sich nicht durch eine einfache Taylor-Reihe beschreiben. Wir müssen eine verallgemeinerte Taylor-Reihe, die Volterra-Reihe ansetzen, dabei wird das vorliegende System in mehrere Systeme verschiedener Ordnungen aufgeteilt.

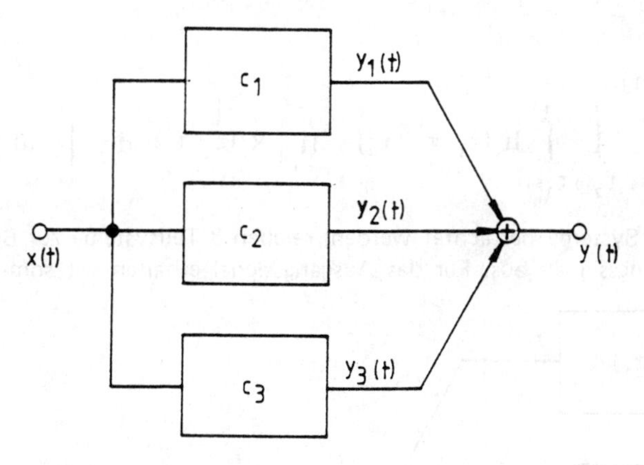

Bild 8.2: Ersatzdarstellung eines nichtlinearen Systems durch Teilsysteme

Teilsystem 0. Ordnung:
Ist bei uns nicht vorhanden, da wir die Arbeitspunkteinstellung nicht betrachten.

Teilsystem 1. Ordnung:

Berücksichtigt den linearen Anteil des Gesamtsystems. Es gelten die bekannten Formeln aus der Systemtheorie:

$$y_1(t) = \int_{-\infty}^{\infty} h_1(\tau)\, x(t-\tau)\, d\tau = \int_{-\infty}^{\infty} h_1(t-\tau)\, x(\tau)\, d\tau \qquad (8.1)$$

und wegen Kausalität der Zeitsignale gilt:

$$y_1(t) = \int_{0}^{t} h_1(\tau)\, x(t-\tau)\, d\tau = \int_{0}^{t} h_1(t-\tau)\, x(\tau)\, d\tau \qquad (8.2)$$

Die Teilantwort $y_1(t)$ ergibt sich also aus der Faltung von $x(t)$ mit $h_1(t)$.

Für die Teilsysteme ab der 2. Ordnung und höher wird eine Impulsantwort $h_n(t_1, \ldots t_n)$ (n. Ordnung) eingeführt.

Ihre Bedeutung und Berechnung wird erst im Beispiel später gezeigt. Erst mit der Einführung der Teilsysteme höherer Ordnung ist es möglich, die Nichtlinearitäten zu erfassen.

Teilsystem 2. Ordnung:

$$y_2(t) = \int_{\tau_1=0}^{t} \int_{\tau_2=0}^{t} h_2(\tau_1, \tau_2) \cdot \prod_{i=1}^{2} \left[x_i(t-\tau_i)\, d\tau_i \right] \qquad (8.3)$$

Teilsystem 3. Ordnung:

$$y_3(t) = \int_{\tau_1=0}^{t} \int_{\tau_2=0}^{t} \int_{\tau_3=0}^{t} h_3(\tau_1, \tau_2, \tau_3) \cdot \prod_{i=1}^{3} \left[x_i(t-\tau_i) \cdot d\tau_i \right] \qquad (8.4)$$

Da nur quasilineare Systeme betrachtet werden, reichen 3 Teilsysteme zur Berechnung des Ausgangssignals aus. Für das Ausgangssignal erhalten wir somit:

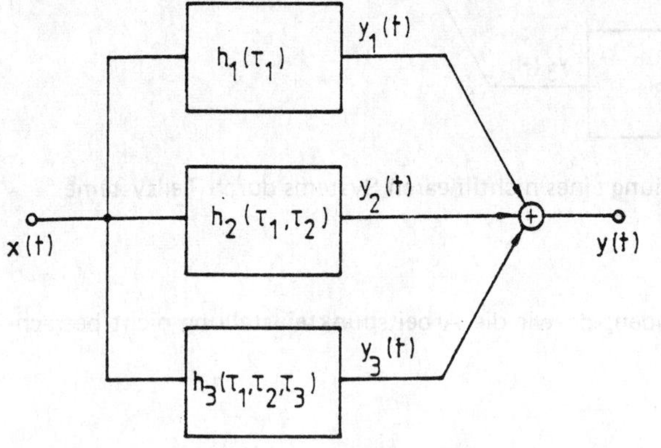

Bild 8.3: Ersatzschaltung eines nichtlinearen Systems durch 3 Teilsysteme

$$y(t) \approx \sum_{i=1}^{3} y_i(t) \tag{8.5}$$

Wären die h_n $(t_1, \ldots t_n)$ bekannt, so wäre das Problem nach Ausführung der erforderlichen Integrationen gelöst. Wie wir später im Beispiel sehen werden, ist es sinnvoll, die Berechnungen im Frequenzbereich durchzuführen. Eine direkte Berechnung im Zeitbereich ist möglich, führt aber auf eine nichtlineare Dgl. höherer Ordnung, die i.a. nicht geschlossen lösbar ist. Also müssen wir die n-dim. Impulsantworten durch n-dim. Laplace-Transformation transformieren. Zunächst vereinbaren wir noch folgende Kurzschreibweise:

$$\begin{aligned} y_1(t) &= H_1[x(t)] \\ y_2(t) &= H_2[x(t)] \\ y_3(t) &= H_3[x(t)] \end{aligned} \tag{8.6}$$

H_n nennt man den n-dim. Volterra-Operator, die Operation H_n $[x(t)]$ heißt n-dim. Volterra-Integral über der Impulsantwort $h_n(t_1, \ldots, t_n)$ und dem Produkt $\prod_{i=1}^{n} x\ (t_1)$.

Allgemein gilt:

$$H_n[x(t)] = \int_{\tau_1=0}^{t} \ldots \int_{\tau_n=0}^{t} h_n(t-\tau_1, \ldots, t-\tau_n) \cdot \prod_{i=1}^{n} [x(\tau_i)\, d\tau_i] \tag{8.7}$$

Zu beachten: Alle Zeitfunktionen sind stets kausale Funktionen.

8.3 n-dimensionale Laplacetransformation

8.3.1 Transformation und Faltungssatz

Bei dem in Kapitel 8.2 eingeführten n-dim. Volterra-Operator H_n handelt es sich um einen Spezialfall der n-dim. Faltung.

Zum Vergleich:

n-dim. Volterra-Operator:

$$y(t) = \int_{\tau_1=0}^{t} \ldots \int_{\tau_n=0}^{t} h_n(t-\tau_1, \ldots, t-\tau_n) \prod_{i=1}^{n} [x(\tau_i)\, d\tau_i] \tag{8.8}$$

n-dim. Faltung:

$$y(t_1,\ldots,t_n) = \int_{\tau_1=0}^{t_1} \ldots \int_{\tau_n=0}^{t_n} h_n(t_1-\tau_1,\ldots,t_n-\tau_n) \cdot \prod_{i=1}^{n} \left[x_i(\tau_i)\, d\tau_i \right] \qquad (8.9)$$

Mit der n-dim. Laplace-Transformation kann man, wie im 1-dim. Fall, das Faltungsintegral auf ein Produkt im Unterbereich zurückführen.

n-dim. Laplace-Transformation (nLT);

$$S_n(p_1,\ldots,p_n) = \int_{t_1=0}^{\infty} \ldots \int_{t_n=0}^{\infty} \hat{s}_n(t_1,\ldots,t_n) \cdot e^{-(p_1 t_1 + \ldots + p_n t_n)}\, dt_1 \ldots dt_n \qquad (8.10)$$

$$\hat{s}_n(t_1,\ldots,t_n) = \frac{1}{(2\pi j)^n} \int_{p_1=-\infty}^{\infty} \ldots \int_{p_n=-\infty}^{\infty} S_n(p_1,\ldots,p_n) \cdot e^{(p_1 t_1 + \ldots + p_n t_n)}\, dp_1 \ldots dp_n \qquad (8.11)$$

Wie ein Vergleich von (8.8) und (8.9) zeigt, kann die nLT nicht ohne weiteres auf ein Volterra-Operator H_n angewandt werden. Deshalb führen wir Hilfsfunktionen ein, mit denen der Volterra-Operator auf die Form der n-dim. Faltung gebracht wird.

$$h_n(t,\ldots,t) \longrightarrow \hat{h}_n(t_1,\ldots,t_n)$$

$$\prod_{i=1}^{n} x(t_i) \longrightarrow \prod_{i=1}^{n} x_i(t_i) \qquad (8.12)$$

Nach einer n-dim. Laplace-Rücktransformation müssen wir folglich $t_1 = t_2 = \ldots = t_n = t$ wählen, um auf unser ursprüngliches Zeitsignal mit nur einer Zeitvariablen zurückzukommen (und $x_1 = x_2 = \ldots = x_n = x$).

Für die Laplacetransformierte der n-dim. Faltung (8.9) erhalten wir mit (8.10):

$$Y(p_1,\ldots,p_n) = \int_{t_1=0}^{\infty} \ldots \int_{t_n=0}^{\infty} \int_{\tau_1=0}^{\infty} \ldots \int_{\tau_n=0}^{\infty} h_n(t_1-\tau_1,\ldots,t_n-\tau_n)$$

$$\prod_{i=1}^{n} x_i(\tau_i)\, e^{-(p_1 t_1 + \ldots + p_n t_n)}\, d\tau_1 \ldots d\tau_n\, dt_1 \ldots dt_n$$

mit der Substitution: $t_n - \tau_n = m_n$ und wegen kausalen Zeitfkt.

$$Y(p_1,\dots,p_n)=\int_{\tau_1=0}^{\infty}\dots\int_{\tau_n=0}^{\infty}\int_{m_1=0}^{\infty}\dots\int_{m_n=0}^{\infty} h_n(m_1,\dots,m_n)\left[\prod_{i=1}^{n} x_i(\tau_i)\right]$$

$$e^{-(p_1m_1+\dots+p_nm_n)}\cdot e^{-(p_1\tau_1+\dots+p_n\tau_n)}dm_1\dots dm_n\,d\tau_1\dots d\tau_n$$

$$Y(p_1,\dots,p_n)=\int_{\tau_1=0}^{\infty}\dots\int_{\tau_n=0}^{\infty}\left[\prod_{i=1}^{n} x_i(\tau_i)\right]e^{-(p_1\tau_1+\dots+p_n\tau_n)}d\tau_1\dots d\tau_n$$

$$\int_{m_1=0}^{\infty}\dots\int_{m_n=0}^{\infty} h_n(m_1,\dots,m_n)\,e^{-(p_1m_1+\dots+p_nm_n)}\,dm_1\dots dm_n$$

$$Y(p_1,\dots,p_n)=\int_{\tau_1=0}^{\infty} x_1(\tau_1)\;e^{-p_1\tau_1}\,d\tau_1\cdot\dots\cdot\int_{\tau_n=0}^{\infty} x_n(\tau_n)\;e^{-p_n\tau_n}\,d\tau_n$$

$$\int_{m_1=0}^{\infty}\dots\int_{m_n=0}^{\infty} h_n(m_1,\dots,m_n)\,e^{-(p_1m_1+\dots+p_nm_n)}\,dm_1\dots dm_n$$

$$Y(p_1,\dots,p_n)=\;X_1(p_1)\cdot\dots\cdot\;X_n(p_n)\cdot H_n(p_1,\dots,p_n) \tag{8.13}$$

$$Y(p_1,\dots,p_n)=H_n(p_1,\dots,p_n)\cdot\prod_{i=1}^{n} X_i(p_i)$$

In einem Satz:

$$y_n(t_1,\dots,t_n)=\;h_n(t_1,\dots,t_n)\;*\;[\,x_1(t_1)\cdot x_2(t_2)\cdots x_n(t_n)\,]\;= \tag{8.14}$$

$$=H_n\left\{x_1(t)\,,\dots,x_n(t)\right\}\;=\;\int_{\tau_1=0}^{\infty}\dots\int_{\tau_n=0}^{\infty} h_n(t_1-\tau_1,\dots,t_n-\tau_n)\left[\prod_{i=1}^{n} x_i(\tau_i)\,d\tau_i\right]$$

$$\circ\!\!-\!\!\bullet$$

$$Y(p_1,\dots,p_n)=\;H_n(p_1,\dots,p_n)\cdot\prod_{i=1}^{n} X_i\,(p_i)$$

Speziell auf den Volterra-Operator angewandt:

$$y_n(t)\,=\,h_n(t,\dots,t)*\Big(\prod_{i=1}^{n} x(t)\Big)=\,h_n(t)\,*\,\Big(\prod_{i=1}^{n} x(t)\Big)$$

$$\circ\!\!-\!\!\bullet \tag{8.15}$$

$$Y(p_1,\dots,p_n)=\;H_n(p_1,\dots,p_n)\cdot\prod_{i=1}^{n} X\,(p_i)$$

Zusammenstellung einiger wichtiger Transformationsregeln:

Volterra-Operator:

1. $y_1(t) = H_1[x(t)] \;\circ\!\xrightarrow{1}\!\bullet\; Y_1(p) = H_1(p) \cdot X(p)$ (8.16)

2. $y_2(t) = H_2[x(t)] \;\circ\!\xrightarrow{2}\!\bullet\; Y_2(p_1,p_2) = H_2(p_1,p_2) \cdot \prod_{i=1}^{2} X(p_i)$ (8.17)

3. $y_3(t) = H_3[x(t)] \;\circ\!\xrightarrow{3}\!\bullet\; Y_3(p_1,p_2,p_3) = H_3(p_1,p_2,p_3) \cdot \prod_{i=1}^{3} X(p_i)$ (8.18)

Faltung:

4. $y_2(t) = H_2\{x_1(t),x_2(t)\} \;\circ\!\xrightarrow{2}\!\bullet\; Y_2(p_1,p_2) = H_2(p_1,p_2) \cdot X_1(p_1) \cdot X_2(p_2)$ (8.19)

5. $y_3(t) = H_3\{x_1(t),x_2(t),x_3(t)\} \;\circ\!\xrightarrow{3}\!\bullet\; Y_3(p_1,p_2,p_3)$

$= H_3(p_1,p_2,p_3) \cdot X_1(p_1) \cdot X_2(p_2) \cdot X_3(p_3)$ (8.20)

Überlagerung:

6. $H_1[x_a(t) + x_b(t)] = H_1[x_a(t)] + H_1[x_b(t)]$ (8.21a)

7. $H_2[x_a(t) + x_b(t)] = H_2[x_a(t)] + H_2[x_b(t)] + 2 \cdot H_2\{x_a(t), x_b(t)\}$ (8.21b)

8. $H_3[x_a(t) + x_b(t)] = H_3[x_a(t)] + H_3[x_b(t)] + 3 \cdot H_3\{x_a(t), x_a(t), x_b(t)\}$

$+ 3 \cdot H_3\{x_a(t), x_b(t), x_b(t)\}$ (8.21c)

9. $z_2(t) = K_1[y_2(t)] \;\circ\!\xrightarrow{2}\!\bullet\; Z_2(p_1,p_2) = K_1(p_1+p_2) \cdot Y_2(p_1,p_2)$ (8.21d)

10. $z_3(t) = K_1[y_3(t)] \;\circ\!\xrightarrow{3}\!\bullet\; Z_3(p_1,p_2,p_3) = K_1(p_1+p_2+p_3) \cdot Y_3(p_1,p_2,p_3)$ (8.21e)

11. $z_3(t) = K_2[y_1(t), y_2(t)] \;\circ\!\xrightarrow{3}\!\bullet\; Z_3(p_1,p_2+p_3)$

$= K_2(p_1, p_2+p_3) \cdot Y_1(p_1) \cdot Y_2(p_2,p_3)$ (8.21f)

Die Gleichungen (8.16 – 8.18) können sofort aus (8.15) abgeleitet werden, die Gl. (8.19 – 8.20) aus Gl. (8.14).

Beweis von (8.21a):

$$H_1[x_a(t)+x_b(t)] = \int_{\tau=0}^{t} h_1(t-\tau)\cdot(x_a(\tau)+x_b(\tau))\,d\tau$$

$$= \int_{\tau=0}^{t} h_1(t-\tau)\cdot x_a(\tau)\,d\tau + \int_{\tau=0}^{t} h_1(t-\tau)\cdot x_b(\tau)\,d\tau$$

$$= H_1[x_a(t)] + H_1[x_b(t)]$$

Beweis von (8.21b):

$$H_2[x_a(t)+x_b(t)] = \int_{\tau_1=0}^{t}\int_{\tau_2=0}^{t} h_2(t-\tau_1,t-\tau_2)\cdot\prod_{i=1}^{2}\left[x_a(\tau_i) + x_b(\tau_i)\right] d\tau_i =$$

$$= \int_{\tau_1=0}^{t}\int_{\tau_2=0}^{t} h_2(t-\tau_1,t-\tau_2)\; x_a(\tau_1)\; x_a(\tau_2)\; d\tau_1\; d\tau_2 +$$

$$+ \int_{\tau_1=0}^{t}\int_{\tau_2=0}^{t} h_2(t-\tau_1,t-\tau_2)\; x_b(\tau_1)\; x_b(\tau_2)\; d\tau_1\; d\tau_2 +$$

$$+ \int_{\tau_1=0}^{t}\int_{\tau_2=0}^{t} h_2(t-\tau_1,t-\tau_2)\; x_a(\tau_1)\; x_b(\tau_2)\; d\tau_1\; d\tau_2 +$$

$$+ \int_{\tau_1=0}^{t}\int_{\tau_2=0}^{t} h_2(t-\tau_1,t-\tau_2)\; x_b(\tau_1)\; x_a(\tau_2)\; d\tau_1\; d\tau_2 +$$

Wegen der Symmetrie von $h_2(t_1, t_2)$ (siehe S. XX) können wir die beiden letzten Integrale zusammenfassen zu:

$$2\cdot\int_{\tau_1=0}^{t}\int_{\tau_2=0}^{t} h_2(t-\tau_1,t-\tau_2)\; x_a(\tau_1)\; x_b(\tau_2)\; d\tau_1\; d\tau_2 = 2\cdot H_2\left\{x_a(t),x_b(t)\right\}$$

$$\longrightarrow \quad H_2[x_a(t)+x_b(t)] = H_2[x_a(t)] + H_2[x_b(t)] + 2\cdot H_2\left\{x_a(t),x_b(t)\right\}$$

Das Ergebnis hat also die Form der algebraischen Gleichung:

$$(x_a + x_b)^2 = x_a^2 + x_b^2 + 2\cdot x_a x_b$$

Damit läßt sich Gl. (8.21c) analog beweisen.

Beweis von (8.21d):

$$z_2(t) = K_1\left[y_2(t)\right] = \int_{\tau=0}^{t} k_1(\tau)\cdot y_2(t-\tau)\,d\tau$$

$$= \int_{\tau=0}^{\infty} k_1(\tau)\cdot y_2(t-\tau)\,d\tau$$

Um die 2-dim. Laplacetransformation anwenden zu können, wird eine Hilfsfunktion eingeführt:

$$\hat{z}_2(t_1,t_2) = K_1\left[\hat{y}_2(t_1,t_2)\right] = \int_{\tau=0}^{\infty} k_1(\tau)\cdot \hat{y}_2(t_1-\tau,t_2-\tau)\,d\tau$$

$$\circ\!\!\overset{2}{-}\!\!\bullet$$

$$Z_2(p_1,p_2) = \int_{t_1=0}^{\infty}\int_{t_2=0}^{\infty}\int_{\tau=0}^{\infty} k_1(\tau)\cdot \hat{y}_2(t_1-\tau,t_2-\tau)\cdot e^{-p_1t_1}\,e^{-p_2t_2}\,d\tau\,dt_2\,dt_1$$

und wegen Kausalität von $y_2(t_1, t_2)$:

$$Z_2(p_1,p_2) = \int_{t_1=\tau}^{\infty}\int_{t_2=\tau}^{\infty}\int_{\tau=0}^{\infty} k_1(\tau)\cdot \hat{y}_2(t_1-\tau,t_2-\tau)\cdot e^{-p_1t_1}\,e^{-p_2t_2}\,d\tau\,dt_2\,dt_1$$

Substitution: $t_1 - \tau = m_1;\qquad t_2 - \tau = m_2$

$$Z_2(p_1,p_2) = \int_{\tau=0}^{\infty} k_1(\tau)\cdot e^{-(p_1+p_2)\tau}\,d\tau \cdot \int_{m_1=0}^{\infty}\int_{m_2=0}^{\infty} \hat{y}_2(m_1,m_2)\,e^{-p_1m_1}\,e^{-p_2m_2}\,dm_2\,dm_1$$

$$= K_1(p_1+p_2)\cdot Y_2(p_1,p_2)$$

Entsprechendes gilt für (8.21e).

Beweis von (8.21f):

$$z_3(t) = K_2\left\{y_1(t),y_2(t)\right\} = \int_{\tau_1=0}^{t}\int_{\tau_2=0}^{t} k_2(\tau_1,\tau_2)\cdot y_1(t-\tau_1)\,y_2(t-\tau_2)\,d\tau_1\,d\tau_2$$

und wegen Kausalität

$$z_3(t) = \int_{\tau_1=0}^{\infty}\int_{\tau_2=0}^{\infty} k_2(\tau_1,\tau_2)\cdot y_1(t-\tau_1)\,y_2(t-\tau_2)\,d\tau_1\,d\tau_2$$

Die Hilfsfunktion ist:

$$\hat{z}_3(t_1,t_2,t_3) = \int_{\tau_1=0}^{\infty} \int_{\tau_2=0}^{\infty} k_2(\tau_1,\tau_2) \cdot y_1(t_1-\tau_1) \hat{y}_2(t_2-\tau_2, t_3-\tau_2)\, d\tau_1\, d\tau_2$$

und deren Transformierte (wegen der Kausalität von $y_1(t)$ und $y_2(t_1, t_2)$ sind die unteren Grenzen τ_1 bzw. τ_2).

$$Z_3(p_1,p_2,p_3) = \int_{t_1=\tau_1}^{\infty} \int_{t_2=\tau_2}^{\infty} \int_{t_3=\tau_2}^{\infty} \int_{\tau_1=0}^{\infty} \int_{\tau_2=0}^{\infty} k_2(\tau_1,\tau_2) \cdot y_1(t_1-\tau_1) \hat{y}_2(t_2-\tau_2, t_3-\tau_2)$$

$$\cdot e^{-(p_1t_1 + p_2t_2 + p_3t_3)}\, d\tau_1\, d\tau_2\, dt_1\, dt_2\, dt_3$$

oder mit der Substitution: $t_1 - \tau_1 = m_1$

$$t_2 - \tau_2 = m_2$$

$$t_3 - \tau_3 = m_3$$

$$Z_3(p_1,p_2,p_3) = \int_{\tau_1=0}^{\infty} \int_{\tau_2=0}^{\infty} k_2(\tau_1,\tau_2) \cdot e^{-p_1\tau_1}\, e^{-(p_2+p_3)\tau_2}\, d\tau_1\, d\tau_2$$

$$\cdot \int_{m_1=0}^{\infty} y_1(m_1)\, e^{-p_1m_1}\, dm_1 \cdot \int_{m_2=0}^{\infty} \int_{m_3=0}^{\infty} \hat{y}_2(m_2,m_3) \cdot e^{-p_2m_2}\, e^{-p_3m_3}\, dm_3\, dm_2$$

$$= K_2(p_1,p_2+p_3) \cdot Y_1(p_1) \cdot Y_2(p_2,p_3)$$

8.3.2 Übertragungsfunktionen

Wie bereits erwähnt, kann die Lösung einer nichtlinearen Dgl. höherer Ordnung durch die Transformation in den Frequenzbereich umgangen werden. Das nichtlineare System wird also nicht durch die Impulsantworten $h_n(t)$, sondern durch deren Transformierte $H_n(p_1, \ldots, p_n)$, die Übertragungsfunktion n. Ordnung, beschrieben.

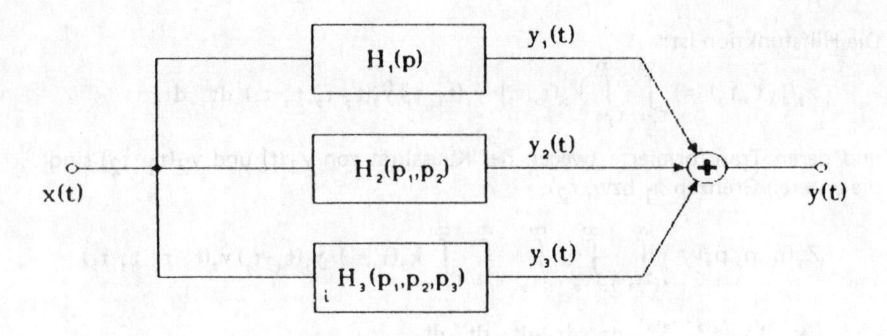

Bild 8.4: Ersatzdarstellung eines nichtlinearen Systems durch Übertragungsfunktionen

Wir wollen nun den Sonderfall eines Systems ohne Speicher betrachten.

Dabei sind:

$$h_1(t) = c_1 \cdot \delta(t)$$

$$h_2(t_1,t_2) = c_2 \cdot \delta(t_1) \cdot \delta(t_2)$$

$$h_3(t_1,t_2,t_3) = c_3 \cdot \delta(t_1) \cdot \delta(t_2) \cdot \delta(t_3)$$

und deren Transformierte:

$$H_1(p) = c_1$$

$$H_2(p_1,p_2) = c_2$$

$$H_3(p_1,p_2,p_3) = c_3$$

Die Transformierte $Y(p_1, p_2, p_3)$ berechnet sich dann zu:

$$Y(p_1,p_2,p_3) = \sum_{i=1}^{3} Y_i(p_i) = H_1(p) \cdot X(p) + H_2(p_1,p_2) \cdot \prod_{i=1}^{2} X(p_i) + H_3(p_1,p_2,p_3) \cdot \prod_{i=1}^{3} X(p$$

$$= c_1 \; X(p) + c_2 \; X(p_1)\, X(p_2) \; + c_3 \; X(p_1)\, X(p_2)\, X(p_3)$$

$$y_n(t) = \hat{y}_n(t_1,t_2,t_3)\Big|_{t_1=t_2=t_3=t} = \sum_{i=1}^{3} y_i(t) = \sum_{i=1}^{3} H_i\left[x(t)\right] = c_1\, x(t) + c_2\, x^2(t) + c_3\, x^3(t)$$

$$= \sum_{i=1}^{3} c_i\, x'(t)$$

Es stellt sich also heraus, daß bei diesem Sonderfall eines speicherlosen Systems die Volterra-Reihe in eine Taylor-Reihe übergeht.

8.3.3 Symmetrien

Im weiteren Verlauf der formalen Ableitung können die Ergebnisse bei Ausnützung der Symmetrieeigenschaft z.T. erheblich vereinfacht werden.

Daher untersuchen wir diese Eigenschaften etwas näher. Es ist z.B. möglich, eine Zeitfunktion 2. Ordnung in einen symmetrischen Anteil

$$h_{2s}(t_1,t_2) = \frac{1}{2}\left[h_2(t_1,t_2) + h_2(t_2,t_1)\right] \tag{8.22}$$

und einen antisymmetrischen Anteil

$$h_{2a}(t_1,t_2) = \frac{1}{2}\left[h_2(t_1,t_2) - h_2(t_2,t_1)\right] \tag{8.23}$$

mit

$$h_{2s}(t_1,t_2) = h_{2s}(t_2,t_1) \tag{8.24}$$

und

$$h_{2a}(t_1,t_2) = -\,h_{2a}(t_2,t_1) \tag{8.25}$$

zu zerlegen.

Die zweidimensionale Gewichtsfunktion lautet damit:

$$h_2(t_1,t_2) = h_{2s}(t_1,t_2) + h_{2a}(t_1,t_2) \tag{8.26}$$

Somit folgt für den 2-dimensionalen Volterra-Operator:

$$\begin{aligned} y_2(t) = & \int_{\tau_1=0}^{t}\int_{\tau_2=0}^{t} h_{2s}(\tau_1,\tau_2)\cdot x(t-\tau_1)\cdot x(t-\tau_2)\; d\tau_1\, d\tau_2 \;+ \\ & + \int_{\tau_1=0}^{t}\int_{\tau_2=0}^{t} h_{2a}(\tau_1,\tau_2)\cdot x(t-\tau_1)\cdot x(t-\tau_2)\cdot d\tau_1\, d\tau_2 \end{aligned} \tag{8.27}$$

Das zweite Integral von (8.27) ergibt mit (8.23):

$$\frac{1}{2}\int_{\tau_1=0}^{t}\int_{\tau_2=0}^{t} h_2(\tau_1,\tau_2)\cdot x(t-\tau_1)\cdot x(t-\tau_2)\,d\tau_1\,d\tau_2 +$$

$$-\frac{1}{2}\int_{\tau_1=0}^{t}\int_{\tau_2=0}^{t} h_2(\tau_2,\tau_1)\cdot x(t-\tau_1)\cdot x(t-\tau_2)\,d\tau_1\,d\tau_2 \tag{8.28}$$

Mit der Substitution $\tau_2 = \sigma_1$, $\tau_1 = \sigma_2$ in der 2. Zeile folgt:

$$\frac{1}{2}\int_{\tau_1=0}^{t}\int_{\tau_2=0}^{t} h_2(\tau_1,\tau_2)\cdot x(t-\tau_1)\cdot x(t-\tau_2)\,d\tau_1\,d\tau_2 +$$

$$-\frac{1}{2}\int_{\sigma_1=0}^{t}\int_{\sigma_2=0}^{t} h_2(\sigma_1,\sigma_2)\cdot x(t-\sigma_1)\cdot x(t-\sigma_2)\,d\sigma_1\,d\sigma_2 = 0 \tag{8.29}$$

D.h. der antisymmetrische Anteil von $h_2(t_1, t_2)$ trägt nichts zum Ausgangssignal $y_2(t)$ bei. Diesen Vorteil können wir auch bei einem System der n-ter Ordnung anwenden. Alle n! möglichen Hilfsfunktionen $h_n(t_1, \dots, t_n)$ gehen durch Vertauschen der Variablen $t_1, \dots, t_n$ auseinander hervor, was gleichbedeutend ist mit der Vertauschung der Variablen p_i in der Funktion $H_n(p_1, \dots, p_n)$ im Frequenzbereich.

Folglich entstehen n! verschiedene Ausgangsfunktionen $y_n(t_1, \dots, t_n)$, die jedoch wegen der Symmetrie von $h_n(t_1, \dots, t_n)$ und für $t_1 = t_2 = \dots = t_n = t$ wieder in $y_n(t)$ übergehen. Wir können zur Berechnung des Ausgangssignals $y_n(t)$ die Frequenzfunktion $H_n(p_1, \dots, p_n)$ als symmetrisch in den Variablen p_i ansehen, da bei der Volterra-Operation nur der symmetrische Anteil einen Beitrag leistet, was für das Beispiel n=2 bereits ausführlich gezeigt wurde. Von jetzt an betrachten wir also die Impulsantwort $h_n(t_1, \dots, t_n)$ und die Übertragungsfunktionen $H_n(p_1, \dots, p_n)$ als symmetrisch in ihren Variablen.

Also weil $t_1 = t_2 = \dots = t_n = t$ gilt:

$$h_n(t_1, \dots, t_n) = h_n(t_2, t_1, \dots, t_n) = \dots = h_n(t_n, t_1, t_2, \dots)$$

und damit ebenso:

$$H_n(p_1, p_2, \dots, p_n) = H_n(p_2, p_1, \dots) = \dots = H_n(p_n, p_1, \dots)$$

Die symmetrischen Formen lauten für $t_1 \neq t_2 \neq \ldots \neq t_n \neq t$:

Impulsantwort:

$$h_n^*(t_1, \ldots, t_n) = \frac{1}{n!} \sum_{i=1}^{n} h_n(\text{Permutation } i \text{ der Variablen } t_1 \ldots t_n)$$

Übertragungsfunktion:

$$H_n^*(p_1, \ldots, p_n) = \frac{1}{n!} \sum_{i=1}^{n} H_n(\text{Permutation } i \text{ der Variablen } p_1 \ldots p_n)$$

Da wir stets nach der Transformation $t_1 = t_2 = \ldots = t_n = t$ und damit auch $p_1 = p_2 = \ldots = p_n = p$ setzen, können bei allen Berechnungen gleich $h_n(t_1, \ldots, t_n)$ und $H_n(p_1, \ldots, p_n)$ als symmetrisch angenommen werden. Nur somit können wir bei der Berechnung konkreter Beispiele die einzelnen Permutationen der Frequenzen und Zeiten der entsprechenden mehrdimensionalen Funktion zusammenfassen.

8.4 Nichtlineare Verzerrungen

8.4.1 Klirren und Intermodulation

Bei der Übertragung von Signalen durch Übertragungssysteme entstehen lineare und nichtlineare Verzerrungen. Lineare Verzerrungen entstehen, wenn kein konstanter Betrag oder kein linearer Verlauf der Phase für alle im Signal vorhandenen Frequenzen vorliegt.

Bei nichtlinearen Systemen entstehen am Ausgang Oberwellen, bei den Frequenzen $n \cdot \omega_1$. Man nennt dies Klirren. Weiterhin entstehen noch Summen- und Differenzfrequenzen der Eingangssignale. Man nennt dies Intermodulation. Bei einem Eingangssignal mit z.B. 3 Frequenzen f_1, f_2, f_3 würden also am Ausgang eines nichtlinearen Systems $H(\omega)$ folgende Frequenzen entstehen:

$$0,\ f_1,\ f_2,\ f_3,\ 2f_1,\ 2f_2,\ 2f_3,\ f_1 \pm f_2,\ f_1 \pm f_3,\ f_2 \pm f_3,$$
$$3f_1,\ 3f_2,\ 3f_3,\ 2f_1 \pm f_2,\ 2f_1 \pm f_3,\ 2f_2 \pm f_1,\ 2f_2 \pm f_3,$$
$$2f_3 \pm f_1,\ 2f_3 \pm f_2,\ f_1 + f_2 - f_3,\ f_1 - f_2 + f_3,\ -f_1 + f_2 + f_3,\ f_1 + f_2 + f_3.$$

Bei der ausführlichen Berechnung dieses Systems wendet man dann vorteilhaft die unter Kapitel 8.3.3 beschriebenen Symmetrien an.

8.4.2 Klirrfaktor und Klirrgütemaß

Als Maß für das Klirren werden nun einige Definitionen vereinbart:

1. Klirrfaktor:

$$k_\nu \equiv \frac{a_{\nu f_1}}{a_{f_1}} \equiv \frac{\text{Amplitude der } \nu\text{. Oberwelle}}{\text{Amplitude der Grundschwingung}} \tag{8.30}$$

Die Klirrfaktoren sind i.a. von der Aussteuerung abhängig, außerdem werden nur die Oberwellen berücksichtigt.

2. Klirrgüte:

Allgemeiner ist die Definition der Klirrgüte M. Sie bezieht die Leistungspegel der Klirr- und Intermodulationsprodukte so auf die Pegel der Grundschwingung, daß sich eine von der Aussteuerung unabhängige Größe ergibt.

Klirrgüte 2. Ordnung:

$$M_2(f_1, \pm f_2)\Big|_{dB} = P_{f_1 \pm f_2}\Big|_{dBm} - P_{f_1}\Big|_{dBm} - P_{f_2}\Big|_{dBm} \tag{8.31}$$

$P_{f_1 \pm f_2}\Big|_{dBM}$ ist der Pegel der Schwingung mit der Summenfrequenz $f_1 \pm f_2$ bezügl. 1 mW,

$P_{f_1}\Big|_{dBm}$ bzw. $P_{f_2}\Big|_{dBm}$ sind die Pegel der Schwingungen mit der Frequenz f_1 bzw. f_2 bezüglich 1 mW.

Die Klirrgüte 2. Ordnung gibt an, um wieviel der Pegel des Intermodulationsprodukts mit der Frequenz $f_1 \pm f_2$ sich von der Summe der Pegel der Grundschwingung am Ausgang bei den Frequenzen f_1 und f_2 unterscheidet.

Die Definition der Klirrgüte 2. Ordnung gemäß (8.31) hat wie in | 18 | gezeigt, den Nachteil, daß sie bei $f_1 = f_2$ einen unstetigen Verlauf hat.

Abhilfe erfolgt durch Einführung der stetigen Funktion M_{2E}:

$$M_{2E}(f_1, \pm f_2) \equiv \begin{cases} M_2(f_1, f_1) & \text{für } f_1 = f_2 \\ M_2(f_1, \pm f_2) - 6\text{ dB} & \text{für } f_1 \neq f_2 \end{cases} \tag{8.32}$$

Analog folgt für die Klirrgüte 3. Ordnung:

$$M_3(f_1, f_2 \pm f_3)\Big|_{dB} = P_{f_1 + f_2 \pm f_3}\Big|_{dBm} - P_{f_1}\Big|_{dBm} - P_{f_2}\Big|_{dBm} - P_{f_3}\Big|_{dBm} \quad (8.33)$$

und

$$M_{3E}(f_1, f_2, \pm f_3) \equiv \begin{cases} M_3(f_1, f_1, f_1) & \text{für } f_1 = f_2 = f_3 \\ M_3(f_1, f_1, \pm f_3) - 9{,}6 \text{ dB} & \text{für } f_1 = f_2 \neq f_3 \\ M_3(f_1, f_2, \pm f_3) - 15{,}6 \text{ dB} & \text{für } f_1 \neq f_2 \neq f_3 \end{cases}$$

8.5 Kombination von nichtlinearen Systemen

8.5.1 Kettenschaltung

Wir betrachten zwei in Kette geschaltete nichtlineare Systeme:

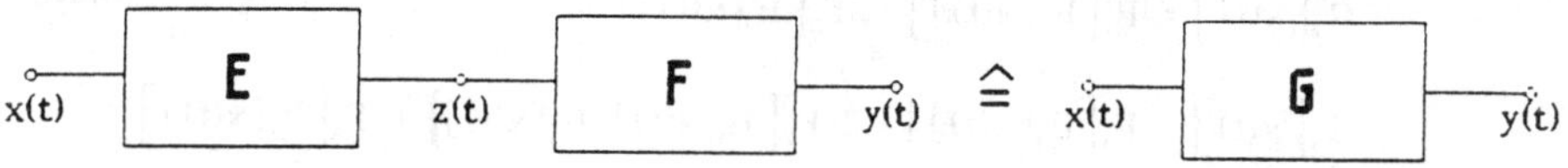

x(t) → E → z(t) → F → y(t) ≙ x(t) → G → y(t)

Bild 8.5: Kettenschaltung

Gesucht werden jetzt die Übertragungsfunktionen G_i (p, ..., p_i). i = 1,2,3

$$\begin{aligned} y(t) &= F\Big[E[x(t)]\Big] = G[x(t)] = \sum_{i=1}^{3} G_i[x(t)] \\ &= F_1\Big[E_1[x(t)] + E_2[x(t)] + E_3[x(t)]\Big] + \\ &+ F_2\Big[E_1[x(t)] + E_2[x(t)] + \ldots\Big] + \\ &+ F_3\Big[E_1[x(t)] + \ldots\Big] \end{aligned} \quad (8.35)$$

Die Punkte stehen dort, wo Terme wegen der Voraussetzung der Fastlinearität vernachlässigt sind, wenn sie zu Ausdrücken führen, deren Ordnung größer als 3 ist. Mit den Rechenregeln (8.21a, b) für die Volterra-Operatoren folgt:

$$
\begin{aligned}
y(t) = {} & F_1\left[E_1[x(t)]\right] + F_1\left[E_2[x(t)]\right] + F_1\left[E_3[x(t)]\right] + \\
& + F_2\left[E_1[x(t)]\right] + 2 \cdot F_2\left\{E_1[x(t)], E_2[x(t)]\right\} + \ldots \\
& + F_3\left[E_1[x(t)]\right] + \ldots
\end{aligned}
\tag{8.36}
$$

Wenn wir die Ausdrücke 1., 2. und 3. Ordnung zusammenfassen, erhalten wir:

$$
\begin{aligned}
y_1(t) &= F_1\left[E_1[x(t)]\right] \\
y_2(t) &= F_1\left[E_2[x(t)]\right] + F_2\left[E_1[x(t)]\right] \\
y_3(t) &= F_1\left[E_3[x(t)]\right] + 2 \cdot F_2\left\{E_1[x(t)], E_2[x(t)]\right\} + F_3\left[E_1[x(t)]\right]
\end{aligned}
\tag{8.37}
$$

Durch Vergleichen ergibt sich:

$$
\begin{aligned}
G_1\left[x(t)\right] &= F_1\left[E_1[x(t)]\right] \\
G_2\left[x(t)\right] &= F_1\left[E_2[x(t)]\right] + F_2\left[E_1[x(t)]\right] \\
G_3\left[x(t)\right] &= F_1\left[E_3[x(t)]\right] + 2 \cdot F_2\left\{E_1[x(t)], E_2[x(t)]\right\} + F_3\left[E_1[x(t)]\right]
\end{aligned}
\tag{8.38}
$$

Mit Hilfe von (8.16 – 8.21d):

$$G_1(p) \cdot X(p) = F_1(p) \cdot (E_1(p) \cdot X(p))$$

$$
\begin{aligned}
G_2(p_1,p_2) \cdot X(p_1) \cdot X(p_2) = {} & F_1(p_1+p_2) \cdot (E_2(p_1,p_2) \cdot X(p_1) \cdot X(p_2)) + \\
& + F_2(p_1, p_2) \cdot (E_1(p_1) \cdot E_1(p_2) \cdot X(p_1) \cdot X(p_2))
\end{aligned}
$$

$$
\begin{aligned}
G_3(p_1,p_2,p_3) \cdot X(p_1) \cdot X(p_2) \cdot X(p_3) = {} & F_1(p_1+p_2+p_3) \cdot E_3(p_1,p_2,p_3) \cdot X(p_1) \cdot X(p_2) \cdot X(p_3) + \\
& + 2F_2(p_1,p_2+p_3) \cdot E_1(p_1) \cdot E_2(p_2,p_3) \cdot X(p_1) \cdot X(p_2) \cdot X(p_3) + \\
& + F_3(p_1,p_2,p_3) \cdot E_1(p_1) \cdot E_1(p_2) \cdot E_1(p_3) \cdot X(p_1) \cdot X(p_2) \cdot X(p_3)
\end{aligned}
$$

Die Übertragungsfunktionen $G_2(p_1, p_2)$ und $G_3(p_1, p_2, p_3)$ sind nicht symmetrisch in den Funktionen E und F, d.h. in der Kettenschaltung ist die Reihenfolge nicht vertauschbar.

Wegen der Frequenzabhängigkeit der Funktionen E_i und F_i ist es nicht möglich, allgemeine Aussagen über das Klirrverhalten des Gesamtsystems zu machen.

Faustregel nach | 10 | : $E_i, F_i \neq f(p) \longrightarrow$ speicherloses System

$$M_{2E}\Big|_{dB} = 20 \cdot \lg \frac{\sqrt{2 \cdot R_L \cdot 1mW}}{2} \cdot \left| \frac{E_2 \cdot \cancel{F_1}}{E_1^2 \cdot \cancel{F_1}} + \frac{F_2}{F_1^2} \right|$$

$\uparrow$ 1. Stufe $\quad \uparrow$ 2. Stufe

Man erkennt, daß der Beitrag der 1. Stufe um den Faktor $1/F_1$ geringer ist als der, der 2. Stufe. Die Verzerrungen rühren also hauptsächlich von der 2. Stufe her. Um nun die Verzerrung des Gesamtsystems so gering wie möglich zu halten, wählt man eine große Verstärkung F_1 der 2. Stufe.

Ein weiterer Vorteil der Kettenschaltung, den die Deutsche Bundespost bei ihren Leitungsverstärkern ausnutzt, ist:
Man wählt alle Verstärker gleich, und beaufschlagt sie mit einer Phasenverschiebung von π. Dies bedeutet $E_1 = F_1 = -1$. Durch diese Wahl verschwindet die Übertragungsfunktion 2. Ordnung und somit auch das quadratische Klirren.

aus (8.39) $\quad G_2 = (-1) \cdot E_2 + F_2 \cdot (-1) \cdot (-1) = -E_2 + F_2 \underset{\substack{\uparrow \\ E_2 = F_2}}{=} 0$

$$M_{2E}\Big|_{dB} = 20 \cdot \lg \frac{\sqrt{2 \cdot R_L \cdot 1mW}}{2} \cdot \left| \frac{E_2 \cdot (-1)}{(-1)^2 \cdot (-1)^2} + \frac{F_2}{(-1)^2} \right| = 20 \cdot \lg \frac{\sqrt{2 \cdot R_L \cdot 1mW}}{2} \cdot \left| -E_2 + F_2 \right| \underset{\substack{\uparrow \\ E_2 = F_2}}{=} -\infty$$

8.5.2 Inverse Systeme

Für manche Anwendungen ist es notwendig, den Zusammenhang $x(t) = H[y(t)]$, d.h. die inverse Systemfunktion, zu kennen. Ein typisches Beispiel ist die Umrechnung eines nichtlinearen Widerstandes in den entsprechenden Leitwert und umgekehrt.
Wir beachten, daß bei linearen Systemen immer, bei nichtlinearen Systemen jedoch nur unter bestimmten Voraussetzungen | 8 | eine eindeutige Berechnung möglich ist.

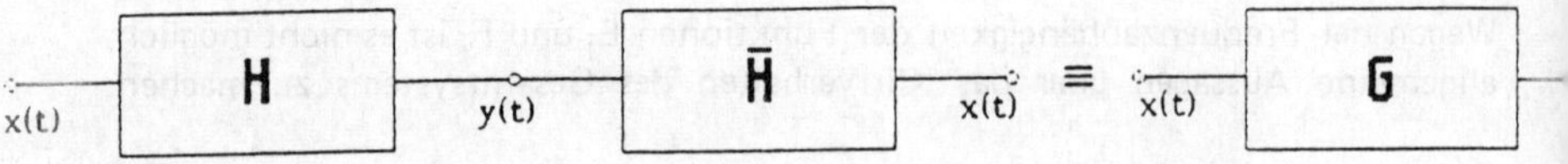

Bild 8.6: Inverse Systeme H und H

Wie üblich brechen wir beim fastlinearen System nach dem 3. Glied ab. Aus Abschnitt 8.5.1 folgt:

$$x(t) = \overline{H}\Big[H[x(t)]\Big] = G[x(t)] \tag{8.40}$$

$$\begin{aligned}
G_1(p) &= \overline{H}_1(p)\cdot H_1(p) \\
G_2(p_1,p_2) &= \overline{H}_1(p_1+p_2)\cdot H_2(p_1,p_2) + \overline{H}_2(p_1,p_2)\cdot H_1(p_1)\cdot H_1(p_2) \\
G_3(p_1,p_2,p_3) &= \overline{H}_1(p_1+p_2+p_3)\cdot H_3(p_1,p_2,p_3) + 2\cdot\overline{H}_2(p_1,p_2+p_3)\cdot H_1(p_1)\cdot H_2(p_2,p_3) \\
&\quad + \overline{H}_3(p_1,p_2,p_3)\cdot H_1(p_1)\cdot H_1(p_2)\cdot H_1(p_3)
\end{aligned} \tag{8.41}$$

Andererseits gilt für G auch noch:

$$\begin{aligned}
G_1(p) &= 1 \\
G_2(p_1,p_2) &= 0 \\
G_3(p_1,p_2,p_3) &= 0
\end{aligned} \tag{8.42}$$

Durch Gleichsetzen von (8.41) und (8.42) folgt die Übertragungsfunktion des inversen Systems:

$$\begin{aligned}
\overline{H}_1(p) &= \frac{1}{H_1(p)} \\
\overline{H}_2(p_1,p_2) &= -\frac{H_2(p_1,p_2)}{H_1(p_1)\cdot H_1(p_2)\cdot H_1(p_1+p_2)} \\
\overline{H}_3(p_1,p_2,p_3) &= \frac{2\cdot H_2(p_1,p_2+p_3)\cdot H_2(p_2,p_3) - H_3(p_1,p_2,p_3)\cdot H_1(p_2+p_3)}{H_1(p_1)\cdot H_1(p_2)\cdot H_1(p_3)\cdot H_1(p_2+p_3)\cdot H_1(p_1+p_2+p_3)}
\end{aligned} \tag{8.43}$$

8.6 Analyse eines nichtlinearen Netzwerks am Beispiel eines Transistorverstärkers mit nichtlinearem Abschlußwiderstand

Mit diesem Beispiel soll der Volterrareihensatz gezeigt werden, mit dem dann die Übertragungsfunktion berechnet wird.

Gegeben ist ein Transistor in Emitterschaltung:

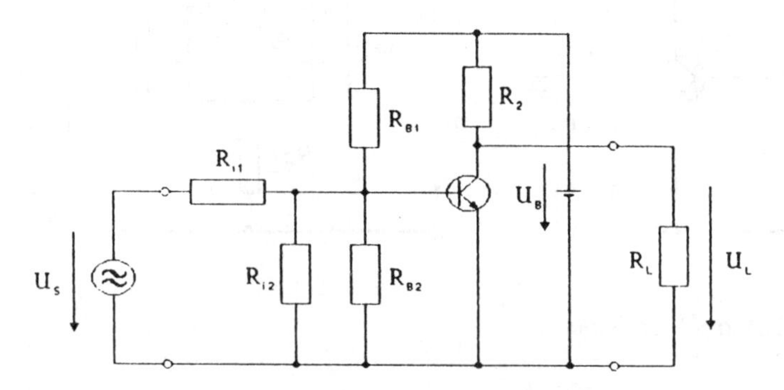

Bild 8.7: Transistorverstärker in Emitterschaltung

Der Lastwiderstand R_L soll als nichtlinearer angenommen werden und kann somit den Eingangswiderstand einer weiteren Verstärkerstufe nachbilden.

R_{i1}, R_{i2} sind zur Anpassung vorgesehen.

8.6.1 Ersatzschaltbild

Für unseren Zweck genügt die Betrachtung der Wechselstromgrößen, d.h. die Abweichungen vom Arbeitspunkt. Wir führen also gemäß den Regeln der „Theorie der Schaltungen" ein Wechselstromersatzschaltbild ein:

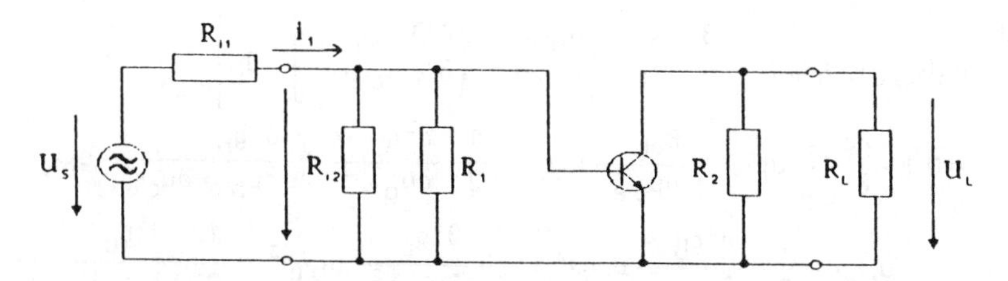

Bild 8.8: Wechselstrom-ESB des Verstärkers

Alle Spannungen und Ströme werden nun kleingeschrieben, womit die Abweichung vom Arbeitspunkt dargestellt werden soll. Desweiteren ersetzen wir nun auch noch den Transistor durch sein ESB.

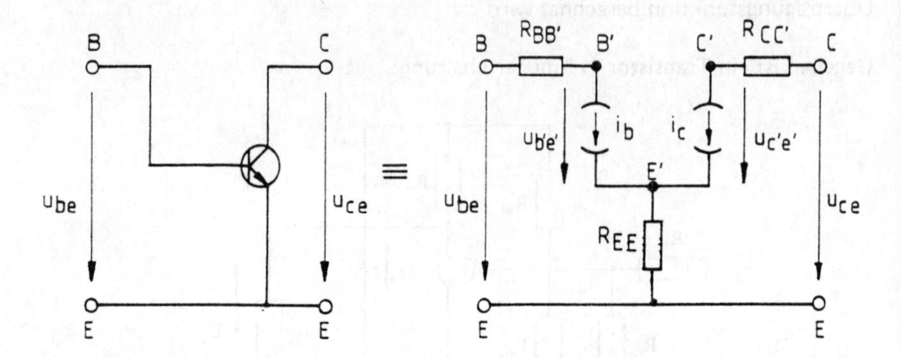

Bild 8.9: ESB des Transistors

Werden für die Ströme i_b und i_c die folgenden 2 Gleichungen angesetzt, so beschreibt obiges, abstraktes ESB die physikalische Realität sehr gut | 16 |.

$$i_b = g_b\,(u_{b'e'}, u_{c'e'}) + \frac{d}{dt}\,[\,c_b\,(u_{b'e'}, u_{c'e'})\,] \tag{8.44}$$

$$i_c = g_c\,(u_{b'e'}, u_{c'e'}) + \frac{d}{dt}\,[\,c_c\,(u_{b'e'}, u_{c'e'})\,] \tag{8.45}$$

g_b bzw. g_c sind die ohmschen Anteile der Ströme, abhängig von den Spannungen $u_{b'e'}$ und $u_{c'e'}$. c_b bzw. c_c sind Ladungen, abhängig von $u_{b'e'}$ und $u_{c'e'}$.

Da es sich bei g_b, g_c, c_b, c_c um nichtlineare Funktionen in $u_{b'e'}$ und $u_{c'e'}$ handelt, ist ein 2-dim. Taylorreihenansatz 3. Ordnung im AP notwendig.

Z.B.

$$g_b(u_{b'e'}, u_{c'e'}) = \sum_{i=1}^{3} \frac{1}{i!} \left[\begin{pmatrix} u_{b'e'} \\ u_{c'e'} \end{pmatrix} \cdot \begin{pmatrix} \partial/\partial\, u_{b'e'} \\ \partial/\partial\, u_{c'e'} \end{pmatrix} \right]^i g_b \Bigg|_{AP}$$

$$= 0 + \frac{\partial g_b}{\partial u_{b'e'}}\, u_{b'e'} + \frac{\partial g_b}{\partial u_{c'e'}}\, u_{c'e'} + \frac{1}{2}\, \frac{\partial^2 g_b}{\partial u_{b'e'}^{\,2}} + \frac{\partial^2 g_b}{\partial u_{b'e'}\, \partial u_{c'e'}}\, u_{b'e'} \cdot$$

$$\cdot\, u_{c'e'} + \frac{1}{2}\, \frac{\partial^2 g_b}{\partial u_{c'e'}^{\,2}}\, u_{c'e'}^{\,2} + \frac{1}{6}\, \frac{\partial^3 g_b}{\partial u_{b'e'}^{\,3}}\, u_{b'e'}^{\,3} + \frac{1}{2}\, \frac{\partial^3 g_b}{\partial u^2_{\,b'e'}\, \partial u_{c'e'}}$$

$$u_{b'e'}^2\, u_{c'e'} + \frac{1}{2} \frac{\partial^3 g_b}{\partial u_{b'e'}\, \partial u_{c'e'}^2} u_{b'e'}\, u_{c'e'}{}^2 + \frac{1}{6} \frac{\partial^3 g_b}{\partial u_{c'e'}{}^3} u_{c'e'}{}^3$$

$$= \sum_{n=1}^{3} \sum_{k=0}^{n} \frac{1}{n!} \binom{n}{k} \frac{\partial^n g_b}{\partial u_{b'e'}^{n-k}\, \partial u_{c'e'}{}^k} u_{b'e'}^{n-k}\, u_{c'e'}^{k} \tag{8.46}$$

Zur Abkürzung schreiben wir mit $i = n - k$:

$$g_{bik} = \frac{1}{(i+k)!} \binom{i+k}{k} \frac{\partial^{i+k} g_b}{\partial u_{b'e'}^{i}\, \partial u_{c'e'}^{k}} \tag{8.47}$$

analog:

$$c_{bik} = \frac{1}{(i+k)!} \binom{i+k}{k} \frac{\partial^{i+k} c_b}{\partial u_{b'e'}^{i}\, \partial u_{c'e'}^{k}} \tag{8.48}$$

$$g_{cik} = \frac{1}{(i+k)!} \binom{i+k}{k} \frac{\partial^{i+k} g_c}{\partial u_{b'e'}^{i}\, \partial u_{c'e'}^{k}} \tag{8.49}$$

$$c_{cik} = \frac{1}{(i+k)!} \binom{i+k}{k} \frac{\partial^{i+k} c_c}{\partial u_{b'e'}^{i}\, \partial u_{c'e'}^{k}} \tag{8.50}$$

mit: $i, k = 0, 1, 2, 3$; $i + k \leqslant 3$

Für i_b gilt dann:

$$\begin{aligned} i_b = {} & g_{b10}\, u_{b'e'} + g_{b01}\, u_{c'e'} \\ & + g_{b20}\, u_{b'e'}^2 + g_{b11}\, u_{b'e'}\, u_{c'e'} + g_{b02}\, u_{c'e'}^2 \\ & + g_{b30}\, u_{b'e'}^3 + g_{b21}\, u_{b'e'}^2\, u_{c'e'} + g_{b12}\, u_{b'e'}\, u_{c'e'}^2 + g_{b03}\, u_{c'e'}^3 \\ & + c_{b10} \frac{d}{dt} u_{b'e'} + c_{b01} \frac{d}{dt} u_{c'e'} \\ & + c_{b20} \frac{d}{dt} u_{b'e'}^2 + c_{b11} \frac{d}{dt} u_{b'e'}\, u_{c'e'} + c_{b02} \frac{d}{dt} u_{c'e'}^2 \end{aligned} \tag{8.51a}$$

$$+ c_{b30} \frac{d}{dt} u_{b'e'}^3 + c_{b21} \frac{d}{dt} u_{b'e'}^2 u_{c'e'}$$

$$+ c_{b12} \frac{d}{dt} u_{b'e'} u_{c'e'}^2 + c_{b03} \frac{d}{dt} u_{c'e'}^3$$

$$= \sum_{n=1}^{3} \sum_{i=0}^{n} \left[g_{bik} u_{b'e'}^i u_{c'e'}^k + c_{bik} \frac{d}{dt} u_{b'e'}^i u_{c'e'}^k \right] \quad (8.51a)$$

Für i_C gilt dann:

$$i_c = \sum_{n=1}^{3} \sum_{i=0}^{n} \left[g_{cik} u_{b'e'}^i u_{c'e'}^k + c_{cik} \frac{d}{dt} u_{b'e'}^i u_{c'e'}^k \right] \quad (8.51b)$$

Wie den Transistor, so ersetzen wir auch den nichtlinearen Lastwiderstand R_L durch eine Stromquelle i_l.
Den Zusammenhang zwischen u_l (Spannung an R_L) und i_l beschreibt eine Volterra-Reihe (3. Ordnung):

$$i_l = G_{ln}\left[u_l\right] = G_{ln1}\left[u_l\right] + G_{ln2}\left[u_l\right] + G_{ln3}\left[u_l\right] \quad (8.52)$$

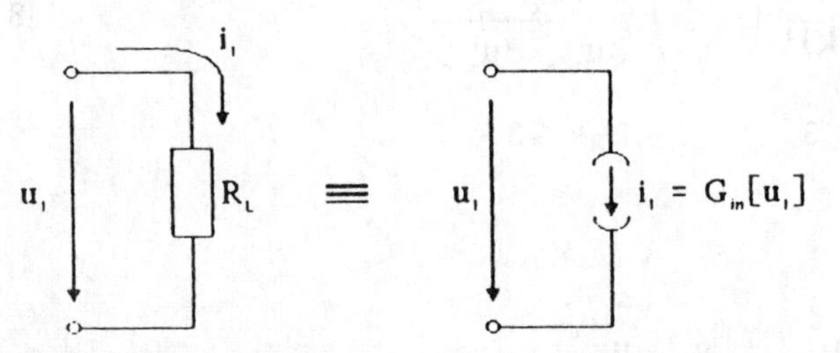

Bild 8.10: ESB des nichtlinearen Lastwiderstands R_L

Bild 8.11 zeigt nun die gesamte Anordnung.

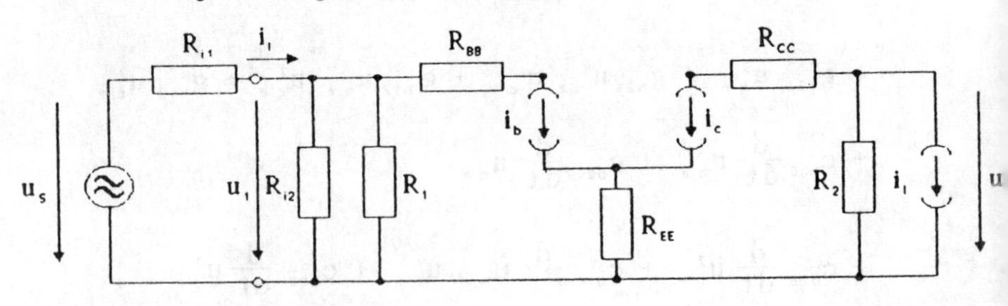

Bild 8.11: ESB des Verstärkers

Wir verallgemeinern die Schaltung, indem wir zusätzlich den Leitwert G_P für eine eventuelle Parallelgegenkopplung und den Widerstand R_3 für eine eventuelle Reihengegenkopplung einfügen. Durch einfaches Nullsetzen von G_P und R_3 erhalten wir wieder unsere ursprüngliche Schaltung.

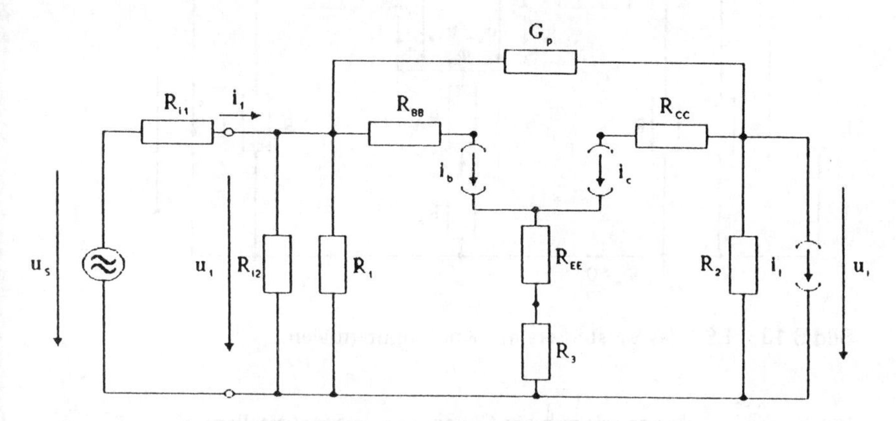

Bild 8.12: Verstärker mit Parallel- und Reihengegenkopplung

Eine Gegenkopplung bewirkt eine Linearisierung der Verstärkerkennlinie und macht den AP stabil gegenüber Temperaturschwankungen.
Außerdem erhöht sich dadurch auch die Bandbreite. Zur weiteren Berechnung verwenden wir nun die Knotenpotentialanalyse.

8.6.2 Knotenpotentialanalyse

Durch Einführung der Potentiale Φ_1, Φ_2, ... , Φ_6 (mit $\Phi_6 = 0$) und Ersetzung der linken Spannungsquelle durch eine äquivalente Stromquelle i_1 erhalten wir folgendes Bild.

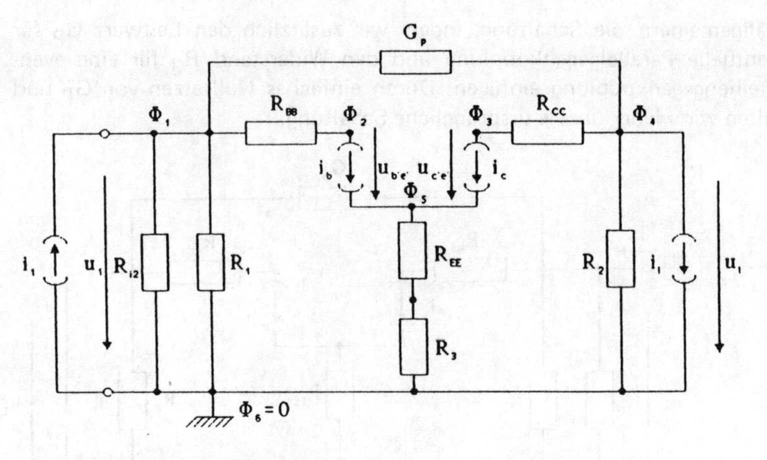

Bild 8.13: ESB des Verstärkers mit Knotenpotentialen

Mit $R_X = \frac{1}{G_X}$ können wir nun ein Gleichungssystem aufstellen:

Φ_1	Φ_2	Φ_3	Φ_4	Φ_5	=
$G_{i2}+G_1+G_p+G_{BB}$	$-G_{BB}$	0	$-G_p$	0	i_1
$-G_{BB}$	G_{BB}	0	0	0	$-i_b$
0	0	G_{CC}	$-G_{CC}$	0	$-i_c$
$-G_p$	0	$-G_{CC}$	$G_{CC}+G_2+G_p$	0	$-i_l$
0	0	0	0	$1/(R_3+R_{EE})$	i_b+i_c

(8.53)

Unser Ziel ist, eine Spannung (spezielle natürlich die Ausgangsspannung u_l) in Abhängigkeit vom Eingangsstrom i_1 anzugeben. Wir setzen daher alle Potentiale als Volterra-Reihen an:

$$
\begin{aligned}
\Phi_1 &= A[i_1] \\
\Phi_2 &= B[i_1] \\
\Phi_3 &= C[i_1] \\
\Phi_4 &= D[i_1] \\
\Phi_5 &= E[i_1] \\
i_b &= L[i_1] \\
i_c &= M[i_1] \\
i_l &= N[i_1]
\end{aligned}
\tag{8.54}
$$

Daraus folgt für die Spannung $u_{b'e'}$ und $u_{c'e'}$ mit den Volterra-Operatoren ausgedrückt:

$$
\begin{aligned}
u_{b'e'} &= B[i_1] - E[i_1] = BE[i_1] = BE_1[i_1] + BE_2[i_1] + BE_3[i_1] \\
u_{c'e'} &= C[i_1] - E[i_1] = CE[i_1] = CE_1[i_1] + CE_2[i_1] + CE_3[i_1]
\end{aligned}
\tag{8.55}
$$

Entsprechend gilt für den Frequenzbereich:

$$
\begin{aligned}
BE_k(p_1, \ldots, p_k) &= B_k(p_1, \ldots, p_k) - E_k(p_1, \ldots, p_k) \\
CE_k(p_1, \ldots, p_k) &= C_k(p_1, \ldots, p_k) - E_k(p_1, \ldots, p_k)
\end{aligned}
\tag{8.56}
$$

Mit (8.55) erhalten wir aus (8.51a):

$$
\begin{aligned}
i_b = \sum_{r=1}^{3} L[i_1] = \sum_{n=1}^{3} \sum_{i=0}^{n} \Big\{ & g_{bik} \cdot \Big(\sum_{r=1}^{3} BE_r[i_1]\Big)^i \cdot \Big(\sum_{r=1}^{3} CE_r[i_1]\Big)^k \\
& + c_{bik} \cdot \frac{d}{dt}\Big[\Big(\sum_{r=1}^{3} BE_r[i_1]\Big)^i \cdot \Big(\sum_{r=1}^{3} CE_r[i_1]\Big)^k\Big]\Big\}
\end{aligned}
$$

Durch Auftrennung von obiger Gleichung in Gleichungen 1., 2. und 3. Ordnung und bei Vernachlässigung der Glieder höherer Ordnung entsteht:

$$
\begin{aligned}
L_1[i_1] = & \Big(g_{b10} + c_{b10} \cdot \frac{d}{dt}\Big) \cdot BE_1[i_1] + \\
& + \Big(g_{b01} + c_{b01} \cdot \frac{d}{dt}\Big) \cdot CE_1[i_1]
\end{aligned}
\tag{8.57}
$$

$$L_2[i_1] = \left(g_{b10} + c_{b10}\cdot\frac{d}{dt}\right)\cdot BE_2[i_1] +$$
$$+ \left(g_{b01} + c_{b01}\cdot\frac{d}{dt}\right)\cdot CE_2[i_1] +$$
$$+ \left(g_{b20} + c_{b20}\cdot\frac{d}{dt}\right)\cdot BE_1[i_1]\cdot BE_1[i_1] + \tag{8.58}$$
$$+ \left(g_{b02} + c_{b02}\cdot\frac{d}{dt}\right)\cdot CE_1[i_1]\cdot CE_1[i_1] +$$
$$+ \left(g_{b11} + c_{b11}\cdot\frac{d}{dt}\right)\cdot BE_1[i_1]\cdot CE_1[i_1]$$

$$L_3[i_1] = \left(g_{b10} + c_{b10}\cdot\frac{d}{dt}\right)\cdot BE_3[i_1] +$$
$$+ \left(g_{b01} + c_{b01}\cdot\frac{d}{dt}\right)\cdot CE_3[i_1] +$$
$$+ 2\left(g_{b20} + c_{b20}\cdot\frac{d}{dt}\right)\cdot BE_1[i_1]\cdot BE_2[i_1] +$$
$$+ 2\left(g_{b02} + c_{b02}\cdot\frac{d}{dt}\right)\cdot CE_1[i_1]\cdot CE_2[i_1] +$$
$$+ \left(g_{b11} + c_{b11}\cdot\frac{d}{dt}\right)\cdot BE_1[i_1]\cdot CE_2[i_1] +$$
$$+ \left(g_{b11} + c_{b11}\cdot\frac{d}{dt}\right)\cdot CE_1[i_1]\cdot BE_2[i_1] +$$
$$+ \left(g_{b30} + c_{b30}\cdot\frac{d}{dt}\right)\cdot BE_1[i_1]\cdot BE_1[i_1]\cdot BE_1[i_1] + \tag{8.59}$$
$$+ \left(g_{b03} + c_{b03}\cdot\frac{d}{dt}\right)\cdot CE_1[i_1]\cdot CE_1[i_1]\cdot CE_1[i_1] +$$
$$+ \left(g_{b21} + c_{b21}\cdot\frac{d}{dt}\right)\cdot CE_1[i_1]\cdot BE_1[i_1]\cdot BE_1[i_1] +$$
$$+ \left(g_{b12} + c_{b12}\cdot\frac{d}{dt}\right)\cdot BE_1[i_1]\cdot CE_1[i_1]\cdot CE_1[i_1]$$

Mit der Transformationsregel | 15 |:

$$\frac{d}{dt} H_n[i_1] \quad \overset{n}{\circ\!\!-\!\!-\!\!\bullet} \quad (p_1 + \ldots + p_n)\cdot H_n(p_1,\ldots,p_n)\cdot \prod_{i=1}^{n} I_1(p_i) \tag{8.60}$$

und der Abkürzung:

$$g_{bik} + (p_1+\ldots+p_n)\cdot c_{bik} = y_{bik}\cdot(p_1+\ldots+p_n) \tag{8.61}$$

lassen sich die Gleichungen (8.57) – (8.59) laplacetransformieren.
($l_1(p_1)$, $L_2(p_1, p_2)$, $L_3(p_1, p_2, p_3)$ sind links und rechts gleich herausgekürzt).

$$L_1[i_1] = \left(g_{b10} + c_{b10}\cdot\frac{d}{dt}\right)\cdot BE_1[i_1] + \left(g_{b01} + c_{b01}\cdot\frac{d}{dt}\right)\cdot CE_1[i_1] \tag{8.62}$$

$$\begin{aligned} L_2[i_1] = &\left(g_{b10} + c_{b10}\cdot\frac{d}{dt}\right)\cdot BE_2[i_1] + \\ &+\left(g_{b01} + c_{b01}\cdot\frac{d}{dt}\right)\cdot CE_2[i_1] + \\ &+\left(g_{b20} + c_{b20}\cdot\frac{d}{dt}\right)\cdot BE_1[i_1]\cdot BE_1[i_1] + \\ &+\left(g_{b02} + c_{b02}\cdot\frac{d}{dt}\right)\cdot CE_1[i_1]\cdot CE_1[i_1] + \\ &+\left(g_{b11} + c_{b11}\cdot\frac{d}{dt}\right)\cdot BE_1[i_1]\cdot CE_1[i_1] \end{aligned} \tag{8.63}$$

$$\begin{aligned} L_3[i_1] = &\left(g_{b10} + c_{b10}\cdot\frac{d}{dt}\right)\cdot BE_3[i_1] + \\ &+\left(g_{b01} + c_{b01}\cdot\frac{d}{dt}\right)\cdot CE_3[i_1] + \\ &+2\left(g_{b20} + c_{b20}\cdot\frac{d}{dt}\right)\cdot BE_1[i_1]\cdot BE_2[i_1] + \\ &+2\left(g_{b02} + c_{b02}\cdot\frac{d}{dt}\right)\cdot CE_1[i_1]\cdot CE_2[i_1] + \\ &+\left(g_{b11} + c_{b11}\cdot\frac{d}{dt}\right)\cdot BE_1[i_1]\cdot CE_2[i_1] + \\ &+\left(g_{b11} + c_{b11}\cdot\frac{d}{dt}\right)\cdot CE_1[i_1]\cdot BE_2[i_1] + \\ &+\left(g_{b30} + c_{b30}\cdot\frac{d}{dt}\right)\cdot BE_1[i_1]\cdot BE_1[i_1]\cdot BE_1[i_1] + \\ &+\left(g_{b03} + c_{b03}\cdot\frac{d}{dt}\right)\cdot CE_1[i_1]\cdot CE_1[i_1]\cdot CE_1[i_1] + \\ &+\left(g_{b21} + c_{b21}\cdot\frac{d}{dt}\right)\cdot CE_1[i_1]\cdot BE_1[i_1]\cdot BE_1[i_1] + \\ &+\left(g_{b12} + c_{b12}\cdot\frac{d}{dt}\right)\cdot BE_1[i_1]\cdot CE_1[i_1]\cdot CE_1[i_1] \end{aligned} \tag{8.64}$$

Für $i_c = M[i_1]$ nehmen wir genau denselben Rechenweg und erhalten $M_1(p)$, $M_2(p_1, p_2)$ und $M_3(p_1, p_2, p_3)$ durch Abänderung der Indizes b ⟶ c und Ersetzung von L_i ⟶ M_i aus den Gleichungen (8.62) – (8.64).

$$M_1(p) = y_{c10}(p)\cdot BE_1(p) + y_{c01}(p)\cdot CE_1(p) \tag{8.65}$$

$$
\begin{aligned}
M_2(p_1,p_2) &= y_{c10}(p_1+p_2)\cdot BE_2(p_1,p_2) + y_{c01}(p_1+p_2)\cdot CE_2(p_1,p_2) + \\
&\left.\begin{aligned}
&+ y_{c20}(p_1+p_2)\cdot BE_1(p_1)\cdot BE_1(p_2) + \\
&+ y_{c02}(p_1+p_2)\cdot CE_1(p_1)\cdot CE_1(p_2) + \\
&+ y_{c11}(p_1+p_2)\cdot BE_1(p_1)\cdot CE_1(p_2)
\end{aligned}\right\} M'_2(p_1,p_2)
\end{aligned}
\tag{8.66}
$$

$$
\begin{aligned}
M_3(p_1,p_2,p_3) &= y_{c10}(p_1+p_2+p_3)\cdot BE_3(p_1,p_2,p_3) + y_{c01}(p_1+p_2+p_3)\cdot CE_3(p_1,p_2,p_3) + \\
&\left.\begin{aligned}
&+ 2\,y_{c20}(p_1+p_2+p_3)\cdot BE_1(p_1)\cdot BE_2(p_2,p_3) + \\
&+ 2\,y_{c02}(p_1+p_2+p_3)\cdot CE_1(p_1)\cdot CE_2(p_2,p_3) + \\
&+ y_{c11}(p_1+p_2+p_3)\cdot BE_1(p_1)\cdot CE_2(p_2,p_3) + \\
&+ y_{c11}(p_1+p_2+p_3)\cdot CE_1(p_1)\cdot BE_2(p_2,p_3) + \\
&+ y_{c30}(p_1+p_2+p_3)\cdot BE_1(p_1)\cdot BE_1(p_2)\cdot BE_1(p_3) + \\
&+ y_{c03}(p_1+p_2+p_3)\cdot CE_1(p_1)\cdot CE_1(p_2)\cdot CE_1(p_3) + \\
&+ y_{c21}(p_1+p_2+p_3)\cdot CE_1(p_3)\cdot BE_1(p_1)\cdot BE_1(p_2) + \\
&+ y_{c12}(p_1+p_2+p_3)\cdot BE_1(p_3)\cdot CE_1(p_1)\cdot CE_1(p_2)
\end{aligned}\right\} M'_3(p_1,p_2,p_3)
\end{aligned}
\tag{8.67}
$$

Als letzte Größe des Gleichungssystems (8.53) muß nun noch der Laststrom durch eine Volterra-Reihe ausgedrückt werden.

$$
\underset{\substack{\uparrow \\ (8.54d)}}{i_1 = N[i_1]} \underset{\substack{\uparrow \\ (8.52)}}{=} G_{in}\Big[D[i_1]\Big]
\tag{8.68}
$$

Dies entspricht einer Kettenschaltung. Mit den Ergebnissen aus Abschnitt 8.5.1 folgt daher:

$$
\begin{aligned}
N_1(p) &= G_{in1}(p)\cdot D_1(p) \\
N_2(p_1,p_2) &= G_{in1}(p_1+p_2)\cdot D_2(p_1,p_2) + N'_2(p_1,p_2) \\
N_3(p_1,p_2,p_3) &= G_{in1}(p_1+p_2+p_3)\cdot D_3(p_1,p_2,p_3) + N'_3(p_1,p_2,p_3)
\end{aligned}
\tag{8.69}
$$

$$\text{mit } N'_2(p_1,p_2) = G_{in2}(p_1,p_2) \cdot \prod_{i=1}^{2} D_1(p_i) \tag{8.69}$$

$$N'_3(p_1,p_2,p_3) = G_{in3}(p_1,p_2,p_3) \cdot \prod_{i=1}^{3} D_1(p_i) + 2\,G_{in2}(p_1,p_2+p_3) \cdot D_1(p_1) \cdot D_2(p_2,p_3)$$

Jetzt können wir das Gleichungssystem (8.53) so umschreiben, daß nur noch die Eingangsgröße i_1 als Variable im Gleichungssystem auftritt. Mit den Ansätzen aus Gl. (8.54) geht Gl. (8.53) über in:

$\sum_{i=1}^{3} A_i[i_1]$	$\sum_{i=1}^{3} B_i[i_1]$	$\sum_{i=1}^{3} C_i[i_1]$	$\sum_{i=1}^{3} D_i[i_1]$	$\sum_{i=1}^{3} E_i[i_1]$	=
$G_{i2}+G_1+G_p+G_{BB}$	$-G_{BB}$	0	$-G_p$	0	i_1
$-G_{BB}$	G_{BB}	0	0	0	$-\sum_{i=1}^{3} L_i[i_1]$
0	0	G_{CC}	$-G_{CC}$	0	$-\sum_{i=1}^{3} M_i[i_1]$
$-G_p$	0	$-G_{CC}$	$G_{CC}+G_2+G_p$	0	$-\sum_{i=1}^{3} N_i[i_1]$
0	0	0	0	$1/(R_3+R_{EE})$	$\sum_{i=1}^{3} M_i[i_1] + \sum_{i=1}^{3} L_i[i_1]$

(8.70)

Dieses Gleichungssystem trennen wir nach 1., 2. und 3. Ordnung in drei Gleichungssysteme auf und erhalten daraus nach 1-, 2- bzw. 3-dimensionaler Laplacetransformation und Division auf beiden Seiten mit $\prod_{i=1}^{n} I_1(p_i)$ die Gleichungen:

$A_1(p)$	$B_1(p)$	$C_1(p)$	$D_1(p)$	$E_1(p)$	=
$G_{i2}+G_1+G_p+G_{BB}$	$-G_{BB}$	0	$-G_p$	0	1
$-G_{BB}$	G_{BB}	0	0	0	$-L_1(p)$
0	0	G_{CC}	$-G_{CC}$	0	$-M_1(p)$
$-G_p$	0	$-G_{CC}$	$G_{CC}+G_2+G_p$	0	$-N_1(p)$
0	0	0	0	$1/(R_3+R_{EE})$	$L_1(p)+M_1(p)$

(8.71)

$A_2(p_1,p_2)$	$B_2(p_1,p_2)$	$C_2(p_1,p_2)$	$D_2(p_1,p_2)$	$E_2(p_1,p_2)$	$=$
$G_{12}+G_1+G_p+G_{BB}$	$-G_{BB}$	0	$-G_p$	0	0
$-G_{BB}$	G_{BB}	0	0	0	$-L_2(p_1,p_2)$
0	0	G_{CC}	$-G_{CC}$	0	$-M_2(p_1,p_2)$
$-G_p$	0	$-G_{CC}$	$G_{CC}+G_2+G_p$	0	$-N_2(p_1,p_2)$
0	0	0	0	$1/(R_3+R_{EE})$	$L_2(p_1,p_2)+M_2(p_1,p_2$

(8.72)

$A_3(p_1,p_2,p_3)$	$B_3(p_1,p_2,p_3)$	$C_3\ p_1,p_2,p_3)$	$D_3(p_1,p_2,p_3)$	$E_3(p_1,p_2,p_3)$	$=$
$G_{12}+G_1+G_p+G_{BB}$	$-G_{BB}$	0	$-G_p$	0	0
$-G_{BB}$	G_{BB}	0	0	0	$-L_3(p_1,p_2,p_3)$
0	0	G_{CC}	$-G_{CC}$	0	$-M_3(p_1,p_2,p_3)$
$-G_p$	0	$-G_{CC}$	$G_{CC}+G_2+G_p$	0	$-N_3(p_1,p_2,p_3)$
0	0	0	0	$1/(R_3+R_{EE})$	$L_3(p_1,p_2,p_3)+M_3(p_1,p$

(8.73)

Wenn wir $L_i\ (p_1, \ldots, p_i)$, $M_i\ (p_1, \ldots, p_i)$, $N_i\ (p_1, \ldots, p_i)$ nach (8.62 – 8.64), (8.65 – 8.67), (8.69) und $BE_i\ (p_1, \ldots, p_i)$ sowie $CE_i\ (p_1, \ldots, p_i)$ nach (8.56) einsetzen, erhalten wir für die einzelnen Teilsysteme:

$$\underline{G}(p) \begin{pmatrix} A_1(p) \\ B_1(p) \\ C_1(p) \\ D_1(p) \\ E_1(p) \end{pmatrix} = \begin{pmatrix} 1 \\ 0 \\ 0 \\ 0 \\ 0 \end{pmatrix} \qquad (8.74a)$$

$$\underline{G}(p_1+p_2)\begin{pmatrix} A_2(p_1,p_2) \\ B_2(p_1,p_2) \\ C_2(p_1,p_2) \\ D_2(p_1,p_2) \\ E_2(p_1,p_2) \end{pmatrix} = \begin{pmatrix} 0 \\ -L'_2(p_1,p_2) \\ -M'_2(p_1,p_2) \\ -N'_2(p_1,p_2) \\ L'_2(p_1,p_2)+M'_2(p_1,p_2) \end{pmatrix} \tag{8.74b}$$

$$\underline{G}(p_1+p_2+p_3)\begin{pmatrix} A_3(p_1,p_2,p_3) \\ B_3(p_1,p_2,p_3) \\ C_3(p_1,p_2,p_3) \\ D_3(p_1,p_2,p_3) \\ E_3(p_1,p_2,p_3) \end{pmatrix} = \begin{pmatrix} 0 \\ -L'_3(p_1,p_2,p_3) \\ -M'_3(p_1,p_2,p_3) \\ -N'_3(p_1,p_2,p_3) \\ L'_3(p_1,p_2,p_3)+M'_3(p_1,p_2,p_3) \end{pmatrix} \tag{8.74c}$$

Wobei G(p) die folgende Matrix ist:

$$\begin{pmatrix} G_{12}+G_1+G_p+G_{BB} & -G_{BB} & 0 & -G_p & 0 \\ -G_{BB} & G_{BB}+y_{b10}(p) & y_{b01}(p) & 0 & -y_{b10}(p)-y_{b01}(p) \\ 0 & y_{c10}(p) & G_{CC}+y_{c01}(p) & -G_{CC} & -y_{c10}(p)-y_{c01}(p) \\ -G_p & 0 & -G_{CC} & G_{CC}+G_2+G_p+G_{in1}(p) & 0 \\ 0 & -y_{b10}(p)-y_{c10}(p) & -y_{b01}(p)-y_{c01}(p) & 0 & \begin{matrix} 1/(R_3+R_{EE})+ \\ +y_{b10}(p)+y_{b01}(p) \\ +y_{c10}(p)+y_{c01}(p) \end{matrix} \end{pmatrix} \tag{8.75}$$

Diese Matrix enthält neben den diskreten Widerständen nur die linearen Anteile der Nichtlinearitäten und repräsentiert somit ein lin. Netzwerk. Für die einzelnen Teilsysteme können nun getrennte Gleichungssysteme angegeben werden.

System 1. Ordnung:

$$\begin{pmatrix} A_1(p) \\ B_1(p) \\ C_1(p) \\ D_1(p) \\ E_1(p) \end{pmatrix} = \underline{G}^{-1}(p) \begin{pmatrix} 1 \\ 0 \\ 0 \\ 0 \\ 0 \end{pmatrix} \tag{8.76}$$

Die inverse Matrix berechnet man mit einer aus der linearen Algebra bekannten Regel. Der eingeprägte Strom $I_1(p($ (normiert auf 1) am Knoten 1, repräsentiert durch den Vektor (1,0,0,0,0) in Gl. (8.76), erzeugt also z.B. am Knoten 4 die Grundschwingung $u_{i1}(t)$ der Ausgangsspannung mit:

$$u_{i1}(t) \circ\!\!\overset{1}{-\!\!-\!\!-}\!\!\bullet D_1(p) \cdot I_1(p) \tag{8.77}$$

Da $\prod_{i=1}^{n} I_1(p_i)$ in den Gleichungen (8.71) – (8.73) gekürzt wurde, muß vor der Rücktransformation mit der entsprechenden n-dimensionalen Laplacetransformierten von $I_1(t)$ multipliziert werden.

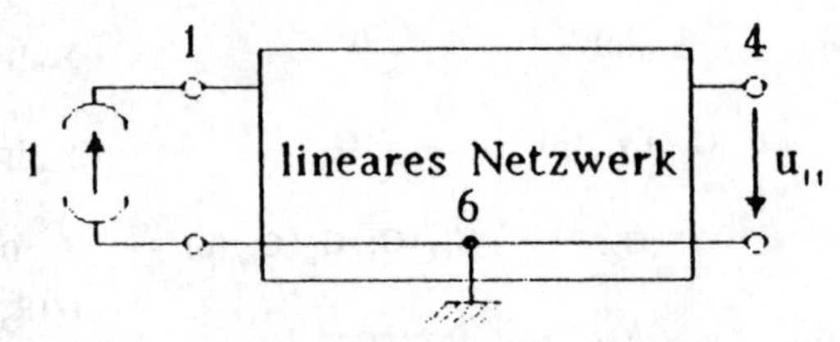

Bild 8.14: Teilsystem 1. Ordnung

System 2. Ordnung:

$$\begin{pmatrix} A_2(p_1,p_2) \\ B_2(p_1,p_2) \\ C_2(p_1,p_2) \\ D_2(p_1,p_2) \\ E_2(p_1,p_2) \end{pmatrix} = \underline{G}^{-1}(p_1+p_2) \begin{pmatrix} 0 \\ -L'_2(p_1,p_2) \\ -M'_2(p_1,p_2) \\ -N'_2(p_1,p_2) \\ L'_2(p_1,p_2)+M'_2(p_1,p_2) \end{pmatrix} \tag{8.78}$$

Aus Gl. (8.78) erkennen wir, daß das System 2. Ordnung durch das lineare Netzwerk mit fiktiven Oberwellenstromquellen an den entsprechenden Knoten dargestellt werden kann.

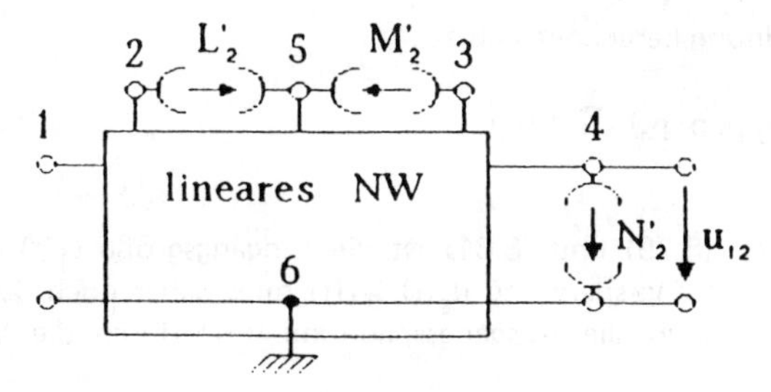

Bild 8.15: Teilsystem 2. Ordnung

Die Oberwellenquellen L'_2, M'_2 und N'_2 können mit Hilfe der Ergebnisse des Systems 1. Ordnung aus den Gleichungen (8.63), (8.66) und (8.69) berechnet werden.
Das Ausgangssignal 2. Ordnung können wir demnach als Folge der Oberwellenströme L'_2, M'_2 und N'_2 angeben.

$$u_{12}(t) \quad \circ\!\!\xrightarrow{\;2\;}\!\!\bullet \quad D_2(p_1,p_2)\cdot \prod_{i=1}^{2} I_1(p_i) \tag{8.79}$$

System 3. Ordnung:

$$\begin{pmatrix} A_3(p_1,p_2,p_3) \\ B_3(p_1,p_2,p_3) \\ C_3(p_1,p_2,p_3) \\ D_3(p_1,p_2,p_3) \\ E_3(p_1,p_2,p_3) \end{pmatrix} = \underline{G}^{-1}(p_1+p_2+p_3) \begin{pmatrix} 0 \\ -L'_3(p_1,p_2,p_3) \\ -M'_3(p_1,p_2,p_3) \\ -N'_3(p_1,p_2,p_3) \\ L'_3(p_1,p_2,p_3)+M'_3(p_1,p_2,p_3) \end{pmatrix} \tag{8.80}$$

Wie beim Teilsystem 2. Ordnung können wir wieder die Oberwellenquellen nach Gl. (8.64), (8.65) und (8.69) angeben.

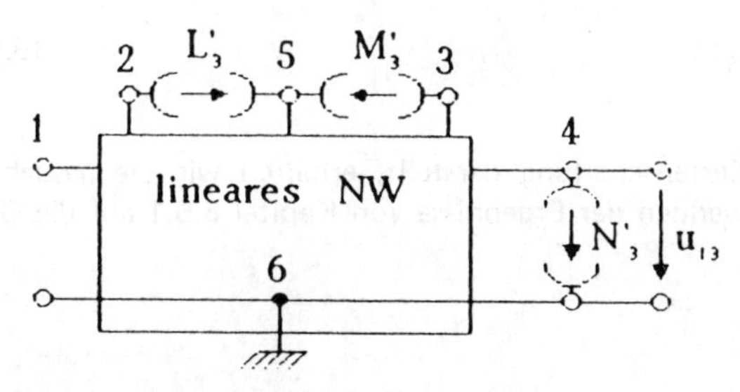

Bild 8.16: Teilsystem 3. Ordnung

Das Ausgangssignal 3. Ordnung berechnet sich zu:

$$u_{i3}(t) \quad \circ\!\!\stackrel{3}{\longrightarrow}\!\!\bullet \quad D_3(p_1,p_2,p_3) \cdot \prod_{i=1}^{2} I_1(p_i) \tag{8.81}$$

In den Gleichungen (8.77), (8.79) und (8.81) ist die Eingangsgröße $i_1(t)$ und nicht wie erwünscht, die Eingangsspannung $u_s(t)$. $i_1(t)$ muß daher noch durch $u_s(t)$ ausgedrückt werden, damit die Ausgangsspannung $u_i(t)$ durch die Volterra-Reihe

$$u_i(t) = F[u_s(t)] \tag{8.82}$$

ausgedrückt werden kann.

Die gesuchte Übertragungsfunktion $F_i(p_1, \dots , p_i)$ erhalten wir mit:

$$u_s = W[i_1] = R_{i1} \cdot i_1 + \Phi_1 = R_{i1} \cdot i_1 + A[i_1] \tag{8.83}$$

Beziehungsweise:

$$\begin{aligned} W_1(p) &= R_{i1} + A_1(p) \\ W_2(p_1,p_2) &= A_2(p_1,p_2) \\ W_3(p_1,p_2,p_3) &= A_3(p_1,p_2,p_3) \end{aligned} \tag{8.84}$$

Für den Eingangsstrom $i_1(t)$ gilt nach Gl. (8.83) die Umkehrbeziehung

$$i_1 = W[u_s] \tag{8.85}$$

$W_i(p_1, \dots , p_i)$ berechnen wir also mit Gl. (8.84) und den Ergebnissen aus Abschnitt 8.5.2. Daraus folgt schließlich für die Beschreibung des gesamten Übertragungssystems

$$u_i = F[u_s] = D\,[\,W[u_s]\,] \tag{8.86}$$

Da (8.86) wieder eine Kettenschaltung darstellt, erhalten wir die gesuchten $F_i(p_1, \dots , p_i)$ durch Anwenden der Ergebnisse von Kapitel 8.5.1 auf die Gleichungen von (8.84).

8.7 Gütefaktoren der nichtlinearen Verzerrung 2. und 3.Ordnung bei gegengekoppelten Verstärkern

Bild 8.17 zeigt das Blockschaltbild eines nichtlinearen gegengekoppelten Verstärkers mit der linearen Übertragungsfunktion μ_1 und der nichtlinearen Übertragungsfunktionen μ_2 und μ_3 des aktiven Vierpols sowie der linearen Übertragungsfunktion des Gegengekopplungsvierpols β.

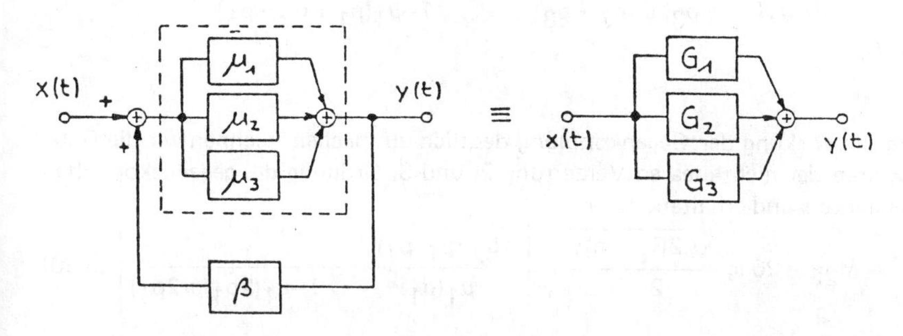

Bild 8.17: Darstellung eines nichtlinearen gegengekoppelten Verstärkers durch Übertragungsfunktionen 1., 2. und 3. Ordnung

Das äquivalente Blockschaltbild möge die lineare Übertragungsfunktion G_1 und die nichtlinearen Übertragungsfunktionen G_2 und G_3 haben.

Für die Verstärkung des Teilsystems 1. Ordnung erhält man die bekannte Formel für den gegengekoppelten Verstärker:

$$G_1(p) = \frac{\mu_1(p)}{1 - \mu_1(p) \cdot \beta(p)} \tag{8.87}$$

Für die Verstärkung der Teilsysteme 2. und 3. Ordnung erhält man dann:

$$G_2(p_1, p_2) = \frac{\mu_2(p_1, p_2)}{[1-\mu_1(p_1)\beta(p_1)]\,[1-\mu_1(p_2)\beta(p_2)\,]} \cdot \frac{1}{1 - \mu_1(p_1 + p_2)\beta(p_1 + p_2)} \tag{8.88}$$

$$G_3(p_1,p_2,p_3) = \left(\frac{\mu_3(p_1,p_2,p_3)}{\prod_{i=1}^{3} 1-\mu_1(p_i)\,\beta(p_i)} + \right.$$

$$+ \frac{2\,\mu_2(p_1,p_2,p_3)}{1-\mu_1(p_1)\,\beta(p_1)} \cdot \frac{\beta(p_2+p_3)\,\mu_2(p_2,p_3)}{[1-\mu_1(p_2)\beta(p_2)]\,[1-\mu_1(p_3)\beta(p_3)]} \cdot$$

$$\cdot \frac{1}{1-\mu_1(p_2+p_3)\,\beta(p_2+p_3)} \cdot \frac{1}{1-\mu_1(p_1+p_2+p_3)}$$

(8.89)

Um die Wirkung der Gegenkopplung deutlich zu machen, rechnen wir die Gütefaktoren der nichtlinearen Verzerrung 2. und 3. Ordnung des gegengekoppelten Verstärkers und erhalten:

$$M_{2E} = 20 \lg \frac{\sqrt{2R_L \cdot 1\,\mathrm{mW}}}{2} \cdot \left| \frac{\mu_2(p_1,p_1)}{\mu_1(p_1)^2} \cdot \frac{1}{1-\mu_1(2p_1)\beta(2p_1)} \right| \quad (8.90)$$

$$M_{3E} = 20 \lg \frac{R_L \cdot 1\,\mathrm{mW}}{2} \cdot \left| \frac{\mu_3(p_1,p_1,p_1)}{\mu_1(p_1)^3} \cdot \frac{1}{1-\mu_1(3p_1)\beta(3p_1)} \right.$$

$$- 2\,\frac{\mu_2(p_1,2p_1)}{\mu_1(p_1)\mu_1(2p_1)} \cdot \frac{\mu_2(p_1,p_1)}{\mu_1(p_1)^2} \cdot$$

$$\left. \cdot \frac{\mu_1(2p_1)\,\beta(2p_1)}{1-\mu_1(2p_1)\,\beta(2p_1)} \cdot \frac{1}{1-\mu_1(3p_1)\,\beta(3p_1)} \right| \quad (8.91)$$

Gleichung (8.90) besagt, daß sich der Gütefaktor eines gegengekoppelten Verstärkers gegenüber dem eines nichtgegengekoppelten Verstärkers um den Gegenkopplungsfaktor verbessert. Damit verbessert sich auch die nichtlineare Verzerrung 2. Ordnung bei gleichem Ausgangspegel um den Gegenkopplungsfaktor bei der doppelten Frequenz.

Gleichung (8.91) zeigt die gleiche Verbesserung für die nichtlineare Verzerrung 3. Ordnung mit einem zusätzlichen Term, der nur bei kleinen Gegenkopplungsfaktoren ins Gewicht fällt und zum Kompensationseffekt führen kann, wie von Feldtkeller schon 1936 in einfacher Form erkannt wurde (2).

Wir wollen nun nach der Zusammenfassung die Klirranalyse anhand eines einstufigen Verstärkers in Emitterschaltung durchführen. Dabei gehen wir wie folgt vor:

- Ersatzschaltbild
  nichtlineare Elemente als gesteuerte Quellen
- System von Maschen- und Knoten-Gleichungen
- nichtlineare Elemente ersetzen durch Taylor-Reihe im Arbeitspunkt
- Volterra-Reihen-Ansatz für die Unbekannten
- Trennen in 3 (lineare) Gleichungssysteme
- Lösen der Gleichungssysteme 1., 2., 3. Ordnung

8.7 Zusammenfassung

In zahlreichen Aufsätzen über nichtlineare Verzerrungen bei Transistorverstärkern findet man die Methode der Volterra-Reihen-Näherung, nach der die Verzerrungen 2. und 3. Ordnung berechnet werden.

Dieses Kapitel sollte in einem ersten Teil darstellen, wie sich der Zusammenhang zwischen Ein- und Ausgangssignal eines nichtlinearen Systems als Volterra-Reihe beschreiben läßt. Es wurde gezeigt, daß die Faltung und der Begriff der Übertragungsfunktion auf die Systeme höherer Ordnung erweitert werden kann und wie sich ein vom Eingangspegel unabhängiges Maß für die nichtlinearen Verzerrungen 2. und 3. Ordnung darstellen läßt.

Im zweiten Teil wurde mit Hilfe des Volterra-Reihen-Ansatzes die Übertragungsfunktion eines Transistorverstärkers berechnet. Die formale Analyse mit der Kirchhoff'schen Knotenregel führt auf drei lineare Gleichungssysteme, die den Teilsystemen 1., 2. und 3. Ordnung entsprechen. Die Teilsysteme erweisen sich als das lineare Netzwerk mit der eingeprägten Quellen am Eingang (lineares Teilsystem) bzw. als das lineare Netzwerk mit Oberwellenquellen 2. und 3. Ordnung an den Stellen der Nichtlinearitäten (Teilsystem 2. bzw. 2. Ordnung). Damit besitzt der Satz von Feldtkeller und Wolmann | 1 | auch für fastlineare Systeme mit Speichern Gültigkeit, und die Ausgangssignale 2. und 3. Ordnung berechnen sich bei Kenntnis der Oberwellenquellen wie die Ausgangssignale eines linearen Systems.

In der Arbeit von (71) wurde eine Verstärkerstufe mit Reihengegenkopplung berechnet. Der in Abschnitt 8.6 vorgeführte Lösungsweg wurde dazu in ein Rechenprogramm umgesetzt. Die Ergebnisse geben die folgenden Diagramme wieder.

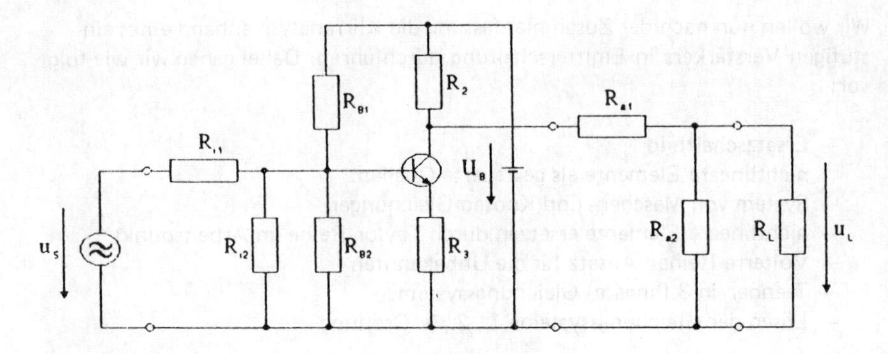

Bild 8.18: Verstärkerstufe mit Reihengegenkopplung

Bauteile:

$R_L = 50\ \Omega$ $R_{a1} = 468\ \Omega$ $R_{a2} = 47\ \Omega$ $R_2 = 5{,}6\ k\Omega$

$R_{i1} = 50\ \Omega$ $R_{i2} = 17{,}5\ \Omega$

Transistortyp:

BFR 35 A

$R_{BB} = 15\ \Omega$ $R_{CC} = 1{,}7\ \Omega$ $R_{EE} = 0{,}9\ \Omega$

Arbeitspunkt $I_C = 1$ mA

Die Parameter g_{bik}, g_{cik}, c_{bik} und c_{cik} wurden für obigen AP aus SPICE entnommen.

Diese Parameter könnten nur bei einem sehr vereinfachten Model explizit hergeleitet werden.

Aus den Bildern 8.19 – 8.23 erkennen wir, daß wir die Gegenkopplung für einen klirrarmen Verstärker groß genug wählen müssen. Beliebig große Gegenkopplung ist jedoch nicht möglich, da mit steigender Gegenkopplung die Verstärkung abfällt.

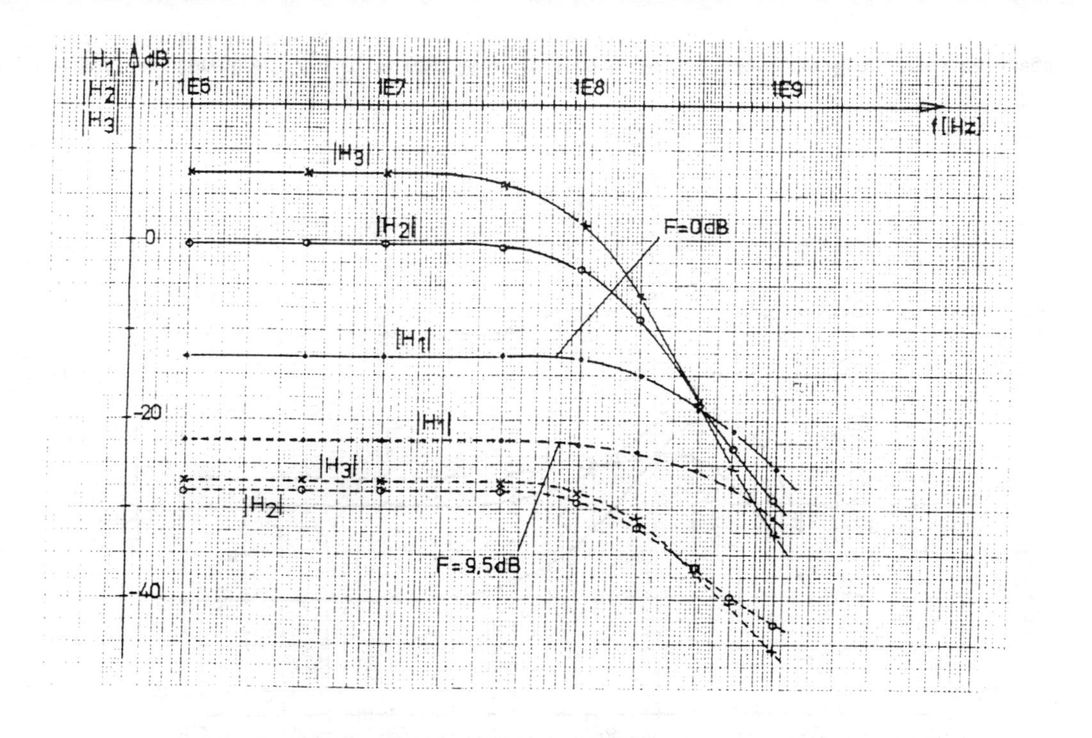

Bild 8.19: Verlauf von $|H_1(p)|$, $|H_2(p, p)|$, $|H_3(p,p,p)|$ in Abhängigkeit der Frequenz f mit $p = j2\pi f$ ohne Gegenkopplung (F = 0 dB) und mit Gegenkopplung (F = 9,5 dB)

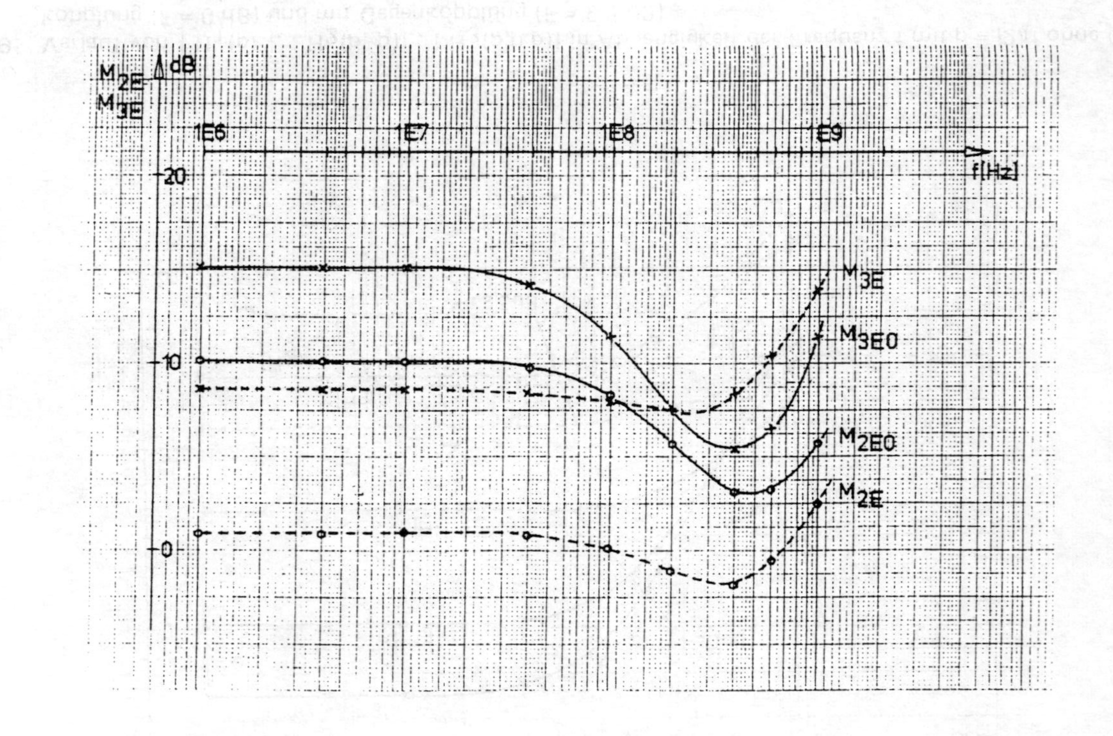

Bild 8.20: Verlauf der Klirrgüten $M_{2E}(f, f)$ und M_{3E} (f, f, f) in Abhängigkeit der Frequenz f bei Gegenkopplung (F = 9,5 dB) und der Klirrgüten $M_{2E\,0}(f, f, f)$ ohne Gegenkopplung

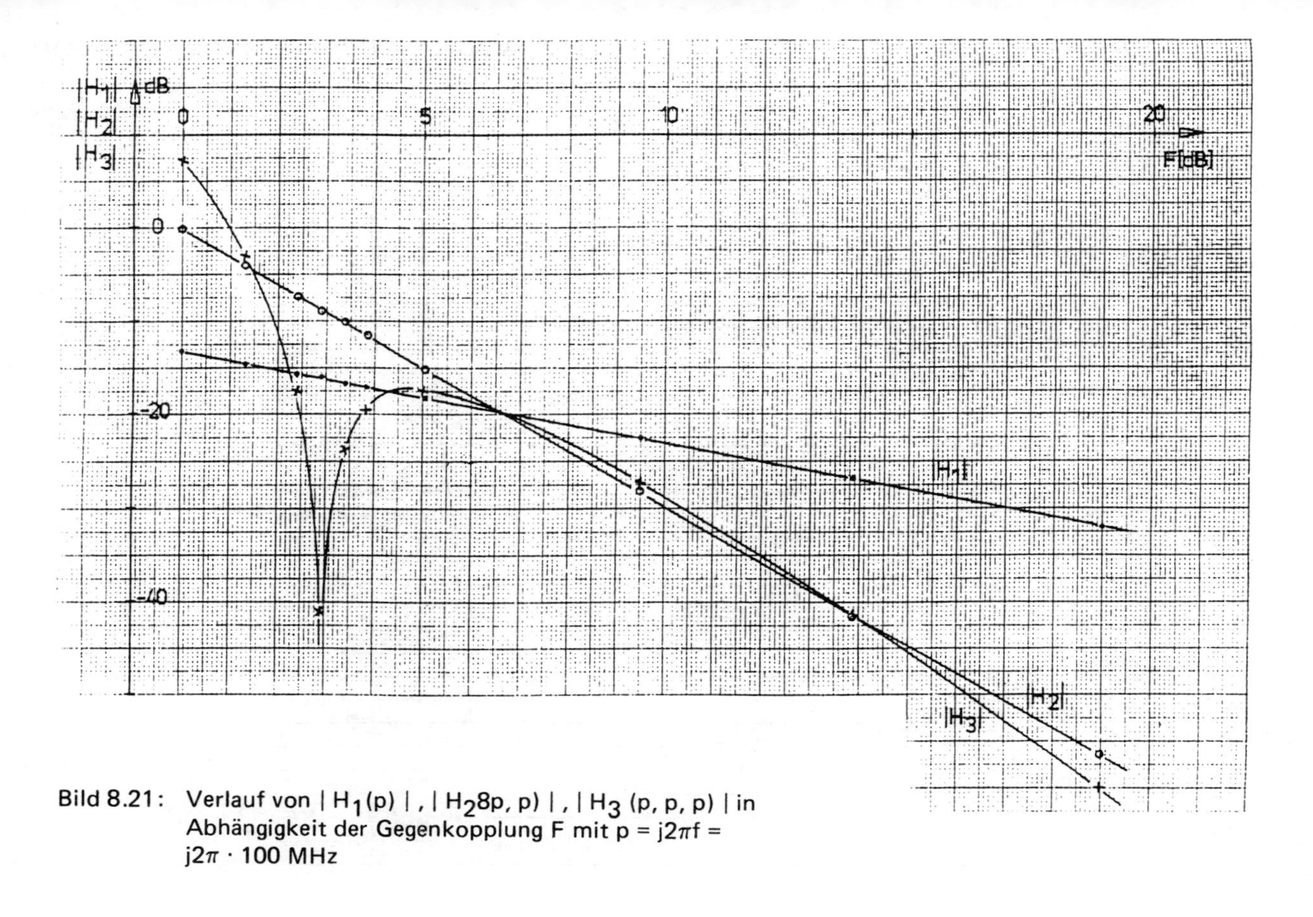

Bild 8.21: Verlauf von $| H_1(p) |$, $| H_2 8p, p) |$, $| H_3 (p, p, p) |$ in Abhängigkeit der Gegenkopplung F mit $p = j2\pi f = j2\pi \cdot 100$ MHz

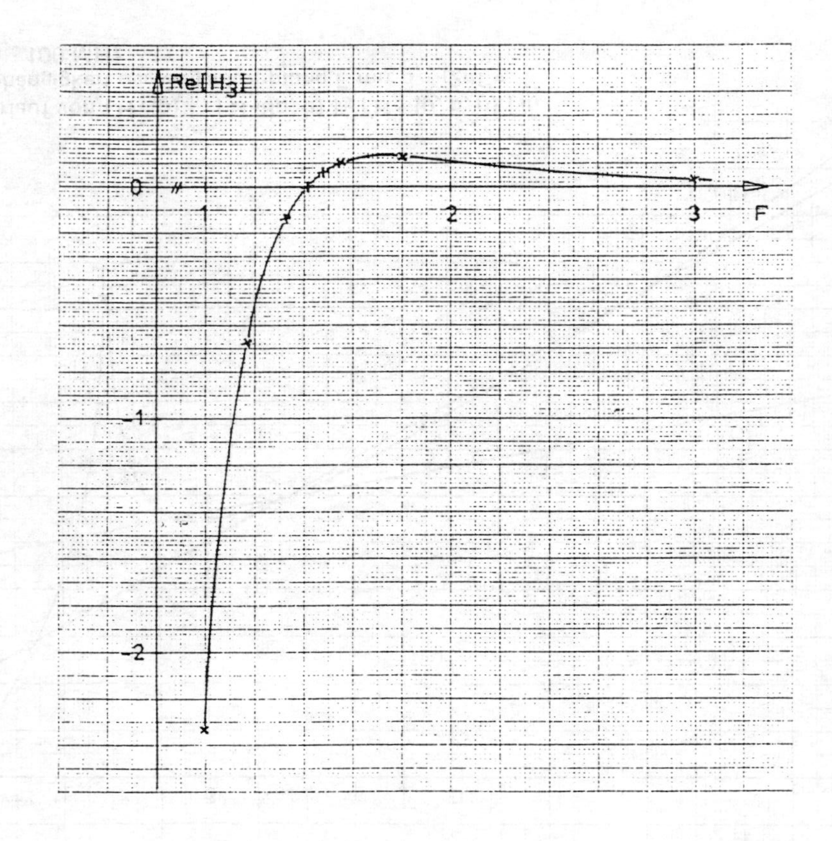

Bild 8.22: Verlauf von $Re(H_3(p, p, p))$ in Abhängigkeit der Gegenkopplung F mit $p = j2\pi f = j2\pi \cdot 100$ MHz

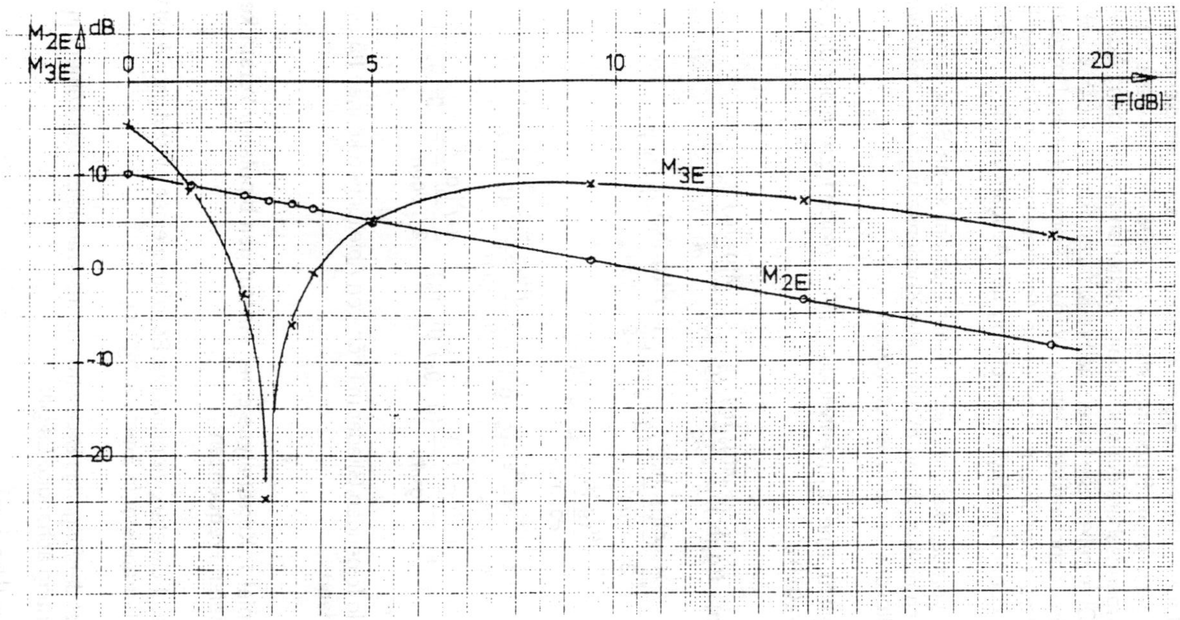

M_{2E}, M_{3E} dB

F[dB]

0 5 10 20

10 0 -10 -20

M_{3E}

M_{2E}

Bild 8.23: Verlauf der Klirrgüten $M_{2E}(f, f)$ und $M_{3E}(8f, f, f)$ in Abhängigkeit der Gegenkopplung F bei f = 100 MHz

8.8 Beispiele zur Klirranalyse

Als Beispiel für die Berechnung nichtlinearer Verzerrungen diene ein einstufiger Transistorverstärker mit Bipolartransistor bzw. MOS-FET. Da diese Bauteile keine lineare Übergangscharakteristik haben, entstehen am Ausgang zusätzlich zum Nutzsignal Oberwellen. Sie haben die Frequenzen $\omega_v = v \cdot \omega_0$ (v = 2.. ∞) und einen für steigende v abnehmenden Betrag. Wird der Transistor in der Umgebung seines Arbeitspunktes ausgesteuert, kann seine Kennlinie linearisiert und der Betrag der Oberwellen durch eine Taylorentwicklung der Ausgangsgröße abgeschätzt werden.
Diese setzt voraus, daß das nichtlineare Element keine Speichereigenschaften aufweist. Dementsprechend müssen alle Kondensatoren und Induktivitäten des Ersatzschaltbildes vernachlässigt werden.

Allgemein gilt für eine Taylorentwicklung der Funktion f(g,h) in der Umgebung des Punktes $P_0=(g_0,h_0)$:

$$
\begin{aligned}
f(g,h) = {} & f(g_0,h_0) + \frac{\partial f(g_0,h_0)}{\partial g}\cdot(g-g_0) + \frac{\partial f(g_0,h_0)}{\partial h}\cdot(h-h_0) \\
& + \frac{1}{2}\cdot\frac{\partial^2 f(g_0,h_0)}{\partial g^2}\cdot(g-g_0)^2 + \frac{1}{2}\cdot\frac{\partial^2 f(g_0,h_0)}{\partial h^2}\cdot(h-h_0)^2 \\
& + \frac{\partial^2 f(g_0,h_0)}{\partial g \partial h}\cdot(g-g_0)(h-h_0) \\
& + \frac{1}{6}\cdot\frac{\partial^3 f(g_0,h_0)}{\partial g^3}\cdot(g-g_0)^3 + \frac{1}{6}\cdot\frac{\partial^3 f(g_0,h_0)}{\partial h^3}\cdot(h-h_0)^3 \\
& + \frac{1}{2}\frac{\partial^3 f(g_0,h_0)}{\partial g^2 \partial h}\cdot(g-g_0)^2(h-h_0) + \frac{1}{2}\frac{\partial^3 f(g_0,h_0)}{\partial g \partial h^2}\cdot(g-g_0)(h-h_0)^2
\end{aligned}
\qquad (1)
$$

Die weiterhin folgenden Glieder mit höheren Ableitungen können häufig vernachlässigt werden.

8.8.1 Beispiel 1: Klirranalyse eines einstufigen bipolaren Verstärkers bei tiefen Frequenzen

Bild 8.24 zeigt die stark vereinfachte Schaltung eines einstufigen Verstärkers mit einem Bipolartransistor in Emitterschaltung.

Allgemein ist der Eingangs-Basisstrom eines Transistors von seiner Ein- und Ausgangsspannung abhängig. Es gilt:

$$I_B = I_B\,(U_{BE}, U_{CE}) \qquad (2)$$

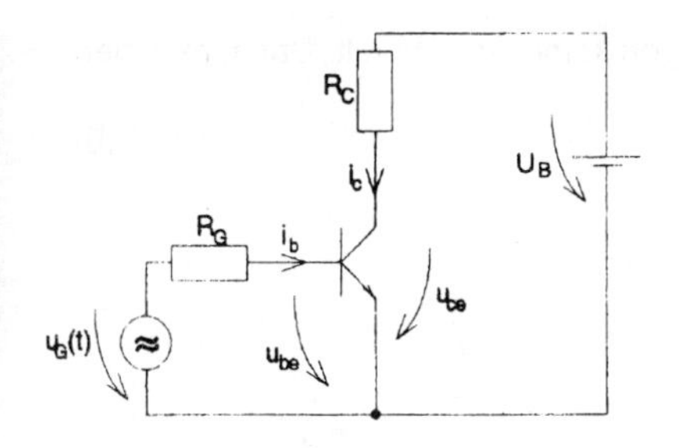

Bild 4.8

Ebenfalls gilt für den Ausgangs-Kollektorstrom:

$$I_C = I_C\,(U_{BE},\,U_{CE}) \tag{3}$$

dessen totales Differential (das der ersten Ableitung der Taylorentwicklung entspricht) lautet:

$$\partial I_C = \left.\frac{\partial I_C}{\partial U_{BE}}\right|_{U_{CE}=\text{const.}} \cdot dU_{BE} + \left.\frac{\partial I_C}{\partial U_{CE}}\right|_{U_{BE}=\text{const.}} \cdot dU_{CE} \tag{4}$$

Im folgenden wird nur die Abhängigkeit der Ausgangsgröße $I_C = I_C(U_{BE}, U_{CE})$ berücksichtigt. Für die Kleinsignalanalyse ist der Gleichstromwert I_{C0} entsprechend $f(g_0,h_0)$ aus Gleichung (1) ohne Bedeutung und wird im Folgenden für die Ableitung vernachlässigt. Für die Berechnung des Ausgangssignales wird er jedoch wieder hinzugezogen. Der Wechselanteil i_c besteht aus dem Nutzsignal sowie mehreren Klirrfrequenzen und läßt sich ermitteln zu:

$$i_c = \frac{\partial I_C}{\partial U_{BE}} \cdot u_{be} + \frac{\partial I_C}{\partial U_{CE}} \cdot u_{ce} + \ldots \;= S \cdot u_{be} + \frac{1}{r_{ce}} \cdot u_{ce} + \ldots \tag{5}$$

Nach der stark vereinfachten Theorie des Bipolartransistors läßt sich die Größe des Kollektorstromes näherungsweise ermitteln aus (vgl. die Herleitung S. 189 ff.):

$$I_C = I_S \cdot \left[\exp\left(\frac{U_{BE}}{U_T}\right) - 1\right] \tag{6}$$

mit $I_s \approx 10^{-15}$ A und $U_T \approx 26$ mV. Damit lassen sich die Steilheit S und r_{ce} bestimmen:

$$S = \frac{\partial I_C}{\partial U_{BE}} = \frac{I_S}{U_T} \cdot \exp\frac{U_{BE}}{U_T} \tag{7}$$

$$r_{ce} = \frac{\partial U_{CE}}{\partial I_C} = \frac{U_{AF}}{I_C} \tag{8}$$

U_{AF} ist die EARLY-Spannung. Damit ist r_{ce} vom Arbeitspunkt abhängig und bei geringer Aussteuerung näherungsweise konstant. Deshalb kann im Folgenden der Einfluß von u_{ce} auf i_c vernachlässigt werden, da er bei kleinen Aussteuerungen für die Entstehung von nichtlinearen Verzerrungen keine Rolle spielt. Damit reduziert sich

$$i_c = S \cdot U_{be} + 0 + \ldots = f(U_{be}) \tag{9}$$

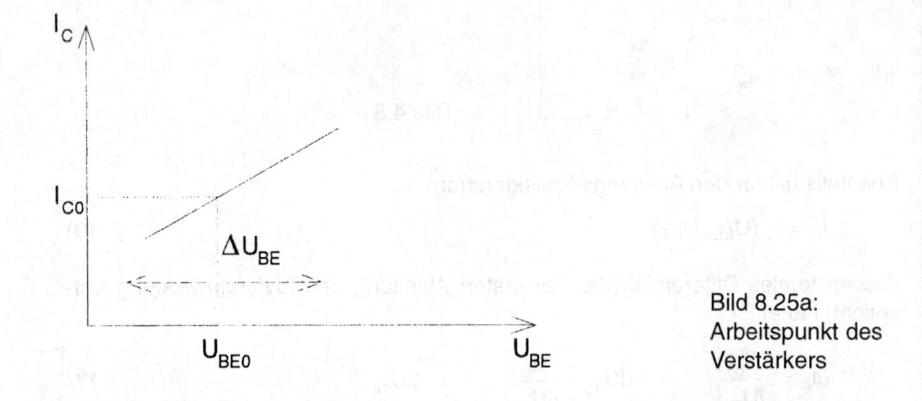

Bild 8.25a: Arbeitspunkt des Verstärkers

Bild 8.25a zeigt einen Ausschnitt aus der Kennlinie eines Bipolartransistors. Bei kleinen Aussteuerungen um einen Arbeitspunkt U_{BE0}, dem ein entsprechendes I_{CO} zugeordnet ist, läßt sich aus der für das Verzerrverhalten maßgeblichen Strom-Spannungskennlinie der Basis-Emitter-Diode die Taylorreihe für i_c in Abhängigkeit von der Änderung der Basis-Emitter-Spannung Δu_{be} entwickeln:

$$i_C(U_{BE0} + \Delta u_{be}) = I_{C0} + \frac{\Delta u_{be}}{1!} \cdot \left.\frac{\partial I_C}{\partial U_{BE}}\right|_{U_{BE}=U_{BE0}} + \frac{\Delta u_{be}^{\,2}}{2!} \cdot \left.\frac{\partial^2 I_C}{\partial U_{BE}^{\,2}}\right|_{U_{BE}=U_{BE0}} + \frac{\Delta u_{be}^{\,3}}{3!} \cdot \left.\frac{\partial^3 I_C}{\partial U_{BE}^{\,3}}\right|_{U_{BE}=U_{BE0}} + \ldots \tag{10}$$

Hierin sind mit (7) alle Koeffizienten ermittelbar:

$$\begin{aligned} \frac{\partial I_C}{\partial U_{BE}} &= S = \frac{I_S}{U_T} \cdot \exp\frac{U_{BE}}{U_T} \\ \frac{\partial^2 I_C}{\partial U_{BE}^{\,2}} &= \frac{I_S}{U_T^{\,2}} \cdot \exp\frac{U_{BE}}{U_T} \\ \frac{\partial^3 I_C}{\partial U_{BE}^{\,3}} &= \frac{I_S}{U_T^{\,3}} \cdot \exp\frac{U_{BE}}{U_T} \end{aligned} \tag{11}$$

Berücksichtigt man, daß die Koeffizienten an der Stelle $U_{BE}=U_{BE0}$ berechnet werden müssen, so ergibt sich:

$$i_C = I_{C0} + \frac{\Delta u_{be}}{1!} \cdot \frac{I_S}{U_T} \cdot \exp\frac{U_{BE0}}{U_T} + \frac{\Delta u_{be}^2}{2!} \cdot \frac{I_S}{U_T^2} \cdot \exp\frac{U_{BE0}}{U_T} + \frac{\Delta u_{be}^3}{3!} \cdot \frac{I_S}{U_T^3} \cdot \exp\frac{U_{BE0}}{U_T} + \ldots \tag{12}$$

Wird nun (zusätzlich zu U_{BE0}) auf den Eingang des Transistors eine Sinusspannung Δu_{be} mit der Frequenz ω_0 gelegt, so kann mit (12) das Ausgangssignal berechnet und in seine Spektralanteile zerlegt werden. Damit kann das Verhältnis der durch die Nichtlinearität des Transistors entstehenden Oberwellen mit den Frequenzen $\omega_\nu = \nu \cdot \omega_0$ ($\nu = 2.. \infty$) zur Grundwelle mit der Frequenz ω_0 berechnet werden. Das Eingangssignal und seine Potenzen kann man mit einfachen Umformungen schreiben als:

$$\begin{aligned} \Delta u_{be} &= \hat{u}_{be} \cdot \sin(\omega_0 t) \\ \Delta u_{be}^2 &= \left[\hat{u}_{be} \cdot \sin(\omega_0 t)\right]^2 = \hat{u}_{be}^2 \cdot \tfrac{1}{2} \cdot \left[1 - \cos(2\omega_0 t)\right] \\ \Delta u_{be}^3 &= \left[\hat{u}_{be} \cdot \sin(\omega_0 t)\right]^3 = \hat{u}_{be}^3 \cdot \tfrac{1}{4} \cdot \left[3\sin(\omega_0 t) - \sin(3\omega_0 t)\right] \end{aligned} \tag{13}$$

In (12) eingesetzt ergibt sich nach einigen einfachen Umstellungen:

$$\begin{aligned} i_C &= I_{C0} \\ &+ \sin(\omega_0 t) \cdot \hat{u}_{be} \cdot \frac{I_S}{U_T} \cdot \exp\frac{U_{BE0}}{U_T} \\ &+ \tfrac{1}{2} \cdot \left[1 - \cos(2\omega_0 t)\right] \cdot \frac{\hat{u}_{be}^2}{2!} \cdot \frac{I_S}{U_T^2} \cdot \exp\frac{U_{BE0}}{U_T} \\ &+ \tfrac{1}{4} \cdot \left[3\sin(\omega_0 t) - \sin(3\omega_0 t)\right] \frac{\hat{u}_{be}^3}{3!} \cdot \frac{I_S}{U_T^3} \cdot \exp\frac{U_{BE0}}{U_T} + \ldots \end{aligned} \tag{14}$$

Vernachlässigt man die in (12) angedeuteten weiteren Glieder in i_c, so läßt sich Gleichung (14) umformen zu:

$$\begin{aligned} i_C &= I_{C0} + \tfrac{1}{4} \cdot \hat{u}_{be}^2 \cdot \frac{I_S}{U_T^2} \cdot \exp\frac{U_{BE0}}{U_T} \\ &+ \sin(\omega_0 t) \left[\hat{u}_{be} \cdot \frac{I_S}{U_T} + \tfrac{3}{24} \hat{u}_{be}^3 \cdot \frac{I_S}{U_T^3}\right] \cdot \exp\frac{U_{BE0}}{U_T} \\ &\cos(2\omega_0 t) \cdot \tfrac{1}{4} \hat{u}_{be}^2 \cdot \frac{I_S}{U_T^2} \cdot \exp\frac{U_{BE0}}{U_T} \\ &+ \sin(3\omega_0 t) \cdot \tfrac{1}{24} \hat{u}_{be}^3 \cdot \frac{I_S}{U_T^3} \cdot \exp\frac{U_{BE0}}{U_T} \end{aligned} \tag{15}$$

Daraus können die Anteile der einzelnen Frequenzen direkt abgelesen werden. Für die Grundwelle gilt:

$$\left|i_{c\omega_0}\right| = \left[\hat{u}_{be} \cdot \frac{I_S}{U_T} + \frac{3}{24}\hat{u}_{be}^{\;3} \cdot \frac{I_S}{U_T^{\;3}}\right] \cdot \exp\frac{U_{BE0}}{U_T} \tag{16}$$

$$\approx \hat{u}_{be} \cdot \frac{I_S}{U_T} \cdot \exp\frac{U_{BE0}}{U_T}$$

Für die erste und zweite Oberwelle ermittelt sich der Betrag zu:

$$\begin{aligned} \left|i_{c\omega_1}\right| &= \frac{1}{4}\hat{u}_{be}^{\;2} \cdot \frac{I_S}{U_T^{\;2}} \cdot \exp\frac{U_{BE0}}{U_T} \\ \left|i_{c\omega_2}\right| &= \frac{1}{24}\hat{u}_{be}^{\;3} \cdot \frac{I_S}{U_T^{\;3}} \cdot \exp\frac{U_{BE0}}{U_T} \end{aligned} \tag{17}$$

Jetzt sind die Klirrfaktoren in erster Näherung direkt ermittelbar:

$$\begin{aligned} k_2 &\approx \frac{u_{be}}{4U_T} \\ k_3 &\approx \frac{\hat{u}_{be}^{\;2}}{24U_T^{\;2}} \end{aligned} \tag{18}$$

Man erkennt, daß der Oberwellenabstand unabhängig vom gewählten Arbeitspunkt ist und nur von der Aussteuerung abhängt. Durch Auftragen von k_2 und k_3 über u_{be} erhält man den Verlauf nach Bild 8.25b.

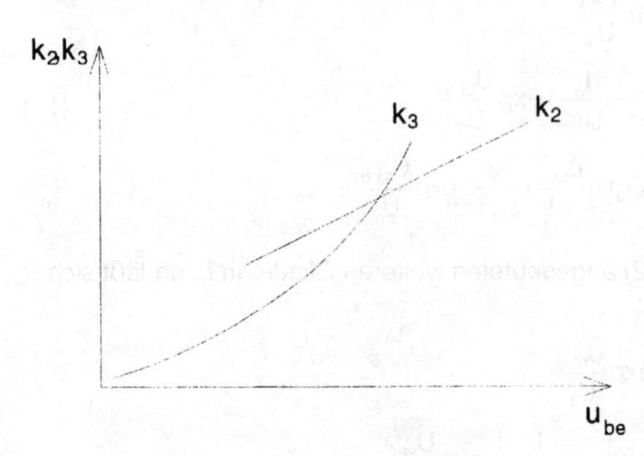

Bild 8.25b: Klirrfaktoren in Abhängigkeit von der Aussteuerung

Normalerweise mißt man die Klirrdämpfung a_{K2} und a_{K3} in dB und trägt sie als Funktion der Ausgangsleistung P_A in dBm auf. Aus Gleichung (18) erhält man die Baild 8.25c. Daraus ist ersichtlich, daß bei Erhöhung der Ausgangsleistung P_A um

1 dB das Klirren a_{k2} sich um 1 dB und a_{k3} um 2 dB verschlechtert. Bei Überschreiten der Übersteuerungsgrenze steigt dann das Klirren sehr stark an.

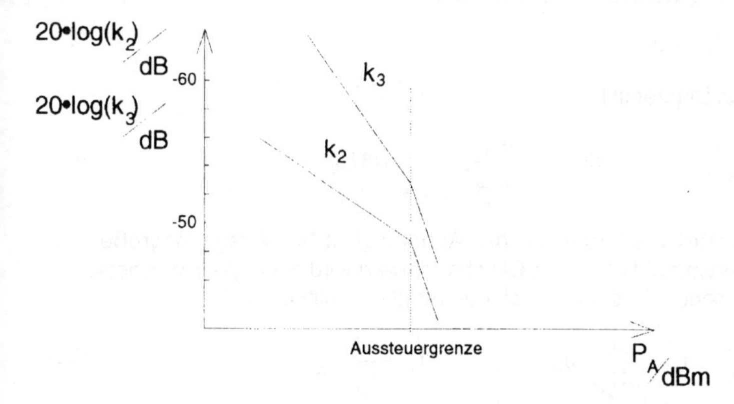

Bild 8.25c: Klirrfaktoren in Abhängigkeit von der Ausgangsleistung

Bei exakterer Betrachtung müssen noch die Beiträge zur Grundwelle berücksichtigt werden, die, wie oben zu erkennen, von den ungeradzahligen Potentialen der Taylorreihe herrühren. Dadurch wird der Oberwellenabstand etwas verändert.

8.8.2 Beispiel 2: Klirranalyse eines einstufigen Verstärkers mit MOS-FET bei tiefen Frequenzen

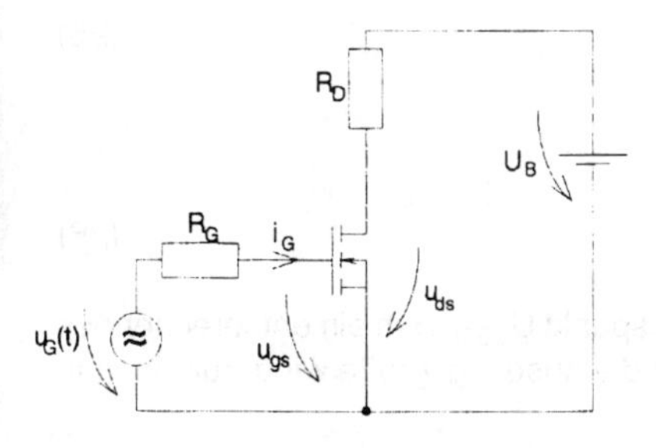

Bild 8.26a: einstufiger Verstärker mit einem MOS-FET in Source-Schaltung

Analog zu den Ein- und Ausgangsgrößen des Bipolartransistors können diese für einen Feldeffekttransistor angegeben werden, wobei es unwesentlich ist, ob es sich um ein Sperrschicht-FET, ein MOS-FET, ein GaAs-MESFET oder einen HEMT-Transistor handelt. Allgemein ist der Eingangs-Gatestrom eines FET von seiner Ein- und Ausgangsspannung abhängig. Es gilt:

$$I_G = I_G\,(U_{GS},\,U_{DS}) \tag{19}$$

Ebenfalls gilt für den Ausgangs-Drainstrom:

$$I_D = I_D(U_{GS},U_{DS}) \tag{20}$$

mit dem totalen Differential:

$$\partial I_D = \left.\frac{\partial I_D}{\partial U_{GS}}\right|_{U_{DS}=const.} \cdot dU_{GS} + \left.\frac{\partial I_D}{\partial U_{DS}}\right|_{U_{GS}=const.} \cdot dU_{DS} \tag{21}$$

Im folgenden wird wiederum nur die Abhängigkeit der Ausgangsgröße $I_D = I_D(U_{GS},U_{DS})$ berücksichtigt. Deren Gleichstromwert wird mit I_{D0}, der Wechselanteil mit i_d bezeichnet. Dieser läßt sich gemäß (21) ermitteln zu:

$$i_d = \frac{\partial I_D}{\partial U_{GS}} \cdot u_{gs} + \frac{\partial I_D}{\partial U_{DS}} \cdot u_{ds} + \ \ldots\ = S \cdot u_{gs} + \frac{1}{r_{gs}} \cdot u_{gs} \ldots \tag{22}$$

Die Größe des Drainstromes läßt sich mit der Theorie des MOS-FET (s.S.97) näherungsweise ermitteln zu:

$$I_D = \beta \cdot (U_{GS} - U_{TO})^2 \tag{23}$$

mit dem Koeffizienten β und der Schwellenspannung U_{T0}. Damit lassen sich die Steilheit S und r_{ds} bestimmen:

$$S = \frac{\partial I_D}{\partial U_{GS}} = 2\beta \cdot (U_{GS} - U_{T0}) \tag{24}$$

$$r_{ds} = \frac{\partial U_{DS}}{\partial I_D} = 0 \tag{25}$$

Damit reduziert sich (24) zu:

$$i_D = S \cdot u_{gs} + \ldots = f(u_{gs}) \tag{26}$$

Bei kleinen Aussteuerungen um einen Arbeitspunkt U_{GS0}, dem ein entsprechendes I_{D0} zugeordnet ist (vgl. Bild 8.26b), läßt sich die Ausgangsgröße wiederum in eine Taylorreiheentwickeln:

$$i_d\left(U_{GS0} + \Delta u_{gs}\right) = I_{D0} + \frac{\Delta u_{gs}}{1!} \cdot \left.\frac{\partial I_D}{\partial U_{GS}}\right|_{U_{GS}=U_{GS0}} + \frac{\Delta u_{gs}{}^2}{2!} \cdot \left.\frac{\partial^2 I_D}{\partial U_{GS}{}^2}\right|_{U_{GS}=U_{GS0}} \tag{27}$$

$$+ \frac{\Delta u_{gs}{}^3}{3!} \cdot \left.\frac{\partial^3 I_D}{\partial U_{GS}{}^3}\right|_{U_{GS}=U_{GS0}} + \ \ldots$$

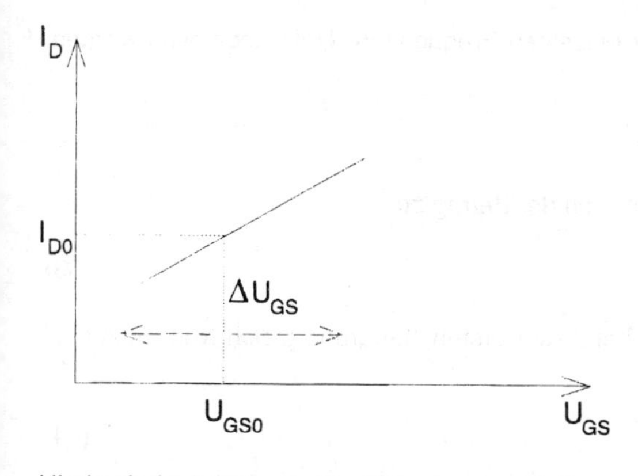

Bild 8.26b: Arbeitspunkt des Verstärkers

Hierin sind mit (24) alle Koeffizienten ermittelbar:

$$\frac{\partial I_D}{\partial U_{GS}} = S = \frac{\partial I_D}{\partial U_{GS}} = 2\beta \cdot (U_{GS} - U_{T0})$$
$$\frac{\partial^2 I_D}{\partial U_{GS}^2} = 2\beta \tag{28}$$
$$\frac{\partial^3 I_D}{\partial U_{GS}^3} = 0$$

Das bedeutet, daß bei Einsatz von Feldeffekttransistoren die Nichtlinearität dritter Ordnung in erster Näherung keine Rolle spielt. Berücksichtigt man, daß die Koeffizienten an der Stelle $U_{GS} = U_{GS0}$ berechnet werden müssen, so ergibt sich:

$$i_d = I_{D0} + \frac{\Delta u_{gs}}{1!} \cdot 2\beta \cdot (U_{GS} - U_{T0}) + \frac{\Delta u_{gs}^2}{2!} \cdot 2\beta + \frac{\Delta u_{gs}^3}{3!} \cdot 0 + \;\ldots \tag{29}$$

Nun wird (wieder zusätzlich zu U_{GS0}) auf den Eingang des FET eine Sinusspannung Δu_{be} mit der Frequenz ω_0 nach (14) gelegt. In (31) eingesetzt ergibt sich:

$$\begin{aligned} i_d &= I_{D0} \\ &+ \hat{u}_{gs} \cdot \sin(\omega_0 t) \cdot 2\beta \cdot (U_{GS} - U_{T0}) \\ &+ \hat{u}_{gs}^2 \cdot \tfrac{1}{2} \cdot (1 - \cos(2\omega_0 t)) \cdot \frac{2\beta}{2!} \end{aligned} \tag{30}$$

Diese Gleichung kann wiederum umgestellt werden:

$$\begin{aligned} i_d &= I_{D0} + \hat{u}_{gs}^2 \cdot \frac{\beta}{2} \\ &+ \sin(\omega_0 t) \cdot \hat{u}_{gs} \cdot 2\beta \cdot (U_{GS} - U_{T0}) \\ &- \cos(2\omega_0 t) \cdot \hat{u}_{gs}^2 \cdot \frac{\beta}{2} \end{aligned} \tag{31}$$

Daraus können die Anteile der einzelnen Frequenzen direkt abgelesen werden. Für die Grundwelle gilt:

$$\left|i_{d\omega_0}\right| = \hat{u}_{gs} \cdot 2\beta \cdot (U_{GS} - U_{T0}) \tag{32}$$

Für die erste Oberwelle ermittelt sich der Betrag zu:

$$\left|i_{d\omega_1}\right| = \hat{u}_{gs}{}^2 \cdot \frac{\beta}{2} \tag{33}$$

Alle weiteren Oberwellen sind bei dieser ersten Näherung gleich Null. Jetzt sind die Klirrfaktoren ermittelbar:

$$k_2 \approx \frac{\hat{u}_{gs}}{4(U_{GS} - U_{T0})} \tag{34}$$

$$k_3 \approx 0$$

Man erkennt, daß auch beim FET der Oberwellenabstand unabhängig vom gewählten Arbeitspunkt ist und nur von der Aussteuerung abhängt. Durch Auftragen von k_2 und k_3 über u_{gs} erhält man den Verlauf nach Bild 8.26c.

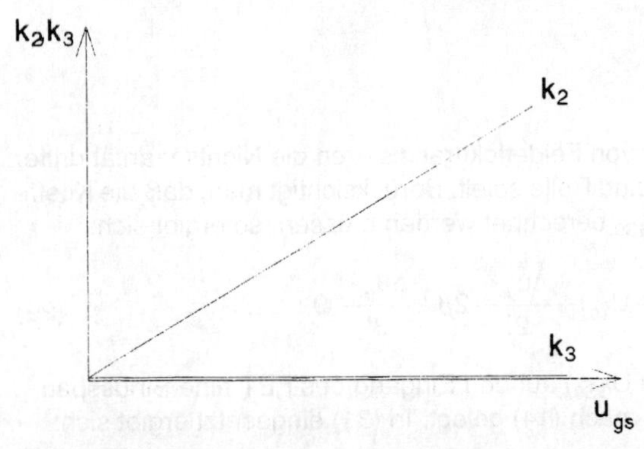

Bild 8.26c: Klirrfaktoren in Abhängigkeit von der Aussteuerung

Vergleicht man Gleichung (34) mit Gleichung (18) und legt man für einen MOS-FET vom Verarmungstyp einen Arbeitspunkt von U_{GS}=0 V bei einem angenommenen U_{T0}=-1 V, dann sieht man, daß beim Bipolartransistor das Klirren um einen Faktor 40 (32 dB) größer ist als beim FET.

Eine exaktere Berechnung ist in diesem Falle nur mit einem erweiterten MOS-FET-Modell und Simulation mittels SPICE möglich.

8.9 Beispiel 2: Analyse eines nichtlinearen Netzwerks am Beispiel eines Transistorverstärkers mit linearem Abschlußwiderstand bei hohen Frequenzen

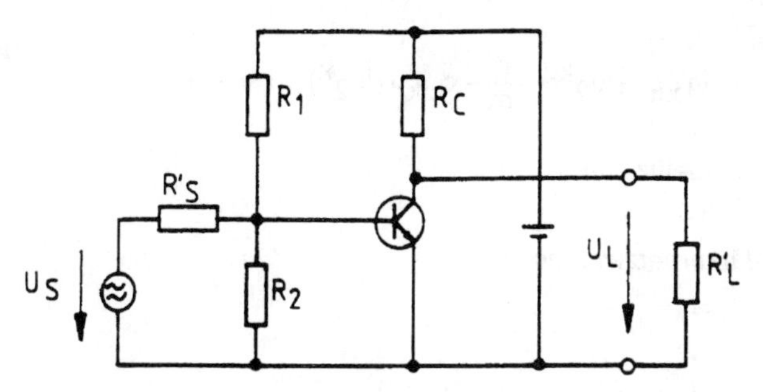

Bild 8.27: Einstufiger Verstärker in Emitterschaltung

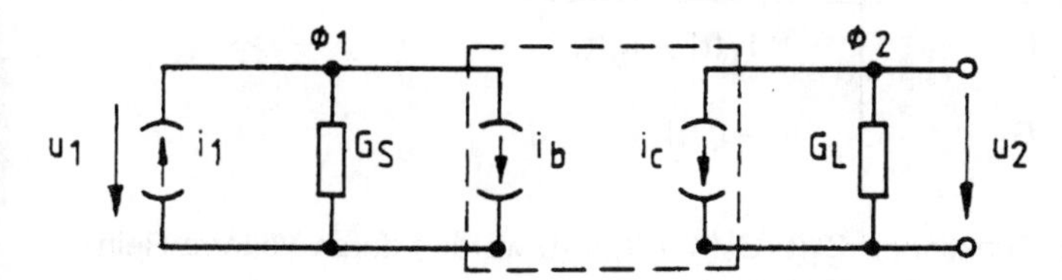

Bild 8.28: Kleinsignal-Ersatzschaltung

Ersatzschaltung des Transistors

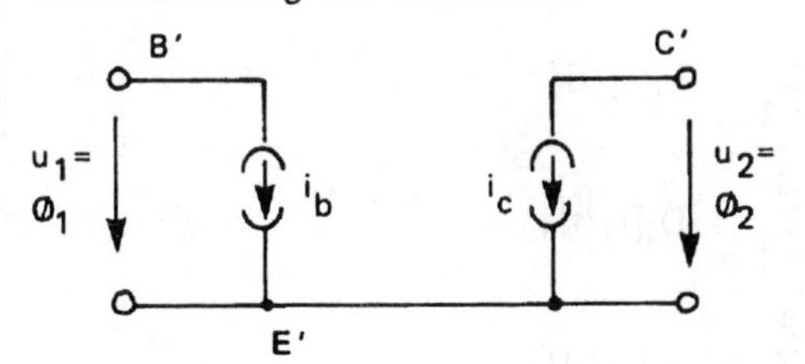

Bild 8.29: Kleinsignal-Ersatzschaltung eines bipolaren Transistors in Emitterschaltung

Ohm'scher und kapazitiver Anteil für jeden Strom wird berücksichtigt.

$$i_b = g_b(u_1, u_2) + \frac{d}{dt} c_b (u_1, u_2)$$

$$i_c = g_c(u_1, u_2) + \frac{d}{dt} c_c (u_1, u_2)$$

g_b, g_c, c_b, c_c sind nichtlineare Funktionen von u_1 und u_2.

Taylor-Reihenentwicklung:

$$i_b = \sum_{n=1}^{3} \sum_{k=0}^{n} (g_{bik}\, u_1{}^i u_2{}^k + \frac{d}{dt} c_{bik}\, u_1{}^i u_2{}^k)$$

$$i_c = \sum_{n=1}^{3} \sum_{k=0}^{n} (g_{cik} u_1{}^i u_2{}^k + \frac{d}{dt} c_{cik} u_1{}^i u_2{}^k) \quad i = n-k$$

g_{bik}, g_{cik}, c_{bik}, c_{cik} .... Taylor-Koeffizienten

Knotenanalyse des Verstärkernetzwerkes

a) Zeitbereich

$Ø_1(t)$	$Ø_2(t)$	=
G_S	0	$i_1(t) - i_b(t)$
0	G_L	$-i_c(t)$

Die unbekannten Funktionen $Ø_1(t)$ $Ø_2(t)$, $i_b(t)$, $i_c(t)$ werden durch Volterra-Reihen des Eingangsstromes i_1 (t) ausgedrückt:

$$Ø_1(t) = A[i_1(t)] = \sum_{i=1}^{3} A_i[i_1(t)]$$

$$Ø_2(t) = B[i_1(t)] = \sum_{i=1}^{3} B_i[i_1(t)]$$

$$i_b(t) = D[i_1(t)] = \sum_{i=1}^{3} D_i[i_1(t)]$$

$$i_c(t) = E[i_1(t)] = \sum_{i=1}^{3} E_i[i_1(t)]$$

b) Frequenzbereich

$$G(p)\begin{pmatrix} A_1(p) \\ B_1(p) \end{pmatrix} = \begin{pmatrix} 1 \\ 0 \end{pmatrix} \longrightarrow \begin{matrix} A_1(p) \\ B_1(p) \end{matrix}$$

$$G(p_1+p_2)\begin{pmatrix} A_2(p_1,p_2) \\ B_2(p_1,p_2) \end{pmatrix} = \begin{pmatrix} -D_2^*(p_1,p_2) \\ -E_2^*(p_1,p_2) \end{pmatrix} \rightarrow \begin{matrix} A_2(p_1,p_2) \\ B_2(p_1,p_2) \end{matrix}$$

$$G(p_1+p_2+p_3)\begin{pmatrix} A_3(p_1,p_2,p_3) \\ B_3(p_1,p_2,p_3) \end{pmatrix} = \begin{pmatrix} -D_3^*(p_1,p_2,p_3) \\ -E_2^*(p1,p_2,p_3) \end{pmatrix} \rightarrow \begin{matrix} A_3(p_1,p_2,p_3) \\ B_3(p_1,p_2,p_3) \end{matrix}$$

wobei die Matrix:

$$G(p) = \begin{pmatrix} G_S + Y_{b10}(p) & Y_{b01}(p) \\ Y_{c10}(p) & G_L + Y_{c01}(p) \end{pmatrix}$$

die komplexen Admittanzen sind

$$Y_{bik} = g_{bik} + p \cdot c_{bik}$$

$$Y_{cik} = g_{cik} + p \cdot c_{cik}$$

(Verallgemeinerung des Postulats formuliert durch Feldtkeller und Wolman)

Darstellung der drei Subsysteme:

- System erster Ordnung

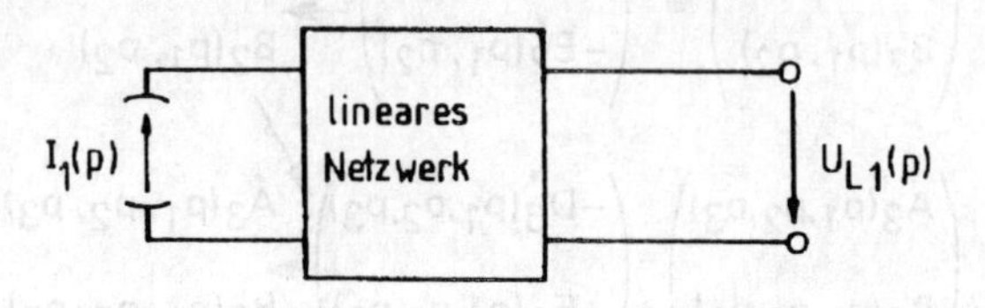

- System zweiter Ordnung

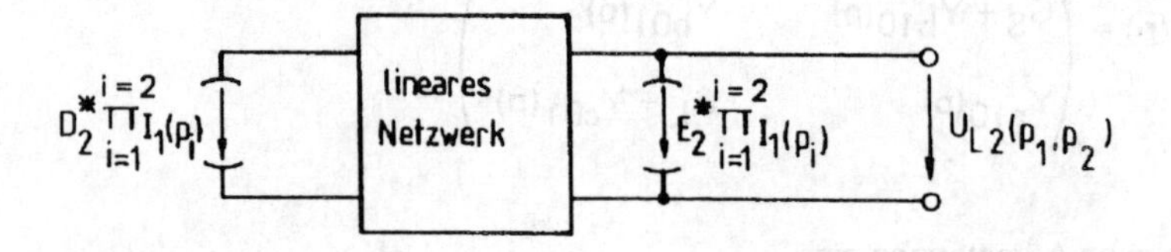

- System dritter Ordnung

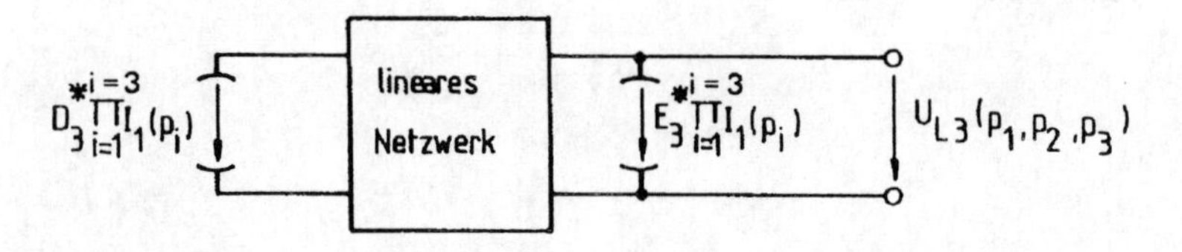

Bild 8.30: Die drei Subsysteme

$$
\begin{aligned}
D_2^*(p_1, p_2) = {} & Y_{b20}(p_1 + p_2) A_1(p_1) A_1(p_2) \\
& + Y_{b02}(p_1 + p_2) B_1(p_1) B_1(p_2) \\
& + Y_{b11}(p_1 + p_2) A_1(p_1) B_1(p_2)
\end{aligned}
$$

$$
\begin{aligned}
D_3^*(p_1, p_2, p_3) = {} & 2Y_{b20}(p_1 + p_2 + p_3) A_1(p_1) A_2(p_2, p_3) \\
& + 2Y_{b02}(p_1 + p_2 + p_3) B_1(p_1) B_2(p_2, p_3) \\
& + Y_{b11}(p_1 + p_2 + p_3) A_1(p_1) B_2(p_2, p_3) \\
& + Y_{b11}(p_1 + p_2 + p_3) B_1(p_1) A_2(p_2, p_3) \\
& + Y_{b30}(p_1 + p_2 + p_3) A_1(p_1) A_1(p_2) A_1(p_3) \\
& + Y_{b03}(p_1 + p_2 + p_3) B_1(p_1) B_1(p_2) B_1(p_3) \\
& + Y_{b21}(p_1 + p_2 + p_3) A_1(p_1) A_1(p_2) B_1(p_3) \\
& + Y_{b12}(p_1 + p_2 + p_3) A_1(p_1) B_1(p_2) B_1(p_3)
\end{aligned}
$$

$$
\begin{aligned}
E_2^*(p_1, p_2) = {} & Y_{c20}(p_1 + p_2) A_1(p_1) A_1(p_2) \\
& + Y_{c02}(p_1 + p_2) B_1(p_1) B_1(p_2) \\
& + Y_{c11}(p_1 + p_2) A_1(p_1) B_1(p_2)
\end{aligned}
$$

$$
\begin{aligned}
E_3^*(p_1, p_2, p_3) = {} & 2Y_{c20}(p_1 + p_2 + p_3) A_1(p_1) A_2(p_2, p_3) \\
& + 2Y_{c02}(p_1 + p_2 + p_3) B_1(p_1) B_2(p_2, p_3) \\
& + Y_{c11}(p_1 + p_2 + p_3) A_1(p_1) B_2(p_2, p_3) \\
& + Y_{c11}(p_1 + p_2 + p_3) B_1(p_1) A_2(p_2, p_3) \\
& + Y_{c30}(p_1 + p_2 + p_3) A_1(p_1) A_1(p_2) A_1(p_3) \\
& + Y_{c03}(p_1 + p_2 + p_3) B_1(p_1) B_1(p_2) B_1(p_3) \\
& + Y_{c21}(p_1 + p_2 + p_3) A_1(p_1) A_1(p_2) B_1(p_3) \\
& + Y_{c12}(p_1 + p_2 + p_3) A_1(p_1) B_1(p_2) B_1(p_3)
\end{aligned}
$$

8.9.1 Ursachen der Nichtlinearität

Um die nichtlinearen Verzerrungen des bipolaren Transistors wirkungsvoll mindern zu können, müssen deren physikalische Ursachen näher bekannt sein.

Das Netzwerkanalyseprogramm SPICE gestattet es, die Anteile am Gesamtklirren, die die einzelnen Klirrstromquellen in den Lastwiderstand fließen lassen, gesondert ausdrucken zu lassen. Der Algorithmus, der mit einer reziproken Netzwerkmatrix arbeitet, ist in |16| beschrieben. Meßtechnisch ist eine solche Untersuchung nicht möglich. Es war leider auch nicht möglich, die Phase der Oberwellen in bezug auf die Grundwelle zu messen. SPICE gibt dagegen die Phase der beiden Grundwellen und sämtlicher Klirrprodukte im Lastwiderstand aus, und zwar jeweils bezogen auf die Phase des Generators.

Bild 8.32 zeigt das Schaltbild des simulierten Verstärkers.

Die Bilder 8.33 bis 8.35 geben für den hp35821E die einzelnen Klirranteile der wichtigsten Nichtlinearitäten nach Betrag und Phase wieder. Hier wäre die logarithmische Darstellung in der Art der Gütemaße M_2 und M_3 unpraktisch. Deswegen sollen folgende Größen in Anlehnung an die SPICE-Nomenklatur vereinbart werden:

$$\mathrm{DIM2(R)} = \left| \frac{U_1\,(f_1 - f_2)}{U_1^2\,(f_1)} \right| \cos\left[\measuredangle\, U_1\,(f_1 - f_2)\right] \sqrt{2 R_L \, 1\,\mathrm{mW}}$$

$$\mathrm{DIM2(I)} = \left| \frac{U_1\,(f_1 - f_2)}{U_1^2\,(f_1)} \right| \sin\left[\measuredangle\, U_1\,(f_1 - f_2)\right] \sqrt{2 R_L \, 1\,\mathrm{mW}}$$

$$\mathrm{DIM3(R)} = \left| \frac{U_1\,(2f_1 - f_2)}{U_1^3\,(f_1)} \right| \cos\left[\measuredangle\, U_1\,(2f_1 - f_2)\right] 2 R_L \, 1\,\mathrm{mW}$$

$$\mathrm{DIM3(I)} = \left| \frac{U_1\,(2f_1 - f_2)}{U_1^3\,(f_1)} \right| \sin\left[\measuredangle\, U_1\,(2f_1 - f_2)\right] 2 R_L \, 1\,\mathrm{mW}$$

U_1 ist die komplexe Amplitude am Lastwiderstand. Die Phase bezieht sich jeweils auf die Grundwelle bei f_1 am Eingang.
Die solchermaßen definierten Größen werden als Ortskurve mit der Frequenz als Parameter aufgetragen, und zwar in getrennten Darstellungen für DIM2 und DIM3 sowie für die drei Arbeitspunkte mit $I_c = 1$ mA, 10 mA und 30 mA (siehe Bilder 8.32, 8.33, 8.34).

Die Ortskurve „Total" gibt die Gesamtverzerrung wieder. Die anderen, mit g_m, g_π, c_{jc} etc. bezeichneten Ortskurven geben die Verzerrung wieder, die entsteht, wenn nur die angegebenen Leitwerte bzw. Kapazitäten nichtlinear wären. Diese Nichtlinearitäten sind bei der Verzerrung 2. Ordnung DIM2

$$g_m \approx \frac{\partial^2 I_C}{\partial U_{BE}^2} \qquad g_\pi \approx \frac{\partial^2 I_B}{\partial U_{BE}^2}$$

$$g_{mo2} = \frac{\partial^2 I_C}{\partial U_{BE}\, \partial U_{BC}} \qquad C_{jC} = \frac{\partial^2 Q_C}{\partial U_{BC}^2}$$

und bei der Verzerrung 3. Ordnung DIM3

$$g_m \approx \frac{\partial^3 I_C}{\partial U_{BE}^3} \text{ und } \frac{\partial^2 I_C}{\partial U_{BE}^2} \qquad g_\pi \approx \frac{\partial^3 I_B}{\partial U_{BE}^3} \text{ und } \frac{\partial^2 I_B}{\partial U_{BE}^2}$$

$$g_{mo2} = \frac{\partial^2 I_C}{\partial U_{BE}\, \partial U_{BC}} \qquad g_{m2o3} = \frac{\partial^3 I_C}{\partial U_{BE}^2\, \partial U_{BC}}$$

$$C_{jC} = \frac{\partial^3 Q_C}{\partial U_{BC}^3} \text{ und } \frac{\partial^2 Q_C}{\partial U_{BC}^2} \qquad C_e = \frac{\partial^3 Q_F}{\partial U_{BE}^3} \text{ und } \frac{\partial^2 Q_F}{\partial U_{BE}^2}$$

Bei den mit g_m, g_π, C_{jC} und C_e bezeichneten Nichtlinearitäten dritter Ordnung ist auch das Klirren enthalten, das an der Nichtlinearität zweiter Ordnung durch indirekte Modulation von Oberwellen zweiter Ordnung mit der Grundwelle entstanden ist.

Aus Bild 8.34 sieht man, daß bei einem Kollektorstrom von $I_C = 30$ mA und bei hohen Frequenzen eindeutig die Kollektor-Basis-Sperrschichtkapazität die Ursache der Nichtlinearität ist. Die wichtige Aussage gibt den Hinweis, daß man Transistorgeometrien günstig sind, die kleine C_{jC} ergeben. In der Praxis verwendet man Technologien, bei welcher bis zu 100 Transistoren parallel geschaltet sind.

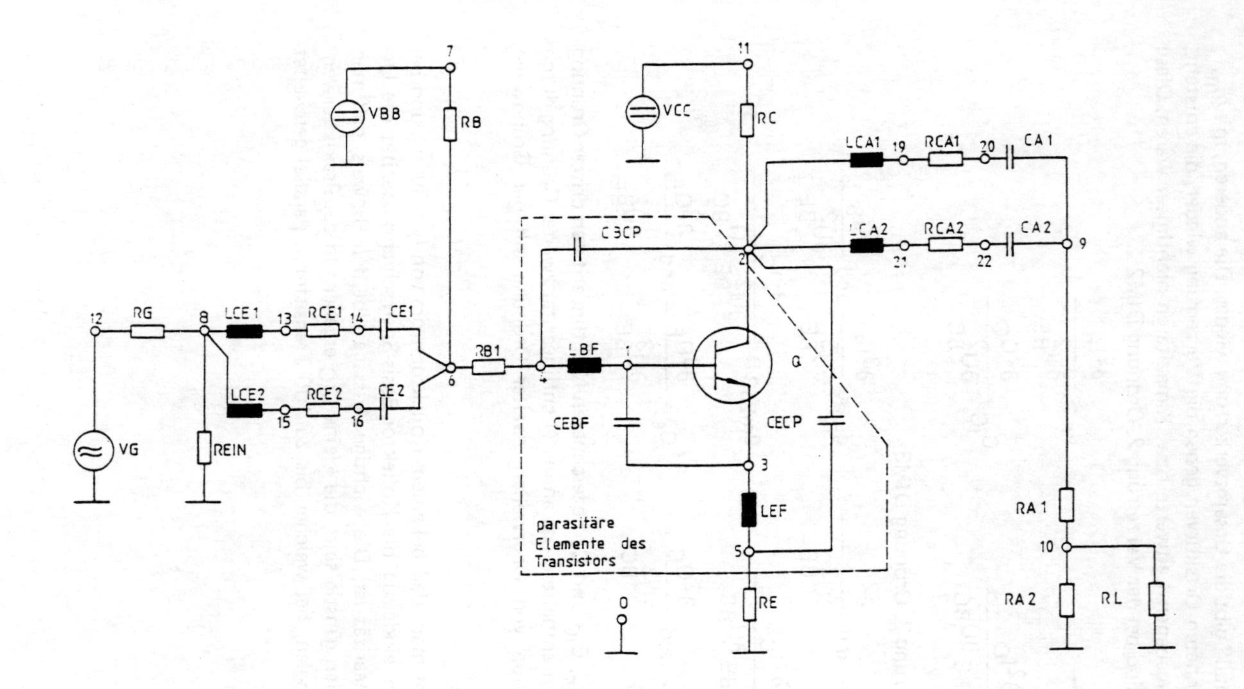

Bild 8.31: Zur Eingabe für das Programm SPICE2 mit parasitären Elementen und durchnummerierten Knoten vervollständigter Verstärker

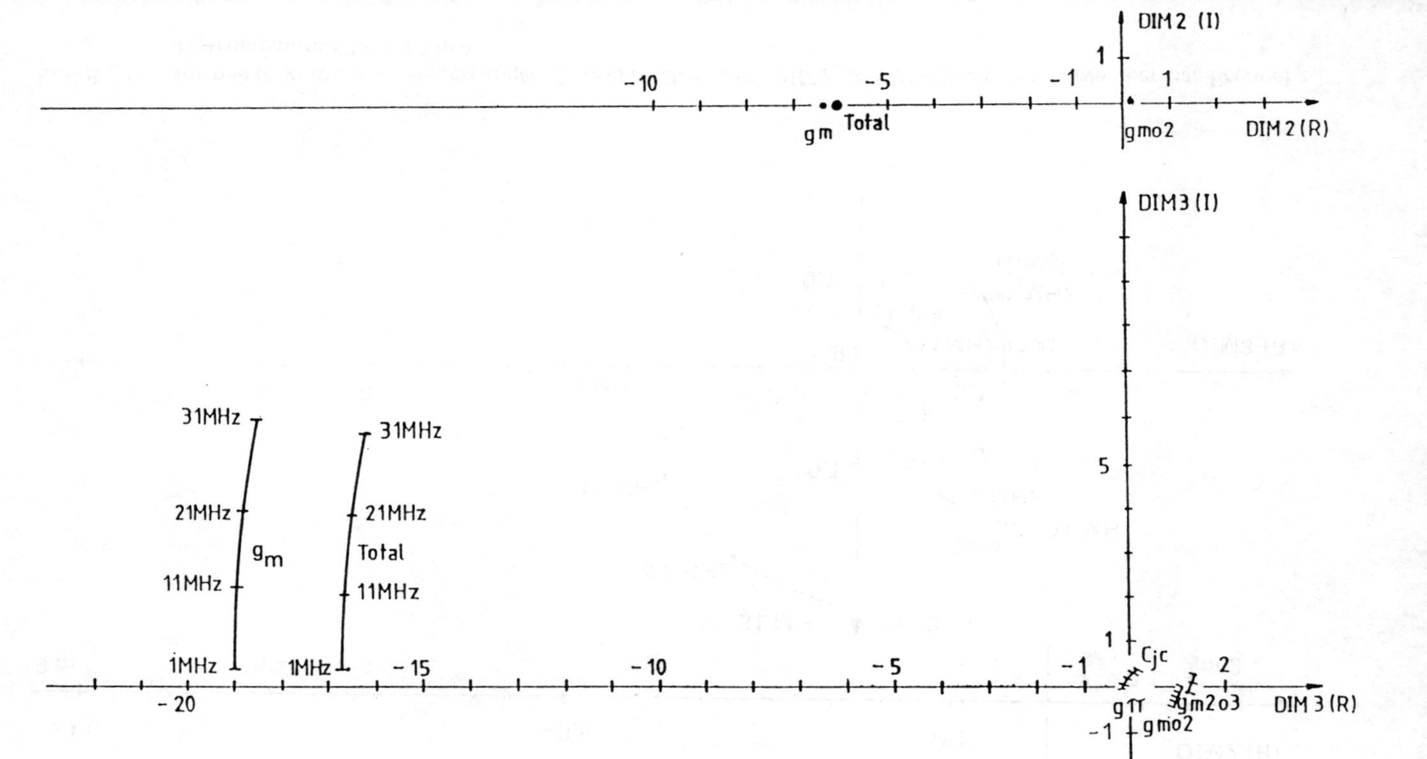

Bild 8.32: Normierte komplexe Verzerrungen zweiter und dritter Ordnung (DIM2 und DIM3) als Ortskurve über der Frequenz im Arbeitspunkt $I_C = 1$ mA

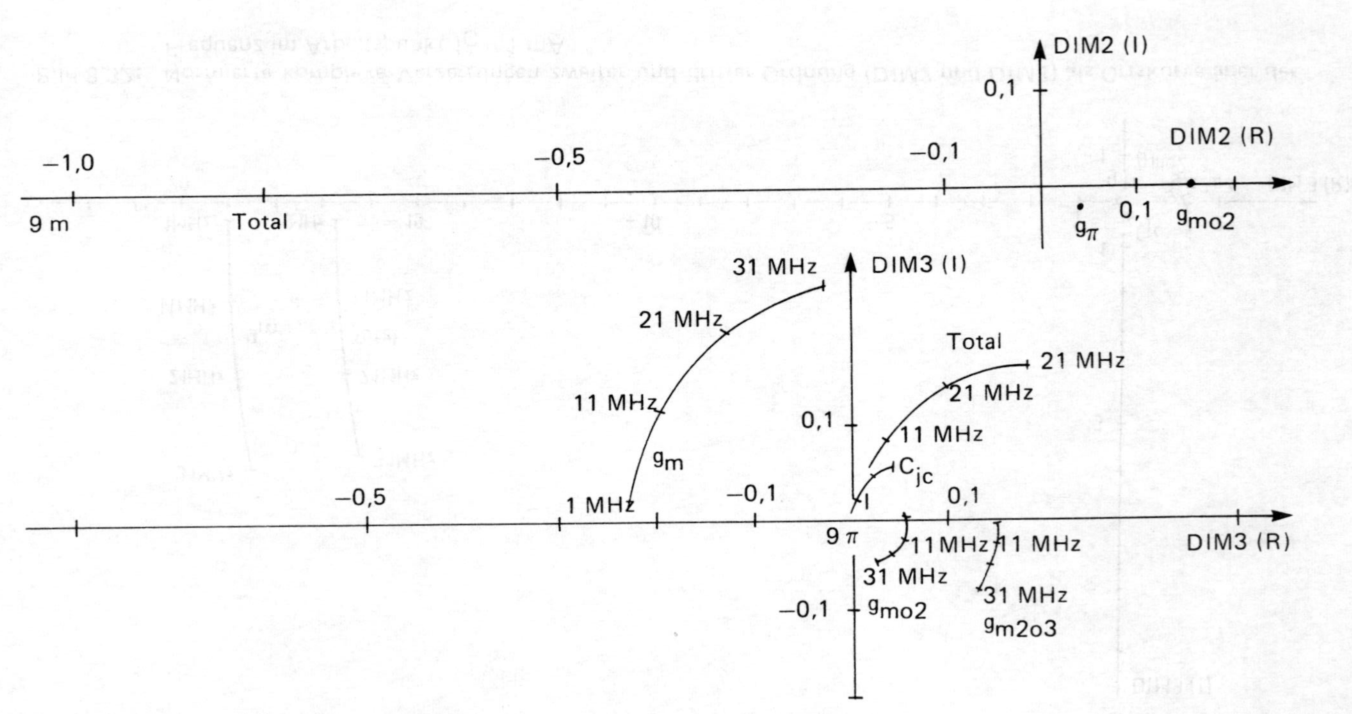

Bild 8.33: Normierte komplexe Verzerrungen 2. und 3. Ordnung (DIM2 und DIM3) als Ortskurve über der Frequenz im Arbeitspunkt I_C = 10 mA

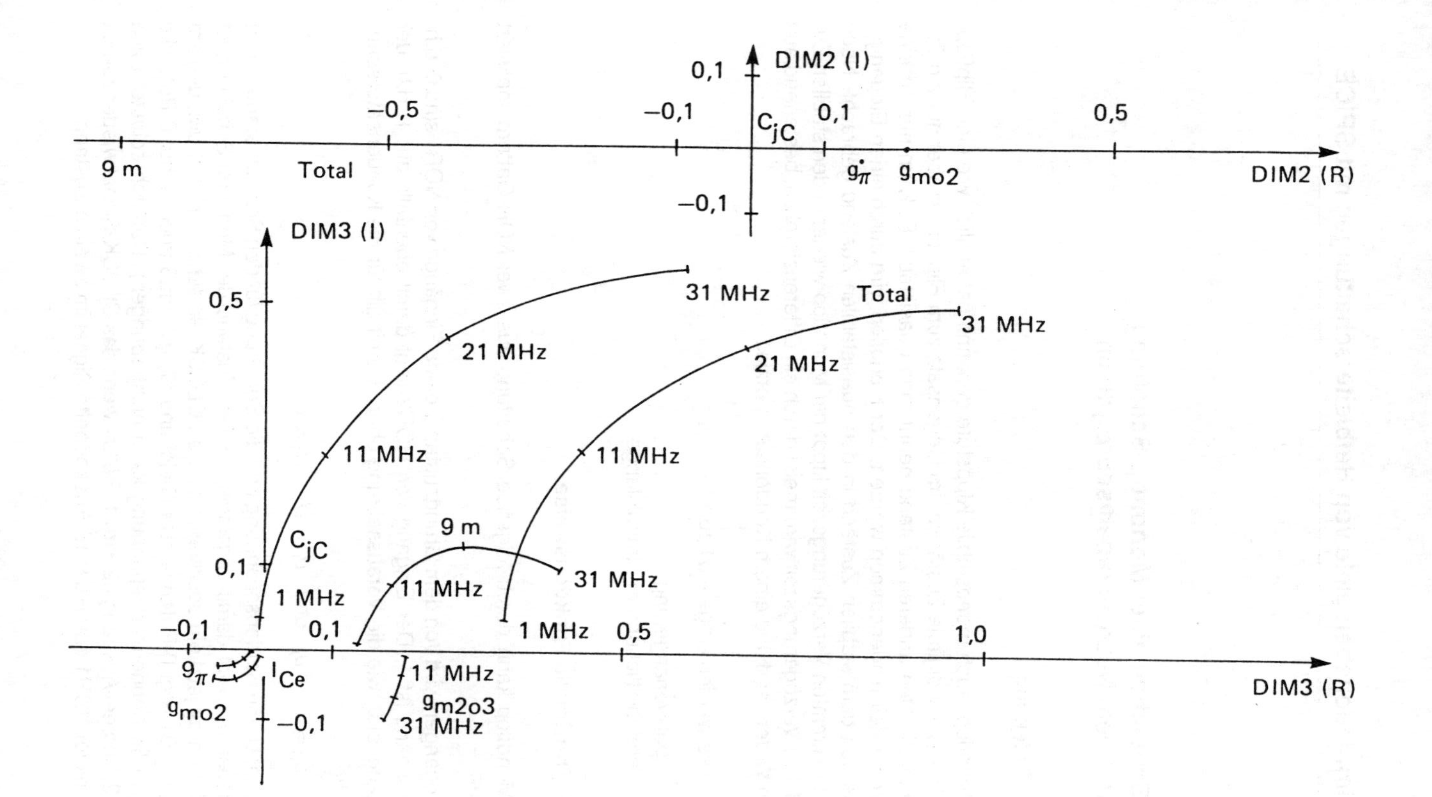

Bild 8.34: Normierte komplexe Verzerrungen 2. und 3. Ordnung (DIM2 und DIM3) als Ortskurve über der Frequenz im Arbeitspunkt $I_C = 30$ mA

9.1 Simulation einer Monoflop-Schaltung mit dem Netzwerkanalyseprogramm

9.1.1 Einleitung

Ein Monoflop, auch monostabile Kippstufe genannt, hat ähnlich wie eine Flipflop-Schaltung zwei digitale Zustände. Im Gegensatz zum Flipflop ist aber nur ein Zustand stabil. Den anderen Zustand nennt man quasistabil. Er kann nur für eine begrenzte Zeit eingenommen werden. Der Monoflop wird durch einen Eingangsimpuls aus dem stabilen Zustand in den quasistabilen Zustand gebracht. Nach einer bestimmten Verzögerungszeit kippt der Monoflop wieder in den stabilen Zustand. Die Verzögerungszeit wird meist durch ein Differenzierglied, bestehend aus einem Widerstand und einem Kondensator, erzielt.

Monoflops werden eingesetzt zur:

- Impulsverlängerung
- Vereinheitlichung der Impulslänge

9.1.2 Prinzipielle Funktionsweise

Der Monoflop kann durch folgende Schaltung aus zwei NOR-Gattern realisiert werden:

Ausgegangen wird von dem Grundzustand: beide Eingänge von NOR1 sind 0, d.h. der Ausgang ist 1. Der Eingang von NOR2 liegt damit ebenfalls auf 1, d.h. der Ausgang ist 0, wie die Voraussetzung oben. Damit gilt für die Kondensatorspannung u_C:

$$u_C = u_{01} - u_x \quad \text{und} \quad u_C = U_1 - U_1 = 0 \tag{1}$$

Dabei ist U_1 die Betriebsspannung und die Spannung für den Schaltzustand 1. Der Kondensator bleibt damit ungeladen ⇒ Der Zustand der Monoflop-Schaltung ist stabil. Kommt jetzt ein positiver Impuls an CLOCK, so schaltet NOR1 um, und am Ausgang 01 liegt 0-Potential. Da Gleichung (1) gilt, muß auch u_x auf 0-Potential gehen (die Kondensatorspannung kann nicht springen). Dadurch schaltet auch NOR2, und der Ausgang 02 wird 1. Selbst wenn das CLOCK-Signal wieder zurück geht, bleibt NOR1 durch das rückgekoppelte Signal im zweiten Zustand.

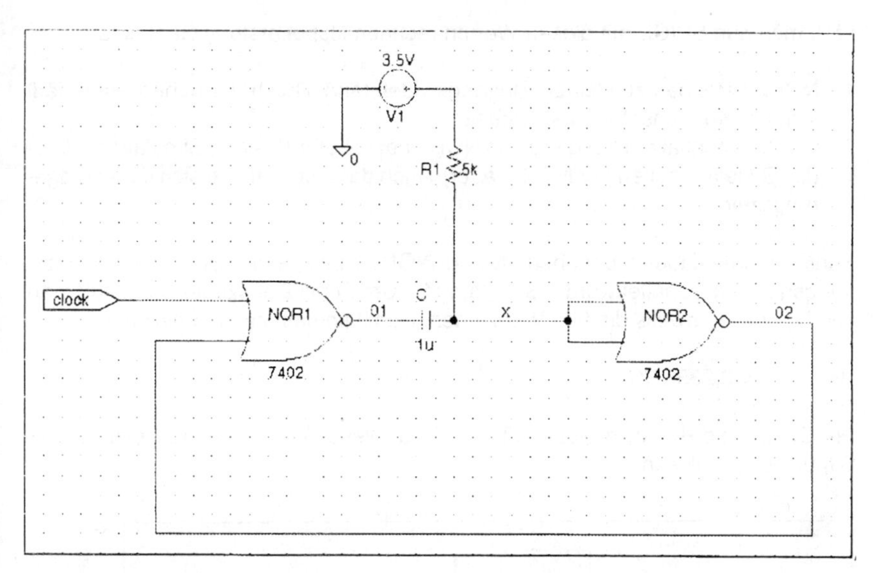

Bild 9.1: Schaltung 1

Der Kondensator lädt sich jetzt mit der Zeitkonstanten RC auf $-U_1$ auf. Dadurch steigt die Spannung u_x von 0 auf U_1:

$$u_x(t) = U_1(1 - e^{-t/RC}) \tag{2}$$

Erreicht u_x die Spannung U_s, bei der NOR2 umschaltet (bei SPICE ca. 800mV), wird $u_{02}=0$ und auch NOR1 schaltet um, d.h. $u_{01}=U_1$. Die Zeit T_1, die vergeht, bis der Monoflop wieder in den stabilen Zustand kippt, nennt man Verzögerungszeit. Man berechnet sie folgendermaßen:

$$u_X(T_1) = U_S = U_1(1 - e^{-T_1/RC})$$

$$\Leftrightarrow \quad e^{-T_1/RC} = \frac{U_1 - U_S}{U_1} \tag{3}$$

$$\Leftrightarrow \quad T_1 = RC \cdot \ln \frac{U_1}{U_1 - U_S}$$

Bei SPICE ist U_1=3,5V. Damit vereinfacht sich Gleichung (3) auf:

$$T_1 = RC \cdot \ln \frac{3{,}5V}{3{,}5V - 0{,}8V} = 0{,}2595RC \tag{4}$$

Läßt man nun SPICE mit diesen Werten rechnen klappt erstmal Garnichts!

1. NOR2 hat einen zu kleinen Eingangswiderstand. Durch der hohen Strom lädt sich der Kondensator zu schnell auf.
2. Das 0-Potential am Ausgang von NOR1 hat ca. 90mV (siehe Simulation 1 über das Schaltverhalten der NOR-Gatter). Auch dadurch verkürzt sich die Verzögerungszeit.

Punkt 1 wurde dadurch behoben, daß vor NOR2 eine spannungsgesteuerte Spannungsquelle geschaltet wurde (Schaltung 2). Um Punkt 2 auszugleichen muß man von U_1 und U_s jeweils die 90mV abziehen. Damit kommt man auf den Wert

$$T_1 = 0{,}2335RC$$

Für C=1µF und R=5kΩ ergibt das T_1=1,17ms. Diesen Wert kann man jetzt aus der Simulation 2 ablesen.

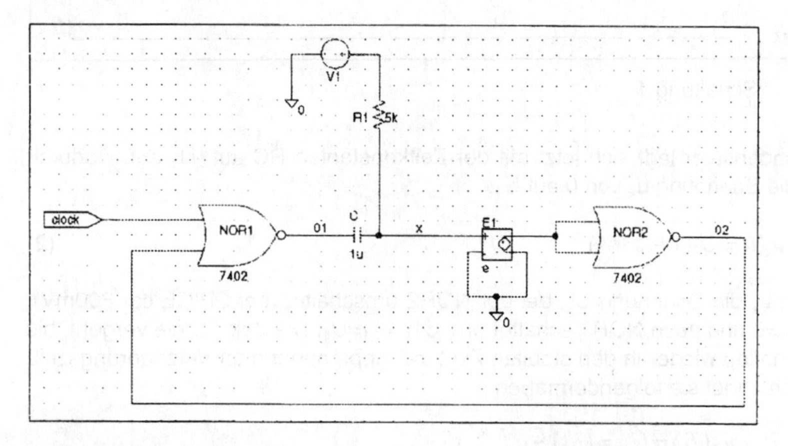

Bild 9.2: Schaltung 2

Wenn also u_{01} wieder auf U_1 geht, muß auch u_x aufgrund Gleichung (1) springen, und zwar auf:

$$u_x\,(T_1{}^+) = U_1 + U_s \tag{5}$$

Nun fängt der Kondensator an sich wieder zu entladen und u_x geht zurück auf U_1. Dies geschieht mit der gleichen Zeitkonstante wie der Ladevorgang. Da bei SPICE U_s sehr klein gewählt wurde, ist die Spannungsdifferenz zum Entladen des Kondensators kleiner als beim Aufladen; damit geht dieser Vorgang langsamer vor sich. Die Zeit, die benötigt wird, damit die Kondensatorspannung u_c wieder annähernd 0V wird, nennt man Erholungszeit.

Wird innerhalb der Erholungszeit ein weiterer Impuls ausgelöst, erscheint dieser verkürzt. In Simulation 2 wird dies deutlich. Der Kondensator entlädt sich vor dem 2. Impuls nicht vollständig, dadurch ist u_x nach der Impulsflanke größer als die normalen 90mV und es vergeht weniger Zeit, bis u_x wieder auf U_s angestiegen ist.

9.1.3 Verkürzung der Erholungszeit

Um die Erholungszeit zu verkürzen, kann man zum Widerstand eine Diode parallel schalten. Dadurch lädt sich der Kondensator über den Widerstand auf, und entlädt sich über die Diode mit einer wesentlich kleineren Zeitkonstante. Da aber die Schaltspannung bei SPICE nicht viel größer ist als die Schleusenspannung einer Diode, wäre das nur ein kleiner Effekt. Bei der Simulation wurde eine Transistorschaltung verwendet. Der Transistor soll immer leiten, wenn u_{01} auf U_1 ist: der Kondensator soll sich also dann schnell umladen. Sonst soll der Transistor sperren.
Die Ausgangsspannung von NOR1 bricht aber bei einem so kleinen Entladungswiderstand zusammen, da NOR1 einen großen Ausgangswiderstand besitzt. Deshalb wurde die spannungsgesteuerte Spannungsquelle E3 eingebaut; sie stabilisiert die Ausgangsspannung.
Die verkürzte Erholungszeit läßt sich bei Simulation 3 der Schaltung 3 sehen.

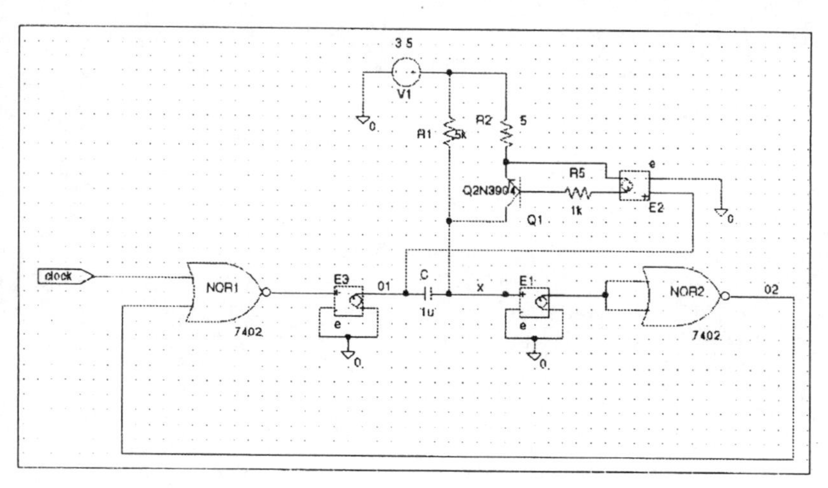

Bild 9.3: Schaltung 3

9.1.4 Abschließende Bemerkungen

In Simulation 3 lassen sich die Eigenschaften einer Monoflop-Schaltung gut zeigen:

- Impulse unterschiedlicher Länge werden auf eine einheitliche Länge gebracht.
- Ein Impuls kann nicht durch einen weiteren Impuls verlängert werden (Impuls 2 und 3). Ist der Eingangsimpuls länger als der eigentliche Ausgangsimpuls (Impuls 4), so geht u_{02} trotzdem nach der normalen Zeit wieder auf 0V zurück. NOR1 schaltet erst wieder, wenn der Eingangsimpuls zurückgeht. Dann beginnt auch erst die Erholungszeit. Bei SPICE geht NOR2 bei 0,8V aber erst in einen unbestimmten Zustand über (vgl. Simulation 1). In Simulation 3 wird dieser Zustand als Doppellinie bei u_{02} angedeutet. SPICE überbrückt so die verschiedenen Schaltspannungen der Gatter und die Differenzen der Schaltspannungen beim Schalten auf Zustand 0 bzw. 1. Erreicht u_x 2V, so ist der unbestimmte Zustand vorbei, und u_{02} hat tatsächlich 0-Potential.
- Schon kurz nach erreichen des stabilen Zustandes kann ein neuer Impuls kommen, ohne daß der Ausgangsimpuls verkürzt wird (letzter Impuls).

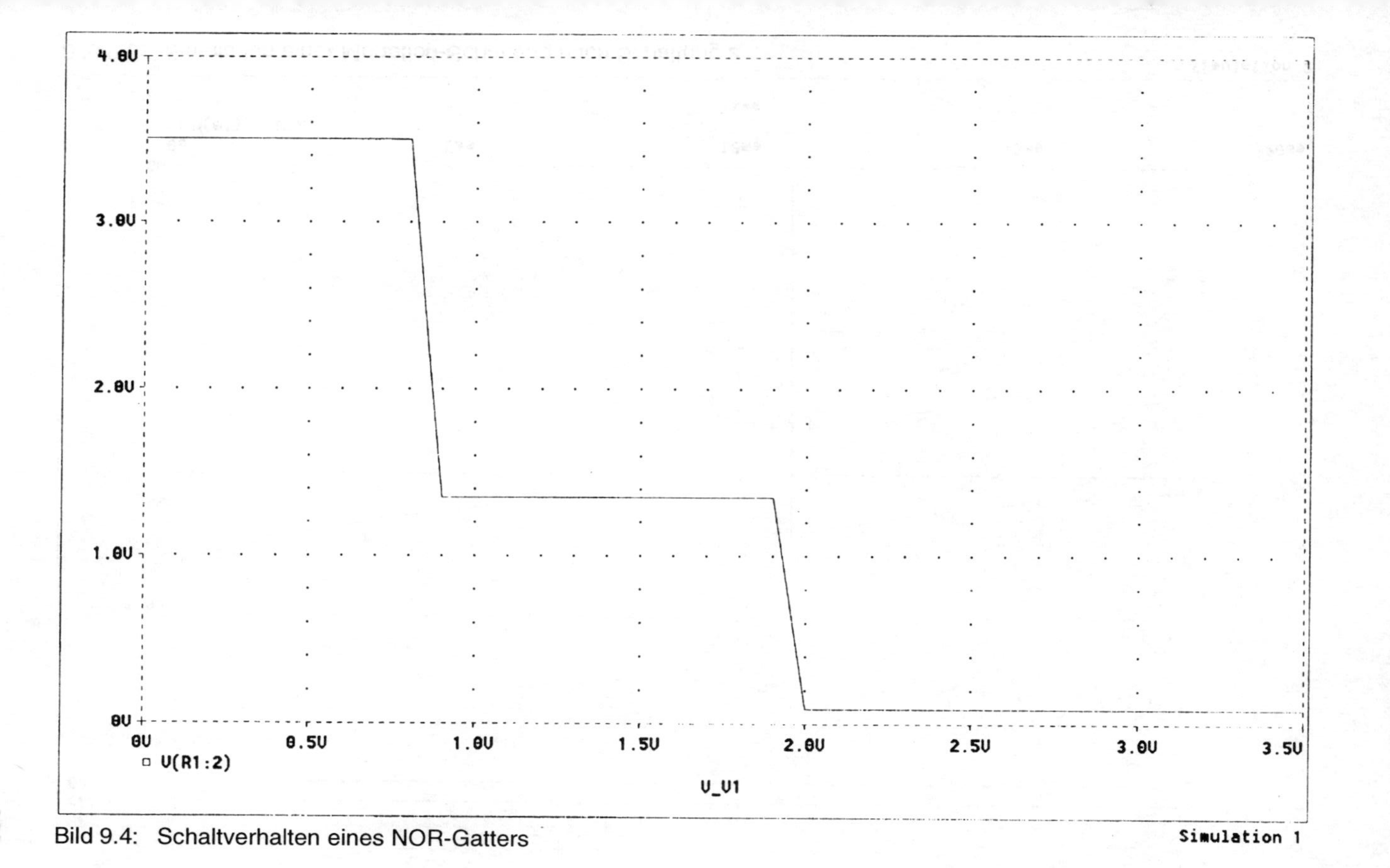

Bild 9.4: Schaltverhalten eines NOR-Gatters

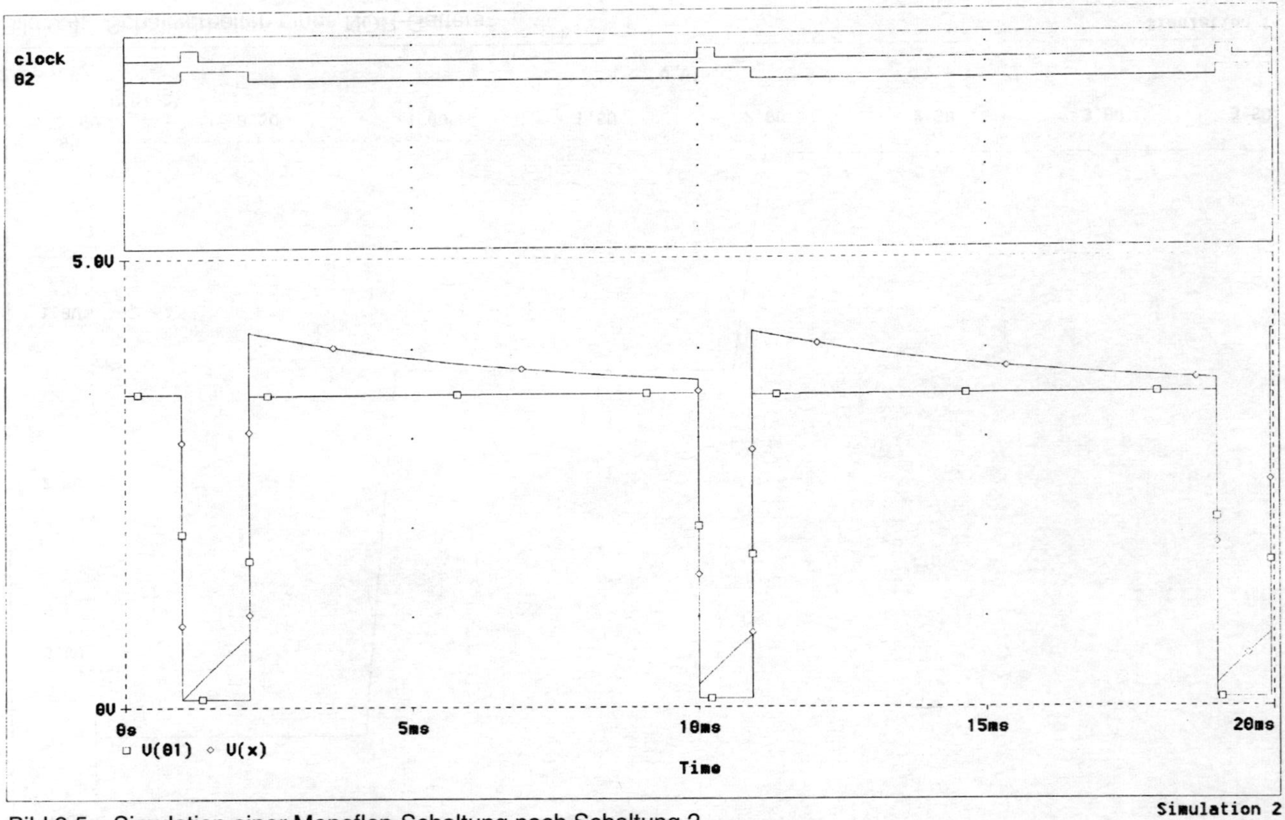

Bild 9.5: Simulation einer Monoflop-Schaltung nach Schaltung 2

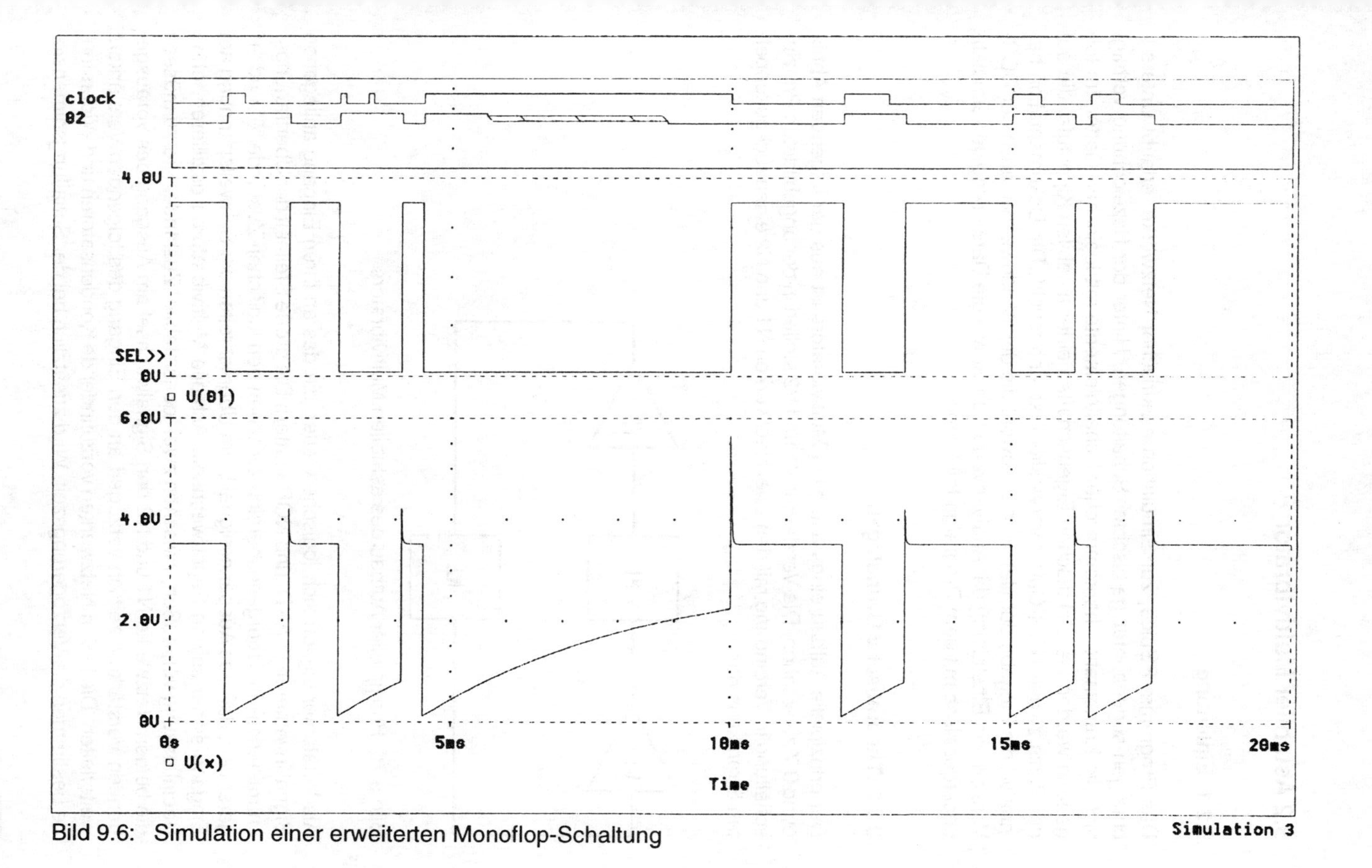

Bild 9.6: Simulation einer erweiterten Monoflop-Schaltung

9.2 Astabiler Multivibrator

9.2.1 Einleitung

Das Programm PSpice, zur Simulation elektrischer Netzwerke, erlaubt Untersuchungen sogenannter gemischter Schaltungen. Hinter der Bezeichnung verbirgt sich die Kombination herkömmlicher Schaltelemente mit logischen Gatter. Im folgenden werden die elektrischen Eigenschaften einer astabilen Kippstufe, die auf der Basis zweier NOR-Gatter verwirklicht ist, untersucht. Die Dokumentation beinhaltet die Eingabe der Netzwerke, sowohl die der Windows- wie auch der DOS-Version, die Einstellung der Analyseverfahren, sowie die Darstellung der Simulationsergebnisse mit dem Programmteil Probe.

9.2.2 Theoretische Grundlagen

Der prinzipielle Aufbau eines astabilen Multivibrators ist aus der folgenden Abbildung 9.7 zu ersehen. Die Verstärker V1 und V2 stellen in der abgebildeten Prinzipschaltung in Verbindung mit den zwei Netzwerken N1 und N2 einen rückgekoppelten Stromkreis dar.

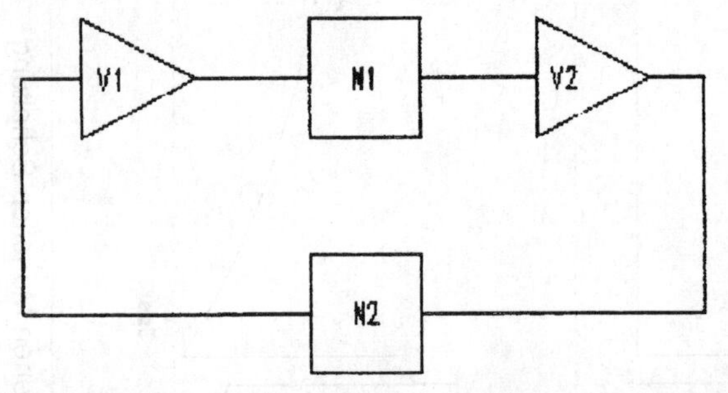

Bild 9.7: Prinzipieller Aufbau des astabilen Multivibrators

Als Verstärker eignen sich logische Gatter, die das an ihren Eingang anliegende Signal invertieren (NAND- und NOR-Gatter). Die große Steilheit der Übertragungscharakteristik im Übergangsbereich zwischen den logischen Zustände “0” und “1” garantiert, daß das Ausgangssignal beim Überschreiten der Schwellspannung am Eingang sicher seinen Pegel wechselt. Astabile Multivibratoren oszillieren, ohne Beeinflussung von außen, zwischen zwei “quasistabile” Zustände. Hierzu müssen die beiden Netzwerke N1 und N2 den Signalwechsel am Ausgang des vorausgehenden Verstärkers zeitlich verzögert an den Eingang des folgenden Verstärkers weiterleiten. Die in den Netzwerken vorzufindende Kondensatoren und Widerstände bestimmen die Verzögerungszeit. Wird zusätzlich bei der Schaltungsdimensionierung die Gatterlaufzeit berücksichtigt, die die theoretisch kleinste Periodendauer bestimmt, stellt das Bild 9.7 einen schwingfähigen Multivibrator dar.

9.2.3 Simulation

9.2.3.1 Bestimmung der Gatterlaufzeit

Die größt mögliche Frequenz, die der astabile Multivibrator generiert, ist durch die Gatterlaufzeit der NOR-Glieder begrenzt. In einer ersten Simulation soll deshalb die Verzögerungszeit der logischen Gatter, beim Wechsel der Pegel, bestimmt werden. Der Einfluß der Verzögerung auf die Dimensionierung der Schaltung wird im folgenden Kapitel erläutert.
Zur Eingabe der Schaltung in der Schematicsumgebung unter Windows muß im Draw-Menü der Befehl Get new Part ausgewählt werden. Unter Browse sind die zur Verfügung stehenden Bibliotheken mit den in ihnen enthaltenen Schaltelemente aufgelistet. Die Simulation erfordert in diesem Fall ein NOR-Gatter der Bezeichnung 7402 aus der Bibliothek 7400.slb, einen Widerstand R aus analog.slb, die Erde AGND aus port.slb und eine Spannungsquelle VPWL aus source.slb. Die einzelnen Elemente verbindet man mittels dem Wire-Befehl aus dem Menü Draw miteinander. Bild 9.8 illustriert die zu untersuchende Schaltung.

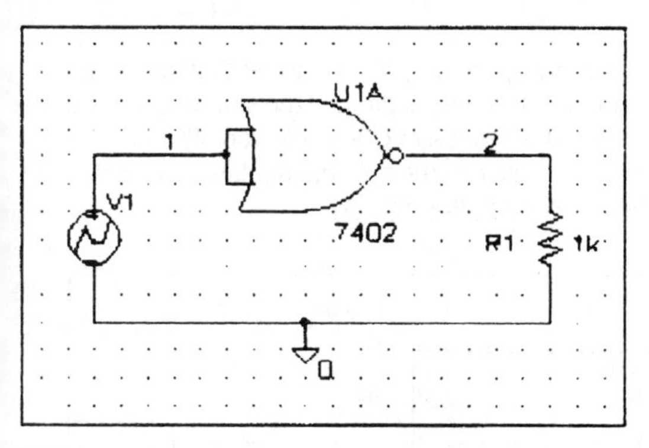

Bild 9.8: Schaltungseingabe zur Bestimmung der Gatterlaufzeit

An die Schaltungseingabe schließt die Bestimmung der offenen Parameter der Elemente an. Hierzu klickt man mit der Maus das jeweilige Symbol an. Bei der gewählten Quelle VPWL ist der Spannungsverlauf stückweise über der Zeit einzugeben. In dem sich eröffnenden Dialogfeld sind für den angestrebten rechteckförmigen Spannungsverlauf folgende Werte einzutragen: t1=10ns, V1=0V, t2=10.01ns, V2=4V, t3=30ns, V3=4V, t4=30.01ns und V4=0V. Die geringe Zeitdifferenz zwischen t1 und t2 bzw. t3 und t4 stellt sicher, daß die Simulation nicht mit einer Fehlermeldung abbricht. Der vom Programm vordefinierte Wert der Widerstände

zu 1k erfährt für R1 keine Änderung. Abschließend werden die Verbindungsleitungen entsprechend der obigen Abbildung durchnumeriert. Ist nun die zu simulierende Schaltung vollständig bestimmt, wählt man aus dem Menü Analysis den Punkt Setup. Unter Transient sind für Print Step 0.01ns und für Final Time 50ns einzusetzen. Der Start der Simulation erfolgt im Menüfeld Analysis unter Run PSpice.
Die identische Schaltungseingabe in der DOS-Version ist im Listing 3.1 aufgeführt. Hierbei ist darauf hinzuweisen, daß sich das NOR-Gatter 7402 in der Bibliothek 7400.LIB befindet. Der Befehl .TRAN stellt die Transientenanalyse wie oben ein, .PROBE startet nach der Berechnung das Programm zur graphischen Darstellung der Signalverläufe.

```
*Bestimmung der Gatterlaufzeit

X_U1A  1  1  2  7402
R1        2  0  1k
V1        1  0  PWL 10ns 0V  10.01ns  4V  30ns 4V  30.01ns  0V

.LIB      7400.LIB
.TRAN     0.01ns 50ns
.PROBE
.END
```

Listing 3.1

Bild 9.9 zeigt den Verlauf der Eingangsspannung V1 am NOR-Gatter sowie die hieraus resultierende Ausgangsspannung V2. Die Gatterlaufzeit beträgt beim Wechsel von "0" nach "1" am Eingang ca. 10ns und beim Übergang von "1" nach "0" ca. 15ns. Das Ergebnis der Simulation deckt sich somit mit dem der Literatur, in der für Standardgatter eine Laufzeit von 10ns angegeben ist [1].

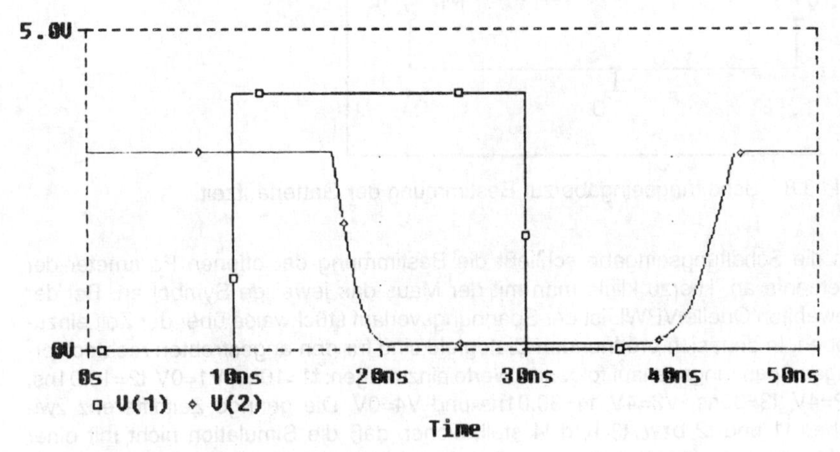

Bild 9.9 Spannungsverlauf am NOR-Gatter

9.2.3.2 *Astabiler Multivibrator*

Mit dem Ergebnis der vorangegangenen Simulation, läßt sich nun der eigentliche astabile Multivibrator untersuchen. Das Bild 9.10 veranschaulicht die einzugebende Schaltung im Programm Schematics. Beim Vergleich der Schaltung mit dem der Prinzipschaltung in Kapitel 2 fällt auf, daß die hier abgebildete Kippstufe mit nur einem RC-Netzwerk realisiert wird.

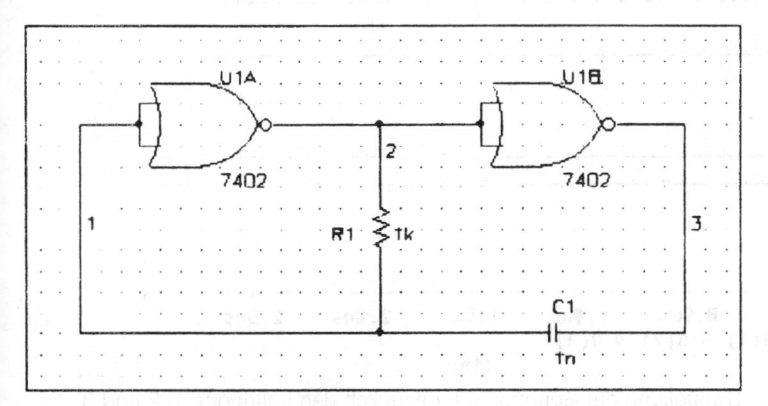

Bild 9.10: Astabiler Multivibrator

Für die Windows-Version finden sich die einzelnen Schaltelemente wieder unter Get new Part im Menü Draw. Der zusätzliche Kondensator C1 ist in der Bibliothek analog.slb zu finden. Verbunden werden die Schaltelemente wiederum, nach ihrer Plazierung in der Schematicsumgebung, mit dem Wire-Befehl. Die Kennzeichnung der Leitungen zwischen den Elementen, wie sie dem Bild 9.10 zu entnehmen ist, schließt die Eingabe ab. Keine Änderung erfahren die voreingestellten Werte von Widerstand R1 und Kondensator C1. Unter Transient im Menü Analysis legt man die Werte für Print Step zu 10ns und Final Time zu 3us fest.
Listing 3.2 stellt das Eingabefile der Schaltung in der DOS-Version dar.

```
*Astabiler Multivibrator

X_U1A 1   1  2   7402
X_U1B 2   2  3   7402
R1        1  2   1k
C1        1  3   1n

.LIB      7400.LIB
.TRAN     10ns 3us
.PROBE
.END
```

Listing 3.2

Die Ausgabe der Simulation, die Bild 9.11 darstellt, verdeutlicht, daß der astabile Multivibrator nicht oszilliert. Eine schlüssige Antwort auf diesen Makel dürfte sein, daß beide NOR-Gatter identische elektrische Eigenschaften haben und somit ein sicheres Anschwingen nicht möglich ist. Abhilfe schafft nur ein von "außen" kommendes Signal, welches den Multivibrator kurz in einen definierten logischen Zustand bringt und dann sich selbst überläßt.

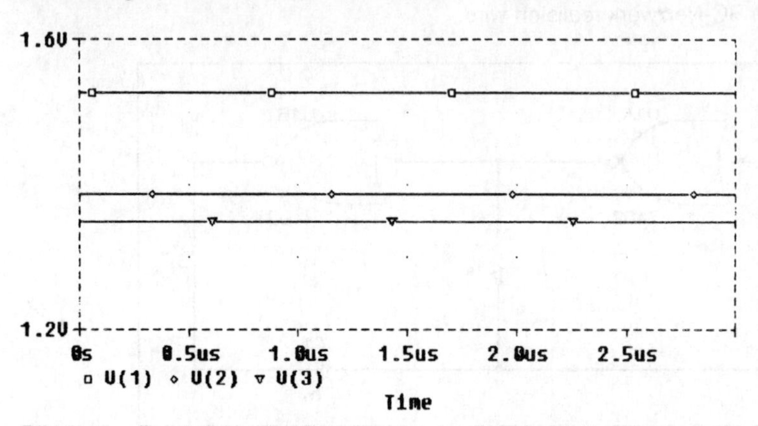

Bild 9.11: Darstellung der Spannungen bezüglich den Leitungen 1, 2 und 3

In der obige Schaltung muß somit entweder Leitung 1 oder 2 zu Beginn der Simulation einen definierten Anfangspegel haben. Ob nun "High" oder "Low" an einem der Gattereingänge anliegt und so den Anfangszustand erzwingt, spielt letztendlich keine Rolle. Eine mögliche Schaltung, die den Multivibrator sicher anschwingen läßt, zeigt Bild 9.12. An Leitung 1 wird zusätzlich das Element IC1 aus der Bibliothek special.slb angeschlossen, das die Eingänge des Gatters U1A zur Zeit t=0 an 0V legt.

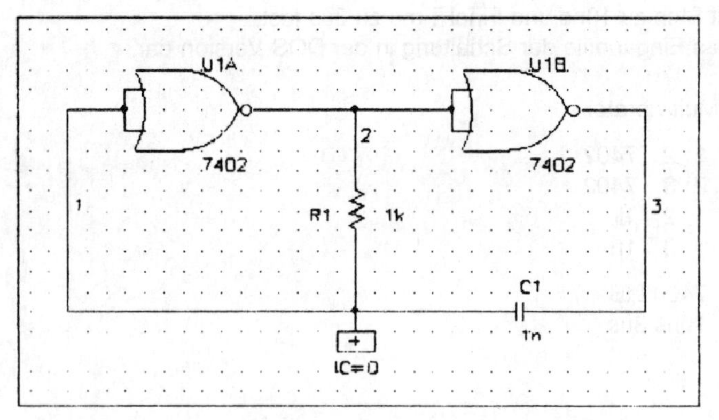

Bild 9.12: Astabiler Multivibrator mit definiertem Anfangszustand

Das äquivalente DOS-File ist in Listing 3.3 aufgeführt. Das Steuerkommando .IC V(1)=0V erzwingt während der Arbeitspunktberechnung die Anfangsspannung am Knoten1 zu 0V.

```
*Astabiler Multivibrator (modifiziert)

X_U1A 1   1  2   7402
X_U1B 2   2  3   7402
R1        1  2   1k
C1        1  3   1n

.LIB      7400.LIB
.IC       V(1)=0V
.TRAN     10ns 3us
.PROBE
.END
```

Listing 3.3

Die Spannungsverläufe der simulierten Schaltung sind in den folgenden Bildern 9.13 bis 9.16 dargestellt

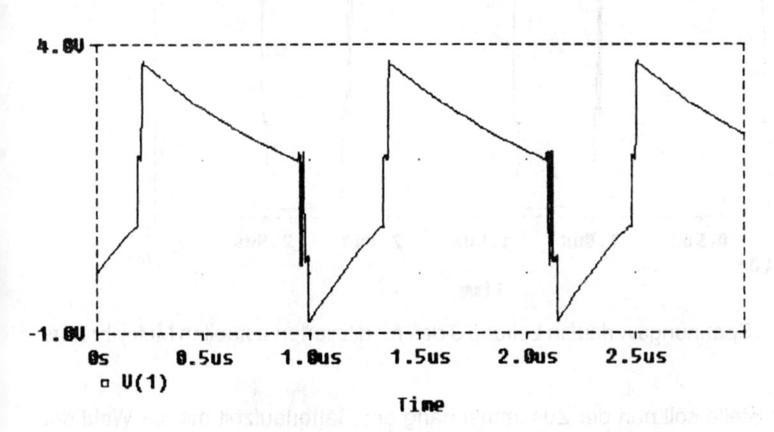

Bild 9.13: Spannungsverlauf in Leitung 1 des modifizierten astabilen Multivibrators

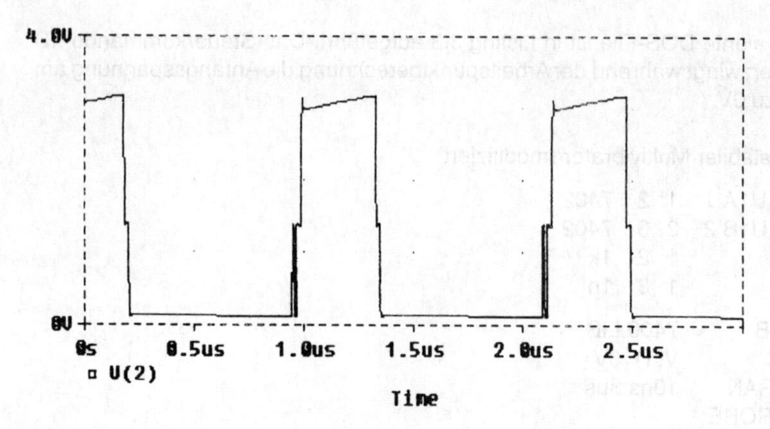

Bild 9.14: Spannungsverlauf in Leitung 2 des modifizierten astabilen Multivibrators

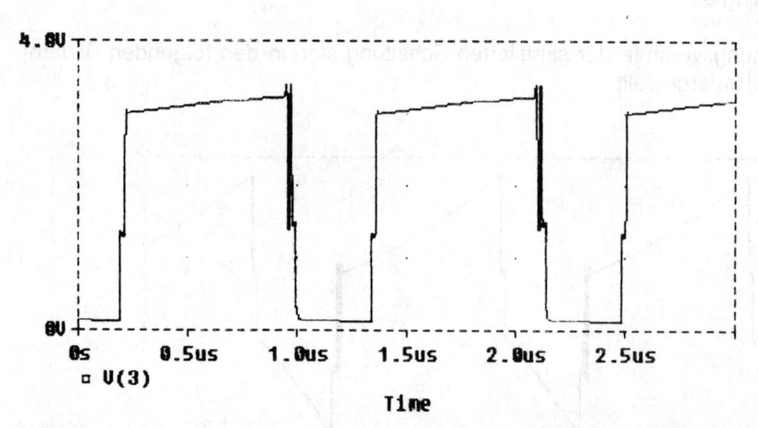

Bild 9.15: Spannungsverlauf in Leitung 3 des modifizierten astabilen Multivibrators

An dieser Stelle soll nun der Zusammenhang der Gatterlaufzeit mit der Wahl der passiven Bauteile von R und C nähers erläuten werden. Während einer Periode, der durch den Oszillator generierten Rechteckspannung, wechselt der Pegel am Ausgang der beiden NOR-Glieder jeweils einmal von “High” nach “Low” bzw. von “Low” nach “High”. Das bedeutet daß eine Periode aus insgesamt vier Schaltvorgängen besteht. Mit unserem ersten Simulationsergebnis läßt sich somit die theoretisch kürzest mögliche Periodendauer des astabilen Multivibrators zu 50ns bestimmen. Durch iteratives Abändern des Widerstand- und Kondensatorwerts zeigt sich, daß die kleinste Periodendauer jedoch wesentlich größer ist (360ns). Dennoch stellt die durch die Vorabsimulation ermittelte Periodendauer T einen einigermaßen brauchbaren Richtwert dar.

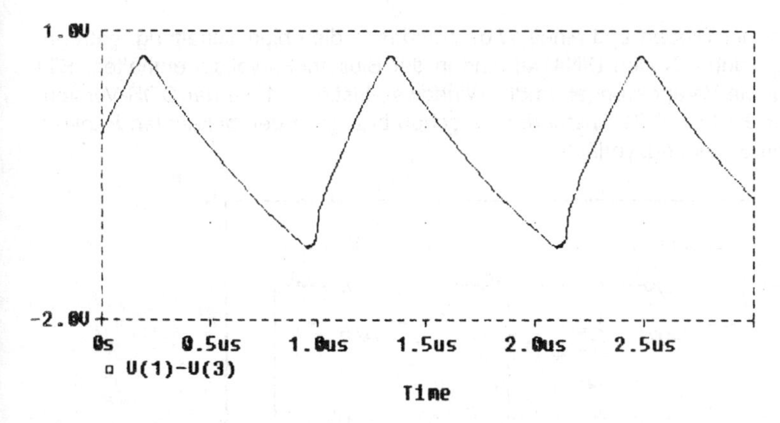

Bild 9.16: Spannungsverlauf über dem Kondensator des astabilen Multivibrators

Die Periodendauer der Rechteckspannung berechnet sich mit der Formel

$$T = R \cdot C \cdot \left(\ln \frac{U_{DD}}{U_{DD} - U_{TH1}} + \ln \frac{U_{DD}}{U_{DD} - U_{TH2}} \right)$$

in Abhängigkeit der Bauteile, der unteren als auch oberen Schwellspannung U_{TH1} bzw. U_{TH2} und der Ausgangsspannung U_{DD} der NOR-Glieder bei einer logischen "1". Der zu dieser Formel führende Sachverhalt ist in [2] ausführlich dargestellt. Der aufmerksame Betrachter hat sicherlich bemerkt, daß das Verhältnis der ermittelten Pegel an den Ausgängen der Inverter über der Zeit nicht gleich ist. PSpice berücksichtigt bei der Simulation die Eingangs- bzw. Ausgangsimpedanz der Gatter in Abhängigkeit der an den Anschlüssen anliegenden Spannung. So muß der gesamte Widerstand der Schaltung, der in Serie zum Kondensator liegt, unterschiedliche Werte annehmen. Ab dem Zeitpunkt t=0 lädt sich C1 durch den Strom im Pfad vom Ausgang des Gatters U1A über R1 zum Ausgang von U1B, bis die untere Schwellspannung von 0,85V am Punkt 1 erreicht ist und Gatter U1A zum Schalten veranläßt. In diesem so beschriebenen Ladevorgang des Kondensators muß der Gesamtwiderstand der Schaltung offensichtlich kleiner sein als bei dem der Entladung von C1 im gleichen, jedoch mit entgegengesetztem Richtungssinn betrachteten Strompfad. C1 entlädt sich, bis am Eingang von U1A die obere Schwellspannung von 2,0V anliegt und der daraus resultierende Pegelwechsel den Ladevorgang wieder einleitet. Wählt man R1 niederohmiger als bei der obigen Simulation, so gleicht sich das Verhältnis der Pegel an den Ausgängen aneinander an.

9.2.3.3 Astabiler Multivibrator mit asymmetrischem Tastverhältnis

Im abschließenden Kapitel soll noch kurz eine Schaltungsvariante vorgestellt werden, die eine asymmetrische Rechteckspannung generiert. Sie unterscheidet sich nur darin, daß der Strompfad für den Lade- bzw. Entladevorgang, durch die Aufnahme zweier Dioden und eines Widerstandes in die obige Schaltung, getrennt wird. Die beiden Dioden DIN4148 sind in der Bibliothek eval.slb enthalten. Bild 9.17 zeigt die Veränderungen in der Windows-, Listing 3.4 die der DOS-Version. Die Bilder 9.18 bis 9.21 illustrieren die schon bezüglich den bekannten Punkten ermittelten Spannungsverläufe.

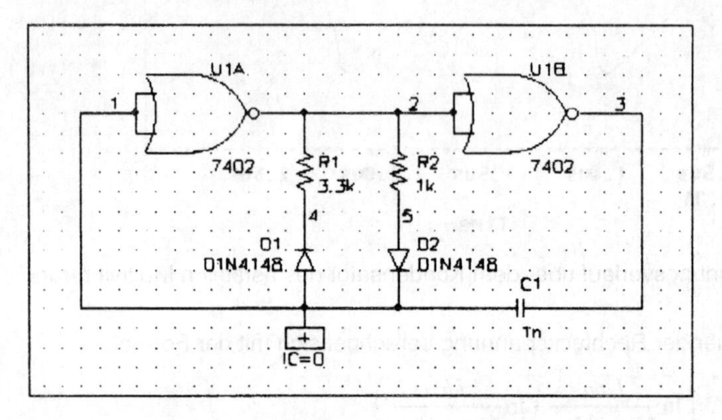

Bild 9.17: Astabiler Multivibrator mit asymmetrischem Tastverhältnis

```
*Astabiler Multivibrator mit asymmetrischem Tastverhältnis
X_U1A 1  1 2  7402
X_U1B 2  2 3  7402
R1       2 4  3.3k
R2       2 5  1k
D_D1     1 4  D1N4148
D_D2     5 1  D1N4148
C1       1 3  1n

.LIB     EVAL.LIB
.IC      V(1)=0V
.TRAN    10ns 10us
.PROBE
.END
```

Listing 3.4

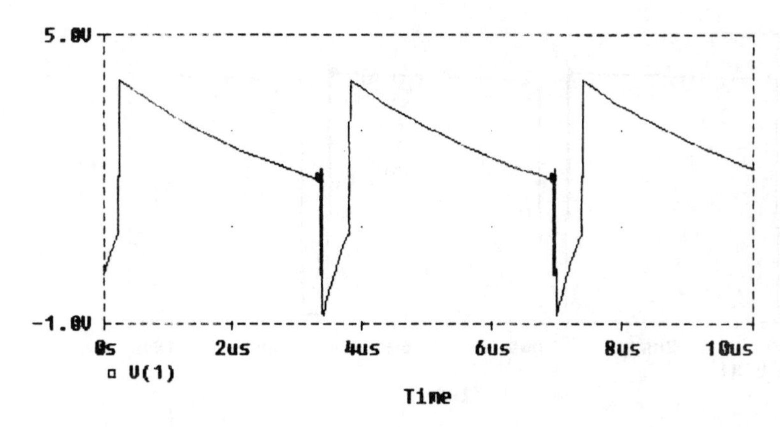

Bild 9.18: Spannungsverlauf in Leitung 1

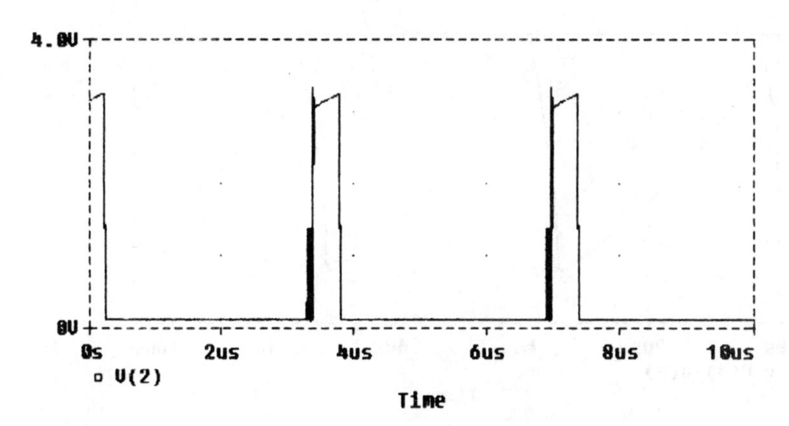

Bild 9.19: Spannungsverlauf in Leitung 2

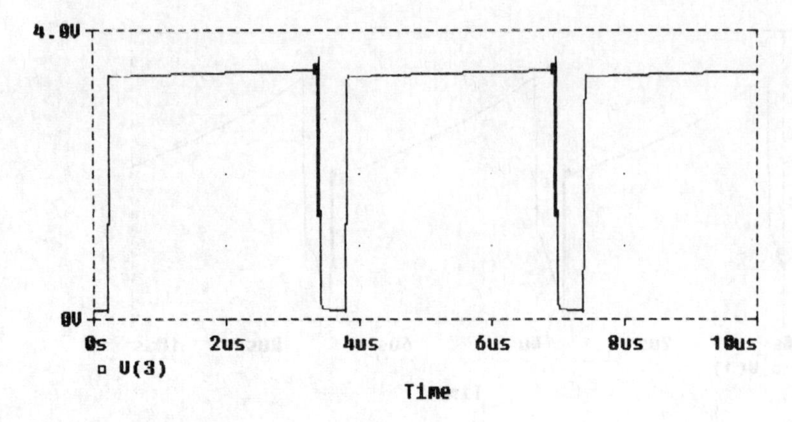

Bild 9.20: Spannungsverlauf in Leitung 3

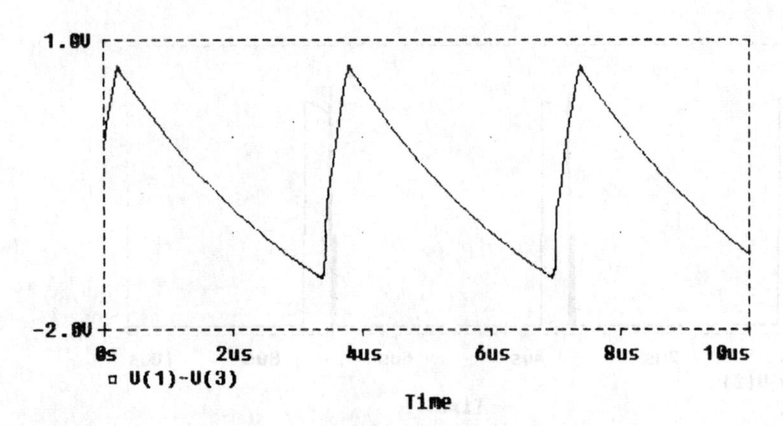

Bild 9.21: Spannungsverlauf über dem Kondensator

9.3 Funktionsweise eines Dreieckspannungsgenerators und dessen Simulation mit Spice

9.3.1 Der Dreieckspannungsgenerator

Das exponentielle Laden und Entladen der Kapazität C bei einem Rechteckgenerator gibt V_c fast eine Dreiecksform. Um die Flanken zu linearisieren, muß C mit einem konstanten Strom aufgeladen werden (siehe Bild 9.22d). Auf diese Weise ändert sich V_c mit der Zeit (Rampe), statt exponentiell wie beim Rechteckgenerator. Um dies zu erreichen, benutzt man beim Dreiecksgenerator neben dem Schmitt-Trigger (Komparator) einen Integrator. Bei diesem wird die Kompensationskapazität zwischen Ausgang und invertierendem Eingang des Operationsverstärkers mit einem konstanten Strom versorgt. Wegen der Phasendrehung im Integrator ist es von Vorteil dessen Ausgang mit dem nichtinvertierenden Eingang des Komparators zu verbinden. Damit verhält sich der Komparator wie ein nichtinvertierender Schmitt-Trigger Der Ausgang des Integrators ersetzt dabei die Referenzspannung V_A des Schmitt-Triggers.

Um das Maximum der Dreieckswelle zu finden, nehmen wir an, daß die Ausgangsspannung v_0 des Komparators ihren negativen Wert, $-V_0 = -(V_Z + V_D)$, annimmt. Mit negativem Eingang wird der Ausgang v_{aus} des Integrators eine ansteigende Rampe. Die Spannung am nichtinvertierenden Eingang des Komparators ergibt sich durch Überlagerung zu:

$$v_1 = \frac{V_0 R_2}{R_1 + R_2} + \frac{v_{aus} R_1}{R_1 + R_2} \qquad \text{(Gl.1)}$$

Wenn v_1 bis zu V_R angestiegen ist, springt der Ausgang des Komparators auf $v_0 = V_0$ und v_{aus} beginnt linear zu fallen (Bild 9.22b). Deshalb ergibt sich der Spitzenwert V_{max} der Dreieckswelle für $v_1 = V_R$. Aus Gleichung 1 ergibt sich damit:

$$V_{max} = V_R \frac{R_1 + R_2}{R_1} + V_0 \frac{R_2}{R_1} \qquad \text{(Gl.2)}$$

Durch entsprechende Überlegungen erhält man:

$$V_{min} = V_R \frac{R_1 + R_2}{R_1} - V_0 \frac{R_2}{R_1} \qquad \text{(Gl.3)}$$

Die Welle bewegt sich also zwischen den Werten $-V_0 R_2/R_1$ und $+V_0 R_2/R_1$, falls $V_R = 0$ ist.

Der Abstand von Spitze zu Spitze ist:

$$V_{max} - V_{min} = 2V_0 \frac{R_2}{R_1} \qquad \text{(Gl.4)}$$

Aus den Gleichungen 2 und 3 ergibt sich der Mittelwert zu $V_R(R_1+R_2) / R_1$. Die Dreieckswelle ist in Bild 9.22c gezeigt. Die Spannungsverschiebung hängt von der

Einstellung von V_R ab, die Ausdehnung von Spitze zu Spitze von dem Verhältnis R_2 / R_1. Wir berechnen nun die Anstiegs- bzw. Abfallzeit T_1 und T_2 für $V_s = 0$.

Der Kapazitätsladestrom ist:

$$i_c = C\frac{dv_c}{dt} = -C\frac{dv_{aus}}{dt} \tag{Gl.5}$$

wobei $v_c = -v_{aus}$ die Spannung an der Kapazität ist. Für $v_0 = -V_0$, $i = -V_0 / R$ und bei ansteigender Flanke ist $\frac{dv_{aus}}{dt} = V_0 / RC$.

Mit Gleichung 4 folgt:

$$T_1 = \frac{V_{max} - V_{min}}{V_0 / RC} = \frac{2R_2RC}{R_1} \tag{Gl.6}$$

Da die fallende Flanke die entsprechende Steigung hat (nur negativ), ergibt sich: $T_2 = T_1 = T/2 = 1/2f$ mit der Frequenz

$$f = \frac{R_1}{4R_2RC} \tag{Gl.7}$$

Die Frequenz ist also unabhängig von V_0. Das Maximum der Frequenz wird entweder durch die Anstiegszeit des Integrators oder dessen maximalen Ausgangsstrom (bestimmt die Ladezeit der Kapazität) beschränkt. Die Größe des Basisstroms beschränkt die Frequenz nach unten. Dekadenänderungen der Frequenz erhält man durch multiplizieren der Kapazität mit dem Faktor 10 und Erhöhungen der Frequenz innerhalb einer Dekade aus einer kontinuierlichen Änderung des Widerstandes R.

9.3.2 Der Dreieckspannungsgenerator mit unterschiedlichen Rampenzeiten

Falls ungleiche Zeitintervalle $T_1 \neq T_2$ erwünscht sind, kann R in Bild 9.22a durch das Netzwerk mit R und R_4 (Bild 9.23a bis 9.23c) ersetzt werden. Eine andere Möglichkeit besteht darin, die Spannung V_s am nichtinvertierenden Eingang des Integrators $\neq 0$ zu machen. Die Steigung der ansteigenden Flanke beträgt nun $(V_0+V_s) / RC$, die der fallenden $(V_0 - V_s) / RC$. Der Abstand von Spitze zu Spitze ist unabhängig von V_s, Deshalb gilt:

$$\frac{T_1}{T_2} = \frac{V_0 - V_s}{V_0 + V_s} \tag{Gl.8}$$

Die Oszillatorfrequenz ist gegeben durch

$$f = \frac{R_1}{4R_2RC}(1 - (V_s / V_0)^2) \tag{Gl .9}$$

Die Frequenz verringert sich also für $V_s \neq 0$. Das Verhältnis $\frac{T_1}{T}$ wird als Arbeitsspiel δ definiert, wobei $T = T_1 + T_2$ ist. Aus Gleichung 8 ergibt sich:

$$\delta = \frac{T_1}{T} = \frac{1}{2}(1 - V_s / V_0) \qquad \text{(Gl.10)}$$

Beim Dreieckspannungsgenerator mit unterschiedlichen Rampenzeiten nach Bild 9.22a ändert sich δ linear mit V_s und geht von 0 für $V_s = V_0$ über 1/2 für $V_s = 0$ bis zu 1 für $V_s = -V_0$.

9.3.3 Die Simulation des Dreieckspannungsgenerators mit Spice

Zur Simulation wurde eine Transientenanalyse mit einem print step von 5ns und einer final time von 19ms durchgeführt. Die Werte der Bauelemente sind Bild 9.22a bzw Bild 9.23a zu entnehmen. Bei der Simulation mit $V_s \neq 0$ (Bild 9.22a) ist $V_s = V_R = 1$.
Bei der Simulation ist darauf zu achten, daß R_3 nicht zu groß gewählt wird und die Frequenz sich innerhalb des oben beschriebenen Bereichs bewegt.

Überprüfen der Ergebnisse der Simulation anhand der Gleichungen 1 bis 10: Aus Bild 9.22b ergibt sich V_0 zu 5,25V und mit

$$\text{Gl.2:} \quad V_{max} = V_R \frac{R_1 + R_2}{R_1} + V_0 \frac{R_2}{R_1} = 1 * \frac{18}{15} + 5{,}25 * \frac{3}{15} = 2{,}25$$

$$\text{Gl.3:} \ldots V_{min} = V_R \frac{R_1 + R_2}{R_1} - V_0 \frac{R_2}{R_1} = 1 * \frac{18}{15} - 5{,}25 * \frac{3}{15} = 0{,}15$$

der Mittelwert zu $V_{MW} = V_R(R_1 + R_2) / R_1 = 18 / 15 = 1{,}2$ (→ Bild 9.22c)

Nach Gleichung 8 ist das Verhältnis $\frac{T_1}{T_2} = \frac{V_0 - V_s}{V_0 + V_s} = \frac{4{,}25}{6{,}25} = 0{,}68$

Aus Bild 9.22b kann man entnehmen: $T1 = 4{,}1\text{cm} = 3{,}4\text{ms}$
$T_2 = 6\text{cm} = 5\text{ms}$

woraus sich $\frac{T_1}{T_2} = 0{,}683$ ergibt.

Die Periodendauer ist also $T = 8{,}4\text{ms}$, womit $f = \frac{1}{T} = 119Hz$ und

$$\delta = \frac{3{,}4ms}{8{,}4ms} = 0{,}4.$$

Nach Gleichung 9:

$$f = \frac{R_1}{4R_2RC}(1 - (V_s/V_0)^2) = \frac{15k}{4 * 3k * 40k * 250nF}(1 - (1/5{,}25)^2) = 125(1 - 0{,}036) = 120Hz$$

und Gleichung 10:

$$\delta = \frac{T_1}{T} = \frac{1}{2}(1 - V_s/V_0) = \frac{1}{2}(1 - 1/5{,}25) = 0{,}405$$

Man sieht, daß die Schaltung durch Spice sehr gut simuliert wird.

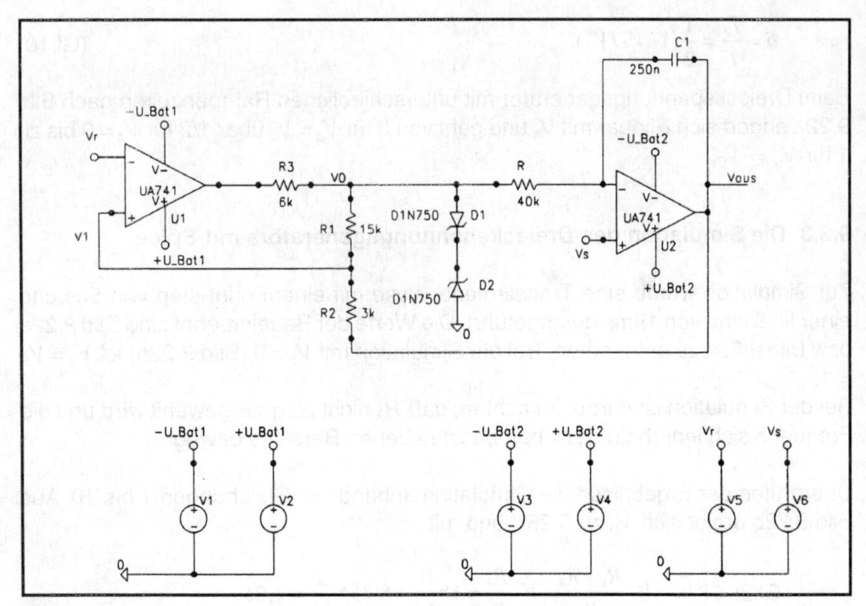

Bild 9.22a

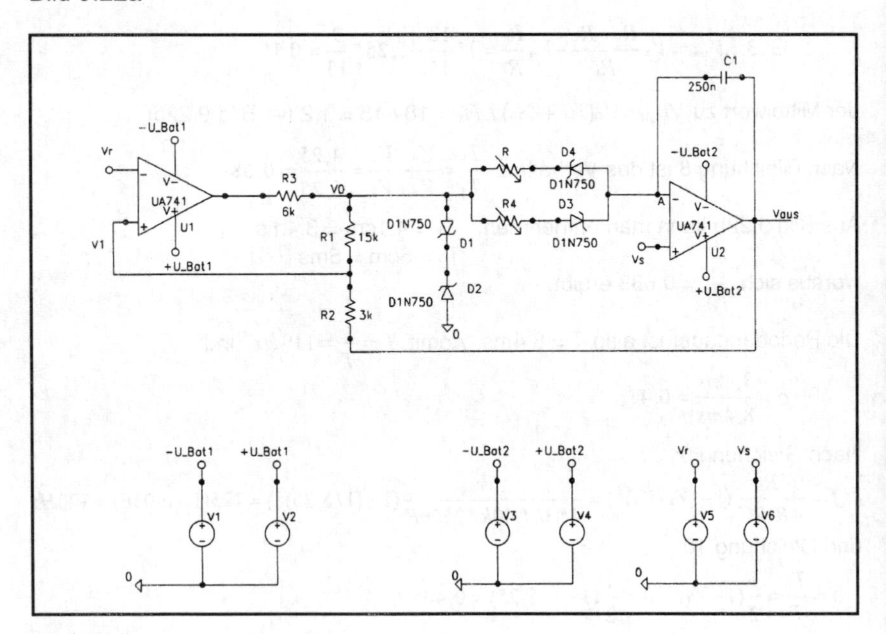

Bild 9.23a

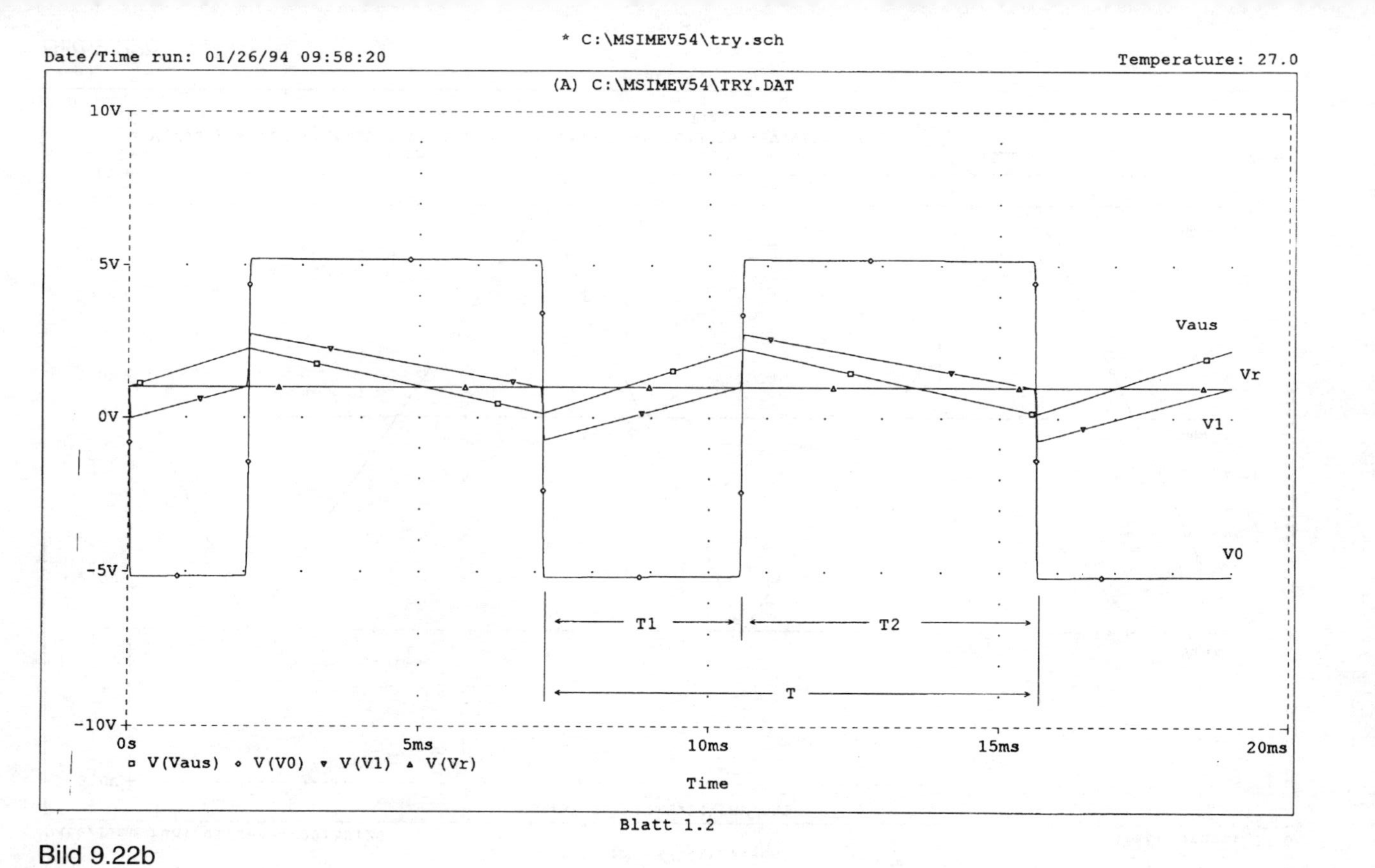
* C:\MSIMEV54\try.sch
Date/Time run: 01/26/94 09:58:20
Temperature: 27.0
(A) C:\MSIMEV54\TRY.DAT
10V
5V
0V
-5V
-10V
0s
5ms
10ms
15ms
20ms
Vaus
Vr
V1
V0
T1
T2
T
□ V(Vaus) ◇ V(V0) ▼ V(V1) ▲ V(Vr)
Time
Blatt 1.2

Bild 9.22b

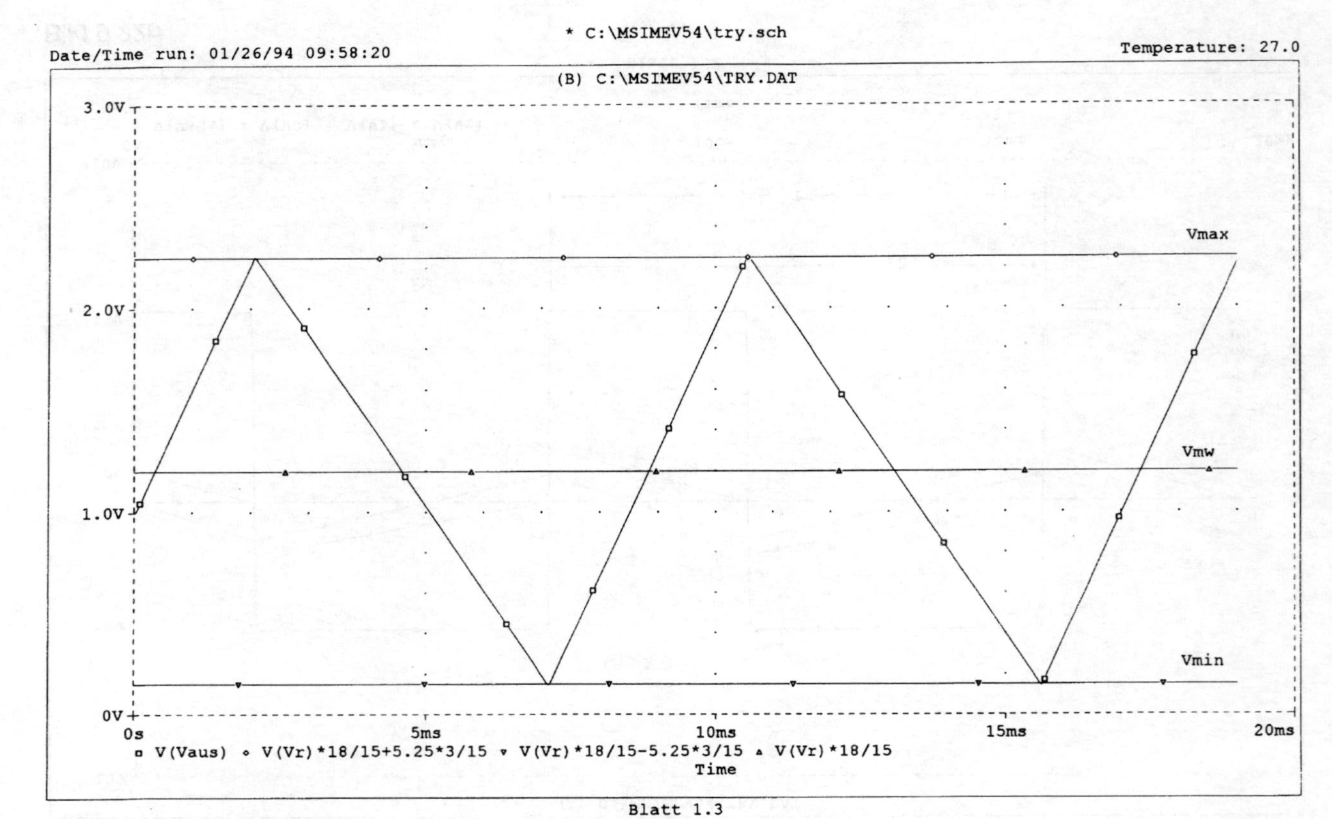

Date/Time run: 01/26/94 09:58:20
* C:\MSIMEV54\try.sch
Temperature: 27.0
(B) C:\MSIMEV54\TRY.DAT
3.0V
2.0V
1.0V
0V
Vmax
Vmw
Vmin
0s
5ms
10ms
15ms
20ms
□ V(Vaus) ◇ V(Vr)*18/15+5.25*3/15 ▽ V(Vr)*18/15-5.25*3/15 △ V(Vr)*18/15
Time
Blatt 1.3

Bild 9.22c

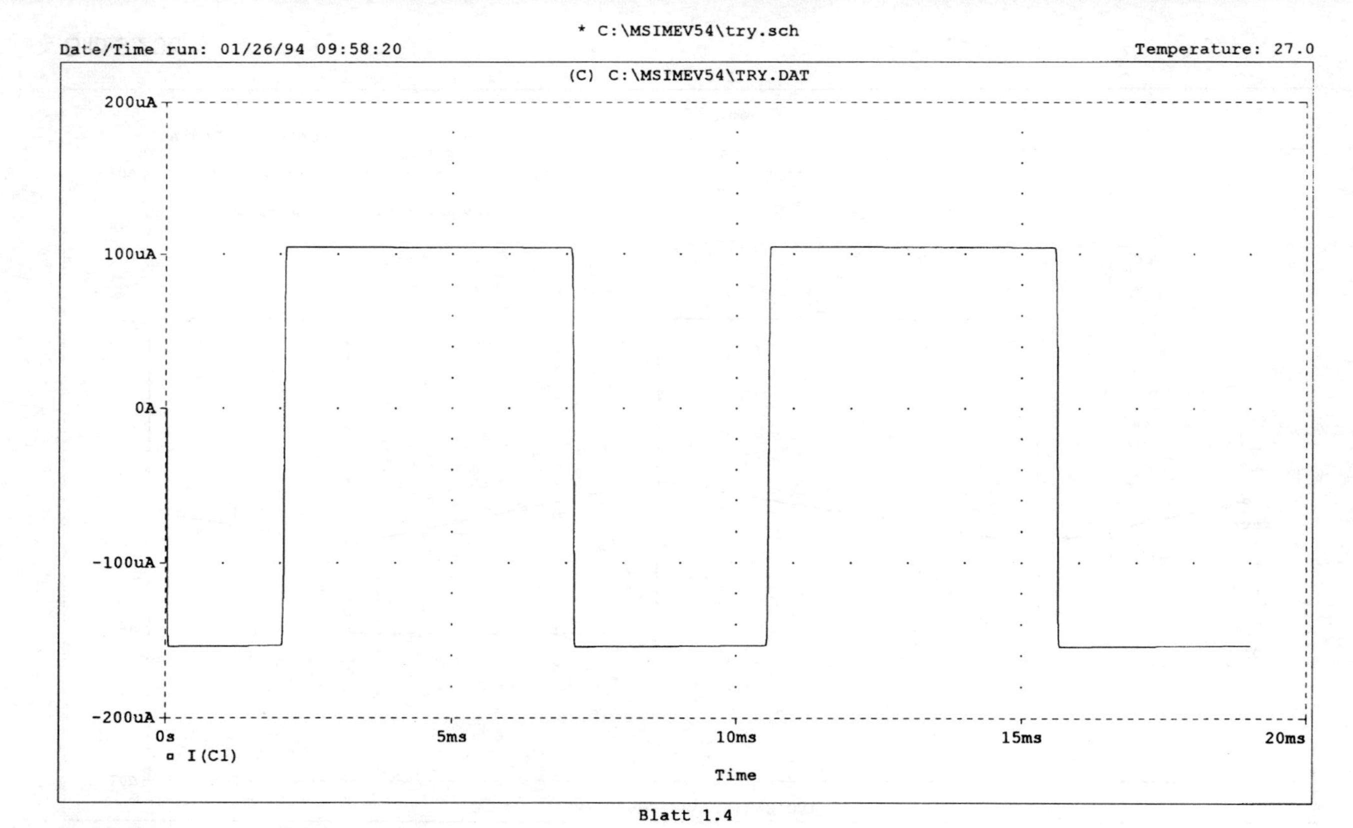
* C:\MSIMEV54\try.sch
Date/Time run: 01/26/94 09:58:20
Temperature: 27.0
(C) C:\MSIMEV54\TRY.DAT
200uA
100uA
0A
-100uA
-200uA
0s
5ms
10ms
15ms
20ms
I(C1)
Time
Blatt 1.4

Bild 9.22d

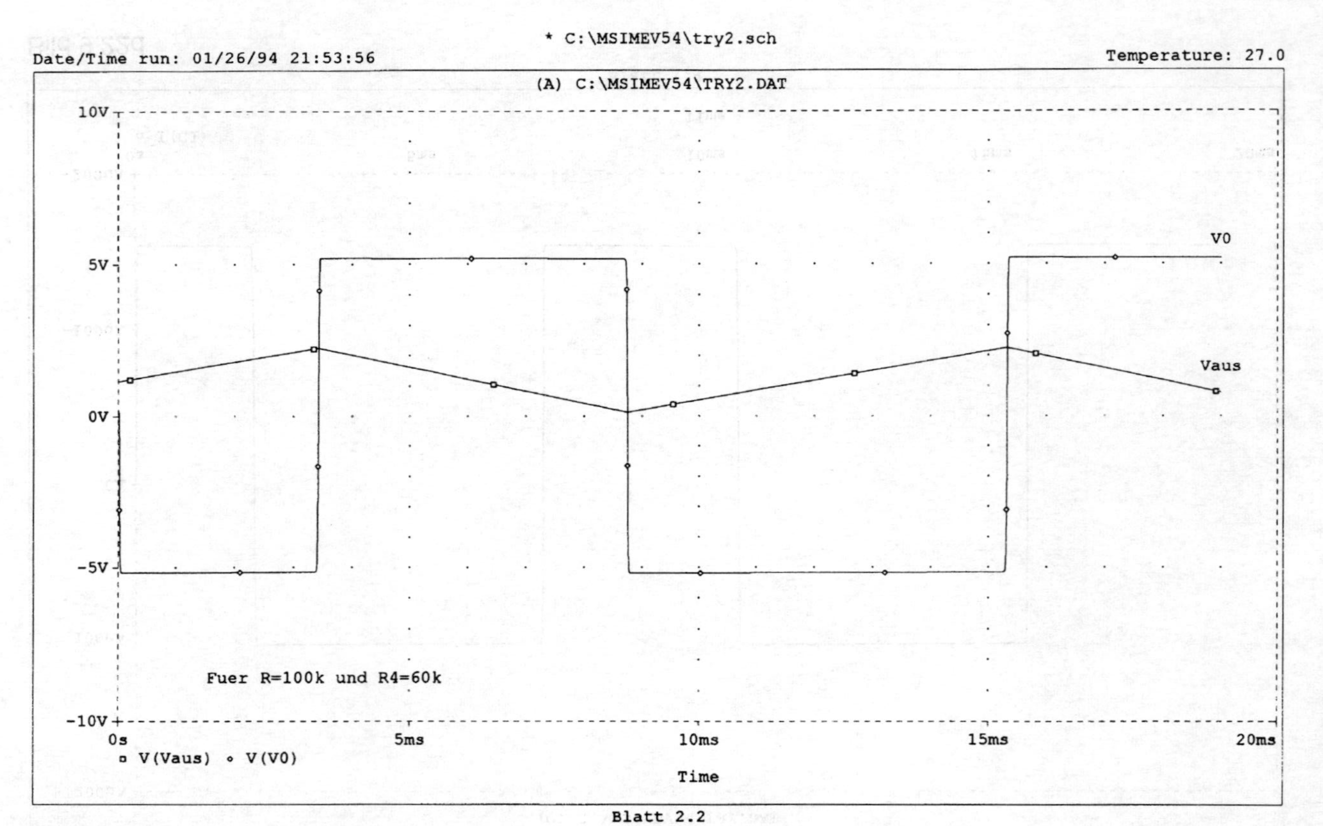
* C:\MSIMEV54\try2.sch
Date/Time run: 01/26/94 21:53:56
Temperature: 27.0
(A) C:\MSIMEV54\TRY2.DAT
10V
5V
0V
-5V
-10V
V0
Vaus
Fuer R=100k und R4=60k
0s
5ms
10ms
15ms
20ms
□ V(Vaus) ◇ V(V0)
Time
Blatt 2.2

Bild 9.23b

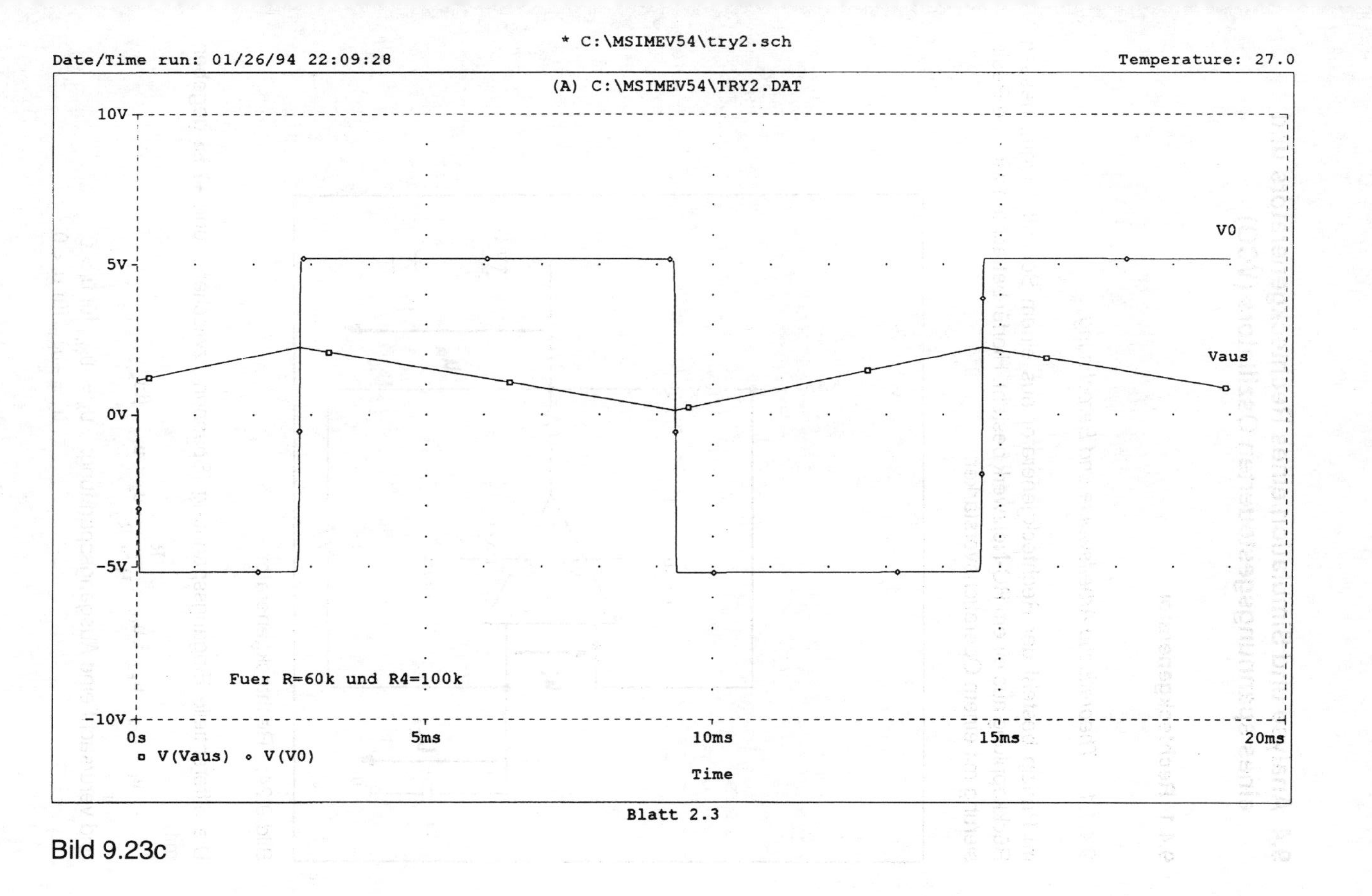
* C:\MSIMEV54\try2.sch
Date/Time run: 01/26/94 22:09:28
Temperature: 27.0
(A) C:\MSIMEV54\TRY2.DAT
10V
5V
0V
-5V
-10V
V0
Vaus
Fuer R=60k und R4=100k
0s
5ms
10ms
15ms
20ms
V(Vaus)
V(V0)
Time
Blatt 2.3

Bild 9.23c

9.4 Analyse und Simulation eines Rechteckgenerators und eines spannungsgesteuerten Oszillators (VCO)

9.4.1 Rechteckgenerator

9.4.1.1 Theoretische Arbeitsweise und Berechnung

Im Prinzip besteht der Rechteckgenerator aus einem Schmitt-Trigger, dessen Rückkopplung aus einem RC-Netzwerk besteht. Hierfür betrachten wir eine Realisierung mit einem Operationsverstärker.

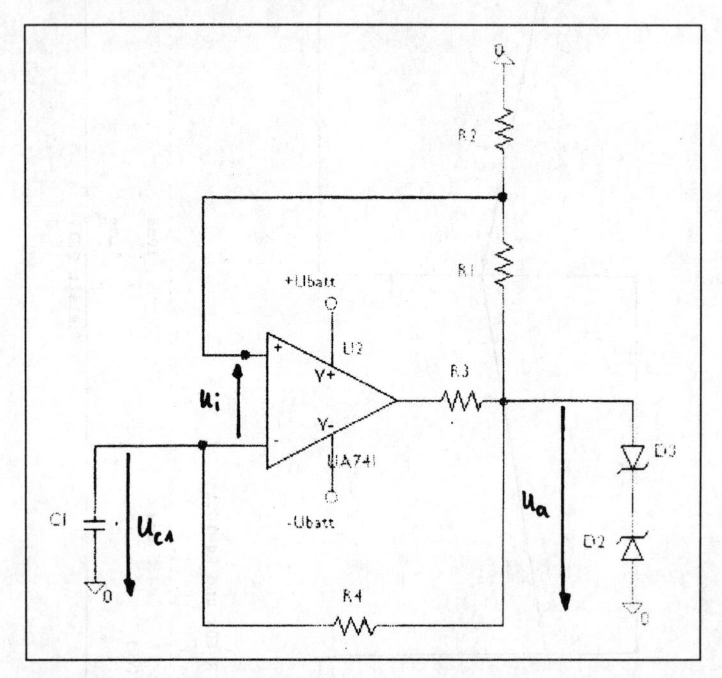

Bild 9.24: Rechteckgenerator

Die differentielle Eingangsspannung (Spannung zwischen - und +) ist gegeben mit:

$$u_i = u_{C1} - u_{R2} = u_{C1} - \frac{R_2}{R_1 + R_2} u_a = u_{C1} - \beta u_a$$

und verursacht eine Ausgangsspannung: $u_a = -u_{batt}$ für $u_i > 0$
$u_a = +u_{batt}$ für $u_i < 0$

wobei der ideale Operationsverstärker durch die Mitkopplung bis zur Speisespannung ausgesteuert wird (symmetrische Speisung vorrausgesetzt).

Der zeitabhängige Spannungsteiler aus R_4 und C_1 beeinflußt die Schaltvorgänge wie folgt:

Betrachten wir einen Zeitpunkt, zu dem $u_a = +u_{batt}$. Dadurch wird C_1 über R_4 in Richtung $+u_{batt}$ exponentiell aufgeladen. Am Ausgang bleibt $+u_{batt}$ solange bis $U_{C1} = \beta u_{batt}$ wird. Nun ist die obere Schaltschwelle des Schmitt-Triggers erreicht, und die Ausgangsspannung springt auf $-u_{batt}$. Jetzt wird der Kondensator in Richtung $-u_{batt}$ umgeladen. Wird $U_{C1} = -\beta u_{batt}$, dann ist die untere Schaltschwelle des Schmitt-Triggers erreicht, d.h. der OP liefert am Ausgang wieder $+u_{batt}$. Dies setzt sich nun periodisch fort; die Schaltung schwingt.

Das Anschwingen des Oszillators ist gewährleistet da die Verstärkung des OP nahezu undendlich (v = 100000) ist, und durch die phasenrichtige Rückkopplung (Mitkopplung) unterstützt wird, d.h. daß schon das thermische Rauschen die Schaltung anschwingen läßt.

Die Periodendauer der entstehenden Schwingung kann berechnet werden:
Ausgehend davon, daß der Kondensator auf $-\beta u_{batt}$ aufgeladen ist, lädt er sich gemäß

$$u_{C1}(t) = u_{batt}\left[1-(1+\beta)e^{-t/R_4C_1}\right]$$

auf und erreicht bei $t = \frac{T}{2}$ $U_c = +\beta u_{batt}$. Somit ergibt sich, wenn nach T aufgelöst wird

$$T = 2R_4C_1 \ln\frac{1+\beta}{1-\beta} = 2R_4C_1 \ln\left(1+\frac{2R_1}{R_2}\right)$$

Bemerkenswert ist hierbei, daß die Periodendauer unabhängig von der Speisespannung ist.

Dieser Rechteckgenerator ist für einen Frequenzbereich von 10Hz bis 10kHz geeignet. Bei höheren Frequenzen begrenzt die geringe Anstiegszeit der Ausgangsspannung des OP die Steilheit der Rechteckflanke. Die in Abb. 1 komplementär zugeschalteten Zener-Dioden bewirken eine Begrenzung der Ausgangsspannung je nach gewünschter Ausgangsamplitude. D2 begrenzt die positive Ausgangsspannung, D3 die negative Ausgangsspannung. R_3 wirkt dabei als Arbeitswiderstand für die Z-Dioden. Somit läßt sich eine amplituden-unsymmetrische Rechteckspannung erzeugen.

Um eine zeitlich-unsymmetrische Rechteckspannung zu erhalten sind einfache Modifikationen notwendig:
Der Rückkoppelwiderstand R_4 wird durch das Netzwerk nach Bild 9.25 ersetzt. Da die Diode D_1 nur bei positiver Ausgangsspannung leitet, und Diode D_2 für negative

Ausgangsspannungen, werden jeweils unterschiedliche Widerstände R_1 und R_2 in Reihe zu C_1 geschaltet und somit unterschiedliche Zeitkonstanten für positive und negative Halbwelle erzeugt. Die Spannung an der RC-Schaltung sinkt dabei jeweils um die Durchlaßspannung der Dioden (0.3-0.7V) ab. Da der Rückkopplungswiderstand proportional zur Periodendauer ist können die Widerstände auch durch Potentiometer ersetzt werden um den Generator schnell abzustimmen.

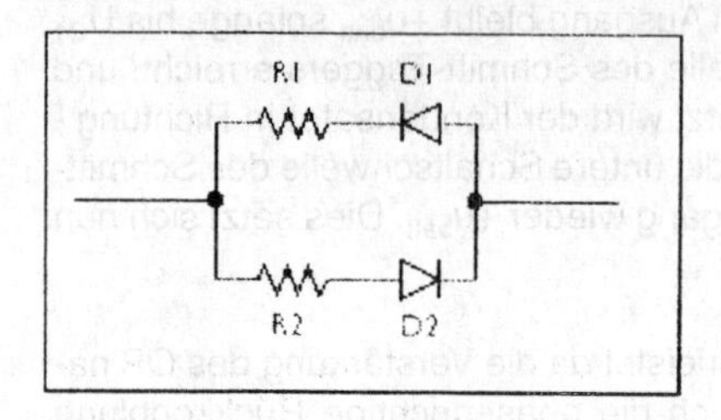

Bild 9.25: Erzeugung unsymmetrischer Rechteckspannungen durch modifiziertes Rückkoppelnetzwerk

Ein Vorteil dieser Methode ist die leichte Miniaturisierbarkeit der gesamten Schaltung.

Eine andere Methode zeitlich-unsymmetrische Rechteckspannungen zu erzeugen, ist die Parallelschaltung einer zusätzlichen Quelle parallel zum Kondensator, so daß sich die die Ladeströme jeweils erhöhen bzw. vermindern, was unterschiedliche Schaltzeiten zur Folge hat.

9.4.1.2 Simulation mit PSPICE

Als Anforderung an den Rechteckgenerator nach Bild 9.24 wurden zwei zur praktischen Simulation zwei Bedingungen gestellt:

- Frequenz des Ausgangssignals 1kHz
- Ausgangsamplitude begrenzt auf 5V (typischer TTL-Pegel)

Daraus können die Bauteilwerte der Beschaltung des OP berechnet werden:

- R1 und R2 werden zu je 200kΩ gewählt, da die Berechnung sich vereinfacht, und der Spannungsteiler den OP somit nur gering belastet.
- Damit wird $T = 2R_4C_1 1n3 = 1$ ms also $R_4C_1 = 455$ µs gewählt wurden: $C_1 =$ 100nF sowie R = 4.5kΩ. Dies sind gängige Bauteilwerte.
- In der Bibliothek ist OP µA741 schon implementiert.
- Die begrenzenden Zener-Dioden DIN750 haben eine Durchbruchspannung von 4.7V und eine Durchlaßspannung von 0.8V. Um eine Ausgangsspannung von 5V zu erreichen, wurde das Diodenmodell so verändert, daß sich eine Durchbruchspannung von 4.2V ergibt (Parameter Bv = 4.2 gesetzt)
- Der Arbeitswiderstand R_3 zur Arbeitspunkteinstellung der Z-Dioden wird niederohmig gewählt (5Ω), um den Teiler R_1-R_2 nicht zu beeinflussen.
- Die Betriebsspannung wird symmetrisch mit 15V angelegt.

Da das Anschwingen der Schaltung in der Realität durch das thermische Rauschen geschieht, Spice dies aber nicht berücksichtigt, wird dem Kondensator eine Anfangsbedingung (Initial Condition) zugewiesen. Hierbei ist die Anfangsspannung 5V gewählt worden.

Als Analyseart wurde eine Transientenanalyse gewählt. Um 5 Perioden darzustellen, muß Spice von 0ms bis 5ms rechnen. Das Ergebnis wird in Probe dargestellt. Damit ergibt sich folgendes cir-File:

```
* Schematics Version 5.4a - July 1993
* Sun Dec 19 15:13:06 1993
* C: \WINDOWS\MSIMEV54\kbl.sch
* Rechteckgenerator 1kHz Pegel 5V von Kariem Yehia
* Schematics Netlist *

X_U2    $N_0002 $N_0003 +Ubatt -Ubatt $N_0001 UA741
V_V1    +Ubatt 0 dc 15
V_V2    -Ubatt 0 dc -15
R_R1    $N_0004 $N_0002 200k
R_R2    $N_0002 0 200k
R_R4    $N_0003 $N_0004 4.5k
C_C1    0 $N_0003 100n IC=5     *Anfangsbedingung U=5V
D_D2    0 $N_0005 DlN750
D_D3    $N_0004 $N_0005 DlN750
R_R3    $N_0001 $N_0004 5

** Analysis setup **
.tran 100ns 5ms UIC   *UIC=Use Initial Conditions
.OP
. probe
.END
```

9.4.1.3 Diskussion der Ergebnisse

Mit Hilfe von Probe wurde die Ausgangsspannung, die Kondensatorspannung und die Anstiegsflanke des Rechtecksignals untersucht (siehe nachfolgende Seite).

Man erkennt, daß die Ausgangsspannung (nach Begrenzung durch die Z-Dioden) V(D3:1) die geforderten Werte erfüllt. Es tritt lediglich eine Abweichung von 1 % auf. Dies ist auf die Arbeitspunktwahl der Zener-Dioden zurückzuführen, da eine Diode die Durchbruchspannung (Sperrichtung) und die andere die Durchlaßspannung (Durchlaßrichtung) liefert.

Anhand der Plots läßt sich die Periodendauer der Schwingung mit Hilfe der Cursor-Funktion von Probe ermitteln. Der eingeschwungene Zustand ist spätestens

nach einer Periode erreicht, danach ergibt sich eine Periodendauer von 1.04ms bzw. eine Frequenz von 970 Hz. Dies entspricht einer Abweichung von den gewünschten 1kHz um 3 %.
Die Ursache dafür liegt hauptsächlich an der geringen Anstiegszeit (slew rate) des OP. Bei einer Auflösung der Anstiegsflanke des Rechtecksignals (siehe nachfolgende Seite, unteres Diagramm) ergibt sich eine Slew Rate von 0.48V/µs; dieser Wert wird auch im Datenblatt des OP µA741 angegeben (0.5V/µs).
Operationsverstärker mit mehrstufiger Architektur sind hier vorzuziehen, da diese Slew Rates von mehr als 50V/µS aufweisen; dies würde eine maximale Rechteckfrequenz von 1MHz nach dieser Schaltung ermöglichen. Noch bessere Daten lassen sich mit einzelnen Bipolartransistoren erreichen.
Eine untergeordnete Rolle bei der Frequenzabweichung spielt die Rundung des Widerstands R_4 auf einen ganzzahligen Wert, sowie die Ladungsspeicherung der Z-Dioden. In der Praxis können diese Abweichungen durch den Abgleich des R_4 via Oszilloskop minimiert werden.

Abschließend wurde eine Untersuchung hinsichtlich der Belastungsmöglichkeit des Oszillators vorgenommen. Dabei wurde die Stufe mit einem ohmschen Widerstand, der Spice als Parameter übergeben wurde, simuliert. Dabei war die Ausgangsamplitude und die Frequenz der Oszillatorspannung von Interesse. Nach einer Abschätzungssimulation erwies sich der Bereich um $R_L = 100\Omega$ als kritischer Bereich, welcher genauer simuliert wurde. Die Ergebnisse sind auf Seite 6 graphisch dargestellt. Daraus ergibt sich ein minimaler Lastwiderstand von $R_L = 170\Omega$ um die Forderungen an Amplitude und Frequenz noch zu erfüllen. Eine Anpassung an niederohmigere Stufen sollte also mittels eines Impedanzwandlers erfolgen.

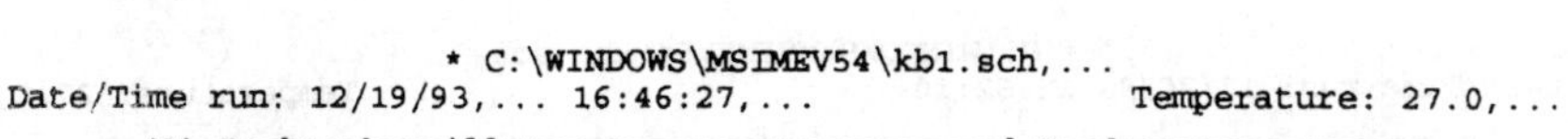
* C:\WINDOWS\MSIMEV54\kb1.sch,...
Date/Time run: 12/19/93,... 16:46:27,...
Temperature: 27.0,...

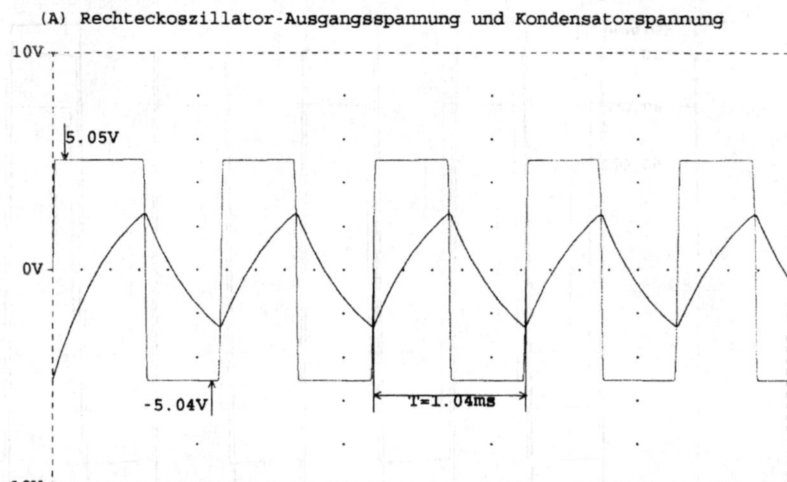
(A) Rechteckoszillator-Ausgangsspannung und Kondensatorspannung
10V
5.05V
0V
-5.04V
T=1.04ms
-10V
0s
1.0ms
2.0ms
3.0ms
4.0ms
5.0ms
V(D3:1)
V(C1:2)
Time

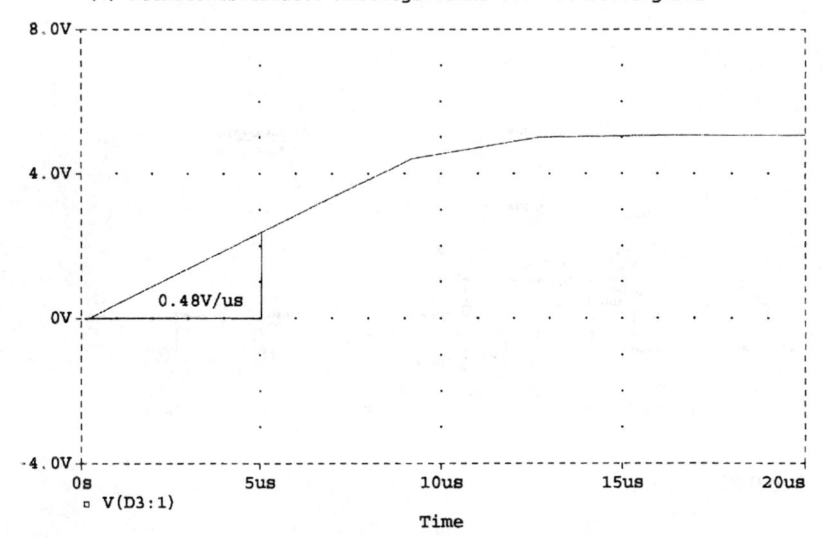
(B) Rechteckoszillator-Anstiegsflanke des Rechtecksignals
8.0V
4.0V
0V
0.48V/us
-4.0V
0s
5us
10us
15us
20us
V(D3:1)
Time
Date: December 20, 1993
Page 1
Time: 15:48:45

Bild 9.26

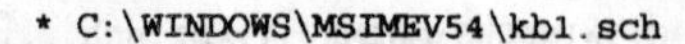
* C:\WINDOWS\MSIMEV54\kb1.sch

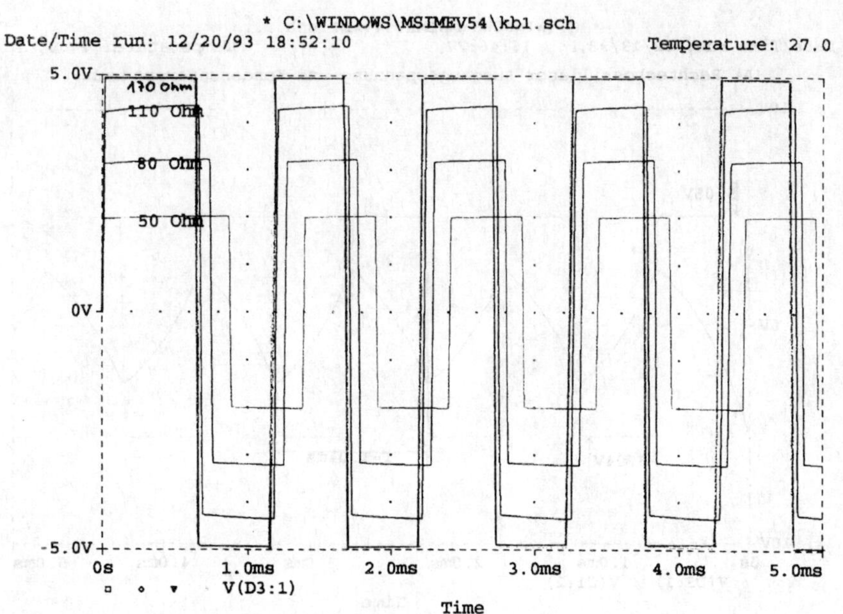
Date/Time run: 12/20/93 18:52:10
Temperature: 27.0
5.0V
170 Ohm
110 Ohm
80 Ohm
50 Ohm
0V
-5.0V
0s
1.0ms
2.0ms
3.0ms
4.0ms
5.0ms
V(D3:1)
Time

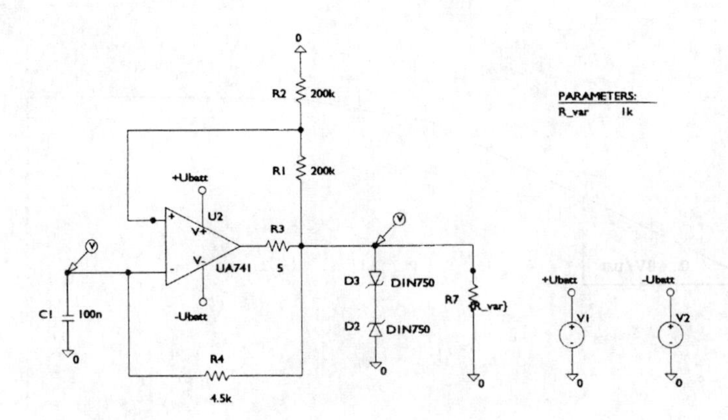
R2
200k
PARAMETERS:
R_var
1k
R1
200k
+Ubatt
U2
V+
V-
UA741
R3
5
D3
DIN750
D2
DIN750
R7
{R_var}
C1
100n
-Ubatt
R4
4.5k
V1
V2

Bild 9.27

9.4.2 Spannungsgesteuerter Oszillator (Voltage Controlled Oscillator)

9.4.2.1 Theoretische Arbeitsweise und Berechnung

Bei einem spannungsgesteuerten Oszillator handelt es sich um einen Oszillator, dessen Schwingungsfrequenz durch eine Steuerspannung moduliert werden kann. Im vorliegenden Fall kann der Schaltung sowohl eine Rechteckspannung, als auch eine Dreieckspannung entnommen werden.

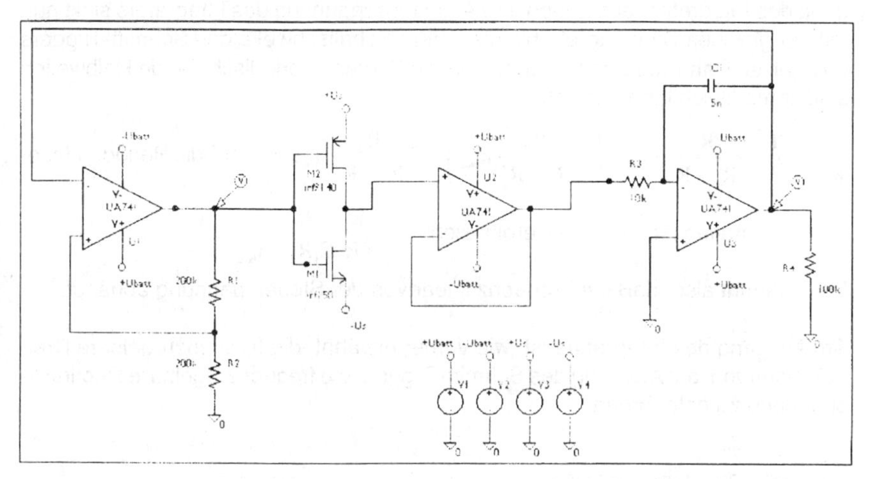

Bild 9.28: Spannungsgesteuerter Oszillator

In Bild 9.28 ist die zu untersuchende Schaltung dargestellt. Sie läßt sich in vier Teil-Stufen zerlegen:

1. OP U1 ist als Schmitt-Trigger beschaltet. Seine Ausgangsspannung erreicht maxi $\pm u_{batt}$. Der Spannungsteiler wurde der Einfachheit halber symmetrisch dimensioniert.
2. Dem Schmitt-Trigger folgt ein CMOS-Inverter bestehend aus zwei MOS-Fet vom Anreicherungstyp sowie zwei Gleichspannungsquellen. Diese Quellen sind die Steuerspannungen zur Frequenzregelung.
3. OP U2 dient lediglich als Impedanzwandler (nicht-invertierender Verstärker), um der nachfolgenden Stufe einen geringen Ausgangswiderstand vorzuschalten.
4. OP U3 ist als Integrator beschaltet, d.h. eine am Eingang liegende Gleichspannung verursacht eine ansteigende Ausgangsspannung. Diese Spannung wird auf den Schmitt-Trigger zurückgekoppelt.

Zum Verständnis der Funktionsweise nehmen wir an, am Ausgang des Schmitt-Triggers sei die maximale Spannung, also u_{batt} · u_{batt} sei hierbei größer als die

Steuerspannung u_S. Dann ist M1 in Sättigung und am Ausgang des Inverters liegt $-u_S$. Der Integrator liefert somit eine ansteigende Spannung mit der Anstiegszeit $\frac{u_S}{R_4C_1}$ (maximal jedoch auf 0.5V/µs durch den Operationsverstärker begrenzt.)

Die Ausgangsspannung des Integrators steigt solange an, bis die obere Schaltschwelle des Schmitt-Triggers erreicht ist. Danach liegt am Ausgang des Schmitt-Triggers $-u_{batt}$, was FET M2 veranlaßt, in Sättigung zu gehen und $+u_S$ an den Eingang des Integrators anzulegen. Die Ausgangsspannung des Integrators sinkt nun mit der gleichen Steigung ab, bis die untere Schaltschwelle des Schmitt-Triggers erreicht ist. Dann wiederholt sich der ganze Vorgang periodisch. Beide Halbwellen sind somit gleich lang, also gilt:

$\frac{u_S}{R_4C_1}\cdot\frac{T}{2}=\frac{R_2}{R_1+R_2}u_{batt}-\left(-\frac{R_2}{R_1+R_2}u_{batt}\right)=2\frac{R_2}{R_1+R_2}u_{batt}$ wobei T die Periodendauer der Schwingung ist. Mit f= 1/T ergibt sich: $f=\frac{R_1+R_2}{4R_4C_1R_2}\cdot\frac{u_S}{u_{batt}}$.

Man erkennt also, daß die Frequenz linear von der Steuerspannung abhängt.

Am Ausgang des Integrators ist, wie vorher erwähnt, die frequenzregelbare Dreieckspannung, am Ausgang des Schmitt-Triggers die frequenzregelbare Rechteckspannung zu entnehmen.

9.4.2.2 Simulation mit PSpice

Bei der Dimensionierung der Schaltung wurden folgende Überlegungen zu Grunde gelegt: Die Frequenzabhängigkeit

$$f=\underbrace{\frac{R_1+R_2}{4R_4C_1R_2}}_{f_0}\cdot\frac{u_S}{u_{batt}}$$ enthält die Grundfrequenz $f_0=\frac{R_1+R_2}{4R_4C_1R_2}$,

welche für $u_s = u_{batt}$ erreicht wird. Sie ist die maximal mögliche Frequenz des Oszillators, und wird zu f_0 = 10kHz gewählt. Man kann die Frequenz somit von 0 bis 10kHz abstimmen.
Als Bauteilwerte wurden gewählt: $R_1 = R_2$ = 200kW und R_4 = 10kW, C_1 =5nF.
Der Lastwiderstand R_4 des Integrators mußte eingebaut werden, um die Ausgangsspannung des Integrators zu messen. Der Widerstand wurde hochohmig gewählt, um den OP nicht zu stark zu belasten (R_4 = 100kΩ).
Die beiden MOS-Fet wurden aus der Spice-Bibliothek direkt übernommen. Da diese als Schalter arbeiten, ist keine weitere Beschaltung notwendig.

Die Schaltung nach Bild 9.28 wurde eingegeben. daraus ergibt sich folgendes .cir File:

```
* Schematics Netlist *
* C:\WINDOWS\MSIMEV54\kb2.sch
* Schematics Version 5.4a - July 1993
* VCO Pegel 15V Grundfrequenz 10kHz
* Thu Dec 23 17:53:27 1993

X_U1    $N_0002 $N_0003 +Ubatt -Ubatt $N_0001 UA741
V_V1    +Ubatt 0 dc 15
V_V2    -Ubatt 0 dc -15

R_R1    $N_0004 $N_0002 200k
R_R2    $N_0002 0 200k
R_R3    $N_0001 $N_0004 5
M_M1    $N_0005 $N_0004 -Us -Us IRF150
M_M2    $N_0005 $N_0004 +Us +Us IRF9140
X_U2    $N_0005 $N_0006 +Ubatt -Ubatt $N_0006 UA741
X_U3    0 $N_0007 +Ubatt -Ubatt $N_0003 UA741
R_R4    $N_0006 $N_0007 10k
C_C1    $N_0007 $N_0003 5n IC=-8
V_V3    +Us 0 dc 1.5
V_V4    -Us 0 dc -1.5
R_R5    0 $N_0003 100k

** Analysis setup **
.tran 100us 5ms UIC
.OP
.probe
.END
```

Die Analyse wurde zunächst für $u_s = \pm$ 1.5V durchgeführt. Mit Probe wurden die sich ergebenden Schwingungen dargestellt (siehe Seite 10).
Um die Linearität der Frequenzabhängigkeit nachzuprüfen, wurden für verschiedene Steuerspannungen die Schwingungsfrequenzen abgelesen. Zweckmäßig war hierbei die Messung der Periodendauern der Dreieckspannungen, um Flankenanstiegszeiten der Rechteckspannungen zu vermeiden.

9.4.2.3 Diskussion der Ergebnisse

Der Grundoszillator wurde mit 10kHz dimensioniert. Bei $u_s = \pm$ 1.5V würde er theoretisch auf 1kHz schwingen. Aus Bild 9.29 der nachfolgenden Seite entnimmt man eine Frequenz von 900Hz. Dies entspricht einer theoretischen Abweichung von 10 %.

Für diese Abweichung gibt es drei Gründe:

- Der Oszillator erreicht bei u_s = 15V nicht die theoretisch möglichen 10kHz. Dies liegt wiederum an der geringen Anstiegszeit der Ausgangsspannung des OP, und
- die Linearität des VCO ist nur in einem geringen Frequenz/Spannungs-Intervall gewährleistet.
- Der Inverter wurde nur idealisiert betrachtet, besonders im Bereich um u_s = 15V ist er ausschlaggebend für die Nichtlinearität.

Aus Bild 9.30 der nachfolgenden Seite erkennt man, daß die Linearität nur in einem Bereich von 0.2V bis 3V gegeben ist (0 - 1.5kHz). Diese Information ist besonders dann wichtig, wenn der VCO als FM-Modulator arbeiten soll, da im nichtlinearen Bereich ansonsten Verzerrungen auftreten.
Häufiger wird der VCO jedoch in PLL-Schaltungen eingesetzt, bei denen die Linearität des VCO keine sehr große Rolle spielt.
Vorteilhaft bei dieser Schaltung ist die Möglichkeit, Dreieck- und Rechteck-Signale gleichzeitig zu entnehmen.

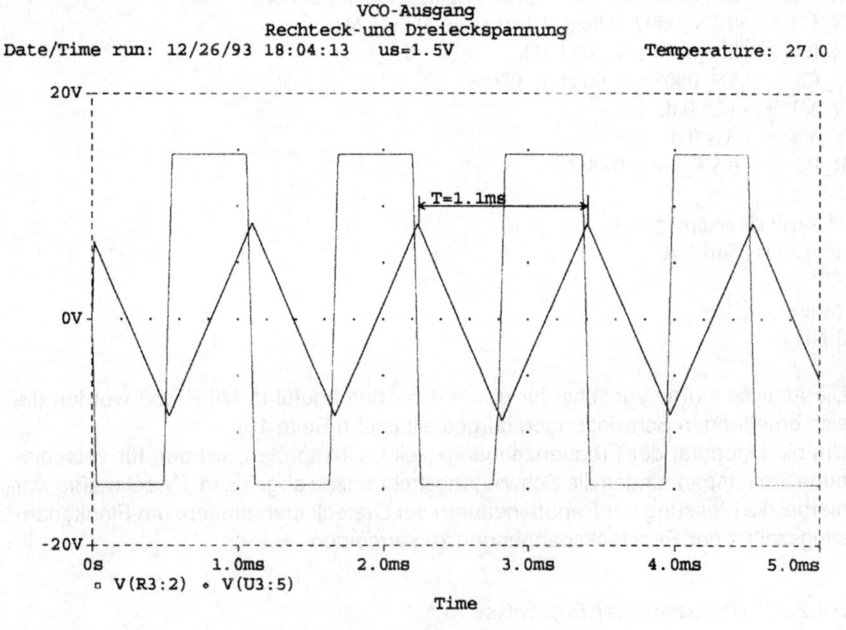

Bild 9.29: Ausgangsspannungen des VCO bei u_s=±1.5V

Die Amplitude der Rechteckspannung bleibt im linearen Bereich immer bei 14V, hingegen ist die Amplitude der Dreieckspannung ca. 8.5V, also höher als die theoretischen 7V, bei denen der Schmitt-Trigger umschaltet. Dies liegt daran, daß während der Schaltvorgänge von Schmitt-Trigger und Inverter, die Ausgangsspannung des Integrators noch weiter ansteigt, bis die Umschaltung den Integrator zwingt, die Spannung abzusenken.

Bezüglich der Belastungsfähigkeit der Schaltung ergeben sich ähnliche Ergebnisse, wie beim Rechteckgenerator, daher wird auf eine Auswertung hier verzichtet.

Abschließend ist zu sagen, daß diese Schaltung nur in einem geringen Frequenz-/Spannungsintervall linear arbeitet, und wie beim Rechteckgenerator, auch nur in einem niederen Frequenzbereich, da die OP's nur geringe Anstiegszeiten haben. Bessere VCO-Schaltungen müßten mit diskreten Bipolartransistoren realisiert werden.

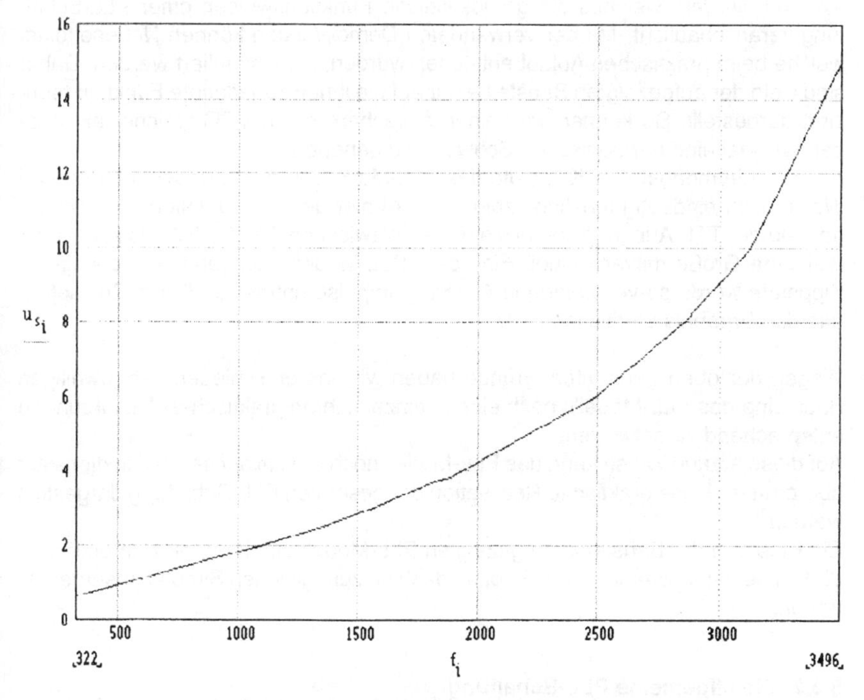

Bild 9.30: Steuerungsspannung u_s über der Oszillatorfrequenz

9.5 Entwurf & Simulation einer PLL-Schaltung

9.5.1 Einleitung

Um die Funktionweise einer PLL-Schaltung zu veranschaulichen, wurde die folgende Schaltung mit Hilfe der Demo-Version des Netzwerkanalyseprogrammes „PSpice" entworfen und simuliert. Hierbei machten uns die Restriktionen der Demo-Version (Knotenanzahl, Anzahl der Bauelemente im Schematics-Editor, u.s.w) in beinahe allen Aufbauten eine Simulation unmöglich. Große Probleme stellen immer wieder die mitgekoppelten Operationsverstärker (Schmitt-Trigger, VCO, Komparatoren wegen der Spannungsbegrenzung am Ausgang) dar, da sie nicht durch ideale OP-Amps zu ersetzen sind. Außerdem kann die Demo-Version maximal 2 reale Operationsverstärker in eine Schaltung einbinden.

Aus diesen Gründen kann die entworfene Schaltung nur als ein PLL-Modell verstanden werden, welches die grundsätzliche Funktionsweisen einer PLL-Schaltung veranschaulicht. Mit der verwendeten Demo-Version können Nebeneffekte, welche beim praktischen Ablauf entstehen würden, nicht simuliert werden. Daher sind viele der aufgezeigten Bausteine nur auf die ihnen zugedachte Funktion reduziert dargestellt. So kennen wir keinen einfachen realen VCO welcher als Ausgangssignal eine harmonischen Schwingung generiert.
Auch ist die monostabile Kippstufe des PLL-Modells in der angegebenen Art und Weise nicht eindeutig funktionsfähig. So wird hier der nicht definierte Bereich innerhalb der TTL-Ausgangskennlinie (Bereich zwischen 0.8 V & 2V) als konstante, definierte Größe mitverwendet. Eine dem PLL-Modell nachgebaute monostabile Kippstufe würde so verschiedene Ausgangsimpulse unterschiedlicher Zeit liefern und das Ergebnis verfälschen.

Wegen der oben genannten Gründe haben wir uns entschieden, die jeweiligen Bausteine des PLL-Modells noch einmal einzeln, ihren praktischen Ausführungen entsprechend zu entwerfen.
Auf diese Art und Weise kann das PLL-Modell noch einmal auf seine Funktionalität überprüft und eine praktische Realisation der gesamten PLL-Schaltung dargestellt werden.
Ein Ersetzen der Bausteine im gezeigten PLL-Modell durch die einzeln erklärten, dürfte in einer Vollversion von „PSpice" deshalb zum gleichen Simulationsergebnis führen.

9.5.2 Die allgemeine PLL-Schaltung

Die vorliegende PLL-Schaltung (Phase-Locked Loop) wird hauptsächlich innerhalb der Nachrichtentechnik für die Phasensynchronisation von Frequenzen verwendet. Hierbei wird die Phasenverschiebung zwischen einer Oszillatorfrequenz

(Ausgangsfrequenz fa) und einer Bezugsfrequenz (Eingangsfrequenz f1) ausgeregelt. Die Oszillatorfrequenz kann dabei auch ein Vielfaches der Bezugsfrequenz betragen.

Anwendungsgebiete sind dementsprechend:

1. FM-Demodulation
2. Takt- und Trägerrückgewinnung innerhalb der Datenübertragung
3. Frequenzteiler, Synthesizer oder verstimmbare Filter u.s.w.

Grundsätzlich besteht jede PLL-Schaltung, wenn auch in unterschiedlicher Anordnung, aus folgenden Bausteinen.

- Phasendetektor
- Regler
- VCO (Voltage Controlled Oscillator)
- teilweise auch Frequenzteiler

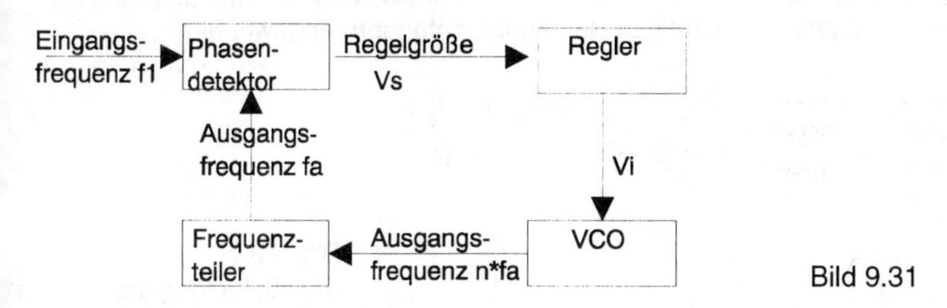

Bild 9.31

Die entsprechenden Bausteine können nun wiederum in unterschiedlicher Art und Weise realisiert werden. So kann zum Beispiel ein Phasendetektor mit einem Abtast-Halte-Glied (Sample & Hold), einer Komparatorschaltung oder einem Multiplizierer aufgebaut werden.

9.5.3 Anwendungen von PLL-Schaltungen

9.5.3.1 PLL-Schaltung als Frequenzdemodulator

Die PLL-Schaltung als Frequenzdemodulator ist als Blockschaltbild in Bild 9.32 abgebildet. Die Ausgangsspannung U_A der Schaltung wird hierbei nach dem Verstärker abgegriffen. Sie ist proportional zur Frequenzänderung Δf der Eingangsspannung U_E:

$$U_A \sim \Delta f(U_E)$$

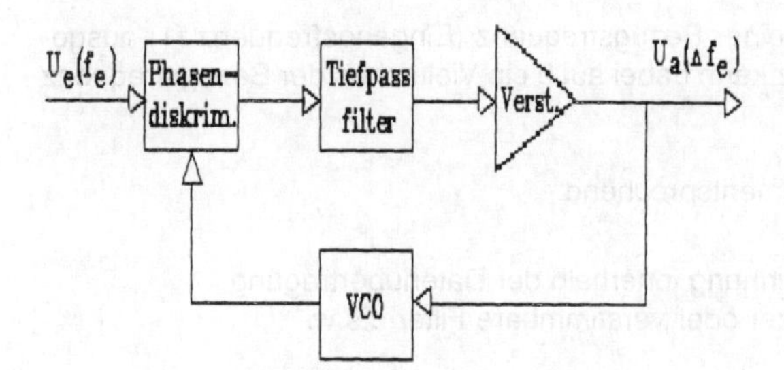

Bild 9.32:
PLL-Schaltung als Frequenzmodulator

9.5.3.2 PLL-Schaltung als schmalbandiges Filter

Bei der Verwendung eines PLL-Kreises als schmalbandiges Filter, wie in Bild 9.33 dargestellt, wird die Ausgangesspannung nach dem VCO abgegriffen. Da der VCO nur eine Spannung mit einer ganz bestimmten Frequenz f_o abgibt, wird er dazu verwendet aus dem Frequenzgemisch der Eingangsspannung, nur den die Frequenz f_o enthaltenden Anteil herauszufiltern. Diese Art von Filter wird aufgrund der hohen Trennschärfe sehr häufig in Rundfunkempfängern angewendet.

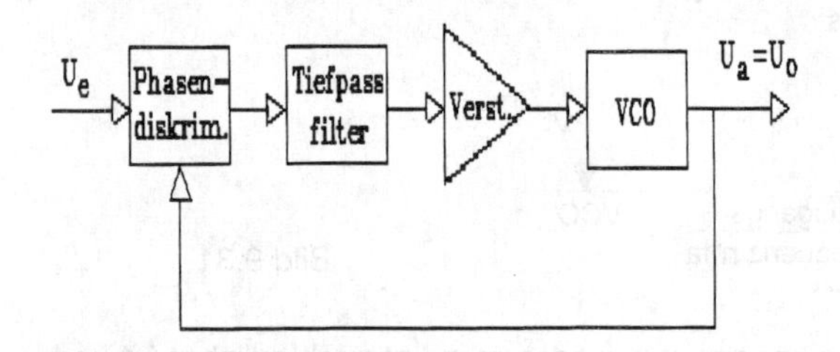

Bild 9.33:
PLL-Schaltung als schmalbandiges Filter

9.5.3.3 PLL-Schaltung als Frequenzvervielfacher

Eine sehr wichtige Anwendung ist der Einsatz als Frequenzvervielfacher wie in Bild 9.34 dargestellt. Hierbei wurde in die Rückkopplungsschleife zusätzlich ein Frequenzteiler eingefügt. Da über die Rückkopplungeschleife nur der n-te Teil der VCO-Frequenz f_o an den Phasendiskriminator gelangt, spricht die PLL-Schaltung nur auf eine Eingangsspannung an, deren Frequenz der n-te Teil der VCO-Frequenz ist. Somit ergibt sich für die Frequenz der Ausgangsspannung :

$$f_a = n \cdot f_e$$

9.4.4 Fangbereich, Synchronisationsbereich

9.4.4.1 Der Fangbereich

Der Fangbereich stellt den Frequenzbereich dar, in dem der PLL einrasten kann. Liegt eine Spannung am VCO, die eine größere Frequenz erzeugen würde, so

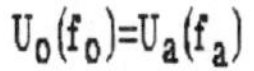

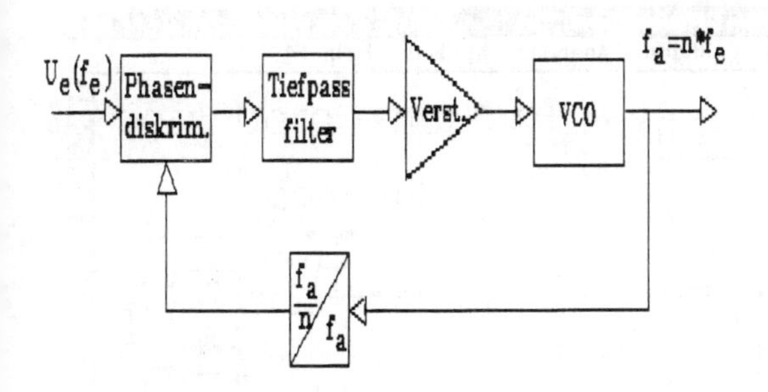

Bild 9.34:
PLL-Kreis als
Frequenzvervielfacher

kann keine Proportionalität zwischen der Eingangsspannung und der Frequenz des Ausgangssignals erreicht werden. Nach dem erfolgreichen Einfangen der Frequenz kann die Auegangsfrequenz innerhalb des größeren Synchronisationsbereiches verändert (gewobbelt) werden. Der Fangbereich stellt den Arbeitsbereich des PLLs dar (siehe auch Bild 9.35).

9.4.4.2 Der Synchronisationsbereich

Der Synchronisationsbereich, auch Haltebereich genannt, ist bestimmt durch den Frequenzbereich Δf_H in dem der PLL schwingen kann. In diesem Bereich ist die Schaltung statisch stabil. Nur innerhalb des Synchronisationsbereiches kann die Frequenz mittels der Eingangsspannung linear verändert werden.

Indirekt wird der Synchronisationebereich begrenzt durch die Phasendifferenz $\varphi_e - \varphi_a \mid \leq \frac{\Pi}{2}$. Außerhalb dieses Bereiches ist keine Abhängigkeit zwischen der Eingangsspannung und der Ausgangsfrequenz herstellbar.

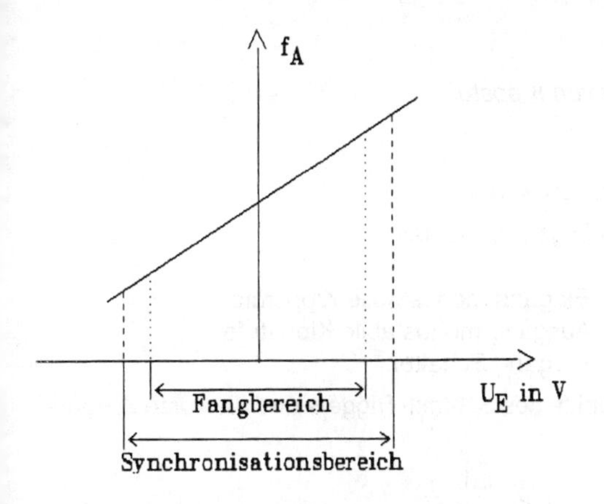

Bild 9.35:
Fang- und Synchronisationesbereich in Abhängigkeit von der Eingangsspannung

9.5.5 Das PLL-Modell

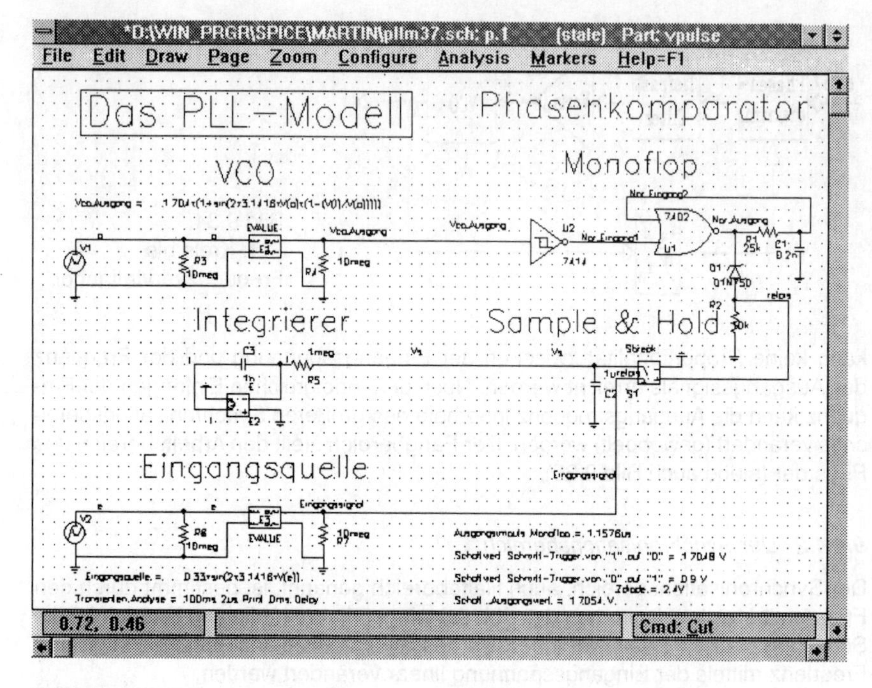

Bild 9.36:

9.5.6 Simulation und graphische Darstellung der Ausregelung von Störungen

9.5.6.1 Signale an der monostabilen Kippstufe

: 12.75ms < t < 13.85ms -2V < U < 4V

Nor_Eingang = Digitales Display

V(VCO_Ausgang) = Eingang monostabile Kippstufe
V(Nor_Ausgang) = Ausgang monostabile Kippstufe
V(relais) = Eingang Schalter

Schön zu sehen sind die Schaltpunkte des Schmitt-Triggers und die kurze Zeitdauer des Abtastimpulses.

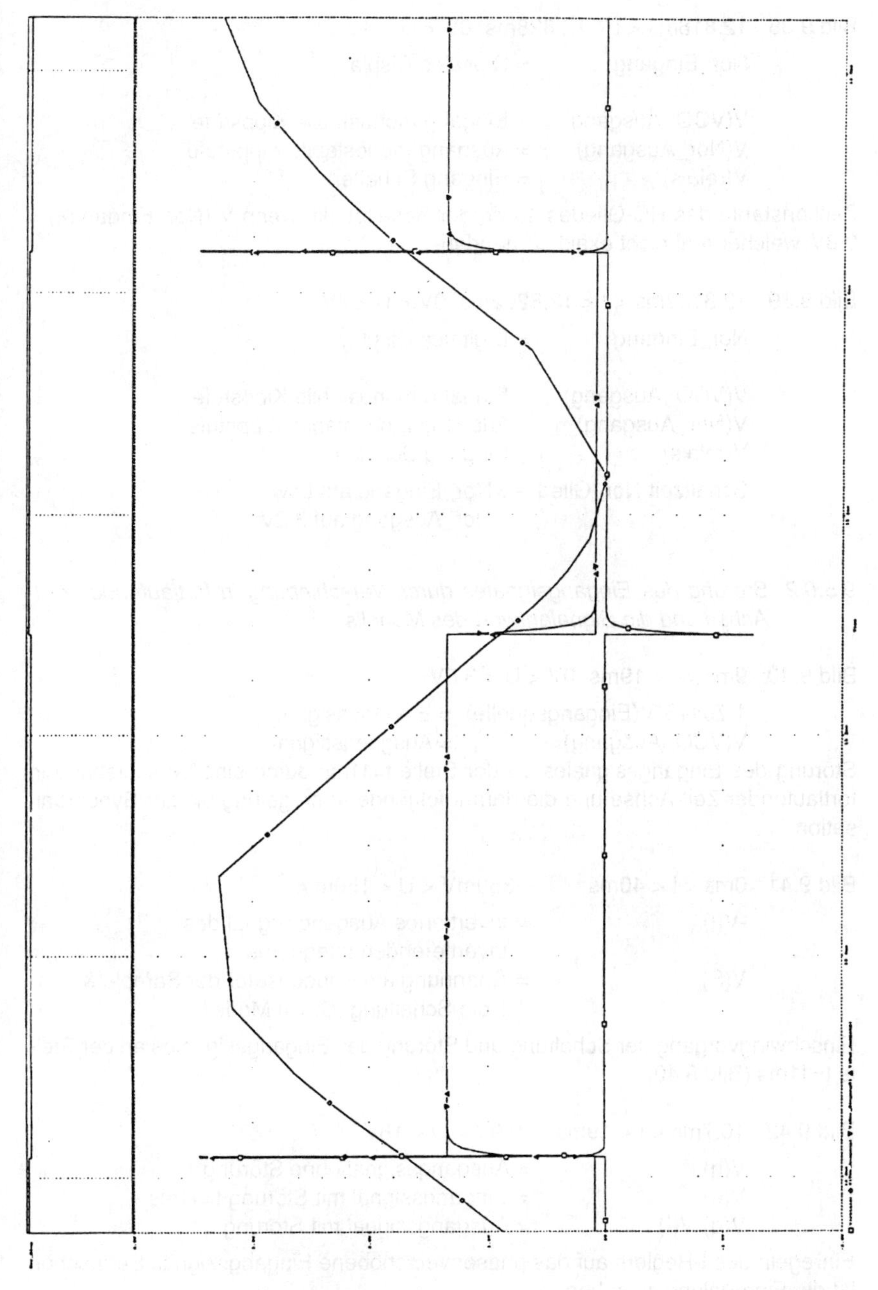

Bild 9.37

Bild 9.38: 12.818ms < t < 12.828ms 0V < U < 4V

Nor_Eingang = Digitales Display

V(VCO_Ausgang) = Eingang monostabile Kippstufe
V(Nor_Ausgang) = Ausgang monostabile Kippstufe
V(relais) = Eingang Schalter

Zeitkonstante des RC-Gliedes sowie der Schaltpunkt, wenn V (Nor_Eingang2) = 0.8V, welcher real nicht exakt vorhanden.

Bild 9.39: 12.8182ms < t < 12.8202ms 0V < U < 4V

Nor_Eingang = Digitales Display

V(VCO_Ausgang) = Eingang monostabile Kippstufe
V(Nor_Ausgang) = Ausgang monostabile Kippstufe
V(relais) = Eingang Schalter

Schaltzeit Nor_Glied —>Nor_Eingang auf Low
Nor_Ausgang auf 3.2V

9.5.6.2 Störung des Eingangsignales durch Verschiebung in fortlaufender Zeit-Achse und die Signalantwort des Modells.

Bild 9.40: 9ms < t < 19ms 0V < U < 3.5V

1.704+5*V(Eingangsquelle) = Eingangssignal
V(VCO_Ausgang) = Ausgangssignal

Störung des Eingangssignales an der Stelle t=11ms durch eine Verschiebung in fortlaufender Zeit-Achse und die darauf folgende Ausregelung bis zur Synchronisation.

Bild 9.41: 0ms < t < 40ms -350mV < U < 150mV

-V(I) = invertiertes Ausgangssignal des invertierenden Integrieres
V(S) = Spannung am Kondensator der Sample & Hold Schaltung (C2 im Modell)

Einschwingvorgang der Schaltung und Störung des Eingangssignales an der Stelle t=11ms (Bild 9.40).

Bild 9.42: 10.7ms < t < 19ms 9.9V < U < 18V

V(q) = Ausgangssignal ohne Störung
V(e) = Eingangssignal mit Störung t=11ms
V(q)-V(I) = Ausgangssignal mit Störung

Einregeln des I-Reglers auf das phasenverschobene Eingangssignal. Sehr schön ist die Einregelung zu sehen.

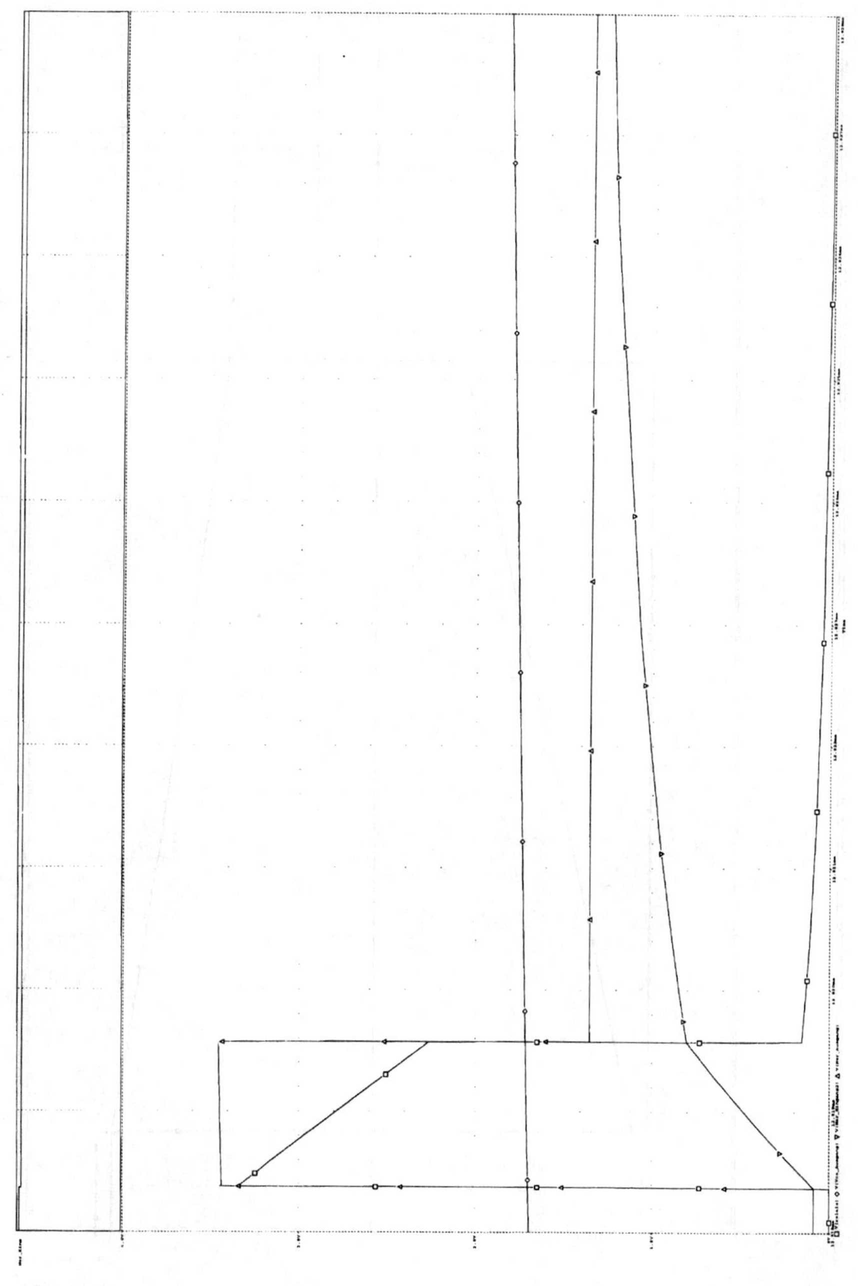

Bild 9.38

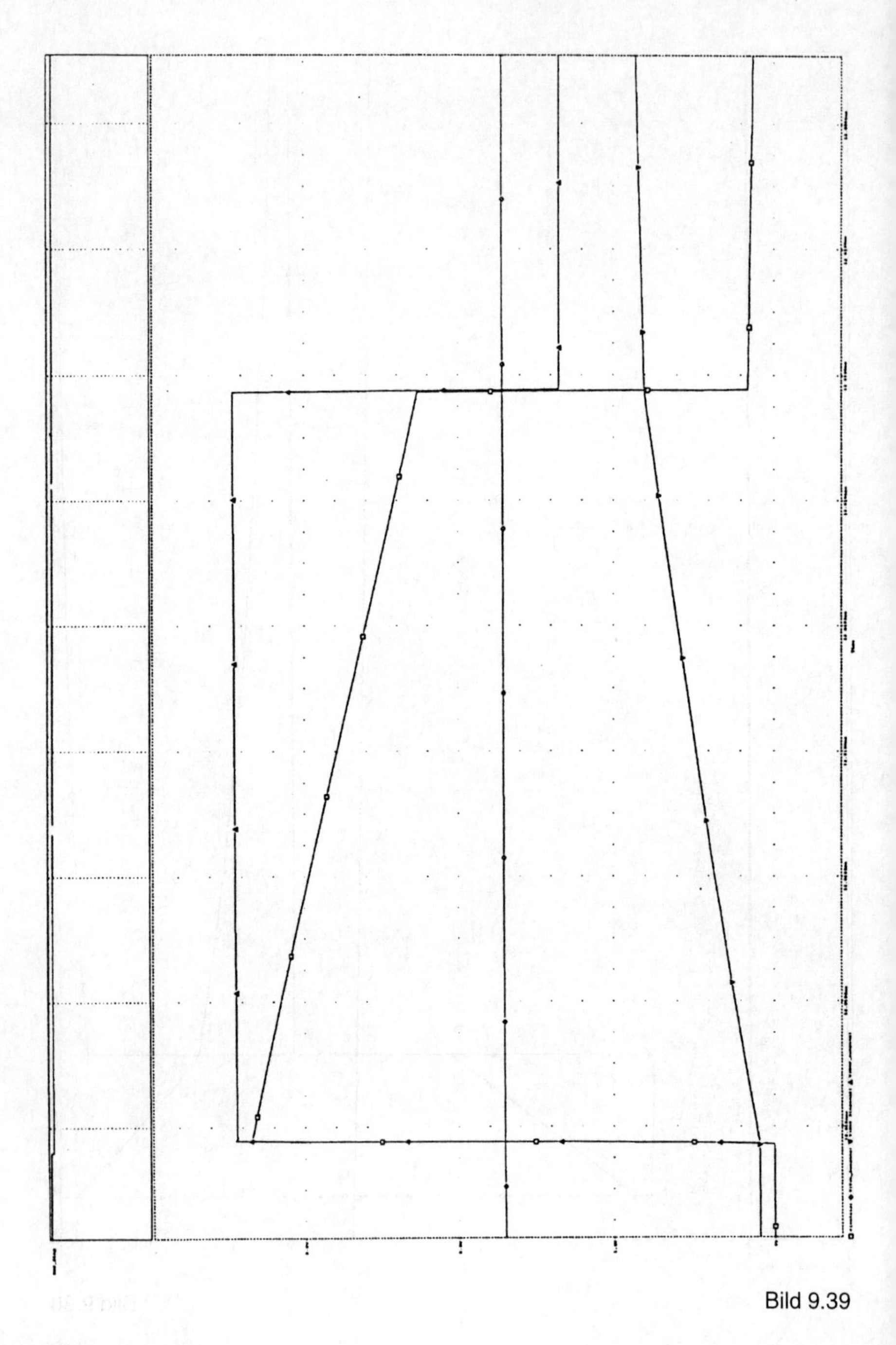

Bild 9.39

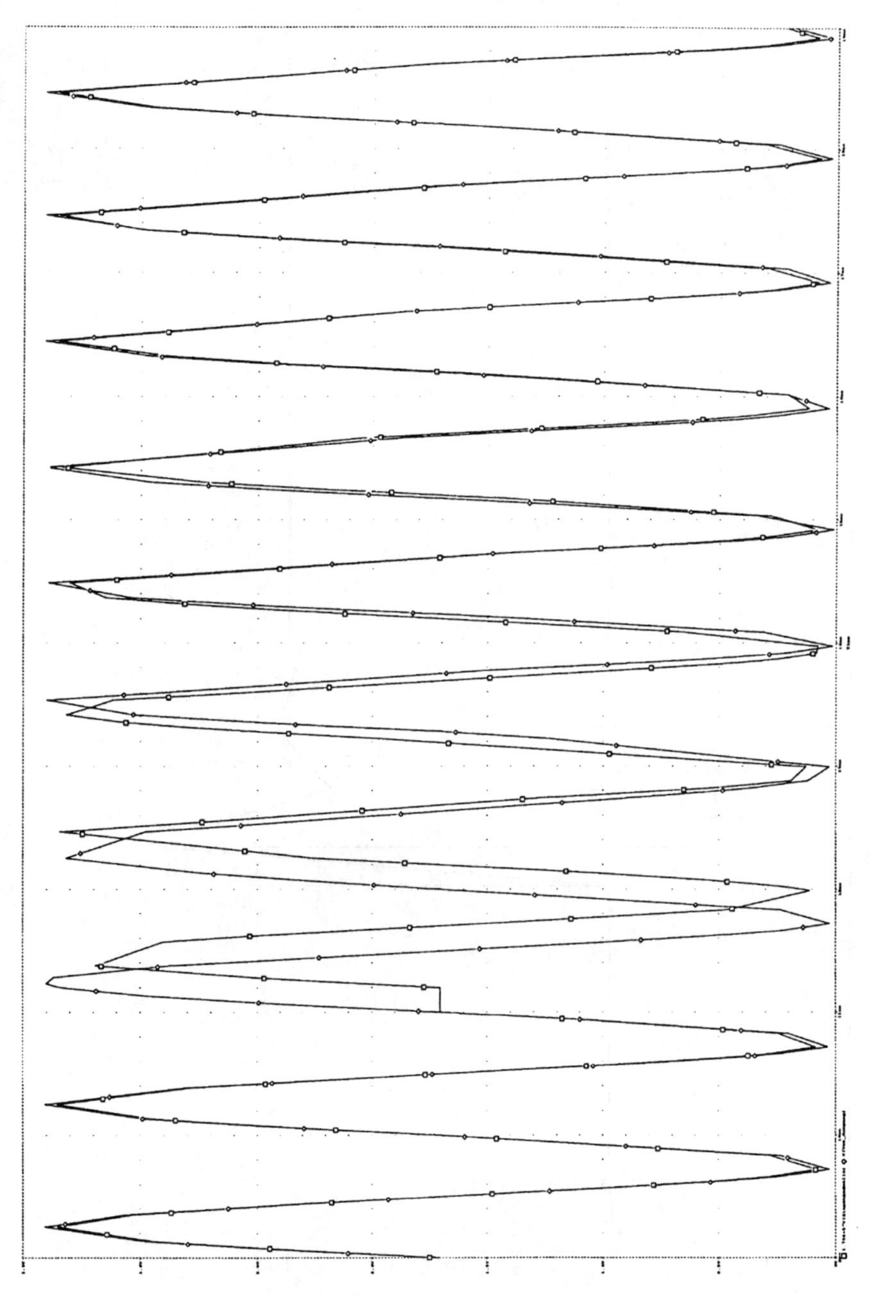

Bild 9.40

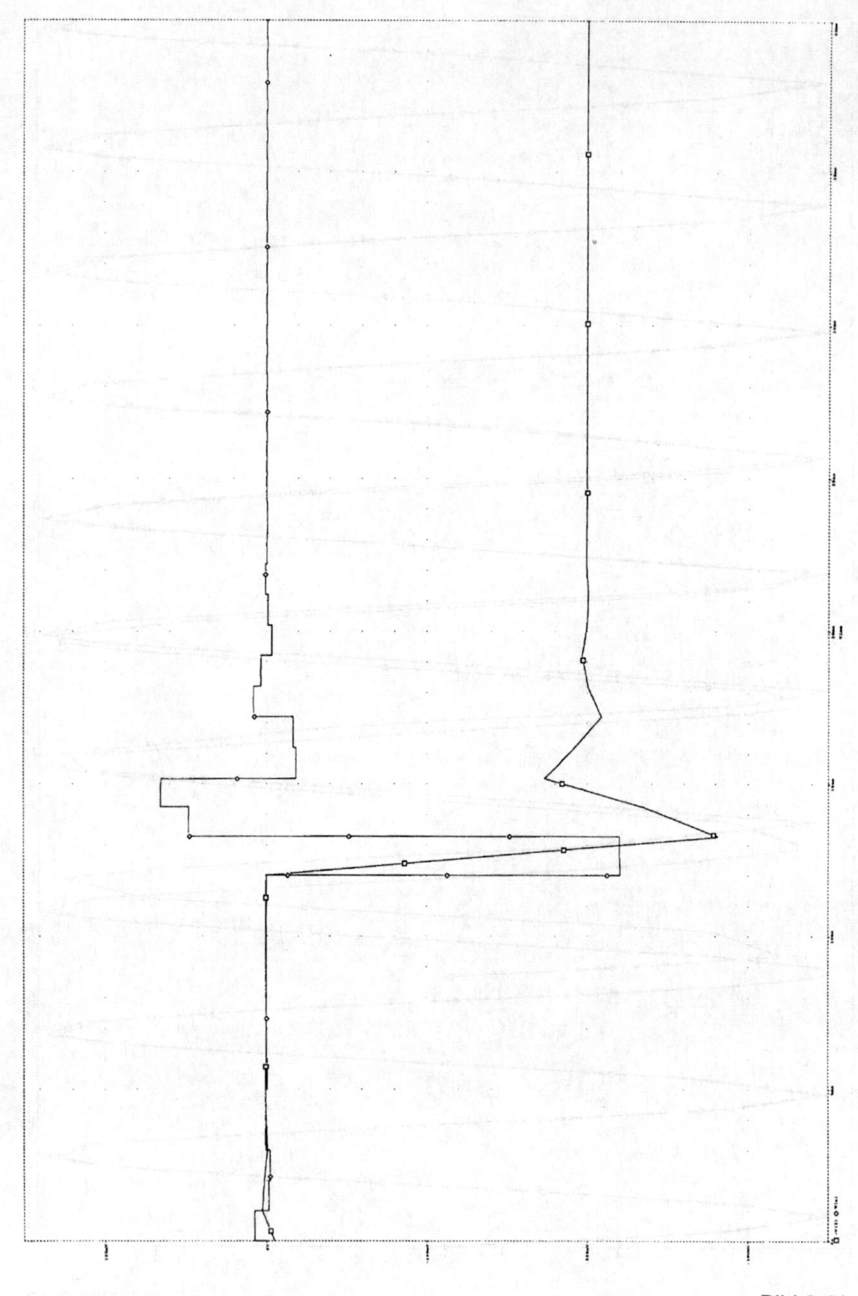

Bild 9.41

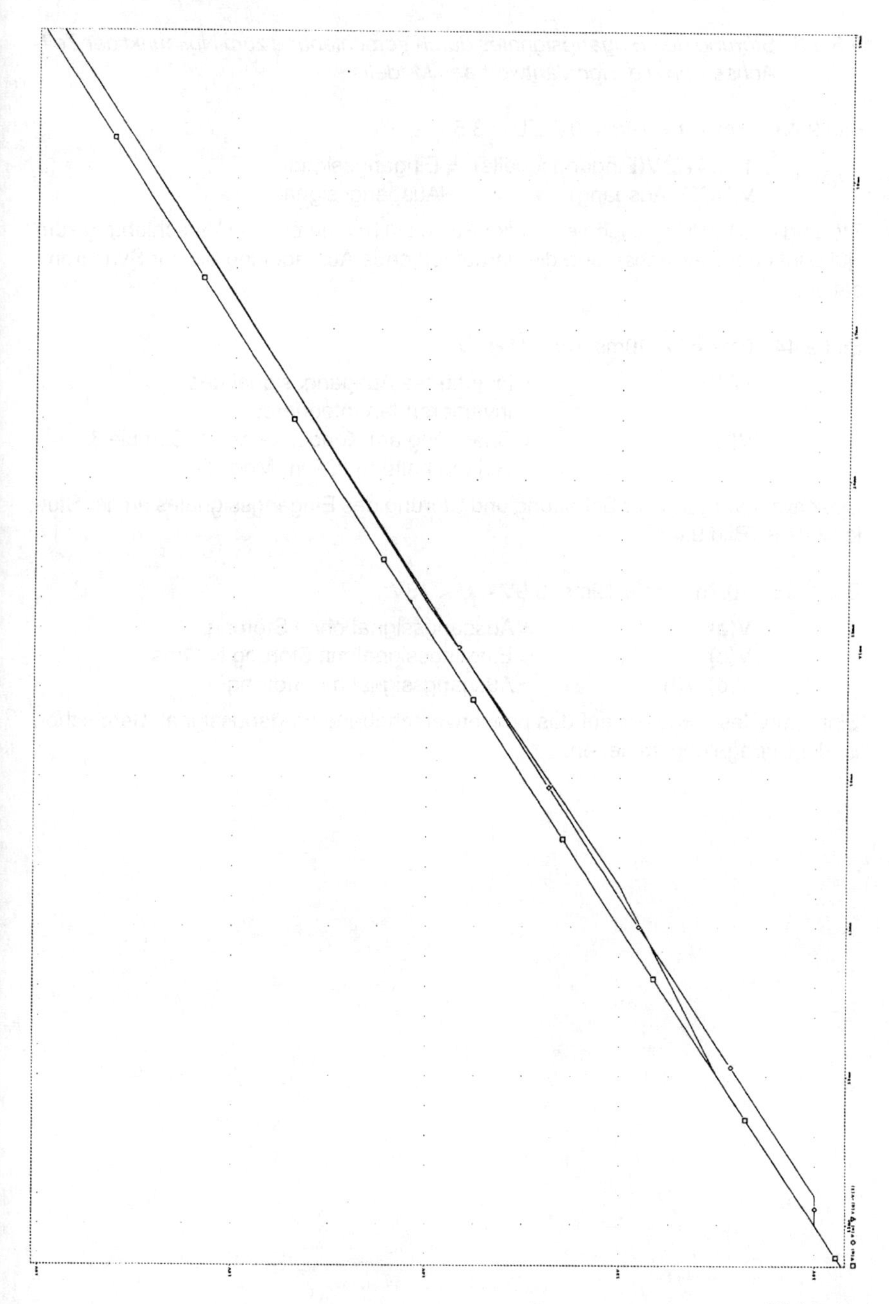

Bild 9.42

9.5.6.3 Störung des Eingangsignales durch Verschiebung zum Nullpunkt der Zeit-Achse und die Signalantwort des Modells.

Bild 9.43: 9ms < t < 19ms 0V < U < 3.5V

1.704+5*V(Eingangsquelle) = Eingangssignal
V(VCO_Ausgang) = Ausgangssignal

Störung des Eingangssignales an der Stelle t=11ms durch eine Verschiebung zum Nullpunkt der Zeit-Achse und die darauf folgende Ausregelung bis zur Synchronisation.

Bild 9.44: 0ms < t < 40ms 0V < U < 4V

-V(I) = invertiertes Ausgangssignal des invertierenden Integrieres
V(S) = Spannung am Kondensator der Sample & Hold Schaltung (C2 im Modell)

Einschwingvorgang der Schaltung und Störung des Eingangssignales an der Stelle t=11ms (Bild 9.43).

Bild 9.45: 10.7ms < t < 19ms 9.9V < U < 18V

V(q) = Ausgangssignal ohne Störung
V(e) = Eingangssignal mit Störung t=11ms
V(q)-V(I) = Ausgangssignal mit Störung

Einregeln des I-Reglers auf das phasenverschobene Eingangssignal. Sehr schön ist die Einregelung zu sehen.

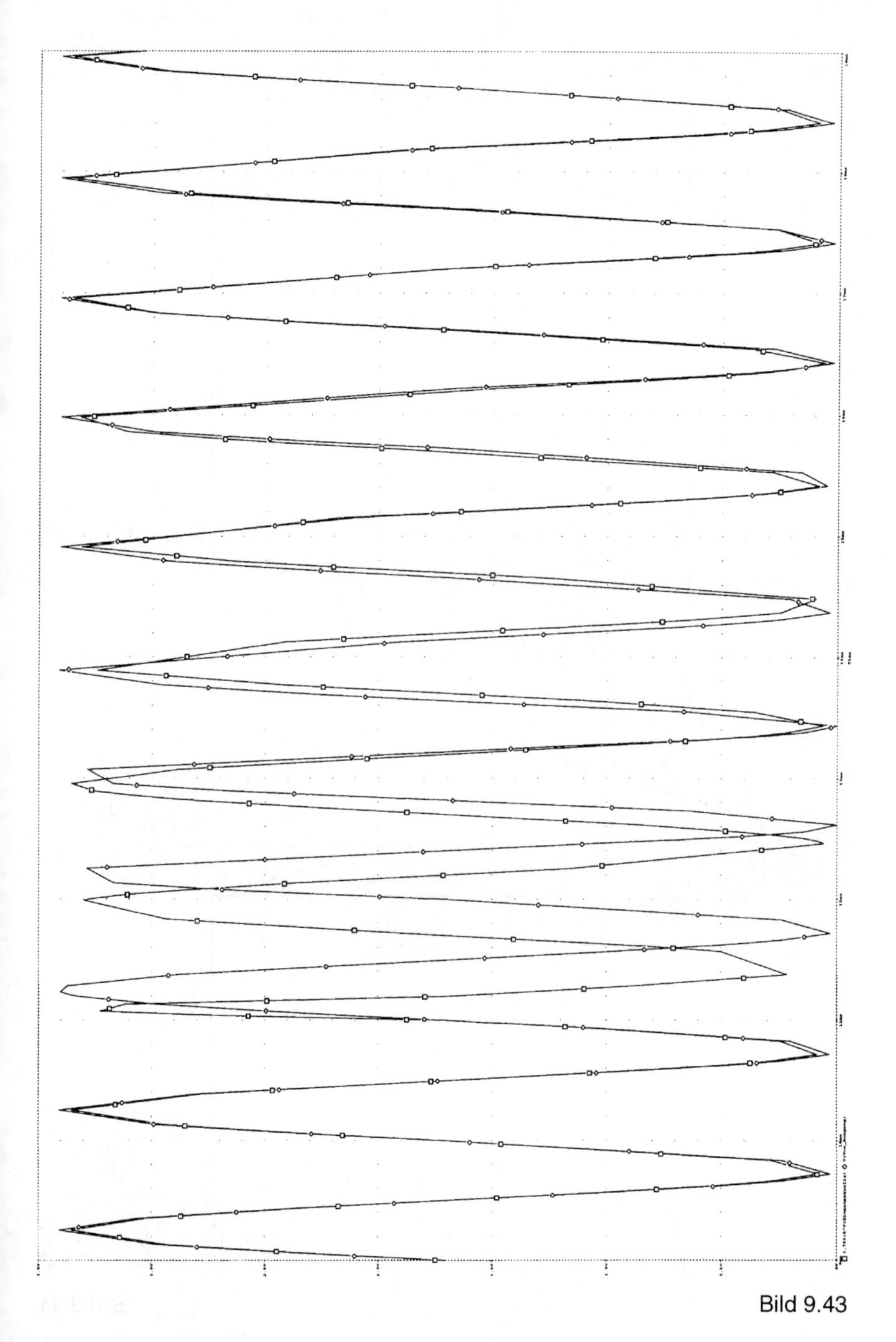

Bild 9.43

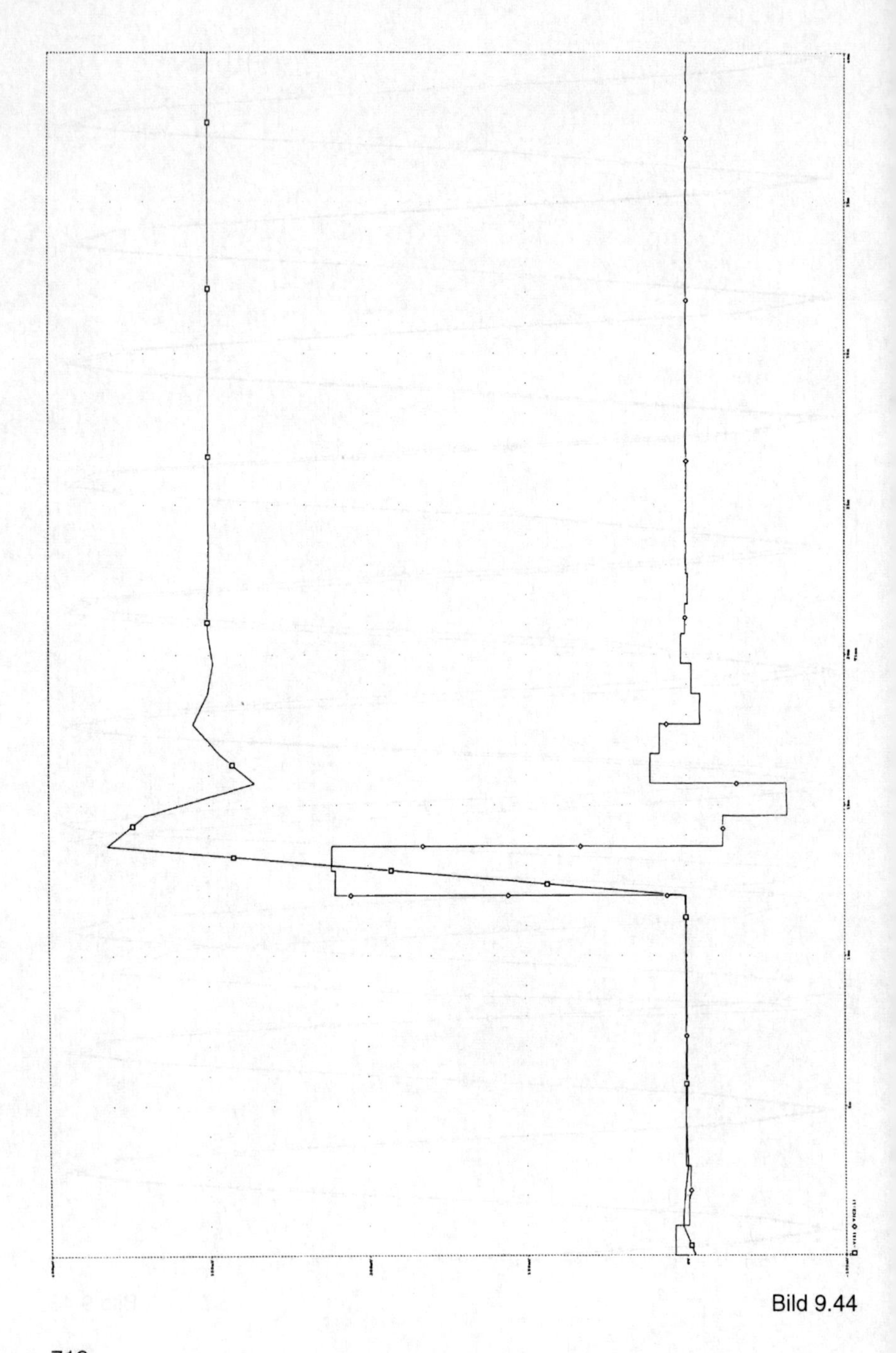

Bild 9.44

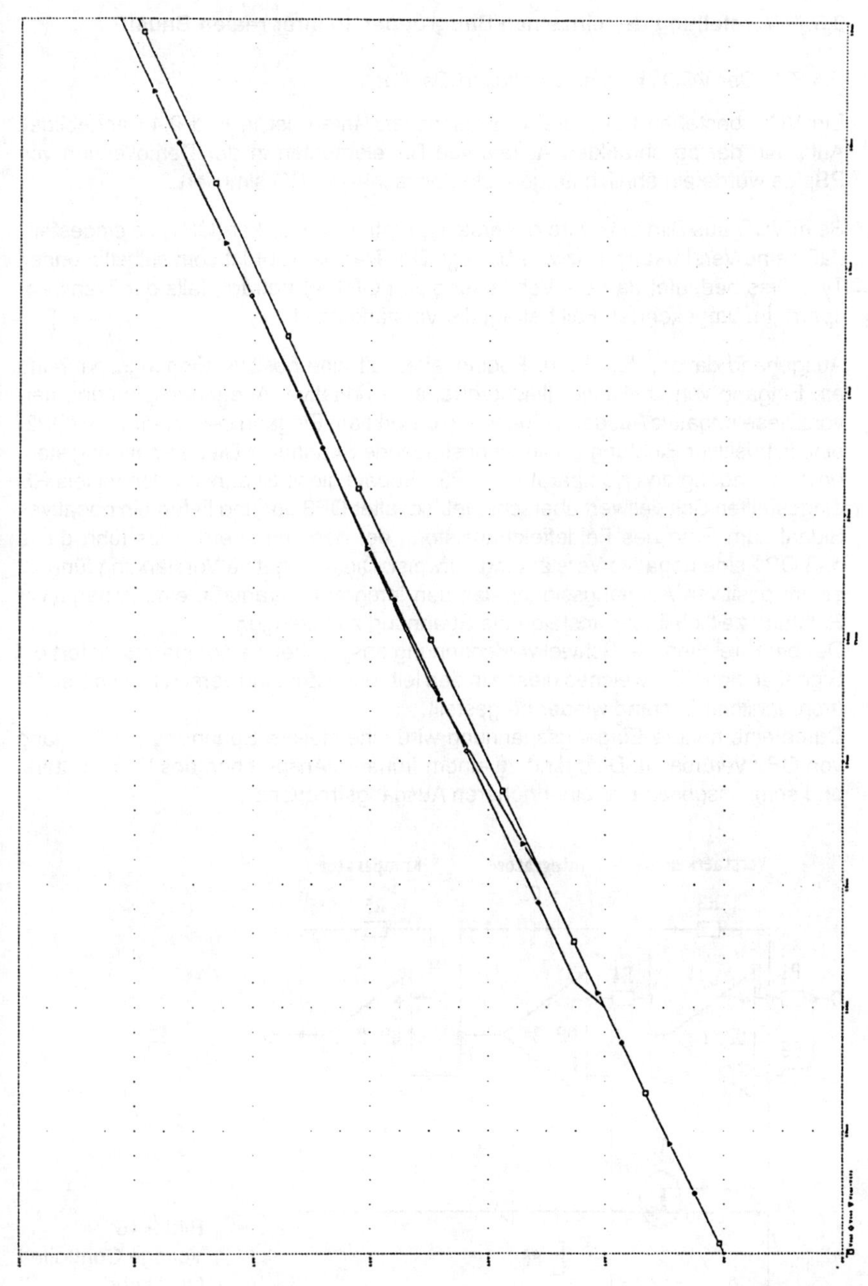

Bild 9.45

9.5.7 Vorstellung der einzelnen Baugruppen in ihrer realen Bauart

9.5.7.1 Der VCO (Voltage Controlled Oscillator)

Ein VCO bestehend aus drei Operationsverstärkern ist in Bild 9.46 abgebildet. Aufgrund der beschränkten Anzahl von Bauelementen in der Demoversion von PSpice wurde ein ähnlich aufgebauter, einfacherer VCO simuliert.

Beim VCO aus Bild 9.46 wird der erste Operationsverstärker (OP1) so eingestellt, daß seine Verstärkung 1 bzw. -1 beträgt. Der Transistor T1 ist vom selbstleitenden Typ. Dies bedeutet daß die Verstärkung von OP1 +1 beträgt, falls der Transistor sperrt. Im umgekehrten Fall beträgt die Verstärkung -1.

Ausgehend davon, daß T1 zu Beginn leitet ruft eine positive Eingangsspannung am Eingang von OP1 eine gleichgroße, aber negative, Auegangespannung hervor. Diese negative Ausgangsspannung bewirkt am Eingang des Integrators (OP2) eine in positiver Richtung zeitlinear ansteigende Spannung. Diese Spannung steuert den Eingang des Komparators (OP3). Sobald diese Spannung den mittels R5 eingestellten Schwellwert überschreitet, schaltet OP3 um und liefert ein negatives Signal zum Gate des Feldeffekttransistors, der dadurch sperrt. Dies führt dazu, daß OP1 eine negative Verstärkung aufweist. Diese negative Verstärkung führt zu einem positiven Ausgangssignal, das den Integrator veranlaßt, eine in negativer Richtung zeitlich linear ansteigende Spannung zu erzeugen.
Der bei Erreichen der Schwellwertspannung ansprechende Komparator liefert ein Signal an den FET, welches diesen in den leitenden Zustand versetzt. Damit ist der ursprüngliche Zustand wieder hergestellt.
Durch eine höhere Eingangsspannung wird eine steilere Spannung am Ausgang von OP2 verursacht. Dies führt zu einem früheren Ansprechen des Komparators, und somit insgesamt zu einer höheren Ausgangsfrequenz.

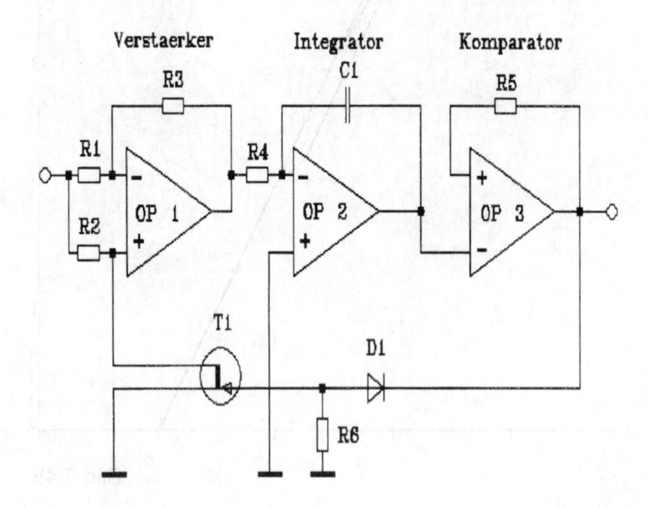

Bild 9.46: Voltage Controlled Oscillator

Mit diesem VCO können Frequenzen zwischen 0 Hz und 30 kHz erzeugt werden. Dabei arbeitet der Wandler im gesamten Bereich mit hoher Linearität.
Die Abhängigkeit der Frequenz des Wandlers von der Eingangsspannung ist in Bild 9.47 dargestellt.

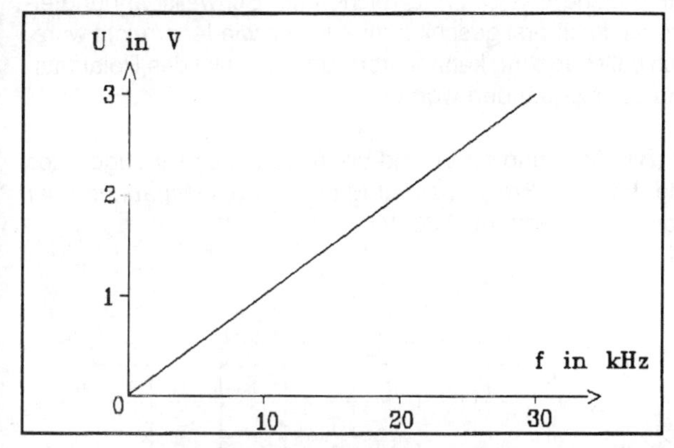

Bild 9.47: Abhängigkeit der Ausgangsfrequenz von der Amplitude der Eingangsspannung

Der simulierte VCO ist in Bild 9.48 abgebildet. Dabei sind die in der Simulation zusätzliche verwendeten Tiefpaßkondensatoren und Widerstände zur Reduzierung der Schwingneigung nicht abgebildet.

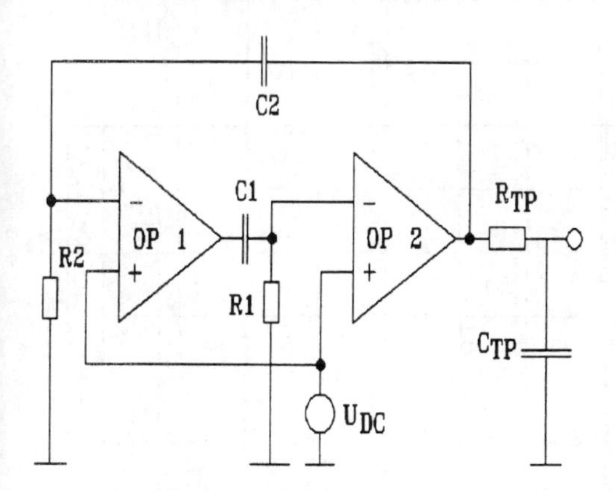

Bild 9.48: Simulierter VCO

Als Ausgangszustand wird folgender Zustand angenommen:
Eine positive Spannung am Eingang von OP1, der eine negative Ausgangsspannung zur Folge hat. Dies führt bei geladenem Kondensator C_1 zu einer negativen Eingangsspannung bzw. positiven Ausgangsspannung von OP2., Damit wäre der Kreis statisch stabil. Jetzt beginnt der Entladevorgang der beiden Kondensatoren.

Der jeweils positiv geladene Kondensator (hier C_2) führt bei Erreichen der Schwellspannung zu einem Polaritätswechsel des darauffolgenden OPs d.h. die Ausgangsspannung von OP1 wird positiv. Damit wird die Eingangsspannung von OP2 positiv und die zugehörige Ausgangsspannung negativ (2. quasi-stationärer Zustand). Jetzt erzeugt der Entladevorgang von C_1 bei Erreichen der Schwellspannung einen Polaritätswechsel womit der zuerst geschilderte Zustand wieder erreicht wäre. Durch Festsetzen der Schwellspannung kann hierbei der Zeitpunkt des Polaritätswechsel und somit die Frequenz geändert werden.

Nachfolgend abgebildet (Bild 9.49 und 9.50) sind die Ausgangsspannungen des VCO. Beim Signal mit der höheren Frequenz betrug die Schwellenspannung der OPs 0.008V bei der niedrigeren Frequenz 0.005V.

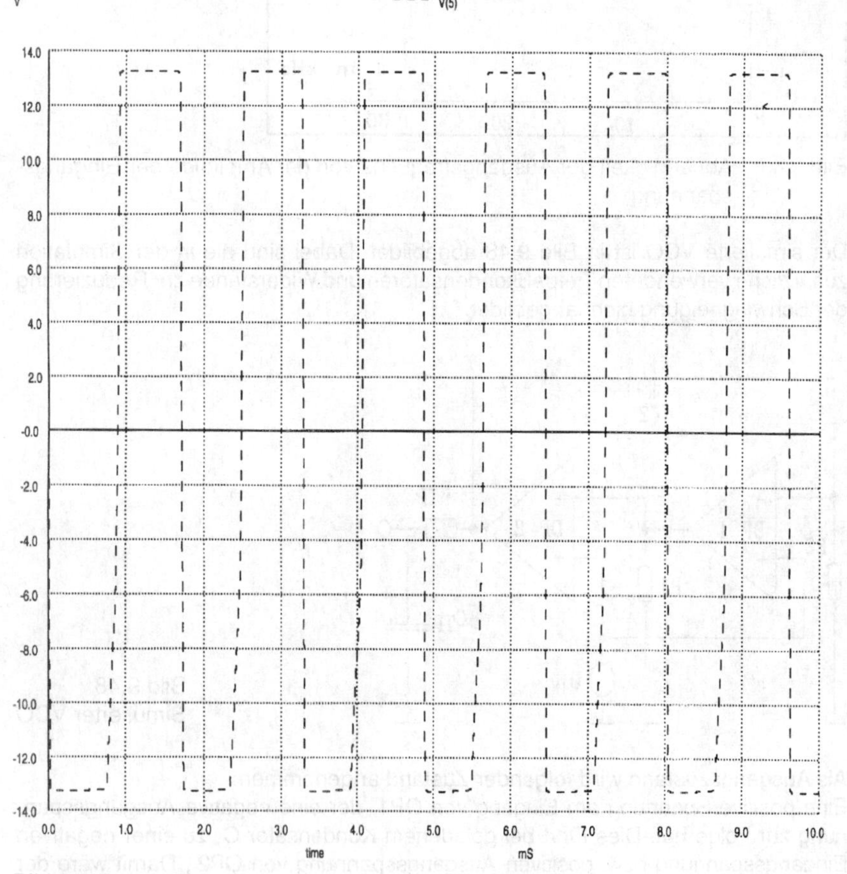

Bild 9.49

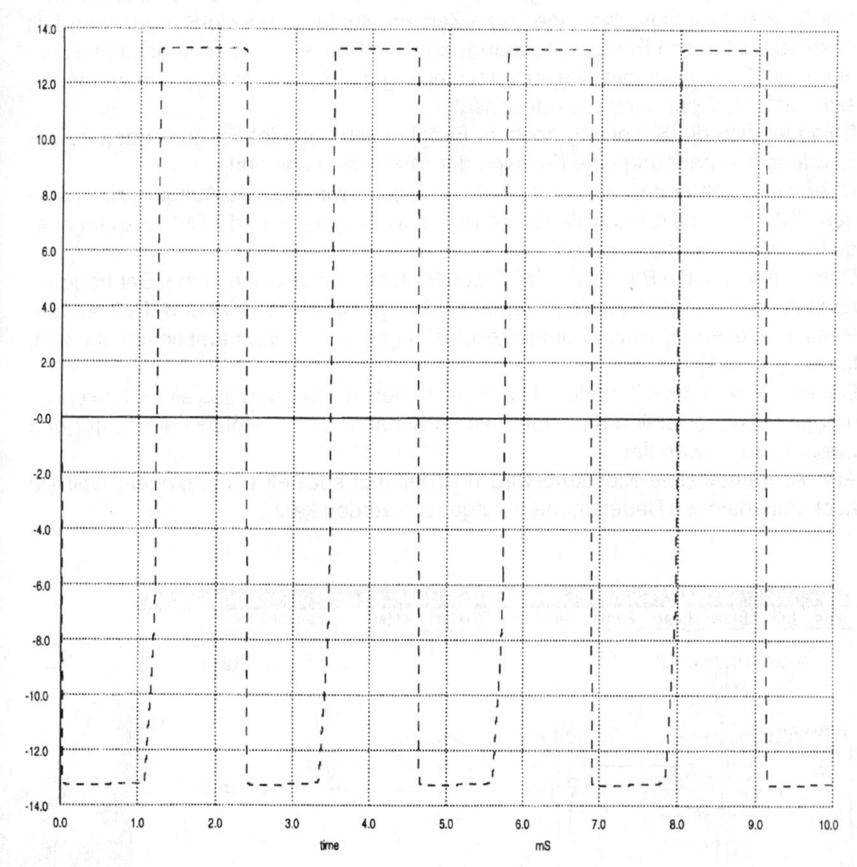

Bild 9.49

9.5.7.2 Der Phasendetektor

Die Funktion eines Phasendetektors besteht darin, die Phasenverschiebung zwischen zwei Signalen äquivalenter Frequenz linear in eine Gleichspannung umzuformen. Je größer die Phasenverschiebung wird, desto größer soll auch das Ausgangssignal des Phasendetektors werden.
Neben der aufgezeigten Möglichkeit der Realisation eines Phasendetektors , finden Sie im Anhang A oder unter [1] weitere Möglichkeiten, welche aber nicht mehr näher erläutert werden. Die im PLL-Modell verwendete Sample & Hold-Schaltung wurde aus Gründen der geringen Bauteileanzahl und ihrem leichten Verständnis verwendet.

Bei jedem positivem Nulldurchgang des Eingangsignals, wird der Momentanwert des Ausgangssignals über eine kurze Zeit abgetastet. Am Hold-Kondensator fällt deshalb auch wenn Ein- und Ausgangssignal in Phase sind eine konstante Spannung ab. Sobald sich die Phasenverschiebung der Signale aber ändert, verändert sich auch die Spannung am Kondensator.
Solange, sich die Schaltung noch im Fangbereich befindet, ist die Änderung der Kondensatorspannung eine Funktion der Phasenverschiebung.
Über diese sich ändernde Kondensatorspannung wird nun die Ausgangsfrequenz des VCO´s in der Art und Weise variiert, daß Eingangs- und VCO-Ausgangsfrequenz wieder in Phase liegen.
Dabei bestimmt die Bauart des VCO den Haltebereich der Schaltung. Der Fangbereich bei dem vorgestellten Phasendetektor liegt zwischen +Pi/2 und -Pi/2. Andere Phasendetektoren, welche über diesen Fangbereich hinaus funktionsfähig sind, finden Sie in [1].
Der hier verwendete Sample & Hold Phasendetektor besteht aus einer flankengetriggerten monostabilen Kippstufe, einem Schalter, einem Hold-Kondensator und zwei Impedanzwandler.
Auf die monostabile Kippstufe wird noch einmal speziell eingegangen, weil sie auch mit analogen Bauelementen aufgebaut werden kann.

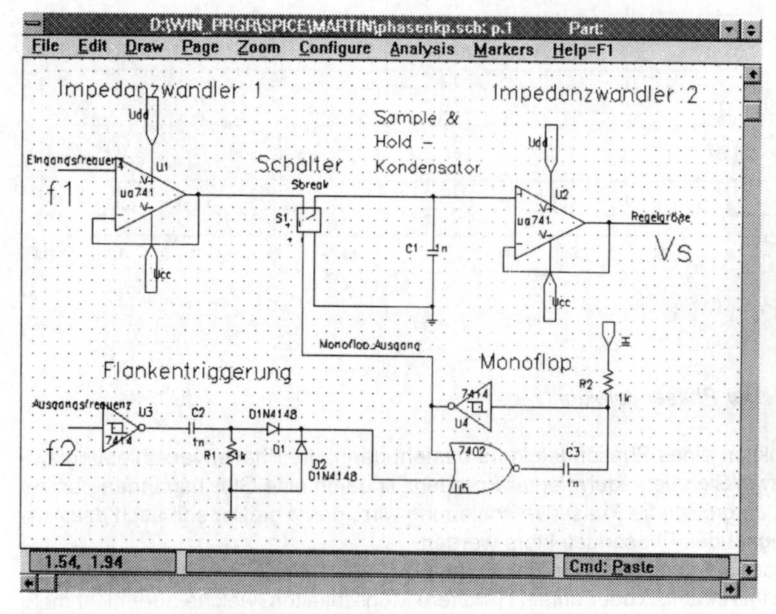

Bild 9.51: Phasendetektor als Sample & Hold Schaltung

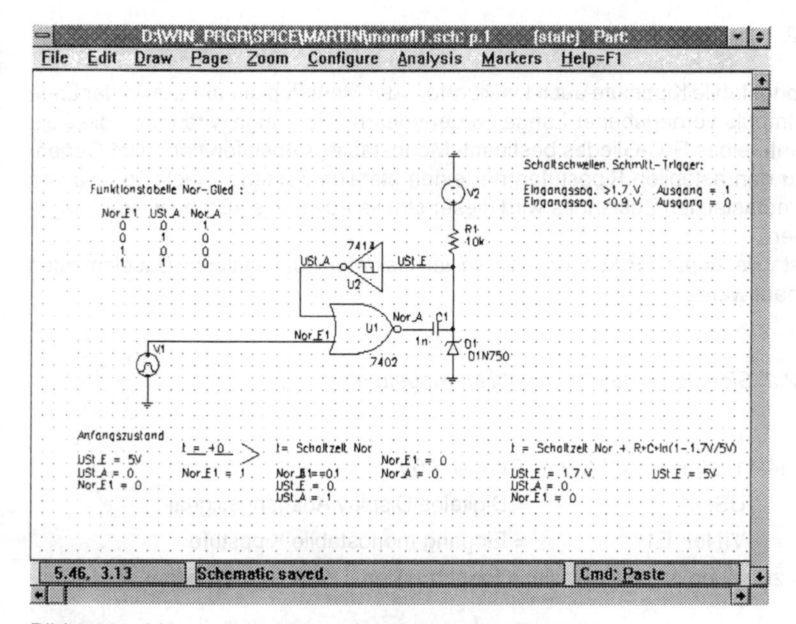

Bild 9.52: Monostabile Kippstufe mit diskreten Bauteilen.

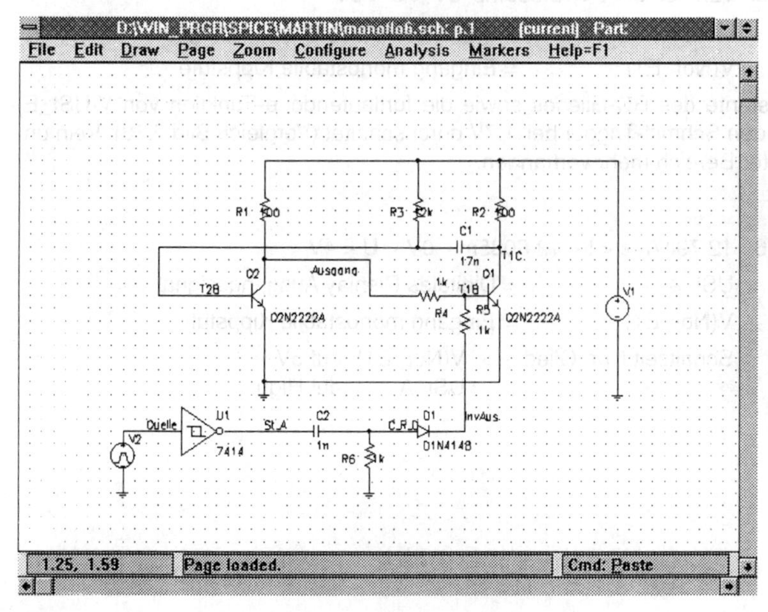

Bild 9.53: Monostabile Kippstufe mit analogen Bauteilen.

9.5.7.2.1 Die flankengetriggerte monostabile Kippstufe

Die monostabile Kippstufe auch Univibrator oder Monoflop genannt, ist in der Lage einen Impuls vorgegebener Länge zu generieren. Die Länge wird durch die Zeitkonstante eines R-C-Gliedes bestimmt. Monostabile Kippstufen haben im Gegensatz zu den astabilen Kippstufen nur einen stabilen Zustand. Nach Durchlaufen eines metastabilen Zustandes wird dieser stabile Ausgangszustand wieder eingenommen.
Monostabile Kippstufen können mit Hilfe von diskreten oder analogen Bauelementen aufgebaut werden.

9.5.7.2.2 Signale an der monostabilen Kippstufe

Bild 9.54: 12.6ms < t < 14.2ms 0V < U < 5V
USt_A = Digitales Display Ausgangssignal
V(Nor_E1) = Eingang monostabile Kippstufe
Schön zu sehen ist das Verhältnis Eingangssignal zu Ausgangssignal.

Bild 9.55: 12.795ms < t < 12.835ms 0V < U < 5V
USt_A = Digitales Display Ausgangssignal
V(Nor_E1) = Eingang monostabile Kippstufe
Zeitkonstante des RC-Gliedes sowie die fortlaufende e-Funktion von V(USt_E) welche den Schmitt-Trigger bei 1.7V durchschaltet (Vergleich Bild 9.38). Kein undefinierter Bereich mehr vorhanden.

Bild 9.56: 12.7987ms < t < 12.8035ms 0V < U < 4V
USt_A = Digitales Display Ausgangssignal
V(Nor_E1) = Eingang monostabile Kippstufe
Schaltzeit Nor_Glied —> V(Nor_E1) auf 5V
USt_A auf High

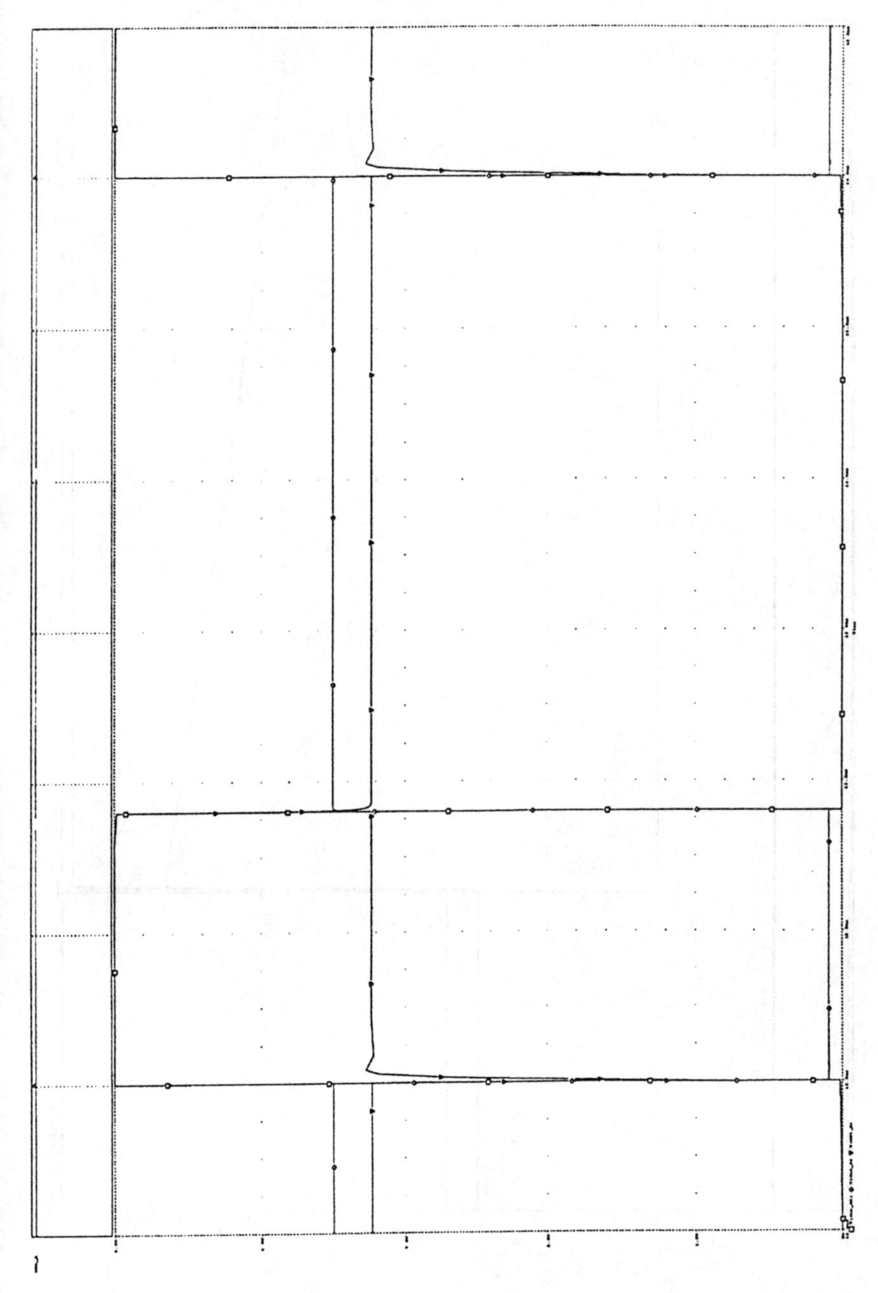

Bild 9.54

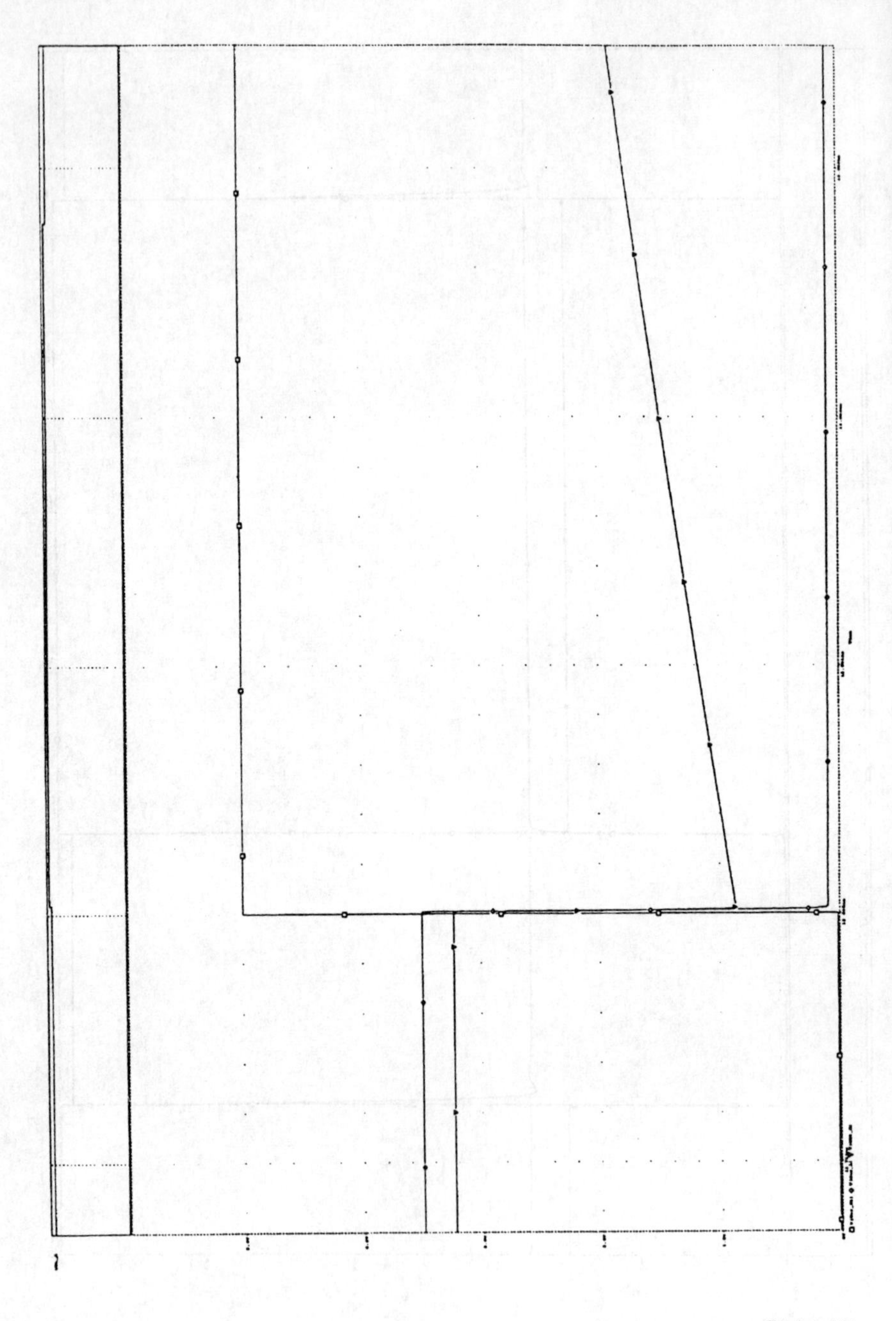

Bild 9.55

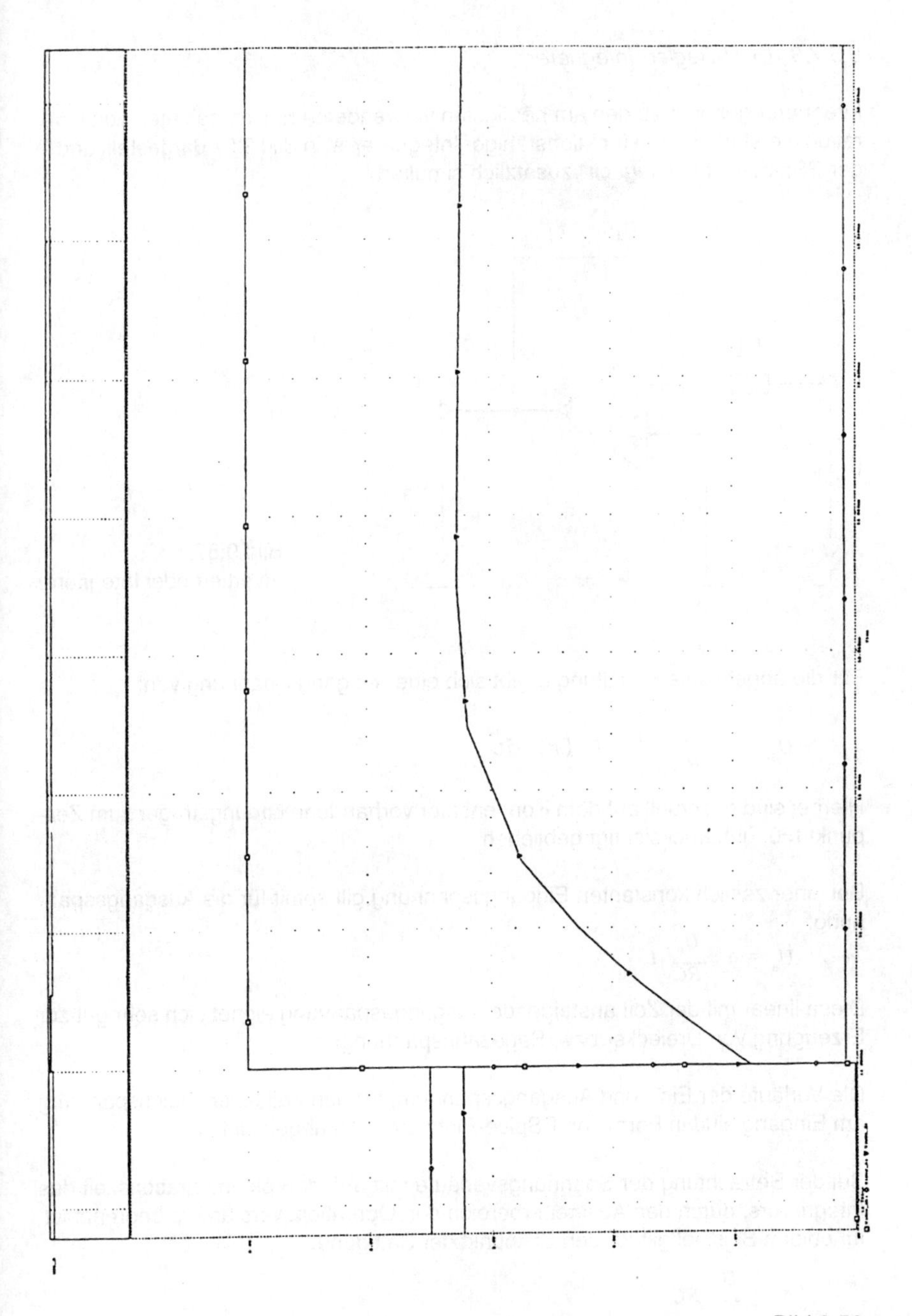

Bild 9.56

9.5.7.3 Der I-Regler (Integrierer)

Integrierer gehören zu den am häufigsten verwendeten Einsatzgebieten von Operationsverstärkern. Ein funktionsfähiger Integrierer ist in Bild 9.57 dargestellt und in der PSpice-Datei „integr.cir“ zusätzlich simuliert.

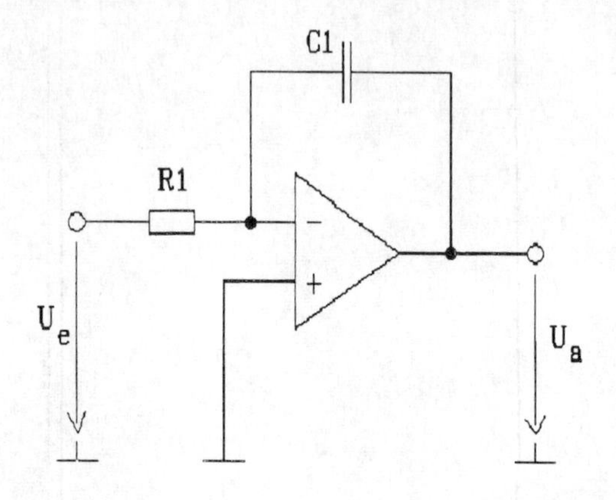

Bild 9.57:
Invertierender Integrierer

Für die abgebildete Schaltung ergibt sich eine Ausgangsspannung von:

$$U_a = -\frac{1}{RC}\int_t^0 U_e\,(t)\;dt$$

Hierbei sind eventuell auf dem Kondensator vorhandene Ladungsträger zum Zeitpunkt t=0, unberücksichtigt geblieben.

Bei einer zeitlich konstanten Eingangsspannung gilt somit für die Ausgangsspannung:

$$U_a = -\frac{U_e}{RC}\,t$$

Diese linear mit der Zeit ansteigende Ausgangespannung eignet sich sehr gut zur Erzeugung von Dreiecks- bzw. Sägezahnspannungen.

Die Verläufe der Ein - und Ausgangsspannung für den Fall einer Gleichspannung am Eingang sind in Form von PSpice-Plots umseitig abgebildet.

Bei der Betrachtung der Spannungsverläufe fällt auf, daß die Integrationszeit des Integrierers, durch den Aussteuerbereich des Operationsverstärkers begrenzt ist. Im obigen Beispiel gilt für den Zeitpunkt der Sättigung:

$$t = \frac{U_a}{U_e}\,RC$$

mit R = 5kOhm und C = 100nF, sowie Ue = 5V und Ua = 29V (Spannungsbereich des Operationsverstärkers) ergibt sich somit für die Integrationezeit:

$$t = \frac{29\ V}{5V}\ 5\ k\Omega\ \ 100\ nF\ =\ 2.9\ ms$$

Berücksichtigt man die Tatsache, daß der Spannungssprung erst nach einer Zeitspanne von 2ms stattfindet, so ergibt sich für den Zeitpunkt der Sättigung ein Wert von t = 3.1ms.

Dieser Zeitpunkt stimmt mit dem mittels Simulation bestimmten überein (siehe PSpice-Plots der Datei „integr.dat").

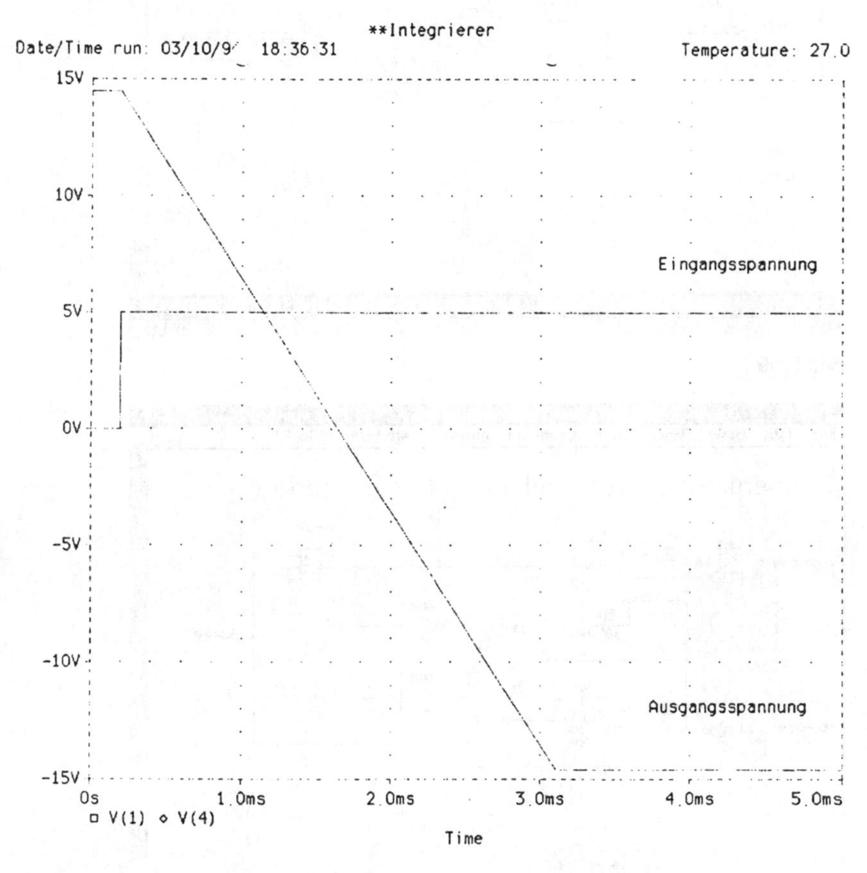

Bild 9.58

9.5.8 Weitere Möglichkeiten Phasenkomparatoren zu realisieren

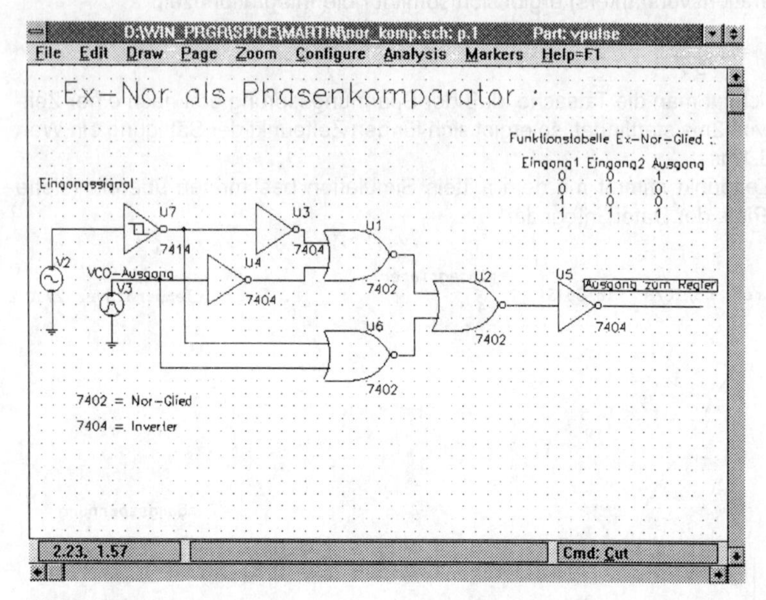

Bild 9.59

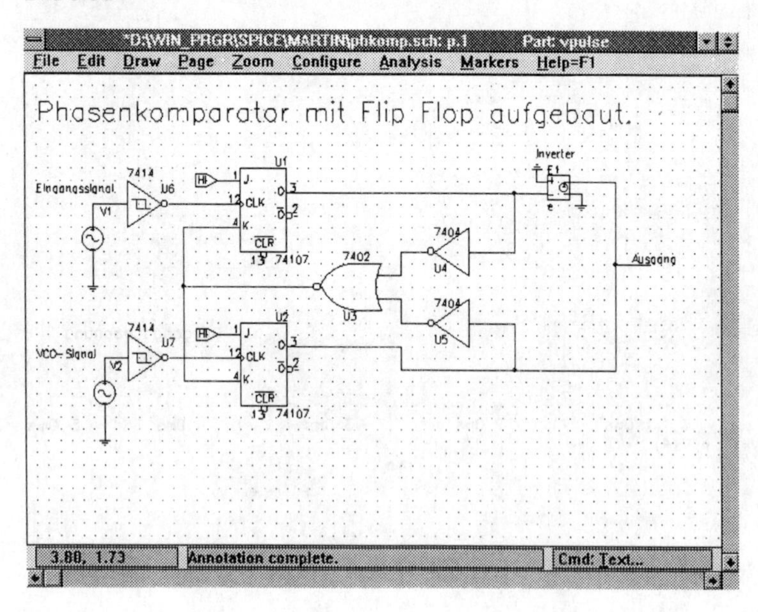

Bild 9.60

9.6 Aufbau und SPICE-Simulation von nichtlinearen chaotischen Schaltungen am Beispiel von Chua's Circuit

9.6.1 Einführung Chaos

In diesem Abschnitt werden die Fragen

- Was ist Chaos?
- Wie entsteht Chaos?

behandelt.

Was ist Chaos ?

Wir reden dann von Chaos, wenn:

- das Ergebnis einer Funktion für längere Zeitperioden nicht mehr vorhersagbar ist,
- kleinste Abweichungen in den Eingangsgrößen große Unterschiede in den Ausgangsgrößen verursachen.

Beispiele für chaotisches Verhalten sind:

- Wetter
- Weltwirtschaft
- Bevölkerungsmodelle
- chemische Reaktionen

Wie entsteht Chaos?

Die Entstehung von Chaos konnte bisher nur in nichtlinearen dynamischen Systemen nachgewiesen werden. In diesen Systemen führt der Weg ins Chaos immer über ein bestimmtes vergleichbares Verhaltensschema. Das chaotische Verhalten ist selbstverständlich immer unterschiedlich. Das Ziel der Chaosforschung ist es den Übergang von Ordnung ins Chaos zu studieren. Dabei sollen Erkenntnisse über die Mechanismen der Selbstähnlichkeit und der Selbstorganisation gewonnen werden.

9.6.2 Nichtlinearitäten

Erzeugung eines negativen Widerstandes:
Ein Widerstand kann durch seine Strom-Spannungs-Kennlinie dargestellt werden. Demnach läßt sich der Leitwert eines Widerstandes in einer SpannungsStrom-Kennlinie darstellen.

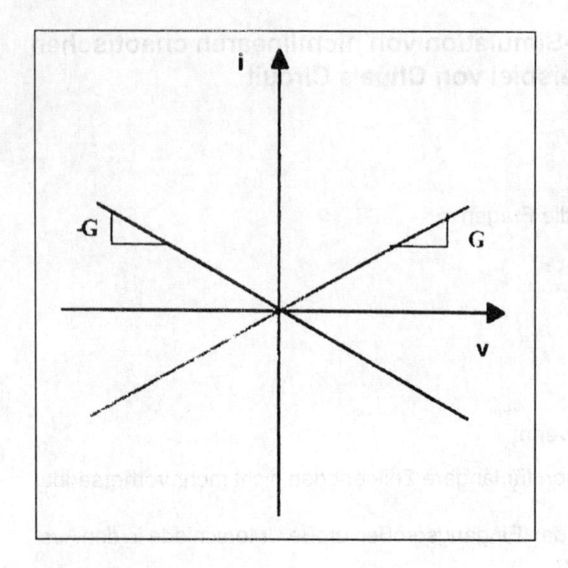

Bild 9.61

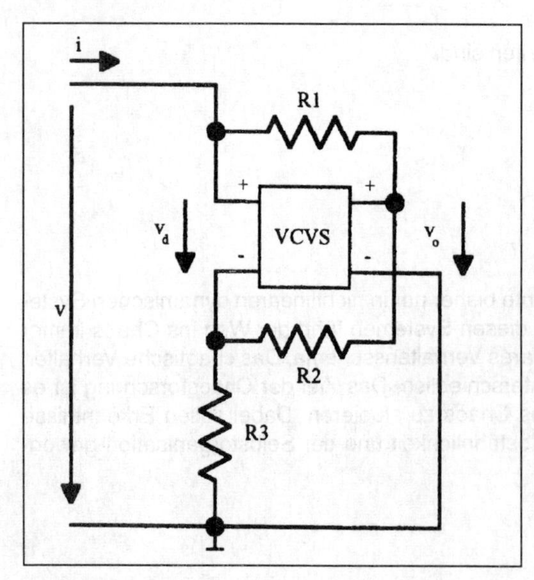

Bild 9.62

Der positive Leitwert G entspricht der Steigung der grünen Kennlinie. Der negative Leitwert -G entspricht der Steigung der roten Kennlinie.

Wenn man nun einen negativen Widerstand erzeugen will, so muß man versuchen die rote Kennlinie nachzubilden.

Dies gelingt, wenn man eine spannungsgesteuerte Spannungsquelle wie folgt beschaltet:

Nach der Knotenregel gilt:

$$i = \frac{1}{R1} \cdot (v - v_o)$$

Nach der Maschenregel gilt:

$$v = v_d + \frac{R3}{R2 + R3} \cdot v_o$$

Die Übertragungsfunktion der spannungsgesteuerten Spannungsquelle lautet:

$$v_o = A \cdot v_d \Rightarrow v_d = \frac{v_o}{A}$$

Wenn man nun die Übertragungsfunktion in die Maschenregel einsetzt, so erhält man folgende Gleichung:

$$v = \frac{1}{A} * v_o + \left(\frac{R3}{R2+R3}\right) * v_o \quad = \left(\frac{1}{A} + \frac{R3}{R2+R3}\right) * v_o$$

oder anders dargestellt:

$$v = \left[\frac{(R2+R2)+R3*A}{A*(R2+R3)}\right] * v_o \quad = \left[\frac{R2+R3*(1+A)}{A*(R2+R3)}\right] * v_o$$

nach v_o umgestellt ergibt dies:

$$v_o = \left[\frac{A*(R2+R3)}{R2+R3*(1+A)}\right] * v$$

Wird diese Gleichung in die Knotenregel eingesetzt erhält man eine Gleichung vom Typ y=mx:

$$i = \frac{1}{R1} * \left\{v - \left[\frac{A*(R2+R3)}{R2+R3*(1+A)}\right] * v\right\} \quad = \frac{1}{R1} * v * \left[1 - \frac{A*(R2+R3)}{R2+R3*(1+A)}\right]$$

$$i = \frac{1}{R1} * \left[\frac{R2+R3*(1+A)-A*(R2+R3)}{R2+R3*(1+A)}\right] * v$$

$$i = \frac{1}{R1} * \left[\frac{R2+R3+R3*A-R2*A-R3*A}{R2+R3*(1+A)}\right] * v \quad = \frac{1}{R1} * \left[\frac{R2+R3-R2*A}{R2+R2*(1+A)}\right] * v$$

$$i = \frac{1}{R1} * \left[\frac{R2*(1-A)+R3}{R2+R3*(1+A)}\right] * v \quad = \left[\frac{R2*(1-A)+R3}{R1*[R2+R3*(1+A)]}\right] * v$$

Wenn die Verstärkung A als unendlich angenommen wird vereinfacht sich die Gleichung zu:

$$\lim_{A \to \infty} i \approx \left(-\frac{R2}{R1*R3}\right) * v$$

Wenn man zwei Widerständen den selben Wert zuordnet, so führt dies bei

- R1=R2 zu: $i \approx -\frac{1}{R3}*v$
- R2=R3 zu: $i \approx -\frac{1}{R1}*v$
- R3=R1 zu: $i \approx -\frac{R2}{R1^2}*v$

Die ersten beiden Fälle sind hilfreich da bei ihnen jeweils nur ein Widerstand in seinen negativen Wert gewandelt wird. Eine spannungsgesteuerte Spannungsquelle ist ein ideales Bauelement. Dies bedeutet, daß man sie zuerst mit reellen Bauelementen nachbilden muß.

Ein Operationsverstärker ist in seinem linearen Bereich eine gute Annäherung an eine spannungsgesteuerte Spannungsquelle. Die Übertragungsfunktion eines Operationsverstärker ist dreigeteilt und lautet im:

- negativen Sättigungsbereich $v_o = Esat-$ $\qquad \frac{Esat-}{A} + v_{os} \geq v_d$
- linearen Bereich $v_o = A*(v_d - v_{os})$ $\qquad \frac{Esat-}{A} + v_{os} \leq v_d \leq \frac{Esat+}{A} + v_{os}$
- positiven Sättigungsbereich $v_o = Esat+$ $\qquad v_d \geq \frac{Esat+}{A} + v_{os}$

Wenn man nun einen Operationsverstärker genauso beschaltet wie die zuvor beschriebene spannungsgesteuerte Spannungsquelle erhält man folgendes Ergebnis:

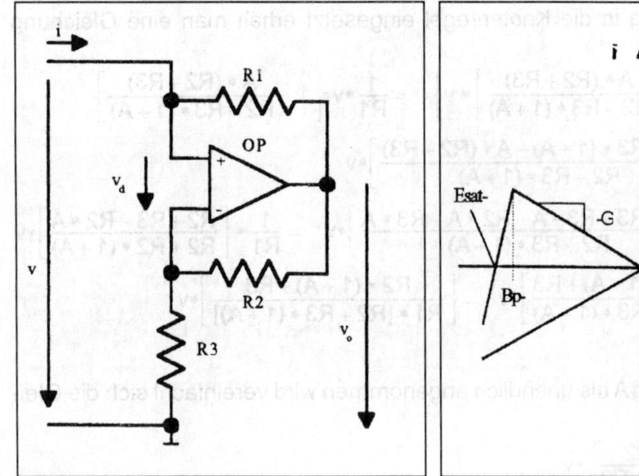

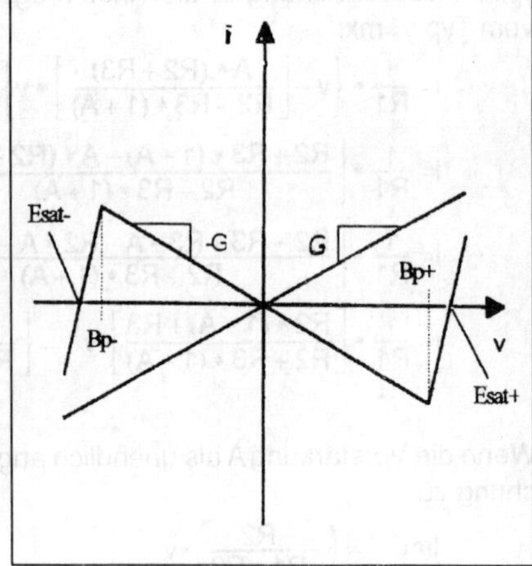

Bild 9.63

Für diese Spannungs – Strom – Kennlinie gilt:

$$i=\frac{1}{R1}*\left\{\left[\frac{R3+R2*(1-A)}{R2+R3*(1+A)}\right]*v+\left[\frac{A*(R2+R3)}{R2+R3*(1+A)}\right]*v_{os}\right\}$$

Für große Verstärkungen vereinfacht sich die Gleichung zu:

$$\lim_{A\to\infty} i\approx\left(-\frac{R2}{R1*R3}\right)*v+\left(\frac{R2+R3}{R1*R3}\right)*v_{os}$$

Der Wert des Breakpoint Bp+ berechnet sich wie folgt:

$$Bp+=\left[\frac{R2+R3*(1+A)}{A*(R2+R3)}\right]*Esat+\quad +v_{os} \qquad \lim_{A\to\infty} Bp+\approx\left(\frac{R3}{R2+R3}\right)*Esat+\quad +v_{os}$$

Wegen der Symmetrie berechnet sich der Breakpoint Bp- zu:

Bp- = -Bp+

Wenn nun mehrere negative Widerstände verwendet werden, lassen sich Reihenschaltungen und Parallelschaltungen bilden.

Für die Reihenschaltung gilt:

Die Spannungen der vi - Kennlinie müssen addiert werden.

Für die Parallelschaltung gilt:

Die Ströme der vi - Kennlinie müssen addiert werden.

Ein Beispiel zur Parallelschaltung sieht wie folgt aus:

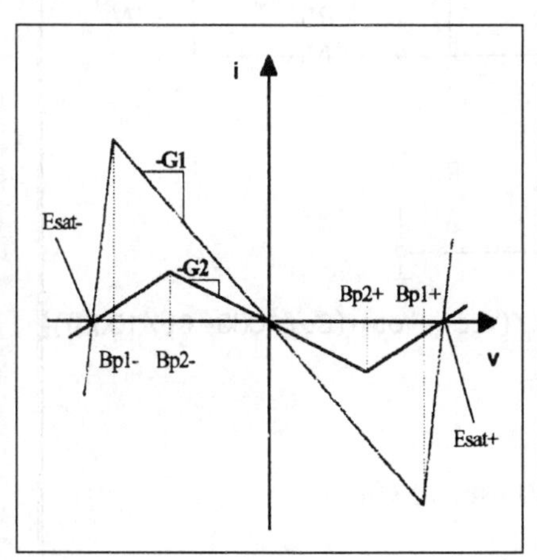

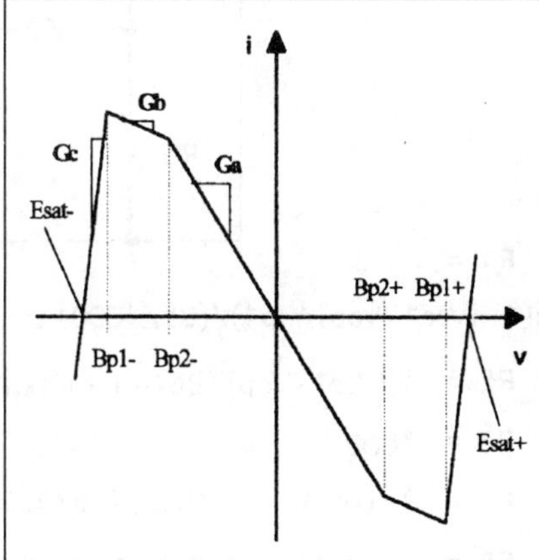

Bild 9.64

In diesem Beispiel wurden die Betriebsspannungen der beiden OP's gleicher Art als identisch angenommen und somit sind auch die Sättigungsspannungen gleich. Wenn die Ströme der ersten Kennlinie mit denen der zweiten Kennlinie addiert werden, so erhält man eine fünfteilige stückweise lineare Funktion die den negativen Gesamtwiderstand der beiden negativen Widerstände darstellt. Die Breakpoints der beiden Kennlinien bilden die Berechnungsgrundlage für das Verhalten des Gesamtwiderstandes. Um einen möglichst großen Spielraum für diesen Widerstand zu erhalten, ist es günstig den Breakpoint Bp1 so dicht wie möglich an die Sättigungsspannung der OP's zu legen. Um das mathematische Modell zu vereinfachen sollte man den Breakpoint Bp2 auf 1V festlegen.

Für Chua's Circuit sind nur die Steigungen Ga und Gb interessant. Um diese beiden Steigungen beliebig und unabhängig voneinander einzustellen, wurde folgende Schaltung entwickelt:

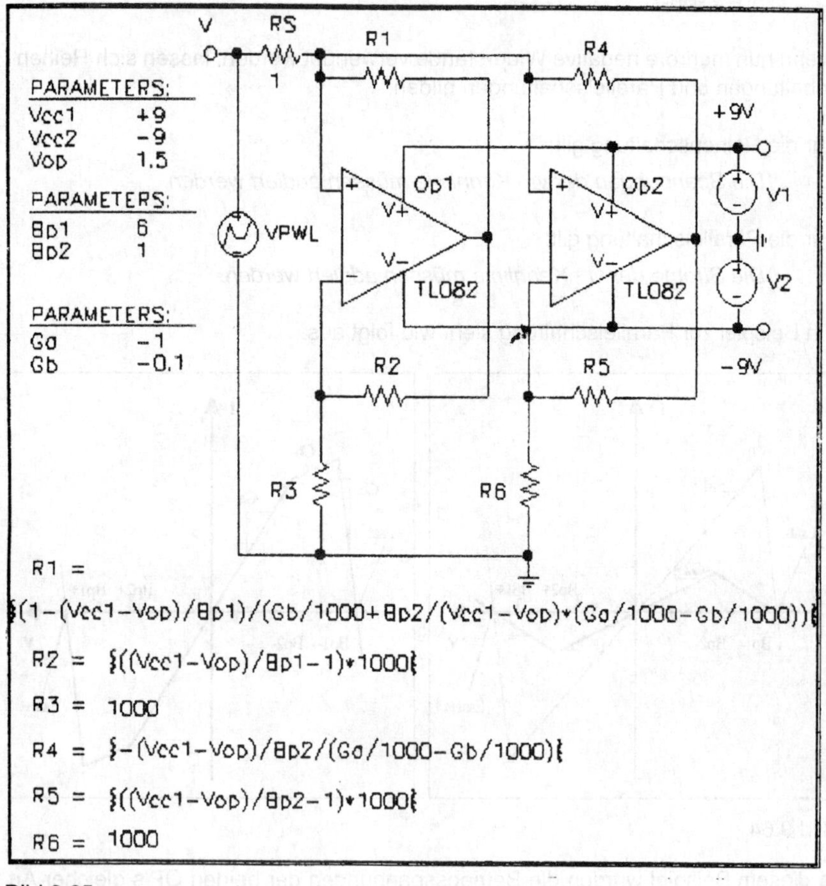

Bild 9.65

Die 6 Widerstände werden für jede unterschiedliche Parametereinstellung neu berechnet. Dadurch wird die gewünschte Kennlinie erzeugt. In dieser Schaltung dürfen nur symmetrische Betriebsspannungen verwendet werden. Die Sättigungsspannung des TL082 ist immer um 1,5V niedriger als dessen Betriebsspannung. Der Parameter V_{OP} ermöglicht es diesen Wert auch auf andere Operationsverstärker anzupassen.

9.6.3 Chua's Circuit

Chua's Circuit ist eine Schaltung in der chaotisches Verhalten auftreten kann. Die Schaltung besteht aus einer Spule, zwei Kondensatoren einen linearen und einen nichtlinearen Widerstand.

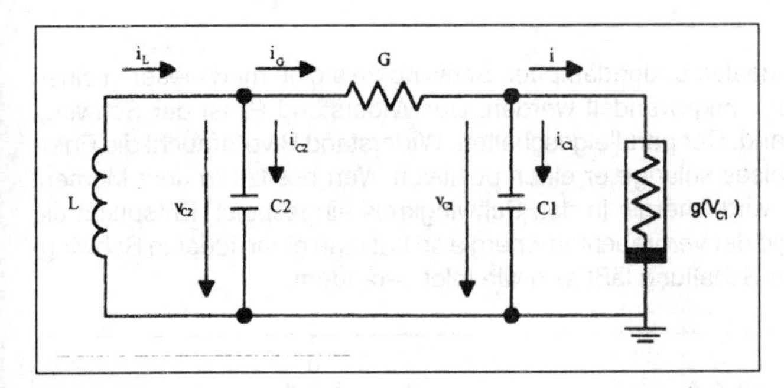

Bild 9.66

Die Schaltung kann durch folgende drei Differentialgleichungen beschrieben werden:

$$\frac{dv_{C1}}{dt} = \frac{1}{C1} * (i_L - i_{C2} - i) \quad = \frac{1}{C1} * \left[G * (v_{C2} - v_{C1}) - g(v_{C1}) \right]$$

$$\frac{dv_{C2}}{dt} = \frac{1}{C2} * (i_L - i_{C1} - i) \quad = \frac{1}{C1} * [G * (v_{C1} - v_{C2}) + i_L]$$

$$\frac{di}{dt} = -\frac{v_{C2}}{L}$$

Das Verhalten des nichtlinearen Widerstandes kann mit folgender Funktion beschrieben werden:

$$g(v_{C1}) = i(v_{C1}) = Gb * v_{C1} + \frac{1}{2} * (Ga - Gb) * (|v_{C1} + Bp| - |v_{C1} - Bp|)$$

Die Schaltung beginnt mit einem Parallelschwingkreis.

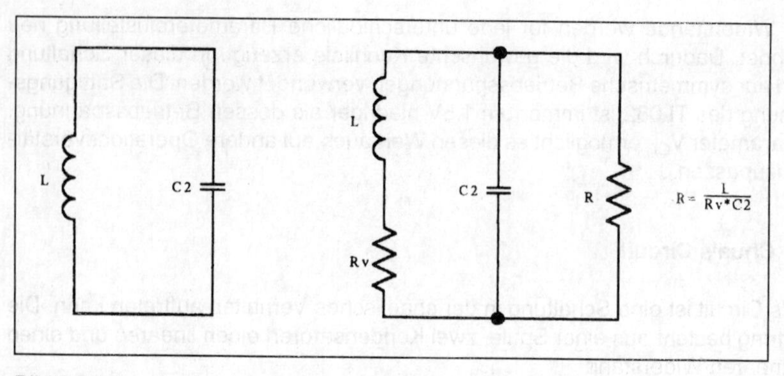

Bild 9.67

Da es aber keinen idealen undgedämpften Schwingkreis gibt, muß dieser in einen reellen Schwingkreis umgewandelt werden. Der Widerstand R_v ist der Schwingkreisverlustwiderstand. Der parallelgeschaltete Widerstand R verbraucht die Energie des Schwingkreises solange er einen positiven Wert besitzt. In dem Moment wo R negativ wird, wird Energie in den Schwingkreis eingespeist. Entspricht die eingespeiste Energie der verbrauchten Energie so hat man einen idealen Schwingkreis erzeugt. Diese Schaltung läßt sich wie folgt verändern:

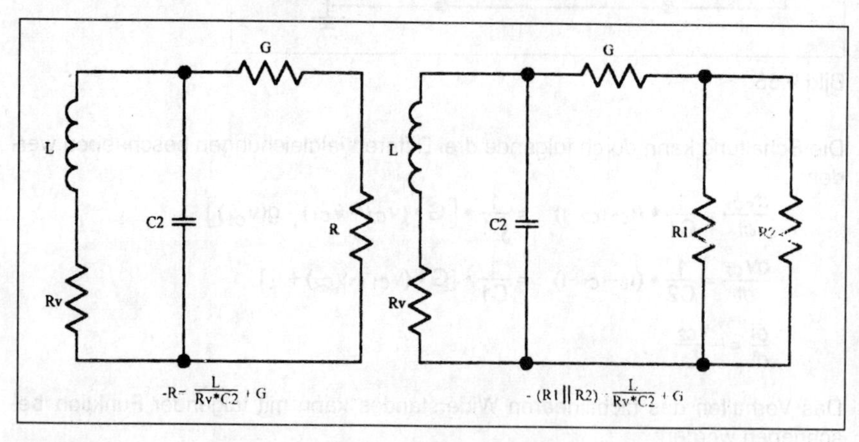

Bild 9.68

Wenn man nun für R1 und R2 einen negativen Widerstand einsetzt so erhält man den zuvor beschriebenen nichtlinearen Widerstand.

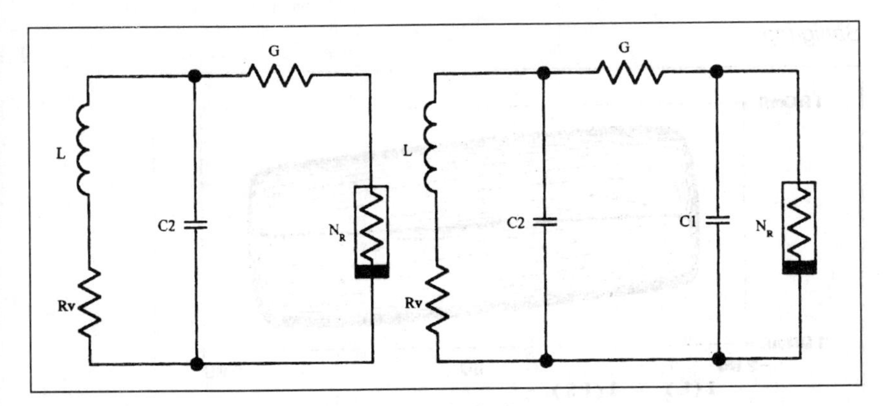

Bild 9.69

Die Schaltung verhält sich nach wie vor wie ein idealer Parallelschwingkreis. Erst wenn man parallel zum nichtlinearen Widerstand einen Kondensator hinzufügt kann ein chaotischen Verhalten entstehen. Chua's Circuit kennt zwei Grundzustände.

Dämpfung:

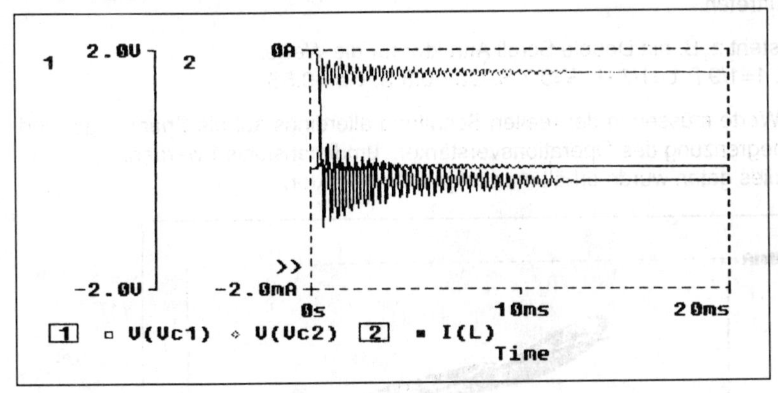

Bild 9.70

Die eingespeiste Energie reicht nicht aus um eine Schwingung aufrecht zu erhalten.

Sättigung:

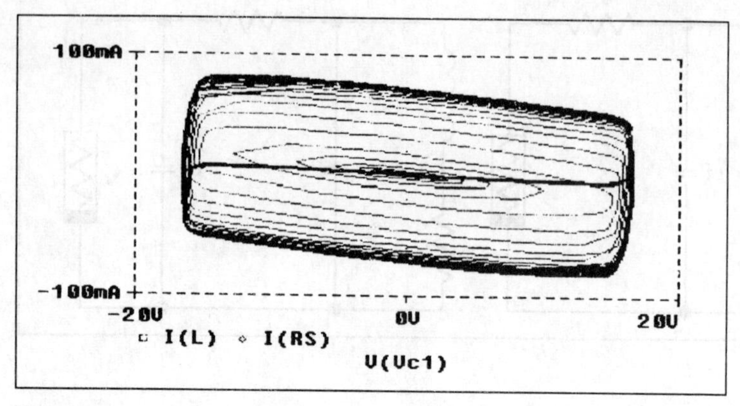

Bild 9.71

Es wird zuviel Energie eingespeist. Die Schaltung geht in die Strombegrenzung.

Zwischen diesen beiden Grundzuständen kann ein chaotisches Verhalten der Schaltung auftreten.

So entsteht z. B. ein Double Scroll Attraktor für die Werte:
C2=1F, 1=1/9 F, L=1/7 H, G=0.7 S, Ga=-0.8 S, Gb=-0.5S

Diese Werte müssen in der reellen Schaltung allerdings auf die Spannungs- und Strombegrenzung des Operationsverstärkers umdimensioniert werden.
Wenn dies getan wurde erhält man folgenden Attraktor:

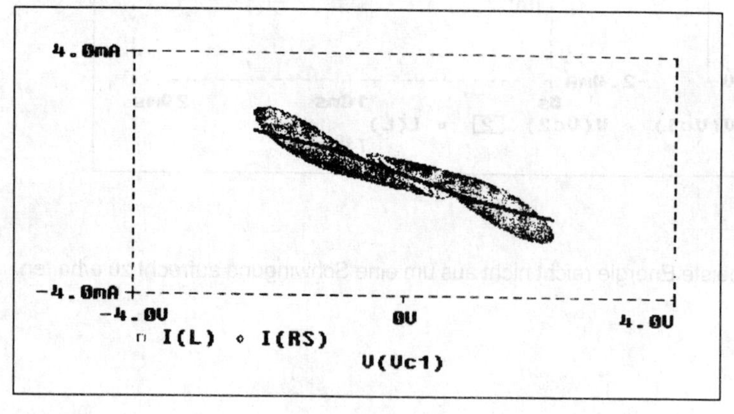

Bild 9.72

Ein Attraktor ist die graphische Darstellung des Bereiches der Zustände in denen sich die Schaltung befinden kann. Dieser Bereich ist vergleichbar mit den Orbitalen von Atommodellen. Man kann vorhersagen, daß ein Zustand der Schaltung sich in diesem Bereich befindet. Aber zu welchem Zeitpunkt welcher Zustand angenommen wird ist nicht vorhersagbar.
Der Double Scroll Attraktor ist nur einer von vielen Attraktoren die in Chua's Circuit entstehen können. Die Attraktoren selbst wiederum bilden von ihrer Entstehung aus der Dämpfung bis hin zum Übergang in die Sättigung ein Feld, welches charakteristisch für Chua's Circuit ist. Es ist gleichgültig welchen Parameter man in der Schaltung verändert, die Veränderung bewirkt immer den selben Durchlauf dieses Feldes der Attraktoren.
Um einen gewünschten Attraktor zu erzeugen ist nützlich wenn man den Mittelpunkt um den sich die Kreisbahnen eines Attrakors bewegen berechnet.

Für die beiden Mittelpunkte des Attraktors gilt:

$$P1\,(X\,,Y) = \left(\left(\frac{|Ga| - |Gb|}{|G| - |Gb|}\right) * Bp2 \quad , \quad -|G| * \left(\frac{|Ga| - |Gb|}{|G| - |Gb|}\right) * Bp2\right)$$

$$P2\,(X\,,Y) = \left(-\left(\frac{|Ga| - |Gb|}{|G| - |Gb|}\right) * Bp2 \quad , \quad |G| * \left(\frac{|Ga| - |Gb|}{|G| - |Gb|}\right) * Bp2\right)$$

In dieser Formel erkennt man zwei Sonderfälle.

Den Fall Ga = G mit:

$$P1\,(X\,,Y) = (Bp2 \quad , \quad -|G| * Bp2)$$

$$P2\,(X\,,Y) = (-Bp2 \quad , \quad |G| * Bp2)$$

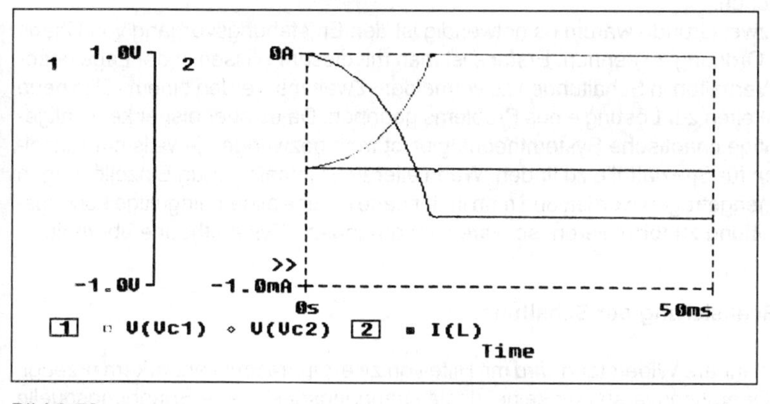

Bild 9.73

Den Fall Gb = G mit:

$$P1\,(X\,,Y) = (\infty\;,\;\infty) \;\Rightarrow\; (Bp1\;,\;-|G|*Bp1)$$

$$P2\,(X\,,Y) = (\infty\;,\;\infty) \;\Rightarrow\; (-Bp1\;,\;|G|*Bp1)$$

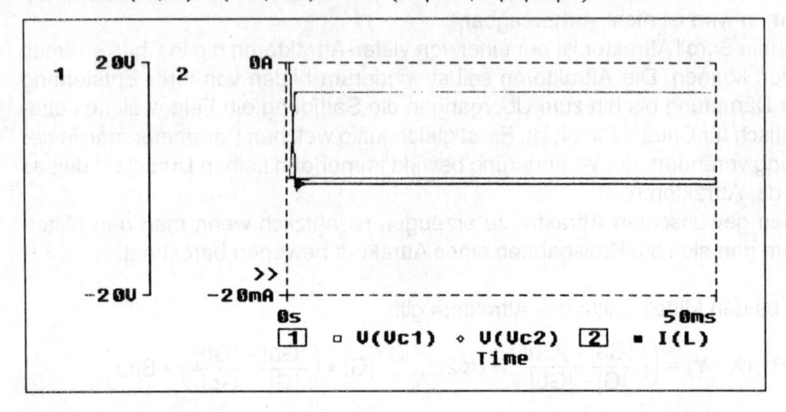

Bild 9.74

9.6.4 Zusammenfassung

Chaos in elektrischen Schaltungen ist möglich. Je komplexer eine Schaltung wird desto wahrscheinlicher ist es, daß es einen Fall gibt in dem sich die Schaltung chaotisch verhält. Erst die Entwicklung von schnellen Rechnern als auch des Simulationsprogrammes SPICE machten es überhaupt möglich dieses Verhalten zu untersuchen.
Es gibt zwei Gründe warum es notwendig ist den Entstehungsvorgang von Chaos aus der Ordnung zu kennen. Erstens ist man mit diesem Wissen in der Lage chaotisches Verhalten in Schaltungen zu vermeiden. Zweitens werden einem völlig neue Möglichkeiten zur Lösung eines Problems gegeben. Da es aber bisher keine allgemeingültige chaotische Systemtheorie gibt ist man gezwungen jeweils nur Einzellösungen für Spezialfälle zu finden. Wenn allerdings jemals genug Einzellösungen zusammengetragen werden und man in der Lage ist eine allgemeingültige Lösungsbeschreibung zu formulieren, so wäre die vorhandene Systemtheorie überholt.

9.6.5 Realisierung der Schaltung

Der nichtlineare Widerstand wird mit Hilfe von zwei Operationsverstärkern erzeugt. Da ein Operationsverstärker keine ideale spannungsgesteuerte Spannungsquelle ist, gelten folgende zwei Einschränkungen für die vi-Kennlinie:

- Nur im Bereich zwischen -15V und +15V
- Nur im Bereich zwischen -20mA und +20mA

Um diese Einschränkungen zu erfüllen müssen die experimentell ermittelten Werte für Chua's Circuit umdimensioniert werden.

Die experimentellen Werte für den Breakpoint bei 1V lauten:

$C1 = \frac{1}{9}$ F (Farad) $G = 0.7$ S (Siemens)

$C2 = 1$ F (Farad) $Ga = -0.8$ S (Siemens)

$L = \frac{1}{7}$ H (Henry) $Gb = -0.5$ S (Siemens)

Die Einheit des Stromes in diesen Gleichungen ist A. Um die benötigten mA zu erzeugen, müssen die Werte um den Faktor 1000 umdimensioniert werde. Dies bedeutet für die Bauelemente:

- Widerstand $= R \cdot 10^3$
- Leitwert $= G \cdot 10^{-3}$
- Kapazität $= C \cdot 10^{-3}$
- Induktivität $= L \cdot 10^3$

Da es einfacher ist Kapazitäten im Bereich von nF zu verwenden, muß eine weitere Umdimensionierung vorgenommen werden. Diese Umdimensionierung betrifft nur die zeitabhängigen Energiespeicherelemente, d.h. die Widerstände bzw. Leitwerte bleiben unverändert. Es wird der Faktor $2 \cdot 10^{-4}$ verwendet. Dies bedeutet für die Bauelemente:

- Kapazität $= C \cdot 2 \cdot 10^{-4}$
- Induktivität $= L \cdot 2 \cdot 10^{-4}$

Nach dieser Umdiemensionierung sehen die Werte für Chua's Circuit wie folgt aus: Um aber eine Schaltung aufzubauen ist es einfacher handelsübliche Bauelemente zu verwenden. Es wurde gewählt:

C1 = 10nF C2 = 100 nF L = 18mH G = 1800Ω

Der nichtlineare Widerstand wurde festgelegt mit den Werten:

R1 = 220Ω R2 = 220Ω R3 = 2200Ω
R4 = 22000Ω R5 = 22000Ω R6 = 3300Ω

Dies entspricht den Werten:

$Ga = -0.7\overline{57}$ mS $Gb = -0.4\overline{09}$ mS $Bp = \pm 0.97$ V

Dies führt zu folgendem Schaltbild:

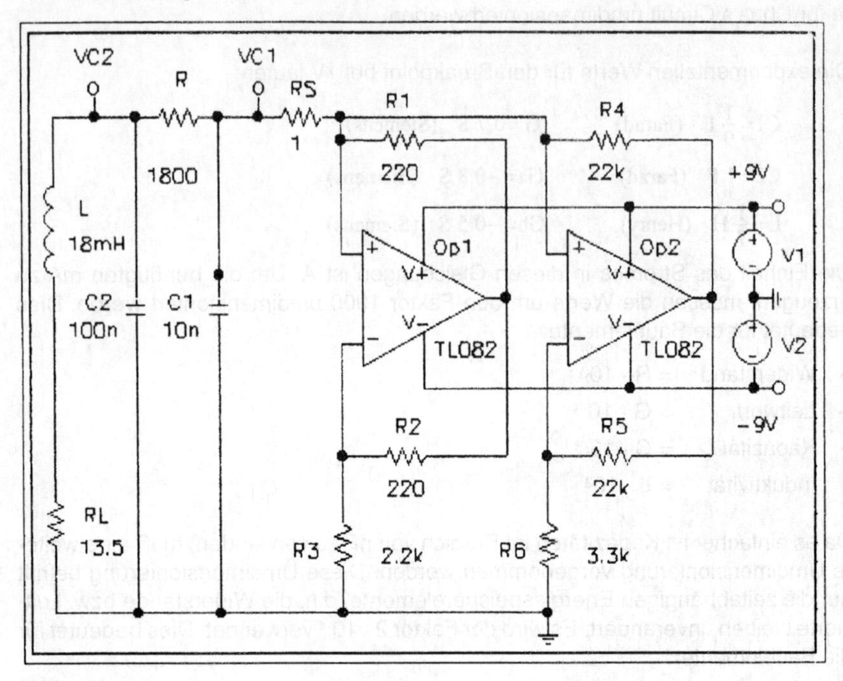

Bild 9.75

Mit dieser Schaltung wurde nun folgendes Bild erzeugt:

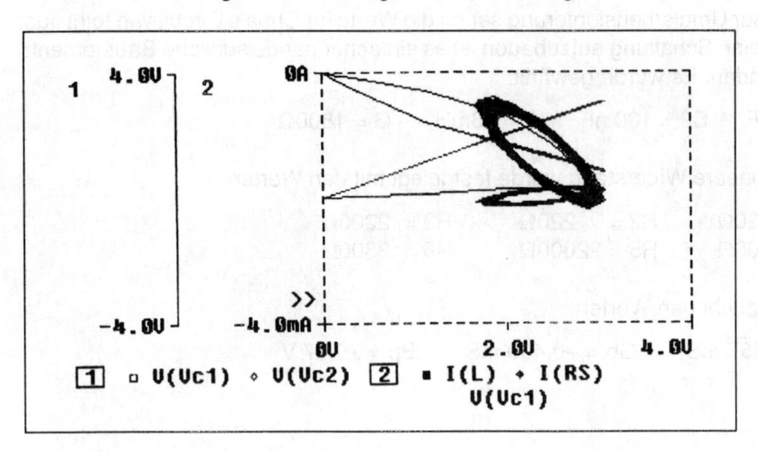

Bild 9.76

VC1 auf die VC1-Achse abgebildet ergibt eine Gerade die bei auftreten der Double Scroll als Spiegel-Achse wirkt.
VC2 auf die VC1-Achse abgebildet zeigt die momentane Schwingung an. I(L) auf die VC1-Achse abgebildet stellt den dazugehörigen Strom dar. Der Strom I(RS) des Shunts RS erzeugt auf die VC1-Achse abgebildet das Strom-Spannungsverhalten des nichtlinearen Widerstandes.

Wichtiger Hinweis für Benutzer der PSPICE Demo Version 5.3 !!!

- Im Setup-Menü muß Use Initial Conditions angekreuzt werden.
- Wer UIC nicht verwenden will kann die Schaltung zum schwingen bringen, indem er den Einschaltimpuls der Spannungsquelle z.B. mit Element S (Voltage-Controlled Switch) simuliert. In diesem Fall sollten zusätzliche Abblockkondensatoren an den Eingängen der OP s verwendet werden.
- Die Verwendung des Elements Bubble für die Lable VC1 bzw. VC2 ist zu empfehlen um den Absturz des Programms Probe zu vermeiden.

9.6.6 Simulation von Chua's Circuit

Um mit jeweils nur einem Parameter simulieren zu können wurde die folgende Schaltung entwickelt.

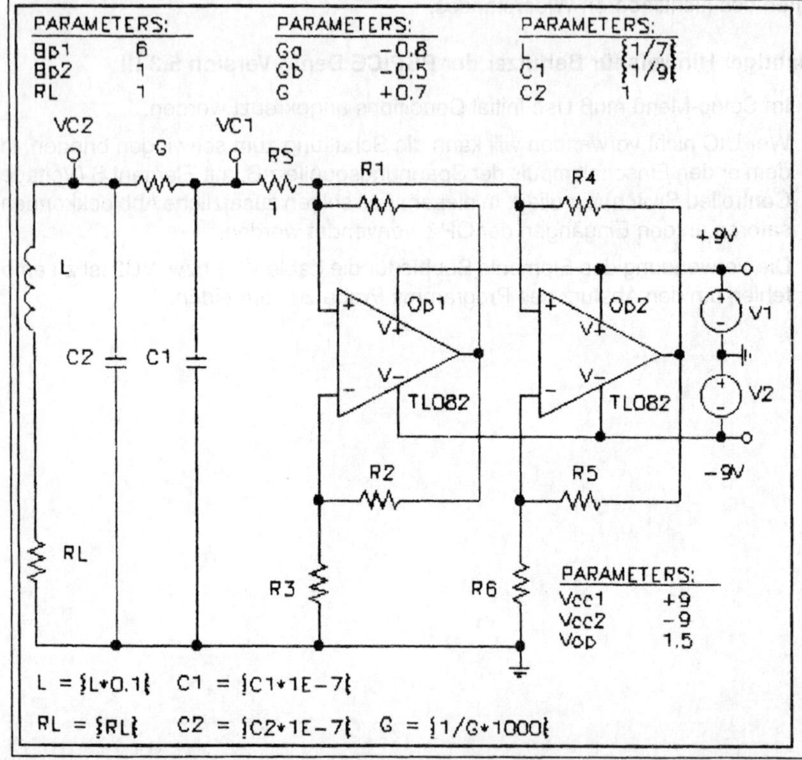

R1 =

{(1-(Vcc1-Vop)/Bp1)/(Gb/1000+Bp2/(Vcc1-Vop)*(Ga/1000-Gb/1000))}

R2 = {((Vcc1-Vop)/Bp1-1)*1000}

R3 = 1000

R4 = {-(Vcc1-Vop)/Bp2/(Ga/1000-Gb/1000)}

R5 = {((Vcc1-Vop)/Bp2-1)*1000}

R6 = 1000

Bild 9.77

9.7 Rauschanalyse eines rauscharmen Verstärkers mit SPICE

**** **CIRCUIT DESCRIPTION**

```
V1 1 0 DC 0 5573 AC 1
RG 1 2 2K
Q1 3 2 0 BC41 3B
RC 3 4 10K
VS 4 0 7
.MODEL BC413B NPN BF=230 RB=210 TF=3N CJE=7P CJC=8P
+IS=7.2E-14 VAF=15 AF=1 KF=1.3E-14
.ac dec 25  10  1 00.000k; *ipsp*
.noise V(3,4) V1  20; *ipsp*
.PLOT NOISE ONOISE INOISE
.PLOT AC VM(3,4)
.PROBE
.END
```

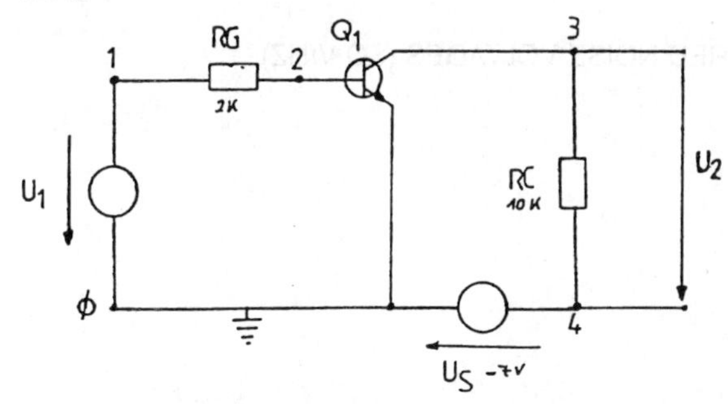

Bild 9.78

**** **BJT MODEL PARAMt I tRS**

```
    BC413B
    NPN
IS  72.000000E-15
BF  230
NF  1
VAF  15
BR  1
NR  1
RB  210
RBM  210
CJE  7.000000E-12
CJC  8.000000E-12
TF   3.000000E-09
KF  13.000000E-15
```

**** **SMALL SIGNAL BIAS SOLUTION TEMPERATURE = 27.000 DEG C**

NODE VOLTAGE NODE VOLTAGE NODE VOLTAGE NODE VOLTAGE

(1) .5573 (2) .5560 (3) 4.9924 (4) 7 0000

VOLTAGE SOURCE CURRENTS
NAME CURRENT

V1 -6.736E-07
VS -2.008E-04

TOTAL POWER DISSIPATION 1.41 E-03 WATTS

**** **NOISE ANALYSIS TEMPERATURE = 27.000 DEG C**

FREQUENCY= 1.000E+01 HZ

**** TRANSISTOR SQUARED NOISE VOLTAGES (SQ V/HZ)

Q1
RB 1.536E-14
RC 0.000E+00
RE 0 000E+00
IB 4.653E-15
IC 5.285E-15
FN 1.888E-11

TOTAL 1.890E-11

**** **RESISTOR SQUARED NOISE VOLTAGES (SQ V/HZ)**

RG RC

TOTAL 1.463E-13 1.362E-16

**** TOTAL OUTPUT NOISE VOLTAGE = 1.905E-11 SQ V/HZ

= 4.365E-06 V/RT HZ

TRANSFER FUNCTION VALUE:

V(3,4)/V1 = 6.644E+01

EQUIVALENT INPUT NOISE AT V1 = 6.570E-8 V/RT HZ

```
**** NOISE ANALYSIS      TEMPERATURE = 27.000 DEG C
______________________________________________________________________
FREQUENCY= 6.310E+01 HZ

**** TRANSISTOR SQUARED NOISE VOLTAGES (SQ V/HZ)

       Q1
RB  1.536E-14
RC  0.000E+00
RE  0.000E+00
IB  4.653E-15
IC  5.285E-15
FN  2.992E-12
TOTAL 3.017E-12

**** RESISTOR SQUARED NOISE VOLTAGES (SQ V/HZ)

        RG     RC
TOTAL  1.463E-13  1.362E-16

**** TOTAL OUTPUT NOISE VOLTAGE   = 3.164E-12 SQ V/HZ
            = 1.779E-06 WRT HZ
TRANSFER FUNCTION VALUE:
  V(3,4)/V1       = 6.644E+01
 EQUIVALENT INPUT NOISE AT V1 = 2.677E-08 V/RT HZ


**** NOISEANALYSIS      TEMPERATURE = 27.000 DEG C
______________________________________________________________________
FREQUENCY= 3.981E+02HZ

**** TRANSISTOR SQUARED NOISE VOLTAGES (SQ V/HZ)

   Q1
RB  1.536E-14
RC  0.000E+00
RE  0.000E+00
IB  4.653E-15
IC  5.285E-15
FN  4.742E-13
TOTAL 4.995E-13

**** RESISTOR SQUARED NOISE VOLTAGES (SQ V/HZ)
```

```
        RG    RC
TOTAL  1.463E-13  1.362E-16

**** TOTAL OUTPUT NOISE VOLTAGE   = 6.460E-13 SQ V/HZ
          = 8.037E-07 V/RT HZ
TRANSFER FUNCTION VALUE:
 V(3,4)/V1        = 6.644E+01
EQUIVALENT INPUT NOISE AT V1 = 1.21 OE-08 V/RT HZ
```

****** NOISEANALYSIS   TEMPERATURE = 27.000 DEG C**

```
FREQUENCY = 2.512E+03 HZ

**** TRANSISTOR SQUARED NOISE VOLTAGES (SQ VIHZ)

       Q1
RB  1.536E-14
RC  0.000E+00
RE  0.000E+00
IB  4.653E-15
IC  5.284E-15
FN  7.515E-14
TOTAL 1.004E-13

**** RESISTOR SQUARED NOISE VOLTAGES (SQ V/HZ)

   RG   RC
TOTAL 1.463E-13 1.362E-16

**** TOTAL OUTPUT NOISE VOLTAGE   = 2.469E-13 SQ V/HZ
          = 4.969E-07 V/RT HZ
TRANSFER FUNCTION VALUE:
 V(3,4)/V1        = 6.643E+01
 EQUIVALENT INPUT NOISE AT V1 = 7.479E-09 V/RT HZ
```

****** NOISE ANALYSIS   TEMPERATURE = 27.000 DEG C**

```
FREQUENCY = 1.585E+04 HZ

**** TRANSISTOR SQUARED NOISE VOLTAGES (SQ V/HZ)

       Q1
RB  1.528E-14
```

```
RC  0.000E+00
RE  0.000E+00
IB  4.629E-15
IC  5.258E-15
FN  1.185E-14
TOTAL 3.702E-14

**** RESISTOR SQUARED NOISE VOLTAGES (SQ V/HZ)

   RG    RC
TOTAL 1.456E-13 1.355E-16

**** TOTAL OUTPUT NOISE VOLTAGE    = 1.827E-13 SQ V/HZ
                 = 4.274E-07 V/RT H2
TRANSFER FUNCTION VALUE:
 V(3,4)N1        = 6.626E+01
 EQUIVALENT INPUT NOISE AT V1 = 6.451 E-09 V/RT HZ
```

****** NOISE ANALYSIS   TEMPERATURE = 27.000 DEG C**

```
FREQUENCY = 1.000E+05 HZ

**** TRANSISTOR SQUARED NOISE VOLTAGES (SQ V/HZ)

   Q1
RB  1.270E-14
RC  0.000E+00
RE  0.000E+00
IB  3.846E-15
IC  4.378E-15
FN  1.560E-15
TOTAL 2.248E-14

**** RESISTOR SQUARED NOISE VOLTAGES (SQ V/HZ)

   RG    RC
TOTAL 1.209E-13 1.128E-16

**** TOTAL OUTPUT NOISE VOLTAGE    = 1.435E-13 SQ VIHZ
               = 3.788E-07 V/RT HZ
TRANSFER FUNCTION VALUE:
 V(3,4)/V1       = 6.040E+01
 EQUIVALENT INPUT NOISE AT V1 = 6.273E-09 V/RT HZ
```

9.8 Klirranalyse der Basisschaltung durch Fourieranalyse im PSPICE

Zusammenfassung

Die durch die Simulation ermittelten Werte für Verstärkung und Klirren stimmen in hohem Maße, Fehler im Bereich 1 %, mit den durch Rechnung aus dem vereinfachten Ersatzschaltbild gewonnenen Werten überein. Der Fehler rührt von den unvermeidlichen Spannungsteilern der zur Signalankopplung nötigen Blindwiderstände her. Mit einem größeren Gegenkopplungsfaktor fällt die Verstärkung aber wesentlich stärker das Klirren ab, somit nimmt auch die Klirrgüte mit steigender Gegenkopplung ab. Dieses Verhalten konnte über einen Bereich von 30 dB nachgewiesen werden.

Aufgabenstellung

Zu analysieren ist eine Transistorschaltung in Bipolartechnik, inwieweit der Klirrfaktor durch die Wahl der Gegenkopplung beeinflußt werden kann. Untersucht werden soll eine Basisschaltung eines npn-Transistors, der einerseits durch eine Gleichspannungsversorgung in einem festen Arbeitspunkt betrieben wird, andererseits bei rein harmonischer Signalanregung auf Klirren im verstärkten Signal untersucht werden soll. Die Analyse erfolgt mit dem PC-Programm PSPICE.

9.8.1 Arbeitspunkt und Signalankoppung

9.8.1.1 Wahl des Arbeitspunktes

Um möglichst frei von Sonderfällen diese Aufgabe zu behandeln, verwendet man zunächst ein Standardmodell eines npn-Transistors, damit man relativ allgemeine Aussagen treffen kann und um möglichst nah am theoretischen, analytisch berechenbaren Transistormodell zu sein.
Die Wahl des Arbeitspunktes hängt von der Eingangskennlinie $I_B(U_{BE})$ des Transistors und von der Amplitude des sin-Signals ab, um damit den Transistor immer im aktiven Bereich zu betreiben. Der Transistor soll weder "geschaltet" werden, noch in die Sättigung geraten. Dadurch wird auch gewährleistet, daß der Verstärkerausgang als reine Stromquelle betrachtet werden kann, es gilt also:
$I_C \neq I_C(U_{CE})$. Die Nichtlinearität des Transistors geht voll auf die nichtlineare Eingangskennlinie $I_B = I_B(U_{BE})$ zurück.
Zudem soll die Verstärkerschaltung auch als solche funktionieren, also das Signal verstärken. Dazu ist es sinnvoll, den Arbeitspunkt so zu wählen, daß die Steilheit der Eingangskennlinie groß ist.
Die selbst gestellten Anforderungen sind das Signal der Amplitude $\hat{u}_0 = 10$ mV und der Frequenz $f = 100$ kHz, als auch eine Verstärkung $V > 1$. Diesen Ansprüchen genügt der Arbeitpunkt

$$U_{BE0} = 0{,}814 \text{ V} \qquad I_{B0} = 4{,}68 \cdot 10_{-5} \text{ A} \quad .$$

Das Standardmodell eines npn-Transistors besitzt eine Stromverstärkung $\beta \frac{I_C}{I_B} =$ 100, womit man nun bei einem Aussteuerbereich des Transistors von $U_{Batt} = 18$ V die einzustellenden Parameter aus dem folgenden Ersatzschaltbild 9.79 entnehmen kann. In der Praxis erfolgt die Arbeitspunkteinstellung natürlich nur mit einer Batteriespannung (siehe später). Der Arbeitspunkt soll für sämtliche Werte von R_E fest bleiben.

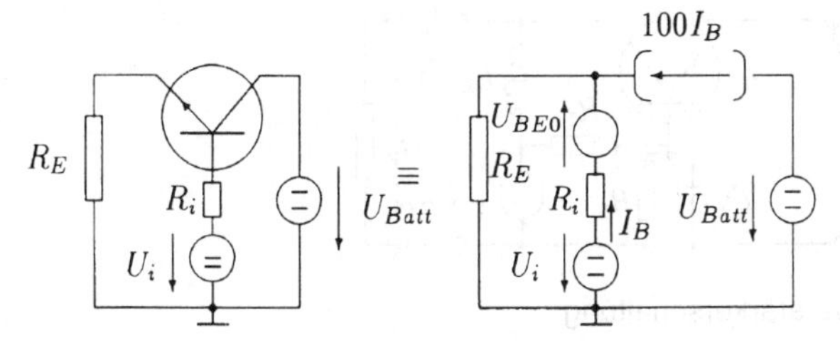

Bild 9.79: Transistorbeschaltung und Ersatzschaltbild zur Arbeitspunkteinstellung

$$U_i = I_{B0}R_i + U_{BE0} + 101 I_{B0} R_E \tag{1.1}$$

$$\boxed{R_i = \frac{U_i - U_{BE0}}{I_{B0}} - 101 R_E \overset{!}{>} 0} \tag{1.2}$$

Es wurde gewählt:

U_i = 12,6 V
R_i = 50 kΩ
R_E = 2 kΩ

Die Gegenkopplung des Verstärkers geschieht dann einfach durch "Ausblenden" eines Teiles von R_E, indem dieser in eine Serienschaltung zweier Widerstände aufgeteilt wird und der eine davon durch eine parallelgeschaltete Kapazität für die Signalspannung, die in Serie zu R_E liegt, kurzgeschlossen wird. Der Arbeitspunkt bleibt natürlich dabei derselbe.

9.8.1.2 Kapazitive Signalankopplung

Ausgehend von dem oben gewählten Arbeitspunkt läßt sich nun die vollständige Verstärkerschaltung angeben, (siehe Bild 9.80).
Die Koppelkapazitäten C_k bilden für die NF-Signalspannung einen Kurzschluß und sorgen damit für die wechselstrommäßige Ankopplung von Quelle und Last an die Verstärkerschaltung, zudem wird die Transistorbasis auf Massepotential gelegt, um ein definiertes Potential zu erhalten. Die Koppelinduktivität L_k entkoppelt den Signalstrom von der Gleichspannungsversorgung. Ein Ersatzschaltbild für den Si-

gnalstrom sieht dann wie in Bild 9.81 dargestellt aus. Zur Dimensionierung müssen folgende Bedingungen erfüllt sein:

– Die Zeitkonstante der jeweiligen RC- bzw. LC- Glieder sollen kleiner oder gleich einer Signalperiode sein, um kein allzu langes Einschwingverhalten zu bekommen.

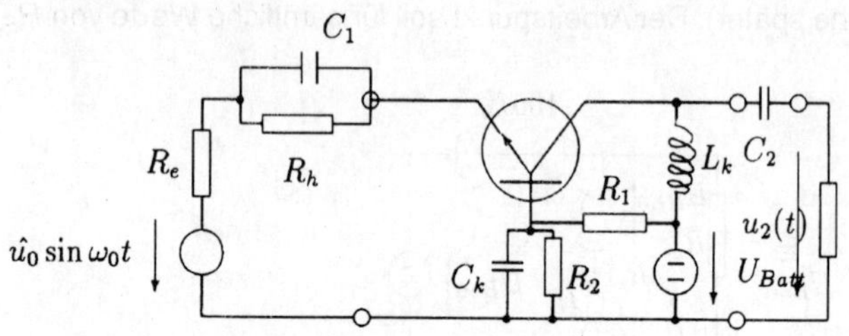

Bild 9.80: Vollständige Verstärkerschaltung

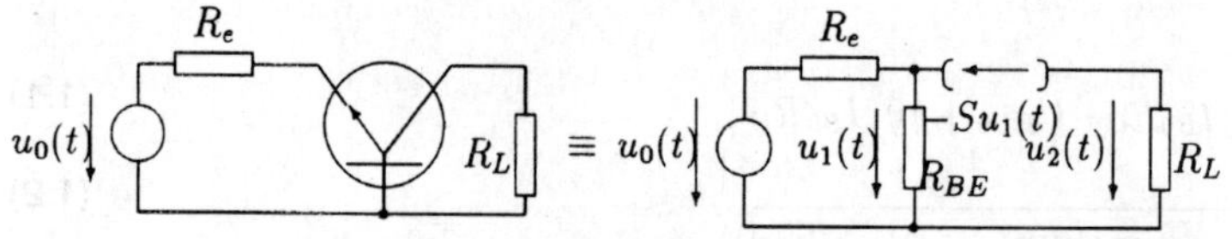

Bild 9.81: Ersatzschaltbild der Verstärkerschaltung für das NF-Signal

– Der kapazitive Wechselstromblindwiderstand soll wesentlich kleiner sein, als die anliegende ohmsche Last, um als idealer Kurzschluß aufgefaßt werden zu können.

– Der induktive Wechselstromblindwiderstand soll wesentlich größer als die zu entkoppelnde ohmsche Belastung sein, um als idealer Leerlauf betrachtet zu werden.

Im einzelnen sind das die Forderungen:

$$0,3\mu\text{F} = \frac{1}{\omega R_{ein}} \ll C_1 \leq \frac{1}{f R_{ein}} = 2\mu\text{F}$$

$$66\text{nF} = \frac{1}{\omega R_{aus}} \ll C_2 \leq \frac{1}{f R_{aus}} = 400\text{nF}$$

$$3\text{nF} = \frac{1}{100\omega R_{ein}} \ll C_k \leq \frac{1}{100 f R_{ein}} = 20\text{nF}$$

$$40\mu\text{H} = \frac{R_{aus}}{\omega} \ll L_k \leq \frac{R_{aus}}{f} = 0,5\text{mH}$$

Mit den vom Arbeitspunkt abhängigen Parametern Eingangswiderstand R_{ein}, der im wesentlichen der Basis-Emitter-Widerstand

$$R_{BE} = \left(\frac{\partial I_C}{\partial U_{BE}} \bigg|_{U_{BE}=U_{BEO}} \right)^{-1} = \frac{U_T}{I_C 0} = 5,3\Omega$$

ist und den Ausgangswiderstand R_{aus}, der aus der Last

$$R_L = 500\Omega$$

besteht, lassen sich nun die Kapazitäten und Induktivität berechnen.
Die dazugehörigen Werte sind:

$$\begin{array}{rclrcl} R_E &=& R_e + R_h = 2 \text{ k}\Omega & \hat{u}_0 &=& 10 \text{ mV} \quad R_L = 500\Omega \\ C_1 &=& 2\mu \text{ F} \quad C_2 = 400 \text{ nF} & L_k &=& 0,5 \text{ mH} \quad C_k = 20 \text{ nF} \\ U_{Batt} &=& 18 \text{ V} & R_1 &=& 71,5 \text{ k}\Omega \quad R_2 = 166,3 \text{ k}\Omega \end{array} \quad (1.3)$$

9.8.1.3 Berechnung der Verstärkung und des Gegenkopplungsfaktors

Grundsätzlich läßt sich sowohl die Verstärkung V als auch der Gegenkopplungsfaktor F einerseits mit der Vierpoltheorie berechnen, wozu ein kurzer Ansatz folgt, andererseits lassen sich beide Größen aber auch aus dem vereinfachten Ersatzschaltbild ableiten.

Für die Leitwertmatrix der Basisschaltung gilt

$$(\underline{Y_B}) = \frac{1}{r_{ce}} \begin{pmatrix} 1 + r_{ce}(S + \frac{1}{r_{be}}) & -1 \\ -(1 + Sr_{ce}) & 1 \end{pmatrix}$$

mit dem Kollektorwiderstand $r_{ce} = \frac{U_{AF}}{I_C}$ dem Basis-Emitter-Widerstand $r_{be} = \beta R_{BE}$, der hier bezüglich der Basis definiert ist und der Steilheit $S = \frac{I_C}{U_T}$. Es gilt $\beta = 100$, $U_T = 25$ mV und $U_{AF} = \infty$, bzw. $r_{be} = 530\Omega$, $r_{ce} = \infty$ und $S = 0,1872 \frac{A}{V}$.

Die Gegenkopplung geschieht nun über Variation des Quelleninnenwiderstandes bei gleichbleibendem Arbeitspunkt. Dies entspricht einem Spannungsteiler von R_e auf R_{BE}.

Es gilt für die Verstärkung V:

$$V = \frac{U_2}{U_0} = \frac{U_2}{U_1} \cdot \frac{U_1}{U_0}$$

dabei ist

$$\frac{U_2}{U_1} = -\frac{I_C R_L}{U_1} = \frac{-S(-U_1)R_L}{U_1} = SR_L$$

und

$$\frac{U_1}{U_0} = \frac{1}{1 + \frac{R_e}{R_{BE}}}$$

woraus sich die Verstärkung eindeutig zu

$$\boxed{V = \frac{SR_L}{1 + \frac{R_e}{R_{BE}}}} \tag{1.4}$$

ergibt. Da der gegenkopplungsfreie Fall durch $R_0 = 0$ und $V_0 = SR_L$ gegeben ist, ergibt sich damit auch der Gegenkopplungsfaktor F aus $V = \frac{V_0}{F}$ sofort als

$$\boxed{F = 1 + \frac{R_e}{R_{BE}}} \tag{1.5}$$

Wichtig sind nun noch die in dB angegebenen logarithmischen Größen von Verstärkung und Gegenkopplungsfaktor

$$V_{dB} = 20 \lg V$$

$$F_{dB} = 20 \lg F$$

Für die Klirrgüte M_{2E}, die in Kapitel 2 definiert wird, erhält man nach kurzer Umformung, bei der die Amplitudenwerte so aufgeteilt werden, daß dabei nur Verstärkung, Klirrfaktor und die log. Eingangsleistung stehen bleiben, folgende Beziehung:

$$M_{2EdB} = 20 \lg K_2 - 20 \lg V - P_{0dBm}$$

bzw.:

$$M_{2EdB} = K_{dB} - V_{dB} - P_{0dBm}$$

Der Klirrfaktor wird im nachfolgenden Kapitel definiert.
Man hat also eine Gleichung erhalten, in der nur noch bekannte, bzw. zu ermittelnde Größen vorhanden sind. Bekannt sind jetzt schon die Verstärkung für den gegenkopplungsfreien Fall $V_0 = 93{,}6$ bzw. in dB $V_{0dB} = 39{,}43$dB und die Eingangsleistung $P_{0dBm} = 10 \lg \frac{\hat{u}_0^2}{R_L \cdot 1mW} = -36{,}99$dBm.
Die später simulierten Werte müssen sich dann auf diese theoretischen Werte zurückführen lassen. Aber vor der Simulation soll nun erst einmal der oben eingeführte Begriff des Klirrens genauer erläutert werden.

9.8.2 Ursache des Klirrens

9.8.2.1 Klirrursache aufgrund des theoretisches Transistormodells

9.8.2.1.1 Einführung des bekannten Transistormodells

Im weiteren wird nun die Ursache für das Zustandekommen des Klirrens erläutert, wobei man zur analytischen Behandlung der Nichtlinearität das theoretische Transistormodell einführt. Hierin gilt im aktiven Bereich des Transistors unter Vernachlässigung der Early-Spannung ($I_C \neq I_C(U_{CE})$) für den Kollektorstrom:

$$I_C = I_S \left(\exp\left[\frac{u_{BE}}{U_T} \right] - 1 \right) \tag{2.1}$$

mit dem Sättigungsstrom $I_s \approx 10^{-15}$ A und der Temperaturspannung $U_T \approx 25$ mV. Es wird hier nur der gegenkopplungsfreie Fall betrachtet. Damit erhält man für die Ausgangspannung u_2 mit der anliegenden Spannung

$$u_{BE} = U_{BE0} - \frac{R_{BE}}{R_{BE} + R_e} \hat{u_0} \sin \omega_0 t \tag{2.2}$$

oder mit der Abkürzung

$$u\hat{_{BE}} = \frac{R_{BE}}{R_{BE} + R_e} \hat{u_0}$$

erhält man:

$$\boxed{u_2 = I_S R_L \left(1 - \exp \frac{U_{BE0} - u\hat{_{BE}} \sin \omega_0 t}{U_T} \right)} \tag{2.3}$$

9.8.2.1.2 Herleitung der ersten Klirrfaktorwerte durch Näherung

Da die Transistorschaltung nur im NF-Bereich betrachtet werden soll und die Koppelkondensatoren bzw. Induktivitäten ideal als Kurzschluß bzw. als Leerlauf behandelt werden, andererseits auch die Energiespeicher im Ersatzschaltbild des Transistors vernachlässigt werden, vereinfacht sich der Ansatz als Entwicklung von $u_2(U\hat{_{BE}})$ in eine Taylor-Reihe, anstatt einer Volterra-Reihe, was der allgemeine Fall ist.
Man setzt nun an:

$$\begin{aligned} u_2 &= u_2(u_{BE}) = u_2(U_{BE0} + \Delta u_{BE}) \\ &\approx u_2(u_{BE})\big|_{u_{BE}=U_{BE0}} + \frac{\Delta u_{BE}}{1!} \cdot \frac{\partial u_2}{\partial u_{BE}}\bigg|_{u_{BE}=U_{BE0}} \\ &\quad + \frac{\Delta u_{BE}^2}{2!} \cdot \frac{\partial^2 u_2}{\partial u_{BE}^2}\bigg|_{u_{BE}=U_{BE0}} + \frac{\Delta u_{BE}^3}{3!} \cdot \frac{\partial^3 u_2}{\partial u_{BE}^3}\bigg|_{u_{BE}=U_{BE0}} \end{aligned}$$

Setzt man nun Gleichung 2.3 ein und vereinfacht diesen entstehenden Ausdruck mit den unten angegebenen trigonometrischen Beziehungen, lassen sich die Amplituden der ersten Oberwellen berechnen.

$$\sin^2 x = \frac{1}{2}\left[1 - \cos 2x\right]$$

$$\sin^3 x = \frac{1}{4}\left[3\sin x - \sin 3x\right]$$

$$\begin{aligned}
u_2(u_{BE})\big|_{u_{BE}=U_{BE0}} &= I_S R_L \left(1 - \exp\frac{U_{BE0}}{U_T}\right) \\
\left.\frac{\partial u_2(u_{BE})}{\partial u_{BE}}\right|_{u_{BE}=U_{BE0}} &= -\frac{I_S R_L}{U_T}\exp\frac{U_{BE0}}{U_T} \\
\left.\frac{\partial^2 u_2(u_{BE})}{\partial u_{BE}^2}\right|_{u_{BE}=U_{BE0}} &= -\frac{I_S R_L}{U_T^2}\exp\frac{U_{BE0}}{U_T} \\
\left.\frac{\partial^3 u_2(u_{BE})}{\partial u_{BE}^3}\right|_{u_{BE}=U_{BE0}} &= -\frac{I_S R_L}{U_T^3}\exp\frac{U_{BE0}}{U_T}
\end{aligned}$$

Die Ausgangsspannung u_2 läßt sich nun darstellen als Summe von Gleichanteil, Grundwelle und den beiden Oberwellen, wobei der Gleichanteil natürlich durch die Kapazitäten eleminiert wird.

$$u_2 = U_0 + \hat{u_1}\sin\omega_0 t + \hat{u_2}\cos 2\omega_0 t + \hat{u_3}\sin 3\omega_0 t$$

mit den Amplitudenwerten

$$\boxed{\begin{aligned}
U_0 &= I_S R_L \left[1 - \exp\frac{U_{BE0}}{U_T}\left(\frac{1}{4}\left(\frac{\hat{u_{BE}}}{U_T}\right)^2 \exp\frac{U_{BE0}}{U_T} + 1\right)\right] \\
\hat{u_1} &= I_S R_L \exp\frac{U_{BE0}}{U_T}\left(\frac{\hat{u_{BE}}}{U_T} + \frac{1}{8}\left(\frac{\hat{u_{BE}}}{U_T}\right)^3\right) \\
\hat{u_2} &= \tfrac{1}{4} I_S R_L \exp\frac{U_{BE0}}{U_T}\left(\frac{\hat{u_{BE}}}{U_T}\right)^2 \\
\hat{u_3} &= -\tfrac{1}{24} I_S R_L \exp\frac{U_{BE0}}{U_T}\left(\frac{\hat{u_{BE}}}{U_T}\right)^3
\end{aligned}} \tag{2.4}$$

Als Klirrfaktor K_ν der ν-ten Harmonischen definiert man nun das Verhältnis der Amplitude $\hat{u_\nu}$ der $(\nu-1)$-ten Oberwelle zur Amplitude der Grundwelle $\hat{u_1}$.

$$K_\nu = \frac{\hat{u}_\nu}{\hat{u}_1}$$

Näherungsweise gilt hier somit:

$$\boxed{\begin{aligned} K_2 &= \frac{1}{4}\left(\frac{\hat{u_{BE}}}{U_T}\right) \\ K_3 &= -\frac{1}{24}\left(\frac{\hat{u_{BE}}}{U_T}\right)^2 \end{aligned}} \qquad (2.5)$$

Bei der gewählten Dimensionierung erhält man also als Klirrfaktor der ersten Oberwelle $K_2 = 10$ %, bzw. für die zweite $K_3 = 6{,}67$ %, wobei bei der Simulation nur die erste betrachtet wird, da diese dominant ist. Es sollte demnach $K_{2dB} = -20$dB sein. Zur Kontrolle kann man hier auch noch einmal die Verstärkung überprüfen, aber auch hier ergibt sich $V_{dB} = 39{,}4$dB.
Da bisher noch nicht untersucht wurde, wie sich die Gegenkopplung auf das Klirren auswirkt, folgt nun noch eine kurze Erläuterung der zu erwartenden Ergebnisse.

9.8.2.2 Einfluß der Gegenkopplung auf den Klirrfaktor

Die Abhängigkeit des Klirrfaktors von der Gegenkopplung rührt daher, daß die Gegenkopplung den Aussteuerbereich linearisiert, d.h. die lineare Übertragungsfunktion wird gegenüber den nichtlinearen stärker dominieren.
Gegeben sei ein gegengekoppelter Verstärker mit der linearen Übertragungsfunktion $\underline{W_1}(p)$ und der nichtlinearen Übertragungsfunktion 2. Ordnung $\underline{W_2}(p_1,p_2)$ und dem Gegenkopplungsfaktor $\underline{K}(p)$. Die lineare Verstärkung ergibt sich bekanntlich zu

$$\underline{V_1}(p) = \frac{W_1(p)}{1 - \underline{W_1}(p)\underline{K}(p)}$$

und nach [1] erhält man für die nichtlineare Verstärkung 2. Ordnung

$$\underline{V_2}(p_1,p_2) = \frac{\underline{W_2}(p_1,p_2)}{\left[1-\underline{W_1}(p_1)\underline{K}(p_1)\right]\left[1-\underline{W_1}(p_2)\underline{K}(p_2)\right]} \cdot \frac{1}{1-\underline{W_1}(p_1+p_2)\underline{K}(p_1+p_2)}$$

woraus man die Klirrgüte 2. Ordnung des Verstärkers berechnen kann. Die Klirrgüte für die Frequenz f_1 ist hier definiert zu

$$M_{2E} = P_{dBm}(2f_1) - 2P_{dBm}(f_1)$$

und ergibt somit

$$M_{2E} = 20\lg\frac{\sqrt{2R_L\cdot 1\ \mathrm{mW}}}{2} \cdot \left|\frac{\underline{W_2}(p_1,p_1)}{\underline{W_1^2}(p_1)} \cdot \frac{1}{1-\underline{W_1}(2p_1)\underline{K}(2p_1)}\right|$$

Der Ausdruck $1 - \underline{W}_1(2p_1)\underline{K}(2p_1)$ entspricht dem Gegenkopplungsfaktor, womit die Klirrgüte M_{2E} proportional zum Kehrwert des Gegenkopplungsfaktors F sein muß. Die Klirrgüte sinkt mit steigender Gegenkopplung. Es folgen nun die mit PSPICE - Simulation erzielten Ergebnisse für die hier vorliegende Schaltung eines Transistorverstärkers in Basisschaltung.

9.8.3 Numerische Simulation durch PSPICE

9.8.3.1 Vorgehensweise

Das Klirren der Verstärkerschaltung wird bei der Frequenz $f = 100$ kHz untersucht und dazu für die verschiedenen Werte von R_e bzw. R_h Gegenkopplungsfaktoren von $F_{dB} = 0$dB bis $F_{dB} = 30$dB realisiert und jeweils eine Simulation durchgeführt, bei dem der Klirrfaktor der 1. Oberwelle berechnet wird. Dies erfolgt über einen Einschaltvorgang eines sin-Signales mit der Dauer von 20 Perioden, wobei nur die letzten 10 ausgewertet werden. Zudem wurde die Signalverstärkung betrachtet, die natürlich auch von der Gegenkopplung abhängt. Die Dimensionierung zur Realisierung gewünschter F_{dB} entnimmt man den folgenden Gleichungen.

$$R_e = R_{BE}(F - 1) \quad \text{und} \quad R_h = R_E - R_e \quad \text{mit} \quad R_E = 2\text{k}\Omega$$

Damit lassen sich nun die dem Simulationsergebnis entnommenen Werte für Verstärkung und Klirrfaktor in Abhängigkeit von der Gegenkopplung graphisch darstellen; hinzu kommt natürlich noch die Klirrgüte, deren Verhalten ja gerade zu bestimmen war.
Als nächstes folgt ein vollständiges Beispiel mit Schaltungseingabe und der von PSPICE geschriebenen und anschließend interpretierten Ausgabe.

9.8.3.2 Ausführliches Beispiel

Als Beispiel wird die schon oben geg. Schaltung nach Bild 9.80 für $F_{dB} = 20$dB eingegeben. Die Datei VERST1.CIR lautet:

```
Klirranalyse Basisschaltung

vcc  8  0  dc  18
v0  0  1  sin  0  10m  100k  0  0
re  1  2  47.7
rh  3  2  1952.3
r1  8  6  71.5k
r2  6  0  166.3k
rL  7  0  500
c1  2  3  2u
c2  4  7  400n
ck  6  0  20n
```

```
lk 8 4 0.5m
qb 4 6 3 norm
.model norm npn
.op
.tran 500n 200u 100u 100n
.four 100kHz V(7)
.end
```

Für den Arbeitspunkt des Transistors erhält man

$$I_{B0} = 4{,}67 \cdot 10^{-5}\ \text{A} \quad I_{C0} = 4{,}67\ \text{mA} \quad U_{BE0} = 0{,}814\ \text{V} \quad U_{CE0} = 8{,}55\ \text{V}$$

9.8.3.3 Endergebnis

Es werden nun die Simulationsergebnisse für den gegenkopplungsfreien Fall angegeben. Als Verstärkung ergibt sich

$$V_{dB} = 33{,}2\text{dB}$$

und als Klirrfaktor der 1. Oberwelle erhält man

$$K_{2dB} = -17{,}45\text{dB}$$

Daraus errechnet man die Klirrgüte zu

$$M_{2EdB} = -13{,}6\text{dB}$$

Da diese Werte von den zuerst berechneten erheblich abweichen, wird noch ein genaueres Ergebnis angegeben. Es wurde angenommen, daß Die Last rein ohmisch ist, was natürlich nicht stimmt. Berechnet man die Last exakt für die gewählte Frequenz ergibt sich eine Impedanz $\underline{Z}_L = 267{,}5 \exp j30°\Omega$. Dieser Wert weicht von den erwarteten 500Ω deutlich ab. Mit dieser genauen Angabe erhält man für die Verstärkung

$$V_{dB} = 32{,}74\text{dB}$$

und damit sehr genau den Simulationswert. Bei dem Klirrfaktor berücksichtigt man den Eingangsspannungsteiler über die Kapazität C_1 und erhält für den Klirrfaktor der ersten Oberwelle

$$K_{2dB} = -18{,}3\text{dB}$$

womit man auch sehr gut die Simulation als Bestätigung auffassen kann.
Aufgrund der großen Übereinstimmung zwischen den per Hand berechenbaren Referenzwerten und den simulierten Werten, können diese theoretischen Ableitungen nicht ganz falsch sein, andererseits lassen sich nun auch die simulierten Werte für eine Auswertung heranziehen.

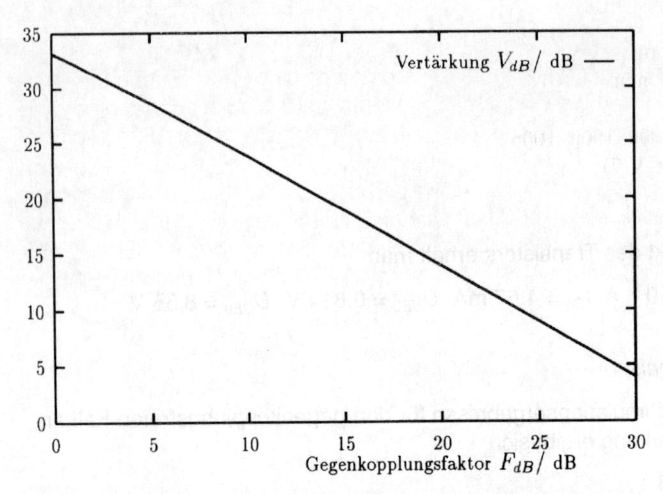

Bild 9.82: Verstärkung VdB in dB als Funktion des Gegenkopplungsfaktors F_{dB} in dB

Es werden nun erstens die logarithmische Verstärkung, zweitens der logarithmische 2. Klirrfaktor und zu guter Letzt die logarithmische Klirrgüte in Abhängigkeit von dem logarithmischen Gegenkopplungsfaktor graphisch dargestellt.

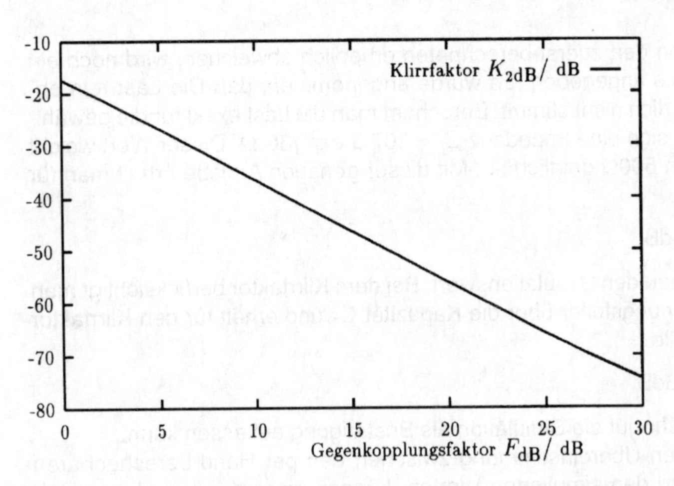

Bild 9.83: Klirrfaktor K_{2dB} der 1. Oberwelle in dB als Funktion des Gegenkopplungsfaktors F_{dB} in dB

9.8.3.4 Schlußfolgerungen

Die theoretisch abgeleiteten Beziehungen lassen sich durch numerische Simulation bestätigen, bzw. die Theorie öffnet der Simulation erst die Tür zur Anerkennung der Ergebnisse, da auch die Numerik nicht immer unfehlbar sein muß.

Die zu belegende Aussage, daß die Gegenkopplung das Klirrverhalten in der abgeleiteten Weise positiv beeinflußt, läßt sich im Bild 9.84 anschaulich demonstrieren. Die Klirrgüte sinkt mit 20 dB pro Dekade Gegenkopplung. Das ist die gesuchte Aussage: ein mit 10 dB zu stark klirrender Verstärker muß mit 10 dB gegengekoppelt werden.

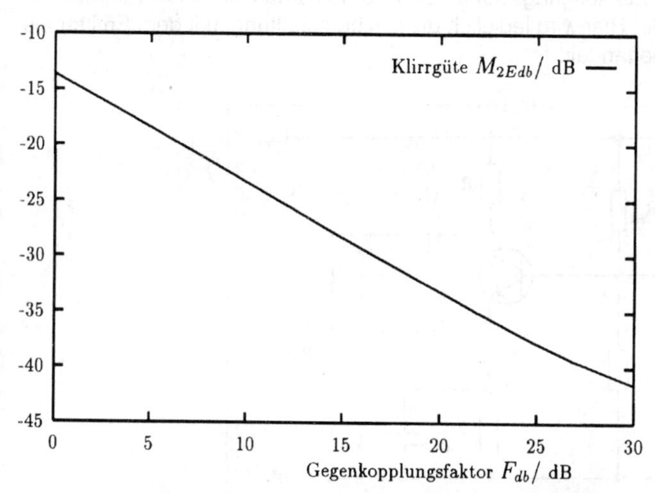

Bild 9.84: Klirrgüte M_{2EdB} in dB als Funktion des Gegenkopplungsfaktors F_{dB} in dB

9.9 Klirrens einer Emitterstufe in Abhängigkeit der Gegenkopplung mit Fourieranalyse im PSPICE

9.9.1 Grundlagen

9.9.1.1 Emitterschaltung

Für Transistorverstärkerschaltungen gibt es drei Schaltvarianten:
Emitterschaltung, Basisschaltung, Kollektorschaltung.
Kennzeichnend für die Schaltvarianten ist die gemeinsame Bezugselektrode für das Eingangs- und das Ausgangssignal. Den Namen erhält die Schaltvariante von der Bezugselektrode. Hier wird lediglich die Emitterschaltung, mit dem Emitter als Bezugselektrode, behandelt.

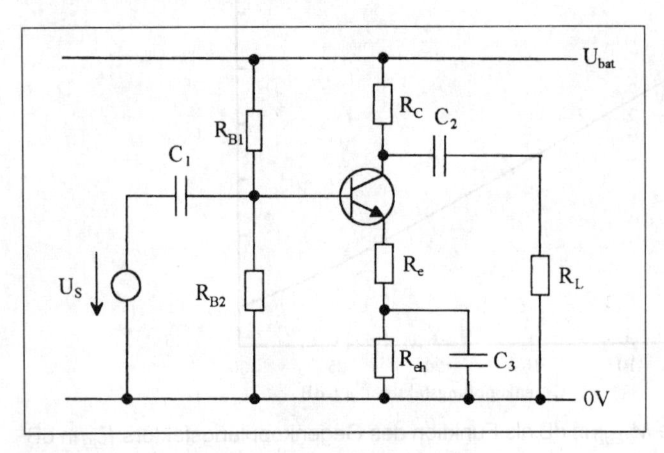

Bild 9.85: Emitterschaltung mit Gegenkopplung

Bild 9.85 zeigt eine typische Emitterschaltung. Der Spannungsteiler aus den Widerständen R_{B1} und R_{B2} dient zur Arbeitspunkteinstellung. Das Signal (hier eine reine Sinusspannung) wird über den Kopplungskondensator C_1 an den Eingang der Emitterstufe gelegt. Ebenso wird das Ausgangssignal über den Kondensator C_2 ausgekoppelt. Der Kollektorwiderstand R_c im Kollektorkreis dient als Arbeitswiderstand. Da der eingestellte Arbeitspunkt der Emitterschaltung empfindlich auf Temperaturschwankungen reagiert, wird der Arbeitspunkt mit R_{eh} und C_3 stabilisiert. R_e ist der Reihenkopplungswiderstand. Das Signalverhalten des Transistors hängt vom gewählten Arbeitspunkt ab. Hier soll eine Sinusspannung verstärkt werden, d.h. der Transistor wird gleichstrommäßig um den Arbeitspunkt ausgesteuert. Der Arbeitspunkt ist nun so zu wählen, daß sowohl die positiven als auch die negativen Signalanteile ein Durchsteuern des Transistors gewähren. Mit anderen Worten, es muß gewährleistet sein, daß der Transistor nicht als Schalter fungiert.

9.9.1.2 Der Gegenkopplungsfaktor F

9.9.1.2.1 Leitwertmatrix des Transistors

Die Eigenschaften der Emitterschaltung können vollständig mit der allgemeinen Vierpoltheorie beschrieben werden. Daraus ergibt sich die folgende Leitwertmatrix:

$$(Y_e) = \begin{bmatrix} Y_{11e} & Y_{12e} \\ Y_{21e} & Y_{22e} \end{bmatrix} = \begin{bmatrix} \frac{1}{r_{be}} & 0 \\ S & \frac{1}{r_{ce}} \end{bmatrix}$$

r_{be} und r_{ce} sind die differentiellen ohmschen Widerstände im gewählten Arbeitspunkt. S wird als Steilheit des Transistors bezeichnet. Die Steilheit S gibt die Änderung des Kollektorstroms als Funktion der Änderung der Basis-Emitter-Spannung U_{be} an.
Die differentiellen ohmschen Widerstände r^{be} und r_{ce} und die Steilheit S werden folgenderweise berechnet:

- Der differentielle ohmsche Basis-Emitter-Widerstand r_{be}

$$r_{be} = \frac{\partial U_{be}}{\partial I_b} = \frac{\beta \cdot U_T}{I_c}$$

- Der differentielle ohmsche Kollektor-Emitter-Widerstand r_{ce}

$$r_{ce} = \left. \frac{\partial U_{ce}}{\partial I_c} \right|_{U_{be}=const} = \frac{U_{AF}}{I_c}$$

- Die Steilheit S des Transistors

$$S = \frac{\partial I_c}{\partial U_{be}} = \frac{I_c}{U_T}$$

U_{AF} ist die Early-Spannung. Sie berücksichtigt den Early-Effekt.
U_T ist die Temperaturspannung. Bei Zimmertemperatur beträgt sie ungefähr 26mV

Mit diesen Angaben kann nun die Leitwertmatrix vollständig berechnet werden. Die einzelnen Größen werden aus den Datenblättern des jeweiligen verwendeten Transistors entnommen. Da zur Berechnung der Gegenkopplung F die H-Parameter benötigt werden, wir jetzt noch kurz die Matrixumwandlung von der Leitwertmatrix in die H-Matrix behandelt.

9.9.1.2.2 Umwandlung der Leitwertmatrix in die H-Matrix

Die Umrechnung der Leitwertmatrix in die H-Matrix kann nach den folgenden Berechnungsvorschriften durchgeführt werden.

$$(H_e) = \begin{bmatrix} \frac{1}{Y_{11e}} & \frac{-Y_{12e}}{Y_{11e}} \\ \frac{Y_{21e}}{Y_{11e}} & \frac{\det Y_e}{Y_{11e}} \end{bmatrix}$$

9.9.1.2.3 Herleitung der Gegenkopplung mit der Signalflußmethode

Die Signalflußmethode hat sich vor allem bei der Berechnung von Schaltungen mit kombinierter Gegenkopplung und mehreren verschachtelten Gegenkopplungsschleifen bewährt. Durch die Grundregeln der Signalflußmethode kann ein aufwendiger Signalgraph auf einen weniger aufwendiger Signalgraph reduziert werden. Hier wird lediglich der Grundsignalflußgraph eines gegengekoppelten Verstärkers betrachtet.

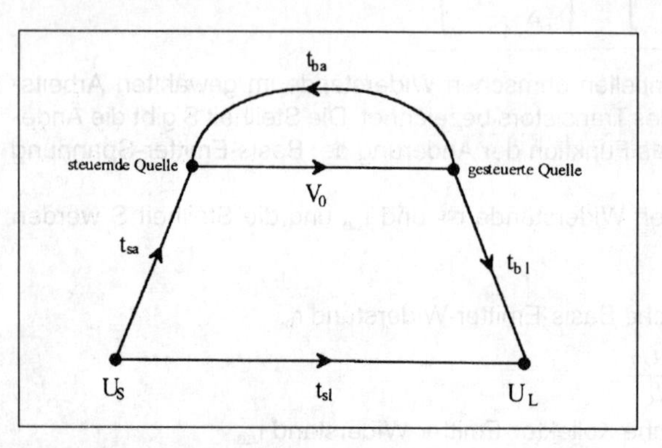

Bild 9.86: Signalflußgraph eines gegengekoppelten Verstärkers

Beschreibung des Signalflußgraphen:

- U_s Eingangsspannung
- U_L Ausgangsspannung
- t_{sl} direkter Übertragungsweg vom Eingang zum Ausgang
- t_{sa} Übertragungsweg von der Signalquelle zur steuernden Quelle
- t_{bl} Übertragungsweg von der gesteuerten Quelle zum Ausgang
- t_{ba} Rückkopplung
- V_0 Verstärkung der steuernden Quelle durch die gesteuerte Quelle

Aus dem Signalflußgraph kann mit Hilfe eines geeigneten Ersatzschaltbildes des reihengegengekoppelten Verstärkers die Gesamtverstärkung V und der Gegenkopplungsfaktors F (return difference) in Abhänigkeit der H-Parameter berechnet werden.

- Gesamtverstärkung V:

$$V = V_0 \cdot \frac{t_{bl} \cdot t_{sa}}{1 - V_0 \cdot t_{ba}} = \frac{-H_{21e} \cdot R_c}{(1 + H_{22e} \cdot R_e) \cdot (R_e + H_{11e}) + R_e \cdot H_{21e}}$$

Das Minuszeichen im Zähler bedeutet eine Phasendrehung von 180° zwischen Ein- und Ausgangsspannung.

– Gegenkopplungsfaktor F:

$$F = 1 - V_0 \cdot t_{ba} = 1 + \frac{H_{21e} \cdot R_e}{(1 + H_{22e} \cdot R_c) \cdot (R_e + H_{11e})}$$

Man beachte:
Hier wurde vereinfachend der Innenwiderstand der Signalquelle zu Null gewählt. Eine verallgemeinerte Darstellung mit Innenwiderstand der Signalquelle finden Sie im Buch auf Seite ......

9.9.1.3 Klirren

9.9.1.3.1 Der Gesamtklirrfaktor

Der Gesamtklirrfaktor (auch Oberschwingungsgehalt genannt) ist ein Maß, das die Abweichung der Ausgangskurve einer Verstärkerstufe gegenüber der Eingangskurve beschreibt. Die Abweichung ist eine Folge der nichtlinearen Übertragungskennlinie des Verstärkers. Dadurch entstehen neben den gewünschten linearen Verzerrungen bei Verstärkerschaltungen auch unerwünschte nichtlineare Verzerrungen.

Definition des Gesamtklirrfaktors:
Der Gesamtklirrfaktor k ist das Verhältnis aus dem geometrischen Mittel der Amplituden der Oberwellen zu dem geometrischen Mittel aller Amplituden einschließlich der Amplitude der Grundwelle.

$$k = 100\% \cdot \sqrt{\frac{a_{2 \cdot f_1}^2 + a_{3 \cdot f_1}^2 + a_{4 \cdot f_1}^2 + \dots}{a_{f_1}^2 + a_{2 \cdot f_1}^2 + a_{3 \cdot f_1}^2 + a_{4 \cdot f_1}^2 + \dots}}$$

Der Klirrfaktor wird bei dieser Definition in Prozent angegeben.

a_f ist die Amplitude der Grundwelle,
a_{2f} ist die Amplitude der 1. Oberwelle,
a_{3f} ist die Amplitude der 2. Oberwelle, usw.

Man beachte, daß die Frequenzen der Oberwellen ganzzahlige Vielfache der Grundfrequenz sind.

9.9.1.3.2 Der n-te Klirrfaktor

Der n-te Klirrfaktor ist das Verhältnis von der Amplitude der n-ten Oberwelle zu der Amplitude der Grundschwingung.

$$k_n = \frac{a_{n \cdot f_1}}{a_{f_1}} = \frac{\textit{Amplitude der n. Oberwelle}}{\textit{Amplitude der Grundschwingung}}$$

9.9.1.3.3 Die Klirrgüte 2. Ordnung

Die Klirrgüte 2 Ordnung M_2 gibt an, um wieviel der Pegel des Intermodulationsprodukts mit der Frequenz $f_1 \pm f_2$ sich von der Summe der Pegel der Grundschwingung am Ausgang bei den Frequenzen f_1 und f_2 unterscheidet.

Allgemein gilt für die Klirrgüte 2 Ordnung:

$$M_2(f_1 \pm f_2)\big|_{dB} = P_{f_1 \pm f_2}\big|_{dBm} - P_{f_1}\big|_{dBm} - P_{f_2}\big|_{dBm}$$

Hier gilt: $f_1 = f_2$

Daraus ergibt sich dann M_{2E}:

$$\begin{aligned} M_{2E}(f_1)\big|_{dB} &= P(2 \cdot f_1)\big|_{dBm} - 2 \cdot P(f_1)\big|_{dBm} \\ &= 10 \cdot \lg\left[\frac{a^2_{2 \cdot f_1}}{R_L \cdot 1mW}\right] - 2 \cdot 10 \cdot \lg\left[\frac{a^2_{1 \cdot f_1}}{R_L \cdot 1mW}\right] \\ &= 10 \cdot \lg\left[\frac{a^2_{2 \cdot f_1}}{a^2_{1 \cdot f_1}}\right] - 10 \cdot \lg\left[\frac{a^2_{1 f_1}}{R_L \cdot 1mW}\right] \\ &\quad + 10 \cdot \lg\left[\frac{a_0^2}{R_L \cdot 1mW}\right] - 10 \cdot \lg\left[\frac{a_0^2}{R_L \cdot 1mW}\right] \\ &= 20 \cdot \lg\left[\frac{a_2}{a_1}\right] - 10 \cdot \lg\left[\frac{a_1^2}{a_0^2}\right] - 10 \cdot \lg\left[\frac{a_0^2}{R_L \cdot 1mW}\right] \end{aligned}$$

$$\boxed{M_{2E}(f_1) = 20 \cdot \lg(k_2) - 20 \cdot \lg(V) - P_{0_{dBm}}}$$

- V ist die Gesamtverstärkung
- k_2 ist der 2 Klirrfaktor
- P_0 ist die Eingangsleistung

9.9.2 Simulation mit PSPICE

9.9.2.1 Wahl des Arbeitspunktes

Die Emitterstufe wird mit einem Sinussignal gespeist. Der Arbeitspunkt muß nun so gewählt werden, daß der Transistor sowohl für die positiven als auch für die negativen Signalanteile betriebsfähig ist.
Wahl des Arbeitspunktes:

$$\boxed{U_{be_0} = 0{,}814V \qquad I_{b_0} = 4{,}68 \cdot 10^{-5}A}$$

9.9.2.2 Aufbau der Simulationsschaltung

9.9.2.2.1 Simulationsschaltung

Im Bild 9.85 wurde der Arbeitspunkt mit einem Spannungsteiler aus den Widerständen R_{B1} und R_{B2} eingestellt. Dieser Spannungsteiler wird nun vereinfachend durch eine Gleichspannungsquelle U_H mit Innenwiderstand R_H ersetzt. Dadurch ergibt sich nun folgende Simulationsschaltung:

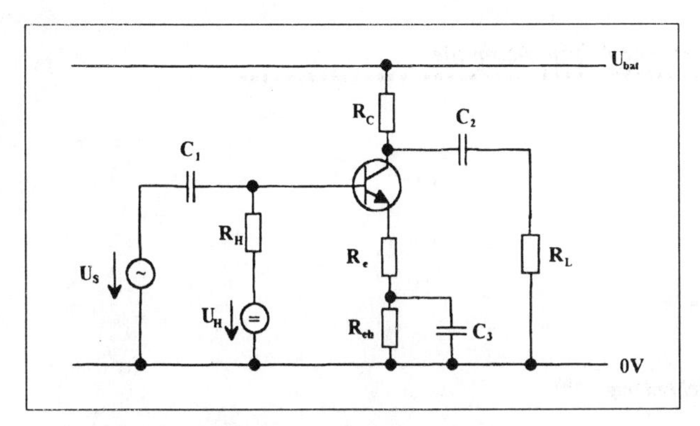

Bild 9.87: Simulationsschaltung

Die Bauteile werden so dimensioniert, daß der gewählte Arbeitspunkt eingestellt wird.

9.9.2.2.2 Dimensionierung der Bauteile

Spannungen:

- Batteriespannung: $U_{bat} = 20V$
- Signalspannung: $U_s = 0{,}01V$
- Hilfsspannung U_H wird in Abhängigkeit der Gegenkopplung errechnet (siehe Kapitel 9.9.2.2.4).

Kondensatoren:

- Kondensator C_1 und C_2: $C_1 = C_2 = 500nF$
- Kondensator C_3: $C_3 = 3mF$

Widerstände:

- Widerstand R_c, R_H, R_{eh} und R_L: $R_c = R_H = R_L = R_{eh} = 1kOhm$
- Widerstand Re wird in Abhängigkeit der Gegenkopplung errechnet (siehe Kapitel 9.9.2.2.4).

Transitor:

- Als Transistor wurde der npn-Modell-Transistor von PSPICE verwendet. Die hier benötigte Ersatzwerte von PSPICE sind:
  Stromverstärkung (vorwärts): 100
  Early-Spannung der BC-Diode: unendlich

9.9.2.2.3 Eingabe der Schaltung in PSPICE

```
Klirren einer Emitterstufe mit Spannungsquelle
**********************************************************

*** Schaltungsbeschreibung ***

Vs 1 0 sin(0 0.01V 100kHz)        ; Signalspannung 0.01V (sinusförmig)
Vh 2 0 dc ####V                   ; Hilfsspannung zur AP-Einstellung
Vb 3 0 dc 20V                     ; Batteriespannung 20V
C1 1 4 500nF                      ; Kopplungskondensator am Eingang
C2 5 7 500nF                      ; Kopplungskondensator am Ausgang
C3 8 0 2mF                        ; Arbeitspunktstabilisierung
RC 3 5 1kOHM                      ; Arbeitswiderstand 1kOHM
Re 6 8 ####OHM                    ; Reihenkopplungswiderstand
Reh 8 0 100OHM                    ; Arbeitspunktstabilisierung 1kOHM
Rh 2 4 1kOHM                      ; Innenwiderstand der Hilfsquelle 1kOHM
RL 7 0 1kOHM                      ; Ausgangswiderstand 1kOHM
Q1 5 4 6 tran                     ; Transistor
.MODEL tran NPN                   ; Modelltransistor npn

*** Analysearten ***

.OP                               ; Arbeitspunktanalyse
.TRAN 0.5us 40us 1us 0.1us        ; Einschwinganalyse
.FOUR 100kHz V(7)                 ; Fourieranalyse
.PROBE
.END
```

9.9.2.2.4 *Berechnung von R_e und U_H*

- Berechnung der Y-Parameter:

$$Y_{11_e} = \frac{1}{r_{be}} = \frac{I_{b_0}}{U_T} = \frac{46{,}8\mu A}{26mV} = 1{,}8 \cdot 10^{-3}\frac{1}{\Omega}$$

$$Y_{12_e} = 0$$

$$Y_{21_e} = S = \frac{\beta \cdot I_{b_0}}{U_T} = \frac{100 \cdot 46{,}8\mu A}{26mV} = 0{,}18\frac{1}{\Omega}$$

$$Y_{22_e} = \frac{1}{r_{ce}} = \frac{\beta \cdot I_{b_0}}{U_{AF}} = \frac{100 \cdot 46{,}8\mu A}{\infty} = 0$$

- Daraus ergibt sich mit der Umrechnungsvorschrift aus Kapitel 9.9.1.2.2 folgende H-Matrix:

$$(H_e) = \begin{pmatrix} 555{,}56\Omega & 0 \\ 100 & 0 \end{pmatrix}$$

- Berechnung des Reihenkopplungswiderstands R_e in Abhängigkeit von der Gegenkopplung F (Formel des Gegenkopplungsfaktors aus Kapitel 9.9.1.2.3 wird nach R_e aufgelöst):

$$R_e = \frac{(F-1) \cdot H_{11e}}{\frac{H_{21e}}{1+H_{22e} \cdot R_C} + (1-F)} = \frac{(F-1) \cdot 555{,}56\Omega}{101-F}$$

- Die Berechnung der Hilfsspannung U_H erfolgt über eine Masche im Basis-Emitter-Kreis. Daraus ergibt sich für die Hilfsspannung U_H:

$$U_H = U_{be_0} + I_{be_0} \cdot R_H + 101 \cdot I_{be_0} \cdot (R_e + R_{eh})$$

9.9.2.3 *Durchführung der Simulation*

9.9.2.3.1 *Wertetafel der Simulationsergebnisse (Tabelle 9.1)*

Die Werte für R_e und U_H wurden mit den Formeln aus Kapitel 9.9.2.2.4 berechnet. Die Verstärkung V wurde mit der Formel aus Kapitel 9.9.1.2.3 berechnet und in dB angegeben. Der Klirrfaktor k_2 wurde durch die Simulation mit PSPICE ermittelt. Die Klirrgüte 2. Ordnung wurde mit der Formel aus Kapitel 9.9.1.3.3 errechnet. Für P_0 wurde der Wert -80dBm berechnet.

9.9.2.3 2 *Graphische Darstellung der Simulationsergebnisse*

- Im Diagramm 1 (Bild 9.88) ist die Verstärkung V (in dB) und der Klirrfaktor k_2 (in %) in Abhängigkeit von der Gegenkopplung F (in dB) dargestellt.

F in dB	RE in Ohm	V in dB	Uh in V	2. Klirrfaktor	2. Klirrgüte
0,00	0,000	45,11	1,333	9,60 %	14,54
0,50	0,329	44,60	1,335	8,53 %	14,02
1,00	0,679	44,09	1,337	7,59 %	13,51
1,50	1,049	43,59	1,338	6,76 %	13,01
2,00	1,442	43,08	1,340	6,02 %	12,51
2,50	1,859	42,58	1,342	5,36 %	12,01
3,00	2,301	42,07	1,344	4,77 %	11,50
3,50	2,771	41,56	1,347	4,25 %	11,01
4,00	3,269	41,05	1,349	3,78 %	10,50
4,50	3,797	40,55	1,351	3,37 %	10,01
5,00	4,358	40,04	1,354	3,00 %	9,50
5,50	4,953	39,53	1,357	2,66 %	8,97
6,00	5,585	39,02	1,360	2,37 %	8,48
6,50	6,256	38,51	1,363	2,11 %	7,98
7,00	6,968	38,00	1,366	1,88 %	7,49
7,50	7,725	37,49	1,370	1,67 %	6,97
8,00	8,528	36,97	1,374	1,48 %	6,43
8,50	9,382	36,46	1,378	1,32 %	5,95
9,00	10,289	35,95	1,382	1,17 %	5,42
9,50	11,253	35,43	1,387	1,04 %	4,91
10,00	12,278	34,92	1,392	0,92 %	4,36
10,50	13,368	34,40	1,397	0,82 %	3,88
11,00	14,527	33,88	1,402	0,73 %	3,39
11,50	15,759	33,36	1,408	0,64 %	2,76
12,00	17,071	32,84	1,414	0,57 %	2,27
12,50	18,466	32,32	1,421	0,51 %	1,83
13,00	19,952	31,80	1,428	0,45 %	1,27
13,50	21,534	31,28	1,435	0,40 %	0,77
14,00	23,220	30,75	1,443	0,35 %	0,13
14,50	25,016	30,22	1,452	0,31 %	-0,40
15,00	26,931	29,69	1,461	0,28 %	-0,75
15,50	28,973	29,16	1,470	0,25 %	-1,21
16,00	31,152	28,63	1,481	0,22 %	-1,78
16,50	33,478	28,10	1,492	0,19 %	-2,52
17,00	35,961	27,56	1,503	0,17 %	-2,95
17,50	38,615	27,02	1,516	0,15 %	-3,50
18,00	41,452	26,48	1,529	0,13 %	-4,20
18,50	44,487	25,94	1,544	0,12 %	-4,35
19,00	47,736	25,39	1,559	0,10 %	-5,39
19,50	51,216	24,84	1,576	0,09 %	-5,75
20,00	54,945	24,29	1,593	0,08 %	-6,22
21,00	63,243	23,17	1,632	0,06 %	-7,61
22,00	72,825	22,04	1,678	0,05 %	-8,06
23,00	83,936	20,88	1,730	0,04 %	-8,84
24,00	96,880	19,71	1,791	0,03 %	-10,17
25,00	112,042	18,51	1,863	0,02 %	-12,49

Tabelle 9.1: Simulationsergebnisse

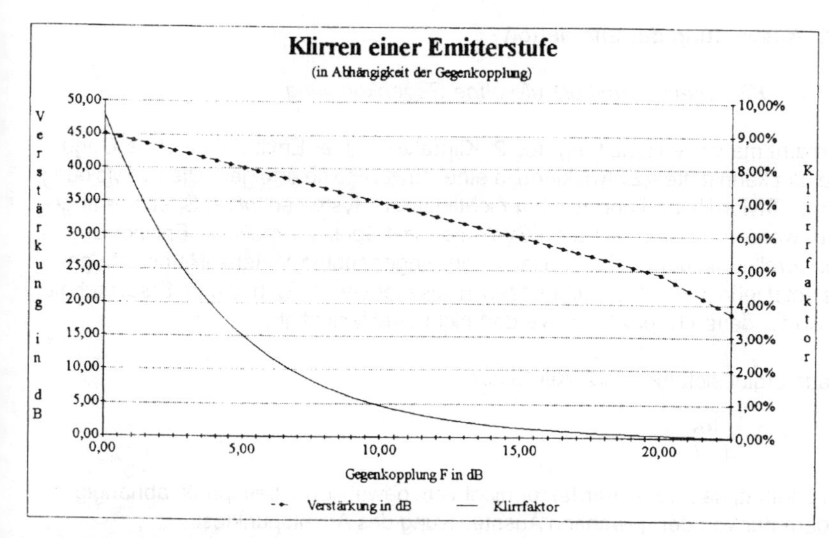

Bild 9.88: Diagramm 1

– Im Diagramm 2 (Bild 9.89) ist die 2. Klirrgüte (in dB) in Abhängigkeit von der Gegenkopplung F (in dB) dargestellt.

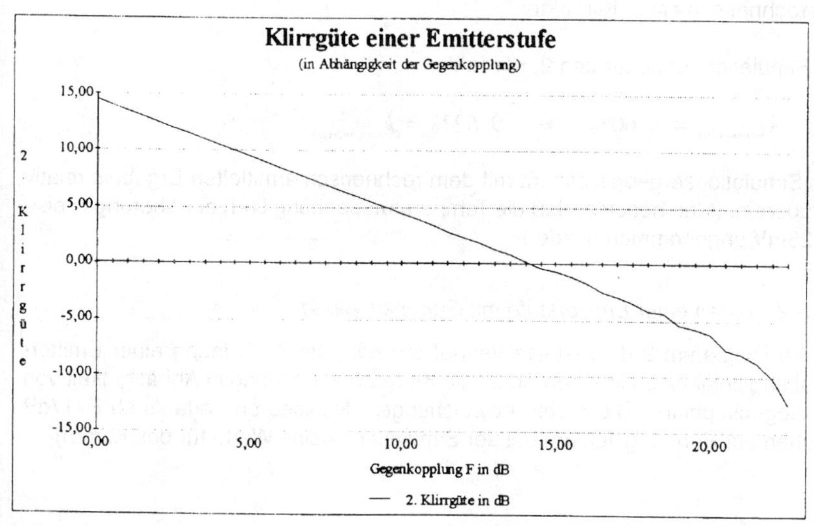

Bild 9.89: Diagramm 2

9.9.3 Auswertung der Simulation

9.9.3.1 Klirren einer Emitterstufe ohne Gegenkopplung

Die mathematische Herleitung des 2. Klirrfaktors einer Emitterstufe ohne Gegenkopplung kann mittels Entwicklung in einer Taylor-Reihe erfolgen. Die Entwicklung in einer Taylor-Reihe kann nur bei nichtlinearen Systemen *ohne* Speicher angewandt werden (bei nichtlinearen Systemen *mit* Speicher muß die Entwicklung in einer verallgemeinerten Taylor-Reihe, der sogenannten Volterra-Reihe erfolgen). Dies setzt jedoch einen speicherlosen Transistor voraus, d. h. die im Ersatzschaltbild vorhandenen Kapazitäten werden nicht berücksichtigt .

Daraus ergibt sich für den 2. Klirrfaktor:

$$k_2 = \frac{\hat{u}_{be}}{4 \cdot U_T}$$

Man erkennt, daß der 2. Klirrfaktor nicht vom gewählten Arbeitspunkt abhängig ist, sondern nur von der gewählten Aussteuerung des Arbeitspunktes.

Für diese Simulation wurde eine Aussteuerung von U_s = 0,01V gewählt. Daraus ergibt sich

$$k_{2_{rechnerisch}} = \frac{0{,}01V}{4 \cdot 26mV} = 9{,}615\% \approx 9{,}62\%$$

rein rechnerisch ein 2. Klirrfaktor:

Die Simulation ergab für den 2. Klirrfaktor:

$$k_{2_{Simulation}} = 9{,}60\% \quad \approx \quad 9{,}62\% = k_{2_{rechnerisch}}$$

Das Simulationsergebnis stimmt mit dem rechnerisch ermittelten Ergebnis relativ gut überein. (Man beachte, daß die Temperaturspannung U_T hier näherungsweise mit 26mV angenommen wurde.)

9.9.3.2 Klirren einer Emitterstufe mit Gegenkopplung

Der im Diagramm 2 dargestellte Verlauf der Klirrgüte 2. Ordnung einer Emitterschaltung zeigt einen linearen Abfall die Klirrgüte 2. Ordnung in Abhängigkeit von der Gegenkopplung. Die leichte Abweichungen des linearen Verlaufs ab F~17dB beruhen auf Rundungsfehlern bei der Simulation (kleine Werte für das Klirren).

Für die Klirrgüte 2. Ordnung in Abhängigkeit von den Übertragungsfunktionen und von dem Gegenkopplungsvierpol ergibt sich:

$$M_{2E} = 20 \cdot \lg \left| \frac{\sqrt{2 \cdot R_L \cdot 1mW}}{2} \cdot \frac{\mu_2(p_1, p_1)}{\mu_1(p_1)^2} \cdot \underbrace{\frac{1}{1 - \mu_1(2 \cdot p_1) \cdot \beta(2 \cdot p_1)}}_{= \frac{1}{F}} \right|$$

$$= \underbrace{20 \cdot \lg \left| \frac{\sqrt{2 \cdot R_L \cdot 1mW}}{2} \cdot \frac{\mu_2(p_1, p_1)}{\mu_1(p_1)^2} \right|}_{= M_{2E_{AW}}} - \underbrace{20 \cdot \lg(F)}_{F_{dB}}$$

Bei dieser Berechnung wurde vereinfachend angenommen, daß die lineare Übertragungsfunktion und der Gegenkopplungsvierpol (Stromverstärkung des Transistors) von der Frequenz unabhängig sind.

$$\mu_1, \beta \neq f(p) \quad \Rightarrow \quad 1 - \mu_1(2 \cdot p_1) \cdot \beta(2 \cdot p_1) = F$$

Daraus ergibt sich der linear abfallende Verlauf der Klirrgüte 2. Ordnung.

Mit anderen Worten:
Vergrößert sich die Gegenkopplung um 10 dB, so verringert sich die Klirrgüte 2. Ordnung um 10 dB.

Die Gegenkopplung F des Verstärkers hat einen wesentlichen Einfluß auf das Klirrverhalten. Mit zunehmender Gegenkopplung verringert sich das Klirren, d. h. die unerwünschten nichtlinearen Verzerrungen nehmen mit zunehmender Gegenkopplung ab.

9.9.3.3 Zusammenfassung

Das Klirren bei einer Emitterstufe entsteht durch die nichtlineare Transistorkennlinie. Dadurch ist das Klirren auch abhängig von der Eingangsspannungsamplitude. Mit zunehmender Eingangsspannungsamplitude, d.h. bei größeren Aussteuerungen, nimmt das Klirren der Emitterstufe zu. Die Verringerung des Klirren kann man durch die Wahl eines kleineren Aussteuerungsbereich erreichen. Dies ist jedoch meist nicht zufriedenstellend. Eine andere Alternative bietet die Gegenkopplung. Durch die Gegenkopplung wird nicht nur der Arbeitspunkt gegenüber Temperaturschwankungen stabilisiert, sondern die Gegenkopplung bewirkt auch eine Linearisierung der Transistorkennlinie. Eine linearisierte Transistorkennlinie hat den Vorteil, daß bei der Verstärkung eines Eingangssignales nur lineare Verzerrungen entstehen, die die Eigenschaft des Eingangssignales nicht wesentlich verändern. Das ist das Ziel jeder Verstärkerschaltung. Leider nimmt die Verstärkung ungefähr im gleichen Maße wie das Klirren ab. Deshalb muß bei der Wahl der Intensivität der Gegenkopplung ein Kompromiß zwischen Klirren und Verstärkung gemacht werden.

Die Gegenkopplung ist eine gute Möglichkeit, die Betriebseigenschaften einer Verstärkerstufe gezielt zu beeinflussen, um die Anforderungen an die Schaltung zu erfüllen.

Durch die Gegenkopplung ergeben sich folgende Vorteile:

- Verringerung der Einflüsse von Temperaturschwankungen und Speisespannungen auf den eingestellten Arbeitspunkt (Arbeitspunktstabilisierung)
- Beeinflussung des Frequenzganges durch frequenzabhängige Bauteile im Gegenkopplungszweig (wurde hier nicht explizit behandelt)
- *Verringerung der nichtlinearen Verzerrungen (Klirrfaktor)*

9.10 Entwurf und Simulation eines optischen Empfängers für 9.8 Gbit/s mit Cherry-Hooper-Prinzip

Bild 9.90 zeigt einen zweistufigen Breitbandverstärker nach Cherry-Hooper-Prinzip bei dem man alternierend reihe- und parallelgegenkoppelt.

Kommt man aus einer Spannungsquelle, dann fängt man mit einer Reihengegenkopplung, kommt man aus einer Stromquelle, dann fängt man mit einer Parallelgegenkopplung an.

Bei optischen Empfängern mit einer Bitrate von 9.8 Gbit/s wird der Parallel-Gegenkopplungswiderstand der 1. Stufe etwa 300 Ohm. Dieser niederohmige Widerstand trägt aber wesentlich zum Rauschen des Empfängers bei. Diesen Nachteil kann man vermeiden, indem man nach Bild 9.91 die erste und die dritte Stufe reihengegenkoppelt und die zweite Stufe parallelgegenkoppelt. Die SPICE-Simulation zeigt nun daß man über alle Stufen dann mit $R_F = 1\ k\Omega$ gegenkoppeln kann, wobei man aus Rauschgründen die Reihenkopplung in der 1. Stufe wegläßt. Bild 9.92 zeigt das Kleinsignalersatzschaltbild eines HEMT-Transistors mit der Kanallänge 0,25 µm. Bild 9.93 zeigt die Schaltung des Empfängers und Bild 9.94 die Simulation des Betrages und der Phase des Verstärkers. Die Bandbreite ist 3,3 GHZ. Mit den heute auf dem Markt befindlichen HEMT-Transistoren, mit einer Kanallänge von 0,1 µm ist die Bitrate von 9.8 Gbit/s zu realisieren. Der wesentliche Rauschbeitrag ist das Kanalrauschen. Bis jetzt gibt es kein HEMT-Modell im SPICE, so daß man das Rauschverhalten nicht modellieren kann. Man kann aber mit Sicherheit sagen, daß das Rauschverhalten dieses Empfängers wesentlich besser ist als ein Empfänger bestückt mit GaAs oder sogar Bipolarsiliziumtransistoren.

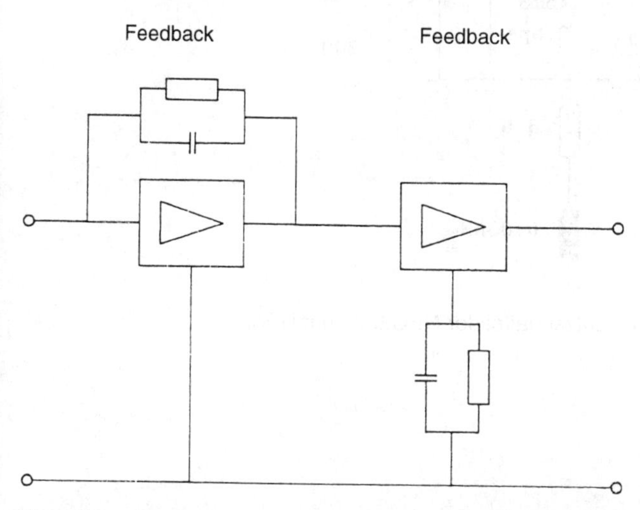

Bild 9.90: Cherry-Hooper-Prinzip: alternierende Parallel und Serien-Gegenkopplung

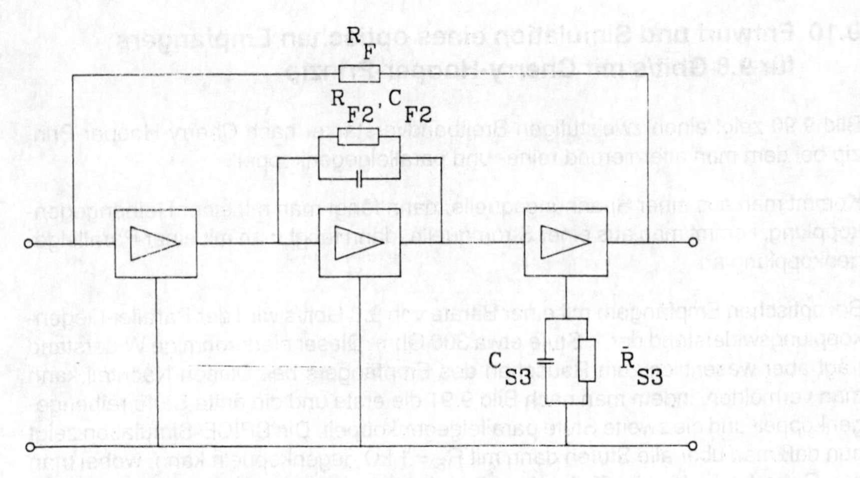

Bild 9.91: Dreistufiger Transimpedanzverstärker mit internen Parallel-Serien-Parallel-Gegenkopplung

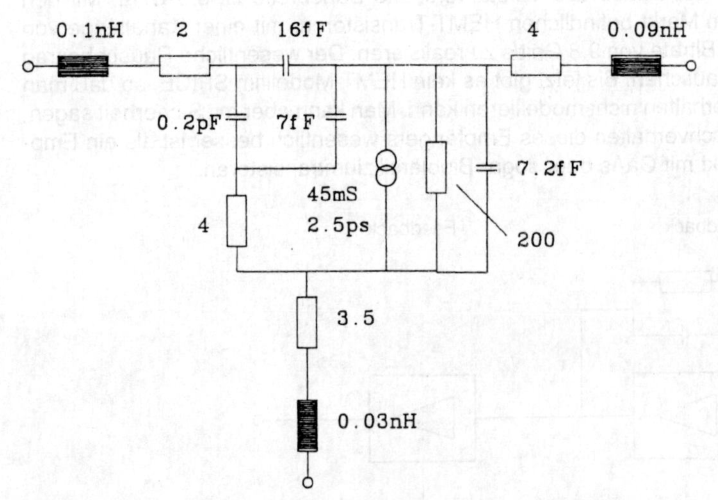

Bild 9.92: Kleinsignalersatzschaltbilder NEC 0,25 µm HEMT

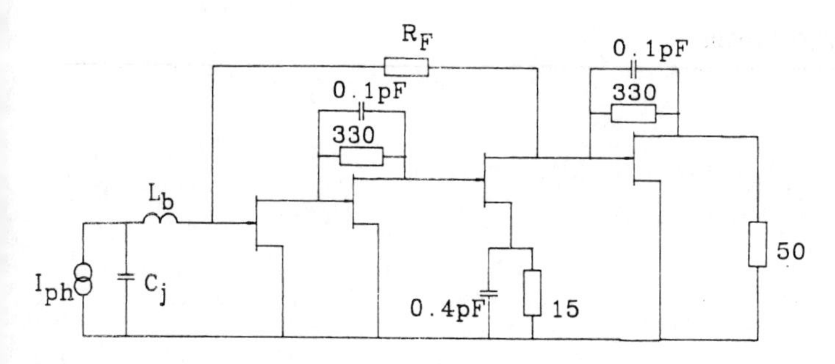

Bild 9.93: Der simulierte Transimpedantverstärker

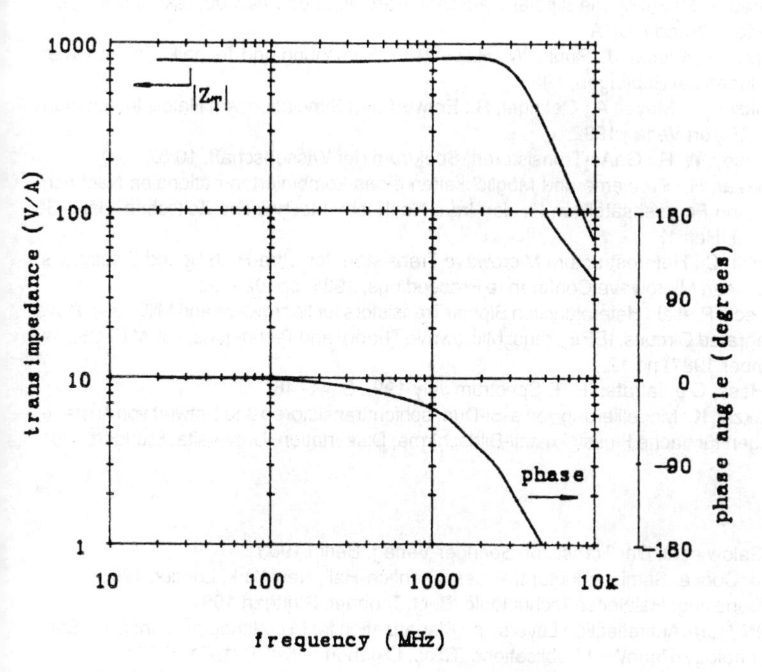

Bild 9.94: Simulation des Betrages und der These des Transimpedanzverstärkers mit NEC 0,25 µm HEMT-Transistoren

Literaturverzeichnis

Teil 1

Kapitel 1

[1] Manck.
[2] Duff.
[3] Gahle.
[4] Gummel, H.K.; Poon, H.C.: An Integrated Charge Control Model of Bipolar Transistors, Bell Systems Technical Journal, Vol. 48, May – June 1970, p. 827–852.
[5] Getreu, I.: Modeling the Bipolar Transistor, Part-No.: 062-2841-00, Tektronix Inc., Beaverton, Oregon, USA.
[6] Werner, J.; Weber, J.; Rühle, W.: Halbleiter in Forschung und Technik, Expert Verlag Ehningen bei Böblingen, 1992.
[7] Khakzar, H.; Mayer, A.; Oetinger, R.: Entwurf und Simulation von Halbleiterschaltungen, Expert Verlag 1992.
[8] Frensley, W. R.: GaAs-Transistoren, Spektrum der Wissenschaft, 10/87.
[9] Khakzar, H.: Probleme und Möglichkeiten eines kombinierten nationalen Nachrichten- und Fernsehsatelliten für den Iran. Nachrichtentechnische Zeitschrift, Band 30 (1977), Heft 1.
[10] Liechti, C.: Heterostructure Microwave Transistors for Ultra-High Speed Electronics, European Microwave Conference Proceedings, 1988, pp. 92–100.
[11] Aspeck, P. et al.: Heterojunction Bipolar Transistors for Microwave and Millimeter Wave Integrated Circuits, IEEE Trans. Microwave Theory and Techniques, vol. MTT-35 (December 1987) no 12.
[12] K. Hess, G.J. Iafrate: IEEE Spectrum July 1992 S. 44–48.
[13] Khakzar, K.: Modellierung von a-Si-Dünnschichttransistoren und Entwurf von Ansteuerungen für flache Flüssigkristall-Bildschirme, Dissertation, Universität Stuttgart 1991.

Kapitel 2

[1] H. Salow et al: Der Transistor, Springer-Verlag, Berlin 1963.
[2] M. J. Cooke: Semiconductor Devices, Prentice-Hall, New York, London 1990.
[3] H. Beneking: Halbleiter-Technologie, B. G. Teubner, Stuttgart 1991.
[4] M. W. Horn: Antireflection Layers and Planarization for Microlithography in: Solid State Technology, PennWell Publications, Tulsa, Oklahoma Heft 11/1991, S.77ff.
[5] F. Murai et al: A 64 MBIT DRAM fabricated with Electron Direct Beam Writing Technology, Japan Journal of Applied Physics, Vol. 29 (1990), S.2590ff.
[6] H. J. Jeong et al: The future of Optical Lithography in: Solid State Technology, PennWell Publications, Tulsa, Oklahoma Heft 4/1994, S.39ff.
[7] W. Scot Ruska: Microelectronic Processing, McGraw-Hill, New York 1987.

Teil 2

(1.1) Hoefer, E.E.E.; Nielinger, H.: SPICE, Springer Verlag 1985
(1.2) Tuinenga, P.W.: SPICE a Guide to Circuit Simulation andAnalysis Using PSice, Prentice Hall 1988
(1.3) Meaves, L.; Hymowitz: Simulation with SPICE, Intusoft 1988
(1.4) Antognetti, P.; Massobrio, G.: Semiconductor Device Modelling with SPICE, McGraw Hill 1988
(1.5) A. Vladimirescu; Kaihe Zhang; A. R. Newton; D. O. Pederson; A. Sangiovanni-Vincentelli: SPICE Version 2 G User's Guide
(1.6) The Design Center, Circuit Analysis Reference Manual Microsim Corporation 1994.

Teil 3

Kapitel 1

(1.1) A. S. Grove, Physics and Technology of Semiconductaor Devices, John Wiley and Sons, Inc., 1967
(1.2) P. Antognetti and G. Massobrio, Semiconductor Device Modeling with SPICE, McGraw-Hill, 1988
(1.3) Ian Getreu, Modeling the Bipolar Transistor, Tektronix, Inc. part# 062-2841-00
(1.4) G. M. Kull, L. W. Nagel, S. W. Lee, P. LLoyd, E. J. Prendergast, and H. K. Dirks, "A Unified Circuit Model for Bipolar Transistors Including Quasi-Saturation Effects," IEEE Transactions on Electron Devices, ED-32, 1103–1113, 1985

Kapitel 4

(4.1) H. Shichman and D. A. Hodges, „Modeling and simulation of insulated-gate field-effect transistor switching circuits," IEEE Journal of Solid-State Circuits, SC-3, 285, September 1968
(4.2) Vladimirescu, and S. Lui, „The Simulation of MOS Integrated Circuits Using SPICE2," Memorandum No. M80/7, February 1980
(4.3) B. J. Sheu, D. L. Scharfetter, P.-K. Ko, and M.-C. Jeng, „BSIM: Berkeley Short-Channel IGFET Model for MOS Transistors," IEEE Journal of Solid-State Circuits, SC-22, 558-566, August 1987
(4.4) J. R. Pierret, „A MOS Parameter Extraction Program for the BSIM Model,"Memorandum No. M84/99 and M84/100, November 1984
(4.5) Antognetti and G. Massobrio, Semiconductor Device Modeling with SPICE, McGraw-Hill, 1993
(4.6) Ping Yang, Berton Epler and Pallab K. Chatterjee, „An Investigation of the Charge Conservation Problem for MOSFET Circuit Simulation," IEEE Journal of Solid-State Circuits, Vol. SC-18, No.I, February 1983
(4.7) J.H.Huang, Z.H.Liu, M.C.Jeng, K.Hui, M.CHan, P.K.Ko and C.Hu, BSIM3 Manual (version2.0), Department of Electrical Engineering and Computer Science, University of California, Berkeley, CA 94720, March 7, 1994
(4.8) T. Gneiting, H. Khakzar; „Einsatz des BSIM3-Modelles zur Simulation von CMOS-Schaltungen unter Berücksichtigung statistischer Prozeßschwankungen"; 9. Symposium Simulationstechnik, ASIM 94 Stuttgart

(4.9) T. Gneiting, H. Khakzar; „Extraction Toolbox for the BSIM3 - Model", 3rd European IC-CAP User Meeting, The Hague, 1995

(4.10) T. Gneiting, H. Khakzar; „Using the BSIM3 - Model for Extraction and Simulation of Submicron MOS Devices", Third Electronics Conference, Shiraz, 1995

References (4.5) and (4.7) are available for $10.00 (each) by sending a check payable to The Regents of the University of California to this address:

Cindy Manly, EECS/ERL Industrial Support Office,
497 Cory Hall, University of California, Berkeley, CA 94720

Kapitel 5

(5.1) W. R. Curtice, „A MESFET model for use in the design of GaAs integrated circuits." IEEE Transactions on Microwave Theory and Techniques, MTT-28, 448-456 (1980)

(5.2) S. E. Sussman-Fort, S. Narasimhan, and K. Mayaram, „A complete GaAs MESFET computer model for SPICE," IEEE Transactions on Microwave Theorv and Techniques MTT-32, 471–473 (1984)

(5.3) H. Statz, P. Newman, I. W. Smith, R. A. Pucel, and H. A. Haus, „GaAs FET Device and Circuit Simulation in SPICE," IEEE Transactions on Electron Devices, ED-34, 160-169

(5.4) A. J. McCamant, G. D. McCormack, and D. H. Smith, „An Improved GaAs MESFET Model for SPICE," IEEE Transactions on Microwave Theory and Techniques, June 1990 (est)

Kapitel 6

(6.1) PSPICE Manual

(6.2) Diplomarbeit WS 86/87 (FHTE) von Rainer Wolf: Ermittiung der Modellparameter für bipolare Transistoren mit Hilfe des Programms TECAP

(6.3) IC-CAP Users' Manual

(6.4) IC-CAP System Manuals

(6.5) Hirche, K.: Modellierung des Klein- und Großsignalverhaltens von MESFET's. Diplomarbeit am Institut für Elektrische Nachrichtentechnik, Universität Stuttgart (1984)

(6.6) Schubert Erdmann: Moderne Bauelemente von Schottky Gate Feldeffekt-Transistoren aus III-V Verbindungshalbleitern. Dissertation am Institut für Elektrische Nachrichtentechnik, Universität Stuttgart und Max-Plank-Institut für Festkörperforschung (1985)

(6.7) Müller, R,: Grundlagen der Halbleiter-Elektronik (Halbleiter-Elektronik Band 1, Springer-Verlag, Berlin, 1987)

(6.8) Heywang, W,; Pötzl, H.W: Bänderstruktur und Stromtransport (Halbleiter-Elektronik Band 3, Springer-Verlag, Berlin, 1976)

(6.9) Keller, W,; Kneipkamp, H.: GaAs-Feldeffekttransistoren (Halbleiter-Elektronik Band 16 Springer-Verlag, Berlin 1985)

(6.10) Frensley W.R.: Galiumarsenid-Transistoren (Spektrum der Wissenschaft, Oktober 1987, Seite 87 bis 95)

(6.11) Hughes, T. et al: Gallium Arsenide for Devices and Integrated Circuits, Peter Peregrinus Ltd. London 1986

Teil 4

Kapitel 1

(1.1) Feldtkeller, R.: Einführung in die Vierpoltheorie der elektrischen Nachrichtentechnik. 8. Auflage, Hirzel 1962
(1.2) Marko, H.: Theorie linearer Zweipole, Vierpole und Mehrpole. Hirzel 1971
(1.3) Hakim, S.S.: Feedback Circuit Analysis. London Illife Books LTD 1966
(1.4) Herter, Lörcher: Nachrichtentechnik, Hauser Verlag 1987
(1.5) Chen, W.K.: Active Network and Feedback Amplifier Theory. Mc-Graw-Hill 1980
(1.6) Bode, H.W,: Network Analysis and Feedback Amplifier Design. Van Nostrand, New York (1945)
(1.9) Unger, H,G.: Elektronische Bauelemente und Netzwerke. Braunschweig, Wiesseg 1984
(1.10) Müller, R.: Bauelemente der Halbleiter-Elektronik, Springer-Verlag 1979
(1.11) Waldhauer. F.D.: Feedback. John Wiley 1981

Kapitel 2

(2.1) Feldtkeller, R,: Einführung in die Vierpoltheorie der elektrischen Nachrichtentechnik. 8. Auflage, S. Hirzel Verlag, Stuttgart 1962
(2.2) Mason, F.J.: Feedback theory – Some properties of signal flow graphs. Proc, IRE 41 (1953),1144 - 1156
(2.3) Truxal, T.G.: Automatic feedback control systems synthesis. McGraw-Hill Book Co" New York 1955
(2.4) Hakim, S.S.: Feedback circuit analysis. I liffe Books, London 1966
(2.5) Sachs, H,: Einführung in die Theorie der endlichen Graphen, C. Hauser Verlag München 1971
(2.6) Fritzsche, G.: Theoretische Grundlagen der Nachrichtentechnik, Verlag Technik, Berlin 1972
(2.7) Feldtkeller, R.: Theorie der Spulen und Uberträger; 5. Aufl. S. Hirzel Verlag, Stuttgart 1971
(2,8) Khakzar, H,: Die Realisierung der Uberträger bei gegengekoppelten Breitbandverstärkern. AEU 20 (1966), 27 - 32
(2.9) Khakzar, H.: Verstärkerberechnung mit der Signalflulimethode AEU 35 (1981), 41 - 46
(2.10) Chen, W,K.: Invariance and Mutual Relations of the General Null-Return-Difference Functions, Proc. 1974 Eur. Conf, Circuit Theory and Design, IEE Conf. Publ. Nr.116 Inst. of Electrical Ena.. London. 371 - 376.1974 b
(2.11) Chen, W.K.: Graph Theory and Feedback-Systems, Proc. Ninth Asilomar Conf. on Circuits, Systems, and Computers, Pacific Grove, Calif. 26 - 30,1975
(2.12) Chen, W.K.: "Applied Graph Theory: Graphs and Electrical Networks", 2nd rev. ed., chap. 4, New York: American Elsevier, and Amsterdam: North-Holland, 1976 a
(2.13) Hakim, S.S.: Aspects of Return-Difference Evaluation in Transistor Feedback Amplifiers, Proc. IEE (London),vol.112, Nr 9, 1700 - 1704 (1965)
(2.14) Hoskins, R,F,: Definition of Loop Gain and Return Difference in Transistor Feedback Amplifiers, Proc. IEE (London), voL 112, Nr,11,1995 - 2001, 1965
(2.15) Chen, W.K,: Active Network and Feedback Amplifier Theorv: McGraw-Hill, 1980

Kapitel 3

(3.1) Routh, E T: Dynamic of a system of rigid bodies, Macmillan, London, 1884
(3.2) Hurwitz, A,: Uber die Bedingungen, unter welchen eine Gleichung nur Wurzeln mit negativen Realteil besitzt, Math, Ann, 46, 1895
(3.3) Lathi, B.P.: Signals, Systems and Communication. John Wiley Sons, New York 1965
(3.4) Hakim, S.S.: Feedback Circuit Analysis, London, I Riffe Book Ltd.,1966
(3.5) Evans, W,R,: Graphical Analysis of Control Systems, Trans, AIEE, 1967
(3.6) Evans, W.R.: Control Systems Dynamics, McGraw Hill, New York, 1954

Kapitel 4

(4.1) Widlar, R.: New OpAmpideas, AN 211, National Semiconductor Corp. 1978
(4.2) Sischka, F.: Mikrowatt – Operationsverstärker mit hoher Verstärkung und Transistfrequenz, Dissertation Universität Stuttgart 1984
(4.3) Millman: Microelectronic Circuits, McGraw Hill 1988
(4.4) Ulbricht, M.: Elektrische Simulation eines halbelastischen Stoßes. 1. Semesterarbeit, Institut für elektrische Nachrichtentechnik, Universität Stuttgart 1980

Kapitel 5

(5.1) Cherry, E.M.; Hooper, D,E.: The Design of wide-band-transistor feedback amplifier, Proceedings I,E.E" Vol. 110 No, 2, February 1963
(5.2) Cherry, E,M.; Hooper, D.E.: Amplifiying Devices and Low-Pass Amplifier Design, John Wiley and Sons Inc., New York (1968)
(5,3) Hullet, I.L.; Nuoe, T,V.: A feedback Receive Amplifier for Optical Transmission Systems, I.E.E.E. Trans. Commun., Oktober 1976, S. 1180 - 1185
(5.4) Wiesmann, T.: Comparison of the Noise Properties of Receiving-amplifier for Digital Optical Transmission Systems up to 300 Mbit/s, Report from AEG-Telefunken, Backnang
(5.5) Holz, M.; Kremers, E.; Marten, P.; Russer, P.: Optische Repeater für 280 Mbit/s Wiss. Ber. AEG-Telefunken 53, (1980) 1/2
(5.6) Personick, S.: Receiver Design for Digital Fiber optic Communication Systems 1 and 11. Bell Syst. Techn. J. 52, (1973) 7/8, pp. 843 - 886
(5.7) Gruber, J.; Holz, M.; Petschacher, R.; Russer, P.; Weidel, E.: Digitale Lichtleitfaser-Übertragungsstrecke für 1 GBit/s. Wiss. Ber. AEG-Telefunken 52, (1979) 1/2,S.3 - 9
(5.8) Mantena, N.R.: Sources of Noise in Transistors, Hewlett-Packard-Journal 21, (1969) No.2,S.8 - 11
(5.9) Lathi, B.P.: Communication Systems. John Wiley and Sons Inc., New York, London, Sydney (1968)
(5.10) Hauri, E.R.; Bachmann, A.E.: Grundlagen und Anwendungen der Transistoren. Generaldirektion PTT, Bern (1965)
(5.11) Peless, Y.; Murakumi, T.: Analysis and Synthesis of transittonal ButterworthTrompson filtere and bandpass amplifiers, RCA Rev. 18, 60, March 1957
(5.12) AEG-Teiefunken, Optoelektrische Bauelemente, Datenbuch 1978/79
(5.13) Lüder, E.: Bau hybrider Mikroschaltungen. Springer Verlag, Berlin, Heidelberg, New York (1979)
(5.14) Hentschel, Ch.: Die Analyse von Schaltungen mit Dünnschichtspulen. AEÜ, Band 26 (1972) H. 7/8

(5.15) Transistor Noise Figure Measurements. Hewlett-Packard Application Bulletin 10, Sept.1977
(5.16) Einführung in die Impedanzmeßtechnik I, II. Neues von Rohde & Schwarz, 68, Januar 1976, 69 April 1975
(5.17) Ott, H.: Rauscharmer Breitbandverstärker zur Anpassung an PIN-, Avalanchedioden. Diplomarbeit am Institut für Elektrische Nachrichtentechnik der Universität Stuttgart 1981
(5.18) Elmore, W.G.: The trangient response of damped linear networks with particular reuard to wideband amplifiers. J. Appl. Phys. 55 (1948)

Kapitel 6

(6.1) Raymond and Collins: The Giant Handbook of Electronic Circuits, TAB Books 1980, ISBN 0-8306-9673-3
(6.2) Millman: Microelectronic Circuits, McGraw Hill 1988

Kapitel 7

(7.1) Nyquist, H: Thermal agitation of electric charge in conductors, Phys. Rev, 32 (1928), 110 - 113
(7.2) Müller, R.: Rauschen, Springer, Berlin 1979
(7.3) Motchenbacher, C.D.; Fitchen, F.C,: Low-Noise Electronic Design. John Wiley & Sons, New York 1973
(7.4) Beneking, H,: Praxis des elektronischen Rauschens. Bibliographisches Institut, Mannheim 1971
(7.5) Bittel, H,; Storm, L.: Rauschen. Springer, Berlin 1971
(7.6) Garner, W,: Bit error probabilities relate to data-lirik S/N. Microwaves, Nov. 1978, S.101 - 105
(7.7) Gupta, M,: Electrical noise: Fundamentals and Sources. John Wiley and Sons, New York, 1977
(7.8) Schymura, H.: Rauschen in der Nachrichtentechnik, Hüthig & Pflaum, München, 1978
(7.9) Hopf, J.: Die Rückkopplungsabhängigkeit der Rauscheigenschaften und der Intermodulationsverzerrungen in Hochfrequenzschaltungen, Dissertation, TU-München, 1976
(7.10) Ogawa: Noise caused by GaAs MESFET's in Optical Receivers, Bell System Technical Journals 1981
(7.11) Bächthold, W,; Strutt, N.: Darstellung der Rauschzahl und der verfügbaren Verstärkung in der Ebene des komplexen Quellenreflexionsfaktors. Arch. Elektr, Obertr. 21 (1967), S. 631 - 633
(7.12) Ollendorf, F,: Schwankungserscheinungen in Elektronenröhren, Springer, Wien, 1961
(7.13) Lange, F.H.: Korrelationselektronik, VEP Verlag Technik, Bertin, 1959
(7.14) Bendar, J.: Principles and applications of random noise theory, J. Wiley, New York, 1958
(7,15) Nachrichtentechn. Fachbericht 2 (1955): Rauschen Vieweg & Sohn, Braunschweig
(7.16) Feifel, B.: Das Rauschverhalten gegengekoppelter Verstärker, A.E.Ü, Band 20 (1966), Heft 1, S.12 - 18
(7.17) Herter, Lörcher: Nachrichtentechnik, 1990, Hanser Verlag
(7.18) Van der Ziel, A.: Theory of Shot Noise in Junction Diodes and Junction Transistors. Proc. i, R,E., 43,11,1639-1646 (November 1955)

(7.19) E.G. Nielsen: Behaviour of Noise Figure in Junction Transistor. Proc. I.R.E. 45, 7, 959-963 (Jury 1957)
(7.20) Hanson, G.H.; Van der Ziel, A,: Shot Noise in Transistors. Proc. I.R.E, 451, 111 538,1 542 (November 1957)
(7.21) Landstorfer, F.; Graf, H.: Rauschprobleme der Nachrichtentechnik, Oldenburg Verlag München, Wien, 1981
(7.22) Pflichtenhefte für Satelliten-Rundfunkempfangseinrichtungen der Deutschen Bundespost
(7.23) Büchs, J.D.: Direktsendende Satelliten zur Ausstrahlung von Fernseh- und Hörfunkprogrammen aus dem Weltraum. Fernmelde-Praxis, Bd 58/1981, Nr, 9, S. 347 - 355
(7.24) Johnston, Jr.: Technical System Tradeoffs. Symposium on Direct Broadcast Satellite Communication, National Academy of Sciences, April 8,1980
(7.25) Ludwig, L.: Satellite Systems for Direct Broadcast of Teievision Eastcon 80 Commercial Communication Satellites
(7.26) Alghabi, Kh.; Baghdasarian, A,; Khakzar, H.; Savoji, M,A,: 12 GHz Synchronously Pumped Parametric Amplifier input Phase Lock Loop Direct Satellite Television Receiver, AECI, Band 31 (1977), Heft 2 Seite 127 - 130
(7.27) Khakzar, H,: Probleme und Möglichkeiten eines kombinierten nationalen Nachrichten- und Fernsehsatelliten für den Iran. Nachrichtentechnische Zeitschrift, B. 30 (1977), H. 1
(7.28) Craig, P.; Snapp: Bipolars Quietly Dominate, Microwave Systems. Nov. 1980, Vol, 9, No, 12, Seite 45 - 64
(7.29) Mägele, M,: Planungsgrundlage für Rundfunksatelliten im 12-GHz-Band. Rundfunksatellitensysteme, NTG-Fachberichte 81, NTG-Fachtagung 1982 in Saarbrücken, S.18 - 30
(7.30) Khakzar, H.: Kritische Betrachtung der auf der WARC-Konferenz 1977 beschlossenen Rundfunksatelliten-Systemwerte, NTG-Fachberichte 81, NTG-Fachtagung 1982 in Saarbrücken, S. 30 - 38
(7.31) Weidle, J.: Entwurf rauscharmer Verstärker mit Hilfe des Simulationsprogramms SPICE, Diplomarbeit Fachhochschule für Technik Esslingen 1987
(7.32) Neidhof, A.: Die falsche Auffassung von der Rauschzahl, HTW des Saarlandes 1994, ISBN 3-9804145-1-5

Kapitel 8

(8.1) Feldtkeller, R.; Wolman, W.: Fastlineare Netzwerke, Telegraphen- und Fernsprech-Technik Bd. 20 (1931), H, 6,S. 167 - 171, + H. 8, S. 242 - 248
(8.2) Feldtkeller, R.: Die 3. Teilschwingung in Verstärkern mit Gegenkopplung, Telegraphen-, Fernsprech- und Funk-Technik (1936), H. 8, S. 217 - 218
(8.3) Feldtkeller, R.; Thon, E.: Dynamische Kennlinien rückgekoppelter Verstärker, Telegraphen-, Fernsprech-und Funk-Technik (1937), H. 1, S. 1 - 7
(8.4) Holzwarth, H.: Untersuchungen zur Linearisierung von Kaskadenverstärkern E.N.T. Bd. 16 (1939), H, 11112, S. 279 - 285
(8.5) Fränz, K.; Löcherer, K.-H.: Die quadratischen Verzerrungen in nichtlinearen frequenzabhängigen Bauelementen. Archiv der Elektrischen Übertragung Bd. 20 (1966), H. 1, S.1 - 4
(8.6) Pravin Chandra Jain: Untersuchung des Klirrfaktors zweiter Ordnung bei Transistoren mit Hilfe von Verstärkungs- und Rückwirkungsfaktor. Dissertation Technische Hochschule Stuttgart 1964

(8 7) Bitzer, W.: Berechnung der nichtlinearen Verzerrungen von als Verstärker betriebenen Transistoren bei sinusförmiger Aussteuerung. Bull. Schweiz. elektrotechn. Verein Bd. 53, 1962, 5.1 39 - 146

(8.8) Khakzar, H.: Die Berechnung der nichtlinearen Verzerrungen des bipolaren Transistors mit Hilfe des Gummel-Poon-Modells, Archiv für Elektrotechnik und Übertragungstechnik Bd. 28 (1974), H. 6, S. 237 - 241

(8.9) Volterra, V,: "Sopra le funzioni che dipendone de altre Funzioni", Rend. R. Aca demia dei Lincei 2° Sem, pp. 97 - 105, 141 - 146 und 153 -158, 1887

(8.10) Lecons sur les Fonctions De Lignes. Paris, France: Gaunthier Villars 1913

(8.11) Theory of Functionals & of Integral and Integro-Differential Equations, New York: Dover, 1959

(8.12) Schetzen, M.: The Volterra & Wiener Theories of Nolinear Systems, N.York: Wiley 1980

(8.13) Schetzen, M.: Nonfinear System Modeling Based on the Wiener Theory, Proceeding on the I EEE Volume 69 No. 12, December 81, S. 1557 - 1573

(8.14) Butterweck, H.J.: Frequenzabhängige nichtlineare Ubertragungssysteme AEÜ 21 (1 967), H. 5, S. 239 - 254

(8.15) Elsner, R.: Nichtlineare Schaltungen, Springer-Verlag 1981

(8.16) Narayanan, S.: Transistor Distortion Analysis Using Volterra Series Reprensentation, BSTJ, May-June 1967, S. 991 - 1023

(8.17) Narayanan, S,: Intermodulation Distortion of Cascaded Transistors. IEEE J, Solid State Circuits, Vol, SC4, June 1969, S. 97 - 106

(8.18) Narayanan, S.: Application of Volterra Series to Intermodulation Distortion Analysis of Transistor Feedback-Amplifjers IEEE Trans. on Circuit Theory, Voi. CT-1 7, No. 4, Nov. 1970, S. 518 - 527

(8.19) Narayanan, S.; Poon, H.C.: An Analysis of Distortion in Bipolar Transistors Using Integral Charge Control Model and Volterra Series. IEEE Transactions on Circuits Theory Bd. CT-20 (1973), H. 4, S. 331 - 341

(8.20) Maurer, R.E.; Narayanan, S,: Noise Loading Analysis of a Third-Order Nonlinear System with Memory. IEEE Transactions on Com, Technology, Vol. COM-10 No. 5, Oct. 1968, S. 701 - 712

(8.21) Mircea, A.: Sinnreich, H.: Distortion Noise in Frequency-Depended Nonlinear Notworks. Proc. IEE, Vol. 116, No. 10, Oct. 1 969, S,1644 - 1648

(8.22) Rydbeck, N: A Volterra Series Analysis of Intermodulation Distortion in Carrier Frequency Systems. Ericsson Techn. 32 1976, 2, S. 87 - 144

(8.23) Sinnreich, H.: Frequenzabhangige nichtlineare Produkte in gegengekoppelten Transistorverstärkern. AEÜ, Band 22 (1968), Heft 2, S. 572 - 576

(8.24) Bedrosian, E.; Rice, S.O.: The Output Properties of Volterra Systems (Nonlinear Systems with Memory) Driven by Harmonic and Gaussian Inputs. Proc. IEEE, Vol, 59, No.12, 1971, S. 1688 - 1707

(8.25) Bussgang, J.J. Ehrmann, L.; Graham, J.W.: Analysis of Nonlinear Systems with MultipleInputs,Proc,IEEE,Vol.62,August1974,pp,1088 - 1119

(8.26) Steinhäuser, L.: Analyse fastlinearer Netzwerke mit der Volterra-Reihe einer und mehrerer Variablen. Teil 1 Nachrichten-Elektronik 25 (1975), Heft 4, S. 122 - 126

(8.27) Steinhäuser, L.: Analyse fastlinearer Netzwerke mit der Volterra-Reihe einer und mehrerer Variabien. Teil 2 Nachrichtentechnik-Elektronik 25 (1975), Heft 6, S, 215 - 219

(8.28) Hauk, W.: Zum rechnergestützten Entwurf quasilinearer Systeme. Dissertation, Technische Universität München 1981

(8.29) Hespelt, V.: Die Berechnung nichtlinearer Verzerrungen in FM-Systemen mit Hilfe von Volterra-Reihen, Dissertation, Universität Erlangen, 1977

(8.30) Wiener, N.: Nonlinear Problems in Random Theory, New York: Technology Press M.I.T. and Wiley, 1958
(8.31) Lee, Y.W.; Schetzen, M.: Measurement of the Wiener kernels of a nonlinear system by cross-correlation. Int. J. Contr. Vol. 2, No. 3, pp. 237 - 254, Sept. 1965
(8.32) Schetzen, M.: Measurement of the kernels of a nonlinear system of finite order. Int. J. Contr. Vol. 1, No. 3, pp. 251 - 263, Mar 1965, Corrigendum, Vol. 2, No. 4, p. 408, Oct. 1965
(8.33) Frechet, M.: Sur les fonctionelles continues. Anales Scientifiques de L'Ecole Normale Superieure, 3rd ser., Vol. 27, pp. 193 - 216, May 1910
(8.34) Lee, Y.W.: Contributions of Norbert Wiener to linear theory and nonlinear theory in engineering. In Selected Papers of Norbert Wiener. Cambridge, MA: Soc. for Indust. and Appl. Mathemat. and M.I.T. Press 1964, p. 24
(8.35) Bose, A.G,: A theory of nonlinear systems. Techn. Rep. 309 Research Lab. of Electron., M.I.T. 1956
(8.36) Schetzen, M.: A theory of nonlinear system identification. Int. J. Contr. Vol. 20, No. 5, pp. 577 - 592, Oct. 1974
(8.37) Hung, G.; Stark, L.: The kernel identification. Int. J. Contr., Vol. 20, No. 4, pp. 577 - 592, Oct. 1974
(8.38) Marmarelis, P.Z.; Marmarelis, V.Z,: Analysis of Physiological Systems – The white Noise Approach. New York: Plenum, 1978
(8.39) French, A.S.; Butz, E.G.: Measuring the Wiener kernels of a nonlinear system using the fast Fourier transform algorithm. Int. J. Contr. Vol. 17, No. 3, pp. 529 - 539, Mar 1973
(8.40) Schetzen, M.: Determination of optimum nonlinear systems for generalized error criteria based on the use of gate functions. IEEE Trans. Inform. Theory, Vol. 11, No. 1, pp. 117 - 1 25, Januar 1965
(8.41) Billings. S.A.: Identification of nonlinear system – A survey. Proc. Inst. Elec. Eng., Vol. 127, part D, No. 6, pp. 272 - 285, Nov. 1980
(8.42) Barrett, J.F,: A bibliography on Volterra series, Hermite functional expansions and related subjects. T.H. Rep. 77-E-71, Eindhoven University of Technology second revised version, Mar, 19'Q0
(8.43) Ogura, H.: Orthogonal functionals of the Poission process. IEEE Trans. Inform. Theory, Vol. 1 8, pp. 473 - 481, Ju ly 1972
(8.44) Segall, A.; Lailath, T.: Orthogonal functionals of independent-icrement processes. IEEE Trans. Inform. Theory, Vol. 22, pp. 287 - 298, May 1976
(8.45) Krausz, H.I.: Identification of nonlinear systems using random impulse train input. Biolog. Cybern. Vol. 19, pp. 217 - 230, 1975
(8.46) Jordan, K.L.: Discrete representation of random signals. Techn. Rep. 378, Research Lab. Electron., M.I.T.,1961
(8.47) Swerdlow, R,B.: Analysis of Intermodulation Noise in Frequency Converters by Volterra Series
(8.48) Wiener, N.: Response of Nonlinear Device to Noise. Report No. 129, Radiation Laboratory, MIT, Cambridge, Mass. 1942
(8.49) Brilliant, M.B.: Theory of the Analysis of Nonlinear Svstems, Techn. Report No. 345, Research Laboratory of Electronics, MIT, Cambridge, Mass. 1958
(8.50) George, D.A.: Continuous Nonlinear Systems. Techn, Report No. 335, Research Laboratory of Electronics, MIT, Cambridge, Mass. 1 959
(8.51) Flake, R.H.: Volterra Series Representation of Time-Varying Nonlinear Systems. Proc. Second International Congress of IFAC on Automatic Control, Basel, Switzerland, Paper No. 408/1,1963

(8.52) Ku, Y.H,; Wolf, A,A.: Volterra-Wiener Functionals for the Analysis of Nonlinear Systems. Journal of the Franklin Institute, Vol. 281, No. 1, Jan. 1966, S. 9–26
(8.53) Smets, H.B.: Analysis and Synthesis on Nonlinear Systems. IRE Transactions on Circuit Theory, Dec. 1 980, S. 459–469
(8.54) Flake, R.H.: Volterra Series Representation of Nonlinear Systems. AIEE Trans., Vol. 81, No, 1, 1963, S. 330–335
(8.55) Schanmugam, K.S.; Lal, M,: Analysis and Synthesis of a Classof NonlinearSystems, IEEE Transactions on Cirsuits and Systems, Vol. CAS-23, No, 1, Jan. 1976, S. 17–25
(8.56) Baumgartner, S.L.; Rugh, W,J,: Complete Identification of a Class of Nonlinear Systems from Steady-State Frequency Response. IEEE Trans. on Circuits and Systems, Sept, 1975, S. 753–759
(8.57) Schanmugam, K.S.; Jong, M.T.: Identification of Nonlinear Systems in Frequency Domain. IEEE Trans. on Aerospase and Electronic Systems. Vol. AES-11, No. 6, Nov. 1975, S. 1218–1225
(8.58) Ebenhöh, P.: Übertragungseigenschaften quasilinearer Vierpole. Frequenz 29 (1975) 8, S. 227–235
(8.59) Bouville, C.; Dubois, J.-J.: Analyse des reseaux faiblement non lineaires par les developpements en serie de Volterra: Application aux montages a transsistors bipolaires, Ann. Telecommunic. 33, No. 7-8, 1978, S, 213–223
(8.60) Lesiak, C.; Kreuer, A.J.: The existence and Uniqueness of Volterra Series for NonlinearSystems, IEEE Trans. Vol, AC-23, No. 6, Dec. 1978, S, 1090–1095
(8.61) Pfundner, P.: Untersuchungen zur Verminderung nichtlinearer Verzerrungen in Schaltkreisen mit Halbleiterbauelementen, Dissertation, Technische Hochschule Wien 1971
(8.62) Kuo, Y.L.: Disortation Analysis of Bipolar Transistor Circuits, IEEE Transactions on Circuit Theory Bd. CT-20 (1973), H. 6, S. 709–716
(8.63) Chisholm, S.K.; Nagel, L.W.: Effisient Computer Simulation of Distortion in Electronic Circuits. IEEE Transactions on Circuits Theory Bd. CT-20 (1973), H. 6, S. 742–745
(8.64) Fastenmeier, K.: Zum Kreuzmodulationsverhalten breitbandiger Hochfrequenzverstärkerschaltungen. Frequenz Bd. 34 (1980), H. 2, S. 33–39
(8.65) Fastenmeier, K.: Die Frequenzabhängigkeit nichtlinearer Vorgänge in Transistorschaltungen. Dissertation, Technische Universität München 1974.
(8.66) Gern, C.: Klirranalyse einer Verstärkerstufe in Basisschaltung. Erste Semesterarbeit Institut für elektrische Nachrichtentechnik, Universität Stuttgart, 1982
(8.67) Hofmann, R.: Klirranalyse einer Verstärkerstufe in Kollektorschaltung. Erste Semesterarbeit, Institut für elektrische Nachrichtentechnik, Universität Stuttgart, 1982
(8.68) Knappe, W.: Klirranalyse der parallelgegengekoppelten Transistorstufe. Erste Semesterarbeit, Institut für elektrische Nachrichtentechnik, Universität Stuttgart, 1982
(8.69) Kopf, E.: Klirranalyse der reihengegengekoppelten Transistorstufe, Erste Semesterarbet, Institut für elektrische Nachrichtentechnik, Universität Stuttgart, 1982
(8.70) Friedrichs, G.: Nichtlineares Verhalten mehrstufiger Transistor-Verstärker Zweite Semesterarbeit, Institut für elektrische Nachrichtentechnik, Universität Stuttgart,
(8.71) Jedele, P.: Analyse der nichtlinearen Verzerrungen einer gegengekoppelten Verstärkerstufe durch Volterra-Reihe. Zweite Semesterarbeit, Institut für elektrische Nachchtentechnik, UniversitätStuttgart, 1983
(8.72) Junge, V.: Nichtlineares Verhalten mehrstufiger Transistor-Verstärker, Zweite Semesterarbeit, Institut für elektrische Nachrichtentechnik, Universität Stuttgart, 1982
(8.73) Kreiselmeier, W.: Linearitätsoptimierung mehrstufiger Verstärker, Zweite Semesterarbeit, Institut für elektrische Nachrichtentechnik, Universität Stuttgart 1982
(8.74) Wölk, J.: Ersatzschaltbilder des bipolaren Transistors für den festlinearen Betriebsfall, Dipiomarbeit, Institut für elektrische Nachrichtentechnik, Universität Stuttgart 1983

(8.75) Baranyi, A.: Distortion Analysis of Anatog Circuits, Annual of the Research Institute for Telecommunication, Budapest 1973, S. 199–220

(8.76) Welzenbach, M.: Zur Berechnung der Intermodulationsverzerrungen bei linear gefilterten winkelmodulierten Signalen, AEÜ 31 (1977), 9, S. 379–387

(8.77) Jedele, P.; Khakzar, H.: Generalization of distortion sources suggested by Feldtkeller and Wolman using Volterra series representation. Europ. Conf. on Circuit Theory and Design Stuttgart, 1983

(8.78) Jedele, P.; Khakzar, H.: Analyse nichtlinearer frequenzabhängiger Übertragungssysteme mit Volterra-Reihen und dem Simulationsprogramm SPICE, ntz Archiv, Bd. 10 (1988), H. 11

Kapitel 9

(9.1) TTL-Taschenbuch, IWT Verlag, 1983.

(9.2) Jacob Millman, Arvin Grabel, Microelectronics, McGraw-Hill Book, 1987.

(9.3) Halbleiterschaltungstechik, U. Tietze / Ch.Schenk, Springer-Verlag

(9.4) Elektronik Labor: Operationsverstärker im nichtlinearen Betrieb Blätter FHT-Esslingen

(9.5) Simulieren mit PSpice, D. Erhardt / J. Schulte, Vieweg

(9.6) Operationsverstärker, Zirpel, Franzis´

(9.7) BiFet-BiMos-CMos in Feldeffekt-Operationsverstärkern, Herrmann Schreiber, Franzis´

(9.8) Entwurf und Simulation von Halbleiterschaltungen mit SPICE, Haybatolah Khakzar, Albert Mayer, Reinold Oetinger, expert Verlag Band 321

(9.9) Spice, Hoefer / Nielinger, Springer-Verlag

(9.10) Elektronische Grundschaltungen, Georg Ehrich, VDE Verlag

(9.11) Hägele, R., Maurer, B.: Aufbau und SPICE-Simulation von nichtlinearen chaotischen Schaltungen am Beispiel von Chua's Circuit, Diplomarbeit Fachhochschule für Technik Esslingen, 1993

(9.12) E. M. Cherry and D. E. Hooper, The Design of Wide-Band Transistor Feedback Amplifiers, 1963, Proc. IEE, Vol. 110, No. 2

(9.13) J. L. Gimlett, Low Noise 8 Ghz pin/FET Optical Receiver, 1987, Electronics Letters 23, 281-283

(9.14) H. M. Rein, Design of a Silicon Bipolar Laser - and Line - Driver IC with Adjustable Pulse Shape and Amplitude for Data Rates Around and Above 10 Gbit/s, 1992, Frequenz 46, S. 31.37

Sachregister

Autorenverzeichnis

Prof. Dr.-Ing. Haybatolah Khakzar
Fachhochschule für Technik
Esslingen

Prof. Dr.-Ing. Albert Mayer
Fachhochschule für Technik
Esslingen

Prof. Dr.-Ing. Reinold Oetinger
Fachhochschule für Technik
Esslingen

Prof. Dr.-Ing. Gerald Kampe
Fachhochschule für Technik
Esslingen

Dipl.-Ing. Roland Friedrich
Fachhochschule für Technik Esslingen
Außenstelle Göppingen